GENERAL PHYSICS 普通物理

蔣大鵬　王　　定
姚永德　丁　　逸
梅瑞國　謝雲生
李匡邦

東華書局

國家圖書館出版品預行編目資料

普通物理/蔣大鵬等著. -- 三版. -- 臺北市：臺灣東華，
民 101.8

928 面；19x26 公分

ISBN 978-957-483-702-1（平裝）

1. 物理學

330   101007212

普通物理

著　　者	蔣大鵬・王定・姚永德・丁逸
	梅瑞國・謝雲生・李匡邦
發 行 人	卓劉慶弟
出 版 者	臺灣東華書局股份有限公司
	臺北市重慶南路一段一四七號三樓
	電話：(02) 2311-4027
	傳真：(02) 2311-6615
	郵撥：00064813
	網址：www.tunghua.com.tw
直營門市	臺北市重慶南路一段一四七號一樓
	電話：(02) 2382-1762
出版日期	2012 年 8 月 3 版
	2015 年 9 月 3 版 3 刷

ISBN　　978-957-483-702-1

版權所有　・　翻印必究

謹以此書紀念

李匡邦　教授

編輯作者群

蔣大鵬

　　明新科技大學副教授

姚永德

　　屏東教育大學講座教授

梅瑞國

　　明新科技大學副教授

李匡邦

　　美國麻州大學教授

王　定

　　美國麻州大學博士

丁　逸

　　輔仁大學博士

謝雲生

　　中央研究院物理所研究員

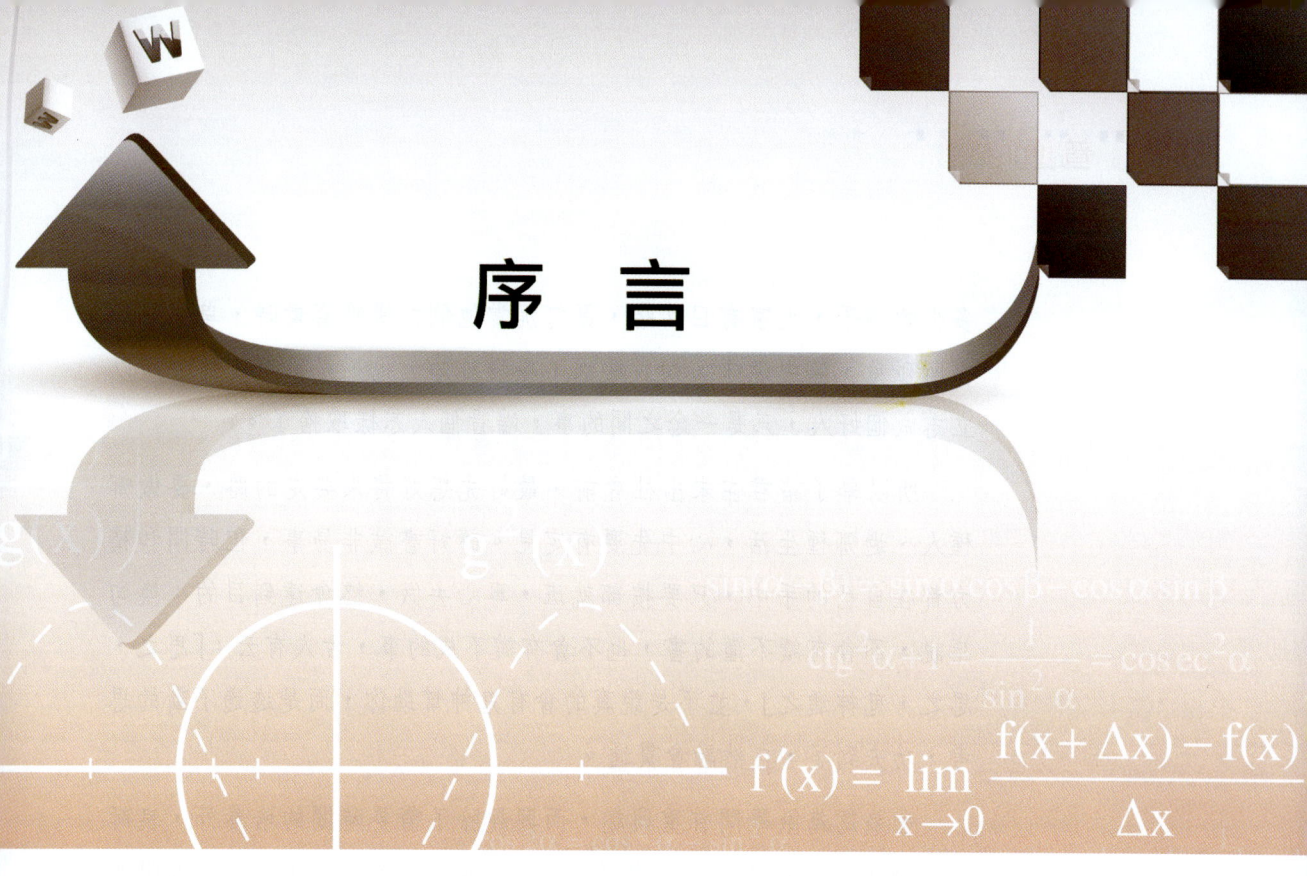

序 言

  吾弟 李匡邦博士，是本書主編者之一；以往我的書都是由他為我寫序，除了手足之情外，我倆相知甚深，沒想到他最後一本書卻是由我代他寫序，內心之沉重，真是難以言喻。幾次嗚咽擱筆，但他是我摯愛的弟弟，他在病中仍然努力地想把全書寫完，就知道他在生命的最後一刻，仍想為後人盡些許棉力。他的這份心，我這個作姐姐的最能深深體會。

  匡邦做學問是非常認真的，他主攻化學，但任何科學都有其共通性，所以他不但鑽研化學，也花同樣的心力鑽研物理，因為二者的關聯性甚大。讀書真不是件容易的事，時間、精力固不可少，還需要平心靜氣，心無旁騖地去追尋。也許有人認為這種生活太乏味，但往深一層去想，把書讀好一方面可以滿足自己，覺得自己是個有用的人，二方面也可以造福後人，僅此二點，即已無愧此生了。

  世間人大致可分為二種，一種是想效法古聖先賢，做些淑世的事；另一種人則自私自利，只想追逐名利權勢。後者我們只見其表面風光、洋洋得意，但昧著良心做事的後果如何，其內心多少也自知，畢竟千夫所指的壓力和禍延子孫的惶恐，也會讓他不安。古往今來有

多少的例子，大家有目共睹，更何況當他們在攀緣富貴時，卑躬屈節在所難免，箇中滋味，如人飲水，冷暖自知，也不是很好受的。所以立志做個好人，只是一念之間的事，端看個人怎樣取捨了。

所以學子諸君在未出社會前，最好先想好將來要走的路，要做哪種人、過哪種生活，心中先要有定見。讀好書誠非易事，但時間和精力都在自己的手中，只要按部就班，專心去做，終會達到目的；換句話說，不會有讀不懂的書，也不會有辦不成的事，古人有云：「思之，思之，鬼神通之」，並不是說真的會有鬼神幫助你，而是透過不斷的思考，功夫到了，自然融會貫通。

舍弟認為做學問首重興趣，而興趣除了需要時間的培養外，良師的啟發、教材的良窳更是關鍵。課堂示範，雖有印象，但少反芻咀嚼的功能。自然科學植根於抽象概念，尤以物理學為然，非得要不斷地推敲、反覆練習，否則很難深入腦海。故有一本好書在手，無異時時坐對良師，不受時空限制。如果作者有枝生花妙筆，非但敘事說理清晰明確，而且趣味盎然，必能吸引學子深入鑽研。文學書刊固然該如是，理工課本亦不能例外，所以可讀性應該是所有教科書的必要條件，也是培養學生興趣的不二法門；倘若連篇累牘、沉悶冗贅，學生望而生畏，哪還能吸引入門？

假如將來閣下已成為學者專家，有機會為大眾發表演說，那麼你的講稿就要注意用字遣辭了。不論唸哪個科系，文學的修養不可或缺，在此奉勸諸君及早多讀些文學書籍，因為科學不只是實驗，而且實驗的結果也需要用文字來表達，你的作品要如何發表，全賴你的表達能力了，而且文學不只讓你談吐高雅，亦可美化我們的心靈。

若說 匡邦是位科學家，倒不如說他是位文學家更為貼切。他的詩詞即使是即興之作，讀來亦令人動容。每次他把他的即興之作傳來給我觀賞，總是讓我感動得熱淚盈眶，因為不管他詠情詠物，都能感人肺腑，可惜我們都以為來日方長，並沒有好好保存，真是始料不及的憾事。

匡邦除了不喜酬酢外，他的一生真是無瑕可擊。他宅心仁厚，念茲在茲的就是想為社會盡些棉力、造福後人。當他得病住進波士頓醫院的時候 (此乃全美數一數二的好醫院)，他曾在電話中告訴我醫生希望他試用一種新藥，他也答應了；我當時極力反對，勸他要多考慮，因為 先父為留學德國的藥理學博士，一生鑽研藥理，對於新問世的藥，總是一再懷疑；藥可以救人，也可以害人，時間是最好的試驗，經過二、三十年，所有的報告都收集齊了，用起來比較放心。我們為此辯論了很久，但他最後卻回答我：「我知道，但總得有病人去試用啊。如果後果不理想，我也不會後悔，畢竟這也是造福後人啊！」

　　總括 匡邦的一生，擇善固執是他的天性，縱使手足親情，也撼動不了他的決定。有弟如此，夫復何言！除了疼惜，更是非常欽佩他，這是何等的胸襟啊！我們李家所有手足及晚輩們皆以他為榮！

　　我之所以寫這段題外話，固然是悼念我的愛弟，也希望讀他書的人能了解他的為人。人生數十寒暑，每個人都應該有一顆淑世之心，做些有益於社會人群的事，而不是獨善其身而已！

李邦彥　謹識於加拿大

2007 年 8 月

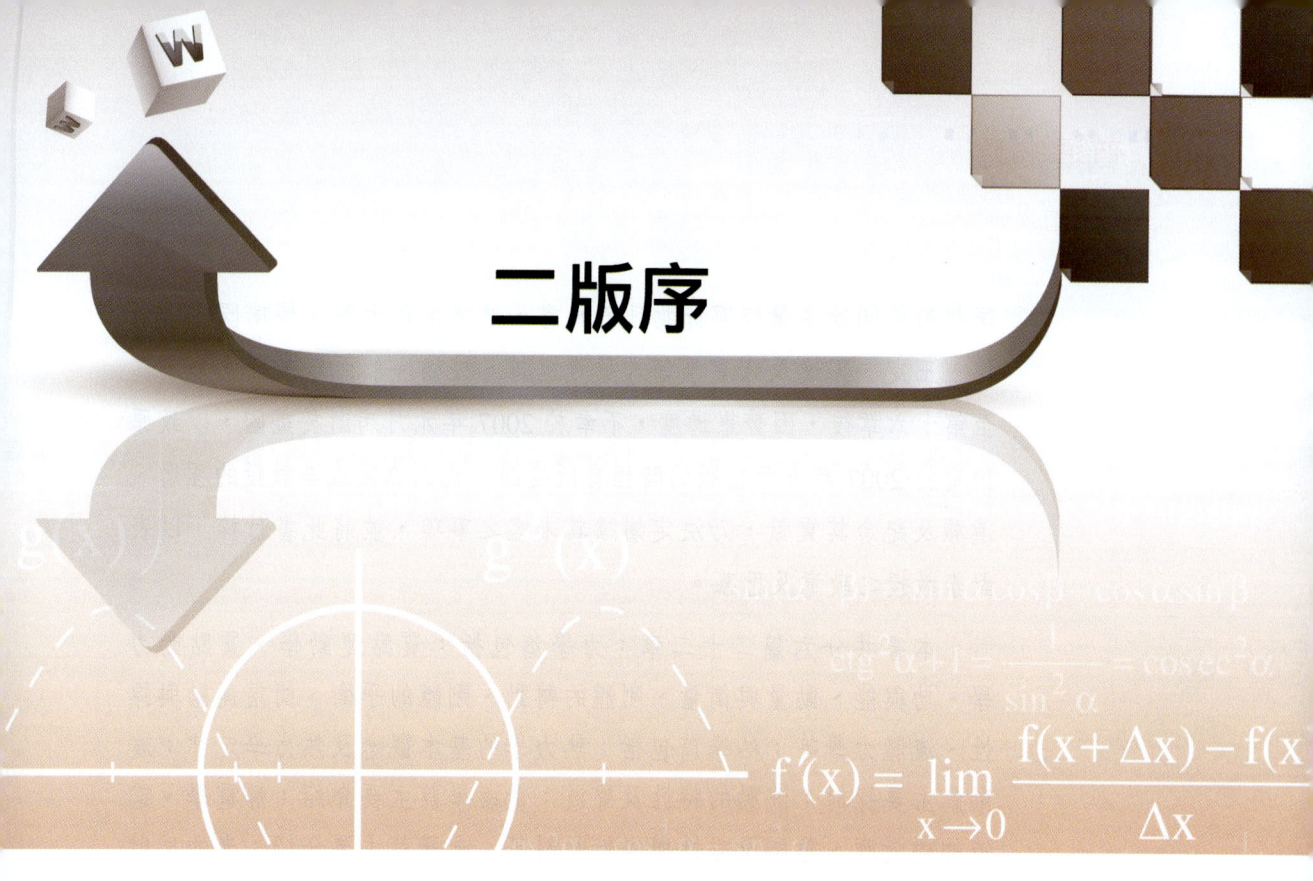

二版序

物理學是最基礎的科學,它從觀測、實驗、歸納後建立了大家都接受的理論,同時亦奠定了自然科學和工程應用的基礎,進而改善了人們的生活。例如,利用基本的物理概念,就可以解釋日常生活遇到的事件,如蹺蹺板的槓桿原理,盪鞦韆的單擺原理。如果你能將物理與生活相結合,則物理會變得生動有趣,生活也就更多采多姿。雖然物理的效益是如此廣泛,但在學生修習的學科裡,卻成為一門負擔最沉重的課程。在綜合技職院校學生的學習心得、老師的教學及研究經驗,並和出版商討論之後,我們深深感覺到一個很根本的問題,就是目前台灣技職院校的學生「沒有合適的教材」。

綜觀台灣目前各大專院校所用的物理教科書,較少由國人自行編寫的物理書籍。從來源看多數為國外原文書,或原文書節錄編譯,前者有文字的障礙,後者有連貫性的問題。從內容分析,多數以微積分的概念作為編輯架構,這對剛進入大學的新生,形成莫大阻礙;而其偏重理論計算過程的論述,在學習上並不適合基礎不佳的學生。因此,我們決議「編寫適合學生的教材」,初期以滿足科技大學學生需求為目標。在經過三年的規劃,於 2006 年初由任教於美國麻州大學之李

匡邦教授開始主筆編寫此物理教科書，然後由蔣大鵬、梅瑞國、姚永德、王定、丁逸及謝雲生等人負責編排、校稿。然而李教授主筆編寫至第十六章後，因勞累過度，不幸於 2007 年元月病逝於美國，以致原預定於 2007 年春天出版的時程有所延誤。我們為完成李教授的理念、遺願及紀念其貢獻，乃決定繼續其未盡之事項，並將此書付梓，以表對李教授之敬意及思慕。

　　本書共分六篇二十二章；力學篇包括：質點運動學、質點動力學、功與能、動量與衝量、剛體的轉動、剛體的平衡、簡諧運動與彈性、流體力學等；熱學篇包括：熱力學的基本觀念及熱力學定律；波動篇主要探討：波動的特性及聲波；電磁學篇主要介紹：靜電學、電流的磁效應、電路及磁性與磁性材料等；光學篇主要介紹：光的反射與折射及波動光學；近代物理篇包含：原子與量子物理及現代高科技。本書之編排在教材上我們簡化了理論的計算，增加結論的說明，舉用的例子，也以生活中的事物為主。且為了方便學習，在各節之前，列有學習方針，提供該節學習方向；各節之後，附加隨堂測驗，方便即時複習；各章之後，附註中有詳細的數學推演過程，及補充內文的解說。書中的小品，則以大家常遇到的事物為解說對象，也附有網址，讓有興趣的人，可以繼續深入相關領域。本書所用的照片，以讀者易作、易見為主，也附有簡單說明，讓讀者知道來源，看見生活中處處皆有物理，了解物理沒有想像中的不可捉摸，深奧難明。我們衷心期盼，這本取材自本土的物理書，能增加學習意願，提高讀者對自然科學的探索樂趣。

　　本書第二版的發行，已針對初版內容做了部分增減及錯誤修訂，並感謝葉景棠博士的指正，若仍有不盡完善處，則期盼閱讀此書的各界先進、教師和讀者能提供我們改進的建議，本書作者群，將持續修正，至為感激。

作者群　謹識

2009 年 4 月

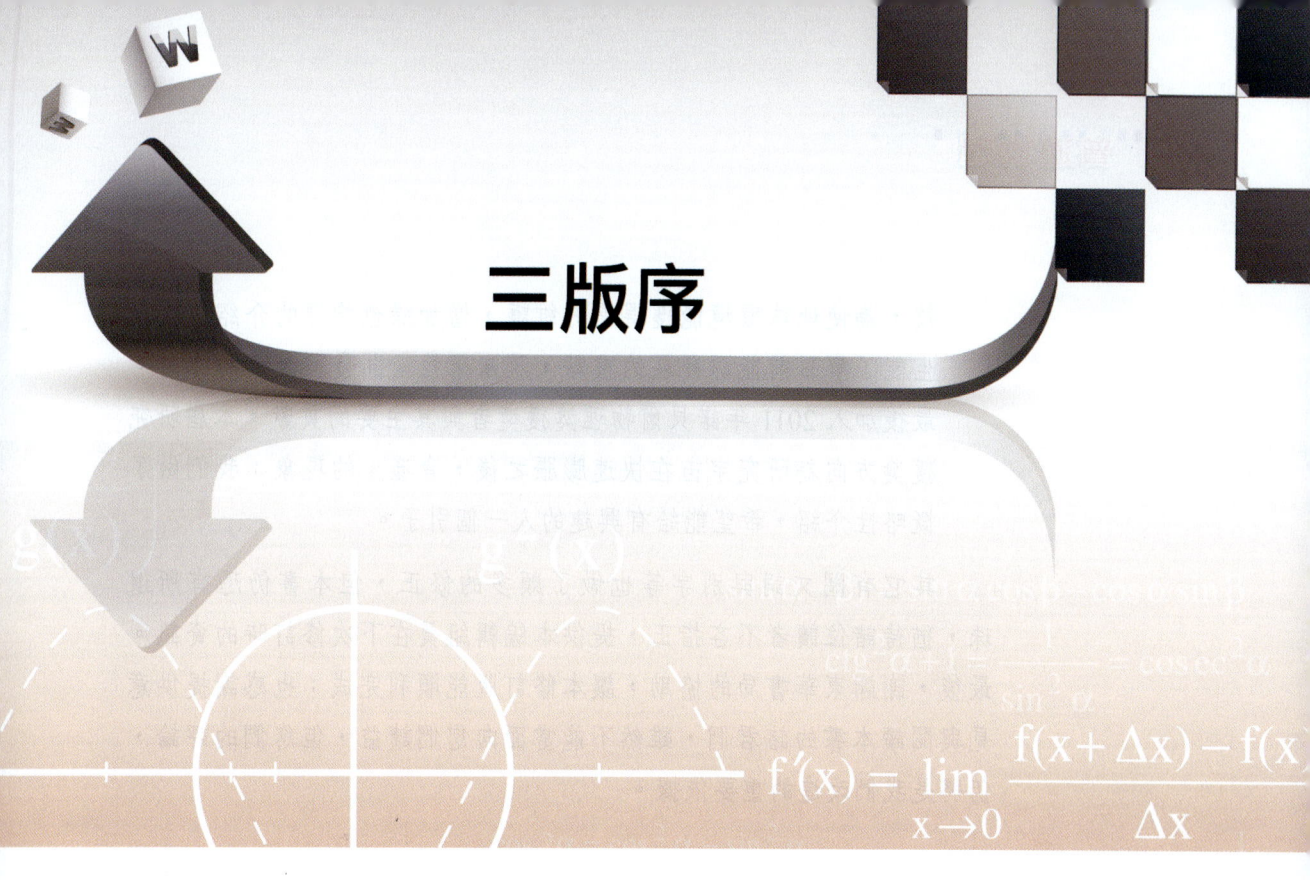

三版序

　　本書自發行至今轉眼經歷了五個年頭，經由使用本書的學者指教、學生意見之收集和多次編輯會議之討論更正事宜，決定對本書再次進行修訂；並確認修訂方向如下：

1. 加強基本觀念的建立：如在第一章緒論中增加單位轉換的方法，對向量乘法作更細緻的分類。力學中第四章能量部分，將地表附近重力位能的觀念予以加強。電學中第十六章添補導體中電流形成的概念等。

2. 調整例題使更能與生活和理論結合，並讓學生更易吸收：這部分是本書變動較大之處，原本我們在書中規範了隨堂練習，希望能藉由課堂教學結合，能讓教師了解學生學習效果；但受限於物理教學時數之不足，無法落實進行。因此，綜合各方意見後，刪除部分隨堂練習，將部分較具基礎概念的題目編寫為例題；我們也重新增刪了一些例題，讓例題能更接合生活，以提高學生的學習興致與效果。

3. 增加新的科技知識：本書第二十二章近代物理 (II)——現代高科

技，為使地球環境能獲得更好維護，增加綠色能源的介紹，讓學生能了解目前能源發展的重點，及未來技術開發與改善的方向。最後加入 2011 年諾貝爾物理獎獲獎者與其主要的貢獻，本屆研究獲獎方向為研究宇宙在快速膨脹之後，會產生的現象；我們做了概略性介紹，希望能給有興趣的人一個引子。

其它有關文詞與別字等也做了頗多的修正，但本書仍恐有所遺珠，猶待諸位讀者不吝指正，提供本編輯組員在下次修訂時的資訊。最後，謝謝東華書局的協助，讓本修訂版能順利完成；也感謝提供意見與閱讀本書的諸君們，雖然不能當面向您們請益，但您們的評論，仍將是我們改進的重要依據。

作者群　謹識
2012 年 8 月

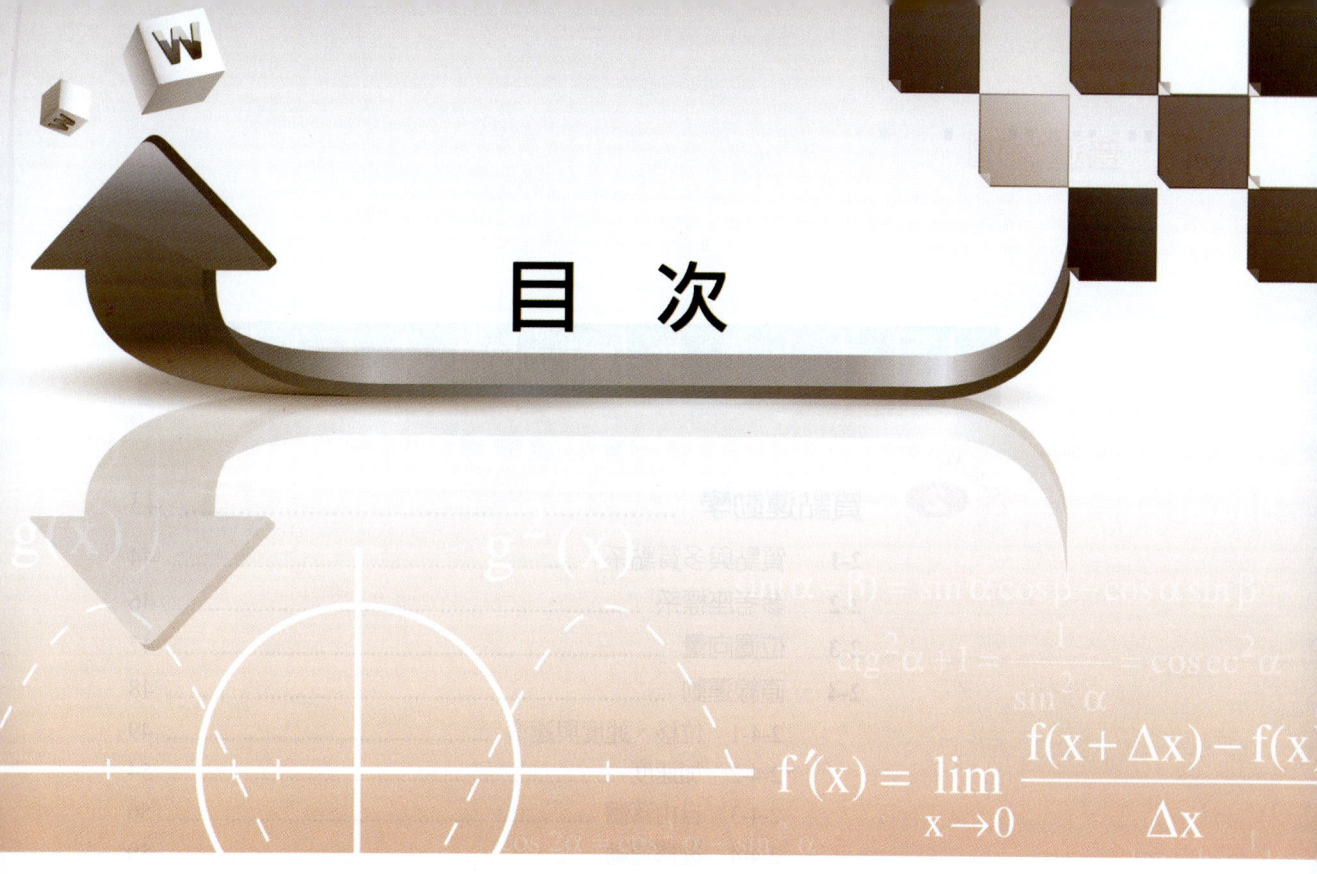

目 次

Chapter 1 緒 論 1

- **1-1** 學習物理之必要性 2
- **1-2** 科學測量與有效數字 4
- **1-3** 國際單位系統 (SI Units) 9
  - 1-3-1 時間的測量 12
  - 1-3-2 長度的測量 14
  - 1-3-3 質量的測量 15
  - 1-3-4 單位轉換 16
  - 1-3-5 因 次 18
- **1-4** 向量概述 21
  - 1-4-1 向量合成 —— 圖解法 23
  - 1-4-2 向量合成 —— 解析法 25
  - 1-4-3 向量的加減法 28
  - 1-4-4 向量的乘法 —— 純量乘向量 29
  - 1-4-5 向量的乘法 —— 純量積 30
  - 1-4-6 向量的乘法 —— 向量積 33

第一篇 力學篇

Chapter 2　質點運動學 43

- 2-1　質點與多質點系 44
- 2-2　參考座標系 46
- 2-3　位置向量 47
- 2-4　直線運動 48
  - 2-4-1　位移、速度與速率 49
  - 2-4-2　加速度 54
  - 2-4-3　自由落體 56
  - 2-4-4　拋擲運動 59
- 2-5　平面運動 64
  - 2-5-1　投射運動 70
  - 2-5-2　圓周運動 75
  - 2-5-3　平面曲線運動 80

Chapter 3　質點動力學 85

- 3-1　慣　性 85
- 3-2　牛頓的運動定律 87
  - 3-2-1　牛頓第一運動定律 87
  - 3-2-2　牛頓第二運動定律 89
  - 3-2-3　牛頓第三運動定律 95
- 3-3　萬有引力 98
  - 3-3-1　克卜勒行星運動定律 98
  - 3-3-2　萬有引力定律 101
  - 3-3-3　地球的重力與重力場 105
  - 3-3-4　常見的力 109
- 3-4　牛頓運動定律的解題原則 119

Chapter 4 功與能 129

4-1 功與功率 130
  4-1-1 定力作功 131
  4-1-2 功　率 136

4-2 動能與功能定理 140

4-3 位能與能量守恆 144
  4-3-1 保守力 144
  4-3-2 位　能 148
  4-3-3 力學能守恆 151
  4-3-4 能量守恆 154

Chapter 5 動量與衝量 163

5-1 質點衝量-動量定理 164

5-2 動量守恆定律 170
  5-2-1 單一質點系統 171
  5-2-2 多質點系統 171

5-3 碰　撞 175
  5-3-1 一維碰撞 175
  5-3-2 二維碰撞 182

5-4 質量中心 186

Chapter 6 剛體的轉動 191

6-1 剛體的基本運動 191

6-2 轉動的基本物理量 192
  6-2-1 角位移、角速度與角加速度 192
  6-2-2 線變量與角變量的關係 198
  6-2-3 轉動的向量處理 200

6-3 力　矩 206

6-4 轉動慣量 211

6-5 剛體轉動的功與能 219
  6-5-1 定軸轉動的動能 219
  6-5-2 剛體的重力位能 220
  6-5-3 轉動的功與功率 222

6-5-4 轉動的功能定理 225
6-6 角動量 227
　　6-6-1 質點的角動量 228
　　6-6-2 剛體的角動量 229
　　6-6-3 角動量守恆定律 231

Chapter 7 剛體的平衡 239

7-1 靜態平衡 240
　　7-1-1 平衡條件 240
　　7-1-2 平行力與力偶 243
　　7-1-3 重心 248
　　7-1-4 非平行力的平衡 251
7-2 穩定性 253
7-3 應用實例 257
　　7-3-1 槓桿 257
　　7-3-2 橋樑 260

Chapter 8 簡諧運動與彈性 267

8-1 理想彈簧 267
8-2 參考圓 272
8-3 諧振的角頻率與位能 276
8-4 單擺與複擺 284
8-5 阻尼振動與共振 281
8-6 應力與應變 294

Chapter 9 流體力學 303

9-1 流體的基本性質 304
　　9-1-1 流體質點與密度 304
　　9-1-2 壓力 306
9-2 靜止流體的壓力 308
　　9-2-1 壓力與深度的關係 308
　　9-2-2 帕斯卡原理 312

	9-2-3　阿基米德原理	318
9-3	界面現象	322
	9-3-1　表面張力	323
	9-3-2　毛細現象	326
9-4	流體動力學	328
	9-4-1　理想流體	328
	9-4-2　連續方程式	330
	9-4-3　白努利原理	333
	9-4-4　文丘里管	337

第二篇　熱學篇

Chapter 10　熱力學的基本觀念 ... 345

10-1	熱學系統	346
10-2	熱與溫度	348
	10-2-1　熱與內能	348
	10-2-2　熱力學第零定律	349
	10-2-3　溫　度	351
	10-2-4　氣體的狀態方程式	353
	10-2-5　溫度的測量	360
10-3	理想氣體模型的結構	362
	10-3-1　分子與分子力	362
	10-3-2　理想氣體	364
	10-3-3　理想氣體的熱運動	365
	10-3-4　氣壓的分子觀	366
10-4	統計平均簡介	369
10-5	氣壓與溫度的微觀本質	374
10-6	氣體分子的平均自由路徑	377
	10-6-1　平均碰撞頻率	377
	10-6-2　平均自由路徑	378

Chapter 11 熱力學定律 385

11-1 熱力學第一定律 386
  11-1-1 熱力學過程 386
  11-1-2 功與熱 388

11-2 熱力學第一定律的應用 393
  11-2-1 比熱、熱容量與焓 395
  11-2-2 自由膨脹 398
  11-2-3 等溫過程 399
  11-2-4 絕熱過程 402
  11-2-5 卡諾循環 405

11-3 熱力學第二定律 410
  11-3-1 可逆與不可逆過程 411
  11-3-2 第二定律的表述 411

第三篇 波動篇

Chapter 12 波動的特性 421

12-1 機械波的形成 422
12-2 諧波的幾何表述 426
  12-2-1 基本物理量 426
  12-2-2 波前與波線 431
12-3 諧波的數學表述 432
12-4 弦上諧波的傳播速率 440
12-5 波的反射與透射 442
12-6 波的重疊 445
  12-6-1 一維諧波的干涉 448
  12-6-2 拍 451
  12-6-3 駐 波 453
  12-6-4 複雜波形 458

Chapter 13 聲 波 465

13-1 聲波的特性 466

13-1-1 聲波的產生 466
13-1-2 傳播的速率 468
13-1-3 音調與音色 472
13-1-4 音強與音強級 473
13-2 聲波的傳播 479
13-2-1 惠更斯原理 479
13-2-2 聲波的反射 480
13-2-3 聲波的折射 482
13-2-4 聲波的吸收 483
13-3 駐波與共鳴 487
13-4 都卜勒效應 489
13-4-1 聲源移動、聽者靜止 490
13-4-2 聲源固定、聽者移動 493
13-4-3 聲源與聽者同時移動 495
13-5 音　爆 497
13-6 噪　音 500

第四篇　電磁學篇

Chapter 14　靜電學 (I) —— 庫倫力與電場 507

14-1 原子的結構與電性 508
14-2 導體、半導體與絕緣體 510
14-3 起電的方法 512
14-3-1 摩擦起電 513
14-3-2 接觸起電 514
14-3-3 感應起電 514
14-3-4 驗電器 516
14-4 庫倫定律 518
14-5 電場與電力線 522
14-5-1 電　場 522
14-5-2 電場疊加原理 525
14-5-3 電力線 531

14-6	高斯定律及其應用	534
	14-6-1　電通量	534
	14-6-2　高斯定律	538

Chapter 15　靜電學 (II) —— 電位與電能 549

15-1	重力場的回顧	550
15-2	電位能	551
15-3	電　位	557
15-4	由電場求電位	562
15-5	靜電平衡中的導體	564
15-6	電容器的能量密度	566
	15-6-1　平行板電容器	568
	15-6-2　極板間插入介電質	570
	15-6-3　超級電容器	573

Chapter 16　電流的磁效應 589

16-1	電流與電流密度	590
16-2	磁　場	594
	16-2-1　磁場與磁力線	594
	16-2-2　作用於運動電荷上的磁力	597
	16-2-3　作用於載流導線上的磁力	603
16-3	電流產生的磁場	606
	16-3-1　必歐-沙伐定律	607
	16-3-2　安培定律	611
16-4	電磁感應	616
16-5	馬克士威爾方程式	622

Chapter 17　電　路 627

17-1	直流電路	628
	17-1-1　直流電源	628
	17-1-2　通路與斷路	630
	17-1-3　直流電源的串聯與並聯	631

17-2 基本電路 633
　　17-2-1　電　阻 635
　　17-2-2　電　容 649
　　17-2-3　電　感 661
17-3 *RLC* 電路 668
　　17-3-1　*LC* 振盪電路 668
　　17-3-2　*RLC* 串聯電路 670

Chapter 18　磁性與磁性材料 675

18-1 磁性與磁性材料的簡史 676
18-2 磁學相關的物理量與單位 679
18-3 磁性的來源 684
18-4 磁性的分類 686
　　18-4-1　反磁性 687
　　18-4-2　順磁性 688
　　18-4-3　鐵磁性 690
　　18-4-4　反鐵磁性 693
　　18-4-5　陶鐵磁性 694
18-5 居禮溫度與尼爾溫度 695
　　18-5-1　居禮溫度 696
　　18-5-2　尼爾溫度 696
18-6 磁性材料的分類 697
　　18-6-1　軟磁材料 697
　　18-6-2　半硬磁材料 700
　　18-6-3　硬磁材料 700
18-7 巨磁阻效應 702
　　18-7-1　巨磁阻效應的應用 704

第五篇　光學篇

Chapter 19　光的反射與折射 709

19-1 光的本質 710

19-2	光的傳播	712
19-3	光的反射	714
	19-3-1 實像和虛像	714
	19-3-2 平面鏡的反射與成像	715
	19-3-3 球面鏡的反射與成像	719
	19-3-4 球面鏡成像的光線圖	723
	19-3-5 球面鏡的成像公式	725
19-4	光的折射	728
	19-4-1 司乃耳定律	728
	19-4-2 稜鏡與色散	733
	19-4-3 虹與霓	733
	19-4-4 薄透鏡的折射與成像	734
	19-4-5 薄透鏡成像的光線圖	738
	19-4-6 薄透鏡的成像公式	739
19-5	光學儀器	745
	19-5-1 眼睛與眼鏡	745
	19-5-2 照相機	748
	19-5-3 放大鏡與顯微鏡	750
	19-5-4 望遠鏡	751

Chapter 20 波動光學 763

20-1	光的雙狹縫干涉	763
20-2	薄膜干涉	768
20-3	邁克遜干涉儀	771
20-4	繞射與惠更斯原理	773
20-5	單狹縫繞射	774
20-6	雙狹縫干涉與繞射的重疊圖樣	777
20-7	解析度的臨界角	779
20-8	光　柵	781
20-9	光柵的色散與鑑別率	783

第六篇　近代物理篇

Chapter 21　近代物理 (I) —— 原子與量子物理 ... 793

- **21-1** 特殊相對論 ... 794
  - 21-1-1 兩項假設 ... 794
  - 21-1-2 相對論的同時性 ... 796
  - 21-1-3 時間的相對性 ... 797
  - 21-1-4 長度的相對性 ... 799
  - 21-1-5 勞倫茲轉換 ... 800
  - 21-1-6 光的都卜勒效應 ... 802
  - 21-1-7 相對論力學 ... 803
- **21-2** 量子論 ... 805
  - 21-2-1 黑體輻射 ... 805
  - 21-2-2 光電效應 ... 808
  - 21-2-3 原子結構的模型 ... 811
  - 21-2-4 康卜吞效應 ... 815
  - 21-2-5 波與粒子二象性 ... 817
  - 21-2-6 薛丁格方程式 ... 821
- **21-3** 原子核與粒子物理簡介 ... 822
  - 21-3-1 原子核的性質 ... 822
  - 21-3-2 原子核的穩定性 ... 823
  - 21-3-3 原子核的放射性 ... 824
  - 21-3-4 核分裂 ... 825
  - 21-3-5 核融合 ... 827
  - 21-3-6 基本粒子 ... 828

Chapter 22　近代物理 (II) —— 現代高科技 ... 835

- **22-1** 液晶 ... 835
  - 22-1-1 液晶的構造 ... 836
  - 22-1-2 液晶的應用 ... 837
- **22-2** 電漿 ... 838

- 22-3 雷射 839
- 22-4 半導體 841
- 22-5 超導體 844
  - 22-5-1 超導特性 844
  - 22-5-2 高溫超導體 845
  - 22-5-3 超導材料的應用 846
- 22-6 奈米科技 847
  - 22-6-1 奈米顆粒的特性 848
  - 22-6-2 奈米材料的類型 849
  - 22-6-3 奈米碳管 849
  - 22-6-4 奈米材料的應用 850
- 22-7 光纖 851
  - 22-7-1 光纖的性質 851
  - 22-7-2 光纖的應用 854
- 22-8 生物物理 855
  - 22-8-1 生物物理的成果 855
  - 22-8-2 生物物理的前景 858
- 22-9 綠色能源 859
- 22-10 2011 年諾貝爾物理獎介紹 —— 宇宙膨脹論 862

附 錄 869

習題解答 881

索 引 889

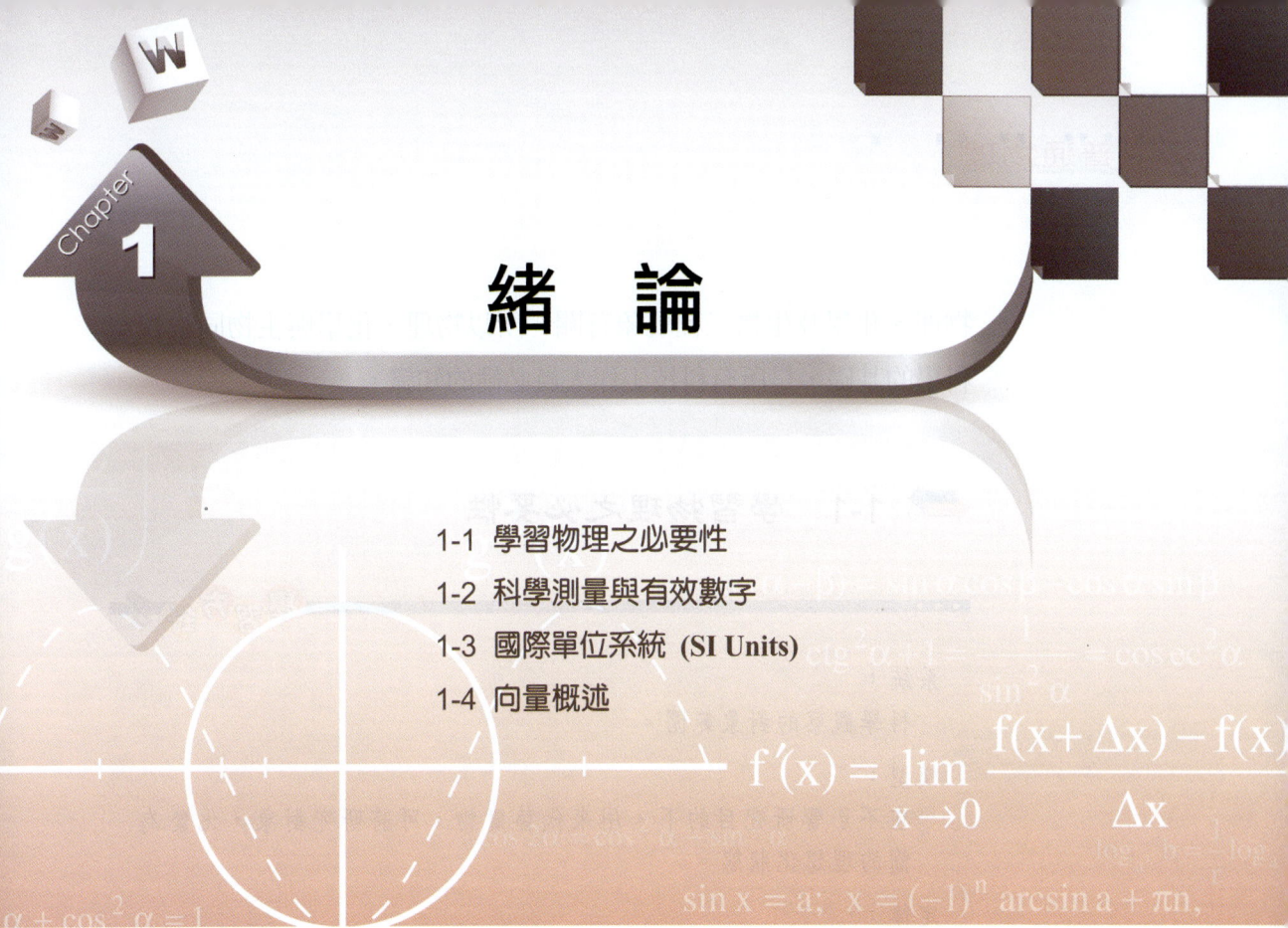

緒 論

1-1 學習物理之必要性
1-2 科學測量與有效數字
1-3 國際單位系統 (SI Units)
1-4 向量概述

　　無論是哪一種遊戲，球賽、電玩，甚至圍棋、橋牌、舞蹈等等，就算是純粹欣賞，也需懂得一些遊戲規則。倘若「都是隨人道長短」，畢竟乏味。如果有意一顯身手，則更需要具備一些基本的技巧，才能體會競爭的刺激。技巧懂得越多，用得越純熟，獲得的樂趣也越濃厚。

　　讀書旨在明理，終期致用。文學如此，科學亦然。只是文學側重措詞遣句，佈局謀篇，以能曲盡委婉，暢所欲言為目的。科學則著眼於了解自然現象，創造新鮮事物，藉以改善生存的環境，提高生活的品質。科學用歸納的手段，從紛如亂絲的觀察中，理出清晰的紋路，作成合理的結論，從而演繹，求取新知。可見科學與文學，同是將素材作圓融一致的安排，期收推陳出新的功效。

　　宇宙萬象，細加分類，不外乎物理、化學和生物三種現象。物理是探討物質狀態的變化，化學是涉及材料的變化，而生物現象，則在探索生命體的演化。從事科學工作者，其研究對象，最終必與

物理、化學及生物三種現象有關。所以物理、化學與生物同被視為科學的基礎，是所有科技工作人員必備的知識。

1-1 學習物理之必要性

系統：
科學觀察的對象範圍。

模型：
在不影響研究目的下，用來代替實物，可將研究對象，化繁為簡的理想化狀態。

定律：
在科學界公開發表和被廣泛驗證的理論。

籃球的規則，對於進攻、防禦、運球、上籃、……等，均有所規範。其它遊戲也各有規定，如果違反，難免受罰，重者甚至出局。自然科學的規則比較簡明；一切論述必以觀察 (observation) 或實驗 (experiment) 的結果為依據。不能驗證的，再好的學說，也只能算是空想。所以良好、嚴謹的觀察或實驗技巧，是從事科學工作者必備的條件。

科學觀察，須先選取對象，對象以外的事物，不宜喧賓奪主。粒子之微，宇宙之廣，都是可觀察研究的目標。用比較嚴謹的說法，不妨稱選取作為觀察研究的範疇或對象為系統 (system)。系統以外的事物則謂之環境 (environment，又稱外界)。

自然界的系統，無論大如星系，抑或小如原子，其複雜的程度皆遠超出我們所能想像，若想加以描述，則有必要化繁為簡。僅考慮最明顯的特徵，忽略次要的細節，經過簡化的系統，可視為實物的模型 (model)，作為探究系統的依據。原始的模型大都相當簡

陋，難以充分涵蓋系統的特質，描繪比較粗疏，應用自然有限。後人踵事增華，妥為修改，漸漸與實質接近，適用的範圍越來越廣，被接受的程度越來越高。這樣的模型多以數學的方式表現，也有稱之為理論或定理 (theorem) 的。經過嚴格驗證的定理，則稱為定律 (law)【註一】。到目前為止，物理的定律為數不多，可見許多模型猶有很多改進的空間。

　　簡單地說，科學的演進，其實是模型不斷地翻新。「舊者新焉，新者更新焉，靡有窮期，不可或止。」物理便是在驗證與修改這些模型之間，獲得進步。驗證以測量為手段，而數學則是修改的工具。所以實驗與理論同等重要，不容偏廢。

　　我們初窺物理的殿堂，未作入室的訪客，宮庭之美，收藏之富，一時尚難領略。因此，宜暫緩鑽研艱深理論，先從了解基本觀念，鍛鍊實驗技巧，熟悉運算法則入手。

例題 1-1

請說明下列問題：
(1) 物理常用模型來描述實物，為什麼模型時常會改變？
(2) 物理上學說與定律具有的意義各為何？

解
(1) 模型是物理在探討問題時，用來代替實物，將研究對象作理想化的論述。建立模型的目的是簡化研究的手段；但必須在不影響研究，並儘可能接近實質，廣泛的適用範圍，被接受的程度越高，模型越有價值，所以它常隨著研究技巧的提升，而不斷被修正。
(2) 學說 (theory)：又稱為理論，以數學演繹法，將規則或規範集合而成為有系統的解釋，學說有時候是暫時性成立的。
　　定律 (law)：描述物體運動或狀態的可測量的數學表達，是在科學界公開發表和被廣泛驗證的理論。物理學定律通常被認為是正確的。若定律被實驗證明是錯時，通常意謂著物理學的突破。

1-2 科學測量與有效數字

十的乘冪
10^m
$m\in Z$
(表示 10 的 m 次方)
10^{27}
10^{-4}
$325=3\times10^2+2\times10^1$ $+5\times10^0$

科學記號
$P\times10^m$
$1\leq P<10$
$m\in Z$
2.1×10^7 ;
3.4×10^{-4}

任何物理量的真正值很難測量得知，一般皆以公認值作為真正值的代表。

有效數字：
由一組確知的數字與一位估計值組成。

有效位數：
組成有效數字的個數。

科學記號：
將一數值以十的乘冪的形式表示，$P\times10^m$，且具有下列特性：
a. $1\leq P<10$，$m\in Z$；
b. 組成 P 的數字皆為有效數字。

實驗的測量結果表示為 $\overline{A}\pm\Delta A$：

$\overline{A}$：在相同條件下，多次測量以後，所得數據的平均值；

ΔA：絕對誤差；測量的平均值，與被測量事物的公認值之間的差，稱為絕對誤差。

$\Delta A=|$測量平均值 − 公認值$|$

公認值：
利用穩定性高，且精密度高的實驗儀器，在有經驗的人員操作下，經無數次測量所得的平均值，被認為是誤差最小，與真正值最接近的大小，稱為公認值。

單位：
表示物理量的標準基值，是比較用的單元，稱為單位。物理量的大小，即為單位的倍數。物理量大都含有數值與單位兩部分。

凱文爵士

凱文爵士 (Lord Kelvin, 1824-1907，原名 William Thomson) 曾經這樣說過：「當你能夠用數字去描述一件事物時，你對它已有相當的認識，否則與蒙昧無知何異，自然也談不上是科學的知識了。」而測量便是將物體的特性，以數字方式表現的一種手段。

早期人們對物體的特性，很少有清晰的概念。譬如球有大小，水有冷熱。究竟球有多大？水有多冷？除非有個公認的標準，可作為比較，否則要說出個所以然，還真不容易。測量便是用標準與實

物比較，求出一個客觀的數據，作為大小、冷熱的測量值，比較常用的標準基值單元，稱為**單位** (unit)，可以協商擬定。物性的特徵便以數字乘上單位表示；單位不同，測量值亦異。所以物理量，大都含有數字與單位兩部分，不能任意忽略。

實驗量測必定會有誤差，誤差的大小，取決於工具的好壞，人員操作方法的正確與否？記錄測量的數據不能隨意增減。有誤差的物理量，在加減乘除時，所用的法則也與普通算術不同 **[註二]**。運算的結果，若比原來數據精確，亦不容許。因此，實驗測量必須非常確實，數據處理也要十分仔細。

科學測量的數據慣用**有效數字** (significant figure) 的方式記錄。有效數字是由確知的數字，與一位 (而且是僅有的一位) 估計的數字組成 **[註三]**：

有效數字 = 一組確知的數字 + 一位估計值

例如，用塑膠尺量度鉛筆 [圖 1-1(a)]，設其長度介於 10.6 cm 與 10.7 cm (centimeter, 厘米) 之間。無論用哪一個數值，顯然都無法表明鉛筆長於 10.6 cm，而短於 10.7 cm 的事實。要更確切的記錄，必須在 6 後多取一位數字。但是在 10.6 cm 與 10.7 cm 間，並無刻度，多出來的這位數，純粹出於目測，有相當不確定的成分，稱為估計值 (不必過於執著)。如果鉛筆長超過 10.6 與 10.7 cm 間的

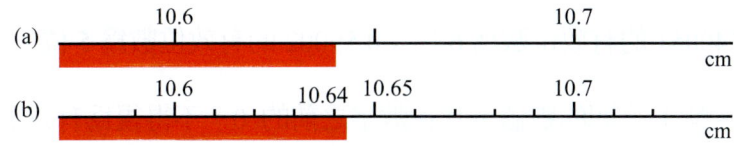

圖 1-1 長度的量測。
  (a) 已知值在 10.6 cm 與 10.7 cm 之間，長度可讀為 10.64 cm；
  (b) 已知值在 10.64 cm 與 10.65 cm 之間，長度可讀為 10.643 cm。

中線，視其位置，不妨記為 10.66 cm 或 10.68 cm；若未超過中線，則記為 10.62 cm 或 10.64 cm 也自無妨。如圖 1-1(a)，測量數據 10.64 cm，前面的 1、0 與 6 都是確知的，後面的 4 是估計的數字，誤差的資料，全由它負責。因此，1、0、6 與 4 都有科學意義，這些具有科學意義的數字，稱之為有效數字。

在實驗數據的分析上，其最終測量值的記錄，通常以多次測量以後的平均值 $\bar{A}$ 和絕對誤差 ΔA 表示：

$$\bar{A} \pm \Delta A$$

$\bar{A} \pm \Delta A$ 代表 $\bar{A} + \Delta A$ 與 $\bar{A} - \Delta A$ 間的所有數值。

例如，測量值在 10.63 cm 與 10.65 cm 之間，平均值為 10.64 cm 時，可將測量結果記錄為：

$$(10.64 \pm 0.01) \text{ cm}$$

0.01 cm 稱為測量平均值的絕對誤差。

在量測記錄或運算上的需要，有時必須作單位轉換，導致測量值數字的位數有所變化。為了維持原來有效數字的可信度，就需了解其原來測量時，所獲得數據的位數，這些位數即稱為有效位數。在判斷有效數字的位數時，有些規範需注意：

1. 所有非 0 的數字皆視為有效位數。
2. 數字為零時，以下列原則判定是否可為有效位數：

(1) 在數字中間的 0 視為有效位數。例如：

340051 的有效位數為 6 位；0.59002 的有效位數為 5 位。

(2) 0 與 1 之間的數值，其在數字之前的 0，不得視為有效數字。例如：

0.00341 的有效位數為 3 位；0.0059002 的有效位數為 5 位。

(3) 小數點以後且位在數字後的 0，視為有效數字。例如：

341.00 的有效位數為 5 位；0.00590200 的有效位數為 6 位。

(4) 整數用科學記號表示，可免除數字後的 0 所帶來的困擾。

3. 科學記號表示為 $P \times 10^m$，$1 \leq P < 10$，$m \in Z$；所有 P 的位數皆為有效位數。例如：

3.004100×10^6 的有效位數為 7 位；5.90200×10^{-6} 的有效位數為 6 位。

4. 非測量數值的有效位數，視為無窮多位。例如：

教室內有 50 張桌子，37 位學生，此處的 50、37 皆非測量數值，有效位數視為無窮多位。

對於有效數字的運算，亦有一些繁瑣的規定。但只要熟悉下面兩條通則，已足以應付一般的計算問題。

通則 I

加減有效數字時，結果應與所有運算數值中，在小數點之後的最短數目相同。

通則 II

乘除有效數字時，結果應與乘除數中，有效位數最少者相同。

例題 1-2

化學元素氫 (H)、氧 (O)、鈣 (Ca) 的原子量分別為 1.0080、15.999、40.08 克 (g)，求由此三元素組成的氫氧化鈣 [Ca(OH)$_2$] 分子量。

解❶

氫氧化鈣 [Ca(OH)$_2$] 的分子量為二個氫原子的原子量 2.0160 g、二個氧原子的原子量 31.998 g，以及一個鈣原子的原子量 40.08 g 的和；

2.0160 g + 31.998 g + 40.08 g = 74.0940 g

因原子量中，小數點之後最短的數值為鈣之原子量僅有兩位小數 40.08 g。在計算結果 74.0940 g，不需要全部寫出，只需保留至小數點以下第二位，而將小數點之後，第三位數字四捨五入。所以計算的結果為 74.09 g，書寫為

$$2.0160 \text{ g} + 31.998 \text{ g} + 40.08 \text{ g} = 74.09 \text{ g}$$

解❷

在有效數字的運算中，可先利用四捨五入將數值截短至所欲保留的位置，以減少運算時間。以本題為例

氫原子	2×1.0080 g	⇒	2.02 g
氧原子	2×15.999 g	⇒	32.00 g
鈣原子	40.08 g	⇒	40.08 g

$$2.02 \text{ g} + 32.00 \text{ g} + 40.08 \text{ g} = 74.10 \text{ g}$$

前解 74.09 g 與此結果 74.10 g，有 0.01 g 之差；因末一位為估計量，所以此二種計算結果，皆為可被接受的解，但在整體運算上，後者則簡潔許多。

例題 1-3

小明在實驗室用兩種不同精密度的電子天平進行秤量藥品，得到 1.250 g 及 1.25048 g 二組數據，顯示兩台天平的精密度分別為何？

解

記錄實驗測量數據時，要注意有效數字，即記錄「準確讀到的數值再加一位估計值」；而這也代表測量的精密度。

小明在實驗室用電子天平秤量藥品，得到 1.250 g 的有效位數為四位，精密度為 ± 0.001 g；另一組數據 1.25048 g，它的有效位數為六位，精密度為 ± 0.00001 g；

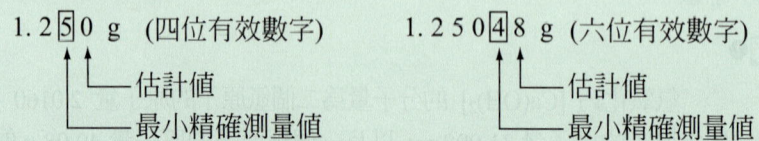

注意：測量數據中記錄數字「1.250 g」中的 0 很重要，不可寫為 1.25 g，否則會被誤以為天平的稱量精密度為 ± 0.01 g。

1-1　教室內有學生的桌椅 55 套，有效數字 55 套的有效位數為 2 位，是否正確？

1-2　絕對誤差 0.01 cm 與 0.001 cm 的精密度相差 10 倍，是否正確？

1-3　填入下列尚未完成的空格

測量數值	有效位數	科學記號	測量數值	有效位數	科學記號
0.00440360			346.00		
2.005600			34600.00		
		3.46×10^{-4}			2.57×10^{5}
		6.7800×10^{-4}			6.00400×10^{8}
5674906			4906̄000		

註：4906̄000

整數後若為數個零，以一短棒符號區分其有效數字的位置，於短棒符號之前(含)的零視為有效位數，之後則不列入有效位數。

1-4　大雄測量紙箱的長、寬、高各為 85.3 cm、40.362 cm、26.85 cm，則大雄測得紙箱的周長、表面積、體積各是多少？

1-3　國際單位系統 (SI Units)

基本量：
　時間、長度、質量、溫度、電流、光強度、物質量等七個物理量稱為基本量。

導出量：
　可由七個基本量組成的物理量，稱為導出量。

基本單位：
　七個基本物理量的單位：秒 (s)、公尺 (m)、公斤 (kg)、凱氏度 (K)、安培 (A)、燭光 (cd)、莫耳數 (mole)。

導出單位：
　依物理量關係，由基本單位合併而成的單位。

國際單位系統制：
　簡稱 SI 制，即 MKS 制。

測量需要標準，既稱為標準，自然以中外一致，古今不改為宜。無如已知的物性，早已論百盈千，隨著模型的改進，不時還有新猷出現，要為它們一一建立標準，事實上甚有困難。有必要選擇幾個最常見的物理量，作為基本標準，其餘的則由它們複合表示。1960 年在巴黎召開的第十一屆國際度量衡會議 **[註四]**，與會的科學家，制訂**國際單位系統** (International System of Units，簡稱 SI Units)。協議採用七種基本物理量，訂定它們的單位，稱之為**基本單位** (fundamental units)，作為所有科學單位的根本，這七個單位的名稱符號詳見表 1-1。其它物理量的單位，由基本單位依物理關係合併而成，而稱為導出單位。

物理的系統可大如整個宇宙，亦可小如原子核中的粒子，當僅用數值表示，在書寫上極為冗長，且不易判讀。若能以十的冪方表示，將可改善此困窘。此外，科學家也將部分十的冪方以英文字首取代，更簡潔了表示法。例如：十億分之一米，可叫做 1 **奈米** (nanometer, nm)，即 1×10^{-9} m = 1 nm，字首 nano (符號 n) 表示十億分之一的意思。其它常用的字首與符號則列於表 1-2。

科學記號
$P\times 10^m$；
$1\leq P<10$，
$m\in Z$。

表 1-1　SI 制基本單位名稱與符號

物理量	中文名稱	英文名稱	符號
時間	秒	Second	s
長度	公尺 (米)	Meter	m
質量	公斤 (仟克)	Kilogram	kg
溫度	凱氏度	Kelvin	K
電流	安培	Ampere	A
光強度	燭光	Candela	cd
物質量	莫耳	Mole	mol

◯表 1-2　常用的字首與符號

冪　方	英文名稱	中文名稱	符　號
18	exa-	艾 (百萬兆)	E
15	peta-	拍 (千兆)	P
12	tera-	太 (兆)	T
9	giga-	吉	G
6	mega-	百萬	M
3	kilo-	仟	k
2	hecto-	百	h
1	deka-	十	da
−1	deci-	分	d
−2	centi-	厘	c
−3	milli-	毫	m
−6	micro-	微	μ
−9	nano-	奈 (毫微)	n
−12	pico-	皮 (微微)	p
−15	femto-	飛 (毫微微)	f
−18	atto-	阿 (微微微)	a

例題 1-4

寫出下列各物理量的十的冪方、英文名稱，並用字首符號表示：

(1) 地球半徑 6371000 m (meter 的縮寫)；
(2) 斑點大小的塵土質量 0.00000000073 kg (kilogram 的縮寫)。

解

(1) 地球半徑

　　6731000 m = 6.731×10^6 meter = 6.731 mega-meter = 6.73 Mm

(2) 斑點大小的塵土質量

　　0.00000000073 kg = 7.3×10^{-7} gram = 730×10^{-9} gram
　　　　　　　　　　 = 730 nano-gram = 730 ng

隨堂練習

1-5 下列哪些是正確的科學記號表示法？
(1) 0.3×10^5；(2) 30.0×10^4；(3) 2.00×10^5；(4) 4.10×10^{-3}。

1-6 已知 1024 KB 簡稱 1 MB、1024 Bytes 簡稱 1 KB。靜香用 PowerPoint 做了一份報告，檔案大小是 13.8 MB，以科學記號表示，此檔案相當於多少 Bytes？

1-7 小杉用 400 萬倍的電子顯微鏡，觀察引起「嚴重急性呼吸道症候群，SARS」的冠狀病毒的變異種，發現病毒在電子顯微鏡內的長度約為 9 公分；請問小杉觀察到冠狀病毒的大小是多少奈米？

1-8 已知太陽到地球的距離約 1.5×10^8 公里，光的速度 3×10^8 公尺/秒。則太陽表面的光到達地球大約需要多少時間？

1-3-1 時間的測量

學習方針

1 秒：
時間的單位基準；1967 年第十三屆國際度量衡會議，決議以：銫-133 原子的特定射線光波，振動 9,192,631,770 次，所需的時間定為 1 秒。

　　有些物理量本身的意義非常難明，但測量它們的大小卻屬輕而易舉。時間便是這樣的一個量。古今中外的名儒碩彥，多的是對人生幾何、時不我予的慨嘆，卻未聞有對時間下過確切定義的。若就物理的目的而言，現象發生於何時何刻，持續幾分幾秒的資料，比時間本身有用。所以致力於精確測時的機會多，探討時間本義的少。

　　測定時間，凡具有週期性的現象都可應用。初民計時，以日正當中為準。兩相鄰中午的時刻，相當於地球自轉一周，定為一太陽日 (solar day)。太陽日有長有短，其年平均值定為一平均太陽日 (mean solar day)。我國先賢定一晝夜為 12 時辰，希臘人則分日夜各

小品
希望之塔

希望之塔位在高雄市國立科學工藝博物館南館的戶外展示公園，靠近九如路邊，於 2001 年 11 月 4 日開始啟用。主建物融合東西方的思想，表現時間的多樣面貌，二側則敘述著時間標記和計時器的演變過程。希望之塔高四十米，有四層不同的結構，分為

第一層：水鐘，以流水的律動展現時間的變化。
第二層：報時球，十二顆不同顏色的球，在整點時沿著螺旋管道滾下。
第三層：音樂編鐘，十二種不同音階的音樂銅鐘，由電腦控制，在整點時敲擊播放設定的樂曲。配合音樂節奏，此時科工館館徽球緩緩升起，與四周鋼管在燈光照耀下，不停轉換色彩。
第四層：塔頂為東方式寶塔，在夜間整點時刻，發出炫麗的色彩變化。

希望之塔

為 12 小時 (hour, hr)，每小時 60 分鐘 (minute, min)，每分鐘 60 秒 (second, s)。但是對短時間的測定，則無良法。

伽利略 (Galileo Galilei, 1564-1642) 在研究斜面運動，利用水量計時，得到距離 d 與時間 t 平方成正比的關係，

$$d \propto t^2 \tag{1-1}$$

奠定牛頓 (Issac Newton, 1642-1727) 力學的基礎。中國古代的銅壺滴漏，利用水滴成形時間約略相等的原理製造，極有創意，可惜並無後續發展。

計時的標準，單擺、振子 (oscillator，因通電而振盪的晶體，如石英等) 和光波的頻率，都先後被利用過。頻率越高的，計時越準，對精確的實驗，越有幫助。有鑑於此，1967 年召開的第十三屆國際度量衡會議，決議以：

銫-133 原子的特定射線光波，振動 9,192,631,770 次，所需的時間，定為 1 秒。

伽利略利用斜面實驗，測得距離和所用的時間，得出距離與時間平方成正比的結論，從而發現落體定律。

美國國家標準與技術局 (NIST) 製造了如米粒般大小的世界最小原子鐘，準確度為每三百年誤差一秒。

以原子射線為準的計時器，稱做原子鐘 (atomic clock)，非常精確，幾乎不受時、地、冷、暖，或其它外在因素的影響。兩個同步校正的銫原子鐘，大約 6,000 年後才會相差 1 秒。

1-3-2 長度的測量

> **學習方針**
>
> 標準米：
>
> 長度的單位基準：
>
> 1983 年第 17 屆國際度量衡大會為標準米訂定新的定義：
>
> 真空中，光在 299,792,458 分之一秒內，所行進的路程長為標準米。

度量衡的源起：
1. 最早人類使用自然物為度量的標準，如：一指、一手。
2. 最早有記載的人為標準物約是四千九百年前埃及的古辜法老王用黑色質堅的花崗岩所制訂的長度，標準的長度相當於古辜法老王小臂至手指尖端的距離。
3. 我國最古之度量衡標準原器為黃鍾。而黃鍾之實長實量若干，因古黃鍾律不傳，已不可切實論斷。

長度量測的基本單位為「米」，米的定義亦屢經變更。十八世紀末，法國科學院將通過巴黎天文台的地球子午線長度的四千萬分之一定義為「米」，並以橫截面積為 25.3 mm × 4.05 mm，鉑銥合金製成的矩形兩端面間的距離即為 1 米，保存在法蘭西共和國檔案局，稱為「檔案米尺」。1888 年，國際計量局用鉑銥合金製成的尺，作為「國際基準米尺」，其復現精確度可以達到 $\pm 1\times 10^{-7}$。1889 年，第一屆國際度量衡大會把「米」定義為：在零攝氏度下，以保存在國際計量局中的鉑銥米尺的兩中間刻線間的距離為「標準米」。

1927 年第 7 屆國際度量衡大會，決定在溫度為 15℃，大氣壓力為 101325 帕和 CO_2 含量為 0.03% 的乾燥空氣中，將鎘紅外線的波長 λ_{cd} = 0.64384696 μm 的 1553164.13 倍作為標準米，即 1 米= 1553164.13 λ_{cd}。1960 年第 11 屆國際度量衡大會，通過將「米」定義為：在真空中 ^{86}Kr 原子在特定能級之間躍遷時，其輻射橘黃色光波長的 1650763.73 倍為「標準米」。1983 年第 17 屆國際度量衡大會為標準米訂定新的定義：

真空中，光在 299,792,458 分之一秒內，所行進的路程長為標準米。

所以用這些奇奇怪怪的數字作為新單位的規範，固然是為了更高的精準度，更不受環境的影響。新舊單位大小一致，避免引起工業界無謂的爭議，也是重要因素之一。

1-3-3 質量的測量

學習方針

1 公斤：

質量的單位基準：

以鉑銥合金製成，直徑與高同為 3.9 cm 的實心圓柱體，質量定為 1 公斤。

1 amu：

原子質量單位：一個碳-12 原子的質量，相當於 12 amu。

$$1 \text{ amu} = 1.6605402 \times 10^{-27} \text{ kg}$$

質量是物體中所含物質之量的度量，代表物體慣性的大小，單位基準為公斤 (kilogram, kg)。標準公斤的基準是以鉑 (90%) 銥 (10%) 合金製成，直徑與高同為 3.9 cm 的實心圓柱體，將其質量定為 1 公斤。原物現存於巴黎附近塞夫勒 (Sèvres) 的國際度量衡標準局內，各國以其複製品，作為衡量的校正。物理與化學也常用碳-12 原子 (carbon-12 atom) 的質量為標準，定為原子質量單位 (atomic mass unit, amu)。一個碳-12 原子的質量相當於 12 amu。amu 與 kg 有如下的關係：

$$1 \text{ amu} = 1.6605402 \times 10^{-27} \text{ kg}$$

1-3-4 單位轉換

> **鏈鎖法則：**
> 物理量運用 1 個或數個轉換因子，消去不需要的單位，以達到單位轉換的目的，這方法被稱之為**鏈鎖法則** (chain rule)。

物理量用一個數值和單位的乘積來表示，單位是測量物理量時，用來作為數值計量單元的基準。同一個物理量採用不同的單位來表示時，物理量的數值就會不同。然而物理量的量度標準與人類之日常生活、產業活動、教育研究息息相關，因此，了解同一物理量在不同單位下的數值轉變便頗為重要。

單位轉換是運用單位的關聯性或公式，可將一種計量單位換算為另一種單位。例如，1 哩 (mi) = 1.609 千米 (km)、1 千克 = 2.2 磅；華氏溫度減 32 後乘 5/9 可換算為攝氏溫度，因此若人體溫度為華氏 98.6°F，則相當於攝氏 37.0°C。通常做單位轉換時，必須乘上轉換因子；轉換因子是二大小單位的比值，其量值為 1，沒有單位，例如

(1) 1 kg 等於 1000 g，故其比值 $\dfrac{1\,\text{kg}}{1000\,\text{g}} = 1$；

(2) 1.609 km 等於 1 mi，故其比值 $\dfrac{1.609\,\text{km}}{1\,\text{mi}} = 1$

$$90\,\frac{\text{km}}{\text{hr}} = 90 \times \frac{1\,\text{km} \times \dfrac{1000\,\text{m}}{1\,\text{km}}}{1\,\text{hr} \times \dfrac{60\,\text{min}}{1\,\text{hr}} \times \dfrac{60\,\text{sec}}{1\,\text{min}}}$$

$$= 90 \times \frac{1 \times \dfrac{1000\,\text{m}}{1}}{1 \times \dfrac{60}{1} \times \dfrac{60\,\text{sec}}{1}}$$

$$= 90 \times \frac{1000\,\text{m}}{60 \times 60\,\text{sec}}$$

$$= 25\,\frac{\text{m}}{\text{sec}}$$

在使用鏈鎖法則轉換單位時，要注意轉換因子書寫時，必須將單位寫出，不可僅列出數值。轉換單位可以達到一致的表達方式，消除因多種單位制和單位並存而造成的混亂或誤解，有利於促進民生工業、社會經濟和科技發展。

例題 1-5

硬碟內電機主軸的轉動速度會決定硬碟內部傳輸速率，較高的轉速可縮短硬碟的資料讀寫時間。若一個硬碟的轉速是 10000 rpm，則此硬碟旋轉一圈需多少 ps？

解

rpm 是轉動速度的單位，意指每分鐘旋轉的圈數 (round/min)；所以 10000 rpm 表示每分鐘旋轉 10000 圈。因此每旋轉一圈的時間 T 為：

$$T = \frac{1}{10000 \text{ rpm}} = \frac{1}{10000} \frac{\text{min}}{\text{round}}$$

$$= 10^{-4} \times \frac{1 \text{ min} \times \frac{60 \text{ sec}}{1 \text{ min}}}{1 \text{ round}}$$

$$= 6000 \times 10^{-6} \frac{\text{sec}}{\text{round}} = 6 \times 10^{3} \frac{\mu s}{\text{round}}$$

$$= 6 \times 10^{9} \times 10^{-12} \frac{\text{sec}}{\text{round}} = 6 \times 10^{9} \frac{\text{ps}}{\text{round}}$$

轉速是 10000 rpm 的硬碟，其旋轉一圈所需時間為 6×10^{9} ps。

例題 1-6

Pentium 4- 的 CPU 標示為 2 GHz，則此 CPU 的脈動週期 T 為多少 ns？

解

脈動週期 $T = 1/f$
$= 1/(2G)$ 秒 $= 1/(2 \times 10^{9})$ 秒 $= 0.5 \times 10^{-9}$ 秒
$= 5 \times 10^{-10}$ s $= 5 \times 10^{-7}$ ms $= 5 \times 10^{-1}$ ns
$= 0.5$ ns $= 5 \times 10^{2}$ ps

1-3-5 因次

> **因次：**
> 物理量由一個或數個基本量表示時，在關係式中，各基本量的指數，稱為該物理量的因次。因次的記法為「[物理量]^m」；其讀法為「物理量的 m 個因次」。
>
> **單位：**
> 測量物理量時，用來作為數值計量單元的標準量。

數值與單位兼備的物理量，在決定數值之前，先須確定其所用的單位。物理量由一個或數個基本量表示時，在關係式中，各基本量的指數稱為該物理量的因次 (dimension)。基本量的因次分別定為 $[T]$、$[L]$、$[M]$、……等 (表 1-3)。其它物理量的因次則視其與基本量的關係，分別由 $[T]$、$[L]$、$[M]$、……組成。

因次的記法為「[物理量]^m」，其讀法為「物理量的 m 個因次」；例如：

1. $[L]^2$：讀為「長度的 2 個因次」。
   $[T]^{-2}$：讀為「時間的負 2 個因次」。

表 1-3 基本量的因次

基本物理量	因 次
時間	$[T]$
質量	$[M]$
長度	$[L]$
溫度	$[\Theta]$
電流	$[I]$
光強度	$[J]$
物質量	$[N]$

2. 速率是距離與時間的比值,

$$速率 = \frac{距離}{時間}$$

用因次可表示如下:

$$[速率] = \frac{[長度]}{[時間]}$$

$$= \frac{[L]}{[T]}$$

$$= [L][T]^{-1}$$

讀為「速率的因次,等於長度的因次乘以時間的負 1 個因次」。

　　研討物理難免運用到數學,經過冗長的演繹,所得數學式是否正確,必須予以驗明。最簡便的方法就是檢驗等號兩邊各項的因次,如果因次不同,毫無疑問,演繹肯定有誤。

例題 1-7

將「力」定義為「質量乘以加速度」時,試寫出「力」的因次。

解

$$力的因次 = 質量的因次 \times 加速度的因次$$
$$加速度的因次 = 長度的因次(時間的因次)^{-2}$$

所以,

$$力的因次 = [M][L][T]^{-2}$$

讀為「力的因次等於質量的因次,乘長度的因次,乘時間的負 2 個因次」。

　　由因次也可以判斷出物理量的單位,如:

1. 若以 SI 制觀看:

質量的單位為公斤 (kg);
長度的單位為公尺 (m);
時間的單位為秒 (s);

則力的單位為公斤・公尺・秒$^{-2}$ (kg・m・s^{-2}),或簡稱為牛頓 (N)。

2. 若以 CGS 制觀看：

質量的單位為公克 (g)；
長度的單位為公分 (cm)；
時間的單位為秒 (s)；

則力的單位為公克・公分・秒$^{-2}$ (g・cm・s^{-2})，或簡稱為達因 (dyne)。

例題 1-8

一學生做等加速度運動實驗時，欲以運動學中的式子，驗證其數據是否有誤；但他不能確定 $v^2 = v_0^2 + 2ad$ 式子的正確性，請以因次分析的方法，幫助他判斷該式子是否正確？

解

$$v^2 = v_0^2 + 2ad$$

式中，v 代表末速，因次 $[v] = [L][T]^{-1}$
　　　v_0 代表初速，因次 $[v_0] = [L][T]^{-1}$
　　　a 代表加速度，因次 $[a] = [L][T]^{-2}$
　　　d 代表位移，因次 $[d] = [L]$

依因次法則的定義：

物理關係式，等號左邊的因次與右邊的因次必須相同。

係數 2 是無因次的量。

故 $v^2 = v_0^2 + 2ad$ 的因次為

$[v]^2 = [v_0]^2 + [a][d]$
$[v]^2 = [L]^2[T]^{-2}$
$[v_0]^2 = [L]^2[T]^{-2}$
$[a][d] = [L][T]^{-2}[L] = [L]^2[T]^{-2}$

因 $[v]^2$、$[v_0]^2$、$[a][d]$ 三項皆有相同的因次；故知 $v^2 = v_0^2 + 2ad$ 為一可用的式子，但因次分析方式，並未處理無單位的常數項，故其判斷出的結果，僅可以近似正確看待，不可視為完全正確。

隨堂練習

1-9 寫出動能 $K = \frac{1}{2}mv^2$，位能 $U = mgh$ 的因次和在 SI 制中的單位。

1-4 向量概述

學習方針

純量：
有大小而沒有方向的物理量；如溫度、時間、長度、……等。

向量：
有大小及方向的物理量；如位移、速度、力、……等。

向量合成：
由二個以上的向量組成的合向量；可用圖解法與解析法求得。

向量運算：
加法、減法、純量乘向量、純量積、向量積五種運算方式。

代數運算：
有加、減、乘、除四種運算。

向量運算：
只有加、減、乘三種運算；但其中乘法分純量乘向量、純量積、向量積三種。

　　輕重長短等物理量，只要曉得它們的大小單位，便無誤解之虞，這樣的物理量稱為**純量** (scalar)。但是有些物理量，即使曉得它的大小單位，意義還是十分含糊。例如知會朋友，只說你離校 10 公里，能夠曉得「君在何方」的，恐怕不會有幾個人。可見描述位置，光說大小單位，還是不夠明確，必須標示方位，資訊才算完全。像位置、速度等需要指明方向，才有意義的物理量稱為**向量** (vector)。習慣上都用箭矢來表示，所以又有稱之為**矢量**的。箭簇所指代表向量的方向，矢的長短，則代表向量的大小。抑有進者，只要不改變箭矢的方向長短，將它平移到一個新位置，仍可視之為同一向量。如方向長短有任何改變，當視為一新向量。為方便計，向量可以粗體字或在非粗體字上方加一箭號代表。圖 1-2 中的 $\vec{a}$ 和 $\vec{b}$ 可能是同一向量，箭矢 $\vec{d}$ 和 $\vec{c} = -\vec{a}$ 則代表嶄新的向量。符號 a、

向量相等的條件：
1. 大小相等；
2. 指向相同。

b、c、d，分別代表 $\vec{a}$、$\vec{b}$、$\vec{c}$、$\vec{d}$ 的大小。

當數個向量產生疊加作用時，在處理上可採用圖解法或解析法。使用圖解法，一般必須配合向量的平移特性，即在大小與方向不變的情況下，移動向量至特定位置，以求取疊加後的效應。解析法是利用向量在直角座標軸上的分量來進行運算，基本上可分為加法、減法與乘法三種運算方式。加法與減法只有在同一軸上才能運算，方法與代數加減法相同，其意為同方向相加，反方向相減。但向量的乘法與代數的乘法不同；在代數乘法中，當二個純數值 a 和 b 相乘，可表示為 $a \times b = a \cdot b = ab$，它們具有相同意義。但在向量乘法中，當二個向量 $\vec{a}$ 和 $\vec{b}$ 相乘，則要特別注意表達方式，因為 $\vec{a} \times \vec{b} \neq \vec{a} \cdot \vec{b}$；尤其是「$\vec{a}\vec{b}$」的表示法，在向量乘法中是無定義。通常向量的乘法可分為純量乘向量、純量積與向量積三類。由於向量的運算牽涉到方向，故與純量大不相同。向量的個數不多時，圖解法比較便捷，個數太多時，解析法較明確，茲將二法分述如下。

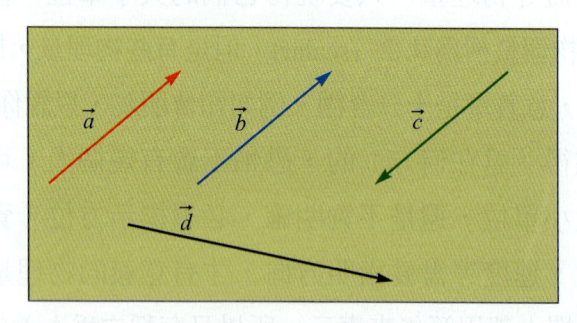

圖 1-2　向量圖示法。$\vec{a}$ 和 $\vec{b}$ 可能代表同一向量，$\vec{d}$ 和 $\vec{c}$ 則為不同的向量。$\vec{c} = -\vec{a}$ 表示二向量大小相等，方向相反。

1-4-1 向量合成──圖解法

向量圖解法：
1. **向量合成：**
將二個或二個以上的向量，結合成一個向量。方法為，先將各向量平移，並逐一以頭尾相連接的方式繪在一起，直至所有向量連接完成，再將起始向量的箭尾，與最末向量的箭頭連接，即可得合向量。

2. **向量分解：**
將一個向量分成二個或二個以上的向量，這些向量就是原向量的分量。一般均將向量分解到直角座標系的座標軸上。

如圖 1-3(a) 所示，$\vec{a}$、$\vec{b}$、$\vec{c}$ 三向量，大小不等、方向各異。使 $\vec{a}$ 的箭頭與 $\vec{b}$ 的箭尾重疊，如圖 1-3(b)，則由 $\vec{a}$ 的箭尾畫至 $\vec{b}$ 的箭頭的箭矢，代表一新的向量 $\vec{d}$。由於從 $\vec{a}$ 的箭尾，沿 $\vec{a}$ 經 $\vec{b}$ 而至 $\vec{b}$ 的箭頭，與從 $\vec{d}$ 的箭尾沿 $\vec{d}$ 到 $\vec{d}$ 的箭頭，路徑雖有不同，但始點與終點並無差異，因此定

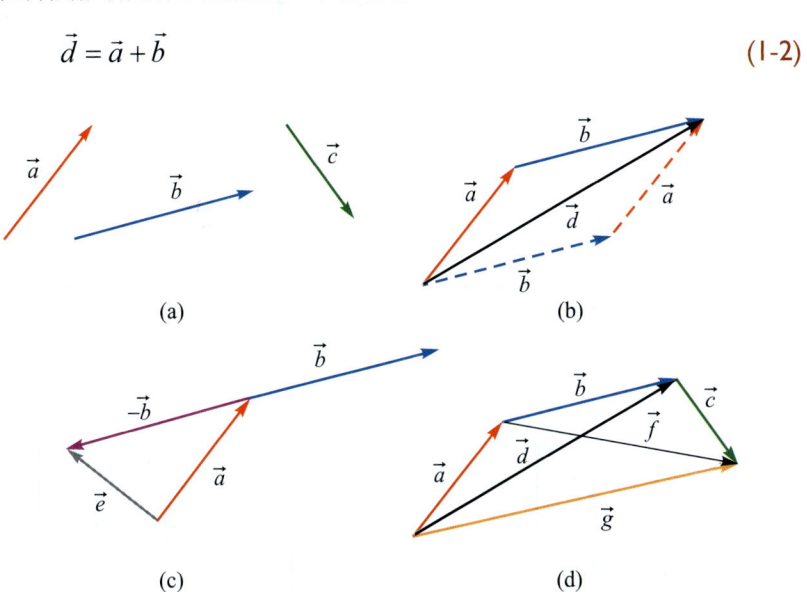

$$\vec{d} = \vec{a} + \vec{b} \tag{1-2}$$

圖 1-3 向量 $\vec{a}$、$\vec{b}$、$\vec{c}$ 的組合。(a) 向量 $\vec{a}$、$\vec{b}$、$\vec{c}$；(b) $\vec{d} = \vec{a} + \vec{b}$；
(c) $\vec{e} = \vec{a} - \vec{b}$；(d) $\vec{g} = (\vec{a}+\vec{b})+\vec{c} = \vec{d}+\vec{c} = \vec{a}+(\vec{b}+\vec{c}) = \vec{a}+\vec{f}$。

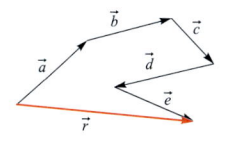

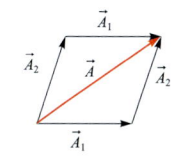

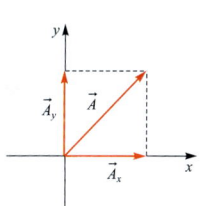

視 $\vec{d}$ 為 $\vec{a}$、$\vec{b}$ 之和。向量 $\vec{d}$ 稱為 $\vec{a}$ 和 $\vec{b}$ 的合向量 (resultant vector，或簡稱合量)，而 $\vec{a}$ 和 $\vec{b}$ 則是 $\vec{d}$ 的分向量 (component vector，又稱分量)。同理，如先將 $\vec{b}$ 反轉，再與 $\vec{a}$ 合成 [圖 1-3(c)]，所得的新向量 $\vec{e}$，則定為 $\vec{a}$、$\vec{b}$ 之差：

$$\vec{e} = \vec{a} - \vec{b} \tag{1-3}$$

又由圖 1-3(b)，可知取路徑 $\vec{a} \to \vec{b}$ (實線) 或 $\vec{b} \to \vec{a}$ (虛線)，結果並無不同。換言之，向量的和，與順序無關，亦即：

$$\vec{d} = \vec{a} + \vec{b} = \vec{b} + \vec{a} \qquad (交換律) \tag{1-4}$$

從圖 1-3(d)，可知向量的合成，也與組合順序無關。亦即：

$$\vec{g} = (\vec{a} + \vec{b}) + \vec{c} = \vec{a} + (\vec{b} + \vec{c}) \qquad (結合律) \tag{1-5}$$

例題 1-9

已知 $\vec{a}$、$\vec{b}$、$\vec{c}$ 三向量的指向如下列圖示，以圖解法求：
(1) $\vec{a} + \vec{b}$ ；(2) $\vec{a} - \vec{b}$ ；(3) $\vec{a} + \vec{c}$ ；(4) $-\vec{a} - \vec{c}$。

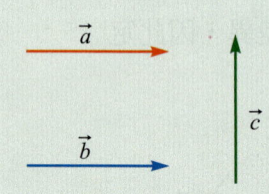

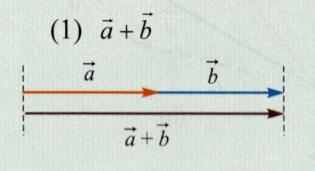

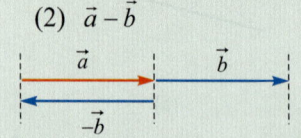

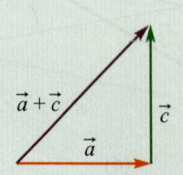

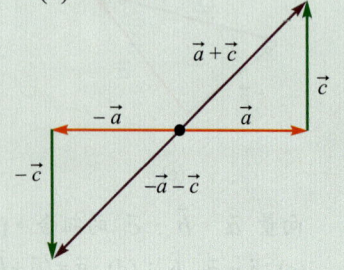

解

1-4-2 向量合成——解析法

直角座標系：
笛卡兒直角座標系的簡稱。在平面上由二條相互垂直的座標軸組成；在空間中由三條相互垂直的座標軸組成。主要為了描述物體在空間中的位置。

單位向量：
向量的大小恆等於 1，方向為原向量的指向，表示法為在文字上加一「^」。任何向量 $\vec{A}$，皆為其單位向量 $\hat{A}$ 的倍數；$\vec{A} = A\hat{A}$。

向量表示：

平面向量： $\vec{a} = \vec{a}_x + \vec{a}_y = a_x\hat{i} + a_y\hat{j}$

大小： $a = \sqrt{a_x^2 + a_y^2}$

方向： $\theta = \tan^{-1}\dfrac{a_y}{a_x}$

空間向量： $\vec{a} = \vec{a}_x + \vec{a}_y + \vec{a}_z = a_x\hat{i} + a_y\hat{j} + a_z\hat{k}$

向量的加減法：

$$\vec{a} \pm \vec{b} = (a_x \pm b_x)\hat{i} + (a_y \pm b_y)\hat{j} + (a_z \pm b_z)\hat{k}$$

向量的乘法：

純量積：
二向量相乘，結果為純量；亦名點乘積、點積、內積。

$$\vec{a} \cdot \vec{b} = ab\cos\theta = a_xb_x + a_yb_y + a_zb_z$$

向量積：
二向量相乘，結果為向量；亦名叉乘積、叉積、外積。

$$\vec{a} \times \vec{b} : \begin{cases} \text{大小為 } ab\sin\theta \\ \text{方向依右手螺旋定則} \end{cases}$$

$$\vec{a} \times \vec{b} = \begin{vmatrix} \hat{i} & \hat{j} & \hat{k} \\ a_x & a_y & a_z \\ b_x & b_y & b_z \end{vmatrix}$$

笛卡兒
(René Descartes)
1596 年 3 月 31 日生於法國安德爾－羅亞爾省。1650 年 2 月 11 日逝於瑞典斯德哥爾摩。他因將幾何座標體系公式化，而被稱爲是「解析幾之父」。西方現代哲學思想的奠基人，提出「普遍懷疑」的主張。法國哲學家、數學家、物理學家。

根據前文的提示，將多個向量 [如圖 1-3(d) 中的 $\vec{a}$、$\vec{b}$、$\vec{c}$]，依次首尾相連，最後從起點處，畫一箭矢，指向終點 [如圖 1-3 (d) 的 $\vec{g}$]，即為 $\vec{a}$、$\vec{b}$、$\vec{c}$ 的合向量。這個方法，不拘向量數目的多寡，都能適用。換言之，無數的分量都可合成一個合向量。反過來說，任何一個向量，依理也可分解成無數個分量。既然如此，那麼將所有向量，各自分成幾個固定方向的分量，再行組合，更為簡明。因為同方向的分量，可以加減，一如純量。這種以定向的分量，表示向量的方法，是解析法的核心，應用甚為廣泛。作為基準的方向，顯然不宜太多，但也不能太少，太多則簡化失去意義，太少則描繪勢難周全。

那麼，固定的方向究竟該選幾個才算適宜呢？描述平面上的運動，最少需要兩個維度，立體的則需三個維度。選擇的方式也有幾種，概以命題的要求為取捨。平面不妨以東西和南北為基準，可分別定為 x 和 y 軸。通常以往東和往北的方向，定為正向。反之則為負向。三維空間的運動，除 x、y 軸外，可加取上下方向，定為 z 軸，朝上的為 $+z$，往下則為 $-z$。這樣的安排最為常用，一般稱之為直角座標系 (right-angle coordinate system)，因各座標軸互相垂直而名。此外還有極座標系 (polar coordinate system)、球座標系 (spherical coordinate system) 等 [註五]。

解析向量的合成，須先了解單位向量 (unit vector) 的觀念。這是一種方向固定、大小恆等於 1 的向量。在日常生活中，我們常有類似的用法。例如張三每日需騎車東行 3 公里到校，李四家在學校附近，只要向南橫過 2 街道即可。「東行」、「向南」的說法，與張三、李四行動的遠近無關，僅僅表示他們行動的方向，可用單位向量描述。如取東西與南北作為 x 與 y 軸，用 $\hat{i}$ 與 $\hat{j}$ 分別代表其上的單位向量 [圖 1-4(a)]，則張三的行動可寫為 $3\hat{i}$ 公里，李四的則可以 $-2\hat{j}$ 街道表示。如有必要，座標亦可以擴大為三維，以 $\hat{k}$ 代表 z 軸上的單位向量 [圖 1-4(b)]。

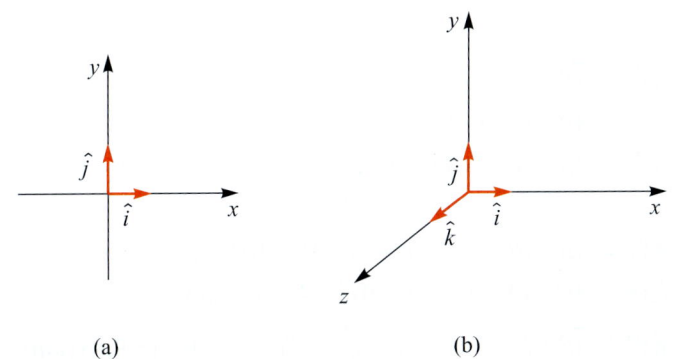

(a)　　　　　　　　　　　　(b)

圖 1-4　直角座標系 (笛卡兒座標系)。(a) 二維座標系與單位向量；(b) 三維座標系與單位向量。

圖 1-4(b) 所示的座標，如沿逆時鐘方向，將 x 軸轉至 y 軸，整個座標系像是沿 $+z$ 的方向推進，一如右旋螺絲釘，因此稱為右手座標系 (right-handed coordinate system)。

例題 1-10

下列圖 1-5 為小明行進路徑，圖中 A 點為起點，行進順序如圖中箭矢所示；求小明抵達目的地時，所經過的路程和位移的大小與方向？

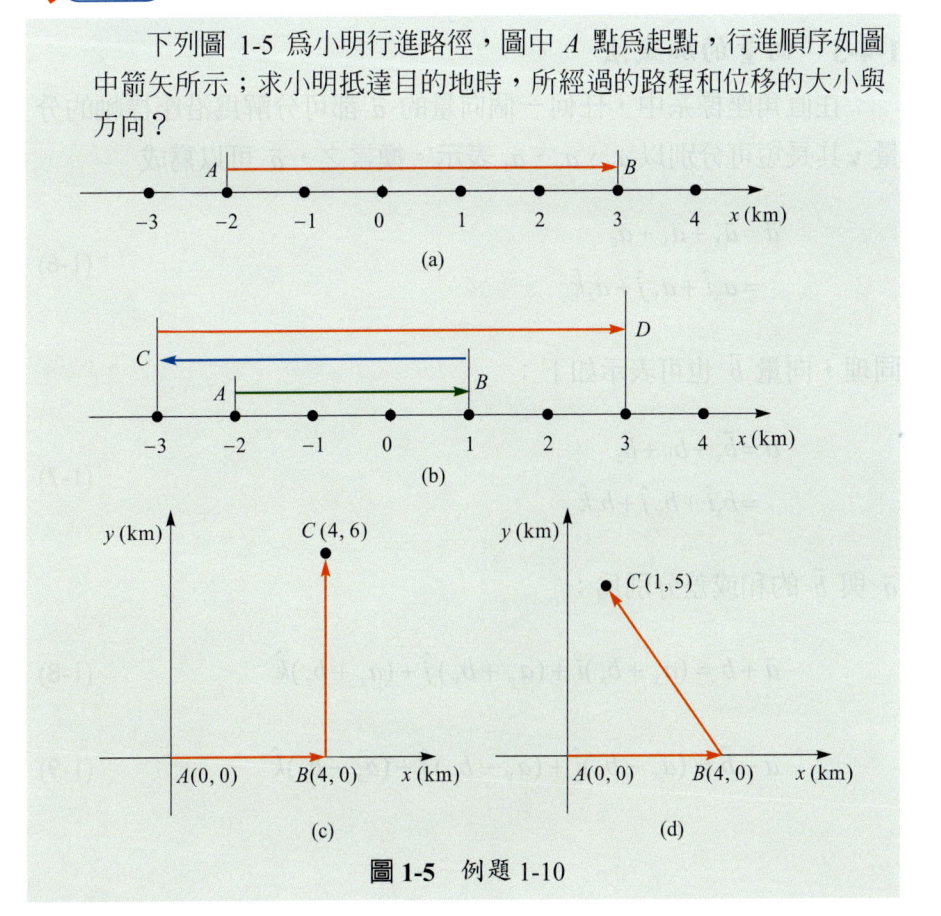

圖 1-5　例題 1-10

解

(a) 路程：$\overline{AB} = |3-(-2)| = 5$ (km)
　　位移：$\vec{AB} = (3-(-2))\hat{i} = 5\hat{i}$
(b) 路程：$\overline{AB} + \overline{BC} + \overline{CD} = |1-(-2)| + |-3-1| + |3-(-3)| = 13$ (km)
　　位移：$\vec{AD} = (3-(-2))\hat{i} = 5\hat{i}$ (km)
(c) 路程：$\overline{AB} + \overline{BC} = |4-0| + |6-0| = 10$ (km)
　　位移：$\vec{AC} = (4-0)\hat{i} + (6-0)\hat{j} = 4\hat{i} + 6\hat{j}$ (km)
(d) 路程：$\overline{AB} + \overline{BC} = |4-0| + \left|\sqrt{(1-4)^2 + (5-0)^2}\right| = 9.83$ (km)
　　位移：$\vec{AC} = (1-0)\hat{i} + (5-0)\hat{j} = \hat{i} + 5\hat{j}$ (km)

注意

　　本例題顯示，向量的大小不是由各分量的大小直接相加而得。向量的大小顯示最初與最終二位置間的直線距離；而各分量大小的和，代表所實際經過路徑的長，一般後者會大於前者。

1-4-3　向量的加減法

　　在直角座標系中，任何一個向量的 $\vec{a}$ 都可分解為沿座標軸的分量，其長短可分別以 a_x、a_y、a_z 表示。換言之，$\vec{a}$ 可以寫成

$$\vec{a} = \vec{a}_x + \vec{a}_y + \vec{a}_z$$
$$= a_x\hat{i} + a_y\hat{j} + a_z\hat{k} \tag{1-6}$$

同理，向量 $\vec{b}$ 也可表示如下：

$$\vec{b} = \vec{b}_x + \vec{b}_y + \vec{b}_z$$
$$= b_x\hat{i} + b_y\hat{j} + b_z\hat{k} \tag{1-7}$$

$\vec{a}$ 與 $\vec{b}$ 的和或差分別為：

$$\vec{a} + \vec{b} = (a_x + b_x)\hat{i} + (a_y + b_y)\hat{j} + (a_z + b_z)\hat{k} \tag{1-8}$$

$$\vec{a} - \vec{b} = (a_x - b_x)\hat{i} + (a_y - b_y)\hat{j} + (a_z - b_z)\hat{k} \tag{1-9}$$

例題 1-11

已知 $\vec{A}$、$\vec{B}$ 二向量為 $\vec{A} = 3\hat{i} - 2\hat{j}$、$\vec{B} = -2\hat{i} + 3\hat{j}$。求
(1) $\vec{A} + \vec{B}$；(2) $\vec{A} - \vec{B}$ 的大小與方向？

解

$\vec{A} = 3\hat{i} - 2\hat{j}$，$\vec{B} = -2\hat{i} + 3\hat{j}$

(1) $\vec{A} + \vec{B} = (3\hat{i} - 2\hat{j}) + (-2\hat{i} + 3\hat{j})$
$= (3-2)\hat{i} + (-2+3)\hat{j}$
$= \hat{i} + \hat{j}$

$|\vec{A} + \vec{B}| = \sqrt{1^2 + 1^2} = \sqrt{2}$

$\theta = \tan^{-1} \frac{1}{1} = 45°$

(2) $\vec{A} - \vec{B} = (3\hat{i} - 2\hat{j}) - (-2\hat{i} + 3\hat{j})$
$= (3-(-2))\hat{i} + (-2-3)\hat{j}$
$= 5\hat{i} - 5\hat{j}$

$|\vec{A} - \vec{B}| = \sqrt{5^2 + (-5)^2} = 5\sqrt{2}$

$\theta = \tan^{-1} \frac{-5}{5} = -45°$

$\vec{a} \pm \vec{b} = (a_x \pm b_x)\hat{i} + (a_y \pm b_y)\hat{j}$
$|\vec{a} \pm \vec{b}| = \sqrt{(a_x \pm b_x)^2 + (a_y \pm b_y)^2}$
$\theta = \tan^{-1} \frac{a_y \pm b_y}{a_x \pm b_x}$

1-4-4 向量的乘法──純量乘向量

向量 $\vec{a}$ 與一純量 m 相乘，所得積或商 $\vec{b}$，仍為一個向量。亦即：

$$\vec{b} = m\vec{a} \qquad (1\text{-}10)$$

純量乘以向量其意義有二：
(1) $|m|$ 表示原向量大小的變化；
如 $|m| > 1$ 則新向量 $\vec{b}$ 的大小為原向量 $\vec{a}$ 的大小放大 $|m|$ 倍。
如 $|m| = 1$ 則新向量 $\vec{b}$ 的大小等於原向量 $\vec{a}$ 的大小。
如 $|m| < 1$ 則新向量 $\vec{b}$ 的大小為原向量 $\vec{a}$ 的大小縮小 $|m|$ 倍。

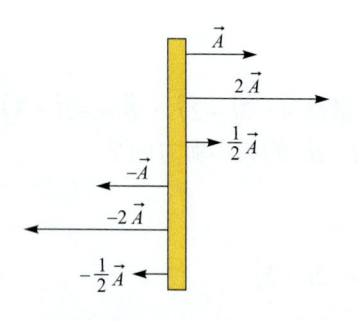

圖 1-6 $m\vec{A}$ 的圖示。

(2) m 的正負表示原向量方向的變化；

如 $m > 0$ 則新向量 $\vec{b}$ 的方向與原向量 $\vec{a}$ 同方向。

如 $m < 0$ 則新向量 $\vec{b}$ 的方向與原向量 $\vec{a}$ 方向相反。

如圖 1-6 $m\vec{A}$ 的圖示，若 $\vec{A}$ 為原向量，則 $2\vec{A}$ 與 $-2\vec{A}$ 因其 $|m|=2$，故均為將 $\vec{A}$ 放大 2 倍；$\frac{1}{2}\vec{A}$ 與 $-\frac{1}{2}\vec{A}$，因其 $|m|=\frac{1}{2}$，故均為將 $\vec{A}$ 縮小 $\frac{1}{2}$ 倍；而 $-\vec{A}$ 的 $|m|=1$，故其與 $\vec{A}$ 大小相同。$2\vec{A}$ 與 $\frac{1}{2}\vec{A}$ 因其 $m > 0$，故其方向與 $\vec{A}$ 相同；$-\frac{1}{2}\vec{A}$、$-\vec{A}$ 與 $-2\vec{A}$ 其 $m < 0$，故其方向與 $\vec{A}$ 相反。所以當一向量與純量相乘仍為向量，但其結果將視純量的值而定大小與方向。

1-4-5 向量的乘法──純量積

二個向量 $\vec{a}$ 和 $\vec{b}$ 相乘，若其結果是一純量 c，則稱此乘法為 $\vec{a}$、$\vec{b}$ 的**純量積** (scalar product)、**點乘積** (dot product) 或**內積** (inner product)。可以下式表達：

$$c = \vec{a} \cdot \vec{b} = \cos\theta \tag{1-11}$$

其中，a、b 是 $\vec{a}$、$\vec{b}$ 的大小，θ 是 $\vec{a}$、$\vec{b}$ 的夾角；$\vec{a} \cdot \vec{b}$ 讀作「$\vec{a}$ dot $\vec{b}$」。二個向量的純量積，可視為二個量的乘積，如圖 1-7。由於 $a\cos\theta$ 相當於 $\vec{a}$ 在 $\vec{b}$ 上的投影，所以純量積 c 其實是 $\vec{a}$ 的投影值 $a\cos\theta$ 與 $\vec{b}$ 的大小 b 的乘積。也可視為 $\vec{b}$ 在 $\vec{a}$ 上的投影值 $b\cos\theta$ 與 $\vec{a}$ 的大小 a 的乘積。因此，若以投影值形式表示時，可將 $\vec{a} \cdot \vec{b}$ 表示為

$$\vec{a} \cdot \vec{b} = a(b\cos\theta) = (a\cos\theta)b$$

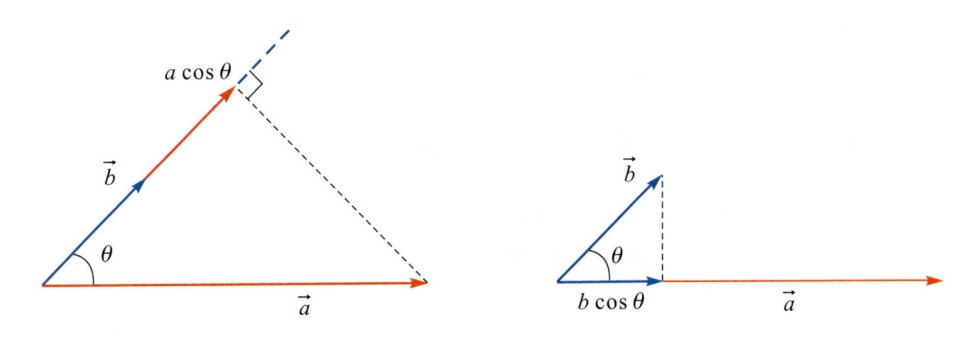

圖 1-7 向量的點乘積及投影量。

由此亦可知，$\vec{a} \cdot \vec{b}$ 具有交換性，即

$$\vec{a} \cdot \vec{b} = \vec{b} \cdot \vec{a} \tag{1-12}$$

當 $\theta = 0°$ 時，$\vec{a}$、$\vec{b}$ 二向量同向平行，c 的量值最大，$c = ab$；$\theta = 90° = \dfrac{\pi}{2}$ 時，$\vec{a}$、$\vec{b}$ 二向量相互垂直，則 c 的量值為 0；而 $\theta = 180°$ 時，$\vec{a}$、$\vec{b}$ 二向量反向平行，則 c 的量值為 $-ab$。

準此可得，單位向量的點乘積關係，如下：

$$\begin{aligned} \hat{i} \cdot \hat{i} = \hat{j} \cdot \hat{j} = \hat{k} \cdot \hat{k} = 1 \\ \hat{i} \cdot \hat{j} = \hat{j} \cdot \hat{k} = \hat{k} \cdot \hat{i} = 0 \end{aligned} \tag{1-13}$$

若已知 $\vec{a}$、$\vec{b}$ 向量在各直角座標軸上的分量值，

$$\vec{a} = a_x \hat{i} + a_y \hat{j} + a_z \hat{k}$$
$$\vec{b} = b_x \hat{i} + b_y \hat{j} + b_z \hat{k}$$

則依單位向量的點乘積關係，可將 $\vec{a} \cdot \vec{b}$ 作如下表示

$$\vec{a} \cdot \vec{b} = a_x b_x + a_y b_y + a_z b_z \tag{1-14}$$

例題 1-12

已知 $\vec{A}$、$\vec{B}$ 二向量為 $\vec{A} = 3\hat{i} - 2\hat{j}$、$\vec{B} = -2\hat{i} + 3\hat{j}$。求
(1) $\vec{A} \cdot \vec{B}$；(2) $\vec{A}$ 與 $\vec{B}$ 間的夾角 θ？

解

$\vec{A} = 3\hat{i} - 2\hat{j}$，$\vec{B} = -2\hat{i} + 3\hat{j}$

(1) 利用 $\vec{A}\cdot\vec{B} = A_x B_x + A_y B_y$，求 $\vec{A}\cdot\vec{B}$，

$$\vec{A}\cdot\vec{B} = (3\hat{i} - 2\hat{j})\cdot(-2\hat{i} + 3\hat{j})$$
$$= [3\times(-2)] + [(-2)\times 3]$$
$$= -12$$

(2) $\vec{A}\cdot\vec{B} = AB\cos\theta$

$$A = \sqrt{3^2 + (-2)^2} = \sqrt{13}$$
$$B = \sqrt{(-2)^2 + 3^2} = \sqrt{13}$$
$$\cos\theta = \frac{\vec{A}\cdot\vec{B}}{AB}$$
$$= \frac{-12}{\sqrt{13}\cdot\sqrt{13}} = \frac{-12}{13}$$
$$\theta = \cos^{-1}\frac{-12}{13} \approx 157.4°$$

例題 1-13

功的定義為 $W = \vec{F}\cdot\vec{S}$。

若一質量 5.0 kg 的木箱置放在光滑的水平桌面上。當木箱受 $\vec{F} = 2\hat{i} + 2\hat{j} - \hat{k}$ N 的力之後，在水平桌面上產生 $\vec{S} = 3\hat{i} + 2\hat{j} - 2\hat{k}$ m 的位移；求：

(1) 力對木箱所作的功；
(2) 力和位移的夾角。

解

$\vec{F} = 2\hat{i} + 2\hat{j} - \hat{k}$ N $\vec{S} = 3\hat{i} + 2\hat{j} - 2\hat{k}$ m

(1) $W = \vec{F}\cdot\vec{S}$ ⇒ $W = 2\times 3 + 2\times 2 + (-1)\times(-2)$
$$= 12 \text{ (J)}$$

(2) $W = \vec{F}\cdot\vec{S} = FS\cos\theta$ $F = 3$ N $S = \sqrt{17}$ m

$\theta = \cos^{-1}\dfrac{\vec{F}\cdot\vec{S}}{Fs}$ ⇒ $\theta = \cos^{-1}\dfrac{12}{3\times\sqrt{17}}$
$$= 14.04°$$

置放在光滑的水平桌面上的木箱，所受的力與位移成 14.04°，力對木箱作功 12 J。

隨堂練習

1-10 有二向量，其大小和方向為 $A = 10$、$\theta_A = 127°$，$B = 5$、$\theta_B = 233°$。求：
(1) $\vec{A}$、$\vec{B}$ 的表示式
(2) $\vec{A} + 2\vec{B}$ 的大小和方向
(3) $\vec{A} - 2\vec{B}$ 的大小和方向
(4) $\vec{A}$、$\vec{B}$ 的點乘積。

1-4-6　向量的乘法——向量積

二個向量 $\vec{a}$ 和 $\vec{b}$ 相乘，若其結果是一向量 $\vec{c}$，則稱此乘法為 $\vec{a}$、$\vec{b}$ 的**向量積** (vector product)、**叉乘積** (cross product) 或**外積** (outer product)。可以下式表達：

$$\vec{c} = \vec{a} \times \vec{b} \tag{1-15}$$

$$\vec{c} = \vec{a} \times \vec{b} : \begin{cases} \vec{c} \text{ 大小為 } c = |\vec{a} \times \vec{b}| = ab\sin\theta \\ \vec{c} \text{ 的方向依右手螺旋定則判定} \end{cases}$$

此處，a、b 是 $\vec{a}$、$\vec{b}$ 的量值，θ 是 $\vec{a}$、$\vec{b}$ 的夾角；$\vec{a} \times \vec{b}$ 讀作「$\vec{a}$ cross $\vec{b}$」。二個向量的向量積大小 $ab\sin\theta$，可視為這二個量所圍平行四邊形的面積，向量 $\vec{c}$ 的方向垂直於 $\vec{a}$ 和 $\vec{b}$ 所構成的平面，如圖 1-8。對 $\vec{b} \times \vec{a}$ 的大小而言雖亦為 $ab\sin\theta$，但方向與 $\vec{a} \times \vec{b}$ 相反，因此 $\vec{a} \times \vec{b}$ 不具有交換性。

$$\vec{a} \times \vec{b} = -(\vec{b} \times \vec{a}) \tag{1-16}$$

當 $\theta = 0°$、$180°$ 時，$\vec{a}$、$\vec{b}$ 二向量平行，$\vec{c}$ 的量值為 0；$\theta = 90° = \dfrac{\pi}{2}$ 時，$\vec{a}$、$\vec{b}$ 二向量相互垂直，則 c 的量值為 ab。

準此可得，單位向量的叉乘積關係，如下：

$$\begin{aligned} \hat{i} \times \hat{j} &= \hat{k} & \hat{j} \times \hat{k} &= \hat{i} & \hat{k} \times \hat{i} &= \hat{j} \\ \hat{j} \times \hat{i} &= -\hat{k} & \hat{k} \times \hat{j} &= -\hat{i} & \hat{i} \times \hat{k} &= -\hat{j} \\ \hat{i} \times \hat{i} &= \hat{j} \times \hat{j} = \hat{k} \times \hat{k} = 0 \end{aligned} \tag{1-17}$$

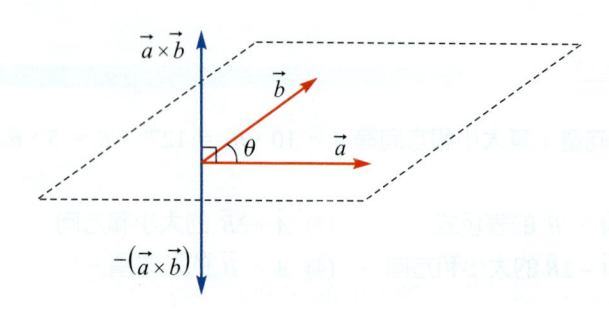

圖 1-8　向量的叉乘積。

若已知 $\vec{a}$、$\vec{b}$ 向量在各直角座標軸上的分量值，則依單位向量的點乘積關係，可將 $\vec{a} \times \vec{b}$ 作如下表示

$$\vec{a} \times \vec{b} = \begin{vmatrix} \hat{i} & \hat{j} & \hat{k} \\ a_x & a_y & a_z \\ b_x & b_y & b_z \end{vmatrix}$$

$$= (a_y b_z - a_z b_y)\hat{i} + (a_z b_x - a_x b_z)\hat{j} + (a_x b_y - a_y b_x)\hat{k}$$

(1-18)

隨堂練習

1-11 說明向量的運算法則。

1-12 說明單位向量的純量積與向量積。

1-13 若 $\vec{A} = A_x \hat{i} + A_y \hat{j} + A_z \hat{k}$，證明：
(1) $\vec{A} \cdot \vec{A} = A^2$；(2) $\vec{A} \times \vec{A} = 0$。

1-14 展開下列行列式：

$$\begin{vmatrix} \hat{i} & \hat{j} & \hat{k} \\ A_x & A_y & A_z \\ B_x & B_y & B_z \end{vmatrix}$$

例題 1-14

已知 $\vec{A}$、$\vec{B}$ 二向量為 $\vec{A} = 3\hat{i} - 2\hat{j}$、$\vec{B} = -2\hat{i} + 3\hat{j}$。求 $\vec{A} \times \vec{B}$ 為多少？

解

$\vec{A} = 3\hat{i} - 2\hat{j}$，$\vec{B} = -2\hat{i} + 3\hat{j}$

$$\vec{A} \times \vec{B} = \begin{vmatrix} \hat{i} & \hat{j} & \hat{k} \\ A_x & A_y & A_z \\ B_x & B_y & B_z \end{vmatrix} = \begin{vmatrix} \hat{i} & \hat{j} & \hat{k} \\ 3 & -2 & 0 \\ -2 & 3 & 0 \end{vmatrix}$$

$$= 0\hat{i} + 9\hat{k} + 0\hat{j} - 4\hat{k} + 0\hat{i} + 0\hat{j}$$

$$= 5\hat{k}$$

$$|\vec{A} \times \vec{B}| = 5$$

$\vec{A} \times \vec{B}$ 大小為 5，方向沿正 z 軸方向。

例題 1-15

力矩的定義為 $\vec{\tau} = \vec{r} \times \vec{F}$。

李四欲開門進教室，他在距門軸 $\vec{r} = 3\hat{i} - 2\hat{j} + 2\hat{k}$ m 處，施一 $\vec{F} = 2\hat{i} + 2\hat{j} - \hat{k}$ N 的力；則李四施力於門時，所產生的力矩為何？

解

$$\vec{\tau} = \vec{r} \times \vec{F} = \begin{vmatrix} \hat{i} & \hat{j} & \hat{k} \\ 3 & -2 & 2 \\ 2 & 2 & -1 \end{vmatrix}$$

$$= [(-2) \times (-1) - 2 \times 2]\hat{i} + [2 \times 2 - 3 \times (-1)]\hat{j} + [3 \times 2 - (-2) \times 2]\hat{k}$$

$$= -2\hat{i} + 7\hat{j} + 10\hat{k} \text{ (N·m)}$$

李四施力於門時，所產生的力矩為 $-2\hat{i} + 7\hat{j} + 10\hat{k}$ (N·m)。

隨堂練習

1-15 有二向量其大小和方向為 $A = 10$、$\theta_A = 127°$，$B = 5$、$\theta_B = 233°$。求：
(1) $\vec{A} \times \vec{B}$；(2) $\vec{B} \times \vec{A}$。

1-16 若二向量的大小皆固定，則二向量的夾角大小，對此二向量的純量積有何影響？對向量積又如何？

1-17 $\vec{A} = 3\hat{i} - 2\hat{j} + \hat{k}$，求：(1) $\vec{A} \cdot \vec{A}$；(2) $\vec{A} \times \vec{A}$。

1-18 $\vec{A} = 2\hat{i} + 3\hat{j}$，$\vec{B} = 3\hat{i} - 2\hat{j}$；求：(1) $\vec{A} \cdot \vec{B}$；(2) $\vec{A} \times \vec{B}$。

1-19 $\vec{A} = 3\hat{i} - 2\hat{j} + \hat{k}$，$\vec{B} = -3\hat{i} + 2\hat{j} - \hat{k}$；求：(1) $\vec{A} \cdot \vec{B}$；(2) $\vec{A} \times \vec{B}$。

1-20 力矩的定義為 $\vec{\tau} = \vec{r} \times \vec{F}$。
李四欲開門進教室，他在距門軸 $\vec{r} = 3\hat{i} - 2\hat{j} + 2\hat{k}$ m 處，施一 $\vec{F} = 2\hat{i} + 2\hat{j} - \hat{k}$ N 的力；則李四施力於門時，所產生的力矩為何？

習題

有效數字的運算

1-1 計算 15.481 kg − 3.06 kg + 4.817 kg − 6.4 kg 的值？

1-2 假設你家樓頂不鏽鋼水塔形狀為圓柱體，當注滿水時，水容量約為多少立方公尺？(水塔圓底半徑 0.55 m，高 1.8 m，$\pi = 3.14159$)

1-3 真空中的光速為 2.9979×10^8 m/s，地球與太陽的平均距離約 1.50×10^{11} m，計算太陽光到達地球的時間？

1-4 計算 32.427 m + 4.2785 m + 13.6 m 的值？

1-5 若一房間的地板長為 33.2485 m、寬為 15.40 m，則地板的面積為何？

因次

1-6 (1) 將「體密度」定義為「單位體積所含的質量」，請寫出體密度的因次？

(2) 將「功」定義為「力乘以位移」，請寫出功的因次？

(3) 將物體的「動能」定義為「$\frac{1}{2}mv^2$」，m 為物體質量，v 為其運動速率，請寫出動能的因次？

(4) 「壓力」為「單位面積上所受正向力的值」，請寫出壓力的因次？

1-7 某生在普通物理實驗室做單擺運動實驗，他想找出單擺週期 t 與重力加速度 g、擺錘質量 m 及擺長 l 的關係式，請以因次分析法協助他找出相近的關係式。

1-8 大雄每日需騎車東行 3 公里，再轉向南沿街道直行 4 公里即可到學校。試以直角座標系統表示大雄到學校的位置向量。

向量運算

1-9 $\vec{A}=5\hat{i}-2\hat{j}+3\hat{k}$，$\vec{B}=3\hat{j}-5\hat{k}$，$\vec{C}=\hat{i}+3\hat{j}-4\hat{k}$，求：
(1) $\vec{A}+\vec{B}$；(2) $|\vec{A}+\vec{B}|$；(3) $|\vec{A}|+|\vec{B}|$；(4) $2\vec{B}-3\vec{C}+5\vec{A}$。

1-10 在 xy 平面上，有四個向量 $\vec{A}$、$\vec{B}$、$\vec{C}$ 和 $\vec{D}$，大小依序為 10、15、20、5 個單位，與正 x 軸夾角依序為 0°、30°、120°、270°，求四個向量的：(1) 合向量大小；(2) 合向量與正 x 軸夾角？

1-11 $\vec{A}=2\hat{i}-\hat{j}+3\hat{k}$，$\vec{B}=-4\hat{i}+3\hat{j}-2\hat{k}$，$\vec{C}=\hat{i}-5\hat{j}-4\hat{k}$，求：
(1) $\vec{B}\cdot\vec{A}$；(2) $\vec{C}\times\vec{A}$；(3) $\vec{A}\times\vec{C}$；(4) $\vec{A}\cdot(\vec{B}\times\vec{A})$。

註

註一：假說、定義、原理、學說、定理、定律

1. 假說 (hypothesis)：
對事物的假設，如果獲得相當程度的證實，便成為假說。例如，亞佛加厥假說：「同溫同壓下，同體積的氣體含有相同的分子個數。」

2. 定義 (definition)：
對事物的性質或特徵，給予明確的意義，以幫助研究者了解所探討之事物的大概性質。例如，物體運動的速率，是其移動的距離除以所經歷過的時間。

3. 原理 (principle)：
對事物的自然基本規則或規範，無法再被拆解成更基本的問題。例如，能量守恆原理、波的重疊原理、……。

4. 學說 (theory)：
學說又稱為理論，以數學演繹法，將規則或規範集合而成為有系統的解釋，學說有時候是暫時性成立的。例如，牛頓的重力學說，在接近光速時需要特殊相對論來修正。

5. 定理 (theorem)：
定理是經過嚴謹邏輯方法證明為真的敘述。例如，直角三角形的畢氏定理、二項式展開定理、……。

6. 定律 (law)：
描述物體運動或狀態的可測量的數學表達，是在科學界公開發表和被廣泛驗證的理論。物理學定律通常被認為是正確的。若定律被實驗證明是錯時，通常意謂著物理學的突破。例如，$\vec{F}=m\vec{a}$；$PV=nRT$。

註二：誤差

誤差值的運算須遵循下列法則：

1. 測量值在加減時，其絕對誤差值直接相加。

$$(A_1 \pm \Delta A_1) + (A_2 \pm \Delta A_2) = (A_1 \pm A_2) \pm (\Delta A_1 + \Delta A_2)$$

2. 測量值在乘除時，其百分誤差值直接相加。

$$(A_1 \pm \frac{\Delta A_1}{A_1} \times 100\%) \times (A_2 \pm \frac{\Delta A_2}{A_2} \times 100\%)$$
$$= (A_1 \times A_2) \pm (\frac{\Delta A_1}{A_1} \times 100\% + \frac{\Delta A_2}{A_2} \times 100\%)$$

$$\frac{A_1 \pm \frac{\Delta A_1}{A_1} \times 100\%}{A_2 \pm \frac{\Delta A_2}{A_2} \times 100\%}$$
$$= \frac{A_1}{A_2} \pm (\frac{\Delta A_1}{A_1} \times 100\% + \frac{\Delta A_2}{A_2} \times 100\%)$$

[另有一說]

由於量測數據具有隨機分佈的特性，出現大於平均與小於平均的機率皆相等。當兩測量值相加時，最大正偏差或最大負偏差同時存在的機率應該很小，所以偏差量在統計分析上以平方相加開根號較為適當。

註三：估計值的讀取

在二刻度間，無刻度部分的量，用概估方式取其數值。其法為將二刻度間畫分為 10 小格，再觀察未知量佔了多少小格數，此數量即為估計值；由於此數值並非完全可信，故書寫於後的數值亦將失去可信度，此為估計值只取一位的緣故。

註四：國際度量衡會議

CGPM 是國際度量衡大會 (General Conference of Weights & Measures) 的簡稱，在米制公約下，CGPM 是最高的權力機構，每四年召開一次大會，由各會員國的政府派代表參加，聽取國際度量衡委員會 (CIPM) 的工

參考資訊：
量測資訊網
http://www.measuring.org.tw/

作報告，並討論國際單位制 (International System of Units, SI 制) 之改進及推展等事項，與審查會員國最新研究發展出來的量測標準。

註五：座標系

1. **直角座標系：**
   一維直角座標系：(x)
   二維直角座標系：(x, y)
   三維直角座標系：(x, y, z)
2. **極座標系：**(r, θ)
3. **圓柱座標系：**(r, θ, z)
4. **球座標系：**(r, θ, ϕ)

力學篇

Chapter 2 質點運動學

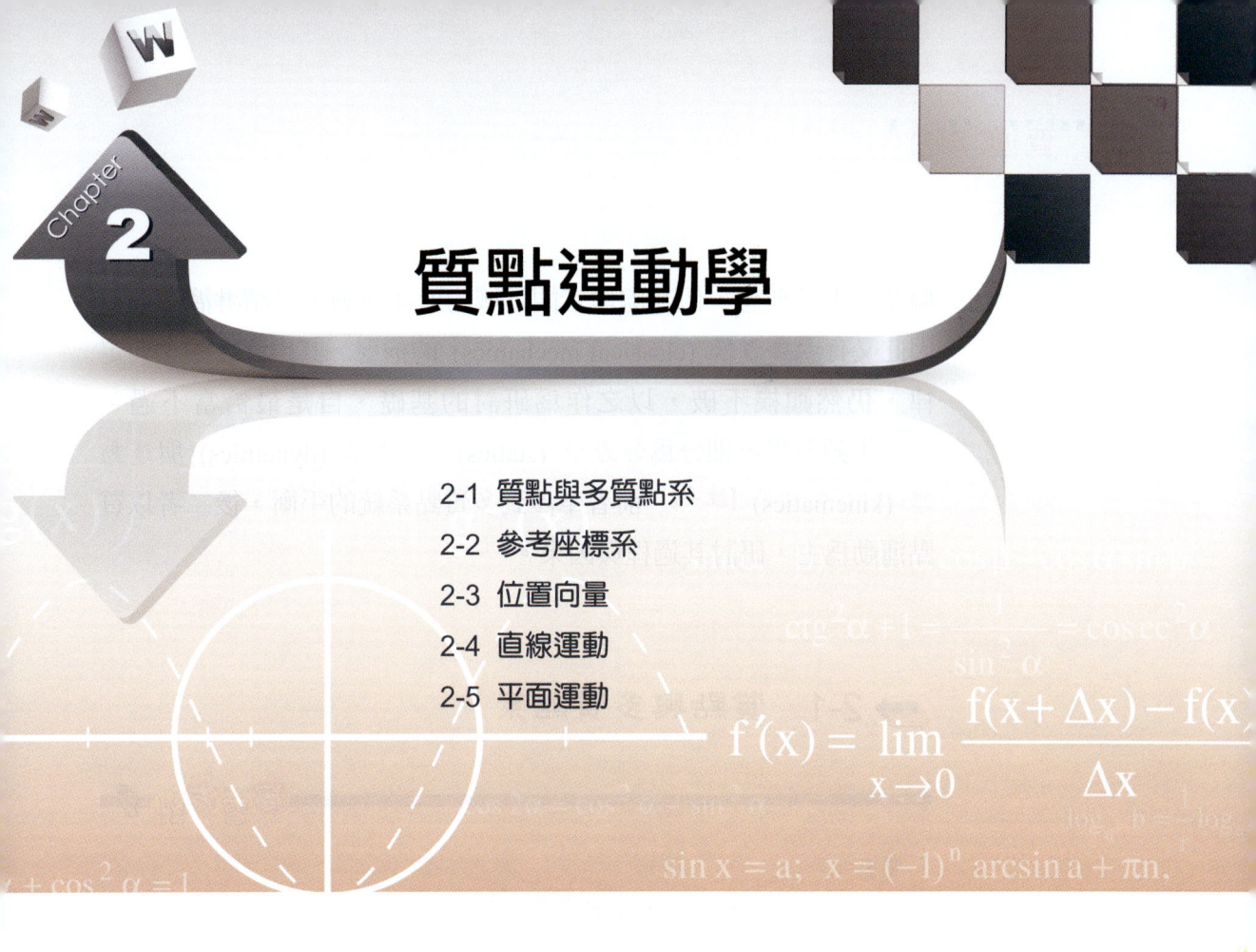

- 2-1 質點與多質點系
- 2-2 參考座標系
- 2-3 位置向量
- 2-4 直線運動
- 2-5 平面運動

　　宇宙永恆的運動，是大家深切體認的事實，先賢試圖描繪，甚至將觀察所得融入人生。「天行健，君子以自強不息」的古訓與「流水不腐，滾石無苔」的西諺，都是鼓舞進取、勸戒怠惰的名言。

　　運動有許多種層次，難易相去，何止倍徙。其中最簡單，也是最基本的一種運動，被稱為**機械運動** (mechanical motion)。它能描述物體位置 $\vec{r}$ 隨時間 t 的變化。用數學方式表示，就是 $\vec{r}$ 是 t 的函數，

$$\vec{r} = \vec{r}(t)$$

研究這種變化的因、果過程，即是**力學** (mechanics) 的主題。力學是物理學中，發展最早，應用最廣泛，體系最完整的學門。微觀現象與宏觀宇宙的底蘊，雖未盡知，已能粗略掌握。這不能不歸功於伽利略的蓽路藍縷、牛頓的精益求精、愛因斯坦的高瞻遠矚、狄拉克 (Paul Dirac, 1902-1984)、薛丁格 (Erwin Schrodinger, 1887-1961) 等大師的燭隱探微。語云：「前人播種後人收」，繼往開來，正在我輩。

　　牛頓開創的力學，在描述接近光速的運動與微觀現象時，容有

偏差，未盡理想，但其處理宏觀領域的低速運動，可謂淋漓盡致，因此又有古典力學 (classical mechanics) 的稱譽。其中許多觀念與定律，仍然顛撲不破，以之作為研討的基礎，自是最恰當不過。

牛頓力學可細分為靜力學 (statics)、動力學 (dynamics) 與運動學 (kinematics) [註一]。前者牽涉到多質點系統的平衡，後二者以質點運動為主，研討其過程與因果。

2-1 質點與多質點系

學習方針

質點：
沒有大小、形狀，但是有質量的物體。

剛體：
有大小、形狀、質量，且不會產生形變的物體。

籃球平拋是指籃球沒有轉動。

將籃球平拋出去，與在指尖上旋轉，雖是同一個實體，但因運動方式不同，描述自然大異。平拋而出的球，在飛行過程中，球上各點的運動狀態，即使微有差異，但在不影響命題要求的情況下，整個籃球，可用一個點來代表，稱之為質點 (particle)。因它具有實物全部的質量，行徑又與實物無異，可說是實物的抽象模型。在指尖上旋轉的球則不然，各點運動，快慢不等，軌跡亦異，根本無法找出一個可以代表全體的質點，只能視為許多質點的集合，稱為多質點系 (multiple particle system)。在運動過程中，質點間的距離如能維持不變，這樣的多質點系稱為剛體 (rigid body) [註二]。

質點模型應用十分廣泛，一般而言，運動所在的空間，如遠比物體為大，且物體內部結構與研討的主題又無太大關聯時，引用質點模型，有簡明的功效。準此，研討地球公轉，由於公轉軌跡遠大

於地球半徑,可視地球為一質點;但討論地球自轉時,則視地球為剛體。即使我們所處的銀河星系,直徑長逾 9×10^{17} 公里,在無垠的太空中,不過滄海一粟,其它外星系亦然。所以在研究星系運動時,亦可將它們當作質點處理。反之,如涉及內部結構,雖原子之微,亦不能作為質點看待。

本章探討物體的運動狀態,是將物體視為質點,研究此質點的位移、速度、加速度、運動軌跡與時間的關係。此討論不牽涉到造成運動的原因,例如:力對物體運動的影響,這部分留待往後再研討。

小品

牛頓力學探討的對象

牛頓力學主要的探討研究對象是什麼呢?如何以數學語言表達出、演算出它們的運動變化?牛頓力學的牛頓第二運動定律 (也被稱為「加速度定律」),簡單地常被描述成「一質點或物體受到力作用時,所產生的加速度和外力同方向,而大小和外力的大小成正比,即 $\vec{F} = m \times \vec{a}$。」這一條定律意涵著一切物體所具有的質量 (mass) 之通性,代表改變原有運動狀態的因素,亦即定義出外力 $\vec{F}$ 的大小。

在牛頓力學裡,出現此加速度定律,明顯地用意在描述探究質點或物體,及其運動狀態的改變,仿如敘述舞台上的主角和表演戲碼。定律中特別提及的質量、外力、加速度的運動,均是牛頓力學中重要的量度描述。但此運動定律是要定義出質量還是外力大小?它是如何地描述運動狀態?似乎有待進一步地說明,因此當代的大數學家笛卡兒提出動量 (momentum) $\vec{P} = m\vec{v}$ 才是我們要探究的「物理量」,也就是牛頓第二運動定律應該表示成 $\vec{F} = \Delta \vec{P}/\Delta t$。而且一個「物理量」,在運動變換的過程前後,應該仍保有其守恆性 (conservation),在 1669 年,實驗證明動量 $\vec{P}$,在碰撞過程的前後確實保有其守恆性,稱之為「線動量守恆」。

參考網站:AEEA 天文教育資訊網 http://aeea.nmns.edu.tw/2002/0207/ap020713.html。

2-2 參考座標系

學習方針

認識參考座標系，尤其是直角座標系。

質點運動時，不停改變位置。欲描述質點位置，必須有所依據。譬如邀約同學溫習功課，約定在學校圖書館見面，應無誤解之虞；但如知會遠方親友，加註學校所在，當屬必須。圖書館、校園、甚至城鎮，都是標誌會面地點 (位置) 的依據，可稱之為**參考座標系** (reference frame)。視情況的需要，參考座標系可大可小。如需進行比較，宜將有關的物理量轉換到同一參考座標系上。

為了避免朋友在圖書館內瞎找一氣，有必要再聲明你所在的位置，例如閱覽室入口左前方第三排靠窗的座位。這些資訊相當於物理學上常用的座標系。閱覽室的入口，相當於座標系的**原點** (origin)。如用**直角座標系** (Cartesian coordinate system)，則左方與前方分別代表 x、y 兩軸，「第三排靠窗」表示座標的長短。如採用其它座標系，其與左前方的距離為 r，夾角 θ，此為**極座標系** (polar coordinate system) 的表達方式。圖 2-1(a) 與 (b) 分別表示兩座標系。

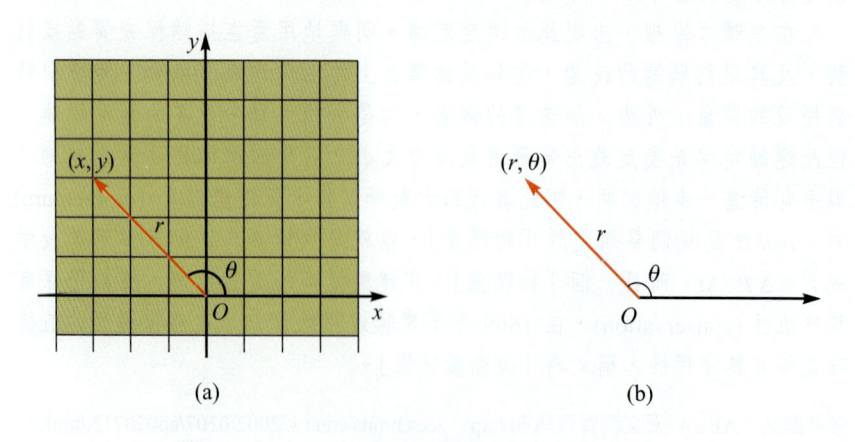

圖 2-1 (a) 二維直角座標系；(b) 極座標系。

2-3 位置向量

位置向量：
由座標系原點指向座標位置的向量
$$\vec{r} = \vec{r}_x + \vec{r}_y + \vec{r}_z = x\hat{i} + y\hat{j} + z\hat{k}$$

質點位置的確定，不但需要一個參考點，也需要方向的資訊，已如前述。參考點不妨定為座標的原點，方向則以原點發出的箭矢表示，如圖 2-2 的 $\vec{r}$。換言之，必須確定原點、距離和方向，才能確實描述質點的位置 $P(x, y, z)$。代表它大小和方向的箭矢稱為**位置向量** (position vector)，一般以 $\vec{r}$ 表示：

$$\vec{r} = \vec{r}_x + \vec{r}_y + \vec{r}_z = x\hat{i} + y\hat{j} + z\hat{k} \tag{2-1}$$

向量 $\vec{r}_x$、$\vec{r}_y$、$\vec{r}_z$ 是 $\vec{r}$ 在 x、y、z 軸的分量，而 $\hat{i}$、$\hat{j}$、$\hat{k}$ 則分別為 x、y、z 軸上的單位向量。如 $\vec{r}$ 隨時間 t 而變化

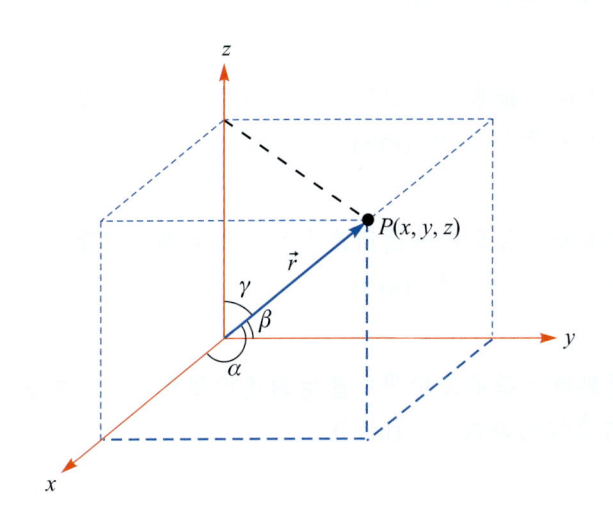

圖 2-2 位置向量 $\vec{r}$ 的圖解。

$$\vec{r} = \vec{r}(t) \tag{2-2}$$

則
$$x = x(t)\ ;\ y = y(t)\ ;\ z = z(t) \tag{2-3}$$

而
$$x = r\cos\alpha\ ;\ y = r\cos\beta\ ;\ z = r\cos\gamma \tag{2-4}$$

α、β、γ 是位置向量 $\vec{r}$ 與 x、y、z 軸的夾角 (圖 2-2)。

$\vec{r}$ 的大小為

$$r = \sqrt{x^2 + y^2 + z^2} \tag{2-5}$$

$r^2 = x^2 + y^2 + z^2$
$= (r\cos\alpha)^2 + (r\cos\beta)^2 + (r\cos\gamma)^2$
$= r^2\cos^2\alpha + r^2\cos^2\beta + r^2\cos^2\gamma$
$= r^2(\cos^2\alpha + \cos^2\beta + \cos^2\gamma)$

$\cos^2\alpha + \cos^2\beta + \cos^2\gamma = 1$

2-4　直線運動

學習方針

路程：
物體運動時，實際經過的路徑長；為一純量；
SI 制的單位為公尺 (m)。

位移：
物體運動時，最短的路徑指向；為一向量；
SI 制的單位為公尺 (m)。

速率：
物體運動時，每單位時間所移動的路程；為一純量；
SI 制的單位為公尺/秒 (m/s)。

速度：
物體運動時，每單位時間所產生的位移；為一向量；
SI 制的單位為公尺/秒 (m/s)。

加速度：
物體運動時，每單位時間所產生的速度變化；為一向量；
SI 制的單位為公尺/秒^2 (m/s^2)。

2-4-1 位移、速度與速率

質點的直線運動是一種單純的移動，百米競賽、直路驅車等都是其例。由於運動的路徑是一條直線，可以一維座標軸描述，並定一方向為正，反方向為負。至於座標軸上的原點 O，則可選軸上任一固定點為之。準此，定路徑所在的座標軸為 x 軸，前進的方向為正，後退的方向為負。

設 $t = t_0$ 時，質點的位置為 P，與原點的距離為 x_0；Δt 秒後，質點移至位置 Q，距離變為 x (圖 2-3)。

質點在 t_0 時的位置向量為 $\overrightarrow{OP}$，到 $t = t_0 + \Delta t$ 時，變為 $\overrightarrow{OQ}$。向量 $\overrightarrow{PQ}$ 則為兩者之差，亦即

$$\overrightarrow{PQ} = \overrightarrow{OQ} - \overrightarrow{OP} \tag{2-6}$$

$\overrightarrow{PQ}$ 說明質點自 P 移至 Q 的事實，稱為質點的位移 (displacement)。三者有如下的關係：

$$\Delta \vec{x} = \vec{x} - \vec{x}_0 \quad \text{或} \quad \Delta x \hat{i} = x \hat{i} - x_0 \hat{i} \tag{2-7}$$

$\hat{i}$ 是 x 軸上的單位向量。

必須注意的是：位移只表示質點移動前後位置的變化，與質點移動的實際路程 Δs 無關。質點自 P 點出發後，在 $t = t_0 + \Delta t$ 之前，可能在軸上任一處移動。例如體育課以 20 秒跑完百米為及格，跑得快的同學可能跑過終點，再返回等待，跑得慢的此時剛到。可見移動的實際路程，各不相同，但位移則全體一致。換言之，Δs 與 $\Delta \vec{x}$ 的大小不一定相等。

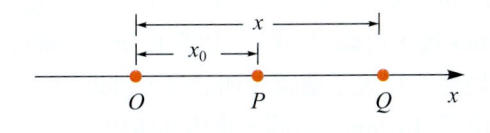

圖 2-3 直線運動。

顯然可見，質點移動的快慢，與位移 $\Delta \vec{x}$ 和時間 Δt 的長短，有莫大的關係。基於跑得快，需時亦短的事實，可以位移與時間的商，作為一個新物理量的定義。亦即：

$$\bar{v} = \frac{\Delta \vec{x}}{\Delta t} = \frac{(\vec{x} - \vec{x}_0)}{t - t_0} \tag{2-8}$$

$\bar{v}$ 是 Δt 時間內，質點移動的<u>平均速度</u> (average velocity)。由於位移 $\Delta \vec{x}$ 是向量，平均速度也是向量，它的方向與位移一致。同理，路程 Δs 與時間的商，也可用來定義另一新的物理量，稱之為<u>平均速率</u> (average speed)：

$$\bar{v} = \frac{\Delta s}{\Delta t} \tag{2-9}$$

平均速率恆取正值。因 Δs 不一定等於 $\Delta \vec{x}$ 的大小，故平均速率與平均速度的大小不一定相同。

隨堂練習

2-1 比較質點與剛體二理想模型的區別。真實物體必須在何種條件下，才能滿足質點或剛體的模型？

2-2 說明下列各名詞：
(1) 位置向量　　(2) 路程　　(3) 位移
(4) 速率　　　　(5) 速度　　(6) 加速度。

例題 2-1

小華在一商店買完東西後，於一筆直的公路上，開車向東方行駛。行駛 30 min，走了 30 km 路程後，因汽油不足，停於一加油站旁加油，8 min 後，再繼續上路。上路 12 min，續行駛 15 km 路程後，突然發現他的皮夾子遺留在加油站，當即折返。由折返處到加油站時，只用了 10 min。試問，車由商店出發，經折返點再回加油站時，車行駛的 (1) 位移；(2) 路程；(3) 時間；(4) 平均速率；(5) 平均速度，分別為若干？

解

(1) 首先將 x 座標定在車行駛的公路上，向東的方向為正向，並讓商店位於 x 座標的原點處。因此，車由商店出發時（即 $t_0 = 0$ 時），車之位置 $\vec{x}_0 = 0$。

由題意知，加油站的位置為 $\vec{x} = 30\hat{i}$ (km)，故知車由商店出發，經折返點再回加油站之位移

$$\Delta \vec{x} = \vec{x} - \vec{x}_0 = 30\hat{i} - 0\hat{i} = 30\hat{i} \text{ (km)}$$

或 $\Delta x = x - x_0 = 30 - 0 = 30 \text{(km)}$

(2) 其路程

$$\Delta s = 30 + 15 + 15 = 60 \text{ (km)}$$

(3) 其時間

$$\Delta t = 30 + 8 + 12 + 10 = 60 \text{ (min)} = 1 \text{ (hr)}$$

(4) 其平均速率

$$\bar{v} = \frac{\Delta s}{\Delta t} = \frac{60}{1} = 60 \text{ (km/hr)}$$

(5) 其平均速度

$$\bar{\vec{v}} = \frac{\Delta \vec{x}}{\Delta t} = \frac{30\hat{i}}{1} = 30\hat{i} \text{ (km/hr)}$$

或 $\bar{v} = \dfrac{\Delta x}{\Delta t} = \dfrac{30}{1} = 30 \text{ (km/hr)}$

★

> 位移 = 末位置 − 初位置
>
> 平均速率 = $\dfrac{\text{路程}}{\text{時距}}$
>
> 平均速度 = $\dfrac{\text{位移}}{\text{時距}}$
>
> 質點在 x 座標上作直線運動時，其向量物理量，如位置 $\vec{x}$、位移 $\Delta \vec{x}$、速度 $\vec{v}$ 與加速度 $\vec{a}$ 等之方向，只可能有兩個不同方向。一般可用純量 x、Δx、v 與 a 取代，當其為正值時，表示其方向與 x 軸同方向，為負值時，則與 x 軸反方向。

由 (2-8) 式，Δt 取值越小，對運動的描述越精確。當 Δt 小至接近於零時，所量得的平均速度 $\bar{v}$，視為測量瞬間，質點運動的速度，稱為**瞬時速度** (instantaneous velocity)，簡稱為**速度** (velocity)。數學式表示如下：

$$\vec{v} = \lim_{\Delta t \to 0} \frac{\Delta \vec{x}}{\Delta t} = \frac{d\vec{x}}{dt} \tag{2-10}$$

符號 $\lim\limits_{\Delta t \to 0}$ 表示 Δt 趨近於 0。速度也是一個向量，方向與 $\Delta \vec{x}$ 相同。

$\dfrac{d\vec{x}}{dt}$ 意謂 $\vec{x}$ 對 t 微分，或稱為 $\vec{x}$ 對 t 的一階導數 (first derivative)。

當 Δt 趨近於 0 時，質點單位時間所移動的路程稱為**瞬時速率** (instantaneous speed) v，簡稱**速率** (speed)。此時，質點移動的路徑與位移的路徑相等；故質點移動的路程 Δs 與位移 $\Delta \vec{x}$ 的大小可視為等量。因此，**瞬時速率**可表示為

$$v = \lim_{\Delta t \to 0} \dfrac{\Delta s}{\Delta t} = |\vec{v}| \tag{2-11}$$

即瞬時速率 v 與瞬時速度 $\vec{v}$ 的大小相等。

質點移動的速度，可能長時間維持一定，也可能隨時改變。前者稱為**等速度運動** (uniform motion)，後者稱為**加速度運動** (accelerated motion)。

由圖 2-4，取 P 點為質點運動的起點 (代表座標的原點)，並從運動開始的瞬間計時，亦即令 $t_0 = 0$，$x_0 = 0$。則 (2-8) 式可簡化為

$$\overline{\vec{v}} = \dfrac{\vec{x}}{t} \quad \text{或} \quad \vec{x} = \overline{\vec{v}} t \tag{2-12a}$$

當質點為等速度運動時，$\overline{\vec{v}} = \vec{v} = v\hat{i}$。因此 (2-12a) 式可如下表示：

$$\vec{x} = \vec{v} t \quad \text{或} \quad x = vt \tag{2-12b}$$

圖 2-5 可用來描述 (2-12b) 式的 v-t 和 x-t 關係圖。如原點不選在 P 點，亦即 $x_0 \neq 0$，則 **[註三]**：

$$x = x_0 + vt \tag{2-12c}$$

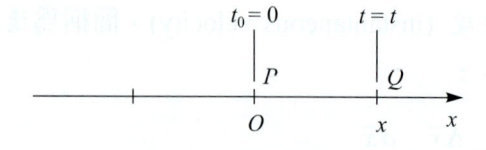

圖 2-4 直線運動。

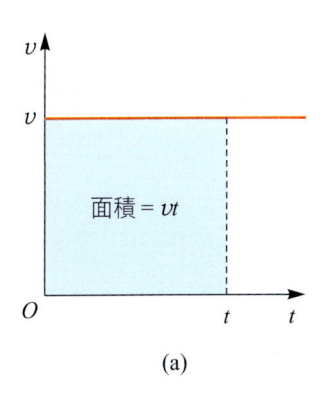

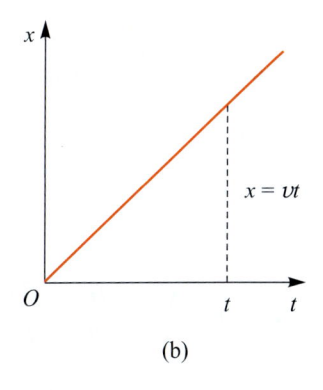

圖 2-5 等速度運動示意圖。(a) 速度對時間的變化；(b) 位移對時間的變化。

例題 2-2

一隻貓咪位於筆直狹窄的巷道內，來回追逐一隻老鼠。貓咪在不同時刻 t 所在位置 x，可以方程式 $x = 1 + 4t - t^2$ 表示 (單位用 SI 制)。試問：
(1) 貓咪在不同時刻 t 之速度為何？
(2) 貓咪在運動開始之瞬間，所在位置及速度為何？
(3) 貓咪在何時會回過頭來追逐老鼠？

解

(1) 貓咪在不同時刻 t 移動的速度

$$v = \frac{dx}{dt}$$
$$= \frac{d}{dt}(1 + 4t - t^2)$$
$$= 4 - 2t$$

(2) 貓咪開始運動的瞬間，即 $t = t_0 = 0$ 時，其所在位置

$$x_0 = 1 + 4 \times 0 - 0^2 = 1 \text{ m}$$

此時，其速度

$$v = v_0 = 4 - 2 \times 0 = 4 \text{ (m/s)}$$

(3) 貓咪回頭來追老鼠時，表示其移動的速度方向在改變，此時 $v = 0$ 時，由 (1)

$$v = 4 - 2t$$
$$0 = 4 - 2t$$

故知 $t = 2$ s 時，貓咪會回過頭來追逐老鼠。

2-4-2 加速度

處理速度隨時間變化的運動，需要導入加速度這個新的物理量，定義如下：

$$\bar{a} = \frac{\Delta \vec{v}}{\Delta t} \tag{2-13}$$

$$\vec{a} = \lim_{\Delta t \to 0} \frac{\Delta \vec{v}}{\Delta t} = \frac{d\vec{v}}{dt} = \frac{d^2 \vec{x}}{dt^2} \tag{2-14}$$

$\Delta \vec{v}$ 是時間 Δt 內，質點速度的變化量，$\bar{a}$ 稱為**平均加速度** (average acceleration)。**瞬時加速度** (instantaneous acceleration，簡稱**加速度**) $\vec{a}$ 可視為 $\vec{v}$ 對 t 的一階導數，亦是位移 $\vec{x}$ 對時間 t 的**二階導數** (second derivative)。變速度運動可分為**等加速度**與**變加速度**運動兩類。下文所論，以等加速度運動為主。

代數方法可得如下關係式：

$a = \frac{\Delta v}{\Delta t}$
$\Delta v = v - v_0$
$v = v_0 + a\Delta t$
$\bar{v} = \frac{v + v_0}{2}$
$\Delta x = \bar{v}\Delta t$
$\Delta x = v_0 \Delta t + \frac{1}{2}a\Delta t^2$
$\Delta t = \frac{v - v_0}{a}$
$v^2 = v_0^2 + 2a\Delta x$

$\Delta x = x - x_0 \xrightarrow{x_0 = 0} \Delta x = x$
$\Delta t = t - t_0 \xrightarrow{t_0 = 0} \Delta t = t$
$v = v_0 + at$
$\Rightarrow x = vt + \frac{1}{2}at^2$
$v^2 = v_0^2 + 2ax$

利用如左之代數方法，在時間 $t_0 = 0$ 時，從 (2-13) 與 (2-14) 式可得：

1. 如初速度 $\vec{v}_0 = 0$，則在任意時刻 t 的位移、速度、加速度關係為

$$\vec{v} = \vec{a}t \quad \text{或} \quad v = at \tag{2-15a}$$

$$\vec{x} = \frac{1}{2}\vec{a}t^2 \quad \text{或} \quad x = \frac{1}{2}at^2 \tag{2-16a}$$

消去 t，質點的運動可以方程式表示如下：

$$v^2 = 2ax \tag{2-17a}$$

2. 如初速度 $\vec{v}_0 \neq 0$，則在任意時刻 t 的位移、速度、加速度關係為

$$v = v_0 + at \tag{2-15b}$$

$$x = v_0 t + \frac{1}{2}at^2 \tag{2-16b}$$

$$v^2 = v_0^2 + 2ax \tag{2-17b}$$

例題 2-3

小王選手跑百米，測速器測得不同時刻 t 與其速度 v 的關係，如圖 2-6。圖中 A 與 B 表示曲線下至 t 軸的面積。試問：

(1) 起跑後，時間 2 s 內是否為等加速度運動？其加速度為若干？
(2) 起跑後，時間 2 s 內，小王跑了多少距離？
(3) 小王跑抵終點時，所費時間 t 為何？
(4) 小王由起跑點跑到終點時的平均加速度為何？

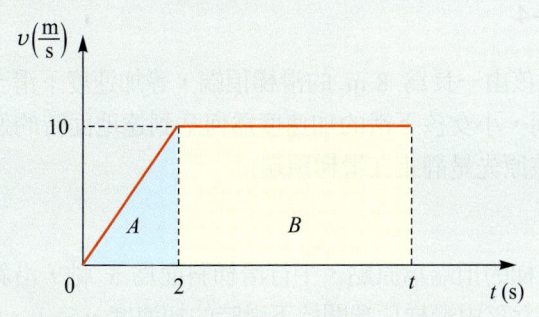

圖 2-6 選手的時刻 t 與速度 v 關係圖。

解

(1) 觀察 v-t 圖，選手起跑 2 s 內是作等加速度運動，而該直線之斜率即為加速度 a。因此

$$a = \frac{\Delta v}{\Delta t} = \frac{10-0}{2-0} = 5 \,(\text{m/s}^2)$$

(2) 選手於 2 s 內所跑的距離 (即位移) Δx，應等於 v-t 圖中的面積 A，即

$$\Delta x = 面積 A$$
$$= \frac{1}{2} \times 2 \times 10 = 10 \,(\text{m})$$

(3) 因面積 A 與面積 B 之和剛好等於全程 100 m，故

面積 A + 面積 B = 100 (m)
$\Rightarrow \frac{1}{2} \times 2 \times 10 + (t-2) \times 10 = 100$
$\Rightarrow t = 11 \,(\text{s})$

故知，選手跑完 100 m，所費時間為 11 s。

(4) 其平均加速度 $\bar{a}$，應為 0 到 t 時間內的速度改變量 Δv，與其所費時間之比，即

$$\bar{a} = \frac{\Delta v}{\Delta t} = \frac{10-0}{11-0} \approx 0.91 \text{ (m/s}^2\text{)}$$

例題 2-4

小女孩由一長為 8 m 的滑梯頂端，等加速度下滑至地面，費時 2 s。試問，小女孩下滑的加速度為何？到達地面時的速度又為何？(設小女孩原先是靜止在滑梯頂端)

解

令滑梯的頂端為原點，平行滑梯斜面為 x 軸，沿斜面向下為正向。因小女孩由滑梯頂端開始下滑時的初速度 $v_0 = 0$，沿 $x = 8$ m 長的滑梯，以等加速度 a，經 $t = 2$ s 的時間下滑至地面，故由運動學公式可得

$$x = v_0 t + \frac{1}{2}at^2 \Rightarrow 8.0 = 0 \times 2.0 + \frac{1}{2} \times a \times (2.0)^2$$

$$a = 4.0 \text{ (m/s}^2\text{)}$$

$$v = v_0 + at \Rightarrow v = 0 + 4.0 \times 2.0$$

$$= 8.0 \text{ (m/s)}$$

小女孩沿滑梯以 4.0 m/s² 的加速度下滑，下滑至地面時的速度為 8.0 m/s。

2-4-3 自由落體

學習方針

自由落體運動：
物體在地表附近，考慮只受地球引力作用，而自靜止落下的運動過程，稱為自由落體運動 (free-fall)。

自由落體的運動方程式：

$$v = -gt$$
$$y = -\frac{1}{2}gt^2$$
$$v^2 = -2gy$$

自由落體
y 軸取向上為正

$t_0 = 0$
$v_0 = 0$
$a = -g$

t
$v(t)$

　　從地表附近靜止落下的物體，謂之自由落體。亞里斯多德 (Aristotle, -350BC) 認為重的物體應該落得較快。所以落花飛絮，輕可沾衣；隕石流星，疾逾勁矢。但伽利略卻證明物體不分輕重，在一樣的高度、同時掉落，也同時著地。兩種不同的結果，全是空氣阻力在作怪。

　　在空氣阻力可以忽視的情況下，同一地點的落體，顯然都有相同的加速度，伽利略實驗的結果，可為明證。牛頓認為這個加速度，是因地球與落體之間的吸引力而致，所以稱之為*重力加速度* (gravitational acceleration)，以符號 $\vec{g}$ 表示，其方向恆指向地心。它的大小 g，在地表附近隨緯度與高度而略有偏差，一般都取 9.80 m/s² 為代表【註四】。但習慣上，常將上下方向視為 y 軸，往上的方向定為正向。$\vec{g} = -9.8\hat{j}$ m/s²，負號表示方向指向地心。

　　落體運動多在地表附近進行，加速度 g 可視為定值。既是自由下墜，初速 v_0 等於 0，在運動過程中，只考慮地球的引力作用。因此，(2-15a) 至 (2-17a) 式可以直接應用。設座標原點定在落體的原始位置，並在落下瞬間開始計時，亦即 $t = 0$，$y_0 = 0$。那麼，在任何其它時刻 $t > 0$，質點的位置 y 與速度 v，可用下列數式計算

$$y = -\frac{1}{2}gt^2 \tag{2-18}$$

$$v = -gt \tag{2-19}$$

落體運動的方程式，亦可由上列數式消去 t 而獲得。亦即

$$v^2 = -2gy \tag{2-20}$$

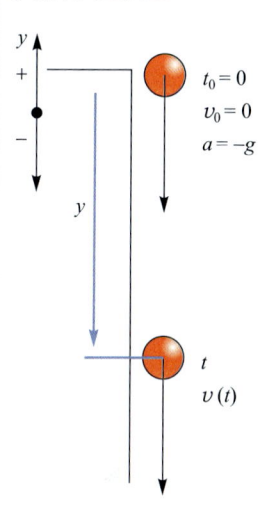

例題 2-5

一物體距地面高 19.6 m 處自由落下，若不考慮空氣阻力，則物體落至地面時，求：(1) 所費時間？(2) 落地的速度為若干？

解

(1) 利用 $y = -\dfrac{1}{2}gt^2$，代入落下距離與重力加速度值：

$$y = -\dfrac{1}{2}gt^2$$
$$\Rightarrow -19.6 = -\dfrac{1}{2} \times 9.8 \times t^2$$
$$\Rightarrow t = 2\,(s)$$

可得物體落地時所費時間 $t = 2\,s$。

(2) 將 $t = 2\,s$ 代入 $v = -gt$，可得物體落地時的速度

$$v = -gt$$
$$= -9.8 \times 2$$
$$= -19.6\,(m/s)$$

式中負號表示其速度 v 的方向向下。

隨堂練習

2-3 一小球自高度 $y = 0\,m$ 處自由下墜，若下墜時只受地球引力作用，試完成下列圖表。（g 值為 $10.0\,m/s^2$）

(1) 圖 A，描繪出 1s、2s、3s、4s 時，小球的位置。
(2) 表 A、表 B，填入 1s、2s、3s、4s 時，小球下墜的距離與速度。
(3) 圖 B、圖 C，繪出小球下墜的距離-時間、速度-時間關係圖。

表 A　小球下墜的距離與時間關係　$y = \frac{1}{2}gt^2$

時間 (s)	1	2	3	4
距離 (m)				

表 B　小球下墜的速度與時間關係　$v = gt$

時間 (s)	1	2	3	4
速度 (m/s)				

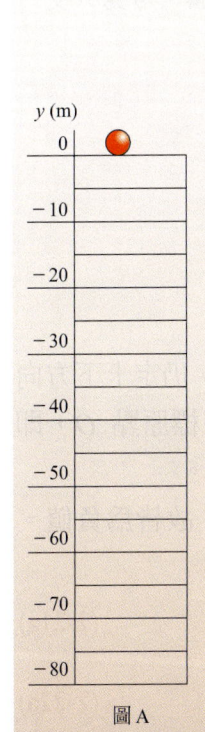

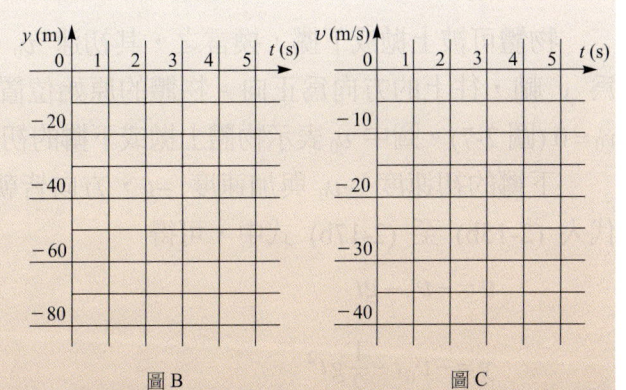

圖 A　　　　　　　　圖 B　　　　　　　　圖 C

2-4　續上題，小球在第 1s、2s、3s、4s 間，下墜距離的比值為何？

2-5　將一物體自高度 H 處靜止釋放，使其自由落下；求：
(1) 物體下落前半程與後半程所需的時間比？
(2) 物體前半時間與後半時間落下距離比？
(3) 物體接觸地面時的速度及所需的時間？

2-4-4　拋擲運動

垂直向下拋體運動：
　　物體在地表附近，以初速率 v_0 ($v_0 \neq 0$) 垂直落下，考慮只受地球引力作用的運動過程，稱為垂直向下拋體運動。

垂直向下拋體的運動方程式：(定 y 軸向上為正向)

$$v = -v_0 - gt$$
$$y = -v_0 t - \frac{1}{2}gt^2$$
$$v^2 = v_0^2 - 2gy$$

垂直向上拋體運動：

物體在地表附近，以初速率 v_0 ($v_0 \neq 0$) 垂直向上拋擲，考慮只受地球引力作用的運動過程，稱為垂直向上拋體運動。

垂直向上拋體的運動方程式：

$$v = v_0 - gt$$
$$y = v_0 t - \frac{1}{2}gt^2$$
$$v^2 = v_0^2 - 2gy$$

物體可被上拋或下擲，換言之，其初速 $v_0 \neq 0$。仍定上下方向為 y 軸，往上的方向為正向。物體的原始位置為座標原點 O，即 $y_0 = 0$ (圖 2-7)。圖中 v_0 表示物體上拋或下擲的初速率。

下擲的初速度 $-v_0$ 與加速度 $-g$，方向皆朝下，故皆為負值。代入 (2-15b) 至 (2-17b) 式中，可得

$$v = -v_0 - gt \tag{2-21a}$$

$$y = -v_0 t - \frac{1}{2}gt^2 \tag{2-22a}$$

與

$$v^2 = v_0^2 - 2gy \tag{2-23}$$

(2-23) 式末速度平方開方後，末速度 v 當取負值。

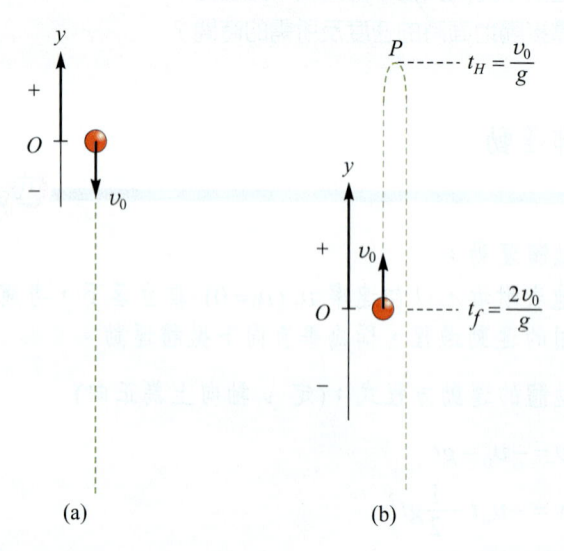

(a)   (b)

圖 2-7   (a) 垂直向下拋體運動；(b) 垂直向上拋體運動。

垂直向上拋體運動，上拋的初速度 v_0 為正，加速度 g 仍然朝下，因此

$$v = v_0 - gt \qquad (2\text{-}21b)$$

$$y = v_0 t - \frac{1}{2}gt^2 \qquad (2\text{-}22b)$$

在上升過程，速度隨時間遞減。當 $t_H = \dfrac{v_0}{g}$ 時，$v = 0$，物體達到它的最高位置 [圖 2-7(b) 的 P]，開始以自由落體的方式下降。再經過同等的時間 (即 $t = \dfrac{v_0}{g}$)，以 $-v_0$ 的速度抵達原點 O，但此時的速度方向，與上拋時相反。換言之，拋體上升與下降的旅程是互相對稱的，只是方向相反。這種現象稱為 *逆時對稱* (time-reversal symmetry)。善加利用，對解題甚有幫助。經過原點以後，即 $t \geq \dfrac{2v_0}{g}$，質點的行徑與垂直向下拋體運動毫無異致。

例題 2-6

若將例題 2-5 中，自由落下的物體，改為以 14.7 m/s 的初速度向下拋擲。試問該物體落至地面時，(1) 所費時間？(2) 速度為若干？

解

(1) 利用 $y = -v_0 t - \dfrac{1}{2}gt^2$，代入初速度大小 14.7 m/s、落下距離 19.6 m 與重力加速度大小 9.8 m/s^2：

$$y = -v_0 t - \frac{1}{2}gt^2 \Rightarrow -19.6 = -14.7t - \frac{1}{2} \times 9.8 \times t^2$$
$$(t+4)(t-1) = 0$$
$$t = 1(s) \quad \text{或} \quad -4(s)$$

時間 $t = -4\,s$，不合；故知物體落地時所費時間應為 1 s。

(2) 將時間 $t = 1\,\text{s}$，代入 $v = -v_0 - gt$，可得物體落地時的速度：

$$v = v_0 - gt \Rightarrow v = -14.7 - 9.8 \times 1$$
$$v = -24.5\,(\text{m/s})$$

落至地面的速度 $v = -24.5\,\text{m/s}$ 中，負號表示其速度的方向向下。 ★

例題 2-7

在距地面高 25 m 處，將一球以 20 m/s 的初速度向上拋擲。假設當地重力加速度的大小為 $10\,\text{m/s}^2$，若不考慮空氣阻力，則
(1) 球到達最高點時，所費時間及其位移為何？
(2) 球回到原點處時，所費時間及其速度為何？
(3) 球到達地面時，所費時間及其速度又為何？

解

(1) 利用 $v = v_0 - gt$，代入初速度值 20 m/s、重力加速度值 $10\,\text{m/s}^2$ 與球到達最高點時的速度 $v = 0$：

$$v = v_0 - gt \Rightarrow 0 = 20 - 10 \times t$$
$$t = 2\,(\text{s})$$

得球到達最高點時所費時間 $t = 2\,\text{s}$。
將時間 $t = 2\,\text{s}$，代入 $y = v_0 t - \frac{1}{2}gt^2$，得其位移

$$y = v_0 t - \frac{1}{2}gt^2 \Rightarrow y = 20 \times 2 - \frac{1}{2} \times 10 \times 2^2$$
$$= 20\,(\text{m})$$

(2) 球回到原點時，其位移 $y = 0$，故

$$y = v_0 t - \frac{1}{2}gt^2 \Rightarrow 0 = 20t - \frac{1}{2} \times 10 \times t^2$$
$$t = 0 \quad \text{或} \quad t = 4\,(\text{s})$$

時間為零，是表示球剛上拋的時刻。故球上拋後，再回到原點處，所費的時間應為 4 s。此時球之速度

$$v = v_0 - gt \Rightarrow v = 20 - 10 \times 4$$
$$= -20\,(\text{m/s})$$

$v = -20$ m/s 中,負號表示球速度的方向向下。

將此速度與上拋時的初速度 $v_0 = 20$ m/s 比較知,兩速度大小相同,方向相反,可印證其逆時對稱性。

(3) 球到達地面時,其位移 $y = -25$ m,故

$$y = v_0 t - \frac{1}{2}gt^2 \Rightarrow -25 = 20t - \frac{1}{2} \times 10 \times t^2$$
$$t = 5 \text{ (s)} \text{ 或 } -1 \text{ (s)}$$

$t = -1$ s 時間為負值,不合;故知球到達地面所費時間應為 5 s。此時球之速度

$$v = v_0 - gt \Rightarrow v = 20 - 10 \times 5$$
$$= -30 \text{ (m/s)}$$

$v = -30$ m/s 中,負號表示球速度的方向向下。

隨堂練習

2-6 若物體以初速度 v_0 被垂直向上拋擲,則自拋出到最大高度的一半處,所需時間為何?(重力加速度為 g)

2-7 在一水塔旁,將彈珠自地面垂直向上拋擲,當時間 t_1 經過水塔頂,時間 t_2 又經過水塔頂 (重力加速度為 g),求:
(1) 彈珠上拋的初速度。
(2) 水塔高度。
(3) 彈珠可到達的最大高度。

2-8 一小球在高 H 處,由靜止自由落下;同一時候,有一彈珠自地面以初速度 v_0 沿相同鉛直線上拋。求經過多少時間,彈珠會擊中小球?(重力加速度為 g)

2-5 平面運動

位移： $\Delta\vec{r} = \vec{r}_2 - \vec{r}_1$

速度： $\vec{v} = \lim\limits_{\Delta t \to 0} \dfrac{\Delta \vec{r}}{\Delta t} = \dfrac{d\vec{r}}{dt}$

加速度： $\vec{a} = \lim\limits_{\Delta t \to 0} \dfrac{\Delta \vec{v}}{\Delta t} = \dfrac{d\vec{v}}{dt} = \dfrac{d^2\vec{r}}{dt^2}$

等加速度的運動方程式：

$$\vec{v}(t) = \vec{v}_0 + \vec{a}t$$

$$\Delta\vec{r}(t) = \vec{v}_0 t + \frac{1}{2}\vec{a}t^2$$

$$[\vec{v}(t)]^2 = [\vec{v}_0]^2 + 2\vec{a} \cdot \Delta\vec{r}(t)$$

平面上等加速度運動在 x 軸與 y 軸的運動方程式：

x-方向	y-方向
$v_x = v_{0x} + a_x t$	$v_y = v_{0y} + a_y t$
$\Delta x = v_{0x}t + \dfrac{1}{2}a_x t^2$	$\Delta y = v_{0y}t + \dfrac{1}{2}a_y t^2$
$v_x^2 = v_{0x}^2 + 2a_x \Delta x$	$v_y^2 = v_{0y}^2 + 2a_y \Delta y$

拋體在 t 時刻的速度、大小及方向：
$\vec{v}(t) = v_x(t)\hat{i} + v_y(t)\hat{j}$
$v = \sqrt{v_x^2 + v_y^2}$
$\theta = \tan^{-1}\dfrac{v_y}{v_x}$

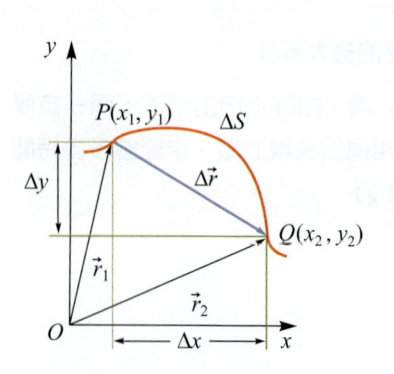

圖 2-8　質點位移 $\Delta\vec{r}$ 隨時間的變化。

直線運動無疑是所有運動的基礎,但物體實際的運動並非皆為直線,有些為曲線、螺線等。現以二維平面運動為例,加以說明。

設質點在 x-y 平面上運動的軌跡,有如圖 2-8 所示的曲線。當 $t = t_0$ 時,它的位置在 P 點,其座標為 (x_1, y_1),位置向量為 $\vec{r}_1$。經 Δt 時間後,它移至 Q 點,其座標為 (x_2, y_2),位置向量為 $\vec{r}_2$。它的位移 $\overline{PQ}$ 可用 $\Delta \vec{r}$ 表示。根據向量合成-解析法,此質點運動的位移 $\Delta \vec{r}$,可表示為

$$\Delta \vec{r} = \vec{r}_2 - \vec{r}_1 \\ = (x_2 - x_1)\hat{i} + (y_2 - y_1)\hat{j} \\ = \Delta x \hat{i} + \Delta y \hat{j}$$

式中,$\Delta x \hat{i}$ 與 $\Delta y \hat{j}$,可視為位移向量 $\Delta \vec{r}$ 在座標 x 與 y 軸上的兩分量。因此,其平均速度 $\overline{v}$ 為

$$\overline{v} = \frac{\Delta \vec{r}}{\Delta t} \\ = \frac{\Delta x}{\Delta t}\hat{i} + \frac{\Delta y}{\Delta t}\hat{j} \\ = \overline{v}_x \hat{i} + \overline{v}_y \hat{j}$$

式中,$\overline{v}_x \hat{i}$ 與 $\overline{v}_y \hat{j}$,可視為平均速度 $\overline{v}$ 在座標 x 與 y 軸上的兩分量。其 (瞬時) 速度 $\vec{v}$ 為

$$\vec{v} = \frac{d\vec{r}}{dt} \\ = \lim_{\Delta t \to 0} \frac{\Delta \vec{r}}{\Delta t} \\ = \lim_{\Delta t \to 0} (\frac{\Delta x}{\Delta t}\hat{i} + \frac{\Delta y}{\Delta t}\hat{j}) \\ = v_x \hat{i} + v_y \hat{j}$$

式中,$v_x \hat{i}$ 與 $v_y \hat{j}$,可視為 (瞬時) 速度 $\vec{v}$ 在座標 x 與 y 軸上的兩分量。其加速度 $\vec{a}$ 為

$$\vec{a} = \frac{d\vec{v}}{dt}$$

$$= \lim_{\Delta t \to 0} \frac{\Delta \vec{v}}{\Delta t}$$

$$= \lim_{\Delta t \to 0} (\frac{\Delta v_x}{\Delta t}\hat{i} + \frac{\Delta v_y}{\Delta t}\hat{j})$$

$$= a_x\hat{i} + a_y\hat{j}$$

式中，$a_x\hat{i}$ 與 $a_y\hat{j}$，可視為加速度 $\vec{a}$ 在座標 x 與 y 軸上的兩分量。

若質點以 $\vec{v}_0$ 初速度，作等加速度 $\vec{a}$ 的移動，其運動方程式可以向量形式表示如下：

$$\vec{v} = \vec{v}_0 + \vec{a}t$$

$$\Delta \vec{r} = \vec{v}_0 t + \frac{1}{2}\vec{a}t^2$$

$$\vec{v}^2 = \vec{v}_0^2 + 2\vec{a} \cdot \Delta \vec{r}(t)$$

利用向量合成-解析法，將上述三向量運動方程式中物理量的位移、速度、加速度等，分解成 x 與 y 軸兩方向的分量後，可得 x 軸與 y 軸方向兩組相互獨立的運動方程式，如下：

x 軸方向

$$v_x = v_{0x} + a_x t$$

$$\Delta x = v_{0x}t + \frac{1}{2}a_x t^2 \tag{2-24}$$

$$v_x^2 = v_{0x}^2 + 2a_x \Delta x$$

式中，Δx、v_{0x}、v_x 與 a_x 表示位移、初速度、末速度與加速度在 x 軸方向之分量。

y 軸方向

$$v_y = v_{0y} + a_y t$$

$$\Delta y = v_{0y}t + \frac{1}{2}a_y t^2 \tag{2-25}$$

$$v_y^2 = v_{0y}^2 + 2a_y \Delta y$$

式中，Δy、v_{0y}、v_y 與 a_y，表示位移、初速度、末速度與加速度在 y 軸方向之分量。

下述投射運動提供上列兩組獨立的運動方程式，一個很好的實例。

例題 2-8

如圖 2-9，小華由 A 處出發，繞一半徑為 50 m 的圓形跑道慢跑。定直角座標原點在圓形跑道的中心處，試問：

(1) 他跑至圖中 A、B、C 及 D 處時，其位置向量分別為何？
(2) 他由 A 跑至 B 處，以及由 B 跑至處 C 處時，其位移向量分別為何？
(3) 證明 (2) 所得兩位移的向量和，等於他直接由 A 至處 C 處時的位移。

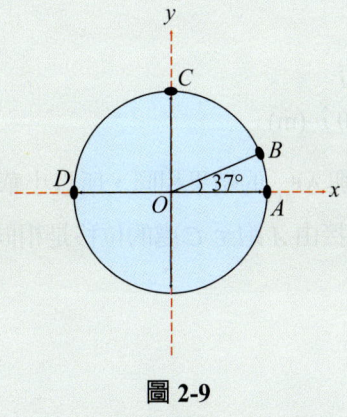

圖 2-9

解

(1) 小華由 A 處出發，繞一半徑為 50 m 的圓形跑道慢跑，他在 A、B 及 C 位置時，其位置向量分別為

$$\vec{r}_A = \overrightarrow{OA} = 50\hat{i} \text{ (m)}$$

$$\vec{r}_B = \overrightarrow{OB} = (50\cos 37°)\hat{i} + (50\sin 37°)\hat{j}$$

$$= (50 \times \frac{4}{5})\hat{i} + (50 \times \frac{3}{5})\hat{j}$$

$$= 40\hat{i} + 30\hat{j} \text{ (m)}$$

$$\vec{r}_C = \overrightarrow{OC} = 50\hat{j} \text{ (m)}$$

$$\vec{r}_D = \overrightarrow{OD} = -50\hat{i} \text{ (m)}$$

(2) 小華由 A 跑至 B 處其位移為

$$\Delta \vec{r}_{AB} = \vec{r}_B - \vec{r}_A$$
$$= (40\hat{i} + 30\hat{j}) - 50\hat{i}$$
$$= -10\hat{i} + 30\hat{j} \text{ (m)}$$

小華由 B 跑至 C 處其位移為

$$\Delta \vec{r}_{BC} = \vec{r}_C - \vec{r}_B$$
$$= 50\hat{j} - (40\hat{i} + 30\hat{j})$$
$$= -40\hat{i} + 20\hat{j} \text{ (m)}$$

(3) 小華由 A 跑至 B 與 B 跑至 C 處位移的和為

$$\Delta \vec{r}_{AB} + \Delta \vec{r}_{BC} = (-10\hat{i} + 30\hat{j}) + (-40\hat{i} + 20\hat{j})$$
$$= -50\hat{i} + 50\hat{j} \text{ (m)}$$

小華由 A 跑至 C 處其位移為

$$\Delta \vec{r}_{AC} = \vec{r}_C - \vec{r}_A$$
$$= 50\hat{j} - 50\hat{i}$$
$$= -50\hat{i} + 50\hat{j} \text{ (m)}$$

因 $\Delta \vec{r}_{AB} + \Delta \vec{r}_{BC}$ 與 $\Delta \vec{r}_{AC}$ 的結果相同，所以小華由 A 跑至 B 再由 B 跑至 C 處與直接由 A 跑至 C 處的位移是相同。

例題 2-9

上題中，若小華是以 4 m/s 等速率，逆時針繞跑道慢跑。試問：
(1) 他在 A、C 及 D 處時的速度，分別為何？
(2) 他由 A 跑至 C 處以及 C 跑至 D 處的平均速度各為何？
(3) 由 A 跑至 C 處與由 C 跑至 D 處的平均速度大小是否相等？
(4) 由 A 跑至 D 處的平均加速度為何？

解

(1) 若小華以 4 m/s 等速率，逆時針繞跑道慢跑，他在 A、C 及 D 位置的速度，分別為

$$\vec{v}_A = 4\hat{j} \text{ m/s} \; ; \; \vec{v}_C = -4\hat{i} \text{ m/s} \; ; \; \vec{v}_D = -4\hat{j} \text{ m/s}$$

(2) 小華繞半徑 R 為 50 m 的跑道跑一圈，所費時間 T 為

$$v = \frac{2\pi R}{T} \to T = \frac{2\pi R}{v}$$
$$R = 50 \text{ m}$$
$$v = 4 \text{ m/s} \to T = \frac{2 \times 3.14 \times 50}{4} = 78.5 \text{ (s)}$$

小華由 A 跑至 C 位置的平均速度 $\bar{v}_{AC}$ 為

$$\bar{v}_{AC} = \frac{\Delta \vec{r}_{AC}}{\Delta t_{AC}} \quad \frac{\Delta \vec{r}_{AC} = -50\hat{i} + 50\hat{j} \text{ (m)}}{\Delta t_{AC} = \frac{1}{4}T} \to \bar{v}_{AC} = \frac{-50\hat{i} + 50\hat{j}}{\frac{1}{4} \times 78.5}$$
$$= -2.55\hat{i} + 2.55\hat{j} \text{ (m/s)}$$

小華由 C 跑至 D 位置的平均速度 $\bar{v}_{CD}$ 為

$$\bar{v}_{CD} = \frac{\Delta \vec{r}_{CD}}{\Delta t_{CD}} \quad \frac{\Delta \vec{r}_{CD} = \vec{r}_D - \vec{r}_C = -50\hat{i} - 50\hat{j} \text{ (m)}}{\Delta t_{CD} = \frac{1}{4}T} \to \bar{v}_{CD} = \frac{-50\hat{i} - 50\hat{j}}{\frac{1}{4} \times 78.5}$$
$$= -2.55\hat{i} - 2.55\hat{j} \text{ (m/s)}$$

(3) 小華由 A 跑至 C 位置的平均速度的大小 $\bar{v}_{AC}$ 為

$$\bar{v}_{AC} = -2.55\hat{i} + 2.55\hat{j} \text{ (m/s)}$$
$$\bar{v}_{AC} = \sqrt{(-2.55)^2 + (2.55)^2} \approx 3.61 \text{ (m/s)}$$

小華由 C 跑至 D 位置的平均速度的大小 $\bar{v}_{CD}$ 為

$$\bar{v}_{CD} = -2.55\hat{i} - 2.55\hat{j} \text{ (m/s)}$$
$$\bar{v}_{CD} = \sqrt{(-2.55)^2 + (-2.55)^2} \approx 3.61 \text{ (m/s)}$$

因為 $\bar{v}_{AC}$ 與 $\bar{v}_{CD}$ 相等，所以由 A 跑至 C 處與 C 跑至 D 處的平均速度大小相等。

(4) 小華由 A 跑至 D 處的平均加速度 $\bar{a}_{AD}$ 為

$$\bar{a}_{AD} = \frac{\Delta \vec{v}_{AD}}{\Delta t_{AD}} = \frac{\vec{v}_D - \vec{v}_A}{\frac{1}{2}T}$$

$$\bar{a}_{AD} = \frac{-4\hat{j} - (4\hat{j})}{\frac{1}{2} \times 78.5} = -0.204\hat{j} \text{ (m/s}^2\text{)}$$

2-5-1 投射運動

考慮只受地球引力，忽略空氣阻力的理想化狀況。

$\vec{v}_0$：物體運動的初速度
θ：拋射體投射出時與水平方向的夾角
g：重力加速度值；$g = 9.80 \text{ m/s}^2$

假設 $t = 0$ 時，位置為 $(0, 0)$

水平方向為等速運動
$v_x = v_0 \cos\theta$
$x = (v_0 \cos\theta)t$

垂直方向為向上拋體運動
$v_y = v_0 \sin\theta - gt$
$y = (v_0 \sin\theta)t - \frac{1}{2}gt^2$
$v_y^2 = v_0^2 \sin^2\theta - 2gy$

運動軌跡方程式及相關參數：

$t = \dfrac{x}{v_0 \cos\theta}$

運動軌跡　　$y = (\tan\theta)x - \dfrac{1}{2} \dfrac{g}{(v_0 \cos\theta)^2} x^2$

水平射程　　$R = \dfrac{v_0^2}{g} \sin 2\theta$

飛行總時間　$T = \dfrac{2v_0 \sin\theta}{g}$

最大高度　　$H = \dfrac{(v_0 \sin\theta)^2}{2g}$

回到地面的末速度
$\begin{cases} v_x = v_0 \cos\theta \\ v_y = -v_0 \sin\theta \end{cases}$

$\Rightarrow v = \sqrt{v_x^2 + v_y^2} = v_0$

投射運動如投籃、鉛球、標槍等，或以命中、或以致遠為目的。將物體用力投出，物體劃過長空，在相當的遠處，重行著地，如圖 2-10 所示。

設投射的初速度為 $\vec{v}_0$，射角 $\theta < 90°$，且空氣的影響可以忽略。將 $\vec{v}_0$ 分解，其 x 與 y 方向的分量 $\vec{v}_{0x}$ 與 $\vec{v}_{0y}$，其大小分別為

$v_{0x} = v_0 \cos\theta$
$v_{0y} = v_0 \sin\theta$

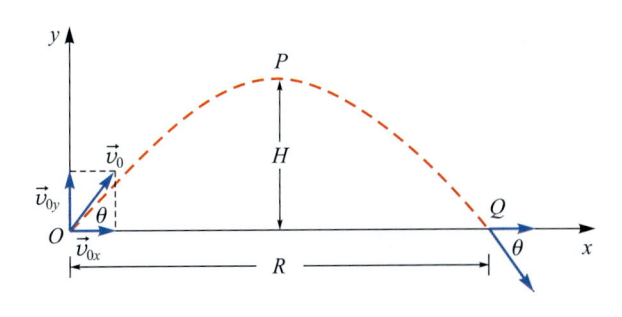

圖 2-10 投射運動。

　　圖 2-10 所示的 θ 為一正角 $(0° < \theta < 90°)$，所以 v_{0x} 與 v_{0y} 皆為正值。如為負角 $(-90° < \theta < 0°)$，則 v_{0x} 仍為正值，而 v_{0y} 為負值，$\vec{v}_{0y}$ 方向朝下。

　　物體自射出後，在重行著地前，除受地心引力的作用外，別無其它影響。由於投射是在地表進行，加速度 $\vec{g}$ 的方向恆朝下，由 (2-24) 及 (2-25) 式知，$a_x = 0$，$a_y = -g$，故在 x 方向為等速度運動，y 方向為垂直向上拋體運動。

　　設開始時，即 $t = 0$ 時，物體的位置在座標原點上，即 $y_0 = 0$。而位移 $\Delta y = y - y_0 = y$。因此，根據 (2-24) 及 (2-25) 式，在時間 t 時，物體在 y 方向上的速度與位置分別為

$$v_y = v_{0y} - gt = v_0 \sin\theta - gt \tag{2-26}$$

$$y = v_{0y} t - \frac{1}{2} g t^2 = (v_0 \sin\theta) t - \frac{1}{2} g t^2 \tag{2-27}$$

在 x 方向上的速度與位置分別為

$$v_x = v_0 \cos\theta \tag{2-28}$$

$$x = (v_0 \cos\theta) t \tag{2-29}$$

從 (2-27) 與 (2-29) 兩式消去 t，可得投射運動的軌跡：

$$y = (\tan\theta) x - \frac{1}{2} \frac{g}{(v_0 \cos\theta)^2} x^2 \tag{2-30}$$

拋物線軌跡方程式為
$y = ax^2 + bx + c$

此為一拋物線方程式。換言之，如果忽略空氣的影響，物體的運動

軌跡應作拋物線狀。

以人體作為砲彈，從砲口射出作拋物線飛行，降落到網上。(攝於關西小人國)

顯然可見，當 $y = 0$ 時，(2-30) 式的 x 有兩解，即

$$x = 0$$

$$x = \frac{2v_0^2 \sin\theta \cos\theta}{g} = \frac{v_0^2 \sin 2\theta}{g}$$

$\sin(\alpha + \beta)$
$= \sin\alpha\cos\beta + \sin\beta\cos\alpha$

座標 $O(0, 0)$ 為座標系的原點，亦即投射的起點；而座標 $(\frac{v_0^2 \sin 2\theta}{g}, 0)$ 則是物體落地的位置。兩點的差距稱為物體的水平射程 (horizontal range)：

$$R = \frac{v_0^2 \sin 2\theta}{g} \tag{2-31}$$

由於 $\sin 90° = 1$，是正弦函數的最大值，因此，以仰角 $\theta = 45°$ 投射，最遠射程 R_{max} 為

$$R_{max} = \frac{v_0^2}{g}$$

從 (2-26) 式，當 $t=\dfrac{v_0\sin\theta}{g}$ 時，$v_y=0$，物體達到它飛行的最高點 P，離地面 H。將 $t=\dfrac{v_0\sin\theta}{g}$ 代入 (2-27) 式，可獲得 H 的大小，

$$H=\dfrac{(v_0\sin\theta)^2}{2g} \tag{2-32}$$

又根據逆時對稱的原理，可知物體由 O 至 P 點，與由 P 至 Q 點，所需的時間相等，同為 $t=\dfrac{v_0\sin\theta}{g}$。因此，物體飛行全程的時間

$$T=\dfrac{2v_0\sin\theta}{g} \tag{2-33}$$

例題 2-10

鉛球選手以 45° 仰角，12 m/s 的初速將一鉛球推出 (圖 2-11)。鉛球離手時，距離地面的高度為 1.6 m。若不計空氣阻力，並定鉛球離手處為座標原點，x 與 y 軸的正向，分別為向前與向上，試問：
(1) 鉛球落地前，在空中飛行的時間為若干？
(2) 鉛球落地時，與選手的水平距離多遠？
(3) 鉛球著地時的位移與速度為若干？

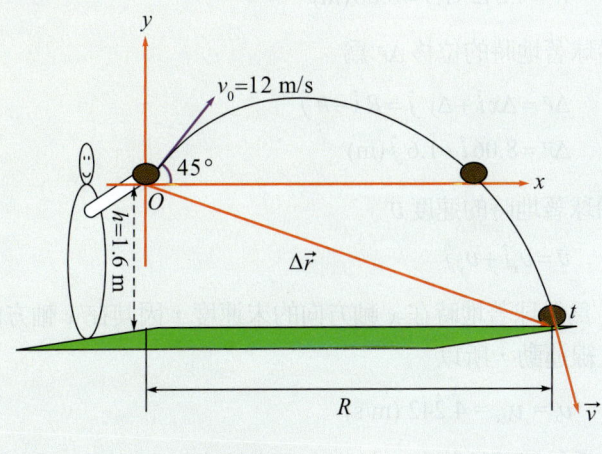

圖 2-11

鉛球選手以 45° 仰角，12 m/s 的初速將一鉛球推出；鉛球在 x 軸與 y 軸的分量為

$$v_{0x} = v_0 \cos\theta_0 = 12 \times \cos 45° = 6 \times \frac{\sqrt{2}}{2} = 4.242 \,(\text{m/s})$$

$$v_{0y} = v_0 \sin\theta_0 = 12 \times \cos 45° = 6 \times \frac{\sqrt{2}}{2} = 4.242 \,(\text{m/s})$$

若不計空氣阻力，鉛球在 x 軸方向作等速度直線運動；y 軸方向作垂直向上拋體運動。

(1) 鉛球落地前，在空中飛行的時間為 t，此時 y 軸方向的位移為

$$\Delta y = -h = -1.6 \,(\text{m})$$

取用垂直向上拋體運動的運動方程式，求 t 時間：

$$\Delta y = v_{0y}t - \frac{1}{2}gt^2$$

$$-1.6 = 4.242\,t - \frac{1}{2} \times 9.8\,t^2$$

$$9.8\,t^2 - 8.484\,t - 3.2 = 0$$

$$t \approx 1.9 \,(\text{s}) \quad \text{或} \quad 0.17 \,(\text{s})$$

因 0.17 s 的飛行時間不合理，故知鉛球落地前，在空中飛行的時間約為 1.9 s。

(2) 鉛球在 x 軸方向作 v_{0x} = 4.242 m/s 的等速度直線運動，它落地時，與選手的水平距離 R 為

$$R = v_{0x}t$$

$$R = 4.242 \times 1.9 = 8.06 \,(\text{m})$$

(3) 鉛球著地時的位移 $\Delta \vec{r}$ 為

$$\Delta \vec{r} = \Delta x\,\hat{i} + \Delta y\,\hat{j} = R\,\hat{i} - h\,\hat{j}$$

$$\Delta \vec{r} = 8.06\,\hat{i} - 1.6\,\hat{j} \,(\text{m})$$

鉛球著地時的速度 $\vec{v}$

$$\vec{v} = v_x\,\hat{i} + v_y\,\hat{j}$$

v_x 為鉛球著地時在 x 軸方向的末速度，因其在 x 軸方向作等速度直線運動，所以

$$v_x = v_{0x} = 4.242 \,(\text{m/s})$$

v_y 為鉛球著地時在 y 軸方向的末速度，因其在 y 軸方向作垂直向上拋體運動，所以

$$v_y = v_{0y} - gt = 4.242 - 9.8 \times 1.9 = -14.378 \text{ (m/s)}$$

故知
$$\vec{v} = v_x \hat{i} + v_y \hat{j} = 4.242 \hat{i} - 14.378 \hat{j} \text{ (m/s)}$$

2-5-2 圓周運動

學習方針

等速率圓周運動：
　質點以不變的速率 v，繞半徑 R 的圓形軌道運轉，其速率為 $v = \dfrac{2\pi R}{T}$。

週期 T：
　質點繞一圓周所需的時間；SI 制的單位為秒 (s)。

頻率 f：
　質點每單位時間所繞行的圈數；SI 制的單位為秒$^{-1}$ (s^{-1})，又稱為赫茲 (Hz)。

向心加速度：
　質點作圓周運動時，指向圓心的加速度，其大小為 $a_c = \dfrac{v^2}{R}$。

切線加速度：
　質點作曲線運動時，沿著運動路徑切線方向的加速度：
$$\vec{a}_t = \dfrac{dv}{dt} \hat{t}$$

法線加速度：
　質點作曲線運動時，沿著運動路徑的法線方向，指向曲率中心的加速度：$\vec{a}_n = \dfrac{v^2}{R} \hat{n}$。

加速度：
$$\vec{a}_n = a_t \hat{t} + a_n \hat{n}$$

加速度大小：
$$a = \sqrt{a_t^2 + a_n^2}$$

等速率圓周運動的向心加速度即為法線加速度；其切線加速度 $a_t = 0$。

自然界中，一往直前的運動，不是沒有，但周而復始的，更是常規。地球自轉與公轉，導致時分日夜，序變春秋，自是最明顯的例子。它如輪轉車行，扇動風起，也是常見的景象。本節以研討圓周運動的速度與加速度的變化為限，其它特性留待以後討論。

設質點以不變的速率 v，在半徑為 R 的圓軌上運行 (如圖 2-12)。當 $t = t_0$ 時，質點在 P 點，Δt 秒後，移至 Q 點。質點在 P 時，速度為 $\vec{v}_P$，抵達 Q 點後，速率不變，但方向改變，其速度變為 $\vec{v}_Q$。如圖 2-12(a) 所示，路程 Δs 與弧長 $\overset{\frown}{PQ}$ 相同，$\overset{\frown}{PQ} = \Delta s = v\Delta t$。

如圖 2-12 所示，若 Δt 非常小 (即 $\Delta \theta$ 非常小) 時，等腰 $\triangle OPQ$ 與 $\triangle ABC$ 相似。因此，

$$\frac{\Delta s}{R} = \frac{|\Delta \vec{v}|}{|\vec{v}|} \Rightarrow \frac{v\Delta t}{R} = \frac{\Delta v}{v}$$

移項可得

$$\frac{\Delta v}{\Delta t} = \frac{v^2}{R}$$

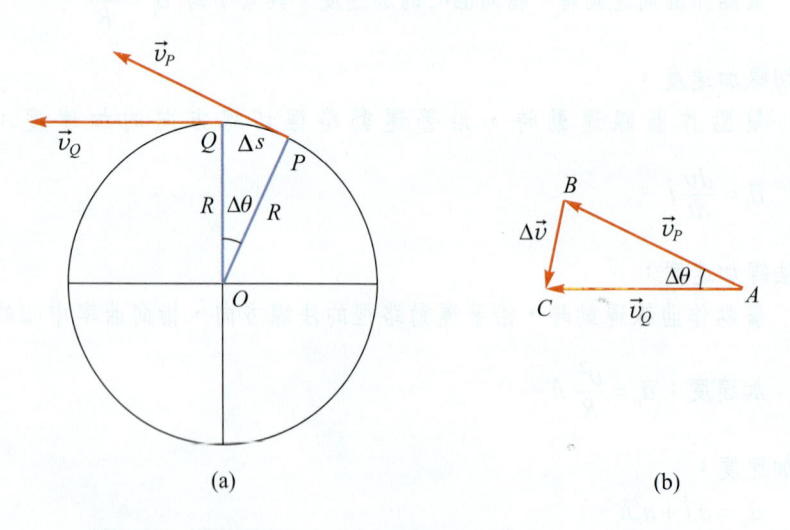

(a)　　　　　　　　　　　(b)

圖 2-12　圓周運動。(a) 示意圖；(b) 速度變化關係圖。

令 Δt 趨近於 0，即得加速度的大小

$$|\vec{a}| = \lim_{\Delta t \to 0}(\frac{\Delta v}{\Delta t}) = \frac{v^2}{R} \tag{2-34a}$$

$\Delta \vec{v}$ 的方向指向圓心，所以 $\vec{a}$ 稱為向心加速度 (centripetal acceleration)。如果將指向圓心的方向，定為法線方向 (normal direction)，並以符號 $\hat{n}$ 代表它的單位向量，那麼向心加速度也可寫成

$$\vec{a} = \lim_{\Delta t \to 0}\frac{\Delta \vec{v}}{\Delta t}$$

$$\vec{a}_n = a_n \hat{n} = (\frac{v^2}{R})\hat{n} \tag{2-34b}$$

而稱 $\vec{a}_n$ 為法線加速度 (normal acceleration)。

例題 2-11

月球繞地球作等速率圓周運動，其繞行半徑 r，約為 3.84×10^8 m，而繞行一周所費的時間 T，約為 27.3 天。試問，月球的向心加速度約為若干？

解

月球繞地球作等速率圓周運動的速率 $v = \frac{2\pi r}{T}$。

因此，月球受到的向心加速度

$$a = \frac{v^2}{r} = \frac{(\frac{2\pi r}{T})^2}{r} = \frac{4\pi^2 r}{T^2}$$

$$= \frac{4 \times \pi^2 \times 3.84 \times 10^8}{(27.3 \times 24 \times 60 \times 60)^2}$$

$$\approx 2.72 \times 10^{-3} \text{ (m/s}^2\text{)}$$

月球繞地球作等速率圓周運動時，月球的向心加速度約為 2.72×10^{-3} m/s^2。

小品
同心球宇宙

公元前四世紀，在希臘本土出現了一個天文新學派，它就是柏拉圖學派。哲學家柏拉圖認為「理念」是萬物的本源。又由於柏拉圖對幾何學的深刻認知，已認識到五種正多面體的存在，並用它來解釋他的「物質理論」。他的論點是：我們所看到不完整、不完美的事物，都是由五種完美的且基本的正多面體物質所組成，並且物體最完美的運動是圓的運動，所以天體的運動是由圓的運動組成的。柏拉圖還首創了一種同心球層的宇宙體系，認為地球在宇宙中心安然不動，距離地球由近而遠的各天球層分別是月亮球層、太陽球層、水星球層、金星球層、火星球層、土星球層和恆星球層。

參考網站：AEEA，天文教育資訊網 http://aeea.nmns.edu.tw/aeea/glossary.html。

隨堂練習

2-9 說明下列運動模式：
(1) 自由落體運動　　　(2) 垂直向下拋體運動
(3) 垂直向上拋體運動　(4) 斜向拋體運動
(5) 等速率圓周運動。

質點的速率倘若隨時間改變，如圖 2-13 所示，速度的變化量 $\Delta \vec{v} = \vec{v}_Q - \vec{v}_P$，在法線方向 $\hat{n}$ 與切線方向 $\hat{t}$ 的分量，隨時間而變化，分別產生加速度 $\vec{a}_n$ 與 $\vec{a}_t$。前者顯與 (2-34b) 式所示無異。至於沿切線方向的加速度，其大小應與速率的變化量 $\dfrac{dv}{dt}$ 相等，稱之為*切線加速度* (tangential acceleration)，可表示為

$$\vec{a}_t = a_t \hat{t} = \dfrac{dv}{dt} \hat{t} \tag{2-35}$$

$\hat{t}$ 是切線方向的單位向量。質點的總加速度為二者之和，亦即

$$\vec{a} = \vec{a}_n + \vec{a}_t = a_n \hat{n} + a_t \hat{t} \tag{2-36}$$

(a)

(b)

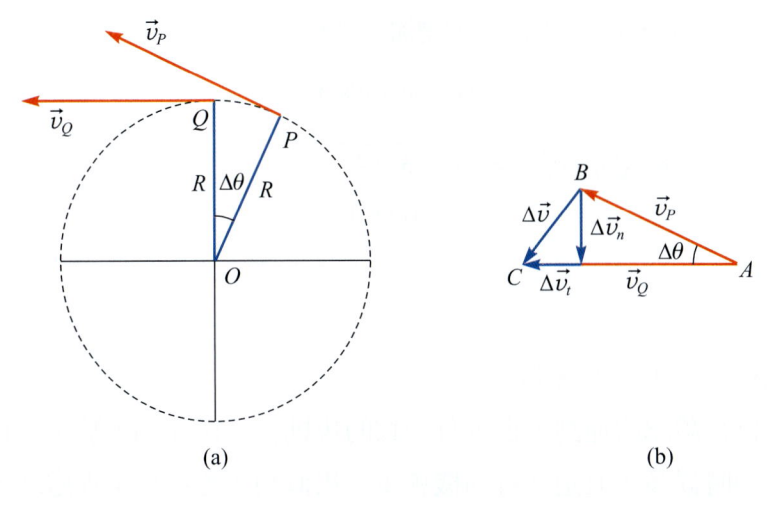

$\Delta \vec{v}_n$ 的方向指向圓心，但 $\vec{a}$ 與 $\Delta \vec{v}$ 的方向不指向圓心。

圖 2-13 變速度圓周運動。(a) 示意圖；(b) 速度變化關係圖。

例題 2-12

一質點作變速率圓周運動，其圓半徑 r 為 3 m，質點在圓周上移動的速率 v，隨時間 t 變化的關係為 $v = 4t - 5$。若時間由 $t = 0$ s 算起，則 2 s 後，質點在圓周上移動的加速度大小為何？

解

由 v 與 t 的關係式知，2 s 後質點的速率

$$v = 4t - 5 \xrightarrow{t=2\,\text{s}} v = 4 \times 2 - 5 = 3 \text{ (m/s)}$$

故此時質點的向心加速度大小為

$$a_n = \frac{v^2}{r} \xrightarrow[r=3\,\text{m}]{v=3\,\text{m/s}} a_n = \frac{3^2}{3} = 3 \text{ (m/s}^2)$$

切線方向的加速度大小為

$$a_t = \frac{dv}{dt} \xrightarrow{v=4t-5} a_t = \frac{d(4t-5)}{dt} = 4 \text{ (m/s}^2)$$

因此，此時質點移動的總加速度大小為

$$\vec{a} = a_n\hat{n} + a_t\hat{t} = 3\hat{n} + 4\hat{t} \text{ (m/s}^2)$$

$$a = \sqrt{a_n^2 + a_t^2} \Rightarrow a = \sqrt{3^2 + 4^2} = 5 \text{ (m/s}^2)$$

2-5-3 平面曲線運動

日常體認的運動，很少有一致的規則性。例如鬧市騎車，拐彎轉角的時候多，直道而行的機會少。用直角座標系作全程處理，遠不如隨機應變，較易描述。質點的曲線運動，亦宜作如是觀。

如圖 2-14 所示，質點移動的路線 $\overparen{LN}$ 彎曲程度不同。例如 P、Q 點附近，視為圓周的一弧也未嘗不可。這個規範曲度的圓，稱之為**曲率圓** (circle of curvature)，它的圓心和半徑，則分別叫做**曲率中心** (center of curvature) 與**曲率半徑** (radius of curvature)。在越彎的地方，曲率半徑 R 越短，我們稱這部分的路線曲率較大。

既然 P、Q 點附近可視為曲率圓的一部分，那麼，在其上移動的質點可當作變速圓周運動處理。它的加速度 $\vec{a}$，在法線方向與切線方向的分量，亦可用 (2-36) 式描述。

值得注意的是，直路不妨看做曲率半徑趨近無窮大的彎道，其法線方向加速度的大小 a_n 趨近於 0，質點只有切線方向加速度

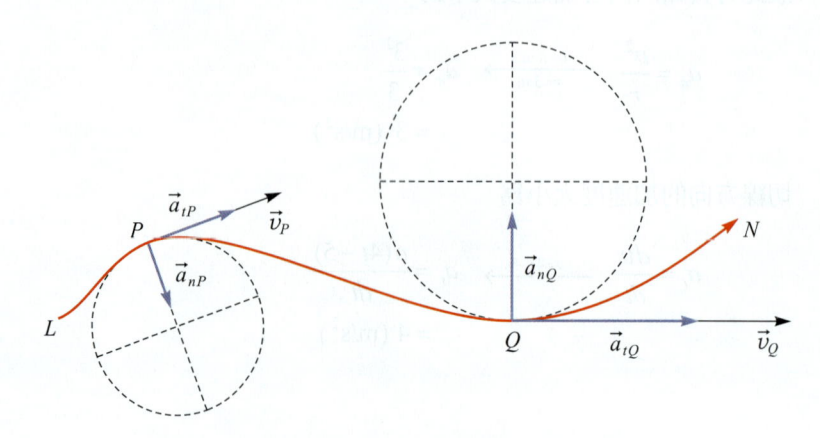

圖 2-14 質點在平面上作曲線運動的示意圖。

$a_t = \dfrac{dv}{dt}$。反之，如質點的速率 v 始終維持不變，則 $\dfrac{dv}{dt}=0$，質點只有法線方向加速度 a_n，質點無異在作等速率圓周運動，只有方向不停地變換。由此可見，直線與圓周運動不過是曲線運動的特例。而一般的曲線運動也可以這兩種運動交替處理[註五]。

習題

直線運動

2-1 火車站位於學校門口正北方 1,000 m，張同學由校門口步行前往車站，5 分鐘先到達距學校 450 m 的披薩店，停留 4 分鐘，忽然接到女友電話，有重要東西在校門口交給他，他步行 3.5 分鐘回到校門口，停留 1 分鐘，便立即前往火車站搭車 (步行 10 分鐘)。假設張同學行經路程皆為直線，請問張同學行走的 (1) 位移；(2) 距離；(3) 平均速率；(4) 平均速度。(答案請以 SI 制表示)

2-2 丁老師騎摩托車在 12.5 秒內，以等加速度從靜止加速至時速 90 公里 (90 km/h)，然後以等速度前進，求其 (1) 加速度大小？(2) 在加速過程中，行走多遠？(3) 當速率從 54 km/h 增至 72 km/h，在此段加速過程中，行走多遠？(設摩托車行經路程皆為直線，答案請以 SI 制表示)

2-3 一汽車在 8 秒內從 5 m/s 加速到 25 m/s，求 (1) 位移；(2) 到達移動位置中點，需時多久？(3) 在時段中點 ($t=4$ s)，其位置為何？

2-4 一貨櫃車以時速 108 km/hr 前進，突然發現前方 81 m 處有一巨石橫在路中，若司機反應時間為 0.70 s，貨櫃車以 7.0 m/s^2 減速，請問貨櫃車是否可避免撞到巨石？

2-5 一棒球以 20.0 m/s 的初速度從地表垂直向上拋，求距地表高度 12.0 m 處的速度？

2-6 一鋼球由地面垂直向上發射，已知射出 2 s 後，鋼球減少 40% 的初速度，求鋼球的初速度大小及距地面最大高度？

2-7 一石子以初速度 25 m/s 垂直往上拋，求石子到達最大高度一半的時間？

2-8 一隻貓咪位於筆直狹窄的巷道內，來回追逐一隻老鼠。貓咪在不同時刻 t 所在位置 x，可以方程式 $x=1+4t-t^2$ 表示（單位用 SI 制）。試問，貓咪在何時會回過頭來追逐老鼠？

> 平面運動

2-9 職棒比賽中，打擊者以仰角 37°，在靠近地面處將球擊出，若想擊出全壘打（距本壘 80 m 以上），則擊球初速度必須大於多少 m/s？

2-10 某人從高度 40 m 的樓頂，以仰角 53°、25 m/s 的初速，將高爾夫球擊往空曠地，在忽略空氣阻力的情況下，計算 (1) 球被擊出後，經過多少時間落至地面？(2) 球落地時的速度大小？(3) 球落地時的水平射程為何？

2-11 小定身高 170 cm，站在罰球線投籃，若籃框到罰球線水平距離 5.2 m，籃框距地面高度 3.0 m，若小定以仰角 53° 從頭頂將球投出，希望能空心進籃框，則他投球的速度大小應為何？

2-12 一士兵調整砲筒，以仰角 θ_1 將一砲彈射出，發現砲彈射程為 R。今改變砲筒的仰角為 θ_2，使其射程保持不變。若砲彈由砲筒射出的速率 v_0 為一定值，則
(1) 仰角 θ_2 為何？
(2) 兩不同仰角射出的砲彈，航程的最高點，相距有多遠？
(3) 其飛行全程所費時間，相差有多少？

> 圓周運動

2-13 由於機場擁擠，駕駛員必須在機場上空盤旋等待塔台指示，若飛機作水平圓形迴轉，向心加速度為 $2g$（$g = 9.8$ m/s^2），飛機速率 540 km/hr，求飛機的迴轉半徑？

2-14 假設間諜衛星的高度距地表 130 km，在該處的重力加速度約為 9.44 m/s^2，地球半徑約 6,370 km，計算該衛星繞地球一周約幾分鐘？(忽略空氣阻力)

註

註一：靜力學、動力學、運動學的區分

靜力學：

討論物體受力之後，所受的合外力與合外力矩為零的情況。

動力學：
　　討論物體的動量、能量、力矩、……等相關物理量的變化，及其與作用力之間的關係。

運動學：
　　討論物體始末二點間的位移、速度、加速度、運動軌跡與時間之間的關係。

註二：質點、剛體的特性

　　真實物體有大小、形狀、質量，但為方便討論，通常會作一些簡化的處理。物體被簡化後的理想模型有二類：質點與剛體。

質點：
　　討論問題時，將物體視為沒有大小、形狀，但是有質量的物體。一般真實物體不可能具有此特性，但在物體內部每一質點的運動狀態皆相同，或物體的運動路徑遠大於物體大小時，即可將物體視為質點來處理。

剛體：
　　物體由許多質點組成，有大小、形狀、質量，且不會產生形變；通常是以物體在受到外力作用時，內部質點間的相對位置是否發生變化，作為判斷依據。若物體受外力作用，內部質點的相對位置沒有改變，則物體沒有形變，可將物體視為剛體來處理。

註三：積分的處理方式

　　(2-12b) 與 (2-12c) 式的結果也可利用微積分的技巧，從 (2-10) 式導出：

$$\because \vec{v} = \frac{d\vec{x}}{dt}$$

$$d\vec{x} = \vec{v}\,dt$$

兩邊積分可得

$$\int d\vec{x} = \int \vec{v}\,dt = \vec{v}\int dt$$

1. 若 $x_0 = 0$

$$\vec{x} - \vec{x}_0 = \vec{v}(t-0)$$
$$\vec{x} = \vec{v}t \quad \text{或} \quad x = vt$$

2. 若 $x_0 \neq 0$

$$\vec{x} - \vec{x}_0 = \vec{v}(t-0)$$
$$\vec{x} = \vec{x}_0 + \vec{v}t \quad \text{或} \quad x = x_0 + vt$$

註四：重力加速度 (gravitational acceleration)

1. 自由落體的加速度方向，係沿指向地心的鉛垂線方向，其符號通常以 $\vec{g}$ 表示，$\vec{g}$ 稱為重力加速度，亦稱為重力場強度。

2. 實驗發現在地球緯度 $45°$ 的海平面上，g 值約為 9.80 m/s^2。
($g = 9.80 \text{ m/s}^2 = 980 \text{ cm/s}^2 = 32.2 \text{ ft/s}^2$)

3. 赤道到南北兩極的 g 值會隨著緯度增高而增大；但改變的數值不大，大約由 9.78 m/s^2 增加到 9.83 m/s^2。

4. 探討自由落體運動時，均考慮距地表不遠處，故 g 值變化甚微，可視為一個定值，g 之值常取為 9.80 m/s^2。

註五：切線加速度與法線加速度

$$\vec{a} = a_t \hat{t} + a_n \hat{n}$$

a_t：切線加速度；影響物體運動的速度大小。
a_n：法線加速度；影響物體運動的速度方向。

1. $a_t = 0$；$a_n = 0$ $\Rightarrow$ $\vec{a} = 0$；物體作等速度直線運動

2. $a_t =$ 定量；$a_n = 0$ $\Rightarrow$ $\vec{a} = a_t \hat{t}$；物體作等加速度直線運動

3. $a_t = 0$；$a_n =$ 定量 $\Rightarrow$ $\vec{a} = a_n \hat{n}$；物體作等速率圓周運動

4. $a_t \neq 0$；$a_n \neq 0$ $\Rightarrow$ $\vec{a} = a_t \hat{t} + a_n \hat{n}$；物體作變加速度運動

質點動力學

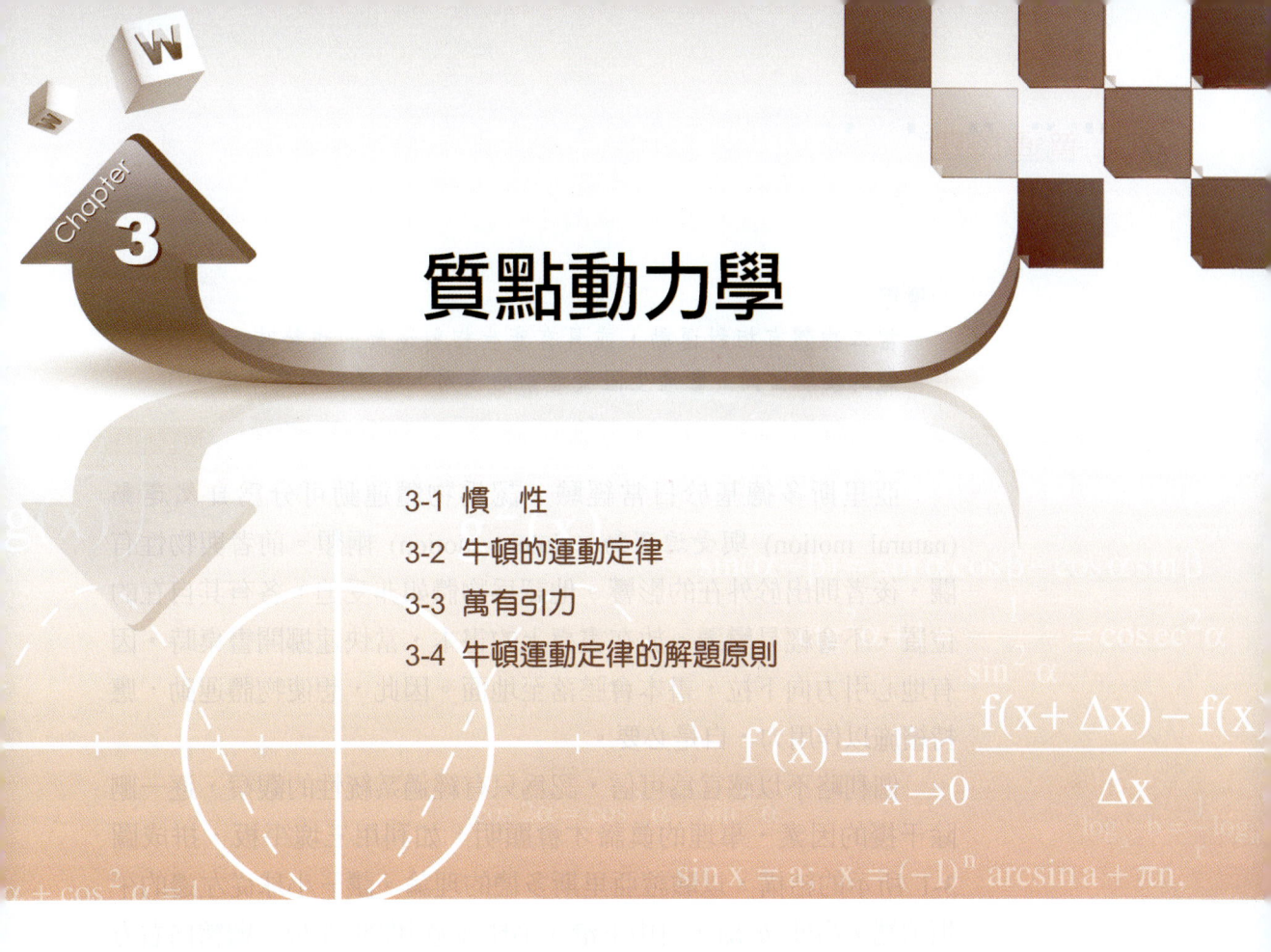

Chapter 3

3-1 慣　性
3-2 牛頓的運動定律
3-3 萬有引力
3-4 牛頓運動定律的解題原則

　　運用測量的技巧，將系統的特性數量化，是一切科學的開端。綜合分析所得的數據，取得圓融一致的結論，並將之演繹推廣，用之於其它相關的系統，是學者不懈的追求。

　　物體運動狀態的描述，伽利略以前，早已有人嘗試。伽利略本人更是多方實驗，並引用數學，分析數據。他的推理方法實開物理學研究的先河，難怪愛因斯坦認為是人類史上最偉大的思想成就之一。他對速度與加速度應已有相當清晰的概念。但是真正知道運動之所以然的，不得不首推牛頓。他的運動三大定律與萬有引力定律，許為震古鑠今、百世不朽的理論，應不為過。

3-1 慣　性

學習方針

慣性：
　　物體具有維持原本運動狀態的特性，稱為物體的慣性。通常質量越大的物體，其慣性也越大，運動狀態就越不容易改變。

> **摩擦：**
> 當二物體有相對運動，或具有產生相對運動的趨勢時，在二物體的接觸面間，會產生阻礙運動的作用，這現象稱為摩擦。

亞里斯多德基於日常經驗，認為物體運動可分為自然運動 (natural motion) 與受迫運動 (violent motion) 兩類。前者與物性有關，後者則出於外在的影響。他認為物體如非受迫，各有其自在的位置，不會輕易變遷。放在書桌上的書本，當快速挪開書桌時，因有地心引力向下拉，書本會墜落至地面。因此，想使物體運動，應持續施以作用力，自是必要。

伽利略不以感官為可信，認為只有經過系統性的觀察，逐一刪除干擾的因素，事理的真諦才會顯明。如利用三塊平板，拼成圖 3-1 所示的結構，以驗證亞里斯多德的理論。讓一小球從左邊的平板頂端，高度 h 處，自由下滑。小球經過中間的平板，繼續向右方的斜面攀升。這時速度減慢，達到一定高度 h'，略作停頓，開始往回運動。這個實驗並不難做，所費亦無多，但是其中的創意，卻令人激賞不已。

讓我們首先假想，這三塊平板的表面，相當粗糙。小球在左方斜面滾下的速度，雖然持續加快，到中間的平板後，速度減慢，已可覺察，在右方斜面上，減速更加顯著。它所能達到的高度 h'，因

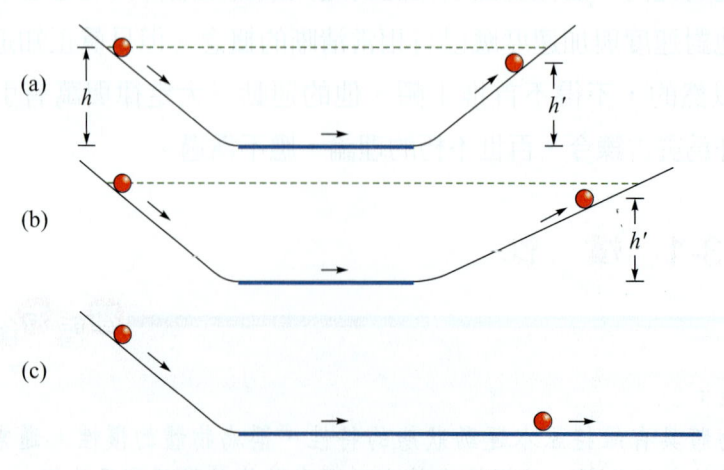

圖 3-1 伽利略慣性實驗示意圖。

此也不如原來的 h，如圖 3-1(a)。明顯表示粗糙的板面，對小球的運動，有相當的阻尼。我們現在知道這種阻尼，是由於平板與小球之間的摩擦 (friction) 所致。亞里斯多德當時不知摩擦的觀念，認為這是必然產生的結果。而物體若要繼續運動，則必須施加推力。

整理板面使之儘可能的平滑，再重複上述實驗。發現小球爬升的高度 h' 與 h 非常接近。其在水平板上的速度，也十分平穩，並無增速減速的情形。可見板面對小球的阻尼，是一種外在因素，可因平整板面而減輕。將右方斜面的傾斜度降低，球在其上運動的距離雖然增長不少，但爬升的高度仍為 h'，一點也沒有增減，如圖 3-1(b)。如果將斜板放平，如圖 3-1(c) 所示，小球因無法達到應有的高度 h'，必將持續以等速度運動，到板盡而止。因此獲得如下的結論：在沒有外在因素的影響時，運動中的物體必以等速度持續進行。換言之，物體有維持原本運動狀態的特性，稱之為慣性 (inertia)。

3-2 牛頓的運動定律

伽利略去世之年，正是牛頓出生之歲。伽利略的著作對牛頓的鼓舞不小。牛頓在 23 歲那年，便已綜合伽利略的發現，加上自己的創意，完成著名的運動三大定律，為物理學奠下堅厚的基礎。

運動定律中所謂的物體，其實是指質點而言。由於質點的運動只有位置的變遷，別無其它的變化，所以是純粹的平移運動 (translational motion)。前節作實驗用的小球，嚴謹的來說，不能算是質點，因它在斜面上有滾動的情形發生，不能當作純粹平移處理。但就實驗的目的而言，它最簡單也最接近理想。

3-2-1 牛頓第一運動定律

學習方針

慣性定律：
物體在不受外力作用時，靜止的物體永遠保持靜止，運動中的物體持續作等速度直線運動。

> 參考座標系：
> 物體在空間的位置並不是絕對，因此欲描述物體的位置必須先選擇一個參考點 (原點)，相對於此參考點所建立的座標系統稱為參考座標系。
>
> 慣性座標系：
> 描述物體的運動狀態時，牛頓第一運動定律能成立的參考座標系，稱為慣性座標系，簡稱慣性系。所有相對於此慣性系，作等速度直線運動的座標系，亦為慣性系。

牛頓第一運動定律可作如下的表述：

> 物體在不受外力作用時，靜止的物體永遠保持靜止，運動中的物體持續作等速度直線運動。

這定律其實是伽利略慣性定義的延伸，所以又稱為慣性定律 (law of inertia)。不過，伽利略只注意到：物體不受外力時，有保持等速度運動的傾向。牛頓則積極的認定：力是運動狀態改變的主因。至此，力的意義才由含糊而轉為確定。

有一點必須注意，世上沒有絕對光滑的平面，也沒有全不受力的物體，所以伽利略的結論是推理的極限，無法在實驗室中直接驗證的。但以其為基礎的推論，都被一一證實，其正確性應可無疑。

1632 年，伽利略又發表另一系列的觀察結果。這些實驗全在一密閉的船艙中進行。他發覺船以等速度行駛時，艙內物體的運動情形，與船隻靜止時毫無差別。艙頂的水珠一樣的垂直下滴。乘客跳躍的遠近，也不因船的動靜而異。根本沒有任何跡象，能讓乘客知曉船是動是停。顯見物體運動的慣性現象，在靜止與作等速度運動的系統中，是完全一樣的。但如船隻突然加速，或突然停止，乘客便難免後仰前傾。

牛頓的第一定律既以慣性為基礎，自然也只適用於靜止與作等速平移的參考系統。這些參考座標系，亦屬於慣性座標系 (簡稱慣性系)。無法適用慣性定律的參考系，則稱為非慣性系。慣性系不止一個，找到其中之一，所有與之作等速相對平移的參考系，都是

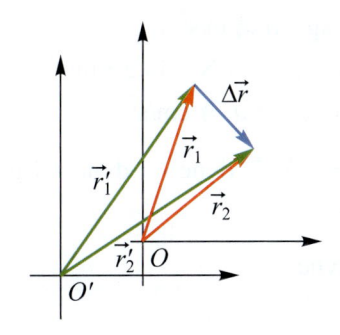

圖 3-2 在同一慣性系，二不同的參考座標系，O、O' 相對靜止時，位置向量不同，但位移相同。

慣性系。地球有自轉與公轉，嚴謹的來說，不能算是一個慣性系，研究天體運行時，便不宜以之作為參考系。但因地球的法線方向與切線方向加速度都非常小，對地球上一般物體的運動，影響甚微，在一定的精準範圍內，可以視之為慣性系。

在同一慣性系，以不同的座標系，描繪質點運動，質點的位置向量各異，但位移則相同 (如圖 3-2)。在不同慣性系，質點的位移不同。因此，與位移有關的物理量，例如速度的大小隨所選的慣性系而變。其它與位移無關的物理量，例如時間、質量等，則異系同值。換言之，不論選的是哪一種慣性系，牛頓的運動定律都是一致的。

3-2-2 牛頓第二運動定律

學習方針

牛頓第二運動定律：
　質量 m 的物體，受外力 $\vec{F}$ 的作用，產生加速度 $\vec{a}$。外力的大小為加速度大小與質量之乘積，加速度方向和外力同方向：$\vec{F} = m\vec{a}$。

因次：
$$[m] = [M] \quad ; \quad [\vec{a}] = [L][T]^{-2}$$
$$\Rightarrow \quad [\vec{F}] = [M][L][T]^{-2}$$

> SI 制的單位：m 為 kg，a 為 m/s^2
> $\Rightarrow$ F 為 N；1 N = 1 kg · m/s^2。
> CGS 制的單位：m 為 g，a 為 cm/s^2
> $\Rightarrow$ F 為 dyne；1 dyne = 1 g · cm/s^2。
> 單位轉換：
> 1 N = 10^5 dyne。

牛頓第一運動定律為力作了定性的說明，第二運動定律則提供測量力的方法，亦即是將力予以量化【註一】。

根據第一運動定律，物體運動狀態的改變，是外力 $\vec{F}$ 作用的結果，而運動狀態的改變則產生加速度 $\vec{a}$。因此，測量 $\vec{a}$ 的大小，應可估計 $\vec{F}$ 的大小。下列實驗可以說明 $\vec{F}$ 與 $\vec{a}$ 的關係。

手提重物，必須用力，提物越重，需力越強，這是人人都有過的日常經驗。例如圖 3-3，拉力 $\vec{F}$ 可由砝碼 W 產生。光滑平面上的物體 A 受 $\vec{F}$ 的牽引，在時間 t 秒內，從靜止的位置 ($x_0 = 0$)，滑行了一段距離 x。因為物體 A 沒有初速度，適用 (2-16a) 式，即

光滑平面意謂物體在平面上運動時，物體與平面間沒有摩擦力。

$$x = \frac{1}{2}at^2 \tag{2-16a}$$

移項可算出加速度 $\vec{a}$ 的大小 $a = \dfrac{2x}{t^2}$，方向指向右方。增減砝碼的重量 W，可改變物體受力 $\vec{F}$ 的大小 F，而得一系列相應的 a 值，得出物體的質量 m 固定時，F 與 a 有正比的關係，亦即

$$F \propto a \tag{3-1a}$$

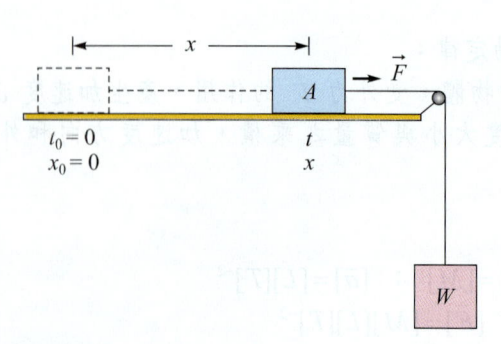

圖 3-3　作用力 $\vec{F}$ 與加速度 $\vec{a}$ 的關係。

其次，若使用一定的拉力 $\vec{F}$，但改變物體 A 的質量，重新測量 a 值，便會發現物體質量越大，所量得的 a 值越小。加速度 a 的大小，與物體質量的大小有關，而物體質量象徵物體慣性的大小，因此稱其為**慣性質量** (inertial mass)，簡稱為**質量** (mass)，以符號 m 代表[註二]。

從實驗的結果可知 a 與 m 有反比的關係，亦即

$$a \propto \frac{1}{m} \tag{3-1b}$$

綜合 (3-1a)、(3-1b) 兩式得

$$F \propto ma \quad \text{或} \quad F = kma \tag{3-1c}$$

選取適當的單位，使比例常數 $k = 1$。因此 (3-1c) 式可簡化為

$$F = ma \tag{3-2}$$

因力 $\vec{F}$ 與加速度 $\vec{a}$ 的方向相同，故

$$\vec{F} = m\vec{a} \tag{3-2}'$$

如用直角座標系，則

$$\begin{cases} F_x = ma_x \\ F_y = ma_y \\ F_z = ma_z \end{cases}$$

(3-2)′ 式為第二運動定律的數學式。可表達如下：

> 質量 m 的物體，受外力 $\vec{F}$ 的作用，產生加速度 $\vec{a}$。外力的大小為加速度大小與質量之乘積，加速度方向和外力同方向。

作用力如果不止一個，每一作用力 $\vec{F_i}$ 利用向量疊加原理，可計算出合外力 $\Sigma_i \vec{F_i}$，即為作用在物體 m 上的淨力 $\vec{F}$，而根據 (3-2)′ 式，第二運動定律，也可表示如下：

$$\vec{F} = \Sigma_i \vec{F_i} = m\vec{a} \tag{3-2a}$$

在 SI 制中，力的單位稱為**牛頓** (Newton, N)，以紀念牛頓對力學的貢獻。1 牛頓的力，可使質量 1 公斤的物體，產生 1 公尺/秒² 的加速度。亦即

$$1 \text{ N} = 1 \text{ kg} \cdot \text{m/s}^2$$

在 CGS 制中，力的單位稱為**達因** (dyne)。1 達因的力，可使質量 1 公克的物體，產生 1 公分/秒² 的加速度。亦即

$$1 \text{ dyne} = 1 \text{ g} \cdot \text{cm/s}^2$$

例題 3-1

一質量為 5 kg 的物體，受到三個外力 $\vec{F}_1$、$\vec{F}_2$ 與 $\vec{F}_3$ 的作用，以 2 m/s² 的加速度，沿 x 軸方向運動 (如圖 3-4)。若 $\vec{F}_2$ 與 $\vec{F}_3$ 的大小分別為 40 N 與 30 N，則 $\vec{F}_1$ 的大小以及 $\vec{F}_1$ 與 x 軸的夾角 θ 為若干？

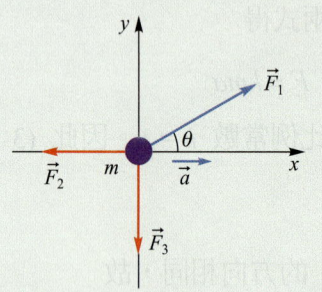

圖 3-4 物體受外力作用示意圖。

解

依牛頓第二運動定律

$$\vec{F} = \Sigma_i \vec{F}_i = m\vec{a}$$

將作用在物體上的外力 $\vec{F}_1$、$\vec{F}_2$、$\vec{F}_3$，與合外力所產生的加速度 $\vec{a}$，分解到平面直角座標系的座標軸上，可表示為

$$\vec{F}_1 = F_{1x}\hat{i} + F_{1y}\hat{j}$$
$$\vec{F}_2 = F_{2x}\hat{i} + F_{2y}\hat{j} = -40\hat{i} + 0\hat{j} = -40\hat{i} \text{ (N)}$$
$$\vec{F}_3 = F_{3x}\hat{i} + F_{3y}\hat{j} = 0\hat{i} - 30\hat{j} = -30\hat{j} \text{ (N)}$$
$$\vec{a} = a_x\hat{i} + a_y\hat{j} = 2\hat{i} + 0\hat{j} = 2\hat{i} \text{ (m/s}^2\text{)}$$

由純量分析知，在平面直角座標 x、y 方向上的分力和，亦須滿足第二運動定律，即

向量的分解

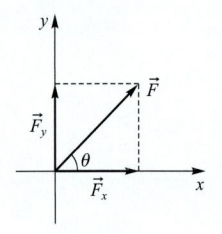

$$\vec{F} = F_x\hat{i} + F_y\hat{j}$$
$$= F\cos\theta\hat{i} + F\sin\theta\hat{j}$$

觀點：
1. 利用牛頓第二運動定律 $\vec{F} = m\vec{a}$。
2. 將力分解到直角座標系的座標軸，以
   $F_x = ma_x$
   $F_y = ma_y$
   列出方程式。
3. 由方程式求得分力解，再求分力的合力
   $\vec{F} = F_x\hat{i} + F_y\hat{j}$
4. 利用向量大小與角度計算的方法，求力的大小與方向 θ
   $F = \sqrt{F_x^2 + F_y^2}$
   $\theta = \tan^{-1}\dfrac{F_y}{F_x}$

x-方向

$$F_x = \Sigma_i F_{ix} = ma_x \Rightarrow F_{1x} + F_{2x} + F_{3x} = ma_x$$
$$F_{1x} + (-40) + 0 = 5 \times 2$$
$$F_{1x} = 50 \text{ (N)} \tag{1}$$

y-方向

$$F_y = \Sigma_i F_{iy} = ma_y \Rightarrow F_{1y} + F_{2y} + F_{3y} = ma_y$$
$$F_{1y} + 0 + (-30) = 0$$
$$F_{1y} = 30 \text{ (N)} \tag{2}$$

由 (1)、(2) 式知，$\vec{F}_1$ 在 x 軸上的大小 $F_{1x} = 50$ N，在 y 軸上的大小 $F_{1y} = 30$ N；$\vec{F}_1$ 可表示為

$$\vec{F}_1 = 50\hat{i} + 30\hat{j} \text{ (N)}$$

$\vec{F}_1$ 的大小為

$$F_1 = \sqrt{F_{1x}^2 + F_{1y}^2} \Rightarrow F_1 = \sqrt{50^2 + 30^2}$$
$$\approx 58.3 \text{ (N)}$$

而 $\vec{F}_1$ 與 x 軸的夾角

$$\theta = \tan^{-1} \frac{F_{1y}}{F_{1x}} \Rightarrow \theta = \tan^{-1} \frac{30}{50}$$
$$\approx 31°$$

故知，作用在物體上的力 $\vec{F}_1 = 50\hat{i} + 30\hat{j}$ (N)，大小為 58.3 N，與 x 軸的夾角為 31°。★

(3-2) 與 (3-2a) 兩式都以同一前提為基礎，即受力 $\vec{F}$ 作用的物體，在運動期間，其質量 m 維持一定，不隨時間變化。不過，質量隨時間而改變的運動，也不在少數。例如，從台北開車到高雄，滿滿的一箱汽油可能見底。對於這種質量隨時間變化的運動，(3-2) 與 (3-2a) 式顯然不適用。

因此，牛頓定義一個新的物理量，稱為動量 (momentum)，以討論質量 m 與速度 $\vec{v}$ 隨時間同時改變的問題。動量以符號 $\vec{p}$ 表示：

$$\vec{p} = m\vec{v} \tag{3-3}$$

動量 $\vec{p}$ 也是一個向量，與速度 $\vec{v}$ 同方向。牛頓將力 $\vec{F}$ 的定義，擴充為動量隨時間的變化。亦即

$$\vec{F} = \frac{d\vec{p}}{dt} \tag{3-4}$$

由 (3-3) 與 (3-4) 式得

$$\vec{F} = \frac{d\vec{p}}{dt} = \frac{d(m\vec{v})}{dt}$$

$$\vec{F} = (\frac{dm}{dt})\vec{v} + m(\frac{d\vec{v}}{dt}) \tag{3-5}$$

(3-5) 式在質量不隨時間變化的情況下 $\frac{dm}{dt} = 0$，所以

$$\vec{F} = m(\frac{d\vec{v}}{dt}) = m\vec{a}$$

換言之，(3-2) 式不過是 (3-4) 式的特例而已。

$\frac{dx^n}{dx} = nx^{n-1}$

$\frac{d(ax^n)}{dx} = anx^{n-1}$

例題 3-2

在高速公路上行駛的汽車，其汽油量與行車時間的關係為 $m(t) = -0.004t + 50$ kg。若汽車行駛速度維持 90 km/hr，則因汽油消耗所產生的推力變化為何？

解

觀點：
1. 單位採用 SI 制。
2. 應用
$\vec{F} = (\frac{dm}{dt})\vec{v} + m(\frac{d\vec{v}}{dt})$
3. 速度為等速度
$\frac{dv}{dt} = 0$。
4. 求出汽油消耗率
$\frac{dm}{dt}$。
5. 求減少的推力
$\vec{F} = (\frac{dm}{dt})\vec{v}$。

汽車行駛速度

$v = 90 \frac{\text{km}}{\text{hr}}$

$= 90 \times \frac{1 \text{ km} \times \frac{1000 \text{ m}}{1 \text{ km}}}{1 \text{ hr} \times \frac{60 \text{ min}}{1 \text{ hr}} \times \frac{60 \text{ sec}}{1 \text{ min}}}$

$= 25 \frac{\text{m}}{\text{s}}$

質量隨時間的改變率為

$$\frac{dm(t)}{dt} = \frac{d}{dt}(-0.004t + 50) = -0.004 \,(\text{kg/s})$$

「負號」表汽油是在減少;「$\frac{dm}{dt}$」代表汽油變化率,意指每單位時間汽油質量的變化。

汽油消耗所產生的推力變化為

$$\vec{F} = (\frac{dm}{dt})\vec{v} + m(\frac{d\vec{v}}{dt}) \Rightarrow F = (-0.004) \times 25 + 0 = -0.1 \,(\text{N})$$

汽車在維持等速度行進時,因汽油消耗所減少的推力為 0.1 N。

3-2-3　牛頓第三運動定律

牛頓第三運動定律:
一物體對另一物體施加作用力時,另一物體會對此物體產生大小相等、方向相反的作用力,這兩個作用力在同一直線上;即兩物體間的一對相互作用力會同時出現,且永遠等值、反向,但因作用在不同物體上,故不會互相抵消。這個定律又稱為作用力和反作用力定律。

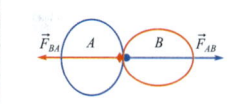

鐵錘敲釘,釘入木而錘停;木槳划船,槳往後而舟前行。這不是很奇怪嗎?因為根據第一定律,鐵錘必須受到一外力,才會改變它的運動狀態,敲釘的時候,錘手不可能故意使力,讓錘停在釘上,那麼,使錘停止的外力,從何而來?划過小船的都曉得,木槳實際上一直在划水,對船絲毫沒有推拉的作用,為什麼船會前行呢?類似的問題,想來一定困擾過牛頓,不然他不會細心觀察,苦思所以然的道理,得出其運動第三定律:

物體受外力 F 作用的同時，也對施力者還以一力 F'。兩者大小相等、方向相反，作用在同一直線上。

如果將 F 稱為作用力 (action)，那麼，F' 便不妨稱為反作用力 (reaction)。所以第三定律又稱作用力與反作用力定律 (law of action-reaction)。

了解作用力與反作用力的關係，類似上述事例的道理就顯而易見了。鐵錘敲在釘子上，釘子受力，沿力的方向，作加速運動，因而入木三分。與此同時，釘子的反作用力，迫使鐵錘作減速運動，終致停止。船的進退也是出於水對槳的反作用力，後划則船往前移，反之則後退。

應用第三定律時，有幾點必須牢記：

1. 作用力與反作用力，同時產生，同時消失，沒有先後之分、主從之別。
2. 作用力與反作用力，性質相同，強弱相等，相向而施，無法獨立。
3. 作用力與反作用力，不是作用於同一物體，不能互相抵消。

隨堂練習

3-1 說明牛頓三大運動定律。

3-2 牛頓三大運動定律必須在慣性座標系，與物體低速度運動下才能成立。這裡所謂低速度是以什麼做比較基礎？

3-3 (1) 寫出力在 MKS 制和 CGS 制中的單位。
(2) 計算 25 N = ＿＿＿＿ dyne；40 dyne = ＿＿＿＿ N。

3-4 1 牛頓等於
(1) $1\ kg \cdot m/s^2$；(2) $1\ kg \cdot m^2/s^2$；(3) $1\ kg \cdot m/s$；(4) $1\ kg \cdot m^2/s$。

3-5 有關作用力與反作用力的敘述下列何者錯誤？
(1) 大小相等；(2) 方向相反；(3) 作用在同一直線；(4) 可以互相抵消。

3-6 在一光滑桌面上，沿桌面施加 10 kgw 的力到質量為 9.8 kg 的物體上時，物體的加速度大小為何？(設重力加速度為 $9.8\ m/s^2$)
(1) $0.98\ m/s^2$；(2) $9.8\ m/s^2$；(3) $98\ m/s^2$；(4) $10\ m/s^2$。

3-7 質量為 1,000 kg 的汽車,在國道一號上,以 90 km/hr 的等速率行進。問:
(1) 汽車所具有的動量大小為何?
(2) 汽車所具有的加速度大小為何?
(3) 若基隆端到高雄端的國道距離為 372.7 km,則從基隆到高雄需時多久?

例題 3-3

如圖 3-5,小寶坐在磅秤上量體重,媽媽怕小寶摔倒,用手向上拉著他。圖中,$\vec{F}_{拉}$、$\vec{F}_{磅人}$ 與 $\vec{F}_{人磅}$ 分別表示,媽媽對小寶的拉力、磅秤對小寶的施力與小寶對磅秤的施力,而 $\vec{W}$ 則為小寶受到的重力。若 $F_{拉}$ 為 10 N,磅秤顯示的讀數為 98 N,試問:

(1) 哪一個力的大小代表磅秤的讀數?
(2) 哪兩個力互為作用力與反作用力關係?
(3) 哪一個力的大小代表小寶的實際體重?其值為若干?

圖 3-5 小寶坐在磅秤上示意圖。

解 如下圖所示:

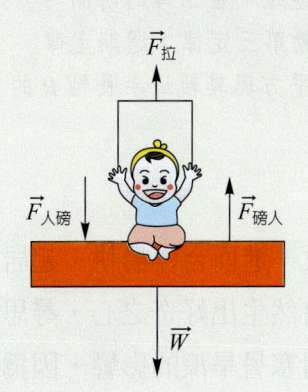

考慮磅秤與小寶間的作用力關係為

$F_{磅人} = F_{人磅}$

(1) 力 $\vec{F}_{人磅}$ 的大小代表磅秤的讀數。
(2) 力 $\vec{F}_{磅人}$ 與 $\vec{F}_{人磅}$，互為作用力與反作用力關係。
(3) 力 $\vec{W}$ 的大小代表小寶的實際體重。小寶坐在磅秤上是靜止的，因此小寶受到的外力和應為零。

$$\sum_i F_i = 0 \Rightarrow F_{磅人} + F_{拉} - W = 0$$
$$F_{人磅} + F_{拉} - W = 0$$
$$98 + 10 - W = 0$$
$$W = 108 \ (N)$$

因只有 y 方向，故以純量處理，取向上為「+」，向下為「−」。

故知小寶的實際體重為 108 N。

3-3 萬有引力

3-3-1 克卜勒行星運動定律

學習方針

克卜勒行星運動定律：

1. 克卜勒行星運動第一定律：軌道定律。
   行星循橢圓形的軌道，繞太陽運轉。太陽位於此橢圓軌道的一個焦點上。 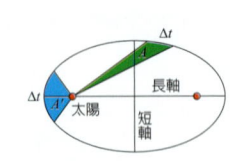
2. 克卜勒行星運動第二定律：面積定律。
   行星與太陽的連線，在相等的時間內，掃過相等的面積。
3. 克卜勒行星運動第三定律：週期定律。
   行星週期 T 的平方與其軌道半長軸 R 的立方成正比。
   $$T^2 \propto R^3$$

　　初民從獨遊狩牧，進而合作農耕，起居有了定時，生活漸多餘暇，對天時地理，自然生出好奇之心，尋思可以利用之道。天象週期性的變化，與其對寒暑旱潦的影響，因為關係收成的豐嗇，尤為民眾所關心。古時各國莫不設有觀星機構 (例如中國的欽天監)，專

門觀察星象，記錄災荒。可惜這些資料，除了一些甚為特殊的，記在正史外，都因戰亂而散失。

到了十六世紀，隨著航海事業的發展，遠洋船隻需要定位，天體的研究格外蓬勃。哥白尼 (Nicolaus Copernicus, 1473-1543) 一反當時以地球為宇宙中心的信仰，首倡日心說 (heliocentric system) [註三]，認為太陽才是宇宙的中心，地球與其它行星都繞著它運轉。其後，德人克卜勒 (Johannes Kepler, 1571-1630) 分析丹麥人布拉赫 (Tycho Brahe, 1546-1601) 遺留給他的大量天文資料，綜合成著名的克卜勒行星運動三定律。太陽系行星的軌跡得以定量描繪，天文學才脫離玄學空想的範圍，成為一門嚴謹的科學。

克卜勒行星運動三定律：

克卜勒行星運動第一定律：軌道定律 (Law of orbits)

　　行星循橢圓形的軌道，繞太陽運轉。太陽位於此橢圓軌道的一個焦點上。

克卜勒行星運動第二定律：面積定律 (Law of area)

　　行星和太陽的連線，在相等的時間內，掃過相等的面積。

克卜勒行星運動第三定律：週期定律 (Law of periods)

　　行星週期 T 的平方與其軌道半長軸 R 的立方成正比。

$$T^2 \propto R^3 \tag{3-6}$$

克卜勒行星運動三定律牽涉很廣，它們能夠成立，是基於下列的先決條件：

1. 太陽的質量遠高於行星的質量。因此，太陽的位置可視為固定。
2. 太陽與行星完全與其它天體隔離，不受它們影響。

這是非常理想的條件，實際上是不可能存在的，所以克卜勒定律只是近似的處理。牛頓非常清楚這一點，他曾明白的指出，行星的軌跡，既非標準的橢圓，行星也不會重複原來的軌道。這種偏離

橢圓的現象稱為偏差 (perturbation)，在有其它行星出現附近時，情況尤為顯著。海王星 (Neptune) 與冥王星 (Pluto) 的發現，便是根據行星的偏差計算出來的。

例題 3-4

已知哈雷彗星 (Halley's Comet) 約 76 年回歸 1 次，哈雷彗星與太陽之最近距離約為 0.6 A.U.。設所有行星對哈雷彗星的影響均可略去不計，試推算哈雷彗星與太陽之最遠距離為何？(地球與太陽之平均距離為一個天文單位 1 A.U.，1 A.U. $\approx 1.5 \times 10^{11}$ m)

解

地球與太陽的平均距離 $R_{地太}$ 為一個天文單位 (1 A.U.)，繞太陽的公轉週期 $T_{地太}$ 為 1 年；哈雷彗星與太陽的平均距離為 $R_{哈太}$，繞太陽的週期 $T_{哈太}$ 為 76 年。

由克卜勒行星運動第三定律，可得

$$T^2 \propto R^3$$

$$\frac{T^2_{地太}}{R^3_{地太}} = \frac{T^2_{哈太}}{R^3_{哈太}} \Rightarrow \frac{1^2}{1^3} = \frac{76^2}{R^3_{哈太}}$$

$$\Rightarrow R^3_{哈太} = 5576$$

$$\Rightarrow R_{哈太} = 17.94 \text{ (A.U.)}$$

$R_{哈太}$ 為哈雷彗星與太陽的半長軸距離，其量為哈雷彗星和太陽的近日點距離 $R_{哈近}$ 與遠日點距離 $R_{哈遠}$ 之和的一半，故

$$R_{哈太} = \frac{R_{哈近} + R_{哈遠}}{2} \Rightarrow 17.94 = \frac{0.6 + R_{哈遠}}{2}$$

$$R_{哈遠} = 35.28 \text{ (A.U.)}$$

由克卜勒行星運動第三定律推算得，哈雷彗星與太陽之最遠距離為 35.28 A.U.。

隨堂練習

3-8 敘述克卜勒行星運動三定律。

3-9 有關行星繞太陽運動，下列敘述何者正確？[複選題]
(1) 行星在軌道上的任何位置，均有切線加速度。
(2) 行星在軌道上的任何位置，均有法線加速度。
(3) 行星繞太陽的運動為變加速度運動。
(4) 行星繞太陽的軌道半徑越大，行星的週期亦越大。
(5) 行星繞太陽的軌道半徑越大，行星的軌道速率越小。

3-10 有關距地球表面不同高度，繞地球運行的兩個人造衛星，下列敘述何者正確？[複選題]
(1) 距地球表面越高的人造衛星，軌道速率越快。
(2) 人造衛星的質量較大者，運行週期較長。
(3) 人造衛星的週期較長者，軌道速率較慢。
(4) 人造衛星的週期較長者，向心加速度較小。

3-11 地球與太陽之平均距離為一個天文單位 (1 A.U.)。哈雷彗星與太陽之最近距離約為 0.6 A.U.，最遠距離約為 35.2 A.U.。設所有行星對哈雷彗星的影響均可略去不計，試推算哈雷彗星繞太陽的週期為何？

3-3-2　萬有引力定律

萬有引力定律：
　　宇宙中任意二靜止質點間，必存在相互吸引的力；此力大小與二質點質量 m_1、m_2 乘積成正比，與二質點間的距離 r 的平方成反比。此相互吸引的力稱為萬有引力 $\vec{F}_G$，其方向在二質點的連線，$\vec{F}_G$ 的大小為 F_G：

$$F_G = G\frac{m_1 m_2}{r^2}$$

$$G = 6.67 \times 10^{-11} \frac{\text{N} \cdot \text{m}^2}{\text{kg}^2}$$

G 為萬有引力常數。

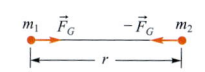

由克卜勒的行星運動定律知道，太陽系的行星都不是沿直線作等速度運動，而是採取近似於橢圓的軌跡，繞太陽公轉。顯然可見，行星的運行應該兼有法線方向與切線方向的加速度。根據牛頓第二運動定律，有加速度，即表示有外力的作用。但是太陽與行星相去不知有多少千萬里，促使行星變速的外力，究竟從何而致？原來當時人所經驗的力，像推拉擠碰等，皆是藉由接觸而作用，稱為**接觸力** (contact force)。行星繞日運動的問題，一定困擾了牛頓很長的一段時間，直到他見蘋果墜地，頓悟有**非接觸力** (non-contact force) 的存在，才得到解答的靈感。

> 非接觸力亦稱為超距力。

牛頓設想行星的公轉近似於等速率圓周運動。因此，作用於其上的向心力 $\vec{F}_C$，應是行星的質量 m 與向心加速度 $\vec{a}_c$ 的乘積，亦即

> $\hat{n}$ 的方向指向圓心。

$$\vec{F}_C = m\vec{a}_c = m\frac{v^2}{R}\hat{n}$$

$\vec{F}_C$ 大小表示為

$$F_C = ma_c = m\frac{v^2}{R}$$

R 是軌道圓的半徑，可視為太陽和行星之間的平均距離。設公轉的週期為 T，則行星的速率 $v = \frac{2\pi R}{T}$。代入上式，可得

$$F_C = m\frac{4\pi^2 R}{T^2}$$

利用克卜勒行星運動第三定律，即 $\frac{R^3}{T^2}$ = 常數。代入上式，可得

$$F_C = m\frac{4\pi^2 R}{T^2} \cdot \frac{R^2}{R^2} = m\frac{4\pi^2}{T^2} \cdot \frac{R^3}{R^2}$$

$$F_C \propto \frac{m}{R^2} \tag{3-7}$$

這數學式說明行星之圓周運動，是受了太陽吸引的緣故。這個吸引力的大小與行星的質量 m 成正比，而與太陽和行星之間的平均距離 R 的平方成反比。

根據牛頓第三運動定律，行星受力 $\vec{F}$ 的同時，亦對太陽施加一反作用力 $\vec{F}'$。用同樣的推理，$\vec{F}'$ 的大小，應與太陽的質量 M 成正比，與 R^2 成反比。考慮到 $\vec{F}$ 與 $\vec{F}'$ 大小相等的事實，則太陽和行星之間的吸引力 $\vec{F}_{M-m}$ 的大小，必須同時與 M、m 成正比，R^2 成反比。亦即

$$F_{M-m} \propto \frac{Mm}{R^2}$$

$$F_{M-m} = G\frac{Mm}{R^2} \tag{3-8}$$

此一吸引力並不限於太陽與行星之間才有。宇宙之間任何兩物體，大至星球，小如微粒，都以同一方式互相吸引。牛頓因此稱之為<u>萬有引力</u> (universal gravitation) $\vec{F}_G$。他在 1686 年發表的文章中，作如下的陳述：

> 宇宙間任意兩質點，沿其連線方向，互相吸引，引力的大小，與質點的質量乘積成正比，與其間的距離平方成反比。

是為牛頓的<u>萬有引力定律</u> (law of universal gravitation) 以符號 $\vec{F}_G$ 表示萬有引力，其大小為 F_G，以數學式則可表示如下：

$$F_G = G\frac{m_1 m_2}{r^2} \tag{3-9}$$

(3-9) 式中的 m_1 和 m_2 分別為兩質點的質量（見圖 3-6），G 稱為<u>萬有引力常數</u>或<u>重力常數</u> (gravitational constant)。

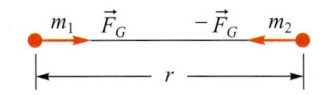

卡文狄西，英國科學家，發現氫。

CODATA；
2002 國際基本物理常數值：

牛頓萬有引力常數
6.6742×10^{-11}
$m^3 \cdot kg^{-1} \cdot s^{-2}$

標準不確定度
0.0010×10^{-11}
$m^3 \cdot kg^{-1} \cdot s^{-2}$

相對標準不確定度
1.5×10^{-4}

簡明表示
(6.6742 ± 0.0010)
$\times 10^{-11}\ m^3 \cdot kg^{-1} \cdot s^{-2}$

參考網站：
http://physics.nist.gov

圖 3-6 兩質點間的萬有引力示意圖。

一般常用的 G 值：
$G=6.67\times10^{-11}$
$N\cdot m^2/kg^2$

牛頓的理論發表一百多年以後，卡文狄西 (Henry Cavendish, 1731-1810) 才以自製的扭力天平，加以證實，並首度測定重力常數 G。他所得的數值 $G = 6.673 \times 10^{-11}$ $N\cdot m^2/kg^2$，與目前所知的最佳數值比較，相差小於 1%，這是何等的成就！

例題 3-5

鐵球的質量為 6 kg，銅球的質量為 5 kg。試估計

(1) 當兩球相距 2 公尺，兩球之間的萬有引力有多大？
(2) 當兩球相距 1 公尺，兩球之間的萬有引力有多大？

解

兩球之間，真正的萬有引力很難計算。但若將兩球視為質點，則可概略估算出其間的萬有引力大小。

(1) $r = 2$ m

$$F_G = G\frac{m_1 m_2}{r^2} \Rightarrow F_G = 6.67\times10^{-11}\times\frac{6\times 5}{2^2}$$
$$\approx 5.0\times10^{-10} \text{ (N)}$$

(2) $r = 1$ m

$$F_G = G\frac{m_1 m_2}{r^2} \Rightarrow F_G = 6.67\times10^{-11}\times\frac{6\times 5}{1^2}$$
$$\approx 2.0\times10^{-9} \text{ (N)}$$

由 (1) 與 (2) 的結果可知，當兩人之間的距離縮短一半時，雖然萬有引力為原來的四倍，但引力仍是非常微弱。

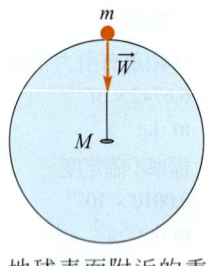

地球表面附近的重力加速度值大小約為 9.8 m/s²。

3-3-3 地球的重力與重力場

地球表面的重力：
地球對位於其表面附近的物體，所產生的引力。物體所受的重力是一種超距力，方向恆指向地球的中心，其大小稱為重量 $W = mg$；SI 制的單位為牛頓 (N)。

重力場：
物體以某種方式，改變其附近空間的性質，因而產生一種叫做「場」的狀態。因引力而致的「場」，謂之引力場或稱重力場。

重力加速度：
物體自由落下時，只考慮地球引力作用，所產生的加速度，稱為重力加速度 g。

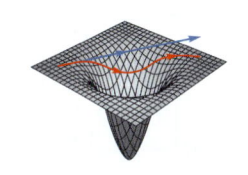

空間彎曲示意圖
參考網站：
http://www.hk-phy.org

　　根據萬有引力定律，地球表面的物體無不彼此吸引。但如與地球對物體的吸引力比較，其強弱殊無足道。所以果熟蒂落，自然墜地。但是牛頓的萬有引力定律，依理只適用於質點。星際的距離遙遠，將星體視為質點，猶有可說。對落果而言，地球如何能算為質點？在研討地球對物體的吸引以前，先行解決這個疑惑。下面小品的說明，提供一種推理的方法。

小品

牛頓的殼層定理

　　牛頓的殼層定理 (shell theorem) 指出：「由物質構成的均勻球殼，對球殼外一質點的吸引力，可以視為球殼質量集中於球心時對該質點的吸引力。」比如無數個大小不一的圓環，可疊成一個薄殼。每個環對質點的吸引力，可視同源於環心，那麼，薄殼的引力，如同發自殼心。推而廣之，實心的圓球，則可視為由無數的薄殼，層層疊疊而成，則球外的質點，受圓球的吸引，和質點與質點的作用相同。所以萬有引力，亦適用於地球與物體。只不過嚴格的證明，相當繁複而已。

參考網站：http://memo.cgu.edu.tw/yun-ju/CGUWeb/PhyChiu/H105WorkEnergy/
　　　　　H105GravitationIntegral.doc。

地球對物體的吸引力，可以兩質點間的萬有引力處理，稱之為**重力** (gravitational force)，以 $\vec{W}$ 作為其符號。引用 (3-8) 式的形式，其大小可表示如下：

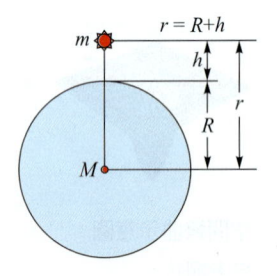

$$W = F = G\frac{Mm}{R^2} \tag{3-10}$$

$$W = m(G\frac{M}{R^2}) = mg \tag{3-11}$$

$r = R + h$
$R \gg h$
$r \sim R$

(3-10)、(3-11) 式中 M、m 分別為地球與物體的質量，R 本應是物體與地心的距離 $r (= R + h)$，但因物體離地表的高度 h，與地球半徑 R 相較，可忽略高度 h，而不致產生太大的誤差。$\vec{W}$ 是地球施於物體的重力，方向恆指向地心。此力使物體產生一向下的加速度，是為**重力加速度** $\vec{g}$ (gravitational acceleration)。將 G、M 與 R 的數值代入，可得 g 的大小：

地球質量：
$M = 5.97 \times 10^{24}$ kg

地球半徑：
$R = 6.37 \times 10^6$ m

$$\begin{aligned}g &= G\frac{M}{R^2}\\ &= 6.67\times10^{-11}\,\text{N}\cdot\text{m}^2/\text{kg}^2 \times \frac{5.97\times10^{24}\,\text{kg}}{(6.37\times10^6\,\text{m})^2}\\ &= 9.81\,\text{m/s}^2\end{aligned}$$

$W = mg$

W 視為物體的**重量** (weight)，單位以**公斤重** (kilogram-weight)、**克重** (gram-weight) 等表示；重量單位易與質量單位公斤、公克等混淆。從 (3-11) 式可見，**重量** W 與質量 m 的區別，在於重量隨物體所處環境的重力加速度值而異；質量則是物體慣性的尺度，是一種內在的特性，與環境沒有關係，切記辨別兩者差異。

例題 3-6

在地球上量得體重為 600 N 的太空人，當他到達月球表面，重新度量自己體重時，發現只有 100 N。請問：
(1) 地球與月球表面，重力加速度大小 g_e 與 g_m 的比值為若干？
(2) 已知地球半徑 R_e，約為月球半徑 R_m 的 3.66 倍，則地球與月球質量 M_e 與 M_m 的比值為若干？

解

(1) 因太空人無論在地球上或月球上，其質量 m 不會改變，故他在地球上與在月球上受到的重量比

$$W = mg$$
$$W \propto g$$
$$W_e : W_m = g_e : g_m \Rightarrow g_e : g_m = 600 : 100 = 6 : 1$$

因而得到地球與月球表面的重力加速度大小比為 $g_e : g_m = 6 : 1$。

(2) 由於物體在星體表面上的重力加速度值為

$$g = G\frac{M}{r^2} \begin{cases} M \text{為星體質量。} \\ r \text{為星體中心至物體中心的距離；} \\ \text{可近似為星體半徑} R。 \end{cases}$$

G 為萬有引力常數，故可得

$$g \propto \frac{M}{r^2} \Rightarrow g \propto \frac{M}{R^2}$$
$$M \propto gR^2$$
$$M_e : M_m = g_e R_e^2 : g_m R_m^2$$
$$M_e : M_m = \frac{g_e}{g_m} \frac{R_e^2}{R_m^2} : 1$$
$$\Rightarrow M_e : M_m = (6 \times 3.66^2) : 1 = 80.4 : 1$$

可得地球與月球的質量比為 $M_e : M_m \approx 80 : 1$。

觀點：
1. 物體的重量為 $W = mg$
2. 因物體質量不會改變，所以重量與加速度大小成正比；$W \propto g$
3. 質量 M_e 與 M_m 應屬慣性質量，故引用萬有引力定律
$$\vec{F}_G = G\frac{Mm}{r^2}\hat{r}$$
4. 由重量與萬有引力大小的關係
$$W = F_G$$
可知 $g = G\frac{M}{r^2}$

隨堂練習

3-12 說明萬有引力定律。

3-13 若月球表面的重力加速度大小，為地球表面的六分之一；則在地球上，質量 70 kg 的人，在月球上的質量與重量各是多少？

萬有引力定律認為引力是一種超距作用，無需媒介，不受阻隔，而且無遠弗屆。每一個物體對其周圍的物體，無論遠近，多多少少都會加以影響，因而引進所謂場 (field) 的觀念。簡單的來說，物體以某種方式，改變其附近空間的性質，因而產生一種叫做「場」的狀態。因引力而致的「場」，謂之引力場 (gravitational field，或稱重力場)，因電、磁或電磁力而致的，則分別稱為電場 (electric field)、磁場 (magnetic field) 與電磁場 (electromagnetic field)。任何物體進入場的空間，即受「場」力的作用。地球的重力會在地球周圍形成一重力場，在場內的物體無不受其作用 [註四]。

例題 3-7

地表處之重力加速度值為 9.8 m/s²，設地球半徑為 R；試問，在距離地心 $2R$ 的位置處，其重力加速度值為若干？

解

設地球質量為 M，半徑為 R，重力加速度值 $g_R = \dfrac{GM}{R^2}$；則距離地心 $2R$ 的位置處，其重力加速度值

$$g_{2R} = \frac{GM}{(2R)^2} = \frac{1}{4} \times \frac{GM}{R^2}$$
$$= \frac{1}{4} \times g_R = \frac{1}{4} \times 9.8$$
$$= 2.45 \text{ (m/s}^2\text{)}$$

在地表處的重力加速度值為 9.8 m/s²，距離地心 $2R$ 處的重力加速度值為 2.45 m/s²。

隨堂練習

3-14 設地球半徑為 6.37×10^6 m，在地表上方 200 km，繞地球運行的人造衛星，其重力加速度值為何？

3-3-4　常見的力

彈性體：
物體在外力作用下產生形變，若作用的外力，未超過物體的彈性限度，則當外力消失後，物體會恢復原來形狀，這類物體稱為彈性體。

彈性力：
彈性體在外力作用下會有形變，物體為防止形變，而產生一使物體恢復原來形狀的作用力，此力稱為恢復力，亦稱為彈性力；$\vec{F}_S$。

虎克定律：
在彈簧的彈性限度內，彈簧受外力 $\vec{F}$ 作用會產生位移 $\Delta \vec{x}$，而彈簧會產生促使彈簧回到原位置的彈性力 $\vec{F}_S$；此彈性力的方向與位移方向相反，其大小與位移量成正比，比例常數 k 為彈簧的彈性常數；

數學式 $\vec{F}_S = -k \Delta \vec{x}$。

SI 制的單位 $\vec{F}_S$ 是牛頓(N)；$\Delta \vec{x}$ 是公尺 (m)；k 是牛頓/公尺 (N/m)。

正向力：
物體互相擠壓時，抵抗擠壓所產生垂直於接觸面的力，稱為正向力；$\vec{N}$。

張力：
繩子在繃緊時，繩子上所傳遞的作用力，稱為張力；$\vec{T}$。

摩擦力：
物體受外力 $\vec{F}$ 作用，在物體接觸面上，所產生阻礙物體運動的作用力，稱為摩擦力 $\vec{f}$；此摩擦力與接觸面平行，與物體運動方向相反。

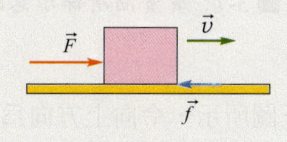

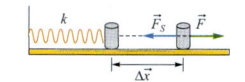

彈簧的彈性力，又稱恢復力或復原力。

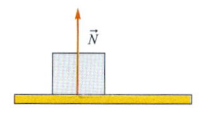

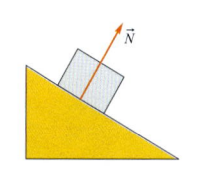

力學中常見的力，可以分為重力、彈性力、摩擦力等。重力已見前述，僅就後二者略作介紹。

1. 彈性力

物體因受力的作用而改變形態，當外力移除後，物體會試圖恢復原狀。例如，將厚重的書本放在書架上，隔板有往中央凹陷的趨勢。如果為時短暫，隔板迅速恢復原狀，但如長期積壓，隔板可能永久變形。不但隔板變形，書本亦作相應的變形。使書本與隔板恢復原狀的作用力，可同歸類為**彈性力** (spring force) 或稱**恢復力** (restoring force)。隔板的支承力垂直作用於接觸面，稱為**正向力** (normal force) [註五]。

> 正向力又稱正壓力。

繩索受力，呈緊繃狀態時，其上每一點都受力的作用，是為繩索的**張力** (tension)。張力也可歸類為彈性力的一種，嚴謹的來說，繩索具有質量，所以繩索各點的張力大小不同。若繩索質量略而不計，則繩索上的張力大小處處相同 [註六]。

例題 3-8

如圖 3-7，寶寶欲在一斜角 θ 為 30° 的滑梯上溜滑梯。寶寶的體重 W 為 98 N，若不計寶寶與滑梯間的摩擦力，試問：

(1) 寶寶溜滑梯時，受到的正向力為何？
(2) 寶寶運動時的加速度應為何？

圖 3-7　寶寶溜滑梯示意圖。

解

取座標軸如下圖所示，令向上方向為正，向下方向為負。根據牛頓第二運動定律

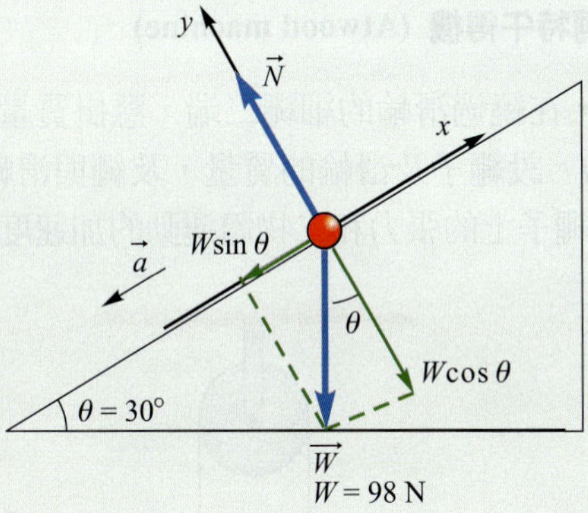

$$\Sigma\vec{F} = m\vec{a}$$

則

$$\Sigma F_x = ma_x$$
$$\Sigma F_y = ma_y$$

(1) 寶寶所受正向力 $\vec{N}$ 與 y 軸平行，且在 y 軸方向力平衡，故 $a_y = 0$，由

$$\Sigma F_y = 0 \quad \Rightarrow \quad N - W\cos\theta = 0$$

知寶寶受到的正向力

$$N = W\cos\theta \quad \Rightarrow \quad N = 98\cos 30° \approx 84.9\ (\text{N})$$
$$\Rightarrow \quad \vec{N} = 84.9\,\hat{j}\ (\text{N})$$

寶寶受到大小為 84.9 N，方向為垂直斜面向上的正向力。

(2) 設寶寶沿斜面運動的加速度為 $\vec{a} = a\hat{i}$，由 $\Sigma F_x = ma_x$，$a_x = a$。

$$-W\sin\theta = ma$$
$$-mg\sin\theta = ma \quad \Rightarrow \quad a = -g\sin\theta = -9.8\sin 30° = -4.9\ (\text{m/s}^2)$$
$$\Rightarrow \quad \vec{a} = -4.9\hat{i}\ (\text{m/s}^2)$$

寶寶滑下時的加速度大小為 4.9 m/s² (負號表示為下滑的方向)。

例題 3-9　阿特午得機 (Atwood machine)

如圖 3-8，在繞過滑輪的細繩二端，懸掛質量為 m 和 M 的物體，且 $M > m$。設繩子及滑輪的質量，及繩與滑輪間的摩擦力可以忽略不計，求繩子上的張力和二物體運動的加速度？

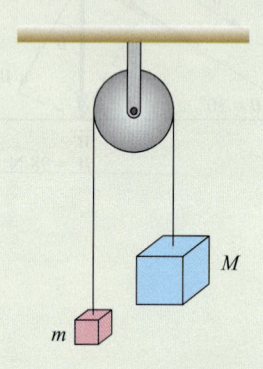

圖 3-8 阿特午得機示意圖。

解

如下圖所示，考慮理想化的繩子，和忽略摩擦力的情況下，繩子受力作用時，繩上各點的張力大小 T 相同。物體 m 和 M 以細繩相連結，因此它們具有相同大小的加速度值 a。

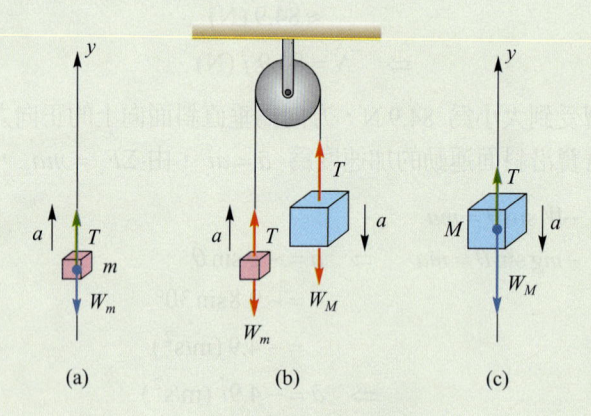

(a)　(b)　(c)

作用在物體 m 和 M 的力，及運動的加速度，可表示為

對物體 m　　　　對物體 M

$\vec{T}_m = T\hat{j}$　　　　$\vec{T}_M = T\hat{j}$

$\vec{W}_m = -mg\hat{j}$　　$\vec{W}_M = -Mg\hat{j}$

$\vec{a}_m = a\hat{j}$　　　　$\vec{a}_M = -a\hat{j}$

如圖，因物體只在 y 方向移動，故根據牛頓第二運動定律，對物體 m 而言

$$\vec{F}_m = m\vec{a}_m$$

$$\vec{T}_m + \vec{W}_m = m\vec{a}_m \Rightarrow T - mg = ma \tag{1}$$

對物體 M 而言

$$\vec{F}_M = M\vec{a}_M$$

$$\vec{T}_M + \vec{W}_M = M\vec{a}_M \Rightarrow T - Mg = M(-a) = -Ma \tag{2}$$

由 (1) 式，得

$$T = mg + ma \tag{3}$$

將 (3) 式代入 (2) 式，得

$$(mg + ma) - Mg = -Ma$$

$$\Rightarrow a = \frac{M-m}{M+m}g \tag{4}$$

將 (4) 式代入 (3) 式，得

$$T = mg + m(\frac{M-m}{M+m}g) = \frac{2Mm}{M+m}g \tag{5}$$

由 (5) 式的結果，可知繩上各點的張力大小為 $\dfrac{2Mm}{M+m}g$；由 (4) 式的結果，可知物體 m 向上升，M 向下，二者的加速度大小均為 $\dfrac{M-m}{M+m}g$。

隨堂練習

3-15 地球表面上的重力加速度為 g，火星表面上的重力加速度約為地球上的 38%；若地球對火星的萬有引力為 F，則火星對地球的萬有引力為何？
(1) $38F$；(2) $10F$；(3) $1F$；(4) $0.1F$；(5) $0.38F$。

3-16 在阿特午得機的裝置中，若物體的質量分別為 30 kg 與 50 kg，試求繩子上的張力和二物體運動的加速度？

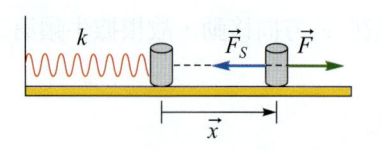

圖 3-9　彈簧恢復力與外力的關係。

彈性力最顯著的現象，莫過於彈簧的伸縮。虎克 (Robert Hooke, 1645-1703) 對此研究有年，獲得如下的結論：

在彈簧的彈性限度內，彈簧受外力 $\vec{F}$ 作用，產生位移 $\vec{x}$ 時，彈簧會產生促使彈簧回到原位置的彈性力 $\vec{F}_S$；此彈性力的方向與位移方向相反，其大小與位移大小成正比。

是為**虎克定律** (Hooke's law)。以數學式表示則為

$$\vec{F}_S = -\vec{F} = -k\vec{x} \tag{3-12}$$

(3-12) 式中 $\vec{F}$ 是所施的外力，它與恢復力 $\vec{F}_S$ 的方向相反，如圖 3-9。比例常數 k 稱為**彈力常數** (force constant)，在 SI 制中其單位為 N/m。實際的彈簧，在彈簧的彈性限度內，才符合虎克定律，稱為**理想彈簧** (ideal spring)。由於彈簧的位移，與所施的外力，有線性的關係，可以作為測量力的工具。市面上各式各樣的彈簧秤，便是利用這個原理製造的。

> 彈力常數又稱為彈簧常數 (spring constant)。

例題 3-10　虎克定律

如圖 3-10，在光滑的水平桌面上，將彈力常數為 20 N/m 的彈簧，一端固定，另一端繫上質量為 5 kg 的物體。若在彈簧的彈性限度內，對物體施加向右的力，使其離開原來位置 0.5 m；則當物體被釋放時，所具有的加速度值為何？

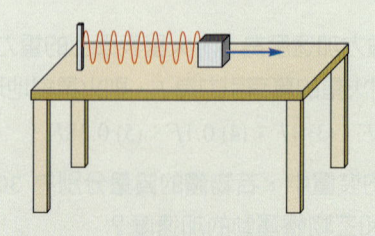

圖 3-10　水平桌面上彈簧示意圖。

解

圖 3-11 物體之受力情形如下圖。

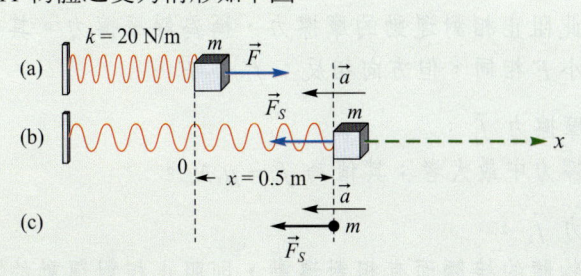

圖 3-11

物體受一向右的力 $\vec{F}$ 作用，使其離開原來位置 0.5 m；彈力常數 k 為 20 N/m 的彈簧也伸長了 0.5 m。依虎克定律，可得

$$\vec{F} = k\,\Delta\vec{x}$$
$$F = k\,x \;\Rightarrow\; F = 20 \times 0.5$$
$$= 10\,(\text{N})$$

物體外力大小為 10 N，在彈簧的彈性限度內，彈簧也會施一向左，大小為 10 N 的恢復力 $\vec{F}_S$ 於物體。當物體被釋放瞬間，此恢復力將促使物體以加速度 $\vec{a}$ 向左運動。

依牛頓第二運動定律，可得

$$\vec{F}_S = -\vec{F} \;\Rightarrow\; \vec{F}_S = -10\hat{i}\;(\text{N})$$
$$\vec{F}_S = m\vec{a}$$
$$\vec{a} = \frac{\vec{F}_S}{m} \;\Rightarrow\; \vec{a} = \frac{-10\hat{i}}{5}$$
$$= -2\hat{i}\;(\text{m/s}^2)$$

故知，當物體被釋放瞬間，由於彈簧恢復力的作用，使物體具有大小為 2 m/s²、方向向左的加速度。

2. 摩擦力

學習方針

摩擦力：
當兩物體的接觸面，有相對運動或運動的傾向時，會產生阻止相對運動的力，這種力稱為摩擦力。

> 靜摩擦力 $\vec{f_s'}$：
> 若兩物體的接觸面有相對運動之傾向，但物體尚未產生運動時，此阻止相對運動的摩擦力，稱為靜摩擦力。其值與所受外力大小 F 相同，但方向相反；$\vec{f_s'} = -\vec{F}$。
>
> 最大靜摩擦力 $\vec{f_s}$：
> 靜摩擦力中最大者；其值為 $f_s = \mu_s N$。
>
> 動摩擦力 $\vec{f_k}$：
> 若兩物體的接觸面有相對運動，則阻止相對運動的摩擦力，稱為動摩擦力。動摩擦力通常會接近一定值；其值為 $f_k = \mu_k N$。

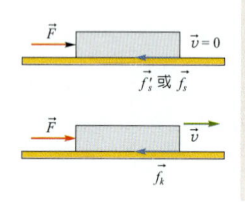

滑動與滾動

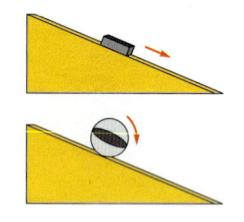

　　互相接觸的物體，在作相對運動時，其接觸面自然產生一種阻尼的力量，稱為摩擦力 (friction force) [註七]。它的強弱視接觸面的性質與物體的運動狀況而定。如物體只作相對的平移，好像書本滑過桌面，兒童溜下滑梯一樣，阻尼叫做滑動摩擦 (sliding friction)。如珠走玉盤，輪輾路面，則謂之滾動摩擦 (rolling friction)。所以利用滾動原理，推車搬運重物，是減少摩擦力，以達省力的目的。

　　物體受力，還未開始運動之時，接觸面的摩擦稱為靜摩擦 (static friction)，隨外力的增強而加大，至物體將動未動之時，其大小最大，叫做最大靜摩擦 (the maximum static friction)。物體開始運動以後，摩擦力減小，稱為動摩擦 (kinetic friction)。所以推移重物，開始時較費力，起動以後，便較省力。

小品
四種基本力

　　自然界中有四種基本力，即「重力、電磁力、弱核力、強核力」，任何作用力皆可利用四種基本力加以描述。粒子物理學家的主要目標之一，就是用同一組方程式，描述全部粒子和作用力的物理性質，這個理論或模型被稱為「大統一場理論」。

摩擦力產生的詳細情形，雖未盡知，實驗結果顯示，一般而言，摩擦力的強弱，與接觸面對物體的正向力 N 成正比。亦即

$$f'_s \leq f_s = \mu_s N \qquad (3\text{-}13)$$

$$f_k = \mu_k N \qquad (3\text{-}14)$$

(3-13)、(3-14) 式中 μ_s 與 μ_k 分別稱為靜摩擦係數 (coefficient of static friction) 與動摩擦係數 (coefficient of kinetic friction)。靜摩擦力 f'_s 不是定值，其大小隨外力的強弱而增減。f_s 代表最大靜摩擦力，它會大於動摩擦力 f_k。

摩擦力與彈性力都是淵源於物質分子間的電磁力。電磁力是宇宙間四大基本力之一，它與重力都有超距作用，只是有效距離長短不同而已。巨觀物質中，原、分子間的電磁力，大多互相抵消，對外的淨力幾乎等於零。其餘兩種基本力，一為弱核力 (weak nuclear force)，一為強核力 (strong nuclear force)。它們的有效距離都非常短，只發生在原子核中，不是日常生活所能體會。留待近代物理篇中再行研討。

例題 3-11

小定欲將放置於地面，重量為 980 N 的一箱書，推往書房，如圖 3-11 所示。開始時，他用了 784 N 的力 (平行地面施力) 才將不動的箱子移動。但移動後，僅需施力 588 N 就能將箱子等速度的移往書房。試問：

(1) 箱子受到的正向力大小為何？
(2) 箱子與地面的靜摩擦係數 μ_s 為何？
(3) 箱子與地面的動摩擦係數 μ_k 又為何？

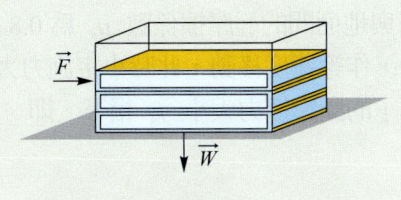

圖 3-11 地面上箱子示意圖。

觀點：
物體受力的問題，可利用牛頓第二運動定律 $\Sigma \vec{F} = m\vec{a}$ 處理。

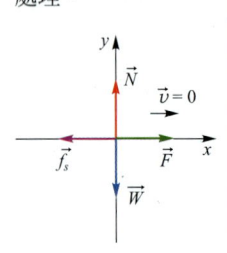

解

物體受力如圖所示，箱子受力後，因為靜摩擦力而維持靜止，或因動摩擦力的影響，而作等速度移動，所以箱子的加速度大小為 0，故

$$\Sigma \vec{F} = 0 \Rightarrow \Sigma F_x = 0$$
$$\Sigma F_y = 0$$

(1) 書箱在 y 軸上，受到向上的正向力，與向下的重力作用，但沒有加速度，故

$$\Sigma F_y = 0 \Rightarrow N - W = 0$$
$$N = W = 980 \,(\text{N})$$

可得，地面施加在書箱上的正向力大小為 980 N。

(2) 書箱沿 x 軸運動時，受到二力作用，一為小定所施向右 784 N 的作用力，另一為地面施於書箱的向左摩擦力。箱子剛要開始移動的瞬間，x 軸方向並無加速度，故小定施力大小 F，與地面施於箱子的最大靜摩擦力大小 f_s 相等。即

$$\Sigma F_x = 0 \Rightarrow F - f_s = 0$$

$$\begin{cases} f_s = F \\ f_s = \mu_s N \end{cases} \Rightarrow \mu_s = \frac{F}{N}$$

$$\mu_s = \frac{784}{980}$$
$$= 0.8$$

故知，箱子與地面間的靜摩擦係數 μ_s 為 0.8。

(3) 箱子移動後，作等速度移動，此時小定施力大小 F' 為 588 N，與地面施於箱子的動摩擦力大小 f_k 相等。即

$$\Sigma F_x = 0 \quad \Rightarrow \quad F' - f_k = 0$$

$$\begin{cases} f_k = F' \\ f_k = \mu_k N \end{cases} \Rightarrow \quad \mu_k = \frac{F'}{N}$$

$$\mu_k = \frac{588}{980} = 0.6$$

故知,箱子與地面間的動摩擦係數 μ_k 為 0.6。

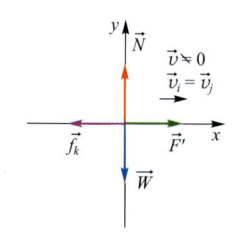

3-4 牛頓運動定律的解題原則

解答物理課題就像解決日常生活困難一樣,必須按部就班,一步步的推演,如此則不難迎刃而解。下列步驟可供參考,多加練習,自然熟能生巧。

1. **了解命題,描繪簡圖** 命題的涵義必須透徹了解。哪些已知,哪些待求,必須清楚。為明確計,可以簡單的草圖顯示題意。不妨以箭矢表示各向量的大小及方向,未知向量亦應標示。

2. **選取對象,決定座標** 根據題意選定研究對象,採取合適座標。如果問題牽涉到幾個物體,或綜合處理,或個別分析,務以化繁就簡為原則。

3. **畫出力圖,列舉方程** 將研究對象視同質點,畫出其受力的情形,據以選用合宜的方程式。或移項化簡,或聯立求解,確定未知量與已知量的關係。

4. **代入數值,求取未知** 代入已知量計算未知量,如有多於一個的結果,應根據題意,選取合理的答案。

5. **驗算結果,改正錯誤** 這是最易被忽視的步驟,初學者尤宜注意。因為在演算過程中,發生謬誤在所難免。習慣驗算,疏忽錯誤或可避免。

例題 3-12

質量 m 為 80.00 kg 的王博士站在電梯內的磅秤上。電梯在不同的升降情況下，秤上顯示的重量將作如何的變化？此重量稱為他的**視重量** (apparent weight)。(重力加速度的大小 g 取 10.00 m/s²)

(1) 電梯在靜止狀態，或作等速度升、降。
(2) 電梯以等加速度 a = 5.00 m/s² 上升。
(3) 電梯以等加速度 a = 5.00 m/s² 下降。
(4) 電梯的吊纜突然斷掉。

解

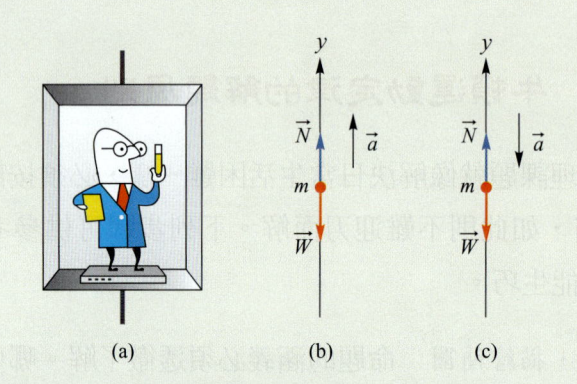

圖 3-12 王博士在電梯內的情況。
(a) 示意圖；(b) 上升自由體圖；(c) 下降自由體圖。

解題之前，先作草圖，以明題意 [見圖 3-12(a)]，並作力的自由體圖 [如圖 3-12(b)、(c)]。

像這一類具有聯貫性的問題，如能建立一個適用於所有條件的通式，解答起來，自然順理成章。

從自由體圖可知，作用於王博士身上的力有二，一是他本身的重力 $\vec{W} = m\vec{g}$，一是磅秤對他的支承力 $\vec{N}$。兩者方向相反，其淨力 $\Sigma \vec{F}$ 決定運動的狀態。選取座標，以往上為正。依牛頓第二運動定律，則

$$\Sigma \vec{F}_i = m\vec{a} \quad \Rightarrow \quad \vec{N} + \vec{W} = m\vec{a}$$

$$N\hat{j} - mg\hat{j} = ma\hat{j}$$

$$N\hat{j} = mg\hat{j} + ma\hat{j}$$

$$N = mg + ma$$

N 是王博士的視重量，其大小顯示於磅秤的讀數。重力加速度的大小 g 為 10.00 m/s²。利用此一通式，上述的問題，即可迎刃而解。

(1) 電梯靜止與作等速度升降時，加速度大小為 0，所以

$$N = mg + ma \xrightarrow{a=0} N = mg$$
$$= 80.00 \times 10.00$$
$$= 800.0 \text{ (N)}$$

電梯在沒有加速度時，磅秤施加給王博士的正向力，即為磅秤的讀數，也代表王博士的真正體重。

(2) 當電梯以加速度值 5.00 m/s² 上升時，

$$N = mg + ma \xrightarrow{a=5.00} N = 80.00 \times (10.00 + 5.00)$$
$$= 1200.0 \text{ (N)}$$

電梯在以加速度上升時，磅秤的讀數代表王博士的視重量，此視重量 1200.0 N 大於其真正體重 800.0 N。

(3) 當電梯以加速度值 5.00 m/s² 下降時，

$$N = mg + ma \xrightarrow{a=-5.00} N = 80.00 \times (10.00 - 5.00)$$
$$= 400.0 \text{ (N)}$$

電梯在以加速度下降時，磅秤的讀數代表王博士的視重量，此視重量 400.0 N 小於其真正體重 800.0 N。

(4) 電纜中斷，電梯成自由落體，當電梯以加速度值 10.00 m/s² 下降，

$$N = mg + ma \xrightarrow{a=-10.00} N = 80.00 \times (10.00 - 10.00)$$
$$= 0.0 \text{ (N)}$$

電梯在以自由落體方式墜落時，磅秤的讀數為 0，顯示王博士目前呈失重狀態。

習題

牛頓的運動定律

3-1 向北方行駛的公共汽車若突然向西偏轉，則車上乘客向何方向傾斜？

3-2 質量 3 kg 的質點，受到兩個力作用，產生加速度 $\vec{a} = 2\hat{i} - 4\hat{j}$ m/s²，若已知其中一力為 $\vec{F}_1 = -3\hat{i} + 2\hat{j} - 5\hat{k}$ N，求另一力 $\vec{F}_2$？

3-3 質量 2.5 kg 的質點初速度為 $\vec{v}_i = 2\hat{i} + 3\hat{j} + 4\hat{k}$ m/s，受到 $\vec{F} = 5\hat{i} - 7.5\hat{j} + 2.5\hat{k}$ N 的力作用 3 秒，求其末速度？

3-4 若幻象 2000 型戰機質量為 12,000 kg，(1) 由靜止狀態，在 2.5 秒內加速至 216 km/h 需推力若干？(2) 在 50 公尺內，由 162 km/h 的速率變為靜止，需力若干？

3-5 如下圖所示 $m_1 = 5$ kg，$m_2 = 3$ kg，置於光滑平面相互接觸，有一水平力 $F = 24$ N，作用於 m_1，(1) 求 m_1 作用在 m_2 的力？(2) 若以相同大小水平力，由右向左作用在 m_2 上，則 m_2 作用在 m_1 的力為多少？

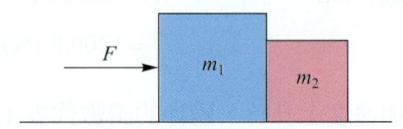

3-6 小王上課時，觀察桌上移動的螞蟻，發現在 10 時 20 分，若以橡皮擦中心為原點，螞蟻的位置座標為 (−2, 6) cm。若以小王鉛筆尖的位置為原點，則 10 時 20 分，螞蟻的位置座標為 (3, −3) cm，10 時 50 分，螞蟻位置座標為 (2, 6) cm，如下圖 (a)；求
 (1) 若以小王鉛筆尖的位置為原點，則橡皮擦中心的位置座標為何？
 (2) 若以橡皮擦中心為原點，則螞蟻在 10 時 50 分的位置座標為何？
 (3) 以小王鉛筆尖的位置為原點，和以橡皮擦中心為原點觀察螞蟻的位移是否相同 [如圖(b)]？

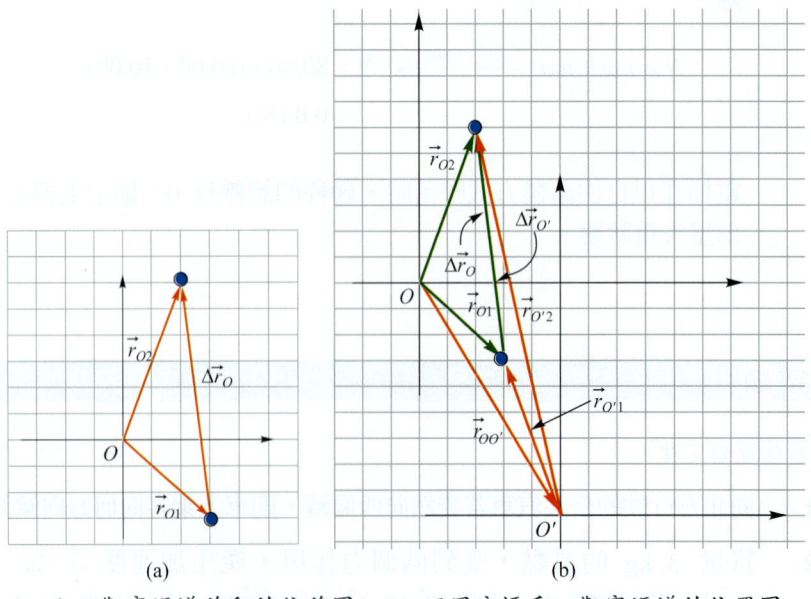

(a) 小王觀察螞蟻移動的位移圖；(b) 不同座標系，觀察螞蟻的位置圖。

萬有引力

3-7 假設金星、地球、土星繞太陽公轉的軌道接近圓形，公轉軌道半徑，金星約 1.08×10^{11} m、地球約 1.50×10^{11} m、土星約 1.43×10^{12} m，求金星及土星繞太陽一週約需幾個地球年？

3-8 王教授的質量 80 kg，當王教授站立在地球表面上時，他與地球間的萬有引力大小為何？已知地球質量約 5.97×10^{24} kg，地球半徑約 6,370 km，常數 G 為 6.673×10^{-11} N·m²/kg²。

3-9 地球繞太陽作圓周運動所需的向心力是由兩者間的萬有引力來提供，依此，估計太陽的質量？(常數 G 為 6.673×10^{-11} N·m²/kg²，地球與太陽的平均距離約 1.50×10^{11} m，地繞日週期以 365 天計算)

牛頓運動定律的應用

3-10 如圖所示，m_1 = 25 kg 置於傾斜角 37° 的光滑斜面上，m_2 = 19 kg 以細繩經一無摩擦且質量可忽略的滑輪，求：(1) m_2 的加速度方向？(2) m_1 及 m_2 所構成系統加速度的大小？(3) 繩子的張力？(g = 9.8 m/s²)

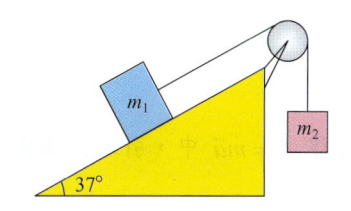

3-11 某廠牌的 F1 方程式賽車內懸掛一單擺，當賽車全力加速時，測得單擺與鉛直線夾 42° 角，求此方程式賽車的加速度大小？(g = 9.8 m/s²)

3-12 在一傾斜角 17.5° 光滑斜面的底部，有一物體以 5.0 m/s 的速率沿斜面衝上，(1) 求此物體在斜面上所行最遠的距離？(2) 到達最高點需幾秒？(g = 9.8 m/s²)

3-13 李同學騎摩托車上學途中遇突發狀況，緊急煞車，假如他很幸運，並未甩尾或翻車，車在平地上滑行 19 m 停止，輪胎與地面的動摩擦係數為 0.6，計算他在緊急煞車前的時速為多少公里？(g = 9.8 m/s²)

3-14 一質量 1,500 kg 的中型房車以時速 90 km 行駛在水平且筆直的高速公路上，若緊急煞車後，房車在 62.5 m 內停下來，請計算：(1) 使房車停止的平均摩擦力？(2) 動摩擦係數？(g = 9.8 m/s²)

3-15 假設汽車輪胎與地面的靜摩擦係數為 0.53，欲安全駛過一轉彎半徑為 30 m 的水平彎道，計算汽車時速必須在幾公里以下？($g = 9.8$ m/s^2)

3-16 有一傾斜彎道，傾角 13.5°，轉彎半徑為 53 m，汽車輪胎與地面的動摩擦係數為 0.3，若要確保汽車駛過此彎道不會偏離車道，汽車時速必須限制在幾公里以下？($g = 9.8$ m/s^2)

註

註一：合力為 0 的意義

物體完全不受外力作用的假設，既不可能成立，那麼，等速度運動的事實，應當如何解釋？牛頓認為作用於物體的外力 $\vec{F_i}$ 可以很多，但只要它們的效果互相抵消，亦即它們的合力 $\Sigma\vec{F_i} = 0$，則與全不受力無異。換言之，物體在 $\Sigma\vec{F_i} = 0$ 的條件下，達到力的平衡，因此維持其原本的動靜狀態。

> 零向量：
> 在線性代數及相關數學領域中，零向量也稱退化向量。歐幾里德空間裡的所有元素都為 0 的向量 (0, 0, ..., 0)。
>
> 零向量通常記為 $\vec{0}$ 或 0。
>
> 零向量是向量加法的單位元素。
>
> 零向量與任何向量的內積都是零。

註二：慣性質量與重力質量

慣性質量：

牛頓在第二運動定律 $\vec{F} = m\vec{a}$ 中，引入慣性質量 $m = \dfrac{F}{a}$，以表徵物體慣性的大小；F 是作用在物體上外力的大小，a 是物體加速度的大小。

重力質量：

牛頓在萬有引力定律 $\vec{F} = G\dfrac{m_1 m_2}{r^2}\hat{r}$ 中，引入重力質量 m_1、m_2 以表徵二物體間引力的強弱。

實驗結果得知，慣性質量和重力質量等效，因此統稱為質量。

註三：地心說

最初為歐多克斯和亞里斯多德等所提出，主張「地球靜止於宇宙中心，太陽、月球、行星和恆星都繞地球轉動」，又稱「地靜說」。古希臘學者阿波隆尼為解釋「地心說」，提出本輪、均輪，希巴克斯提出偏心模型。約在公元前 140 年，亞歷山大城的天文學家托勒密在《天文學大成》中總結並發展了前人的學說，建立了地心說。

托勒密學說的要點是：

1. 地球位於宇宙中心靜止不動。
2. 每個行星都在一個稱為「本輪」的小圓形軌道上等速轉動，本輪中心在稱為「均輪」的大圓軌道上繞地球等速轉動，但地球不是在均輪圓心，而是與圓心有一段距離。
3. 恆星都位於被稱為「恆星天」的固體殼層上。

日心說

公元前三世紀，古希臘學者阿利斯塔克就提出「太陽是宇宙中心，地球和其它行星都繞太陽轉動」的看法，又稱「日靜說」。十六世紀，波蘭天文學家哥白尼，於 1543 年出版的《天體運行論》中，正式提出了「日心說」。哥白尼認為：「地球不是宇宙中心，太陽才是宇宙中心，地球每年繞太陽公轉一周。」

哥白尼學說的要點尚有：

1. 水星、金星、火星、木星、土星五顆行星和地球一樣，都在圓形軌道上等速地繞太陽公轉。
2. 月球是地球的衛星，在以地球為中心的圓軌道上，每月繞地球轉一周，同時跟地球一起繞太陽公轉。
3. 地球每天自轉一周，天穹實際上不轉動，因地球自轉才出現日月星辰每天東升西落的現象。
4. 恆星和太陽間的距離十分遙遠，比日地間的距離要大得多。

哥白尼之後，義大利思想家布魯諾認為「宇宙是無限而且不存在中心」，所以太陽並不是宇宙的中心，「恆星天」也不存在。德國天文學家克卜勒指出「行星運動的軌道是橢圓的，而太陽位於其中的一個焦點上」，他拋棄托勒密地心說的本輪、均輪概念，解決了行星運動速度不均勻的問題。

註四：重力場強度

重力場強度 $\vec{g}$ 定義為「每單位質量所承受的力，單位為 N/kg」，即

$$\vec{F} = m\vec{g}$$

$$\vec{g} = \frac{\vec{F}}{m}$$

換言之，若在地球表面附近，則 $\vec{g}$ 是單位質量的物體，在重力場中某一特定點所受的重力，稱為該點的 重力場強度 (gravitational field strength)。而在慣性參考座標系中，$\vec{g}$ 的方向與重力加速度一致。

註五：正向力

物體互相擠壓時，抵抗擠壓所產生垂直於接觸面的力，稱為正向力。

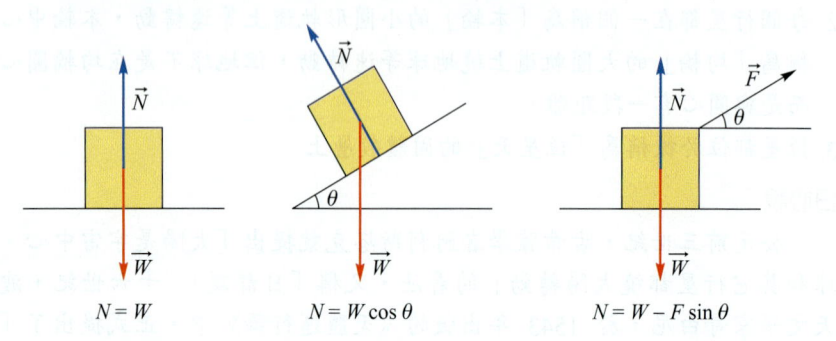

$N = W$　　　　$N = W\cos\theta$　　　　$N = W - F\sin\theta$

註六：理想繩子

理想繩子必須具備如下的特性：

1. 繩子的質量可忽略。
2. 繩子受力被拉扯時只有繃緊，不會有伸展的情形。
3. 繩子只能夠拉直繃緊，不能夠推擠受壓。
4. 繩子上任何點的拉力，都沿著繩子的方向。
5. 繩子上各點的張力方向或許不同，但張力大小相同。

註七：摩擦力

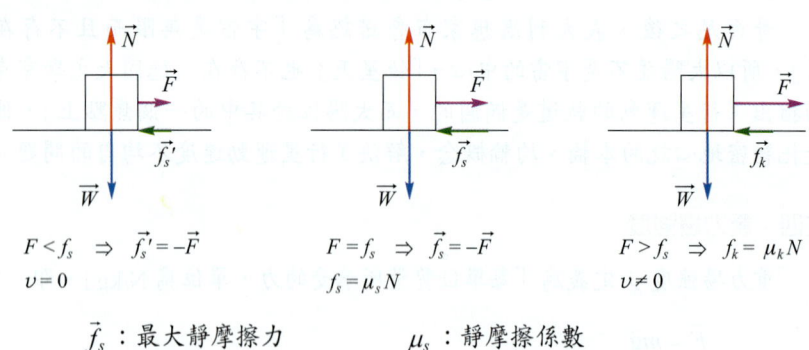

$F < f_s \Rightarrow \vec{f_s}' = -\vec{F}$
$v = 0$

$F = f_s \Rightarrow \vec{f_s} = -\vec{F}$
$f_s = \mu_s N$

$F > f_s \Rightarrow f_k = \mu_k N$
$v \neq 0$

$\vec{f_s}$：最大靜摩擦力　　μ_s：靜摩擦係數
$\vec{f_k}$：動摩擦力　　　　μ_k：動摩擦係數

$\mu_s > \mu_k \Rightarrow f_s > f_k$

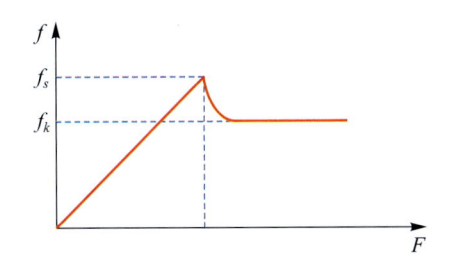

注意：
1. 施力必須大於最大靜摩擦力，物體才會開始運動；維持物體運動的施力，則不一定要大於最大靜摩擦力。
2. 動摩擦力不是定值，它只是趨近於定值。

Chapter 4 功與能

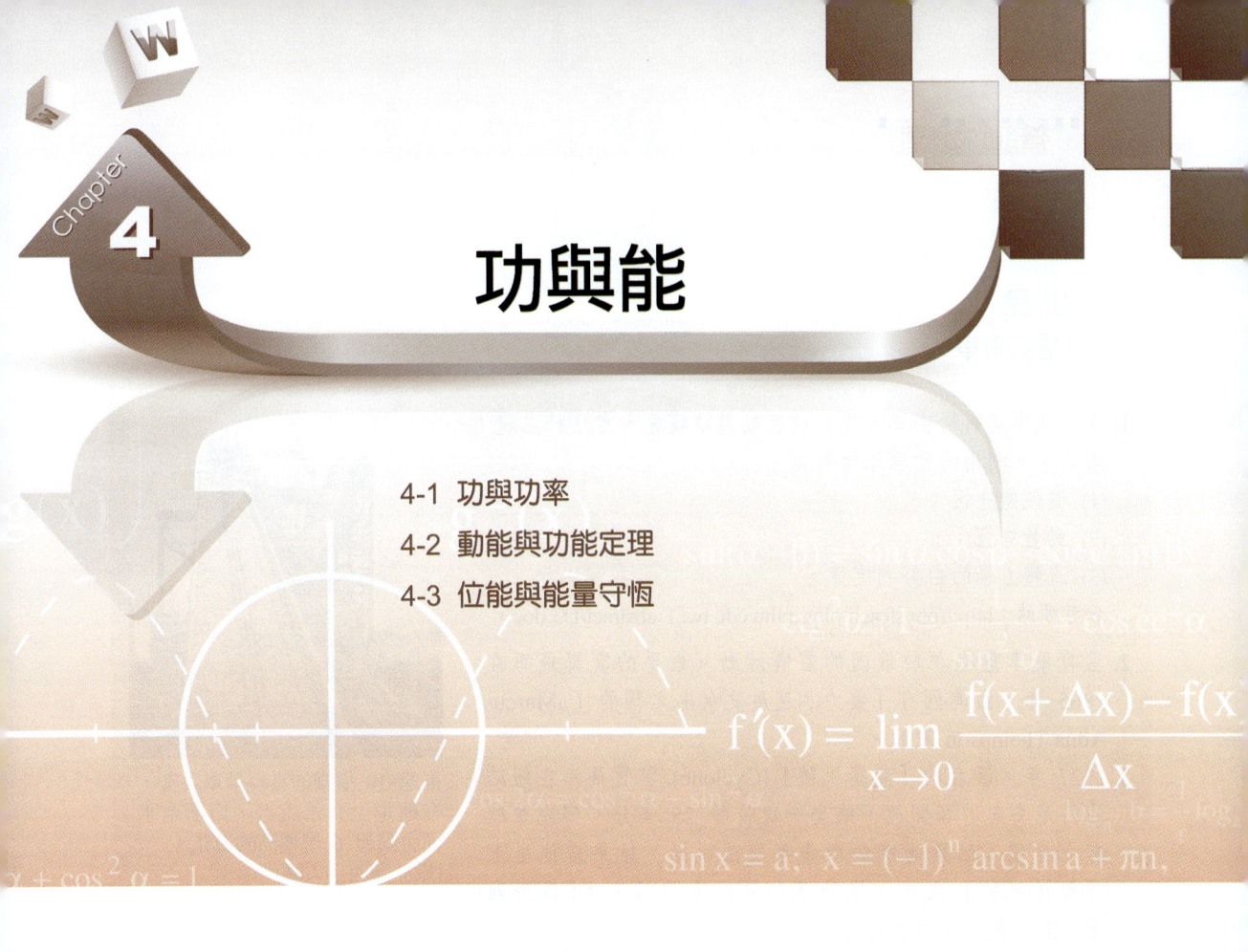

4-1 功與功率
4-2 動能與功能定理
4-3 位能與能量守恆

　　牛頓的運動定律提供運動過程的分析方法，讓我們了解各種運動的狀況，預測運動的結果。許多機械、工程方面的作業，小如載運輻重，大至太空旅行，無不奉為圭臬。但是，很多常見的運動，詳細的過程往往無法盡知。例如，在遊樂場玩高台滑水遊戲，台高數十公尺，滑梯左旋右轉，忽高忽低，用牛頓的運動定律，計算抵達終點的速度，即使有滑梯的設計原圖，也非常棘手，雲霄飛車亦是如此。遇到這樣的情況，採取其它途徑，避開繁雜的細節，因而引用一種稱為能 (energy) 的物理量。

1884 年，出現了全世界第一座雲霄飛車。木製雲霄飛車「龍捲風」在 1927 年問世。

　　「能」之一詞，童叟皆知，但要為它下一個簡明嚴謹的定義，則殊非易事。姑且以如下的說詞，作為它的定義：

　　　能是物體作功 (work) 的能力。

據此，則「能」的闡釋，將以對「功」的了解為前提。

小品

雲霄飛車

1. 雲霄飛車又叫過山車，是一種機動遊樂設施，常見於主題樂園中。利用的物理原理包含：
   (1) 機械能守恆；
   (2) 動量守恆；
   (3) 流體力學的白努利定律。
   參考網站：http://physteach.phys.nthu.edu.tw/ f_abstract/D3.doc。
2. 雲霄飛車靈感源於俄國的雪橇活動。最早的雲霄飛車在 1865 年，由美國有「重力加速度之父」之稱的 LaMarcus Adna Thompson 設計。
3. 1927 年，著名的「龍捲風號」(Cyclone) 雲霄飛車在紐約的科尼島向遊客開放，乘坐一次收費 25 美分。傳說曾經有一名礦工因罹患疾病而多年無法說話，結果當他坐上「龍捲風號」之後，在陡落時竟能大聲喊出：「我好難受！」然後就昏厥過去了。
4. 美國紐澤西州的六旗遊樂園，有號稱全球最高的雲霄飛車「京達卡」，最高點相當於 45 層樓。可在 3 秒半時間內從零時速增加到 205 公里。
5. 美國太空總署 (NASA) 在佛羅里達州太空中心，興建一套新的逃生設施，這套設備的靈感來自雲霄飛車。

高達 10 層樓的雲霄飛車設施，在軌道上有水流過，俯衝至水面會濺起 6 層樓高的浪花。(攝於關西小人國)

4-1 功與功率

學習方針

力：
力可使物體產生運動，或改變形態；但作用在質點上的則只有外力，作用在具有形狀的物體，則有內力與外力之分。

定力 (constant force)：
作用於物體的外力，其大小與方向均維持一定，不隨時間而改變，稱為定力。

變力 (variable force)：
作用於物體的外力，其大小、方向或二者同時隨時間而改變，稱為變力。

> 定力作功：
> 定力所作的功為 $W = \vec{F} \cdot \Delta \vec{r} = F \Delta r \cos \theta$。(此處 $\Delta \vec{r}$ 表示位移)

物體的運動狀態改變，必受外力作用。牛頓運動定律主要是用以詮釋物體受外力作用的狀態。外力作用於物體期間，外力的大小與方向均維持一定者，稱為**定力** (constant force)；外力的大小、方向或其中之一隨時間改變者，則稱為**變力** (variable force)。在本文中，將研討的物體視為質點，至於剛體則留待後文探討。

4-1-1 定力作功

根據牛頓的運動定律，物體在受定力 $\vec{F}$ 作用的瞬間，即開始加速，當力 $\vec{F}$ 作用一段時間之後，物體位移了 $\Delta \vec{r}$。一般而言，$\vec{F}$ 與 $\Delta \vec{r}$ 的方向不一定相同。設它們之間的夾角為 θ (見圖 4-1)，則 $\vec{F}$ 在 $\Delta \vec{r}$ 上的分量大小，可以表示為 $F \cos \theta$。這個分量與位移的大小 Δr 相乘，所得的乘積 $\Delta r F \cos \theta$ **[註一]**，可當作一個新的物理量處理，定義為該力對物體所作的**功** (work) **[註二]**，以符號 W 代表，亦即

$$W = (F \cos \theta) \Delta r = F(\Delta r \cos \theta) \tag{4-1a}$$

或用向量的方式，寫為

$$W = \vec{F} \cdot \Delta \vec{r} \tag{4-1b}$$

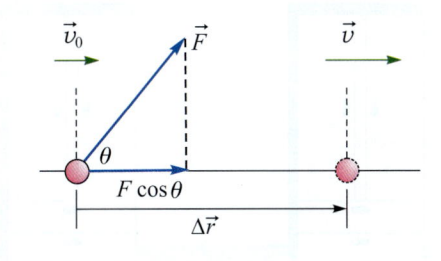

圖 4-1 質點受定力 $\vec{F}$ 作功的示意圖。

用文字表述，可以作如下的說法：

物體所受作用力 $\vec{F}$，在位移 $\Delta \vec{r}$ 方向的分量大小 $F\cos\theta$，與物體位移 $\Delta \vec{r}$ 大小 Δr 的乘積，定為該力對物體所作的功：$W = (F\cos\theta)\Delta r$。

亦可說為：

物體所受作用力大小 F，與位移 $\Delta \vec{r}$ 在作用力 $\vec{F}$ 方向的分量大小 $\Delta r\cos\theta$ 的乘積，定為該力對物體所作的功；$W = F(\Delta r\cos\theta)$。

或

作用力 $\vec{F}$ 對物體所作的功 W，等於作用力 $\vec{F}$ 與位移 $\Delta \vec{r}$ 的純量積 (或點積)；$W = \vec{F} \cdot \Delta \vec{r}$。

功既為力與位移的純量積，所以是一個純量，只有大小，並無方向。由於 $-1 \leq \cos\theta \leq +1$，所以 W 的值可正可負，也可以是零。當 $0° \leq \theta < 90°$，力的分量與位移同向，力對物體作的功為正；若 $90° < \theta \leq 180°$，力的分量與位移反向，則功為負；如 $\theta = 90°$，力與位移互相垂直，力對物體不作功。由此可見，物理的功，與日常用語不盡相同，必須分辨清楚，不宜混為一談。

例題 4-1

如圖 4-2，質量為 15 kg 的衣櫃，沿地面被等速水平移動 2.0 m；設衣櫃與地面間的動摩擦係數為 0.25，求：

(1) 摩擦力所作的功為何？
(2) 重力所作的功為何？(重力加速度為 9.8 m/s^2)

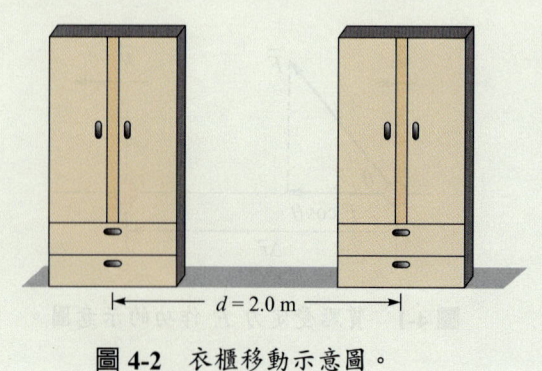

圖 4-2　衣櫃移動示意圖。

觀點：
1. 牛頓第二運動定律

$$\Sigma \vec{F} = m\vec{a}$$
$$\Rightarrow \begin{cases} \Sigma F_x = ma_x \\ \Sigma F_y = ma_y \end{cases}$$

2. y-方向
$N - W = 0$
$N = W = mg$

3. 功
$W = \vec{F} \cdot \Delta \vec{r}$

解

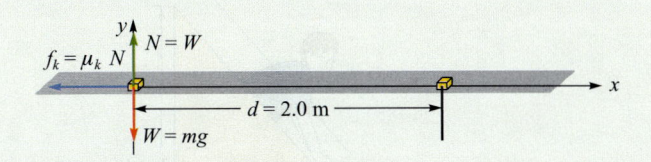

(1) 衣櫃與地面間的摩擦力為 $\vec{f}_k = -\mu_k N \hat{i}$
地面施予衣櫃的正向力為 $\vec{N} = mg\hat{j}$
摩擦力所作的功為

$$W_f = \vec{f}_k \cdot \Delta \vec{r} = f_k \Delta r \cos\theta$$
$$\xrightarrow[\Delta r = d\,;\,\theta = 180°]{f_k = \mu_k N = \mu_k mg}$$
$$W_f = \mu_k mgd \cos 180° \quad \Rightarrow \quad W_f = 0.25 \times 15 \times 9.8 \times 2.0 \times (-1)$$
$$= -73.5 \,(\text{J})$$

衣櫃與地面間的摩擦力，所作功為 73.5 J 的負功。

(2) 重力所作的功為

$$W_g = \vec{F}_g \cdot \Delta \vec{r} = F_g \Delta r \cos\theta$$
$$\xrightarrow[\Delta r = d\,;\,\theta = 90°]{F_g = mg}$$
$$W_g = mgd \cos 90° \quad \Rightarrow \quad W_g = 15 \times 9.8 \times 2.0 \times 0$$
$$= 0 \,(\text{J})$$

重力方向與衣櫃移動的路徑垂直，故重力作的功為 0 J。

例題 4-2

小明沿著山坡玩滑草遊戲，當質量為 4.0 kg 的滑草車滑到終點時，小明需沿山坡施 40 N 的力，才能將滑草車拉回山坡的起點，如圖 4-3。設山坡的斜度為 53°，山坡的起點到終點距離為 50 m，求：

(1) 小明將滑草車由終點拉回起點所作的功為何？
(2) 重力對滑草車所作的功為何？
(3) 正向力對滑草車所作的功為何？

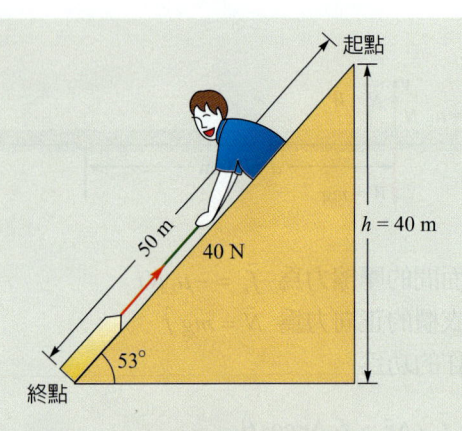

圖 4-3 小明拉滑草車示意圖。

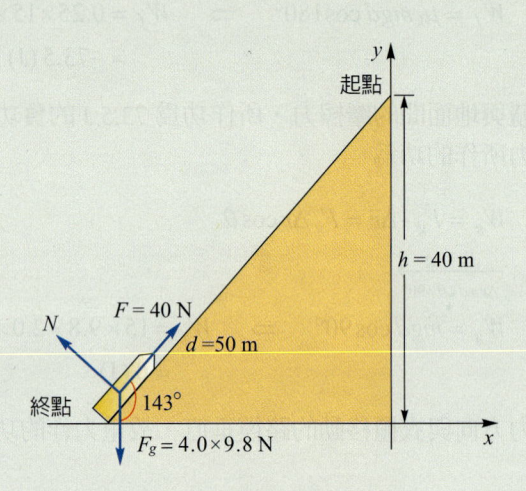

(1) 小明拉滑草車所施拉力的方向，與滑草車移動相同，依功的定義可知

$$W_F = \vec{F} \cdot \Delta \vec{r} = F \Delta r \cos\theta$$

$$\xrightarrow{\theta = 0°} W_F = F \Delta r \implies W_F = 40 \times 50 = 2,000 \text{ (J)}$$

小明將滑草車由終點拉回起點，拉力作的功為 2,000 J。

(2) 滑草車的重力大小為

$$F_g = mg = 4.0 \times 9.8 = 39.2 \text{ (N)}$$

滑草車的重力與位移方向夾角為 $\theta = 143°$
重力作的功 W_g 為

重力向量表示
$\vec{F}_g = -mg\hat{j}$
$\vec{F}_g = -4.0 \times 9.8 \hat{j}$
$\quad = -39.2 \hat{j}$ (N)

位移向量表示
$\vec{d} = d\cos\theta\hat{i} + d\sin\theta\hat{j}$
$\vec{d} = 50\cos 53°\hat{i} + 50\sin 53°\hat{j}$
$\quad = 30\hat{i} + 40\hat{j}$ (m)

重力作的功 W_g 為
$W_g = \vec{F}_g \cdot \vec{d}$
$\quad = (-32.9\hat{j}) \cdot (30\hat{i} + 40\hat{j})$
$\quad = -1,568$ (J)

$$W_g = \vec{F}_g \cdot \Delta \vec{r} = F_g \Delta r \cos\theta$$

$\xrightarrow[\Delta r = d = 50 \text{ m}; \theta = 143°]{F_g = 39.2 \text{ N}}$

$$W_g = F_g d \cos\theta \quad \Rightarrow \quad W_g = 39.2 \times 50 \times \cos 143°$$
$$= -1,568 \text{ (J)}$$

另解 (2)，考慮垂直方向，重力作的功 W_g 為

$$W_g = \vec{F}_g \cdot \vec{h} = F_g h \cos\theta$$

$\xrightarrow[h = 40 \text{ m}; \theta = 180°]{F_g = 39.2 \text{ N}}$

$$W_g = F_g h \cos 180° \quad \Rightarrow \quad W_g = 39.2 \times 40 \times (-1)$$
$$= -1,568 \text{ (J)}$$

$$W_g = \vec{F}_g \cdot \vec{h}$$
$$= -m_g \hat{j} \cdot h \hat{j}$$
$$= (-39.2) \times 40 \times \cos 0°$$
$$= -1,568 \text{ (J)}$$

故知，滑草車被拉至起點時，重力作 1,568 J 的負功。

(3) 滑草車的正向力與運動方向垂直，正向力作的功 W_N 為

$$W_N = \vec{N} \cdot \Delta \vec{r} = N \Delta r \cos\theta \quad \Rightarrow \quad W_N = Nd \cos 90°$$
$$= 0 \text{ (J)}$$

正向力與運動方向垂直，所以正向力不作功。

隨堂練習

4-1 下列各圖提供定力與位移的關係，計算各定力所作功的大小？

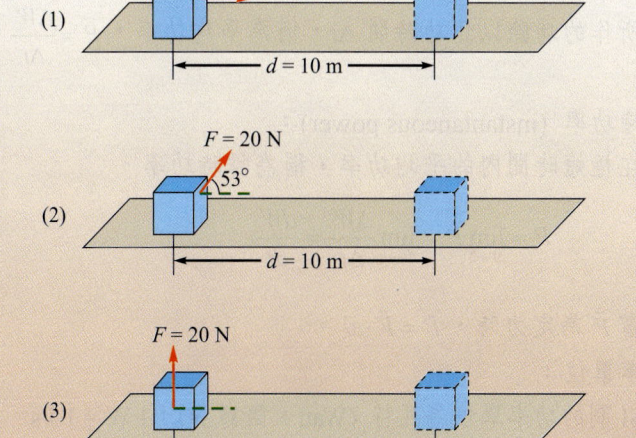

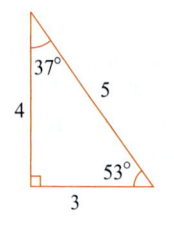

(1) $F = 20$ N，$d = 10$ m

(2) $F = 20$ N，$53°$，$d = 10$ m

(3) $F = 20$ N，$d = 10$ m

3-4-5 直角三角形：$37°$ 對邊 3，$53°$ 對邊 4，斜邊 5

普通物理

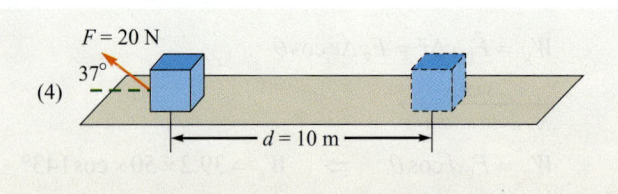

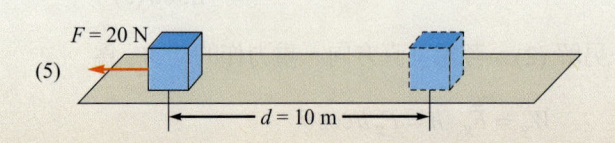

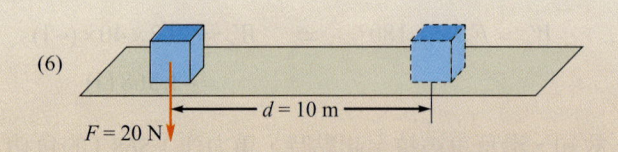

(4) F = 20 N, 37°, d = 10 m

(5) F = 20 N, d = 10 m

(6) F = 20 N, d = 10 m

4-2 當書櫃受 $\vec{F} = 5\hat{i} - 3\hat{j} + 2\hat{k}$ N 的定力推動，產生 $\vec{s} = 2\hat{i} + 3\hat{j} - \hat{k}$ m 的位移時，此推力所作的功為何？

4-1-2　功　率

>「學習方針」

功率 (power)：
　功率涵蓋功和時間的概念，定為每單位時間所作的功。

平均功率 (average power)：
　所作的功除以作功時間 Δt，稱為平均功率，$\overline{P} = \dfrac{\Delta W}{\Delta t}$

瞬時功率 (instantaneous power)：
　在極短時間內的平均功率，稱為瞬時功率。

$$P = \lim_{\Delta t \to 0} \overline{P} = \lim_{\Delta t \to 0} \frac{\Delta W}{\Delta t} = \frac{dW}{dt}$$

當 $\vec{F}$ 為定力時，$P = \vec{F} \cdot \vec{v}$。

功率單位：
　SI 制的功率單位為瓦特 (Watt，簡寫 W)；1 W = 1 J/s。

功率的單位 W 與功的符號 W 雖然表示相同，但意義並不相同。

生活做事，講求效率，是人盡皆知的道理。科學求知也以致用為目標。所以功的總值固然重要，作功的快慢也需考究。因為功的時間變化率，是效率的尺度，極有實用的意義，不宜忽視。

若物體受力後，在 Δt 時間內，作了 ΔW 的功，則<u>平均功率</u> (average power) 可表示為

$$\overline{P} = \frac{\Delta W}{\Delta t} \tag{4-2a}$$

而在極短時間內的平均功率，稱為<u>瞬時功率</u> (instantaneous power)，簡稱<u>功率</u> (power)，可表示為

$$P = \lim_{\Delta t \to 0} \overline{P} = \lim_{\Delta t \to 0} \frac{\Delta W}{\Delta t}$$

$$P = \frac{dW}{dt} \tag{4-2b}$$

若物體所受力為定力 $\vec{F}$，而定力所作的功為 $dW = \vec{F} \cdot d\vec{r}$，則瞬時功率

$$P = \frac{dW}{dt} = \vec{F} \cdot \frac{d\vec{r}}{dt}$$

$$P = \vec{F} \cdot \vec{v} \tag{4-3}$$

也就是說，定力作功，其功率等於力與速度的純量積。

在 SI 制中，功的單位為<u>焦耳</u> (Joule)，代表符號為 J，是為紀念物理學者焦耳 (James P. Joule, 1818-1889) 而命名的。功率的單位為<u>瓦特</u> (watt)，符號 W [註三]，則因瓦特 (James Watt, 1736-1819) 而得名。

功的單位為 J：1 焦耳 (J) = 1 牛頓‧公尺 (N‧m)
功率的單位 W：1 瓦特 (W) = 1 焦耳/秒 (J/s)

詹姆斯‧焦耳 (James Prescott Joule, 1818.12.24-1889.10.11) 英國科學家，第一位研究熱能、機械能與電能之間相互關係的科學家。他的研究領域包括：熱學、熱力學、電學、化學。

位移 $\vec{s} = d\vec{r}$

詹姆斯‧瓦特 (James Watt, 1736.1.19-1819.8.19) 英國著名發明家，是工業革命時的重要人物。瓦特之前就已經有了紐科門蒸汽機，瓦特對蒸汽機進行了重大的改進，使其效率大大提高得以廣泛地應用。為紀念瓦特的貢獻，國際單位制中的功率單位以瓦特命名。

隨堂練習

(單位轉換參考 [註三])

4-3 20 kW = _____ hp = _____ Btu/hr

4-4 15 hp = _____ W = _____ Btu/hr

4-5 3.30 Btu = _____ kW-hr = _____ J

4-6 25 度 = _____ J = _____ kW-hr

4-7 設飛機飛行時，所受的阻力大小與其速率的平方成正比。若飛機以等速率 v 飛行時，其發動機的功率為 P；則飛機以 $3v$ 的速率飛行時，其發動機的功率為 _____ P。

例題 4-3

如圖 4-4 所示，質量 m 為 10 kg 的物體，靜止於平面上，當物體受大小為 20 N 的水平拉力 $\vec{F}$ 作用，物體沿作用力方向向右移動距離 d 為 40 m 時，則

(1) 若物體與平面間沒有摩擦力，力 $\vec{F}$ 對物體作功的平均功率為何？

(2) 若物體與平面間的動摩擦係數 $\mu_k = 0.15$，合力對物體作功的平均功率為何？（$g = 10$ m/s²）

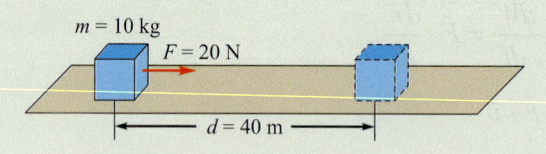

圖 4-4 力 $\vec{F}$ 對物體作功示意圖。

觀點：

1. 無論有無摩擦力，施力所作的功均為
   $W_F = \vec{F} \cdot \Delta \vec{r}$

2. 摩擦力所作的功為
   $W_f = \vec{f} \cdot \Delta \vec{r}$

3. 用牛頓第二運動定律求出運動的加速度
   $\Sigma \vec{F} = m\vec{a}$

4. 利用運動方程式求移動所需時間
   $x = v_0 t + \frac{1}{2} at^2$

5. 由定義求平均功率
   $\overline{P} = \dfrac{W}{t}$

解

(1) 物體受大小為 20 N 的水平拉力 $\vec{F}$ 作用，沿作用力方向向右移動距離 d 為 40 m 時，力 $\vec{F}$ 對物體所作功 W_F 為

$$W_F = Fd\cos\theta \Rightarrow W_F = 20 \times 40 \times \cos 0°$$
$$= 800 \text{ (J)}$$

質量 m 為 10 kg 的物體，與平面間沒有摩擦力時，設物體運動的加速度為 $\vec{a}_F$，由牛頓第二運動定律可得

$$F = ma_F \Rightarrow 20 = 10 \times a_F$$
$$a_F = 2 \text{ (m/s}^2\text{)}$$

設物體移動距離 d 為 40 m 時，所需時間 t_F，由運動方程式可得

$$x = v_0 t + \frac{1}{2} a t^2$$

$\xrightarrow[a=a_F=2\,\text{m/s}^2]{x=d=40\,\text{m}\,;\,v_0=0\,;\,t=t_F}$

$$d = \frac{1}{2} a_F t_F^2 \quad \Rightarrow \quad 40 = \frac{1}{2} \times 2 \times t_F^2$$

$$t_F \approx 6.32 \ (\text{s})$$

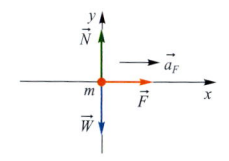

水平拉力 $\vec{F}$ 對物體作功的平均功率 $\overline{P}_F$ 為

$$\overline{P}_F = \frac{W_F}{t_F} \quad \Rightarrow \quad \overline{P}_F = \frac{800}{6.32}$$
$$\approx 127 \ (\text{W})$$

物體與水平面間沒有摩擦時，力 $\vec{F}$ 對物體作功的平均功率為 127 W。

(2) 物體與水平面間的動摩擦係數 μ_k 為 0.15，動摩擦力大小 f_k 為

$$f_k = \mu_k N = \mu_k mg \quad \Rightarrow \quad f_k = 0.15 \times 10 \times 10$$
$$= 15 \ (\text{N})$$

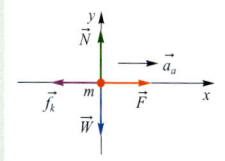

動摩擦力所作的功 W_f 為

$$W_f = \vec{f} \cdot \Delta \vec{r} = f \Delta r \cos \theta_f$$

$\xrightarrow[\theta_f=180°]{f=15\ \text{N};\Delta r=d=40\,\text{m}}$

$$W_f = f d \cos \theta_f \quad \Rightarrow \quad W_f = 15 \times 40 \times \cos 180°$$
$$= -600 \ (\text{J})$$

物體受大小為 20 N 的水平拉力，且與平面間有動摩擦力 f_k 為 15N 作用時，物體移動 40 m 距離，合力對物體所作功 W_a 為

$$W_a = W_F + W_f \quad \Rightarrow \quad W_a = 800 - 600$$
$$= 200 \ (\text{J})$$

質量 m 為 10 kg 的物體，與平面間有摩擦力時，設合力使物體運動產生的加速度為 $\vec{a}_a$，由牛頓第二運動定律可得

$$F - f_k = m a_a \quad \Rightarrow \quad 20 - 15 = 10 \times a_a$$
$$a_a = 0.5 \ (\text{m/s}^2)$$

設物體移動 40 m 距離時，所需時間 t_a，由運動方程式可得

$$x = v_0 t + \frac{1}{2}at^2$$

$$\xrightarrow[a=a_a=0.5\,\text{m/s}^2]{x=d=40\text{ m};\ v_0=0;\ t=t_a}$$

$$d = \frac{1}{2}a_a t_a^2 \quad \Rightarrow \quad 40 = \frac{1}{2} \times 0.5 \times t_a^2$$

$$t_a \approx 12.65 \text{ (s)}$$

合力對物體作功的平均功率 $\overline{P}_a$ 為

$$\overline{P}_a = \frac{W_a}{t_a} \quad \Rightarrow \quad \overline{P}_a = \frac{200}{12.65}$$

$$\approx 15.8 \text{ (W)}$$

物體與水平面間有摩擦力時，合力對物體作功的平均功率為 15.8 W。

隨堂練習

4-8 汽車發動機的功率為 60 kW，汽車的質量為 5 公噸，它與地面的動摩擦係數為 0.1。若起動後，汽車以等速度行進，則汽車行進速率是多少？(設重力加速度值為 10 m/s²)

4-2 動能與功能定理

學習方針

動能 (kinetic energy)：
運動中的物體所具有的能量；若物體運動速度為 $\vec{v}$，則定義其動能為 $K = \frac{1}{2}mv^2$；SI 制的單位為焦耳 (J)。

功能定理 (work-energy theorem)：
施力於物體所作的功，等於物體動能的變化；

$$W = \vec{F} \cdot \Delta \vec{r} = K_f - K_i = \Delta K$$

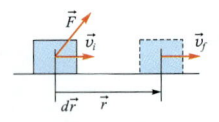

施力於物體,令它產生相應的位移,這個過程謂之作功。所以功是描述過程效應的物理量,過程不一樣,作功的大小也不盡相同。

物體受力,運動狀態隨之變化。與此同時,它也蓄積了對其它物體作功的能力。例如,在撞球遊戲中,白球受球桿撞擊,獲得相當的速度,碰到其它色球時,能令色球產生位移。不用球桿,用手推,也有同樣的效應。迅速移動的白球,不管速度來源爲何,都有對其它色球作功的能力。反之,靜止擺在球桌上的白球,即使與其它色球緊貼在一起,也不會對它們有任何影響。可見作功的大小,與速度快慢有關。白球的這種作功能力,純從它的運動而來,故將此能量稱之爲動能 (kinetic energy)。換句話說,動能是反映速度大小的物理量,速度大小不同,動能亦異。

設質量爲 m 的物體,在靜止狀態 ($v_0=0$) 下,受定力 $\vec{F}$ 作用,產生相應的位移 $\vec{x}$。設 $\vec{F}$ 與 $\vec{x}$ 同向,根據 (4-1b) 式,$\vec{F}$ 對物體作功

$$W = \vec{F} \cdot \vec{x} = Fx = max \tag{4-4}$$

a 是物體受力所產生的加速度大小。由於 $\vec{F}$ 的大小與方向都維持一定,a 的值也不會變更,換言之,質點在作等加速度運動,且無初速度。根據 (2-17a) 式,質點的末速率 v 與位移大小 x,有如下的關係:

$$v^2 = 2ax \quad 或 \quad x = \frac{v^2}{2a}$$

代入 (4-4) 式中,可見

$$W = max = \frac{1}{2}mv^2 \tag{4-5a}$$

也就是說,定力 $\vec{F}$ 對靜止物體作功 W,使具有速度大小 v,定此功的值爲物體的動能 K,亦即

$$K = \frac{1}{2}mv^2 \tag{4-5b}$$

如物體的初速 $v_i \neq 0$，則 $\vec{F}$ 作的功為末動能減初動能

$$W = \frac{1}{2}mv_f^2 - \frac{1}{2}mv_i^2$$
$$= K_f - K_i$$

$$W = \Delta K \tag{4-6}$$

換言之，外力對物體所作的功，相當於物體受力前後的動能變化量。這個關係稱為功能定理 (work-energy theorem) [註四]。根據此定理，外力作功的多寡，只與始末狀態有關，與運動過程無關。從 (4-6) 式可知，外力對物體作正功，物體的動能增加；物體的末速 v_f，大於初速 v_i。反之，所作的功為負，物體的動能減少。當外力對物體不作功時，速度維持不變。

(4-6) 式雖然是利用單一定力演繹而得，如作用的外力不是定力，或不止一個時，它仍然正確。甚至對多質點系統，它也一樣適用。只不過在處理多質點系統時，質點相互作用的力，即所謂內力，它們所作的功也要加以考慮。詳情且留待研究質點系的動力學時，再行討論。功能定理是一個非常實用的定理，不過在應用的時候，必須注意以下兩點：

1. 功能定理只適用於慣性系。

2. 動能是速度的函數，而速度的大小，則隨所選的慣性系而異。因此，所有動能必須針對同一慣性系而言。

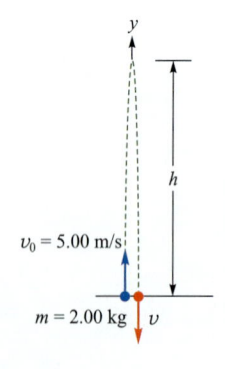

例題 4-4

小華將質量為 2.00 kg 的球，以 5.00 m/s 的初速率鉛直往上拋出，若重力加速度大小為 10 m/s^2，在不計空氣阻力，試利用功能定理回答下列問題：

(1) 球剛拋出時，它的動能為何？
(2) 當球到達最高點時，球距離拋出處有多高？

(3) 當球回到拋出處時，它的動能與速率又為何？是否與球剛拋出時的速率相同？

解

(1) 質量為 2.00 kg 的球，以初速率 v_0 = 5.00 m/s 鉛直往上拋出時，球的初動能 K_i 為

$$K_i = \frac{1}{2}mv_0^2 \quad \Rightarrow \quad K_i = \frac{1}{2} \times 2.00 \times 5.00^2 = 25.0 \text{ (J)}$$

(2) 設球到達最高點時，距離拋出處之高度為 h，此時動能為 $K_f = 0$，則由功能定理，重力所作的功 W_g 會等於動能的變化 ΔK，故

$$W_g = \Delta K$$
$$\vec{F}_g \cdot \Delta \vec{y} = K_f - K_i$$
$$mgh\cos 180° = K_f - K_i \quad \Rightarrow \quad 2.00 \times 10.0 \times h \times (-1) = 0 - 25.0$$
$$h = 1.25 \text{ (m)}$$

(3) 球由拋出再回到拋出處時，其末動能為 K_f'，位移 $\Delta y'$ 為零，故重力對球所作的功 W_g' 亦為零。因此，由功能定理

$$W_g' = K_f' - K_i \quad \Rightarrow \quad 0 = K_f' - 25.0$$
$$K_f' = 25.0 \text{ (J)}$$

可得球回拋出處時動能 $K_f' = 25.0$ J。此時末速率 v_f'

$$K_f' = \frac{1}{2}mv_f'^2 \quad \Rightarrow \quad 25.0 = \frac{1}{2} \times 2.00 \times v_f'^2$$
$$v_f' = \pm 5.00 \text{ (m/s)}$$

正號代表球的運動方向向上，與末速度運動方向不合。
負號代表球的運動方向向下，向下為末速度運動方向。

質量為 2.00 kg 的球，以初速率 5.00 m/s 鉛直往上拋出時，球的初動能 25.0 J，所能到達最大高度為 1.25 m，再回到拋出處時，其末動能為 25.0 J，此時末速率 5.00 m/s 與球剛拋出時的速率相同。

4-3 位能與能量守恆

4-3-1 保守力

物體受力移動路徑

保守力 (conservative force)：
1. 物體受力所作的功與路徑無關，只與始末位置有關；此作用於物體的力稱為保守力 $\vec{F}_C$。
2. 物體受力沿封閉路徑移動，所作的功為零

$$W = \oint \vec{F}_C \cdot d\vec{r} = 0$$

此作用於物體的力稱為保守力 $\vec{F}_C$。

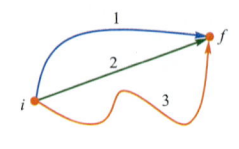

非保守力 (non-conservative force)：
1. 物體受力所作的功與路徑、始末位置有關；此作用於物體的力稱為非保守力 $\vec{F}_{NC}$。
2. 物體受力沿封閉路徑移動，所作的功不為零

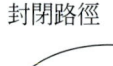

$$W = \oint \vec{F}_{NC} \cdot d\vec{r} \neq 0$$

此作用於物體的力稱為非保守力 $\vec{F}_{NC}$。

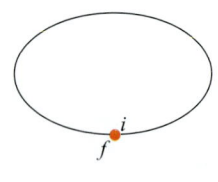

封閉路徑：
物體移動的路徑，開始與結束在同一位置。

　　力作用於物體，使之作功，如所作的功，只取決於物體的始末位置，而與經過的路徑無涉，這樣的力稱為保守力 (conservative force)。反之，若經過的路徑會影響作功的大小，則稱為非保守力 (non-conservative force)。上文所提，重力、彈簧的恢復力、萬有引力等都是保守力，摩擦力則為非保守力。

　　設有一質點 m，受力 $\vec{F}$ 的作用，沿路徑 (i)，從 a 經 c 而至 b，又沿不同的路徑 (ii)，從 b 經 d 回到 a (圖 4-5)。

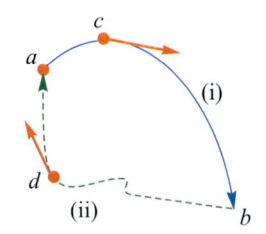

圖 4-5 力作功與路徑的關係。

如 $\vec{F}$ 是一個保守力，根據保守力的定義，不管沿哪一路徑，從 a 移到 b，所作的功大小必然相等，亦即：

$$\int_{a\to c\to b} \vec{F}\cdot d\vec{r} = \int_{a\to d\to b} \vec{F}\cdot d\vec{r}$$

移項可得

$$\int_{a\to c\to b} \vec{F}\cdot d\vec{r} - \int_{a\to d\to b} \vec{F}\cdot d\vec{r} = 0$$

改變積分的路徑方向，亦即

$$\int_{a\to c\to b} \vec{F}\cdot d\vec{r} + \int_{b\to d\to a} \vec{F}\cdot d\vec{r} = 0$$

換言之，質點經封閉路徑 $a \to c \to b \to d \to a$，回到原來位置，保守力 $\vec{F}$ 對它所作的功，恆等於零。若保守力 $\vec{F}$ 以 $\vec{F}_C$ 表示，則其數學式可寫成，即

$$\oint \vec{F}_C \cdot d\vec{r} = 0 \tag{4-7}$$

符號 $\oint$ 代表沿封閉路徑積分。反之，非保守力即使沿封閉路徑，所作的功也不會等於零。因此，(4-7) 式可視為保守力的另一個定義。一般常將保守力分佈的空間稱為保守力場，例如重力場、電場等等。

非保守力沿封閉路徑，所作的功不會等於零。

$$\oint \vec{F}_{NC} \cdot d\vec{r} \neq 0$$

隨堂練習

4-9 說明保守力與非保守力的區別。

例題 4-5

如圖 4-6，將質量 2 kg 的小球，由 A 移動到 C。求小球沿下列兩路徑移動時，重力所作的功？

(1) 路徑 $A \to B \to C$；
(2) 路徑 $A \to C$。

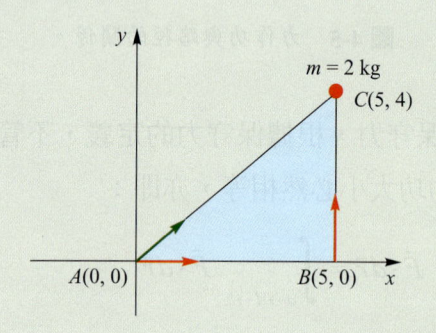

圖 4-6　小球沿兩不同路徑移動，重力作功示意圖。

解

(1) 小球沿路徑 $A \to B \to C$ 時，重力所作的功 W_1 為小球沿路徑 $A \to B$ 所作的功 $W_{A \to B}$，與路徑 $B \to C$ 所作的功 $W_{B \to C}$ 的和；

$$W = \vec{F}_g \cdot \Delta \vec{r}$$

$$W_1 = W_{A \to B} + W_{B \to C}$$

$$W_1 = (-mg\hat{j}) \cdot \Delta x \hat{i} + (-mg\hat{j}) \cdot \Delta y \hat{j}$$

$$W_1 = (-mg)\Delta y \quad \Rightarrow \quad W_1 = (-2 \times 9.8) \times (4-0)$$
$$= -78.4 \text{ (J)}$$

(2) 小球沿路徑 $A \to C$ 時，重力所作的功 W_2 為

$$W = \vec{F}_g \cdot \Delta \vec{r}$$

$$W_2 = (-mg\hat{j}) \cdot (\Delta x \hat{i} + \Delta y \hat{j})$$

$$W_2 = -mg\Delta y \quad \Rightarrow \quad W_2 = (-2 \times 9.8) \times 4$$
$$= -78.4 \text{ (J)}$$

由於小球沿路徑 $A \to B \to C$，與路徑 $A \to C$ 重力所作的功皆為 78.4 J 的負功，故知重力所作的功與路徑無關，因此重力是為保守力。

例題 4-6

如圖 4-7，將置放於地面上 A 處的物體，沿直線移動 S 距離至 B 處後，再沿直線移回到 A 處。若物體與地面間的摩擦力大小為 f，則物體移動全程，摩擦力對其所作的功為何？此摩擦力是否為保守力？

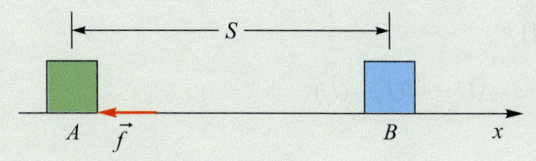

圖 4-7 摩擦力作功示意圖。

解

因摩擦力 $\vec{f}$ 與物體移動的方向相反。當物體由 A 處移至 B 處，摩擦力對物體所作的功

$$W = \vec{F} \cdot \Delta \vec{r}$$
$$\xrightarrow{\vec{F}=-f\,;\,\Delta\vec{r}=S} \quad W_{A \to B} = (-f\hat{i}) \cdot (S\hat{i})$$
$$= -fS$$

物體由 B 處移至 A 處，摩擦力對物體所作的功

$$W = \vec{F} \cdot \Delta \vec{r}$$
$$\xrightarrow{\vec{F}=f\hat{i}\,;\,\Delta\vec{r}=-S\hat{i}} \quad W_{B \to A} = (f\hat{i}) \cdot (-S\hat{i})$$
$$= -fS$$

因此，物體移動全程，摩擦力對其所作的功

$$W = W_{A \to B} + W_{B \to A}$$
$$= (-fS) + (-fS)$$
$$= -2fS$$

由於物體沿封閉路徑移動，其摩擦力所作的功不為零，可知摩擦力不是保守力。

4-3-2 位能

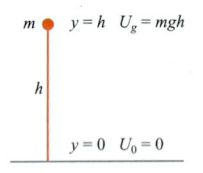

位能差：
保守力施力於物體所作的功，是為位能差的負值；SI 制的單位為焦耳 (J)。
$$W = -\Delta U = -(U_f - U_i)$$

位能：
設物體在地球表面時之位能為零，則離地面高度 y 處的重力位能 $U = mgy$。

前述質點在保守力場中，受保守力所作的功，與質點所經過的路徑無關，僅與其所在位置相關。利用此性質，在保守力場中，可定義另一種與質點所在位置相關的能量，稱為位能；而將質點在兩不同位置位能的差，稱為位能差。

在保守力場中，質點由某一位置移動至另一位置時，其保守力對質點所作功的負值，定義為其位置改變前後之位能差。若位能與位能差的符號以 U 與 ΔU 表示，位置改變前後質點之位能，分別以 U_i 與 U_f 表示，則根據上述位能差之定義，其保守力對質點所作功 W 可表示如下：

$$W = -\Delta U = -(U_f - U_i) \tag{4-8}$$

至於保守力場中，質點不同位置的位能大小，則取決於質點零位能位置的設定。例如物體與地球間的重力為一保守力，兩者間的位能稱為重力位能，它會因零位能位置設定的不同而有不同值。由於地球表面附近的重力場可視為均勻，若設物體在地球表面時的位能為零，則一質量為 m 的物體，在地球表面附近，僅受重力作用時，根據 (4-8) 式，可計算物體在距離地面高 h 處時，其重力位能 $U(h)$ 為 [註五]

$$U(h) = mgh \tag{4-9}$$

第 4 章　功與能

　　保守力場中，受保守力作功，質點在不同位置，除了有不同位能外，根據功能定理，亦會有不同之動能。質點在不同位置動能與位能之和，稱為**力學能** (mechanical energy) 或**機械能**。質點僅受到保守力作用時，其力學能 (或機械能) 是不會隨位置不同而改變。

例題 4-7

　　如圖 4-8，小虎站在屋頂，將一質量為 m 的籃球丟給站在街上的小毛。籃球離開小虎的手時，距地面的高度為 H。小毛接到籃球時，籃球距地面的高度為 h。

試問：當籃球離開小虎的手，到小毛接到籃球時，

(1) 重力對籃球作了多少功？
(2) 籃球與地球間的重力位能產生了多大的變化？
(3) 若以籃球在小毛手上時，當作重力位能為 0 的基準；則籃球離開小虎時的重力位能為何？
(4) 在 (3) 之重力位能，若改以地面作重力位能為 0 的基準，則所得的重力位能相差多少？
(5) 籃球離開小虎到小毛接到籃球時的重力位能差，是否會受到重力位能為 0 的基準選擇而改變？

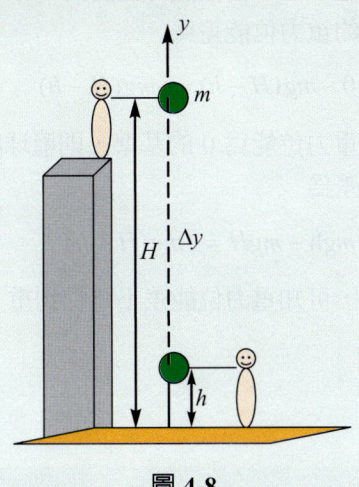

圖 4-8

解

(1) 設球在小虎手上時，球的位置為 y 軸之坐標原點，y 軸向上為正向，則重力對籃球所作的功 W 為

$$W = F_g \Delta y \cos\theta = (-mg) \times [-(H-h)] \times \cos 0° = mg(H-h)$$

(2) 籃球與地球間的重力位能產生的變化 ΔU 為

$$\Delta U = -W = -mg(H-h)$$

(3) 若以籃球在小毛手上時，當作重力位能為 0 的基準，即 $U_f = 0$；則籃球離開小虎時的重力位能 U_i 為

$$U_f - U_i = -mg(H-h)$$
$$\Rightarrow \quad 0 - U_i = -mg(H-h)$$
$$\Rightarrow \quad U_i = mg(H-h)$$

(4) 若改以地面作重力位能為 0 的基準，則籃球在離開小虎手時的重力位能 U_i' 為 mgH；籃球在小毛手上時的重力位能 U_f' 為 mgh。在 (3) 之重力位能 U_i 與重力位能 U_i' 的差為

$$\Delta U = U_i - U_i' = mg(H-h) - mgH$$
$$\Rightarrow \quad \Delta U = -mgh$$

(5) 若以籃球在小毛手上，當作重力位能為 0 的基準，籃球離開小虎到小毛接到時的重力位能差為

$$U_f - U_i = 0 - mg(H-h) = -mg(H-h)$$

若改以地面作重力位能為 0 的基準，則籃球離開小虎到小毛接到時的重力位能差為

$$U_f' - U_i' = mgh - mgH = -mg(H-h)$$

二者結果相同，可知重力位能差不會受到重力位能為 0 的基準選擇而改變。

隨堂練習

4-10 彈力常數為 20 N/m 的彈簧，當它被壓縮 10 cm 時，彈簧的彈性位能是多少？

4-11 彈力常數為 5 N/m 的彈簧，當它由壓縮 2 cm，變為被拉伸長 2 cm 時，彈簧的彈性位能變化為何？

4-3-3 力學能守恆

> **學習方針**
>
> 力學能 = 動能 + 位能：
> $$E = K + U$$
> 力學能變化 = 動能變化 + 位能變化：
> $$\Delta E = \Delta K + \Delta U$$
> 力學能守恆：
> 1. 亦稱「機械能守恆定律」。
> 2. 在一保守力場中，系統的總力學能保持定值；若系統的動能、位能產生變化，則此系統的總力學能變化量必為零。
> $$K + U = 定值$$
> $$\Delta E = 0$$
> 此亦表示動能的變化量會等於位能的變化量
> $$\pm \Delta K = \mp \Delta U \quad (「+」：增加；「-」：減少)$$

$\Delta E = E_f - E_i$
$\Delta K = K_f - K_i$
$\Delta U = U_f - U_i$

質點在保守力場中運動，保守力無時無處不對之作功。作功的多寡，取決於動、位能的變化。綜合 (4-6) 與 (4-8) 兩式，可得

$$W = \Delta K = -\Delta U$$

代入相關的物理量，

$$K_f - K_i = -(U_f - U_i)$$

移項可得

$$K_f + U_f = K_i + U_i = 定值 \tag{4-10}$$

由此可見，在保守力的作用下，質點的動能與位能可以互相轉換，但其總和恆維持一定值，是謂**力學能守恆定律** (law of conservation of mechanical energy) [註六]。值得注意的是：力學能守恆定律只適用於慣性系。力學能守恆適用與否，雖然限制良多，仍不失為實用的定律。

例題 4-8

如圖 4-9，一自由擺動的單擺，其擺長為 L，擺錘質量為 m。在不計質量與空氣阻力影響的情況下，當擺線與鉛垂線夾角為 θ 時，擺錘的速率為 v；試問：

(1) 擺錘在擺動過程中，其力學能是否守恆？為什麼？
(2) 擺錘到達鉛垂線位置時，其速率為何？
(3) 擺錘的速率為 0 時，擺線與鉛垂線夾角為何？

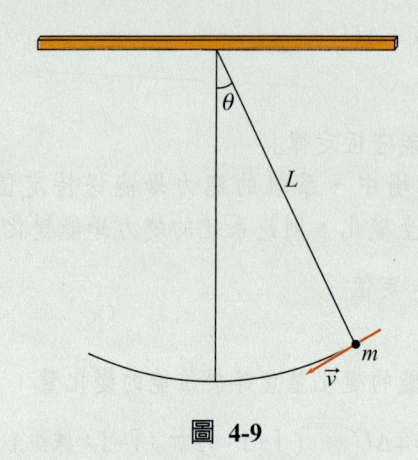

圖 4-9

解

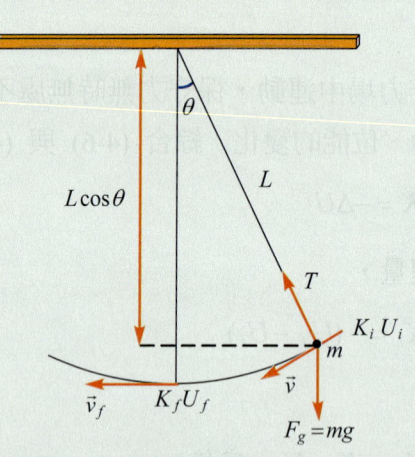

(1) 因擺錘在運動過程中，擺錘僅受到擺線施予之張力 T 與重力 F_g 二力的影響，而張力對物體不作功，僅重力對物體作功；且重力為保守力，故擺錘在擺動過程中，其力學能守恆。

(2) 設擺錘到達鉛垂線位置時，擺錘的動能 K_f，重力位能 U_f；因擺錘到最低點的速率為 v_f，所以 $K_f = \dfrac{1}{2}mv_f^2$；並設此點為重力位能的基準點，故 $U_f = 0$。

在擺線與鉛垂線夾角為 θ 時，擺錘的動能 K_i，重力位能 U_i；因擺錘在此點的速率為 v，所以 $K_i = \frac{1}{2}mv^2$；擺錘在此點上升的高度為 $(L - L\cos\theta)$，故 $U_i = mg(L - L\cos\theta)$。

由力學能守恆知

$$K_i + U_i = K_f + U_f \rightarrow \frac{1}{2}mv^2 + mg(L - L\cos\theta) = \frac{1}{2}mv_f^2 + 0$$

$$v_f = \sqrt{v^2 + 2gL(1 - \cos\theta)}$$

(3) 擺錘的速率為 0 時，設擺線與鉛垂線夾角 ϕ；此時的動能 $K_f' = 0$，重力位能 $U_f' = mg(L - L\cos\phi)$；由力學能守恆知

$$K_i + U_i = K_f + U_f \rightarrow \frac{1}{2}mv^2 + mg(L - L\cos\theta) = 0 + mg(L - L\cos\phi)$$

$$\phi = \cos^{-1}(\cos\theta - \frac{v^2}{2gL})$$

隨堂練習

4-12 說明下列各名詞：
(1) 動能　(2) 位能差　(3) 力學能守恆定律
(4) 重力位能　(5) 彈性位能。

4-13 如圖所示，質量為 M 及 m 的二物體，各繫於一輕繩之兩端，此繩跨過一無摩擦之滑輪。設物體 M 距地面 h 高，而 m 靜止於地面。M 釋放後：
(1) 當 M、m 二物體同高時，二物體的位能變化為何？
(2) 總位能變化量為何？

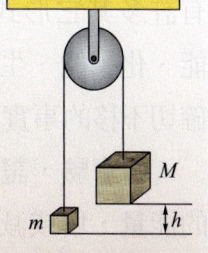

4-14 質量 5 kg 的物體自 20 m 高處自由落下。忽略阻力作用，當物體落至地面時，其動能為何？(設重力加速度值 $g = 9.8 \text{ m/s}^2$)

4-15 一垂直懸掛的彈簧，當在底端掛 5 kg 的物體時，其長度為 1 m，若把物體換成 10 kg，則彈簧長度變為 1.2 m。求：
(1) 彈簧之彈力常數為 ＿＿＿ N/m。
(2) 彈簧長度由 1 m 伸長為 1.2 m 時，所增加之內能為 ＿＿＿ J。

4-3-4　能量守恆

> **能量守恆：**
> 系統中所具有的能量，可作各種形式的轉換，但無法任意毀滅，也不能任意增加，即系統內所有形式的能量，其總和恆維持一定值，這就是能量守恆定律，又稱「能量不滅定律」。

　　力學能守恆頗有一些限制，完全符合其要求的系統，實在不多。因此，每每需要去蕪存菁，刪枝留幹。例題 4-8 中，無阻力的假設便是精簡的手段。研討斜面運動時，也往往剔除摩擦的影響，使系統合乎理想。因為阻力、摩擦力等都是非保守力，它們作功的多寡，與運動過程息息相關，力學能因常有損耗，無法維持定值，不合守恆的條件。

　　經驗在在顯示，力學能消耗的同時，另一種形態的能必隨同出現。例如，令物體在粗糙的平面滑動，摩擦力作功，力學能明顯損耗，與此同時，物體與平面的交界面，溫度亦見增高。表示損耗的力學能以所謂熱能 (thermal energy 或 heat) 的方式呈現，是力學能與熱能可以互相轉換的明證。自然界中，除了力學能與熱能外，還有許多其它形式的能量，比較熟知的有電能、光能、核能、太陽能、化學能、生質能等等。這些形形色色的能可以互相轉換，已是確切不移的事實，無數實驗的結果可為明證。

　　由實驗，證實在一個與外界完全隔離的系統中，若其某種形式的能量，增或減的變化，必有其它形式的能量，隨之減或增；它們增減的量恰好互相彌補。因此，系統內所有形式的能量，其總和恆維持一定值。換言之，能可作不同形式的轉換，但無法任意毀滅，或無中生有。這就是能量守恆定律 (law of conservation of energy)。也有稱之為能量不滅定律，是自然科學中普遍性的定律之一。

習題

功與功率

4-1 大雄手提 15 kg 的行李，沿傾斜角 15° 的斜坡，直線行走 100 m，計算大雄對行李所作的功？（$g = 9.8 \text{ m/s}^2$）

4-2 一質量 10 kg 的物體受水平推力作用，沿動摩擦係數 0.35 的水平面，作 2 m/s² 的等加速度運動位移 40 m，求此推力作多少功？

4-3 某物體在三度空間受變力 $\vec{F} = 3x^2\hat{i} + 3y^2\hat{j} + 2z\hat{k}$ N 的作用，x、y、z 的單位是 m，使物體由點 (1 m, 2 m, 3 m) 移動至點 (3 m, 4 m, 5 m)，求此變力所作的功？

4-4 有一質量 1,450 kg 的中型轎車在水平高速路上需要 40 匹馬力 [1 馬力 (H.P.) = 746 瓦特]，以維持時速 108 公里的速率，求：(1) 轎車引擎的推力？(2) 假設轎車所受的空氣阻力和動摩擦力不變，並以相同時速開上傾斜角 7° 的斜坡，計算轎車引擎的輸出功率？

4-5 若 F-16 噴射戰鬥機在 60 秒內由 0.9 馬赫加速至 1.6 馬赫，試計算 F-16 噴射戰鬥機的發動機在此飛行時段內的平均功率約為多少匹馬力 (H.P.)？（設 F-16 戰鬥機質量 = 1.20×10^4 kg）

馬赫數：飛機飛行速率與空氣中音速之比，1 馬赫數 = 1 音速 = 340 m/s (15°C)

4-6 木匠常用氣壓式釘槍釘木板，若釘子射出的速率為 v，剛好可穿透一片木板，若要穿透相同厚度的木板 3 片，釘子射出的速率必須大於多少 v？

動能與功能定理、位能與能量守恆

4-7 質量 3 kg 的木塊以仰角 37°、大小 25 N 的力，沿水平面移動 5 m，若初速率為 2 m/s，動摩擦係數 0.15，求：(1) 木塊動能的變化？(2) 木塊的末速率？（$g = 9.8 \text{ m/s}^2$）

4-8 有一垂直懸掛的彈簧，在其下端懸掛上質量 5 kg 的物體，彈簧長度為 0.6 m，若改掛質量 10 kg 的物體，彈簧長度為 0.8 m，(1) 求此彈簧的力常數？(2) 將此彈簧由 0.6 m 拉至 0.8 m 時，外力作功多少？（$g = 9.8 \text{ m/s}^2$）

4-9 在一光滑無摩擦的平面上，一彈簧被壓縮 15 cm 後，在其前端放置質量 0.5 kg 的物體，瞬間放開彈簧，求物體離開彈簧的速率？（彈簧力常數 $k = 600$ N/m）

4-10 如下圖所示，質量 10 kg 的物體置於傾斜角 30° 的斜面上，物體

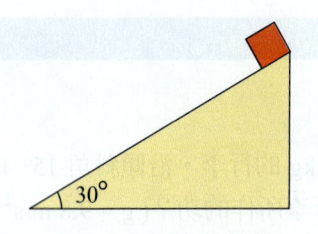

由靜止釋放沿斜面滑下 5.0 m 後，其速度為 4.0 m/s，求此物體與斜面間的動摩擦係數？($g = 9.8$ m/s^2)

4-11 質量 3.0 kg 的物體，以 8.0 m/s 的初速度，衝上傾斜角 37° 的斜面，物體與斜面間的動摩擦係數為 0.30，求此物體沿斜面向上滑行的最大距離？($g = 9.8$ m/s^2)

4-12 如下圖所示雲霄飛車 (載人) 的總質量為 m，欲使其安全的繞半徑為 R 公尺的無摩擦翻圈軌道。求其開始下降，離圓軌道最低點的高度 H 至少為幾公尺？

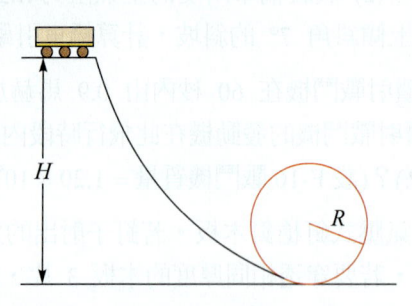

4-13 質量 500 kg 的保險箱，被吊高機從 35 m 高的十樓，移到 20 m 高的六樓辦公室。當保險箱以等速度，由十樓移到六樓辦公室時，求：
(1) 保險箱的重力位能變化為何？
(2) 重力對保險箱所作的功為何？
(3) 以上二者是否滿足 $W = -(U_b - U_a) = -\Delta U$？(重力加速度為 10 m/s^2)

4-14 如下圖，質量為 80 kg 的滑雪選手，靜立在高度 50 m 處的起點。在不計任何阻力作用時，當滑雪選手利用重力向下滑，經過 200 m 長的滑雪道，抵達終點時的速率為何？(設當地的重力加速度為 9.8 m/s^2)

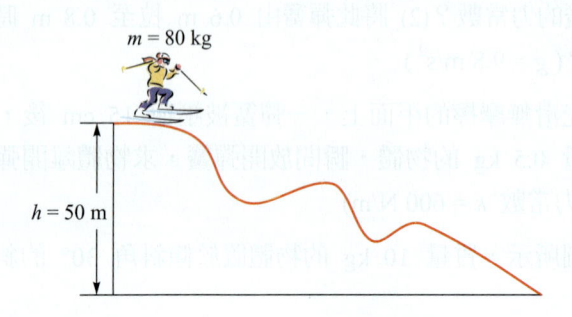

註

註一：W 的值

1. 功是純量。

2. 功的因次 $[W] = [F][L] = [M][L]^2[T]^{-2}$

功的單位

SI 制	1 焦耳 = 1 牛頓・公尺 (1 J = 1 N・m)
CGS 制	1 耳格 = 1 達因・公分 (1 erg = 1 dyne・cm)
	$1\,\text{J} = 10^7\,\text{erg}$

註二：變力作功

日常生活中，地表附近的重力 $m\vec{g}$ 之於落體，便是定力作功的例子。但是變力作功，亦是常見。撐竿跳高、彎弓射箭和彈簧伸縮……等，無不與變力有關。

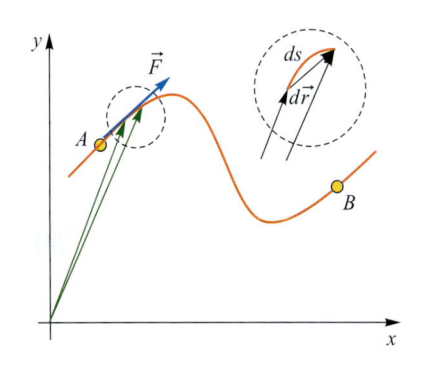

註二圖 變力 $\vec{F}$ 作用於質點，將質點從 A 移至 B 位置。($d\vec{r}$ 為一微小量，圖中之量被放大)

設作用力 $\vec{F}$ 的大小或方向，隨質點的位置而變更，如註二圖所示。在 t 與 $t + dt$ 時間內，質點的微小位移為 $d\vec{r}$。由於 dt 為時極短，即 dt 趨近於 0，微小位移 $d\vec{r}$ 與質點移動的實際路徑 ds，並無區別；因此微小位移大小 dr 與路徑 ds 相等。在此時間 dt 內，$\vec{F}$ 的大小方向，變化甚微，可視為一定力。因此，$\vec{F}$ 對質點在微小位移 $d\vec{r}$ 所作的功，可視為定力所作的功。根據 (4-1a) 與 (4-1b) 式，$\vec{F}$ 在此微小位移 $d\vec{r}$ 內，對質點所作的微小功 dW，可以如下的數學式表達：

$$dW = \vec{F} \cdot d\vec{r} = F\cos\theta\, dr \tag{1}$$

跳水表演者於躍起之時，必須施一力以抵抗向下的重力，而自最高點後，則因重力而下落。(攝於關西小人國)

質點從 A 移至 B 點，力 $\vec{F}$ 對它作的總功 W，等於所有微小功的總和：

$$W = \int dW = \int \vec{F} \cdot d\vec{r} = \int F\cos\theta\, dr \tag{2}$$

由於沿 A 至 B 的微小位移，可以積分的方法求和。利用直角座標系表示，則 (2) 式可寫成

$$W = \int_A^B (F_x\hat{i} + F_y\hat{j} + F_z\hat{k}) \cdot (dx\hat{i} + dy\hat{j} + dz\hat{k})$$

$$= \int_A^B (F_x\, dx + F_y\, dy + F_z\, dz)$$

$$= \int_A^B F_x\, dx + \int_A^B F_y\, dy + \int_A^B F_z\, dz$$

$$W = W_x + W_y + W_z \tag{3}$$

力 $\vec{F}$ 對物體所作的總功，其實等於各分力作功的代數和。

當作用於物體的外力不止一個時，則外力作用在物體上的總功等於合力所作的功，

$$W = \int_A^B \vec{F}_1 \cdot d\vec{r} + \cdots + \int_A^B \vec{F}_n \cdot d\vec{r}$$

$$= \int_A^B (\vec{F}_1 + \vec{F}_2 + \cdots + \vec{F}_n) \cdot d\vec{r}$$

$$W = \int_A^B \vec{F}_R \cdot d\vec{r} \tag{4}$$

(4) 式中的 $\vec{F}_R$ 是所有外力的合力。

例題

設有一質量甚輕的彈簧，水平放置，一端固定，另一端繫一小球。球沿水平方向從 a 移動至 b，如下圖所示。求彈簧恢復力對小球所作之功。

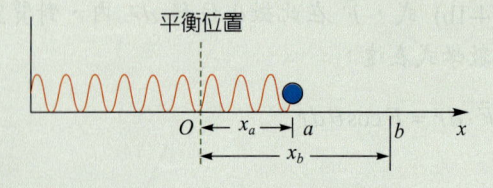

彈簧一端，小球位移示意圖。

解

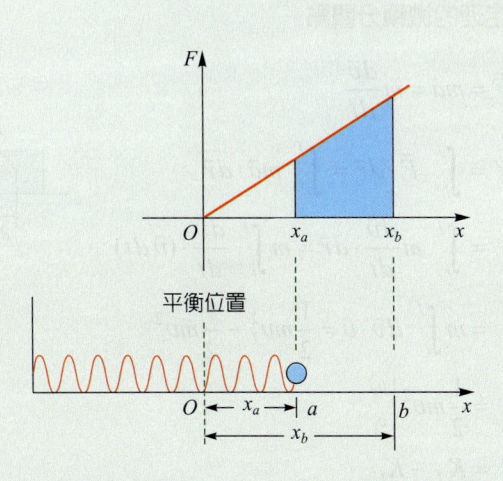

以彈簧的平衡位置為座標的原點 O。小球離開平衡位置 O 的位移 $\vec{x}$ 時，受彈簧的恢復力 $\vec{F}$ 為

$$\vec{F} = -k\vec{x} = -kx\hat{i}$$

k 是彈簧的力常數；$\hat{i}$ 是 x 方向 (彈簧伸長或壓縮方向) 單位向量。在位移 $d\vec{x}$ 時，恢復力 $\vec{F}$ 作的功為

$$\begin{aligned}dW &= \vec{F} \cdot d\vec{x} \\ &= -kx\hat{i} \cdot dx\hat{i} \\ &= -kx\,dx\end{aligned}$$

小球從 a 移至 b，彈簧恢復力所作的總功

$$W = \int_a^b dW \quad \Rightarrow \quad W = \int_{x_a}^{x_b}(-kx\,dx)$$
$$= -\frac{1}{2}(kx_b^2 - kx_a^2)$$

因 x_a 與 x_b 為彈簧被拉伸時的始末位置，故知，理想彈簧在彈性限度內，恢復力所作的功只與始末位置有關。

積分式：

1. $\int x^n dx$
   $= \dfrac{1}{n+1}x^{n+1} + C$

2. $\int_a^b x^n dx$
   $= \dfrac{1}{n+1}x^{n+1}\Big|_a^b$
   $= \dfrac{1}{n+1}(b^{n+1} - a^{n+1})$

3. $\int (x^n + x^m)\,dx$
   $= \int x^n dx + \int x^m dx$

練習題

1. $\int x\,dx = ?$
2. $\int (2x^3)\,dx = ?$
3. $\int_0^2 x^2\,dx = ?$
4. $\int_{-2}^2 (2x^3)\,dx = ?$
5. $\int_0^2 (x^2 + 2x - 1)\,dx = ?$
6. $\int_{-2}^2 (2x^3 - 2x + 1)\,dx = ?$

「1 度」為電力公司常用的基本計量單位，亦稱為「1 度電」。

台灣省自來水公司的基本計量單位為「1 度水」；

1 度水 = 1 立方公尺水量

註三：單位的轉換

1 瓦特 = 0.001 千瓦 = 0.001341 馬力 = 3.431 英熱單位/小時

(1 Watt = 0.001 kilowatt = 0.001341 horsepower = 3.412 Btu/hr)

1 千瓦-小時 = 1 度 = 3.6×10^6 焦耳

註四：功能定理的微積分觀點

$$\vec{F} = m\vec{a} = m\frac{d\vec{v}}{dt}$$

$$W = \int_i^f \vec{F} \cdot d\vec{r} = \int_i^f m\vec{a} \cdot d\vec{r}$$

$$= \int_i^f m\frac{d\vec{v}}{dt} \cdot d\vec{r} = m\int_i^f \frac{d\vec{v}}{dt} \cdot (\vec{v}\,dt)$$

$$= m\int_i^f d\vec{v} \cdot \vec{v} = \frac{1}{2}mv_f^2 - \frac{1}{2}mv_i^2$$

$$= \frac{1}{2}mv^2 \Big|_{v_i}^{v_f}$$

$$= K_f - K_i$$

$$W = \Delta K$$

註五：重力位能的計算

物體遠離地球時，重力場不均勻，需利用積分來定義重力位能。首先就一質量為 m 的物體，在重力場中不同位置，定義其位能差，再定義其位能。

一、位能差的定義：

如左下圖，座標原點定在地球中心 (0 點)，物體由距地心 z' 處，移至 z 處時，兩處的位能差 ΔU，可由重力 $\vec{F}_g$，對物體所作的功 W_g，定義如下：

$$\Delta U = -W_g$$

$$\Rightarrow U(z) - U(z')$$

$$= -\lim_{\Delta z_i \to 0} \sum_i \vec{F}_g(z_i) \cdot \Delta \vec{z}_i$$

$$= -\lim_{\Delta z_i \to 0} \sum_i [F_g(z_i) \cdot (-\hat{k})] \cdot (\Delta z_i \hat{k})$$

$$= \lim_{\Delta z_i \to 0} \sum_i [F_g(z_i) \cdot \Delta z_i] \cdot (\hat{k} \cdot \hat{k})$$

$$= \lim_{\Delta z_i \to 0} \sum_i \frac{GmM}{z_i^2} \cdot \Delta z_i$$

$$= \int_{z'}^{z} \frac{GmM}{z^2} dz \cdots\cdots (1)$$

$$= -\left(\frac{GmM}{z}\right)\Big|_{z'}^{z}$$

$$= -\frac{GmM}{z} + \frac{GmM}{z'} \cdots\cdots(2)$$

二、位能的定義：

(a) 若設物體在無限遠處時，其位能為零，亦即在 (2) 式中，設 $z'=\infty$ 時，$U(z')=U(\infty)=0$。則根據 (2) 式，物體在 z 處時的位能 $U(z)$ 可定義為

$$U(z) = -\frac{GmM}{z} \cdots\cdots(3)$$

(b) 若設物體在地球表面時，其位能為零，亦即在 (2) 式中，設 $z'=R$（R 為地球半徑）時，$U(z')=U(R)=0$。則根據 (2) 式，物體在 z 處時的位能 $U(z)$ 可定義為

$$U(z) = -\frac{GmM}{z} + \frac{GmM}{R} \cdots\cdots(4)$$

比較 (3) 與 (4) 兩式知，物體與地球間的重力位能，會因零位能位置設定的不同而有不同值，但相差僅為一常數（$\frac{GmM}{R}$）。通常以 (3) 式定義其重力位能。

(c) 地球表面附近的重力場可視為均勻的，物體在此重力場中受到的重力 $\vec{F}_g$，約為一常數，其大小為 $\frac{GmM}{R^2}$。根據上頁圖，設物體在地球表面時的位能為零，即 $U(R)=0$。則物體在距離地面高 h 處的位能 $U(R+h)$，可由 (1) 式經下面的推導而得

$$U(z) - U(z') = \int_{z'}^{z} \frac{GmM}{z^2} dz$$

$$\Rightarrow U(R+h) - U(R) \approx \int_{R}^{R+h} \frac{GmM}{R^2} dz$$

$$\Rightarrow U(R+h) = \int_{R}^{R+h} mg\,dz = (mgz)_{R}^{R+h} = mgh$$

若上頁圖中的座標原點設定在地球表面，則上式變為 $U(h) = mgh$。

註六：功與能的關係

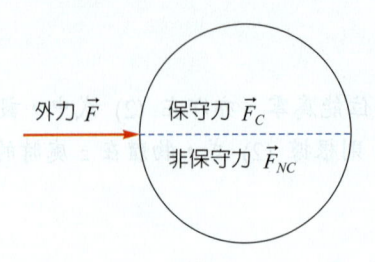

外力 $\vec{F}$ → (保守力 $\vec{F}_C$ / 非保守力 $\vec{F}_{NC}$)

$$\vec{F} = \vec{F}_C + \vec{F}_{NC}$$
$$dW = \vec{F} \cdot d\vec{r} = \vec{F}_C \cdot d\vec{r} + \vec{F}_{NC} \cdot d\vec{r}$$
$$W = \int dW = \int \vec{F} \cdot d\vec{r}$$
$$= \int \vec{F}_C \cdot d\vec{r} + \int \vec{F}_{NC} \cdot d\vec{r}$$

$$\begin{cases} W = W_C + W_{NC} \\ \Delta K = -\Delta U + W_{NC} \\ W_{NC} = \Delta K + \Delta U \end{cases}$$

$$\begin{cases} E = K + U \\ \Delta E = \Delta K + \Delta U \\ W_{NC} = \Delta E \end{cases}$$

有非保守力作功時，力學能不守恆。

Chapter 5 動量與衝量

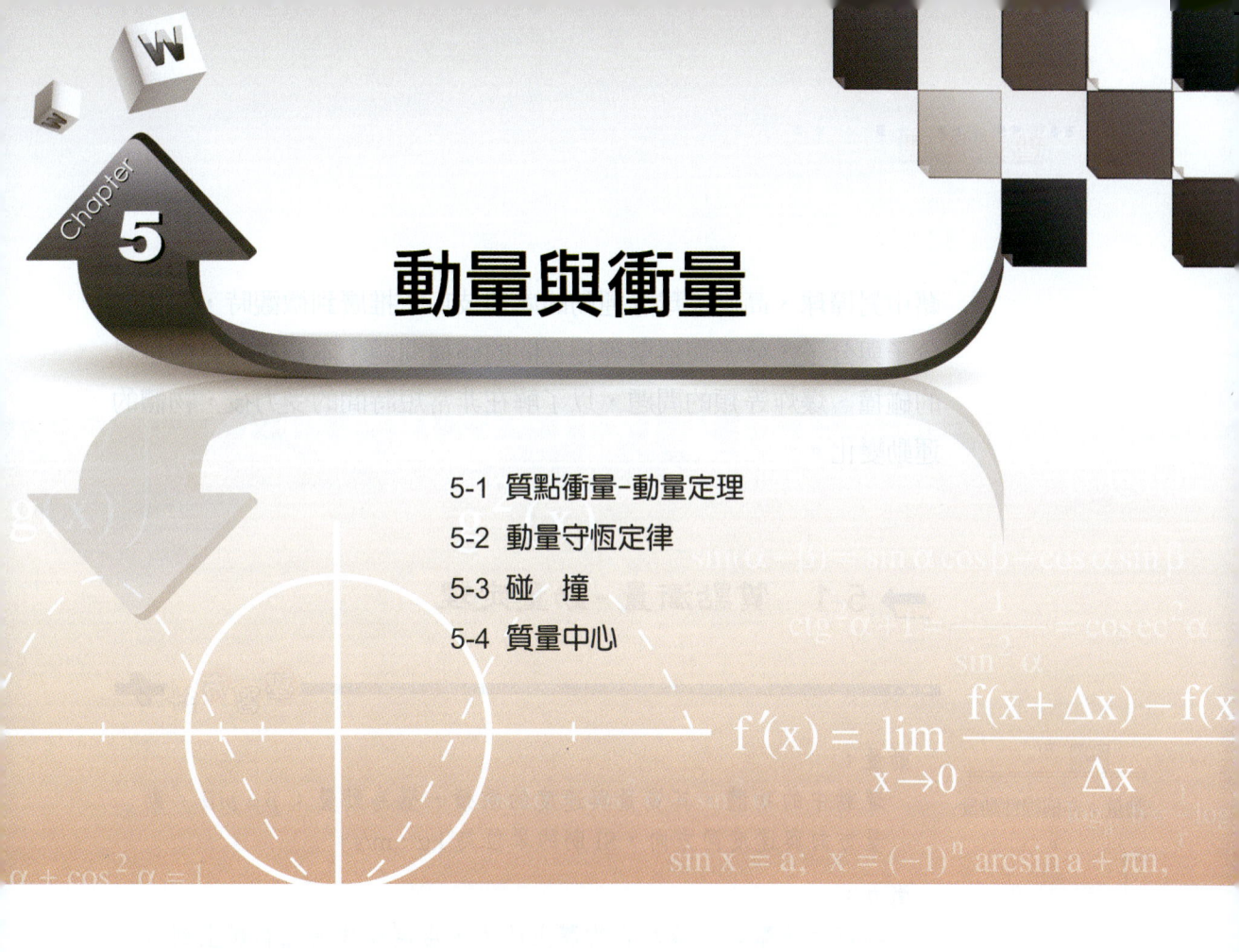

5-1 質點衝量-動量定理
5-2 動量守恆定律
5-3 碰　撞
5-4 質量中心

$$f'(x) = \lim_{x \to 0} \frac{f(x+\Delta x) - f(x)}{\Delta x}$$

　　「物體不受外在影響時，將作等速度運動」的觀念，在十七世紀中葉時，已廣被認知。但「外在影響」若存在，到底會對物體有何影響呢？笛卡兒認為：「只要物體開始運動，就將繼續以同一速度並沿著同一直線方向運動，直到遇到某種外來原因造成的阻礙或偏離為止。」他還指出：「物質和運動的總量永遠保持不變。」這個運動量笛卡兒將之定義為質量與速率的乘積。但在某些分析上，笛卡兒的理念只能很近似的正確，所以不能令人信服。1668 年，在倫敦皇家學會以碰撞問題為主軸的研討會，科學家理解到，若將「質量與速率的乘積」改為「質量與速度的乘積」，則物體碰撞前運動量的總和，會等於碰撞後運動量的總和。這裡的質量與速度的乘積，就被稱為物體的線動量。1669 年，約翰・瓦利斯 (John Wallis) 提出線動量守恆的概念，指出：「二獨立物體相互碰撞並結合時，其線動量的總和是守恆的。」

　　從巨觀方面看物體的碰撞變化，在碰撞期間相互作用的力，會隨時間變化，且難以預測。但利用線動量守恆定律與衝量-動量定理，觀測相互作用前物體的運動情況，可預測相互作用後的運動。

倫敦皇家學會沒有自己的科研體系，有關科學研究、諮詢等職能，主要是以指定研究項目、資助研究、制訂研究計畫、通過會員與工業界聯繫及開研討會等方式，完成其目標。

藉由對撞球、高爾夫球等運動的處理技巧，推廣到微觀時，氣體的分子與分子、分子與器壁等相互間的碰撞問題。本章討論巨觀世界的碰撞、爆炸等類的問題，以了解在非常短時間的受力後，物體的運動變化。

5-1 質點衝量-動量定理

動量：亦稱線性動量

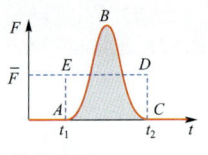

積分表示

$\vec{J} = \int_{t_1}^{t_2} \vec{F}\,dt = \int d\vec{p}$

動量：
運動中的物體，其質量與速度的乘積，稱為動量；$\vec{p} = m\vec{v}$。動量方向與速度同方向，SI 制的單位為 kg．m/s。

衝力：
物體受撞擊時，施加在物體上的力，由開始作用在物體上到結束，這段時間的作用力稱為衝力；$\vec{F}$。衝力作用的時間短暫，故難以數學式描述；為方便起見，一般只求平均衝力；$\overline{\vec{F}} = \dfrac{\Delta \vec{p}}{\Delta t}$。

衝量：
作用在物體上的平均衝力，與其作用時間的乘積，稱為衝量；$\vec{J} = \overline{\vec{F}}\Delta t$。衝量方向與速度變化的方向相同，SI 制的單位為 kg．m/s。

衝量-動量定理：
作用在物體上的平均衝力，所產生的衝量，等於物體動量的變化：$\vec{J} = \overline{\vec{F}}\Delta t = \Delta \vec{p}$。

依牛頓第二運動定律，物體受力作用時，物體的運動狀態將產生變化，此運動狀態的改變，所需時間有時極為短暫。例如，圖 5-1 中，以球撞擊牆壁；在不考慮外力作用時，球以初速度 $\vec{v}_1$ 從右方向壁接近。球與壁接觸時，球施一作用力於壁；同時候，壁亦施一

作用力於球。碰撞之後，球與壁分離，亦不再受外力作用，球以末速度 $\vec{v}_2$ 離壁而去。只有在碰撞過程中，球、壁才以作用力-反作用力互相影響。

壁對球的作用力大小 F 與時間 t 的關係，描述如圖 5-1。當球將觸未觸壁之際 (圖 5-1 點 A)，壁對球尚無作用力。接觸之後，隨著接觸時間的增加，球、壁間的相互作用力迅速變大；直至 B 點以後，相互作用力迅速變小。

由於作用在球上的力迅速增加，且因其方向與球運動方向相反，促使球速 $\vec{v}$ 急遽減慢，終至停止，此時壁對球的作用最強 (點 B)。過此之後，球開始反彈，其運動方向變成與力一致，球速增加，球與壁的接觸，逐漸遠離，力的強度不斷減弱，至與壁完全脫離時，復歸於零 (點 C)。力的強弱隨時間變化大致如此，但詳細情形則極為複雜；例如：球與壁的軟硬、接觸面的粗糙度等皆有影響，因此甚難以數學式準確表達力的變化狀況。

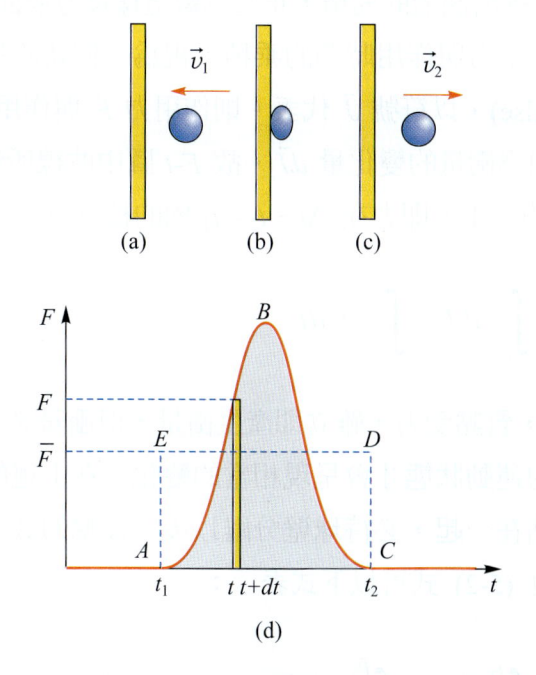

圖 5-1 球撞壁反彈的情形。(a) 碰撞前；(b) 碰撞中；(c) 碰撞後；(d) 壁對球作用力隨時間變化的情形。

對於這樣的情況，可將牛頓第二運動定律換成另一形式，表示如下：

$$\vec{F} = \frac{d\vec{p}}{dt} \tag{3-4}$$

$$\vec{F} = m\vec{a}$$
$$= m\frac{d\vec{v}}{dt}$$
$$= \frac{d(m\vec{v})}{dt}$$
$$= \frac{d\vec{p}}{dt}$$

(3-4) 式中 $\vec{p} = m\vec{v}$ 稱為質點的動量 (momentum)，動量實為線性動量 (linear momentum) 的簡稱。(3-4) 式表明質點所受的外力 $\vec{F}$，不論是定力或變力，都可以其動量的時間變化率定義。(3-4) 式亦可寫成如下的形式：

$$d\vec{p} = \vec{F}\, dt \tag{5-1}$$

此結果表示：「在很短的時間區間內，動量的改變，等於作用力與時間變量的乘積。」由於此區域作用的時間極為短暫，作用力可視為定力。因此 $\vec{F}\, dt$ 的大小相當於圖中長方形（黃色顯示部分）的面積。而圖中曲線所涵蓋的面積，正是無數這樣長方形面積的總和。

如果將作用力與作用時間的乘積，視為一個新的物理量，稱之為衝量 (impulse)，以符號 $\vec{J}$ 代表。則作用力 $\vec{F}$ 與作用時間 dt 的乘積 $\vec{F}\, dt$，可視為衝量的變化量 $d\vec{J}$。故 F-t 圖中曲線所涵蓋的總面積等於衝量 $\vec{J}$ 的大小，即力在 $\Delta t = t_2 - t_1$ 內的積分為

$$\vec{J} = \int_{\vec{J}_1}^{\vec{J}_2} d\vec{J} = \int_{t_1}^{t_2} \vec{F}\, dt \tag{5-2}$$

(5-1) 式表示，質點受力，雖立即產生衝量，但衝量必須累積一段時間後，質點的運動狀態才會呈現相當的變化。在上述的例子中，球壁相撞，緊貼在一起，必待球壁分離以後，撞擊的效果才得顯明。結合 (5-1) 與 (5-2) 式可以下式表示：

$$\vec{J} = \int_{t_1}^{t_2} \vec{F}\, dt = \int_{\vec{P}_1}^{\vec{P}_2} d\vec{p} \tag{5-3}$$

(5-3) 式是質點的**衝量-動量定理** (impulse-momentum theorem)。意即外力作用所產生的衝量，呈現於質點的動量變化。衝量也是一個向量，其方向與動量變化的方向一致。而只有在時間間隔極短時，$d\vec{J}$ 與 $\vec{F}$ 才有相同的方向。衝量的單位是牛頓·秒 (N·s)。

從 (5-3) 式的表達方式，可以體認到衝量的大小，只與質點運動前後的動量有關，而與運動的過程無涉。像上述的例子，球壁間的作用力 $\vec{F}$，在碰撞前後都歸於零，因此不會對質點的運動有所影響，只有在碰撞過程中，才以複雜的方式，改變質點運動的狀態。這種變化莫測的瞬時作用力 $\vec{F}$，一般稱之為**衝力** (impulsive force)。

衝力如果過大，對碰撞的物體很可能造成嚴重的損害，必須設法避免。例如從桌面滾落的雞蛋，碰上堅硬的地板，強烈的衝力，可能不是蛋殼所能承受，雞蛋有破碎之虞。如地面覆以柔軟的地毯，雞蛋卻有可能絲毫無損。在這兩種狀況下，雞蛋的動量變化無甚差別，它的衝量也大致相等。但雞蛋是否破碎的關鍵，在於碰撞時間的長短。

圖 5-1 顯示，質點受力運動的衝量 $\vec{J}$，可以 F-t 曲線所涵蓋的面積代表。設想受力的時間間隔，$\Delta t = t_2 - t_1$，可以任意更改，但面積仍維持一定，則 F-t 曲線的形狀自然不得不跟著變化，如圖 5-2。縮短 Δt，曲線勢必高聳；延長 Δt，則曲線轉趨平緩。這種情況，如引用平均力的觀念來解釋，當更明顯。

設將隨時間變化的衝力 $\vec{F}$，加以平均，所得的平均值 $\overline{F}$，使與 Δt 相乘，其面積 $\overline{F} \Delta t$ 之大小，相當於圖 5-1 中長方形 $ACDE$ 的

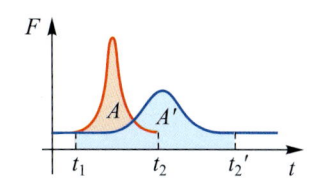

圖 5-2 衝量相等時，碰撞時間長，衝力小；
碰撞時間短，衝力大。

面積，應與 F-t 曲線涵蓋的面積相等。如此則 (5-3) 式可改寫成

$$\vec{J} = \int_{t_1}^{t_2} \overline{\vec{F}} \, dt = \int_{\vec{p}_1}^{\vec{p}_2} d\vec{p}$$

$$\vec{J} = \overline{\vec{F}}(t_2 - t_1) = \vec{p}_2 - \vec{p}_1$$

$$\vec{J} = \overline{\vec{F}} \Delta t = \Delta \vec{p} \tag{5-4}$$

$\overline{\vec{F}} = \dfrac{\Delta \vec{p}}{\Delta t}$

平均衝力為動量變化的時變率。

$\vec{p}_1$ 與 $\vec{p}_2$ 分別為碰撞前後質點的動量。在此 $\vec{p}_1$ 表示雞蛋與地剛接觸，開始受衝力作用時，質點的動量；$\vec{p}_2$ 表示衝力消失時，質點的動量。柔軟的地毯延長了蛋與地碰撞的時間，也使雞蛋動量變化的時間變長，平均衝力減弱，雞蛋獲得保全。

　　衝量-動量定理在日常生活上，應用非常普遍。例如棒球比賽，防守球員戴上特製的手套，在接高速飛來的球時，又習慣順勢縮手，很少直臂硬接，無非是藉此延長手與球的撞擊時間，以減低棒球的衝力，避免運動傷害。又如高速行車，煞車宜緩，不宜急驟，否則乘客可能受傷。反之，如網球拍的網線定要張緊，不能鬆弛，用以增加球速，讓對手措手不及而得分。手槍的槍管甚短，只宜近距離狙擊；巨炮的炮管宜長，射程方能極遠。因為加長的炮管，讓火藥爆炸的力量有較長的時間對炮彈作用，因而增加它的衝量，產生較大的動量，射程自然較遠。其它如托運易碎器皿，包裹應多加鬆軟的填料；撐竿跳的場地總以高厚氣墊覆蓋；凡此種種，皆為衝量-動量定理的實踐。

小品

水火箭

　　水火箭是以保特瓶為材料，以空氣壓力及水作為動力，發射升空的環保火箭飛行器。主要原理是利用：

1. 保特瓶內、外空氣壓力差，產生作用力。
2. 牛頓第三運動定律「作用力與反作用力」的原理，使水火箭前進。
3. 動量守恆，使火箭飛得更快。

　　水火箭在飛行時，將因地球重力作用，使飛行軌跡成為拋物線；更因飛行時空氣阻力的作用，使水火箭減速、停止，拋物線軌跡亦非對稱形式。

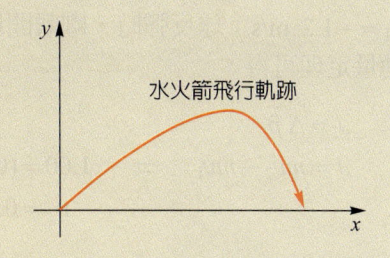

水火箭飛行軌跡

參考網站：http://www.tam.gov.tw。

例題 5-1

　　小華在籃球場上練球，當他運球時，球與地面接觸的瞬間，球速約為 1.2 m/s。設籃球質量為 0.500 kg，而球與地面接觸時，其衝力隨時間變化的曲線，如圖 5-3。試問：

(1) 球與地面碰撞時的衝量大小為若干？
(2) 球反彈時，剛離開地面的瞬時速率為若干？

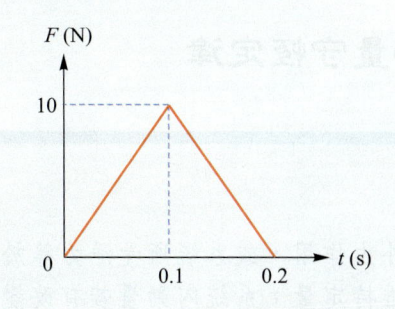

圖 5-3 衝力隨時間變化關係圖。

觀點：
利用

$$\vec{J} = \int_{t_1}^{t_2} \vec{F}\, dt = \int d\vec{p}$$

1. 先計算 0 s 到 0.1 s 的衝量大小 J_1。
2. 再計算 0.1 s 到 0.2 s 的衝量大小 J_2。
3. 0 s 到 0.2 s 的衝量大小 J 為

$$\begin{aligned}J &= J_1 + J_2 \\&= \int_0^{0.1} F_1\, dt + \int_{0.1}^{0.2} F_2\, dt \\&= \int_0^{0.1} (100t)\, dt + \int_{0.1}^{0.2} (20 - 100t)\, dt \\&= (50t^2)\Big|_0^{0.1} + (20t - 50t^2)\Big|_{0.1}^{0.2} \\&= 0.5 + 0.5 \\&= 1.0\ (\text{N} \cdot \text{s})\end{aligned}$$

4. 衝量大小 J，即為動量變化的大小 Δp

$$J = \Delta p$$

解

由 $\vec{J} = \int_{t_1}^{t_2} \vec{F} dt = \int d\vec{p}$，可知，在 F-t 圖中，曲線下方與 t 軸所圍的面積，即代表物體所受到的衝量大小。

(1) 球與地面碰撞時的衝量大小 J，應等於上圖曲線與 t 軸所圍成的三角形面積，即

$$J = \frac{1}{2}(0.200)(10.0)$$
$$= 1.00 \, (N \cdot s)$$

(2) 設座標向上為正向，向下為負向。球與地面接觸瞬間，球速約為 $v_1 = -1.2$ m/s；球反彈時，剛離開地面的瞬時速率為 v_2。由衝量-動量定理可得

$$\vec{J} = \Delta \vec{p}$$
$$J = mv_2 - mv_1 \Rightarrow 1.00 = (0.500)v_2 - (0.500)(-1.2)$$
$$v_2 = 0.8 \, (m/s)$$

可得球反彈時，剛離開地面的瞬時速率為 0.80 m/s

棒球是以軟木、橡膠或類似材料為蕊，捲以絲線，並由兩片白色馬皮或牛皮緊緊包紮並縫合。其重量不得少於 5 盎司或重於 5.25 盎司 (141.8～148.8 公克)；圓周不得少於 9 吋或大於 9.25 吋 (22.9～23.5 公分)。

隨堂練習

5-1 棒球比賽中，投手將質量為 0.15 kg 的球投出，球進本壘的水平速度為 40 m/s，打擊者將球擊出時，球以 60 m/s 的速度反向飛出。假設球與棒接觸時間為 0.015 s，則打擊者在接觸時間內平均作用力大小為何？(1) 200 N　(2) 400 N　(3) 600 N　(4) 1,000 N。

5-2 動量守恆定律

學習方針

動量守恆定律：
系統在沒有外力作用，或系統所受淨力等於零的情況下，系統的總動量恆維持定量；系統內動量若有改變，系統動量的總改變量為零。

$$\vec{p} = \sum_{i=1}^{n} \vec{p}_i = 定量$$

$$\Delta\vec{p} = \sum_{i=1}^{n} \Delta\vec{p}_i = 0$$

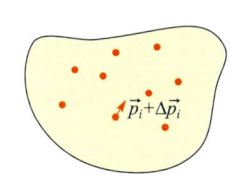

$\vec{p} = \Sigma \vec{p}_i$
$\Delta \vec{p} = \Sigma \Delta \vec{p}_i$

5-2-1 單一質點系統

(5-4) 式還有一個更深遠的意義。即如作用於一質點的外力，互相抵消，也就是說，外力的淨力等於零，$\Sigma \vec{F} = 0$，此質點所受衝量 $\vec{J} = 0$，導致質點之動量 $\vec{p}$ 不會發生變化，即

$$\vec{p} = m\vec{v} = 定量 \tag{5-5}$$

此謂單一質點系統之**動量守恆定律** (the law of conservation of momentum)。這是一個非常重要的定律，不但適用於宏觀物體的機械運動，即便微觀的原子、分子、光子及基本粒子的運動，亦皆遵守無違。

隨堂練習

5-2 說明衝量-動量定理。

5-3 說明動量守恆定律。

5-4 試以衝量-動量定理和動量守恆定律，說明高爾夫球被球桿打擊時的速度變化。

5-5 試以衝量-動量定理和動量守恆定律，說明桌球被球拍打擊時的速度變化。

5-2-2 多質點系統

以上所述，純從單一質點立論。對球而言，牆是外界，它對球的作用力 $\vec{F}$ 為外力，是促使球的運動狀態改變之因素。但是若將牆壁列為系統的一部分，則系統不再是一個純粹的單質點系統，$\vec{F}$ 也不再是外力。那麼，上述的定律是否還能適用，殊有驗證的必要。

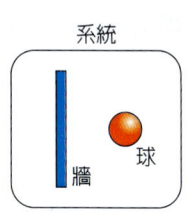

視牆壁為球之外的另一質點，在學理上雖無不妥，驟看之下，卻不易讓人認同。我們不妨從真正的兩質點系統出發，驗證以後，再回歸到球牆的問題，更推廣到一般的多質點系統。

普通物理

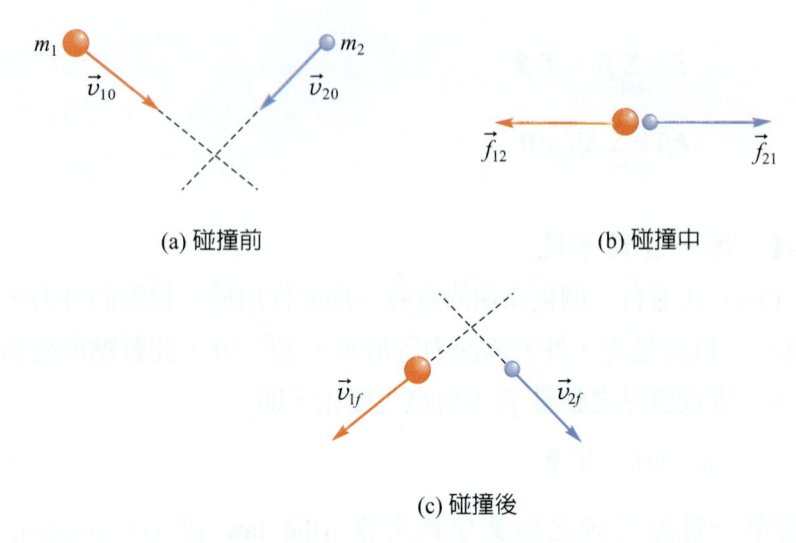

(a) 碰撞前　　　　　(b) 碰撞中

(c) 碰撞後

圖 5-4 兩質點相互碰撞的過程。

外界所加的作用力，稱為外力，包括重力、空氣阻力、摩擦力……等。

質點間相互作用的力量，稱為內力，包括萬有引力和碰撞時的衝力……等。

設系統所包含的兩質點，質量分別為 m_1 與 m_2，碰撞前，各有速度 $\vec{v}_{10}$ 與 $\vec{v}_{20}$。相撞之後，分別以 $\vec{v}_{1f}$ 與 $\vec{v}_{2f}$ 的速度遠離（圖 5-4）。m_1 與 m_2 質點在運動過程中，受到的作用力，可分為外界所加的作用力，稱為**外力** (external forces)，分別為 $\vec{F}_1$ 與 $\vec{F}_2$；及質點間相互作用的力量，稱為**內力** (internal forces)，分別為 $\vec{f}_{12}$ 與 $\vec{f}_{21}$。$\vec{f}_{12}$ 與 $\vec{f}_{21}$ 是作用力與反作用力的關係，所以 $\vec{f}_{12}$ 恆等於 $-\vec{f}_{21}$。

物理量含二個註腳時，前者代表承受者，後者代表施加者。如 A_{ij} 意為 j 施加到 i 的物理量 A。例如 F_{ij} 表示第 j 個質點對第 i 個質點的作用力。

在碰撞過程中，對質點 1、2 引用衝量-動量定理 $\int \vec{F}\,dt = \Delta \vec{p}$，則

質點 1：　　　$\int (\vec{F}_1 + \vec{f}_{12})\,dt = m_1(\vec{v}_{1f} - \vec{v}_{10})$

質點 2：　　　$\int (\vec{F}_2 + \vec{f}_{21})\,dt = m_2(\vec{v}_{2f} - \vec{v}_{20})$

兩式相加，可得

$$\int (\vec{F}_1 + \vec{F}_2 + \vec{f}_{12} + \vec{f}_{21})\,dt = (m_1\vec{v}_{1f} + m_2\vec{v}_{2f}) - (m_1\vec{v}_{10} + m_2\vec{v}_{20})$$

將 $\vec{f}_{12} + \vec{f}_{21} = 0$ 的關係代入，即得

$$\int (\vec{F}_1 + \vec{F}_2) dt = (m_1\vec{v}_{1f} + m_2\vec{v}_{2f}) - (m_1\vec{v}_{10} + m_2\vec{v}_{20})$$

$$\int (\vec{F}_1 + \vec{F}_2) dt = \vec{p}_f - \vec{p}_o = \Delta \vec{p} \tag{5-6}$$

$\vec{p}_o$ 與 $\vec{p}_f$ 分別為碰撞前後，系統的總動量。$\Delta \vec{p}$ 為碰撞前後系統的總動量變化量。此式與 (5-4) 式有相同的涵義。將 (5-6) 式移項整理，可得

$$\begin{aligned}\int (\vec{F}_1 + \vec{F}_2) dt &= (m_1\vec{v}_{1f} + m_2\vec{v}_{2f}) - (m_1\vec{v}_{10} + m_2\vec{v}_{20}) \\ &= (m_1\vec{v}_{1f} - m_1\vec{v}_{10}) + (m_2\vec{v}_{2f} - m_2\vec{v}_{20}) \\ &= (\vec{p}_{1f} - \vec{p}_{10}) + (\vec{p}_{2f} - \vec{p}_{20}) \\ &= \Delta \vec{p}_1 + \Delta \vec{p}_2 \end{aligned} \tag{5-7}$$

$\Delta \vec{p}_1$ 與 $\Delta \vec{p}_2$ 分別是質點 m_1 與 m_2 的動量變化量。

如系統不受外力作用，亦即 $\vec{F}_1 + \vec{F}_2 = 0$，這樣的系統稱為**孤立系統** (isolated system) 或**隔離系統**。根據 (5-7) 式，孤立系統的動量沒有變化，亦即 $\vec{p}_f - \vec{p}_o = 0$。如此，則

$$\Delta \vec{p}_1 + \Delta \vec{p}_2 = 0 \quad \text{或} \quad \Delta \vec{p}_1 = -\Delta \vec{p}_2 \tag{5-8}$$

意謂質點 1 的動量增加，質點 2 的動量必相對減少，反之亦然。

在球壁相撞的例子中，設若視牆壁也是系統的一份子，並可視作質點處理，則根據 (5-8) 式，球與壁的動量變化，必然大小相等，增減相反。也許有人會懷疑，牆壁不會移動，怎可能有動量的增減變化？其實牆壁受撞時，確有搖動的現象，只不過它的質量遠大於小球，故不易覺察而已。如果球很重，衝力又大，牆的擺動便十分明顯，甚且有傾倒之虞。

同理類推，多質點系統也可如此處理，亦即

> 孤立系統是指一個與外界沒有任何關聯的系統。

$$\int (\Sigma_i \vec{F}_i) dt = \vec{P}_f - \vec{P}_o \tag{5-9}$$

$\vec{F}_i$ 是作用於第 i 個質點的外力。

(5-9) 式意謂作用於系統的外力所產生的衝量和，與系統總動量的變化量相等。可見動量定理亦適用於多質點系統。若系統與外界隔離，亦即外力的向量和 $\Sigma \vec{F}_i = 0$，則

$$\vec{P}_f - \vec{P}_o = 0$$

$$\vec{P}_f = \vec{P}_o = 定量 \tag{5-10}$$

(5-10) 式是動量守恆定律，亦適用於多質點系統。對多質點系統引用動量守恆定律，必須注意下列事項：

1. 作用於系統的外力與內力，應清楚區分。在淨外力等於零的情況下，系統的動量雖然守恆，但各質點的動量仍可以分別增減，只不過其向量和保持定值。說得淺顯一些，亦即系統中，部分質點的動量增加，與之同時，必有部分質點的動量相對減少，因此，系統的總動量恆保持一定值。

2. 淨外力不為零，但如其中有一方向的分量和等於零，則在該分量的方向上，系統的總動量分量也是守恆的。

例如　　$\vec{F}_x = \sum_i \vec{F}_{ix} = 0$

則　　$\vec{p}_x = \sum_i \vec{p}_{ix} = 定量$

3. 在研討碰撞、爆炸等問題時，重力、摩擦力、空氣阻力等外力，常可忽略。運動時間越短，所引起的誤差越小。

4. 將相撞的物體視為同一系統，則該系統的動量總是守恆的。但相撞的物體，難免發生形變的現象，這是內力作功，將導致能量的轉換。

5-3 碰 撞

> **自由度：**
> 質點在運動時，所具有的自由運動空間，稱為自由度。
>
> **二元碰撞：**
> 多質點系統中，考慮參與碰撞的個體數只有兩個，這類只有兩個質點的相互碰撞，稱為二元碰撞。

多質點系統中，每個質點都有它自由運動的空間。由於質點的運動可以 x、y 及 z 三個變數描述，它們因此被稱為質點運動的自由度 (degrees of freedom)。換言之，每一質點都有三個運動的自由度。一個含 N 個質點的系統，於理便有 $3N$ 個自由度。這些自由運動的質點遲早會彼此相撞。雖然整個系統的動量是守恆的，各個質點的動量和速度，卻因這樣不斷地碰撞，時時在改變，其瞬時的大小根本無從預測，亦無法追蹤。這種無規則的運動，是許多分子、原子反應的根本。從發生的機率而言，多個質點同時碰在一起的機會，遠不如兩個質點的碰撞，即所謂二元碰撞 (binary collision)，來得頻繁，因此下面的討論概以二元碰撞為主。

5-3-1 一維碰撞

> **碰撞種類：**
> **彈性碰撞：**
> 碰撞前後，系統的總動量和總動能皆守恆。
> $$m_1\vec{v}_{10} + m_2\vec{v}_{20} = m_1\vec{v}_{1f} + m_2\vec{v}_{2f}$$
> $$\frac{1}{2}m_1\vec{v}_{10}^2 + \frac{1}{2}m_2\vec{v}_{20}^2 = \frac{1}{2}m_1\vec{v}_{1f}^2 + \frac{1}{2}m_2\vec{v}_{2f}^2$$

> 非彈性碰撞：
> 　碰撞前後，系統的總動能不守恆，但總動量仍守恆。
> 完全非彈性碰撞：
> 　非彈性碰撞中較為特殊情況；碰撞後，物體結合成一體，以相同速度運動。
> $$m_1\vec{v}_{10} + m_2\vec{v}_{20} = (m_1+m_2)\vec{v}_f$$

一維二元碰撞可說是最基本的碰撞現象。兩質點在碰撞前後，都維持在一條直線上運動。由於碰撞性質的不同，一般將碰撞區分為彈性、非彈性與完全非彈性等三類，今分別敘述如下：

1. **彈性碰撞** (elastic collision)

　　如果兩物體在碰撞前後，其總動能未發生改變，此類碰撞稱為彈性碰撞。彈性碰撞前後會滿足動量守恆和動能守恆。若質量為 m_1 與 m_2 的兩物體，碰撞前後的速度分別為 $\vec{v}_{10}$、$\vec{v}_{20}$ 與 $\vec{v}_{1f}$、$\vec{v}_{2f}$，如下圖

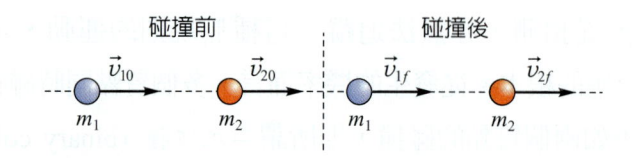

　　則根據動量守恆可得 $m_1\vec{v}_{10} + m_2\vec{v}_{20} = m_1\vec{v}_{1f} + m_2\vec{v}_{2f}$

　　根據能量守恆可得 $\dfrac{1}{2}m_1v_{10}^2 + \dfrac{1}{2}m_2v_{20}^2 = \dfrac{1}{2}m_1v_{1f}^2 + \dfrac{1}{2}m_2v_{2f}^2$

2. **非彈性碰撞** (inelastic collision)

　　如果兩物體在碰撞過程中，有能量損失，造成其碰撞前後動能改變，則這種碰撞稱為非彈性碰撞。非彈性碰撞前後只會滿足動量守恆，而不會滿足動能守恆。

3. **完全非彈性碰撞** (completely inelastic collision)

　　在碰撞過程中，如果兩物體內部運動狀態因改變而結合成一體，則這種碰撞稱為完全非彈性碰撞。完全非彈性碰撞前後只會滿足動量守恆，而不會滿足動能守恆。完全非彈性碰撞後，合成物體

的質量將為原來各物體質量的和，可由動量守恆定律求出合成物體的速度。若質量為 m_1 與 m_2 的兩物體，碰撞前的速度為 $\vec{v}_{10}$ 及 $\vec{v}_{20}$，碰撞後合成物體的速度為 $\vec{v}_f$，如下圖：

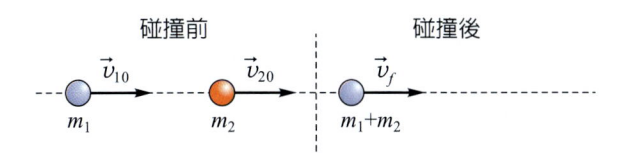

則根據動量守恆可得 $m_1\vec{v}_{10} + m_2\vec{v}_{20} = (m_1 + m_2)\vec{v}_f$

例題 5-2

如圖 5-5，A、B 兩物體以相同的速率 v，在一光滑的平面上，沿一直線作正面彈性碰撞。A 物體向右方行進，B 物體向左方行進。已知 A 物體的質量為 B 物體的 2 倍。試問，發生碰撞後瞬間，兩物體的行進速度分別為何？

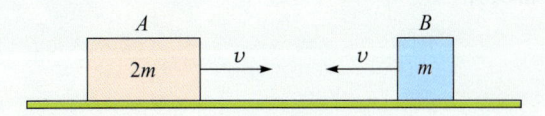

圖 5-5 兩物體正面彈性碰撞示意圖。

解

兩物體作正向彈性碰撞時，碰撞前後必須滿足動量守恆與動能守恆定律。

設碰撞前，A、B 兩物體的速度分別為 $\vec{v}_A$ 與 $\vec{v}_B$；碰撞後，A、B 兩物體的速度分別為 $\vec{u}_A$ 與 $\vec{u}_B$。由動量守恆定律，得

$$\vec{P}_{碰撞前} = \vec{P}_{碰撞後}$$
$$m_A\vec{v}_A + m_B\vec{v}_B = m_A\vec{u}_A + m_B\vec{u}_B$$

A、B 兩物體沿一直線，以相同的速率 v，相反方向，作正面彈性碰撞。若假定物體向右方運動為正向，則向左方運動為負向。碰撞後的速率分別為 u_A 與 u_B。

$$2mv + m(-v) = 2mu_A + mu_B$$
$$\Rightarrow v = 2u_A + u_B \quad (1)$$

觀點：
彈性碰撞滿足
$\vec{P}_i = \vec{P}_f$
$\Rightarrow m_1\vec{v}_1 + m_2\vec{v}_2$
$= m_1\vec{v}_1' + m_2\vec{v}_2'$

$K_i = K_f$
$\Rightarrow \frac{1}{2}m_1\vec{v}_1^2 + \frac{1}{2}m_2\vec{v}_2^2$
$= \frac{1}{2}m_1\vec{v}_1'^2 + \frac{1}{2}m_2\vec{v}_2'^2$

1. 利用動量守恆定律列出方程式。
2. 利用動能守恆定律列出方程式。
3. 解聯立方程組，求出碰撞後的速度。

$v = 2u_A + u_B$
$\Rightarrow u_B = v - 2u_A$
$3v^2 = 2u_A^2 + u_B^2$
$\Rightarrow 3v^2 = 2u_A^2 + (v - 2u_A)^2$
$3v^2 = 2u_A^2 + v^2 - 4vu_A + 4u_A^2$
$2v^2 + 4vu_A - 6u_A^2 = 0$
$(v - u_A)(v + 3u_A) = 0$
$\Rightarrow \begin{cases} u_A = v \quad (\text{不合}) \\ u_A = -\dfrac{1}{3}v \end{cases}$
$\Rightarrow u_A = -\dfrac{1}{3}v$
$u_B = v - 2u_A = \dfrac{5}{3}v$

由動能守恆定律，得

$$K_{\text{碰撞前}} = K_{\text{碰撞後}}$$

$$\frac{1}{2}m_A v_A^2 + \frac{1}{2}m_B v_B^2 = \frac{1}{2}m_A u_A^2 + \frac{1}{2}m_B u_B^2$$

$$\frac{1}{2}(2m)(v^2) + \frac{1}{2}mv^2 = \frac{1}{2}(2m)(u_A^2) + \frac{1}{2}mu_B^2$$

$$\Rightarrow \quad 3v^2 = 2u_A^2 + u_B^2 \qquad (2)$$

由 (1) 與 (2) 式，可得碰撞後，A、B 兩物體的速率

$$\begin{cases} u_A = -\dfrac{1}{3}v \\ u_B = \dfrac{5}{3}v \end{cases}$$

故知，碰撞後，A 物體以 $\dfrac{1}{3}v$ 的速率，向左反彈；B 物體以 $\dfrac{5}{3}v$ 的速率，向右反彈。

例題 5-3

如圖 5-6，在縱貫公路上，質量為 1,000 kg 的汽車，以 $v_1 = 20$ m/s 的速率，由南向北行駛；與質量 9,000 kg，以 $v_2 = 30$ m/s 的速率，由北向南行駛的卡車，迎面互相碰撞。若碰撞後，汽車與卡車黏在一起滑行，則滑行速度是多少？

圖 5-6　汽車與卡車迎面互相碰撞示意圖。

解

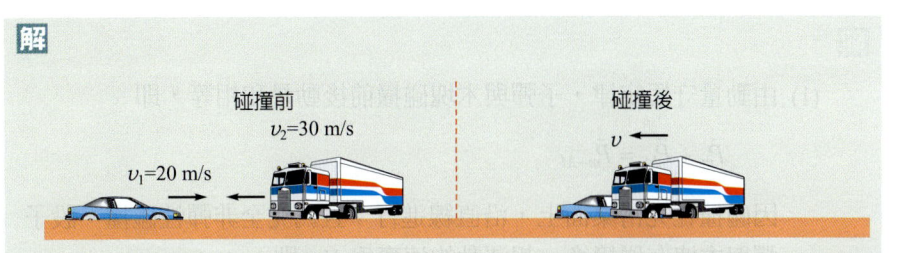

因碰撞後，汽車與卡車黏在一起滑行，故知此碰撞為完全非彈性碰撞。設滑行速度為 v，由南向北行駛為正，反向為負。依動量守恆定律，可得

$$\vec{P}_{碰撞前} = \vec{P}_{碰撞後}$$
$$m_1\vec{v}_1 + m_2\vec{v}_2 = (m_1 + m_2)\vec{v}$$
$$m_1 v_1 - m_2 v_2 = (m_1 + m_2)v$$
$$1000 \times 20 - 9000 \times 30 = (1000 + 9000)v$$
$$v = -25 \text{ (m/s)}$$

碰撞後，汽車與卡車一起，以 25 m/s 的速率，由北向南滑行。

例題 5-4

某射擊手舉槍射擊一靜置於光滑桌面上的木塊，當子彈水平射中木塊的瞬間，子彈的速率為 v，如圖 5-7。若木塊的質量為 M，子彈的質量為 m，且子彈射入木塊後，停留在木塊內，距離其射入處 S 的位置。試問：當子彈在木塊內完全停止後，

(1) 子彈與木塊的速率為若干？
(2) 子彈與木塊的總動能，較碰撞前減少多少？
(3) 若其減少的總動能，剛好等於子彈與木塊間的動摩擦力對子彈所作的功，則其動摩擦力約有多大？

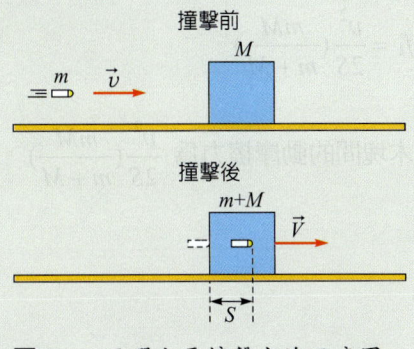

圖 5-7 子彈水平撞擊木塊示意圖。

完全非彈性碰撞：碰撞後，物體結合成一體，以相同速度運動。

解

(1) 由動量守恆定律，子彈與木塊碰撞前後動量和相等，即

$$\vec{P}_m + \vec{P}_M = \vec{P}_{m+M}$$

因碰撞在光滑桌面上，沿直線進行；且為完全非彈性碰撞。設子彈與木塊在碰撞後一起運動的速率為 V，則

$$mv + 0 = (m+M)V$$

得子彈與木塊的速率

$$V = \frac{mv}{m+M}$$

(2) 碰撞前後，子彈與木塊總動能差

$$\Delta K = K_f - K_i$$
$$= \frac{1}{2}(m+M)V^2 - (\frac{1}{2}mv^2 + 0)$$
$$= \frac{1}{2}(m+M)(\frac{mv}{m+M})^2 - \frac{1}{2}mv^2$$
$$= -\frac{1}{2}(\frac{mM}{m+M})v^2$$

負號代表碰撞後，系統的總動能損失。

(3) 由功能定理知，碰撞前後，子彈與木塊總動能差，剛好等於子彈與木塊間的動摩擦力對子彈所作的功，即

$$\Delta K = W_{f_k}$$
$$K_f - K_i = -f_k S$$
$$-\frac{1}{2}(\frac{mM}{m+M})v^2 = -f_k S$$
$$\Rightarrow f_k = \frac{v^2}{2S}(\frac{mM}{m+M})$$

故子彈與木塊間的動摩擦力為 $\frac{v^2}{2S}(\frac{mM}{m+M})$。

碰撞前總動能，為子彈與木塊的動能和
$K_i = K_m + K_M$
$K_i = \frac{1}{2}mv_m^2 + \frac{1}{2}Mv_M^2$

碰撞後總動能，為子彈與木塊結合，一起運動的動能
$K_f = \frac{1}{2}(m+M)V^2$

碰撞前後，動能差
$\Delta K = K_f - K_i$

總動能的損失，等於摩擦力對子彈所作的功
$\Delta K = W_f$

隨堂練習

5-6 動量大小和物體的質量成正比，和物體運動速度大小成正比，動量方向與速度同方向。(是非題)

5-7 下列何者與牛頓第三運動定律無關？
(1) 元宵節施放的沖天炮；(2) 百米選手起跑，使用起跑架；
(3) 高空跳水選手下墜時；(4) 端午節的划龍舟比賽。

5-8 設力以 N 為單位，時間以 s 為單位，質量以 kg 為單位，則動量單位為：(1) N/kg；(2) N・s；(3) N・s/kg；(4) N・kg。

5-9 火箭能向前推進，是由於噴出的氣體，施給火箭的反作用力。(是非題)

5-10 質量為 4,000 kg 的小貨車，在高速公路以 30 m/s 的速率向南行駛。設小貨車與前方質量為 8,000 kg 的卡車發生追撞，撞後兩車同時以 10 m/s 的速率向南移動；求卡車發生追撞前的速率為 _____ m/s。

5-11 在足球場上，質量為 0.45 kg 的足球，以 3 m/s 的速度朝球門滾動。當前鋒追上，並踢上一腳後，足球在方向不變下，速度變為 18 m/s，則足球所受的衝量大小為 _____ kg・m/s，若腳與球接觸時間為 0.02 s，則球所受到的平均衝力大小為 _____ N。

5-12 如下圖，A、B 兩物體以相同的速率 $v = 6$ m/s，在一光滑的平面上，沿一直線作正面彈性碰撞。A 物體向右方行進，B 物體向左方行進。已知 A 物體的質量為 B 物體的 2 倍，試問：發生碰撞後瞬間，兩物體的行進速度分別為何？

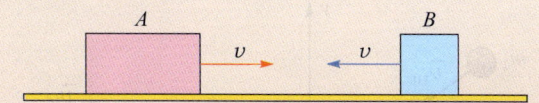

5-13 某射擊手舉槍射擊一靜置於光滑桌面上的木塊，當子彈水平射中木塊的瞬間，子彈的速率為 2.0×10^3 m/s。若木塊的質量為 2.0 kg，子彈的質量為 25 g，且子彈射入木塊後，停留在木塊內，距離其射入處 15 cm 的位置。試問：當子彈在木塊內完全停止後，
(1) 子彈與木塊的速率為若干？
(2) 子彈與木塊的總動能，較碰撞前減少多少？
(3) 若其減少的總動能，剛好等於子彈與木塊間的動摩擦力對子彈所作的功，則其動摩擦力約有多大？

> **小品**
> **足球標準**
>
> 國際足聯對足球標準的要求為：球體圓周 68.5～69.5 釐米，重量 420～445 克。吸水性標準：球體重量增加不超過 10%。完全充氣後被擱置，經過三天後再測量其球壓，球壓下降不超過 20%。足球球體形狀和大小的保持能力合格標準為：一個足球要以 50 公里的時速撞擊一塊鋼板 2,000 次。

5-3-2 二維碰撞

日常所見的碰撞，一維空間的究屬少數，大多都在二維空間進行，有些甚至涉及三維空間。不必深入到原子物理，在撞球運動便可體認。

圖 5-8 顯示一種二維空間二元碰撞的例子，常見於撞球遊戲中。為避免不必要的困擾，轉動現象與摩擦阻力暫時皆不予以考慮。因系統不受外力作用，所以 x、y 方向的動量應該是守恆的。亦即

$$m_1\vec{v}_{10} + m_2\vec{v}_{20} = m_1\vec{v}_{1f} + m_2\vec{v}_{2f}$$

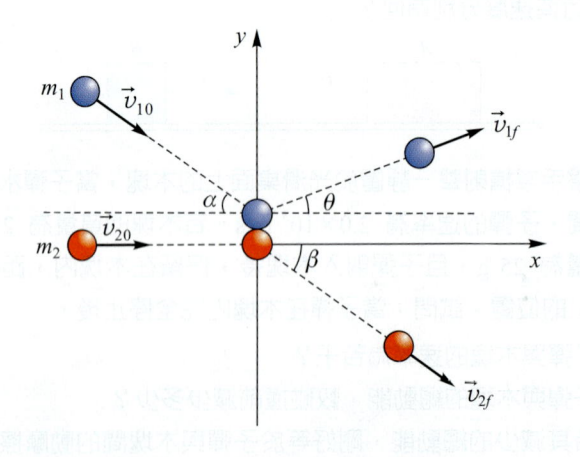

圖 5-8 二維二元碰撞示意圖。

x-方向：$P_{ox} = P_{fx}$

$$m_1 v_{10} \cos\alpha + m_2 v_{20} = m_1 v_{1f} \cos\theta + m_2 v_{2f} \cos\beta \tag{5-11}$$

y-方向：$P_{oy} = P_{fy}$

$$-m_1 v_{10} \sin\alpha = m_1 v_{1f} \sin\theta - m_2 v_{2f} \sin\beta \tag{5-12}$$

如碰撞是彈性的，那麼，系統的動能也是守恆的。亦即

$$\frac{1}{2} m_1 v_{10}^2 + \frac{1}{2} m_2 v_{20}^2 = \frac{1}{2} m_1 v_{1f}^2 + \frac{1}{2} m_2 v_{2f}^2 \tag{5-13}$$

解 (5-11)、(5-12)、(5-13) 這三個聯立方程式，毫無疑問的，需要相當的技巧。且以特例示範。

設兩球的質量相等，即 $m_1 = m_2 = m$，且碰撞前，m_1 停在座標原點，即 $v_{10} = 0$。將這些條件代入 (5-11)、(5-12)、(5-13) 式中，可得

$$v_{20} = v_{1f} \cos\theta + v_{2f} \cos\beta \tag{5-14}$$

$$0 = v_{1f} \sin\theta - v_{2f} \sin\beta \tag{5-15}$$

$$v_{20}^2 = v_{1f}^2 + v_{2f}^2 \tag{5-16}$$

將 (5-14) 與 (5-15) 式平方後相加，並利用 $\sin^2 A + \cos^2 A = 1$ 與 $\cos(A+B) = \cos A \cos B - \sin A \sin B$ 的三角函數關係，可得

$$v_{2o}^2 = v_{1f}^2 + v_{2f}^2 + 2 v_{1f} v_{2f} \cos(\theta + \beta) \tag{5-17}$$

此式與 (5-16) 式比較，可見

$$2 v_{1f} v_{2f} \cos(\theta + \beta) = 0$$

合乎此式的要求，只有三種情況，即 (a) $v_{1f} = 0$；(b) $v_{2f} = 0$；或 (c) $\cos(\theta + \beta) = 0$。在 (a) 的情況下，碰撞無由發生；(b) 則屬於一維碰撞，亦與命題不合。因此，只有 (c) 才是合理的要求，亦即碰撞後，兩球沿互相垂直的方向 (即 $\theta + \beta = 90°$) 遠離。在撞球運動中，這種現象經常發生。

例題 5-5

在撞球桌上，白色母球以 2.0 m/s 的速率，撞上靜止的紅色球。如圖 5-9，若碰撞後，白球運動方向與原行進方向夾 37° 角，則白球與紅球在碰撞後的速度為何？(球檯的摩擦力可忽略)

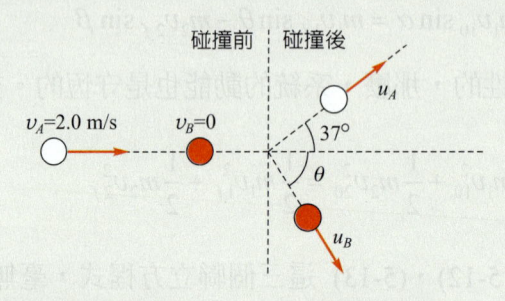

圖 5-9　白球與紅球二維碰撞示意圖。

解

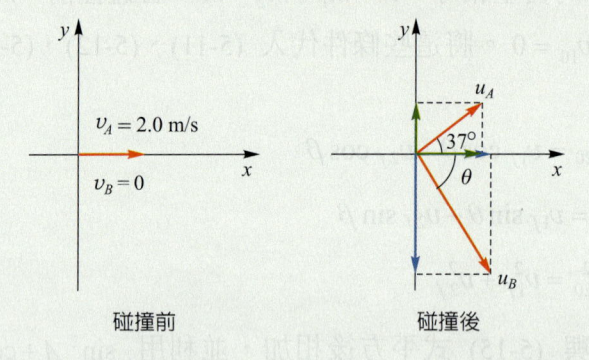

處理二維碰撞的問題，可將其分解至直角座標的 x、y 軸。

設碰撞前，白球速率為 $v_A = 2.0$ m/s，沿正 x 軸方向直進，紅球靜止 $v_B = 0$；碰撞後，白球速率為 u_A，與正 x 軸逆時鐘方向夾 37° 角，紅球的速率為 u_B，與正 x 軸順時鐘方向夾角為 θ。以向量式表示各球速度：

$$\vec{v}_A = 2.0\,\hat{i}\ \text{m/s}$$
$$\vec{v}_B = 0$$
$$\vec{u}_A = u_A \cos 37°\,\hat{i} + u_A \sin 37°\,\hat{j} = 0.8 u_A \hat{i} + 0.6 u_A \hat{j}\ \text{(m/s)}$$
$$\vec{u}_B = u_B \cos\theta\,\hat{i} - u_B \sin\theta\,\hat{j}$$

設每顆球的質量皆相等，由動量守恆定律，可得

$$\vec{P}_{\text{碰撞前}} = \vec{P}_{\text{碰撞後}}$$
$$m_A \vec{v}_A + m_B \vec{v}_B = m_A \vec{u}_A + m_B \vec{u}_B$$
$$\vec{v}_A + \vec{v}_B = \vec{u}_A + \vec{u}_B$$

x 軸方向　　$2.0 = 0.8u_A + u_B \cos\theta$ (1)

y 軸方向　　$0 = 0.6u_A - u_B \sin\theta$ (2)

由動能守恆定律，可得

$$K_{碰撞前} = K_{碰撞後}$$

$$\frac{1}{2}m_A v_A^2 + \frac{1}{2}m_B v_B^2 = \frac{1}{2}m_A u_A^2 + \frac{1}{2}m_B u_B^2$$

$$v_A^2 + v_B^2 = u_A^2 + u_B^2$$

$$4.0 = u_A^2 + u_B^2 \quad\quad\quad\quad\quad\quad\quad\quad\quad\quad (3)$$

由 (1) 式，$u_B \cos\theta = 2.0 - 0.8u_A$ (4)

由 (2) 式，$u_B \sin\theta = 0.6u_A$ (5)

(4)、(5) 二式各自平方，再相加，可得

$$u_B^2 = (2.0 - 0.8u_A)^2 + (0.6u_A)^2$$

$$u_B^2 = 4.0 - 3.2u_A + u_A^2 \quad\quad\quad\quad\quad\quad\quad (6)$$

將 (6) 式代入 (3) 式，可得

$$4.0 = u_A^2 + (4.0 - 3.2u_A + u_A^2)$$

$$2u_A^2 - 3.2u_A = 0$$

$$2u_A(u_A - 1.6) = 0$$

$$\Rightarrow \begin{cases} u_A = 0\ (不合) \\ u_A = 1.6\ (\text{m/s}) \end{cases}$$

$u_A = 1.6$ m/s 代入 (3) 式

$$4.0 = 1.6^2 + u_B^2$$

$$\Rightarrow u_B = 1.2\ (\text{m/s})$$

(5) 式除以 (4) 式

$$\Rightarrow \frac{u_B \sin\theta}{u_B \cos\theta} = \frac{0.6u_A}{2.0 - 0.8u_A}$$

$$\tan\theta = \frac{0.6 \times 1.6}{2.0 - 0.8 \times 1.6} = \frac{0.96}{0.72}$$

$$\theta = \tan^{-1}\frac{0.96}{0.72}$$
$$\approx 53°$$

碰撞後，白球速率以 1.6 m/s，與原行進方向夾 37° 角，紅球的速率為 1.2 m/s，與原行進方向夾 53° 角，二球運動速度方向互相垂直。

5-4 質量中心

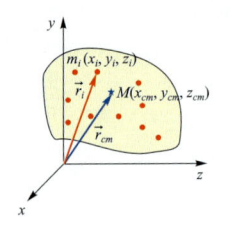

學習方針

質量中心：

　簡稱為質心；多質點系統中，可視為全部質量集中於其上的點，此點的運動狀態，可以牛頓的運動定律來描述。

質心座標：

$$\begin{cases} x_{cm} = \dfrac{\sum_i (m_i x_i)}{M} = \dfrac{\sum_i (m_i x_i)}{\sum m_i} \\ y_{cm} = \dfrac{\sum_i (m_i y_i)}{M} = \dfrac{\sum_i (m_i y_i)}{\sum m_i} \\ z_{cm} = \dfrac{\sum_i (m_i z_i)}{M} = \dfrac{\sum_i (m_i z_i)}{\sum m_i} \end{cases} \quad 或 \quad \begin{cases} x_{cm} = \dfrac{\int x\,dm}{M} = \dfrac{\int x\,dm}{\int dm} \\ y_{cm} = \dfrac{\int y\,dm}{M} = \dfrac{\int y\,dm}{\int dm} \\ z_{cm} = \dfrac{\int z\,dm}{M} = \dfrac{\int z\,dm}{\int dm} \end{cases}$$

質心位置向量：

$$\vec{r}_{cm} = \frac{\sum_i m_i \vec{r}_i}{\sum_i m_i} = \frac{\sum_i m_i \vec{r}_i}{M}$$

　多質點系統中，各質點的位置、速度，時刻不同，難以預測。但是不管質點的分佈形態、運動狀況，必可找到一點，系統所有質量全都集中其上，所有外力亦交匯於此。它的運動狀態完全可以牛

頓的運動定律規範。因此，對複雜系統運動狀況的分析，大有執簡御繁的功效。這樣的一點便稱為系統的質量中心 (center of mass)，或簡稱為質心。它可以在物體內一點，或是在空間中一點；是系統內的一點，亦或存在系統之外。

設系統的第 i 個質點的質量為 m_i，於時刻 t 的瞬間，其位置向量為 $\vec{r}_i$，如此，則系統的動量

$$\vec{p} = m_1\vec{v}_1 + m_2\vec{v}_2 + \cdots + m_n\vec{v}_n$$
$$= m_1\frac{d\vec{r}_1}{dt} + m_2\frac{d\vec{r}_2}{dt} + \cdots + m_n\frac{d\vec{r}_n}{dt}$$
$$= \sum_i m_i \frac{d\vec{r}_i}{dt}$$
$$\vec{p} = \sum_i \frac{d(m_i\vec{r}_i)}{dt} \tag{5-18}$$

以質心代表系統，令 $\vec{p} = M\dfrac{d\vec{r}_{cm}}{dt}$，其中 $M = \sum_i m_i$ 是系統的總質量，$\vec{r}_{cm}$ 是質心的位置向量，代入 (5-18) 式，可得

$$\vec{p} = \sum \vec{p}_i$$
$$M\vec{v}_{cm} = \sum_i m_i \vec{v}_i$$
$$\vec{v}_{cm} = \frac{\sum_i m_i \vec{v}_i}{\sum_i m_i}$$

$$M\frac{d\vec{r}_{cm}}{dt} = \sum_i \frac{d(m_i\vec{r}_i)}{dt}$$

$$M\vec{r}_{cm} = \sum_i (m_i\vec{r}_i)$$

$$\vec{r}_{cm} = \frac{\sum_i(m_i\vec{r}_i)}{M} = \frac{\sum_i(m_i\vec{r}_i)}{\sum m_i} \tag{5-19}$$

如質點為數甚多，或系統為一質量連續分佈的物體，則 (5-19) 式可寫成下示的積分形式：

$$\vec{r}_{cm} = \frac{\int \vec{r}\, dm}{M} = \frac{\int \vec{r}\, dm}{\int dm} \tag{5-20}$$

以直角座標表示，則為

$$\begin{cases} x_{cm} = \dfrac{\sum_i (m_i x_i)}{M} = \dfrac{\sum_i (m_i x_i)}{\sum_i m_i} \\ y_{cm} = \dfrac{\sum_i (m_i y_i)}{M} = \dfrac{\sum_i (m_i y_i)}{\sum_i m_i} \\ z_{cm} = \dfrac{\sum_i (m_i z_i)}{M} = \dfrac{\sum_i (m_i z_i)}{\sum_i m_i} \end{cases} \qquad (5\text{-}21)$$

$$\begin{cases} x_{cm} = \dfrac{\int x\, dm}{M} = \dfrac{\int x\, dm}{\int dm} \\ y_{cm} = \dfrac{\int y\, dm}{M} = \dfrac{\int y\, dm}{\int dm} \\ z_{cm} = \dfrac{\int z\, dm}{M} = \dfrac{\int z\, dm}{\int dm} \end{cases} \qquad (5\text{-}21)'$$

例題 5-6

將質量均為 m 的三個小球，置放在邊長為 a 的正三角形三個頂點。求三個小球所組成系統的質量中心位置？

解

$h = \sqrt{a^2 - (\dfrac{1}{2}a)^2} = \dfrac{\sqrt{3}}{2}a$

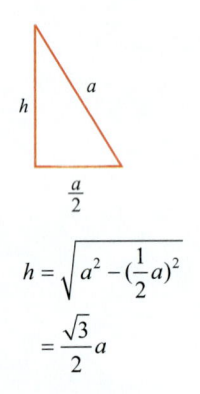

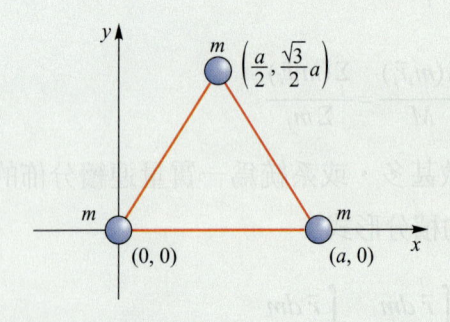

設質量均為 m 的三個小球，分別位在直角座標 $(0, 0)$、$(a, 0)$、$(\dfrac{a}{2}, \dfrac{\sqrt{3}}{2}a)$ 三個位置上。由質量中心的定義，可得

$$x_{cm} = \frac{\sum_i (m_i x_i)}{\sum_i m_i} \Rightarrow x_{cm} = \frac{m \times 0 + m \times a + m \times \frac{a}{2}}{m + m + m}$$

$$= \frac{1}{2}a$$

$$y_{cm} = \frac{\sum_i (m_i y_i)}{\sum_i m_i} \Rightarrow y_{cm} = \frac{m \times 0 + m \times 0 + m \times \frac{\sqrt{3}}{2}a}{m + m + m}$$

$$= \frac{\sqrt{3}}{6}a$$

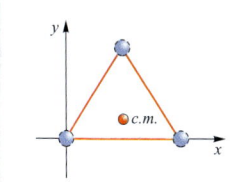

故知，邊長為 a 的正三角形，在三個頂點置放等質量的小球，所組成系統的質量中心為 $(\frac{1}{2}a, \frac{\sqrt{3}}{6}a)$。

習題

5-1 球桿擊中質量 70 g 的靜止高爾夫球，球飛出的速率為 45 m/s，若球桿與球的接觸時間為 0.011 s，則球所受的平均作用力為何？

5-2 有一質量為 0.30 kg 的球，當此靜止的球從 7.35 m 的高處自由落下，彈起高度 4.13 m，球與地面接觸時間 0.03 s，不計空氣阻力，請計算地面施於球的平均作用力？

5-3 有一質量 7.0 kg 的物體，靜置於一無摩擦的水平面上，受到 21 N 的水平力作用，求 10 s 後物體的動量大小？

5-4 軍用 AK47 突擊步槍，含彈匣總質量 4.8 kg，水平射出一質量 20 g 的子彈，子彈由靜止到離開槍口需 0.1 s，子彈出槍口的速度為 710 m/s，若槍托離開槍手肩膀，求：(1) 子彈離開槍口時，步槍的後座速度？(2) 平均後座力？

5-5 有一靜置於地面的爆裂物突然沿水平方向爆炸，分裂成質量比為 2：7 的 A、B 兩碎片，求：(1) 碎片 A 及 B 動量大小的比？(2) A 及 B 的速率比？(3) A 及 B 的動能比？(4) 爆炸後系統的總動量？

5-6 在一無摩擦的水平桌面上，一質量 12 kg 的物體以 9.0 m/s 的速度向西運動，另一質量 7.0 kg 的物體以 10 m/s 的速度向東運動，求：(1) 兩物體對撞後連在一起的末速度？(2) 系統動能損失多少？

普通物理

5-7 有一質量 5.0 kg 的木塊靜止於動摩擦係數 0.30 的水平面上，一子彈 (質量 50 g) 水平射入木塊，與木塊一同滑行 5.0 m 後停止，求子彈射入木塊前的速率？(g = 9.80 m/s^2)

5-8 質量 3 kg 之 A 物體，以 8 m/s 速率，撞向質量 5 kg 的靜止 B 物體。兩物體做彈性碰撞後，A 與原來入射方向夾 90° 離去，求碰撞後 B 的速度？

5-9 如下圖所示，一厚度均勻的圓盤，半徑 1 m，在圓盤內挖去半徑 0.5 m 的內切圓，剩餘部分的質心，距原來圓盤的圓心為多少公尺？

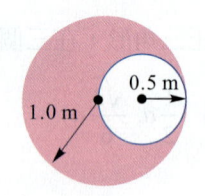

5-10 如下圖，在撞球桌上，白色母球以 2.0 m/s 的速率，正向撞上靜止的紅色球。若白球在碰撞後靜止，則紅球在碰撞後的速率是多少？(假設球檯的摩擦力可忽略)

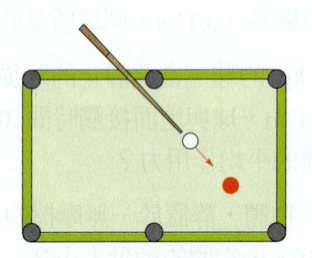

白色球撞擊靜止的紅色球示意圖。

Chapter 6 剛體的轉動

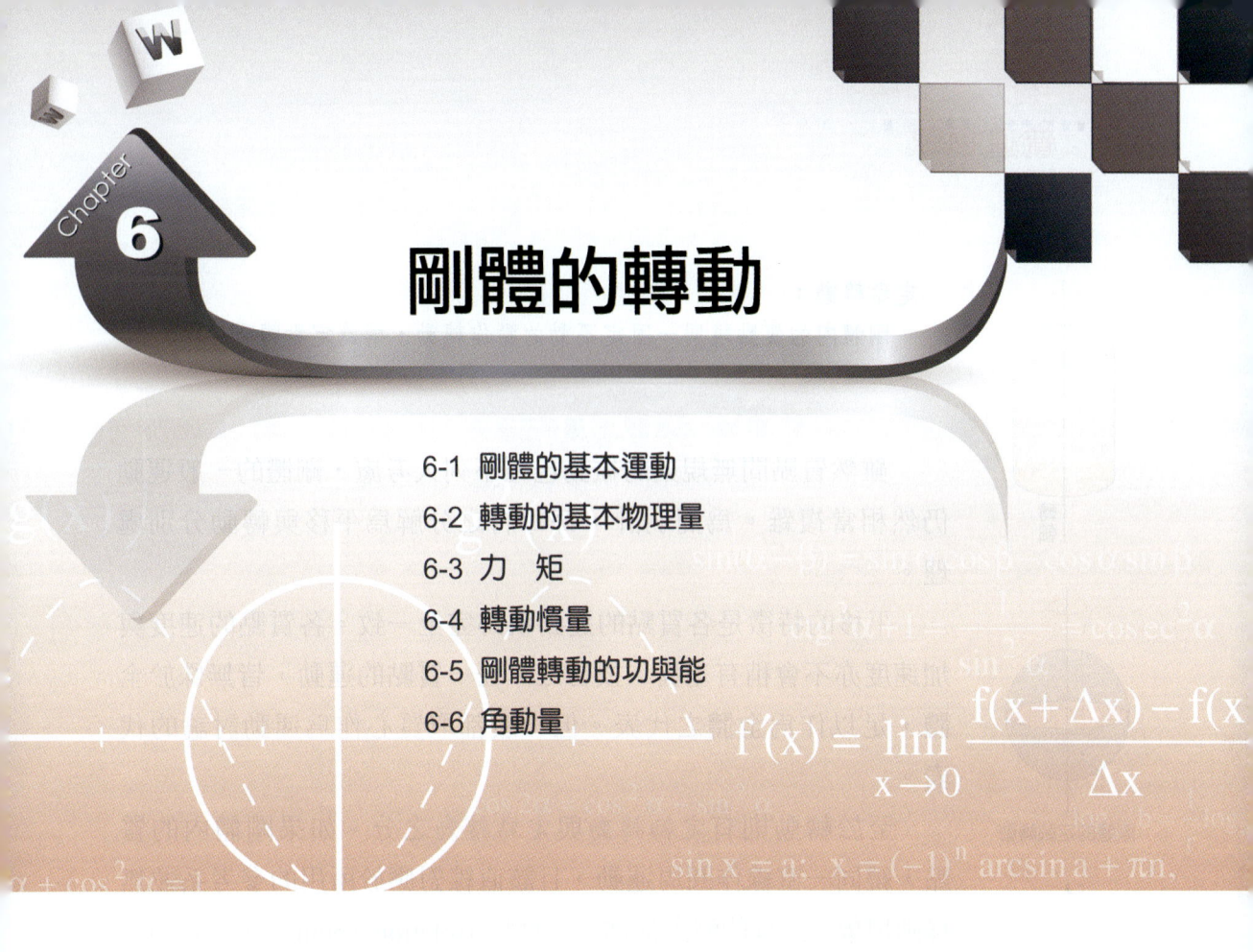

6-1 剛體的基本運動
6-2 轉動的基本物理量
6-3 力　矩
6-4 轉動慣量
6-5 剛體轉動的功與能
6-6 角動量

　　單一質點的平移 (translation) 運動，由牛頓的運動三定律便足以精確規範。但實際的物體都是由多質點系統所組成。它們除了平移之外，還可作轉動 (rotation) 與振動 (vibration)。轉動是所有質點繞一定軸或一定點，作週而復始的運動。像平移一樣，轉動也有三個自由度。本章將針對轉動機制，作提綱挈領的陳述。

　　質點間不作相對運動，則物體在運動時，質點間的相對位置不會改變，符合這樣假設的物體，稱為剛體 (rigid body)。但是根據上文所述，物體受力作用，多少都會發生形變，所以實際上剛體是不存在的，它只是力學中物體的理想模型之一，用以簡化繁瑣的分析，使物理現象更易於確實掌握，靈活運用而已。

6-1 剛體的基本運動

定軸轉動：
剛體內的質點繞同一固定不動的軸作轉動，稱為定軸轉動。

定點轉動：
剛體內的質點繞同一固定不動的點作轉動，稱為定點轉動。

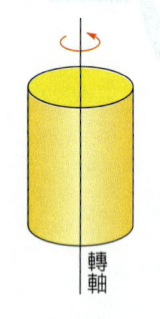

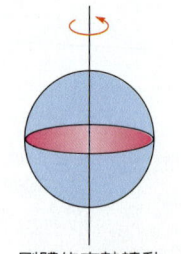

轉軸

剛體的定軸轉動

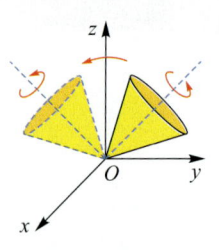

繞定點 O 轉動的剛體。

雖然質點間無規則的振動已經不列入考慮，剛體的一般運動仍然相當複雜。為簡明計，每每將之分解為平移與轉動分別處理。

平移的特徵是各質點的運動軌跡完全一致。各質點的速度與加速度亦不會稍有差異。換言之，任一質點的運動，皆無殊於全體，足以作為全體之代表。但一般都取質心作為運動討論的代表。

至於轉動則有定軸轉動與定點轉動之分。如果剛體內的質點，繞同一直線作圓周運動，且該直線對應於所用的參考系並無移動現象，這樣的轉動稱為定軸轉動 (rotation about a fix axis)，該直線則稱為轉軸 (axis of rotation)。門扉的開合、電扇的旋轉等屬之。如轉軸的方向亦在變更，只有一點對應於參考系為靜止者，則稱為定點轉動 (rotation about a fix point)。定點轉動比定軸轉動複雜，下文討論以定軸為主。

6-2 轉動的基本物理量

6-2-1 角位移、角速度與角加速度

角位移：
轉體在二不同時刻間，所轉動的角度；單位為弧度 (rad)。
$$d\theta = \theta(t+dt) - \theta(t)$$

角速度：
轉體在單位時間，所轉動的角位移；單位為弧度/秒 (rad/s)。
$$\omega = \frac{d\theta}{dt}$$

角加速度：
轉體在單位時間，轉動時的角速度變化；單位為弧度/秒^2 (rad/s^2)。
$$\alpha = \frac{d\omega}{dt} = \frac{d^2\theta}{dt^2}$$

令剛體的轉軸為 z 軸，朝上的方向為正，且設剛體繞逆時鐘的方向轉動。在其上任取離轉軸遠近不等的兩點，A、B，並畫水平

小品
旋轉木馬

旋轉木馬是遊樂場機動遊戲的一種。在一個旋轉的平台上有座位供遊客乘坐，這些座位傳統上都會裝飾成木馬，並且會上下移動。

最早有紀錄的旋轉木馬在拜占庭帝國時已經出現。

第一個以蒸汽推動的旋轉木馬約在 1860 年於歐洲出現。

現在依然可以在各大小遊樂場、商場等地見到各式各樣的旋轉木馬。

旋轉木馬。(攝於關西小人國)

狂飆幽浮為小人國的室內遊樂設施，底部固定在一點，但其主體可急速傾斜旋轉。
(攝於關西小人國)

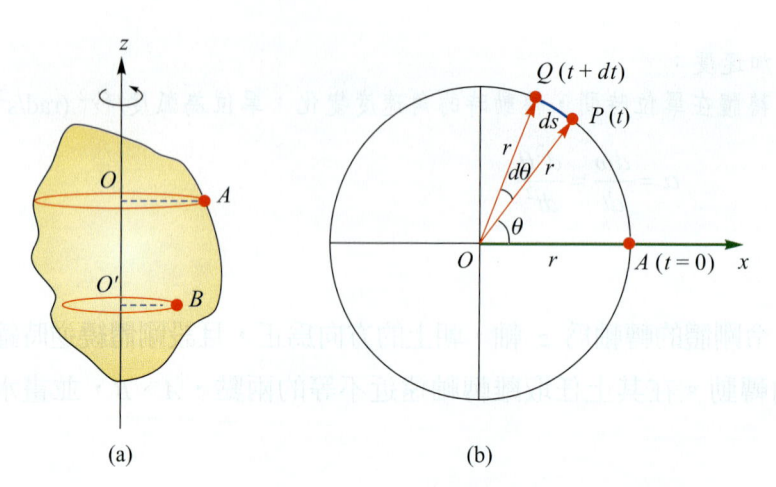

圖 6-1 (a) 定軸轉動的物體；(b) 物體上質點 A 轉動示意圖。

線，分別自轉軸延伸至 A 與 B (參看圖 6-1)。可見剛體每轉一周，A、B 必同時回到原處，顯示 $\overline{OA}$ 與 $\overline{O'B}$ 係以同步的方式，一起劃過空間。從上方俯瞰，則可見 A、B 兩點均以轉軸為中心，各作半徑不等的圓周運動。由於它們的運動是同步的，任取其一，可涵蓋其餘。

設轉動開始時，$t = 0$，A 點在轉軸的正右方，取這時候的 $\overline{OA}$ 連線，作為轉動的參考線，定為 x 軸 [圖 6-1(b)]。因 $\overline{OA}$ 與 x 軸重合，故其夾角 $\theta = 0°$。於時刻 t，A 在 P 點，$\overline{OA}$ 與 x 軸的夾角為 θ。稍後，即 $t + dt$，A 移至 Q 點，夾角為 $\theta + d\theta$。由於 A 點是以點 O 為中心，作圓周運動，且 $\overline{OA}$ 的長短為半徑 r，那麼，只要曉得 θ 的大小，便不難確定 A 的位置。更因剛體內質點的相對位置不會改變，定出 A 的位置，即可知其它質點的位置。轉動的**角位移** (angular displacement) $d\theta$，如同直線運動的位移一樣，是描述轉動最基本的物理量。角位移一般都以弧度 (radian, rad) 為單位。其與弧長 ds 及半徑 r 的比值，

1 rev = 2π rad
= 360°

$$d\theta = \frac{ds}{r} \tag{6-1}$$

圖 6-1 顯示，剛體繞轉軸作逆時鐘轉動。但它也能沿順時鐘的方向轉動。為區別這兩種運動起見，訂定前者的轉角 θ 為正，後者為負。則角位移和直線運動的線位移一樣，也有方向性。

沿用質點運動學的法則，將角位移 $d\theta$ 的時間變化率，定義為轉動的**瞬時角速度** (instantaneous angular velocity)，簡稱**角速度** (angular velocity, $\vec{\omega}$)，其大小可表示如下：

$$\omega = \frac{d\theta}{dt} \tag{6-2}$$

角速度的單位為弧度/秒 (rad/s)。

同理，**瞬時角加速度**或**角加速度** (angular acceleration, α) 也可定義為角速度的時間變化率，其大小：

$$\alpha = \frac{d\omega}{dt} = \frac{d^2\theta}{d^2t} \tag{6-3}$$

角加速度的單位為弧度/秒^2 (rad/s^2)。

如轉動時，角加速度 α 不隨時間而變化，這樣的轉動稱為等角加速度轉動。利用與質點運動學同樣的推理方法，若設 $t = 0$ 時，$\theta = 0$，則可以導出如下的運動方程式：

$$\omega = \omega_0 + \alpha t \tag{6-4}$$

$$\theta = \omega_0 t + \frac{1}{2}\alpha t^2 \tag{6-5}$$

$$\omega^2 = \omega_0^2 + 2\alpha\theta \tag{6-6}$$

式中 ω_0 為轉動的初角速度，ω 為末角速度。(6-4)、(6-5) 及 (6-6) 式與 (2-15b)、(2-16b) 及 (2-17b) 式有相同的形式。

例題 6-1

方程式賽車由靜止狀態開始，沿直線跑道加速向前奔馳。若車行進時不打滑，車輪半徑為 0.20 m，其轉動的角位移大小 $\theta(t)$ 與時間 t 的關係為 $\theta(t) = t^3 + 6.00t^2$ (rad)。試問：10 s 後，

觀點：
1. 由已知任意時刻的角位移大小 $\theta(t)$，求出角速度大小 $\omega(t)$、角加速度大小 $\alpha(t)$ 與時間 t 的關係

$$\omega(t) = \frac{d\theta(t)}{dt}$$

$$\alpha(t) = \frac{d\omega(t)}{dt}$$

2. 將時間帶入 $\theta(t)$、$\omega(t)$、$\alpha(t)$，即可求得某時間點的轉動狀態。
3. 一圈
   1 rev = 360°
   　　　= 6.28 rad

(1) 車行進的路徑長；
(2) 車輪轉動的角速度大小；
(3) 車輪轉動的角加速度大小。

解

車輪轉動的角位移大小 $\theta(t)$ 與時間 t 的關係為

$$\theta(t) = t^3 + 6.00 t^2 \text{ (rad)}$$

轉動的角速度大小 $\omega(t)$ 與時間 t 的關係為

$$\omega(t) = \frac{d\theta(t)}{dt}$$
$$= \frac{d}{dt}(t^3 + 6.00 t^2)$$
$$= 3t^2 + 12.0t \text{ (rad/s)}$$

轉動的角加速度大小 $\alpha(t)$ 與時間 t 的關係為

$$\alpha(t) = \frac{d\omega(t)}{dt}$$
$$= \frac{d}{dt}(3t^2 + 12.0t)$$
$$= 6t + 12.0 \text{ (rad/s}^2\text{)}$$

(1) 10 s 後，車輪轉動的角位移大小

$$\theta(10.0) = (10.0)^3 + (6.00)(10.0)^2$$
$$= 1.60 \times 10^3 \text{ (rad)}$$

因車輪轉一圈 (rev)，其角位移為 2π。故 10 s 後，車輪轉動的圈數

$$n(t) = \frac{\theta(t)}{2\pi} \xrightarrow{t = 10.0 \text{ s}} n(10.0) = \frac{\theta(10.0)}{2\pi}$$
$$= \frac{1.60 \times 10^3}{2\pi}$$
$$\approx 2.55 \times 10^2 \text{ (rev)}$$

因車輪半徑為 0.20 m，且行進時不打滑。故車輪轉一圈之行進路徑長為 $2\pi r = (2\pi)(0.20)$。

因此，10 s 後，車行進的路徑長

$$s(10) = n(2\pi)(0.20)$$
$$= (2.55 \times 10^2)(2\pi)(0.20)$$
$$= 3.20 \times 10^2 \text{ (m)}$$

(2) 因車輪轉動的角速度大小，

$$\omega(t) = 3t^2 + 12t \text{ (rad/s)}$$

故 10 s 後，車輪轉動的角速度大小

$$\omega(10) = (3)(10.0)^2 + (12.0)(10.0)$$
$$= 4.20 \times 10^2 \text{ (rad/s)}$$

(3) 因車輪轉動的角加速度大小

$$\alpha(t) = 6t + 12 \text{ (rad/s}^2\text{)}$$

故 10 s 後，車輪轉動的角加速度大小

$$\alpha(10.0) = (6)(10.0) + 12.0$$
$$= 72.0 \text{ (rad/s}^2\text{)}$$

小品
一級方程式賽車

　　一級方程式賽車 (Formula One，簡稱 F1) 是由國際汽車聯盟 (FIA) 舉辦的最高等級的年度系列場地賽車比賽，全名是「一級方程式錦標賽」。比賽採用的賽車為單座四輪，敞開式座艙。

　　F1 錦標賽前身是 1920 年代和 1930 年代舉行的歐洲大獎賽。為了公平性與安全性，賽車運動的主辦者制訂賽車的統一規格，只有依照規格製造的賽車才能參賽，這種賽車便稱為「方程式賽車」。F1 是 FIA 制訂的方程式賽車規範等級最高的，因此以 1 命名。並在 1950 年，由 FIA 於英國銀石賽道上舉行第一場 F1 錦標賽。

參考網站：http://zh.wikipedia.org/wiki/一級方程式賽車。

例題 6-2

方程式賽車以初角速度大小 $\omega_0 = 20.0$ rad/s，等角加速度大小 $\alpha = 40.0$ rad/s^2，沿直線跑道加速向前奔馳。若車行進時不打滑，則 10 s 後，
(1) 車輪轉動的角速度大小為何？
(2) 車輪轉動的角位移大小為何？

解

由等角加速度轉動的運動方程式：

$$\omega = \omega_0 + \alpha t$$
$$\theta = \omega_0 t + \frac{1}{2}\alpha t^2$$
$$\omega^2 = \omega_0^2 + 2\alpha\theta$$

(1) 10 s 後之角速度大小

$$\begin{aligned}\omega &= \omega_0 + \alpha t \\ &= 20.0 + (40.0)(10.0) \\ &= 4.2\times 10^2 \text{ (rad/s)}\end{aligned}$$

(2) 10 s 後之角位移大小

$$\begin{aligned}\theta &= \omega_0 t + \frac{1}{2}\alpha t^2 \\ &= (20.0)(10.0) + (\frac{1}{2})(40.0)(10.0)^2 \\ &= 2.20\times 10^3 \text{ (rad)}\end{aligned}$$

方程式賽車以初角速度大小 $\omega_0 = 20.0$ rad/s，等角加速度大小 $\alpha = 40.0$ rad/s^2，沿一直線跑道奔馳。10 s 後，車輪轉動的角速度大小為 4.2×10^2 rad/s，角位移大小為 2.20×10^3 rad。

6-2-2 線變量與角變量的關係

根據剛體的定義，質點間的相對距離，不會因轉動而改變。所以，當它繞轉軸轉動時，其上每一質點均作同步的圓周運動。換言之，各質點的角速度大小 ω 應該一致。但它們離轉軸有遠有近，其圓周軌跡因此也就各有長短。離轉軸越遠的質點，在同一時間

內,繞行的距離必也越長。也就是說,它的 線速率 (linear speed) 越大。因此,描述剛體的定軸轉動時,除了前述的 θ、ω、α 等角變量以外,s、v、a 等線變量也非常有用。

如質點離轉軸的距離 r 為已知,根據 (6-1) 式 $ds = r d\theta$,ds 對時間的變化率,可得質點切線速度大小 v

$$v = \frac{ds}{dt} = r\frac{d\theta}{dt}$$

$$v = r\omega \tag{6-7}$$

再微分則得

$$a = \frac{dv}{dt} = r\frac{d\omega}{dt} = \frac{r d^2\theta}{dt^2}$$

$$a = r\alpha$$

以 $\frac{d\vec{v}}{dt}$ 代表質點運動的加速度 $\vec{a}$,則 $\vec{a}$ 沿圓周運動的切線方向之分量 $\vec{a}_t$,稱為 切向加速度 (tangential acceleration),或稱切線加速度,其大小等於 $r\alpha$,即

$$a_t = r\alpha \tag{6-8}$$

加速度 $\vec{a}$ 沿法線方向之分量 $\vec{a}_n$,稱為 法向加速度,或稱法線加速度。根據 (2-34b) 式,它的大小 a_n 等於 $\frac{v^2}{r}$。將 (6-7) 式的結果代入,可得

$$a_n = \frac{v^2}{r} = r\omega^2 \tag{6-9}$$

從 (6-8) 與 (6-9) 式可見,剛體轉動時,只要角速度 $\vec{\omega} \neq 0$,便有一法線加速度 $\vec{a}_n$,促使質點不斷改變其運動方向。但切線方向速率的增減,則取決於角加速度 α 的正負。如 $\vec{\alpha} = 0$,則剛體作等角速度的轉動。

法向加速度與質量乘積稱為法向力,法向力主要在改變質點運動方向。

向心加速度:
在圓周運動時,法向加速度永遠指向圓心,此時法向加速度稱為向心加速度。

6-2-3 轉動的向量處理

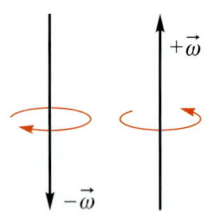

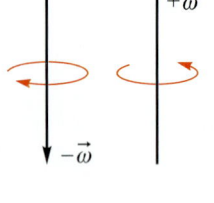

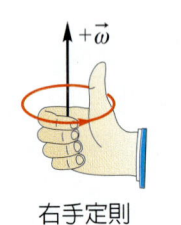

平均角速度：

$$\bar{\vec{\omega}} = \frac{\Delta \vec{\theta}}{\Delta t}$$

瞬時角速度：

$$\vec{\omega} = \lim_{\Delta t \to 0} \frac{\Delta \vec{\theta}}{\Delta t} = \frac{d\vec{\theta}}{dt}$$

右手螺旋定則：
彎曲右手四指，代表轉動的方向，豎起拇指，其所指的方向，便定為角速度 $\vec{\omega}$ 的方向。

右手定則

　　線變量常用向量表示，角變量既與它們有對應的關係，也應可用向量描繪。但角位移只有在無限小的情況下，才符合向量運算的法則。根據瞬時角速度的定義，$\vec{\omega}$ 是 $\vec{\theta}$ 在無限短的時間內所作的變化，因此自可視為一向量，其方向則以下述的**右手定則** (right-hand rule) 訂定：

右手四指順著轉動的方向彎曲，豎起拇指，拇指所指的方向，定為角速度 $\vec{\omega}$ 的方向。

　　用圖 6-1 的轉動為例，將俯瞰圖 6-1(b)，改畫成如圖 6-2 的側面圖。質點 A 的轉動面與轉軸 z 垂直，其交點 O 是質點 A 運動軌跡的圓心。由於轉軸在所選用的參考系中固定不動，O 點應沒有移動的跡象，可作座標系的原點。如是，則參考系中任一水平方向都可取為參考方向，而定之為 x 軸。設質點 A 在 P 點時的位置向量為 $\vec{r}$，其與 x 軸的夾角為 θ。在瞬時的情況下，轉動的角度可視為向量處理，則質點的角速度為 $\vec{\omega} = \dfrac{d\vec{\theta}}{dt}$。依右手定則的規定，$\vec{\omega}$ 的方向應與 z 軸同向。

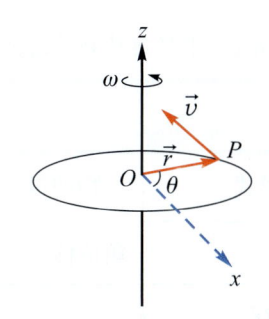

圖 6-2 圖 6-1(b) 的側面圖。

　　從圖 6-2 可見，$\vec{r}$、$\vec{v}$ 與 $\vec{\omega}$ 彼此垂直，根據右手座標系的規定，它們應有如下的關係：

$$\vec{v} = \vec{\omega} \times \vec{r} \tag{6-10}$$

將 (6-10) 式對 t 微分

$$\begin{aligned}\vec{a} &= \frac{d\vec{v}}{dt} \\ &= \frac{d\vec{\omega}}{dt} \times \vec{r} + \vec{\omega} \times \frac{d\vec{r}}{dt} \\ &= \vec{\alpha} \times \vec{r} + \vec{\omega} \times \vec{v}\end{aligned} \tag{6-11}$$

式中 $\vec{\alpha} \times \vec{r}$ 是質點 A 的切向加速度 $\vec{a}_t$，其大小見 (6-8) 式。$\vec{\omega} \times \vec{v}$ 則是質點 A 的法向加速度 $\vec{a}_n$，其大小同 (6-9) 式。(6-11) 式表明

$$\vec{a} = \vec{a}_t + \vec{a}_n \tag{6-12}$$

$\vec{v} = \vec{\omega} \times \vec{r}$
$v = \omega r \sin 90°$
$\quad = \omega r$

$a_t = r\alpha$
$a_n = v\omega$
$\quad = r\omega^2$

對定軸轉動而言，$\vec{\omega}$ 與 $\vec{\alpha}$ 的方向只有與轉軸 z 相同或相反的兩種可能，故一般多視為純量處理，分別以 (6-8) 與 (6-9) 式計算。當 $\vec{\omega}$ 與 $\vec{\alpha}$ 同向時，$\vec{a}_t$ 與 $\vec{v}$ 也同向，剛體作加速轉動，$\vec{\omega}$ 與 $\vec{v}$ 的大小增加；反之，如 $\vec{\omega}$ 與 $\vec{\alpha}$ 異向，$\vec{a}_t$ 與 $\vec{v}$ 反向，則剛體作減速轉動，$\vec{\omega}$ 與 $\vec{v}$ 的大小遞減。但是 $\vec{a}_n$ 的方向，無論在哪種情況，恆指向運動軌跡的曲率中心。剛體上各點的運動，既然都是同步的，在任何時刻，整個剛體應該只有一個 $\vec{\omega}$ 與一個 $\vec{\alpha}$，但根據 (6-8) 與 (6-9) 式，各質點隨其離轉軸的遠近，應有不同大小的 $\vec{v}$ 與 $\vec{a}$。參看表 6-1，可見平移與轉動實有對應的關係。

表 6-1　平移與轉動的對應關係

平　移		轉　動	
物理量	數學形式	物理量	數學形式
線位移	$\vec{r}$	角位移	$\vec{\theta}$
線速度	$\vec{v} = \dfrac{d\vec{r}}{dt}$	角速度	$\vec{\omega} = \dfrac{d\vec{\theta}}{dt}$
線加速度	$\vec{a} = \dfrac{d\vec{v}}{dt} = \dfrac{d^2\vec{r}}{dt^2}$	角加速度	$\vec{\alpha} = \dfrac{d\vec{\omega}}{dt} = \dfrac{d^2\vec{\theta}}{dt^2}$
等線加速度運動方程式	$\vec{v} = \vec{v}_0 + \vec{a}t$	等角加速度運動方程式	$\vec{\omega} = \vec{\omega}_0 + \vec{\alpha}t$
	$\vec{r} = \vec{v}_0 t + \dfrac{1}{2}\vec{a}t^2$		$\vec{\theta} = \vec{\omega}_0 t + \dfrac{1}{2}\vec{\alpha}t^2$
	$\vec{v}^2 = \vec{v}_0^2 + 2\vec{a}\cdot\vec{r}$		$\vec{\omega}^2 = \vec{\omega}_0^2 + 2\vec{\alpha}\cdot\vec{\theta}$

表 6-1 參數的取代：
時間
$t_0 = 0$，$t_f = t$
$\Rightarrow \Delta t = t_f - t_0 = t$

位置向量
$\vec{r}_0 = 0$，$\vec{r}_f = \vec{r}$

位移
$\Rightarrow \Delta \vec{r} = \vec{r}_f - \vec{r}_0 = \vec{r}$

角位置向量
$\vec{\theta}_0 = 0$，$\vec{\theta}_f = \vec{\theta}$

角位移
$\Rightarrow \Delta \vec{\theta} = \vec{\theta}_f - \vec{\theta}_0 = \vec{\theta}$

例題 6-3

如圖 6-3，質量 1.00 kg 的質點，以 2.00 m/s 的等速率，在 x-y 平面上，以逆時鐘方向，繞著 z 軸作圓周運動。若圓半徑 1.00 m，且開始 ($t = 0$ s) 時，質點剛好在 x 軸上，試問：

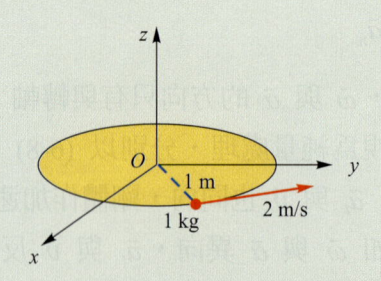

圖 6-3　質點繞 z 軸等速率運動示意圖。

(1) 質點運動的角速率與角速度為若干？
(2) 5.00 s 後，質點的角位移為何？
(3) 5.00 s 後，質點所在位置與 x 軸的夾角為若干？
(4) 質點受到的向心加速度與向心力大小，分別為何？

解

(1) 質點作圓周運動時，切線速率與角速率的關係為

$$v = r\omega$$

因此，其角速率

$$\omega = \frac{v}{r} = \frac{2.00}{1.00} = 2.00 \text{ (rad/s)}$$

質點以逆時鐘的方向，繞著 z 軸作圓周運動。根據右手定則，其角速度 $\vec{\omega}$ 的方向，應與 $+z$ 軸方向相同。故其角速度

$$\vec{\omega} = 2.00\hat{k} \text{ (rad/s)}$$

(2) 質點作等速率圓周運動時，其角速度 $\vec{\omega}$ 為一定量，5.00 s 後質點的角位移為

$$\vec{\theta} = \vec{\omega}t \Rightarrow \vec{\theta} = (2.00\hat{k})(5.00)$$
$$= 10.0\hat{k} \text{ (rad)}$$

(3) 5.00 s 後質點所在位置，與 x 軸的夾角為 $\theta = 10.0$ rad，大於 2π，但小於 4π；故知 5.00 s 的時間，質點繞圓周一圈多，因此，這時候質點所在位置，與 x 軸的夾角

$$\Delta\theta = 10.0 - 2\pi$$
$$\approx 3.72 \text{ (rad)}$$

(4) 質點受到的向心加速度大小

$$a_c = \frac{v^2}{r} \Rightarrow a_c = \frac{(2.00)^2}{1.00}$$
$$= 4.00 \text{ (m/s}^2\text{)}$$

質點受到的向心力大小

$$F_c = ma_c \Rightarrow F_c = (1.00)(4.00)$$
$$= 4.00 \text{ (N)}$$

質點受到的向心加速度大小為 4.00 m/s^2，與向心力大小為 4.00 N，二者方向皆指向圓心。

線速度與角速度的關係：

$$\vec{v} = \vec{\omega} \times \vec{r}$$

因質點角速度 $\vec{\omega}$，與其位置向量 $\vec{r}$ 相互垂直，故質點的速率：

$$v = \omega r \sin 90°$$
$$= \omega r$$

$$a_c = r\omega^2$$
$$= (1.00)(2.00)^2$$
$$= 4.00 \text{ (m/s}^2\text{)}$$

普通物理

rpm：
為角速度的表示，意為每分鐘轉動的圈數。
1 rpm = 1 rev/min
　　　= 2π/60 rad/s

隨堂練習

6-1 馬達由靜止開始，以等角加速度轉動，在 0.5 s 的時間內，馬達轉速到達 30 rpm，則馬達轉動的角加速度大小為何？

6-2 轉動中的車輪，若其角位移與時間關係為 $\theta(t) = 2t + 3$。則
(1) 當時間 $t = 2$ s 時，瞬時角速度大小為多少？
(2) 時間 $t = 0$ s 到 $t = 2$ s 時，平均角速度大小為多少？

6-3 遊樂場中的旋轉木馬，其中一匹木馬 H，距固定軸 2.0 m，若 H 的角位移 θ (rad) 和時間 t (s) 的關係式為 $\theta(t) = 2 - 3t + 2t^2$，則
(1) 木馬 H 是否為等角加速度運動？
(2) 木馬 H，2 秒末的角速度大小為何？
(3) 木馬 H，2 秒內的平均角速度大小為何？
(4) 木馬 H，2 秒末的切向加速度大小為何？

例題 6-4

如圖 6-4，質點以 1.00 m/s² 大小的切向加速度，沿順時鐘的方向，由 x 軸出發，在 x-y 平面上，繞著 z 軸作半徑為 4.00 m 的圓周運動。設質點原靜止在 x 軸上，當它繞圓周一圈，再回到 x 軸處時，求：

(1) 質點繞圓周一圈，再回到 x 軸處費時若干？
(2) 質點回到 x 軸處的速度、角速度與向心加速度為何？
(3) 質點回到 x 軸處的角加速度為何？

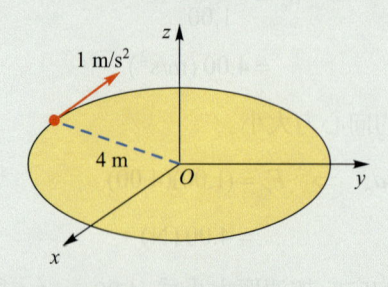

圖 6-4　質點繞 z 軸等加速率運動示意圖。

解

(1) 質點自靜止開始，以大小為 1.00 m/s² 的切向加速度，繞著 z 軸作半徑為 4.00 m 的圓周運動。設軌道的圓周長為 L，由

$$x = v_0 t + \frac{1}{2} a_t t^2 \Rightarrow L = 0 \times t + \frac{1}{2} a_t \times t^2$$

$$(2\pi)(4) = (\frac{1}{2})(1)(t^2)$$

$$t \approx 7.09 \text{ (s)}$$

可得質點繞圓周一圈所費時間 $t \approx 7.09$ s。

(2) 因質點係沿順時鐘的方向作圓周運動，當它回到 x 軸處時，其速度 $\vec{v}$ 的方向，正好與 y 軸方向相反，故此時質點速度

$$v = v_0 + a_t t \Rightarrow v = 0 + (1)(7.09)$$

$$= 7.09 \text{ (m/s)}$$

$$\vec{v} = -7.09 \hat{j} \text{ (m/s)}$$

根據右手定則，其角速度 $\vec{\omega}$ 的方向，應與 z 軸方向相反。故其角速度 $\vec{\omega}$ 為

$$\omega = \frac{v}{r} \Rightarrow \omega = \frac{7.09}{4}$$

$$\approx 1.77 \text{ (rad/s)}$$

$$\vec{\omega} \approx -1.77 \hat{k} \text{ (rad/s)}$$

至於其向心加速度 $\vec{a}_c$ 的方向，正好與 x 軸方向相反，因此

$$a_c = \frac{v^2}{r} \Rightarrow a_c = \frac{(7.09)^2}{4}$$

$$\approx 12.6 \text{ (m/s}^2)$$

$$\vec{a}_c \approx -12.6 \hat{i} \text{ (m/s}^2)$$

(3) 角加速度 $\vec{\alpha}$ 的方向，與角速度變化的方向相同，而角速度變化的方向為角速度 $\vec{\omega}$ 的方向，因此

$$\alpha = \frac{a_t}{r} \Rightarrow \alpha = \frac{1}{4}$$

$$= 0.25 \text{ (rad/s}^2)$$

$$\vec{\alpha} = -0.25 \hat{k} \text{ (rad/s}^2)$$

觀點：
1. 質點繞圓周一圈，回到原出發位置時，行進一圓周長：
   $L = 2\pi R$。
2. 等加速度運動的運動方程式：
   $v_f = v_i + a \Delta t$
   $\Delta x = v_i \Delta t + \frac{1}{2} a \Delta t^2$
   $v_f^2 = v_i^2 + 2a \Delta x$
3. 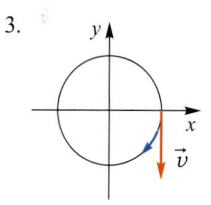 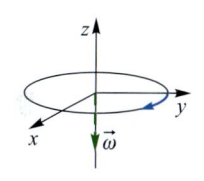
4. 切向加速度大小：
   $a_t = r\alpha$
   向心加速度大小：
   $a_c = \frac{v^2}{r}$

6-3 力 矩

學習方針

力矩 (torque)：

$$\vec{\tau} = \vec{r} \times \vec{F}$$
$$\tau = rF\sin\theta$$

$\vec{\tau}$ 的 SI 制單位為牛頓・公尺 (N・m)。

質點運動狀態的改變，有賴外力 $\vec{F}$ 的作用。同理，剛體的轉動，如沒有外力，也難有所變化。體認下面的例子，便知究竟。

家裡的門窗，有些靠滑動，有些靠推拉開閉。推拉的門扇，一邊必以樞紐固定在門框上，把手則靠近對邊 (參看圖 6-5)。設以同樣大小的外力 $\vec{F}$，作用在門上不同的地方，例如圖中 A、B、C 諸點，也知效果懸殊。

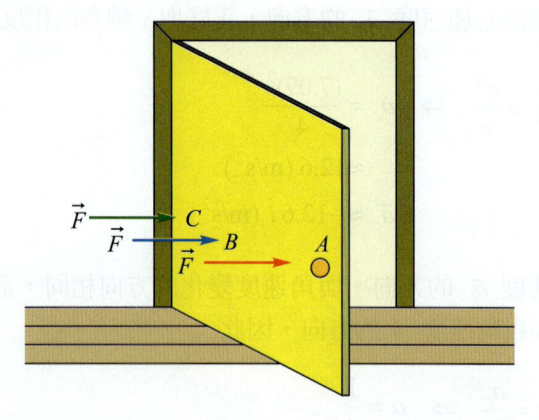

圖 6-5　門戶的開關，施力點與力的大小都會影響力矩。

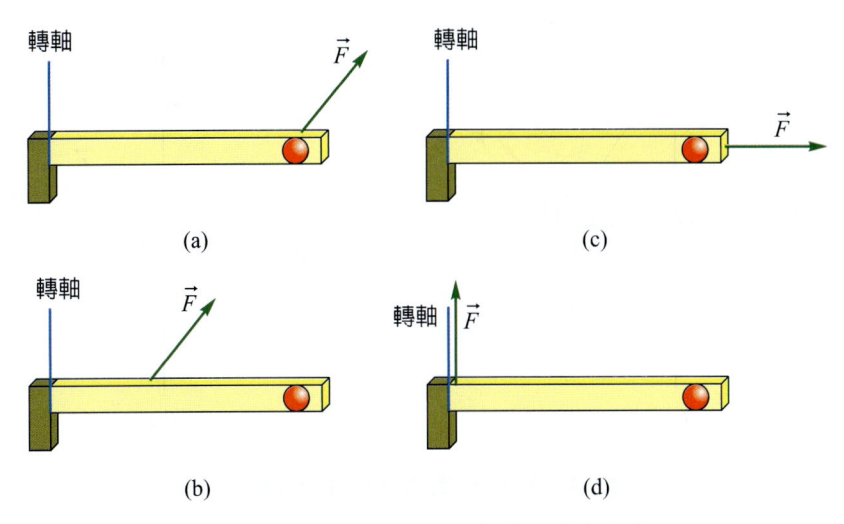

圖 6-6　施力點對門的開關難易，甚有影響。

　　從經驗可知，在把手處用力 [圖 6-6(a)]，開關最易。越靠近樞紐的地方 [圖 6-6(b)]，越加費勁。如針對樞紐 [圖 6-6(c) 與 (d)] 施力，要想門扇轉動，那是千難萬難。由此可見，$\vec{F}$ 的大小只是轉動的一個因素，施力點離轉軸的遠近，也不能忽視。因此訂定一個新的物理量，以規範轉動的難易。這個物理量，必須包含作用力與施力點的資料，才算合適。它就是下文所提的力矩。

　　設剛體受外力 $\vec{F}$ 的作用，繞定軸 z 作逆時鐘方向轉動 (圖 6-7)。施力點 A 離轉軸的距離為 r，其轉動所在的平面 N，與轉軸相交於 O。取 O 為座標系的原點，則 $\overrightarrow{OA}=\vec{r}$，可視為 A 的位置向量。轉動的效果可按下列情況研討：

1. 如 $\vec{F}$ 的作用線也在平面 N 上，且與轉軸有一垂直的距離 h，取 $\vec{F}$ 的大小與 h 相乘，其積越大，剛體轉動越容易，顯見 F 與 h 的乘積，可作轉動難易的尺度。

　　F 與 h 的乘積稱為**力矩** (torque, $\vec{\tau}$) 的大小，而 h 則稱為**力臂** (arm of force)，亦即

(a)   (b)

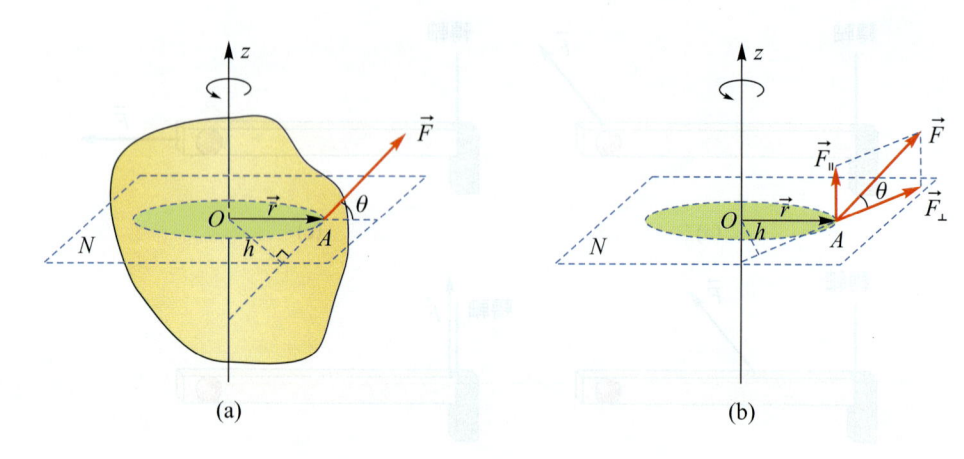

圖 6-7 外力 $\vec{F}$ 對剛體作用的力矩。

$$\tau = Fh = Fr\sin\theta = (F\sin\theta)r \tag{6-13}$$

用向量的方式表示，則

$$\vec{\tau} = \vec{r} \times \vec{F} \tag{6-14}$$

根據右手螺旋定則的規定，在圖 6-7 所示的情況，$\vec{\tau}$ 應與 z 軸同向。$\vec{\tau}$ 的 SI 制單位為牛頓·公尺 (N·m)。

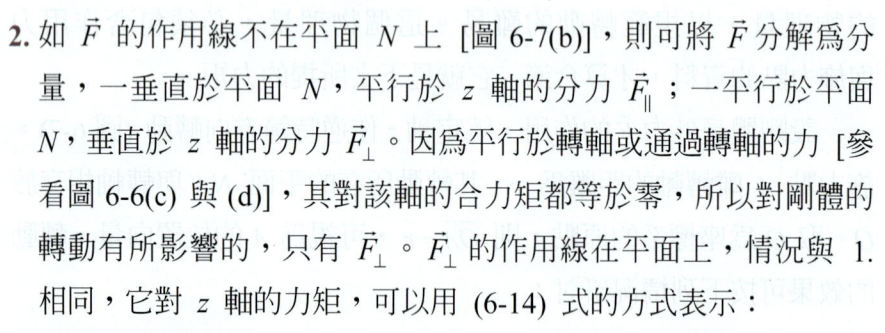

2. 如 $\vec{F}$ 的作用線不在平面 N 上 [圖 6-7(b)]，則可將 $\vec{F}$ 分解為分量，一垂直於平面 N，平行於 z 軸的分力 $\vec{F}_{\parallel}$；一平行於平面 N，垂直於 z 軸的分力 $\vec{F}_{\perp}$。因為平行於轉軸或通過轉軸的力 [參看圖 6-6(c) 與 (d)]，其對該軸的合力矩都等於零，所以對剛體的轉動有所影響的，只有 $\vec{F}_{\perp}$。$\vec{F}_{\perp}$ 的作用線在平面上，情況與 1. 相同，它對 z 軸的力矩，可以用 (6-14) 式的方式表示：

$$\vec{\tau} = \vec{r} \times \vec{F}_{\perp} \tag{6-15}$$

3. 如同時作用的力不止一個，則剛體所受的合力矩，是各力矩的代數和。顯然可見，大小相等、方向相反的兩外力，如同時作用於一點，它們對應於同一轉軸的力矩，亦必大小相等，方向相反。也就是說，它們的合力矩等於零。但如果它們的施力點並不一致，則它們對剛體轉動的效果，不能互相抵消，合力矩也不會是零。

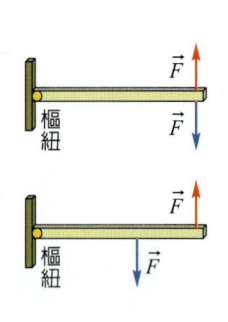

隨堂練習

6-4 說明下列名詞：
(1) 力矩；(2) 力臂。

例題 6-5

將長為 3 m 的木桿，一端固定在可轉動的支點。今施以大小均為 2N，但方向不同的力於木桿的另一端，如圖所示。則各力相對於支點，對木桿產生的力矩大小，分別為若干？

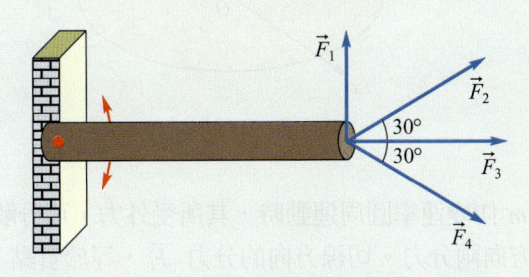

一端固定的木桿受力作用產生轉動示意圖。

解

由力矩定義知，

$$\vec{\tau} = \vec{r} \times \vec{F} \implies \tau = rF\sin\theta \quad (方向)$$

$F_1 = 2N \,;\, \theta_1 = 90°$　　$\tau_1 = 3 \times 2 \times \sin 90°$
　　　　　　　　　　　　$= 6 \,(N \cdot m)$　（逆時鐘）

$F_2 = 2N \,;\, \theta_2 = 30°$　　$\tau_2 = 3 \times 2 \times \sin 30°$
　　　　　　　　　　　　$= 3 \,(N \cdot m)$　（逆時鐘）

$F_3 = 2N \,;\, \theta_3 = 0°$　　$\tau_3 = 3 \times 2 \times \sin 0°$
　　　　　　　　　　　　$= 0 \,(N \cdot m)$　（不旋轉）

$F_4 = 2N \,;\, \theta_4 = -30°$　　$\tau_4 = 3 \times 2 \times \sin(-30°)$
　　　　　　　　　　　　$= -3 \,(N \cdot m)$　（順時鐘）

其中，τ_1 與 τ_2 為正值，表示木桿受力後，繞逆時鐘方向旋轉；τ_3 為 0，表示木桿受力後不旋轉；τ_4 為負值，表示木桿受力後，繞順時鐘方向旋轉。

一般定方向：
逆時鐘方向為正
順時鐘方向為負。

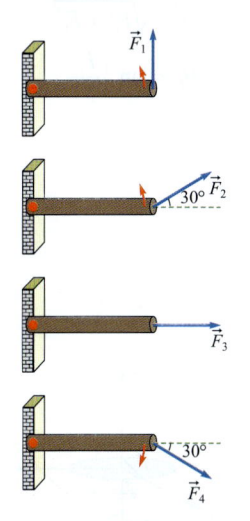

例題 6-6

例題 6-4 中,若質點的質量為 1 kg,則質點繞一圈再回到 x 軸上時,

(1) 質點所受到的外力其大小為何?
(2) 相對於圓心,質點轉動時的力矩為何?

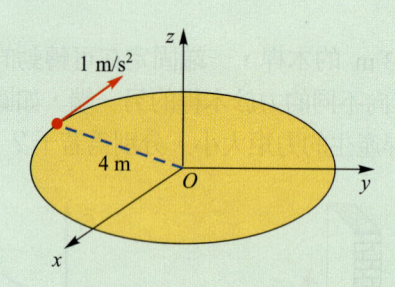

解

(1) 質點 m 作變速率圓周運動時,其所受外力,可分解成切線方向與法線方向兩分力。切線方向的分力 $\vec{F}_t$,等於質點 m 與其切向加速度 $\vec{a}_t$ 的乘積,而法線方向的分力 $\vec{F}_c$,則等於質點 m 與其法向加速度 $\vec{a}_c$ 的乘積。

因此,質點 m 受外力轉動,再回到 x 軸上時,受力為

$$\vec{F} = \vec{F}_c + \vec{F}_t$$
$$\vec{F} = m\vec{a}_c + m\vec{a}_t \Rightarrow \vec{F} = (1)(-12.6\hat{i}) + (1)(-\hat{j})$$
$$= -12.6\hat{i} - \hat{j} \, (\text{N})$$

其外力大小

$$F = \sqrt{F_c^2 + F_t^2} \Rightarrow F = \sqrt{(-12.6)^2 + (-1)^2}$$
$$\approx 12.6 \, (\text{N})$$

$\vec{F} = \vec{F}_c + \vec{F}_t$
$\vec{F} = \sqrt{F_c^2 + F_t^2}$
$\theta_F = \tan^{-1} \dfrac{F_t}{F_c}$

(2) 根據右手定則,質點 m 所受外力矩

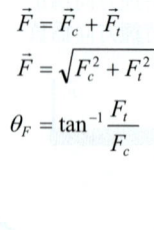

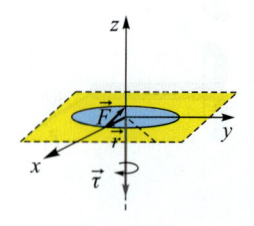

$$\vec{\tau} = \vec{r} \times \vec{F}$$
$$\vec{\tau} = 4\hat{i} \times (-12.6\hat{i} - \hat{j})$$
$$\vec{\tau} = (4)(1)(-\hat{k})$$
$$= -4\hat{k} \, (\text{N} \cdot \text{m})$$

6-4 轉動慣量

轉動慣量：

$$I = \Sigma(\Delta m_i r_i^2)$$

剛體的轉動慣量，不但與質量的分佈有關，也取決於轉軸的定位與方向。SI 制的單位為公斤·公尺² (kg·m²)。

平行軸定理：

質量 M 的剛體，繞通過質心的轉軸 L_{CM} 轉動時，剛體的轉動慣量為 I_{CM}。若有另一轉軸 L 與轉軸 L_{CM} 平行，且二轉軸相距 h，則剛體繞轉軸 L 轉動的轉動慣量 I 為

$$I = I_{CM} + Mh^2$$

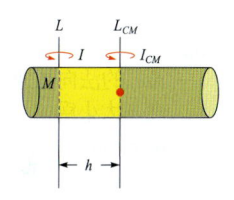

　　質點平移，慣性質量 m 也有不容忽視的影響。轉動與平移有一對一的對應關係，參看表 6-1 所列。牛頓運動定律顯示物體在受定力 $\vec{F}$ 作用時，若物體慣性質量 m 越大，運動的加速度 $\vec{a}$ 越小。力矩 $\vec{\tau}$ 與角加速度 $\vec{\alpha}$ 是否也受慣性的支配？轉動的慣性與平移的慣性，又有什麼樣的關係？

　　設剛體係由許多的質點 (或質量單元 Δm) 所組成，且單元 Δm_i 離轉軸的遠近 $\vec{r}_i$ 各不相同 (參看圖 6-8)。它們所受的力有外力 $\vec{F}_i$ 和內力 $\vec{f}_{ij}$。$\vec{f}_{ij}$ 代表 j-單元對 i-單元的作用力。i-單元對 j-單元也有 $\vec{f}_{ji}$ 的內力，兩者同時作用，大小相等，方向相反，亦即 $\vec{f}_{ij} = -\vec{f}_{ji}$。

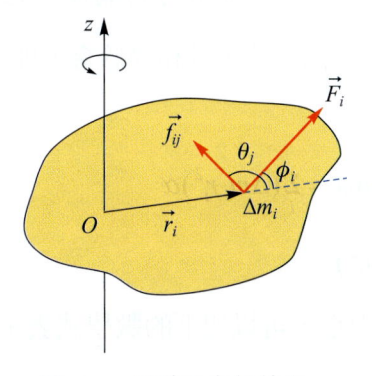

圖 6-8 剛體的定軸轉動。

設 $\vec{a}_i$ 是單元 Δm_i 繞轉軸轉動的加速度，對 Δm_i 單元引用牛頓的第二運動定律：

$$\vec{F}_i + \sum_j \vec{f}_{ij} = (\Delta m_i)\vec{a}_i$$

其切線方向與法線方向的分量分別為：

$$F_i \sin\phi_i + \sum_j f_{ij} \sin\theta_j = (\Delta m_i) a_{it} = (\Delta m_i) r_i \alpha \tag{6-16a}$$

$$F_i \cos\phi_i + \sum_j f_{ij} \cos\theta_j = (\Delta m_i) a_{in} = (\Delta m_i) r_i \omega^2 \tag{6-16b}$$

由於法線方向的分力指向轉軸，因此，它對該轉軸的力矩恆為零，換言之，它對剛體的轉動毫無影響，可以不予考慮。以 r_i 乘 (6-16a) 式，可得作用於 Δm_i 的力矩：

$$\tau_i = r_i(F_i \sin\phi_i + \sum_j f_{ij} \sin\theta_j) = (\Delta m_i r_i^2)\alpha$$

集合所有質量單元的力矩，它們的代數和便是促使剛體轉動的總力矩，

$$\begin{aligned}\tau &= \sum_i \tau_i \\ &= \sum_i r_i (F_i \sin\phi_i + \sum_j f_{ij} \sin\theta_j) \\ &= \sum_i r_i (\Delta m_i) a_{it} \\ &= \sum_i (\Delta m_i r_i^2)\alpha \end{aligned}$$

內力 $\vec{f}_{ij}$ 與 $\vec{f}_{ji}$ 是作用力-反作用力的關係，它們的力矩也大小相等，方向相反，效果兩兩抵消，其和等於零，即 $\sum_i r_i(\sum_j f_{ij} \sin\theta_j) = 0$。因此，

$$\tau = \sum_i r_i F_i \sin\phi_i = \sum_i (\Delta m_i r_i^2)\alpha$$

令

$$I = \sum_i (\Delta m_i r_i^2) \tag{6-17}$$

則對應於轉軸 z 的力矩，可以如下的數學式表示：

$$\tau = I\alpha \tag{6-18}$$

$\vec{a}_{it}$：
Δm_i 的切向加速度，大小為
$a_{it} = r_i \alpha$

$\vec{a}_{in}$：
Δm_i 的法向加速度，大小為
$a_{in} = r_i \omega^2$

內力 $\vec{f}_{ij}$ 與 $\vec{f}_{ji}$ 是作用力-反作用力的關係
$\sin\theta_i$
$\sin(180°+\theta_j)$
$\Rightarrow \sin\theta_i = -\sin\theta_j$

可知內力 $\vec{f}_{ij}$ 與 $\vec{f}_{ji}$ 所產生的力矩，其和等於零。

此式與 $F = ma$ 比較,不但形式雷同,變量的涵義亦互相對應。$I = \sum_i (\Delta m_i r_i^2)$ 也因此有**轉動慣量** (moment of inertia 或 rotational inertia) 的稱謂 [註一]。由於轉動慣量牽涉到質量單元的位置 r_i,各單元對慣量的貢獻,因遠近的不同而有顯著的差異。換言之,剛體的轉動慣量,不但與質量的分佈有關,也取決於轉軸的定位與方向。

例題 6-7

如圖 6-9,質量均為 m 的兩質點,固定於桿長為 L 的細桿兩端,細桿質量可略而不計。求:

(1) 轉軸定在細桿的一端,且轉軸與桿垂直時,其轉動慣量 I_L 為何?
(2) 轉軸定在細桿的中央位置,且轉軸與桿垂直時,其轉動慣量 I_{CM} 為何?

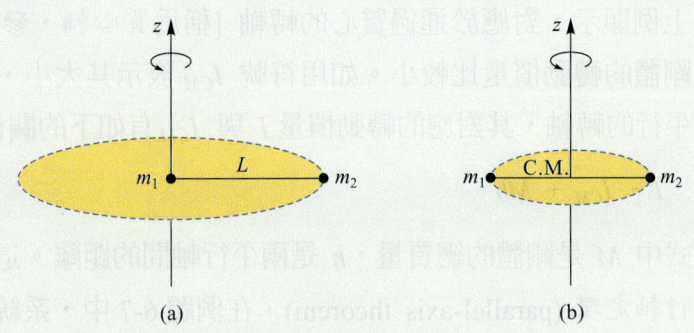

圖 6-9 轉軸位置對轉動慣量的影響。

解

轉軸的位置不同,質點離轉軸的距離就不同,轉動慣量也就不一樣。

(1) 轉軸位在桿的一端

質點 m_1 位在轉軸上 [見圖 6-9(a)],它與轉軸的距離 $r_1 = 0$,質點 m_2 與轉軸的距離 $r_2 = L$。根據轉動慣量的定義,系統 (a) 的轉動慣量 I_L 為

$$I_L = \sum_{i=1}^{2}(\Delta m_i r_i^2)$$

$$I_L = m_1 r_1^2 + m_2 r_2^2 \Rightarrow I_L = m \cdot 0^2 + m \cdot L^2 = mL^2$$

(2) 轉軸位在桿的中央

二質點距桿中央轉軸的距離為

$$r_1 = r_2 = \frac{1}{2}L$$

繞中央轉軸轉動的轉動慣量 I_{CM} 為

$$I_{CM} = \sum_{i=1}^{2}(\Delta m_i r_i^2)$$

$$I_{CM} = m_1 r_1^2 + m_2 r_2^2 \quad \Rightarrow \quad I_{CM} = m \cdot (\frac{L}{2})^2 + m \cdot (\frac{L}{2})^2$$

$$= \frac{1}{2}mL^2$$

兩種情況，兩種結果。可見轉軸的選取，對轉動的難易，甚有影響。上例顯示，對應於通過質心的轉軸 [稱為質心軸，參看圖 6-9(b)]，剛體的轉動慣量比較小。如用符號 I_{CM} 表示其大小，則其它與該軸平行的轉軸，其對應的轉動慣量 I 與 I_{CM} 有如下的關係：

$$I = I_{CM} + Mh^2 \tag{6-19}$$

(6-19) 式中 M 是剛體的總質量，h 是兩平行軸間的距離。這個關係稱為平行軸定理 (parallel-axis theorem)，在例題 6-7 中，系統的總質量 $M = m_1 + m_2 = 2m$，$I_{CM} = \frac{1}{2}mL^2$，而 $h = \frac{1}{2}L$。將這些數據代入 (6-19) 式中，可見對應於轉軸 (a) 的轉動慣量

$$I = I_{CM} + Mh^2$$
$$= \frac{1}{2}mL^2 + 2m(\frac{1}{2}L)^2$$
$$= mL^2$$

形狀複雜的剛體作定軸轉動時，它的轉動慣量如用理論計算，頗為繁瑣，一般多以實驗方法測定。平行軸定理在這樣的情況下，十分有用。因為對應於質心軸的轉動慣量 I_{CM}，一經測定，便能輕易算出其它平行軸的轉動慣量 I。

表 6-2　形狀不同剛體的轉動慣量

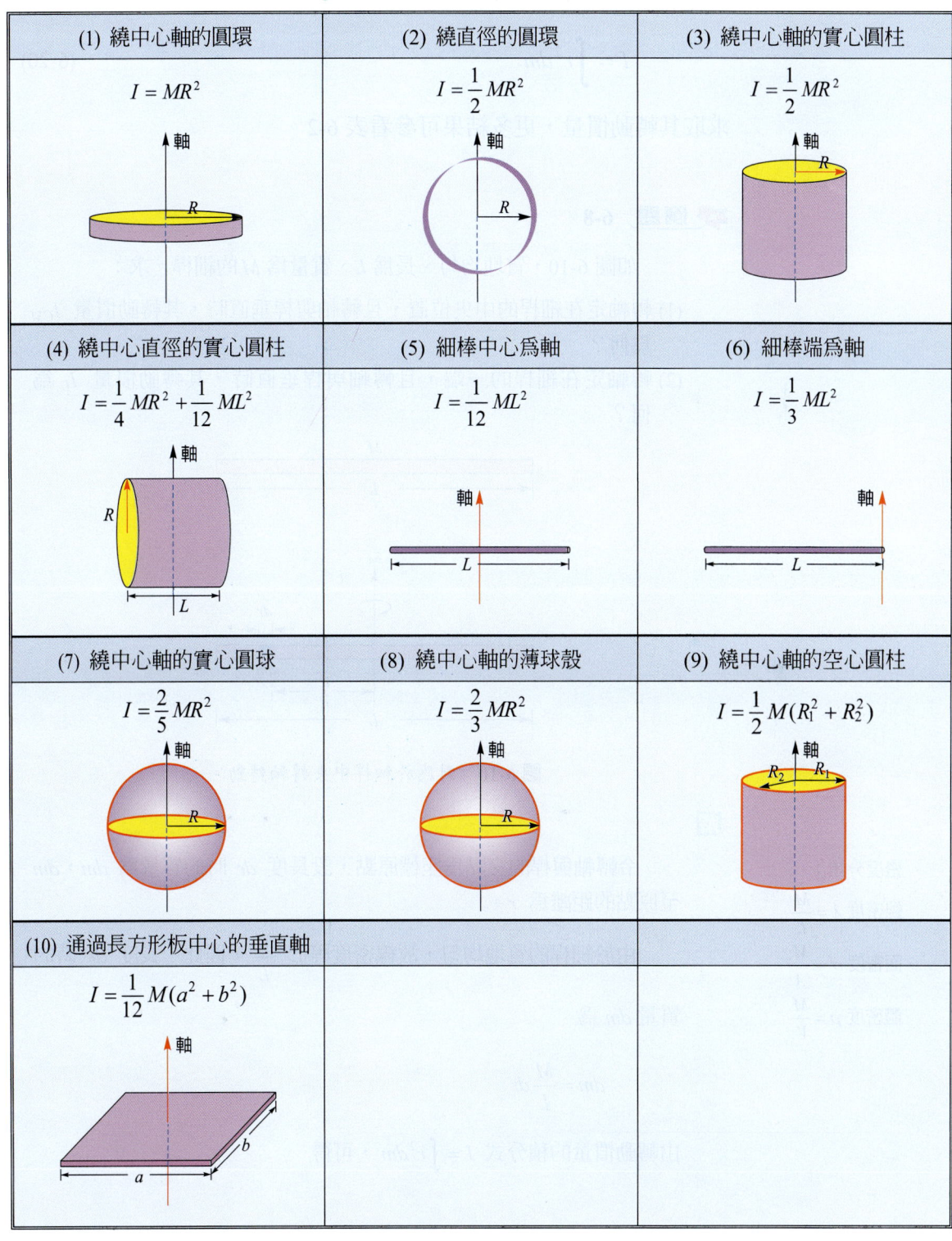

(1) 繞中心軸的圓環 $$I = MR^2$$	(2) 繞直徑的圓環 $$I = \frac{1}{2}MR^2$$	(3) 繞中心軸的實心圓柱 $$I = \frac{1}{2}MR^2$$
(4) 繞中心直徑的實心圓柱 $$I = \frac{1}{4}MR^2 + \frac{1}{12}ML^2$$	(5) 細棒中心為軸 $$I = \frac{1}{12}ML^2$$	(6) 細棒端為軸 $$I = \frac{1}{3}ML^2$$
(7) 繞中心軸的實心圓球 $$I = \frac{2}{5}MR^2$$	(8) 繞中心軸的薄球殼 $$I = \frac{2}{3}MR^2$$	(9) 繞中心軸的空心圓柱 $$I = \frac{1}{2}M(R_1^2 + R_2^2)$$
(10) 通過長方形板中心的垂直軸 $$I = \frac{1}{12}M(a^2 + b^2)$$		

至於形狀簡單、質地均勻的剛體，利用如下的積分式，

$$I = \int r^2 dm \tag{6-20}$$

求取其轉動慣量，更多結果可參看表 6-2。

例題 6-8

如圖 6-10，質地均勻、長為 L、質量為 M 的細桿。求：

(1) 轉軸定在細桿的中央位置，且轉軸與桿垂直時，其轉動慣量 I_{CM} 為何？

(2) 轉軸定在細桿的一端，且轉軸與桿垂直時，其轉動慣量 I_L 為何？

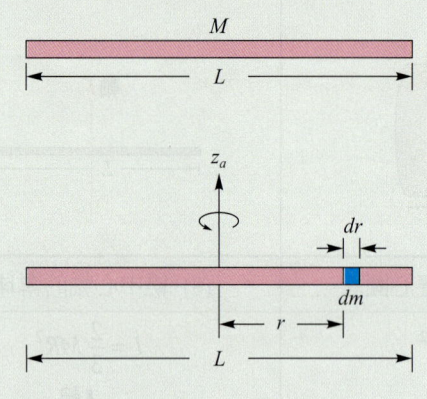

圖 6-10　對應於細桿中央轉軸轉動。

解

密度分類：
線密度 $\lambda = \dfrac{M}{L}$
面密度 $\sigma = \dfrac{M}{A}$
體密度 $\rho = \dfrac{M}{V}$

令轉軸與桿的交點為座標原點，設長度 dr 時的質量為 dm，dm 至原點的距離為 r。

由於細桿的質地均勻，故線密度等於 $\dfrac{M}{L}$，因此，長度 dr 時的質量 dm 為

$$dm = \dfrac{M}{L} dr$$

由轉動慣量的積分式 $I = \int r^2 dm$，可得

$$I = \int r^2 dm \Rightarrow I = \int r^2 (\frac{M}{L})dr$$
$$= \frac{M}{L}\int r^2 dr$$

(1) 當轉軸轉通過桿中央時，積分上下限從 $-\frac{L}{2}$ 至 $+\frac{L}{2}$，故轉動慣量 I_{CM} 為

$$I_{CM} = \frac{M}{L}\int_{-\frac{L}{2}}^{+\frac{L}{2}} r^2 dr$$
$$= \frac{M}{L}[\frac{1}{3}r^3]_{-\frac{L}{2}}^{+\frac{L}{2}}$$
$$= \frac{1}{12}ML^2$$

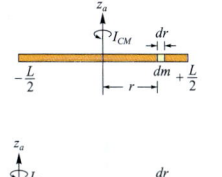

(2) 當轉軸設在桿端時，積分上下限從 0 至 L，故轉動慣量 I_L 為

$$I_L = \frac{M}{L}\int_0^L r^2 dr$$
$$= \frac{M}{L}[\frac{1}{3}r^3]_0^L$$
$$= \frac{1}{3}ML^2$$

細桿以通過端點位置為轉軸時，其轉動慣量較以通過質心位置為轉軸的大；故細桿繞質心位置較易轉動。

平行軸定理
$$I_L = I_{CM} + Mh^2$$
$$= \frac{1}{12}ML^2 + M(\frac{L}{2})^2$$
$$= \frac{1}{3}ML^2$$

例題 6-9

如圖 6-11，一半徑為 0.20 m 的圓盤，在其邊緣沿切線方向施以 0.40 N 的力，使原本靜止圓盤繞著 z 軸 (中心軸) 旋轉。若圓盤質量為 0.50 kg，則

(1) 圓盤旋轉時的角加速度大小為何？

(2) 經 5.00 s 時，圓盤上距 z 軸 0.10 m 處的質點，角速率與切線速率為何？[圓盤繞中心軸 (z 軸) 旋轉時，轉動慣量 $I = \frac{1}{2}MR^2$。]

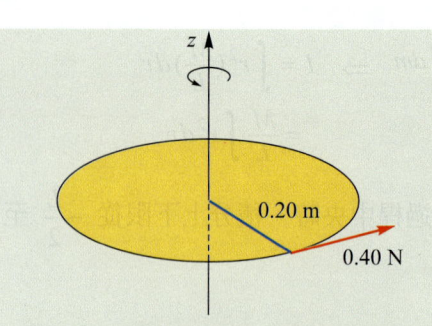

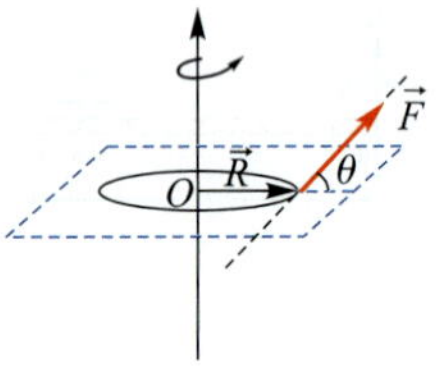

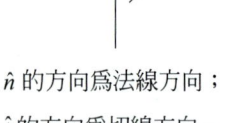

$\hat{n}$ 的方向為法線方向；
$\hat{t}$ 的方向為切線方向。

圖 6-11 圓盤邊緣受力旋轉示意圖。

解

(1) 此圓盤繞著 z 軸旋轉的轉動慣量 I 為

$$I = \frac{1}{2}MR^2 \quad \Rightarrow \quad I = (\frac{1}{2})(0.50)(0.20)^2$$

$$I = 0.01 \text{ (kg·m}^2\text{)}$$

由於外力只在切線方向施力，因外力所產生的力矩 $\vec{\tau} = \vec{R} \times \vec{F} = I\vec{\alpha}$，$\vec{\alpha}$ 為角加速度，故

$$\vec{R} \times \vec{F} = I\vec{\alpha}$$

$$\xrightarrow[\vec{F}=F_t\hat{t}]{\vec{R}=R\hat{n}} R \times F_t \hat{k} = I\alpha \hat{k}$$

$$RF_t = I\alpha \quad \Rightarrow \quad (0.20)(0.40) = (0.01)\alpha$$

$$\alpha = 8.00 \text{ (rad/s}^2\text{)}$$

得角加速度大小 $\alpha = 8.00 \text{ rad/s}^2$。

(2) 圓盤上任意點角加速度大小 α 均相同，經 5.00 s 後，其角速率為

$$\omega = \omega_0 + \alpha \Delta t \quad \Rightarrow \quad \omega = 0 + (8.00)(5.00)$$

$$= 40.0 \text{ (rad/s)}$$

5.00 s 後，在距 z 軸 0.10 m 處的切線速率

$$v = r\omega \quad \Rightarrow \quad v = (0.10)(40.0)$$

$$= 4.00 \text{ (m/s)}$$

6-5 剛體轉動的功與能

6-5-1 定軸轉動的動能

學習方針

單一質點轉動動能：

$$K = \frac{1}{2}mr^2\omega^2$$

多質點系轉動動能：

$$K = \frac{1}{2}\sum_i m_i r_i^2 \omega^2 = \frac{1}{2}I\omega^2$$

剛體轉動動能：

$$K = \frac{1}{2}\left(\int r^2 dm\right)\omega^2 = \frac{1}{2}I\omega^2$$

如圖 6-12，繞定軸 z 轉動的剛體，於某一時刻 t，設其角速度與角加速度分別為 ω 與 α，其中離轉軸 $\vec{r}_i$ 處的質量單元 Δm_i，切線速度為 $\vec{v}_i$。根據第四章所述，該質量單元應具有動能 $\Delta K_i = \frac{1}{2}(\Delta m_i)v_i^2$。將 (6-7) 式，$v_i = r_i\omega$，的結果代入 ΔK_i 中，並對所有質量單元求和，可得剛體的總動能：

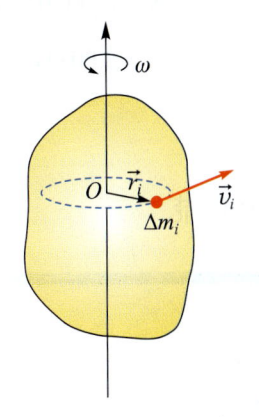

圖 6-12 剛體作定軸轉動中，質量單元 Δm_i 的運動狀態。

$$K = \sum_i \Delta K_i$$
$$= \sum_i \frac{1}{2}(\Delta m_i)(r_i \omega)^2$$

以積分代替算術和，可得

$$K = \int dK$$
$$= \int \frac{1}{2}(dm)r^2\omega^2$$
$$= \frac{1}{2}(\int r^2 dm)\omega^2$$

$$K = \frac{1}{2}I\omega^2 \tag{6-21}$$

(6-21) 式的結果，指出平移動能與轉動動能間的對應關係。

例題 6-10

由例題 6-9 所得之轉動慣量 I 及其角速率 ω，計算該圓盤經 5.00 s 旋轉後之動能。

解

例題 6-9 所得之轉動慣量 $I = 0.01 \text{ kg} \cdot \text{m}^2$，角速率 $\omega = 40.0$ rad/s；在 5.00 s 後，圓盤繞著 z 軸旋轉的轉動動能為

$$K = \frac{1}{2}I\omega^2 \Rightarrow K = (\frac{1}{2})(0.01)(40.0)^2$$
$$= 8.00 \text{ (J)}$$

6-5-2 剛體的重力位能

單一質點的重力位能：
$$U = mgh$$

多質點系的重力位能：

$$U = \sum_i m_i g h_i = Mgh_C$$

$$M = \sum_i m_i$$

M 代表剛體的總質量；h_C 代表質心位置高度。

剛體的重力位能：

$$U = (\int dm)gh_C = Mgh_C$$

$$M = \int dm$$

M 代表剛體的總質量。

同理，剛體在重力場中的位能，也可視為各質量單元位能的總和。設任一質量單元 Δm_i 的位能，$U_i = \Delta m_i g h_i$，h_i 是 Δm_i 對應於零位能的高度，剛體的總位能因此等於

$$U = \sum_i U_i = \sum_i \Delta m_i g h_i$$

根據質心的定義 [參看 (5-19) 式]，剛體質心對應於零位能的高度 h_C 可寫為

$$h_C = \frac{\sum_i \Delta m_i h_i}{\sum_i \Delta m_i}$$

兩邊乘以 g，再簡化整理，可得

$$U = Mgh_C \tag{6-22}$$

$$M = \sum_i \Delta m_i$$

M 是剛體的總質量。

多質點系：
$M = \sum_i \Delta m_i$

剛體：
$M = \int dm$

例題 6-11

質量為 M、半徑為 r 的球，置於高為 h 的桌面上，則球相對於地面之重力位能為若干？

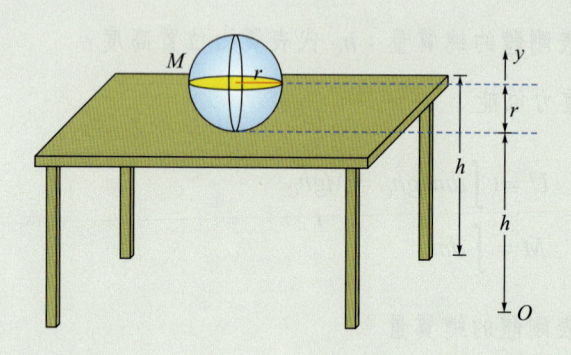

解

設球的質量為均勻分佈，由對稱可知，球的質量可視為集中於球心。因球的質心相對於零位能的地面之高度為 $r+h$，故其重力位能

$$U = Mgh_c = Mg(r+h)$$

$$\begin{aligned}
U_g &= -\Delta W \\
&= -\int \vec{F}_g \cdot d\vec{y} \\
&= -\int_0^{r+h} (-Mg\hat{j}) \cdot (dy\,\hat{j}) \\
&= Mg \int_0^{r+h} dy \\
&= Mg\, y \Big|_0^{r+h} \\
&= Mg(r+h)
\end{aligned}$$

隨堂練習

6-5 質量為 5.00 kg、半徑為 50 cm 的球，置於高為 2.00 m 的桌面上，則球相對於地面之重力位能為若干？

6-5-3 轉動的功與功率

學習方針

剛體轉動時所作的功：

$$W_R = \tau \theta$$

剛體轉動時的功率：

$$P_R = \tau \omega$$

在研討系統的平移時，了解外力 $\vec{F}$ 的作用，可以改變系統的狀態，包括它的位置、速度和一些相關的物理量。其中外力 $\vec{F}$ 所作的功 W 為

$$W = \vec{F} \cdot \vec{s} \tag{4-1b}$$

設 $\vec{F}$ 與位移 $\vec{s}$ 同向，且 $\vec{F}$ 是一個定力。那麼上式便可簡寫為：

$$W = Fs$$

若移動是一微小量 ds，則可以微分方式表示：

$$dW = F\,ds \tag{6-23}$$

同理，對一剛體施力 $\vec{F}$，使之繞一定軸轉動，系統的狀態改變，$\vec{F}$ 也同樣有作功的效應。這種因轉動而致的功，應當如何描述？試用圖 6-13 的轉輪為例，加以說明。

以繩索圍繞轉輪，拉之使動。設拉力 $\vec{F}$ 為一定力，繩索移動的長度為 s，且繩輪之間並無滑動的現象，那麼，力對轉輪所作的功

$$W = \vec{F} \cdot \vec{s} = Fs$$

由於輪繩間沒有滑動，輪緣轉動的弧長應與 s 相當。又因弧長與所張的圓心角 θ，有如下的關係：

$$s = r\theta$$

r 是轉輪的半徑，故

$$W = Fr\theta = \tau\theta \tag{6-24}$$

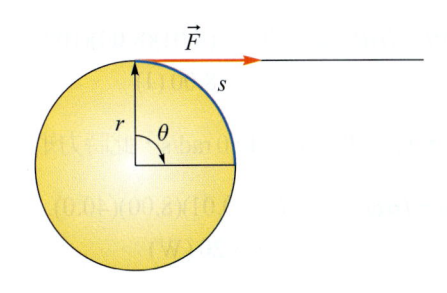

圖 6-13 外力 $\vec{F}$ 使轉輪繞質心軸轉 θ 角。

(6-24) 式中 $\tau = Fr$ 是令轉輪轉動的力矩。據此，將使物體轉動的力矩，所作的功 W_R，定義如下：

物體受一固定的力矩 τ 作用，轉過 θ 角，則力矩轉動該物體所作的功

$$W_R = \tau\theta$$

θ 需以弧度表示，W_R 的單位為焦耳 (J)。

同理，轉動的功率也可定義如下：

$$P_R = \frac{dW_R}{dt} = \frac{d(\tau\theta)}{dt}$$

$$P_R = \tau\omega \tag{6-25}$$

例題 6-12

延續例題 6-9；計算經 5.00 s 旋轉後，力矩對該圓盤所作的功及當時的功率。

解

因圓盤係由靜止開始，以大小為 $\alpha = 8.00 \text{ rad/s}^2$ 的等角加速度旋轉。經 5.00 s 時間，圓盤旋轉的角位移大小

$$\theta = \omega_0 \Delta t + \frac{1}{2}\alpha \Delta t^2 \Rightarrow \theta = (0)(5.00) + (\frac{1}{2})(8.00)(5.00)^2$$
$$= 100 \text{ (rad)}$$

旋轉 5.00 s 後，力矩對該圓盤所作的功

$$W_R = \tau\theta = I\alpha\theta \Rightarrow W_R = (0.01)(8.00)(100)$$
$$= 8.00 \text{ (J)}$$

旋轉 5.00 s 後，其角速率 $\omega = 40.0 \text{ rad/s}$，此時力矩對圓盤所作的功率

$$P = \tau\omega = I\alpha\omega \Rightarrow P = (0.01)(8.00)(40.0)$$
$$= 3.20 \text{ (W)}$$

6-5-4 轉動的功能定理

剛體轉動的功能定理：

$$W_R = \tau \Delta\theta = \frac{1}{2}I\omega_2^2 - \frac{1}{2}I\omega_1^2 = \Delta K$$

剛體轉動時，若有平移，則其動能為：

$$K = \frac{1}{2}Mv_{CM}^2 + \frac{1}{2}I_{CM}\omega^2$$

設剛體受一固定的外力矩 τ 作用，繞一定軸轉動，從時刻 t_1 的 θ_1 與 ω_1，於 t_2 時變為 θ_2 與 ω_2，它所作的功 W_R 可以 (6-23) 式求取如下：

$$W = \int dW = \int F\,ds$$

$$W_R = \int_{\theta_1}^{\theta_2} Fr\,d\theta = \int_{\theta_1}^{\theta_2} \tau\,d\theta$$

$$W_R = \tau(\theta_2 - \theta_1) = \tau\Delta\theta \tag{6-26}$$

如再引用 (6-18) 式的關係，則

$$W_R = \int_{\theta_1}^{\theta_2} \tau\,d\theta$$

$$= \int_{\theta_1}^{\theta_2} I\alpha\,d\theta$$

$$= I\int_{\theta_1}^{\theta_2} \frac{d\omega}{dt}d\theta$$

$$= I\int_{\theta_1}^{\theta_2} d\omega\frac{d\theta}{dt}$$

$$= I\int_{\omega_1}^{\omega_2} \omega\,d\omega$$

平移運動的功能定理：

$W_v = \frac{1}{2}mv_2^2 - \frac{1}{2}mv_1^2$

轉動運動的功能定理：

$W_R = \frac{1}{2}I\omega_2^2 - \frac{1}{2}I\omega_1^2$

$$= \frac{1}{2}I(\omega_2^2 - \omega_1^2)$$

$$W_R = \frac{1}{2}I\omega_2^2 - \frac{1}{2}I\omega_1^2 = \Delta K \tag{6-27}$$

顯示剛體受外力矩 τ 的作用，轉動所作的功，與作用前後剛體轉動動能的變化量相當。此式與平移運動的功能定理 [參看 (4-6) 式] 相對應，因此稱為轉動的功能定理。

如圖 6-14 所示，滾動中的剛體，其動能可分為兩部分：一部分為將整個剛體的質量，全部集中於質心，而其平移運動的速率為 v_{CM}，因此剛體質心的平移動能 $K_v = \frac{1}{2}Mv_{CM}^2$；另一部分為剛體相對於質心作轉動的動能 $K_R = \frac{1}{2}I_{CM}\omega^2$，$I_{CM}$ 是剛體以通過質心為轉軸轉動時的轉動慣量，ω 是剛體以質心為轉軸時的角速度。因此，滾動中的剛體，總動能為

$$K = \frac{1}{2}Mv_{CM}^2 + \frac{1}{2}I_{CM}\omega^2 \tag{6-28}$$

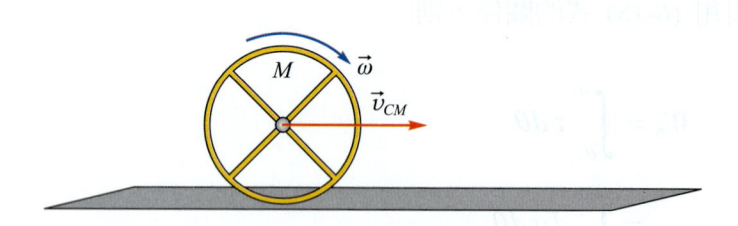

圖 6-14　滾動中的剛體示意圖。

例題 6-13

一質量 M 為 1 kg，半徑 R 為 0.1 m 的圓柱體，被放在光滑水平桌面上滾動。考慮在沒有滑動的情況下，若圓柱體滾動時質心速率 v_{CM} 為 0.4 m/s；則其總動能為何？

解

在沒有滑動的情況下，滾動中的剛體具有的總動能為

$$K = K_{CM} + K_{\omega} = \frac{1}{2}Mv_{CM}^2 + \frac{1}{2}I\omega^2$$

視質量 M，半徑 R 在光滑水平桌面上滾動的圓柱體為剛體，則其轉動慣量 I、角速率 ω 為

$$I = \frac{1}{2}MR^2 \xrightarrow{\substack{M=1\,\text{kg} \\ R=0.1\,\text{m}}} I = \frac{1}{2} \times 1 \times 0.1^2$$
$$= 0.005\,(\text{kg}\cdot\text{m}^2)$$

$$\omega = \frac{v}{R} \xrightarrow{\substack{R=0.1\,\text{m} \\ v=0.4\,\text{m/s}}} \omega = \frac{0.4}{0.1}$$
$$= 4\,(\text{rad/s})$$

此圓柱體的總動能為

$$K = \frac{1}{2}Mv_{CM}^2 + \frac{1}{2}I\omega^2 \rightarrow I = \frac{1}{2} \times 1 \times 0.4^2 + \frac{1}{2} \times 0.005 \times 4^2$$
$$= 0.08 + 0.04$$
$$= 0.12\,(\text{J})$$

★

6-6 角動量

質點的平移由動量 $\vec{p} = m\vec{v}$ 可描述，但描繪轉動的狀態，無法以 $\vec{p}$ 完整描述。例如，繞質心軸轉動的圓盤，由於質量分佈均勻對稱，無論轉動快或慢，它的總動量都等於零。可見單用動量的觀念，甚難確切形容物體的機械運動。因此，除動量的資料外，還須包含位置的訊息。類似力矩 $\vec{r} \times \vec{F}$，定 $\vec{r} \times \vec{p}$ 為**角動量** (angular momentum)，有時稱為**動量矩** (moment of momentum)。

6-6-1 質點的角動量

質點的角動量：
$$\vec{\ell} = \vec{r} \times \vec{p} = I\vec{\omega}$$
SI 制的單位是公斤・公尺^2・秒$^{-1}$（$kg \cdot m^2 \cdot s^{-1}$）。

設質量為 m 的質點，在慣性參考系中，以速度 $\vec{v}$，對應於定點 O 作平移運動，於時刻 t，其位置向量為 $\vec{r}$（參看圖6-15），則質點對應於 O 點的角動量 $\vec{\ell}$ 可定義如下：

$$\vec{\ell} = \vec{r} \times \vec{p} = \vec{r} \times m\vec{v} \tag{6-29}$$

其大小：$\ell = rp\sin\theta = mrv\sin\theta \tag{6-29}'$

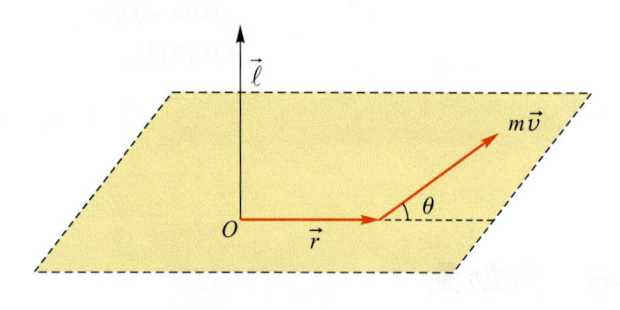

圖 6-15 質點的角動量。

$\ell = rp\sin\theta$
$ = mrv\sin\theta$
$\xrightarrow{\theta = 90°}$
$\ell = mrv$

在質點作等速直線運動時，它對某定點 O 的角動量為零。

(6-29)' 式中 θ 為 $\vec{r}$ 與 $\vec{p}$ 的夾角。$\vec{\ell}$ 的方向由右手定則決定。質點角動量的大小、方向與參考點的位置有關。利用平面三角學，可知 $\vec{r}$ 與 $\vec{p}$ 垂直時，角動量的大小 $\ell = mvr$。

如質點繞 O 點作圓周運動，其位置向量 $\vec{r}$ 相當於圓周的半徑，且恆與 $\vec{v}$ 垂直，又因 $v = r\omega$，故

$\ell = mrv = mr^2\omega$

$\ell = I\omega \tag{6-30}$

用向量的方式表示,則

$$\vec{\ell} = I\vec{\omega} \tag{6-30}'$$

角動量的 SI 制單位是公斤・公尺^2・秒$^{-1}$(kg・m^2・s^{-1})。

6-6-2　剛體的角動量

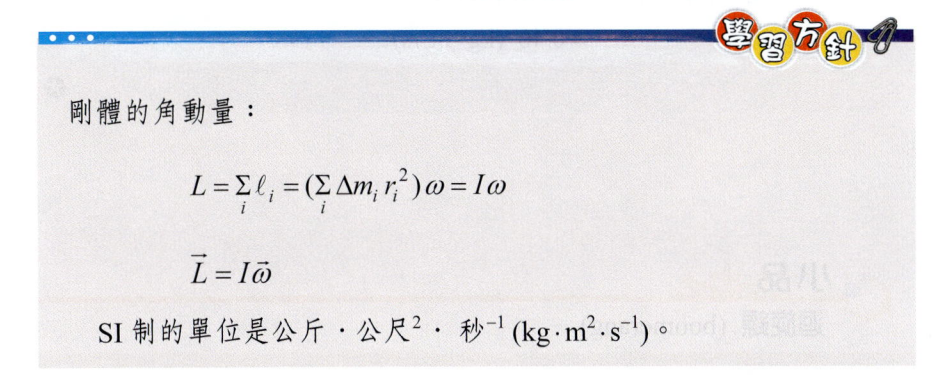

> **學習方針**
>
> 剛體的角動量：
>
> $$L = \sum_i \ell_i = (\sum_i \Delta m_i r_i^2)\omega = I\omega$$
>
> $$\vec{L} = I\vec{\omega}$$
>
> SI 制的單位是公斤・公尺^2・秒$^{-1}$(kg・m^2・s^{-1})。

　　繞定軸 z 轉動的剛體,其上的任一質量單元 Δm_i,都以轉軸為圓心,作圓周運動。如將 Δm_i 視為質點,其情形與上文所述無異,因此 (6-30) 式的結果可直接引用,亦即

$$\ell_i = \Delta m_i r_i^2 \omega$$

整個剛體的角動量 L,依理應是所有 ℓ_i 的代數和,

$$\begin{aligned}L &= \sum_i \ell_i \\ &= (\sum_i \Delta m_i r_i^2)\omega \\ &= I\omega\end{aligned}$$

以向量的方式表達,即

$$\vec{L} = I\vec{\omega} \tag{6-31}$$

　　可見剛體繞一定軸轉動時,它的角動量等於它對該轉軸的轉動慣量與角速度的乘積,且角動量與角速度同向。這個結果亦與線動量相對應。

例題 6-14

承例題 6-9；計算經旋轉 5.00 s 後，圓盤旋轉的角動量大小。

解

經旋轉 5.00 s 後，圓盤的轉動慣量 $I = 0.01 \text{ kg} \cdot \text{m}^2$，角速率 $\omega = 40.0$ rad/s；其角動量大小

$$L = I\omega \Rightarrow L = (0.01)(40.0)$$
$$= 0.40 \text{ (kg} \cdot \text{m}^2\text{/s)}$$

小品

迴旋鏢 (boomerang)

不知源自何時！或許是在石器時代，因人類常以棍棒丟擲獵物，因而發現有些特殊形狀的棍棒具有迴旋的能力。使用類似迴旋鏢的飛行器具，當作武器或打獵使用，有澳洲的原住民、古埃及人、南美原住民等民族。目前出土的最古老迴旋鏢是在波蘭發現，年代約距今兩萬年前！

迴旋鏢可區分為兩類：

不可迴旋：鏢體雖然旋轉，但以直線前進，較重且較長，易瞄準目標，擊中獵物的機率較高。

可 迴 旋：鏢體會繞圈而飛回來，輕薄小巧，易於攜帶，但不易瞄準目標，以休閒娛樂為主，此即一般所謂的「迴旋鏢」。

迴旋鏢的飛行原理，與力矩、角動量、轉動慣量、白努利原理、向心力等物理原理有關。白努利原理提供鏢體翼面浮力，角動量控制鏢體自旋方位，轉動造成鏢體瞬間上下部位的速度差。鏢體傾斜的力矩，上下部位的速度差，翼面浮力，自旋角動量，使鏢體迴旋，而飛回拋擲者。你知道嗎？中國童玩「竹蜻蜓」，如果拿走細竹桿，竹蜻蜓就變成迴旋鏢。你可以嘗試著分析它的飛行原理。

參考網站：

1. http://www.ptrc.fcu.edu.tw/oldweb/pages/colloquium/y2000/2000_01.htm。
2. http://www.ptrc.fcu.edu.tw/oldweb/pages/colloquium/y2000/2000_02.htm。

6-6-3 角動量守恆定律

> **學習方針**
>
> 剛體的力矩：
> $$\vec{\tau} = \vec{r} \times \vec{F} = \frac{d\vec{L}}{dt} = I\vec{\alpha}$$
>
> 剛體的角動量：
> $$\vec{L} = \int d\vec{L} = \int \vec{\tau}\, dt = I\vec{\omega}$$
>
> 角動量守恆定律：
> 剛體在合外力矩為 0 的情況下，其總角動量恆為一定量。
> $$\vec{\tau} = 0 \qquad \vec{L} = I\vec{\omega} = 定量$$
> $$\Delta \vec{L} = I\Delta\vec{\omega} = 0$$

根據質點角動量的定義 $\vec{\ell} = \vec{r} \times \vec{p} = \vec{r} \times m\vec{v}$，它對時間的變化：

$$\frac{d\vec{\ell}}{dt} = \frac{d}{dt}(\vec{r} \times m\vec{v})$$
$$= \frac{d\vec{r}}{dt} \times m\vec{v} + \vec{r} \times m\frac{d\vec{v}}{dt}$$

由於 $\dfrac{d\vec{r}}{dt} = \vec{v}$，而 $\vec{v} \times m\vec{v} = 0$，且 $m\dfrac{d\vec{v}}{dt} = \vec{F}$，上式可簡化為

$$\frac{d\vec{\ell}}{dt} = \vec{r} \times \vec{F}$$

$$\vec{\tau} = \frac{d\vec{\ell}}{dt} \tag{6-32}$$

$$\vec{\tau}\, dt = d\vec{\ell} \tag{6-32}$'$$

視剛體為質點的組合，(6-32) 式的結果亦適用於剛體。也就是說，對應於繞固定轉軸的剛體，合力矩 $\vec{\tau}$ 也是剛體總角動量 $\vec{L}$ 的時間變化率 $\vec{\tau} = \dfrac{d\vec{L}}{dt}$。

如果沒有外力矩 $\vec{\tau}$，或它們的效果互相抵消，那麼，剛體的總角動量 $\vec{L}$ 也不會隨時間變化。換言之，剛體在合外力矩為 0 的情況下，其總角動量恆為一定量。亦即

$$\vec{L} = I\vec{\omega} = 定量 \tag{6-33}$$

是為剛體的**角動量守恆定律** (law of conservation of angular momentum)。

(6-33) 式雖是針對剛體演繹而來，但對不能算是剛體的系統，其實也可適用。這樣的系統，在外力矩 $\vec{\tau} = 0$，總角動量守恆的條件下，由於內力的作用，其轉動慣量 I，或部分內在組成的角速度也可能改變，以致運動狀態前後大相逕庭。花式溜冰選手可藉四肢的伸縮，控制身體轉動的快慢，便是一例。其它如高台跳水、芭蕾舞蹈等，許多精彩的動作，也都是靠轉換姿勢，增減身體的轉動慣量完成的。

表 6-3　轉動與平移的對應

轉　動		平　移	
角位移	θ	線位移	s
角速度	ω	線速度	v
角加速度	α	線加速度	a
轉動慣量	$I = \int r^2 dm$	質量	m
力矩	$\tau = I\alpha$	力	$F = ma$
轉動的功	$W_R = \tau\theta$	平移的功	$W_v = Fs$
轉動的功率	$P_R = \tau\omega$	平移的功率	$P_v = Fv$
轉動動能	$K_R = \dfrac{1}{2}I\omega^2$	平移動能	$K_v = \dfrac{1}{2}mv^2$
角動量	$L = I\omega$	動量	$p = mv$
轉動的功能定理	$W_R = \dfrac{1}{2}I\omega_f^2 - \dfrac{1}{2}I\omega_i^2$	平移的功能定理	$W_v = \dfrac{1}{2}mv_f^2 - \dfrac{1}{2}mv_i^2$

角動量守恆和能量、動量守恆一樣，是物理學上非常重要的基本觀念，不但可應用於宏觀的自然界，包括天體的運動等，亦適用於原子、粒子等微觀領域。

綜而觀之，剛體的轉動與平移，無論是從運動學或動力學的角度研究，顯然都有一對一的對應關係。運動學方面的對應已列於表 6-1，動力學的關係則匯集於表 6-3。

例題 6-15

一質量為 60 kg 的表演者，站在正以 2 rad/s 角速率旋轉的圓形舞台邊緣，向位於舞台中心的垂直轉軸移動。舞台的半徑為 3 m，轉動慣量為 400 kg-m^2。當他行進到距離轉軸 1 m 處時，舞台旋轉的角速率變為多少？(舞台與轉軸間的摩擦力不計)

解

當表演者站在距離轉軸 r_i 為 3 m 處時，圓形舞台的角速率 ω_i 為 2 rad/s，表演者相對於舞台中心垂直轉軸的轉動慣量 I_i 為 mr_i^2，圓形舞台的轉動慣量 I 為 400 kg-m^2，所以表演者在 r_i 處時，表演者與舞台的總轉動慣量 I_i' 與角動量 L_i 為

$$I_i = mr_i^2 = 60 \times 3^2 = 540 \,(\text{kg} \cdot \text{m}^2)$$

$$I_i' = I + I_i = 400 + 540 = 940 \,(\text{kg} \cdot \text{m}^2)$$

$$L_i = I_i' \omega_i = 940 \times 2 = 1080 \,(\text{kg} \cdot \text{m}^2/\text{s})$$

當表演者站在距離轉軸 r_f 為 1 m 處時，圓形舞台的角速率 ω_f，表演者相對於舞台中心垂直轉軸的轉動慣量 I_f 為 mr_f^2，圓形舞台的轉動慣量 I 為 400 kg-m^2，所以表演者在 r_f 處時，表演者與舞台的總轉動慣量 I_f' 與角動量 L_f 為

$$I_f = mr_f^2 = 60 \times 1^2 = 60 \,(\text{kg} \cdot \text{m}^2)$$

$$I_f' = I + I_f = 400 + 60 = 460 \,(\text{kg} \cdot \text{m}^2)$$

$$L_f = I_f' \omega_f = 460 \omega_f$$

在沒有任何外力影響下，系統的角動量必然守恆

$$L_i = L_f \Rightarrow 1080 = 460\omega_f$$
$$\omega_f = 4.1 \text{ (rad/s)}$$

表演者行進到距離舞台中心的垂直轉軸 1 m 處時，舞台旋轉的角速率變為 4.1 rad/s。

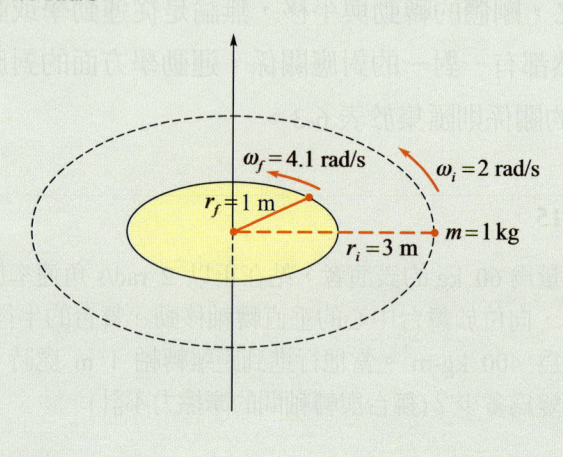

$\omega_f = 4.1$ rad/s
$\omega_i = 2$ rad/s
$r_f = 1$ m
$r_i = 3$ m
$m = 1$ kg

隨堂練習

6-6 說明下列各名詞：
(1) 轉動運動的功能定理　　(2) 平移運動的功能定理
(3) 角動量　　(4) 角動量守恆定律。

6-7 若一質點作等速率圓周運動，則下列何者不隨時間改變？
(1) 速度　　(2) 動量　　(3) 向心加速度
(4) 向心力　　(5) 對圓心的角動量。

6-8 作用於質點的外力矩，等於下列何者？
(1) 受力的改變　　(2) 動量的改變　　(3) 角動量的改變
(4) 動量的時變率　　(5) 角動量的時變率。

6-9 下列各物理量，何者不是向量？
(1) 位置　　(2) 重力　　(3) 重力場
(4) 轉動慣量　　(5) 力矩。

6-10 有關等速率圓周運動的加速度，下列敘述何者正確？
(1) 加速度大小不變，方向與速度方向平行
(2) 加速度大小不變，方向與速度方向垂直
(3) 加速度大小隨時間而不同，方向與速度方向平行
(4) 加速度大小改變，方向與速度方向垂直。

6-11 下列有關繞固定軸作純轉動的剛體，何者的敘述為正確？
(1) 剛體上各質點，在任一時刻的角速度皆相同
(2) 剛體上各質點，在任一時刻的切線速率皆相等
(3) 剛體上各質點的加速度即為向心加速度
(4) 剛體的角動量大小為剛體轉動慣量與角速度大小的乘積
(5) 剛體上各質點在任一時刻切線加速度的量值皆相等。

習題

6-1 一轉輪作等角加速率轉動，5 秒內，轉輪角速率由 30 rad/s 降至 15 rad/s，求
(1) 轉輪的角加速率？
(2) 在此 5 秒內共轉了多少轉？
(3) 此轉輪停止轉動需幾秒？

6-2 有一轉輪在 5 秒內轉了 50 rad，在 2 秒末的角速率為 8 rad/s，求此轉輪的初角速率及角加速率？

6-3 一石英指針式手錶的秒針長 1.3 cm，求
(1) 秒針端的平均角速率 (rad/s)？
(2) 秒針端的切線速率 (m/s)？

6-4 一半徑 0.80 m 的轉盤，初轉速為 0.50 rad/s，以等角加速率 0.70 rad/s^2 轉動，當此轉盤轉過 5.0 rad 時，求其邊緣上一點的合成加速度大小？

6-5 有一半徑 2.0 m，質量 20 kg 的均勻圓盤，若在圓盤內挖去一半徑 1.0 m 的內切圓，求剩餘部分相對於原來圓盤中心軸的轉動慣量？

6-6 有一質量 30 kg 的圓盤，半徑為 30 cm，以角速率 10 rad/s 繞中心軸轉動，求：
(1) 圓盤的轉動動能？
(2) 若轉軸移至圓盤邊緣且平行原中心軸，角速率不變，此時的轉動動能為何？

6-7 質量 6 kg，半徑 10 cm 的保齡球，在水平球道上滾動，假設保齡球質心移動速率 4.5 m/s，計算保齡球的
(1) 轉動動能？(2) 總動能？

6-8 一實心鐵球,從一高 h 的傾斜面上由靜止向下滾動 (無滑動),如下圖所示,求此實心球到達斜面底部時,質心的速率為何?(g = 9.80 m/s^2)

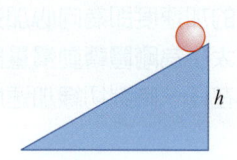

6-9 如下圖所示,一半徑 r 的小球,靜止由 A 點沿弧形軌道滾下 (未滑動),欲使小球滾過半徑 R 的圓形軌道並通過 B 點 (設 $r \ll R$),球高度 H 至少為若干?

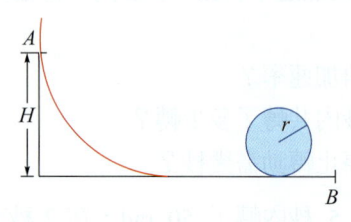

6-10 一質量 20 kg,半徑 0.30 m 的圓盤,在其切線方向施一定大小的作用力,使其轉速在 0.6 秒內由 2 rev/s 增至 5 rev/s,求:
(1) 所加力矩大小?(2) 施力大小?

6-11 某轉輪的轉動慣量 I = 30 kg·m^2,在 10 秒內,其轉速由 60 rev/min 增加到 150 rev/min,求此轉輪所需的平均功率?

6-12 如下圖所示,均勻細長金屬棒的長度 4 m,質量 15 kg,繞距其端點 0.5 m,並與棒垂直的轉軸 (虛線) 轉動,轉動的角速率為 4 rad/s,求:(1) 轉動慣量?(2) 轉動動能?(3) 角動量大小?

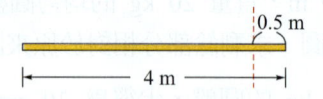

6-13 地球平均半徑約 6370 km,質量約 5.98×10^{24} kg,求:
(1) 地球對其轉軸的轉動動能?(2) 角動量?

6-14 有一摩擦力極小的旋轉平台,王教授坐在平台中心,兩臂平伸,兩手掌各捧 5.0 kg 的鐵球,右掌鐵球與通過身體中心軸的距離為 90 cm,最初的角速率為 12 rev/min,王教授與旋轉平台的轉動慣量恆為 5.0 kg·m^2,當王教授將兩臂縮回至距離中心軸 30 cm 處,求:
(1) 角速率變成多少 rad/s?(2) 系統轉動動能的變化量?

註

註一：轉動慣量的數學式

1. 不連續分佈的多質點系　$I = \sum\limits_{i=1}^{n} m_i r_i^2$。

2. 連續分佈的剛體　$I = \int r^2 dm$。

剛體的平衡

7-1 靜態平衡

7-2 穩定性

7-3 應用實例

　　根據牛頓運動定律，物體只有在不受外力或外力和為零的情況下，才能維持其原有的運動狀態；當受外力作用時，運動狀態必然產生變化。但是因為力的效應可以互為增減，及至全部抵消，影響自然消失，這種狀態稱之為平衡狀態 (equilibrium state)。

　　靜力學 (statics) 以研究系統的平衡為目的。處於平衡狀態的系統，其運動始終如一，開始是靜止的，則永遠保持靜止；運動的照樣運動，速度不變。前面的情況，一般稱之為靜態平衡 (static equilibrium)，後者則謂之動態平衡 (dynamic equilibrium)。就人體運動而言，平衡是各個動作或姿勢中，能夠維持穩定的狀態。維持身體的平衡，需要仰賴各部位的協調，讓身體可以順暢的從事各種活動【註一】。

7-1 靜態平衡

7-1-1 平衡條件

學習方針

平衡條件：
物體維持平衡狀態所需的條件：
1. $\Sigma \vec{F} = 0$：合外力為 0，物體維持移動平衡。
2. $\Sigma \vec{\tau} = 0$：合外力矩為 0，物體維持轉動平衡。

剛體運動可分為移動與轉動，所以要維持平衡，便不能有線加速度 $\vec{a}$ 與角加速度 $\vec{\alpha}$。說得明白一點，要剛體平衡，下列條件缺一不可：

1. 作用於剛體的外力，其向量和必須等於零，即

$$\Sigma \vec{F} = \Sigma \frac{d\vec{p}}{dt} = m\vec{a} = 0 \qquad \text{(移動平衡條件)} \qquad (7\text{-}1)$$

2. 對應於定軸轉動的所有外力矩，其向量和必須等於零，即

$$\Sigma \vec{\tau} = \Sigma \frac{d\vec{L}}{dt} = I\vec{\alpha} = 0 \qquad \text{(轉動平衡條件)} \qquad (7\text{-}2)$$

兩者分別稱為平衡的第一與第二條件，它們對靜態與動態平衡同樣適用。只不過靜態平衡還需受動量 $\vec{p} = 0$ 與角動量 $\vec{L} = 0$ 的限制，動態平衡的 $\vec{p}$ 和 $\vec{L}$ 只要維持定值便可。

在直角座標系中，(7-1) 式可表示為

$$\Sigma F_x = 0 \qquad (7\text{-}3)$$

$$\Sigma F_y = 0 \qquad (7\text{-}4)$$

$$\Sigma F_z = 0 \qquad (7\text{-}5)$$

三式聯立，只能求解三個未知量。超過三量，必須設法簡化。將系統分成若干獨立部分，分別解析；或慎選座標系，消除若干未知量，都是可行的求解方法。

例題 7-1

如圖 7-1，將質量為 20 kg 的物體，靜置於粗糙桌面上，並與一端固定在牆壁上的細繩相連接。今在此繩上 A 處用另一細繩懸掛砝碼，當砝碼質量加到 10 kg 時，桌上物體開始移動。此時，固定於牆壁上的細繩與牆壁的夾角為 60°。求物體與桌面的靜摩擦係數值？

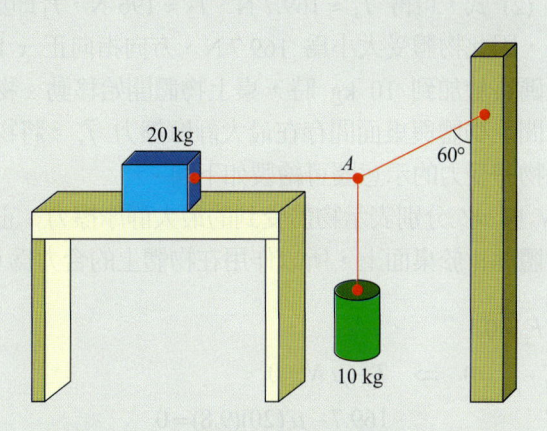

圖 7-1 物體置於粗糙桌面示意圖。

解

首先將繩子視為獨立系統，由繩在 A 處的力平衡，求取繩施於物體的力。再將物體視為獨立系統，求取物體與桌面間的最大靜摩擦力，而得其靜摩擦係數。將繩子視為獨立系統時，繩子在 A 處受力的自由體圖，可繪製如下

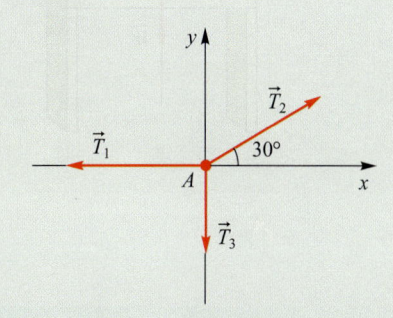

設 T_1、T_2 與 T_3 分別表示連接到物體、牆壁與砝碼三不同繩段上繩子的張力大小。

因系統處於平衡狀態，所以在 A 點處的合力為 0；

$$\Sigma \vec{F}_A = 0$$
$$\Sigma F_{Ax} = 0 \Rightarrow T_2 \cos 30° - T_1 = 0$$
$$\frac{\sqrt{3}}{2}T_2 - T_1 = 0 \tag{1}$$
$$\Sigma F_{Ay} = 0 \Rightarrow T_2 \sin 30° - T_3 = 0$$
$$\frac{T_2}{2} - (10)(9.8) = 0 \tag{2}$$

由 (1) 與 (2) 式，可得 $T_1 \approx 169.7\,\text{N}$、$T_2 \approx 196\,\text{N}$，$T_1$ 即為繩施於物體的力大小，因此物體受大小為 169.7 N、方向指向正 x 的作用力。

當砝碼質量加到 10 kg 時，桌上物體開始移動。物體處於開始移動的瞬間，物體與桌面間存在最大靜摩擦力 $\vec{f}_s$。將物體視為獨立系統時，物體受力的示意圖可繪製如下圖。

f_s、N 與 W 分別表示物體受到的最大靜摩擦力、正向力與重力大小。物體靜止於桌面上，所以作用在物體上的合力為 0；

$$\Sigma F_x = 0$$
$$T_1 - f_s = 0 \Rightarrow T_1 - \mu_s N = 0$$
$$169.7 - \mu_s(20)(9.8) = 0$$
$$\mu_s \approx 0.87$$

物體與桌面間的靜摩擦係數 $\mu_s \approx 0.87$。

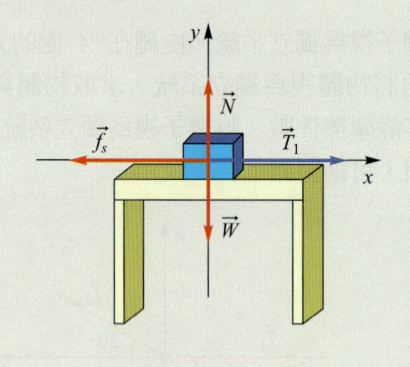

隨堂練習

7-1 在靜力學中，研討轉動時，均將受力物體假設成
(1) 流體　(2) 彈性體　(3) 剛體　(4) 塑性體。

7-2 剛體的定義為，物體受力後
 (1) 不再受力   (2) 不變形
 (3) 彈性變形   (4) 只有內部效應產生。

7-3 若說物體處於移動平衡狀態，係指該物體可能的狀態為：
 (1) 等速度直線運動 (2) 等加速度運動
 (3) 等速率圓周運動 (4) 簡諧運動。

7-4 二力作用在一剛體上，若要使剛體保持平衡，則此二力須
 (1) 大小相等，方向相反
 (2) 大小相等，方向相反，且作用於同一直線上
 (3) 大小相等，方向相同，且作用在同一直線上。

7-5 作用於一物體上之三力平衡時，則下列敘述何者錯誤？
 (1) 三力之合力為零
 (2) 三力平衡時，三力構成一封閉三角形
 (3) 任一力與其它二力的合力大小相等，方向相反
 (4) 三力之作用線不必通過同一點。

7-6 物體受到諸力的作用，若諸力的 _____ 為零，則物體不移動；又若諸力的 _____ 為零，則物體不轉動。

7-7 若物體所受的合力為零，對任意軸所受合力矩亦為零，此物體是否一定是靜止的？舉例說明。

7-1-2 平行力與力偶

學習方針

平行力：
 力的作用線互相平行的作用力，稱為平行力。

力偶：
 兩著力點不同，但大小相等、方向相反的平行力，稱為力偶；力偶的合力為 0，合力矩不為 0。

力偶矩：
 由力偶所形成的合力矩，稱為力偶矩。

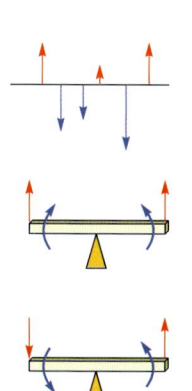

根據 (7-1) 與 (7-2) 式的條件，要使剛體平衡，除非全不施力，否則最少需要兩個外力同時作用才行。它們的效應必須互相抵消。獨受一力，無論如何，物體是無法平衡的。抑有進者，作用力的大小、方向固然重要，施力點的位置也不容忽視。

如圖 7-2，其中的作用力，不是向上，就是向下。這種互相平行的力，稱之為**平行力** (parallel forces)。同向平行力的合力，大小相加，方向不變。因此，$M\vec{g}$ 與 $m\vec{g}$ 的合力，自然朝下，而 $\vec{F_1}$ 與 $\vec{F_2}$ 的合力則朝上。當系統 (包括重物與橫樑) 維持平衡狀態時，這兩組方向相反的合力，必須大小相等、方向相反，施力點的位置亦相同；它們對應於任一定點的力矩，也應大小相等、方向相反。

如果施力點不同，兩平行力即使大小相等，方向相反，它們對應於同一參考點的力矩，也不能抵消，物體因此無法維持平衡，這樣的一組平行力，稱為**力偶** (couple)。它們的合力矩，則稱為**力偶矩** (moment of the couple)。

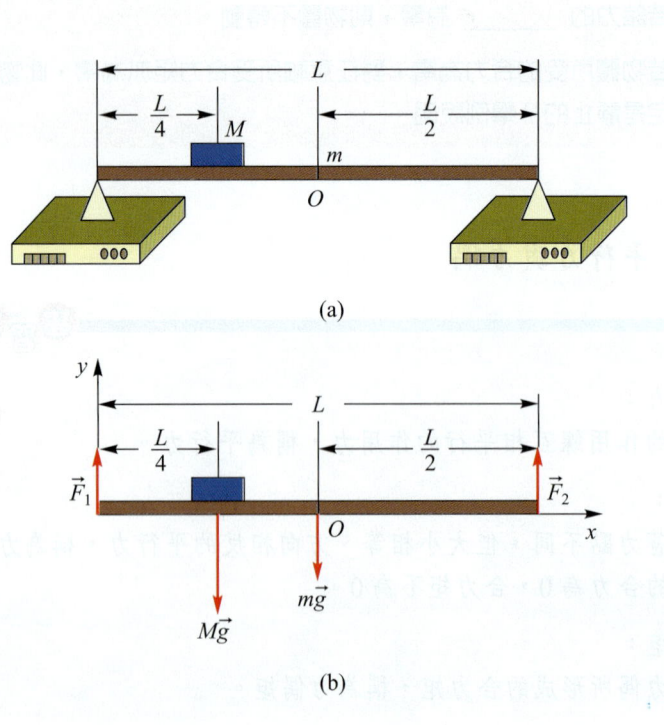

圖 7-2　(a) 樑上放置重物的示意圖；(b) 受力圖。

例題 7-2

　　如圖 7-3，一根長 3.00 m 的秤桿，一端懸掛一秤盤 (桿與盤的質量不計)，支點設在離秤盤 20.0 cm 的地方，若用質量為 10.0 kg 的秤錘，秤量 100 kg 的物品，

(1) 利用平衡的第一條件，計算秤桿平衡時，支點處所受到的力大小。

(2) 以支點作為轉軸點，利用平衡的第二條件，計算秤桿平衡時，秤錘與支點間的距離。

(3) 將轉軸點定在秤桿上的掛盤處 (而非支點處)，秤桿受到的力矩，是否滿足平衡的第二條件？計算證明之。

(4) 當物體處於平衡狀態時，任意選擇轉軸點，是否會改變該物體所受到的合力矩？

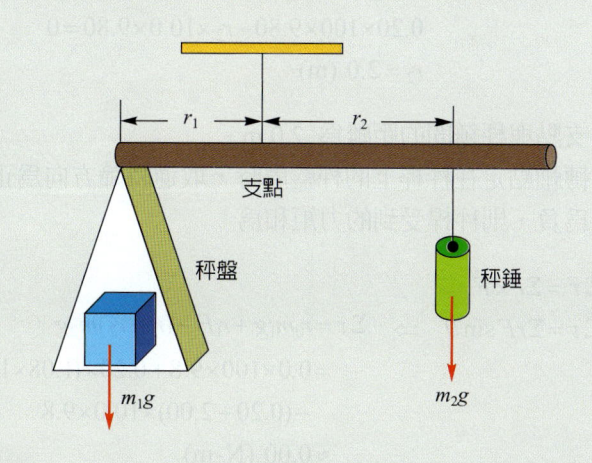

圖 7-3 由秤桿、秤盤和秤錘三部分構成的桿秤示意圖。

解

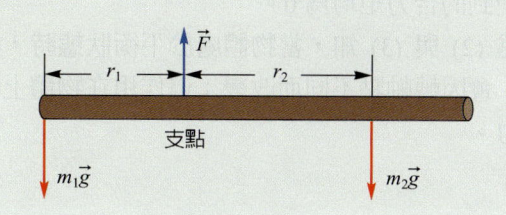

(1) 如上圖，設作用在支點上的力為 $\vec{F}$，定 y 軸向上為正向。
由平衡的第一條件 $\Sigma \vec{F}=0$，因秤桿沒有受到 x 方向的作用力，所以只要考慮 y 方向的作用力：

$$\Sigma F_y = 0 \Rightarrow F - m_1 g - m_2 g = 0$$
$$F - (100)(9.80) - (10.0)(9.80) = 0$$
$$F = 1.08 \times 10^3 \text{ (N)}$$

秤桿支點處所承受的作用力方向朝上，大小為 1.08×10^3 N。

(2) 以秤桿支點作為轉軸點【註二】，取逆時鐘方向為正，順時鐘方向為負。
由平衡的第二條件 $\Sigma \vec{\tau} = 0$，得

$\theta = 90°$

$$\Sigma \vec{\tau} = 0 \Rightarrow \Sigma r F \sin\theta = 0$$
$$\Sigma \tau = 0 \Rightarrow r_1 m_1 g - r_2 m_2 g = 0$$
$$0.20 \times 100 \times 9.80 - r_2 \times 10.0 \times 9.80 = 0$$
$$r_2 = 2.0 \text{ (m)}$$

秤桿支點與秤錘間的距離為 2.0 m。

(3) 若將轉軸點定在秤桿上的秤盤處時，取逆時鐘方向為正，順時鐘方向為負，則秤桿受到的力矩和為

$$\Sigma \vec{\tau} = \Sigma \vec{r} \times \vec{F}$$
$$\Sigma \tau = \Sigma r F \sin\theta \Rightarrow \Sigma \tau = r_0 m_1 g + r_1 F - (r_1 + r_2) m_2 g$$
$$= 0.0 \times 100 \times 9.8 + 0.20 \times (1.08 \times 10^3)$$
$$- (0.20 + 2.00) \times 10.0 \times 9.8$$
$$\approx 0.00 \text{ (N·m)}$$

故秤盤處為轉軸點時，秤桿受到的力矩為 0，仍滿足平衡的第二條件；此亦說明，秤桿在平衡狀態時，無論轉軸點定在秤桿何位置，受到的合力矩均為 0。

(4) 由上述 (2) 與 (3) 知，當物體處於平衡狀態時，各作用力所施的力矩，會因轉軸點不同而改變；但作用在物體上的力矩和，卻是不變的。

例題 7-3

如圖 7-4，大小相等、方向相反的兩平行力 $\vec{F}_1$ 與 $\vec{F}_2$，相距 L，同時作用於一物體。求：
(1) 二力對應於參考點 O 的力偶矩。
(2) 二力對應於參考點 O' 的力偶矩。

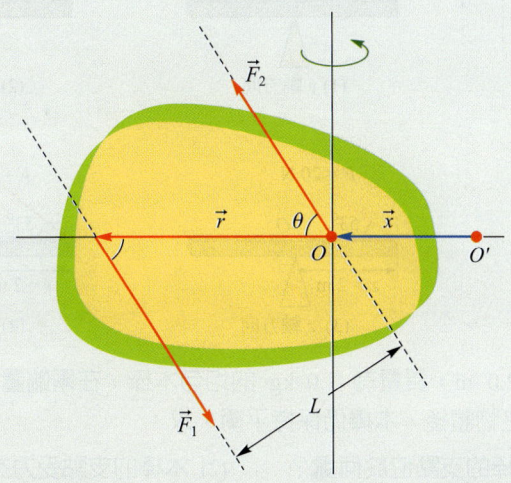

圖 7-4 兩平行力對應於不同參考點產生轉動。

解

(1) 以 O 為參考點

當以 O 為參考點時，由力 $\vec{F}_2$ 產生的力矩為零，系統所受的總力矩 $\vec{\tau}$，只與力 $\vec{F}_1$ 有關。根據力矩的定義，

$$\vec{\tau} = \vec{r} \times \vec{F}_1$$
$$\tau = rF_1 \sin\theta \xrightarrow{L = r\sin\theta} \tau = LF_1$$

等式是因為 $L = r\sin\theta$ 的關係。

(2) 以 O' 為參考點

當參考點取在 O' 的位置，$\vec{F}_1$ 與 $\vec{F}_2$ 的力矩都不等於零，總力矩是兩力矩的和，亦即

$$\vec{\tau} = \vec{\tau}_1 + \vec{\tau}_2 = (\vec{x} + \vec{r}) \times \vec{F}_1 + \vec{x} \times \vec{F}_2$$
$$\xrightarrow[L = r\sin\theta]{\vec{F}_2 = -\vec{F}_1}$$
$$\tau = (x+r)F_1\sin\theta - xF_1\sin\theta \Rightarrow \tau = rF_1\sin\theta = LF_1$$

(1) 與 (2) 結果相同，可知，力偶矩的大小，與二力大小、距離有關，和所取的參考點無關。

施力若經過轉軸，則力矩為零。

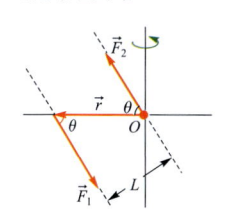

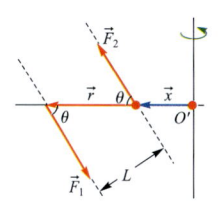

隨堂練習

7-8 依下圖所示的數據，計算各物體繞轉軸 O，轉動時的力矩？

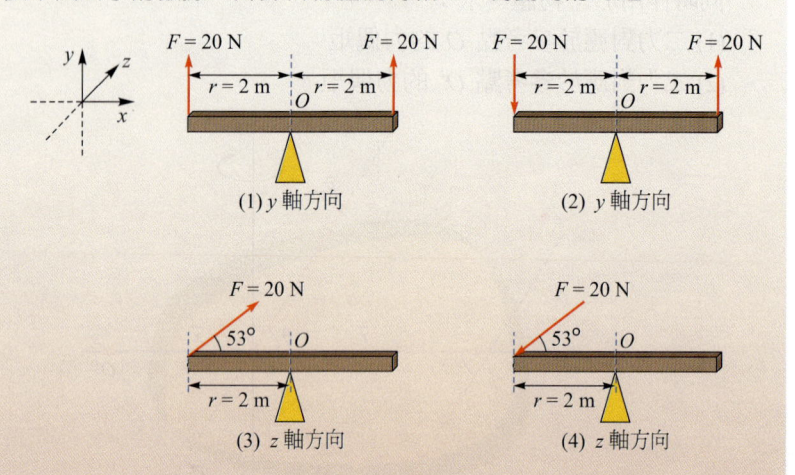

(1) y 軸方向
(2) y 軸方向
(3) z 軸方向
(4) z 軸方向

7-9 長度 2.0 m，質量為 1.0 kg 的均勻木棒，在兩端置放 5 kgw 及 10 kgw 之物體後，木棒仍保持平衡，求：
(1) 木棒的支點位於何處？
(2) 木棒的支點受力為何？
(設重力加速度值為 10.0 m/s²)

7-10 力矩、功、動能三者之因次皆相等，下列敘述何者正確？
(1) 三者都是同一物理量
(2) 三者都不是同一物理量
(3) 一個向量和兩個純量
(4) 三者皆為向量。

7-1-3 重　心

重心：

不連續分佈　或　連續分佈

$$x_w = \frac{\sum\limits_{i} x_i w_i}{\sum\limits_{i} w_i} \qquad x_w = \frac{\int x\, dw}{\int dw}$$

$$y_w = \frac{\sum\limits_{i} y_i w_i}{\sum\limits_{i} w_i} \qquad y_w = \frac{\int y\, dw}{\int dw}$$

$$z_w = \frac{\sum\limits_{i} z_i w_i}{\sum\limits_{i} w_i} \qquad z_w = \frac{\int z\, dw}{\int dw}$$

處於地球重力場中的物體，其上的每一個質點 m_i，或質量單元 dm，無時無刻不受重力的作用。如果沒有支撐，必以加速度與地球作相對運動。由於物體的體積難與地球相比，質點所受的重力，不妨視作平行力處理。它們的合力大小一般視為物體的重量 (weight)，常以符號 W 代表 [註三]。

設位在地表附近的物體，其第 i 質點，位置向量為 $\vec{r}_i$，所受的重力為 $\vec{w}_i$，則物體重力為

$$\vec{W} = \sum_i \vec{w}_i = \sum_i m_i \vec{g}$$

如用直角座標表示，則 $\vec{W}$ 的作用線在 x 方向的座標 x_w，可從力矩平衡的條件獲得，即

$$\vec{\tau} = \vec{x}_w \times \vec{W} = \sum_i \vec{x}_i \times \vec{w}_i$$

$$\tau_w = x_w W = \sum_i x_i w_i$$

簡化整理，可得

$$x_w = \frac{\sum_i x_i w_i}{\sum_i w_i} \tag{7-6}$$

同理，分別求得 $\vec{W}$ 的作用線在 y 與 z 方向的座標，

$$y_w = \frac{\sum_i y_i w_i}{\sum_i w_i} \tag{7-7}$$

$$z_w = \frac{\sum_i z_i w_i}{\sum_i w_i} \tag{7-8}$$

x、y、z 三方向作用線的交點，定為物體的重心 (center of gravity)，其座標為 (x_w, y_w, z_w)。

結構簡單、質地均勻的物體，用 (7-6)、(7-7)、(7-8) 的數式求取重心的座標，當然不成問題。結構複雜的物體，積分不是那麼容

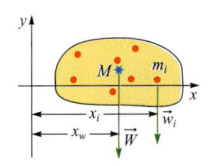

若為連續分佈的剛體

$$\vec{W} = \int d\vec{w} = \int \vec{g}\, dm$$

$$\vec{\tau} = \vec{x}_w \times \vec{W} = \int \vec{x} \times d\vec{w}$$

$$\tau_w = x_w W = \int x\, dw$$

$$x_w = \frac{\int x\, dw}{\int dw}$$

同理

$$y_w = \frac{\int y\, dw}{\int dw}$$

$$z_w = \frac{\int z\, dw}{\int dw}$$

物體如非十分龐大，物體內質點的重力加速度，應無顯著差異，因此，

$$x_w = \frac{\sum_i x_i m_i}{\sum_i m_i}$$

$$y_w = \frac{\sum_i y_i m_i}{\sum_i m_i}$$

$$z_w = \frac{\sum_i z_i m_i}{\sum_i m_i}$$

可知，在地球重力場內，物體的重心即為質心。

易，只有用實驗的方法求取。上文指明重心的位置，是重力在不同方向上的作用線的交點。一般求重心位置的方法是「懸掛法」，它利用在不同方向上的重力作用線會相交於重心的特性，求取重心。因此，將物體沿不同方位懸掛，畫出重力的作用線，它們的交點便是重心的所在，如圖 7-5。

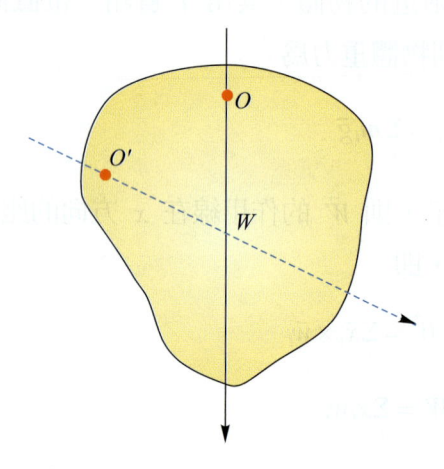

圖 7-5 利用懸掛法求重心位置。

例題 7-4

如圖 7-6，將一質量為 M、長為 L 的均勻細鐵絲，彎成三邊等長的 U 字形。根據圖中座標，計算其重心位置座標。(鐵絲的體積不計)

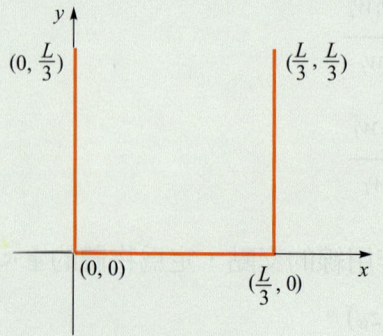

圖 7-6 U 字形鐵絲位置示意圖。

解

　　三邊等長的鐵絲，各邊質量為 $\frac{M}{3}$，重心在各邊鐵絲的中點處，故三邊鐵絲的重心座標分別為 $(0, \frac{L}{6})$、$(\frac{L}{6}, 0)$、$(\frac{L}{3}, \frac{L}{6})$。由此三個重心，可計算得整個鐵絲的重心座標 (x_w, y_w)：

$$x_w = \frac{\sum_i x_i m_i g}{\sum_i m_i g}$$

$$x_w = \frac{\sum_i x_i m_i}{\sum_i m_i} \Rightarrow x_w = \frac{(0)(\frac{M}{3}) + (\frac{L}{6})(\frac{M}{3}) + (\frac{L}{3})(\frac{M}{3})}{M}$$

$$= \frac{L}{6}$$

$$y_w = \frac{\sum_i y_i m_i g}{\sum_i m_i g}$$

$$y_w = \frac{\sum_i y_i m_i}{\sum_i m_i} \Rightarrow y_w = \frac{(\frac{L}{6})(\frac{M}{3}) + (0)(\frac{M}{3}) + (\frac{L}{6})(\frac{M}{3})}{M}$$

$$= \frac{L}{9}$$

三邊等長的 U 字形鐵絲的重心座標 (x_w, y_w) 為 $(\frac{L}{6}, \frac{L}{9})$。

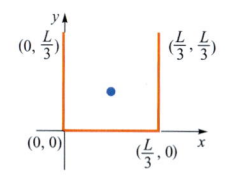

當重力場強度一致時，物體的質心座標即為重心座標。

7-1-4　非平行力的平衡

學習方針

1. 作用於物體的三個不平行的外力，其力的作用線必須交於同一點，否則無法維持物體的平衡。
2. 三個不平行的外力平衡時，滿足拉密定律：

$$\frac{F_1}{\sin\theta_1} = \frac{F_2}{\sin\theta_2} = \frac{F_3}{\sin\theta_3}$$

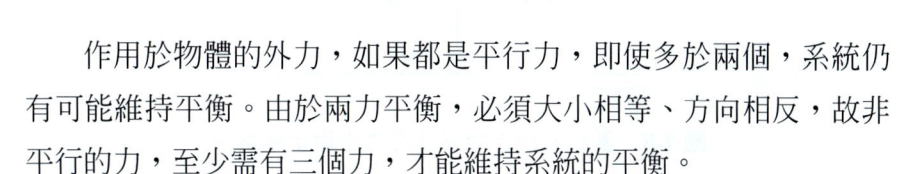

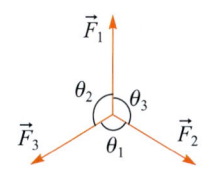

　　作用於物體的外力，如果都是平行力，即使多於兩個，系統仍有可能維持平衡。由於兩力平衡，必須大小相等、方向相反，故非平行的力，至少需有三個力，才能維持系統的平衡。

普通物理

設此非平行的三力，$\vec{F}_1$、$\vec{F}_2$、$\vec{F}_3$，同時作用於一物體，如圖 7-7。$\vec{F}_1$ 與 $\vec{F}_2$ 的作用線相交於 O。取 O 為參考點。$\vec{F}_1$ 與 $\vec{F}_2$ 的作用線因通過該點，它們的力矩都等於零。作用於物體的力矩 $\vec{\tau}$，完全由 $\vec{F}_3$ 提供。力矩 $\vec{\tau}$ 的大小等於 dF_3，d 是 $\vec{F}_3$ 對應於 O 點的力臂。要想物體在 $\vec{F}_1$、$\vec{F}_2$、$\vec{F}_3$ 同時作用之下，維持平衡狀態，$\vec{\tau}$ 必須等於零，亦即 d 必須等於零【註四】。也就是說，三力必須同交於一點，即：「同時作用於物體的三外力，除非彼此平行，或相交於一點，否則無法維持物體的平衡。」

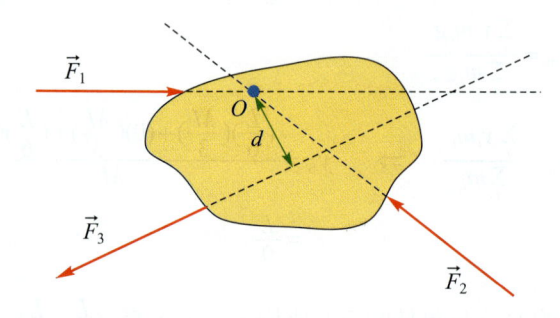

圖 7-7 非平行的外力，除非 $d = 0$，否則無法使物體維持平衡。

例題 7-5

如圖 7-8，將質量為 5.00 kg 的均勻圓球，置放在角度為 90° 的凹槽，設圓球與槽壁無摩擦力，求槽壁施加在圓球上的作用力大小？(設重力加速度值為 10.0 m/s²)

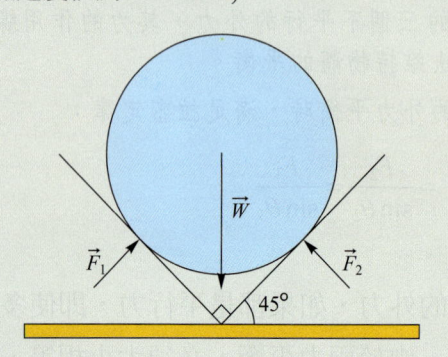

圖 7-8 置於凹槽上的圓球受力平衡示意圖。

解

在重力加速度值為 10.0 m/s² 的重力場中，質量為 5.00 kg 的均勻圓球，所受重力大小為

$$W = mg \Rightarrow W = 5 \times 10 = 50 \text{ (N)}$$

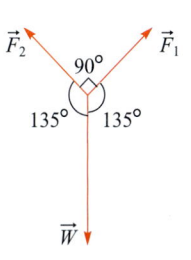

二側槽壁施加在圓球上的作用力大小均為 F，且與負 y 軸成 135° 的角度。因作用在圓球的三力平衡，所以根據拉密定律

令 $F_1 = F_2 = F$

$$\frac{W}{\sin 90°} = \frac{F}{\sin 135°} = \frac{F}{\sin 135°}$$

$$\frac{50}{1} = \frac{F}{\sqrt{2}/2} = \frac{F}{\sqrt{2}/2}$$

$$\Rightarrow F = 25\sqrt{2} \text{ (N)} \approx 35.4 \text{ (N)}$$

槽壁施加在圓球上的作用力大小為 35.4 N。

7-2 穩定性

學習方針

穩定平衡：
原處於平衡狀態的物體，在受到外力的擾動後，在一定範圍內仍能繼續保持原平衡狀態，稱為穩定平衡。

不穩定平衡：
原處於平衡狀態的物體，在受到外力的擾動後，無法繼續保持平衡狀態，稱為不穩定平衡。

隨遇平衡：
原處於平衡狀態的物體，在受到外力的擾動後，仍可隨時保持其平衡狀態，稱為隨遇平衡。此類物體的重心既不升高，也不降低。

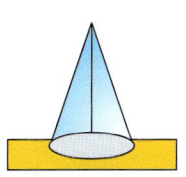

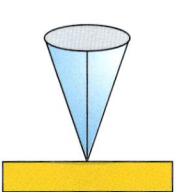

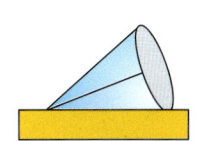

處於平衡狀態的物體，如果全不受外在的影響，依理可維持原狀。但受到外力的擾動後，有些可能完全改觀。物體改變原狀的難易，是為系統*穩定性* (stability) 的尺度。

取一枝六角形的鉛筆，削尖了，試試從它的尖端處，將它豎立在桌面上 [參看圖 7-9(a)]。很不容易，是不是？維持它在六角頂上平衡，也是極不容易。這是因為鉛筆平衡時，其重心必須維持在支持面的正上方。在圖 7-9(a) 的情況下，筆、桌的接觸面積太小，鉛筆稍微偏離平衡位置，重力 $\vec{W}$ 的作用線便會超出接觸面的範圍，與正向力 $\vec{N}$ 形成力偶，加速鉛筆的轉動，致使鉛筆傾倒。這樣用一點點的外力，便能使系統的狀態完全改觀的情況，稱為*不穩定平衡* (unstable equilibrium)。

圖 7-9(b) 顯示的情況，筆、桌的接觸面積相當寬廣，W 的作用線不易超出它的範圍。$\vec{W}$ 與 $\vec{N}$ 的作用線即使稍有偏差，力偶矩的作用也能使系統迅速恢復平衡位置，這樣的狀態稱為*穩定平衡* (stable equilibrium)。在圖 7-9(c) 的情況下，一枝圓形的鉛筆，平放在桌面上，不管怎樣移動滾轉，$\vec{W}$ 與 $\vec{N}$ 永遠同在一條直線上，系統無時無地不處於平衡狀態，這樣的情況則謂之*自然平衡* (natural equilibrium) 或*隨遇平衡*。儲存重物、整裝家具、建築房屋、架設橋樑，即使無法達到自然平衡的要求，也當符合穩定平衡的條件，否則，將會增加麻煩或產生災難。

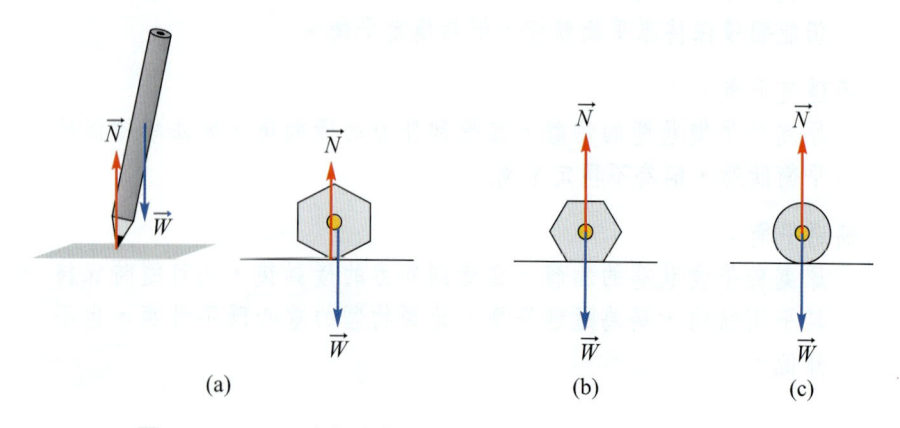

圖 7-9 (a) 不穩定平衡；(b) 穩定平衡；(c) 隨遇平衡。

例題 7-6

如圖 7-10，將一長為 L 的磚塊，靜置於桌子邊緣處。若以桌角 O 處為座標原點，試求：
(1) 磚塊重心的 x 軸座標為何？
(2) 磚塊受到的重力，其有效作用點的 x 軸座標為何？為什麼？
(3) 桌面施於磚塊的正向力，其有效作用點的 x 軸座標為何？為什麼？
(4) 此磚塊是在穩定平衡狀態，還是不穩定平衡狀態？

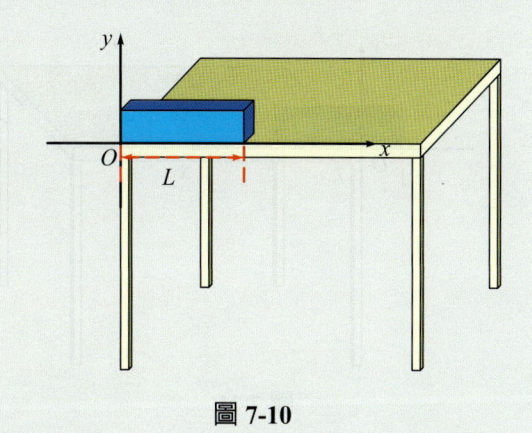

圖 7-10

解

(1) $\dfrac{L}{2}$；在重力場不變的環境，質地均勻物體的幾何中心座標，即為物體的重心座標。

(2) $\dfrac{L}{2}$；由重心的定義知，重心的座標即為磚塊所受重力的有效作用點座標。

(3) $\dfrac{L}{2}$；因磚塊僅受到向下的重力與向上的正向力，在保持平衡的狀態下，只有當重力與正向力的有效作用點座標相同時，才能滿足平衡的第一與第二條件。

(4) 穩定平衡狀態；因稍微變動後，磚塊仍能恢復原狀態。

例題 7-7

承上題；如圖 7-11，將磚塊超出桌角置放，此時，
(1) 若磚塊重心的 x 軸座標仍大於或等於 0 時，則磚塊是否還能靜置於桌面上？其正向力有效作用點的 x 軸座標是否仍與重心相同？
(2) 若磚塊重心的 x 軸座標小於 0 時，則磚塊是否還能靜置於桌面上？其原因為何？
(3) 若磚塊重心的 x 軸座標等於 0 時，則磚塊是在穩定平衡狀態，還是不穩定平衡狀態？為什麼？

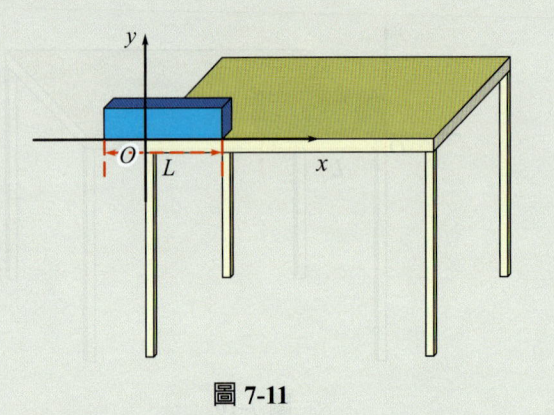

圖 7-11

解

(1) 是；是。因磚塊重心位置並未超出桌面，故磚塊能靜置於桌面上。因磚塊僅受到向下的重力與向上的正向力，在保持平衡的狀態下，只有當重力與正向力的有效作用點座標相同時，才能滿足平衡的第一與第二條件。
(2) 否；因磚塊重心位置超出桌面，故磚塊不能靜置於桌面上。此時重力與正向力的有效作用點座標不相同，磚塊能滿足平衡的第一條件，但將因無法滿足平衡的第二條件，而掉落地面。
(3) 在不穩定平衡狀態；因磚塊左邊稍微向下施力，磚塊將掉落地面，無法恢復原狀態。

隨堂練習

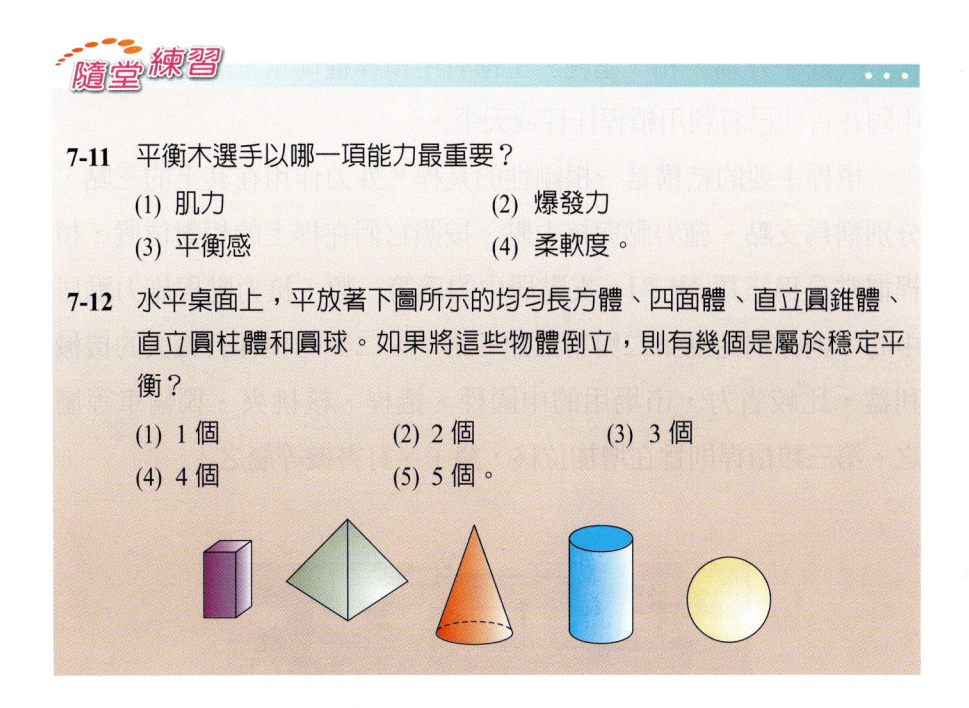

7-11 平衡木選手以哪一項能力最重要？
(1) 肌力 (2) 爆發力
(3) 平衡感 (4) 柔軟度。

7-12 水平桌面上，平放著下圖所示的均勻長方體、四面體、直立圓錐體、直立圓柱體和圓球。如果將這些物體倒立，則有幾個是屬於穩定平衡？
(1) 1 個 (2) 2 個 (3) 3 個
(4) 4 個 (5) 5 個。

7-3 應用實例

7-3-1 槓桿

學習方針

槓桿：
利用靜力平衡原理的簡單機械，具有一個支點和兩個受力點(抗力點、施力點)的剛性桿。可分為三類：

第一類槓桿的支點在中間：可作省力槓桿。
第二類槓桿的抗力點在中間：可作省力槓桿。
第三類槓桿的施力點在中間：不能省力，但能增加位移。

機械利益 M

$$M = \frac{W(物重)}{F(施力)}$$

1. $M = 1$
   不省力，也不省時，但可改變施力方向。
2. $M > 1$
   省力，費時。
3. $M < 1$
   費力，省時。

槓桿 (lever) 是充分利用平衡原理的簡單機械，相傳是阿基米德 (Archimedes, 287-212 BC) 發明的。但早在公元前五至四世紀，我國已有使用槓桿的記載。當時的應用主要是秤重；《孟子》裡即有：「權而後知輕重，度而後知長短」的說法，可為明證。《呂氏春

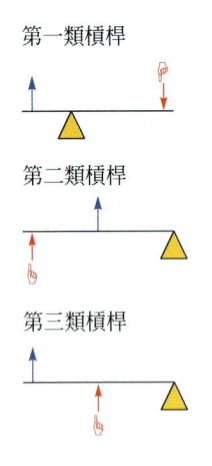

秋》、《莊子外篇》和《墨經》上都有用槓桿權衡重量的記載，說明中國在古代已有利用槓桿作秤或天平。

　　槓桿主要的結構是一根剛性的長桿。外力作用在其上的三點，分別稱為支點、施力點與抗力點。按照它們在桿上的相對位置，槓桿慣常分為三類 [註五]。支點居中的為第一類，抗力點與施力點居中的，則分別定為第二與第三類。第一、二類的槓桿有較大的機械利益，比較省力，市場用的中國秤、撬桿、核桃夾、獨輪車等屬之。第三類槓桿則旨在增加位移，鑷子、釘書機等屬之。

第一類槓桿

第二類槓桿

第三類槓桿

蹺蹺板(一)：二同重的小孩，成平衡狀態。

蹺蹺板(二)：二不同重的小孩，成平衡狀態。

例題 7-8

如圖 7-12，當手持斧頭 B、C 處，且以 C 處為支點時，若於 B 處，施垂直木柄的力 $\vec{F}$，則斧頭劈物體的力量為何？

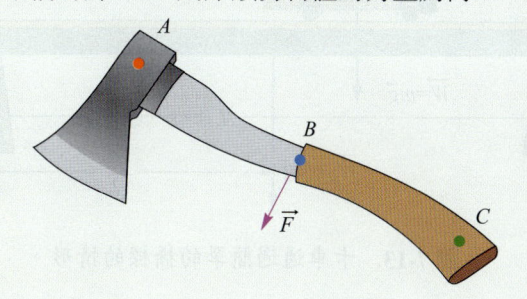

圖 7-12 斧頭利用槓桿原理示意圖。

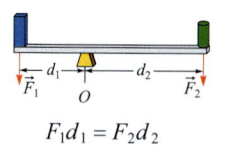

解

手持斧頭，以 C 處為支點，且施於木柄 B 處的垂直作用力為 $\vec{F}$。當斧頭劈物體時，作用於木柄 A 處的垂直作用力為 $\vec{F}'$。

依槓桿原理 $\vec{d}_1 \times \vec{F}_1 = \vec{d}_2 \times \vec{F}_2$，可得

$$\overline{AC}F' = \overline{BC}F$$

$$\Rightarrow F' = \frac{\overline{BC}}{\overline{AC}}F$$

槓桿原理
$\vec{d}_1 \times \vec{F}_1 = \vec{d}_2 \times \vec{F}_2$

$F_1 d_1 = F_2 d_2$

平衡狀態：
$F_1 d_1 = F_2 d_2$

此為第三類槓桿

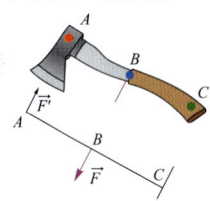

小品
阿基米德名言

阿基米德曾說：「只要給我一個站立的地方和支撐點，還有一根夠長的木棒，我就能移動地球。」

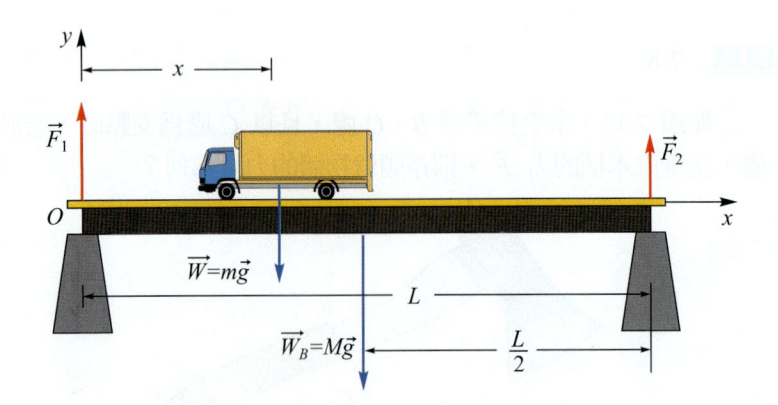

圖 7-13 卡車通過簡單的橋樑的情形。

7-3-2 橋　樑

　　橋樑是交通的要素之一；或橫溪涉澗，或跨海臥波，是人來車往之途，收載重致遠之利。結構自然以穩固為主，材料唯堅實是尚，稍有瑕疵，便生禍難。當然，橋樑的設計，千頭萬緒，非常複雜，這裡只以簡單的實例，闡釋其中的原理。

　　設有一卡車，行經橋樑，橋墩間距離為 L，如圖 7-13。橋樑所承受的外力，除其本身的重量和橋墩的支持力外，更受車重 $\vec{W} = m\vec{g}$ 的影響。如果車輛不重，橋樑仍可視為剛體，橋墩只要增加它的支持力 $\vec{F}_1$、$\vec{F}_2$，便可維持系統的平衡。車輛過重，則橋樑會從中下陷，甚至斷裂，造成傷亡。為簡明計，橋樑本身重量 $\vec{W}_B = M\vec{g}$，視為在橋中心位置。

　　取橋樑的左端為座標原點，沿橋面方向為 x 軸。車行橋上，橋墩的承載加重，所受的力相對增加。設卡車行抵 x 處時，樑端承受的力分別為 $\vec{F}_1$ 與 $\vec{F}_2$ [參看圖 7-13]，根據平衡條件的要求，則

力的平衡：

$\Sigma F_y = 0$
$\Rightarrow \quad F_1 + F_2 - mg - Mg = 0$

力矩平衡：

$$\Sigma \tau = 0$$
$$\Rightarrow \quad 0 + F_2 L - mgx - Mg(\frac{L}{2}) = 0$$

聯立求解，可得橋墩所承受的力為

$$F_2 = \frac{mgx}{L} + \frac{Mg}{2}$$
$$F_1 = mg + Mg - F_2$$
$$= mg + Mg - (\frac{mgx}{L} + \frac{Mg}{2})$$
$$= mg\frac{(L-x)}{L} + \frac{Mg}{2}$$

鄉徑小溪的橋樑承載量相當有限。交通要道的橋樑，基於安全性的考量，橋墩間距不能太遠，採用多設橋墩，或添加桁架等方式，因此在構築橋樑上，相對複雜得多。

習題

平衡條件

7-1　如圖所示，若不計繩的重量，求 A、B、C 三繩所受張力大小？

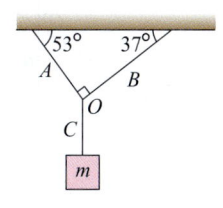

7-2　如圖所示，物體 m 的質量為 40 kg，若不計繩的重量，求 A、B、C 三繩所受張力大小？

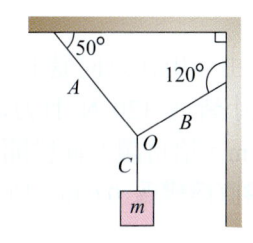

7-3 質量 30 kg、長 6 m 的梯子靠在無摩擦的牆上，地面粗糙，如下圖所示，地板靜摩擦係數 μ_s 為 0.42，求：(1) 梯子不下滑的最大夾角 θ？ (2) 在此角度 θ 時，牆所施的力 N_2 大小為何？

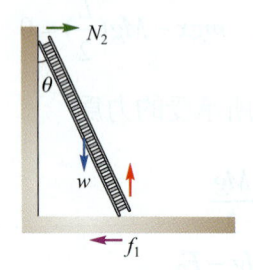

7-4 兄弟二人合力抬起 900 N 之重物，木棒長度 1.5 m，重量可忽略不計。欲使兄負重恰為 600 N，求重物應放在棒上距兄若干公尺處？

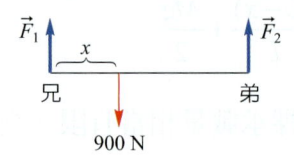

7-5 王同學買了瓶裝飲料，他用兩指各施以 20.0 N 的力，剛好將飲料瓶蓋扭開。若瓶蓋直徑為 2.00 cm，兩指施力與瓶蓋緣相切，且相互平行，試問：他施於瓶蓋的力偶矩大小為若干？

7-6 將圖 7-6 U 字形鐵絲，由座標原點 O 處，用一條線吊掛，如下圖。當鐵絲平衡時，圖中 θ 角為若干？

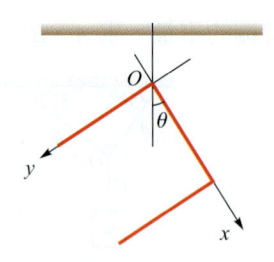

U 字形鐵絲吊掛平衡示意圖。

平行力與力偶

7-7 當車輪轉向時，由作用在方向盤上的力偶提供足夠力偶矩產生轉動。今力偶由大小皆為 120 N 且方向相反的兩平行力所構成，方向盤直徑為 0.4 m，恰可讓方向盤開始轉動，(1) 此力偶矩大小為何？(2) 若方向盤直徑變為 0.6 m，所需的新力偶大小至少為何？

7-8 老王挑扁擔長 1 m，重量為 20 N，兩端物體分別為重量 200 N 與 140 N。老王的肩膀應距 200 N 之物體若干公尺，扁擔才能平衡？

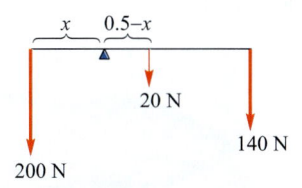

7-9 如圖所示的均勻薄板，邊長為 L，計算其重心位置座標。

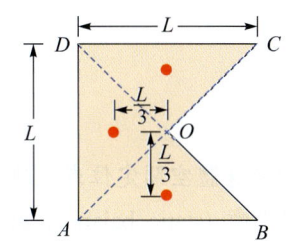

7-10 如圖所示的均勻細鐵絲，邊長為 L，計算其重心位置座標。

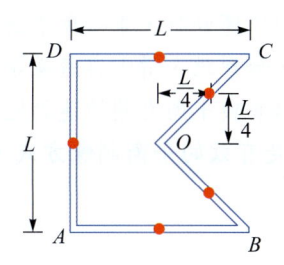

槓　桿

7-11 獨輪手推車的重心距手施力處之水平距離為 0.75 m，距車輪中心的水平距離為 0.25 m。試問施力需多少，才能提起手推車的一端？(手推車重量為 1,000 N)

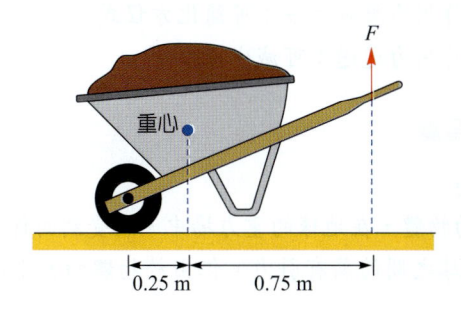

7-12 如圖所示的胡桃夾，施力端 (手把中心) 距轉軸為 20 cm，受力端距轉軸為 5 cm。今將核桃置於受力端，需受力 400 N 始能破壞，試問施力端需施力若干？

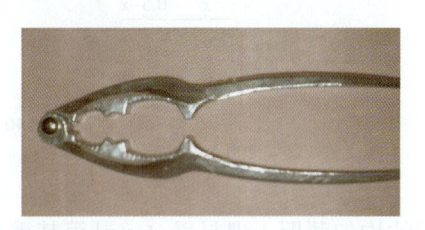

註

註一：人體的平衡

　　人體的平衡是指調節身體空間定位或反映身體動作，以維持身體的空間穩定能力，包括靜態平衡 (static balance) 與動態平衡 (dynamic balance) 兩種。一般來說，靜態平衡意謂身體不動時，維持身體某種姿勢一段時間的能力，如單足站立、倒立、站在平衡木上，維持不動等動作皆屬之。動態平衡則指身體在空間中運動時，重心會不斷地改變，為維持控制身體姿勢，不斷動作的能力，如彈跳、滑雪與體操等，都需要這種平衡能力。可以藉由遊戲及器材來培養與平衡有關的運動能力，如閉眼單腳站立、走平衡木、爬網遊戲等都是有效的平衡訓練方式，同時也能培養技巧性的機能。

參考網站：
1. http://www.epsport.idv.tw/epsport/week_def.asp。
2. http://www.mdnkids.com/specialeducation。

註二：轉軸的選取

　　選取轉軸一般以符合下列條件為依據：
1. 通過轉軸的作用力數量最多；可簡化方程式。
2. 轉軸有未知作用力通過；可減少未知量。

註三：重力與重量

重力：$\vec{W} = m\vec{g}$

　　質量 m 的物體，在地球的重力場中，所受到的作用力稱為重力；此力亦為物體與地球之間的萬有引力。但由於物體的大小遠小於地球的大小，

故地球受力後的移動量不易察覺；而物體因引力作用，有向著地心方向的運動。在地表附近，物體運動加速度即為重力加速度 $\vec{g}$，所以質量 m 的物體，在地球上的重力可以表示為 $\vec{W} = m\vec{g}$。

重量：$W = mg$

　　質量 m 的物體在地球的重力場中所受重力的大小，稱為重量；$W = mg$。

註四：三力平衡

當作用於物體的三個力達成平衡時，滿足拉密定律：

$$\frac{F_1}{\sin\theta_1} = \frac{F_2}{\sin\theta_2} = \frac{F_3}{\sin\theta_3}$$

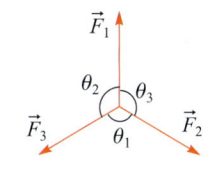

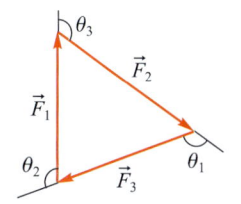

拉密定律亦為數學的正弦定律。

註五：三類槓桿

第一類槓桿的支點在中間：

第二類槓桿的抗力點在中間：

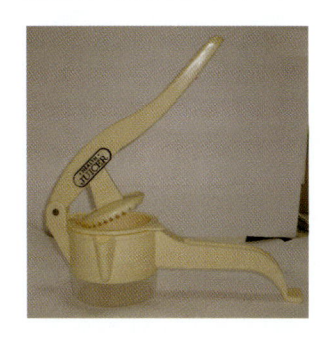

第三類槓桿的施力點在中間：

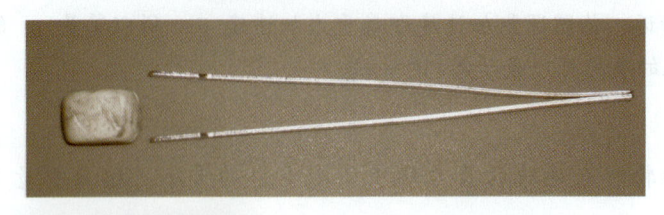

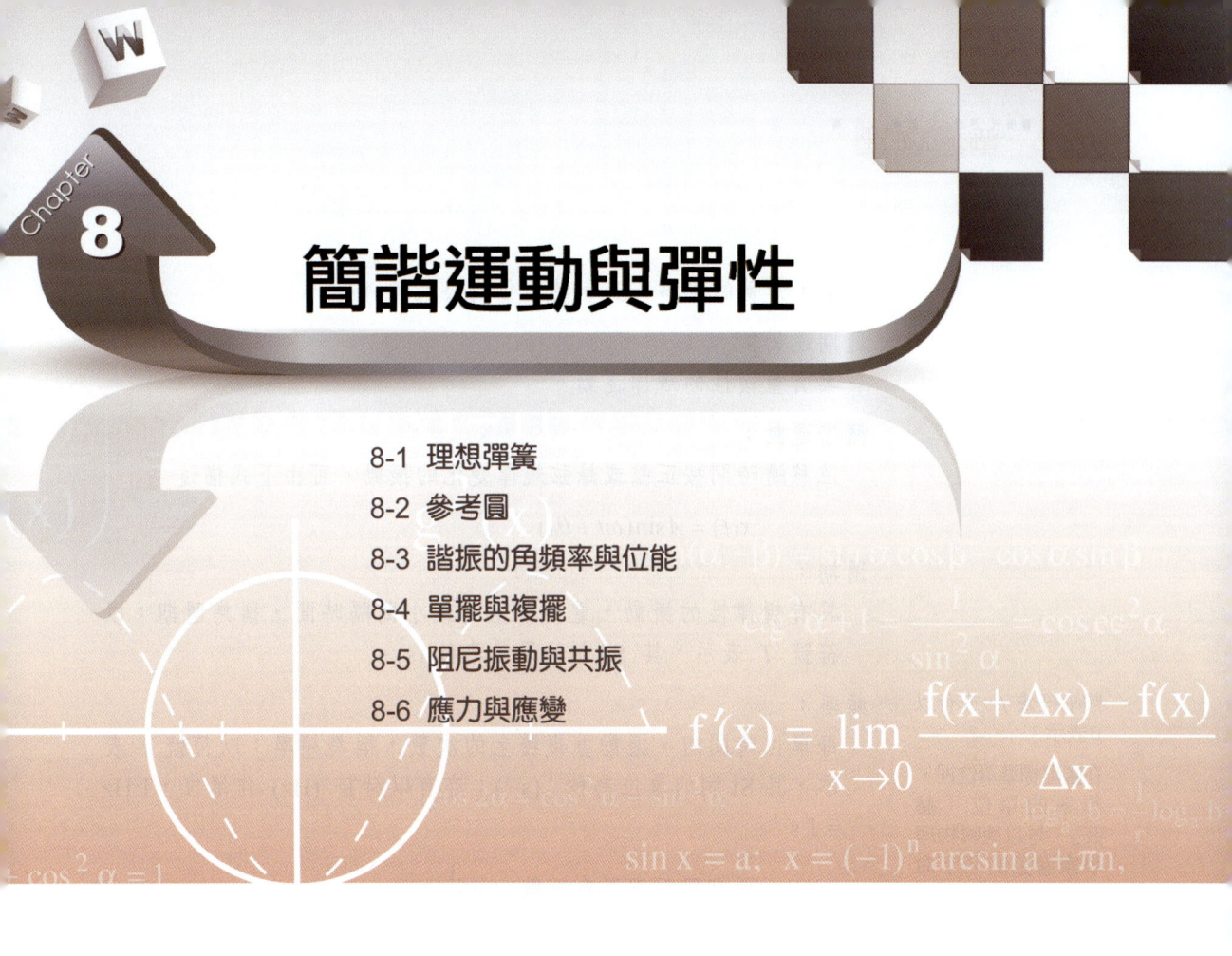

Chapter 8 簡諧運動與彈性

8-1 理想彈簧
8-2 參考圓
8-3 諧振的角頻率與位能
8-4 單擺與複擺
8-5 阻尼振動與共振
8-6 應力與應變

在討論多質點系統的轉動與平衡時，假想系統中質點的相對位置，不因外力作用而更改。這種理想的剛體，事實上是不可能存在的。真實物體受外力作用時，多多少少都會變形。如果外力效應不是太大的話，物體一般都會恢復原狀 [註一]。例如，以手緊握網球，球隨握力凹陷的情形，可以清楚感覺，一旦放鬆手，球又渾圓如故。物體這種抗衡外力，而恢復原有形狀的力，一般稱為**恢復力** (restoring force)、**彈性力**、**彈力**或**彈簧力** (spring force)。彈性力在質點動力學一章中，已約略提到過，因它的普遍性，本章再作探討。

8-1 理想彈簧

學習方針

虎克定律：

$$\vec{F}_s = -k\vec{x}$$

k：彈簧常數；SI 制的單位為牛頓/公尺 (N/m)。
$\vec{F}_s$：恢復力、彈性力、彈力或彈簧力；SI 制的單位為牛頓 (N)。

理想彈簧：
能滿足虎克定律的彈簧，被稱為理想彈簧。

> x：彈簧的位移；SI 制的單位為公尺 (m)。
>
> 週期運動：
> 具有重複性的規律運動。
>
> 簡諧運動：
> 位移隨時間按正弦或餘弦規律變化的振動。可由下式描述
> $$x(t) = A\sin(\omega t + \theta_0)$$
>
> 週期：
> 具有規律性的振動，重複發生的最小間隔時間，稱為週期；以符號 T 表示，其 SI 制的單位為秒 (s)。
>
> 頻率：
> 每單位時間內，振動重複發生的次數，稱為頻率；以符號 f 表示，其 SI 制的單位為秒$^{-1}$ (s^{-1})；亦有以赫茲 (Hz) 作單位，1 Hz = 1 s^{-1}。
>
> 週期與頻率互為倒數 $f = \dfrac{1}{T}$。
>
> 振幅：
> 物體振動時，偏離平衡位置的最大值，稱為諧振的振幅。以符號 A_0 表示，其 SI 制的單位為公尺 (m)。

頻率符號 f，亦有以 ν 表示。

在國際標準單位裡，頻率的單位「赫茲」，是以德國物理學家赫茲的名字命名。

振動的 $A(t)$ 範圍為 $-A_0 \leq A(t) \leq A_0$。

利用輕而堅實的彈簧，忽略它的質量。固定一端，另一端則連接一個表面光滑，質量為 m 的圓球，置於無摩擦的平台上。球中央鑽一小孔，嵌入一支細小的墨水筆，用以紀錄圓球的位置，令筆尖與紀錄紙面作適當的接觸 (參看圖 8-1)。紙以等速度捲動，筆在紙上所畫的線條，便是不同時間，圓球位置的紀錄。

以力 $\vec{F}$ 拉動圓球，使彈簧的伸長量為 A，再放手讓彈簧自由振盪。則筆在紙上往返移動，留下圓球的運動軌跡紀錄。這當如何解釋呢？

原來當圓球受力往 $+x$ 方向移動時，作用於球上的拉力，也迫使彈簧作相應的伸張。設想外力不是太強，不致使彈簧永久變形。則當外力消失的剎那，彈簧的恢復力 $\vec{F}_S$ 便開始發揮作用。由於當時彈簧的恢復力 $\vec{F}_S$，正好與拉力 $\vec{F}$ 的大小相等、方向相反，圓球

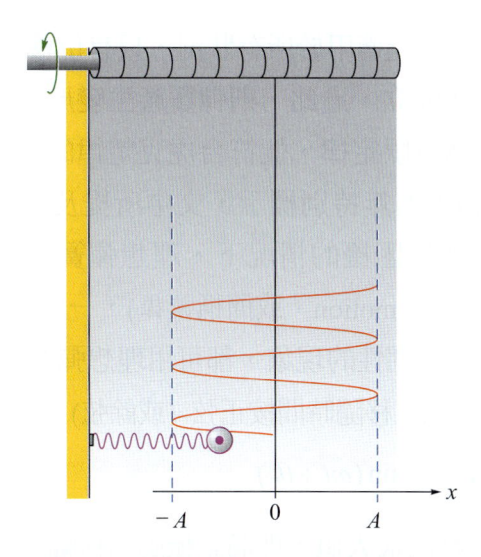

圖 8-1 圓球因彈簧振動，作周而復始的位移。理想彈簧的振動，位移呈正弦或餘弦軌跡。

將以 $\vec{a} = \dfrac{\vec{F_S}}{m} = -\dfrac{\vec{F}}{m}$ 的加速度往 $-x$ 的方向移動，且越來越快。圓球移動至平衡位置時，速度最快；此時 $\vec{F_S}$ 雖然暫時消失，但由於慣性的關係，圓球無法驟然停止，繼續往左移動的結果，造成對彈簧的壓縮。隨之而來的恢復力，因而轉向，促使圓球逐漸減速。至 $x = -A$，球速復歸於零；這時的 $\vec{F_S}$ 最大，指向 $+x$，圓球開始循原路折返，回到 $+A$ 處。如此周而復始的運動，稱為週期運動 (periodic motion) 或振盪 (oscillation)，亦有稱之為振動 (vibration)。

虎克 (Robert Hooke, 1645-1703) 研究彈簧的振動，獲得如下的結論：

$$\vec{F_S} = -k\vec{x} \tag{3-12}$$

式中的 k 稱為彈簧常數 (spring constant)，是彈簧僵硬度 (stiffness) 的尺度，其單位為牛頓/公尺 (N/m)。$\vec{x}$ 本是圓球對應於平衡點的位移，也可視為彈簧的伸縮量。由 (3-12) 式，可知彈簧恢復力的大小，視伸縮量而改變，換言之，$\vec{F_S}$ 不是一個定力。為紀念虎克的貢獻，將 (3-12) 式稱為虎克定律 (Hooke's law)。

虎克定律不能適用於所有狀況，只有位移 $\bar{x}$ 在彈簧的彈性限度範圍內，才能成立。逾此，則彈簧產生變形，甚至斷裂。所以虎克定律也是一個有限定律，能符合虎克定律的彈簧，便定為**理想彈簧** (ideal spring)；如無特別標示，文中所提及的彈簧都指理想彈簧而言。在沒有摩擦困擾的情況下，理想彈簧的振動，謂之**簡諧運動** (simple harmonic motion，或簡稱**諧振**)，一般以符號 S.H.M. 表示。自然界中許多週期性的現象，都可用理想彈簧為模型，加以描述。

簡諧運動的位移隨時間按正弦 (或餘弦) 規律變化，可由下式描述

$$x(t) = A\sin(\omega t + \theta_0)$$

$\omega = 2\pi f$
$x(t) = A\sin(2\pi ft + \theta_0)$

式中 A 是位移的最大值，即簡諧振動的振幅，ω 是角頻率，θ_0 是初始相位，t 是時間。在簡諧振動中，當經過的時間為週期的整數倍時，該物理量又恢復原值。任何不含阻尼的理想化振動，都可以用

小品

無線電頻率的頻帶劃分

國際電聯會依無線電頻率之高低，將其劃分為九個頻帶。

頻帶號碼 (N)	頻帶命名	頻率範圍
4	特低頻（VLF）	3 至 30 千赫
5	低頻（LF）	30 至 300 千赫
6	中頻（MF）	300 至 3000 千赫
7	高頻（HF）	3 至 30 兆赫
8	特高頻（VHF）	30 至 300 兆赫
9	超高頻（UHF）	300 至 3000 兆赫
10	極高頻（SHF）	3 至 30 百萬兆赫
11	至高頻（EHF）	30 至 300 百萬兆赫
12	—	300 至 3000 百萬兆赫

參考網站：http://www.dgt.gov.tw/Chinese/Frequency-management/7.1/frequency-distribute-ps.shtml。

許多不同頻率和振幅的簡諧振動表示。因此簡諧振動是最簡單，也是最基本的振動。

如圖 8-1 所示，圓球偏離平衡位置的最大值稱為諧振的**振幅** (amplitude)，相當於圖中的 A。彈簧的振動軌跡可用正弦或餘弦函數表示。每一往復運動，謂之一**完整振動** (complete oscillation)，所需的時間便定為振動的**週期** (period)，以符號 T 表示，其 SI 制的單位為秒 (s)。一秒之內所作完整振動的次數，則稱為振動的**頻率** (frequency)，單位為秒$^{-1}$ (s^{-1})。可見週期與頻率互為倒數，亦即

$$f = \frac{1}{T} \tag{8-1}$$

這些物理量一經確定，諧振的特性便可充分掌握。因此，振動現象的研究，以頻率 f 的測量為最基本。

例題 8-1

如圖 8-2，將二條彈簧常數均為 k 的彈簧並聯之後，其等效彈簧常數 k' 為何？

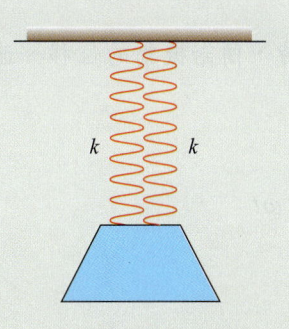

圖 8-2　相同彈簧常數的彈簧並聯。

解

設單一彈簧所掛物重為 W，彈簧受力伸長 ΔL，此時彈簧所施加在物體上的恢復力大小為

$$F_s = k \Delta L$$

二相同彈簧並聯後，懸掛相同物重 W 時，彈簧伸長量為原伸長量的

一半 $\frac{\Delta L}{2}$；設此時並聯彈簧的等效彈簧常數為 k'，此時並聯彈簧所施加在物體上的恢復力大小為

$$F'_s = k' \frac{\Delta L}{2}$$

因二者所受物重相等，所以

$$F_s = F'_s$$
$$k \Delta L = k' \frac{\Delta L}{2}$$
$$k' = 2k$$

推論：若有 n 條彈性係數 k 相同的彈簧，將其並聯在一起時，等效彈簧常數變為 nk。

8-2 參考圓

在初始位置為 0 時，簡諧振動的位移、速度、加速度與時間關係：

位移：

$$x(t) = A \cos \omega t$$

速度：

$$v(t) = \frac{dx(t)}{dt} = -A\omega \sin \omega t$$

加速度：

$$a(t) = \frac{dv(t)}{dt} = -A\omega^2 \cos \omega t = -\omega^2 x(t)$$

ω 稱為諧振的角頻率或角速率；單位為弧度/秒 (rad/s)。

簡諧振動也和其它運動一樣，可以用位移、速度、加速度等物理量描述。圖 8-3 所示的裝置，對諧振的了解甚有幫助。裝置主要

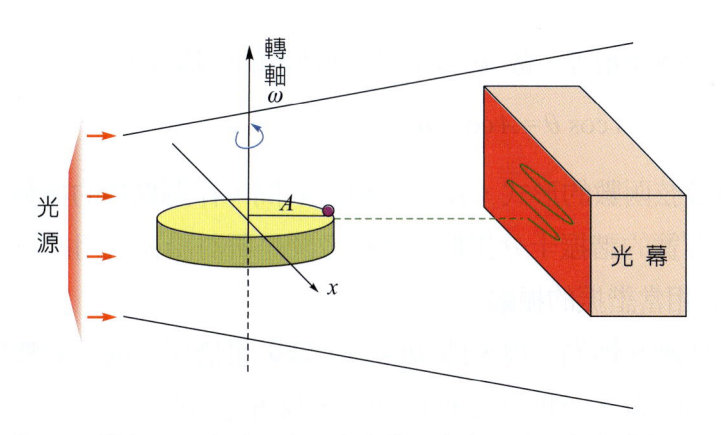

圖 8-3 轉盤上小球的投影，在光幕上畫出正弦函數狀的軌跡。

的部分為一轉盤，離其轉軸 A 的地方，嵌上一個小球。前方設一光源，後方置一光幕，幕以等速度捲動。當轉盤以等角速率 ω，沿逆時鐘方向轉動時，小球的投影在幕上畫出一形同正弦函數 (sinusoidal function) 的軌跡。

從轉盤上方觀測，可見小球以等角速率 ω，沿一半徑為 A 的圓軌運動，如圖 8-4。此圓軌可作諧振研究的基礎，一般稱之為參考圓 (reference circle)。

設 $t = 0$ 時，小球的位置在參考圓心的正右方，定此方向為座標的 x 軸。此時球在幕上投影的位置為 $x = +A$。於時間 t，球轉動至 P 點，其角位移大小為 θ。由於轉盤的角速率為 ω，而球的角速

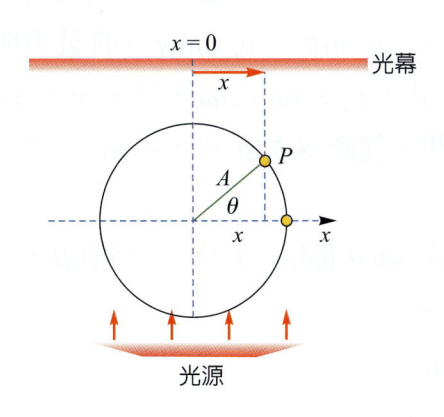

圖 8-4 俯瞰的參考圓示意圖。

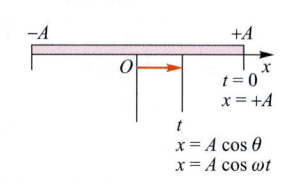

率與盤的轉速相等，故 $\theta = \omega t$。因此球影的位移 x：

$$x = A\cos\theta = A\cos\omega t \tag{8-2}$$

球影以餘弦函數的形式，在 $+A$ 與 $-A$ 間，作週期性的振動，情形與上述彈簧的諧振十分相似。故參考圓是研討諧振常用的技巧，其半徑 A 相當諧振的振幅。

當球剛好轉過一周，即 $\theta = 2\pi$，球影也恰好完成一完整振動，所經歷的時間 t，即為振動的週期 T，故角速率為

$$\omega = \frac{\theta}{t} = \frac{2\pi}{T} \tag{8-3}$$

由 $f = \dfrac{1}{T}$，得

$$\omega = 2\pi f \tag{8-4}$$

ω 為角速率，亦稱為諧振的**角頻率** (angular frequency)。

若曉得位移 x 的時間函數 [見 (8-2) 式]，則速度 v 與加速度 a 為

$$v = \frac{dx}{dt} = -A\omega\sin\omega t \tag{8-5}$$

$$a = \frac{dv}{dt} = -A\omega^2\cos\omega t \tag{8-6}$$

從圖 8-5(a) 中，可知球影的速度 $\vec{v}$，是小球切向速度 v_T 的水平分量，亦即 $v = -v_T\sin\theta = -v_T\sin\omega t$。負號表明 $\vec{v}$ 的方向指向 $-x$。根據 (6-7) 式，$v_T = r\omega = A\omega$，代入 $v = -v_T\sin\omega t$ 式中，即得 (8-5) 式的結果。從圖 8-5(b) 中，(8-6) 式也可以同樣的方式導出。

由於 $\cos\theta$ 或 $\sin\theta$ 都以 $+1$ 及 -1 為極限，故球影的速度與加速度的最大值分別為

$$v_{\max} = A\omega \tag{8-7}$$

與

$$a_{\max} = A\omega^2 \tag{8-8}$$

$$\begin{aligned}
x &= A\cos\omega t \\
v &= \frac{dx}{dt} \\
&= \frac{d(A\cos\omega t)}{dt} \\
&= A\frac{d(\cos\omega t)}{dt} \\
&= -A\omega\sin\omega t \\
a &= \frac{dv}{dt} = \frac{d^2x}{dt^2} \\
&= \frac{d(-A\omega\sin\omega t)}{dt} \\
&= -A\omega^2\cos\omega t \\
&= -\omega^2 x \\
a &= -a_c\cos\theta \\
&= -(A\omega^2)\cos\omega t
\end{aligned}$$

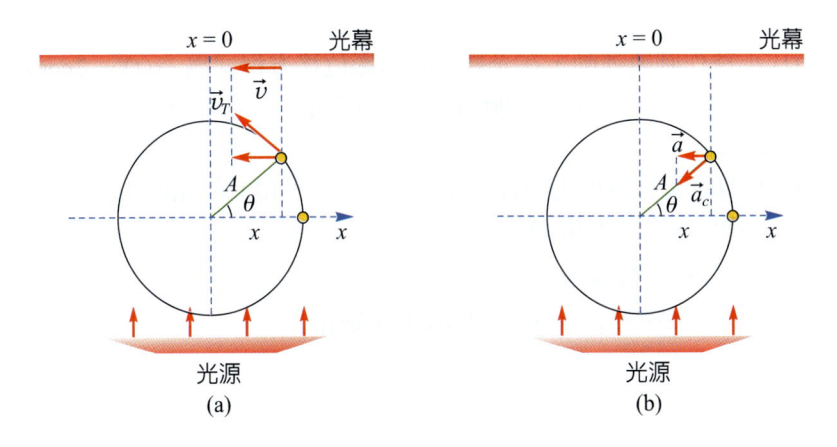

圖 8-5 (a) 球影的速度 $\vec{v}$ 是球速 $\vec{v}_T$ 的分量；(b) 球影的加速度 $\vec{a}$ 是球向心加速度 $\vec{a}_c$ 的分量。

並不是所有週期運動都是簡諧運動，只有加速度符合 (8-6) 式條件的，才是諧振。

例題 8-2

如圖 8-6，若轉盤上的小球，在光幕上的球影位移 $x(t) = 2\cos\pi t$ m，試問：

(1) 小球作圓軌運動的半徑與角速率為何？
(2) 在時間 3π 秒時，球影在光幕上的位移、速度與加速度分別為何？

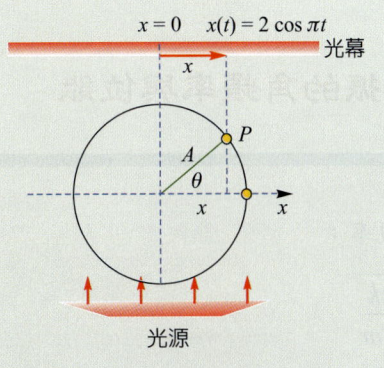

圖 8-6 俯瞰的參考圖示意圖。

276　普通物理

$x(t) = A\cos\omega t$

$v = \dfrac{dx}{dt} = -A\omega\sin\omega t$

$a = \dfrac{dv}{dt} = -A\omega^2\cos\omega t$

計算機使用 degree 模式時：
時間
　$t = 3\pi$ (s)
　　$= 3 \times 3.1416$ (s)
角速率
　$\omega = \pi$ (rad/s)
　　$= 180$ (degree/s)

radian 模式時：
時間
　$t = 3\pi$ (s)
　　$= 3 \times 3.1416$ (s)
角速率
　$\omega = \pi$ (rad/s)
　　$= 3.1416$ (rad/s)

解

(1) 小球作圓軌運動，在光幕上的球影位移方程式為 $x(t) = 2\cos\pi t$ (m)，可知，小球作圓軌運動的半徑 $A = 2$ (m)，角速率 $\omega = \pi$ (rad/s)。

(2) 由球影位移方程式 $x(t) = 2\cos\pi t$ (m)，可知，在時間 3π (s) 時，球影在光幕上的位移

$x(t) = 2\cos\pi t$

$\xrightarrow{t=3\pi\,(s)}$　$x(3\pi) = 2\cos[(\pi)(3\pi)]$

　　　　　　　　$= 2\cos(3\pi^2)$

　　　　　　　　≈ -0.47 (m)

由球影運動的速度方程式 $v(t) = -A\pi\sin\pi t$，可知，球影在光幕上的速度

$v(t) = -A\pi\sin\pi t$

$\xrightarrow{t=3\pi\,(s)}$　$v(3\pi) = -(2)(\pi)\sin[(\pi)(3\pi)]$

　　　　　　　　$= -2\pi\sin(3\pi^2)$

　　　　　　　　≈ 6.11 (m/s)

由球影運動的加速度方程式 $a(t) = -A\pi^2\cos\pi t$，可知，球影在光幕上的加速度

$a(t) = -A\pi^2\cos\pi t$

$\xrightarrow{t=3\pi\,(s)}$　$a(3\pi) = -(2)(\pi^2)\cos[(\pi)(3\pi)]$

　　　　　　　　$= -2\pi^2\cos(3\pi^2)$

　　　　　　　　≈ 4.62 (m/s^2)

8-3　諧振的角頻率與位能

學習方針

簡諧振動的角頻率：

$$\omega = \sqrt{\dfrac{k}{m}}$$

位能差：
保守力對該物體所作功的負值。

第 8 章 簡諧運動與彈性

$$\Delta U = -W = -\int \vec{F}_c \cdot d\vec{r}$$

重力位能：

$$U_g = mgh$$

彈性位能：

$$U_s = \frac{1}{2}kx^2$$

總機械能：

$$E = K_v + K_\omega + U_g + U_s$$
$$E = \frac{1}{2}mv^2 + \frac{1}{2}I\omega^2 + mgh + \frac{1}{2}kx^2$$

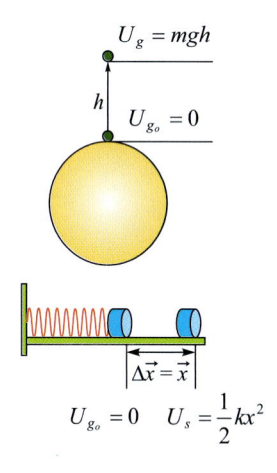

由圖 8-1，連接在彈簧末端的小球，受彈簧恢復力 $\vec{F}_S$ 的作用，作簡諧運動。設在理想狀態下，亦即平面沒有摩擦，彈簧的質量可以忽略，則質量為 m 的小球，受 $\vec{F}_S = -k\vec{x}$ 的作用，根據牛頓第二運動定律，小球的加速度 $\vec{a}$ 與它的位移應有如下的關係：

$$\vec{F}_S = -k\vec{x} = m\vec{a}$$

將 (8-2) 與 (8-6) 式的關係代入，

$$-k(A\cos\omega t) = m(-A\omega^2 \cos\omega t)$$

簡化可得

$$\omega = \sqrt{\frac{k}{m}} \tag{8-9}$$

$\vec{F}_S = m\vec{a}$
$-k\vec{x}(t) = m[-\omega^2 \vec{x}(t)]$
$k = m\omega^2$
$\Rightarrow \omega = \sqrt{\frac{k}{m}}$

引用上式的時候，記得要將角頻率 ω 的單位換成弧度/秒 (rad/s)。此式顯示小球的質量對諧振的頻率，有舉足輕重的影響。這個事實有許多實用的價值。例如，石英的晶體在電流的作用下，會產生近似簡諧的振動。這樣的石英晶片，如在其上塗抹一些特殊藥物，便可製成化學偵檢器，用來檢測污染、毒物、化武等有害物質，是環保、法醫、國防重要的工具。其原理就是利用藥物選擇性

278　普通物理

的吸附能力，將目標物質的分子吸附在晶片上，增加晶片的質量，改變晶片的諧振頻率 ω。

例題 8-3

如圖 8-7，質量 2.00 kg 的物體置於光滑桌面上，且繫於彈簧的一端，而讓彈簧的另一端固定。今將物體由其平衡處 (O 點)，向 x 軸方向拉長 0.10 m，至 d 處後再釋放，讓它在 x 軸上作簡諧運動。試問：

(1) 物體在 d 與 O 處的加速度，分別為若干？
(2) 其簡諧運動的角速率為若干？
(3) 物體運動的振幅與頻率為多少？
(4) 由 d 處釋放，2.00 s 後物體的位置在何處？
(5) 產生最大速度與加速度的位置分別位於何處？其大小為何？(彈簧的彈簧常數為 500 N/m)

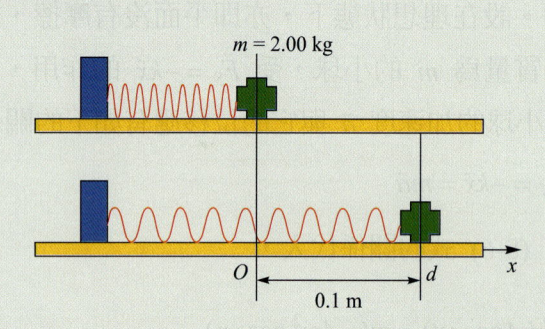

圖 8-7　光滑桌面上的物體沿 x 軸作簡諧運動示意圖。

解

(1) 由牛頓第二運動定律與虎克定律可得物體運動加速度 $\vec{a}$

$$\left.\begin{array}{l}\vec{F}=m\vec{a}\\ \vec{F}_s=-k\vec{x}\end{array}\right\} \Rightarrow \begin{array}{l}\vec{F}=\vec{F}_s\\ \vec{a}=-\dfrac{k\vec{x}}{m}\end{array}$$

物體在 $d = 0.100$ m 處受到恢復力作用，而具有的加速度 $\vec{a}_d$ 為

$$\vec{a}_d = -\frac{kx_d \hat{i}}{m} \Rightarrow \vec{a}_d = -\frac{500 \times 0.100}{2.00}\hat{i}$$
$$= -25.0\,\hat{i}\ (\text{m/s}^2)$$

物體在 d 處，加速度大小為 25.0 m/s^2，方向指向負 x 方向 (與位移反向)；物體在 O 處，位移為 0，沒有受到恢復力作用，因此物體的加速度大小為 0 m/s^2。

(2) 簡諧運動的角速率 ω 為

$$\omega = \sqrt{\frac{k}{m}} \Rightarrow \omega = \sqrt{\frac{500}{2.00}}$$
$$\approx 15.8 \text{ (rad/s)}$$

(3) O 與 d 兩點間之距離 0.10 m，即為物體作簡諧運動的振幅 A。

$$A = 0.10 \text{ m}$$

物體作簡諧運動的頻率 f，根據 $\omega = 2\pi f$，可得，

$$f = \frac{\omega}{2\pi} \Rightarrow f = \frac{15.8}{2\pi}$$
$$\approx 2.51 \text{ (Hz)}$$

(4) 在 d 處釋放物體，2.00 s 後物體的位置為

$$x = A\cos\omega t$$
$$\xrightarrow{t=2.00\,s} x = (0.10)[\cos(15.8 \times 2.00)]$$
$$\approx 9.83 \times 10^{-2} \text{ (m)}$$

(5) 產生最大速度位置在平衡點 O 處，根據 $v = \dfrac{dx}{dt} = -A\omega\sin\omega t$，可知其最大速度大小

$$v = -A\omega\sin\omega t$$
$$\xrightarrow{\sin\omega t = \pm 1} v_{\max} = A\omega$$
$$= (0.10)(15.8)$$
$$\approx 1.58 \text{ (m/s)}$$

$v = \dfrac{dx}{dt} = -A\omega\sin\omega t$
$-1 \leq \sin\omega t \leq 1$
$v_{\max} = \left|-A\omega(\pm 1)\right|$
$= A\omega$

最大加速度位置在 $+0.1$ 與 -0.1 m 處，根據 $a = \dfrac{dv}{dt} = -A\omega^2\cos\omega t$，可知最大加速度大小

$$a = -A\omega^2\cos\omega t$$
$$\xrightarrow{\cos\omega t = \pm 1} a_{\max} = A\omega^2$$
$$= (0.10)(15.8)^2$$
$$\approx 25.0 \text{ (m/s}^2\text{)}$$

$a = \dfrac{dv}{dt} = -A\omega^2\cos\omega t$
$-1 \leq \cos\omega t \leq 1$
$a_{\max} = \left|-A\omega^2(\pm 1)\right|$
$= A\omega^2$

★

隨堂練習

8-1 下列有關簡諧運動之敘述，何者有誤？
(1) 加速度大小與位移成正比
(2) 加速度方向與位移方向恆相反
(3) 為一種等加速運動
(4) 加速度最大時速度為零。

8-2 簡諧運動最大加速度值的位置發生在
(1) 速度最大處 (2) 速度為零處 (3) 平衡位置 (4) 最大位移處。

8-3 簡諧運動最大速度值的位置發生在
(1) 加速度最大處
(2) 加速度為零處
(3) 平衡位置
(4) 最大位移處。

8-4 簡諧運動是屬於下列哪一種運動形式？
(1) 等速度運動 (2) 等速率運動 (3) 等加速度運動 (4) 變速度運動。

8-5 作簡諧運動的物體，若質量增為原質量的 4 倍，則週期變為原週期的
(1) 4 倍 (2) 2 倍 (3) 0.25 倍 (4) 0.5 倍。

在「功與能」一章中，已說明定力與變力都可對物體作功。所作的功，如只與物體的始末位置有關，而與作功的過程無涉，則該力便稱為保守力。此保守力對該物體所作的功，只與位置有關。而所作功的負值，便定為物體的位能差。若以其中一點為基準，定其位能為零，則所作功的負值，即為物體在另一點的位能。重力是一種保守力，因此在重力場中的物體，其位能即以 mgh 表示。mg 是物體所受重力的大小，h 則是它與基準點 (又稱零位能點) 的距離。

彈簧恢復力所作的功 W 【註二】，可以下式描述：

$$W = \frac{1}{2}kx_a^2 - \frac{1}{2}kx_b^2$$

x_a、x_b 是彈簧伸縮的始末位置。由此可見，恢復力也是一種保守力。如取彈簧的平衡位置，定為零位能點，那麼彈簧伸縮到任一位置 x，它所作的功應該等於 $-\frac{1}{2}kx^2$。因而彈簧在該處的位能，或稱之為彈性位能 (elastic potential energy) U_s 為

$$U_s = \frac{1}{2}kx^2 \qquad (8\text{-}10)$$

其單位為焦耳 (J)。若系統同時受到重力與彈力作用，而發生移動與轉動時，其總力學能 E 可表示如下：

$$E = K_v + K_R + U_g + U_s$$
$$E = \frac{1}{2}mv^2 + \frac{1}{2}I\omega^2 + mgh + \frac{1}{2}kx^2 \qquad (8\text{-}11)$$

E：總力學能
K_v：平移動能
K_R：轉動動能
U_g：重力位能
U_s：彈性位能

如摩擦等非保守力，對系統作的淨功等於零，則系統的力學能只會在上述的動能與位能之間轉換，前後的總值是不會增減的。換言之，力學能守恆的原理在此依然適用。

例題 8-4

如圖 8-8，將一繫於彈簧上的物體 m，由彈簧的自由端 (座標 O 處)，向右方拉長 x_o 距離後，放手讓其在一光滑平面上來回振盪。若彈簧的彈簧常數為 k，並設物體在座標 O 處的彈性位能為零，試利用力學能守恆計算：

(1) 物體在座標 x 處的動能與速率；
(2) 物體運動過程中的最大速率。

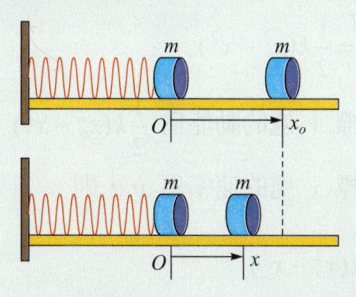

圖 8-8　光滑平面上的物體沿 x 軸作簡諧運動示意圖。

解

(1) 設物體在座標 O、x_o 與 x 處的動能與彈性位能，分別為 (K_o, U_{so})、(K_{x_o}, U_{sx_o}) 與 (K_x, U_{sx})。

由於放手瞬間，物體處於靜止狀態，其動能 $K_{x_o} = 0$。

設物體在座標 O 處，彈性位能為 $U_{so} = 0$；

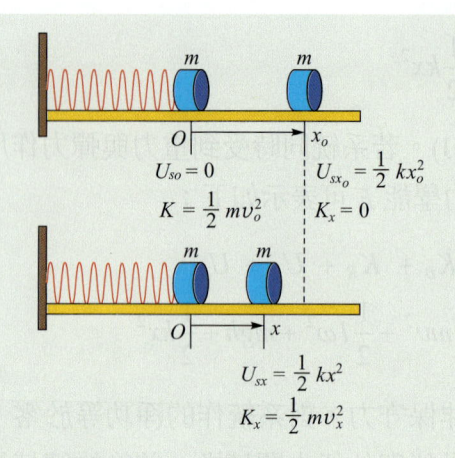

物體在座標 x_o 處，彈性位能為 $U_{sx_o} = \frac{1}{2}kx_o^2$；

物體在座標 x 處，彈性位能為 $U_{sx} = \frac{1}{2}kx^2$。

因在運動過程中，重力與平面對物體的正向力不作功，僅彈簧的彈力對物體作功，根據力學能守恆

$$K_o + U_{so} = K_{x_o} + U_{sx_o} = K_x + U_{sx}$$
$$\Rightarrow K_{x_o} + U_{sx_o} = K_x + U_{sx}$$
$$0 + \frac{1}{2}kx_o^2 = K_x + \frac{1}{2}kx^2$$
$$\Rightarrow K_x = \frac{1}{2}k(x_o^2 - x^2)$$

$\frac{1}{2}k(x_o^2 - x^2) \neq \frac{1}{2}k(x_o - x)^2$

故物體在座標 x 處的動能為 $\frac{1}{2}k(x_o^2 - x^2)$。

設物體在座標 x 處的速率為 v_x，則

$$K_x = \frac{1}{2}k(x_o^2 - x^2)$$
$$\Rightarrow \frac{1}{2}mv_x^2 = \frac{1}{2}k(x_o^2 - x^2)$$
$$\Rightarrow v_x = \sqrt{\frac{k}{m}(x_o^2 - x^2)}$$

可得物體在座標 x 處的速率 $\sqrt{\frac{k}{m}(x_o^2 - x^2)}$。

(2) 因物體通過座標原點 O 處 (即 $x = 0$) 時，其速率最大，由 $v_x = \sqrt{\dfrac{k}{m}(x_o^2 - x^2)}$，可得物體的最大速率

$$v_o = \sqrt{\dfrac{k}{m}(x_o^2 - 0^2)} = \sqrt{\dfrac{k}{m}}\, x_o$$

物體運動過程中，在通過座標原點 O 處，速率最大。

隨堂練習

8-6 如下圖，將質量 5.00 kg 的物體繫於彈簧上。由彈簧的自由端 (座標 O 處)，向右方拉長 0.500 m 距離後，放手讓其在一光滑平面上來回振盪。若彈簧的彈簧常數為 40 N/m，並設物體在座標 O 處的彈性位能為零，試利用力學能守恆計算：

(1) 物體在座標 0.300 m 處的動能與速率；
(2) 物體運動過程中的最大速率。

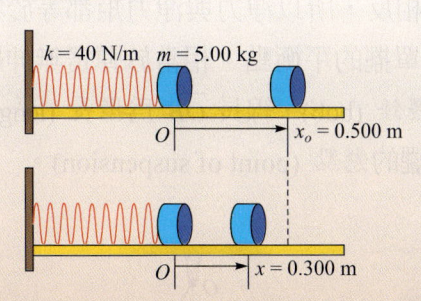

$k = 40$ N/m　　$m = 5.00$ kg
O　　$x_o = 0.500$ m

O　　$x = 0.300$ m

8-7 質量 1.0 kg 的物體，繫於彈簧常數為 0.16 N/cm 的彈簧一端，在光滑水平面上作簡諧運動，當彈簧自平衡位置被壓縮 0.25 m 時，物體速率為 2 m/s，則此簡諧運動之振幅為多少 (m)？

(1) $\sqrt{5}$　　(2) $\dfrac{\sqrt{5}}{2}$　　(3) $\dfrac{\sqrt{5}}{3}$　　(4) $\dfrac{\sqrt{5}}{4}$　　(5) $\dfrac{\sqrt{5}}{5}$。

8-8 質量為 5 kg 的物體，懸掛在一彈簧末端，其振動時的週期為 0.5π s，如果將物體移除，問彈簧縮短 _____ m。($g = 10$ m/s^2)

8-4　單擺與複擺

單擺：
將懸線的一端固定，另一端懸掛物體 (稱為擺錘)，當擺錘離開平衡位置，且擺線與垂直方向之間的夾角很小時，擺錘受重力和張力的作用，沿圓弧作往復運動。若擺長不變，且忽略擺線的重量和阻尼時，單擺的運動近似為簡諧運動。

複擺：
質量不集中於擺錘，而作廣泛分佈的擺，如擺幅不大，也可作簡諧運動，但討論上必須考慮擺的轉動慣量、懸點至重心的距離等。

單擺 (simple pendulum) 是用一條堅韌的細線，將一質量為 m 的小球懸吊起來的裝置。設細線的質量可以忽略，且細線無伸縮性，掛鉤處又無摩擦 [註三]，則球會自然下垂，如圖 8-9 的 B 點。此時作用於球上的外力，有球的重力 $m\vec{g}$ 與細線的張力 $\vec{T}$。兩者強弱相等，方向相反，所以淨力與淨力矩都等於零，單擺處於平衡狀態。B 點便是單擺的平衡點，相當於彈簧無伸縮時的零位移點。小球稱為單擺的**擺錘** (bob)，線長 $\overline{OB}$ 為**擺長** (length of the pendulum)，O 點則稱為單擺的**懸點** (point of suspension)。

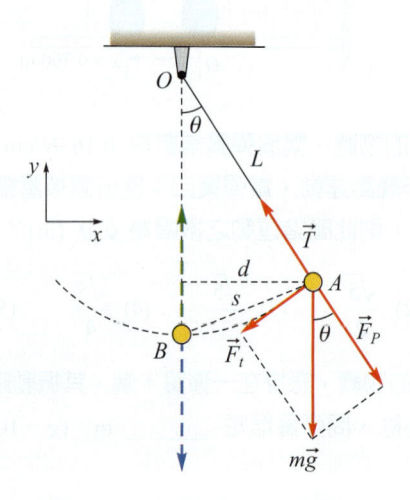

圖 8-9　單擺擺動的示意圖。

第 8 章　簡諧運動與彈性

盪鞦韆的小女孩在靜止時。　　　盪鞦韆的小女孩在擺盪時的週期運動。

　　以手將球拉離平衡點，隨即放手，任球自然擺動。設球在 A 點時，懸線 $\overline{OA}$ 與 $\overline{OB}$ 夾角 θ。將重力 $m\vec{g}$ 分解為兩個分量，一與擺線 $\overline{OA}$ 垂直的分力 $\vec{F}_t$、一與擺線 $\overline{OA}$ 平行的分力 $\vec{F}_P$。其平行分力 $\vec{F}_P$ 與張力 $\vec{T}$ 大小相等、方向相反，且均作用在擺錘 m 上，故此二作用力互相抵消。對單擺運動有影響的，只有垂直分力 $\vec{F}_t$。它作用於圓弧的切線方向，使小球沿圓弧往左方加速移動。由圖 8-10 中的三角幾何關係，可得

$$F_t = -mg\sin\theta$$

負號是因它指向左方。如 $\theta < 10°$，則 $\sin\theta \approx \theta$，且弧長與弦長約略相等，亦即 $s \approx L\theta$。代入上式可得

$$\begin{aligned}F_t &= -mg\sin\theta \\ &\approx -mg\theta \\ &= -mg(\frac{s}{L})\end{aligned}$$

$\theta = 10° = 0.1745$ rad
$\sin(0.1745) = 0.1736$
$\sin\theta \approx \theta$

$$F_t = -(\frac{mg}{L})s = -ks \tag{8-12}$$

$k = \dfrac{mg}{L}$

在這樣小的圓心角下，弦、弧幾乎可視同重合。由於弦長 s 相

當於小球的位移，而 m、g、L 皆為定值，故 $\dfrac{mg}{L}$ 的大小亦為定值。如此，則 (8-12) 式與代表虎克定律的 (3-12) 式一致。換言之，單擺的振動，在擺角極小的條件下，也可視為簡諧運動處理。它的角頻率為

$$\omega = \sqrt{\dfrac{k}{m}} = \sqrt{\dfrac{\dfrac{mg}{L}}{m}}$$

$$\omega = \sqrt{\dfrac{g}{L}} \tag{8-13}$$

擺動週期為

$$T = \dfrac{2\pi}{\omega} = 2\pi\sqrt{\dfrac{L}{g}} \tag{8-14}$$

從此式可知，單擺的擺幅不是很大時，其週期與擺錘的質量無關。單擺在重力加速度大小相同，而且擺長相等的情況下，其週期亦相同，這是單擺可作計時器的根據。

例題 8-5

擺長為 0.50 m 的單擺，擺動時的最大角度為 4.0°，若不計空氣阻力對單擺的影響，則單擺擺動的週期為何？

解

因單擺擺動的角度為 4.0°，故單擺的運動可視為簡諧運動。其週期

$$T = 2\pi\sqrt{\dfrac{L}{g}} \quad \Rightarrow \quad T = 2\pi\sqrt{\dfrac{0.50}{9.8}}$$
$$\approx 1.4 \text{ (s)}$$

例題 8-6

如圖 8-10，一自由擺動的單擺，其擺長為 L，擺錘質量為 m。當擺線與鉛垂線夾角為 θ 時，擺錘的速率為 v。試問：

(1) 說明擺錘在擺動過程中，其力學能是否守恆？
(2) 擺錘到達鉛垂線位置時，其速率為若干？
(3) 擺錘的速率為零時，擺線與鉛垂線的夾角為若干？
(擺線的質量與擺錘受到的空氣阻力均不計)

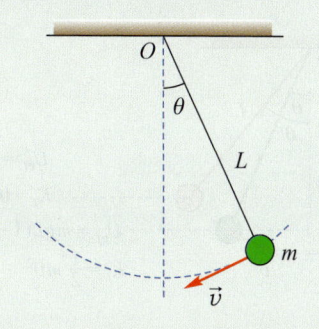

圖 8-10 單擺自由擺動示意圖。

力學能
= 動能 + 位能
此處位能僅有重力位能

解

(1) 擺錘在擺動的過程中，受到擺線所施的張力與重力的作用，而張力與擺錘的位移，在擺動的過程中，一直是相互垂直的。因此，張力對擺錘不會作功，僅重力對擺錘作功。又因重力為一保守力，故擺錘擺動時的力學能 (動能與重力位能和) 是守恆的。

(2) 設擺錘在最低點時，重力位能為零，此時擺錘的速率為 v'。擺線與鉛垂線夾角為 θ 時，擺錘的速率為 v。根據力學能守恆，可得

$$K_o + U_{go} = K_f + U_{gf}$$

$$\frac{1}{2}mv'^2 + 0 = \frac{1}{2}mv^2 + mg(L - L\cos\theta)$$

$$\Rightarrow v' = \sqrt{v^2 + 2gL(1-\cos\theta)}$$

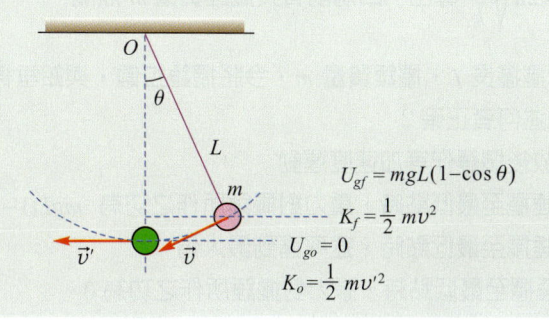

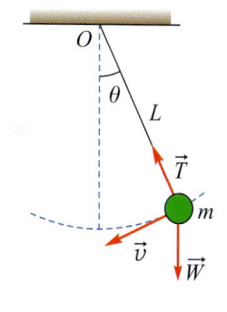

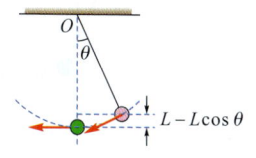

$U_{gf} = mgL(1-\cos\theta)$
$K_f = \frac{1}{2}mv^2$
$U_{go} = 0$
$K_o = \frac{1}{2}mv'^2$

$L - L\cos\theta$

(3) 設擺錘的速率為零時，擺線與鉛垂線的夾角為 θ'，則根據力學能守恆，可得

$$K_f + U_{gf} = K'_f + U'_{gf}$$

$$\frac{1}{2}mv^2 + mg(L - L\cos\theta) = 0 + mg(L - L\cos\theta')$$

$$\Rightarrow \theta' = \cos^{-1}\left(\cos\theta - \frac{v^2}{2gL}\right)$$

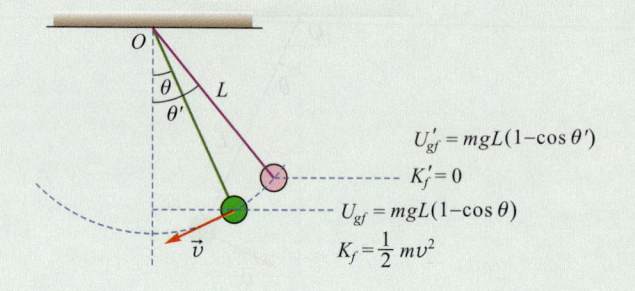

$U'_{gf} = mgL(1-\cos\theta')$
$K'_f = 0$
$U_{gf} = mgL(1-\cos\theta)$
$K_f = \frac{1}{2}mv^2$

隨堂練習

8-9 在無阻力、無損耗的情況下，有關於單擺運動的敘述，下列哪些不正確？
(1) 單擺運動只是簡諧運動的近似而已，振幅大時近似度就不好
(2) 在理論上，單擺運動時，力學能守恆定律不會成立
(3) 在理論上，擺錘在最低及最高位置時，動能與位能之和不相同
(4) 單擺運動的週期公式 $T = 2\pi\sqrt{\frac{L}{g}}$，不能由簡諧運動的週期公式 $T = 2\pi\sqrt{\frac{m}{k}}$ 導出，因為前者與擺錘質量 m 無關。

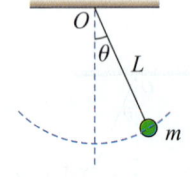

8-10 有一單擺擺長 L，擺錘質量 m，今將擺錘拉偏，與鉛垂線夾 θ 角，則下列敘述何者正確？
(1) 釋放後擺錘作等加速度運動
(2) 擺錘擺至最低點時，重力對擺錘所作之功為 $mgL(1-\cos\theta)$
(3) 擺錘擺至最低點時，速率達到最大值
(4) 擺錘擺至最低點時，張力對擺錘所作之功為 0。

擺錘的質量作廣泛分佈時，不能再視為單擺，一般以 複擺 (compound pendulum) 或 物理擺 (physical pendulum) 稱之。這樣的擺，如擺幅不大，也可作諧振處理。但僅用擺的質量是不夠的，擺的轉動慣量 I，懸點至重心的距離，都必須加以考慮。參考下面的例題便知端倪。

例題 8-7

如圖 8-11 所示，一質量為 m，重心在 C 處的複擺。設擺角 θ 甚小，求

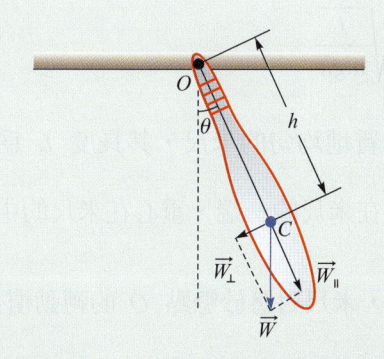

圖 8-11 自由擺動的複擺示意圖。

(1) 其角頻率 ω 與週期 T。
(2) 設該複擺為一質地均勻，長 L 為 1.00 m 的米尺，懸點到重心的距離為 h，它擺動的週期 T 為多少？
(3) 若一單擺與此複擺有相同的週期，則此單擺的等效擺長 L_o 為若干？

解

(1) 解答問題，方法不只一種。前面分析單擺時，僅從力的定義入手。這裡從力矩的角度觀察。如圖 8-11 所示，能影響擺動的外力，只有垂直分力 $\vec{W}_\perp$，其力臂為 h，因此它的力矩

$$\tau = hW_\perp$$

$$I\alpha = -h(W\sin\theta) \tag{8-15}$$

負號顯示 τ 的作用在令 θ 減小，讓複擺沿順時針方向擺動，式中 I 是複擺對應於懸點 O 的轉動慣量，α 是複擺的角加速度。

簡諧運動角頻率
$$\omega = \sqrt{\frac{k}{m}} = \frac{2\pi}{T}$$
複擺角頻率的對應量
$k \to mgh$
$m \to I$

如 $\sin\theta \approx \theta$ 的條件成立，因 $W = mg$，故

$$\tau = I\alpha \approx -(mgh)\theta = -k\theta \qquad (8\text{-}16)$$

(8-16) 式中 $k = mgh$，引用簡諧運動的角頻率 $\omega = \sqrt{\dfrac{k}{m}}$，對應出複擺的角頻率

$$\omega = \sqrt{\frac{mgh}{I}}$$

因此，複擺的週期

$$T = 2\pi\sqrt{\frac{I}{mgh}} \qquad (8\text{-}17)$$

(2) 若複擺為一質地均勻的米尺，其長度 L 為 1.00 m，如下圖所示。設懸點在米尺的一端，重心在米尺的中點，即 $h = \dfrac{1}{2}L$。根據例題 6-8，米尺對應於懸點 O 的轉動慣量 $I = \dfrac{mL^2}{3}$。將這些數值代入上式，

$$T = 2\pi\sqrt{\frac{\dfrac{mL^2}{3}}{\dfrac{mgL}{2}}}$$

$$= 2\pi\sqrt{\frac{2L}{3g}}$$

$$= 2\pi\sqrt{\frac{2 \times 1}{3 \times 9.8}}$$

$$\approx 1.64 \text{ (s)}$$

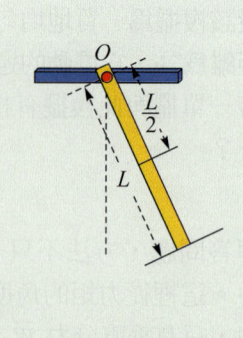

(3) 設等效擺長為 L_o 的單擺，週期 $T_o = 2\pi\sqrt{\dfrac{L_o}{g}}$；複擺的週期 $T = 2\pi\sqrt{\dfrac{2L}{3g}}$。

若單擺與複擺有一樣的週期：

$$T_o = T$$

$$2\pi\sqrt{\frac{L_o}{g}} = 2\pi\sqrt{\frac{2L}{3g}}$$

$$\sqrt{L_o} = \sqrt{\frac{2L}{3}}$$

$$L_o = \frac{2}{3}L \approx 0.67\,(\text{m})$$

由此例可見，以定點擺動的複擺，都可找到週期相同的單擺。也就是說，複擺亦可視為等效長度的單擺，而由懸點至與單擺擺長相等長度的位置，稱為複擺對應於懸點的 振盪中心 (center of oscillation)。

8-5 阻尼振動與共振

學習方針

阻尼諧振：
簡諧振動過程，由於摩擦與其它耗能的影響，使得振動的振幅逐漸變小，運動難以長久維持諧振，這樣的振動為阻尼諧振。

阻尼：
振動系統受到阻滯，導致振動能量隨時間或距離而耗損的現象，稱為阻尼振動。阻尼振動中用阻尼因數描述阻尼的作用；阻尼因數越小，振幅的衰減越慢；反之，阻尼因數越大，振幅的衰減也越快。

受迫諧振：
系統因外力作用而被迫進行的振動，稱為受迫諧振。而此外力稱為驅動力。

自然頻率：
在沒有驅動力的作用時，系統振動的頻率，稱為自然頻率，又稱為振動體的固有頻率。

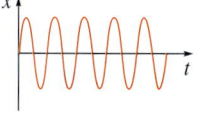

簡諧振動無阻尼

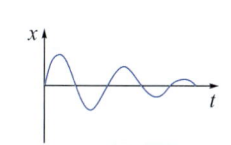

簡諧振動有阻尼

> **共振：**
> 作用外力的頻率與振動體的固有頻率很接近或相等，系統的振幅急劇加大的現象，稱為共振。
>
> **共振頻率：**
> 振動體產生共振現象時的頻率，稱為共振頻率。

在沒有阻尼的情況，討論簡諧振動時，振幅始終保持不變。事實上，摩擦與其它耗能過程一直存在，無法全部消除。在它們影響之下，振動的振幅會逐漸變小，運動難以長久維持諧振，這樣的振動稱為阻尼諧振 (damped harmonic motion)。圖 8-12 顯示在不同的阻尼下，系統振動的情形。曲線 a 是無阻尼的諧振。阻尼逐漸增加，不但振幅縮短，頻率跟著減小，週期也變長 (曲線 b)，稱為次阻尼 (underdamped)。阻尼達到一定程度時，系統不再呈現振動，並迅速回到平衡狀態 (曲線 c)，這樣的阻尼謂之臨界阻尼 (critical damped)。超過臨界阻尼時，系統回復平衡的過程，會變得越來越緩慢 (曲線 d)，這樣的情形謂之過阻尼 (overdamped)。阻尼振動在日常生活的應用很多，汽車的避震器便是利用臨界阻尼，保持車行的平穩。家裡紗門裝的門弓也是一例。

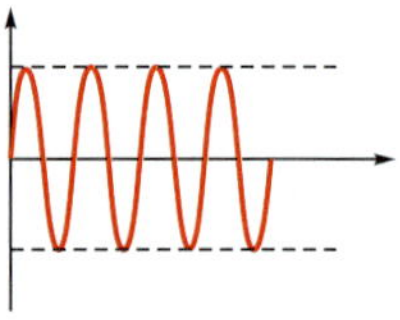

在阻尼振動中，摩擦等耗能機制，令系統的能量逐漸減少，振幅因而越來越小。如不斷從外界將能量輸入，這種情形也可以反轉

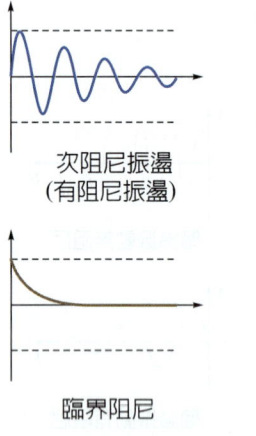

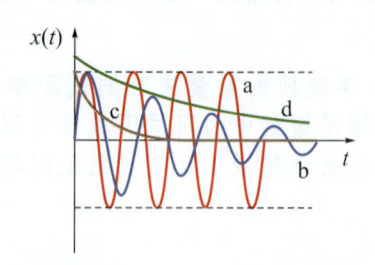

無阻尼振盪

次阻尼振盪
(有阻尼振盪)

臨界阻尼

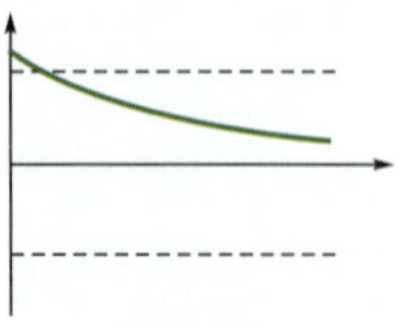

過阻尼

a：無阻尼振盪　　b：次阻尼振盪 (有阻尼振盪)
c：臨界阻尼　　　d：過阻尼

圖 8-12 不同阻尼下系統的振動情形。

過來,系統的振幅會隨時間的加長,不減反增。例如圖 8-1 所示的系統,在小球回到 $x = +A_o$ 的時候,我們施加一推 (或拉) 力,只要所加的力,與當時的球速同向,力便作正功,並將能量輸給系統,改變其振動特性,擴大它的振幅。這樣的諧振謂之受迫諧振 (driven harmonic motion),所加的外力便叫做驅動力 (driving force)。

在沒有驅動力的驅策時,系統原有的頻率稱為自然頻率 (natural frequency)。從 (8-13) 式可知其值為 $f = \frac{1}{2\pi}\sqrt{\frac{k}{m}}$。如果驅動力的頻率與 f 相同,且其方向與球速一致,即使力量相當微弱,持之以恆,振幅也可能大增,這樣的狀況稱為共振 (resonance)。當系統的耗能機制極小,在共振條件下,其振盪可增至極大,而超過結構的負荷,導致系統毀損。建築高樓、橋樑,必須顧及強風、交通、地震等外在因素所造成的共振的效應,以防發生意外。

例題 8-8

欲使擺長為 0.20 m,擺錘質量為 0.50 kg 的單擺,產生共振,其驅動力的頻率為何?

解

單擺的自然頻率 f 為

$$f = \frac{1}{2\pi}\sqrt{\frac{g}{L}} \Rightarrow f = \frac{1}{2\pi}\sqrt{\frac{9.80}{0.20}}$$

$$\approx 1.11 \text{ (Hz)}$$

當驅動力的頻率 f' 與單擺頻率 f 相同時,會產生共振,故驅動力的頻率為 1.11 Hz。

隨堂練習

8-11 說明下列名詞:
(1) 阻尼諧振 (2) 受迫諧振 (3) 自然頻率 (4) 共振。

8-12 說明阻尼振動中,無阻尼、次阻尼、臨界阻尼、過阻尼振動的區別。

8-6 應力與應變

應力：
由於外力作用，物體內部每單位截面面積上所承受的作用力，這類因外力而產生的物體內部壓力，稱為應力。

$$S = \frac{F}{A}$$

S：應力：SI 制的單位為牛頓/公尺² (N/m²)
應力是向量，其大小和方向與所考慮的點的位置及截面的方向有關。應力沿截面法向的分量稱為正應力，沿截面切向的分量稱為剪應力或切應力。

張應力：
外力如為拉力 (或張力)，物體內部壓力則稱為張應力。

壓應力：
外力如為壓力，物體內部壓力則稱為壓應力。

應變：
物體受應力的作用，產生相應的形變，形變的大小 ΔL，與原形狀大小 L_o 的比值，則稱為應變，$\frac{\Delta L}{L_o}$。

應變亦稱相對形變。

張應變：
因張力而致的應變，稱為張應變。

壓應變：
因壓力而致的應變，稱為壓應變。

虎克定律：
應力 = 比例常數 × 應變

　　固體既具有相當的彈性，因外力的推、拉、扭、壓，其形狀大小有所變更。形狀改變的多少，只在於施力的強弱。機械、工程的設計，必須注意材料的承受能力，以增強結構的安全性與耐用性。

取一根長為 L_o、截面積為 A 的鋼線，固定一端，在另一端施以拉力 $\vec{F}$，如圖 8-13(a) 所示。當截面右方的質點，受左方質點的牽引，牽引力的強弱，如無特殊狀況，應當處處一樣。它們的合力，自然與拉力 $\vec{F}$ 大小相等，方向相反，參看圖 8-13(b)。由於鋼線處於平衡狀態，截面左方的質點所受的引力大小也相同。換言之，外力 $\vec{F}$ 的效應平均分佈於截面上。這種平均分佈的外力，一般稱為**應力** (stress)，可以符號 S 表示。亦即

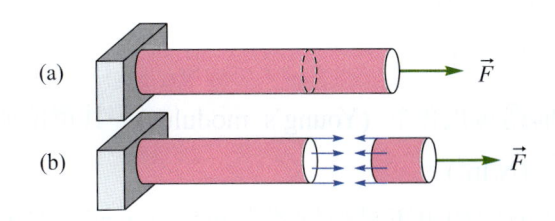

圖 8-13 (a) 張應力示意圖；(b) 任一截面兩側的質點，各以大小相等、方向相反的力，互相作用。

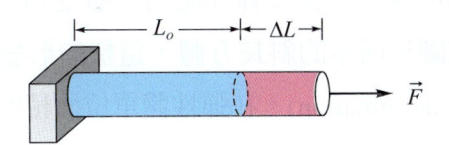

圖 8-14 張應變所造成的示意圖。

$$S = \frac{F}{A} \tag{8-18}$$

外力如果是拉力 (或張力)，則應力 S 稱為**張應力** (tensile stress)，如為壓力，則應力 S 謂之**壓應力** (compressive stress)。物體受應力的作用，產生相應的形變，形變的大小與原形狀大小的比值，稱為**應變** (strain)。因張力而致的應變，謂之**張應變** (tensile strain)，因壓力而致的應變為**壓應變** (compressive strain)。圖 8-14 是張應變的示意圖。設前述鋼線受張力 $\vec{F}$ 的作用，從原長 L_o 延伸為

L，所增加的長度 $\Delta L = L - L_o$，與原長的比，亦即 $\dfrac{\Delta L}{L_o}$，便是鋼線的應變。虎克研究的結果，顯示固體在其完全彈性範圍內，應變與應力有正比的關係。亦即

$$\text{應力} = \text{比例常數} \times \text{應變} \tag{8-19}$$

這是虎克定律的通式，適用於彈性的物體。

如圖 8-15 所示的張應力 S，依虎克定律可寫成如下的形式：

$$S = \dfrac{F}{A} = Y \dfrac{\Delta L}{L_o} \tag{8-20}$$

比例常數 Y 稱為楊氏係數 (Young's modulus)，其單位與應力相同，即牛頓/公尺^2 (N/m^2)。

作用力的方向如果不是與物體表面垂直，而是與表面平行，這樣的作用力稱為切力或剪力 (shear)。例如，取一塊長方形的彈性體，沿長方體的上表面，施一切力 $\vec{F}$ (參看圖 8-15)。由於彈性體底面受摩擦的限制，保持原位；彈性體的上層受切力 $\vec{F}$ 作用，產生傾斜，因而形成圖形所示的斜長方體，這樣的形變稱為切力形變或剪力形變 (shear deformation)。在彈性體單位面積所承受的切力，則稱為切應力或剪應力 (shear stress)，而切力作用面的位移大小，與二平行面間距離的比值，則謂之切應變或剪應變 (shear strain)。

modulus：
模量，係數。

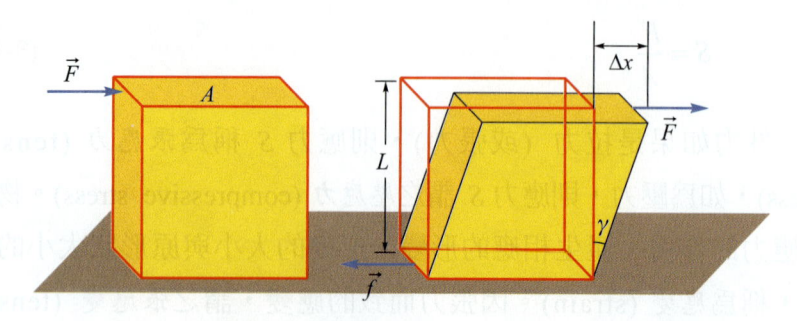

圖 8-15 彈性體受切力 $\vec{F}$ 作用。

$$切應力 = \frac{切力}{面積} = \frac{F}{A}$$

$$切應變 = \frac{切力作用面的位移大小}{切力作用面與摩擦力作用面的距離} = \frac{\Delta x}{L}$$

在切應力不是很大的情況下，切應力與切應變會成正比，因此虎克定律可以表示如下：

$$S = \frac{F}{A} = G\frac{\Delta x}{L_o} \tag{8-21}$$

比例常數 G 稱為切變係數 (shear modulus)，又稱剛性係數 (modulus of rigidity) 或扭轉係數 (torsion modulus)。

將一物體浸沒在水或類似的液體中，物體受水分子四面八方的衝擊，從原來的體積 V_o (圖 8-16 虛線部分)，縮減為 V (實線球體)。相對的體積縮減，$\frac{\Delta V}{V_o}$，稱為容積應變 (volumetric strain)。物體的單位表面積所受作用力，$\frac{F}{A}$，則稱為液壓應力 (hydraulic stress) 或簡稱壓力 (pressure)，以符號 $P = \frac{F}{A}$ 表示。物體容積對應於壓力的變化，虎克定律亦可適用，亦即：

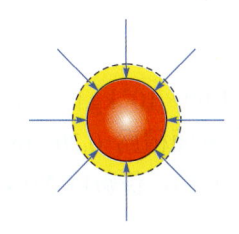

圖 8-16 流體應力與應變。

$$P = \frac{F}{A} = B\frac{\Delta V}{V_o} \tag{8-22}$$

比例常數 B 稱為容積係數 (bulk modulus)。表 8-1 列舉一些常見材料的彈性係數，可作參考。

表 8-1　常見材料的彈性係數

材　料	楊氏係數 Y (N/m²)	切變係數 G (N/m²)	容積係數 B (N/m²)
鋁	6.9×10^{10}	2.4×10^{10}	7.1×10^{10}
黃銅	9.0×10^{10}	3.5×10^{10}	6.7×10^{10}
銅	1.1×10^{11}	4.2×10^{10}	1.3×10^{11}
鉛	1.6×10^{10}	5.4×10^{9}	4.2×10^{10}
鋼	2.0×10^{11}	8.1×10^{10}	1.4×10^{11}
尼龍	3.7×10^{9}		6.1×10^{9}

隨堂練習

8-13　說明正向力與切力的區別。

8-14　解釋應力，並說明張應力、壓應力、切應力、液壓應力的區別。

8-15　解釋應變，並說明張應變、壓應變、切應變、容積應變的區別。

例題 8-9

工人用拖吊機，將 1.00×10^3 kg 的鋼筋吊起，拖吊機所用鋼索原長為 3.00 m，若鋼索之截面積為 0.20 cm²，試問鋼索吊起鋼筋時，鋼索伸長了多少？(鋼索的楊氏係數為 2.0×10^{11} N/m²)

解

由虎克定律：

$$S = \frac{F}{A} = Y \frac{\Delta L}{L_o}$$

鋼索的楊氏係數 $Y = 2.0 \times 10^{11}$ N/m²

$$\frac{F}{A} = Y\frac{\Delta L}{L_o} \Rightarrow \frac{(1.00\times 10^3)(9.80)}{0.20\times 10^{-4}} = \frac{(2.00\times 10^{11})\Delta L}{3.00}$$

$$\Delta L = 7.35\times 10^{-3} \text{ (m)}$$

拖吊機吊起鋼筋時，鋼索的伸長量為 7.35×10^{-3} m。

習題

理想彈簧

8-1 有二彈簧，其力常數分別為 750 N/m 及 1,200 N/m。若將此二彈簧串聯成新彈簧，則新彈簧的彈簧力常數為多少？

8-2 有二彈簧，其力常數分別為 750 N/m 及 1,200 N/m。若將此二彈簧並聯成新彈簧，則新彈簧的彈簧力常數為多少？

參考圓

8-3 轉盤上的小球，在光幕上的球影位移為 $x(t) = 4\cos(\frac{\pi}{2}t)$ m，試問：
(1) 小球作圓軌運動的半徑與角速率為何？
(2) 在時間 4 s 時，球影的位移、速度及加速度的大小各為何？

8-4 質點沿 x 軸運動，其位置與時間的關係式為 $x(t) = 16\cos(\frac{\pi}{4}t)$ m，試問：
(1) 質點的最大速率為何？
(2) 質點的最大加速度大小為何？

諧振的角頻率與位能

8-5 物體繫於彈簧上，作振幅為 0.4 cm 的水平簡諧運動。當物體離平衡位置為 0.3 m 時，其速度為 0.7 m/s，求簡諧運動週期為何？

8-6 在光滑平面上，質量為 0.02 kg 的子彈水平射入原為靜止的木塊內。木塊碰撞後產生簡諧運動，週期為 1 s，振幅為 0.1 m。試求子彈在射入木塊前的初速率？

8-7 如下圖，質量為 5.00 kg 的物體懸掛在一彈簧下靜止不動。若彈簧的彈簧常數為 490 N/m，設彈簧未掛物體時的自由端位置 (圖中 y 軸原點 O 處)，其彈性位能與重力位能為零位能點，試問：

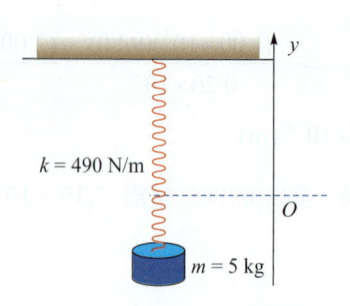

懸掛在彈簧下靜止的物體示意圖。

(1) 在彈性限度內，彈簧伸長量為若干？
(2) 物體的彈性位能為若干？
(3) 物體的重力位能為若干？

單擺與複擺

8-8 在地球上，手持一長度為 1 m 的單擺，測得一分鐘內擺動 30 次，計算當地的重力加速度為何？

8-9 在一星球上，手持一長度為 1 m 的尺，以其端點為轉軸，作複擺式的震盪，測得其週期為 2 s，計算當地的重力加速度為何？

阻尼振動與共振

8-10 如圖所示，兩條相同的彈簧力常數為 30 N/m，物體的質量為 0.3 kg。施一驅動力使其共振，其頻率為何？

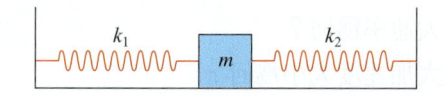

應力與應變

8-11 以長為 1 m 的鋼線，其截面積為 0.5 cm^2，下端懸掛一質量 10 kg 的物體，求：(1) 應力為何？(2) 應變為何？(3) 鋼線伸長多少？

8-12 某液體之體積為 1 公升，體積彈性係數為 2×10^9 N/m^2，受到 2×10^4 N/m^2 的壓力後，求其體積減少多少？

註

註一：彈性體

　　自然界中的物體，沒有真正的剛體，因此在一定的外力作用下，其質點間的距離都會發生變化，而引起形狀的改變，這種變化稱為形變。如果把外力移去，形變也隨之消失，而恢復為原來的形狀，這種物體稱為彈性體。彈性體的形變稱為彈性形變，而使物體恢復原有形狀的力，稱為恢復力，或彈性力。

註二：恢復力所作的功

恢復力所作的功

$$\begin{aligned}W &= \int dW \\ &= \int \vec{F}_r \cdot d\vec{x} \\ &= \int (-kx\hat{i}) \cdot (dx\hat{i}) \\ &= -\int_{x_a}^{x_b} kx\, dx \\ &= -\frac{1}{2}k(x_b^2 - x_a^2)\end{aligned}$$

彈性位能

$$\Delta U_s = -W$$
$$U_b - U_a = \frac{1}{2}k(x_b^2 - x_a^2)$$
$$\begin{cases} x_a = 0 & U_a = 0 \\ x_b = x & U_b = U_s \end{cases}$$
$$U_s = \frac{1}{2}kx^2$$

$x_a = 0 \quad x_b = x$
$U_a = 0 \quad U_b = U_s$

註三：理想的單擺

　　理想的單擺必須具備下列條件：

1. 掛鉤處無摩擦；
2. 細線的質量可以忽視，且無伸縮的可能；
3. 擺錘質量很大；
4. 擺角很小，$\theta < 10°$。

Chapter 9 流體力學

- 9-1 流體的基本性質
- 9-2 靜止流體的壓力
- 9-3 界面現象
- 9-4 流體動力學

　　流體力學 (fluid mechanics) 主要研究對象為液體、氣體等具流動性物體，在宏觀狀態下的運動現象，其中最常被研究的是水和空氣。流體力學的基礎是依據牛頓運動定律和質量守恆定律。1738年，白努利首先採用了「水動力學」名詞，並作為書名；1880 年前後，出現了「空氣動力學」名詞；但直到 1935 年以後，才將這兩方面的知識統一，而以「流體力學」稱之。除水和空氣以外，像石油、血液、氣流等都廣泛地用到流體力學知識。現代科學技術擴展了實驗設備的測試性能，使流體運動的概念和理論的發展更為迅速。尤其至 1950 年以後，電子計算機運算能力的提升，使流體力學的理論與實務應用，更能相互印證。

　　流體分子間的引力微弱，分子不停的運動，難免互相碰撞，其運動軌跡無規則可循。許多現象，如壓時力、溫度等特性，都會影響無規則運動，而分子的運動所形成的擴散 (diffusion)、對流 (convection)、黏滯性 (viscosity) 等現象，皆是無規則運動的結果。本文以敘述靜止流體的力學效應，即所謂流體靜力學 (hydrostatics) 的現象為主，至於流體動力學 (hydrodynamics) 的課題，因涉及的數學較深，只以簡化的模型略作探討。

流體：
1. 液體 (liquid)：體積能維持一定的流體，稱為液體，水、油、酒、醋等屬之。
2. 氣體 (gas)：體積不固定的流體，謂之氣體，氧、氮、氫、氨等屬之。

9-1 流體的基本性質

組成固體的分子有一定的排列位置，作平移運動時，任何一點都足以代表全體。因此，視整體為一質點，用力、質量、速度、加速度等物理量描述其運動。流體無固定形狀，分子不停運動、碰撞，情況比固體複雜得多。

9-1-1 流體質點與密度

> **學習方針**
>
> 理想流體：
> 不可壓縮的流體，若其黏滯性可忽略，則流體各處的密度和特性都是相同。
>
> 密度：
> 物質的質量與體積之比值，是為該物質的密度；密度是一個純量，它的 SI 制的單位為公斤/公尺^3 (kg/m^3)。
>
> 比重：
> 物質的密度與純水在 4°C、1 atm 時的密度 1.000×10^3 kg/m^3 之比值，是為該物質的比重；比重是一個純數，沒有單位。

流體的研究也從假設流體分子為質點開始【註一】。在流體內取一個很小的體積 ΔV，其中分子質量的總和設為 Δm，比值 $\dfrac{\Delta m}{\Delta V}$ 便定為該處流體的密度 (density, ρ)

$$\rho = \frac{\Delta m}{\Delta V} \tag{9-1}$$

在流體力學中，引用運動定律、質量守恆定律或熱力學定律等，作理論的處理時，常以密度代替質量。

(9-1) 式的定義並未涉及質點的位置。也就是說，流體的密度可以隨位置而變異。深水的密度較大，高山的空氣較稀，都是眾所周知的事實。這種現象顯示實際的流體都有被壓縮的可能性。在理論

處理上,假設流體為不可壓縮的理想流體 (ideal fluid)。不論深淺,它的密度皆相同,所以在討論上,將比實際的流體簡易得多。因此本文討論概以理想流體為對象。

理想流體既然結構均勻,(9-1) 式可改用下式表示密度

$$\rho = \frac{m}{V} \tag{9-2}$$

(9-2) 式中的 m 和 V 分別代表整體的質量與體積。密度是一個純量,它在 SI 制的單位是公斤/公尺³ (kg/m³)。表 9-1 列舉一些常見流體的密度,以供參考。

水是最常見的流體,從表 9-1 可見,它在 4°C,1 atm 時的密度是 1.000×10^3 kg/m³。以之作為基準,與其它物質的密度比較,所得的比值就定為該物質的比重 (specific gravity)。例如,汞的密度是 13.6×10^3 kg/m³,足足是水的 13.6 倍,所以汞的比重為 13.6。

注意:
比重是一個純數,沒有單位。

$$\text{比重} = \frac{\text{物質的密度}}{\text{水的密度}}$$

○表 9-1　常見流體的密度

物　質		密　度 (kg/m³)
空氣	20°C,　1 atm	1.21
	20°C,　50 atm	60.5
純水	20°C,　1 atm	0.998×10^3
	4°C,　1 atm	1.000×10^3
海水	20°C,　1 atm	1.024×10^3
全血	20°C,　1 atm	1.060×10^3
汞	20°C,　1 atm	13.6×10^3
氫	20°C,　1 atm	0.09
氦	20°C,　1 atm	0.18
氧	20°C,　1 atm	1.43
酒精	20°C,　1 atm	0.8×10^3

隨堂練習

9-1 古希臘科學家阿基米德在洗澡中，想出了分辨王冠真偽的方法。這種方法主要是依據下面的哪一個觀念？
(1) 溫度　(2) 重量　(3) 密度　(4) 時間。

9-2 以密度 7.9 g/cm³ 的鐵，做成厚度為 0.6 cm 的正立方盒子，若盒子質量為 100 g，則該盒子的邊長約為多少 cm？
(1) 3.2　(2) 4.0　(3) 4.6　(4) 5.2　(5) 6.2。

9-3 甲、乙兩物體密度比 1：2，質量比 1：2，則它們的體積比為多少？
(1) 1：1　(2) 1：2　(3) 2：1　(4) 1：4　(5) 4：1。

9-4 設地球質量為分佈均勻的實心球體，若地球半徑約 6,400 km，平均密度約 5.5 g/cm³，則
(1) 地球的平均密度約為 5,500 kg/m³　(2) 地球的直徑約為 1.28×10^7 m
(3) 地球的體積約為 10^{21} m³　(4) 地球的質量約為 10^{25} kg。

9-5 下列有五種物質的質量與體積，以哪幾種物質做成的實心球不會沉入水中？
(1) 3,800 g、15,200 cm³
(2) 12 g、1.52 cm³
(3) 72 g、6.8 cm³
(4) 38 g、76 cm³
(5) 51 g、56.7 cm³。

9-1-2　壓　力

學習方針

平均壓力：
$$\bar{P} = \frac{F}{A}$$

F：垂直於面積 A 的作用力。
$\bar{P}$：平均壓力；純量，SI 制的單位為牛頓/公尺² (N/m²)。

壓力單位：
1 Pa = 1 N/m² = 10^{-5} bar
1 atm = 760 mmHg = 760 torr = 101325 Pa ≈ 1.01 bar

Pa：帕 (pascal)
bar：巴
atm：大氣壓 (atmosphere)
mmHg：毫米汞柱
torr：托

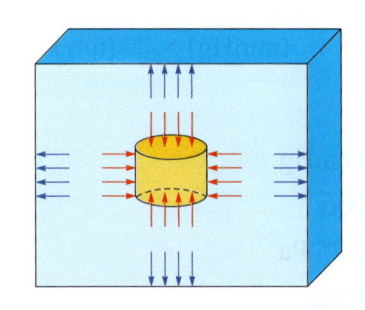

圖 9-1 靜止流體施力在物體及器壁的示意圖。

　　壓力 (pressure) 是指「垂直作用在物體單位面積上的力」。壓力作用方向與作用面積垂直，它存在於固體、液體和氣體的內部，或流體與器壁之間、固體與固體相接觸的界面上。如圖 9-1，將物體置放在靜止的流體中，物體及器壁會受到流體所施的作用力，且力的方向會與接觸面相垂直【註二】。

　　討論靜止流體內的壓力，可在流體與物體接觸面上，考慮面積 ΔA 受到大小為 ΔF 的垂直作用力，因此面積 ΔA 所受的平均壓力 $\bar{P}$ 可表示為

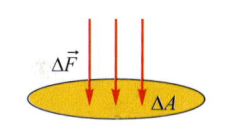

$$\bar{P} = \frac{\Delta F}{\Delta A} \tag{9-3}$$

(9-3) 式為壓力，即單位面積上所受到垂直作用力的大小。若將物體縮小至一點，則可得靜止流體內部某一點的壓力 P，

$$P = \lim_{\Delta A \to 0} \frac{\Delta F}{\Delta A} = \frac{dF}{dA} \tag{9-4}$$

壓力為一純量，在 SI 制的單位系統中，壓力的單位為牛頓/公尺² (N/m²)，亦稱為帕 (pascal, Pa)。

$$1 \text{ Pa} = 1 \text{ N/m}^2$$

帕是一個相當小的單位。氣象方面多以帕的十萬倍為單位，稱之為巴 (bar)，亦即

$$1 \text{ bar} = 10^5 \text{ Pa}$$

實驗室裡則常用毫米汞柱 (mmHg)、托 (torr) 或大氣壓 (atmosphere, atm) 表示。

$$1 \text{ atm} = 760 \text{ mmHg}$$
$$= 760 \text{ torr}$$
$$= 101,325 \text{ Pa}$$
$$\approx 1.01 \text{ bar}$$

隨堂練習

9-6 單位轉換
(1) 3 atm = _____ mmHg = _____ Pa = _____ N/m^2
(2) 5 bar = _____ Pa = _____ torr = _____ atm。

9-7 小傑寫字時，在截面積為 4 mm^2 的鉛筆筆尖上，所承受的垂直力大小為 0.8 N。求筆尖所受壓力大小？

9-2 靜止流體的壓力

9-2-1 壓力與深度的關係

學習方針

同深度液壓：
在同一水平層面上的流體質點，其所受的液壓，必定相等。

不同深度的液壓差：
不同深度的液面壓力差，與二液層的垂直距離成正比：
$$P_2 - P_1 = \rho g h$$

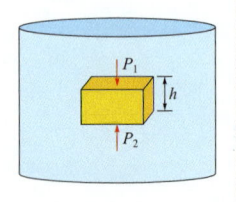

流體的密度即使全體一致，流體內各點所承受的壓力，也未必相同，因此呈現許多有趣的現象。本節以討論液體內部相同深度的壓力，及不同深度的壓力差為主。

第 9 章　流體力學

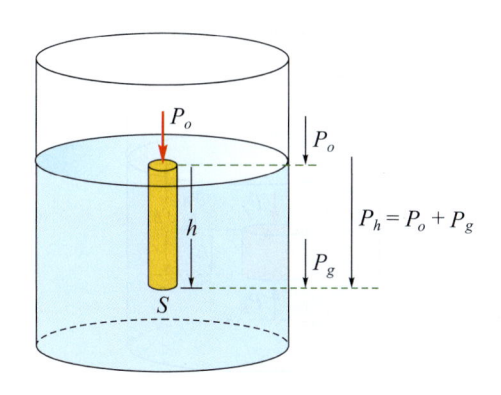

圖 9-2　假想圓柱體底部承受壓力示意圖。

1. 液體內部相同深度的壓力

　　在不考慮液體表面的作用力時，靜止液體內部的壓力，來自液體所施的重力。如圖 9-2，自液面垂直向下選取截面積 S、高 h 的假想圓柱體。若液體密度為 ρ，圓柱體體積為 V，質量為 m，則圓柱體水柱施加在底面的垂直作用力大小 F 為

$$F = mg = \rho Vg = \rho Shg \tag{9-5}$$

圓柱體水柱垂直作用在底面積 S 上，所產生的壓力 P_g 為

$$P_g = \frac{F}{S} = \rho gh \tag{9-6}$$

若液體表面的大氣壓力為 P_o 時，則圓柱體底面的壓力 P_h 為

$$P_h = P_o + P_g = P_o + \rho gh \tag{9-7}$$

$V = Sh$
$\rho = \dfrac{m}{V}$
$\Rightarrow\ m = \rho V$
　　　$= \rho Sh$

　　圓柱體底部承受的壓力與液體密度和深度有關，意即：「在密度均勻的靜止液體內部，相同深度處所承受的壓力相等。」這一結論，推廣到密度均勻的靜止流體中，亦能成立。

2. 液體內部不同深度的壓力差

　　在液體內部，選取一假想圓柱體，如圖 9-3。其上表面和液面的垂直距離為 y_A，下表面和液面的垂直距離為 y_B，圓柱體上、下表面的垂直距離為 Δy。由 $P_h = P_o + \rho gh$，可得圓柱體上、下表面的壓力 P_A、P_B 為

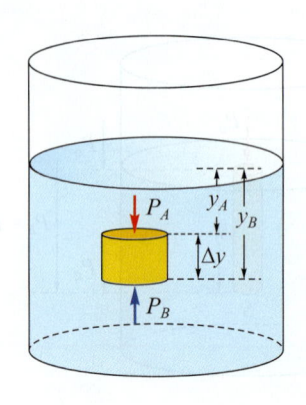

图 9-3　假想圆柱体上、下表面压力差示意图。

$$P_A = P_o + \rho g y_A$$
$$P_B = P_o + \rho g y_B$$

圓柱體上、下表面的壓力差為

$$\Delta P = P_B - P_A = \rho g y_B - \rho g y_A$$

$$\Delta P = \rho g \Delta y \tag{9-8}$$

圓柱體上、下表面的壓力差 $\rho g \Delta y$，與液柱的長短有關。可知液體內部的壓力差，只與二液層的垂直距離有關，與液面的寬窄無涉[註三]。

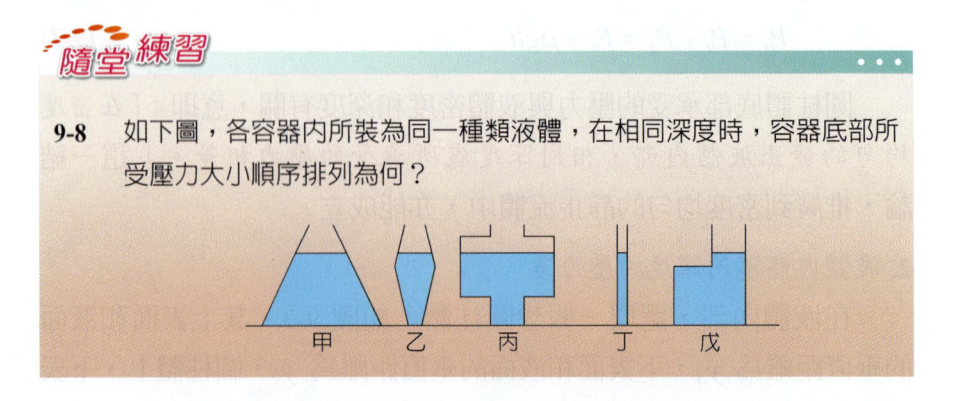

隨堂練習

9-8 如下圖，各容器內所裝為同一種類液體，在相同深度時，容器底部所受壓力大小順序排列為何？

甲　乙　丙　丁　戊

壓力計指示為 0 時，代表承受的壓力為大氣壓力。

(9-7) 式中的 P_h 是液深 h 處所受的總壓力，一般稱為絕對壓力 (absolute pressure) [註四]。如果不計大氣的壓力 P_o，則稱為計示

壓力 (gauge pressure)，是以壓力計測量所得的結果，它的數值相當於 ρgh。$P_h = P_o + \rho gh$ 數學式顯示，液面下任一位置所承受的壓力，取決於液深 h，而與液體的總量無關。在興建水壩、堤防等水利工程時，如果忽略水深的影響，後果不堪想像。一般水壩的壩基、河川的堤岸，都構築為上窄下寬，便是為了抗衡遞增的水壓。若水深驟增，水位高於安全警戒線，則洩洪勢在必行，以防潰堤而氾濫成災。

例題 9-1

如圖 9-4，將 A、B 兩種不同液體，混合放入一兩端開口的 U 形試管中，當此混合液處於靜止狀態時，兩液體是處於分離的狀態。圖中，左、右兩側，B、A 兩液柱的液面，與兩液體分離處的垂直距離，分別為 $d+h$ 與 h。若已知 A 液體的密度為 ρ_A，則 B 液體的密度 ρ_B 為何？

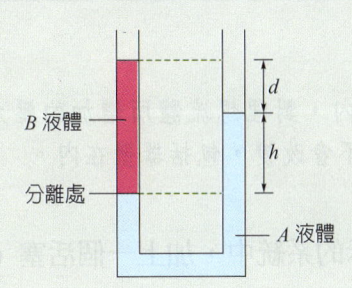

圖 9-4 U 形試管中兩分離狀態的液體示意圖。

解

左側 B 液體的液面，與液體分離處距離 $d+h$，B 液體在液面下 $d+h$ 處的計示壓力為 P_B，$P_B = \rho_B g(d+h)$。

右側 A 液體的液面，與液體分離處的垂直距離 h，A 液體在液面下 h 處的計示壓力為 P_A，$P_A = \rho_A gh$。

兩端開口的 U 形試管中，注入 A、B 兩種不同液體的混合液，混合液處於靜止狀態時，液體分離處的壓力應相等。即

$$P_B = P_A \Rightarrow \rho_B g(h+d) = \rho_A gh$$

可得 B 液體密度 $\rho_B = \dfrac{\rho_A h}{h+d}$。

> **隨堂練習**
>
> 9-9 關於靜止流體的壓力，下列敘述何者正確？
> (1) 靜止流體中任一位置皆受向上的淨壓力
> (2) 靜止流體中距液面相等深度處的壓力皆相等
> (3) 置放於靜止流體中的物體，所受之壓力與表面垂直
> (4) 靜止流體內部任意兩點之壓力差，與垂直距離成反比。
>
> 9-10 不可壓縮性流體一般指：
> (1) 空氣 (2) 氣體 (3) 蒸氣 (4) 液體。
>
> 9-11 下列何者不是壓力的單位？
> (1) psi (2) torr (3) Pa (4) dyne。

9-2-2 帕斯卡原理

> **學習方針**
>
> 帕斯卡原理：
> 在封閉的容器內，對理想流體所增加的壓力，將傳遞至流體的每一部分，而不會改變，包括器壁在內。

在圖 9-3 所示的系統中，加上一個活塞 (參看圖 9-5)，如活塞的質量可以忽略，當在液面的壓力 P_o 仍為大氣壓力時，情形與前述無異。對容器內，深度 h 位置的液體而言，所受壓力為

$$P = P_o + \rho g h$$

若將液面的大氣壓力 P_o 視為外來的壓力 P_{ex}，則深度 h 位置的液

左圖：$P_{ex} = P_o$，$P = P_o + \rho g h$

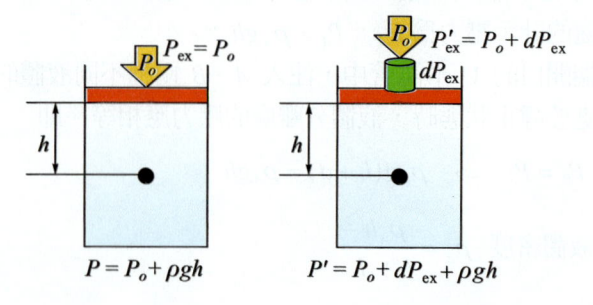

右圖：$P'_{ex} = P_o + dP_{ex}$，$P' = P_o + dP_{ex} + \rho g h$

圖 9-5 帕斯卡原理說明圖。

體所受壓力可表示爲

$$P = P_{ex} + \rho gh \tag{9-9}$$

如在活塞上放置砝碼，液面所受的壓力將增加。設其壓力增加 dP_{ex}，則活塞所受的壓力爲 $P'_{ex} = P_o + dP_{ex}$。液面下 h 深處位置的壓力爲

$$P' = P_o + dP_{ex} + \rho gh \tag{9-10}$$

理想流體因爲不能壓縮，所以增加活塞上的砝碼，不會改變 ρ 的大小。而在 h 深處位置所增加的壓力爲 dP_{ex}，也就是說

> 在封閉的容器內，對理想流體所增加的壓力，將傳遞至流體的每一部分，而不會改變，包括器壁在內。

「理想流體」的解說，可參考9-4節。

這就是帕斯卡原理 (Pascal's principle)。許多機械，例如汽車的煞車系統、挖土機的控制器、修車廠的起重機等，都是利用這個原理設計出來的。它們結構的核心是一個如圖 9-6 所示的連通管，一邊的液面十分窄小，另一邊則寬廣甚多。因用液體作爲壓力傳導的媒介，故稱之爲液壓機 (hydraulic press)。

設液壓機左右兩邊活塞的表面積分別爲 S_i、S_o，且 $S_i \ll S_o$，當在左邊活塞上施加外力 $\vec{F}_i$ 時，連通管內的液壓增量爲 $dP = \dfrac{F_i}{S_i}$。根據帕斯卡原理，這個壓力增量必傳到液體的每一部分，包括管壁

液壓機按傳壓介質不同分爲水壓機和油壓機：
1. 油壓機用油作傳壓介質，泵、閥元件浸泡在油中，不必考慮潤滑問題，只有導軌需要潤滑。
2. 水壓機用水作傳壓介質，水雖有一定的潤滑性，但潤滑性能很低，而且有很強的銹蝕性，泵、閥元件和水壓缸會很快銹蝕，有必要在水中加入乳化劑，以提高水的潤滑性和防銹性。

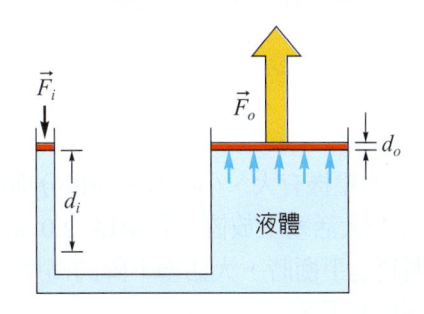

圖 9-6 液壓機結構示意圖。

與右方的活塞在內，活塞因此被推舉。其上如壓有重物，也將隨之上移。在表面積為 S_o 的大活塞，因液壓增加 dP，而產生上舉的力 $\vec{F}_o$，其大小為 $S_o dP$，所以

$$\frac{F_o}{S_o} = \frac{F_i}{S_i} \tag{9-11}$$

由於 $S_i \ll S_o$，故 $F_o \gg F_i$。也就是說，用很小的力便可舉起像汽車等一樣的重物，所以液壓機是省力的機器。

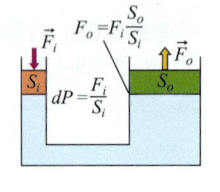

液體可使用油或水作為傳壓介質，因油和水一樣，是一種近於不可壓縮的液體。施壓前後，油或水的體積理應不增不減。設左活塞下降 d_i 距離，便該有容積 $S_i d_i$ 的液體受迫從左管移至右管，促使右活塞上移 d_o 距離，容納容積 $S_o d_o$ 的液體。兩容積應該相等，如此，則

$$S_i d_i = S_o d_o$$

$$d_o = d_i (\frac{S_i}{S_o}) \tag{9-12}$$

由於 $S_i \ll S_o$，d_o 也遠不如 d_i。綜合 (9-11) 與 (9-12) 式，得

$$F_o = F_i (\frac{d_i}{d_o})$$

$$F_o d_o = F_i d_i \tag{9-13}$$

力與位移的乘積，相當於它所作的功。(9-13) 式顯示，利用液壓機舉重，雖然省力多多，但在作功方面，卻賺不到一點點的便宜。

例題 9-2

如圖 9-7，一水壓機有大、小活塞，面積分別為 4.0×10^{-3} m²、1.0×10^{-3} m²。今在大活塞上放置一質量為 2.0 kg 的物體，若不計活塞的質量，則到達平衡時，大活塞下降的高度 y_d 與小活塞上升的高度 y_r，分別為若干？

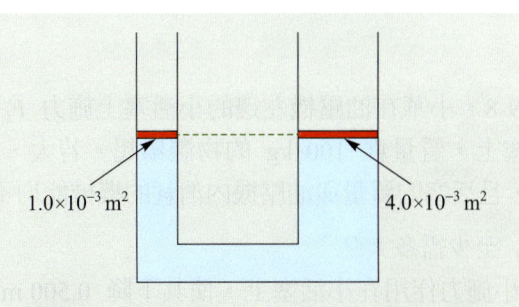

圖 9-7 水壓機內在大活塞上放置物體，大、小活塞高度將改變。

解

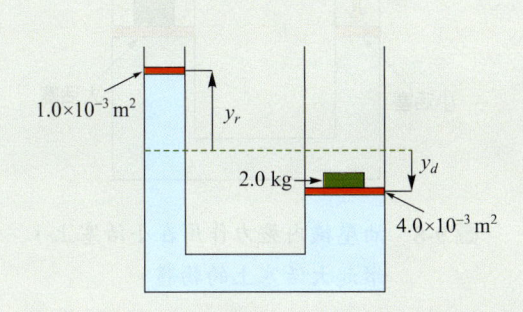

水壓機到達平衡時，表面積 4.0×10^{-3} m² 的大活塞，下降所減少的水柱體積 V_d，應等於表面積 1.0×10^{-3} m² 的小活塞，上升所增加的水柱體積 V_r，得

$$V_d = V_r \Rightarrow 4.0 \times 10^{-3} y_d = 1.0 \times 10^{-3} y_r$$
$$y_r = 4.0 y_d$$

若活塞的質量不計，則平衡時，大活塞受到的壓力 P_d，應等於小活塞下方 $y_r + y_d$ 高的水柱所產生的壓力 P_r，故由

$$P_d = P_r \Rightarrow \frac{(2.0)(9.8)}{4.0 \times 10^{-3}} = (1.0 \times 10^3)(9.8)(y_r + y_d)$$
$$y_r + y_d = 0.50 \text{ (m)}$$

$\xrightarrow{y_r = 4.0 y_d}$ $\begin{cases} y_d = 0.1 \text{ (m)} \\ y_r = 0.4 \text{ (m)} \end{cases}$

大活塞上放置質量為 2.0 kg 的物體，平衡時，大活塞下降 0.1 m 的高度，而小活塞上升 0.4 m 的高度。

$P_d = \dfrac{F_g}{S_d} = \dfrac{mg}{S_d}$
$\quad = \dfrac{2.0 \times 9.8}{4.0 \times 10^{-3}}$

$P_r = \rho g h$
$\quad = (1.0 \times 10^3) \times 9.8 \times (y_r + y_d)$

例題 9-3

如圖 9-8，小華在油壓機左邊的小活塞上施力 $\vec{F_i}$，欲將放置於右邊大活塞上，質量為 100 kg 的物體舉起。若大、小活塞的面積比值為 5，且活塞的質量與油壓機內消耗的機械能均不計，則

(1) 施力 $\vec{F_i}$ 至少需多大？
(2) 以此最小施力作用在小活塞上，使其下降 0.500 m，小華作功多少？物體升高的高度為若干？

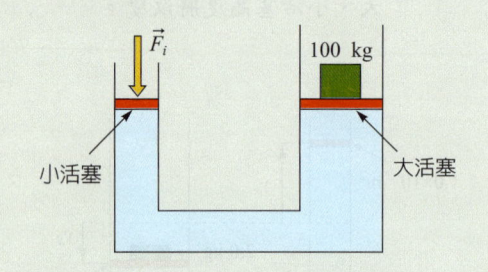

圖 9-8 油壓機內施力作用在小活塞上，舉起大活塞上的物體。

解

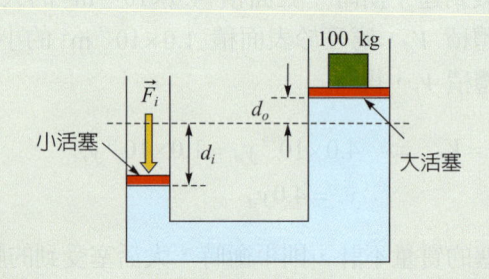

(1) 活塞的質量不計，大活塞的表面積 S_o，小活塞的表面積 S_i，表面積比為

$$S_o : S_i = 5 : 1$$

施大小為 F_i 的力於小活塞上，所增加的壓力 $\dfrac{F_i}{S_i}$，會等於大活塞上，所增加的壓力 $\dfrac{F_o}{S_o}$，F_o 為作用於大活塞上之力的大小。因此

$$\dfrac{F_i}{S_i} = \dfrac{F_o}{S_o} \implies F_i = F_o \dfrac{S_i}{S_o}$$

大活塞欲舉起質量為 100 kg 的物體時，施於大活塞上之力的大小為

$$F_o = 100 \times 9.8 = 980 \text{ (N)}$$

小華施於小活塞的最小力為

$$F_i = F_o \frac{S_i}{S_o} \Rightarrow F_i = 980 \times \frac{1}{5} = 196 \text{ (N)}$$

(2) 小活塞下降 0.500 m，所作的功

$$W_i = F_i d_i \Rightarrow W_i = 196 \times 0.500 = 98.0 \text{ (J)}$$

若油壓機內，消耗的機械能不計，則小活塞下降 d_i，所作的功 W_i，應等於大活塞上升 d_o，所作的功 W_o。

$$W_i = W_o$$
$$F_i d_i = F_o d_o \Rightarrow 98.0 = (100 \times 9.8) d_o$$
$$d_o = 0.100 \text{ (m)}$$

故知，小活塞下降 0.500 m 時，物體升高 0.100 m。 ★

隨堂練習

9-12 說明帕斯卡原理。並舉一日常生活中的例子，解釋帕斯卡原理。

9-13 科學家利用壓力是向四方均勻傳送的原理發明水壓機，此原理稱為：
(1) 道耳吞定律　　　(2) 牛頓第二運動定律
(3) 萬有引力定律　　(4) 帕斯卡原理。

9-14 有關「理想的靜止流體」，下列敘述何者正確？
(1) 因為沒有黏滯性，所以不會因為內部的摩擦而消耗能量
(2) 流體內部每一點的速度皆相同
(3) 流體內部每一點的壓力皆相同
(4) 具有不可壓縮的性質，即流體密度保持定值。

9-2-3 阿基米德原理

> **阿基米德原理：**
> 浸在靜止液體中的物體，無論是全沉或半沉半浮，均感受一向上的浮力，浮力的強弱，與其所排開液體的重量相等。
>
> 浮力 = 排開液體的重量
> $F_B = W = \rho g V$

在海水浴場玩耍時，朋友間互相推舉為樂，將會發覺，在水中抱起一個大個子，要比在沙灘上容易得多。北海道的採珠女郎，海洋世界扮演美人魚的泳者，幾乎全是娉婷婀娜的淑女，箇中有什麼玄機呢？

取一個立方體形狀的輕薄容器，其重量與厚度不計，並將它盛滿水，放入如圖 9-9 所示平靜的水槽中。設容器內外的水，溫度一致，即水有相同的密度，那麼，無論容器放在任何位置，都會維持不沉不浮的狀態。容器在水中，由於是處於平衡狀態，因此作用在容器上的合力必須等於零。水平方向的作用力必定左右互相抵消；上下方向的作用力，除了水所施的力外，還有容器內水的重力 $\vec{W}$，其合力亦需為零。

設作用在容器上、下面的外力，分別定為 $\vec{F}_U$ 與 $\vec{F}_L$，依平衡的要求，必須滿足

$$\vec{F}_U + \vec{F}_L + \vec{W} = 0 \tag{9-14}$$

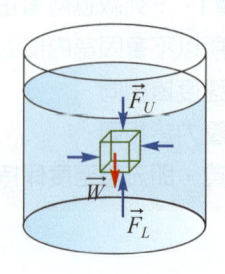

圖 9-9　流體中物體受力作用的情形。

定向上的方向為正，則 (9-14) 式可寫成

$$-F_U + F_L - W = 0$$

$$F_L - F_U = W \tag{9-15}$$

若容器的體積是 V，水的密度是 ρ。當將容器放入水中時，一定量的水必須挪移，方有容納它的餘地，因此，V 也應是容器所排開水的體積，稱為容器的排水量。容器所排開的水重量 W'，應與容器內水的重量 W 相等，其值如下：

$$W' = W = mg = \rho V g \tag{9-16}$$

從上文的論述知，作用於容器下方的力 $\vec{F}_L$，一定比上方的力 $\vec{F}_U$ 為大，容器受到 $\vec{F}_L - \vec{F}_U$ 的上推力，此推力稱為水的**浮力** (buoyant force, $\vec{F}_B$)，亦即

$$F_L - F_U = F_B \tag{9-17}$$

綜合 (9-15)、(9-16) 與 (9-17) 式可得

$$F_B = W = \rho V g = W' \tag{9-18}$$

(9-18) 式表示水的浮力大小，與物體排開水的重量相等。

如用同樣大小的木塊或鐵塊代替盛水的容器方盒。它們的體積相等，排水量相同，所受的浮力同等於 $\rho V g$。但是鐵的密度大於水，而木塊則不如，因此，鐵塊的重力 $\vec{W}$ 大於浮力 $\vec{F}_B$，合力與 $\vec{F}_U$ 同向，鐵塊終沉池底。木塊則相反，上浮而突出於水面。除水外，阿基米德觀察物體在任何液體中之浮沉現象，作出如下的結論：

> 浸在液體中的物體，無論是全沉或半沉半浮，均感受一向上的浮力，浮力的強弱，與其所排開液體的重量相等。

是謂阿基米德原理 (Archimedes' principle) **[註五]**。

若液體密度為 ρ，物體排開液體的體積為 V，則物體受到此液體之浮力

$F_L - F_U = W$
$W = mg = \rho V g$
$F_L - F_U = F_B$
$F_B = W = \rho V g$

因體積增加，排水量加大，浮力作用增大，使船能漂浮水面載人運貨。

$$F_B = \rho V g \qquad (9\text{-}19)$$

北海道的採珠女郎、海洋世界扮演美人魚的泳者,為何多為娉婷婀娜的淑女?即因其所受的浮力較小,沉潛較易,適合久留於深水的工作。阿基米德原理有許多的應用,航運應為最顯明的例子。實驗顯示木塊會漂浮水面,鐵塊則直沉至池底。但如將鐵塊鑄成中空底寬的鐵碗,再將它放入池中。重量雖然依舊,排水量卻因體積的加大而劇增。在強大的浮力作用下,鐵碗也能漂浮於水面,這也是郵輪所以能載人運貨的原因。

例題 9-4

如圖 9-10(a),體積為 V,質量分佈均勻的木塊,飄浮於液面上,當它靜止時,會有 $\frac{1}{3}V$ 的體積露出液面。今將一磚塊置於此木塊上,發現木塊剛好完全沉入液體中,如圖 9-10(b)。若液體的密度為 ρ,試問:

(1) 木塊的質量與密度分別為何?
(2) 磚塊的質量為何?

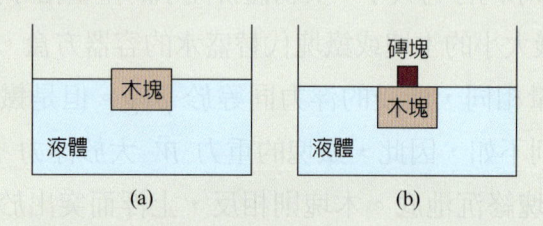

圖 9-10　(a) 木塊飄浮於液面上;
　　　　 (b) 磚塊置於此木塊上且飄浮於液面上。

解

(1) 設木塊的質量與密度分別為 M_w 與 ρ_w,並視木塊為一系統。因木塊飄浮在液面上,靜止時,會有 $\frac{2}{3}V$ 體積沉入液體中。由阿基米德原理,知

阿基米德原理:
浮力 = 物重 = 排開液重
$F_B = W = \rho V g$
V: 沉入液中的體積
ρ: 液體的密度
密度 = $\frac{\text{質量}}{\text{體積}}$

$$W_w = F_B \Rightarrow M_w g = \rho(\frac{2}{3}V)g$$

$$M_w = \frac{2}{3}\rho V$$

$$M_w = \rho_w V \Rightarrow \frac{2}{3}\rho V = \rho_w V$$

$$\rho_w = \frac{2}{3}\rho$$

故知，木塊的質量為 $\frac{2}{3}\rho V$ 與密度為 $\frac{2}{3}\rho$。

(2) 設磚塊的質量為 M_r，視木塊與磚塊為一系統。因磚塊放置在木塊上時，木塊剛好完全沉入液體中。由阿基米德原理，知

$$W_r + W_w = F_B' \Rightarrow M_r g + \frac{2\rho V g}{3} = \rho V g$$

$$M_r = \frac{1}{3}\rho V$$

故知，磚塊的質量為 $\frac{1}{3}\rho V$。

　　有一點必須加以留意。浮力的大小只取決於排液量的多寡，而與材料種類無關。不論鐵塊或木塊，如它們的排液量相等，它們在該液體中所受的浮力大小相同。

　　物體沉入液體內的部分，所排開液體的重心，視為浮力的作用點，稱為**浮力中心** (center of buoyancy)。船在水上航行時，它本身的重心，與浮力中心往往不在同一位置。如船體左右對稱，且載重均衡，在風和日麗，水波不揚之時，重力與浮力的作用線在同一鉛垂線上 [圖 9-11(a)]，人處船上，如履平地。但若狂風驟起，濁浪排空，船身傾斜，浮力中心的位置，因船身吃水的形狀改變，也偏離原位，重力與浮力作用線不再重疊，因而產生力偶作用，船身受其影響，不時晃動，有可能化險為夷，也有可能加速傾覆，端視重心與浮力中心相對的高下。如重心甚低 [圖 9-11(b)]，重力與浮

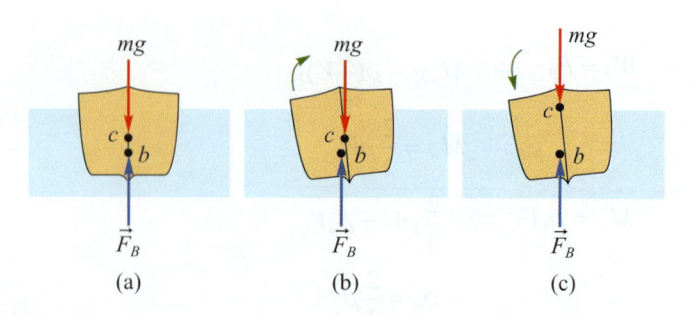

圖 9-11 重心 c 與浮力中心 b 的相對位置，對船穩定性的影響。

力的淨力矩有轉危為安的功效。反之，如重心過高 [圖 9-11(c)]，則覆舟難免。所以海船多加裝鉛製的龍骨或放置重物壓艙，以降低重心。

9-3 界面現象

學習方針

內聚力：
　同類分子間的相互吸引力，稱為內聚力。

附著力：
　異類分子間的相互吸引力，稱為附著力。

界面現象：
　二種不同物質的接觸面，稱為界面；如固體與固體、固體與液體、固體與氣體等的交接面。在界面上所表現出的特性，稱為界面現象；如固體與液體界面的濕潤、腐蝕、表面張力等狀況。

　　液體分子間的距離比固體的為大，分子間的引力不如固體，但因間距還算緊湊，引力依然可觀。氣體分子則因距離過分遙遠，引力似有若無，分子的運動十分自由，所以能充滿任何容器。同類分

子間的這種吸引力，一般稱為**內聚力** (cohesive force)。它的強弱對物性的影響甚巨。鐵桿難斷，汞易成珠，即為分子間內聚力的作用所致。

將水與汞分別注入試管中，則見靠管邊的水面，略為上翹，而汞面則微向下凹。顯示試管的分子，對水與汞有不同的作用現象。這種存在於異類分子間的作用力，謂之**附著力** (adhesive force)。內聚力與附著力交互作用的結果，使流體與固體、或兩流體間的接觸面，產生一些有趣的現象，這些現象統稱為**界面現象** (interfacial phenomena)。

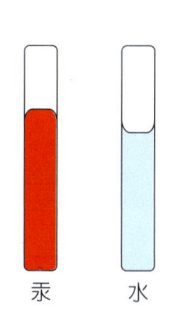

汞　水

9-3-1　表面張力

> **表面張力：**
> 作用於液體表面上，垂直的通過液體表面任一假想直線的兩側，且沿著與液面相切的方向收縮的表面力。表面張力能使液體具有最小的表面積；SI 制的單位為牛頓/公尺 (N/m)。

表面張力與前面章節所談的作用力，如萬有引力、摩擦力等的定義不一樣。

界面現象以**表面張力** (surface tension) 最為常見。所謂表面張力，其實是液體分子的內聚力在界面上無法獲得平衡的結果。以杯水為例 (參看圖 9-12)，水面下方的每一個水分子，前後左右上下，都有其它的水分子對它牽引，各方向作用力互相抵消，合力為零。與空氣接觸面的水分子則不然，它只受到水面下方水分子的牽引。接觸空氣的面，由於空氣分子對它的吸引力似有若無，附著力幾等於零。不平衡的內聚力，有將它拉向液內的趨勢。水面上的分子因此互相靠攏，使水面儘可能維持最小的面積。這個沿著液體表面，每單位長度所受的垂直作用力，稱為表面張力。

內聚力與附著力其實都與分子的結構有關。物質分子中，有些原子團一般稱之為分子的**官能基** (functional group)。它們的化學性質，有的與水分子頗相類似，有的則大相逕庭。與水類似的官能

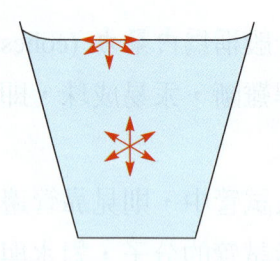

圖 9-12 水中與水面水分子受力示意圖。

基，對水的親和力較大，可名之為親水性 (hydrophilic) 官能基；與水迥然不同的，則屬於離水性 (hydrophobic)。親水性的分子與水接觸時，很容易與水溶為一體。它們與水的附著力相當強烈。反之，離水性的分子則與水格格不入，即使強加混和，最後還是涇渭分明。例如，將油滴入水中，油是離水性的物質，與水的附著力甚微，密度又比水小，所以浮在水面，自成一區。由於冷水的表面張力大於油，油滴會被水拉開，形成薄薄的油層。只有在高溫時，水的表面張力減弱到某種程度，油才因內聚力而形成油泡，漂浮水面。反之，如將牛奶注入水中，牛奶的蛋白質有不少親水性的官能基，對水的附著力，遠大於本身的內聚力，所以才能水乳交溶。

又有一些分子，例如肥皂等清潔劑，一端具有一親水性的官能基，另一端的則為離水性。以它們作中介，可將油、水分子拉在一起，隨水漂流，有洗滌清潔的效果。這些物質因能降低表面張力，所以稱為界面活性劑 (surface active material)。

表面張力的強弱可用簡單的儀器量度。取一質堅而輕的金屬線，製成如圖 9-13 的圓環，懸吊於天秤的一端，將之浸入待測的液體中。在天秤的另一端放入砝碼，將圓環徐徐拉起，則見一液膜隨之突出液面。設令液膜將破未破，砝碼重量為 F，液體的表面張力為 T，液膜本身的重力可以不計，則從平衡的觀點來考慮，

$$F = LT \tag{9-20}$$

L 為圓環底邊的內、外周長長度。故表面張力為

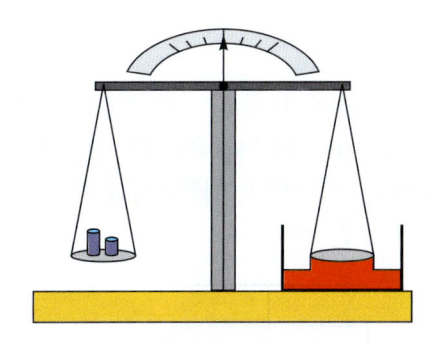

圖 9-13　表面張力的測量。

$$T = \frac{F}{L} = \frac{F}{2\pi(r_1 + r_2)} \tag{9-21}$$

r_1、r_2 分別為圓環的內、外半徑。

表面張力的單位為牛頓/公尺 (N/m)。從表 9-2 所列舉的數據，可見汞的表面張力遠大於其它液體，所以瀉汞成珠，無孔不入。

表 9-2　一些常見液體在 20°C 時的表面張力與黏滯係數

液體	表面張力 (N/m)	黏滯係數 (Ns/m^2)
戊烷	1.61×10^{-2}	2.4×10^{-4}
苯	2.89×10^{-2}	6.5×10^{-4}
水	7.29×10^{-2}	1.00×10^{-3}
乙醇 (酒精)	2.23×10^{-2}	1.20×10^{-3}
汞	4.6×10^{-1}	1.55×10^{-3}

例題 9-5

如圖 9-14，一倒掛的 U 形框，與寬度可忽略的滑桿間，可形成一水膜。以質量為 2.0×10^{-4} kg 的砝碼，懸掛在質量為 2.0×10^{-4} kg，長度為 0.050 m 的滑桿上，剛好能使滑桿靜止不動。試問水膜的表面張力約為若干？

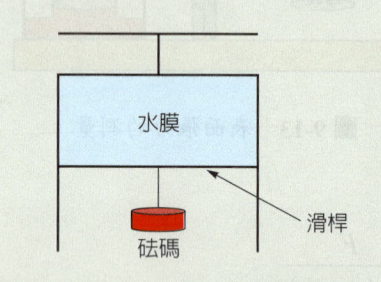

圖 9-14 以 U 形框、滑桿和砝碼測量表面張力。

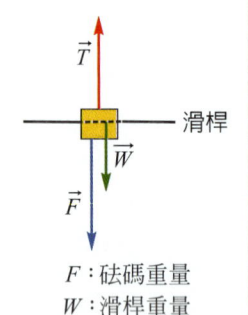

F：砝碼重量
W：滑桿重量
T：表面張力

解

液體的表面張力為 T，砝碼重量為 F，長度 L 為 0.050 m 的滑桿重量為 W，水膜本身的重力可以不計，當平衡時

$$T = \frac{F+W}{L} \Rightarrow T = \frac{2.0 \times 10^{-4} \times 9.8 + 2.0 \times 10^{-4} \times 9.8}{0.050}$$

$$\approx 0.078 \text{ (N/m)}$$

因此，剛好能使滑桿靜止不動時，水膜的表面張力約為 0.078 N/m。

9-3-2 毛細現象

毛細現象：
將內徑很小的管子 (稱為毛細管) 插入液體中，管內液體與管壁附著力的作用，使管內、外液面產生高度差的現象，稱為毛細現象。管徑越小，毛細現象越顯著。

將一玻璃管插入池水中，如管徑相當寬大，根據上文所述，管內、外應在同一水平，只有在管、水的界面處，水面才會微微上

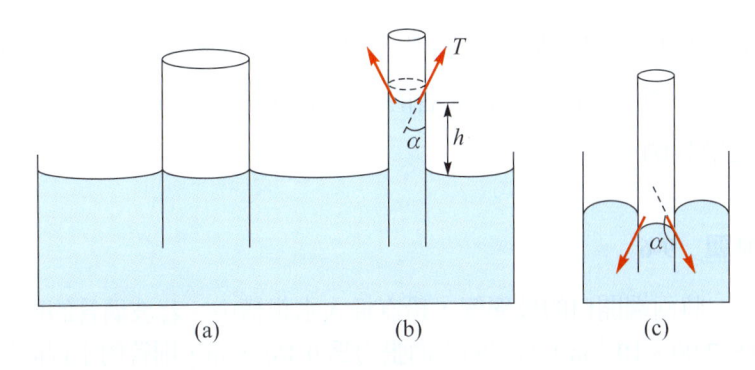

圖 9-15 管徑越小，毛細現象越顯著。(a) 管徑寬大玻璃管插入水中；(b) 管徑窄小毛細管插入水中；(c) 小管徑玻璃管插入汞中。

揚，略呈新月形，如圖 9-15(a)。

如果插入水中的是一根管徑十分窄小的毛細管，如圖 9-15(b)。由於管壁的玻璃分子，對水分子的附著力，大於水分子的內聚力，界面上的水分子會沾附在管壁，使附近的水面微微上揚。水的表面張力 T 趨向於減小水的表面積，因此牽引管內的水面上升。如此過程不斷重複，直至水柱的重量，等於 T 的合力而止。管內、外液面差的事實，稱為**毛細現象** (capillarity)。管徑越小，毛細現象越顯著。

從定量的觀點考量。設毛細管的管徑為 r，T 與管壁的夾角為 α，α 稱為水對玻璃的**接觸角** (contact angle)，管內、外的液面差為 h，當靜力平衡時，必須滿足：

$$\text{張力所產生的向上拉力} = \text{水柱的重量}$$

亦即

$$2\pi r T \cos\alpha = \rho g \pi r^2 h$$

$$h = \frac{2T \cos\alpha}{\rho g r} \tag{9-22}$$

水與玻璃的接觸角 α 為一銳角，h 為正，表示管內的水面高出管外。反之，汞的接觸角則為一鈍角，$\cos\alpha < 0$，h 為負，所以管內的汞面應比管外為低，如圖 9-15(c)。

毛細現象在自然界中，有其不可或缺的重要性，植物用之從土壤中吸取水與養分。日常生活的實例也很多，紙巾吸水、毛筆濡墨，便是其例。

例題 9-6

將兩端開口的玻璃管，鉛直插入水銀槽中。若玻璃管的內直徑為 2.00×10^{-3} m，水銀的表面張力為 0.465 N/m，則管內水銀面比管外水銀面低多少 m？(水銀與玻璃的接觸角為 140°)

解

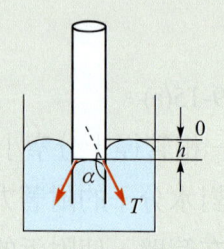

設玻璃管內、外水銀面高度差為 h，根據

$$h = \frac{2T\cos\alpha}{\rho g r}$$

$$\Rightarrow h = \frac{2(0.465)(\cos 140°)}{(1.36\times 10^4)(9.80)(\frac{2.00\times 10^{-3}}{2})}$$

$$\approx -5.36\times 10^{-3} \text{ (m)}$$

因 h 為負值，故知管內水銀面較管外水銀面低 5.36×10^{-3} m。

9-4 流體動力學

9-4-1 理想流體

黏滯性：
流體內部分子無規則的運動，產生阻礙流體流動的特性；黏

滯性越高的流體，流動越困難。

理想流體的條件：
1. 不可壓縮性
2. 無黏滯性
3. 流線固定——流體分子沿一定的路徑行進
4. 穩流——流體流速固定
5. 非旋流

實際的流體流動狀況非常複雜，精確的描述幾乎全無可能。在討論流體靜力學時，已舉出**不可壓縮性** (incompressibility) 是靜止流體非有不可的理想條件。對流動的流體而言，單是這個條件仍有未足，必須加入另外的理想條件。

流體分子不時的運動，造成無規則的碰撞，運動的速度完全無法預測。當流體處於平衡的靜止狀態，分子這種無規則運動的影響，不易觀測。但當流動時，其阻滯的效應便非常明顯。這種阻滯，一般稱為**黏滯性** (viscosity)，和固體運動的摩擦很相像。黏滯性越高的流體 (參看表 9-2)，流動越困難。黏滯性的處理，與摩擦同樣困難，因此理想流體也以沒有黏滯性為考慮。

根據牛頓運動定律，平面上運動的物體，如沒有摩擦力的作用，必以等速運動。同理，在無黏滯性的流體中，靜止中的物體，保持靜止，運動中的物體，必以等速運動。如果真有這樣的流體，輕舟順水，無需搖櫓而行，何等逍遙自在，那時槳櫓也真無用武之地了。

即使有了這兩種理想條件，流體的流動還是不容易處理，有必要再加限制。譬如流水，清泉淺澗，潺湲無聲；飛瀑長河，奔騰澎湃。其中差別端在流速。流速緩慢，則流體分子各沿一定的路徑，即所謂**流線** (streamline)，循序漸進，既不會越線而前，通過任一定點的分子，速度亦彼此一致，且與時間無關。這樣的流動謂之**穩流** (steady flow) 或**層流** (laminar flow)。反之，通過定點的流速，如與時俱變的，則謂之**非穩流** (non-steady flow) 或**紊流** (turbulent flow)。抑有進者，流動還有角速度的，叫做**旋流** (rotational flow)，否則為**非旋流** (irrotational flow)[註六]。

在流體動力學中，只有無黏滯性的不可壓縮流體，在作非旋性穩流時，才足以稱為理想流體。

也只有這樣簡易的模型，才是我們目前研討的對象。

9-4-2　連續方程式

學習方針

理想流體的連續方程式：

理想流體在任意時刻，通過不同截面的質量流率必定相同：

$$\frac{\Delta m}{\Delta t} = \rho A v = 定值$$

$\frac{\Delta m}{\Delta t}$：質量流率；SI 制的單位為公斤/秒 (kg/s)。

ρ：理想流體的密度；SI 制的單位為公斤/公尺^3 (kg/m^3)。
A：截面積；SI 制的單位為公尺^2 (m^2)。
v：理想流體的流速；SI 制的單位為公尺/秒 (m/s)。

根據上文所述，理想流體在穩流的情況下，分子各沿一定流線，循序漸進，速度恆與流線相切，絕不會越線前行。若非如此，則非穩流的情事必然產生。若理想流體在穩流的條件下，如圖 9-16 所示的一組流線，形成流域，則流體分子在其中活動，必然受其侷限，不會流出域外。外面的分子也不可能流入域內。否則，流線一定紊亂交錯，流動也不再是穩流了。這樣的流域不妨稱之為流管。

設有一理想流體，在一左粗右細的流管中，如圖 9-17 所示，作穩定的流動。在截面積為 A_2 處的流速定為 v_2，則在 Δt 時間內，通過該處的流體其質量為

$$\Delta m_2 = \rho_2 A_2 v_2 \Delta t \tag{9-23}$$

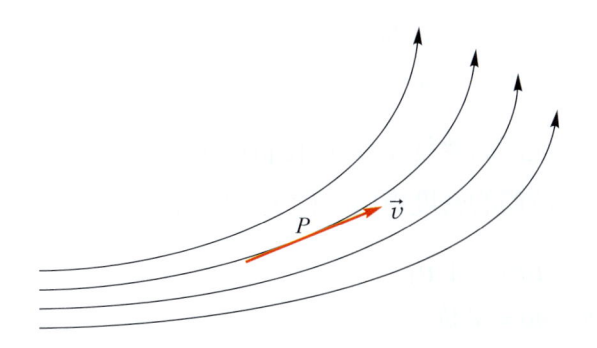

圖 9-16 穩流的流線。分子流經 P 點的速度 $\vec{v}$，方向與流線相切。

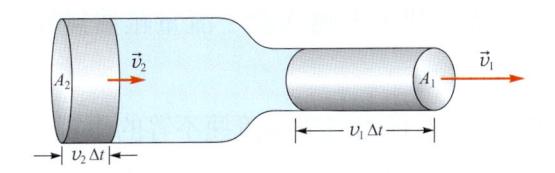

圖 9-17 穩流通過截面積不等的流管，其質量流率不變。

(9-23) 式中 ρ_2 是該處流體的密度。比值 $\dfrac{\Delta m_2}{\Delta t}$ 則稱為 A_2 處的質量流率 (mass flow rate)

$$\frac{\Delta m_2}{\Delta t} = \rho_2 A_2 v_2$$

理想流體具有不可壓縮與密度一致的特性。則從一端流入多少質量的同時，必有同等質量的流體從另一端流出。否則，流體必在管內積聚，密度因此與時遽增。因此，A_1 處的質量流率 $\dfrac{\Delta m_1}{\Delta t}$，也應與 A_2 處的相等。亦即

$$\frac{\Delta m_2}{\Delta t} = \frac{\Delta m_1}{\Delta t}$$

$$\rho_2 A_2 v_2 = \rho_1 A_1 v_1$$
$$\Rightarrow \rho A v = 定值 \tag{9-24}$$

此即所謂理想流體的**連續方程式** (equation of continuity)。

由於理想流體的密度處處一樣，亦即 $\rho_2 = \rho_1 = \rho$，簡化可得

$$A_2 v_2 = A_1 v_1$$
$$\Rightarrow A v = 定值 \tag{9-25}$$

(9-25) 式顯示，截面積較窄的地方，流速較快。這一現象不難證實。設用水管澆灌花草，即使龍頭大開，水流所及，也不過面前數尺之地。但如按緊出口，僅留狹縫，令水噴灑而出，則可及丈外。如接上噴嘴，數丈方圓，不難涵蓋。流量雖然無異，出口寬窄不同，流速便迥然有別。

水平放置的流管，管內寬窄處流速不等的事實，顯示必有加速度。有加速度，可知水壓不勻，流速高的地方，水壓必低，反之亦然。若非如此，不可能產生應有的加速度。

例題 9-7

水流經一寬窄不齊的排水溝，若排水溝內，水流深度保持不變，水流由寬 1.0 m 處，流入寬僅 0.50 m 處時，其流速增加了多少倍？

解

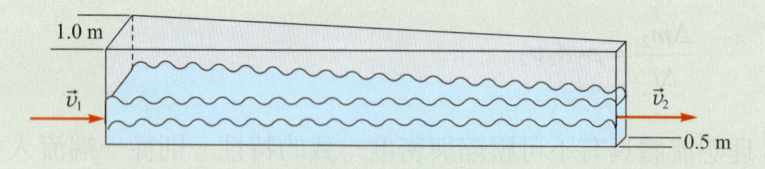

設水流深度為 h、密度 ρ，排水溝寬、窄處之流速別為 v_1、v_2，根據理想流體的連續方程式，可得

$$\rho A_1 v_1 = \rho A_2 v_2$$
$$A_1 v_1 = A_2 v_2 \Rightarrow 1.0 \times h \times v_1 = 0.5 \times h \times v_2$$
$$2 v_1 = v_2$$

可得水流流入寬 0.50 m 處時，其流速增加 2 倍。

9-4-3　白努利原理

白努利方程式：
$$P_1 + (\frac{1}{2}\rho v_1^2 + \rho g y_1) = P_2 + (\frac{1}{2}\rho v_2^2 + \rho g y_2) = 定值$$

若流管的兩端粗細不同，高低亦異，理想流體在其中流動的情形當如何描述？這是流體動力學比較深入而廣泛的課題，也是瑞士物理學者丹尼爾・白努利 (Daniel Bernoulli, 1700-1782) 畢生研究的課題。

流體在這樣的流管中流動，不但流速 (亦即動能) 改變，位能亦無法維持一定，流體系統與外界間有功的施與受。外界對系統所作的淨功，即為系統動能與位能變化量的和，可以下式表示：

$$W = \Delta K + \Delta U \tag{9-26}$$

當一段質量為 m 的流體，從截面積為 A_1 的區域流入管中，同等體積的流體必同時從截面積為 A_2 的一端流向管外 (圖 9-18)。動能的改變可表示如下：

$$\Delta K = \frac{1}{2}mv_2^2 - \frac{1}{2}mv_1^2$$

機械能與功的關係：
$E = K + U$
$\Delta E = \Delta K + \Delta U$
$W = \Delta K + \Delta U$
W: 淨功

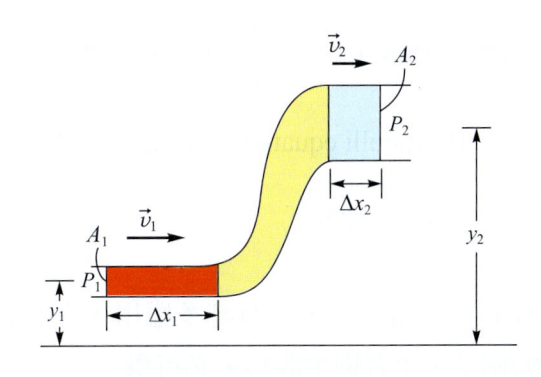

圖 9-18　流體在兩端粗細不同、高低亦異的流管中流動的示意圖。

如兩端的高度分別為 y_1 與 y_2，則位能的改變如下：

$$\Delta U = mgy_2 - mgy_1$$

流體從 A_1 處流入管中，是外界對系統作功，其值為正。它從 A_2 處流出，是它對外界作功，其值為負，即系統對外界作負功。因此，外界對系統所作的淨功為

$$W = F_1 \Delta x_1 - F_2 \Delta x_2$$
$$= P_1 A_1 \Delta x_1 - P_2 A_2 \Delta x_2$$

由於 $A_1 \Delta x_1$ 與 $A_2 \Delta x_2$ 相當於兩流段的體積。由於理想流體是不可壓縮的，兩者的大小必須相等，以符號 ΔV 表示，因此

$$A_1 \Delta x_1 = A_2 \Delta x_2 = \Delta V$$
$$W = (P_1 - P_2) \Delta V$$

將此代入 (9-26) 式，並除以 ΔV，可得

$$(P_1 - P_2)\Delta V = (\frac{1}{2}mv_2^2 - \frac{1}{2}mv_1^2) + (mgy_2 - mgy_1)$$
$$P_1 - P_2 = \frac{1}{2}(\frac{m}{\Delta V})v_2^2 - \frac{1}{2}(\frac{m}{\Delta V})v_1^2 + (\frac{m}{\Delta V})gy_2 - (\frac{m}{\Delta V})gy_1$$
$$= (\frac{1}{2}\rho v_2^2 + \rho g y_2) - (\frac{1}{2}\rho v_1^2 + \rho g y_1)$$

移項整理後：

$$P_1 + (\frac{1}{2}\rho v_1^2 + \rho g y_1) = P_2 + (\frac{1}{2}\rho v_2^2 + \rho g y_2) \tag{9-27}$$

是為白努利方程式 (Bernoulli equation)。此式亦可表示如下：

$$P + \frac{1}{2}\rho v^2 + \rho g y = 定值 \tag{9-28}$$

白努利方程式在日常生活上，有許多應用，下面的例題不過是幾個比較明顯的例子，學者細加觀察，必可舉一反三。

例題 9-8　托里切利定理 (Torricelli's Theorem)

如圖 9-19，一直徑為 $2R$ 的圓柱形水桶內裝有水，水面距桶底的高度為 H，今在水桶底部的桶邊上，戳一圓形小孔，讓水流出，若小孔的直徑 $2r \ll 2R$，試問水流出時的流速約為若干？

托里切利定理：流體流出時的速率，與質點由等高處自由落下之速率相同。

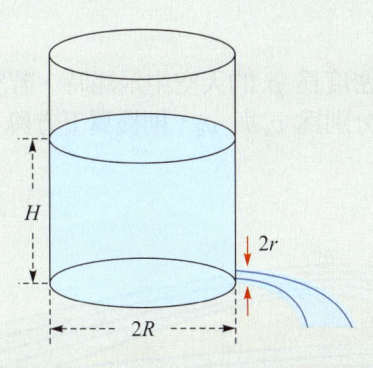

圖 9-19　圓柱形水桶底部一小孔水流出示意圖。

解

設流經截面積 A_r 的小孔，水流速率為 v_r，此時截面積 A_R 的水桶內，水面下降速率為 v_R。

對不可壓縮流體而言，在時間 Δt 內，水桶減少的水量 $A_R v_R \Delta t$，即為由小孔流出的水量 $A_r v_r \Delta t$。因此可得

$$A_R v_R \Delta t = A_r v_r \Delta t$$
$$A_r v_r = A_R v_R \Rightarrow \pi r^2 v_r = \pi R^2 v_R$$
$$v_R = \frac{r^2 v_r}{R^2}$$

$\because r \ll R \Rightarrow \dfrac{r^2}{R^2} \approx 0$

$$v_R \approx 0$$

若水桶內的水面，與小孔出水口處的壓力相等，均等於大氣壓力 P_0；設小孔處高度為 0，由白努利方程式可得

$$P_0 + \frac{1}{2}\rho v_r^2 + \rho g h_r = P_0 + \frac{1}{2}\rho v_R^2 + \rho g h_R$$
$$\Rightarrow \frac{1}{2}\rho v_r^2 + \rho g(0) \approx \frac{1}{2}\rho(0)^2 + \rho g H$$
$$v_r \approx \sqrt{2gH}$$

故知，若水桶的截面積遠大於出水口的截面積時，水桶內的水面下降速率不易察覺；而出水口的水流速率，與出水口距水面的深淺度有關。

例題 9-9

飛機在空氣密度為 ρ 的天空中飛翔時，若空氣流經機翼表面上方與下方的流速分別為 v_u 與 v_d，則機翼下方與上方氣流的壓力差為何？

解

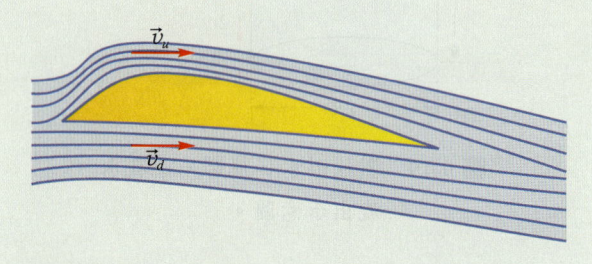

機翼剖面形狀。流體流過上表面，比流過下表面快；機翼上面的流線比下面的流線密集。

飛機在天空中飛翔時，機翼上方的氣流所經路徑比下方氣流所經的路徑長，因為氣流的運動是連續的，所以機翼上方的氣流流速 v_u，必將大於下方氣流的流速 v_d。

設機翼上方與下方氣流的壓力分別為 P_u 與 P_d，由白努利方程式，知

$$P_u + \frac{1}{2}\rho v_u^2 + \rho g h_u = P_d + \frac{1}{2}\rho v_d^2 + \rho g h_d$$

因機翼上方與下方的高度相差很小，可視為 $h_u \fallingdotseq h_d$，故上式可寫為

$$P_u + \frac{1}{2}\rho v_u^2 = P_d + \frac{1}{2}\rho v_d^2$$

$$P_d - P_u = \frac{1}{2}\rho(v_u^2 - v_d^2)$$

機翼下方與上方氣流的壓力差為 $\frac{1}{2}\rho(v_u^2 - v_d^2)$，由於 v_u 大於 v_d，所以機翼下方氣流的壓力將較其上方為大，使飛機獲得一向上推升的力。

9-4-4 文丘里管

文丘里管 (Venturi tube) 為義大利物理學家文丘里 (Venturi) 所發明，為測量管子內部流體流速的裝置，如圖 9-20。流量計入口端與出口端截面積 A 相同，使用時，將二端連接於待測管，流體流經流量計入口與出口的流速 v_A 相同。當流體以流速 v_a，流經流量計截面積 a 的中間較狹窄區域時，流體壓力會改變。壓力計接於流量計的寬窄二部分。流速改變時，利用二管液面的高度差 h，可測密度為 ρ 的流體，在出、入口截面，與最小截面處的壓力變化量 ΔP。

由連續方程式與白努利定理，可得

$$\rho A v_A = \rho a v_a \;\Rightarrow\; A v_A = a v_a$$

$$v_a = \frac{A v_A}{a}$$

$$P_A + (\frac{1}{2}\rho v_A^2 + \rho g y_A) = P_a + (\frac{1}{2}\rho v_a^2 + \rho g y_a)$$

$$\xrightarrow{y_A = y_a} \quad P_A + \frac{1}{2}\rho v_A^2 = P_a + \frac{1}{2}\rho v_a^2$$

$$\rho v_A^2 = 2P_a + \rho(\frac{A v_A}{a})^2 - 2P_A$$

$$\rho v_A^2 = 2(P_a - P_A) + \rho(\frac{A v_A}{a})^2$$

$$\rho v_A^2 (1 - \frac{A^2}{a^2}) = 2(P_a - P_A)$$

$$\xrightarrow{P_a - P_A = \Delta P} \quad v_A = \sqrt{\frac{2a^2 \Delta P}{\rho(a^2 - A^2)}}$$

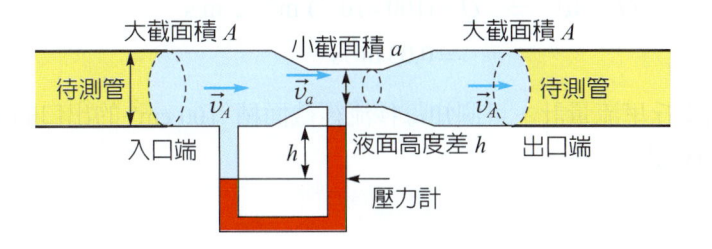

圖 9-20 文丘里管。

流率：
每單位時間流經截面的水量，單位為 m^3/s。

例題 9-10 文丘里流量計 (Venturi meters)

一水平放置的水管，與一 U 形管相通，如圖 9-21。水管與 U 形管連接處，水管的內管入水口處截面積為 $100\ cm^2$，狹窄處截面積為 $60\ cm^2$，當水流經入口時的壓力為 24 kPa，水流經狹窄處的壓力為 16 kPa。求每秒流經出口的水量？

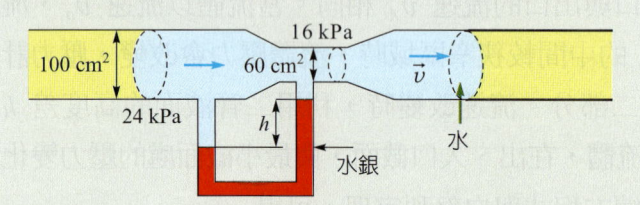

圖 9-21 以文丘里管測量管子內部流體流速。

解

設水管寬處截面積 A 為 $100\ cm^2$，狹窄處截面積 a 為 $60\ cm^2$，密度 ρ 為 $1000\ kg/m^3$ 的水，流經寬、狹窄處的壓力差 ΔP 為 $-8\ kPa$。由連續方程式與白努利定理，可得在出口處的水流速率為

$$v = \sqrt{\frac{2a^2 \Delta P}{\rho(a^2 - A^2)}}$$

$\Delta P = (16 - 24)\ kPa$
$\quad = -8 \times 10^3\ N/m^2$

$$\Rightarrow$$

$$v = \sqrt{\frac{2 \times (60 \times 10^{-4}\ m^2)^2 \times (-8 \times 1000\ N/m^2)}{1000\ kg/m^3 [(60 \times 10^{-4}\ m^2)^2 - (100 \times 10^{-4}\ m^2)^2]}}$$

$$= \sqrt{\frac{3600 \times 16\ m^2}{6400\ s^2}}$$

$$= 3\ m/s$$

出口處的水流 Q 為截面積 A 與水流速率 v 的乘積

$$Q = Av \quad \Rightarrow \quad Q = (100 \times 10^{-4})\ m^2 \times 3\ m/s$$
$$= 0.03\ m^3/s$$

由文丘里流量計，可測知每秒流經截面積 $100\ cm^2$ 的出口的水量為 $0.03\ m^3$。

習題

壓　力

9-1 如圖所示，在 U 形管先注入水，當左、右管中的水處於同一水平狀態後，在其左管注入 25 cm 的油 (密度 0.8 g/cm³)，則右管的水面上升多高？

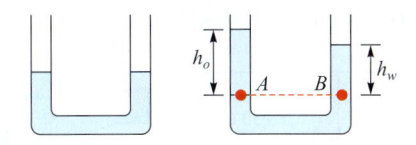

9-2 一潛水艇在海面下 100 m 處，誤觸礁石造成船體產生 5 cm² 裂孔，若海水密度 1.03 g/cm³，則欲堵住此孔需施力多少牛頓？(假設潛水艇內為一大氣壓)

帕斯卡原理

9-3 水壓機大、小活塞的面積分別為 100 cm²、20 cm²，今在大活塞上放 80 kg 物體，則在小活塞需施力若干，方可使大活塞比小活塞高 20 cm？

9-4 水壓機大、小活塞的面積分別為 100 cm²、20 cm²，今在大活塞上放 600 g 物體，大活塞下降多少方能達到平衡？

阿基米德原理

9-5 空心銅球質量為 534 g，銅密度 8.9 g/cm³，將此球放入水中，秤得重量為 434 g，則此球內空心部分佔全部體積多少？

9-6 冰山 (冰密度 0.93 g/cm³) 浮在海水面上 (海水密度 1.03 g/cm³)，則冰山露出海水面的體積佔全部體積多少？

毛細現象

9-7 細玻璃管內徑為 1×10^{-3} m，插入盛有水銀的器皿中，管內液面與管壁呈 110°，已知管內、外液面差為 5×10^{-3} m，則水銀表面張力為多少？(水銀密度為 13.6 g/cm³)

連續方程式

9-8 消防員救火，已知地面上的水管半徑為 2.2 cm，流速為 5 m/s。若噴嘴的半徑為 1.5 cm，則流速為多少？

[白努利原理]

9-9 承上題，已知地面上的水管水壓為 2.0 atm，若消防員手持噴嘴的高度為 1 m，則噴嘴出口的水壓為多少？

[文丘里管]

9-10 一水平放置的水管與一 U 形管相通，如下圖。水管與 U 形管連接處，水管的內管入水口處截面積為 5 cm^2，水流速為 50 cm/s，狹窄處截面積為 1 cm^2，求水銀柱高度差？

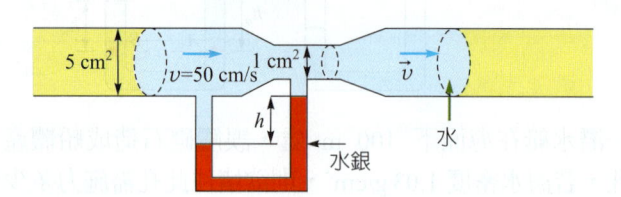

註

註一：流體的質點

　　流體的質點只能說是一個抽象的模型，不像固體有其實質。既以點為名，自不宜太大，但亦不宜太小。太小則分子結構的不連續性，無法忽視。加以分子無規則的漂移，如果範圍過小，質點內的分子數便會時有漲落，質量無法前後一致。因此，流體質點必須遠大於分子的尺寸，亦不宜有固定的幾何界限，這樣流體才有「平滑」的質地，許多數學處理上的困難，也得以解決。

註二：靜止流體

1. 雖然置於流體內的物體是靜止，但流體中的原子或分子本身不是靜止，因此會有作用力產生，使物體和器壁承受壓力。
2. 靜止流體對接觸面上的施力，若不垂直接觸面，則會有與接觸面平行的分力存在。依牛頓運動定律，此平行分力會使流體沿接觸面運動，但這和靜止流體的理念相矛盾。故靜止流體對接觸面上的施力，必垂直接觸面。

註三：實際流體內部的壓力差

　　實際的流體都可壓縮，而且深淺層面的溫度也不一定一致，密度 ρ 因此是壓力 P 與溫度 T 的函數。液體內部的壓力差可用積分式表示為

$$\int_{P_A}^{P_B} dP = \int_{y_A}^{y_B} \rho g\, dy$$

註四：壓力的表示法

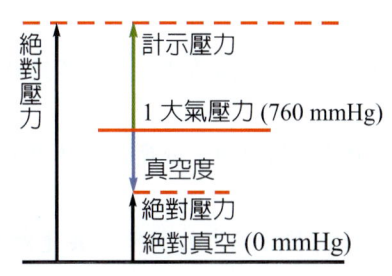

絕對壓力、計示壓力與真空度的關係。

壓力有絕對壓力、計示壓力及真空度等三種。

1. 絕對壓力 (absolute pressure)：即流體的真正壓力。
2. 計示壓力 (gauge pressure)：或稱為錶壓，是表示高出大氣壓多少壓力。

    計示壓力＝絕對壓力－大氣壓力

3. 真空度 (vacuum degree)：表示比大氣壓低多少壓力。

    真空度＝大氣壓力－絕對壓力

工廠中常用計示壓力及真空度。

參考網站：http://content.edu.tw/vocation/chemical_engineering/tp_ss/content.htm。

註五：阿基米德原理

　　阿基米德原理中的浮力，意指靜止水對浸沒的或漂浮的物體的作用，可分為二種狀況：

1. 全部浸在水中：
    物體全部浸在水中被水包圍，並處於平衡狀態，則流體作用在此物體上的淨力方向，與物體重力方向相反，大小等於被此物體所排開的水的重量。
2. 部分浸在水中：
    漂浮在水上的物體，只有部分處於靜止的水中時，物體受到水的向上作用力，水施於物體上的淨力大小，等於被物體所排開水的重量。

　　但是物體的下表面如果未全部與水接觸，則水的作用力並不等於浮力。例如，水中的橋墩、海底的沉船、水中的固定樁……等，這些物體的下表面都不與水接觸，因此不能適用阿基米德原理。

註六：理想流體的四個假設

1. **穩定流：**
 又名層流。運動中的流體，任一點的速度，均不隨時間改變。
2. **不可壓縮：**
 此意謂流體內部各處分佈是均勻的，密度恆保持固定。
3. **無黏滯性：**
 流體在流動時，沒有任何黏滯曳力的阻礙，其運動狀態將如物體無阻力運動一般。
4. **非旋流：**
 流體粒子不會繞著通過自身的質心軸旋轉；如旋轉木馬，乘客是不旋轉的。

熱學篇

Chapter 10 熱力學的基本觀念

10-1 熱學系統

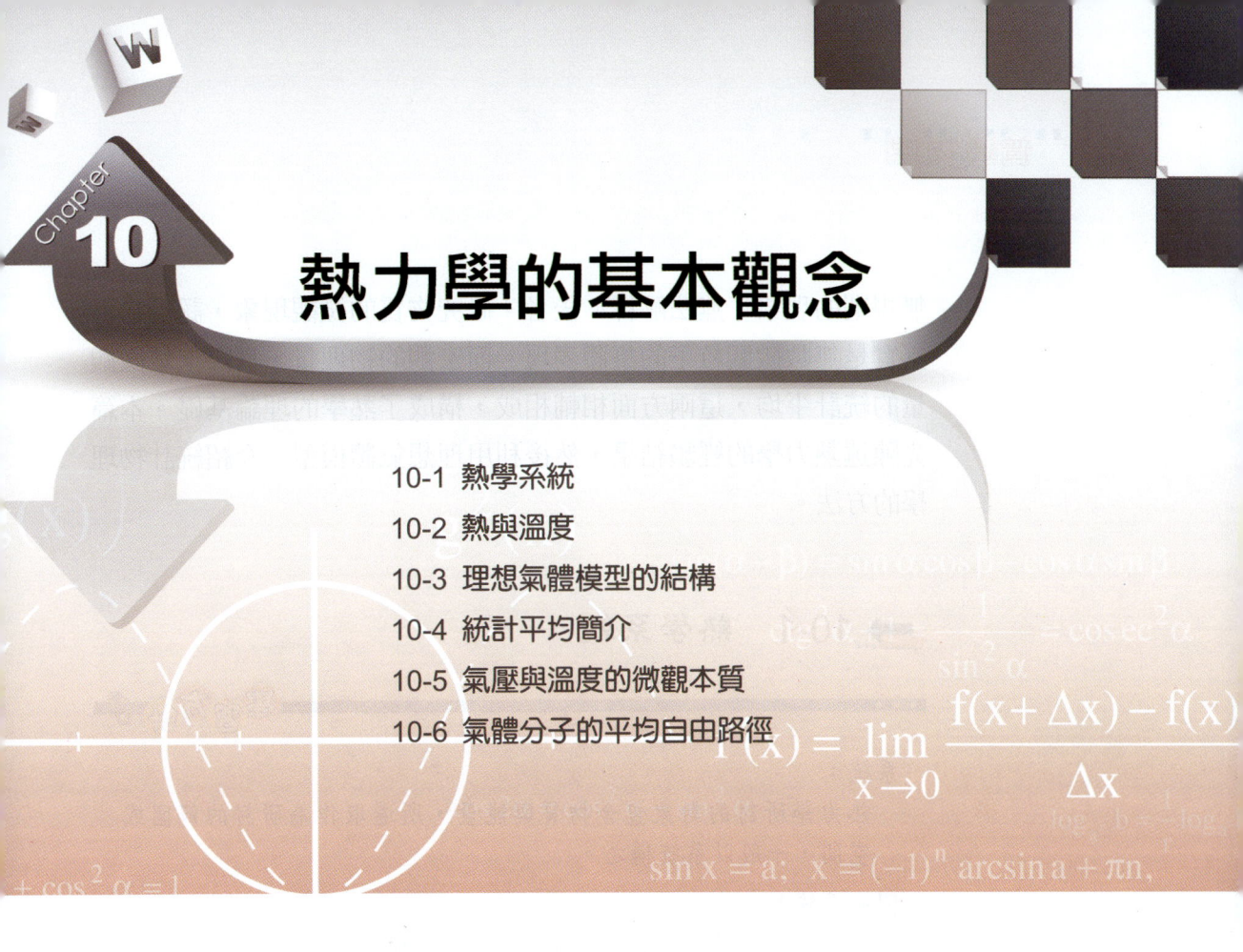

10-2 熱與溫度

10-3 理想氣體模型的結構

10-4 統計平均簡介

10-5 氣壓與溫度的微觀本質

10-6 氣體分子的平均自由路徑

　　研究物質處於熱狀態下的性質和規律性，物理學將其歸類為熱學。它起源於人類生存的需求，在季節交替、氣候變幻的自然現象中，引發人類對冷熱現象本質的探索。中國戰國時代的鄒衍創立了五行學說，他把水、火、木、金、土稱為五行；古希臘時期，赫拉克利特提出：火、水、土、氣是自然界的四種獨立元素。東方和西方對自然界的早期認識，已概括熱學領域的早期學說。

　　歷史上，對熱的觀點有兩種主要的學說。一是十八世紀的熱質說，認為熱的傳遞是熱質的流動，但熱質說無法解釋摩擦生熱等現象。另一是在十九世紀，把熱看成物質內部分子運動的表現，而熱是與大量分子的無規則運動相關聯。1840 年以後，焦耳的一系列實驗，證明能量可以從一種形式轉化成另一種形式，或者從一個物體轉移到另一個物體，奠定了熱力學第一定律之基礎。

　　經過科學家多年的努力，逐步建立起熱學的科學理論。主要可區分為兩個方面，一是宏觀理論，即熱力學；一是微觀理論，即統計物理學。前者只針對物質的宏觀性，視物質為連續的體系，物性為連續的函數。普遍性與精確性，無疑是它不爭的優點，但對物性

無規則的現象,無法解釋。後者,研究物質的微觀現象,認為物性其實是無數微觀粒子的集體表現。而宏觀的物理量,實際上是微觀量的統計平均,這兩方面相輔相成,構成了熱學的理論基礎。本篇先陳述熱力學的經驗結果,然後利用理想氣體模型,介紹統計物理學的方法。

10-1　熱學系統

系統:
熱力學研討的對象包含物質與能量,所選取作為研討的範圍或空間,一般以系統稱之。

開放系統:
若系統與外界有物質與能量的交流,則稱為開放系統。

封閉系統:
若系統與外界有能量的交流,但無物質的交流,則稱為封閉系統。

孤立系統:
若系統與外界不能有物質與能量的交流,則稱為孤立系統。

熱平衡狀態:
孤立系統,在經過一段時間後,達到全體一致的狀態,各種宏觀的物理量都維持定值,熱力學上稱之為熱平衡狀態,或簡稱平衡態。

　　熱力學研討的對象包含物質與能量,所選取作為研討的範圍或空間,一般以系統稱之。系統以外的範圍或空間則謂之為外界或環境。可與外界進行物質與能量交流的系統,叫做**開放系統** (open system,簡稱開系)。只與外界進行能量交流,不能作物質交流的系統,叫做**封閉系統** (closed system,簡稱閉系)。系統與外界若不能進行能量和物質交流的,則謂之**孤立系統** (isolated system,簡稱孤

系)。例如，用水壺煮水，水開以後，水蒸氣自由四散，壺水為一開放系統。換用壓力鍋，即使水開了，水蒸氣也難逃逸，壓力鍋便成一個封閉系統。將開水注入保溫瓶中，若開水能長時間維持高溫，則保溫瓶可近似為一個孤立系統。

嚴格說來，真正的孤立系統與外界完全隔絕，無法作為研究的對象。一般都以能量交換極微，而可以忽略的封閉系統當作孤立系統。因此孤立系統其實是封閉系統的理想極限。本文將以孤立系統為主體，輔以封閉系統，闡釋熱力學的定律。

從累積的經驗可知，一個孤立系統在開始時，縱使非常複雜，經過一段時間以後，也會達到全體一致的狀態。各種宏觀的物理量，如溫度、壓力、體積等，都維持在固定的狀態，在熱力學上，謂之**熱平衡狀態** (thermal equilibrium state)，或簡稱**平衡態** (equilibrium state)。

> 熱力學在宏觀上的熱平衡狀態一般用溫度、壓力、體積來描述。

物質是由無數的粒子 (例如，原子、分子、離子、電子等) 所組成，這些粒子因互相碰撞，而作無序的運動，若粒子的這種運動，是由熱所引起，則稱之為**熱運動** (thermal motion)。在熱平衡狀態下，宏觀物理量數值，不隨時間而改變。就整體對物性的影響而言，各粒子無序運動所產生的變動通常能相互抵消，使系統維持在穩定的狀態，故熱平衡可謂是一種**動態平衡** (dynamic equilibrium)。系統在平衡時，宏觀的物理量，將可用確定的數值描述，而且各物理量間的關聯性，可用數學函數表示。因此系統狀態變化時，物理量不可能全部獨立改變。用來描述系統平衡狀態的物理量，稱為系統的**狀態參數** (state variables)；因狀態參數而改變的，稱為系統的**狀態函數** (state function)。

例如，在一個裝有活塞的封閉容器中，裝入一定量的純淨氣體，用體積 V 與壓力 P 便可以充分界定系統狀態，而且 V 與 P 都能夠獨立改變。體積提供系統的幾何資料，列為幾何參數，而壓力則顯示系統的力學性質，屬於力學參數。如果容器裝的是混合氣體，或置之於電磁場中，則自變參數中，還需加入一些化學參數與電磁

> 四類自變參數：
> 1. 幾何參數
> 2. 力學參數
> 3. 化學參數
> 4. 電磁參數

參數，以描述系統的化學與電磁性質。所有其它的宏觀物理量，全可視為這四類自變參數的函數。為簡明起見，本文只考慮一些用幾何參數與力學參數便足以界定狀態的系統。

10-2 熱與溫度

10-2-1 熱與內能

> **學習方針**
>
> 內能：
> 系統內分子熱運動的動能、分子間的位能與其它形式分子能的總和。內能的增減，以作功與傳熱的方式進行。

十九世紀以前，學者認為熱是一種名為卡路里 (calorie，意謂「熱質」) 的流質 [註一]，質量極小、目不能見，但存在於所有物質中。含卡路里較多的物體，會給人較熱的感覺，溫度較高。他們相信熱質不能增減，只能傳遞，且恆從高溫流向低溫。在當時，熱和溫度其實是一體的兩面。直至湯普生 [Benjamin Thompson，即後來的朗富伯爵 (Count Rumford, 1753-1814)] 觀察鑽削砲膛，必須不斷以冷水沖洗，才能避免過熱，意識到熱可以機械作功而產生，因而開始懷疑熱質說的正確性。其後焦耳 (James Joule) 等人更以實驗證明，熱是能的一種形式，與系統內能 (internal energy) 的改變有關。

所謂內能，是指系統受熱後，內部分子擾動產生的動能、分子間的位能與其它形式分子能 (molecular energy，例如分子振動與轉動能) 的總和。內能的增減，只能以作功與傳熱的方式進行。分子因熱擾動產生的平均動能多寡，則決定系統溫度的高低。系統受熱，內能增加，溫度隨之上升，反之則物體溫度下降。

10-2-2　熱力學第零定律

絕熱壁：
不同系統相接處的隔離壁，除可阻止物質的交換外，尚可隔絕熱能的交流，這樣的隔離壁稱為絕熱壁。

透熱壁：
不同系統相接處的隔離壁，只可阻止物質的交換，不能隔絕熱能的交流，這樣的隔離壁稱為透熱壁。

熱接觸：
系統以透熱壁相鄰接，會有熱量交換，稱系統有熱接觸。改變任一系統的狀態，其餘系統也必起相應的變化。

熱平衡：
兩系統作熱接觸，經歷一段時間後，由於相互影響的結果，而產生相同的新平衡狀態，稱為熱平衡。

熱力學第零定律：
相隔離的二獨立系統，分別與第三系統達成熱平衡，則原來隔離的二獨立系統，亦必互相達熱平衡；此定律又名熱平衡定律。

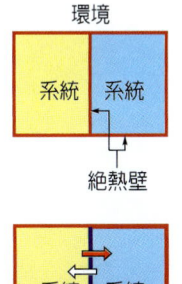

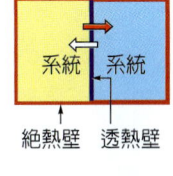

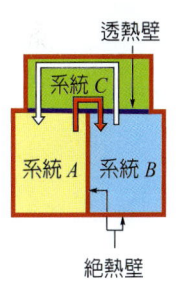

如圖 10-1，兩相鄰系統 A、B 間有器壁間隔。如該壁不但防止物質的交換，也隔絕熱能的交流，則 A、B 的狀態可以完全獨立，互不相干，這樣的器壁稱為**絕熱壁** (adiabatic wall)；如僅能阻隔物質的交流，不能隔絕熱能的交流，則謂之**透熱壁** (diabatic wall)。當兩系統間隔為透熱壁時，謂 A、B 兩系統有熱接觸；若改變其一的狀態，則另一系統也必起相應的變化。

當 A、B 兩系統作熱接觸時，即使原本處於平衡狀態的系統，接觸之初，互相影響的結果，各自的平衡難免遭受破壞。但經歷一段時間的調整以後，一個新的平衡狀態產生，使兩系統的狀態一致，不再變化，稱為熱平衡。

當 A、B 兩系統間以絕熱壁隔離，再同與另一系統 C 作熱接觸 [圖 10-2(a)]。經過相當時間後，三系統達成熱平衡。此時以絕熱壁

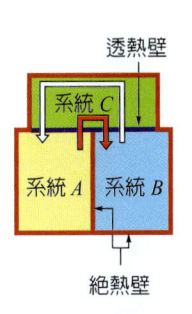

未與系統 C 接觸前，
$T_{Ao} \neq T_{Bo}$
與系統 C 接觸，且經相當時間後；
$T_A = T_C$，$T_B = T_C$
$\Rightarrow T_A = T_B$

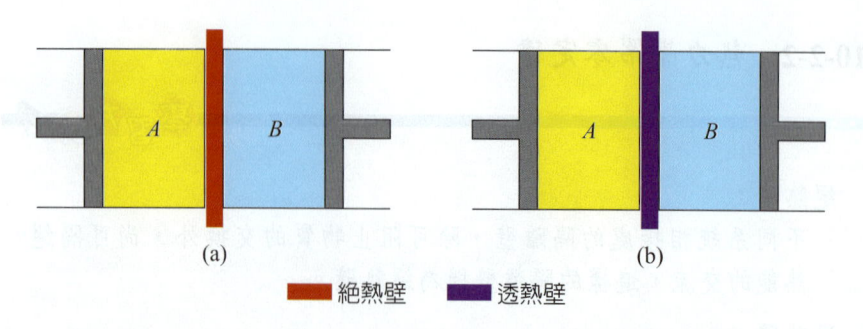

圖 10-1　系統 A、B 以 (a) 絕熱壁與 (b) 透熱壁區隔的示意圖。

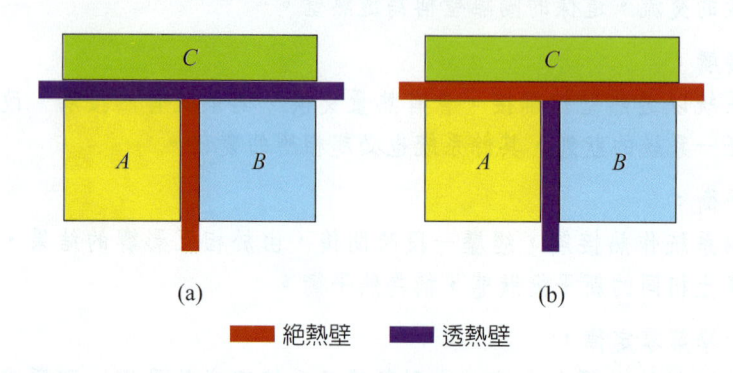

圖 10-2　(a) 系統 A、B 與 C 作熱接觸；(b) A 與 B 作熱接觸。

將 C 隔離，並令 A 與 B 作熱接觸，如圖 10-2(b) 所示，A、B 必仍然維持平衡狀態。這個經驗的事實是**熱力學第零定律** (the zeroth law of thermodynamics) 的內涵，可以總括的敘述如下：

> 三個各自處於熱平衡態的系統 A、B、C，如系統 A、B 分別與 C 達成熱平衡，則 A、B 亦必互相達熱平衡。

熱力學第零定律是熱力學中的一個基本定律，其重要意義在於它是溫度測量的基礎；在這裡系統 C 是執行溫度計的任務。目前，常見的溫度計有利用體積變化的玻璃液體溫度計，還有雙金屬溫度計和定壓氣體溫度計等；應用隨溫度變化的電性作為溫度計，主要有熱電偶溫度計、電阻溫度計和半導體熱敏電阻溫度計等。

10-2-3 溫度

從感官的經驗來講，溫度可說是冷熱的指標。但是主觀的直覺不足為憑，準確的測量有賴客觀的標準。測溫常用的溫標有**攝氏** (Celsius scale) 與**華氏** (Fahrenheit scale) 兩種，分別以符號 °C 與 °F 表示。前者定純水在 1 atm 下，結冰時的溫度為 0°C，沸騰時的溫度為 100°C。華氏溫度則分別定為 32°F 與 212°F，兩者可以如下的關係換算：

$$T_F = \frac{9}{5}T_C + 32 \qquad (10\text{-}1)$$

T_F 與 T_C 分別為華氏與攝氏溫度。

從事科學研究則應用**凱氏溫度** (Kelvin temperature)，是凱文爵士 (Lord Kelvin, 1824-1907) 從熱力學理論演繹出來的溫標，與測溫用的材料無關，又稱為**絕對溫度** (absolute temperature)，其單位就叫做**凱文** (Kelvin)，以符號 K 表示。絕對溫標以純水的**三相點** (triple-point) 作為校正的基準，其溫度為

$$T_3 = 273.16 \text{ (K)}$$

所謂三相點就是水、冰、汽三相共存，達成熱平衡狀態的溫度，它在攝氏溫標上的數值為 0.01°C，此溫度與水的冰點非常接近，但比冰點穩定，不受壓力的影響，因此更適合作為校正的基準。所以定為 273.16 K，是想使凱氏溫標與理想氣體溫標合而為一，且間隔刻度的大小與攝氏一致。因為以氣體作量溫材料，在容積不變的條件下，不論所用的氣體是氫、氦、氧、氮，其壓力-溫度 (P-T) 的延長線總相交於同一點，如圖 10-3。這交點的壓力 $P = 0$，溫度則相當於 –273.15°C。在這樣的溫度，不復有氣相存在，這是所有溫度計量度的極限。定它為凱氏溫標的零點，則可以不必考慮負溫度的出現，這點的溫度又被稱為**絕對零度** (absolute zero)。凱氏溫標亦稱為絕對溫標，為物理量的七個基本單位之一，可以符號 T 表示。它與攝氏溫標的換算如下：

$$T = T_C + 273.15 \qquad (10\text{-}2)$$

溫標轉換：

$T_F = \frac{9}{5}T_C + 32$ (°F)

$T_C = \frac{5}{9}(T_F - 32)$ (°C)

$T = 273.15 + T_C$ (K)

$T_R = T_F + 459.67$ (°R)

注意：
勿將 K 記為 °K。

一般取近似計算
$T \approx T_C + 273$

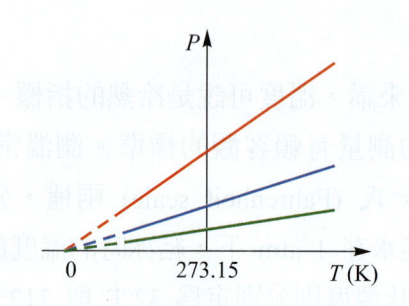

圖 10-3 不同氣體的壓力與溫度關係。

溫度既是描述系統熱平衡狀態的物理量，它與系統內分子的運動有關，但是分子運動並沒有一定的軌跡，速度也隨時變化，難以預測，除非集合大量的分子，作統計上的平均，否則毫無代表性的意義。因此，可以分子平均速度的快慢，定系統溫度的高低。由於速度與動能息息相關，這種因分子平均速度而致的動能，與**熱能** (thermal energy) 有關，後文將以理想氣體為模型，再做比較深入的探討。

例題 10-1

小華用攝氏與華氏兩種不同溫標，測試一系統之溫度，發現兩者的讀數相同，試問該系統的溫度為何？

解

攝氏 T_C 與華氏 T_F 的轉換關係式為 $T_F = \dfrac{9}{5}T_C + 32$；若攝氏與華氏讀數相同，可令 $T_F = T_C$，則

$$\left. \begin{array}{l} T_F = \dfrac{9}{5}T_C + 32 \\ T_F = T_C \end{array} \right\} \Rightarrow \begin{array}{l} T_C = \dfrac{9}{5}T_C + 32 \\ T_C = -40 \,(°C) \end{array}$$

故知系統，攝氏與華氏讀數相同的溫度值為 $-40°C$ 或 $-40°F$。

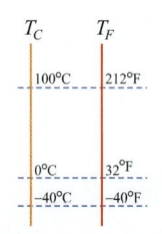

10-2-4 氣體的狀態方程式

狀態方程式：
以熱力學的狀態函數，描述熱力學系統在平衡狀態時，溫度、壓力與體積等狀態參數關係的方程式，稱為狀態方程式。

$$f(T, V, P) = 0$$

波以耳定律：
定量氣體，在固定溫度的情況下，其壓力與體積成反比。

$$PV = 常數$$

查理-給呂薩克定律，或簡稱查理定律：

1. 定量氣體，在固定壓力的情況下，其體積與絕對溫度成正比。

$$\frac{V}{T} = 常數$$

2. 定量氣體，在固定體積的情況下，其壓力與絕對溫度成正比。

$$\frac{P}{T} = 常數$$

亞佛加厥假說：
在同溫同壓的條件下，同體積的一莫耳任何氣體，含有相同數量的分子 $N_A = 6.02 \times 10^{23}$ 個分子/莫耳。

理想氣體方程式：

$$PV = nRT$$

注意：
熱力學中的溫度，大都使用絕對溫度 T (K)，與攝氏溫度 T_C (°C) 間的關係為
$T = 273.15 + T_C$

真實氣體：
真實氣體在高溫、低壓下，其特性近似理想氣體。

簡單熱力學系統的平衡狀態，可以幾何及力學參數界定。若溫度亦是平衡系統的狀態函數，則可用普遍性的方程式

$$f(T, V, P) = 0 \tag{10-3}$$

聯繫溫度與狀態參數，以描述系統的狀態。這樣的方程式便稱為狀態方程式 (equation of state)。熱力學的狀態方程式須從實驗測定，

或繁或簡，與採用的系統有關。統計物理學則著眼於物質的微觀結構，從理論演繹，原則上是可行的，但多限於簡單的理想系統。純淨、稀薄且不牽涉化學反應的氣體，可列為簡單系統。

波以耳 (Robert Boyle, 1627-1691) 從事氣體壓力與體積的研究。使用的儀器如圖 10-4 所示，是一端封閉的 U 形玻璃管，將一定量的氣體封存管中。增減汞量，測量管內汞面差距 d，與封閉端氣柱高度 h 的比，發現兩者有反比的關係。由於玻璃管的粗細一致，汞面差 d 與氣壓 P 成正比，故 d 可作 P 的代表；而 h 則正比於氣體的體積 V ($=\pi r^2 h$，r 為玻璃管的半徑)，獲得如下的結論：

在固定的實驗條件下，定量氣體的壓力與體積成反比。

以數學式表示，為

$$PV = 常數 \tag{10-4}$$

或

$$P_1V_1 = P_2V_2 \tag{10-5}$$

是謂**波以耳定律** (Boyle's law)。波氏當年尚未有測量溫度的方法，所得為常數的結果，歸功於對實驗的精細與小心。此後逾半世紀之久，這方面的研究聲沉影寂，直到華氏與攝氏提供測溫的溫標，才又有重大的突破。

旁註：

$V_1 = V_2 \xrightarrow{V=Ah,\ A_1=A_2=A} h_1 = h_2$

$P_1V_1 = P_2V_2 \xrightarrow{T=constant} P_1h_1 = P_2h_2$

封閉端氣壓 P
封閉端氣柱高度 h
管內汞面差距 d

$\xrightarrow{P\alpha\frac{1}{h}}_{d\alpha\frac{1}{h}} P\alpha d$

波以耳結論中的「固定的實驗條件」，指的是「固定的溫度」。

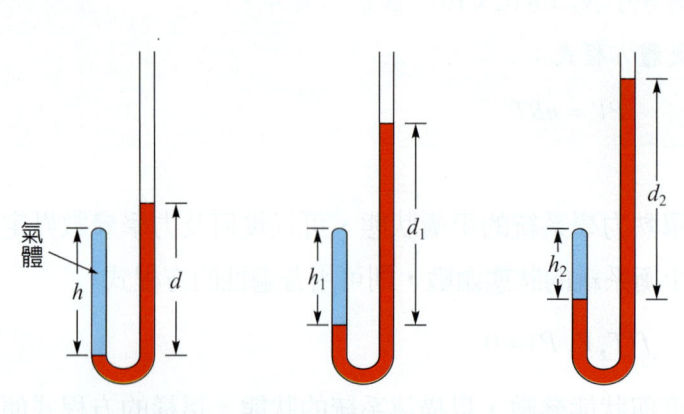

圖 10-4 波以耳氣體壓力-體積實驗示意圖。

查理 (Jacques Alexandre Cesar Charles, 1746-1823) 與給呂薩克 (Joseph Luis Gay-Lussac, 1778-1850) 研究定壓下的氣體，體積與溫度的關係 (圖 10-5)。發現溫度每升降 1°C，氣體的體積即增減其在 0°C 時體積 (V_0) 的 $\frac{1}{273}$。換算成絕對溫度 T，則 V 與 T 成正比。這結論即為查理-給呂薩克定律，或簡稱查理定律 (Charles's law)，意即

> 定量氣體在等壓的條件下，其體積與絕對溫度成正比。

以數學式可表示如下：

$$V \propto T \tag{10-6}$$

如維持體積一定，則氣壓隨溫度高低而增減，查理與給呂薩克在研究固定體積的情況下，獲得查理定律的另一形式，即：

> 定量氣體在等容的條件下，其壓力與絕對溫度成正比。

亦即

$$P \propto T \tag{10-7}$$

綜合 (10-5) 與 (10-7) 式，對一莫耳的氣體，可得

$$\frac{P_1 V_1}{T_1} = \frac{P_2 V_2}{T_2} = R \tag{10-8}$$

1 莫耳 (原子或分子) = 6.02×10^{23} 個 (原子或分子)

對 n 莫耳的氣體，則可表示為

$$\frac{P_1 V_1}{T_1} = \frac{P_2 V_2}{T_2} = nR$$

S.T.P. 狀態：
一莫耳的氣體在 0°C，1 atm 下，具有 22.4 L 的體積。

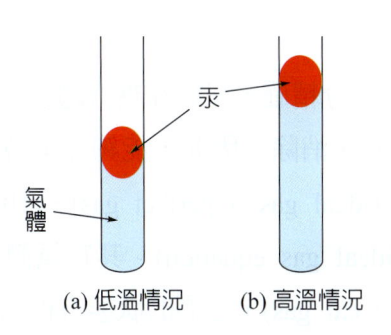

圖 10-5 查理的等壓實驗。
(a) 低溫情況　(b) 高溫情況
汞　氣體

R 是常數，稱為氣體常數 (gas constant)，在 S.T.P. 狀態下，求得 R 值為

$$R = \frac{P_0 V_0}{T_0} \tag{10-9}$$

$$R = \frac{(1\ \text{atm})(22.4\ \text{L/mol})}{273.15\ \text{K}}$$
$$= 0.082\ \text{atm} \cdot \text{L/(K} \cdot \text{mol)}$$
$$= 8.31\ \text{N} \cdot \text{m/(K} \cdot \text{mol)}$$
$$= 8.31\ \text{J/(K} \cdot \text{mol)}$$

因此，對一莫耳的氣體，(10-8) 式可寫成

$$PV = RT \tag{10-10}$$

其後，亞佛加厥 (Amedeo Avogadro, 1776-1856) 根據波以耳等人的發現，提出如下的假說：

在同溫同壓的條件下，同體積的任何氣體，含有相同數量的分子。

據此，則在同溫同壓的狀態下，任何氣體的體積與分子的莫耳數 n 成正比，亦即

$$V \propto n \tag{10-11}$$

是為亞佛加厥定律 (Avogadro's law)。與 (10-10) 式結合，可得如下的通式：

$$PV = nRT \tag{10-12}$$

(10-12) 式其實並不十分精確，只有在壓力趨近於零的情況下，理論與實際的偏差才能真正消除。因此，能夠完全遵守 (10-12) 式的氣體便視為理想氣體 (ideal gas 或 perfect gas)，(10-12) 式也被公認為理想氣體方程式 (ideal gas equation)。其它氣體行為與此式有偏差的，則為真實氣體 (real gas)，它們的狀態方程式比 (10-12) 式繁複得多。

莫耳數 n：

$$n = \frac{N}{N_0}$$

N_0：亞佛加厥常數
$N_0 = 6.02 \times 10^{23}$ 個/莫耳
N：氣體的分子數

例題 10-2

如圖 10-6，左端封閉的 U 形管，在溫度保持不變的情況下，開始時，左邊空氣柱的長度 h 為 0.100 m，而右邊管內的水銀柱，較左邊管內的水銀柱高出 0.150 m。今在右端開口處，額外注入少許水銀，使 h 變為 8.00×10^{-2} m，若 U 形管的截面積為 1.00×10^{-2} m²；試問：

(1) 開始時，左邊空氣柱內空氣的壓力為何？
(2) 額外注入水銀後，左邊空氣柱內空氣的壓力變為若干？此時，兩邊水銀柱高相差多少？

(設大氣壓力為 1.01×10^5 Pa，水銀密度為 1.36×10^4 kg/m³)

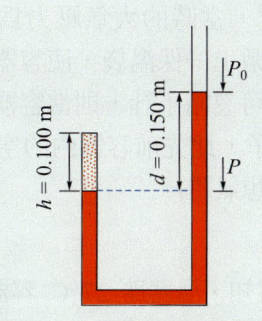

圖 10-6 左端封閉的 U 形管內的水銀柱。

液面下深 d 處的液壓
$$P_d = \frac{F}{A}$$
$$= \frac{mg}{A} \cdot \frac{d}{d}$$
$$= \frac{m}{V} \cdot gd$$
$$= \rho gd$$

解

(1) 由於右邊管口為開口，故左邊管內空氣柱壓力 P，應等於大氣壓力 P_0，加上右邊管內水銀柱壓力 ρgd。因此，開始時，左邊空氣柱內空氣的壓力 P 為

$$P = P_0 + \rho gd \Rightarrow P = 1.01 \times 10^5 + (1.36 \times 10^4)(9.80)(0.150)$$
$$\approx 1.21 \times 10^5 \text{ (Pa)}$$

左邊空氣柱內空氣的壓力為 1.21×10^5 Pa。

(2) 在右端開口處，注入少許水銀，使左邊空氣柱的長度由 $h = 0.100$ m 變為 $h' = 8.00 \times 10^{-2}$ m；設此時左邊管內空氣柱壓力為 P'，由波以耳定律

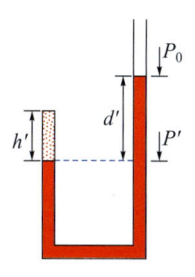

$$PV = P'V'$$
$$PAh = P'Ah' \Rightarrow Ph = P'h'$$
$$(1.21 \times 10^5)(0.100) = P'(8.00 \times 10^{-2})$$
$$P' \approx 1.51 \times 10^5 \text{ (Pa)}$$

當左邊管內空氣柱壓力為 1.51×10^5 Pa 時，設右邊管內水銀柱，較左邊管內水銀柱高出 d'。由

$$P' = P_0 + \rho g d' \Rightarrow 1.51 \times 10^5 = 1.01 \times 10^5 + (1.36 \times 10^4)(9.80) d'$$
$$d' \approx 0.375 \text{ (m)}$$

在右邊管中注入水銀後，左邊管內空氣柱壓力為 1.51×10^5 Pa，右邊管內水銀柱較左邊管內水銀柱約高出 0.375 m。

☆

例題 10-3

將空的開口玻璃容器放置在空氣中，讓空氣充滿容器。容器內部的體積為 0.100 m^3，當時的大氣壓力為 1.01×10^5 Pa，溫度為 27 ℃。今在此容器外敷上一保溫袋，使容器內部的空氣溫度升高到 70 ℃，若容器的膨脹可忽略不計，則當容器內外的空氣達平衡狀態時，容器內的空氣分子，比先前容器內的空氣分子，約減少了多少莫耳？(將空氣視為理想氣體)

解

由理想氣體方程式知，溫度為 27 ℃ 容器內空氣分子的莫耳數為

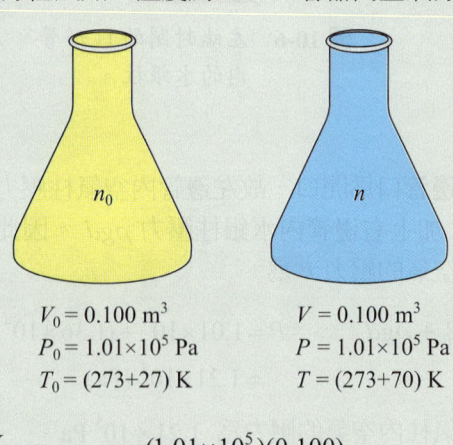

n_0　　　　　n

$V_0 = 0.100$ m^3　　　$V = 0.100$ m^3
$P_0 = 1.01 \times 10^5$ Pa　$P = 1.01 \times 10^5$ Pa
$T_0 = (273+27)$ K　　$T = (273+70)$ K

$$n_0 = \frac{P_0 V_0}{R T_0} \Rightarrow n_0 = \frac{(1.01 \times 10^5)(0.100)}{(8.31)(273 + 27.0)}$$
$$\approx 4.05 \text{ (mol)}$$

溫度為 70 ℃，容器內空氣分子的莫耳數為

$$n = \frac{PV}{RT} \Rightarrow n = \frac{(1.01 \times 10^5)(0.100)}{(8.31)(273 + 70.0)}$$
$$\approx 3.54 \text{ (mol)}$$

第 10 章 熱力學的基本觀念

因此空氣分子減少的莫耳數約為

$$n_0 - n = 4.05 - 3.54 = 0.51 \text{ (mol)}$$

例題 10-4

一氣泡由 20.0 m 深的湖底，浮至湖面，如圖 10-7。已知湖底的水溫為 4.00 °C，湖面的水溫為 16.0 °C，湖面上的大氣壓力為 1.01×10^5 Pa，若氣泡內的空氣近似於理想氣體，則當氣泡浮至湖面時，其體積約為其在湖底時的幾倍？

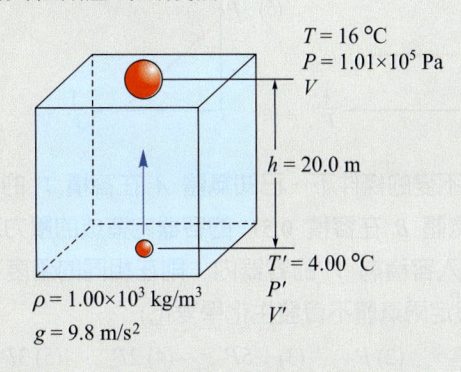

圖 10-7　由湖底浮至湖面的氣泡示意圖。

解

設湖面與湖底的水溫分別為 T 與 T'，氣泡在湖面與湖底時，氣泡內氣體的壓力分別為 P 與 P'，氣泡的體積分別為 V 與 V'。因氣泡在湖面僅受到大氣壓力作用，故 $P = 1.01 \times 10^5$ Pa。而氣泡在湖底受到的壓力 P'，應等於 P 加上水的壓力 $\rho g h$，即

$$P' = P + \rho gh \Rightarrow P' = 1.01 \times 10^5 + (1.00 \times 10^3)(9.80)(20.0)$$
$$\approx 2.97 \times 10^5 \text{ (Pa)}$$

再由理想氣體方程式知，氣泡在湖面與湖底的體積比

$$\frac{V}{V'} = \frac{P'T}{PT'} \Rightarrow \frac{V}{V'} = \frac{(2.97 \times 10^5)(273+16)}{(1.01 \times 10^5)(273+4.00)}$$
$$\approx 3.07$$

氣泡在湖底所受壓力為 2.97×10^5 Pa；當氣泡浮至湖面時，其體積約為其在湖底時的 3.07 倍。

隨堂練習

10-1 下列何圖可表示，在固定溫度下，定量理想氣體的壓力與體積的倒數關係？

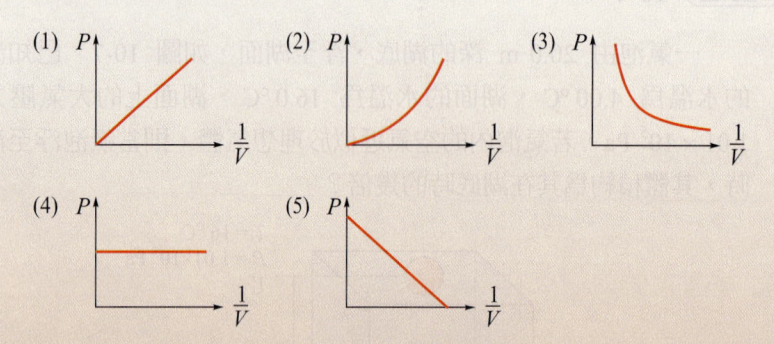

(1) P vs $\frac{1}{V}$ 　(2) P vs $\frac{1}{V}$ 　(3) P vs $\frac{1}{V}$

(4) P vs $\frac{1}{V}$ 　(5) P vs $\frac{1}{V}$

10-2 在溫度不變的條件下，已知氣體 A 在容積 V 的容器內造成的壓力為 P；而氣體 B 在容積 $0.5V$ 的容器內造成的壓力亦為 P。若將兩氣體共同注入容積為 V 的容器內，則在相同的溫度下，容器內的氣壓為何？(假定兩氣體不會發生化學變化)

(1) $0.5P$　(2) P　(3) $1.5P$　(4) $2P$　(5) $3P$。

10-3 定壓理想氣體，溫度每升高 1°C 時，其體積增加量約為 0°C 時體積的幾倍？

(1) 1　(2) 273　(3) $\frac{1}{273}$　(4) 100　(5) $\frac{1}{100}$。

10-2-5 溫度的測量

氣體溫度計有二類：
定容溫度計
定壓溫度計

定容溫度計：
　固定氣體體積，利用壓力隨溫度變化的規律性，測量溫度。

三相點：
　固、液、氣三相共存的溫度；水的三相點溫度為 273.16 K 或 0.01°C。

　　用氣體作測溫材料，查理定律不但提供可行的方法，也證明它比大多數材料優越。

用氣體測溫，可以定壓或定容兩方式實施。圖 10-8 所示，為一定容溫度計的示意圖。使用前，溫度計必須先行校正。校正的標準，可採取攝氏所用的冰水與沸水系統。先將溫度計放入冰水中 [如圖 10-8(a) 所示]，待其平衡以後，標誌氣-汞的界面，即圖中的 0 點，並量取兩汞面的差距 h_0。再令溫度計與沸水接觸 [如圖 10-8(b) 所示]，調整汞管，讓左方的汞面維持在原來 0 點的位置，亦即令管中氣體的體積與以前相同，再量取代表壓力的汞面差距 h_{100}。標誌於圖 10-9 的 P-T 圖中。連接兩點所得的直線可視為校正線，作為測定試樣溫度的依據。延長圖中的校正線，可見它與 T 軸相交於 −273.15°C。凱氏後來定此點為其絕對溫標的零點。

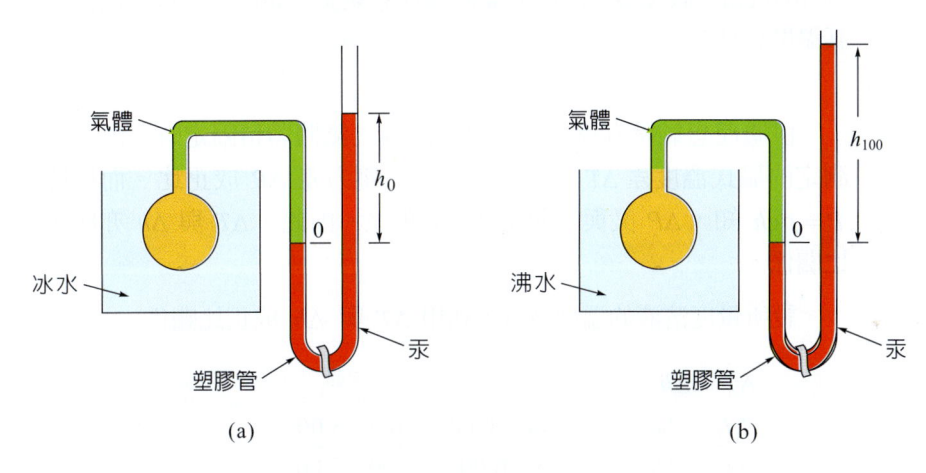

圖 10-8 定容氣體溫度計。
(a) 0 °C 汞面的差距 = h_0；(b) 100 °C 汞面的差距 = h_{100}。

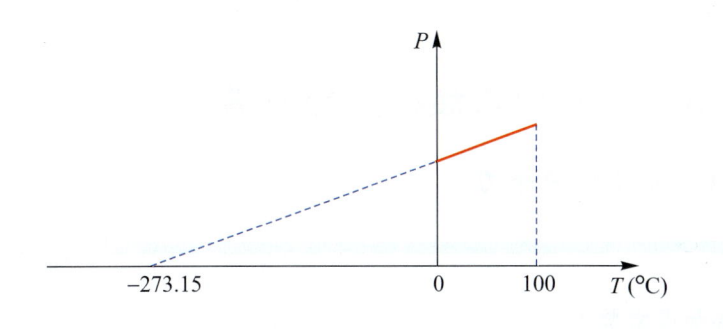

圖 10-9 測溫校正線。

水的冰點和沸點與大氣壓息息相關。後者隨時地而改變，所以很難重複，對溫度要求高度精準的研究，實不相宜。科學家因此協議改用水的三相點作為校正的標準，且定它的大小為 273.16 K，使其刻度大小與攝氏溫標一致。由於絕對零度在溫標上，是一個確切不移的點，因此，只要決定氣體在三相點時的壓力，便足以達成校正任務。

例題 10-5

利用定容氣體溫度計，測量一溶液溫度，發現溫度計上，汞面差為 7.00 cm。若該溫度計在冰點時，汞面差為 5.00 cm，沸點時，為 10.0 cm。假設溫度計內的氣體為理想氣體，試問所量度的溶液，其溫度為何？

解

根據理想氣體方程式，當溫度計內之氣體體積固定時，溫度計測定的攝氏溫度差 ΔT，會與氣體內之壓力差 ΔP 成正比。而根據 $P = \rho g h$ 知，ΔP 又與汞面差 Δh 成正比。因此，ΔT 與 Δh 亦成正比關係。

設所量度溶液的溫度為 x，利用 ΔT 與 Δh 成正比關係

$$\Delta T \propto \Delta h$$
$$\frac{\Delta T_1}{\Delta T_2} = \frac{\Delta h_1}{\Delta h_2} \Rightarrow \frac{100 - 0.00}{x - 0.00} = \frac{10.0 - 5.00}{7.00 - 5.00}$$
$$x = 40 \ (°C)$$

所量度溶液的溫度為 40°C。

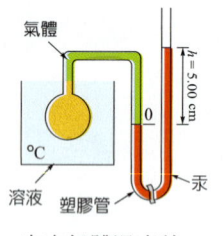

定容氣體溫度計

$PV = nRT$
V 固定
$\Delta P \propto \Delta T$

10-3 理想氣體模型的結構

10-3-1 分子與分子力

學習方針

亞佛加厥常數：
在 S.T.P. 狀態下，1 莫耳的任何氣體所含有分子數為 $6.02214199 \times 10^{23}$ 個分子，常表示為 $N_{AV} = 6.02 \times 10^{23}$ 個分子/莫耳。

> S.T.P.：
> 　標準溫度壓力，為 standard temperature and pressure 的縮寫，意指 0°C 及 1 atm 下，1 莫耳氣體佔有 22.4 公升的體積。
>
> 鍵合力：
> 　分子是由原子組成，分子內部原子間的相互作用力，稱為鍵合力或分子內力。
>
> 分子力：
> 　分子與分子間的相互作用力，稱為分子間力，或分子力。

　　物質由分子組成，已是不爭的事實。除一些生物與有機的大分子外，一般的分子都甚微小，半徑多不逾奈米 (nm)。單原子分子的半徑更在奈米以內。例如，氦的半徑估計約為 0.04 nm，氫的亦不過 0.1 nm 左右。但是分子為數極多，佔的體積亦頗可觀。亞佛加厥發現在 S.T.P. 狀態下，1 莫耳的任何氣體都含有

$1 \text{ nm} = 10^{-9} \text{ m}$

$$N_{AV} = 6.02214199 \times 10^{23} \text{ 個分子/莫耳}$$

N_{AV} 稱為**亞佛加厥常數** (Avogadro's number)。

　　固體與液體分子排列緊密，有固定體積，所以甚難壓縮。氣體則不然，在 0°C 及 1 atm [即所謂**標準溫度壓力** (standard temperature and pressure, S.T.P.)] 狀況下，1 莫耳氣體佔有 22.4 公升 (liter, L) 的體積。每 1 cm³ 約有 2.7×10^{19} 個分子，而單一分子的體積則約為 10^{-24} cm³。可見氣體分子間有相當遼闊的空隙，這也是氣體極易被壓縮的原因。

$1 \text{ atm} = 760 \text{ mmHg}$
$1 \text{ L} = 10^{-3} \text{ m}^3$

　　組成物質的分子是由多個原子組成，其間之作用力可分為分子內作用力 (interamolecular forces) 與分子間作用力 (intermolecular forces) 兩類。分子內作用力指的是以化學鍵結 (chemical bonding) 方式將分子內的原子束縛在一起，組成分子或化合物的作用力；它主要的鍵結類型有共價鍵 (Covalentbonds)、離子鍵 (Ionic bonds) 和金屬鍵 (Metallic bonds)。一般而言，分子間作用力比分子內作用力來得弱，它源自分子與其鄰近原子、分子或離子間的作用力，有排斥力也有吸引力，主要作用是靠著偶極-偶極 (dipole-dipole) 間的吸

引力將分子與分子結合而形成物質。

　　分子力有吸引與排斥作用，但有效距離均甚短小 **[註二]**。當二分子接近時，源於電偶極矩極化而產生相互吸引的作用力；當二分子非常接近時，由於分子的外層電子雲重疊而產生相互排斥的作用力。引力的範圍大概只有 1 nm 左右，逾此則幾近於零。斥力的作用更短，不足 0.1 nm，但隨距離的縮短而增加甚速。所以當分子互相接近時，彼此先行吸引，繼則強力排斥，有如剛體的碰撞，且常假想為完全彈性。

10-3-2 理想氣體

> **學習方針**
>
> 理想氣體具有以下性質：
> 1. 向各方向運動的平均分子數目皆相同。
> 2. 分子間平均距離遠大於分子大小 (直徑)，因此分子體積可忽略不計。
> 3. 分子與分子間，及分子與容器壁間的碰撞，皆為彈性碰撞。

　　理想氣體 (ideal gas) 又稱完全氣體 (perfect gas)。從宏觀上討論，理想氣體是在所有情況下皆遵守狀態方程式 $PV=nRT$ 的氣體；其內能只與溫度有關，與氣體的體積無關。由微觀上討論，作為理想氣體則必須具備如下的條件：

1. 理想氣體是由極大數目的分子所組成，而分子的運動是無規則運動，但在任一段時間內，向各方向運動的平均分子數目皆相同。
2. 分子與分子間距離比分子直徑大得多；即氣體分子本身的總體積，與氣體佔有空間的體積相比是極微小的，因此氣體分子在空間的密度很低。
3. 分子相碰撞時是作彈性碰撞，並且遵守牛頓運動定律。由於分子與分子間距離甚大，分子間相互作用力可忽略，所以在兩次碰撞之間分子作等速直線運動。

理想氣體是一種假想的氣體。當實際氣體在高溫、低壓下，其密度足夠低時，可以將實際氣體作為理想氣體來處理。

10-3-3 理想氣體的熱運動

分子的平均速率：
$$\overline{v}_x = \overline{v}_y = \overline{v}_z = 0$$

分子的速度均方值：
$$\overline{v_x^2} = \overline{v_y^2} = \overline{v_z^2} = \frac{1}{3}\overline{v^2}$$

單一分子的平均動能：
$$\overline{\varepsilon} = \frac{1}{2}m\overline{v^2}$$

固體與液體其分子間的作用力大，排列緊密；而氣體分子間的作用力微弱，故分子間的空隙遼闊。考慮氣體分子除在彼此或與器壁碰撞的瞬間外，其餘時間只受慣性的支配，作自由的飛行。

由於氣體分子數目眾多，飛行又相當迅速，碰撞十分頻繁。根據粗略的估計，在 S.T.P. 的情況下，1 莫耳氣體中的一個分子，在 1 秒鐘的時間內，與其它分子碰撞超過 10^{10} 次。每一次的碰撞，分子的速率與方向多少都會有所改變，碰撞的對象更是隨機。即使它們的碰撞依然遵守力學的規則，運動的結果也無從預測。因此追蹤無規則運動的單一分子是無意義的，所以皆以群體的現象分析。

分子單獨的行徑雖然難以臆測；但如從群體的表現，卻不難理出頭緒，釐定規矩。例如，在平衡狀態下，氣體內任一分子的活動都是無規則的，完全無法預測。但就整體而言，如果分子為數極多，則在任一時刻，沿任一方向運動的分子數都應相等。因為在沒有外力作用的條件下，分子運動沒有方向的偏好，此由氣體密度處處相同可證明。

分子運動既無方向的偏好，故其速度在 x、y、z 方向的分量應有相等的平均值。(此處先列舉兩項平均的結果)

$$\overline{v}_x = \overline{v}_y = \overline{v}_z = 0 \tag{10-13}$$

$$\overline{v_x^2} = \overline{v_y^2} = \overline{v_z^2} \tag{10-14}$$

(10-13) 式表示，速度的平均值等於零。這是必然的結果，若非如此，則分子運動會傾向一方，造成集體的平移，與系統維持力學平衡的事實不符。

分子速度雖有正負，其平方的平均值 [稱為均方值 (mean square value)]，$\overline{v^2}$，則恆為正。由 (10-14) 式知，各方向的均方值皆相等，且各分量的均方值的和遵循畢氏定理的關係，亦即

$$\overline{v^2} = \overline{v_x^2} + \overline{v_y^2} + \overline{v_z^2} \tag{10-15}$$

與 (10-14) 式聯立，可得

$$\overline{v_x^2} = \overline{v_y^2} = \overline{v_z^2} = \frac{1}{3}\overline{v^2} \tag{10-16}$$

如 m 是單一分子的質量，則在集體中，單一分子的平均動能與各方向的均方值關係

$$\begin{aligned}\overline{\varepsilon} &= \frac{1}{2}m\overline{v^2} \\ &= \frac{3}{2}m\overline{v_x^2} = \frac{3}{2}m\overline{v_y^2} = \frac{3}{2}m\overline{v_z^2}\end{aligned} \tag{10-17}$$

10-3-4　氣壓的分子觀

氣體壓力是一個重要的宏觀量，測定不難，卻無法利用理則的方法，從熱力學的規律直接演繹而得。要了解它的底蘊，還須從微觀的分子運動入手。

設有一定量的理想氣體，封存在一個立方的容器中。容器的邊長為 d，與外界無能量的交流。經過相當時間以後，氣體自然達成平衡狀態。

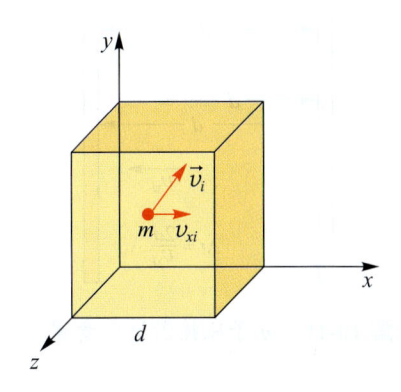

圖 10-10　理想氣體分子在容器中運動示意圖。

在全部 N 個分子中，任選質量為 m 的第 i 個分子，加以仔細觀察 (圖 10-10)。設其速度 $\vec{v}_i$ 在 $+x$ 方向的分量大小為 v_{xi}，動量大小為 mv_{xi}。當它與右方的容器壁碰撞時，由於器壁的質量遠大於分子的質量，且碰撞又屬於完全彈性，分子必以同樣的速率反彈。這時分子在 $-x$ 方向的速度分量為 $-v_{xi}$，動量為 $-mv_{xi}$。因此，碰撞前後，第 i 個分子在 x 方向的動量變化[註三]：

$$\Delta p_{xi} = -mv_{xi} - (mv_{xi}) = -2mv_{xi}$$

從 (5-1) 式可知，在碰撞的過程中，器壁作用於第 i 個分子的衝量，

$$\overline{F}_{w \to i} \Delta t = \Delta p_{xi} = -2mv_{xi} \tag{10-18}$$

$\overline{F}_{w \to i}$ 為器壁對第 i 個分子的平均作用力，Δt 為 $\overline{F}_{w \to i}$ 所作用的時間，有兩點必須留意：

1. 在現實的情況下，任一分子在向器壁飛行的途中，難免與其它分子碰撞，而改變其路程。但因分子數目甚多，且碰撞又為完全彈性，故必有另一分子取代其位置，繼續其行程，否則系統無法維持平衡。

2. 任一分子碰撞期間的作用力 F_i 隨時間而變，不是定力，所以須以平均的觀點來衡量。因此在作用力上加平均的符號，而以平均作用力 $\overline{F}_i$ 探討分子碰撞的情況。

普通物理

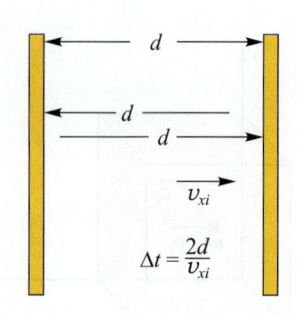

圖 10-11　分子碰撞器壁示意圖。

由於分子與右壁碰撞前後，都在作自由飛行，再與右壁接觸，已在一來回飛行之後。所以作用力的效應，有必要從相繼兩次碰撞的時間衡量，如圖 10-11。此段時間為 $\Delta t = \dfrac{2d}{v_{xi}}$。

將 Δt 代入 (10-18) 式，簡化，可得器壁對分子 i 的平均作用力

$$\overline{F}_{w \to i} = \dfrac{-m(v_{xi})^2}{d}$$

$\overline{F}_{w \to i} \Delta t = \Delta p_{xi}$
$\Rightarrow \Delta t = \dfrac{2d}{v_{xi}}$
$\overline{F}_{w \to i} \dfrac{2d}{v_{xi}} = -2mv_{xi}$
$\overline{F}_{w \to i} = -m\dfrac{v_{xi}^2}{d}$

根據牛頓的作用力-反作用力定律，分子 i 對器壁的平均作用力為

$$\overline{F}_{i \to w} = -\overline{F}_{w \to i} = \dfrac{m(v_{xi})^2}{d}$$

容器中共有 N 個分子，其對器壁的平均作用力 $\overline{F}$，應為單獨分子作用力之和，亦即

$$\overline{F} = \Sigma \overline{F}_{i \to w} = \dfrac{m}{d} \Sigma (v_{xi})^2 \qquad (10\text{-}19)$$

$\overline{F} = \Sigma \overline{F}_{i \to w}$
$= \dfrac{m}{d} \sum_{i=1}^{N}(v_{xi})^2$
$= \dfrac{m}{d} \sum_{i=1}^{N} v_{xi}^2$
$F = \overline{F}$
$F = \dfrac{m}{d} \sum_{i=1}^{N} v_{xi}^2$

由於分子的質量 m 與容器的邊長 d 都是定值，可提出 Σ 之外。又因 N 為數極大，分子撞擊器壁的次數多至不可勝數。當以平均作用力 $\overline{F}$ 討論時，不妨視為定力 F，不再採用平均的記號

$$F = \overline{F}$$

在 (10-19) 式右邊乘、除以 N，亦即

$$F = N \dfrac{m}{d} \left[\dfrac{\Sigma (v_{xi})^2}{N} \right] = N \dfrac{m}{d} \overline{v_x^2}$$

$\overline{v_x^2}$ 表示 v_x 的均方值，為 [註四]

$$\overline{v_x^2} = [\frac{\Sigma(v_{xi})^2}{N}] = \frac{1}{3}\overline{v^2} \tag{10-20}$$

由於 N 為數甚大，算術平均無法使用，$\overline{v_x^2}$ 的大小需用統計方法求取。(10-20) 式最右方的量是根據 (10-16) 式而來。由此可見

$$F = N\frac{m}{d}(\frac{1}{3}\overline{v^2}) = \frac{N}{3d}m\overline{v^2}$$

將 (10-17) 式的結果代入上式，可得

$$F = \frac{N}{3d}(2\overline{\varepsilon})$$

而器壁所受的壓力 P 為

$$P = \frac{F}{A} = \frac{F}{d^2} = \frac{\frac{N}{3d}(2\overline{\varepsilon})}{d^2} = \frac{2}{3}(\frac{N}{d^3})\overline{\varepsilon}$$

$$P = \frac{2}{3}(\frac{N}{V})\overline{\varepsilon} \tag{10-21}$$

由 (10-21) 式知，器壁的壓力將取決於氣體分子數的密度 $\frac{N}{V}$ 和平均動能 $\overline{\varepsilon}$。

$F = N\frac{m}{d}\overline{v_x^2}$
$\Rightarrow \overline{v^2} = \overline{v_x^2} + \overline{v_y^2} + \overline{v_z^2}$
$\overline{v_x^2} = \overline{v_y^2} = \overline{v_z^2}$
$F = N\frac{m}{d}(\frac{1}{3}\overline{v^2})$
$= \frac{1}{3}\frac{N}{d}m\overline{v^2}$
$\Rightarrow \overline{\varepsilon} = \frac{1}{2}m\overline{v^2}$
$F = \frac{1}{3}\frac{N}{d}(2\overline{\varepsilon})$

$V = d^3$ 是容器的體積。

10-4 統計平均簡介

如前所述，物質微觀的行徑都是無規則且難以預測的；而宏觀現象則較有規律，可以長時間作反覆的觀測。研究微觀與宏觀現象的關係，是統計物理學的課題，所用的方法便是統計平均。平均的結果如與實際吻合，則宏觀現象的微觀本質可據以確立。

要了解統計的方法可從簡單的實例入手。假設我們作擲骰子遊戲，每次拋擲兩顆，以押中點數與否定輸贏，你是押 2 呢？還是押 7？

點數和	組合數	機率
2	1	1/36
3	2	2/36
4	3	3/36
5	4	4/36
6	5	5/36
7	6	6/36
8	5	5/36
9	4	4/36
10	3	3/36
11	2	2/36
12	1	1/36

骰子有六面，點數由 1 至 6，各佔一面。除非是特製骰子，否則，朝上的機會應該各面均等。兩骰子點數的組合因此有 $6 \times 6 = 36$ 種，面值的總和則可為 2、3、4、⋯⋯ 或 12。總和為 2 的組合只有 1-1 一種，但總和為 7 的組合則有 1-6、2-5、3-4、4-3、5-2 與 6-1 等六種。換言之，押 7 贏的機會為押 2 的 6 倍。若定義面值 i 的組合數為 N_i，則對總組合數 N 的比值，為 i 出現的機率 (probability) W_i，亦即

$$W_i = \frac{N_i}{N} \tag{10-22}$$

據此則面值為 2 出現的機率 $W_2 = \frac{1}{36}$；而 $W_7 = \frac{6}{36} = \frac{1}{6}$。當然，如果你只投擲一次、兩次，可不擔保絕不會輸。不過，如果不斷的拋擲，押 7 的贏面一定最高。換言之，只有在無限的嘗試中，機率才有確定的意義。

在無數次拋擲中，骰子面值的平均 $\bar{A}$ 可以如下方式計算：

i：點數
N_i：組合數
N：總組合數
W_i：點數 i 出現的機率

$$\bar{A} = \sum (i \times \frac{N_i}{N}) = \sum (i \times W_i)$$

$$\bar{A} = 2 \times \frac{1}{36} + 3 \times \frac{2}{36} + 4 \times \frac{3}{36} + \cdots + 11 \times \frac{2}{36} + 12 \times \frac{1}{36}$$

$$= 7$$

可見統計的方法只適用於為數龐大的無規則事件。氣體分子的熱運動正是典型的例子，極適合作統計的處理。

總體而言，氣體在達成熱平衡時，有一定的統計規律。例如，沿所有方向運動的分子數目，應該時時相等；速率的分佈不會隨時間而改變。也就是說，沿任一方向，具有固定速率的分子數目，也與時間無關。故以速率 v 為例，說明統計平均的方法。

設在熱平衡狀態下，N 個分子中，有 dN 個分子其速率在 v 與 $v + dv$ 之間，dv 是一個很小的速率範圍。根據 (10-22) 式的定義，分子處於此一速率範圍的機率，可定為

$$W = \frac{dN}{N} = f(v)\, dv \tag{10-23}$$

$f(v)$ 稱為分子速率分佈函數 (speed distribution function)。顯然可見，具有 $v \to 0$ 與 $v \to \infty$ 的分子數，都不會太高，大部分分子的速率應該在一個有限數值的範圍。由於分子數 dN 隨速率 v 的不同而異。因此，$f(v)$ 是速率 v 的函數。

氣體分子的速率分佈可以實際測量。取實測所得的 $f(v)$ 對 v 作圖，可得如圖 10-12 所示的分佈曲線。

1860 年，馬克士威爾 (James Clerk Maxwell, 1831-1879) 從理論導出如下的速率分佈函數

$$f(v) = 4\pi [\frac{m}{2\pi kT}]^{\frac{3}{2}} v^2 e^{-\frac{mv^2}{2kT}} \tag{10-24}$$

常數 k 稱為波茲曼常數 (Boltzmann constant)，它與氣體常數 R 有如下的關係：

$$k = \frac{R}{N_{Av}}$$
$$= \frac{8.314\,[\text{J}/(\text{mol}\cdot\text{K})]}{6.02 \times 10^{23}\,(\text{atom/mol})}$$
$$= 1.38 \times 10^{-23}\,[\text{J}/(\text{atom}\cdot\text{K})]$$

$$PV = nRT$$
$$= \frac{N}{N_{Av}} RT$$
$$= NkT$$

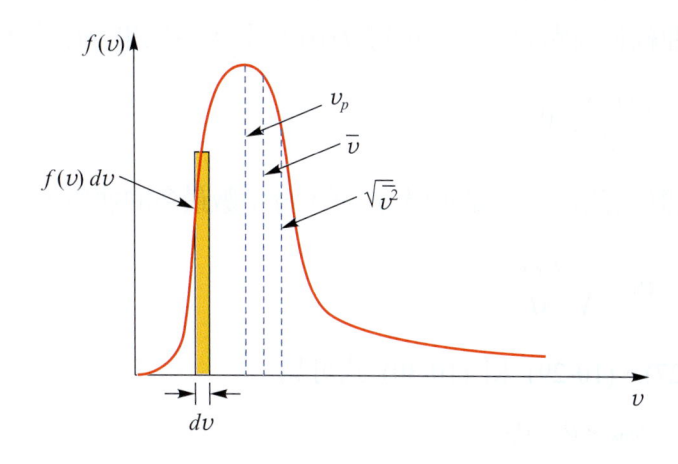

圖 10-12　氣體分子速率分佈曲線。

沿用擲骰子的例子，分子熱運動速率 v 與速率平方 v^2 的統計平均，可計算如下：

$$\bar{v} = \int v f(v) dv \tag{10-25}$$

$$\overline{v^2} = \int v^2 f(v) dv \tag{10-26}$$

$\bar{v} = \Sigma v_i W_i$
　$= \int v [f(v) dv]$
　$= \int v f(v) dv$

由於分子數 $N \to \infty$，Σ 需以積分取代，積分的上下限分別為 ∞ 與 0。將 (10-24) 式代入 (10-25) 與 (10-26) 式中，並進行積分，可得

$$\bar{v} = \sqrt{\frac{8kT}{\pi m}} = \sqrt{\frac{8RT}{\pi M}} \tag{10-27}$$

$$\overline{v^2} = \frac{3kT}{m} = \frac{3RT}{M} \tag{10-28}$$

對 (10-28) 式開方，所得的數值稱為分子速率的**方均根值** (root mean square value, rms)，簡寫為 v_{rms}，

rms：
意指均方值開根號之後的大小，稱為方均根值。

$$\sqrt{\overline{v^2}} = v_{rms} = \sqrt{\frac{3RT}{M}} \tag{10-29}$$

M 是氣體分子的分子量 $M = N_{AV} m$。

另一常用的速率稱為**最宜速率** (most probable speed, v_p)，相當於分佈曲線最高點的速率，可對 $f(v)$ 微分，令結果等於零，

$$\frac{df(v)}{dv} = 0$$

再加以簡化解出 v。它是定溫 T 下，分子數最多的速率，

$$v_p = \sqrt{\frac{2RT}{M}} \tag{10-30}$$

由 (10-27)、(10-29) 和 (10-30) 式可見

$$v_{rms} > \bar{v} > v_p$$

它們都是溫度的函數，隨 $\sqrt{T}$ 的高低而增減。

例題 10-6

隨機抽樣觀測某氣體分子速率，發現五個分子速率分別為 300、400、500、600 與 700 m/s。試計算此五個分子之方均根速率 v_{rms} 與平均速率 $\bar{v}$，並比較兩者是否相同？

解

分子的方均根速率

$$v_{rms} = \Sigma\sqrt{\frac{v_i^2}{N}} \Rightarrow v_{rms} = \sqrt{\frac{300^2 + 400^2 + 500^2 + 600^2 + 700^2}{5}}$$

$$\approx 5.20 \times 10^2 \text{ (m/s)}$$

分子的平均速率

$$\bar{v} = \Sigma\frac{v_i}{N} \Rightarrow \bar{v} = \frac{300 + 400 + 500 + 600 + 700}{5}$$

$$= 5.00 \times 10^2 \text{ (m/s)}$$

分子的方均根速率與平均速率不同，且 $v_{rms} > \bar{v}$。

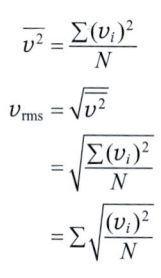

$$\overline{v^2} = \frac{\Sigma(v_i)^2}{N}$$

$$v_{rms} = \sqrt{\overline{v^2}}$$

$$= \sqrt{\frac{\Sigma(v_i)^2}{N}}$$

$$= \Sigma\sqrt{\frac{(v_i)^2}{N}}$$

例題 10-7

在溫度為 3.00×10^2 K 情況下，計算氮氣分子 (N_2) 的

(1) 平均速率 ($\bar{v}$)？
(2) 方均根速率 (v_{rms})？
(3) 最宜速率 (v_p)？(假設氮氣分子為理想氣體分子)

解

氮氣的分子量

$$M \approx 2(14.0 \times 10^{-3} \text{ kg/mol})$$

$$= 2.80 \times 10^{-2} \text{ (kg/mol)}$$

(1) 平均速率

$$\bar{v} = \sqrt{\frac{8RT}{\pi M}} \Rightarrow \bar{v} = \sqrt{\frac{8(8.32)(3.00 \times 10^2)}{\pi(2.80 \times 10^{-2})}}$$

$$\approx 4.76 \times 10^2 \text{ (m/s)}$$

(2) 方均根速率

$$v_{rms} = \sqrt{\frac{3RT}{M}} \Rightarrow v_{rms} = \sqrt{\frac{3(8.32)(3.00\times 10^2)}{2.80\times 10^{-2}}}$$

$$\approx 5.17\times 10^2 \,(m/s)$$

(3) 最宜速率

$$v_p = \sqrt{\frac{2RT}{M}} \Rightarrow v_p = \sqrt{\frac{2(8.32)(3.00\times 10^2)}{2.80\times 10^{-2}}}$$

$$\approx 4.22\times 10^2 \,(m/s)$$

比較上述結果知，$v_{rms} > \bar{v} > v_p$。

10-5　氣壓與溫度的微觀本質

(10-21) 式顯示，理想氣體的壓力是分子平均動能 $\bar{\varepsilon}$ 的函數。將 (10-29) 式代入 (10-21) 式中，可得

$\sqrt{\overline{v^2}} = v_{rms} = \sqrt{\dfrac{3RT}{M}}$

$$P = \frac{2}{3}\left(\frac{N}{V}\right)\bar{\varepsilon}$$

$$= \frac{2}{3}\left(\frac{N}{V}\right)\left[\frac{1}{2}m(v_{rms})^2\right]$$

$$= \frac{2}{3}\left(\frac{N}{V}\right)\left[\frac{1}{2}m\left(\frac{3RT}{M}\right)\right]$$

$$= \left(\frac{Nm}{M}\right)\left(\frac{RT}{V}\right)$$

$$= \left(\frac{Nm}{N_{AV}m}\right)\left(\frac{RT}{V}\right)$$

$$= \left(\frac{N}{N_{AV}}\right)\left(\frac{RT}{V}\right)$$

$$= \frac{nRT}{V}$$

亦即　　$\Rightarrow PV = nRT$

微觀的統計與宏觀的經驗，既有相同的結果，可視抽象的理想氣體模型為實際系統的近似極限。反過來說，理論與經驗的吻合，足以證明理論的正確。

例題 10-8

一邊長為 0.400 m 的正方形密閉容器內，充滿 3.00 mol 的氧氣分子。已知容器內，氣體的壓力為 2.00×10^5 Pa，試問容器內的

(1) 溫度為若干？
(2) 氧氣分子方均根速率為若干？(假設氧氣分子為理想氣體分子)

解

(1) 容器內的溫度 T，可由理想氣體狀態方程式求得

$$PV = nRT \quad \Rightarrow \quad (2.00 \times 10^5)(0.400)^3 = (3.00)(8.32)T$$

$$T \approx 5.13 \times 10^2 \text{ (K)}$$

(2) 因氧的分子量

$$M \approx 2(16.0 \times 10^{-3} \text{ kg/mol})$$
$$= 3.20 \times 10^{-2} \text{ (kg/mol)}$$

故氧氣分子的方均根速率

$$v_{\text{rms}} = \sqrt{\frac{3RT}{M}} \quad \Rightarrow \quad v_{\text{rms}} = \sqrt{\frac{3(8.32)(5.13 \times 10^2)}{3.2 \times 10^{-2}}}$$

$$\approx 6.32 \times 10^2 \text{ (m/s)}$$

又從

$$\bar{\varepsilon} = \frac{1}{2}mv^2 = \frac{1}{2}m(v_{\text{rms}})^2$$
$$= \frac{3}{2}RT(\frac{m}{M}) = \frac{3}{2}RTn$$
$$= \frac{3}{2}RT(\frac{N}{N_{AV}})$$
$$= \frac{3}{2}NkT$$

$$PV = nRT$$
$$= \frac{N}{N_{AV}}RT$$
$$= NkT$$
$$\bar{\varepsilon} = \frac{3}{2}PV$$
$$= \frac{3}{2}NkT$$

可見理想氣體分子的平均動能，只與溫度 T 有關，而與體積無涉。焦耳氣體內能僅是溫度函數的結論，也因此獲得理論的支持。

由於分子平均動能的大小，取決於其速率的快慢，所以動能與溫度成比例的事實，顯示溫度可作熱運動的指標。溫度越高，表示熱運動越劇烈，反之，則有凝聚的傾向。

分子平均動能 $\bar{\varepsilon} = \frac{3}{2}kT$，與分子的質量無關，也就是說，不同分子量的兩種氣體，如平衡時有相同的溫度，那麼它們的平均動能理應相等，但分子量輕的氣體，卻有較高的方均根速率 v_{rms}。利用這個事實，讓混合氣體從小孔散逸，輕的氣體散逸較快，因此重的氣體留存在容器內較多。反之，逸出的部分則包含輕的氣體較多。這個過程稱為洩流 (effusion)，是用來濃縮鈾的主要過程。

例題 10-9

視氧與氮氣均為理想氣體，在常溫 27.0°C 的情況下，
(1) 兩種氣體分子的平均動能 ($\bar{\varepsilon}$) 是否相同？其值為何？
(2) 哪一種氣體分子，其方均根速率 (v_{rms}) 較快？

解

(1) 因氣體分子的平均動能，僅與其溫度相關，故兩者的平均動能是相同。其值

$$\bar{\varepsilon} = \frac{3}{2}kT \Rightarrow \bar{\varepsilon} = (\frac{3}{2})(1.38 \times 10^{-23})(27.0 + 273)$$

$$\approx 6.21 \times 10^{-21} \text{ (J)}$$

(2) 由 $\bar{\varepsilon} = \frac{1}{2}mv_{rms}^2$，因 $\bar{\varepsilon}$ 相同，且氮分子質量 m_N 比氧分子質量 m_O 小，故氮分子之 v_{rms} 較快。

10-6 氣體分子的平均自由路徑

10-6-1 平均碰撞頻率

> **學習方針**
>
> 平均速率：
> 整體而言，所有分子相對速率的平均值 $\bar{u}$，與任一分子的速率平均值 $\bar{v}$ 間的關係為
> $$\bar{u} = \sqrt{2}\,\bar{v}$$
>
> 碰撞的平均次數：
> 任一分子碰撞的平均頻率：
> $$\bar{f_i} = \frac{N}{V}\pi d^2 \bar{v}$$
>
> 整體而言，所有分子碰撞的平均頻率：
> $$\bar{f} = \sqrt{2}\left(\frac{N}{V}\right)\pi d^2 \bar{v}$$

分子間的碰撞，在物理與化學的研討上，都有重大的意義。流體之所以有擴散、黏滯、熱傳導等現象 **[註五]**；物質之所以有化學反應；反應之所以有快有慢，無不與分子的碰撞有關。

兩分子 A、B 間的碰撞，取決於兩者的相對速度
$$\vec{u} = \vec{v}_A - \vec{v}_B$$
但就整體而言，所有分子相對速率的平均值 $\bar{u}$，與分子的速率平均值 $\bar{v}$，利用馬克士威爾速率分佈定律，可得

$$\bar{u} = \sqrt{2}\,\bar{v} \qquad (10\text{-}31)$$

據此，討論分子碰撞的頻率，可從單一分子的運動開始，並假設其它分子都處於靜止狀態。

設第 i 個分子的有效直徑為 d，以平均速率 $\bar{v}$ 在容器中飛行。在時間 t 內，掃過一個圓柱體。圓柱體的半徑 d 恰與分子的直徑相

等。因此，凡是中心與柱軸的距離小於 d 的分子，在時間 t 內，都有與分子 i 相撞的機會。由於圓柱體的體積為 $\pi d^2 \bar{v} t$，而容器內的總分子數為 N，容器的體積為 V，所以圓柱內的分子數相當於濃度 $\dfrac{N}{V}$ 與圓柱體積 $\pi d^2 \bar{v} t$ 的乘積。這些分子都會與第 i 個分子相撞。

所以在單位時間內，與第 i 個分子相撞的平均次數

$$\bar{f}_i = \frac{\dfrac{N}{V} \pi d^2 \bar{v} t}{t} = \frac{N}{V} \pi d^2 \bar{v}$$

實際上，在容器內的分子不停地在運動，而碰撞的平均頻率，應取決於分子的相對運動。引用 (10-31) 式的結果，則碰撞的平均頻率應該修正如下：

$$\begin{aligned}\bar{f} &= (\frac{N}{V}) \pi d^2 \bar{u} \\ &= \sqrt{2}(\frac{N}{V}) \pi d^2 \bar{v}\end{aligned} \tag{10-32}$$

10-6-2　平均自由路徑

連續兩次碰撞間，分子自由飛行的路程有長有短，統計平均的結果，則稱為**平均自由路徑** (mean free path)，可以符號 $\bar{\lambda}$ 表示。由分子的平均速率 $\bar{v}$，與碰撞的平均頻率 $\bar{f}$，可得

$$\bar{\lambda} = \frac{\bar{v}}{\bar{f}} = \frac{1}{\sqrt{2}(\dfrac{N}{V}) \pi d^2} \tag{10-33}$$

引用　　$\begin{aligned}PV &= nRT \\ &= \frac{N}{N_{AV}} RT \\ &= NkT\end{aligned}$

則　　$\dfrac{N}{V} = \dfrac{P}{kT}$

代入上式，可得

$$\bar{\lambda} = \frac{kT}{\sqrt{2}\pi d^2 P} \tag{10-34}$$

可見在定溫下，平均自由路徑 $\bar{\lambda}$ 與氣體壓力成反比。壓力越小，$\bar{\lambda}$ 越大，反之亦然。表 10-1 列舉幾種常見氣體在 S.T.P. 下的平均自由路徑。由表可見，在 S.T.P. 的條件下，氣體的平均自由路徑皆甚短。這也是為什麼在室內一角打開香水瓶，要相當長的時間以後，才能在另一角聞到香氣。

表 10-1　幾種氣體在 S.T.P. 下的平均自由路徑

氣　體	氫	氮	氧	空氣
$\bar{\lambda}$ (nm)	112.3	59.9	64.7	70

例題 10-10

在壓力為 1.01×10^5 Pa，溫度為 27°C 的情況下，若氧氣分子的濃度 $(\frac{N}{V})$ 為 2.44×10^{25} m^{-3}，平均速率為 4.00×10^2 m/s，分子的直徑為 2.80×10^{-10} m，並假設其為理想氣體，試問：

(1) 氧分子間碰撞之平均頻率為若干？
(2) 氧分子在碰撞前，平均自由飛行時間與平均自由飛行路程為若干？

解

(1) 由 (10-32) 式知，其平均頻率

$$\bar{f} = \sqrt{2}(\frac{N}{V})\pi d^2 \bar{v} \Rightarrow \bar{f} = \sqrt{2}\pi(2.44 \times 10^{25})(2.80 \times 10^{-10})^2(4.00 \times 10^2)$$
$$\approx 3.40 \times 10^9 \text{ (s}^{-1})$$

(2) 其平均自由飛行時間

$$\bar{t} = \frac{1}{\bar{f}} \Rightarrow \bar{t} = \frac{1}{3.40 \times 10^9}$$
$$\approx 2.94 \times 10^{-10} \text{ (s)}$$

其平均自由飛行路程

$$\bar{\lambda} = \frac{\bar{v}}{\bar{f}} \Rightarrow \bar{\lambda} = \frac{4.00 \times 10^2}{3.40 \times 10^9}$$
$$\approx 1.18 \times 10^{-7} \text{ (m)}$$

習題

溫度

10-1 有一不知名的溫度計，刻度 25 和 5 分別對應水的沸點和冰點。今刻度為 17 時，對應的絕對溫度為何？

10-2 有一不知名的溫標，將 60 度和 −60 度分別對應水的沸點和冰點。則 30°C 對應的溫標為何？

氣體的狀態方程式

10-3 現今許多高級車都配備無線胎壓監測系統，以增強汽車的安全性。現有一車，環境溫度為 30°C，當冷車時，前輪的胎壓（即測量壓力）為 35 psi，今行駛一段路後，儀表顯示胎壓為 37 psi。假設輪胎體積不變，無漏氣發生，輪胎的溫度上升多少度？(1 atm = 14.7 psi)

10-4 承上題。現有另一車，當中午溫度為 30°C，前輪的胎壓（即測量壓力）為 35 psi，今放至隔天清晨溫度為 20°C，發現儀表顯示胎壓為 25 psi，假設輪胎體積不變，代表必定有漏氣發生，請問輪胎內部氣體外洩比例為何？(1 atm = 14.7 psi)

溫度的測量

10-5 利用定容氣體溫度計測量溶液溫度，溶液溫度為 20°C 時，汞面差為 10 cm。今測量一溶液溫度，若汞面差為 30 cm，試問所量度的溶液，其溫度為何？(設環境壓力皆為一大氣壓)

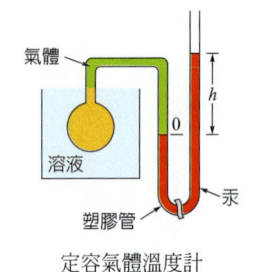

定容氣體溫度計

統計平均簡介

10-6 隨機抽樣觀測某氣體分子速率，發現五個分子速率分別為 330、400、450、470 與 500 m/s。試計算此五個分子 (1) 平均速率；(2) 方均根速率 v_{rms}？

10-7 把理想氣體由攝氏 20°C 加熱至 100°C，則氣體的方均根速率變為原來的幾倍？

氣壓與溫度的微觀本質

10-8 密閉容器的體積為 V，內有氣體分子 N 個，氣體分子的質量 m，則氣體的方均根速率為何？

10-9 某氣體在一大氣壓，20°C 下，密度為 1.327 kg/m³，則氣體分子的 (1) 方均根速率；(2) 分子量；(3) 此氣體為何種氣體？

10-10 在一大氣壓，20°C 下，氣體分子的直徑為 2.8×10^{-10} m，假設為理想氣體，則其平均自由路徑為何？

註

註一：熱質說 (caloric theory)

在十八世紀，關於燃燒和熱現象的解釋認為，熱的傳遞是熱質 (假想的無重量流體) 的流動，並認為「熱」是一種沒有質量，也沒有體積的流質，稱之為「熱質」。含熱質越多的物體，溫度就越高，所以物體溫度的高低是取決於熱質的含量。它還認為熱質可以滲入一切物體之中，熱質可以從溫度高的物體向溫度低的物體流動。當時就有人發現熱質說對摩擦生熱等現象無法解釋，而且是矛盾的。後來人們逐漸認識到熱現象是與構成物質之微粒的運動相聯繫，熱質並不存在。到十九世紀中期，有關熱質說即被廢棄。

註二：分子力

分子與分子間的相互作用力稱為分子間力，或分子力。有吸力與斥力二種。

1. 吸力：
源自於分子與分子間，隨時間變化的電偶極矩，因極化而產生相互吸引的作用力；當二分子距離稍遠時 (約 1 nm)，表現較明顯。

2. 斥力：
源自於分子與分子的外層電子雲，因電子雲重疊而產生相互排斥的作用力；當二分子距離越近時 (約 0.1 nm)，表現越明顯。

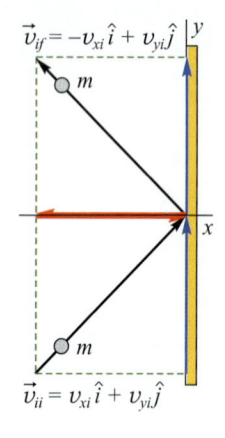

註三：碰撞前後，單一分子的動量變化

$$\vec{v}_{ii} = v_{xi}\hat{i} + v_{yi}\hat{j}$$
$$\vec{v}_{if} = -v_{xi}\hat{i} + v_{yi}\hat{j}$$
$$\Delta \vec{p}_i = m\vec{v}_{if} - m\vec{v}_{ii}$$
$$= m(-v_{xi}\hat{i} + v_{yi}\hat{j}) - m(v_{xi}\hat{i} + v_{yi}\hat{j})$$
$$= -2mv_{xi}\hat{i}$$
$$\Rightarrow \quad \Delta p_i = -2mv_{xi}$$

碰撞的過程中，器壁作用於分子的衝量與平均衝力

$$\vec{J}_i = \Delta \vec{p}_i$$
$$\overline{F}_{w \to i} \Delta t = -2mv_{xi}$$
$$\Rightarrow \quad \overline{F}_{w \to i} = \frac{-2mv_{xi}}{\Delta t}$$

註四：分子速度的均方值

在無序的運動下，分子各方向出現的機率相等，故各方向速度的均方值應相等，即

$$\overline{v_x^2} = \overline{v_y^2} = \overline{v_z^2}$$

由畢氏定理可得分子速度的均方值

$$\overline{v_x^2} + \overline{v_y^2} + \overline{v_z^2} = \overline{v^2}$$

所以

$$\overline{v_x^2} = \overline{v_y^2} = \overline{v_z^2} = \frac{1}{3}\overline{v^2}$$

分子速度的均方值所產生之平均動能

$$\overline{\varepsilon} = \frac{1}{2}m\overline{v^2}$$

註五：擴散、黏滯、熱傳導

擴散——質量的遷移：

擴散是由濃度梯度或溫度梯度所引起的運動。主要是物質從濃度較高處運輸向較低處，直到系統內各部分的濃度達到均勻，或不同系統間的濃度達到平衡爲止。氣體的擴散速度大於固體。

黏滯——動量的遷移：

物體在流體中運動，流體內部阻礙物體運動，並使動能轉化成熱能的性質，稱爲黏滯。例如，飛機在空氣中運動，受到空氣的阻力；潛水艇在水中運動受到水的阻力。

熱傳導——能量的遷移：

當固體中存在溫度差時，熱量從高溫部分傳到低溫部分的作用，稱爲熱傳導。例如，金屬棒一端受熱，手握另一端便能感覺到熱。

Chapter 11 熱力學定律

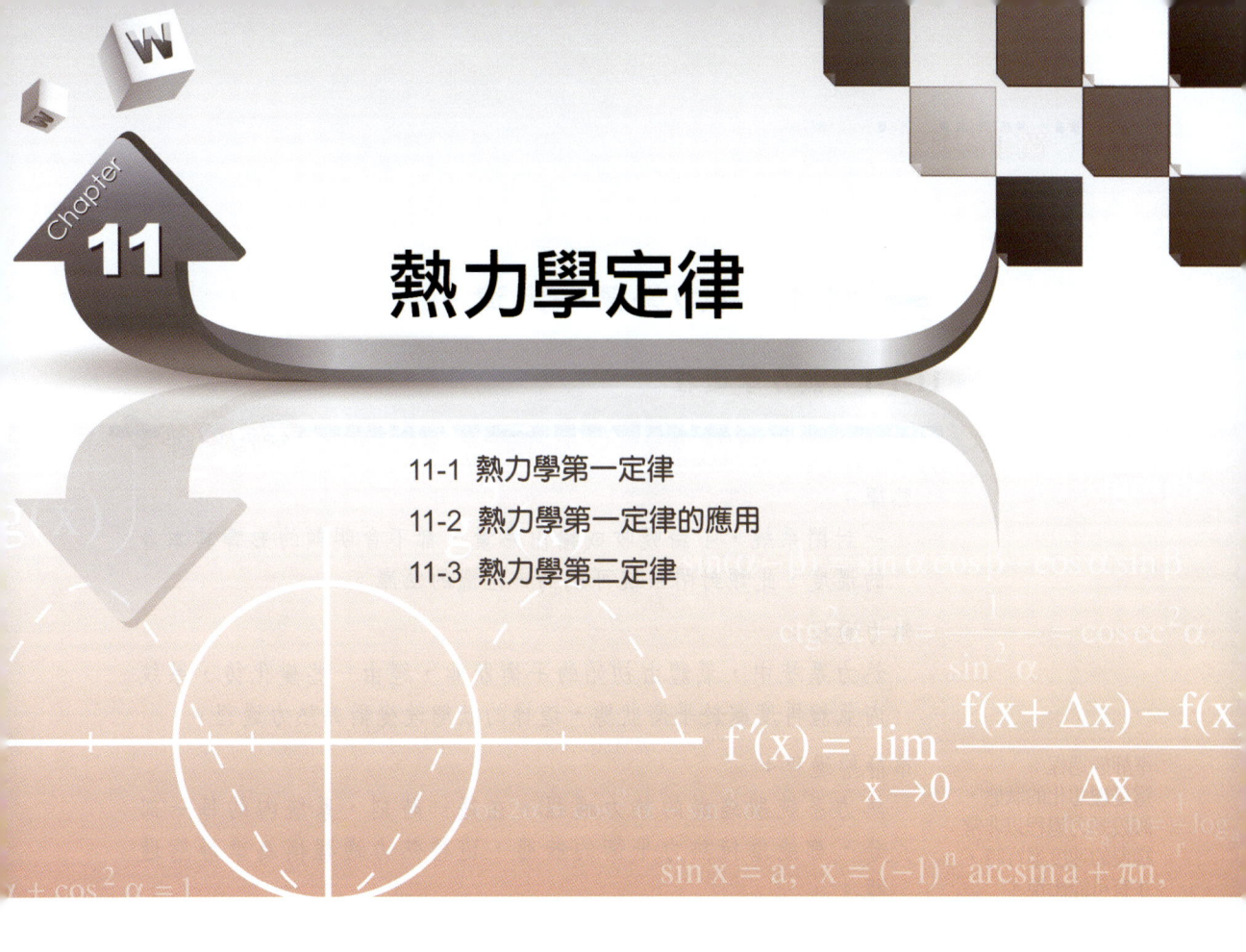

11-1 熱力學第一定律
11-2 熱力學第一定律的應用
11-3 熱力學第二定律

　　熱力學 (thermodynamics) 理論主要是從能量轉換的觀點來研究物質的熱性質，熱力學第一定律論及能量守恆和能量轉換時應該遵從的關係，不涉及物質的微觀結構和微觀粒子的相互作用。熱力系統由於能量轉換，而導致系統狀態變化的過程，稱之為熱力過程。典型的熱力過程有：等壓過程、等溫過程、等容過程、絕熱過程、循環過程。

　　當熱力系統經一循環過程，回到初始狀態時，則系統將通過一系列的狀態變化，把吸取的熱量轉變為機械能作功，並排放一部分熱量到低溫的熱庫，而系統又回復原來的狀態。熱機就是重複這種熱力循環，並在每一循環過程，把熱能轉換為機械能的裝置或系統。卡諾研究如何提高熱機的效率，在 1824 年所發表的熱力學第二定律，就是依據理想熱機的工作原理所作的推論。

　　在熱力學中，三個基本的狀態函數為溫度、內能及熵。溫度是由熱平衡定律確定，內能是由熱力學第一定律確定，而熵是由熱力學第二定律確定[註一]。前面章節已討論過熱力學第零定律，本章節將探討熱力學第一及第二定律，以及理想熱機的工作原理。

11-1 熱力學第一定律

11-1-1 熱力學過程

熱庫：
一封閉系統，不論吸收或輸出熱量，都不會明顯的影響其本身的溫度，此類封閉系統可視為一恆溫的熱庫。

熱力過程：
熱力系統中，氣體由初始的平衡狀態，經由一些變化後，系統內氣體再度處於平衡狀態，這樣的狀態改變稱為熱力過程。

準靜態過程：
熱力系統所經過的熱力過程，在每一時刻，系統內的每一部分，都能維持熱力平衡的狀態，這種熱力過程稱為準靜態過程。

> **準靜態過程：**
> 這是理想化的狀態，假設熱力過程以非常緩慢的速度進行時，才有可能出現。

> **孤立系統：**
> 系統與外界不能有物質與能量的交流。

> **封閉系統：**
> 系統與外界有能量的交流，但無物質的交流。

> **熱庫：**
> 為固定溫度的熱源，它的作用只是提供系統熱量或是吸收由系統傳過來的熱量。

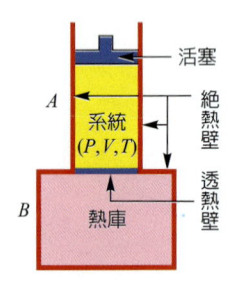

孤立系統達成熱平衡時，內部狀態均勻一致。不過由於孤立系統與外界無能量和物質的交流，外界不受它的影響，系統也不受外界的影響。封閉系統則不然，當其平衡時，封閉系統既能作功，又可傳熱，是許多熱機 (heat engine) 的核心結構，大有深入研究的必要。

為簡化討論，封閉系統 A 的外界常視為另一封閉系統 B。當系統 B 從系統 A 吸收 (或向之輸送) 相當的熱量時，系統 B 的溫度不會產生明顯改變。因此，對系統 A 而言，系統 B 可視為恆溫的熱庫 (heat reservoir)。

設 A 為簡單的封閉系統，其狀態可以函數 (P, V, T) 界定。這樣的系統，可以封存在容器中的理想氣體為代表。容器具一質量可以忽略且與器壁無摩擦的活塞。器壁除與熱庫 B 接觸的一面為透熱壁外，其餘皆以絕熱壁間隔。當 A 與熱庫 B 達成熱平衡時，系統內各處的壓力與溫度也應均勻一致，稱 A 的這個狀態為起始狀態 (initial state)，簡稱為始態或初態，用狀態函數 $i(P_i, V_i, T_i)$ 界定。

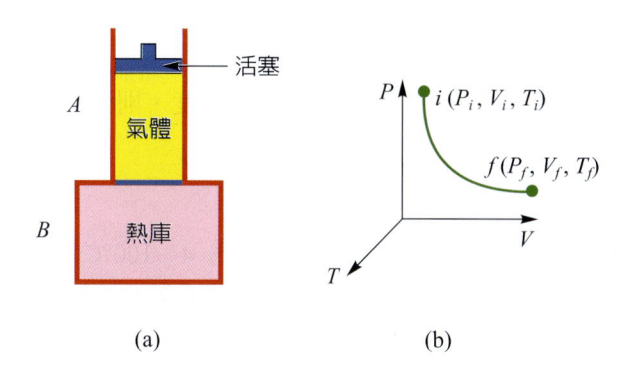

圖 11-1 (a) 系統示意圖；(b) 熱力過程圖。

　　由於 P_i、V_i 與 T_i 各有定值，若以這些熱力參數 P、V、T 作座標，則在平衡態時，可以座標空間的一點表示。

　　此時如果調整系統的條件，如圖 11-1(a) 所示，例如移動活塞的位置 (對系統作功)，或搬到另一熱庫上 (傳輸熱量) 等等，初態的平衡遭受破壞，參數改變，必須經歷相當時間才會重新達成平衡，但參數已非原值。稱這個新的平衡態為終結狀態 (final state)，簡稱為終態或末態，用 $f(P_f, V_f, T_f)$ 界定，以座標空間的另一點代表，如圖 11-1(b) 所示。系統始、末狀態的變化過程稱為熱力過程 (thermo-dynamic process)。

　　在熱力過程中，系統狀態不斷改變，參數值也不斷改變，甚或處處不同，此時，系統處於不平衡的狀態，在熱力座標中，無法以固定的熱力參數來表示。但如將變化過程的步調放慢，讓系統在每一瞬間都維持均勻，近於平衡，則亦可以座標的一點代表，這樣的過渡狀態謂之準靜態狀態 (quasi-static state)。

　　圖 11-1(b) 所示，連結終、始狀態的曲線，即代表無數這樣的過渡狀態。準靜態過程是一個理想熱力過程的極限。在以後的研討中，除非另有指示，否則所有熱力學的過程，都假設是以準靜態的方式進行。

例題 11-1

利用水「熱脹冷縮」的特性來測量溫度，則測量的溫度範圍為何？

解

利用水做溫度計，測量的溫度範圍為 4～100°C；因為純水在 0～4°C 的範圍為熱縮冷脹，在 4～100°C 則為熱脹冷縮，在 100°C 時轉變為水蒸氣。

補充說明：

水銀因為受熱而膨脹，且膨脹量與溫度具有良好的線性關係，故較常作為製作溫度計的材料。但因其蒸氣容易使人水銀中毒，及污染環境，故環保署 98 年 7 月 1 日起，將分階段禁止水銀體溫計輸入、販賣。若有使用，則必須注意下列事項：

1. 水銀體溫計在保存時，應該放安在硬質安全容器裡。
2. 水銀溫度計不慎打破，應該用空針筒或吸球將散落水銀粒吸取後，交給清潔人員回收，以免造成水銀中毒，和環境的破壞。

隨堂練習

11-1 何謂熱庫？熱庫有何效用？

11-2 說明熱力學過程。

11-3 何謂準靜態過程？準靜態過程與真實熱力過程有何差異？

11-4 將左手浸入熱水中，右手浸入冰水中，隔一會兒同時抽出，再放入同一盆溫水中，則：
(1) 右手因吸熱感覺冷　　(2) 左手因放熱反應而感覺冷
(3) 因水溫相同，兩手感覺相同　(4) 無法判定。

11-1-2 功與熱

學習方針

熱量的單位：

1. 卡：熱量的單位，相當於使 1 公克的純水，從 14.5°C 升至 15.5°C 時，所需吸收的熱量；符號是 cal (calorie，卡)。

2. 仟卡：熱量的單位，相當於使 1 公斤的純水，從 14.5°C 升至 15.5°C 時，所需吸收的熱量；符號是 kcal (kilo-calorie，仟卡)。

單位轉換：

$$1 \text{ 仟卡 (kcal)} = 1 \text{ 大卡 (Cal)} = 1000 \text{ 卡 (cal)}$$

熱功當量：

產生 1 卡的熱量所需作的功，稱為熱功當量；即

$$1 \text{ cal} = 4.186 \text{ J}$$

熱力學第一定律：

系統與外界間熱量的變化量，等於系統與外界所作的功，和系統內能變化量的代數和。數學表達式為：

$$Q = W + \Delta U$$

Q：系統的熱量變化量

$$\begin{cases} Q > 0：系統自外界吸收熱量 \\ Q < 0：系統釋放熱量至外界 \end{cases}$$

$W = P\Delta V$：系統所作的功

$$\begin{cases} W > 0：系統對外界作功，系統體積膨脹 \\ W < 0：外界對系統作功，系統體積收縮 \end{cases}$$

$\Delta U = U_f - U_i$：系統的內能變化量

$$\begin{cases} \Delta U > 0：系統的內能增加 \\ \Delta U < 0：系統的內能減少 \end{cases}$$

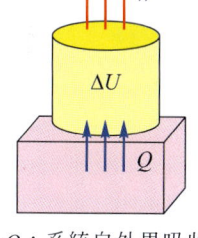

Q：系統自外界吸收的熱量
W：系統對外界作功
ΔU：系統內能的變化

十九世紀中葉，焦耳以二十餘年的時間，設計許多極富創意的實驗，研究熱與功的關係。他的研究為熱力學奠定堅厚的基礎。能量的單位定為焦耳 (Joule, J)，便是紀念他對熱學的貢獻。圖 11-2 所示的熱功實驗便是他著名的實驗之一。

設將一定量的純水封存在一容器中，以絕熱壁與外界隔離。容器中裝一轉輪，與容器外的重物以細繩連繫 (圖 11-2)。重物向下墜落，帶動轉輪，水受輪葉攪動，焦耳發現水溫也會跟著升高。由於轉

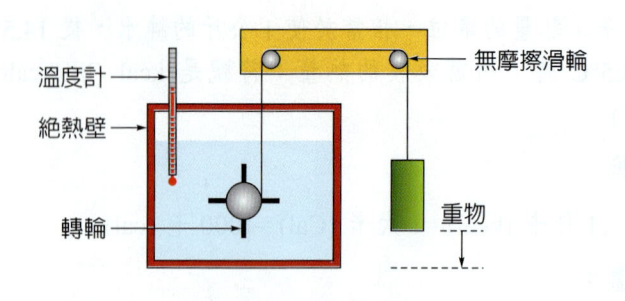

圖 11-2　熱功實驗。

輪、水與外界隔絕，沒有熱的交流，水溫上升完全是重物作功的結果。焦耳據此證明熱是能的一種形式，可以機械作功的方式產生。

焦耳更用不同的絕熱過程，發現令物體升高一定的溫度，所需作的功，在實驗誤差範圍內，亦可視同相等。他因此定出所謂**熱功當量** (mechanical equivalent of heat)

$$1 \text{ cal} = 4.186 \text{ J} \tag{11-1}$$

J：
SI 制的能量單位。

符號 cal (calorie，卡) 是熱量的單位。1 卡相當於使 1 公克的純水，從 14.5°C 升高為 15.5°C 時，所需吸收的熱量。

既然熱可由機械功產生，則熱也可作功。如圖 11-3(a) 所示的簡單理想系統，設四周以絕熱壁與外界隔離，活塞亦不傳熱。當它達成平衡時，外界對活塞所施的壓力，必須與系統中的氣體施加在活塞的壓力等強，可以 P 表示。

壓力：
單位面積所受的垂直作用力，
$P = \dfrac{F}{A}$。

若氣體推動活塞的熱力過程，是以準靜態過程的方式進行，當推力 $\vec{F}$ 將活塞移動一位移 $d\vec{y}$ [圖 11-3(b)]，則系統對外界所作的功

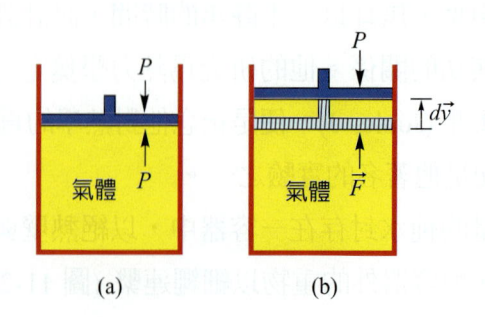

圖 11-3　絕熱作功的示意圖。

dW 為

$$dW = \vec{F} \cdot d\vec{y} = PA\,dy$$

A 是活塞的表面積；推力 $\vec{F}$ 與位移 $d\vec{y}$ 方向相同。此時系統的體積變量 dV 為

$$dV = A\,dy$$

綜合可得

$$dW = P\,dV \tag{11-2}$$

此式顯示，

1. 當系統體積收縮時，$dV < 0$；系統對外界作負功，$dW < 0$。
2. 當系統體積膨脹時，$dV > 0$；系統對外界作正功，$dW > 0$。

$dW < 0$：
系統對外界作負功；
即為外界對系統作正功。

　　如系統熱力過程是為準靜態過程，而體積 V 只作有限度的縮脹，例如，在定壓的熱力過程，體積從 V_i 變為 V_f 時，系統對外界所作的功，可以積分方法計算，亦即

$$W = \int_{V_i}^{V_f} P\,dV \tag{11-3}$$

如 P 不是 V 的函數，積分可得

$$W = P(V_f - V_i) = P\,\Delta V$$

　　在絕熱過程中，系統對外界所作的功，僅取決於系統的始末狀態，即使在非準靜態過程，如上述焦耳實驗者亦然。因此，定義一個所謂內能的狀態函數 U，其始末狀態的內能差為 ΔU，即相當於系統對外界所作功的負值。亦即

$$\Delta U = U_f - U_i = -W \tag{11-4}$$

　　如系統所進行的不是絕熱過程，那麼，U_f 與 U_i 的差也不等於系統對外界所作功的負值。這個額外的量即一般所謂的熱量 Q。系統對外界所作功與系統內能變化的代數和，應與熱量 Q 相等，亦即

$$Q = W + \Delta U \tag{11-5}$$

$W > 0$ 系統對外界作功
$W > 0$ 外界對系統作功

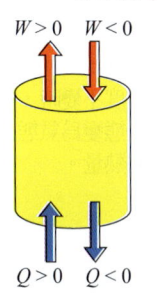

$Q > 0$ 系統自外界吸收的熱量
$Q > 0$ 系統釋放熱量至外界

這就是熱力學第一定律 (the first law of thermodynamics) 的數學表達式。以文字敘述，意即

系統所吸收的熱量 Q，等於系統對外界所作的功 W，與系統內能變化 ΔU 的代數和，即 $Q = W + \Delta U$。

這其實也是比較廣泛的能量守恆定律。在應用此一定律時，必須注意：系統對外界所作的功，與系統吸收的熱量皆取正值。反之，則取負值。

另外需要強調的是：內能 U 是一個狀態函數，始、末的狀態一經確立，它的差額便已確定，但功 W 與熱量 Q 的大小則取決於過程。當過程趨於無限小時，內能的變化 ΔU 可以微分量 dU 表示，系統對外界作的功 W 與系統熱量的變化 Q，則以 dW 與 dQ 表示。故第一定律亦常寫成如下的方式：

$$dQ = dW + dU \tag{11-6}$$

對氣相的系統而言，上式亦可寫成為

$$dQ = P\,dV + dU \tag{11-7}$$

雖然，$dQ = dW + dU$ 是由準靜態過程得出的結果，但熱力學第一定律不但適用於準靜態過程，非準靜態過程亦不例外，所以是一個普遍性的定律。

例題 11-2

汽化熱：
在溫度不變時，物質由液態變為氣態，所需的熱量。

如圖 11-4，系統周圍除與熱庫接觸的一面透熱外，其餘皆絕熱。熱庫保持在固定溫度 100°C，外界保持固定壓力 1.01×10^5 Pa，系統內有 1.00×10^{-3} kg 之水。在熱庫不斷供給系統熱能的過程中，系統中的水會不斷地吸收熱能，轉換為水蒸氣，而使系統的體積膨脹，並對外界作功。當水完全轉化為 1.67×10^{-3} m³ 的水蒸氣時，試問：

(1) 系統對外界所作的功為何？
(2) 水完全轉化為水蒸氣時，吸收了多少熱能？
(3) 系統的內能改變了多少？(水的汽化熱 $L = 2.26 \times 10^6$ J/kg)

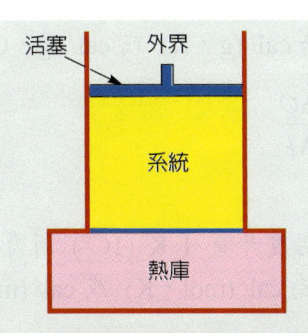

圖 11-4　與熱庫接觸的系統示意圖。

解

(1) 水的密度為 1.00 kg/m³，因此系統內 1.00×10^{-3} kg 的水，體積為 1.00×10^{-6} m³；在壓力 1.01×10^5 Pa 下，溫度 100°C 的水，完全轉化為 100°C 的水蒸氣時，體積膨脹為 1.67×10^{-3} m³，系統對外界所作的功

$$W = P\Delta V$$
$$W = P(V_f - V_i) \quad \Rightarrow \quad P = (1.01 \times 10^5)(1.67 \times 10^{-3} - 1.00 \times 10^{-6})$$
$$\approx 1.69 \times 10^2 \text{ (J)}$$

(2) 質量 1.00×10^{-3} kg 的水完全轉化為 100°C 水蒸氣所吸收之熱能（即系統吸收之總熱能）

$$Q = mL \quad \Rightarrow \quad Q = (1.00 \times 10^{-3})(2.26 \times 10^6)$$
$$= 2.26 \times 10^3 \text{ (J)}$$

(3) 由熱力學第一定律 $Q = W + \Delta U$，知系統的內能改變量

$$Q = \Delta U + W$$
$$\Delta U = Q - W \quad \Rightarrow \quad \Delta U \approx 2.26 \times 10^3 - 1.69 \times 10^2$$
$$= 2.09 \times 10^3 \text{ (J)}$$

11-2　熱力學第一定律的應用

學習方針

比熱：
使 1 公克的物質，溫度升高 1 K (1C°) 所需吸收的熱量；符號為

温度的表示：
1. 真實溫度用 °C 表示；溫度差用 C° 表示

```
├ t₂ °C
⇒ Δt C° = (t₂ − t₁) C°
├ t₁ °C
├ 0 °C
```

2. 現在多數用法，不再區分 °C 或 C°，皆以 °C 表示。

c；CGS 制的單位為 cal/(g·K) 或 cal/(g·C°)。

數學式： $c = \dfrac{1}{m}\dfrac{\Delta Q}{\Delta T}$

莫耳比熱：
使 1 莫耳的物質，溫度升高 1 K (1C°) 所需吸收的熱量；符號為 C；CGS 制的單位為 cal/(mol·K) 或 cal/(mol·C°)。

數學式： $C = \dfrac{1}{n}\dfrac{\Delta Q}{\Delta T}$

定容比熱 C_V：
在體積不變的情況下，使 1 公克的物質，溫度升高 1 K (1C°) 所需吸收的熱量。

數學式： $C_V = \left(\dfrac{dU}{dT}\right)_V$

定壓比熱 C_P：
在壓力不變的情況下，使 1 公克的物質，溫度升高 1 K (1C°) 所需吸收的熱量。

數學式： $C_P = \left(\dfrac{dH}{dT}\right)_P$

定容比熱與定壓比熱的關係：
$$C_P = C_V + R$$

R：氣體常數

熱容量：
質量 m 與比熱 c 的乘積，稱為系統的熱容量；CGS 制的單位為 cal/K 或 cal/C°。

莫耳熱容量：
莫耳數 n 與莫耳比熱 C 的乘積，則謂之莫耳熱容量；CGS 制的單位為 cal/K 或 cal/C°。

焓又稱熱焓。

焓：
熱力學中為便於研究等壓過程而引入的狀態函數。它在等壓過程中的增量，代表熱力學系統在此過程中所吸收的熱量，通常以符號 H 表示。

$$\Delta H = \Delta U + P\Delta V$$

11-2-1　比熱、熱容量與焓

不同物質，即使質量相等，接收或輸出的熱量相當，溫度升降的程度卻未必一致。夏日的沙灘，燙腳灼膚，海水卻清涼怡人，可為明證。由於許多狀態參數都是溫度的函數，溫度增減不等，它們的變化也大相逕庭。有必要訂定一個物理量，闡明熱量與溫度升降的關係。這個物理量比熱 (specific heat) 可以定義為：使 1 公克物質的溫度，升高 1 K 所需的熱量。用數學式可表示如下：

$$c = \frac{1}{m}\frac{\Delta Q}{\Delta T} \tag{11-8}$$

ΔQ 是使 m 公克物質升高 ΔT 的溫度所需的熱量。由於不同物質的分子量差異甚大，等量的不同物質，其分子數目可能相差數十、數百，甚至數千、數萬倍不止。以質量為基礎作比較，理論上的意義，顯然不如以分子數作基礎的明確。學者因此另以莫耳物質作為比熱的單元，而稱之為莫耳比熱 (mole specific heat)，用符號 C 表示，以與單位質量的比熱 c 區別。

$\Delta Q = mc\,\Delta T$
$\Delta T = T_f - T_i$

$$C = \frac{1}{n}\frac{\Delta Q}{\Delta T} \tag{11-9}$$

質量 m 與比熱 c 的乘積稱為系統的熱容量 (heat capacity)。同理，莫耳數 n 與莫耳比熱 C 的乘積，則謂之莫耳熱容量 (mole heat capacity)。

一般的情況下，固體與液體受熱時，體積與壓力的變化都不是很大，所以測量它們的比熱時，定容與定壓比熱的大小幾無差別，多不加以區分。但氣體體積與壓力的變化較大，因此有定容與定壓之別，分別以 C_V 與 C_P 表示，通常氣體的定壓比熱大於定容比熱。二者的量值雖不相等，但有一定的關係，以 1 莫耳 ($n = 1$) 的理想氣體為例，略加申述。

C_V：定容比熱
C_P：定壓比熱

1. 定容過程

在體積固定的情況下，外界對系統並不作功，根據第一定律

[參看 (11-5) 式]，系統內能的變化全由所傳遞的熱量提供，因此，(11-9) 式可表示如下：

$$C_V = \lim_{\Delta T \to 0}(\frac{\Delta Q}{\Delta T})_V$$
$$= (\frac{\partial U}{\partial T})_V \quad (11\text{-}10)$$

旁註：
$$C_V = \lim_{\Delta T \to 0}(\frac{\Delta Q}{\Delta T})_V$$
$$= \lim_{\Delta T \to 0}(\frac{\Delta U + P\Delta V}{\Delta T})_V$$
$$= \lim_{\Delta T \to 0}(\frac{\Delta U}{\Delta T})_V$$
$$= (\frac{\partial U}{\partial T})_V$$

所以引用偏微分式 $(\frac{\partial U}{\partial T})_V$，以表示在定容的情況下，內能隨溫度的變化率，無非想表明一個事實，即一般的簡單系統，其內能是 T、V 的函數，定容比熱 C_V 因此也該是 T、V 函數。但是理想氣體的內能，僅是溫度的函數，可用一般的微分式處理。

旁註：理想氣體的內能僅為溫度的函數時
$$C_V = (\frac{dU}{dT})_V$$

2. 定壓過程

將 $W = P\Delta V$ 代入 (11-5) 式，可見 $Q = \Delta U + P\Delta V$，則定壓比熱可寫成如下的方式：

$$C_P = \lim_{\Delta T \to 0}(\frac{\Delta Q}{\Delta T})_P$$
$$= (\frac{\partial U}{\partial T})_P + P(\frac{\partial V}{\partial T})_P \quad (11\text{-}11)$$

旁註：
$$C_P = \lim_{\Delta T \to 0}(\frac{\Delta Q}{\Delta T})_P$$
$$= \lim_{\Delta T \to 0}(\frac{\Delta U + P\Delta V}{\Delta T})_P$$
$$= (\frac{\partial U}{\partial T})_P + P(\frac{\partial V}{\partial T})_P$$

為使 (11-11) 式更形簡化，不妨聯合 U 與 PV，定義一個新的狀態函數，稱之為焓 (enthalpy)，以符號 H 表示，

$$H = U + PV \quad (11\text{-}12)$$

其在定壓過程中的變化，可示如下：

$$\Delta H = \Delta U + P\Delta V \quad (11\text{-}13)$$

參看 (11-7) 式可知，ΔH 其實是定壓過程中，系統所吸收的熱量 ΔQ。將它對溫度 T 微分，代入 (11-11) 式，可得

$$C_P = (\frac{\partial H}{\partial T})_P$$
$$= (\frac{dH}{dT})_P \quad (11\text{-}14)$$

旁註：焓：
1. 化學反應中，焓的增量 ΔH 等於反應熱。
2. 相變過程中，ΔH 等於相變潛熱。
3. 僅有溫度變化而無相變和化學反應的系統，其焓的增量與溫度改變量之比就等於該系統的定壓比熱 C_P。

引用理想氣體的狀態方程式，焓的定義可改寫成

$$H = U + PV = U + RT$$

對 T 微分，可得

$$(\frac{dH}{dT})_P = (\frac{dU}{dT})_V + R$$

換言之，

$$C_P = C_V + R \qquad (11\text{-}15)$$

在熱力學的演繹中，上式常被引用。另一常用的關係為

$$\frac{C_P}{C_V} = \gamma \qquad (11\text{-}16)$$

綜合 (11-15) 與 (11-16) 兩式【註二】，可見

$$\begin{cases} C_V = \dfrac{R}{\gamma - 1} \\ C_P = \dfrac{\gamma R}{\gamma - 1} \end{cases} \qquad (11\text{-}17)$$

$n = 1$ mol	n mol
$PV = RT$	$PV = nRT$
$\Rightarrow$ 定壓下 $P\Delta V = R\Delta T$	$\Rightarrow$ 定壓下 $P\Delta V = nR\Delta T$
$(\frac{dH}{dT})_P = (\frac{dU}{dT})_V + R$	$(\frac{dH}{dT})_P = (\frac{dU}{dT})_V + nR$
$C_P = C_V + R$	$C_P = C_V + nR$

一般言之，C_P 與 C_V 都是溫度的函數，它們的比值 γ 也是溫度的函數。但如溫度的變化不大，都可視為常數。

例題 11-3

老張的房間內估計約有空氣分子 2.00×10^3 mol。當他開了冷氣，一段時間後，屋內溫度由原先 30°C 降至 24°C。若屋內氣壓保持不變，並假定空氣為理想氣體，其 γ (即 $\dfrac{C_P}{C_V}$) 值為 1.4。試問，屋內空氣分子的內能改變量為若干？

解

屋內空氣之定容比熱

$$C_V = \frac{R}{\gamma - 1} \Rightarrow C_V = \frac{8.31}{1.4 - 1}$$
$$\approx 20.8 \ (J/mol \cdot K)$$

對於理想氣體，$C_V = \dfrac{\Delta U}{n\,\Delta T}$。

因此，空氣分子內能改變量

$$\Delta U = nC_V\,\Delta T \quad \Rightarrow \quad \Delta U = (2.00\times 10^3)(20.8)(24-30)$$
$$\approx -2.50\times 10^5 \text{ (J)}$$

屋內空氣分子內能減少 2.50×10^5 J，使室內溫度由 30°C 降至 24°C。

11-2-2　自由膨脹

學習方針

焦耳定律：
理想氣體的內能，只與氣體溫度有關，與體積無關。

自由膨脹：
在外界沒有對氣體作功，氣體與外界也沒有熱交換的情況下，氣體的體積增加；在此種熱力過程，氣體內能沒有變化，溫度也沒有改變。

　　這是焦耳另一個有名的實驗。圖 11-5 是他實驗裝置的示意圖。開始時，氣體試樣全被壓縮在容器的左半，右半則維持真空，中間設一活閥，整個容器浸沒於定量的水中。待溫度平衡以後，打開活閥，讓氣體自由向右方膨脹。他測量過程前後的水溫，發現並無變化。由此斷定氣體的內能只是溫度的函數，與體積無關。是為焦耳定律 (Joule's law) [註三]。

　　由於氣體是向真空的一方膨脹，並無外力阻礙，所以對外作的功 $W = 0$。又因溫度不變，顯示水、氣體間沒有熱的交流，亦即 $Q = 0$。根據熱力學第一定律 $Q = W + \Delta U$，則 $\Delta U = 0$，表示氣體自由膨脹前後，內能並無增減。

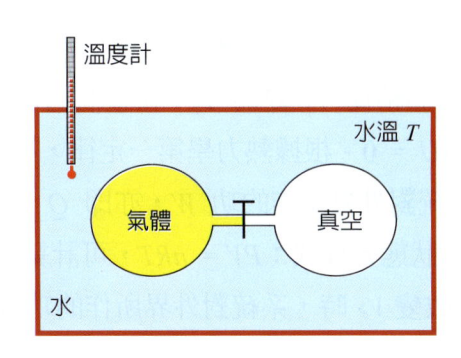

圖 11-5　焦耳的自由膨脹實驗示意圖。

設取 T、V 作為系統的狀態參數，則內能 U 可以 $U = (T, V)$ 代表。由於氣體的體積增加不少，但內能卻維持一定，顯見它與體積無關。換言之，氣體的內能只是溫度的函數，亦即 $U = U(T)$。

焦耳的實驗並不準確，主要因為水的比熱遠高於氣體，以當年的測溫設備，很不容易測定如此微弱的變化。但他的結論，對 $P \to 0$ 的氣體，卻是正確的。因為在非常稀薄的情況下，分子間的平均距離甚為遙遠，相互作用的機會微乎其微，對內能的貢獻自可忽略。而無規則運動與分子運動的動能，其統計平均皆與體積無關。換言之，焦耳定律只適用於理想氣體。

11-2-3　等溫過程

等溫過程：
在溫度不變的情況下，以準靜態過程的方式，使系統體積產生膨脹或壓縮的情形。

$$\Delta U = 0 \quad \Rightarrow \quad Q = W$$

$$W = nRT \ln\left(\frac{V_f}{V_i}\right)$$

ln：自然對數

普通物理

設取 n 莫耳的理想氣體，使與一恆溫的熱庫接觸，並以準靜態過程的方式，讓其體積從 V_i 變為 V_f。在整個過程中，由於溫度 T 維持一定，所以 $\Delta U = 0$。根據熱力學第一定律，系統所吸收的熱量 Q，應全部轉向系統對外界所作的功 W，亦即 $Q = W$。

由理想氣體的狀態方程式：$PV = nRT$，可計算出在溫度 T 維持一定，體積由 V_i 改變 V_f 時，系統對外界所作的功 W，為

$$\begin{aligned}W &= \int_{V_i}^{V_f} P\,dV \\ &= \int_{V_i}^{V_f} \frac{nRT}{V}\,dV \\ &= nRT\int_{V_i}^{V_f} \frac{1}{V}\,dV\end{aligned}$$

$$W = nRT\ln\left(\frac{V_f}{V_i}\right) \tag{11-18}$$

熱力學第一定律
$Q = \Delta U + W$
$\Delta U = 0$
$\Rightarrow\quad Q = W$

等溫過程：
系統對外界所作的功，系統膨脹時作正功，系統壓縮時作負功。

如圖 11-6 以 P-V 圖表示，則曲線代表轉變過程中的所有準靜態狀態，此曲線一般稱為等溫曲線 (isotherm curve)。P-V 圖中，曲線下的面積相當於系統對外界所作的功 W。

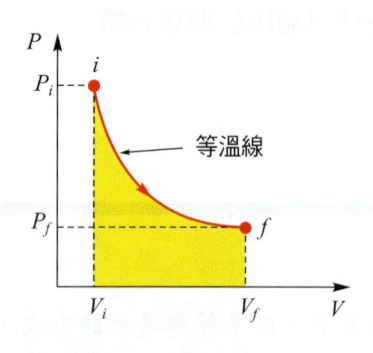

圖 11-6 等溫過程。

$R = \dfrac{P_0 V_0}{T_0}$
$= \dfrac{(1\,\text{atm})(22.4\,\text{L})}{273.15\,\text{K}}$
$= 0.082\ \text{L}\cdot\text{atm/K}\cdot\text{mol}$
$= 8.31\ \text{N}\cdot\text{m/K}\cdot\text{mol}$
$= 8.31\ \text{J/K}\cdot\text{mol}$

例題 11-4

將一氣不足的皮球，用手慢慢捏扁，讓它的體積減少一半。若當時室溫為 27°C，皮球內含有 2 mol 的空氣，若將空氣視為理想氣體，則手對皮球作了多少功？

解

皮球在等溫時被壓縮，皮球中的空氣所作的功為

$$W = nRT \ln(\frac{V_f}{V_i}) \Rightarrow W = (2)(8.31)(273+27)\ln(\frac{1}{2})$$
$$\approx -3.46 \times 10^3 \text{ (J)}$$

負功表示手 (外界) 對皮球 (系統) 作功，皮球的體積縮小。

例題 11-5

如圖 11-7，兩個壓力相等用閥隔離的絕熱容器內，裝有相同的理想氣體，其中 A 容器的體積為 V，溫度為 200 K，B 容器的體積為 $2V$，溫度為 600 K。若將閥打開，使這兩個容器相互連通，則熱平衡時絕熱容器內之氣體的溫度為何？

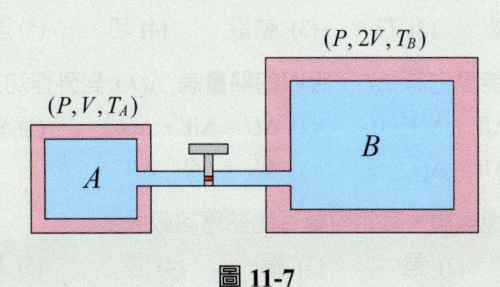

(P, V, T_A)　$(P, 2V, T_B)$

A　B

圖 11-7

解

由理想氣體的狀態方程式 $PV = nRT$，可知二容器內之氣體的莫耳數 n_A、n_B 為

$$PV = nRT \Rightarrow n = \frac{PV}{RT}$$

$$n_A = \frac{P_A V_A}{RT_A} \xrightarrow[T_A = 200K]{P_A = P\,;\,V_A = V} n_A = \frac{PV}{200R}$$

$$n_B = \frac{P_B V_B}{RT_B} \xrightarrow[T_B = 600K]{P_B = P\,;\,V_B = 2V} n_B = \frac{PV}{300R}$$

二絕熱容器內之氣體的總莫耳數 n_t 為

$$n_t = n_A + n_B \Rightarrow n_t = \frac{PV}{200R} + \frac{PV}{300R}$$
$$= \frac{5PV}{600R}$$

觀點：
1. 利用 $PV = nRT$ 求出絕熱容器內之氣體的總莫耳數 $n = n_A + n_B$。
2. 絕熱容器的總體積為 $V = V_A + V_B$。
3. 在壓力相等下，用 $PV = nRT$ 求出絕熱容器內之氣體的平衡溫度。

二絕熱容器的氣體總體積 V_t 為

$$V_t = V_A + V_B \longrightarrow V_t = V + 2V = 3V$$

在壓力相等下，絕熱容器內之氣體的平衡溫度 T_t 為

$$T_t = \frac{PV_t}{n_t R} \longrightarrow T_t = \frac{P \times 3V}{\frac{5PV}{600R} \times R} = 360 \text{ (K)}$$

將閥打開，使這兩個容器相互連通，則熱平衡時絕熱容器內之氣體的溫度為 360 K。

隨堂練習

11-5 氣體壓力 P 與體積 V 乘積，其單位與下面哪個物理量相同？
(1) 加速度　(2) 力　(3) 動量　(4) 功　(5) 速率。

11-6 若氣體內能變化為 ΔU，吸收的熱量為 ΔQ，對外作功為 ΔW，則
(1) $\Delta U + \Delta W + \Delta Q = 0$　(2) $\Delta U = \Delta W + \Delta Q$　(3) $\Delta Q = \Delta U + \Delta W$
(4) $\Delta U = \Delta W - \Delta Q$　(5) $\Delta U = \Delta Q - \Delta W$。

11-7 下面哪一種氣體，其定容莫耳比熱應該較大？
(1) 氦　(2) 氖　(3) 氫　(4) 氪　(5) 氧。

11-8 定壓莫耳比熱 C_P 與定容莫耳比熱 C_V 間的關係為何？(R 為理想氣體常數)
(1) $C_V = C_P$　(2) $C_V > C_P$
(3) $C_V - C_P = R$　(4) $C_P - C_V = R$。

11-2-4　絕熱過程

熱力過程的 P、V、T 關係；
等溫過程：
　　$PV =$ 常數
等壓過程：
　　$TV^{-1} =$ 常數
等容過程：
　　$TP^{-1} =$ 常數

絕熱過程：
在系統與外界無熱量的交流下，以準靜態過程的方式，使系統體積產生膨脹或壓縮的情形。

$$dQ = 0 \Rightarrow dU = -dW = -PdV$$

> 壓力與體積的關係為 $PV^\gamma = $ 常數
> 壓力與溫度的關係為 $T^\gamma P^{1-\gamma} = $ 常數
> 溫度與體積的關係為 $TV^{\gamma-1} = $ 常數

上文已多次提及**絕熱過程** (adiabatic process)，焦耳的熱功轉換與自由膨脹實驗便是其例。但未曾對之作系統性的分析，這裡正好彌補此一不足。

設 n 莫耳理想氣體，以準靜態過程的方式，進行絕熱的膨脹或壓縮。系統與外界並無熱的輸送，亦即 $dQ = 0$，根據第一定律：

$$dQ = dU + dW$$
$$dQ = 0 \Rightarrow dU = -dW$$

從焦耳定律可知，理想氣體的內能僅是溫度的函數，(11-10) 式顯示，它的微分可以定容比熱表示，亦即 n 莫耳理想氣體的內能 $dU = nC_V dT$。

將之代入上式，可得

$$nC_V dT + P dV = 0 \tag{11-19}$$

對理想氣體的狀態方程式 $PV = nRT$ 微分，

$$P dV + V dP = nR dT$$

並以 $C_V(\gamma - 1)$ 代替 R [參考 (11-17) 式]，可得

$$P dV + V dP = nC_V(\gamma - 1) dT \tag{11-20}$$

使與 (11-19) 式聯立，消去 $C_V dT$，則得

$$V dP + \gamma P dV = 0$$

或

$$\frac{dP}{P} + \gamma \frac{dV}{V} = 0$$

積分求解，可得

$$PV^\gamma = 常數 \tag{11-21}$$

$\gamma = \dfrac{C_P}{C_V}$

$C_V = (\dfrac{dU}{dT})_V$

$dU = -dW$

$nC_V dT = -P dV$

$\begin{cases} C_V = \dfrac{R}{\gamma - 1} \\ C_P = \dfrac{\gamma R}{\gamma - 1} \end{cases}$

$\dfrac{dP}{P} + \gamma \dfrac{dV}{V} = 0$

$\int (\dfrac{dP}{P} + \gamma \dfrac{dV}{V}) = 常數$

$\ln P + \ln V^\gamma = 常數$

$\ln (PV^\gamma) = 常數$

$PV^\gamma = 常數$

在 P-V 座標作圖，(11-21) 式所得的曲線稱為**絕熱曲線** (adiabatic curve)。由於 $\gamma = \dfrac{C_P}{C_V} > 1$，絕熱曲線一般比等溫線更為陡峭。

例題 11-6

汽車引擎在絕熱壓縮過程中，汽缸內氣體之體積會縮小約 15 倍。若將汽缸內氣體視為理想氣體，其 γ 值為 1.40，且壓縮前，汽缸內氣體之壓力為 1.01×10^5 Pa，試問壓縮後，其氣體壓力為何？

解

在定溫下，系統的熱力過程為絕熱過程時，壓力與體積關係為

$$PV^\gamma = 常數$$

設壓縮前，汽缸內氣體之壓力與體積為 P_i 與 V_i，壓縮後為 P_f 與 V_f，則

$$P_i V_i^\gamma = P_f V_f^\gamma$$

$$P_f = P_i \left(\frac{V_i}{V_f}\right)^\gamma \Rightarrow P_f = (1.01 \times 10^5)\left(\frac{15}{1}\right)^{1.4}$$

$$\approx 4.48 \times 10^6 \text{ (Pa)}$$

因此，壓縮後，汽缸內氣體之壓力為 4.48×10^6 Pa。

隨堂練習

11-9 理想氣體於 1 大氣壓下，其體積由 1.5 公升減少為 1 公升時，此氣體對外界所作的功為
(1) −50.5　(2) −25.3　(3) 50.5　(4) 25.3　(5) 12.5 焦耳。

11-10 在絕熱的情況下，利用汽缸壓縮氣體時，則下列敘述何者正確？
(1) 氣體對外界不作功
(2) 氣體對外界作功為正
(3) 氣體由外界吸熱
(4) 氣體對外界放熱
(5) 氣體的內能增加。

11-2-5　卡諾循環

> **卡諾循環：**
> 卡諾循環包括四個步驟，兩個等溫與兩個絕熱過程，依順序為：
> (1) 等溫膨脹：過程中系統從環境中吸收熱量；
> (2) 絕熱膨脹：過程中系統對環境作正功；
> (3) 等溫壓縮：過程中系統向環境放出熱量；
> (4) 絕熱壓縮：過程中系統對環境作負功，系統恢復原來狀態。

卡諾循環是由法國工程師卡諾於 1824 年提出，以分析熱機的工作過程。

　　在工程上，為要使熱不斷作功，必須讓工作物質 (即系統) 在始、末狀態間，周而復始的運轉。並能從每一循環中，轉化一部分的熱量作機械功。由於系統經歷一系列的過程，又回歸到原始的狀態，理論上並無實際的消耗，所以能持續運作。各式各樣實用的熱機都是依照這樣的原理設計的。其中最簡單，在理論上又是最基本、最重要的，首推卡諾 (Sadi Carnot, 1796-1832) 所設計的循環過程。這個所謂**卡諾循環** (Carnot cycle) 的過程，包括兩個等溫與兩個絕熱過程，依順序為：(I) 等溫膨脹，(II) 絕熱膨脹，(III) 等溫壓縮與 (IV) 絕熱壓縮。所用的工作材料設定為 1 莫耳的理想氣體。用 P-V 座標可以圖 11-8 表示，每一循環所作的功等於四邊形所圍的面積。

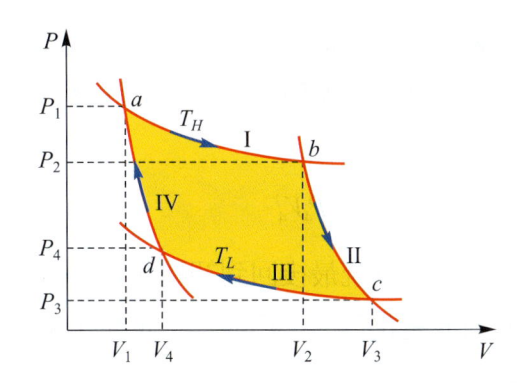

圖 11-8　卡諾循環過程。

(I) 等溫膨脹過程

將氣體由狀態 a 等溫 (溫度為 T_H) 膨脹到狀態 b，在這個過程中氣體吸熱 Q_1。為確保過程中，系統的溫度不變，可令系統與一高溫熱庫接觸，系統自熱庫所吸取的熱量大小為

$$Q_1 = RT_H \ln \frac{V_2}{V_1}$$

(II) 絕熱膨脹過程

氣體狀態 b 絕熱膨脹到狀態 c，這個過程中氣體與外界沒有熱量的交換。但是氣體因膨脹而降溫至 T_L 溫度。系統無熱的吸收或輸送，所以

$$Q_2 = 0 \Rightarrow P_2V_2^\gamma = P_3V_3^\gamma$$

(III) 等溫壓縮過程

氣體由狀態 c 等溫 (溫度為 T_L) 壓縮到狀態 d，此過程中因為氣體的溫度沒有改變，所以它的內能也不會改變，因此壓縮所作的功全部變成熱量 Q_3。此時系統與一低溫熱庫接觸。在壓縮過程中，系統向熱庫輸送熱量，其大小為

$$Q_3 = RT_L \ln \frac{V_4}{V_3}$$

(IV) 絕熱壓縮過程

氣體狀態 d 絕熱壓縮到狀態 a，這個過程中氣體與外界沒有熱量的交換。但是氣體因壓縮而升溫至 T_H 溫度。當氣體絕熱壓縮回到狀態 a 時，就完成一個卡諾循環。狀態 d 到狀態 a 是一絕熱過程，故

$$Q_4 = 0 \Rightarrow P_1V_1^\gamma = P_4V_4^\gamma$$

整個循環完成時，系統最後回到初始狀態。由於內能是狀態函數，故一循環的內能變化為零。根據第一定律，系統對外界所作的淨功 W，應與系統在循環中所吸收的淨熱量相等，亦即

$\Delta U = nC_V \Delta T$
$i-\text{state} = f-\text{state}$
$\Rightarrow \Delta U = 0$
$\Delta U = \Delta W + \Delta Q$
$\Delta U = 0 ; \Delta W = -W$
$\Rightarrow 0 = -W + \Delta Q$
$W = Q_1 - Q_3$

$$W = Q_1 - Q_3$$
$$= RT_H \ln \frac{V_2}{V_1} - RT_L \ln \frac{V_4}{V_3} \tag{11-22}$$

由於 (II) 與 (IV) 為絕熱過程，P 與 V 有 (11-21) 式的關係，即

絕熱過程 (II) $\qquad\qquad P_2 V_2^\gamma = P_3 V_3^\gamma$

絕熱過程 (IV) $\qquad\qquad P_1 V_1^\gamma = P_4 V_4^\gamma$

使與 $PV = RT$ 聯立，消去不必要的因素，可以證明 $\dfrac{V_2}{V_1} = \dfrac{V_3}{V_4}$ 的關係成立。因此 (11-22) 式可簡化為

$PV = nRT$
$n = 1$ mol
$\Rightarrow\ PV = RT$

$$W = R(T_H - T_L) \ln \left(\frac{V_2}{V_1}\right) \tag{11-23}$$

在整個循環中，系統自 T_H 熱庫吸收熱量 Q_1，對外界作功 W，所以熱功轉化的效益即熱機的**熱效率** (thermal efficiency) η **[註四]**：

$$\eta = \frac{W}{Q_1} = 1 - \frac{T_L}{T_H} < 1 \tag{11-24}$$

熱機熱效率 η 只取決於高、低兩熱庫的溫度。熱機熱效率值永遠小於 1，也就是說：「任何熱機，在無外力協助下，無法將自高溫所獲得的熱量，完全轉變為有用的功。」

圖 11-8 之卡諾循環亦可以反向進行，亦即以 (IV) → (III) → (II) → (I) (即 $a \to d \to c \to b \to a$) 的順序操作。用同樣的方法分析，可見系統自低溫熱庫吸取熱量 Q_3，而向高溫熱庫輸送 Q_1。外界對系統所作的功 W，**效能係數** (coefficient of performance, COP) 則為

$$W = R(T_L - T_H) \ln \left(\frac{V_1}{V_2}\right)$$

$$\text{COP} = \frac{Q_3}{W} = \frac{T_L}{T_H - T_L} \tag{11-25}$$

也只取決於高、低溫熱庫的溫度。

日常生活所見引擎一類的熱機，原理類似於正卡諾循環，而冰箱、暖氣機等，則屬於逆卡諾循環。由於卡諾循環是理想的極限，因此其工作效益也是最高的，不是一般熱機所能企及。

例題 11-7

假設有 1.00 mol 的理想氣體，其 $\gamma = 1.40$，經一卡諾循環，如圖 11-9。由 A 狀態開始，依 B、C、D 次序，再回到 A 狀態。開始時，氣體的體積 $V_1 = 1.00 \times 10^{-4}$ m^3，經等溫膨脹過程後，其體積 $V_2 = 2.00 \times 10^{-4}$ m^3。若等溫膨脹過程的溫度 $T_H = 373$ K，等溫壓縮過程的溫度 $T_L = 300$ K，試計算

(1) 狀態 A 之壓力 P_1。
(2) 狀態 B 之壓力 P_2。
(3) 狀態 C 之體積 V_3 與壓力 P_3。
(4) 狀態 D 之體積 V_4 與壓力 P_4。

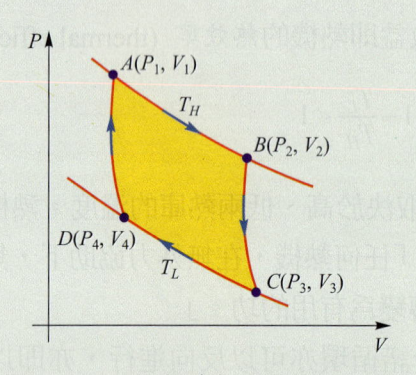

圖 11-9 理想氣體卡諾循環示意圖。

解

(1) 由理想氣體方程式知，狀態 A 之壓力

$$PV = nRT$$

$$P_1 = \frac{nRT_H}{V_1} \Rightarrow P_1 = \frac{(1.00)(8.32)(373)}{1.00 \times 10^{-4}}$$

$$\approx 3.10 \times 10^7 \text{ (Pa)}$$

(2) 因由狀態 A 至狀態 B，係等溫膨脹過程，故由理想氣體方程式知，

$$PV = 常數$$
$$P_1V_1 = P_2V_2 \Rightarrow (3.1\times10^7)(1.00\times10^{-4}) = P_2(2.00\times10^{-4})$$
$$P_2 = 1.55\times10^7 \text{ (Pa)}$$

可得狀態 B 之壓力 $P_2 = 1.55\times10^7$ Pa。

(3) 因由狀態 B 至狀態 C，係絕熱膨脹過程，

$$P_2V_2^\gamma = P_3V_3^\gamma \tag{a}$$

又根據理想氣體方程式知

$$\frac{P_2V_2}{T_H} = \frac{P_3V_3}{T_L} \tag{b}$$

由 (a)、(b) 式知，

$$T_H V_2^{\gamma-1} = T_L V_3^{\gamma-1} \tag{c}$$

故由 (c) 式與題意知，狀態 C 之體積

$$TV^{\gamma-1} = 常數$$
$$V_3 = V_2(\frac{T_H}{T_L})^{\frac{1}{\gamma-1}} \Rightarrow V_3 = (2.00\times10^{-4})(\frac{373}{300})^{\frac{1}{1.40-1}}$$
$$\approx 3.45\times10^{-4} \text{ (m}^3\text{)}$$

根據理想氣體方程式知，狀態 C 之壓力

$$PV = nRT$$
$$P_3 = \frac{nRT_L}{V_3} \Rightarrow P_3 = \frac{(1.00)(8.32)(300)}{3.45\times10^{-4}}$$
$$\approx 7.23\times10^6 \text{ (Pa)}$$

(4) 由狀態 D 至狀態 A，係絕熱壓縮過程，狀態 D 之體積

$$TV^{\gamma-1} = 常數$$
$$V_4 = V_1(\frac{T_H}{T_L})^{\frac{1}{\gamma-1}} \Rightarrow V_4 = (1.00\times10^{-4})(\frac{373}{300})^{\frac{1}{1.40-1}}$$
$$\approx 1.72\times10^{-4} \text{ (m}^3\text{)}$$

根據理想氣體方程式知，狀態 D 之壓力

$$PV = nRT$$
$$P_4 = \frac{nRT_L}{V_4} \Rightarrow P_4 = \frac{(1.00)(8.32)(300)}{1.72 \times 10^{-4}}$$
$$\approx 1.45 \times 10^7 \text{ (Pa)}$$

隨堂練習

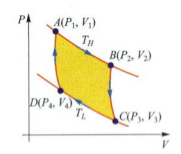

11-11 假設有 2.00 mol 的理想氣體，其 $\gamma = 1.40$，經一卡諾循環，如左圖。由狀態 A 開始，依 B、C、D 次序，再回到狀態 A。開始時，氣體的體積 $V_1 = 2.00 \times 10^{-4}$ m³，經等溫膨脹過程後，其體積 $V_2 = 4.00 \times 10^{-4}$ m³。若等溫膨脹過程的溫度 $T_H = 600$ K，等溫壓縮過程的溫度 $T_L = 300$ K，試計算

(1) 狀態 A 之壓力 P_1
(2) 狀態 B 之壓力 P_2
(3) 狀態 C 之體積 V_3 與壓力 P_3
(4) 狀態 D 之體積 V_4 與壓力 P_4。

11-3 熱力學第二定律

熱力學第一定律討論在熱力學過程中的能量守恆，但是這個定律並未保證任何遵守這個定律的過程一定可以發生。法國工程師卡諾發現熱不能完全轉變為功。任何可以將熱能轉換為功的機器稱為**熱機** (heat engine)。當熱機從外界吸收 ΔQ 熱量而對外作功 ΔW，則可以定義**熱效率** (thermal efficiency) η 為：$\eta = \Delta W / \Delta Q$。卡諾發現對一個熱機而言，$\eta$ 永遠都小於 1；卡諾定理指出在固定溫度範圍內運轉的熱機，其熱機效益是有極限，這結果已隱含**熱力學第二定律** (the second law of thermodynamics) 的觀點。克勞修斯和凱文則明確的表示了熱力學第二定律的特性及其價值，並據此證明卡諾定理。熱力學第一定律和第二定律的確認，更讓爭議已久的**第一類與第二類永動機**劃下休止符。1854 年，克勞修斯引入了熱力學函數熵 (entropy)，將原本定性描述的第二定律，以數學的形式表述。

仿魔輪製品

法國人亨內考在十三世紀提出的「魔輪」，是歷史上最著名的第一類永動機。

11-3-1 可逆與不可逆過程

　　各種熱力過程，除了遵守第一定律的能量守恆外，都有一個共通的特徵，就是過程的進展總是循單一方向進行。例如，放在冰塊上的咖啡，會越來越涼；寒冬天氣，在室內一角生起火爐，全室都會溫暖如春。但這些散佈至杯子與火爐外的熱量，卻無法再循原路徑回到原來的地方。這類單向性進展的熱力過程統稱為不可逆過程 (irreversible processes)，是自然界普遍的現象，因此又名自發過程 (spontaneous processes)。反之，如能將熱力過程的進展放慢，使每一變化皆能維持平衡狀態，並可回復至上一平衡狀態，即每一步驟都符合準靜態過程，因此整個熱力過程是可逆轉的，這樣的熱力過程則稱為可逆過程 (reversible processes)。卡諾循環的每一步驟都是準靜態的，也是可逆的，因此工作效益最高。但因準靜態的熱力過程是十分緩慢，輸出的功率幾近於零。由此可知，可逆過程是理想的極限，在現實生活裡是無從體驗的。

隨堂練習

11-12 說明準靜態過程。

11-13 說明熱力過程中可逆過程與不可逆過程。

11-3-2　第二定律的表述

學習方針

熱力學第二定律：

　凱文爵士的敘述：
　　從單一熱庫吸取熱量，將之完全轉換為功，而不引起其它的變化，其事絕無可能。

　克勞修斯的敘述：
　　使熱從低溫傳導至高溫系統，而不引起其它的變化，其事亦絕無可能。

熱學的基本現象是趨向平衡態，但這是一個不可逆過程。例如，具有不同溫度 T_A 與 T_B 的二系統相接觸時，可經由透熱壁將熱由高溫系統傳遞到低溫系統，直至二系統達到熱平衡；但若無外加條件，則不可能由逆過程，使二系統各自回復到原有的溫度 T_A 與 T_B。又如，將兩種氣體放入同一個容器中時，會自發的均勻混合，混合完成以後就不會再自發分開。這表示在自發性熱力過程的初態與終態，必存在著一些差異，必須藉由外加因素來克服，始能進行可逆過程。1850 年，克勞修斯總結了這類現象，並定性的將之描述為

> 在沒有外加因素影響下，不可能把熱從低溫物體傳到高溫物體。也就是說，不可能有這樣的機器，它完成一個循環後唯一的效果，是從一個低溫物體吸熱並放給高溫的物體。

> 熱力學第二定律有數種不同的描述，這些不同的敘述，其實是一致的，至於要採用何種描述，則視用途需要決定。

1851 年，凱文爵士以不同的方式，表述熱力學第二定律的內容：

> 不可能從單一熱源吸取熱量使之完全變為功而不產生其它影響。

1854 年克勞修斯引進一個狀態函數來描述熱力學第二定律，1865 年，此函數被定名為熵 (entropy, S)。雖然熵可具體的描述熱力過程的變化，但它確是熱力學裡最為抽象的觀念，它的內涵在統計物理學發展以後，才逐漸清晰。

> 熵 (entropy)：熵依有邊讀邊的原則被唸成「ㄕㄤ」；電腦上用注音輸入法，要用「ㄉㄧ」，才能找到。

古典熱力學中，熵是討論自發過程的方向性函數，克勞修斯將熵 S 定義為

$$dS = \frac{dQ}{T} \tag{11-26}$$

> 克勞修斯所稱的熵，在希臘語為 εντροπια 意為 entropia，德語為 Entropi，英語為 entropy。希臘語原意為「內部變化」，亦即「一個不受外界干擾的系統，其內部會有朝向最穩定狀態發展的趨勢」。

dQ 為系統從溫度為 T 的熱庫所吸收的微量熱量，在微變化過程中，熵的變化 dS 等於系統從熱庫吸收的熱量與熱庫溫度的比值，其在 SI 制中的單位為 J/K。熵是狀態函數，當系統狀態變化時，熵的變化只與始態和終態的性質有關，而與狀態變化的途徑無關。因此經

一可逆過程由狀態 i 到 f，熵的變化量是

$$S_f - S_i = \int_i^f (\frac{dQ}{T})_R \tag{11-27}$$

下標 R 表示是可逆過程。克勞修斯根據卡諾定理獲得一結論，對於任意熱力循環過程的熵為

$$dS = \oint \frac{dQ}{T} \geq 0 \tag{11-28}$$

dQ 為系統從溫度 T 的熱庫所吸收的熱量，等號對應可逆循環熱力過程，不等號對應不可逆循環熱力過程。(11-28) 式亦稱為克勞修斯不等式，如果過程是可逆的，則熱庫的溫度 T 即是系統的溫度，因為可逆過程中熱庫與系統的溫度相同。

當由幾個部分組成的系統，在經過一熱力過程後，系統的總熵等於各部分熵之和。通常系統在狀態變化時，所伴隨的熵的變化，可區分為三種類型，即

> 討論熵時的熱量變化是一微量改變，以 δQ 表示會較恰當，但在此仍借用 dQ 來表示。

1. 孤立系統

在孤立系統中，未達平衡狀態之前，會朝著使熵增加的方向變化，直到孤立系統達到平衡狀態後，熵不再變化，即

$$dS \geq 0 \tag{11-29}$$

2. 封閉系統

$$dS \geq \frac{dQ}{T} \tag{11-30}$$

(11-30) 式中，等號表示系統的熱力過程為可逆的狀態變化，不等號表示狀態變化為不可逆過程的情況。

3. 開放系統

熵的改變 dS 可分為兩部分

$$dS = (dS)_{\text{out}} + (dS)_{\text{in}} \tag{11-31}$$

$(dS)_{\text{out}}$ 表示系統與環境間的熵變化，可正也可負；$(dS)_{\text{in}}$ 表示系統

> 任意熱力循環過程
> $$dS = \oint \frac{dQ}{T} \geq 0$$
> 可逆循環熱力過程
> $$dS = \oint \frac{dQ}{T} = 0$$
> 不可逆循環熱力過程
> $$dS = \oint \frac{dQ}{T} > 0$$

內部的熵變化，其值不會是負值，即 $(dS)_{in} \geq 0$，等號表示系統的熱力過程為可逆的狀態變化，不等號表示狀態變化為不可逆過程的情況。

(11-29)、(11-30) 和 (11-31) 式，可視為熱力學第二定律中的數學表述式。其中 (11-29) 式表示出熱力學中的熵增加原理，意為

孤立系統在絕熱過程中，由初狀態到末狀態時，系統的熵永遠不會減少，即 $dS \geq 0$；此意說明，熵在可逆絕熱過程中不會改變，但在不可逆絕熱過程中，則會朝熵增加方向變化。

根據熵增加原理，孤立系統達到平衡狀態時，系統的熵值最大。此後，只要沒有外界作用，系統將維持平衡狀態。因此，系統如果自平衡狀態產生微小變動，系統熵的變化 dS 必小於零。故由熵或熵的變化，可以判斷熱力過程進行的方向，和反映該系統狀態的穩定性。

熱力學第二定律是在時間和空間都有限的宏觀系統中，由大量經驗與事實所總結出的結果，它不能適用於由少數原子或分子所組成的系統，及時空都無限的宇宙。物理學家認為，宇宙間自發性的過程，是單向性和不可逆性，朝熵增加的方向變化，而熵增加的方向也就是時間的方向。

> 克勞修斯於 1865 年提過兩句名言：
> 「宇宙的能量是恆定的。」
> 「宇宙的熵趨向一個最大值。」

習題

功與熱

11-1 理想氣體的體積在定壓 (1 atm) 的狀態下，由 1 公升壓縮為 0.5 公升時，系統放出 30 J 的熱，則在此壓縮過程，系統的內能改變為何？

第一定律的應用

11-2 A 物體質量 30 g，比熱 0.2 cal/g・C°；B 物體質量 70 g，比熱 0.8 cal/g・C°。兩物體製成合金，則合金的比熱為何？

11-3 理想氣體的定壓比熱為 $3R$，試問：在 (1) 絕熱過程中，與第一定律有何關係？(2) 等溫過程中，其壓力降為原來的 $1/3$，最後的體積變為原來的幾倍？

等溫過程

11-4 1 mol 的理想氣體 (溫度為 373 K) 在等溫膨脹過程中，氣體之體積膨脹成原來的 3 倍。氣體 γ 值為 1.40，試問膨脹過程中，氣體對外界所作的功為何？

11-5 1 mol 的理想氣體經歷一循環 ($a \to b \to c \to a$)，如右圖所示。a 為起始狀態，體積為 10 L，溫度為 300 K。定容加熱至狀態 b，溫度為 400 K。接著等溫膨脹至狀態 c，壓力與狀態 a 相同。最後定壓壓縮至狀態 a，完成一循環。氣體對外界所作的功為何？

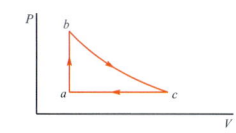

絕熱過程

11-6 1 mol 的理想氣體在絕熱膨脹過程中，氣體之體積會膨脹成原來的 3 倍。氣體 γ 值為 1.40，且膨脹前，汽缸內氣體之壓力為 1 atm，溫度為 373 K，試問膨脹後，其氣體的溫度為何？

卡諾循環

11-7 兩熱庫的溫差為 65°C，當卡諾熱機的效率為 20% 時，試問兩熱庫分別的溫度為何？

11-8 (1) 卡諾熱機自 360 K 的高溫熱庫吸熱 600 J 至 260 K 的低溫熱庫，作功為何？(2) 若反向運轉，卡諾冷機自 260 K 的低溫熱庫移去 900 J 的熱至 360 K 的高溫熱庫，需供給多少功？

註

註一：熱平衡定律

　　熱平衡定律、熱力學第一、第二定律均是實驗觀測而得的定律。但由於熱平衡定律的重要性，是在第一、第二定律之後，才被確認，故稱它為熱力學第零定律。

註二：C_P 與 C_V

$$dU = dQ - PdV = nC_P dT - PdV$$
$$d(PV) = VdP + PdV \quad \| \quad PV = nRT$$
$$dP = 0 \quad\quad\quad\quad\quad \| \quad d(PV) = d(nRT)$$
$$PdV = nRdT \quad\quad \| \quad\quad\quad\quad = nRdT$$
$$\Rightarrow dU = nC_P dT - nRdT$$
$$nC_P dT = dU + nRdT \quad \Leftarrow \quad dU = nC_V dT$$
$$nC_P dT = nC_V dT + nRdT$$
$$\Rightarrow C_P = C_V + R$$

$$C_P = \gamma C_V \quad\quad\quad\quad\quad\quad C_V = \frac{C_P}{\gamma}$$
$$\gamma C_V = C_V + R \quad\quad\quad\quad C_P = \frac{C_P}{\gamma} + R$$
$$(\gamma - 1)C_V = R \quad\quad\quad\quad (\gamma - 1)C_P = \gamma R$$
$$C_V = \frac{R}{\gamma - 1} \quad\quad\quad\quad\quad C_P = \frac{\gamma R}{\gamma - 1}$$

註三：焦耳氣體自由膨脹實驗

　　焦耳於 1845 年完成研究氣體內能的實驗。實驗裝置如下圖，盛有水的絕熱系統，在溫度為 T 的水中有二容器 A、B，並用閥隔離。A 內裝有氣體，B 抽成真空，達到熱平衡後，打開控制閥。氣體擴散入 B，使得 A 與 B 二容器均充滿氣體。因氣體膨脹時不受阻礙，所以稱為自由膨脹。

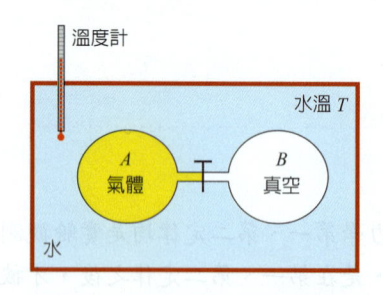

　　在當時的測量精度下，所得實驗結果「氣體的內能只是溫度的函數，與體積無關。」此結果稱之為焦耳定律。實驗證明，遵守焦耳定律的氣體也遵守波以耳定律，這種氣體叫做理想氣體。

　　理想氣體的內能只和溫度有關，是因為理想氣體分子之間，與距離有關的相互作用可忽略不計，而實際氣體則需考慮這部分的相互作用。在焦

耳實驗中，沒有觀察到氣體溫度的變化，即內能不隨體積變化，這是因為水的熱容量大，氣體內能的變化不能使水溫發生可測的變化。焦耳的實驗結論並不完全準確，焦耳定律只適用於理想氣體。

註四：熱機效益 η 的演算

卡諾熱機的效率 $\eta = \dfrac{\Delta W}{\Delta Q_H}$ ∥ ΔW：卡諾熱機所作的功　$\Delta W = \Delta Q$
ΔQ_H：卡諾熱機所吸收的熱量

ΔQ：卡諾熱機所吸收或釋放的總熱量變化

$$\Delta Q = \Delta Q_{ab} + \Delta Q_{bc} + \Delta Q_{cd} + \Delta Q_{da}$$

1. $a \to b$

    $\Delta Q_{ab} = \Delta Q_H = \Delta W_{ab}$　　　等溫過程內能未改變 $\Delta U_{ab} = 0$

    $\Delta Q_H = \displaystyle\int_{V_a}^{V_b} P\, dV$　　　系統所吸收的熱，等於體積膨脹所作的功

    $= nRT_H \ln \dfrac{V_b}{V_a}$

2. $b \to c$

    $\Delta Q_{bc} = 0 \Rightarrow TV^{\gamma-1} = $ 常數　　絕熱過程系統沒有熱量變化

    $T_H V_b^{\gamma-1} = T_L V_c^{\gamma-1}$　　　由於體積膨脹內能將減少，

    　　　　　　　　　　　　　　溫度下降 $T_H \to T_L$

3. $c \to d$

    $\Delta Q_{cd} = \Delta Q_L = \Delta W_{cd}$　　　等溫過程內能未改變 $\Delta U_{cd} = 0$

    $\Delta Q_L = -\displaystyle\int_{V_c}^{V_d} P\, dV$　　　系統所釋放的熱，等於體積收縮所作的功

    $= nRT_L \ln \dfrac{V_c}{V_d}$　　　「−」表示放熱

4. $d \to a$

    $\Delta Q_{da} = 0 \Rightarrow TV^{\gamma-1} = $ 常數　　絕熱過程系統沒有熱量變化

    $T_H V_a^{\gamma-1} = T_L V_d^{\gamma-1}$　　　由於體積收縮內能將增加，

    　　　　　　　　　　　　　　溫度上升 $T_L \to T_H$

$\Rightarrow \Delta Q = \Delta Q_{ab} + \Delta Q_{bc} + \Delta Q_{cd} + \Delta Q_{da} = \Delta Q_H - \Delta Q_L = \Delta W$

$\Rightarrow$ 卡諾熱機的效率 $\eta = \dfrac{\Delta W}{\Delta Q_H} = \dfrac{\Delta Q_H - \Delta Q_L}{\Delta Q_H} = 1 - \dfrac{\Delta Q_L}{\Delta Q_H}$

$$\eta = 1 - \dfrac{nRT_L \ln \dfrac{V_c}{V_d}}{nRT_H \ln \dfrac{V_b}{V_a}} = 1 - \dfrac{T_L \ln \dfrac{V_c}{V_d}}{T_H \ln \dfrac{V_b}{V_a}} \quad \begin{cases} T_H V_b^{\gamma-1} = T_L V_c^{\gamma-1} \;\; ; \;\; T_H V_a^{\gamma-1} = T_L V_d^{\gamma-1} \\ \Rightarrow (\dfrac{V_b}{V_a})^{\gamma-1} = (\dfrac{V_c}{V_d})^{\gamma-1} \\ \dfrac{V_b}{V_a} = \dfrac{V_c}{V_d} \end{cases}$$

$\Rightarrow$ 卡諾熱機的效率 $\eta = 1 - \dfrac{\Delta Q_L}{\Delta Q_H} = 1 - \dfrac{T_L}{T_H}$

波動篇

Chapter 12 波動的特性

12-1 機械波的形成
12-2 諧波的幾何表述
12-3 諧波的數學表述
12-4 弦上諧波的傳播速率
12-5 波的反射與透射
12-6 波的重疊

　　質點受彈性力的作用，在其平衡位置附近，作周而復始的運動，謂之振動，是自然界中極為普遍的現象。其中最基本、也是最重要的一種，即所謂簡諧運動，故簡諧運動是研討波動的基礎。

　　振動的質點雖不能遠離其平衡位置，但伴隨振動而來的能量與動量，則可以不同的形式向四周傳播。這種能量與動量傳播的過程，稱為*波動* (wave motion)。

　　波動一般可分為兩類，必須倚賴媒介物質傳播的波動，謂之*力學波*或*機械波* (mechanical wave)，例如聲波、水波、繩波、弦波等；無介質亦可傳播的波動，謂之*電磁波* (electromagnetic wave)，如電波、光波等是。近代物理學更顯示，微觀粒子如電子、質子等，亦具有波動的特性，這類微觀粒子的波動，則稱為*物質波* (matter wave)。這些波的本質各不相同，但皆有共通的特性，可以簡諧運動為模型，用類似的數學方法處理。本章先研討波動的通性，以後章節再敘述聲波、光波及物質波的特性。

簡諧運動的描述，可參閱本書第八章的介紹。

12-1 機械波的形成

產生機械波的兩個條件：
1. 有振動源，能令質點在其平衡位置，不斷往返振動。
2. 連續的介質，其質點間的彈性力，可協助波的傳播。

機械波的分類：

縱波 (longitudinal wave)：
　波動傳播方向與質點振動方向平行的波。

橫波 (transverse wave)：
　波動傳播方向與質點振動方向垂直的波。

脈動波：
　當介質受擾動的時間極為短暫時，所出現的孤立波，稱為脈動波。

連續波：
　介質重複不停地受到擾動，則會出現連續的脈動波，稱為連續波。

波列：
　介質受擾動，只持續一有限的時間，則在此時段內出現的連續波，稱為波列。

機械波若無振源，則波無從產生；無介質，則波無由傳播。

脈動

脈動波

連續波

波列

　　在一池平靜的清水中，輕輕地投入一顆小石子，則見漣漪粼粼，以入水點為中心，作同心圓狀，四外傳開。水面的浮萍落葉，隨波搖盪，原地浮沉，不會隨波遠颺。要了解如此的現象，不妨從比較簡單的系統入手。

　　取一根質輕而韌的細繩，將一端固定於牆上，在另一端作上下振動一次，則見一脈動沿張緊的細繩傳遞，如圖 12-1 所示。當脈動尚未抵達時，繩上的 P 點仍處於平衡位置。脈動抵達之初，P 點隨之先往上揚，待最高點通過後，P 點亦隨之下落。脈動通過後，P 點又回復至原來的平衡位置。

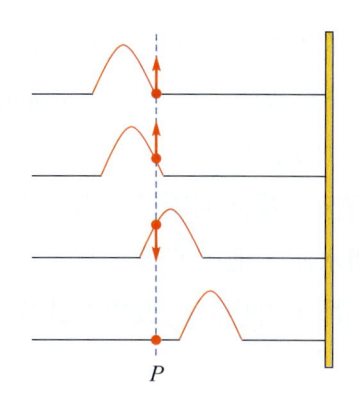

圖 12-1 脈動在張緊的繩子傳播的情形。

　　由於細繩是一個連續的介質，其中質點互相牽引。細繩中一個質點，例如 P 點，受外力的作用，往上移動，鄰近的質點受其牽引，跟著上移。後者又牽引其附近質點，隨之行動。如此層層相因，由近及遠。待脈動的最高點通過 P 點，其處的質點受力下落，鄰近的質點亦次第相隨。影響所及，細繩逐漸復原。脈動亦因之遠傳。如令張緊的細繩，上下不斷地振動，脈動連結成波，起伏相間，自繩的一端往另一端依序傳播。

　　水波的情形亦復如是。例如，石塊投入水中，將使入水處的質點，跟隨著朝下移動，鄰近質點受其牽引，跟著下沉。石塊沉沒以後，對該處的水質點不再有作用，但質點間的作用力，有令其回歸原位置的傾向。上浮的行動傳至鄰近質點，依序相隨。當該處的質點回到其原來的平衡位置時，由於慣性的作用，不會立刻停止，仍舊繼續上移，直至動能消失而止。接著又受反向的作用力牽引，朝平衡位置下移。如此來回反復，造成漣漪，向四面八方傳播。

　　由此可見，要產生連續的機械波，下列兩個條件缺一不可：

1. 須有一振動源，能令一部分的質點在其平衡位置，不斷往返振動。
2. 必須有一連續的介質，其質點間的作用力，可協助波的傳播。

機械波若無振源，則波無從產生；無介質，則波無由傳播。由波的

傳播方向與介質質點的振動方向，可將機械波分成二類。波動傳播方向與質點振動方向平行的波，稱為縱波 (longitudinal wave)；波動傳播方向與質點振動方向垂直的波，則謂之橫波 (transverse wave)，如圖 12-2。前者如聲波，繩波則屬於後者。自然界的波動，很多都是兩者的綜合。例如水波、地震波等，都不是單純的縱波或橫波。但無論縱波或橫波，都可用相同的數學方式描述。為簡明計，下文都以橫波示範。

小品
地震波

地震的成因：
　　地殼的板塊運動，尤其是斷層帶更易產生，當岩體相對移動，會釋放出累積的能量，使岩體產生位移，形成地震波。

地震波的類型：

1. **體波**：能穿越地球內部傳播的地震波
    (1) P 波 (P-wave 或 primary wave)：
    　即所謂的壓縮波、壓力波 (pressure wave)，屬於縱波 (或稱疏密波) 的一種。傳遞時介質的震動方向與地震波的傳播方向平行。傳遞速度最快，地震發生時，為觀測站的地震儀最先記錄到的地震波。P 波能在固體、液體或氣體中傳遞。
    (2) S 波 (S-wave 或 secondary wave)：
    　即所謂的剪力波 (shear wave)，屬於橫波 (或稱高低波) 的一種。介質的震動方向與震波的傳播方向是垂直的。S 波只能在固體中傳遞，無法穿過液態外地核。
2. **表面波**：只在地表傳遞的地震波
    表面波具有低頻率、高振幅的特性，只在近地表傳遞，是最有破壞力的地震波。通常淺源地震的地震波多為表面波。

依震源深度的不同，地震可分為：

1. **淺源地震**：震源深度小於 70 km。
2. **中源地震**：震源深度在 70～300 km。
3. **深源地震**：震源深度大於 300 km。

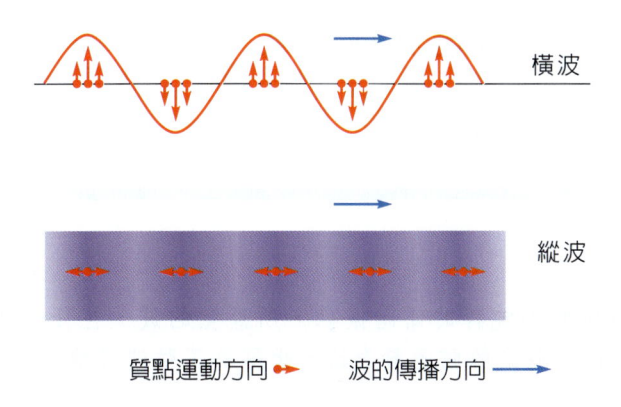

圖 12-2　橫波與縱波示意圖。

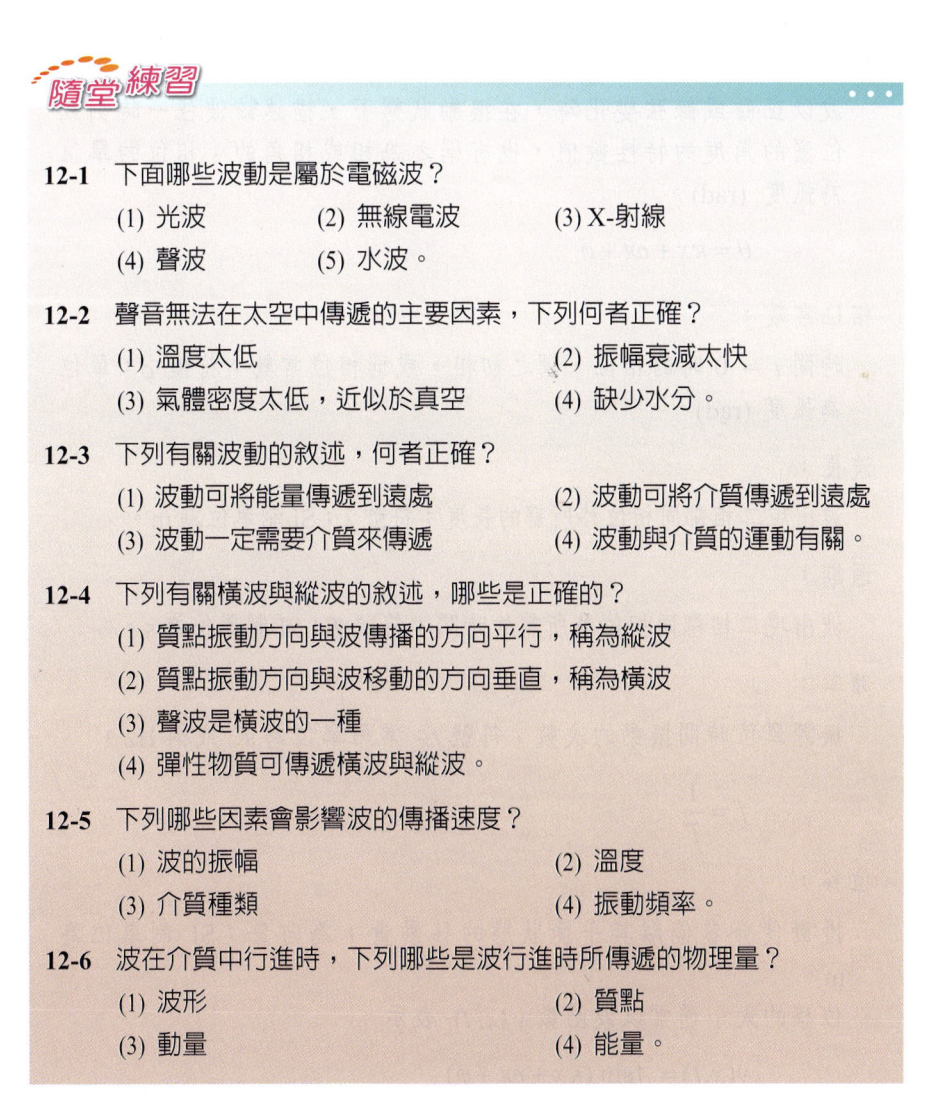

隨堂練習

12-1 下面哪些波動是屬於電磁波？
(1) 光波　　(2) 無線電波　　(3) X-射線
(4) 聲波　　(5) 水波。

12-2 聲音無法在太空中傳遞的主要因素，下列何者正確？
(1) 溫度太低　　　　　　　(2) 振幅衰減太快
(3) 氣體密度太低，近似於真空　(4) 缺少水分。

12-3 下列有關波動的敘述，何者正確？
(1) 波動可將能量傳遞到遠處　(2) 波動可將介質傳遞到遠處
(3) 波動一定需要介質來傳遞　(4) 波動與介質的運動有關。

12-4 下列有關橫波與縱波的敘述，哪些是正確的？
(1) 質點振動方向與波傳播的方向平行，稱為縱波
(2) 質點振動方向與波移動的方向垂直，稱為橫波
(3) 聲波是橫波的一種
(4) 彈性物質可傳遞橫波與縱波。

12-5 下列哪些因素會影響波的傳播速度？
(1) 波的振幅　　(2) 溫度
(3) 介質種類　　(4) 振動頻率。

12-6 波在介質中行進時，下列哪些是波行進時所傳遞的物理量？
(1) 波形　　(2) 質點
(3) 動量　　(4) 能量。

12-2 諧波的幾何表述

12-2-1 基本物理量

諧波：

振源的振動為純粹的簡諧振動，所產生的波，在任一時刻或位置，可以正弦或餘弦函數表述，也稱為正弦波或餘弦波。

正弦波函數

$$y(x,t) = A\sin(\kappa x + \omega t + \phi)$$

相位：

波以正弦或餘弦變化時，在振動狀態下，描述該波任一時刻或位置的角度的特性數值，也有稱之為相或相角的；相位的單位為弧度 (rad)。

$$\theta = \kappa x + \omega t + \phi$$

相位常數：

時間 $t = 0$ 時的相位，謂之初相，或稱相位常數；符號 ϕ；單位為弧度 (rad)。

波長：

波出現二相鄰同相位移所需的長度；符號 λ；SI 制單位為 m。

週期：

波出現二相鄰同相位移所需的時間；符號 T；SI 制單位為 s。

頻率：

振源單位時間振動的次數；符號 f；常用單位為 s^{-1} 或稱 Hz。

$$f = \frac{1}{T}$$

位移：

擾動使介質偏離其平衡狀態的移動量；為向量；SI 制單位為 m。

位移的大小通常以波函數 $y(x, t)$ 表示。

$$y(x,t) = A\sin(\kappa x + \omega t + \phi)$$

振幅：
擾動使介質偏離其平衡狀態的最大位移值；純量；符號 A；SI 制單位為 m。

角波數：
2π 長度內，所含波長的數目稱作角波數，常以符號 κ 表示；SI 制單位為 rad/m。

$$\kappa = \frac{2\pi}{\lambda}$$

波速：
波行進時的傳播速度，常以符號 v 表示；SI 制單位為 m/s。

$$v = \lambda f$$

波數：k；
SI 制單位為 1/m

角波數：κ；
SI 制單位為 rad/m

取一根很長的細繩，將一端固定在牆上，另一端與一振源連結。設振源的振動屬於純粹的簡諧運動，可以正弦或餘弦函數表述。所產生的波沿繩傳播，所到之處，各質點亦隨之作同調的振動，因此亦可以正弦或餘弦函數規範。這樣的波謂之諧波 (harmonic wave)，也稱為正弦波 (sinusoidal wave) 或餘弦波 (cosinusoidal wave)，如圖 12-3。

為何要用很長的繩子？是希望在觀察期間，不致受末端反射波的干擾。

質點在時間 t 的振動狀態，稱為它的相 (phase)，也有稱之為相位或相角的，以突顯其角度的特色。相的單位為弧度。$t = 0$ 時的相則謂之初相 (initial phase)，或稱相位常數 (phase constant)，以符號 ϕ 代表。

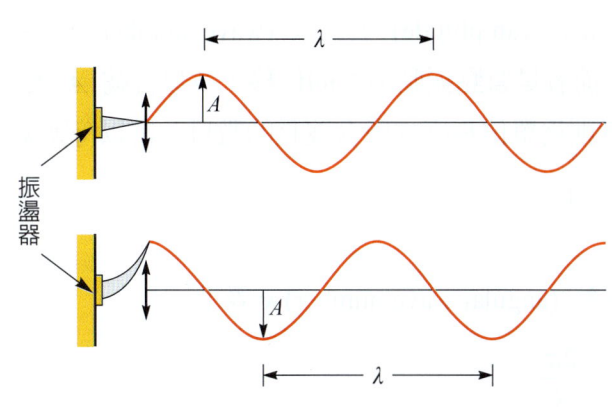

圖 12-3 正弦波或餘弦波示意圖。

波在傳播時，介質的質點次第隨之上下振動，如圖 12-3 所示。如兩質點的振動相位，恰好有 2π 弧度的差異，則兩質點間的距離，便稱為該波的波長 (wavelength) [註一]，以符號 λ 代表。波需經歷一定的時間 T，才能前進一波長的距離，T 因此稱為波的週期 (period) [註二]。在一週期內，波完成一完整的振動。週期的倒數則為波的頻率 (frequency)，以 f 表示，

$$f = \frac{1}{T} \tag{12-1}$$

速率 = 距離/時間

$\Rightarrow v = \frac{\lambda}{T}$

既然歷時 T 秒，波才傳播 λ 的距離，定義波速 v 為

$$v = \frac{\lambda}{T} \tag{12-2}$$

聯立 (12-1)、(12-2) 兩式，可得

$$v = \lambda f \tag{12-3}$$

又根據 (8-4) 式，波動的角頻率 ω 定義為

$$\omega = \frac{2\pi}{T} = 2\pi f \tag{12-4}$$

這些物理量不但適用於機械波，對電磁波與物質波亦皆適用，可視為波的通性。不過有一點必須注意。波的頻率 f 取決於振源，而波速 v 與波長 λ 則取決於介質。波在不同介質傳播時，其頻率不變，但波速與波長則隨介質而異。

此外，振幅 (amplitude) 與波數 (wave number) [註三] 也是常用的物理量。前者是質點振動最大的位移，多以符號 A 表示 (參看圖 12-3)。後者則為單位長度內所含波長的數目，常以符號 k 表示

$$k = \frac{1}{\lambda} \tag{12-5}$$

亦有用角波數 (angular wave number) κ 表示

$$\kappa = \frac{2\pi}{\lambda} \tag{12-6}$$

例題 12-1

繫於繩子左端的振盪器，以 10.0 Hz 的頻率振動，並牽動繩子，上下來回作簡諧振盪。若波在繩上傳播的速率為 2.00 m/s，則

(1) 繩子每秒鐘會產生幾個繩波？
(2) 每個繩波的波長為何？
(3) 繩上任意點，上下來回振盪一次，費時若干？
(4) 繩波的波數、角波數與角頻率為何？

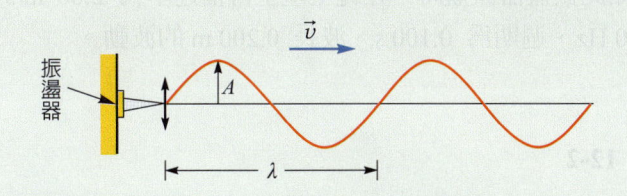

解

(1) 振盪器振盪的頻率，即繩波之頻率，所以繩子的振動頻率 f 為 10.0 Hz，即繩上每秒鐘會產生 10 個繩波。

(2) 波在繩上傳播的速率為 2.00 m/s，頻率 f 為 10.0 Hz，繩波的波長 λ

$$v = \lambda f$$

$$\lambda = \frac{v}{f} \Rightarrow \lambda = \frac{2.00}{10.0}$$

$$= 0.200 \,(m)$$

(3) 繩上任意點上下來回振盪的頻率，與振盪器振盪的頻率相同。繩上任意點上下來回振盪的時間，即為繩波的週期 T

$$T = \frac{1}{f} \Rightarrow T = \frac{1}{10.0}$$

$$= 0.100 \,(s)$$

(4) 繩波的波數 k 為

$$k = \frac{1}{\lambda} \Rightarrow k = \frac{1}{0.200}$$

$$= 5.00 \,(m^{-1})$$

波數：k
單位長度內波的數目。

角波數：κ
單位長度內波行經的強度。

繩波的角波數 κ 為

$$\kappa = \frac{2\pi}{\lambda} \Rightarrow \kappa = \frac{2\pi}{0.200}$$
$$\approx 31.4 \text{ (rad/m)}$$

繩波的角頻率 ω 為

$$\omega = 2\pi f \Rightarrow \omega = 2\pi(10.0)$$
$$\approx 62.8 \text{ (rad/s)}$$

故知此振盪器振盪時，在繩上產生傳播速率為 2.00 m/s、頻率為 10.0 Hz、週期為 0.100 s、波長 0.200 m 的波動。

例題 12-2

常溫下，聲波在空氣與水中傳播的速率，約分別為 3.40×10^2 m/s 與 1.48×10^3 m/s。試問，聲源以 3.00×10^2 Hz 頻率所發出的聲波，在空氣與水中傳播時的波長分別為若干？

解

同一波動，在不同介質中傳播的頻率不會改變，故聲波在空氣中傳播時的波長 λ_a 為

$$\lambda_a = \frac{v_a}{f} \Rightarrow \lambda_a = \frac{3.40 \times 10^2}{3.00 \times 10^2}$$
$$\approx 1.13 \text{ (m)}$$

聲波在水中傳播時的波長 λ_w 為

$$\lambda_w = \frac{v_w}{f} \Rightarrow \lambda_w = \frac{1.48 \times 10^3}{3.00 \times 10^2}$$
$$\approx 4.93 \text{ (m)}$$

觀點：
波動在不同介質中傳播的速率 v、頻率 f、波長 λ 的關係為 $v = \lambda f$。

隨堂練習

12-7 在常溫時，下列何者傳聲最快？
(1) 空氣　(2) 海水　(3) 鋼鐵　(4) 氧　(5) 酒精。

12-8 頻率為 512 Hz 的音叉，室溫時，在空氣中傳播的聲波速率為 340 m/s。下列敘述哪些正確？
(1) 聲波在空氣中傳播時的波長約為 0.664 m
(2) 聲波在水中傳播時，頻率為 512 Hz (水的折射率為 1.33)
(3) 聲波在水中傳播時，波長約為 0.665 m
(4) 聲波在水中傳播時，速率為 340 m/s。

12-9 水波由深水進入淺水時，其
(1) 頻率變大，波長變長，波速變快
(2) 頻率變大，波長變短，波速不變
(3) 頻率不變，波長變短，波速變慢
(4) 頻率、波長、波速均變大
(5) 頻率、波長、波速均變小。

12-10 若電台發射的電磁波波長為 3 m，則此電磁波頻率為 ＿＿＿＿ Hz。

12-2-2 波前與波線

波前：
波傳播時，同一時間，由子波上的同相位點，所連成的線或面，稱為波前。

波線：
波在傳播時，沿任一方向，可畫出與波前垂直的射線，稱為波線，代表波的傳播方向。

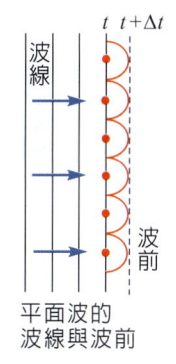

平面波的波線與波前

像繩波一類的波動，只作單向傳播，可視為一維的波，用圖 12-3 的正弦或餘弦曲線作圖解，有一目了然的效果。但像水波、聲波等多向傳播的波動，用幾何的方式描述，實有相當的困難。因此，有必要訂定規則，使一維與多維的傳播，可以共同的模式描繪。

如前所述，在波動的過程中，各質點振動的狀態，與時俱變。換言之，在某一定時刻 t，質點各有不同的相位。如將當時相位相等的點，加以連接，可以構成不少等相位面，層層相應，且自波源處，向四面八方擴張，而這些等相位面便稱為波前 (wavefront)。因

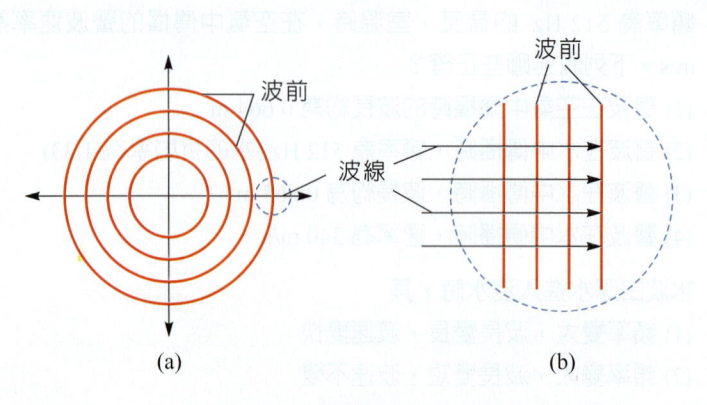

圖 12-4 波前與波線。

此就一波列而言，波前的數目可以達到無限。為簡明計，一般只選取有限的幾個作為代表。

如波源可視為一點，且波動的傳播，各方向一致，因而波前形成以波源為中心，層層向外的同心球面，如圖 12-4(a)，這種波稱為球面波 (spherical wave)。如波前離波源甚遠，就球面一小部分而言，與平面相差無幾，這樣的波稱為平面波 (plain wave)，如圖 12-4(b)。地表所接收到的陽光，常作平面波處理，便是一例。

設波在介質中的傳播，並無方向的偏好，則沿任一方向，可畫出與波前垂直的射線，稱為波線 (wave ray)，代表波的傳播方向。不論波是二維的平面波，或是三維的球面波，如沿一波線觀察，波的傳播方向都可用圖 12-4 所示的簡單模型，描繪表述所有的波動情況。

12-3 諧波的數學表述

學習方針

行進諧波的數學表示：
1. 用波長 λ 和週期 T 描述

$$y(x,t) = A\sin\left(\frac{2\pi}{\lambda}x \pm \frac{2\pi}{T}t\right)$$

2. 用波數 k 和頻率 f 描述

$$y(x,t) = A\sin(2\pi kx \pm 2\pi ft)$$

3. 用角波數 κ 和角頻率 ω 描述

$$y(x,t) = A\sin(\kappa x \pm \omega t)$$

設有一向 $+x$ 方向行進的諧波，如圖 12-5 所示。紅色實線曲線代表諧波在 $t = 0$ 時的位置，藍色虛線曲線則為 t 時的位置。

實線波列可以正弦函數表述，座標 x 代表振動質點與座標原點的距離，必須轉換為弧度，才能引用正弦或餘弦函數。基於一波長 λ 的距離，相當一完整的振動，亦即 2π 弧度的事實，可見距離 x 處的弧度等於 $(\dfrac{2\pi}{\lambda})x$。如是，在 $t = 0$ 時，實線波列可以寫成

$$y(x,0) = A\sin(\dfrac{2\pi}{\lambda}x) \tag{12-7}$$

經過時刻 t 後，波列右移 vt 距離，如圖 12-5 中虛線曲線的位置。這時 x 處質點在 y 方向的位移與 $x - vt$ 處應該相等，正如 b 點與 a 點，換言之，

$$y(x,t) = A\sin[\dfrac{2\pi}{\lambda}(x-vt)] \tag{12-8}$$

$\dfrac{\lambda}{2\pi} = \dfrac{x}{\theta}$

$\Rightarrow \theta = \dfrac{2\pi}{\lambda}x$

波函數可表述為

$t = 0$，

$y(x, 0)$

$= A\sin(\dfrac{2\pi}{\lambda}x)$

$t \neq 0$，

$y(x, t)$

$= A\sin(\dfrac{2\pi}{\lambda}x \pm \dfrac{2\pi}{T}t)$

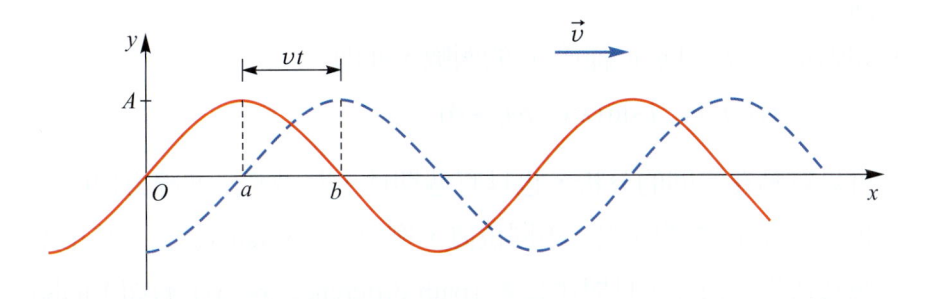

圖 12-5　正弦波以波速 v 沿 $+x$ 方向傳播。紅色實線曲線、藍色虛線曲線代表不同時間的波列。

利用 (12-1)～(12-6) 式的關係，(12-8) 式可改寫成如下的形式

$$y(x,t) = A\sin(\kappa x - \omega t) \tag{12-9}$$

$\kappa = \dfrac{2\pi}{\lambda} = 2\pi k$
$v = \lambda f$
$\Rightarrow \omega = 2\pi f$
$\quad = \dfrac{2\pi}{\lambda} v$

當 $t = 0$，$x = 0$ 時，如 $y \neq 0$，則可在 (12-9) 式中，加入一相位常數 ϕ，$A\sin\phi$ 相當於質點原始的位移 y_0，因此

$$y(x,t) = A\sin(\kappa x - \omega t + \phi) \tag{12-10a}$$

同理，沿 $-x$ 方向傳播的諧波，則可以下式表示

$$y(x,t) = A\sin(\kappa x + \omega t + \phi) \tag{12-10b}$$

合併兩式，則諧波的傳播可以下式表述

$$y(x,t) = A\sin(\kappa x \pm \omega t + \phi) \tag{12-11}$$

一般都以 (12-10a) 式為代表。由於 $\cos\theta = \sin(\theta + \pi/2)$ 的關係，(12-11) 式也可寫成

$$y(x,t) = A\cos(\kappa x \pm \omega t + \phi') \tag{12-12}$$

$y(x,t)$
$= A\cos(\kappa x \pm \omega t + \phi')$
$= A\sin(\kappa x \pm \omega t + \phi' + \dfrac{\pi}{2})$
$= A\sin(\kappa x \pm \omega t + \phi)$
$\Rightarrow \phi = \phi' + \dfrac{\pi}{2}$

ϕ 與 ϕ' 顯然有 $\pi/2$ 的差異。

對 (12-10a) 式作比較深入的研究，可見

1. 固定 $x = x_0$，則 y 純為 t 的函數，亦即

$$y(x_0,t) = A\sin(\kappa x_0 - \omega t + \phi)$$

表示在 x_0 處的質點，隨時間作簡諧的振動，其角頻率與振源相同。

2. 如固定 $t = t_0$，則 y 純為 x 的函數，亦即

$$y(x,t_0) = A\sin(\kappa x - \omega t_0 + \phi)$$

$y(x_1,t)$
$= A\sin(\kappa x_1 - \omega t + \phi_1)$
$y(x_2,t)$
$= A\sin(\kappa x_2 - \omega t + \phi_2)$
$y(x_1,t) = y(x_2,t)$
$\Rightarrow \kappa x_1 - \omega t + \phi_1$
$\quad = \kappa x_2 - \omega t + \phi_2$
$\Delta\phi = \phi_1 - \phi_2$
$\quad = \kappa(x_2 - x_1)$

可見質點在空間的分析，也具有週期性，其沿某一波線方向的分析，如圖 12-5 的曲線。不同位置，例如 x_1、x_2 處的質點，其相差與其初相差相等，且與波程差 (path difference, $x_2 - x_1$) 有如下的關係

$$\Delta\phi = \phi_1 - \phi_2 = \kappa(x_2 - x_1) \tag{12-13}$$

例題 12-3

承例題 12-1，若振盪器經一段時間振盪後，開始計時。而開始時 ($t = 0$ 時)，繩波的左端剛好在其上下來回振盪的平衡點上，設該繩波的振幅為 0.500 m，則

(1) 在 $x = 0$ m 與 $x = 0.250$ m 處，繩上固定點，其上下來回振盪的位移 y，隨時間 t 變化的正弦函數為何？

(2) 繪製其 y-t 圖，以表示位置在 $x = 0.250$ m 處，繩上一點，其上下來回振盪的位移 y 隨時間 t 改變的情況？

(3) 試將繩上各點，在 $t = 0$ s 及 $t = 0.025$ s 時，其位移 y 隨位置 x 的改變，繪製在同一個 x-y 座標上，並以箭頭標示該繩波行進的方向。

解

(1) 開始時，繩波的左端剛好在其上下來回振盪的平衡點上，此表示 $t = 0$、$x = 0$ 時，$y = 0$。也就是說，此繩波的相位常數 $\phi = 0$。

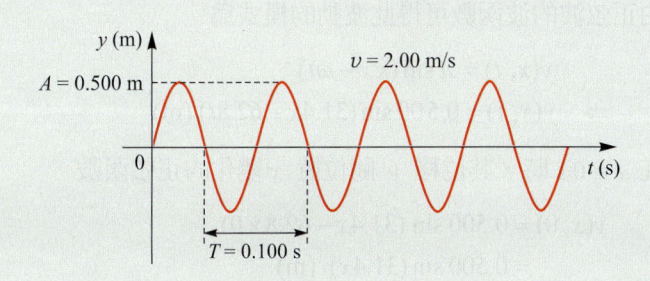

由正弦波的波函數可得此波動的模式為

$$y(x, t) = A \sin(\kappa x - \omega t)$$
$$\Rightarrow y(x, t) = 0.500 \sin(31.4x - 62.8t) \text{ (m)}$$

在 $x = 0$ m 處，其位移 y 隨時間 t 變化的正弦函數

$$y(0, t) = 0.500 \sin(31.4 \times 0 - 62.8t)$$
$$= -0.500 \sin(62.8t) \text{ (m)}$$

在 $x = 0.250$ m 處，其位移 y 隨時間 t 變化的正弦函數

$$y(0.250, t) = 0.500 \sin(31.4 \times 0.250 - 62.8t)$$
$$= 0.500 \sin(7.85 - 62.8t) \text{ (m)}$$

(2) 由 $y(0.250, t) = 0.500 \sin(7.85 - 62.8t)$ (m)，可繪製其 y-t 圖如下：

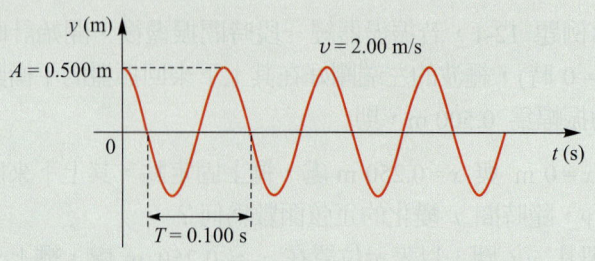

$x = 0.250$ m 位置的波函數圖。

(3) 同理，根據例題 12-1 之數據，

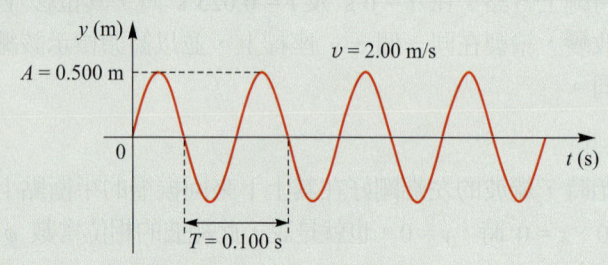

例題 12-1 的波為：
$\lambda = 0.200$ m
$T = 0.100$ s
$f = 10.0$ Hz
$k = 5.00$ m^{-1}
$\kappa = 31.4$ rad/m
$\omega = 62.8$ rad/s
$v = 2.00$ m/s

由正弦波的波函數可得此波動的模式為

$$y(x, t) = A \sin(\kappa x - \omega t)$$
$$\Rightarrow y(x, t) = 0.500 \sin(31.4x - 62.8t) \text{ (m)}$$

在 $t = 0$ s 時，其位移 y 隨位置 x 變化的正弦函數

$$y(x, 0) = 0.500 \sin(31.4x - 62.8 \times 0)$$
$$= 0.500 \sin(31.4x) \text{ (m)}$$

在 $t = 0.025$ s 時，其位移 y 隨位置 x 變化的正弦函數

$$y(x, 0.025) = 0.500 \sin(31.4x - 62.8 \times 0.025)$$
$$= 0.500 \sin(31.4x - 1.57) \text{ (m)}$$

由以上 $y(x, 0)$ 與 $y(x, 0.025)$ 兩式，可繪製其 y-x 圖如下：

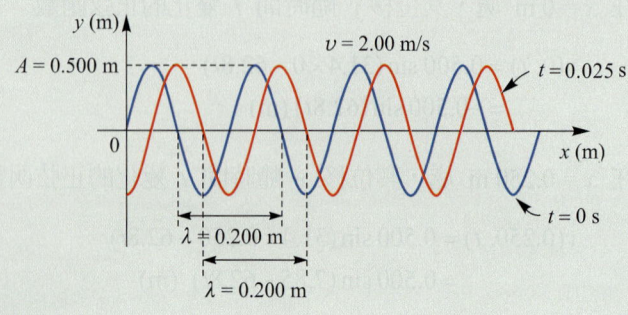

$t = 0$ s 和 $t = 0.250$ s 時的波函數圖。

例題 12-4

繩上一正弦波，其波函數表示如下：

$$y(x, t) = 0.300 \sin(6.28x - 12.6t + 1.57)$$

(方程式中常數的單位均用 SI 制單位)

試問：

(1) 此週期波的振幅、角波數、角頻率與相位常數為何？
(2) 此週期波的波長、頻率與週期分別為何？
(3) 此週期波在繩上傳播的速率為何？
(4) 由時間 $t = 0$ 算起，經過 $60.0\,s$ 後，位置離座標原點 $2.00\,m$ 處，繩上的一點，其上下振盪的位移 y 為若干？

解

正弦波的波函數為

$$y(x, t) = A \sin(\kappa x - \omega t + \phi) \tag{a}$$

已知週期波的波函數為

$$y(x, t) = 0.300 \sin(6.28x - 12.6t + 1.57) \tag{b}$$

(1) 比較 (a) 與 (b) 二式，可知此週期波的相關參數值：

振幅 $A = 0.300\,m$　　　角波數 $\kappa = 6.28\,rad/m$
角頻率 $\omega = 12.6\,rad/s$　　相位常數 $\phi = 1.57\,rad$

(2) 波長 $\lambda = \dfrac{2\pi}{\kappa}$　$\Rightarrow$　$\lambda = \dfrac{2\pi}{6.28} \approx 1.00\,(m)$

頻率 $f = \dfrac{\omega}{2\pi}$　$\Rightarrow$　$f = \dfrac{12.6}{2\pi} \approx 2.00\,(Hz)$

週期 $T = \dfrac{1}{f}$　$\Rightarrow$　$T = \dfrac{1}{2.00} = 0.500\,(s)$

(3) 傳播速率 $v = f\lambda$　$\Rightarrow$　$v = (2.00)(1.00) = 2.00\,(m/s)$

(4) t 為 $60.0\,s$ 時，在 x 為 $2.00\,m$ 處的振盪位移

$$y(x, t) = 0.300 \sin(6.28x - 12.6t + 1.57)$$

$\xrightarrow{x = 2.00\,m;\ t = 60.0\,s}$

$$y(2.00, 60.0) = 0.300 \sin(6.28 \times 2.00 - 12.6 \times 60.0 + 1.57)$$
$$\approx -0.13\,(m)$$

此負號表示在時間 60.0 s 時,位置 2.00 m 處的位移為向下,離開平衡位置 0.13 m。

例題 12-5

繩上一向右方行進,週期為 0.400 s 的週期波,繪製如圖 12-6。圖中,虛線繪製的波形,是實線波形經過 0.200 s 的行進後所形成。試問:

(1) 此週期波的振幅、波長與頻率分別為何?
(2) 此週期波在繩上行進的速率為若干?
(3) 設時間 $t = 0$ 時,週期波的波形正好如圖中的實線波形。試繪出位置在 $x = 1.00$ m 與 $x = 3.50$ m 處,繩上固定點,其上下振盪的位移 y 與時間 t 的關係圖。

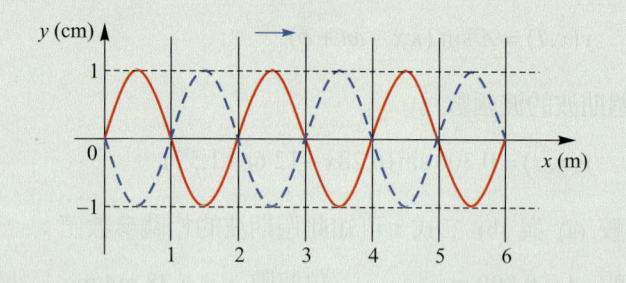

圖 12-6　繩波位移與質點位置關係圖。

解

(1) 由題意及圖 12-6 知,正弦波的最大位移大小為 1.00 cm,故波的振幅 A 為 1.00×10^{-2} m,波長 λ 為 2.00 m,週期 T 為 0.400 s,頻率 f 為 $f = \dfrac{1}{T} = 2.50$ Hz。

(2) 波的行進速率 v 為

$$v = f\lambda \implies v = (2.50)(2.00)$$
$$= 5.00 \text{ (m/s)}$$

(3) 角波數 κ 為

$$\kappa = \frac{2\pi}{\lambda} \implies \kappa = \frac{2\pi}{2.00}$$
$$\approx 3.14 \text{ (rad/m)}$$

角頻率 ω 為

$$\omega = 2\pi f \Rightarrow \omega = 2\pi(2.50)$$
$$= 15.7 \text{ (rad/s)}$$

由正弦波的波函數，可知位置在 $x = 1.00$ m 處，其位移 y 隨時間 t 變化的正弦函數為

$$y(x, t) = A\sin(\kappa x - \omega t) \xrightarrow{x=1.00\text{ m}}$$

$$y(1.00, t) = 1.00 \times 10^{-2} \sin(3.14 \times 1.00 - 15.7t)$$
$$= 1.00 \times 10^{-2} \sin(3.14 - 15.7t) \text{ (m)}$$

可得其 y-t 圖如下：

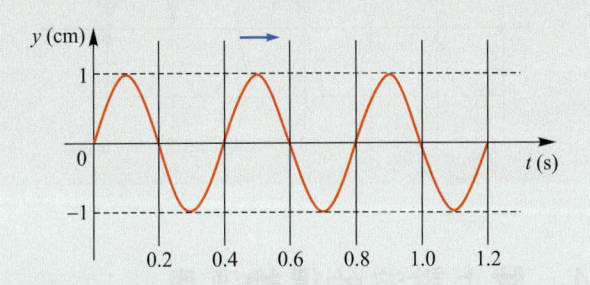

同理，位置在 $x = 3.50$ m 處，其位移 y 隨時間 t 變化的正弦函數

$$y(x, t) = A\sin(\kappa x - \omega t) \xrightarrow{x=3.50\text{ m}}$$

$$y(3.50, t) = 1.00 \times 10^{-2} \sin(3.14 \times 3.50 - 15.7t)$$
$$\approx 1.00 \times 10^{-2} \sin(11.0 - 15.7t) \text{ (m)}$$

可得其 y-t 圖如下：

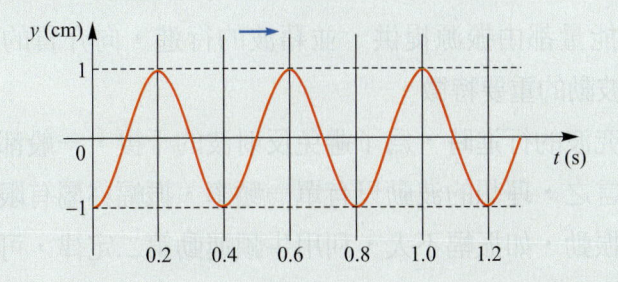

隨堂練習

12-11 若正弦波的波函數可寫為 $y(x,t) = 0.500 \sin(31.4x - 62.8t)$ (m)，其中 x 的單位為 m，t 的單位為 s。則此波函數的振幅、波長、週期、角波數、角頻率及波速各為何？

12-12 如下圖，繩上一向右行進的週期波，週期為 0.800 s。圖中，虛線繪製的波形，是實線波形經過 0.400 s 的行進後所形成。試問：
(1) 此週期波的振幅、波長與頻率分別為何？
(2) 此週期波在繩上行進的速率為若干？

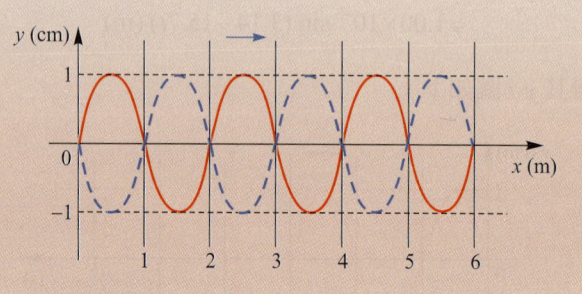

12-4 弦上諧波的傳播速率

學習方針

在繃緊弦線上的振動傳播速率為 $v = \sqrt{\dfrac{T}{\mu}}$。

傳波介質的質點，受振源的影響，在其平衡位置附近，作簡諧運動，必然具有動能。又由於振動造成質點位移，因而亦具有位能。這些能量都由振源提供，並藉波的行進，向介質的另一端傳播，這是波動的重要特徵。

在研究波的行進時，為了避免反射波的干擾，一般都假設弦長無限。換言之，理想的波動只有單一頻率，振幅亦屬有限。在繃緊弦線上的振動，如振幅不大，利用牛頓運動第二定律，可以證明振動傳播的速率 [註四]

弦波實驗的駐波圖形。

$$v = \sqrt{\frac{T}{\mu}} \qquad (12\text{-}14)$$

μ 是單位弦長的質量，稱為弦的**線密度** (linear density)。

線密度 μ 是弦的總質量 m 和總長度 ℓ 的比值（$\mu = \dfrac{m}{\ell}$），對微小長度 $d\ell$，具有 dm 質量的弦線，則將 μ 表示成

$$\frac{dm}{dx}$$

T 為弦上的張力。

例題 12-6

將一細繩以 30.0 N 的張力拉緊。在繩的一端上下擺動，使繩上產生諧波。若繩之線密度為 0.300 kg/m，則此諧波的角頻率及傳播速率為若干？

解

諧波傳播之速率

$$v = \sqrt{\frac{T}{\mu}} \Rightarrow v = \sqrt{\frac{30}{0.300}} = 10.0 \text{ (m/s)}$$

12-5　波的反射與透射

> **學習方針**
>
> 界面 (interface)：
> 二介質相交接處的面，稱為界面。波在界面處會發生反射和透射。
>
> 反射波 (reflected wave)：
> 抵達界面的波動，會改變行進方向，折返回原介質繼續行進的波，稱為反射波。
>
> 透射波 (transmitted wave)：
> 抵達界面的波動，若穿越界面進入另一介質中，繼續行進的波，稱為透射波。
>
> 固定端的反射：
> 反射脈動與入射脈動，有一樣的形狀與速率，波形上下顛倒。
>
> 自由端的反射：
> 反射脈動與入射脈動，有一樣的形狀與速率，波形無上下顛倒。

　　在同一介質中傳播的波，波前有相等的間隔，波線都是筆直的直線。但如傳播路徑上的介質不止一種，介質與介質接壤之處，可稱之為**界面** (interface)。界面兩側，由於介質不同，受波的影響，所產生的振動亦異，能量的傳播因此相當複雜。有一部分的能量仍然往前傳播，但波的波長與振幅都與前不同，波線的方向亦可能改變，這種透過界面繼續前進的波，稱為**透射波** (transmitted wave)。又有一部分能量，從界面處反射而回，形成**反射波** (reflected wave)。反射與透射的現象，將在聲波與光波章節中，再作比較詳細的探討。本章只以繩波為例，略為介紹反射與透射的現象。

　　取細繩一段，將一端緊繫於柱上，在另一端上下振動一次，產生一脈動，如圖 12-7(a) 所示。當入射脈動傳到繩的固定端，全部反

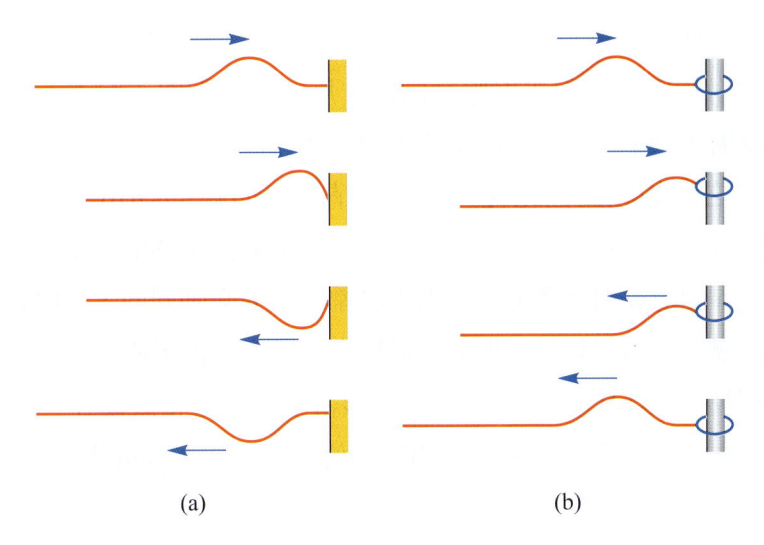

圖 12-7　繩波反射的情形。(a) 端點固定；(b) 端點自由。

射而回。入射脈動使繩先上後下，對柱施加的作用力，因此先揚後挫。根據牛頓運動第三定律，柱亦同時對繩施加一大小相等、方向相反的作用力。其情況與用手向下再向上抖動細繩一樣。結果產生一先下後上的反射波。假設細繩不至於消耗能量，則反射脈動與入射脈動，有一樣的形狀與速率，只是上下顛倒而已。

如將一無質量的圓環，繫在繩端，再套到柱上，如圖 12-7(b) 所示，並設環柱之間沒有摩擦，環可自由上下移動，與自由端無異。脈動傳到繩端，能量被反射回來，但因環隨繩先揚後抑，反射與入射脈動同向，無上下顛倒現象，且振幅大小相同。

如圖 12-8 使細繩與一粗繩相繫，脈動由細繩入射，在界面處，細繩端不能如圖 12-7(a) 所示，百分之百的固定，仍有一些上下移動

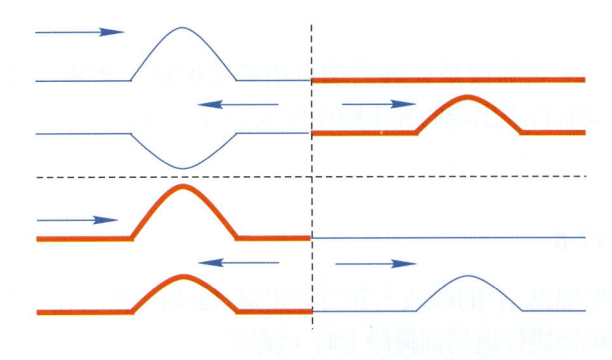

圖 12-8　繩子不同粗細時的反射與透射。

的自由，所以一部分能量會在界面處反射，一部分則繼續前進。向粗繩透射的脈動，與入射脈動同向，反射脈動則與入射上下顛倒。不論反射、透射，脈動的振幅都比入射脈動為小。

反之，如脈動由粗繩入射，其情形有如圖 12-7(b)，但在界面處，粗繩端不算百分百的自由，所以仍有部分能量透射到細繩，剩餘的則從界面處反射。透射、反射脈動都與入射脈動同向，反射脈動之振幅則變小，透射脈動之振幅可能變大或變小，視細繩之粗細而定。

根據 (12-14) 式，波速與介質線密度的平方根成反比，以故，在同等張力的影響下，脈動在粗繩的傳播，要比在細繩中者為慢。

例題 12-7

一弦左端固定，右端可自由上下滑動。在 $t = 0$ 時，一波向右行進，如圖 12-9(a) 所示。則 $t > 0$ 後，由於波在兩端點的反射，下列 (b)、(c) 及 (d) 各波形首次出現的先後順序為何？

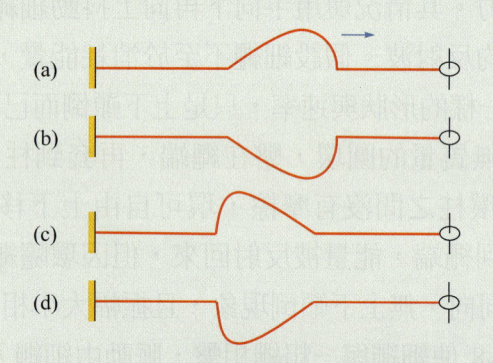

圖 12-9 在固定端與自由端間的脈動。

解

因 (a) 之脈波是先經右端自由端反射後，再經左端固定端反射，故波形首次出現的先後順序為 (c)、(b)、(d)。

例題 12-8

一振幅為 A 的脈波，其波形如圖 12-10。當它在一粗細相連繩上，由粗繩段行進到細繩段上時，試問：

(1) 其反射波的振幅較 A 大？還是小？為什麼？
(2) 承上題，試繪出其反射波與透射波的波形。

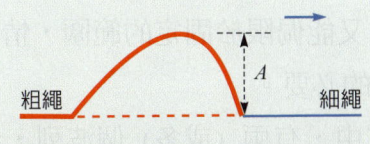

圖 12-10　振幅為 A 的三角波。

解

(1) 反射波的振幅 A' 將較 A 小。此因入射波僅部分能量分配到反射波上，另一部分能量會分配到透射波上。
(2) 反射波的波形與原脈波的波形同側，但左右相反，如下圖。透射波的波形與原脈波的波形不但同側，且左右亦相同，如下圖。

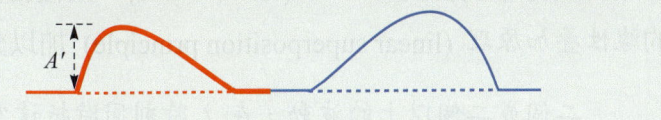

隨堂練習

12-13 說明波在下列二種情況下的反射與透射：
(1) 脈動由細繩入射至粗繩
(2) 脈動由粗繩入射至細繩。

12-6　波的重疊

學習方針

線性疊加原理 (linear superposition principle)：

二個或二個以上的波動，在 t 時刻同時抵達空間 x 處時。合成波的位移，等於各波動位移的和。通過交會處後，各波依舊維持原有特性前進，互不相干。

$$y(x,t) = y_1(x,t) + y_2(x,t) + \cdots + y_i(x,t) + \cdots$$

波與質點有幾個基本的差異。質點有固定的位置，無幾何的大小，可以互相組合，無法彼此重疊。波則無疊合的困難，既可以瀰漫於全部的空間，又能侷限於固定的範圍，情況多端，處理也比較繁複，有分別研討的必要。

設在同一介質中，有兩 (或多) 個波列，各以不同的振幅與頻率，循不同的方向傳播。當其在某一區域進行交會時，區內的質點受波的影響，形成極為複雜的波形。例如，在平靜的池水中，同時投入兩小石子，產生兩個同心圓波列，其交會地區的皺紋，如圖 12-11 所示。

如各成分單波皆為線性波 (linear wave)，則複合的波形可以下述的線性疊加原理 (linear superposition principle) 加以分析：

> 二個或二個以上的波動，在 t 時刻同時抵達空間 x 處時。合成波的位移，等於各波動位移的和。通過交會處後，各波依舊維持原有特性前進，互不相干。

意即空間 x 處在 t 時的擾動 (disturbance)

$$y(x,t) = y_1(x,t) + y_2(x,t) + \cdots + y_i(x,t) + \cdots \tag{12-15}$$

符號 $y_1, \cdots, y_i$ 代表各單波的擾動，其值可正可負。疊加原理適用於所有波動，即使無需介質的電磁波亦然。

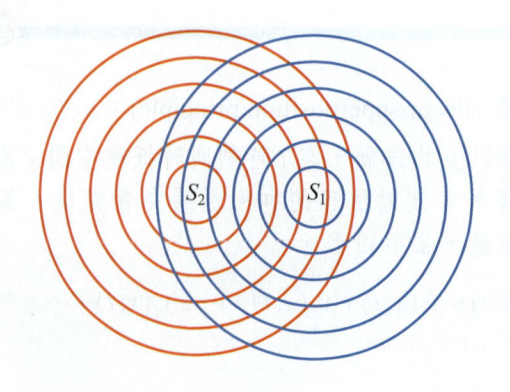

圖 12-11　兩同心圓形水波相疊合的情形。節線清晰可見。

第 12 章　波動的特性　　447

波重疊的現象非常普遍。在喧嘩場合中，能確認親友的聲音；交響演奏可辨識不同樂器的音調；電視、收音機可接收不同電台的訊號，都是其例。波的干涉 (interference) 現象即為波重疊後的結果，情形非常複雜，從 (12-15) 式便可想見一二。

例題 12-9

如圖 12-12，兩相同的矩形波，以相反的方向、相同的速率，在同一介質上，彼此接近。設此矩形波的週期為 T，若時間是由兩波剛接觸時算起，則經過 $\dfrac{T}{2}$ 與 T 時間後，兩波的重疊波圖分別為何？

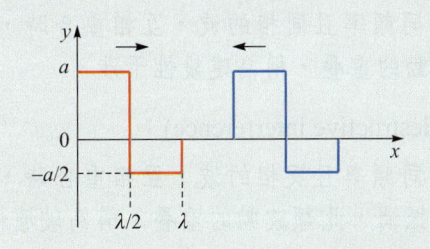

圖 12-12　二相反方向行進的矩形波。

解

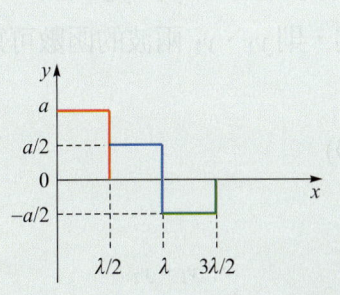

經過 $\dfrac{T}{2}$ 時間後，兩波的重疊波圖。 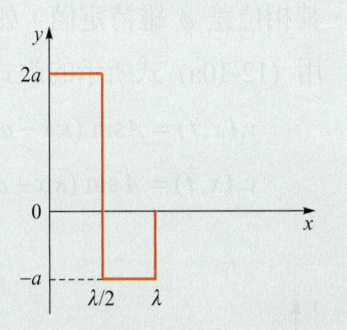　　經過 T 時間後，兩波的重疊波圖。

隨堂練習

12-14　說明波的疊加原理。

12-6-1 一維諧波的干涉

同相 (in phase)：
兩列具有相同頻率與振幅，且同向傳播的波動，若兩波相位差為 $2n\pi$，$n = 0, 1, 2, 3, \cdots$ 時，稱兩波為同相。

反相 (out of phase)：
兩列具有相同頻率與振幅，且同向傳播的波動，若兩波相位差為 $(2n+1)\pi$，$n = 0, 1, 2, 3, \cdots$ 時，稱兩波為反相。

建設性干涉 (constructive interference)：
兩列具有相同頻率且同相的波，互相重合時，合成波的振幅最大，此類波動的重疊，稱為建設性干涉。

破壞性干涉 (destructive interference)：
兩列具有相同頻率且反相的波，互相重合時，合成波的擾動，將處處相互抵消，此類波動的重疊，稱為破壞性干涉。

建設性干涉：
1. 波程差 $n\lambda$
2. 相位差為 $2n\pi$

破壞性干涉：
1. 波程差 $(2n+1)\dfrac{\lambda}{2}$
2. 相位差為 $(2n+1)\pi$

設在一介質中有兩列單波，同向傳播。兩波有相同的頻率與振幅，其相位差 ϕ 維持定值，如圖 12-13 所示之 y_1、y_2 兩波。

用 (12-10a) 式所示的數式表述，則 y_1、y_2 兩波的函數可寫成

$$y_1(x, t) = A\sin(\kappa x - \omega t)$$
$$y_2(x, t) = A\sin(\kappa x - \omega t + \phi)$$

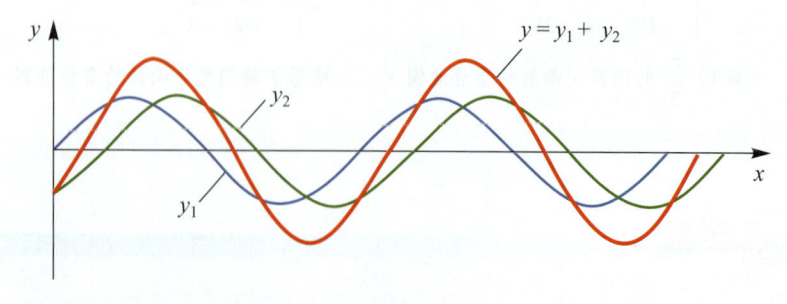

圖 12-13 兩相同頻率，不同相位的波動，y_1、y_2，干涉的示意圖。

根據上述重疊原理 [參看 (12-15) 式]，合成波的波函數為各單波的代數和，亦即

$$y(x,t) = y_1(x,t) + y_2(x,t)$$
$$= A\sin(\kappa x - \omega t) + A\sin(\kappa x - \omega t + \phi) \quad (12\text{-}16)$$
$$= 2A\cos\frac{\phi}{2}\sin(\kappa x - \omega t + \frac{\phi}{2})$$

三角函數：
$$\sin\alpha + \sin\beta$$
$$= 2\cos\frac{\alpha-\beta}{2}\sin\frac{\alpha+\beta}{2}$$
$$\alpha = \kappa x - \omega t$$
$$\beta = \kappa x - \omega t + \phi$$

(12-16) 式有如下的特性：

1. 合成波亦為一正弦波，且波的頻率、波長與傳播方向不變，如圖 12-13 中的 y 線。

2. 合成波的振幅，取決於兩波的相差 ϕ，大小等於 $2A\cos(\phi/2)$。如 $\phi = 0$，表示兩波沒有相差，亦即彼此同相 (in phase)，合成波的振幅最大，等於 $2A$，為單波振幅的兩倍。此種波的重疊稱為建設性干涉 (constructive interference)。顯然可見，建設性干涉也可發生於 $\phi = 2\pi, 4\pi, \cdots$，亦即 $\cos(\phi/2) = \pm 1$ 等處。

3. 若相差 $\phi = \pi, 3\pi, 5\pi, \cdots$，$\cos(\phi/2) = 0$，此時兩成分波的相，恰好相反，是名副其實的反相 (out of phase)，它們的波峰與波谷，互相填補，合成波的擾動，處處抵消。這樣的干涉稱為破壞性干涉 (destructive interference)。

4. 若相差 ϕ 不等於 $n\pi$，則合成波的振幅在 $2A$ 與 0 之間。

由於一波長的距離相當於 2π 弧度，所以同相的波，其波程差相當於波長的整數倍，即 $n\lambda$，而反相的則為半波長 $(\frac{\lambda}{2})$ 的奇數倍，即 $(2n+1)\frac{\lambda}{2}$，$n = 0, 1, 2, \cdots$。

例題 12-10

振幅分別為 0.2 cm 與 0.5 cm 的兩正弦波，在同一介質上，同時沿 x 座標軸的正向行進。若兩波的頻率相同，則當兩波的相位差為 0 (同向) 與 π (反向) 時，其合成波的波函數與振幅為何？何者屬建設性干涉？何者屬破壞性干涉？

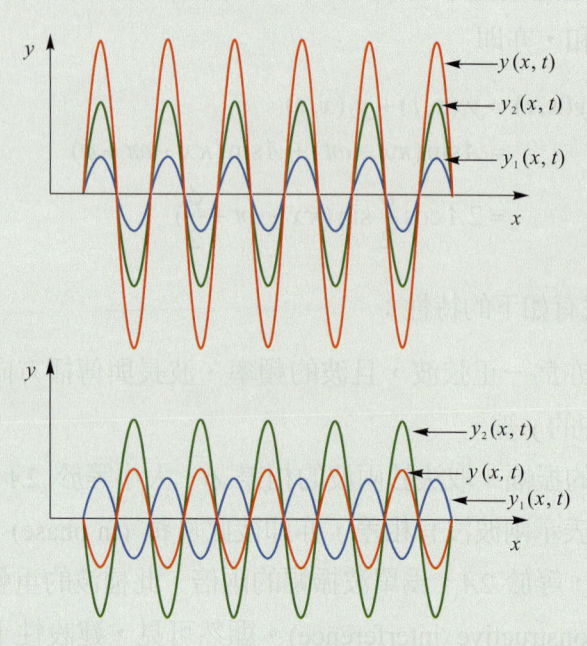

$v = \lambda f$

$\xrightarrow[v_1 = v_2]{f_1 = f_2} \lambda_1 = \lambda_2$

$\kappa = \dfrac{2\pi}{\lambda}$

$\omega = 2\pi f$

解

兩頻率相同的正弦波，在同一介質上行進時，因其行進速率相同，將導致兩波的波長等長。故兩波的角波數 κ 與角頻率 ω 也應相同。又因兩波係同時沿 x 座標軸的正向行進，其振幅為 0.2 cm 與 0.5 cm，因此，兩波在 y 軸方向的振動位移，可表示如下：

$$y_1(x, t) = 0.2 \sin(\kappa x - \omega t)$$
$$y_2(x, t) = 0.5 \sin(\kappa x - \omega t + \phi)$$

當相位差 $\phi = 0$ 時，其合成波

$$\begin{aligned} y(x, t) &= y_1(x, t) + y_2(x, t) \\ &= 0.2 \sin(\kappa x - \omega t) + 0.5 \sin(\kappa x - \omega t + 0) \\ &= 0.7 \sin(\kappa x - \omega t) \text{ (cm)} \end{aligned}$$

當相位差 $\phi = \pi$ 時，其合成波

$$\begin{aligned} y(x, t) &= y_1(x, t) + y_2(x, t) \\ &= 0.2 \sin(\kappa x - \omega t) + 0.5 \sin(\kappa x - \omega t + \pi) \\ &= -0.3 \sin(\kappa x - \omega t) \text{ (cm)} \end{aligned}$$

故相位差 $\phi = 0$ 時，其合成波的振幅為 0.7 cm，屬建設性干涉；而相位差 $\phi = \pi$ 時，其合成波的振幅為 0.3 cm，屬破壞性干涉。

隨堂練習

12-15 說明建設性干涉與破壞性干涉的條件。

12-6-2 拍

學習方針

拍 (beat)：
當只有些微頻率差的兩波相互干涉時，所發生週期性的強弱現象，稱之為「拍」。

拍頻 (beat frequency)：
兩波出現拍的現象時，波每秒鐘振幅大小起伏的次數，稱為拍頻 f_b：

$$f_b = |f_1 - f_2|$$

　　圖 12-13 的 y_1、y_2 兩波，如在波頻上有些微的差異，則不可能有固定的相差，合成波擾動的空間分佈也就不像圖 12-13 的 y 規則，而隨時間不斷地變化 [參看圖 12-14(a)]。但從一定點觀察，合成波的時間分佈亦有規則可循。

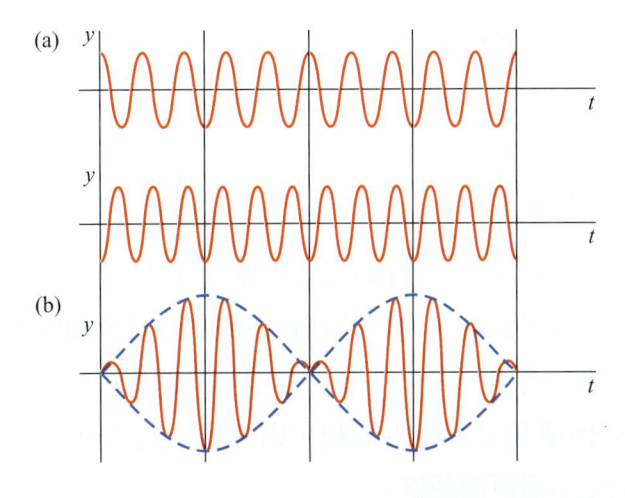

圖 12-14 波頻相近的兩波，干涉產生拍的示意圖。
(a) 個別波形；(b) 合成波的擾動隨時間的變化。

設觀察位置定在 $x = 0$ 處，振幅同為 A，角頻率分別為 ω_1 與 ω_2 的兩正弦波可分別表述如下

$$y_1 = A\sin(\omega_1 t)$$
$$y_2 = A\sin(\omega_2 t)$$

其合成波

$$y = y_1 + y_2 = A[\sin(\omega_1 t) + \sin(\omega_2 t)]$$

利用三角函數化簡，可得

$$y = 2A\cos\frac{(\omega_1 - \omega_2)t}{2}\sin\frac{(\omega_1 + \omega_2)t}{2} \tag{12-17}$$

$\omega = 2\pi f$

由 (12-17) 式可見，合成波的擾動有變化快與慢兩部分。若 $\omega_1 \approx \omega_2$，則波頻的和，$\omega_1 + \omega_2$，將遠大於其差，$\omega_1 - \omega_2$。(12-17) 式中正弦因子的變化，將比餘弦快得多。若正弦因子變化如圖 12-14(b) 所示的紅線，則餘弦因子變化將如圖中的藍線包跡，此包跡可視為合成波的振幅，一般稱之為拍 (beat)。當 $\cos\frac{(\omega_1 - \omega_2)t}{2} = \pm 1$ 時，擾動 y 最大。從圖可見，包跡的週期內，最大擾動出現兩次。因此，每秒所產生的拍數，亦即拍的角頻率

$$\omega_b = 2\left|\frac{\omega_1 - \omega_2}{2}\right| = |\omega_1 - \omega_2| \tag{12-18}$$

或拍的頻率

$$f_b = |f_1 - f_2| \tag{12-19}$$

音樂家利用拍音現象，來作調音的工作。將樂器的聲音與標準頻率的音差比較，調整樂器直至拍音現象消失。

拍的現象見於所有的波動，但以聲波的拍最受注意。取頻率相近的兩音叉，同時敲響，可以聽到脈搏似的音量，即為明證。調音師便是利用此一原理為樂器正音。如樂器 (例如提琴、鋼琴等) 經調整後，與標準音叉不產生拍頻，則樂器便有其應有的頻率。否則，琴弦的張力需再加調整。

例題 12-11

小華在實驗室，拿起兩不同頻率的音叉，同時敲響。他聽到兩音叉所發出的音量，有高有低，形成週期性的變化，其頻率 10.0 Hz。若其中一音叉的頻率為 6.00×10^2 Hz，則另一音叉的頻率為若干？

解

小華聽到音量高低變化的頻率，即兩音叉所發出聲波，產生拍的現象。合成波形成拍音時的頻率 f_b

$$f_b = |f_1 - f_2| \Rightarrow 10.0 = |f_1 - 6.00 \times 10^2|$$

$$\pm 10.0 = f_1 - 6.00 \times 10^2$$

$$f_1 = \begin{cases} 5.90 \times 10^2 \text{ (Hz)} \\ 6.10 \times 10^2 \text{ (Hz)} \end{cases}$$

小華所執另一音叉的頻率，可能為 5.90×10^2 Hz 或 6.10×10^2 Hz。

觀點：
頻率相近的二波相遇時，會產生拍音；拍音的頻率稱為拍頻，拍頻大小為原來二波頻率差的絕對值

$$f_b = |f_1 - f_2|$$

隨堂練習

12-16 拍如何形成？拍頻如何定義？

12-6-3 駐波

駐波 (standing wave)：

在弦線上的二波動，若具有相同頻率、振幅、速度大小，但沿著相反方向行進，當此二波交會時，疊加所產生的非行進波，即為「駐波」。

波腹：質點振動最大的位置。
節點：質點不動的位置。

常態模式 (normal mode)：

弦線兩端都固定時，弦振動所產生的駐波，只存在於一些有限的模式，這些模式即所謂常態模式，具有固定的頻率。

自然頻率 f_n：產生駐波的頻率。

用圖 12-15 的設備，設細繩的自由端與一簡諧振源 (例如音叉) 連繫，當所產生的諧波，在固定端反射，根據前文所述，反射波與入射波有相等的頻率與振幅，但方向相反。因此，兩波可分別以下式表述：

$$y_1 = A\sin(\kappa x - \omega t)$$
$$y_2 = A\sin(\kappa x + \omega t)$$

前者為向右行進的入射波，後者為向左行進的反射波。兩波重疊所形成的合成波，可表述如下：

$$y = y_1 + y_2$$
$$= A\sin(\kappa x - \omega t) + A\sin(\kappa x + \omega t)$$

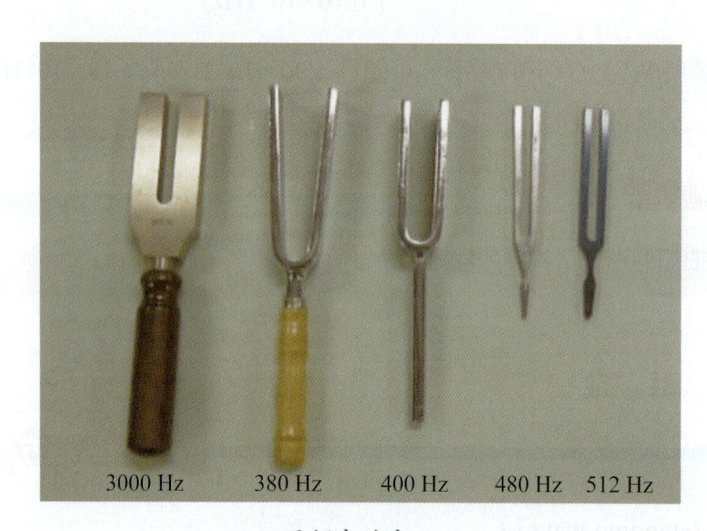

不同頻率的音叉。

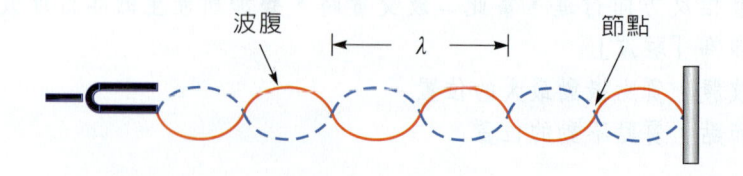

圖 12-15　入射波與反射波形成駐波的情形。

利用前述三角恆等式，可得

$$y = (2A \sin \kappa x) \cos \omega t \qquad (12\text{-}20)$$

上式並非 $\kappa x + \omega t$ 的函數，顯然不是行進波的方程式。它更像角頻率等於 ω 的簡諧運動，只是質點的振幅為 $2A \sin \kappa x$，這樣的波謂之駐波 (standing wave)。

駐波的振幅既為位置 κx 的正弦函數，則當 $\kappa x = (2n+1)\dfrac{\pi}{2}$，亦即 $x = (2n+1)\dfrac{\lambda}{4}$，$n = 0, 1, 2, 3, \cdots$ 處，振幅最大，等於 $2A$，稱為波腹或反節點 (antinode)。而當 $\kappa x = n\pi$，亦即 $x = \dfrac{n\lambda}{2}$，$n = 0, 1, 2, 3, \cdots$ 處，振幅為零，稱為節點 (node)。顯然可見，波腹和節點都有固定的位置。

如圖 12-15 所示，繩的一端並未固定，(12-20) 式顯示，角頻率 ω 的大小隨振源的頻率而變。但若將繩的兩端都加以固定，一如樂器的琴弦，則弦振動只容許有限的模式，即所謂常態模式 (normal mode)，且有固定的頻率。

圖 12-16 所示的駐波，設弦長為 L，由於兩端都經固定，顯然 $x = 0$ 與 $x = L$ 處都是波節。邊界條件 $\kappa x = 0$ 的影響，已見前述。新的邊界條件 $\kappa L = n\pi$ 同樣要求：

$$L = \dfrac{\lambda}{2},\ \lambda,\ \dfrac{3\lambda}{2},\ 2\lambda,\ \cdots$$

$$L = \dfrac{n\lambda}{2}, \qquad n = 1, 2, 3, \cdots$$

$\kappa = \dfrac{2\pi}{\lambda}$

$\kappa x = (2n+1)\dfrac{\pi}{2}$

$\Rightarrow\ x = (2n+1)\dfrac{\pi}{2\kappa}$

$ = (2n+1)\dfrac{\pi}{2\left(\dfrac{2\pi}{\lambda}\right)}$

$ = (2n+1)\dfrac{\lambda}{4}$

$\kappa x = n\pi$

$\Rightarrow\ x = \dfrac{n\pi}{\kappa}$

$ = \dfrac{n\pi}{\dfrac{2\pi}{\lambda}}$

$ = \dfrac{n\lambda}{2}$

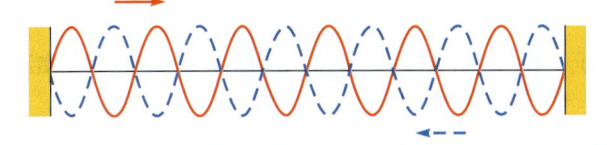

圖 12-16 兩端都固定的弦線，產生駐波的情形。

從命題的涵義可知，L 不可能等於 0，否則，琴弦根本不存在。所以

$$L = \frac{\lambda_1}{2} \quad \text{或} \quad \lambda_1 = 2L$$

$y = (2A\sin \kappa x)\cos \omega t$
$y = 0$

1. $x = 0 \Rightarrow \sin 0 = 0$
2. $x = L \Rightarrow \sin(kL) = 0$

$kL = n\pi$
$\Rightarrow L = \frac{n\pi}{k}$
$L = \frac{n\lambda}{2}$

即 $n = 1$，應該是最簡單的常態模式，稱為**基式** (fundamental mode) 或**第一諧波** (first harmonic)，如圖 12-17(a) 所示。循序的駐波波長為

$$\lambda_n = \frac{2L}{n}, \quad n = 2, 3, \cdots \tag{12-21}$$

分別稱為第二、第三、……、第 n 諧波。因此，n 亦稱為**模數** (mode number)。

根據 (12-14) 式，波在弦上的速率 v 取決於弦的張力大小 T 與弦的線密度 μ，所以弦上的波都有相同的波速，它們的頻率因此等於

$v = \sqrt{\frac{T}{\mu}}$

$$f_n = \frac{v}{\lambda_n} = \frac{nv}{2L}, \quad n = 1, 2, 3, \cdots$$

或

$$f_n = \frac{n}{2L}\sqrt{\frac{T}{\mu}}, \quad n = 1, 2, 3, \cdots \tag{12-22}$$

(12-22) 式中的 T 是弦張力的大小。當 $n = 1$，f_1 稱為弦的**基頻** (fundamental frequency)，其餘的波頻則稱為**泛頻** (overtone frequency) 或**泛音** (overtone)。

固定弦線長，因張力改變，而產生不同數目的駐波。

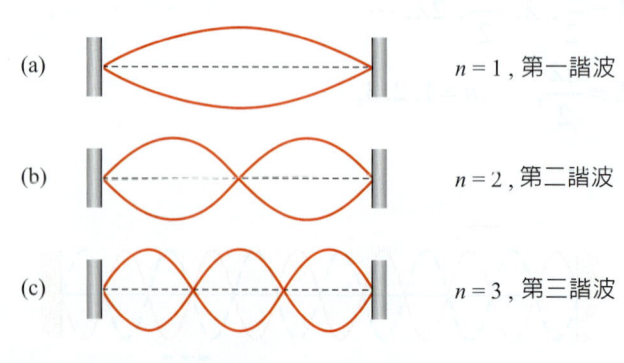

(a) $n = 1$, 第一諧波
(b) $n = 2$, 第二諧波
(c) $n = 3$, 第三諧波

圖 **12-17** 兩端固定的琴弦，其上最簡單的三種模式。

例題 12-12

長 0.500 m，兩端固定的琴弦，發出頻率為 50.0 Hz 的基頻。則此時：(1) 弦上來回反射的行進波，所形成駐波的波長為若干？(2) 駐波在弦上行進的速率為若干？

解

弦上來回反射的行進波波長，與其合成的駐波波長相同。
因琴弦發出的聲音頻率為

$$f_n = \frac{v}{\lambda_n} = \frac{nv}{2L}$$

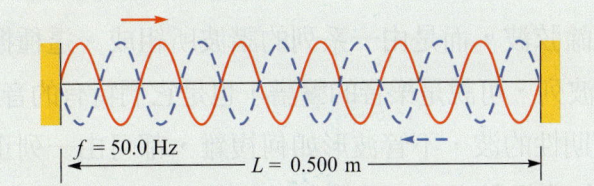

$f_n = \dfrac{v}{\lambda_n} = \dfrac{nv}{2L}$

n：駐波數
f_n：n 個駐波時的頻率
λ_n：n 個駐波時的波長
v：波在弦上的傳播速率
L：弦長

$f = 50.0$ Hz，$L = 0.500$ m

$n = 1$ 為基音，基音的頻率為 50.0 Hz，因此得其波長 λ_1，及行進波在弦上行進的速率 v 為

$$\lambda_n = \frac{2L}{n} \xrightarrow{\substack{L=0.500\,m \\ n=1}} \lambda_1 = 1.00 \text{ (m)}$$

$$v = \lambda_n f_n \xrightarrow{\substack{f_1=50.0\,Hz \\ \lambda_1=1.00\,m}} v = 50.0 \text{ (m/s)}$$

駐波在弦上行進的速率為 50.0 m/s，弦上基音的波長為 1.00 m。

例題 12-13

一兩端固定的弦，若其發出的基音頻率為 2.00×10^2 Hz，則該弦所發出的第一泛音 (第二諧音) 與第二泛音 (第三諧音) 頻率為何？

解

行進波在弦上合成駐波的頻率為 $f_n = \dfrac{nv}{2L}$。

因波在弦上傳播的速率 v 與弦長 L 固定，故 f 正比於 n。
基音 ($n = 1$) 的頻率為 2.00×10^2 Hz；
第一泛音 ($n = 2$) 頻率為 4.00×10^2 Hz；
第二泛音 ($n = 3$) 頻率為 6.00×10^2 Hz。

觀點：

$f_n = \dfrac{nv}{2L}$

$\Rightarrow$

$f_1 = \dfrac{v}{2L}$

$f_2 = \dfrac{2v}{2L} = 2f_1$

$f_3 = \dfrac{3v}{2L} = 3f_1$

⋮

$f_n = \dfrac{nv}{2L} = nf_1$

隨堂練習

12-17 形成駐波的條件為何？駐波有何特殊性質？

12-18 兩端固定，長 0.90 m 的琴弦，形成駐波的基頻為 30.0 Hz。則此時
(1) 弦上來回反射的行進波，所形成駐波的波長為若干？
(2) 駐波在弦上行進的速率為若干？

12-6-4 複雜波形

管弦樂器的樂音並不是單一頻率的振動，其合成波的波形非純粹的正弦或餘弦波，而是由一系列的諧波所組成。這種振幅與頻率都不同的諧波列，可說是樂音的聲譜，也是它們特有的音色。

這類週期性的波，不管波形如何複雜，都可由一列正弦與餘弦函數組成的無窮級數表述。這種表述方式，首由法人傅立葉 (Joseph Fourier, 1768-1830) 提出。所以這列無窮級數便稱為**傅立葉級數**，其通式可示如下：

$$y(t) = \Sigma(A_n \sin 2\pi f_n t + B_n \cos 2\pi f_n t) \tag{12-23}$$

(12-23) 式中的最低波頻 $f_1 = \dfrac{1}{T}$，T 是合成波的週期。其它的波頻 $f_n = nf_1$，係數 A_n 與 B_n 則代表各諧波的振幅。傅立葉級數的求取，因為牽涉繁複的數學演繹，已經超越目前的課題，有興趣的讀者可自行參閱相關資料研讀。

此外，波動尚有**繞射** (diffraction) 與**都卜勒效應** (Doppler effect) 等現象。繞射是波繞過障礙物的彎曲現象，由於波的振幅或相位都可能發生變化，波的強度在空間的分佈也會產生變化，其詳細情形將在光波章節討論；都卜勒效應則是波源與觀察者相對運動對波頻率的影響，雖然這種效應在各種波都可能產生，但以聲波的效應最為常見，留待聲波章節再行研討。

習題

機械波的形成

12-1 湖面的水波從甲處傳到乙處時，它傳遞的是什麼？

12-2 水波由近而遠時，浮於水面的落葉是否會隨波而行？為什麼？

12-3 海浪為什麼不能使船前進？

12-4 若水波相鄰的波峰與波谷間相距 10 cm，週期為 0.05 秒，則此水波的傳播波速為何？

12-5 若電磁波的頻率為 10^6 Hz，則此電磁波的波長為何？

諧波的幾何表述

12-6 在作弦波實驗時，若振盪器以 30.0 Hz 的頻率振動，波在繩上傳播的速率為 40.0 m/s；則
(1) 繩子每秒鐘會產生幾個繩波？
(2) 每個繩波的波長為何？
(3) 繩上任意點，上下來回振盪一次，費時若干？
(4) 繩波的波數、角波數與角頻率為何？

12-7 若可見光的波長約為 $3800\overset{\circ}{A} \sim 7200\overset{\circ}{A}$，則可見光的頻率範圍為何？

諧波的數學表述

12-8 當將波函數表示為正弦函數 $y(x, t) = A\sin(\kappa x + \omega t + \phi)$ 時，說明此波函數中各參數的意義及單位。

12-9 小丁作波的實驗，得到如下向右移動的波動圖形，試依此圖形寫出此波動的波函數形式。

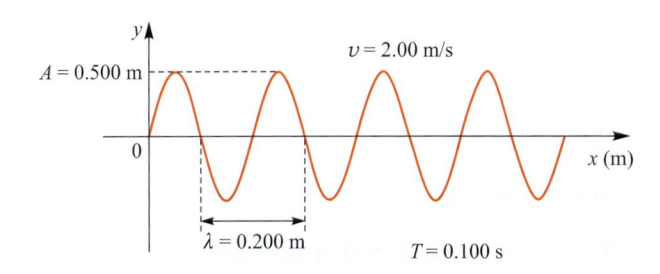

弦上諧波的傳播速率

12-10 將一細繩以 1.5 N 的張力拉緊。振盪器以 50.0 Hz 的頻率振動，若繩之線密度為 3.125×10^{-4} kg/m，則此諧波傳播的速率為若干？波長為多少？

波的反射與透射

12-11 繪出下列圖形的反射波與透射波。

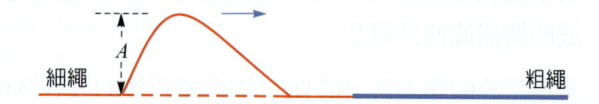

波的重疊

12-12 如下圖，兩波動以相反的方向，相同的速率，在同一介質上，彼此接近。設此二波動的週期均為 T，若時間是由兩波剛接觸時算起，則經過 $\dfrac{T}{4}$、$\dfrac{T}{2}$、$\dfrac{3T}{4}$ 與 T 時間時，兩波動的重疊波圖分別為何？

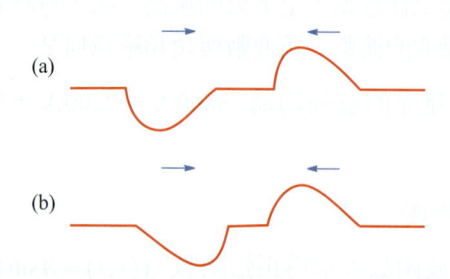

12-13 皮皮在實驗室作拍音測量，他觀察到兩不同頻率音叉，所形成週期性變化的波，其頻率為 2.0 Hz。若其中一音叉的頻率為 380 Hz，則另一音叉的頻率為若干？

註

註一：波長的各種定義方式

波長：符號 λ；單位 cm、m、$\overset{\circ}{\text{A}}$、……等。

1. 波在一個週期內，所行進的距離。
2. 產生一個完整的波，所需的長度。
3. 波出現二相鄰同相位移，所需的長度。
4. $1 \overset{\circ}{\text{A}} = 1 \times 10^{-8}$ cm。

註二：週期的各種定義方式

週期：符號 T；單位 s、min、hr、……等。

1. 波行進一個波長的距離，所需的時間。
2. 產生一個完整的波，所需的時間。
3. 波出現二相鄰同相位移時，所需的時間。

時間固定 位置改變

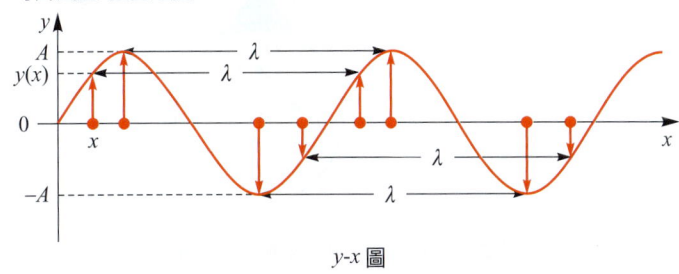

y-x 圖

時間改變 位置固定

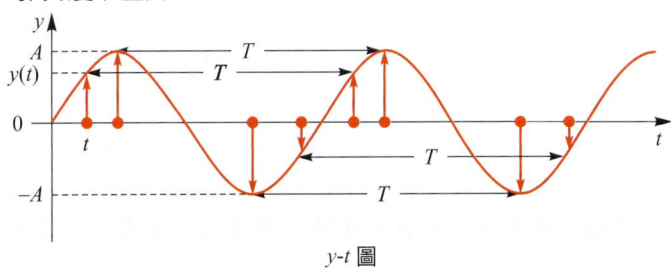

y-t 圖

$y(x)$：位移
λ：波長
A：振幅
T：週期
$y(t)$：位移

註三：波數與角波數

波數：在波的傳播方向單位長度內，所含波長的數目，稱作波數，常以符號 k 表示；$k = \dfrac{1}{\lambda}$，單位為 1/m。

角波數：在波的傳播方向 2π 長度內，所含波長的數目，稱作角波數，亦稱圓波數，以符號 κ 表示；寫作 $\kappa = \dfrac{2\pi}{\lambda}$，單位為 rad/m。

註四：諧波能量的傳播

1. 在繃緊弦線上的振動傳播速率為 $v = \sqrt{\dfrac{T}{\mu}}$。

2. 諧波傳播的平均功率為 $\overline{P} = \dfrac{1}{2}\mu v \omega^2 A^2$。

傳波介質的質點受振源的影響，在其平衡位置附近，作簡諧運動，必然具有動能。又由於振動造成質點位移，因而亦具有位能。這些能量都由振源提供，並藉波的行進，向介質的另一端傳播。這一現象是波動的重要特徵。

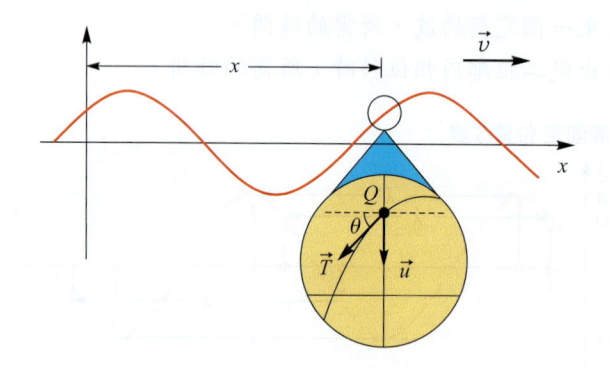

介質上一質點 Q 受力作簡諧振動的示意圖。

設在一繃緊的弦（或繩）上，取一長為 dx 的單元作為研究的對象。若 dx 極短，則可視其為質點（上圖中的 Q 點）。以 Q 為分界點，分弦為左右兩段。當 dx 受波的影響，上下振動，不但速度 $\vec{u}$ 隨時更改，且因受弦的張力 $\vec{T}$ 作用，微微變形。變形以 $y=0$ 時為最大，$y=A$ 時為最小，所以彈性位能亦與時俱變。我們先從功能的角度，研究波能的傳播率，再探討動、位能的貢獻。根據，功率 $P=\vec{F}\cdot\vec{v}$，可得 Q 點左邊的弦對右弦作用的功率

$$P = \vec{T}\cdot\vec{u} = T_y u$$
$$= T_y \frac{\partial y}{\partial t}$$

水平方向的力並不作功，因 Q 沒有橫向的運動。

從上圖可見

$$T_y = -T\sin\theta$$

在研究波的行進時，為了避免反射波的干擾，一般都假設弦長無限。換言之，理想的波動只有單一頻率，振幅亦屬有限，如此，則 θ 不會太大。當 θ 相當小時，$\sin\theta \approx \tan\theta = \theta$，弦在 Q 點處的斜率，亦即 $\tan\theta = \dfrac{\partial y}{\partial x}$。代入上式可得

$$T_y = -T\frac{\partial y}{\partial x}$$

如此，則功率

$$P = -T\left(\frac{\partial y}{\partial x}\right)\frac{\partial y}{\partial t} \qquad (1)$$

如以 $y(x,t) = A\sin(\kappa x \pm \omega t + \phi)$ 代表波的函數，則

$$\frac{\partial y}{\partial x} = A\kappa\cos(\kappa x \pm \omega t + \phi)$$

$$\frac{\partial y}{\partial t} = \pm A\omega\cos(\kappa x \pm \omega t + \phi)$$

代入 (1) 式

$$P = -T[A\kappa\cos(\kappa x \pm \omega t + \phi)][\pm A\omega\cos(\kappa x \pm \omega t + \phi)]$$
$$= \mp TA^2\kappa\omega\cos^2(\kappa x \pm \omega t + \phi) \qquad (2)$$

此式有如下的意義：

1. 由於餘弦函數的平方恆為正值，因此，功率 P 的正負，取決於右方項前的符號。當符號為正時，亦即 $y(x,t) = A\sin(\kappa x - \omega t + \phi)$，代表波往右方行進，$P > 0$，$Q$ 點左方的弦張力 T，對 Q 點右方的弦作正功。反之，則作負功。顯示能量的傳播方向，與波的行進方向同向。

$P = \dfrac{\Delta W}{\Delta t}$

Δt 必大於 0

$\Rightarrow \begin{cases} P > 0\,;\,\Delta W > 0 \\ P < 0\,;\,\Delta W < 0 \end{cases}$

2. 功率 P 比例於振幅 A 的平方。換言之，振幅的大小可作傳播能量多寡的指標。

3. 繃緊弦線上的振動，如振幅不大，利用牛頓第二定律，並假設振動中的弦段 dx，可視為圓周的一段小弧，受弦兩端張力 T 沿切線方向的作用，有一向心的加速度，可以證明振動傳播的速率

$$v = \sqrt{\frac{T}{\mu}}$$

μ 是單位弦長的質量，稱為弦的線密度 (linear density)，亦即 $\mu = \dfrac{dm}{dx}$。

因此，

$$T\kappa\omega = (\mu v^2)\left(\frac{\omega}{v}\right)\omega = \mu v \omega^2$$

4. 由於 $\cos^2\theta$ 在一週期的平均值等於 $\dfrac{1}{2}$，因此，諧波傳播的平均功率：

$$\overline{P} = \frac{1}{2}\mu v \omega^2 A^2$$

Chapter 13 聲波

- 13-1 聲波的特性
- 13-2 聲波的傳播
- 13-3 駐波與共鳴
- 13-4 都卜勒效應
- 13-5 音　爆
- 13-6 噪　音

　　聲波 (sound wave) 是由物體的振動產生，並藉由介質以縱波方式傳播。波動的頻率在 20 與 20,000 Hz 之間【註一】，能引起人類聽覺反應，則稱為可聞波 (audible sound)，而一般所謂的聲波即指此。當頻率高於 20,000 Hz 時的聲波被稱為超音波 (ultrasonic wave)，而低於 20 Hz 時的聲波被稱為次聲波 (infrasonic wave)，通常這二區域的聲波是人類無法感覺到的，只能藉由儀器偵測得知。從物理觀點而言，不論何種頻率的聲波，本質上並無不同，故可合併討論。

　　聲波的強弱高低對生活環境的影響匪淺。這方面的研究日漸廣泛，已成專門學問，即所謂音響學 (acoustics)，在建築、工程、環保、衛生上有不容忽視的貢獻。如新式公寓講究隔音效果，待產婦女作超音波檢測以確認胎兒發育。此外，聲納 (sonar)、探油、驗傷用的音檢儀，在軍事、漁業上也被廣泛的應用。

　　但是，有些聲音怡人動聽，有些則刺耳煩心，與其它機械波顯然有異。它們在聽覺上所以引起不同的反應，實由其音調 (pitch)、音強 (intensity) 與音色 (quality) 所致。本文將就與這三方面有關的現象，研討聲波的應用與噪音的控制。

赫茲 (hertz)：頻率的單位，簡稱赫，常以 Hz 表示，並定 $1 \text{ Hz} = 1 \text{ s}^{-1}$。

13-1　聲波的特性

13-1-1　聲波的產生

$\kappa = \dfrac{2\pi}{\lambda} = 2\pi k$

$\omega = \dfrac{2\pi}{T} = 2\pi f$

聲波中質點位移的大小：
$$s(x,t) = s_m \cos(\kappa x - \omega t)$$

聲波中壓力變化的大小：
$$\Delta P = \Delta P_m \sin(\kappa x - \omega t)$$

s_m 為位移振幅，ΔP_m 為壓力振幅。

在圖 13-1(a) 所示的透明管管端裝設一無摩擦的活塞，為便於觀察，並在管中充入淡淡的煙氣。將活塞往右推動，則見活塞前方的煙氣，受活塞的擠壓，變得濃稠。再將活塞回拉，活塞前方的壓力減小，煙氣跟著疏淡。如此一推一拉，管中煙氣濃淡相間，逐步前移。如推拉的頻率適宜，附耳管前，音波的高低，清晰可聞。

活塞的推拉，逼使煙氣質點隨之進退。由於質點的位移與波的傳遞同向，因此活塞運動所形成的波動屬於縱波。縱波一般很難用幾何圖形描述，圖 13-1(a) 是簡單的縱波示意圖。其中顏色較深的部

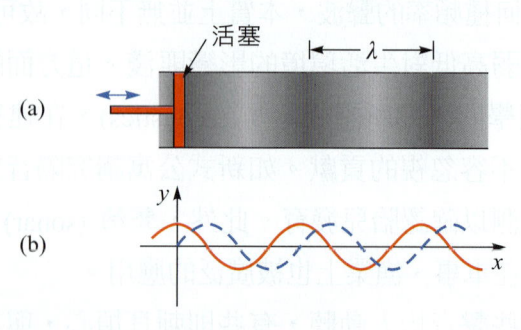

圖 13-1　(a) 在長管中產生聲波的情形；
(b) 管中空氣質點位移 (虛線)、壓力 (實線) 與位置的關係。

份，表示煙氣被壓縮，密度較大，壓力也較高，此區稱為濃密區 (condensation)。淺淡部分，密度較低，壓力也較低，則謂之疏淡區 (rarefaction)。

縱波又稱疏密波。

活塞的推拉，如以簡諧運動的方式進行，則煙氣質點的振動也是簡諧運動，可以正弦或餘弦函數描述。例如，質點的位移大小 $s(x, t)$ 以餘弦函數表述為

$$s(x, t) = s_m \cos(\kappa x - \omega t) \tag{13-1}$$

(13-1) 式中符號 s_m 代表質點的最大位移，即所謂位移振幅 (displacement amplitude)。將位移對位置參數作偏微分，可得

$$\frac{\partial s(x,t)}{\partial x} = \frac{\partial[s_m \cos(\kappa x - \omega t)]}{\partial x}$$

$$\frac{\partial s(x,t)}{\partial x} = -\kappa s_m \sin(\kappa x - \omega t) \tag{13-2}$$

可得壓力變化 ΔP 為【註二】

$$\Delta P = -B\frac{\partial s}{\partial x}$$

$$\Delta P = -B[-\kappa s_m \sin(\kappa x - \omega t)]$$
$$= B\kappa s_m \sin(\kappa x - \omega t)$$

$$\Delta P = \Delta P_m \sin(\kappa x - \omega t) \tag{13-3}$$

B 是彈性體的彈性容積係數，ΔP_m 是壓力變化的最大量，可稱為壓力振幅 (pressure amplitude)。比較 (13-1) 與 (13-3) 兩式，可見位移變化與壓力變化有 $\frac{\pi}{2}$ 的相差，如圖 13-1(b) 的虛實曲線所示。

偏微分：
包含許多變數的函數，若只對其中某一變數，討論其微變量與函數關係；其餘未被提及的變數，視為常數處理。

範例：
$f(x, y) = 2x^2 y + y^3$
$\frac{\partial f(x, y)}{\partial x} = 4xy$
$\frac{\partial f(x, y)}{\partial y} = 2x^2 + 3y^2$

練習題：
$g(x, y) = 3x^2 y^{-3} - 2x^{-3}$
$\frac{\partial g(x, y)}{\partial x} = ?$
$\frac{\partial g(x, y)}{\partial y} = ?$

例題 13-1

人耳所能忍受的聲音，其最大壓力振幅 ΔP_m 約為 30.0 Pa。若聲頻為 8.00×10^2 Hz，聲速為 3.40×10^2 m/s，則空氣質點的位移振幅 s_m 約為若干？

解

空氣質點的位移振幅 s_m 與壓力振幅 ΔP_m 的關係為

$$\Delta P_m = B\kappa s_m \Rightarrow s_m = \frac{\Delta P_m}{B\kappa}$$

在一大氣壓力下，空氣的容積係數

$$B \approx \gamma P_a \xrightarrow{1\,atm=1.01\times10^5\,Pa} B = (1.40)(1.01\times10^5)$$
$$\approx 1.42\times10^5 \text{ (Pa)}$$

且角波數

$$\kappa = \frac{2\pi}{\lambda} \xrightarrow{\lambda=\frac{v}{f}} \kappa = \frac{2\pi f}{v}$$
$$= \frac{2\pi(8.00\times10^2)}{3.40\times10^2}$$
$$\approx 14.8 \text{ (rad/m)}$$

空氣質點的位移振幅

$$s_m = \frac{\Delta P_m}{B\kappa} \Rightarrow s_m = \frac{30.0}{(1.42\times10^5)(14.8)}$$
$$\approx 1.43\times10^{-5} \text{ (m)}$$

13-1-2 傳播的速率

學習方針

流體中聲波傳播的速率 v：

$$v = \sqrt{\frac{B}{\rho}}$$

ρ：流體的密度；B：體彈性係數。

理想氣體中聲波傳播的速率 v：

$$v = 331 + 0.6\, t_C$$

t_C：攝氏溫度，單位 °C；
v_o：0°C 時的聲速，約為 331 m/s；
0.6：為溫度改變 1 C° 時，聲速變化 0.6 m/s。

聲速：
$v = 331 + 0.6\, t_C$
此式只在室溫附近適用。

溫度上升 1 C° 時，聲速增加 0.6 m/s。

溫度下降 1 C° 時，聲速減少 0.6 m/s。

機械波在介質中傳播的速率，取決於介質密度與彈性係數的大小。它顯示振波在張緊弦上的速率，與弦張力和密度比的平方根成比例。表 13-1 列出聲波在不同介質中傳播的速率，也可以同樣的方式理解。

設介質為一密度等於 ρ，體彈性係數等於 B 的流體，引用上述的結果，其傳聲的速率可表為

$$v = \sqrt{\frac{B}{\rho}} \qquad (13\text{-}4) \qquad v = \sqrt{\frac{T}{\mu}}$$

如介質為一理想氣體，由於聲波所引起的壓力與體積變化都非常迅速，因此可視為一絕熱過程。引用

$$PV^\gamma = 常數$$

與

$$B = -V\frac{\Delta P}{\Delta V}$$

可證 **[註三]**

$$v = \sqrt{\frac{\gamma P}{\rho}} \qquad (13\text{-}5)$$

表 13-1 聲波在不同介質中的傳播速率

介質	20°C	介質	25°C	介質	0°C
固體	速率 (m/s)	液體	速率 (m/s)	氣體	速率 (m/s)
花崗石	6000	海水	1531	氫	1269.5
鐵	5130	純水	1493	水蒸汽	404.8
鋁	5100	汞	1450	空氣	331.45
銅	3750	煤油	1315	氮	339.3
鉛	1230	酒精	1210	氧	317.2
玻璃	5000-6000				

$PV = nRT ; v = \sqrt{\dfrac{\gamma P}{\rho}}$

$\dfrac{v_t}{v_o} = \dfrac{\sqrt{P_t}}{\sqrt{P_o}}$

$= \dfrac{\sqrt{T}}{\sqrt{T_o}}$

$= \dfrac{\sqrt{273+t_C}}{\sqrt{273}}$

$= \sqrt{1+\dfrac{t_C}{273}}$

由於理想氣體的壓力與其絕對溫度 T 成正比，上式又可改寫成

$$v = v_o \sqrt{1+\dfrac{t_C}{273}}$$ (13-6)

$$= 331 + 0.6 t_C$$

(13-6) 式中符號 t_C 代表攝氏溫度；v_o 為 0°C 時的聲速，約為 331 m/s。

例題 13-2

海面上的船隻利用聲波探測器 (聲納)，探測海的深度。若聲波由海面發出，接觸到海底，再反射回探測器時，所費時間為 1.00 s，試問海的深度為若干？(設海水密度為 1.00×10^3 kg/m³，體彈性係數為 2.18×10^9 Pa)

解

觀點：
聲納探測海的深度，是利用聲波反射的方式，測量發射至反射回來的時間 Δt，再以 $h = \dfrac{v \Delta t}{2}$ 的關係式，求出海深 h。

聲波在海裡傳播的速率

$$v = \sqrt{\dfrac{B}{\rho}} \Rightarrow v = \sqrt{\dfrac{2.18 \times 10^9}{1.00 \times 10^3}}$$

$$\approx 1.48 \times 10^3 \text{ (m/s)}$$

因此，海的深度

$$h = \dfrac{vt}{2} \Rightarrow h = \dfrac{(1.48 \times 10^3)(1.00)}{2}$$

$$= 7.40 \times 10^2 \text{ (m)}$$

觀點：
1. 由理想氣體的狀態方程式 $PV = nRT$，可求得理想氣體的壓力 P 為

   $PV = nRT$

   $\xrightarrow{n=1 \atop \rho = \frac{M}{V}} P = \dfrac{\rho}{M} RT$

2. 聲波在流體中的傳播速率

   $v = \sqrt{\dfrac{B}{\rho}}$

3. 體彈性係數為

   $B = \gamma P$

例題 13-3

一莫耳理想氣體質點的質量為 M，試證明，在絕對溫度為 T 的情況下，聲波在此理想氣體中的傳播速率 $v = \sqrt{\dfrac{1.40 RT}{M}}$。($R$ 為氣體常數)

解

設一莫耳質點，溫度為 T 時，此理想氣體的體積為 V。因理想氣體之 $\gamma = 1.40$，聲波在此理想氣體中的傳播速率為

$$v = \sqrt{\frac{B}{\rho}} \xrightarrow[P=\frac{\rho}{M}RT]{B=\gamma P} v = \sqrt{\frac{1.4RT}{M}}$$

例題 13-4

在 20.0°C 與 −20.0°C 兩種溫度情況下，聲波在空氣中的傳播速率相差多少？

解

聲波在溫度 t°C 的空氣中傳播速率 v_t 為

$$v_t = 331 + 0.6 t_C$$

聲波在 20.0°C 與 −20.0°C 兩種溫度時，傳播速率的差為

$$\Delta v = v_{20.0} - v_{-20.0}$$

$$\xrightarrow[v_{-20.0}=3.31\times10^2+(0.6)(-20.0)]{v_{20.0}=3.31\times10^2+(0.6)(20.0)}$$

$$\Delta v = (0.6)[(20.0) - (-20.0)]$$
$$= 24 \ (m/s)$$

隨堂練習

13-1 下列有關超音波的敘述何者正確？
  (1) 超音波是屬於電磁波的一種
  (2) 其傳播速率遠高於 1 馬赫
  (3) 其頻率超過 20,000 赫茲
  (4) 是能量很強的一種聲波，一般人都可以聽得到。

13-2 小松在溫度 25°C 的夏日午後，見到海邊的閃電，經 5 秒後才聽見雷聲；則小松距離發生閃電之處約有多遠？

13-3 溫度 35°C 的夏日，小松在古井邊沖水時，他想知道古井的深度，於是在水井口讓小石子自由下落，並測量小石子撞擊水面後，聽到回聲的時間。若小松自小石子離開手中，經 2 秒後聽到回聲，則井口與水面的距離約為多少公尺？(設重力加速度為 10 m/s^2)

13-4 人耳辨識聲音，兩個聲音最少需間隔 0.1 sec。若在 25°C 的教室內，要辨識是否有回音，教室內的直線距離最少必須相距多遠？

13-1-3　音調與音色

音調：

指聲音的高低，由聲波的頻率決定；通常頻率高則聲音高昂，頻率低則聲音低沉。

音量：

指聲音的強度，又稱為「響度」，由聲波的振幅（聲壓）決定，通常以「分貝」(dB) 來表示音量大小。

音色：

指同一音調的聲音，由不同的樂器或人發出，仍可區別其差異的特性。亦稱音品，由泛音的數目和它們的相對強度決定。

> 頻率：
> 每秒鐘的振動次數，單位為赫茲。
>
> 人們感受響度的範圍是在 0～120 dB 之間。
>
> 樂器的質料和結構差異，能產生不同的泛音；甚至同一樂器，各音區產生的泛音也不相同。

　　音調取決於聲波的頻率，高的尖銳，低的深沉。常人說話的聲音大約在 80～1,000 Hz 之間，即使聲樂家的高音也不過 2,000 Hz 左右。而許多動物的發聲卻在可聞波的範圍之外【註四】。想見自然界其實熱鬧非常，只是我們無從欣賞而已。

　　一般物體振動時發出的聲音，很少是單一頻率的。即使它們彈奏同一音符，即所謂律音 (note)，其聲譜也不會相同，我們在音樂會中，能夠分辨各種樂器的樂音，原因正為此。圖 13-2 顯示幾種樂器的聲譜，可見它們諧音的組合，各不相同。諧音與基音分別引起聽覺的反應，綜合而成樂器的音色。

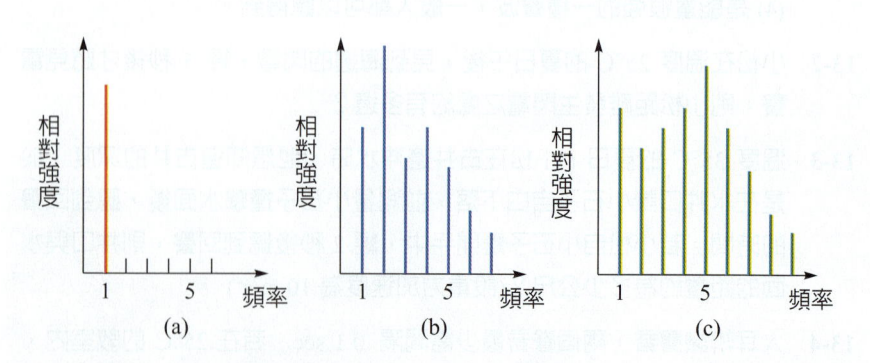

圖 13-2　不同樂器的聲譜。(a) 音叉；(b) 橫笛；(c) 豎笛的諧音。

隨堂練習

13-5 下列有關律音的描述，何者正確？
(1) 律音為單一頻率的純音
(2) 律音為樂音，由一個基本頻率的純音和一些較高頻率的純音合成
(3) 律音是由頻率為基本頻率整數倍的純音合成的樂音
(4) 律音由基音和諧音合成。

13-6 發音體振動產生聲波，有關響度與音調的描述，下列何者正確？
(1) 發音體振動越快，響度越大，音調越高
(2) 發音體振動越慢，響度越大，音調越低
(3) 發音體振動越快，音調越高，響度不一定變大
(4) 發音體振動越快，響度越大，音調不一定變高。

13-7 人耳對於聲音聽覺的感受有三個基本要素，用通俗的話說就是＿＿＿＿、＿＿＿＿、＿＿＿＿。

13-8 聲音在傳播一段距離後，便聽不清楚，其原因為何？(複選題)
(1) 當傳播距離逐漸增加時，聲波的頻率會降低
(2) 當傳播範圍逐漸擴大時，聲波的波長會變短
(3) 聲波在傳播過程，會被介質吸收
(4) 當傳播範圍逐漸擴大時，聲波的振幅會隨能量分佈範圍擴大而減小。

13-1-4　音強與音強級

音強 (intensity)：
波在單位時間內，通過波前單位面積 S 的平均功率 $\overline{P}$，定義為聲波的音強 I，

$$I = \frac{\overline{P}}{S}$$

> 音強級 β (sound intensity level, SIL)：
>
> $$\beta = 10 \log \frac{I}{I_o} \quad \text{(dB)}$$
>
> I：待測聲波的音強
>
> I_o：人耳聽覺的下限
>
> 以 1,000 Hz 的聲波為基準，$I_o = 10^{-12}$ W/m²。

聲源振動，產生音波。波動的傳播就是能的傳播，波在弦上傳播的平均功率

$$\overline{P} = \frac{1}{2} \mu v \omega^2 A^2$$

$\overline{P} = \frac{1}{2}\mu v \omega^2 A^2$

參看第 12 章的註四。

A 是振動的振幅，μ 是弦的線密度，v 與 ω 分別為波的波速與角頻率，波的功率單位為**瓦特** (watt, W)，一般都遠小於振源的功率。

平均功率 $\overline{P}$ 是從質點的觀念演繹而來，亦即弦的截面積幾近於零。對像聲波一類的縱波而言，自然不算正確，但可作如下的修正，以適合聲波的討論。

設將單位時間內，通過波前一單位面積的平均功率，定義為聲波的**音強** (intensity) I，亦即

$$I = \frac{\overline{P}}{S}$$

S 是波前的面積。將 $\overline{P}$ 代入，可得

$$I = \frac{1}{2}(\frac{\mu}{S}) v \omega^2 A^2$$

$$I = \frac{1}{2} \rho v \omega^2 A^2 \tag{13-7}$$

符號 ρ 代表介質的密度 (kg/m³)。由此式可見，音強與波的角頻率 ω 和振幅 A 的平方成正比。換言之，波頻率高、振幅大的聲波，聽起來比較響亮。男、女高音的歌聲嘹亮，爆炸、戰鼓聲令人心神震

撼，足為明證。

平面波的波線互相平行，聲波不會匯聚，也不會發散。如介質沒有耗能的機制，則聲波的音強與距離無關。球面波則不然，波前的面積隨半徑 r 的平方而增加，即 $S = 4\pi r^2$，所以音強

$$I = \frac{\overline{P}}{4\pi r^2} \tag{13-8}$$

也與 r 的平方成反比。

對人類的聽覺而言，聲波不但要在一定的波頻率範圍之內，音強也有一定的限制，太低我們固然聽不見，太高更可能引起聽覺暫時或永久的傷害。以波頻率為 1,000 Hz 的聲波為基準，音強的下限約為 10^{-12} W/m^2，低於此限，我們是聽而不聞的。音強高達 1 W/m^2 時，則可能導致耳朵疼痛，暫時喪失聽覺，上下限相差 10^{12} 倍。為衡量音強相對的高低，另訂一物理量稱為音強級 (sound intensity level, SIL) β，並將其定義如下

$$\beta = 10 \log \frac{I}{I_o} \tag{13-9}$$

(13-9) 式中 I_o 為聽覺的下限。若以 1,000 Hz 的聲波為基準，則 $I_o = 10^{-12}$ W/m^2，I 為待測聲波的音強。β 的單位為分貝 (decibel, dB)。當 $I = I_o$ 時，$\beta = 0$ dB。據此，則任何可聞的聲音，其 β 都是正值。分貝數越高，聲音越響亮。表 13-2 列舉一些聲源的分貝值。平常談話的聲音大約在 60 dB 左右。噴射機的引擎聲即使在 10 m 外，亦高達 140 dB。長時間曝露在 85 dB 以上的響度中，聽力會永久受損。120 dB 的聲音可以引起耳痛，160 dB 的巨響即使為時甚短暫，亦能導致耳聾。因此，終日戴耳機聽音樂，不是健康的習慣。

$\beta = 10 \log \frac{I}{I_o}$
$\xrightarrow{I = I_o}$
$\beta = 10 \log \frac{I_o}{I_o}$
$= 10 \log 1$
$= 10 \times 0$
$= 0 \text{ (dB)}$

表 13-2　常見聲源的分貝值

聲　源	音強級 (dB)	音強 (W/m^2)
聽覺下限	0	10^{-12}
耳語	20	10^{-10}
安靜住家	30	10^{-9}
辦公室	40～50	10^{-8}～10^{-7}
閒談	60	10^{-6}
鬧市	70	10^{-5}
金工車間	100	10^{-2}
搖滾樂 (4 m 處)；足以引起耳痛	120	1
噴射機 (10 m 處)	140	10^2
足以導致耳鼓膜破裂，造成耳聾	160	10^4

例題 13-5

一飛機由小王頭上飛過，當飛機離小王約 1.00×10^3 m 高度時，他測到飛機發出的音強級為 1.00×10^2 dB。試問，飛機發出的平均功率為若干？

解

音強級為 1.00×10^2 dB 之聲波，其音強 I 為

$$\beta = 10 \log \frac{I}{I_o}$$

$$1.00 \times 10^2 = 10 \log \frac{I}{10^{-12}} \Rightarrow 10 = \log \frac{I}{10^{-12}}$$

$$\log 10^{10} = \log \frac{I}{10^{-12}}$$

$$10^{10} = \frac{I}{10^{-12}}$$

$$\Rightarrow I = 10^{-2} \text{ (W/m}^2\text{)}$$

觀點：
1. 由分貝的定義

$$\beta = 10 \log \frac{I}{I_o}$$

求出 I。
2. 由音強與功率關係可求出平均功率

$$\bar{P} = 4\pi r^2 I$$

因飛機發出的聲波為一球面波，故其平均功率

$$I = \frac{\bar{P}}{S}$$

$$\bar{P} = SI \xrightarrow{S=4\pi r^2} \bar{P} = 4\pi r^2 I$$
$$= 4\pi (1.00 \times 10^3)^2 (10^{-2})$$
$$\approx 1.26 \times 10^5 \text{ (W)}$$

故知，飛機發出的平均功率為 1.26×10^5 W，音強為 10^{-2} W/m²。

當數個聲波同時傳抵一處，該處的音強一般為各音強之和，亦即

$$I = I_1 + I_2 + \cdots + I_n \tag{13-10}$$

再引用 (13-9) 式，可計算合成聲波的音強級。

聲音響度除與音強的大小有關以外，聲波頻率的高低也是因素之一。人耳對 2,000～4,000 Hz 的聲音最為敏感。較高或較低的，敏感度也隨之遞減。所以，不同頻率的聲音，音強相等，響度卻未必相同。反之，響度相當的，其音強級也不一定一致。但 β 仍有指標的意義，在音強級提高 10 dB 時，響度增加 10 倍。

例題 13-6

一聽者同時接收到音強級同為 70.0 dB 的三種不同聲波。試問，此三種聲波所合成聲波的音強級為何？

解

音強級為 70.0 dB 的聲波，其音強 I 為

$$\beta = 10 \log \frac{I}{I_o}$$

$$\beta = 10 \log \frac{I}{I_o}$$

$$\beta' = 10 \log \frac{I'}{I_o}$$

$$\beta' = \beta + 10$$

$$= 10 \log \frac{I}{I_o} + 10 \log 10$$

$$= 10 (\log \frac{10I}{I_o})$$

$$\Rightarrow I' = 10 I$$

$$70 = 10 \log \frac{I}{10^{-12}} \Rightarrow 7 = \log \frac{I}{10^{-12}}$$

$$\log 10^7 = \log \frac{I}{10^{-12}}$$

$$10^7 = \frac{I}{10^{-12}}$$

$$\Rightarrow I = 10^{-5} \, (\text{W/m}^2)$$

音強級同為 70.0 dB 的三種不同聲波，其合成聲波的音強為

$$I = I_1 + I_2 + I_3 \Rightarrow I = 1.00 \times 10^{-5} + 1.00 \times 10^{-5} + 1.00 \times 10^{-5}$$
$$= 3.00 \times 10^{-5} \, (\text{W/m}^2)$$

其合成聲波的音強級

$$\beta = 10 \log \frac{I}{I_o} \Rightarrow \beta = 10 \log \frac{3.00 \times 10^{-5}}{1.00 \times 10^{-12}}$$

$$\approx 74.8 \, (\text{dB})$$

由以上結果知，音強雖增加 3 倍，音強級卻只有些微增加。

隨堂練習

13-9 音叉在空氣中振動的週期為 0.002 s，產生波長為 0.65 m 的波，則此波的波速為 _____ m/s，當時氣溫為 _____ °C。

13-10 樂音三要素為 _____、_____ 和 _____。

13-11 海水之波自海中向岸邊傳來，則越靠近海岸處
(1) 波速不變，頻率變小
(2) 頻率不變，波長減小
(3) 波長不變，頻率增高
(4) 波速不變，波長變小
(5) 無變化。

13-2 聲波的傳播

13-2-1 惠更斯原理

惠更斯原理 (Huygens principle)：
荷蘭物理學家惠更斯提出的波動理論，認為行進中的波，波前上任一點都可視為新子波源，而從波前上各子波源發出的許多子波，其同相位點所形成的包圍面，就是波在下一時刻的新波前。

波在均勻介質中的傳播相當平穩，波前間隔一致，波線逕直如矢，橫波如此，縱波亦然。但如介質的條件並非均勻，波的速率與方向都會受到影響，不再處處相同，產生許多有趣的現象。荷蘭人惠更斯 (Christian Huygens, 1629-1695) 以如下的假說，解釋波傳播的現象。

波前的任一點，都可視為子波源，每一子波源所發射的微小子波，以同樣大小的波速，往前傳播，而無數子波的包跡，即形成新的波前，此新的波前為波在下一時刻的位置。

此一假說主要是針對光波而設，但對聲波也同樣適用，後世稱之為**惠更斯原理** (Huygens principle)。其內涵如圖 13-3 所示。圖中 S_1 與 S_2 分別為 t 與 $t+\Delta t$ 時刻的波前，v 為波速。

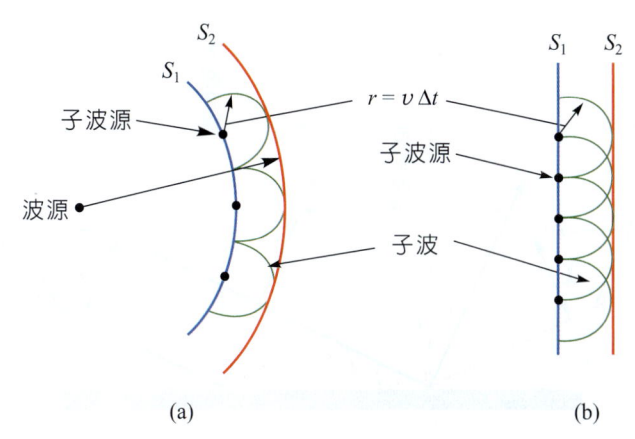

圖 13-3 惠更斯原理示意。(a) 球面波；(b) 平面波。

13-2-2　聲波的反射

回音 (echo)：
聲波在傳播時，如遇到另一介質未被吸收，而被反射回原介質，此反射的聲波被稱為回音或迴響。

波的反射定律：
1. 入射波線與反射波線在同一平面，並分居法線兩側。
2. 入射角與反射角，大小相等。

在一介質 (例如空氣) 中傳播的聲波，遇到另一介質 (例如牆壁) 時，會如前文所述的繩波一樣反射而回，如圖 13-4 的平面波。反射的聲波稱為迴響 (reverberation) 或回音 (echo)，是很常見的現象。

設界面為一堅硬平滑的表面，根據惠更斯原理，每一入射波線與界面的交點，都可視為一新波源，發射子波，朝原來介質傳播。從平面幾何學，可以證明入射角 (angle of incidence) θ 與反射角 (angle of reflection) ϕ，大小相等，分居法線兩側，入射波線與反射波線並同在一平面上。

如反射界面不止一個，例如大廳廣堂，聲音可從牆壁、地板、天花板反射，四面八方的迴響，紛至沓來，互相干擾，坐在其中的聽眾只聞嗡嗡作響，不知所云。所以音樂廳、講堂的設計，務求聲

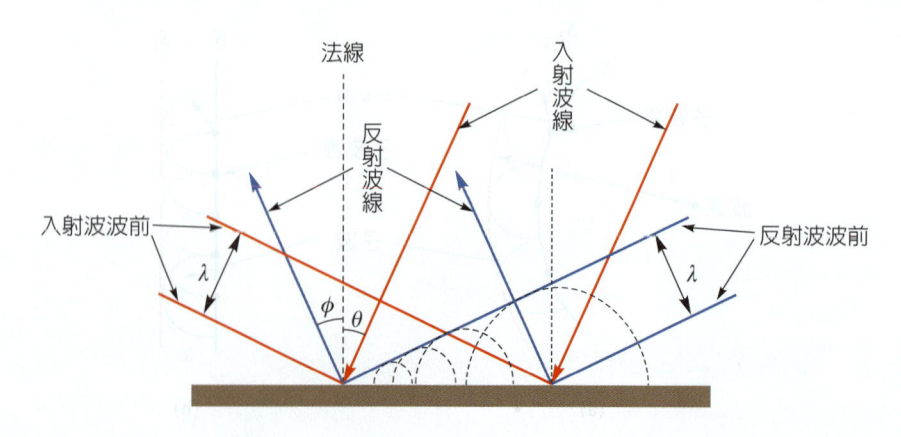

圖 13-4　聲波在介質平面反射的情形。

音在吸收與反射間取得平衡，使音響遠近清晰可聞。一般都是在舞台後方，放置高反射的器材，儘量將聲音反射向聽眾，而將鬆軟多孔的材料加在牆壁上，地面也鋪設地毯，以增加聲音的吸收。回音與吸收互補相成，音響效果增強，每一角落的聽眾都能欣賞音樂的優美。

回音雖然討厭，善加利用，好處亦復不少，尤以超音波檢測最為廣泛。超音波由於波長甚短，不易散播，方向容易規範。加以穿透力強，又無放射線的危害，用作產前檢查、腫瘤監測，都甚適宜。它又能震碎結石，使病人免受開刀之苦。此外，它在國防、工業上的用途也不少，都是以它易於反射的特性為基礎而設計。

例題 13-7

如下圖，一平面波的波前，遇到一直線障礙物。其波前與障礙物間的夾角為 30°，試繪出入射線的入射角 α、反射線的反射角 β 及反射波波前與障礙物的夾角 γ，並標示其值。

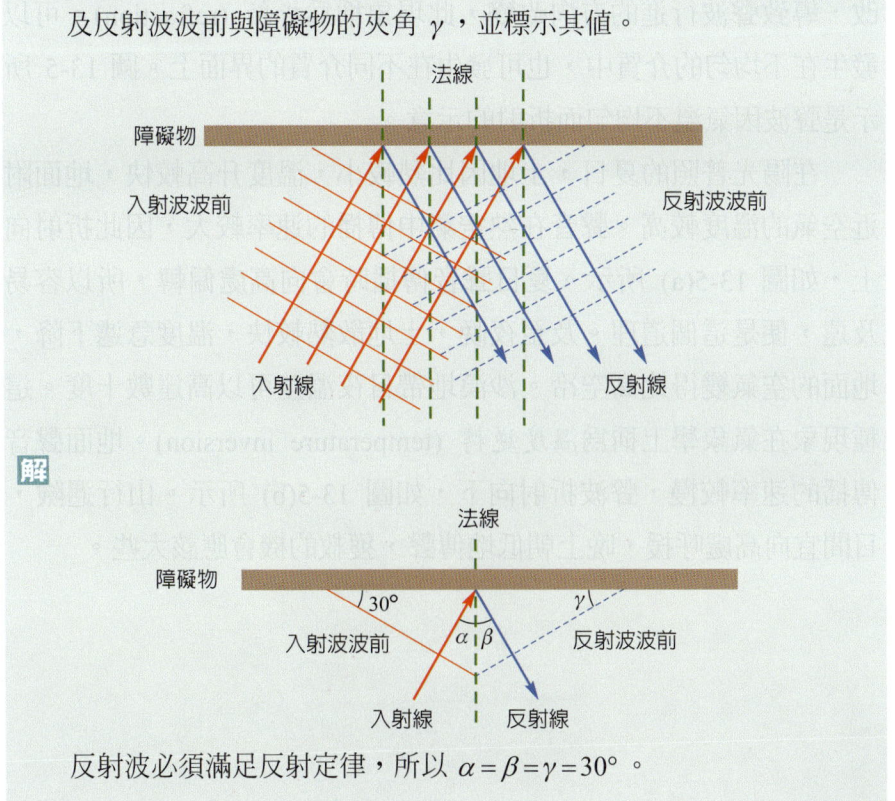

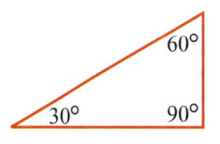

解

反射波必須滿足反射定律，所以 $\alpha = \beta = \gamma = 30°$。

> **隨堂練習**
>
> 13-12 說明惠更斯原理。
>
> 13-13 說明波的反射定律。回音是如何產生的？

13-2-3　聲波的折射

> **學習方針**
>
> 聲波的折射：
>
> 聲波在行進中，如遇到不同的介質，或在不均勻的介質中傳播時，聲波會改變行進方向的現象，稱為聲波的折射。

　　聲音傳播遇上不同的介質，或不均勻的狀態時，速度會隨之更改，導致聲波行進的方向改變，此現象稱為折射 (refraction)。可以發生在不均勻的介質中，也可發生在不同介質的界面上。圖 13-5 所示是聲波因氣溫不均勻而折射的示意。

　　在陽光普照的夏日，土地因比熱較小，溫度升高較快，地面附近空氣的溫度較高。聲音在熱空氣中傳播的速率較大，因此折射向上，如圖 13-5(a) 所示。夏日聲音傳播時會向高處偏轉，所以容易及遠，便是這個道理。及至夜晚，土地散熱較快，溫度急遽下降，地面的空氣變得比高空冷。沙漠地帶日夜溫差可以高達數十度。這種現象在氣象學上稱為溫度逆轉 (temperature inversion)。地面聲音傳播的速率較慢，聲波折射向下，如圖 13-5(b) 所示。山行遇險，日間宜向高處呼援，晚上朝低地傳聲，獲救的機會應該大些。

圖 13-5 聲音的折射。(a) 日間地面比空中熱，聲音向高處折射；(b) 夜間則相反，聲音向下折射。

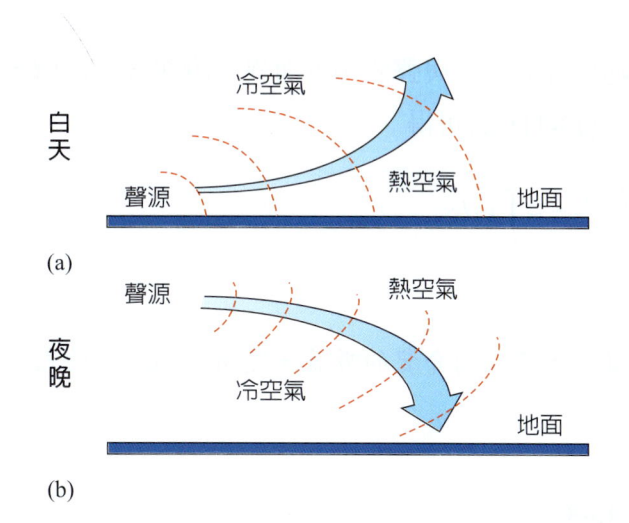

聲音傳播的速率
$v = 331 + 0.6\,t_C$

13-2-4 聲波的吸收

學習方針

聲音衰減的主要原因：
1. 介質質點振動的動能，會因摩擦而損耗。
2. 介質會吸收部分聲能，並轉化為熱能。

到目前為止的觀點，均假想介質並無耗能的機制。因此球面波的音強雖隨距離的平方而衰減，但這是由於波前面積增加所致，與介質本身無涉；平面波的音強則遠近一致。這結果與事實不符，其實聲音在空氣中衰減甚速，否則，世間難有寧靜的環境。

聲音的衰減，一方面是由於介質質點振動的動能，會因摩擦而損耗；另一方面介質有吸收部分聲能，轉化為熱能的作用，更是主因。實驗結果顯示，音強的衰減 dI，與傳播的路程 dx，和入射的音強 I，同成正比，亦即

$$dI = -\varepsilon I\, dx \tag{13-11}$$

(13-11) 式中負號表示音強因被吸收而衰減，ε 為比例常數，單位為

m^{-1}，其值隨傳聲的介質與聲波頻率而異。設在 $x = 0$ 處，入射音強 $I = I_o$，積分 (13-11) 式可得

$$\int_{I_0}^{I} \frac{dI}{I} = -\int_0^x \varepsilon\, dx$$

$\Rightarrow \ln I \big|_{I_0}^{I} = -\varepsilon x \big|_0^x$

$\Rightarrow \ln I - \ln I a_0 = -\varepsilon ax$

$\Rightarrow \ln \dfrac{I}{I_0} = -\varepsilon x$

$\Rightarrow I = I_0 e^{-\varepsilon x}$

$$\int \frac{dI}{I} = -\int \varepsilon\, dx$$

$$I = I_o e^{-\varepsilon x} \tag{13-12}$$

(13-12) 式顯示，音強因介質的吸收，隨所經過路程的長短，以指數形式衰減。

例題 13-8

演講者在大禮堂演講時，麥克風無法發聲，離演講者 20.0 m 處的前排聽眾，尚能以 1.00×10^{-9} W/m² 音強，勉強聽到演講者的聲音，但離演講者 40.0 m 的後排聽眾聽到的音強，降到 1.00×10^{-12} W/m²，幾乎無法辨聲。試問，空氣吸收聲能的比例常數 ε 為何？

解

聲波隨所經過路程的長短，音強會因介質的吸收，而以指數形式 $I_o e^{-\varepsilon x}$ 衰減。前排聽眾離演講者 20.0 m 處的音強 I_1 為

$$I_1 = I_o e^{-\varepsilon x_1} \quad \Rightarrow \quad 1.00 \times 10^{-9} = I_o e^{-\varepsilon(20.0)} \tag{a}$$

後排聽眾離演講者 40.0 m 處的音強 I_2 為

$$I_2 = I_o e^{-\varepsilon x_2} \quad \Rightarrow \quad 1.00 \times 10^{-12} = I_o e^{-\varepsilon(40.0)} \tag{b}$$

由 $\dfrac{(a)}{(b)}$，知

$$\frac{1.00 \times 10^{-9}}{1.00 \times 10^{-12}} = \frac{e^{-20.0\varepsilon}}{e^{-40.0\varepsilon}} \quad \Rightarrow \quad 1.00 \times 10^3 = e^{20.0\varepsilon}$$

$$20.0\varepsilon = \ln(1.00 \times 10^3)$$

$$\varepsilon = 0.345 \text{ (m}^{-1}\text{)}$$

綜合上文的論述，聲波被材料 (例如牆壁、天花板等) 阻隔，一部分聲能會被反射，一部分被隔層吸收，還有一部分可能穿透隔

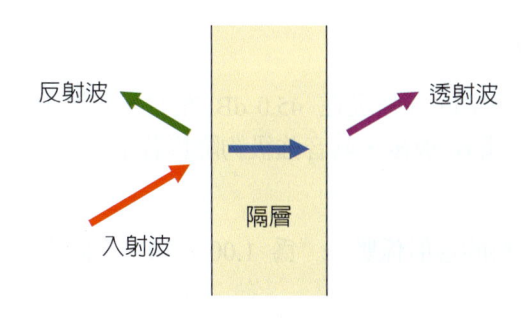

圖 13-6 聲波受隔層反射、吸收與透射的情形。

層而過，一如圖 13-6 所示。設在單位時間內，有 E_o 焦耳的聲能由左方入射，有 E_R 焦耳在層面上反射。其折射透入隔層的，一部分 (等於 E_A) 為隔層吸收，一部分 (等於 E_T) 透射而出，從右方遠離。

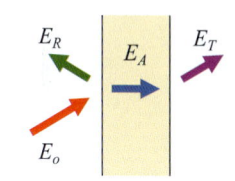

根據能量守恆定律：

$$E_o = E_R + E_A + E_T$$

其中 E_R 對 E_o 的比值，定為隔層材料的**反射係數** (coefficient of reflection) γ，亦即

$$\gamma = \frac{E_R}{E_o} \tag{13-13}$$

而 E_T 對 E_o 的比值，則定為隔層材料的**透射係數** (coefficient of transmission) τ，亦即

$$\tau = \frac{E_T}{E_o} \tag{13-14}$$

透射係數越小的材料，隔音的效果越好。反之，γ 值小的則是吸聲優良的材料。慎選建材，不但可減少回音的困擾，也不必憂慮隔牆有耳。

例題 13-9

通常辦公室的音強級在 45.0 dB 左右，若裝上一透射係數 $\tau = 1.00 \times 10^{-2}$ 之隔音板後，其音強級約降為若干？

解

隔層材料的透射係數 τ 為 1.00×10^{-2} 之隔音板，可穿透過的聲能 E_T 為

$$\tau = \frac{E_T}{E_o} \xrightarrow{\tau = 1.00 \times 10^{-2}} E_T = 0.01 E_o$$

故知透射係數為 1.00×10^{-2} 之隔音板，可反射與吸收 99% 的聲能，只讓 1% 的聲能透過。

音強級為 45.0 dB 之聲波，其音強 I 約為

$$\beta = 10 \log \frac{I}{I_o}$$

$$45 = 10 \log \frac{I}{10^{-12}} \Rightarrow 4.5 = \log \frac{I}{10^{-12}}$$

$$10^{4.5} = \frac{I}{10^{-12}}$$

$$\Rightarrow I = 10^{-7.5} \text{ (W/m}^2\text{)}$$

$$= 3.16 \times 10^{-8} \text{ (W/m}^2\text{)}$$

因此，其透過隔音板的音強

$$I_T = (3.16 \times 10^{-8}) \times 1\% \Rightarrow I_T = 3.16 \times 10^{-10} \text{(W/m}^2\text{)}$$

$$\beta = 10 \log \frac{I}{I_o} \Rightarrow \beta = 10 \log \frac{3.16 \times 10^{-10}}{10^{-12}}$$

$$\approx 25.00 \text{ (dB)}$$

其透過隔音板的音強級約降為 25.00 dB 左右。

13-3 駐波與共鳴

> **學習方針**
>
> 閉管 (close pipe) 樂器：
>
> 管樂器的兩端，一端封閉，一端開口。
>
> 駐波波長 λ 與管長 L 有如下的關係：
> $$\lambda_n = \frac{4L}{(2n-1)} \quad n = 1, 2, 3, \cdots$$
>
> 開管 (open pipe) 樂器：
>
> 管樂器的兩端均開口。
>
> 駐波波長與管長的關係如下：
> $$\lambda_n = \frac{2L}{n} \quad n = 1, 2, 3, \cdots$$

在受限的空間裡，例如笛管中，聲波也像弦波一樣，可以產生駐波。聲波從一端傳入，抵達它端時，不論該端是開放或是封閉的，聲波都會從其處反射而回。如果波長恰當，反射波與入射波重疊，發生建設性干涉，管中空氣的振動變得很有規律。有些地方的振動甚為輕微，幾同靜止，是為波節，兩節之間，振動較為猛烈，是為波腹。情形與弦樂器的駐波無異。

管樂器有兩端開口的，也有一端封閉、一端開口的，前者為開管 (open pipe) 樂器，後者則為閉管 (close pipe) 樂器。兩者的音色頗有不同，很易區別。

由於空氣質點無法穿越管壁，閉管盡端和琴弦的定點一樣，質點的位移為零，是一個波節。開口一端，質點位移最大，是一個波腹。由於開口端恆與外面接觸，壓力與大氣壓一致，全無變化，$\Delta P = 0$，所以是壓力波的波節。閉口處的壓力變化最大，是壓力波的波腹。由圖 13-7 可見，壓力波與位移波恰好有 π/2 的相位差。在閉管中產生的駐波為數不止一個。各波的波長 λ 與管長 L 有如下的關係：

488 普通物理

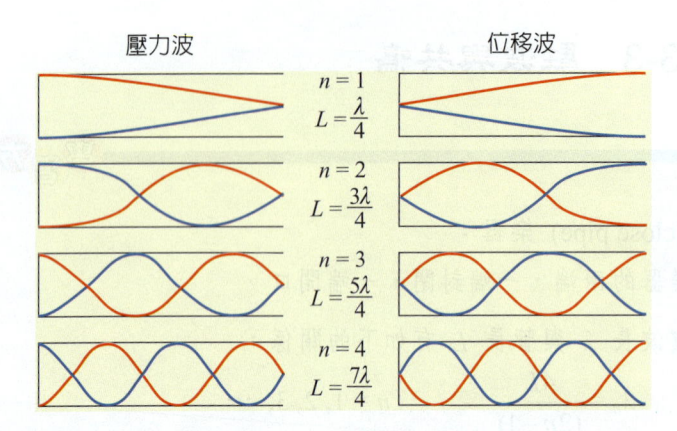

圖 13-7 閉管樂器中的駐波：左為壓力波，右為位移波。

$$\lambda_n = \frac{4L}{(2n-1)} \qquad n = 1, 2, 3, \cdots \tag{13-15}$$

$n = 1$ 的駐波，波長最大，即 $\lambda_1 = 4L$，頻率最小，是閉管樂器的基頻或基音。$n > 1$ 的駐波，其頻率為基頻的整數倍，統稱為樂器的泛音或諧音，一如前章所述。

由圖 13-8 可見，開管中產生壓力波與位移波的情形，駐波波長與管長的關係如下：

$$\lambda_n = \frac{2L}{n} \qquad n = 1, 2, 3, \cdots \tag{13-16}$$

$n = 1$ 的駐波，波長最大，即 $\lambda_1 = 2L$，頻率最小，是開管樂器的基頻或基音。

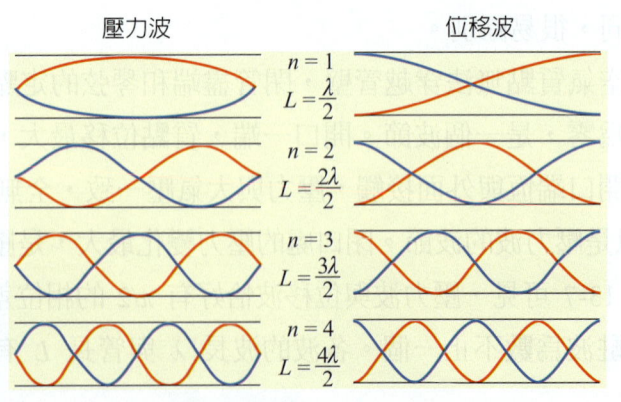

圖 13-8 開管樂器中的駐波：左為壓力波，右為位移波。

一如弦振動，管中的駐波振動，都是管樂器的常態模式，其頻率則為管樂器的固有頻率。任何聲源的頻率，如與管的固有頻率相同，就能使管發生振動。例如在杯中注入一定量的水，如其固有頻率與聲源（例如音叉）相同，則振動音叉，杯水會發出響應的聲音。這種現象謂之共振 (resonance) 或共鳴。長久維持共振的狀態，駐波的能量不斷累積，振幅持續增長，極有震破水杯的可能。

例題 13-10

聲音調頻器放置在一兩端開口的玻璃管上方，緩慢調升其發聲頻率，由 1.00×10^3 Hz 調高到 2.00×10^3 Hz。若玻璃管的管長為 0.500 m，當時聲波在空氣中傳播的速率為 3.50×10^2 m/s。試問，調頻器的哪些頻率，能讓玻璃管中的空氣發生共鳴？

解

聲波在空氣中傳播的速率為 3.50×10^2 m/s，管長為 0.500 m 的玻璃管中，空氣振動的固有頻率 f_n 為

$$f_n = \frac{v}{\lambda_n} \xrightarrow{\lambda_n = \frac{2L}{n}} f_n = \frac{nv}{2L}$$

$$f_n = \frac{n(3.50 \times 10^2)}{2(0.500)}$$

$$\Rightarrow f_n = 3.50n \times 10^2 \text{ (Hz)}, \quad n = 1, 2, 3, \cdots$$

當玻璃管內空氣振動的固有頻率 f_n，與調頻器的發聲頻率相同時，才能發生共鳴。因調頻器的發聲頻率介於 1.00×10^3 Hz 至 2.00×10^3 Hz 間，故由上式知，只有當 $n = 3, 4, 5$，即調頻器的發聲頻率 f_n 在 1.05×10^3 Hz、1.40×10^3 Hz 與 1.750×10^3 Hz 時，才能讓玻璃管中空氣發生共鳴。

13-4 都卜勒效應

呼嘯而過的救護車、救火車和警車，即使車速不是很高，逆耳而來的警笛聲，也尖銳驚心，而離去的則低沉安詳。照理，警笛聲

應有固定的頻率，不會因車來去而更改，為何入耳卻有完全不同的感覺？當年奧地利學者都卜勒 (Christian Johann Doppler, 1803-1853)，便因對此現象研究有成，而名留青史。

都卜勒效應不但見於聲學中，光學與天文學上，也有不少的應用，將在有關的章節中陳述。警察用以測速的雷達槍，也是利用都卜勒效應而設計的。基本上，都卜勒效應主要是由聲源與聽者的相對運動而來。當然，介質的動靜也有關係，例如順風與逆風傳聲，效果便甚有差別。但因流動的介質情況比較複雜，所以本節的論點以介質靜止情況為主。而對於聲源與聽者的相對運動，假設發生在同一直線上，並將之分為：(1) 聲源移動、聽者靜止，(2) 聲源固定、聽者移動，(3) 聲源與聽者同時移動三種情況討論。

13-4-1 聲源移動、聽者靜止

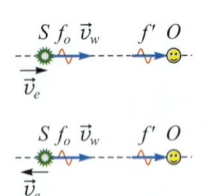

學習方針

1. 在靜止的介質中，聲源與聽者皆無移動，聽者接收到聲源發出的聲波時，頻率不會改變，$f' = f_o$。

2. 在靜止的介質中，聲源與聽者在同一直線上，聲源移動、聽者靜止時，聽者接收到聲源發出的聲波頻率為

$$f' = \frac{v_w}{v_w \mp v_e} f_o \quad \begin{cases} - : 波源朝向聽者運動 \\ + : 波源遠離聽者運動 \end{cases}$$

f'：聽者聽到的聲波頻率
f_o：波源發出的聲波頻率
v_w：波源發出的聲波傳播速率
v_e：波源的運動速率

結論：(1) 若聲源朝向聽者運動，聽者接收到的聲波頻率會增加。
(2) 若聲源遠離聽者運動，聽者接收到的聲波頻率會減少。
(增加或減少是與聲源發出的聲波頻率相比)

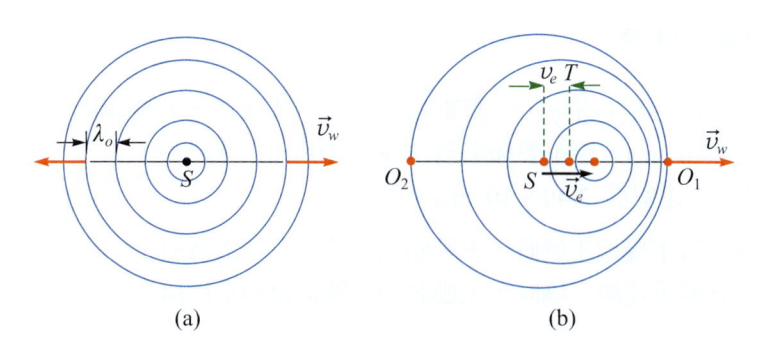

圖 13-9 聲源移動對聽覺的影響。(a) 聲源與聽者皆無移動的情形；
(b) 聲源以等速移動的情形。

設聲源振動的頻率為 f_o，如聲源位置不變，則聲波的波前均以聲源為中心，以 v_w 的速率向外傳播 [圖 13-9(a)]。兩相鄰的波前，其間的間隔，取為聲波的波長 λ_o，則位置固定的聽者所聽到的聲音，其波頻率也當為 f_o。當聲源以等速率 v_e 向右移動，而聽者靜止不動的情況下，如圖 13-9(b) 所示。設 $v_e < v_w$，右方的波前產生擠壓，在 O_1 位置的聽者接收到的波，波長會變短，頻率會大於 f_o；左方的波前則呈現疏離的現象，在 O_2 位置的聽者接收到的波，波長會變長，頻率會小於 f_o。因此在靜止的介質中，如果聽者靜止不動，而波源以等速率 v_e 運動時，聽者測得的波頻率為

$$f' = \frac{v_w}{v_w \mp v_e} f_o \tag{13-17}$$

f'：聽者聽到的聲波頻率
f_o：波源發出的聲波頻率
v_w：波源發出的聲波傳播速率
v_e：波源的運動速率
$\begin{cases} -：波源朝向聽者運動 \\ +：波源遠離聽者運動 \end{cases}$

例題 13-11

王媽站在路旁，一警車鳴笛迎面呼嘯而過，若警車的行車速率為 20.0 m/s，警笛聲頻率為 5.00×10^3 Hz，若聲波在靜止空氣中，其傳播速率為 3.40×10^2 m/s，則

(1) 當警車接近王媽時，王媽聽到的警笛聲頻率為何？
(2) 當警車遠離王媽時，王媽聽到的警笛聲頻率為何？

解

設警車行駛的方向為正向。

(1) 當警車接近王媽時，她所聽到警車的警笛聲頻率 f' 為

$$f' = \frac{v_w}{v_w - v_e} f_o \quad \Rightarrow \quad f' = \frac{3.40 \times 10^2}{3.40 \times 10^2 - 20.0} \times 5.00 \times 10^3$$

$$\approx 5.31 \times 10^3 \text{ (Hz)}$$

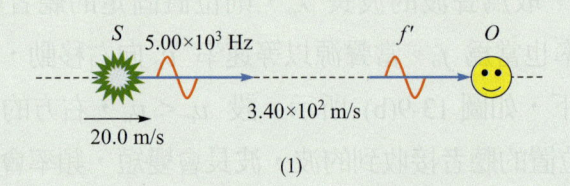

(1)

(2) 當警車遠離王媽時，她所聽到警車的警笛聲頻率 f' 為

$$f' = \frac{v_w}{v_w + v_e} f_o \quad \Rightarrow \quad f' = \frac{3.40 \times 10^2}{3.40 \times 10^2 + 20.0} \times 5.00 \times 10^3$$

$$\approx 4.72 \times 10^3 \text{ (Hz)}$$

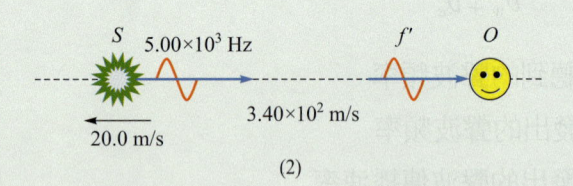

(2)

警車接近時，王媽聽到的警笛聲頻率為 5.31×10^3 Hz，警車遠離時，王媽聽到的警笛聲頻率為 4.72×10^3 Hz。可知，在靜止空氣中，聽者靜止，而聲源接近聽者時，聽者接收到的聲波頻率，較聲源遠離時的頻率高。

13-4-2 聲源固定、聽者移動

在靜止的介質中，聲源與聽者在同一直線上，聲源靜止、聽者移動時，聽者接收到聲源發出的聲波頻率為

$$f' = \frac{v_w \pm v_o}{v_w} f_o \quad \begin{cases} +：聽者朝向波源運動 \\ -：聽者遠離波源運動 \end{cases}$$

f'：聽者聽到的聲波頻率
f_o：波源發出的聲波頻率
v_w：波源發出的聲波傳播速率
v_o：聽者的運動速率

結論：(1) 若聽者朝向聲源運動，聽者接收到的聲波頻率會增加。
(2) 若聽者遠離聲源運動，聽者接收到的聲波頻率會減少。
(增加或減少是與聲源發出的聲波頻率相比)

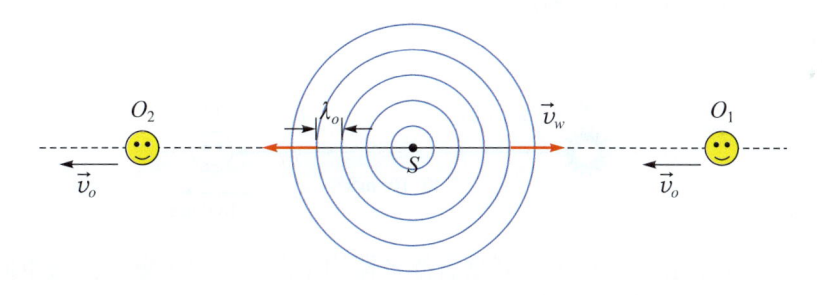

圖 13-10 聲源不動，聽者移動對聽覺的影響。O_1 聽者接近聲源 S，O_1 聽者接收到的波數增加；O_2 聽者遠離聲源 S，O_2 聽者接收到的波數減少。

當聽者以等速率 v_o 移動，而聲源靜止不動的情況下，如圖 13-10 所示。設 $v_o < v_w$，在相同的時間內，右方的波傳抵聽者 O_1，在 O_1 位置的聽者接收到的波，波長不會改變，但波數會增加，所以頻率會大於 f_o；左方的波傳抵聽者 O_2，在 O_2 位置的聽者接收到的波，波長不會改變，但波數會減少，所以頻率會小於 f_o。因此在靜止的介質中，如果波源靜止不動，而聽者以等速率 v_o 運動時，聽者測得的波頻率為

$$f' = \frac{v_w \pm v_o}{v_w} f_o \qquad (13\text{-}18)$$

f'：聽者聽到的聲波頻率

f_o：波源發出的聲波頻率

v_w：波源發出的聲波傳播速率

v_o：聽者的運動速率

$\begin{cases} +：聽者朝向波源運動 \\ -：聽者遠離波源運動 \end{cases}$

例題 13-12

路旁小販拿著擴音器向東邊方向叫賣物品。此時正好一輛機車以 18.0 m/s 速率向東的方向行駛。若當時擴音器的發聲頻率為 6.80×10^2 Hz，聲波在空氣中的傳播速率為 3.40×10^2 m/s，試問機車上的駕駛，聽到的擴音器發聲頻率，與擴音器原始的發聲頻率相差多少？(設空氣靜止不動)

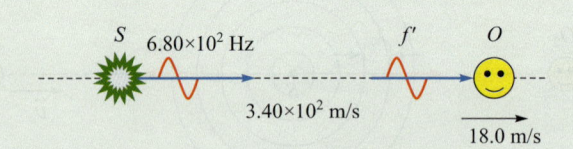

解

空氣靜止不動，路旁拿著擴音器的小販位置也不變，而機車向東朝遠離小販的方向行駛，機車上的駕駛所聽到擴音器的發聲頻率

$$f' = \frac{v_w - v_o}{v_w} f_o \Rightarrow f' = \frac{3.40 \times 10^2 - 18.0}{3.40 \times 10^2} \times 6.80 \times 10^2 = 6.44 \times 10^2 \text{ (Hz)}$$

機車上的駕駛所聽到擴音器的發聲頻率 f'，與擴音器原始的發聲頻率 f_o 相差

$$\Delta f = |f' - f_o| \Rightarrow \Delta f = |6.44 \times 10^2 - 6.80 \times 10^2| = 36.0 \text{ (Hz)}$$

13-4-3　聲源與聽者同時移動

在靜止的介質中，聲源與聽者在同一直線上，聲源與聽者均在移動時，聽者接收到聲源發出的聲波頻率為

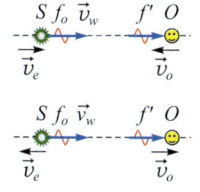

$$f' = \frac{v_w \pm v_o}{v_w \mp v_e} f_o$$

分子 $\begin{cases} +：聽者朝向波源運動 \\ -：聽者遠離波源運動 \end{cases}$

分母 $\begin{cases} -：波源朝向聽者運動 \\ +：波源遠離聽者運動 \end{cases}$

f'：聽者聽到的聲波頻率
f_o：波源發出的聲波頻率
v_w：波源發出的聲波傳播速率
v_e：波源的運動速率
v_o：聽者的運動速率

結論：(1) 若聽者與聲源相互接近，聽者接收到的聲波頻率會增加。
　　　(2) 若聽者與聲源相互遠離，聽者接收到的聲波頻率會減少。
　　　(增加或減少是與聲源發出的聲波頻率相比)

　　在靜止的介質中，且聲源與聽者在同一直線上時，當聲源與聽者同時移動，聽者接收到的波、波長與波數均會改變，聽者測得的波頻率可合併 (13-17) 與 (13-18) 式，加以表示【註五】，亦即

$$f' = \frac{v_w \pm v_o}{v_w \mp v_e} f_o \qquad (13\text{-}19)$$

f'：聽者聽到的聲波頻率
f_o：波源發出的聲波頻率
v_w：波源發出的聲波傳播速率
v_e：波源的運動速率
v_o：聽者的運動速率

$$\begin{cases} 分子 \begin{cases} +：聽者朝向波源運動 \\ -：聽者遠離波源運動 \end{cases} \\ 分母 \begin{cases} -：波源朝向聽者運動 \\ +：波源遠離聽者運動 \end{cases} \end{cases}$$

觀察聲源與聽者間的相對運動情形，可得到二結果：

1. 若聽者與聲源相互接近，聽者接收到的聲波頻率會增加。
2. 若聽者與聲源相互遠離，聽者接收到的聲波頻率會減少。

在都卜勒效應中，聽者接收到的聲波頻率 f'，與聲源發出的聲波頻率 f_o 不同時，會產生都卜勒頻移 Δf，都卜勒頻移的大小為

$$\Delta f = f' - f_o \tag{13-20}$$

都卜勒頻移如果大於 0，表示聽者與聲源相互接近；小於 0，表示聽者與聲源相互遠離。日常生活中容易觀察到都卜勒效應，如鳴著警笛的救護車快速駛過時，所聽到警笛的聲調由低變高，再由高變低。天文觀察用光譜儀觀測恆星的光譜，即因恆星與地球間的相對運動，所產生的都卜勒頻移，讓天文學家可以看到恆星的譜線。

例題 13-13

A、B 兩輛火車，在不同軌道上，迎面相向急駛而過。若兩車的速率均保持在 20.0 m/s，A 車的喇叭聲頻率為 5.00×10^2 Hz，而當時聲波在空氣中傳播的速率為 3.40×10^2 m/s。設空氣靜止不動，則

(1) 當兩車彼此接近時，B 車上的旅客聽到 A 車喇叭聲頻率為何？
(2) 當兩車彼此遠離時，B 車上的旅客聽到 A 車喇叭聲頻率為何？

解

(1) 當兩車接近時，坐在 B 車上的旅客所聽到的 A 車喇叭聲頻率

$$f' = \frac{v_w + v_o}{v_w - v_e} f_o \Rightarrow f' = \frac{3.40 \times 10^2 + 20.0}{3.40 \times 10^2 - 20.0} \times 5.00 \times 10^2$$
$$\approx 5.63 \times 10^2 \text{ (Hz)}$$

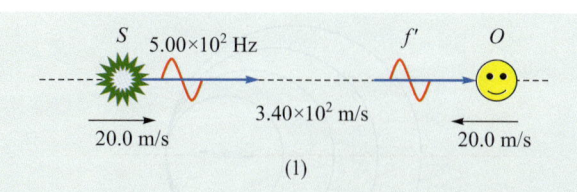

$$S \quad 5.00\times10^2 \text{ Hz} \qquad f' \quad O$$

$$20.0 \text{ m/s} \quad 3.40\times10^2 \text{ m/s} \quad 20.0 \text{ m/s}$$

(1)

(2) 當兩車遠離時，坐在 B 車上的旅客所聽到的 A 車喇叭聲頻率

$$f' = \frac{v_w - v_o}{v_w + v_e} f_o \quad \Rightarrow \quad f' = \frac{3.40\times10^2 - 20.0}{3.40\times10^2 + 20.0} \times 5.00\times10^2$$

$$\approx 4.44\times10^2 \text{ (Hz)}$$

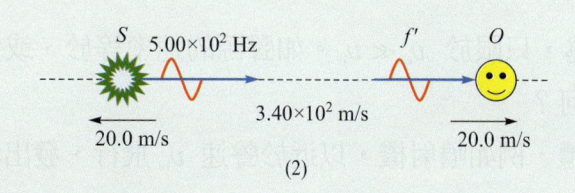

$$S \quad 5.00\times10^2 \text{ Hz} \qquad f' \quad O$$

$$20.0 \text{ m/s} \quad 3.40\times10^2 \text{ m/s} \quad 20.0 \text{ m/s}$$

(2)

　　當兩車彼此接近時，B 車上的旅客聽到的 A 車喇叭聲頻率為 563 Hz；彼此遠離時，聽到的頻率為 444 Hz。可知，在靜止空氣中，聽者與聲源相互接近時，聽者接收到的聲波頻率，較相互遠離時的頻率高。

13-5　音　爆

學習方針

震波 (shock wave)：

　　聲源的速率等於、或大於聲速時，在聲源正前方的聲波，波前將會壓縮在一起，全無間隔。此時聽者所聽到的會是波長 λ 接近於 0，頻率 f 接近無限大的聲波，這樣的聲波稱為**震波**。

馬赫錐 (Mach cone)：

　　飛行物的飛行速率 v_e，如高於聲速 v_w，將飛在聲波之前。飛行物發出的聲波，會形成一圓錐形的聲浪，向後傳播，此錐形的聲浪是謂馬赫錐。

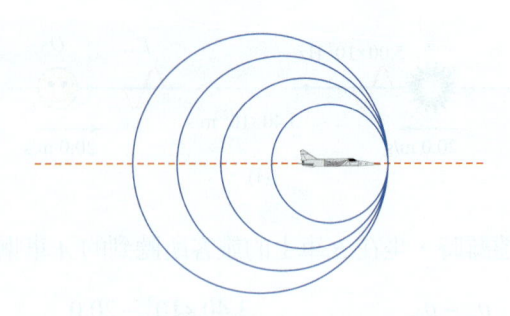

圖 13-11 以幾近音速飛行的噴射機，引擎聲波傳播的示意。

$f' = \dfrac{v_w}{v_w \mp v_e} f_o$

$\begin{cases} 1. v_e \text{ 接近 } v_w \\ 2. \text{聲源朝聽者移動} \end{cases}$

$f' = \dfrac{v_w}{v_w - v_e} f_o$

$\Rightarrow f' \to \infty$

上文所述，只限於 $v_e \ll v_w$。如聲源的速率等於、或大於聲速，情況又當如何？

設一物體，例如噴射機，以近於聲速 v_w 飛行，發出波頻率為 f_o 的聲音。從 (13-17) 式可見，在它正前方的聽眾所聽到的聲音尖銳無比，難以想像。這是因為所有聲波的波前都擠在一起，幾乎同時入耳 (圖 13-11)，波前全無間隔。換言之，若波長 λ 接近於 0，則波的頻率 f 接近於 ∞，這樣的聲波稱為震波 (shock wave)。

飛行物的飛行速率 v_e，如高於聲速 v_w，將飛在聲波之前 (圖 13-12)。飛行物發出的聲波會形成一圓錐形的聲浪，向後傳播，此錐形的聲浪是謂馬赫錐 (Mach cone)。馬赫錐的錐角 θ 與音速 v_w 和航速 v_e 有如下的關係：

$$\sin\dfrac{\theta}{2} = \dfrac{v_w}{v_e} \tag{13-21}$$

飛行物對其前面的空氣，產生極大的壓力擾亂，沿著錐體，以音速向後散播。這樣的壓力擾亂可以在聽眾的耳中，產生極具震撼力的聲響，是為音爆 (sonic boom)。即使在很遠的後方，仍能引起聽眾耳痛的感覺。

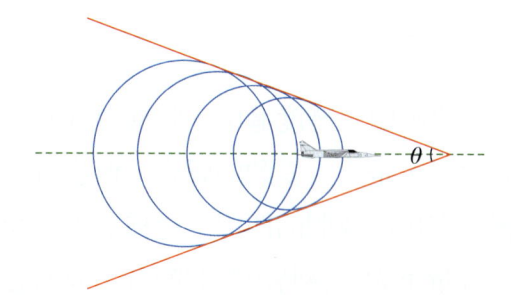

圖 13-12 超音速噴射機所產生的聲浪。

例題 13-14

小寶站在地面上，看到一噴射機正由他的頭頂水平飛行而過，經過 30.0 s 後，才聽到其音爆聲。若噴射機的飛行速率為音速的 1.50 倍。試問：

(1) 噴射機發出的聲波，所形成的馬赫錐之錐角有多大？
(2) 噴射機離地面的高度有多高？(設音速為 3.30×10^2 m/s)

解

(1) 馬赫錐的錐角 θ 與音速 v_w 和航速 v_e 的關係，可知馬赫錐錐角 θ：

$$\sin\frac{\theta}{2} = \frac{v_w}{v_e} \Rightarrow \sin\frac{\theta}{2} = \frac{1}{1.5}$$

$$\theta \approx 83.6°$$

(2) 設噴射機離地面的高度為 h，噴射機於 30.0 s 內的水平飛行行程為 r，

$$\tan\frac{\theta}{2} = \frac{h}{r} \Rightarrow \tan\frac{\theta}{2} = \frac{h}{v_e t}$$

$$\tan\frac{83.6°}{2} = \frac{h}{(3.30 \times 10^2)(30.0)}$$

$$h = 8.85 \times 10^3 \text{ (m)}$$

13-6 噪　音

　　音色優美、旋律動聽、響度適中、時機得宜的樂音，有賞心悅耳、怡情養神的效果，是人人愛聽的聲音。但也有不少單調刺耳、無聊惹厭的音響，充斥於我們的四周，這種令人難受的聲音，統稱為噪音 (noise)。音量不大、為時短暫的噪音，尚易忍受。長時期暴露在響亮的噪音環境，對身心方面的傷害十分嚴重。近二、三十年的研究，顯示噪音除直接危害聽覺外，並能引起多重疾病，使人生理失調，反射異常，腦血管與神經系統受損，產生頭痛、昏眩、失眠、疲勞等症狀。長期暴露於噪音中，可使心律不整、血壓升高等，是繼化學污染後，又一種的污染源，影響所及，無人得以倖免。政府為維護國民健康及環境安寧，提高國民生活品質，於中華民國 72 年 5 月 13 日制訂公佈「噪音管制法」，全文十四條，並於中華民國 92 年 1 月 8 日公佈增訂條文，以落實各機關、場所、工程、設施、機動車輛及航空器等的噪音管制。

　　噪音污染是一種物理污染，一旦停止輸出，污染立即消失，沒有殘餘物質需要清除。所以防治的方法，可以針對噪音污染源、傳輸途徑與聽眾防護三方面，分頭並進。

　　污染源的控制，可從兩方面入手。一是改進污染源的機械結構與操作方式，以降低噪音的發射。例如，以水壓式打樁代替氣錘式打樁，便可大幅減弱噪音。一是安裝消聲器，以達成吸聲、隔聲與減振的效果。在噪音傳播的途徑中，採用器材以隔聲、吸聲或消聲，也可減少聽眾受噪音的污染。

　　耳機中附帶的電子零件，在接收噪音的同時，產生反向的聲波，與噪音形成破壞性的干涉，可達到消音的效果。工作人員與聽眾可以使用耳塞、耳罩、頭盔等防護措施，以減少噪音的傷害。

習題

聲波的特性

13-1 人耳聽覺的頻率範圍約為何？最靈敏的範圍又為何？

13-2 在 25°C 的氣溫下，聲波的頻率為 6.00×10^2 Hz，若人耳承受的壓力振幅 ΔP_m 約為 20.0 Pa，則空氣質點的位移振幅 s_m 約為若干？

13-3 海洋研究船垂直向下發出的聲波，經過 5.0 s 收到回音，若在海水中的聲速為 1,530 m/s，則研究船所在位置的海底深度為若干公尺？

13-4 當聲音級的分貝超過 100 dB，就會使耳朵感到不舒服，此聲音級的聲音強度約為何？

13-5 當聲音級的分貝增加 20 dB，聲音強度約增加多少？

聲波的傳播

13-6 從物理學的觀點，如何調整弦樂器，才可使音調變高？

13-7 在 25°C 的氣溫下，敲擊鐵軌，測得沿鐵軌的一端傳至它端的聲音，較在空氣中傳播的聲音快 0.5 s，求鐵軌的長度。(設聲波在鋼鐵中的傳播速率為 5,000 m/s)

13-8 在 25°C 的氣溫下，敲擊聲音傳播速率為 5,000 m/s 的鐵軌，測得自鐵軌的一端傳至它端的聲音，較在空氣中傳播的聲音快 1.5 s，求鐵軌的長度。

13-9 大王在六號水門觀看國慶煙火時，看到煙火亮光後，經過 3 s，才聽到爆炸聲。若當時氣溫為 22°C，則大王觀看位置與煙火爆炸地點間的距離約為多少公尺？

13-10 為什麼白天聲波會向上偏折？夜晚卻向下偏折？

13-11 音強級在 50.0 dB 左右的辦公室，若欲使音強級降為 25 dB，則所選擇隔音板的透射係數應為若干？

13-12 人耳要聽到回聲，原聲和回聲至少要相隔 0.1 秒。在氣溫 25°C，欲聽到回聲，則聲源至少要距離障礙物多遠？(聲速 $v = 331 + 0.6\, t_C$)

13-13 聲音在 25°C 的空氣中傳播，若使用頻率為 512 Hz 的音叉產生聲音時，則此聲波的波長、週期各為何？

駐波與共鳴

13-14 閉管樂器產生第 7 諧音時，駐波的節點數有多少個？

13-15 飛機掠過上空時，有些玻璃會產生振動，為什麼？

都卜勒效應

13-16 在 25°C 的溫度時，一救護車以 20 m/s 的速度行駛，在救護車前方，靜止於路旁的行人，聽到的警笛聲頻率為 1,500 Hz，問：
(1) 救護車發出警笛聲的頻率為何？
(2) 若行人以 5 m/s 的速度跑向救護車，則行人所聽到的警笛聲頻率約為多少？
(3) 若行人沿救護車行進方向，以 5 m/s 的速度向前跑，則行人所聽到的警笛聲頻率約為多少？

音 爆

13-17 馬赫如何定義？馬赫錐的意義為何？

13-18 飛行速率為音速 2.50 倍的噴射機，由皮皮的頭頂水平飛行而過，皮皮經過 25.0 s 後，才聽到其音爆聲。設音速為 3.30×10^2 m/s，求：
(1) 噴射機發出的聲波，所形成的馬赫錐之錐角有多大？
(2) 噴射機離地面的高度有多高？

◫ 註

註一：人類聽覺的範圍

　　聲波：屬於力學波，在氣體、液體與固體中，以縱波方式傳播；一般以人類聽覺所能聽到的頻率 20 到 20,000 Hz 作為區分的基準。

次聲波　　　可聞波　　　超音波

地震波　20 Hz　人　20,000 Hz　蝙蝠 鯨魚 狗
　　　　　　　　　　　　　　　　蝙蝠 魚

註二：壓力變化 ΔP

$\Delta P = P_x - P_0$

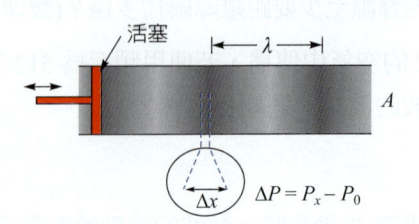

波在管中傳播，導致壓力產生簡諧變化。設管中任一點 x 處的壓力變化，可用 $\Delta P = P_x - P_0$ 表示，P_0 為沒有波動時的氣壓，是一定值。根據 (8-22) 式，

$$\Delta P = -B \frac{\Delta V}{V}$$

採用負號，是因為氣體壓縮時 ($\Delta V < 0$)，壓力增加，壓力變化 ΔP 為正；膨脹時 ($\Delta V > 0$)，壓力減少，壓力變化 ΔP 為負。

在 x 處取一小段 Δx 作為研討對象，則 $V = A\,\Delta x$，A 是管的截面積。由於體積的變化，基於質點的位移，亦即 $\Delta V = A\,\Delta s$。將這些量代入上式，可得

$$\Delta P = -B \frac{A\,\Delta s}{A\,\Delta x} = -B \frac{\Delta s}{\Delta x}$$

$$\Delta P = -B \frac{\partial s(x,t)}{\partial x}$$

註三：彈性體中的波速

$$v = \sqrt{\frac{B}{\rho}}$$

$$B = -V \frac{\Delta P}{\Delta V} \Rightarrow v = \sqrt{\frac{(-V)}{\rho}\frac{\Delta P}{\Delta V}}$$

$$PV^\gamma = A \Rightarrow v = \sqrt{\frac{(-V)}{\rho}\frac{\Delta(AV^{-\gamma})}{\Delta V}}$$

$$= \sqrt{\frac{(-V)}{\rho}(-\gamma A V^{-\gamma-1})}$$

$$= \sqrt{\frac{\gamma}{\rho} A V^{-\gamma}}$$

$$\Rightarrow v = \sqrt{\frac{\gamma}{\rho} P}$$

B：彈性容積係數
v：流體的聲速
ρ：流體的密度
P：流體的壓力
V：流體的體積
A：常數

註四：音　調

音調由發音體的振動頻率決定，發音體的特性則會影響發音的頻率。一般而言，輕、薄、短、緊的發音體，可發出較高的頻率，所以有較高音調；

重、厚、長、鬆的發音體所發出的頻率較低，因此音調較低。

1. 樂器發出的聲音，頻率範圍約為 20～4,000 Hz。
2. 人類發出的聲音，頻率範圍約為 80～1,000 Hz。
3. 人類的聽覺，頻率範圍約為 20～20,000 Hz。
4. 狗的聽覺，頻率範圍約為 15～50,000 Hz。

註五：介質在運動的都卜勒效應

$$f' = \frac{(v_w \pm u) \pm v_o}{(v_w \pm u) \mp v_e} f_o$$

f'：聽者聽到的聲波頻率
f_o：波源發出的聲波頻率
v_w：波源發出的聲波傳播速率
v_e：波源的運動速率
v_o：聽者的運動速率
u：介質的運動速率

$(v_w \pm u)$ $\begin{cases} +：介質運動方向與聲波傳播方向相同 \\ -：介質運動方向與聲波傳播方向相反 \end{cases}$

$\pm v_o$ $\begin{cases} +：聽者朝向波源運動 \\ -：聽者遠離波源運動 \end{cases}$

$\mp v_e$ $\begin{cases} -：波源朝向聽者運動 \\ +：波源遠離聽者運動 \end{cases}$

電磁學篇

Chapter 14 靜電學 (I) — 庫倫力與電場

14-1 原子的結構與電性
14-2 導體、半導體與絕緣體
14-3 起電的方法
14-4 庫倫定律
14-5 電場與電力線
14-6 高斯定律及其應用

　　物質由分子組成，而分子的成分則是原子。分子的種類，目前已逾四百萬種，並且仍在迅速增加之中。但自然界存在的原子種類，即所謂元素 (element) 【註一】，為數卻不滿一百，即使連人工製造的元素也不過一百多種。以如此少數的元素，而能形成許多的物質，箇中原理，未可以一二言。但究其根源，原子的結構實為關鍵所在。所以，近代的物理與化學對原子結構的研究，無不悉力以赴。經多年的努力，原子核的面貌雖未全明，然而核外的情況則大致明朗，許多自然事物已能從原子的基礎加以闡釋。但是一般物質，在正常的狀態下，幾乎都是電中性的。由於電的磁效應取決於電荷的運動，因此，物質如何變成帶電體，便成為電磁學探究的根本。

14-1 原子的結構與電性

原子的結構：

原子由一個原子核與圍繞在原子核周圍帶負電的電子組成，最小的原子是氫，半徑為 3.2×10^{-11} m；最大的原子是鉋，半徑為 2.25×10^{-10} m。

原子核：

原子核位於原子的中央，由帶正電的質子和中性的中子組成；一個質子質量約是 1.6726×10^{-27} kg，一個中子質量約 1.6749×10^{-27} kg；原子核的尺度約在 10^{-15} m，原子質量大部分集中於此。

電子：

電子是帶負電的粒子，通常標記為 e^-，帶有的電量是 -1.602×10^{-19} C，圍繞在原子核外的特定區域，繞原子核運行；電子的質量大約為 9.109×10^{-31} 公斤。

電荷守恆定律 (law of conservation of charge)：

在孤立系統中的電荷不會創生，也不會毀滅，電荷總數恆保持定值。

科學家歷經多年的努力，現已確認**原子** (atom) 是由若干個帶正電的**質子** (proton)、不帶電的**中子** (neutron) 與帶負電的**電子** (electron) 組成的。質子和中子非常緊密地共處在一個很小的空間，謂之**原子核** (nucleus)。原子核位於原子的中央，由帶正電的質子和中性的中子組成；一個質子質量約是 1.6726×10^{-27} kg，一個中子質量約 1.6749×10^{-27} kg；原子核的尺度約在 10^{-15} m，原子質量大部分集中於此。電子則在核外運轉，它們離核或遠或近，各有活動範圍。電子是帶負電的粒子，通常標記為 e^-，帶有的電量是 -1.602×10^{-19} C，圍繞在原子核外的特定區域，繞原子核運行；電子的質量大約為 9.109×10^{-31} 公斤。圖 14-1 原子模型的示意圖純為解釋的方便而繪製，象徵的意義遠大於實際。

○ 中子
● 質子
● 電子

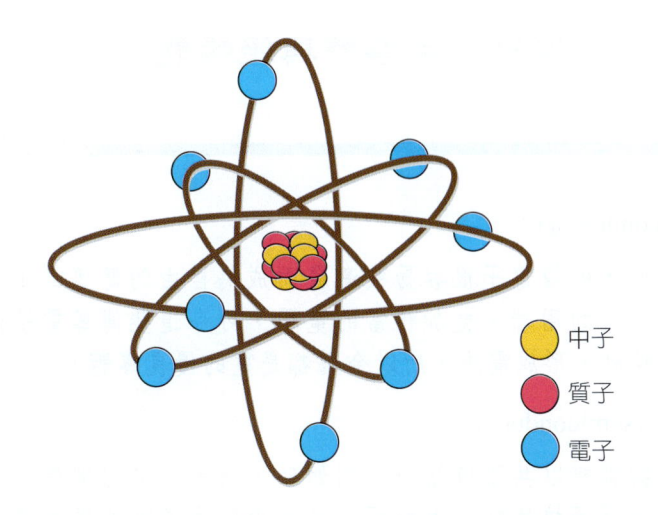

圖 14-1 原子模型示意圖。中間為帶正電的原子核，電子則在核外不同的軌域運轉。

經過無數次的測量，發現電荷是為一基本值的倍數，這種情形稱為<u>量子化</u> (quantized) **[註二]**。其基本值，「e」稱為基本電荷，所帶電量為 1.6×10^{-19} 庫倫。庫倫是電量的 SI 制單位，因紀念庫倫 (Charles Augustin de Coulomb, 1736-1806) 而命名。單一電子的電荷等於「$-e$」，質子的電荷則等於「$+e$」，任何帶電體的所帶電量，為基本電荷 e 的整數倍，即「$\pm ne$」，n 為正整數。由於原子在一般的情況下，都是電中性的，顯示其電子數與質子數相等。

電子為何會在原子核的周圍？此乃因電荷有異性相吸的特性，但原子核對它們的吸引力，隨距離的增加而迅速遞減。最外層電子所受的引力最小，往外逃逸的機會遠高於內層的電子。失去電子的原子，由於質子數目較多，所以淨電荷為正。反之，原子有時亦能捕獲游走的電子到它的價層，而成為帶負電的電荷體。由此可見，原子所具電性顯然是由電子轉移造成，當質子數與電子數相同時，原子就是電中性的；失去電子就帶有正電性，捕獲電子就帶有負電性。此意謂著<u>電荷守恆定律</u> (law of conservation of charge)，即

> 在孤立系統中的電荷不會創生，也不會毀滅，電荷總數恆保持定值。

基本電荷用符號 e 表示；
電子用符號 e^- 表示；
正子用符號 e^+ 表示；
其中，正負號分別表示帶有正負電荷。
$1e = 1.602 \times 10^{-19}$ C

庫倫 (Coulomb) 是電量的單位，符號為 C。庫倫不是國際單位制基本單位，而是國際單位制導出單位。
1 庫倫相當於 6.24×10^{18} 個電子所帶的電荷總量。

14-2　導體、半導體與絕緣體

最外層電子又稱為價電子。

導體 (conductor)：
金屬原子的價電子很容易被激發而成為自由的傳導電子。此時如在金屬的兩端，施加相當的電壓，可令這些傳導電子沿特定方向移動，形成電流，所以金屬都是電的優良導體。

半導體 (semiconductor)：
有些物質雖以共價鍵結合，例如矽、鍺等，但因價電子離核頗遠，受原子核的吸引力較弱，只有少數電子可被從價帶激發到傳導帶，變成傳導電子。它們的導電性雖不如導體優異，但比絕緣體大許多，所以被稱為半導體。

絕緣體所能傳導的電流極為微弱，故一般均以無法傳導電流視之。

絕緣體 (insulator)：
非金屬物質原子多以共價鍵 (covalent bond) 結合，價電子都被牢牢的束縛，除非提供相當的能量，否則難以將之從價帶激發到傳導帶，在一般狀態下，傳導電子少之又少，無法傳導電流，被視為電的絕緣體。

材料內部可以自由移動的帶電粒子，稱為載流子 (carrier)；載流子在外電場作用下，將沿相同方向運動，因而在材料內部形成一股電流；對於容易傳導電流的材料，則被稱為導體。一般金屬，例如金、銀、銅、鐵等，其價電子離原子核有相當的距離，受原子核的吸引甚為微弱，只要施加些微作用力，便能使它們逸出軌域外，成為自在無拘的自由電子 (free electron)，遊走在原子晶格之間，這類在金屬中的自由電子亦被稱為傳導電子 (conduction electron)，如圖 14-2(a)。這一現象，從固態物理的觀點去了解，可能會更清楚。

簡單地說，獨立原子中，電子的活動軌域可分別以波函數 (wave function) 描述。每一波函數由一組量子數 (quantum number) 加以規範 [註三]。所以在單獨原子中的每一個電子，它的狀態都可以四個量子數 (n, l, m_l, m_s) 描述，這樣的狀態稱為量子態 (quantum

(a)　(b)　(c)　(d)

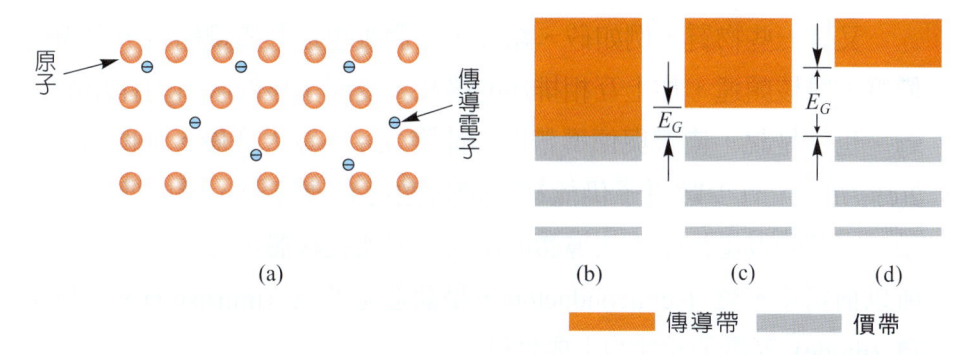

傳導帶　　價帶

圖 14-2　(a) 原子與傳導電子示意圖；(b) 導體；(c) 半導體；(d) 絕緣體 的能帶圖。

state)。原子中的電子沒有兩個具有相同的量子態，對應於每一量子態有一相當的能階 (energy level)。

當兩個原子互相接近，使得它們的軌域開始重疊，而價層的重疊比內層嚴重。重疊的結果，形成一組新的軌域。這些軌域為兩個原子所共有，與原來的原子軌域有所不同。推而廣之，如果有無數個這樣的原子聚合在一起，聯結成為一個整體，它們的能階數目龐大。大小相差不遠的能階緊密堆疊，形成看似連續的能帶 (energy band)。帶與帶之間以不等的能隙 (energy gap) E_G 區隔，如圖 14-2(b)、(c)、(d) 所示。

圖 14-2(b) 導體並無明顯的能隙，價帶最上層的電子很容易被激發而成為「自由」的傳導電子。此時如在導體的兩端施加相當的電壓，可令這些傳導電子沿特定方向移動，形成電流。金屬具有此一特性，為電的優良導體 (conductor)。

非金屬物質，例如塑膠、玻璃等，原子多以共價鍵 (covalent bond) 結合，價電子都被牢牢的限制在價帶中。價帶與傳導帶以一寬闊的能隙 E_G 相隔，如圖 14-2(d)，除非提供相當的能量，否則難以將價電子從價帶激發到傳導帶，因此是電的絕緣體 (insulator)。固態絕緣體用於電容器極板間的填充材料可以增加它的電容值。近年特殊性能的絕緣體材料不斷被發現，在熱電探測、非線性光學、光信息存儲等領域上的應用均有長足進展。

又有一些物質，例如矽、鍺等，它們雖也以共價鍵結合，但因價電子離核頗遠，加上互相排斥的緣故，受原子核的吸引力作用較弱。也就是說，價帶與傳導帶間的能隙 E_G 不算太寬廣，如圖 14-2(c) 所示，有少數電子仍能被從價帶激發到傳導帶，變成傳導電子。它們的導電性雖不如導體的優異，但比絕緣體卻強大了許多，所以稱為半導體 (semiconductor)，是製造電晶體 (transistor)、二極體 (diode) 等電子元件的主要材料。

隨堂練習

14-1 下列有關原子構造的敘述，何者正確？
(1) 原子核呈現電中性
(2) 原子的質量大部分集中在原子核
(3) 電子和質子的數目一定相等
(4) 質子和中子的數目一定相等。

14-2 電子、中子和原子核三者被發現的先後順序為
(1) ＿＿＿＿　(2) ＿＿＿＿　(3) ＿＿＿＿。

14-3 有關同位素的敘述，下列何者正確？
(1) 質量數不同　　(2) 中子數不同
(3) 原子序不同　　(4) 原子量不同。

14-3 起電的方法

學習方針

摩擦起電 (triboelectricity)：

兩種不同的固態絕緣體 A、B，互相摩擦時，將使其表面的原子互相影響：若物體 A 的電子可跨越界面，進到物體 B。此時如將兩物體分開，則物體 A 因失去電子而帶正電，物體 B 因攜帶過多的電子而呈負電性，這種現象稱為摩擦起電。

> **接觸起電 (charging by contact)：**
> 將帶電物體 A 與絕緣的導體 B 接觸，並迅速移開。導體 B 會因接觸，而具有與物體 A 相同電性的電荷，這種令物體帶電的過程，稱為接觸起電。
>
> **感應起電 (charging by induction)：**
> 將帶電物體 A 移近絕緣的導體 B，但不使接觸。因受帶電物體 A 的影響，導體 B 的正負電荷將會產生分離，此時如以一接地的銅絲，輕觸導體 B 的表面，導體 B 或地的負電子便會產生轉移。移去銅絲，B 導體會帶與帶電物體 A 相反電性的電荷，這種起電過程稱為感應起電。

令物體帶電，必須先使正、負電荷分離。電荷分離後，再使物體帶正電或負電，這種過程稱為起電；方法有摩擦、接觸或感應起電三種方式。

14-3-1 摩擦起電

由於分子的結構差異很大，化學鍵中的電子受原子核的作用力也強弱懸殊。當兩種不同的固態物質，例如橡膠與毛皮 (皆為絕緣體) 緊密接觸或互相摩擦時，其表面的原子相互影響。由於橡膠分子對電子的吸引強於毛皮，後者的電子跨越界面，進到橡膠分子的附近。此時如將兩者分開，則橡膠因攜帶過多的電子而呈負電性，毛皮則因失去電子而帶正電，這種現象稱為**摩擦起電** (triboelectricity)。

摩擦起電受外在因素影響很大，詳細的機構尚未完全明瞭。例如，用絲巾摩擦玻璃棒，絲巾往往帶負電荷，但如所用絲巾十分乾淨，則情形正好相反，帶負電的將是玻璃棒，可見絲巾上的塵埃污垢有左右電子轉移的能力。空氣的影響有時也不能忽視，在真空中，以乾淨絲巾摩擦白金棒，如果小心從事，可令白金棒帶負電，但在空氣中重複同樣的實驗，則白金棒恆帶正電。

平常大小的物體，利用摩擦起電的方法，可讓每平方釐米的表面帶上 10^{-9} 到 10^{-8} 庫倫的電荷。如積聚的電量高於此值，則有令周圍空氣放電的可能。

在細小的物體或大物體中的尖細地方，將會積聚較高密度的電荷。

14-3-2 接觸起電

利用摩擦起電的方法，使橡膠棒帶負電荷，再令它與絕緣的金屬球接觸，如圖 14-3(a)，並迅速移開。當橡膠棒接觸時，棒上的負電荷，有一部分會轉移到球上，使球帶負電。因球與外界絕緣，所獲得的負電荷平均地分佈在球面上，如圖 14-3(b) 所示。

若用一根帶正電的玻璃棒，使與金屬球接觸，則金屬球上的負電荷，會被玻璃棒吸引而轉移，導致球面因缺少負電荷而帶正電。換言之，不論橡膠棒（或玻璃棒）上的電荷為負或正，金屬球都會因與之接觸，而獲得相同電性的電荷。此種令物體帶電的過程，稱為接觸起電 (charging by contact)。

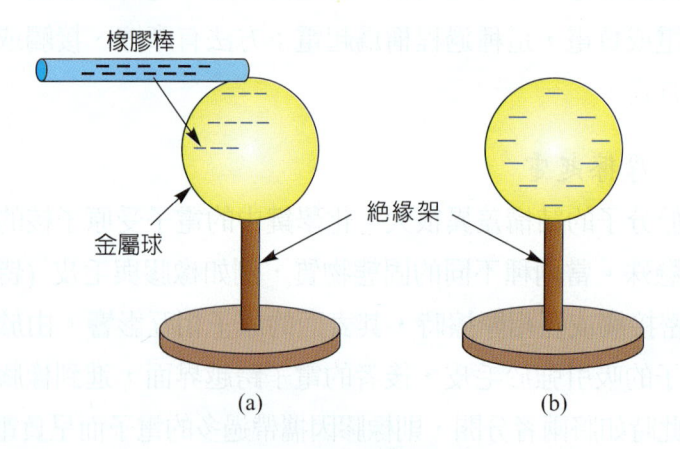

圖 14-3　(a) 金屬球與帶負電荷的橡膠棒接觸，因而帶負電；(b) 橡膠棒分開以後，球上多餘的負電荷平均分佈於球面。

14-3-3 感應起電

其實，即使金屬球不與棒接觸，我們也可以使球帶電。其方法是將帶負電的橡膠棒（或玻璃棒）移近球面，但不使接觸。金屬球中的負電荷因受棒上的負電荷排斥，移到金屬球遠離橡膠棒的一面。正對橡膠棒的一面，則因負電荷遠離而帶正電，如圖 14-4(a)。此時如以一接地的銅絲，輕觸球的背面，其上的負電荷便迅速轉移到地面，如圖 14-4(b)。移去銅絲與橡膠棒，球面因無處補充失去

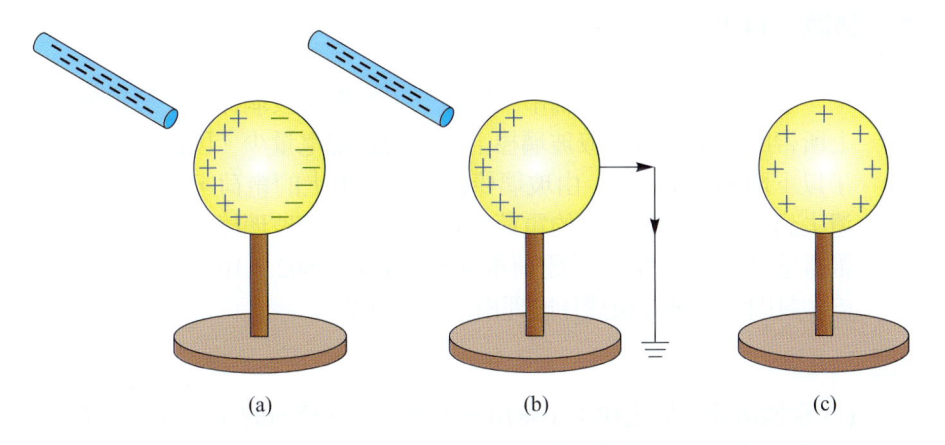

第 14 章　靜電學 (I)──庫倫力與電場　515

(a)　　　　　　　　　(b)　　　　　　　　　(c)

圖 14-4　(a) 帶負電的橡膠棒，即使不直接與球面接觸，也能藉感應作用，令球面的電荷分離。正電荷停留在正對橡膠棒的一面，負電荷則被排斥至球的背面；(b) 接地的銅絲將負電荷轉移至地面；(c) 橡膠棒移開後，正電荷平均分佈於球面。

的負電荷而帶正電，如圖 14-4(c)。這種起電過程稱為感應起電 (charging by induction)。如不用銅絲移走部分的負電荷，取走橡膠棒後，球面的正負電荷會迅速中和，回復到原來不帶電的狀態。

假使用一個絕緣體，例如玻璃球代替金屬球，上文所描述的感應起電法便無用武之地。這是因為絕緣體的電子幾乎都繫在價帶之中，感應無法確實達到正負電荷分離的效果。不過，靠近橡膠棒的一面，局部分子也能微微產生正負電荷分離，形成偶極子 (圖 14-5)。所形成的偶極子，可使球、棒間的吸引力增加。帶電的橡膠棒能夠吸起紙屑、塵埃，烘乾機中的乾衣服會黏貼在一起，皆是起因於此類靜電感應。

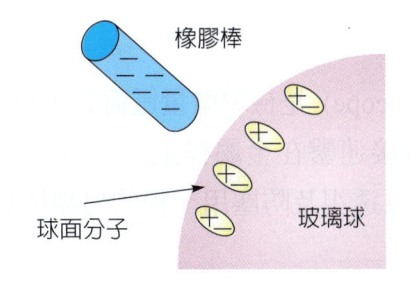

圖 14-5　帶負電的橡膠棒使玻璃球面感應，微帶正電。

例題 14-1

小華用一不帶電的絲巾，摩擦一不帶電的玻璃棒後，發現絲巾上所帶的負電電量，較玻璃棒上所帶的正電電量少。因此，小華作了以下兩項推測：(1) 由玻璃棒遷移到絲巾上的電荷，必定有部分遺失到空氣中，且遺失的電荷電量，必定等於玻璃棒上與絲巾上所帶電量之差。(2) 遺失的電荷電量，必定是 1.602×10^{-19} 庫倫的整數倍。試問，小華是根據什麼理由作此推測？

解

(1) 根據電荷守恆定律；小華用絲巾摩擦玻璃棒前的淨電荷量為 0，因此摩擦後的淨電荷量亦需為 0。但小華發現絲巾上所帶的負電電量，較玻璃棒上所帶的正電電量少，所減少的負電荷電量，必散逸至空氣中，且等於玻璃棒上與絲巾上所帶電量之差。

(2) 電荷量子化；因電荷是量子化的，其基本單元為 e，$1e = 1.602 \times 10^{-19}$ 庫倫，無論正電荷或負電荷所帶的電量皆為 e 的整數倍。

隨堂練習

14-4 說明摩擦、接觸或感應起電的差異。

14-5 原子失去電子後將變成
 (1) 不帶電的原子　(2) 帶正電的離子
 (3) 帶負電的離子　(4) 中性原子。

14-6 金屬能成為良導體的原因是什麼？
 (1) 有自由移動的離子　(2) 有自由移動的電子
 (3) 有自由移動的電洞　(4) 有自由移動的離子與電子。

14-3-4　驗電器

驗電器 (electroscope) 是檢驗微量電荷的工具。其主要組成是兩片薄的金箔片，直接連繫在金屬桿上。桿則用橡膠圈架在金屬盒上，盒面為玻璃，供透視及防塵用。桿的另端則有導體 (金屬球)，如圖 14-6。

使用前，先用一極性已知的帶電體，例如帶負電的橡膠棒，輕觸桿端的金屬球。從棒轉移而來的電子，分佈在金箔片，因同性電

相斥的緣故，金箔片會稍稍張開。此時將待測的帶電體移近金屬球處，但不使與球接觸。如帶電體帶的是正電荷，金箔片上的負電荷會被吸引，一部分移到球上，金箔片間的排斥力因電子遠離而減弱，金箔片自然下垂。反之，如帶電體帶的是負電荷，則金屬球上的電子，因受排斥，移向金箔片，使排斥力增強，金箔片夾角增大。可見驗電器不但可以偵測帶電體是否帶電，還可檢驗它是正電性或負電性。

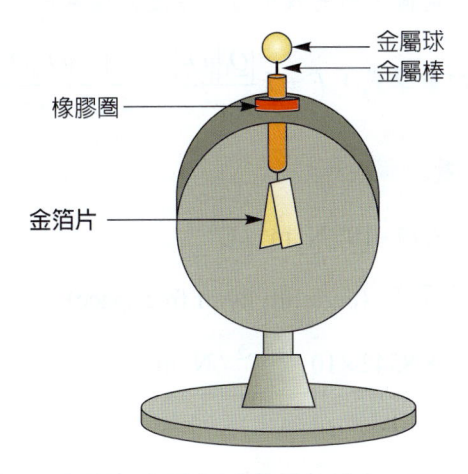

圖 14-6　驗電器的結構。

隨堂練習

14-7 驗電器上的金箔片若帶有電性，則驗電器可否用來檢驗未知電性的帶電體？為什麼？

14-4 庫倫定律

庫倫定律 (Coulomb's law)：

兩個相對靜止的點電荷，必存在相互作用的庫倫力 $\vec{F}$；此庫倫力的大小 F，與點電荷電量 $|Q_1|$、$|Q_2|$ 的乘積成正比，而與二點電荷間的距離 r 平方成反比。庫倫力 $\vec{F}$ 的方向，在兩點電荷連線上，若是異性電荷，則為吸引力；若是同性電荷，則為排斥力。

庫倫力大小的數學式：$F = k\dfrac{|Q_1||Q_2|}{r^2} = \dfrac{1}{4\pi\varepsilon_o}\dfrac{|Q_1||Q_2|}{r^2}$

k：庫倫常數

$$k = 8.99 \times 10^9 \text{ N} \cdot \text{m}^2/\text{C}^2$$

ε_o：真空介電率 (permittivity of free space)

$$\varepsilon_o = 8.8542 \times 10^{-12} \text{ C}^2/\text{N} \cdot \text{m}^2$$

庫倫定律是 1785 年，法國物理學家查爾斯‧奧古斯丁‧庫倫 (Charles Augustin de Coulomb, 1736-1806) 利用扭秤實驗得出的結論。靜止帶電體間的作用力，稱為庫倫靜電力，簡稱為靜電力或庫倫力，其強弱與荷電量的大小、距離的遠近有關，情形與萬有引力十分類似。為簡明計，可先從兩個帶電體入手，再推廣到多個帶電體系統。

假設此二帶電體的體積，遠小於其間的距離，則帶電體如同數學上的點，而稱之為點電荷 (point charge)。圖 14-7(a) 所示的點電荷，一正一負，荷電量分別為 $|Q_1|$ 與 $|Q_2|$。由於異性電荷相吸引的結果，兩點電荷連線上的相互作用力是相向而施。Q_1 受 Q_2 的引力指向右方，循例定為正向，以 $+\vec{F}$ 表示。反之，Q_2 所受的作用力則指向左方，以 $-\vec{F}$ 表示。如兩點電荷同為正、或同為負，則作用力相背而施，Q_1 所受的為 $-\vec{F}$，而 Q_2 的則為 $+\vec{F}$，如圖 14-

萬有引力：
$\vec{F}_G = G\dfrac{M_1 M_2}{r^2}\hat{r}$

庫倫力：
$\vec{F}_e = k\dfrac{Q_1 Q_2}{r^2}\hat{r}$

$\hat{r}$ 是兩點電荷連線方向上的單位向量。

7(b)。無論如何，兩作用力的大小相等，方向相反，是為作用力與反作用力的關係。綜合以上的討論，可將之表述為：

> 空間中，兩個相對靜止的點電荷，其相互間作用力 $\vec{F}$ 的大小 F，與點電荷電量 $|Q_1|$、$|Q_2|$ 的乘積成正比，而與距離 r 的平方成反比，作用力 $\vec{F}$ 的方向在兩點電荷的連線上，且同性電荷相斥，異性電荷相吸。

力的大小 F 用數學式表示則為：

$$F = k\frac{|Q_1||Q_2|}{r^2} = \frac{1}{4\pi\varepsilon_o}\frac{|Q_1||Q_2|}{r^2} \tag{14-1}$$

(14-1) 式就是**庫倫定律** (Coulomb's law)。式中的比例常數 k 稱為庫倫常數，在真空中其值為

$$k = 8.99 \times 10^9 \text{ N} \cdot \text{m}^2/\text{C}^2$$

常數 k 亦常用下式表示：

$$k = \frac{1}{4\pi\varepsilon_o} \tag{14-2}$$

$\varepsilon_o = 8.85 \times 10^{-12}$ C^2/N・m^2，稱為**真空介電率** (permittivity of free space)，或真空的介電係數。

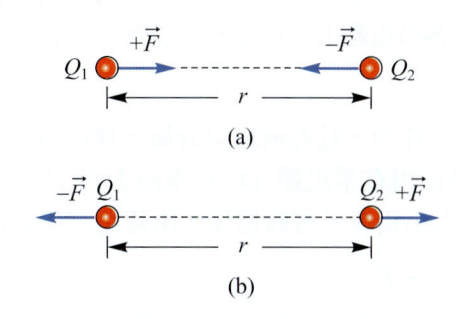

圖 14-7 二點電荷相互間的庫倫力作用情形。
(a) 帶異性電的二點電荷的相互吸引力；
(b) 帶同性電的二點電荷間的相互排斥力。

例題 14-2

兩點電荷相距 25 cm，若 Q_1 帶有 +25 μC 的電量，Q_2 帶有 +5 μC 的電量，則作用在點電荷 Q_1 與 Q_2 上的庫侖力為何？

解

$Q_1 = +25\ \mu C$ $Q_2 = +5\ \mu C$
$\vec{F}_{12}$ ←———— $r = 25$ cm ————→ $\vec{F}_{21}$

作用在點電荷 Q_1 的庫侖力為 $\vec{F}_{12}$，作用在點電荷 Q_2 的庫侖力為 $\vec{F}_{21}$，此二力大小相等，方向相反。由庫侖定律可得作用在點電荷 Q_1 與 Q_2 的庫侖力大小為

$$F_{12} = F_{21} = F$$

$$F = k\frac{|Q_1||Q_2|}{r^2} \Rightarrow$$

$$F = 8.99 \times 10^9 \frac{|25 \times 10^{-6}| \times |5 \times 10^{-6}|}{(25 \times 10^{-2})^2}$$

$$= 17.98\ (N)$$

兩點電荷帶同性電，所以其間的庫侖力為斥力，大小為 17.98 N。

例題 14-3

有二球形帶電體，半徑皆為 5 cm，各帶有電荷均勻分佈的電量 25 μC，但二帶電體的電性相反。若二帶電體的表面最短距離為 15 cm，則作用在各帶電體上的庫侖力大小為何？

解

因帶電體為球形，且電荷均勻分佈，故可視為電荷集中在球心的點電荷。設作用在帶電體 O_1 的庫侖力為 $\vec{F}_{12}$，O_2 的庫侖力為 $\vec{F}_{21}$，此二力大小相等，方向相反。由庫侖定律可得庫侖力大小為

$$F_{12} = F_{21} = F$$

$$F = k\frac{|Q_1||Q_2|}{r^2}$$

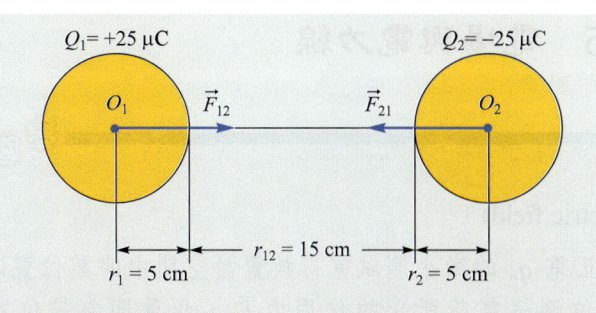

$r = 5+15+5 = 25 \text{ (cm)}$

$$F = 8.99 \times 10^9 \times \frac{|25 \times 10^{-6}| \times |-25 \times 10^{-6}|}{(25 \times 10^{-2})^2}$$
$$= 8.99 \times 10 \text{ (N)}$$
$$= 89.9 \text{ (N)}$$

兩點電荷帶異性電荷，所以其間的庫倫力為吸力，大小為 89.9 N。

隨堂練習

14-8 說明庫倫定律。

14-9 萬有引力定律與庫倫定律具有相似的數學形式，說明此二定律的差異。

14-10 兩點電荷相距 30 cm，若 Q_1 帶有 –5 μC 的電量，Q_2 帶有 +5 μC 的電量，則作用在點電荷 Q_1 與 Q_2 的庫倫力大小為何？

14-11 有二球形帶電體，半徑皆為 10 cm，各帶有電荷均勻分佈的電量 +25 μC、–10 μC。若二帶電體的表面最短距離為 15 cm，則作用在各帶電體上的庫倫力大小為何？

14-5 電場與電力線

電場 (electric field)：

1. 將帶正電 q_o 的微小測試電荷放置於空間中的某位置時，測量每單位測試電荷所受的作用力 $\vec{F}$，此量即為該位置的電場 $\vec{E}$：

$$\vec{E} = \frac{\vec{F}}{q_o}$$

2. 電場的大小定為

$$|\vec{E}| = \frac{|\vec{F}|}{q_o}$$

3. SI 制中電場的單位為牛頓/庫倫 (N/C) 或伏特/米 (V/m)。

14-5-1 電　場

　　庫倫定律顯示，兩點電荷即使在真空中，不用接觸，也能彼此施力。以往學者認為這種<u>超距作用</u> (action at a ultra distance)，不必媒介，也無需時間。但是後來的實驗，證明帶電體的作用，既需媒介，也要時間。法拉第因而提出場的觀念，視之為作用的媒介，其理念成為近代物理學中一主要的基本觀念。

　　靜電場由靜止的電荷，稱為源電荷 (source charge) 產生，運動的源電荷則激發電磁場。電場雖有物質的特性，卻無物質的形態，只能從其對外的表現，偵查它的存在。其法是引進一外在的帶電體，作為測試的工具。這個作測試用的帶電體，一般以符合點電荷的條件為原則，且電量不宜太大，以免影響原來的電場。根據場的觀念，引入場中的任何帶電體，都會感受到電場對它的作用。因此，訂定一與測試帶電體無關的物理量，以描述電場的特性。這個

電荷所以能互相作用，按近代物理學的說法，是由交換場量子而致。電磁場的場量子，就是光子 (photon)。

無論是電場或電磁場，一經產生，便能單獨存在，即使源電荷已經遠離，亦不會消失。

檢試帶電體一般稱為測試電荷。

測試電荷：
通常為單位正電荷，即帶 +1 C 電量的點電荷。

第 14 章　靜電學 (I) ——庫倫力與電場　523

新的物理量便稱為電場 (electric field)，代表符號為 $\vec{E}$。

設將一帶正電 q_o 的微小測試電荷放置於電場的某一點，量出其所受作用力 $\vec{F}$ 的大小與方向，取 $\vec{F}$ 與 q_o 的比值作為電場 $\vec{E}$ 的定義，亦即

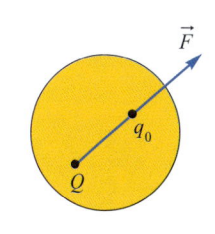

$$\vec{E} = \frac{\vec{F}}{q_o} \tag{14-3}$$

(14-3) 式中 q_o 值越小越好，期望對待測電場無任何影響，電場的大小為

$$|\vec{E}| = \frac{|\vec{F}|}{q_o} \tag{14-4}$$

換言之，電場中任一點的電場大小與放在該處的單位正電荷所受電力相等，方向則與電力的方向一致。如此定義的電場 $\vec{E}$，與測試電荷無關，純為電場本身的特性。其 SI 制的單位為牛頓/庫倫 (N/C) 或伏特/米 (V/m)。

此處電力即為庫倫力；亦有稱為電場力。

圖 14-8 描述一正電荷 Q_1 附近兩點 P 與 S 處的電場，可見均朝外發散。圖中的 $\hat{r}_1$ 是一單位向量，代表電場的方向。此時如將另一正電荷 Q_2 移至電場中，它所受來自 Q_1 的作用力 $\vec{F}_{21}$，根據 (14-3) 式，應等於 Q_2 與 $\vec{E}_1$ 的乘積，亦即

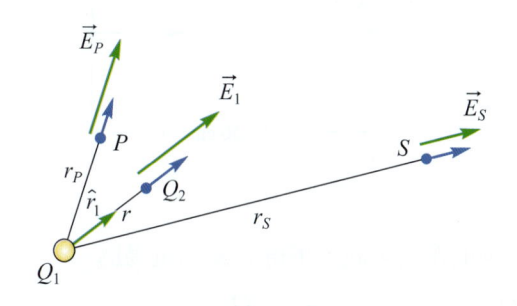

圖 14-8　正電荷 Q_1 附近的電場向量，其方向向外發散。

$$\vec{F}_{21} = Q_2 \vec{E}_1 \tag{14-5}$$

從庫倫定律可知

$$\vec{F}_{21} = k\frac{Q_1 Q_2}{r^2}\hat{r}_1$$

與 (14-5) 式並聯，消去 Q_2，即得

$$\vec{E}_1 = k\frac{Q_1}{r^2}\hat{r}_1 \tag{14-6}$$

$\hat{r}_1$ 是 Q_1 至 Q_2 的單位向量。因此，電場也可以敘述如下：

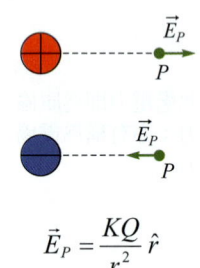

> 空間中，存在帶電量為 Q 的點電荷時，即會在點電荷周圍產生一電場。而與點電荷距離 r 處的 P 點，若其電場為 $\vec{E}_P$，則電場的大小 E_P 與電量 Q 成正比，與距離 r 的平方成反比，方向則與點電荷的電性有關。

P 點處電場的方向：

$$\vec{E}_P = \frac{KQ}{r^2}\hat{r}$$

例題 14-4

一點電荷，帶電量為 $-25\ \mu C$，求在距點電荷 $50\ cm$ 處的電場大小？

解

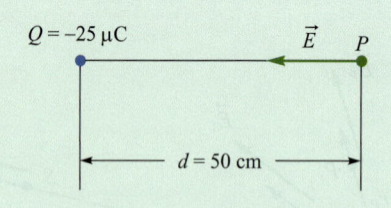

$Q = -25\ \mu C$，$d = 50\ cm$

依點電荷的電場定義，可得 P 點處電場為

$$\vec{E} = k\frac{Q}{r^2}\hat{r} \xrightarrow{r=d} \vec{E} = k\frac{Q}{d^2}\hat{r}$$

$$\Rightarrow \vec{E} = 8.99 \times 10^9 \times \frac{(-25 \times 10^{-6})}{(50 \times 10^{-2})^2} \hat{r}$$
$$= -8.99 \times 10^5 \hat{r} \text{ (N/C)}$$

此處負號代表電場的方向為指向點電荷，而在距離點電荷 50 cm 處的電場大小為 8.99×10^5 N/C。

隨堂練習

14-12 在空氣中的氣體分子，在電場大小超過 3.0×10^6 N/C 時會被游離成正、負離子，而使空氣具有導電性，則半徑為 10 cm 的銅球所蓄電量約為多少庫侖？
(1) 6.6×10^4 (2) 3.3×10^4 (3) 6.6×10^{-6} (4) 3.3×10^{-6}。

14-13 有關電荷在電場中運動的敘述，下列何者正確？
(1) 電荷必受電力作用
(2) 電荷所受電力與速度無關
(3) 電荷的加速度方向與電場同方向
(4) 電荷必作等加速度運動。

14-14 下列各帶電體，何者可產生均勻之電場？
(1) 小金屬球
(2) 長直導線
(3) 環狀導線
(4) 帶異性電的平行金屬板間。

14-5-2 電場疊加原理

空間 P 點處的淨電場：

$$\vec{E}_P = \sum_i \vec{E}_{Pi} = \sum_i k \frac{Q_i}{r_i^2} \hat{r}_i \qquad \text{(獨立分佈的點電荷)}$$

$$\vec{E} = \int d\vec{E} = k \int \frac{dQ}{r^2} \hat{r} \qquad \text{(電荷連續分佈的帶電體)}$$

由於場有疊加的特性，(14-6) 式定義的電場，可以輕易地推廣到多電荷體系統。根據疊加原理，系統中任一帶電體 Q_i，均能在空間 P 點處，產生一電場 $\vec{E}_{Pi}$。這些電場的總和便是 P 點處的淨電場 $\vec{E}_P$【註四】，亦即

$$\vec{E}_P = \sum_i \vec{E}_{Pi} = \sum_i k \frac{Q_i}{r_i^2} \hat{r}_i \tag{14-7}$$

例題 14-5

如圖 14-9，設在座標原點處，有一點電荷 Q_1 帶電量為 +10.0 μC，y 軸上 +1.0 m 處，有一點電荷 Q_2 帶電量為 –5.0 μC，求座標 (2.0 m, 1.0 m) 處電場 $\vec{E}$ 的大小與方向。

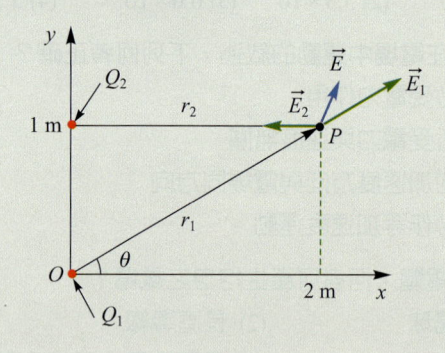

圖 14-9　電荷分佈示意圖。$\vec{E}$ 為 P 點處的淨電場。

解

先繪出電荷的分佈圖，如圖 14-9。
利用畢氏定理求 r_1。

$$c^2 = a^2 + b^2 \Rightarrow r_1^2 = 2.0^2 + 1.0^2$$
$$= 5.0 \text{ (m}^2\text{)}$$
$$r_1 = \sqrt{5.0} \text{ (m)}$$

因此，電場 $\vec{E}_1$ 的單位向量

$$\hat{r}_1 = \cos\theta \, \hat{i} + \sin\theta \, \hat{j} \Rightarrow \hat{r}_1 = \frac{2}{\sqrt{5}} \hat{i} + \frac{1}{\sqrt{5}} \hat{j}$$

$$\approx 0.894 \, \hat{i} + 0.447 \, \hat{j}$$

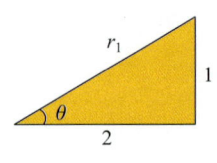

電場 $\vec{E}_1$ 為

$$\vec{E}_1 = k\frac{|Q_1|}{r_1^2}\hat{r}_1 \Rightarrow \vec{E}_1 = 8.99\times 10^9 \times \frac{10.0\times 10^{-6}}{5.0}(0.894\hat{i}+0.447\hat{j})$$
$$\approx (1.6\hat{i}+0.80\hat{j})\times 10^4 \text{(N/C)}$$

電場 $\vec{E}_2$ 為

$$\vec{E}_2 = k\frac{|Q_2|}{r_2^2}\hat{r}_2 \Rightarrow \vec{E}_2 = 8.99\times 10^9 \times \frac{|-5.0\times 10^{-6}|}{2.0^2}(-\hat{i})$$
$$\approx (-1.1\times 10^4)\hat{i} \text{ (N/C)}$$

淨電場 $\vec{E}$ 為

$$\vec{E} = \vec{E}_1 + \vec{E}_2 \Rightarrow \vec{E} \approx (1.6\hat{i}+0.80\hat{j})\times 10^4 + (-1.1\times 10^4)\hat{i}$$
$$= (0.5\hat{i}+0.80\hat{j})\times 10^4 \text{(N/C)}$$

淨電場 $\vec{E}$ 的大小為

$$E = \sqrt{E_x^2+E_y^2} \Rightarrow E = \sqrt{0.5^2+0.80^2}\times 10^4$$
$$\approx 9.4\times 10^3 \text{ (N/C)}$$

$\vec{E}$ 與 x 軸的夾角 θ

$$\tan\theta = \frac{E_y}{E_x} \Rightarrow \theta = \tan^{-1}\frac{0.80\times 10^4}{0.5\times 10^4}$$
$$\approx 58°$$

淨電場 $\vec{E}$ 的大小為 9.4×10^3 N/C，在第一象限與 x 軸的夾角為 58°。

例題 14-6

在 x 軸上的 −10 cm 及 10 cm 兩位置，各放置一個電量為 +5 μC 與 −5 μC 的點電荷，則在 y 軸上 10 cm 處的電場大小 E 為何？

解

設座標如圖所示，在 x 軸上的 −10 cm 位置處，電量 +5 μC 的電荷，在 y 軸上 10 cm 處的 P 點，產生電場為 $\vec{E}_1$；在 x 軸上 −10 cm 位置處，電量 −5 μC 的電荷，在 y 軸上 10 cm 處的 P 點，產生電場為 $\vec{E}_2$；則

528　普通物理

觀點：

$\hat{r}_1 = \cos\theta \hat{i} + \sin\theta \hat{j}$ ；

$\hat{r}_2 = \cos\theta \hat{i} - \sin\theta \hat{j}$

$\vec{E}_1 = k\dfrac{|Q_1|}{r_1^2}\hat{r}_1$ ；

$\vec{E}_2 = k\dfrac{|Q_2|}{r_2^2}\hat{r}_2$

$E_1 = E_2 = E = k\dfrac{Q}{r^2}$

$\vec{E}_1 = E_{1x}\hat{i} + E_{1y}\hat{j}$
$\quad = E_1\cos\theta \hat{i} + E_1\sin\theta \hat{j}$
$\quad = E\cos\theta \hat{i} + E\sin\theta \hat{j}$

$\vec{E}_2 = E_{2x}\hat{i} + E_{2y}\hat{j}$
$\quad = E_2\cos\theta \hat{i} - E_2\sin\theta \hat{j}$
$\quad = E\cos\theta \hat{i} - E\sin\theta \hat{j}$

$\vec{E}_P = \vec{E}_1 + \vec{E}_2 = 2E\cos\theta \hat{i}$

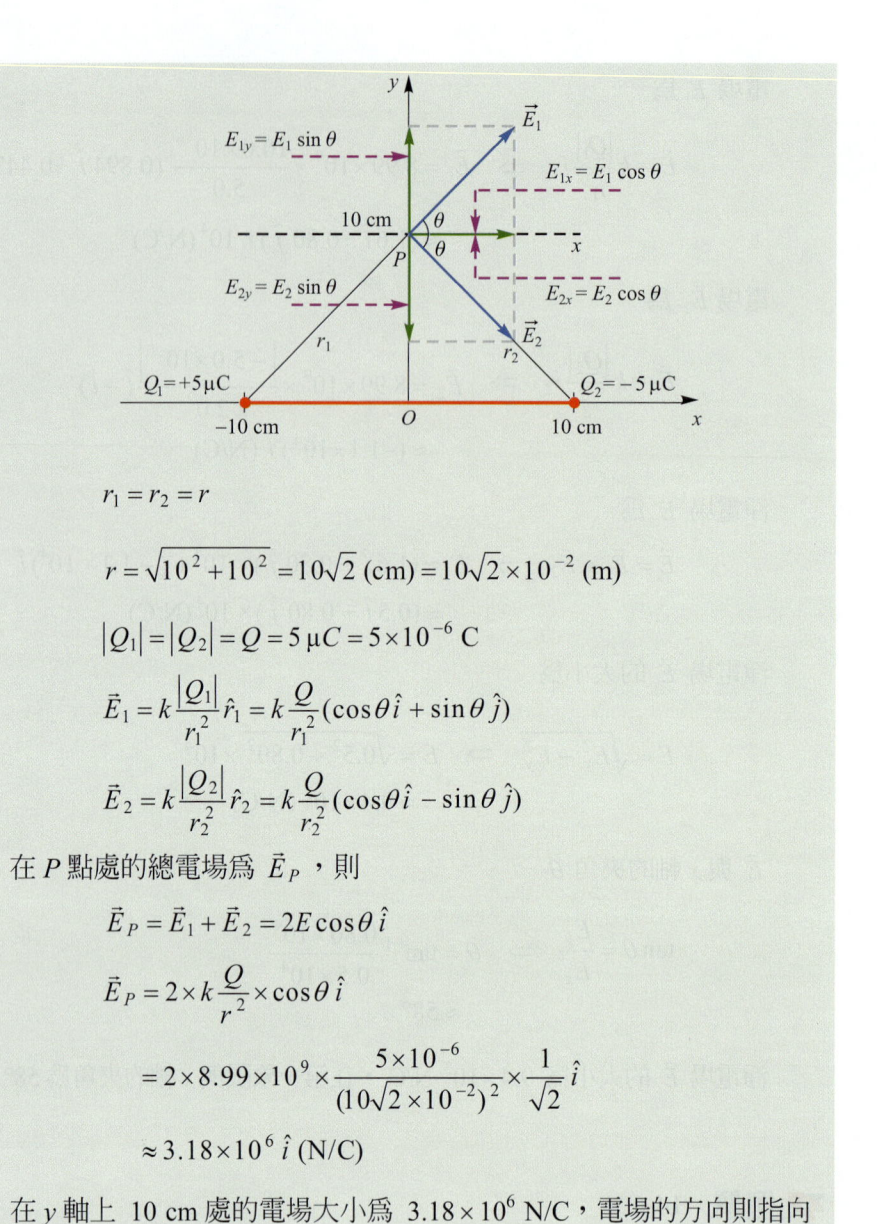

$r_1 = r_2 = r$

$r = \sqrt{10^2 + 10^2} = 10\sqrt{2}\ \text{(cm)} = 10\sqrt{2}\times 10^{-2}\ \text{(m)}$

$|Q_1| = |Q_2| = Q = 5\ \mu C = 5\times 10^{-6}\ C$

$\vec{E}_1 = k\dfrac{|Q_1|}{r_1^2}\hat{r}_1 = k\dfrac{Q}{r_1^2}(\cos\theta \hat{i} + \sin\theta \hat{j})$

$\vec{E}_2 = k\dfrac{|Q_2|}{r_2^2}\hat{r}_2 = k\dfrac{Q}{r_2^2}(\cos\theta \hat{i} - \sin\theta \hat{j})$

在 P 點處的總電場為 $\vec{E}_P$，則

$\vec{E}_P = \vec{E}_1 + \vec{E}_2 = 2E\cos\theta \hat{i}$

$\vec{E}_P = 2\times k\dfrac{Q}{r^2}\times \cos\theta \hat{i}$

$\quad = 2\times 8.99\times 10^9 \times \dfrac{5\times 10^{-6}}{(10\sqrt{2}\times 10^{-2})^2}\times \dfrac{1}{\sqrt{2}}\hat{i}$

$\quad \approx 3.18\times 10^6\ \hat{i}\ \text{(N/C)}$

在 y 軸上 10 cm 處的電場大小為 3.18×10^6 N/C，電場的方向則指向 $+x$ 方向。

電場的疊加原理不僅適用於點電荷系統，亦適用電荷連續分佈的帶電體，只不過 (14-7) 式的向量和，要改用向量積分的方法運算。亦即

$$\vec{E} = \int d\vec{E} = k\int \dfrac{dQ}{r^2}\hat{r} \tag{14-8}$$

式中的 dQ 是帶電體內的微小電荷單元,可視為點電荷,而 r 則代表 dQ 至測試點 P 的距離,如圖 14-10 所示。

在作向量積分時,一般都要將向量先化為純量,再分別積分。如選用直角座標,可將任一電荷單元 dQ 在 P 點處所產生的電場 $d\vec{E}$ 分成 x、y、z 方向的分量,各自積分後再合成為電場 $\vec{E}$

$$\vec{E} = \int d\vec{E}$$

$$= \int d\vec{E}_x \hat{i} + \int d\vec{E}_y \hat{j} + \int d\vec{E}_z \hat{k} \tag{14-9}$$

帶電體中的電荷分佈,如可視為均勻,則引用電荷密度的觀念,作具體的處理,亦甚方便。也就是說,體積 V 固定的帶電體,其微小電荷單元可取為

$$dQ = \rho \, dV \tag{14-10a}$$

ρ 是**體電荷密度** (volume charge density)。均勻分佈在平面 S 或線上 L 的電荷,則可用

$$dQ = \sigma \, dS \tag{14-10b}$$

$$dQ = \lambda \, dL \tag{14-10c}$$

體電荷密度
$$\rho = \frac{Q}{V}$$
面電荷密度
$$\sigma = \frac{Q}{S}$$
線電荷密度
$$\lambda = \frac{Q}{L}$$

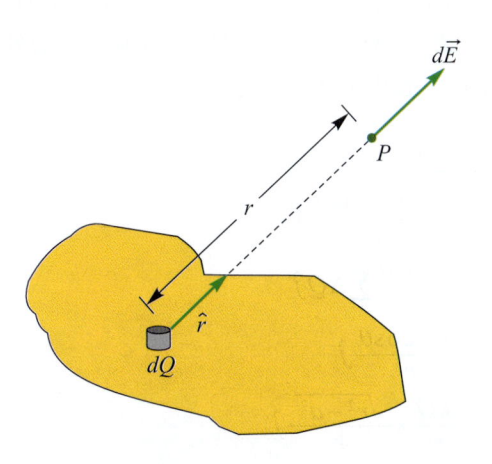

圖 14-10 連續分佈的荷電體,其附近一點 P 的電場,可視為所有電荷單元 dQ 在 P 處所產生電場的向量和。

表示。σ 與 λ 分別為電荷的面電荷密度 (surface charge density) 與線電荷密度 (line charge density)。ρ、σ 與 λ 均為宏觀量，可視為常數。

例題 14-7

如下圖 (a)，y 軸穿過一薄圓環的中心 O 點，且垂直於環面。若圓環的半徑為 a，環上帶有均勻分佈的正電荷 Q，y 軸上一點 P 與圓環的距離為 r，試求 P 與 O 點的電場。

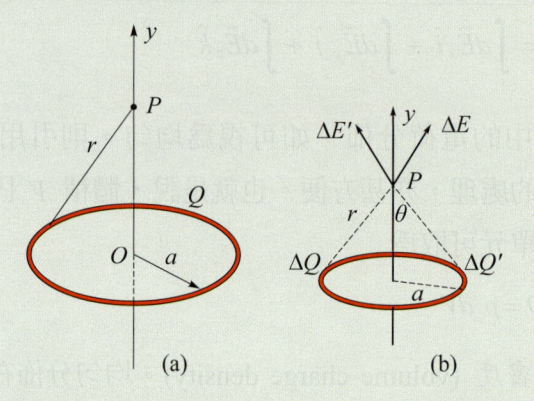

解

由於電荷 Q 均勻分佈於環上，且每一部分的電荷 ΔQ 與 P 點距離 r 均相同，故所產生的電場大小 ΔE 亦相同，如上圖 (b) 所示。考慮一對，在圓環上，相互對稱的電荷 ΔQ 與 $\Delta Q'$，分別在 P 點所產生的電場 $\Delta \vec{E}$ 與 $\Delta \vec{E}'$，兩電場的水平分量 ΔE 與 $\Delta E'$ 相互抵消，因此僅有沿 y 軸的電場分量 ΔE_y 與 $\Delta E_y'$。由於圓環上的電荷，可被分割成無數個類似相互對稱的電荷，故其在 P 點的電場

$$\vec{E}_P = \sum \Delta E_y \hat{j}$$
$$= \sum \frac{k \Delta Q \cos\theta}{r^2} \hat{j}$$
$$= \frac{k \cos\theta}{r^2} \sum \Delta Q \hat{j}$$
$$= \frac{k Q \cos\theta}{r^2} \hat{j}$$
$$= \frac{kQ}{r^2} \times \frac{\sqrt{r^2-a^2}}{r} \hat{j}$$
$$= \frac{kQ\sqrt{r^2-a^2}}{r^3} \hat{j}$$

第 14 章 靜電學 (I)──庫倫力與電場

將 $r = a$ 代入上式，得電荷在 O 點的電場

$$\vec{E}_0 = \frac{kQ\sqrt{a^2-a^2}}{a^3}\hat{j} = 0$$

隨堂練習

14-15 若在邊長為 5 cm 的正三角形的二個頂角上，各置放一個電子，則在另一個頂點上的電場為何？

14-16 在 y 軸上的 a 位置放電量為 $+Q$ 的點電荷，$-a$ 位置放電量為 $+4Q$ 的點電荷，則在何處的電場大小為 0？

14-17 直角三角形 ABC 中，$\angle A = 37°$，$\angle C = 90°$，若在 A、B 兩頂角分別置放 $+2Q$ 與 $-Q$ 的點電荷，則在 C 點處的電場為何？

14-5-3　電力線

學習方針

電力線的特性：
1. 電力線始於正電荷，而終於負電荷。
2. 電力線上任一點的切線方向為該位置的電場方向。
3. 空間中的電力線永不相交。
4. 電力線的多寡與電荷量成比例。
5. 點電荷附近的電力線分佈呈球狀對稱。

場線即為力線；
電場線即為電力線。

電場是一個抽象的觀念，不容易作具體的表述。法拉第首倡以**場線圖** (field line diagram) 的方法，顯示其空間的分佈。場線圖的繪製必須依循下列的規則：

1. 電力線始於正電荷，而終於負電荷。
2. 電力線上任一點的切線，其方向與該位置的電場同向。

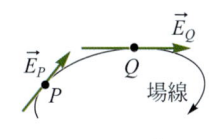

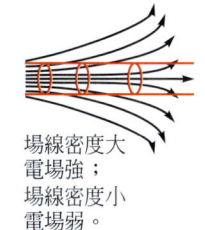

場線密度大
電場強；
場線密度小
電場弱。

3. 由於空間任一點的電場，只有一個方向，因此電力線永不相交。
4. 電力線的多寡，代表電場的強弱，其數目與電荷量成比例。
5. 點電荷附近的電力線呈球狀對稱分佈。

如此繪製出來的場線圖，顯有如下的意義：

1. 空間任一點的電場 $\vec{E}$，其方向與通過該點電力線的切線平行。
2. 在與電力線垂直的平面上，每單位面積所含電力線的數目，與平面上的電場大小成正比。

下面是幾個不同系統的場線圖。圖 14-11(a) 與 (b) 分別為獨立正、負電荷的電力線分佈。圖 14-12 與 14-13 則為兩個點帶電體系統的分佈。如系統中正負帶電體的電荷量並不相等，例如圖 14-14 所示，只有一部分電力線會以負電荷為終點，其餘則延伸至無限遠處。如帶電體是兩片平行的金屬板，則二極板中間部分的電力線均勻分佈，見圖 14-15，這樣的平行板組合稱為平行板電容器 (parallel plate capacitor)。

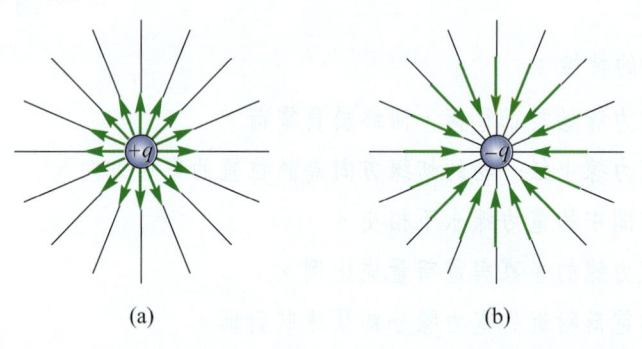

圖 14-11　(a) 獨立正電荷的電力線呈向外發散的輻射狀分佈；
　　　　　(b) 獨立負電荷的電力線呈向內收斂的輻射狀分佈。

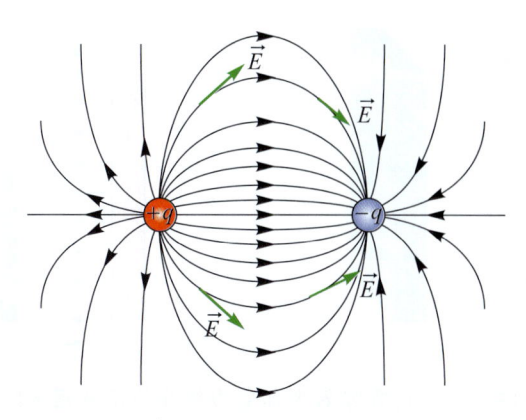

圖 14-12 等量異性帶電體的電力線分佈。

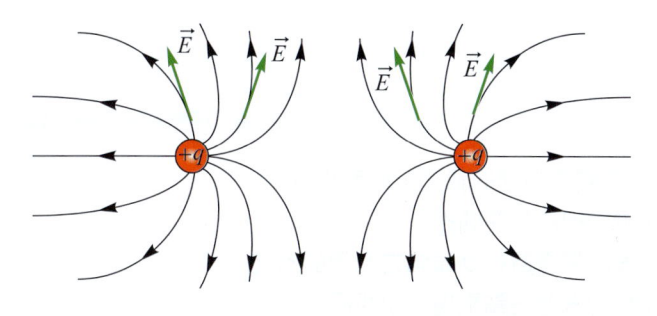

圖 14-13 等量同性帶電體的電力線分佈。

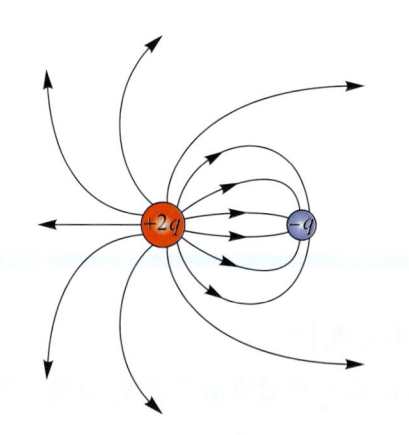

圖 14-14 帶 +2q 與帶 –q 的點電荷所形成的電場。

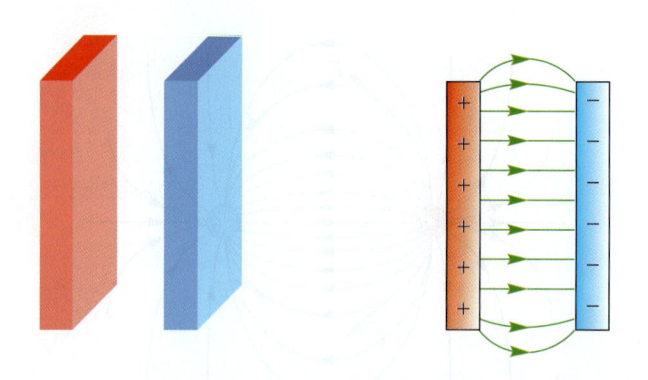

圖 14-15　平行板電容器內部電力線分佈示意圖。除極板二端外，電場均勻分佈，各點的大小與方向皆相同。

隨堂練習

14-18　下列有關電力線的敘述，何者正確？
(1) 電力線為封閉曲線
(2) 表示帶電質點受庫倫力作用的方向
(3) 電力線上各點電場大小相同
(4) 各點的切線方向表示該點的電場方向。

14-6　高斯定津及其應用

14-6-1　電通量

學習方針

電通量 (electric flux, Φ_E)：

1. 在均勻電場 $\vec{E}$ 中，通過垂直平面 $S_\perp$ 的電力線數量，

$$\begin{aligned}\Phi_E &= \vec{E} \cdot \vec{S} \\ &= ES\cos\theta \\ &= ES_\perp\end{aligned}$$

2. 在不均勻電場 $\vec{E}$ 中，通過平面 S 的電力線數量，

$$\Phi_E = \int_S \vec{E} \cdot d\vec{S}$$

3. 電通量的 SI 制單位為 $N \cdot m^2/C$。

電力線的觀念有助於對電場作定性的表述，但不能與電荷產生定量的關係，因此有<u>電通量</u> (electric flux, Φ_E) 的引進。電通量與流體的流量，在觀念上非常近似，只不過電場中，除了抽象的電力線外，沒有流動的實質。若電力線被視為流線，則可將電通量界定如下：

在均勻的電場中，通過一垂直平面 $S_\perp$ 的電力線，其數目的多寡，決定電通量的大小。

由於電力線的數目，比例於電場的大小 E，因此，電通量也可以數學式表示如下：

$$\Phi_E = ES_\perp \tag{14-11}$$

$S_\perp$ 為電力線垂直通過的面積，電通量的 SI 單位為 $N \cdot m^2/C$。

如圖 14-16，平面 S 與電力線並不垂直，設其法線 $\hat{n}$ 與電力線的夾角為 θ，則 (14-11) 式可寫成

$$\Phi_E = ES\cos\theta \tag{14-12}$$

(14-11)、(14-12) 兩式可綜合而以向量的方式表達，亦即

$$\Phi_E = \vec{E} \cdot \vec{S} \tag{14-13}$$

在一般情況下，電場未必均勻，遇此情形，(14-13) 式只有在極小的面積單元上，才屬有效，因為在此極小面積單元上，其電場可視為均勻。換言之，無論電場是否均勻，在平面上選取微小單元 $d\vec{S}$，則通過其上的電通量 $d\Phi_E$，理論上都可視為 $\vec{E}$ 與 $d\vec{S}$ 的純量積，亦即

$$d\Phi_E = \vec{E} \cdot d\vec{S}$$

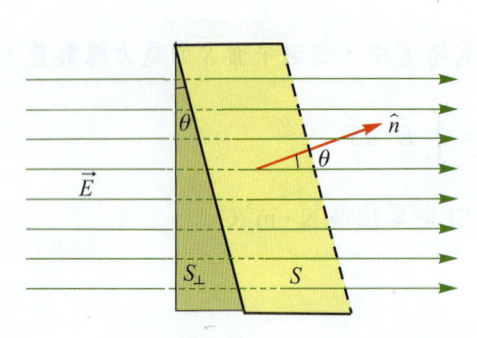

圖 14-16 平面 S 與電力線並不垂直；$S_\perp$ 為垂直電場的平面。$\vec{s} = s\hat{n}$，$\hat{n}$ 是平面的法線向量。

因此電通量的一般形式，可以表示如下

$$\Phi_E = \int_S \vec{E} \cdot d\vec{S} \tag{14-14}$$

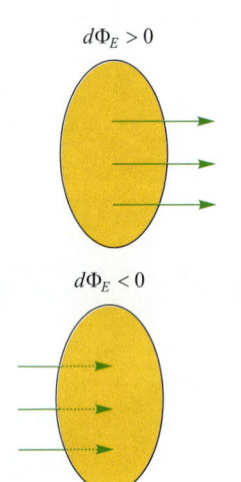

$\int_S$ 為面積分的符號，表示計算時，積分需及整個表面。可見電通量 Φ_E 的值不僅取決於電場分佈的形態，表面的情況也是決定的因素。如果表面是一個開放式的曲面，例如馬鞍曲面，則面積單元的法線 $\hat{n}$ 取向，可以指向任一側。但如為閉合曲面，例如球面，則從內側向外的指向，定為法線 $\hat{n}$ 的正向，反之為負。如是，則從曲面內側向外延伸的電力線，其電通量為正，即 $d\Phi_E > 0$；從外入內的電力線，$d\Phi_E < 0$。因此，通過整個閉合面的電力線，其淨通量便為進出電通量的代數和。

例題 14-8

空間中，大小為 20.0 N/C 的均勻電場，通過與電場成 60° 角、面積為 4.0 m² 的截面，求通過此截面積的電通量大小？

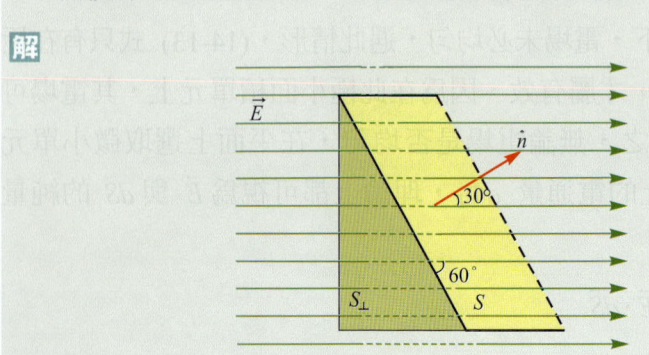

解

截面積 S 與均勻電場 $\vec{E}$ 成 $60°$ 角，則面積方向 $\hat{n}$ 與電場成 $30°$ 角，因此通過截面積 S 的電通量 Φ_E 為

$$\begin{aligned}\Phi_E &= \vec{E} \cdot \vec{S} \\ &= ES\cos 30° \Rightarrow \Phi_E = 20.0 \times 4.0 \cos 30° \\ &= 80.0 \times \frac{\sqrt{3}}{2} \\ &\approx 69.28 \ (N \cdot m^2/C)\end{aligned}$$

例題 14-9

在空間中的電場 $\vec{E}$ 為 $5\hat{i}+6\hat{j}-2\hat{k}$ N/C，當其通過截面積 $\vec{S}$ 為 $\hat{i}-\hat{j}+2\hat{k}$ m² 的截面時，其電通量 Φ_E 是多少？

解

在空間中的電場 $\vec{E}$，通過截面積 $\vec{S}$ 的電通量為

$$\begin{aligned}\Phi_E = \vec{E} \cdot \vec{S} \Rightarrow \Phi_E &= (5\hat{i}+6\hat{j}-2\hat{k}) \cdot (\hat{i}-\hat{j}+2\hat{k}) \\ &= 5-6-4 \\ &= -5 \ (N \cdot m^2/C)\end{aligned}$$

故知，電通量為流入截面，其大小為 $5 \ N \cdot m^2/C$。

隨堂練習

14-19 空間中，大小為 10.0 N/C 的均勻電場，通過與電場成 $37°$ 角、面積為 5.0 m² 的截面，求通過此截面積的電通量大小？

14-20 在空間中的電場 $\vec{E}$ 為 $2\hat{i}-3\hat{j}+2\hat{k}$ N/C，當其通過截面積 $\vec{S}$ 為 $-\hat{i}+2\hat{j}-2\hat{k}$ m² 的截面時，電通量 Φ_E 是多少？

14-6-2　高斯定律

高斯定律 (Gauss' law)：

真空中任一封閉曲面，即所謂高斯面 (Gaussian surface)，從其中通過的電通量 Φ_E，等於曲面所包含的淨電量 Q_{net} 與介電係數 ε_o 之比。

$$\oint \vec{E} \cdot d\vec{S} = \frac{Q_{net}}{\varepsilon_o}$$

根據前文所述，電荷的分佈為已知，利用庫倫定律與電場疊加原理，原則上應可預估空間任何一點的電場。但是這種計算，有時極為繁瑣，德人高斯 (Carl Friedrich Gauss, 1777-1855) 由對稱觀點提出，可簡潔估算空間電場的理論，後人稱此理論為高斯定律 (Gauss' law)。對靜止的電荷而言，高斯定律與庫倫定律是一體的兩面，可互相演繹；但庫倫定律無法處理運動電荷的電場，而高斯定律則可。

高斯定律可以簡單的表述如下：

真空中任一封閉曲面，即所謂高斯面 (Gaussian surface)，從其中通過的電通量 Φ_E，等於曲面所包含的淨電量 Q_{net} 與介電係數 ε_o 之比。

其數學式則為

$$\oint \vec{E} \cdot d\vec{S} = \frac{Q_{net}}{\varepsilon_o} \tag{14-15}$$

由於高斯面只是假想的封閉曲面，為了方便解 (14-15) 式，曲面的選取儘可能根據電場的對稱性，選擇不同的封閉曲面，俾使計算簡化。

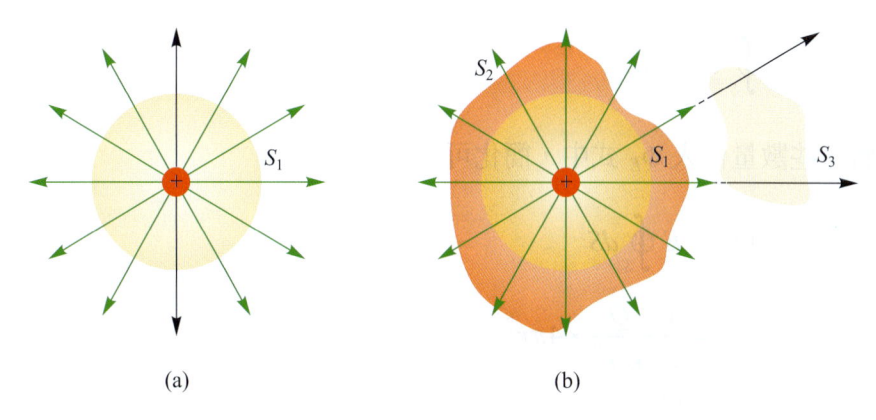

圖 14-17 點電荷附近的高斯面。
(a) 電力場線通過球形的高斯面；
(b) 電力場線通過不同形狀的高斯面。

例如圖 14-17 所示的情況，設以點電荷 $+Q$ 為中心，r 為半徑，在空間畫取一球形的高斯面 S_1。由於正電荷的電力線是向外發散的，並與球面處處垂直，意即 $\vec{E}$ 與 $d\vec{S}$ 平行，因此，根據 (14-15) 式，通過此一高斯面的電通量 Φ_E，可以它們的大小表示如下：

$$\begin{aligned}\Phi_E &= \oint_S \vec{E} \cdot d\vec{S} \\ &= \oint_S E(\cos 0°)\, dS \\ &= E \oint_S dS\end{aligned}$$

球面上的電場大小不因位置而異，故可提到積分符號的外面。根據庫倫定律，

$$\begin{aligned}E &= k\frac{Q}{r^2} \\ &= \frac{1}{4\pi\varepsilon_o}\frac{Q}{r^2} \\ &= \frac{1}{\varepsilon_o}\frac{Q}{4\pi r^2}\end{aligned}$$

且球面的積分

$$\oint_S dS = 4\pi r^2$$

將這些數量代入 Φ_E 式中，簡化可得

$$\Phi_E = E \oint_S dS$$
$$= \frac{1}{\varepsilon_o} \frac{Q}{4\pi r^2} \times 4\pi r^2$$
$$= \frac{Q}{\varepsilon_o}$$

正如 (14-15) 式所示，可見高斯定律正確無誤。此式更顯示由點電荷發出，而通過封閉球面的電通量，與球的大小無關，只取決於其所包圍電量的多寡而已。若選擇的高斯面並非球形，如圖 14-17(b) 的不規則 S_2 面，其電通量亦應為 $\frac{Q}{\varepsilon_o}$。但如選擇圖 14-17(b) 的 S_3 的高斯面，由於其內部並無電荷，其淨電通量應為零。重複上述的推理，亦可證明帶負電的點電荷，其在任何包圍它的高斯面上通過的電通量都等於 $-\frac{Q}{\varepsilon_o}$。

若電荷源為一多電荷體系統，而封閉的高斯面 S 只包圍其中 n 個點電荷，尚有 m 個點電荷居於面外，利用電場疊加原理，可得通過該高斯面的電通量：

$$\Phi_E = \oint_S \vec{E} \cdot d\vec{S}$$
$$= \oint_S (\Sigma_i^n \vec{E}_i + \Sigma_j^m \vec{E}_j) \cdot d\vec{S}$$
$$= \Sigma_i^n (\oint_S \vec{E}_i \cdot d\vec{S}) + \Sigma_j^m (\oint_S \vec{E}_j \cdot d\vec{S})$$
$$= \Sigma_i^n \frac{Q_i}{\varepsilon_o} + 0$$
$$= \frac{Q_{\text{net}}}{\varepsilon_o}$$

第 14 章　靜電學 (I) ── 庫倫力與電場

式中的 $\vec{E}_i$，是高斯面內任一點電荷 Q_i，在面 $d\vec{S}$ 處所產生的電場，而 $\vec{E}_j$ 則為面外點電荷 Q_j 在面 $d\vec{S}$ 處產生的電場。由於 Q_j 並不包括在高斯面內，根據上文所述，它對高斯面電通量的貢獻應等於零。

從上面的例證，足證高斯定律不但適用於單獨的點電荷，對多電荷體系統，亦無扞格。它表明電通量與高斯面內淨電荷的定量關係，但對電荷的分佈，則無法預測。反過來說，如電荷源的電荷分佈具有對稱性，則利用高斯定律求取電場，計算可大為簡化。

例題 14-10

在空間中的點電荷分佈如圖 14-18，若在圖中選取三個高斯面 S_1、S_2、S_3，則通過每一高斯面的電通量為何？

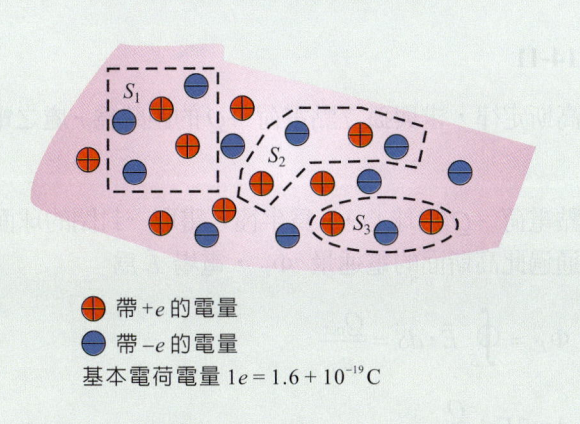

● 帶 $+e$ 的電量
● 帶 $-e$ 的電量
基本電荷電量 $1e = 1.6 + 10^{-19}$ C

圖 14-18　多電荷系統中包含不同電量的高斯面。

解

通過封閉曲面的電通量，只取決於高斯面所包圍電量的多寡，因此 $\Phi_E = \dfrac{Q_{\text{net}}}{\varepsilon_o}$。

對高斯面 S_1，電通量 Φ_1 為

$$\Phi_1 = \frac{Q_{1,\text{net}}}{\varepsilon_o} \xrightarrow{e=1.6\times 10^{-19}\text{C}} \Phi_1 = \frac{(2\times e)+[3\times(-e)]}{8.8542\times 10^{-12}}$$
$$= -1.807\times 10^{-8}\ (\text{N}\cdot\text{m}^2/\text{C})$$

對高斯面 S_2，電通量 Φ_2 為

$$\Phi_2 = \frac{Q_{2,\text{net}}}{\varepsilon_o} \xrightarrow{e=1.6\times 10^{-19}\text{C}} \Phi_2 = \frac{(2\times e)+[2\times(-e)]}{8.8542\times 10^{-12}}$$
$$= 0 \text{ (N·m}^2\text{/C)}$$

對高斯面 S_3，電通量 Φ_3 為

$$\Phi_3 = \frac{Q_{3,\text{net}}}{\varepsilon_o} \xrightarrow{e=1.6\times 10^{-19}\text{C}} \Phi_3 = \frac{(2\times e)+[1\times(-e)]}{8.8542\times 10^{-12}}$$
$$= 1.807\times 10^{-8} \text{ (N·m}^2\text{/C)}$$

對包含不等電量電性的高斯面，所通過的電通量亦不同。對高斯面 S_1，其包含的淨電荷為負電性，電通量 Φ_1 為流入此高斯面；對高斯面 S_2，其包含的淨電荷為 0，故無電通量；對高斯面 S_3，其包含的淨電荷為正電性，電通量 Φ_3 為流出此高斯面。

例題 14-11

用高斯定律，求與孤立點電荷 $+Q$ 的距離為 r 處之電場 $\vec{E}$？

解

以點電荷 $+Q$ 為球心，r 為半徑，畫取一封閉的球面 S，作為高斯面。通過此高斯面的電通量 Φ_E，電場 $\vec{E}$ 為

$$\Phi_E = \oint_S \vec{E}\cdot d\vec{S} = \frac{Q_{\text{net}}}{\varepsilon_o}$$

$$4\pi r^2 E = \frac{Q}{\varepsilon_o}$$

$$E = \frac{1}{4\pi r^2}\frac{Q}{\varepsilon_o}$$

$$E = \frac{1}{4\pi r^2}\frac{Q}{\varepsilon_o} = k\frac{Q}{r^2}$$

用高斯定律求得的電場 $\vec{E}$ 與庫倫定律的結果相同，可見對靜止狀態的帶正電量的點電荷，距離 r 處的電場 $\vec{E}$ 大小為 $k\dfrac{Q}{r^2}$，方向是徑向，且朝四面八方輻射出去。

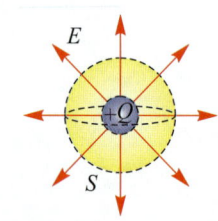

觀點：
1. 點電荷的電力線是向外發散的，且處處與球面垂直，故 $\vec{E}$ 與 $d\vec{S}$ 同向。
2. 球面上的電場大小處處一樣，可將 E 提出積分之外。
3. 球面內只包含電荷 $+Q$，故 Q_{net} 為 $+Q$。
4. 球面積等於 $4\pi r^2$。
5. 用高斯定律即可求出 E。

隨堂練習

14-21 在空間中的點電荷分佈如下圖，若在圖中選取三個高斯面 S_1、S_2、S_3，則通過每一高斯面的電通量為何？

基本電荷電量 $1e = 1.6 \times 10^{-19}$ C
● 帶 $+e$ 的電量　● 帶 $-e$ 的電量

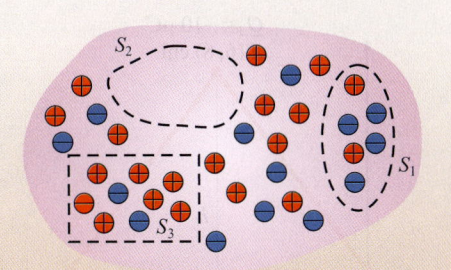

14-22 空間中有帶電量為 $+Q$、半徑為 r 的空心薄圓環，求在距離中心高度為 z 處之電場 $\vec{E}$？

習題

電的原子淵源

14-1 說明原子的結構。

14-2 何謂基本電荷？量子化的意義為何？

14-3 說明電荷守恆定律。

導體、半導體與絕緣體

14-4 何謂自由電子？其存在意義為何？

14-5 導體、半導體與絕緣體如何區分？

起電的方法

14-6 比較摩擦起電、接觸起電及感應起電三種方式的差異。

14-7 說明帶有正電性的驗電器如何檢驗出帶有負電性的物體。

庫倫定律

14-8 說明庫倫定律。庫倫定律是否在任何情況下皆能適用？為什麼？

14-9 帶有 $+15$ μC、-5 μC 電量的兩點電荷，相距 10 cm 時，各點電荷

所受的庫倫力為何？

14-10 如下圖所示，在 A 點置放一電量為 -10 μC 的點電荷時，作用在 Q_A 上的庫倫力為何？

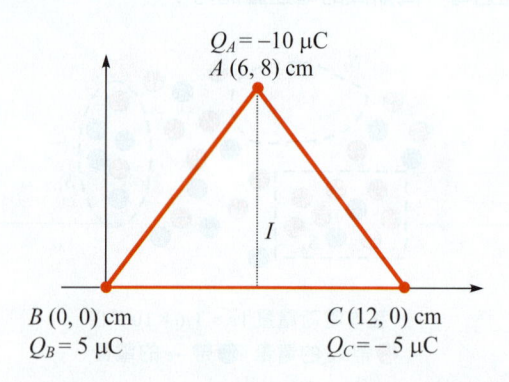

$Q_A = -10$ μC
$A\ (6, 8)$ cm

$B\ (0, 0)$ cm
$Q_B = 5$ μC

$C\ (12, 0)$ cm
$Q_C = -5$ μC

14-11 如下圖，兩保麗龍小球質量 m 同為 1.0 g，各以長 l 為 21 cm 的細線懸掛在一起。設小球帶有等量的同性電荷，因相斥的緣故，使二細線張開的角度 2θ 為 $12°$，求小球所帶電量 Q 的大小。

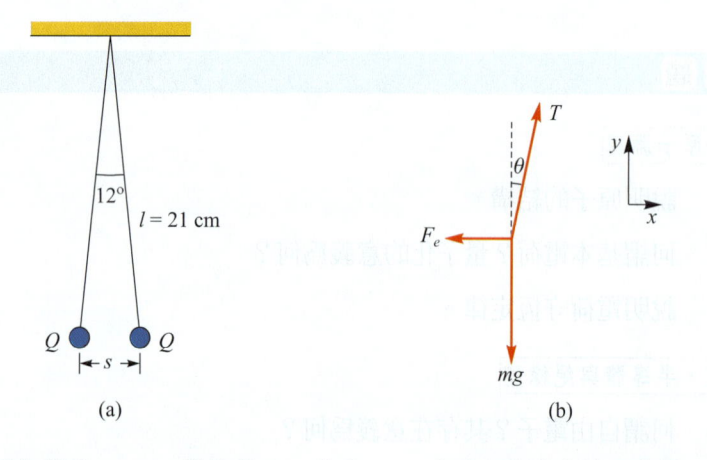

(a)　　　　　(b)

小球互相排斥。(a) 二懸線成 $12°$ 張角；(b) 左邊小球受力的示意圖。

電場與電力線

14-12 為什麼電場中任一位置的電場強度與放在該處的測試電荷無關？

14-13 如習題 14-10 之圖所示，計算在 A 位置上的電場？

14-14 在 x 軸上 -10 cm 處，置放電量為 $+5$ μC 的點電荷，$+20$ cm 處，置放電量為 $+20$ μC 的點電荷，則在何處的電場大小為 0？

14-15 為什麼空間任一點的電力線永不相交？它代表何意義？

高斯定律及其應用

14-16 大小為 15.0 N/C 的均勻電場，垂直通過面積為 10.0 cm² 的截面時，電通量大小為何？在平行通過面積，電通量大小又為何？

14-17 空間中 $2\hat{i}-2\hat{k}$ N/C 的電場，通過截面積為 $\hat{j}-2\hat{k}$ m² 時，所產生的電通量是多少？

14-18 說明高斯定律，及其適用範圍。

14-19 空間中有帶電量為 $+Q$、半徑為 R 的實心圓盤。求在距離中心高度為 z 處之電場 $\vec{E}$？

14-20 空間中有帶電量為 $+Q$、半徑為 R 的空心球體。用高斯定律求在球體內部與外部的電場？

14-21 空間中有帶電量為 $+Q$、半徑為 R 的實心球體。用高斯定律求在球體內部與外部的電場？(實心球體需以導體和絕緣體分別討論)

註

註一：元　素

目前已知的元素共有 105 種，其中存在於自然界中的有 88 種，用人工方法在實驗中製造出來的有 17 種。俄國科學家門得列夫在 1869 年把當時已知的 63 個元素，依原子量排列，發現元素性質的週期性，而編列出週期表。

下面列出一些具有優良性質的元素：

1. 金屬元素中 Ag 的導電性最佳，Au 的延展性最大，W 的熔點、沸點最高。
2. 常溫下仍呈液態的金屬為 Hg，非金屬為 Br，氣體中最難液化的是 He。
3. 地殼中存量最多的金屬為 Al，最多的元素為 O。
4. 原子半徑最大的元素為 Cs，最小的為 H。
5. 密度最大的元素為 Os，最小的為 H。
6. 熔點最高的元素為 C，沸點最高的為 W，沸點、熔點最低的為 He。

註二：量子化

雖然目前已知質子是由所謂夸克 (quark) 組成，而夸克的電荷是 $\frac{e}{3}$ 的整數倍。但夸克的半生期極短，無法單獨存在。從實際應用的觀點而言，仍視 e 為電荷的基本單元。

註三：四個量子數 (n, l, m_l, m_s)

量子數 (quantum number) 包括：

1. 主量子數 n (principal quantum number) 代表主層，為能階的高低表示，n 值越大則能量越高。

    $n = 1, 2, 3, 4, \cdots, n$

2. 軌域量子數 l (orbital quantum number)，亦稱為角量子數，代表同一主層 n 的副層，軌域名為 s, p, d, f。

    $l = 0, 1, 2, 3, \cdots, n-1$

    l 值分別代表的軌域為：

    $l = 0$ 代表 s；$l = 1$ 代表 p；$l = 2$ 代表 d；$l = 3$ 代表 f。

3. 軌磁量子數 m_l (orbital magnetic quantum number)，亦稱磁量子數，代表同副層 l 的組成軌域數目。

    $m = -l, -(l-1), \cdots, -3, -2, -1, 0, 1, 2, 3, \cdots, (l-1), l$

    s 副層由 1 個軌域組成，$m = 0$
    p 副層由 3 個軌域組成，$m = -1, 0, 1$
    d 副層由 5 個軌域組成，$m = -2, -1, 0, 1, 2$
    f 副層由 7 個軌域組成，$m = -3, -2, -1, 0, 1, 2, 3$

4. 自旋量子數 m_s (spin quantum number) 決定電子自旋的方向，$m_s = +\frac{1}{2}$ 時為順時針，$m_s = -\frac{1}{2}$ 時則為逆時針。

註四：P 點處的淨電場 $\vec{E}_P$

n 個獨立點電荷的電場：

$$\vec{F}_P = \Sigma_n \vec{F}_{Pn}$$
$$= \vec{F}_{P1} + \vec{F}_{P2} + \cdots + \vec{F}_{Pn}$$

$$\vec{E}_P = \frac{\vec{F}}{q_0}$$
$$= \frac{\vec{F}_{P1} + \vec{F}_{P2} + \cdots + \vec{F}_{Pn}}{q_0}$$
$$= \vec{E}_{P1} + \vec{E}_{P2} + \cdots + \vec{E}_{Pn}$$

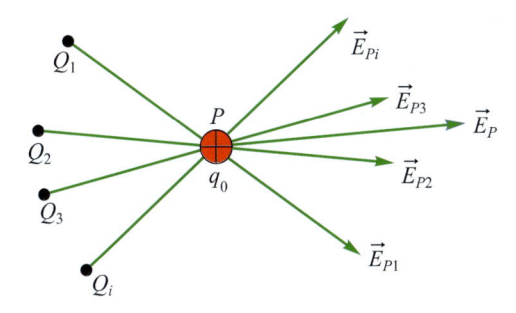

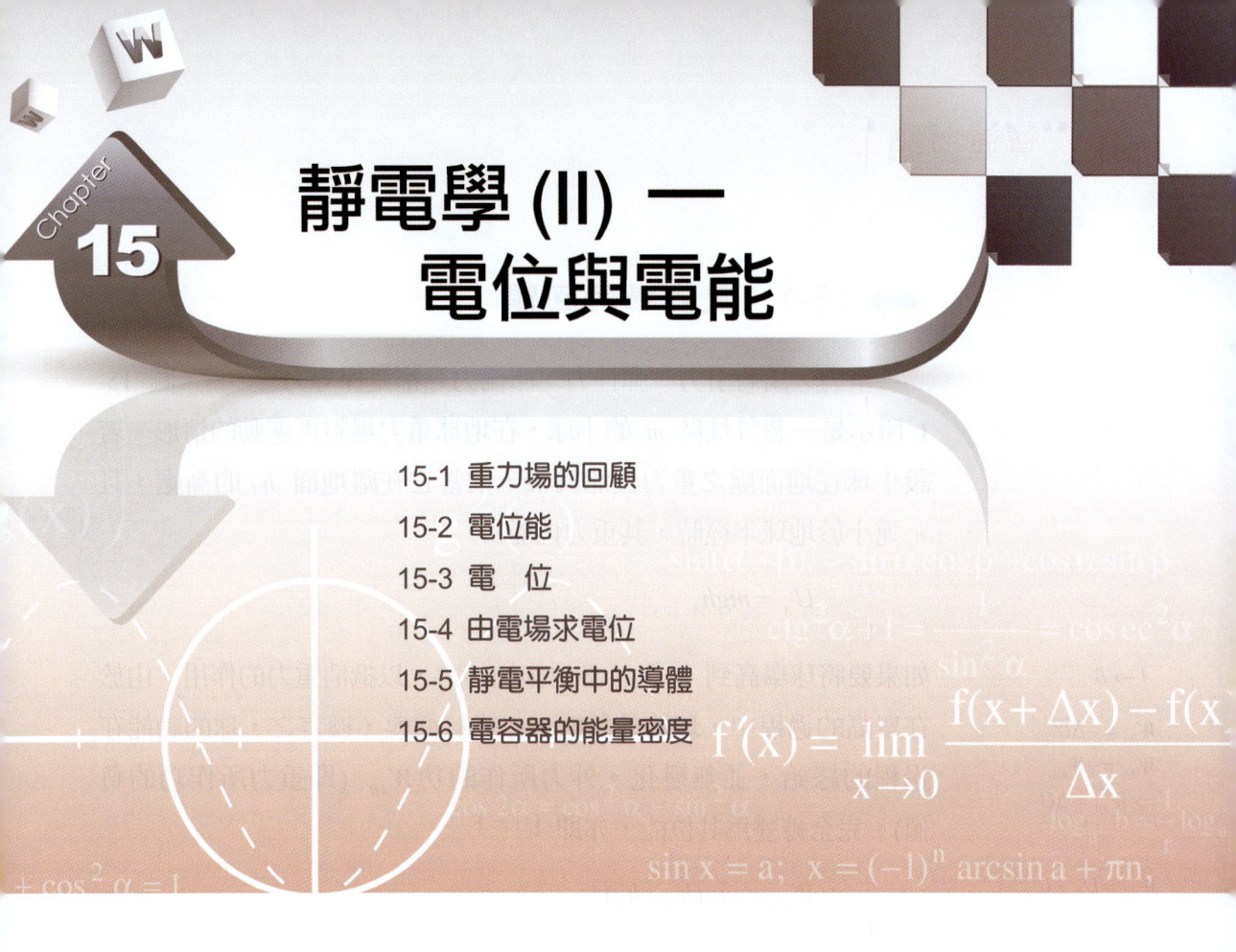

Chapter 15 靜電學 (II) — 電位與電能

- 15-1 重力場的回顧
- 15-2 電位能
- 15-3 電　位
- 15-4 由電場求電位
- 15-5 靜電平衡中的導體
- 15-6 電容器的能量密度

　　電場既可以用作用力的觀點描繪，且由於重力場與靜電場有許多類似的地方，那麼，遵循力學的模式，從功能的概念出發，當可得電位能及電位。

　　庫倫定律指出，靜止點電荷間相互作用的是庫倫力，而庫倫力是保守力，對電荷所作的功與路徑無關，僅由起點和終點的位置決定，意即沿任一閉合路徑，庫倫力所作的功恆為零，因此可用電位能來描述靜電場。在靜電場內，任意兩點的電位能差，等於電荷在移動過程中，庫倫力所作功的負值。電位能差與被移動電荷電量的比值，稱為靜電場內這兩點的電位差。但電場內任一點的電位並不確定，只有在電位為零的位置選定之後，才能確定任一點的電位。故所謂某位置的電位，其數值為該點與零電位點之間的電位差。

　　在靜電學中，把電能與電荷聯繫起來，並儲存在電場中，而電容器則是最常用來作為貯存電能的元件。本章將先介紹電位能差與電位差，最後再敘述電容，以描述電容器貯存電能的情形。

習慣上：
1. 理論計算中常取無窮遠處作為零電位的位置。
2. 電力工程中，把地球表面作為零電位。

15-1 重力場的回顧

重力、萬有引力、彈性力、庫倫力等都是保守力【註一】。圖 15-1 所示是一個質量為 m 的小球，在地球重力場附近運動的情形。若設小球在地面處之重力位能為零，則當它在離地面 h_A 的高處，且 h_A 遠小於地球半徑時，其重力位能

$$U_A = mgh_A$$

如果要將球舉高到 B 點，必須施加外力，以抵消重力的作用。由於在舉高的過程中，球始於靜態，亦終於靜態，換言之，球的動能在過程的終始，並無變化。外力所作的功 W_{AB}（即重力所作功的負值），完全轉變為其位能，亦即【註二】

$$W_{AB} = mg(h_B - h_A)$$

當外力消失，球自然下墜，位能減少，而動能增加。若忽略阻力的影響，則無論在哪一個位置，球的總能量，即動能與位能之和，符合能量守恆的原理。

$A \to B$

$W_{BA} = -\Delta U$
$W_{AB} = -W_{BA}$
$\Rightarrow W_{AB} = \Delta U$

$W_{AB} = U_B - U_A$
$\quad\quad = mgh_B - mgh_A$
$\quad\quad = mg\,\Delta h$

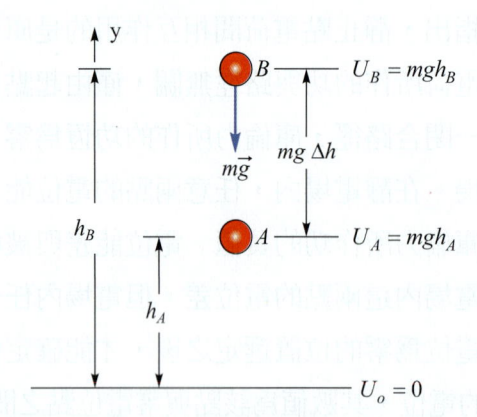

圖 15-1 重力場中物體的位能，取決於它與基準點的相對位置。

15-2 電位能

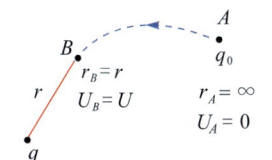

電位能 (electric potential energy)：

1. 設離源電荷 q 無窮遠處，作為零電位能點，而將測試電荷 q_o 從無窮遠處，移至距離源電荷 r 處所需作功的負值，即為測試電荷 q_o 與源電荷 q 間的電位能 U：

$$U = \frac{q_o q}{4\pi\varepsilon_o r} = k\frac{q_o q}{r}$$

2. 電位能 U 是純量。
3. SI 制中的單位為焦耳 (J)。

二獨立點電荷間的電位能：

$$U = \frac{q_1 q_2}{4\pi\varepsilon_o r} = k\frac{q_1 q_2}{r}$$

n 個獨立點電荷外 P 點處 (置放電荷 q_o) 的電位能：

$$U_P = q_o \Sigma_i k(\frac{q_i}{r_i})$$

電荷連續分佈的帶電體外 P 點處 (置放電荷 q_o) 的電位能：

$$U_P = q_o \int k(\frac{1}{r}) dq$$

n 個獨立點電荷系統的總電位能：

$$U = \frac{1}{2}\Sigma_{\substack{i,j \\ i\neq j}}(\frac{q_i q_j}{4\pi\varepsilon_o r_{ij}}) = \frac{1}{2}\Sigma_{\substack{i,j \\ i\neq j}}(k\frac{q_i q_j}{r_{ij}})$$

$$= \Sigma_{i>j}(\frac{q_i q_j}{4\pi\varepsilon_o r_{ij}}) = \Sigma_{i>j}(k\frac{q_i q_j}{r_{ij}})$$

$$= \Sigma_{i<j}(\frac{q_i q_j}{4\pi\varepsilon_o r_{ij}}) = \Sigma_{i<j}(k\frac{q_i q_j}{r_{ij}})$$

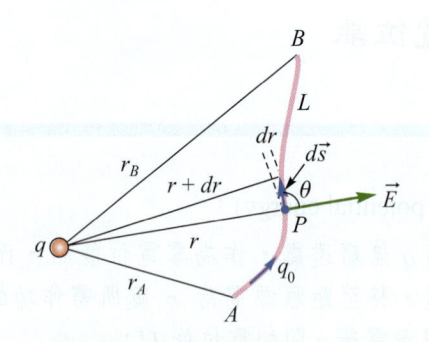

圖 15-2 電場對測試電荷作功。

設在點電荷 q 所產生的靜電場中，放入一測試電荷 q_o，它受靜電力的作用，沿一任意途徑 L，從 A 點移至 B 點，如圖 15-2 所示。在路徑上任一點 P，取一微小的位移單元 $d\vec{s}$，設 P 點的電場為 $\vec{E}$，則該處靜電力 $\vec{F}$ 對 q_o 所作的功，可以表示如下：

$$dW = \vec{F} \cdot d\vec{s} = q_o \vec{E} \cdot d\vec{s}$$
$$dW = q_o E \, ds \cos\theta \tag{15-1}$$

式中 θ 是 $d\vec{s}$ 與 $\vec{E}$ 的夾角。測試電荷移動時的位置變化 dr 顯然等於 $ds \cos\theta$。

測試電荷 q_o 沿途徑 L，從 A 點移至 B 點，靜電力 $\vec{F}$ 對它所作的總功，可以線積分計算，亦即

$$\begin{aligned}
W_{AB} &= \int_L dW \\
&= \int_L q_o E \, ds \cos\theta \\
&= q_o \int_A^B \frac{q}{4\pi\varepsilon_o r^2} dr \\
&= \frac{q_o q}{4\pi\varepsilon_o} \int_A^B \frac{dr}{r^2} \\
&= \frac{q_o q}{4\pi\varepsilon_o} \left(\frac{-1}{r}\right)\bigg|_A^B = \frac{-q_o q}{4\pi\varepsilon_o}\left(\frac{1}{r_B} - \frac{1}{r_A}\right)
\end{aligned}$$

$$W_{AB} = \frac{q_o q}{4\pi\varepsilon_o}\left(\frac{1}{r_A} - \frac{1}{r_B}\right) \tag{15-2}$$

式中 r_A 與 r_B 分別為源電荷 q 至 A、B 點的距離。可見靜電力對測試電荷所作的功，取決於它的終始位置，而與其移動的路徑無涉。

物體在重力場中具有位能，同理，帶電體在靜電場中，也必存有位能，稱之為電位能 (electric potential energy)，以符號 U 表示。電位能的測定，是與基準點比較所得的結果，基準點的電位能可以任意設定為零 [註三]。在點電荷的靜電場中，一般都採取離電荷源無窮遠處，作為零位能點。意即將測試電荷 q_o 從無窮遠處移至距離電荷源 r 處，所需作功的負值，即為測試電荷 q_o 與源電荷 q 間的電位能 [註四]。

因此，根據 (15-2) 式，令 q_o 在 $r_A = \infty$ 位置時，其電位能 $U_A = 0$，則 q_o 在 $r_B = r$ 位置時，其電位能 $U_B = U$，可由電位能定義，推導得知如下，

$$\Delta U_{AB} = -W_{AB}$$

$$U_B - U_A = -\frac{q_o q}{4\pi\varepsilon_o}(\frac{1}{r_A} - \frac{1}{r_B})$$

$$U - 0 = -\frac{q_o q}{4\pi\varepsilon_o}(\frac{1}{\infty} - \frac{1}{r})$$

$$U = \frac{q_o q}{4\pi\varepsilon_o r} = k\frac{q_o q}{r} \tag{15-3}$$

如圖 15-3(a)，對存於空間中的獨立點電荷 q，在與點電荷距離 r 處的 P 位置處，置放電荷 q_o 時 P 點處的電位能為

$$U_P = \frac{q_o q}{4\pi\varepsilon_o r} = k\frac{q_o q}{r} \tag{15-4}$$

如圖 15-3(b)，對存於空間中的 n 個獨立點電荷外 P 點處，置放電荷 q_o 時 P 點處的電位能為

$$U_P = q_o \sum_i k(\frac{q_i}{r_i}) \tag{15-5}$$

如圖 15-3(c)，對存於空間中，具有連續分佈電荷的帶電體外 P 點處，置放電荷 q_o 時 P 點處的電位能為

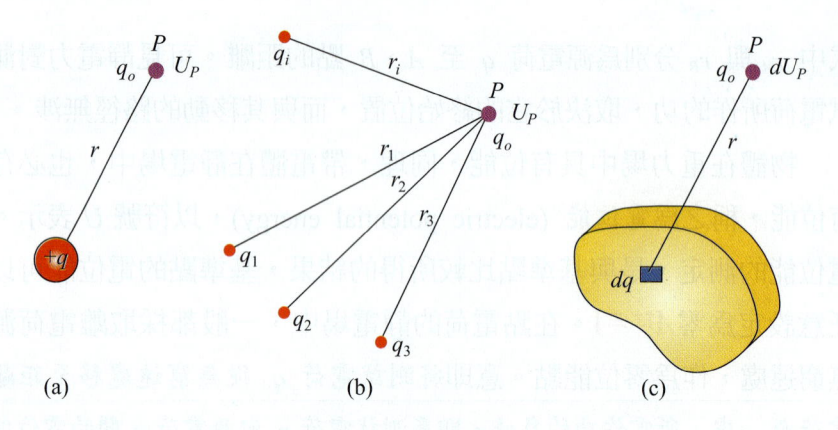

圖 15-3 不同狀態下的電位能示意圖。
(a) 獨立點電荷外 P 點處的電位能；
(b) n 個獨立點電荷外 P 點處的電位能；
(c) 電荷連續分佈的帶電體外 P 點處的電位能。

$$U_P = q_o \int k(\frac{1}{r}) \, dq \tag{15-6}$$

但若就整個系統的電位能則為

$$U = \frac{1}{2} \Sigma_{\substack{i,j \\ i \neq j}} (\frac{q_i q_j}{4\pi\varepsilon_o r_{ij}}) = \frac{1}{2} \Sigma_{\substack{i,j \\ i \neq j}} (k \frac{q_i q_j}{r_{ij}}) \tag{15-7a}$$

$$U = \Sigma_{i<j} (\frac{q_i q_j}{4\pi\varepsilon_o r_{ij}}) = \Sigma_{i<j} (k \frac{q_i q_j}{r_{ij}}) \tag{15-7b}$$

$$U = \Sigma_{i>j} (\frac{q_i q_j}{4\pi\varepsilon_o r_{ij}}) = \Sigma_{i>j} (k \frac{q_i q_j}{r_{ij}}) \tag{15-7c}$$

例題 15-1

將帶電量為 2.0 μC 的點電荷，自無窮遠處，移到距離帶電量為 10.0 μC 的點電荷上方 2.0 m 處的 P 點，則兩電荷擁有的電位能是多少？

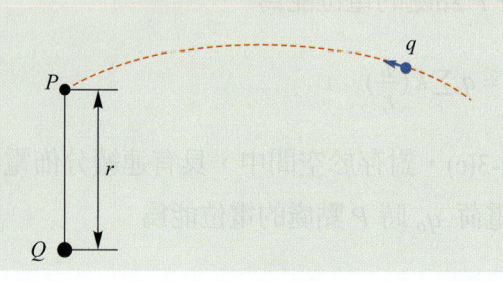

解

設無窮遠處的電位能為 0，帶電量 2.0 μC 的點電荷 q 自無窮遠處，移到距離帶電量為 10.0 μC 的點電荷 Q 上方 2.0 m 處，所作的功轉變為電位能，貯存在 Q 與 q 之間。二獨立點電荷間的電位能 U 為

$$U = k\frac{Qq}{r}$$
$$= 8.99 \times 10^9 \times \frac{(10 \times 10^{-6}) \times (2.0 \times 10^{-6})}{2.0}$$
$$= 8.99 \times 10^{-2} \text{ (J)}$$

$U = \dfrac{q_1 q_2}{4\pi\varepsilon_o r} = k\dfrac{q_1 q_2}{r}$

$q_1 = Q$，$q_2 = q$

例題 15-2

如圖 15-4，在等邊三角形的三頂點 A、B 與 C，分別放置電量為 $-4Q$、$+Q$ 與 $+2Q$ 的點電荷。若等邊三角形的邊長為 L，試問：
(1) 此系統的總電位能為若干？
(2) 將電量為 $+Q$ 的點電荷，由 B 點移動 r 距離，至三角形的重心 D 處時，外力需作多少功？

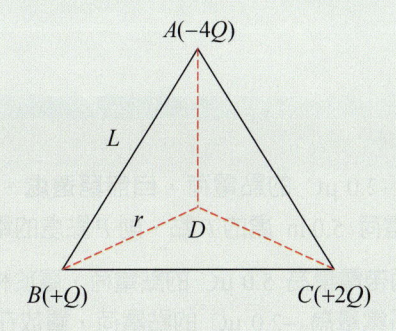

圖 15-4

解

(1) 此系統的總電位能 U 為

$$U = U_{AB} + U_{BC} + U_{CA}$$
$$= \frac{k(-4Q)(Q)}{L} + \frac{k(Q)(2Q)}{L} + \frac{k(2Q)(-4Q)}{L}$$
$$= -\frac{10kQ^2}{L}$$

(2) 將電量為 $+Q$ 的點電荷，由 B 點移動 r 距離，至三角形的重心 D 處時，需作的功等於系統的總電位能變化。

設 +Q 點電荷移到 D 處時，系統的總電位能 U' 為

$$U' = \frac{k(-4Q)(Q)}{r} + \frac{k(Q)(2Q)}{r} + \frac{k(2Q)(-4Q)}{L}$$

$$= -\frac{2kQ^2}{r} - \frac{8kQ^2}{L}$$

$$= -\frac{2kQ^2}{(L/\sqrt{3})} - \frac{8kQ^2}{L}$$

$$= -\frac{(2\sqrt{3}+8)kQ^2}{L}$$

故外力需作的功 W 為

$$W = \Delta U = U' - U$$

$$= -\frac{(2\sqrt{3}+8)kQ^2}{L} + \frac{10kQ^2}{L}$$

$$= -\frac{2(\sqrt{3}-1)kQ^2}{L}$$

隨堂練習

15-1 將帶電量為 −2.0 μC 的點電荷，自無窮遠處，移到距離帶電量為 5.0 μC 的點電荷 5.0 m 處的 P 點，則 P 點處的電位能是多少？

15-2 如下圖，將兩帶電量為 5.0 μC 的點電荷，置於相距 4.0 m 的 A、B 二點時。若將電量為 −2.0 μC 的點電荷，置放在距離 A、B 二點皆為 4.0 m 的位置時，則
(1) 在 C 點的電位能為何？
(2) △ABC 系統的總電位能為何？

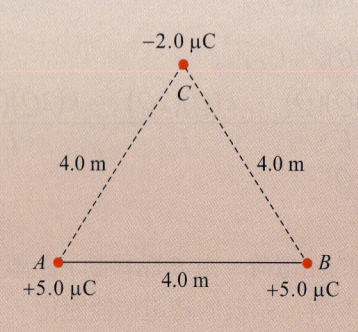

15-3 電位

電位 (electric potential)：

1. 電位能 U 與 q_o 之比，定為電場中的電位 V：

$$V = \frac{U}{q_o}$$

2. V 是純量。

3. SI 制中的單位為焦耳/庫倫 (J/C)，也稱為伏特 (volt, V)。

$$1\frac{J}{C} = 1\,V$$

與獨立點電荷 q 距離 r 處的 P 點，其電位為：

$$V_P = k\frac{q}{r}$$

n 個獨立點電荷外 P 點處的電位：

$$V_P = \sum_i k\left(\frac{q_i}{r_i}\right)$$

電荷連續分佈的帶電體外 P 點處的電位：

$$V_P = \int k\left(\frac{1}{r}\right) dq$$

電位差：

$$\Delta V = \frac{\Delta U}{q_o}$$

從電位能的定義，可知其大小與測試電荷的電量 q_o 有關，q_o 越大，電位能 U 的值越高，反之亦然。可見 U 是一個與整個系統有關，且為廣延性的物理量。但是，對電場獨有特性的規範，廣延性參數往往不如內在性參數來得明確。因此取 U 與 q_o 之商，定為電場中的電位或電勢 (electric potential) V，亦即

$$V = \frac{U}{q_o} \tag{15-8}$$

電位 V 的高低取決於測試電荷在電場中的位置，而與測試電荷本身無關，即使將它從電場中移除，其原來所在的位置，依然存在相當的電位。由於 U 是一個純量，所以 V 也是純量，它在 SI 制中的單位為焦耳/庫倫 (J/C)，也稱為伏特 (volt, V)。電場中任意兩點 A、B 電位，V_A 與 V_B 的差值，便稱為電位差或電勢差 (electric potential difference) ΔV [註五]

$1V = 1 J/C$

$\Delta U = -\Delta W$
$\Delta V = -\dfrac{\Delta W}{q_o}$

$$\Delta V = V_B - V_A \\ = \dfrac{U_B}{q_o} - \dfrac{U_A}{q_o} \\ = \dfrac{\Delta U}{q_o}$$

如圖 15-5(a)，對存於空間中的獨立點電荷 q，在與點電荷距離 r 處的 P 點之電位為 [註六]

$$V_P = k\dfrac{q}{r} \tag{15-9}$$

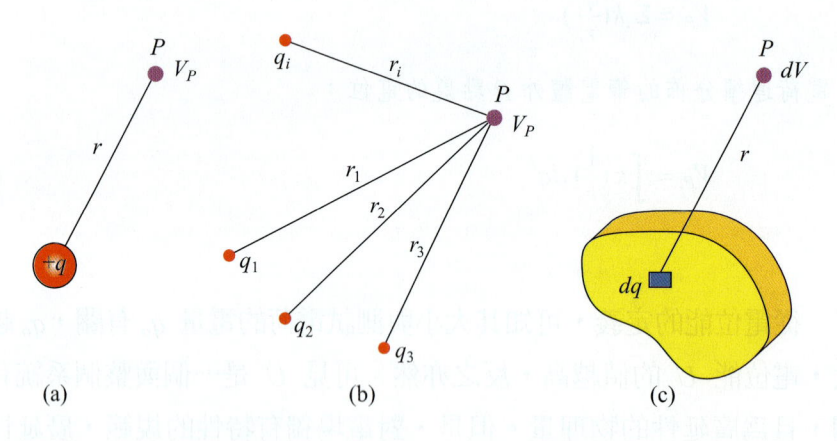

圖 15-5 不同狀態下的電位示意圖。
(a) 獨立點電荷外 P 點處的電位；
(b) n 個獨立點電荷外 P 點處的電位；
(c) 電荷連續分佈的帶電體外 P 點處的電位。

如圖 15-5(b)，對存於空間中的 n 個獨立點電荷外 P 點處的電位

$$V_P = \Sigma_i k(\frac{q_i}{r_i}) \tag{15-10}$$

如圖 15-5(c)，對存於空間中，具有連續分佈電荷的帶電體外 P 點處的電位

$$V_P = \int k(\frac{1}{r}) \, dq \tag{15-11}$$

例題 15-3

空間中，距離帶電量為 10.0 μC 的點電荷 2.0 m 處的 P 點，其電位是多少？

解

設無窮遠處的電位為 0，依空間中獨立點電荷附近電位的定義，在距離帶電量為 10.0 μC 的點電荷 2.0 m 處的電位為

$$V = \frac{Q}{4\pi\varepsilon_o r} = k\frac{Q}{r}$$

$$V = k\frac{Q}{r} \Rightarrow V = 8.99 \times 10^9 \times \frac{10 \times 10^{-6}}{2.0}$$

$$\approx 4.5 \times 10^4 \, (V)$$

故知，在距離帶電量為 10.0 μC 的點電荷 2.0 m 處的電位為 4.50×10^4 (V)。

例題 15-4

如圖 15-6，y 軸穿過一薄圓環的中心 O 點，且垂直於環面。若圓環的半徑為 a，環上帶有均勻分佈的正電荷 Q，y 軸上一點 P 與圓環的距離為 r。試問：
(1) 圓環上的電荷，在 O 與 P 點產生的電位，分別為何？
(2) 將一帶電量為 q 的點電荷，由 O 點移到 P 點，需作多少功？所作的功，是否與 q 電荷移動的路徑有關？為什麼？
(3) 想想看，q 電荷由 O 點移到 P 點外力所作的功，是否可由其產生的電場，直接求得？

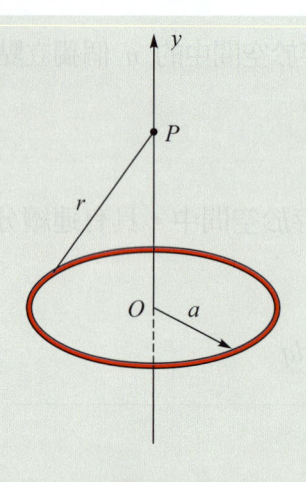

圖 15-6

解

(1) 將圓環切成無數段等量的部分電荷 ΔQ，則圓環上的電荷，在 P 產生的電位 V_P 為

$$V_P = \sum\left(\frac{k\Delta Q}{r}\right) = \frac{k}{r}\sum \Delta Q = \frac{kQ}{r}$$

當 $r = a$ 時，可得 O 點電位 V_O 為

$$V_O = \frac{kQ}{a}$$

(2) 將一帶電量為 q 的點電荷，由 O 點移到 P 點，外力所作的功 W 為電位能變化；

$$W = \Delta U_{PO} = q\Delta V_{PO} = q(V_P - V_O)$$
$$= q\left(\frac{kQ}{r} - \frac{kQ}{a}\right)$$
$$= \frac{kqQ(a-r)}{ar}$$

所作的功，與 q 電荷移動的路徑無關，此因電力為一保守力。

(3) 當 q 電荷由 O 點移到 P 點時，所作的功可以用積分方法，由其產生的電場直接求得。

例題 15-5　電偶極

電偶極是由兩個點電荷組成的系統,電量相等,但正負相反,如圖 15-7。求在二電荷連線上一點 P 的電位大小?

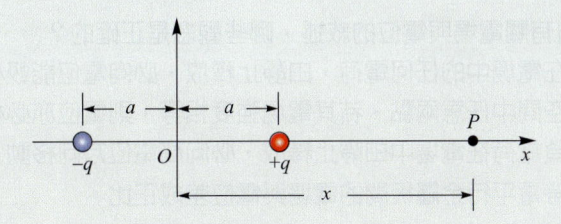

圖 15-7　電偶極的示意圖。

解

二點電荷連線上一點 P 的電位,可由兩點電荷所產生的電位疊加而得。設 P 點在 x 軸上,與正電荷的距離 $r_+ = x - a$,與負電荷的距離則為 $r_- = x + a$。根據 (15-13) 式,由正電荷所產生的電位為

$$V_+ = k\frac{q}{r_+} = k\frac{q}{(x-a)}$$

負電荷所產生的電位為

$$V_- = k\frac{q}{r_-} = k\frac{-q}{(x+a)}$$

兩者疊加,可得在 P 點的淨電位

$$V = V_+ + V_-$$
$$= k\frac{q}{(x-a)} - k\frac{q}{(x+a)}$$
$$= \frac{2kqa}{x^2 - a^2}$$

如 P 點離偶極甚遠,意即 $x \gg a$,則 a^2 項可以忽略,因此

$$x \gg a \quad \Rightarrow \quad V = \frac{2kqa}{x^2} = \frac{kp}{x^2}$$

式中的 $p = 2qa$ 是電偶極的偶極矩。偶極矩為一向量,其方向沿兩電荷的連線,由負電荷指向正電荷,大小為一個電荷的電量,乘上二點電荷間的距離。沿電荷連線方向的電位,隨距離的增加而迅速遞減。

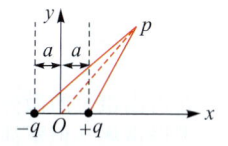

P 點不在 x 軸上的電位,不難證明為

$$V = \frac{2kqa\cos\theta}{x^2}$$
$$= \frac{2kp\cos\theta}{x^2}$$

θ 為位矢 OP 與偶極軸的夾角。

隨堂練習

15-3 一點電荷帶電量為 $-4.0\,\mu C$，求在距球心 50 cm 處的電位大小。

15-4 下列有關電場與電位的敘述，哪些觀念是正確的？
(1) 在電場中的任何電荷，由靜止釋放，必向電位能較小處移動
(2) 空間中任意兩點，若其電場強度相等，則電位亦必相等
(3) 負電荷在電場中由靜止釋放，必向高電位方向移動
(4) 帶電平行金屬板間的電場與電位差成正比。

15-5 下列有關電荷運動的敘述，何者正確？
(1) 正電荷自高電位釋放移至低電位時，電位能減少
(2) 正電荷自高電位釋放移至低電位時，動能增加
(3) 負電荷自高電位釋放移至低電位時，電位能增加
(4) 負電荷自高電位釋放移至低電位時，動能減少。

15-4 由電場求電位

由對電場的積分，可求電位；反之，亦可由電位的微分求得電場。但牽涉到梯度微分的概念，此處不敘，有興趣者可參閱電磁學書籍。

如電荷的分佈為已知，可估算微小電荷單元產生的電場 $d\vec{E}$，然後利用場疊加原理，求取淨電場與電位

$$\vec{E} = \int d\vec{E} = \int k\frac{dq}{r^2}\hat{r} \qquad (15\text{-}12)$$

$$V = -\int \vec{E}\cdot d\vec{s} \qquad (15\text{-}13)$$

圖 15-8 列出幾種不同形狀的帶電體之電場與電位，讀者可自行演練。

$E = \dfrac{q}{\varepsilon_o A}$ $V = \dfrac{qd}{\varepsilon_o A}$ $C = \varepsilon_o \dfrac{A}{d}$

(a) 平行板

$E = \dfrac{q}{2\pi\varepsilon_o L r}$ $V = \dfrac{q}{2\pi\varepsilon_o L} \ln \dfrac{b}{a}$ $C = 2\pi\varepsilon_o \dfrac{L}{\ln \dfrac{b}{a}}$

(b) 圓柱形

$E = \dfrac{q}{4\pi\varepsilon_o r^2}$ $V = \dfrac{q(b-a)}{4\pi\varepsilon_o ab}$ $C = 4\pi\varepsilon_o \dfrac{ab}{b-a}$

(c) 球形體

圖 15-8 不同形狀的帶電體之電場、電位與電容。

例題 15-6

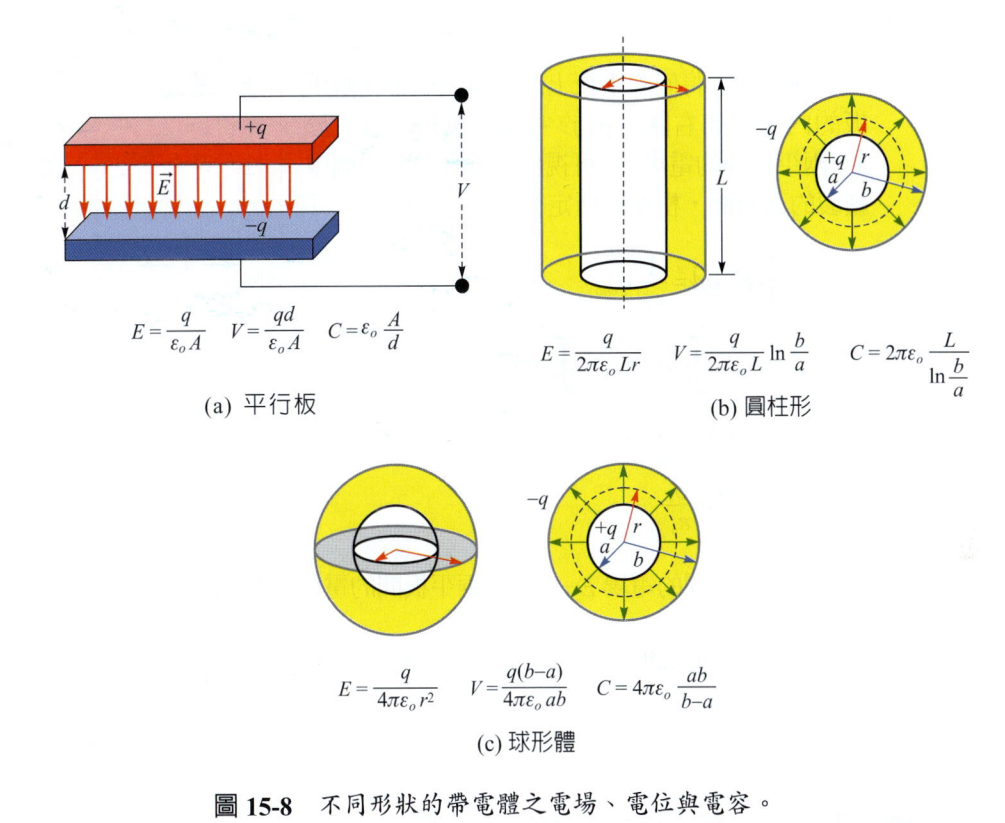

如圖 15-9，兩個大的方形金屬平板上，帶有相同電量，但不同電性的電荷。若兩平板上的電荷密度分別為 $+\sigma$、$-\sigma$，兩平板間距離為 d，則兩平板間的電場與電位差為何？(平板的邊長，遠大於兩平板間的距離)

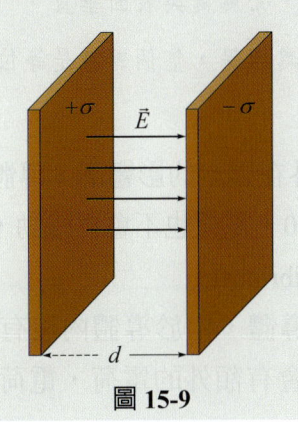

圖 15-9

解

　　靜電感應將使兩平板上的電荷，聚集在兩平板的內側，如右圖。由於平板的邊長，遠大於 d，兩平板間的電場 E 可視為均勻分佈。由圖中繪製的高斯面，根據高斯定律，

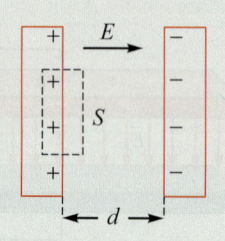

$$\oint \vec{E} \cdot d\vec{A} = \frac{1}{\varepsilon_o} q_{enc}$$

$$\Rightarrow E \oint_S dA = \frac{1}{\varepsilon_o} \oint_S \sigma dA$$

$$\Rightarrow ES = \frac{1}{\varepsilon_o} \times \sigma S$$

$$\Rightarrow E = \frac{\sigma}{\varepsilon_o}$$

得兩平板間的電場 $E = \frac{\sigma}{\varepsilon_o}$，兩平板間的電位差 $V = Ed = \frac{\sigma}{\varepsilon_o} d$

注意：根據高斯定律，可證明兩平板外側的電場為零。

15-5 靜電平衡中的導體

學習方針

靜電平衡的特性：

1. **導體內沒有淨電場**：導體內不會有電荷存在，電荷只能分佈在導體的表面。
2. 導體表面的電場，必處處與表面垂直。
3. 導體的電位，處處相等，整個導體是等位體。

　　金屬導體在沒有外在因素的影響下，導體呈電中性。此時，導體內部的淨電場 $E_{in} = 0$，電荷也不會再移動，這樣的狀態稱為**靜電平衡** (electrostatic equilibrium)。

　　在靜電平衡中的導體，由於導體內沒有淨電場，根據高斯定律，顯見導體內部不會有額外的電荷，電荷只能分佈在導體的表

面。且導體表面的電場，必須處處與表面垂直。也就是說，整個導體的電位處處相等，不會有電位差，換言之，整個導體是一個等位體。否則，電荷會有定向的宏觀運動，平衡便無法維持。

　　帶電導體表面的電場強度與導體表面的電荷密度成正比 **[註七]**。在非球形導體上，電荷並非均勻的分佈在導體表面，在尖銳點或邊緣的地方，該處附近可產生強大的電場，能令附近的空氣分子游離，產生大量正負離子，形成尖端放電現象。富蘭克林利用尖端放電的原理，進一步設計了世界上第一支避雷針，保護建築物不致遭受雷擊。表面較平緩的，電荷密度也較低，密閉空腔內的密度則為零。所以高壓設施，表面多極平滑，或接近球形，就是為了減少尖端放電或漏電的危險。

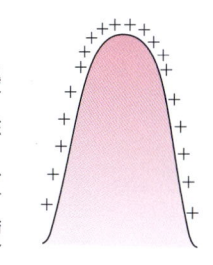

　　當導體受感應而帶電時，電荷會分佈於導體表面，導體內部則無電場，導體內部與表面的電位相等，整個導體形成等位體。這個結論，不但對實心的導體成立，對空心的導體，即使空腔中含有電荷，依然正確 **[註八]**。**靜電屏蔽** (electrostatic shielding) 效應便是以此原理作成；暴雨狂風，存身車內，不虞雷擊，便是受屏蔽作用的保護。

隨堂練習

15-6 對於帶電導體的電荷分佈，下列何者電荷密度較大？
(1) 導體內部曲率半徑大者　(2) 導體內部曲率半徑小者
(3) 導體表面曲率半徑大者　(4) 導體表面曲率半徑小者。

15-7 金屬導體帶有定量的電荷時，下列有關導體表面特性的敘述何者正確？
(1) 受力相等　(2) 電場相等
(3) 電位相等　(4) 電荷密度相等。

15-8 有關同一導體上電場與電位的敘述，下列何者正確？
(1) 電場為零的位置，電位也為零
(2) 電位為零的位置，電場也為零
(3) 電位為零的位置，電場垂直表面
(4) 電場為零的位置，電位皆相等。

15-6 電容器的能量密度

電容器 (capacitor)：
電容器是由兩個絕緣的導體組成，以靜電場的形式儲蓄能量的裝置。

電容 (capacitance)：
衡量電容器儲存電荷與電能的物理量，其值大於或等於 0，數學式為

$$C = \frac{|\Delta Q|}{|\Delta V|} \Leftarrow \begin{cases} \Delta Q：任一極板上所貯存的電量 \\ \Delta V：二極板間的電位差 \end{cases}$$

C 亦可簡化表示成 $\frac{|Q|}{V}$

SI 制單位為法拉 (farad, F)：

$$1\,F = 1\,\frac{C}{V} \Leftarrow \begin{cases} 1\,\mu F = 10^{-6}\,F \\ 1\,pF = 10^{-12}\,F \end{cases}$$

平行板電容器：

電場大小　　$E = \dfrac{\sigma}{\varepsilon} \Leftarrow \begin{cases} \sigma\text{ 是極板的面電荷密度} \\ \varepsilon\text{ 是介電質的介電係數} \end{cases}$

電位差　　$\Delta V = \dfrac{qd}{\varepsilon A} \Leftarrow \begin{cases} \varepsilon：介電質的介電係數 \\ \quad\quad \varepsilon = \kappa\varepsilon_o \\ \varepsilon_o：空氣的介電係數 \\ \kappa：相對介電係數 \\ A：平行板的面積 \\ d：平行板間的距離 \end{cases}$

電容　　$C = \dfrac{\varepsilon A}{d}$

能量密度　　$u = \dfrac{1}{2}\varepsilon E^2$

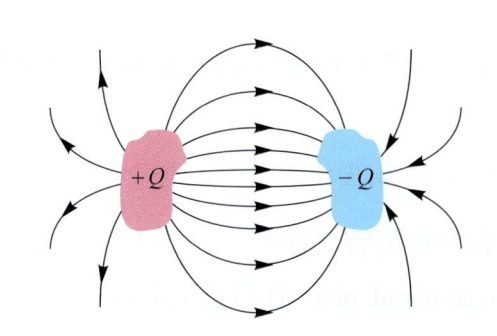

圖 15-10 電容器示意圖。導體極板分別帶等值正、負電荷。

　　電容器是由兩個絕緣的導體組成，它們分別帶有等值的正、負電荷，稱為**極板** (polar plate)。二極板間會維持穩定的電場，待到需要時，可迅速放電作功。導體的形狀不拘，但不能互相接觸，間隔的物質可以是空氣或其它絕緣物質，這些絕緣物質被稱為**介電質** (dielectric)。圖 15-10 為一任意電容器的示意圖，常見的是用平行金屬板作為極板的電容器，因此，電容器以 ─┤├─ 作為代表符號。

　　電容器的二極板均為導體，各板面的電位處處相等。換言之，它們同為等位面，且因所帶的電荷正負不同，因而產生電位差，ΔV。當增減兩極板的電量 ΔQ 時，ΔV 也將以等倍數隨之增減。換言之，ΔQ 與 ΔV 有正比的關係，亦即

$$\Delta Q \propto \Delta V \tag{15-14a}$$

或寫成

$$C = \frac{\Delta Q}{\Delta V} \tag{15-14b}$$

比例常數 C 稱為電容器的**電容** (capacitance)。其值取決於極板的幾何形狀、相對位置與極板間的介電質。電容是衡量電容器儲存電荷與電能多寡的物理量，與極板上所貯存的電量或二極板間的電位差無關。

電容為 $C \geq 0$ 的物理量，故其數學式表示為 $C = \frac{|\Delta Q|}{|\Delta V|}$ 較恰當。為方便使用，可以 V 取代 ΔV，Q 取代 ΔQ。

電容在 SI 制中的單位為法拉 (farad, F)，是為紀念英人法拉第而命名。

1 法拉 ＝1 庫倫/伏特

法拉是一個非常大的電容量單位，一般都用微法拉 (microfarad, μF)，或皮法拉 (picofarad, pF)，作為實用單位。

$$1 F = 1 C/V$$
$$1 \mu F = 10^{-6} F$$
$$1 pF = 10^{-12} F$$

例題 15-7

電容值為 $6.0 \times 10^{-6} F$ 的電容器，當充電至 5.0 V 時，電容器的電極板上所貯存的電量有多少？

解

電容器在充電時，二電極板上帶有等量，但電性相反的電量。依電容的定義，可求出極板上所帶電量 Q 為

$$Q = CV \Rightarrow Q = (6.0 \times 10^{-6}) \times 5.0$$
$$= 3.0 \times 10^{-5} (C)$$
$$= 30 (\mu C)$$

電容器的二極板分別帶有 $+30 \mu C$ 與 $-30 \mu C$ 的電量。

15-6-1 平行板電容器

電容器的二極板各帶等值的正、負電荷，故電容器的淨電荷等於零。

圖 15-11 為一平行板電容器的示意圖。設極板的面積同為 A，距離為 d，其上各帶等值的正、負電荷 Q。圖中顯示二極板中央部分的電場相當均勻，但邊緣部分則否。為簡明計，這種邊緣效應不予考慮。若極板的面積遠大於極板間的距離，則極板間的電場可視為均勻電場，根據高斯定律，由前例 15-6 可證明其電場大小 E 為 $\dfrac{\sigma}{\varepsilon_0}$，$\sigma$ 是極板的面電荷密度。而極板間的電位差為

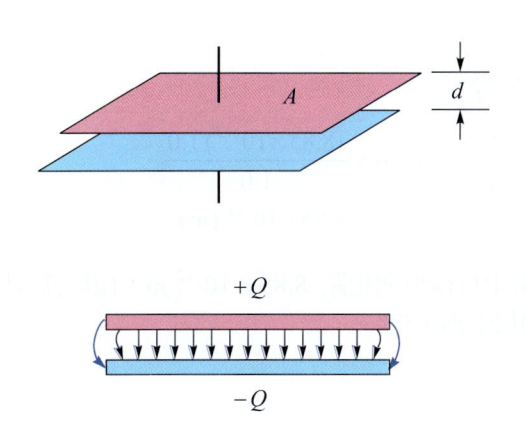

圖 15-11 平行板電容器。中央部分的電場相當均勻，邊緣則否。

$$\Delta V = -\int \vec{E} \cdot d\vec{s} = \frac{\sigma}{\varepsilon_o} d = \frac{Qd}{\varepsilon_o A} \tag{15-15}$$

由電容的定義 $C = \dfrac{\Delta Q}{\Delta V}$，可得平行板的電容

$$C = \frac{Q}{\dfrac{Qd}{\varepsilon_o A}}$$

$$C = \frac{\varepsilon_o A}{d} \tag{15-16a}$$

$$\Delta V = -\int \vec{E} \cdot d\vec{y}$$
$$= \int_o^d \frac{\sigma}{\varepsilon_o} dy$$
$$= \frac{\sigma}{\varepsilon_o} \Big|_0^d$$
$$= \frac{\sigma}{\varepsilon_o} d$$
$$\sigma = \frac{Q}{A}$$
$$\Delta V = \frac{Q}{\varepsilon_o A} d$$

(15-16a) 式顯示平行板的電容，與極板面積 A 成正比，與二極板間距離 d 成反比。因此，增大極板的面積或縮短板距，都有助於電容值的增加。

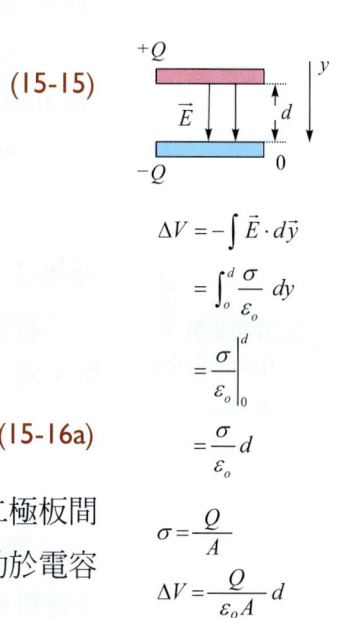

例題 15-8

極板面積各約為 1.0 m^{-2} 的平行板電容器的極板。若此電容器的電容值為 1.0 F，則電容器的兩平行極板間相距多遠？

解

平行板電容器的電容為

$$C = \frac{\varepsilon_o A}{d}$$

$$d = \frac{\varepsilon_o A}{C} \Rightarrow d = \frac{(8.85 \times 10^{-12})1.0}{1.0} = 8.85 \times 10^{-12} \text{ (m)}$$

電容器的兩平行極板間相距 8.85×10^{-12} m，由於極板間距太小，在製造上有相當的困難度。

隨堂練習

15-9 若電容器的二極板帶有 6.0×10^9 個基本電荷時，極板間的電位差為 15.0 V，則此電容器的電容是多少？

15-10 極板面積為 40 cm² 的平行板電容器，若兩平行極板間的距離為 5 mm，則此平行板電容器的電容是多少？

15-6-2　極板間插入介電質

介電係數 (permittivity)
$\varepsilon = \kappa \varepsilon_0$

若在二極板間插入介電係數 (absolute permittivity) 為 ε 的介電質，則 (15-16a) 式平行板的電容將被修正為

$$C = \frac{\varepsilon A}{d} \tag{15-16b}$$

設極板間為真空的電容器，其電場大小為 E_o。在極板間插入介電質後，電場大小為 E。兩者的商被定為該介電質的相對介電係數 κ，又稱為介電常數 (dielectric constant) 亦即

$$\kappa = \frac{E_o}{E} \tag{15-17}$$

由於 E_o 大於 E，κ 恆大於 1 **[註九]**。相對介電常數是沒有單位的物理量，表 15-1 列舉一些常見物質的相對介電常數，以供參考。介電質所以能改變電場強度，可以簡單解釋如下：

電容器在插入介電質前，由於未受外在電源的影響，極板上的電荷 q 應無增減，如圖 15-12(a)。插入介電質後，介電質的分子原來都是電中性的，但在電場的影響下，會產生偶極化。偶極化的分子會正負相連排列，如圖 15-12(b) 所示。介電質有阻隔電力線的功能，因此兩極板的電力線數目雖無增減，但介電質中的電力線則明顯減少，如圖 15-12(c) 所示。因此介電質中的電場強度的大小 E 小於 E_o。[註十]

表 15-1　物質的相對介電常數

介電物質	介電常數	介電物質	介電常數
空氣	1.00054	矽	12
紙	3.5	鍺	16
尼龍	3.4	甲醇	33.6
多苯乙烯	2.6	酒精	25
鐵弗龍	2.1	純水 (20°C)	80.4
雲母	5.4		

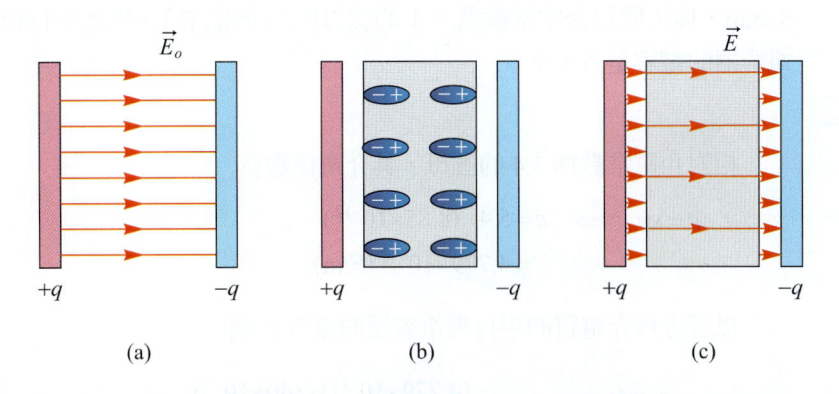

圖 15-12　(a) 極板間為真空時的電場分佈；(b) 介電質分子受感應偶極化，在電場中整齊排列；(c) 偶極化分子令電場線減少的情形。

電容器的蓄電來源是當電池將化學能轉變為電位能後，電位能以電場的形式，儲存在電容器之中。當電容器貯存有最大電量 Q 時，儲存在電容器中的能量 U 為

$$dU = Q\, dV$$
$$U = \int dU$$
$$= \int Q\, dV$$
$$= \int_o^Q Q\left(\frac{1}{C} dQ\right)$$
$$= \frac{1}{2}\frac{Q^2}{C}$$

$$U = \frac{Q^2}{2C}$$
$$= \frac{1}{2}CV^2$$
$$= \frac{1}{2}\left(\frac{\varepsilon_o A}{d}\right)(Ed)^2$$
$$U = \frac{1}{2}(\varepsilon_o Ad)E^2 \tag{15-18}$$

$$u = \frac{U}{Ad} = \frac{1}{2}\varepsilon_o E^2 \tag{15-19}$$

Ad 是電容器的體積，因此，u 為電容器內電場的能量密度 (energy density)【註十一】，(15-19) 式雖是從平行板電容器導出，但對其它形狀的電容器亦適用。

例題 15-9

極板面積為 40 cm² 的平行板電容器，若兩平行極板間的距離為 5 mm，極板間以介電常數為 5.4 的雲母作為介電質時，則此平行板電容器的電容是多少？

解

相對介電常數為 5.4 的雲母，其介電係數為

$$\varepsilon = \kappa \varepsilon_o \Rightarrow \varepsilon = 5.4 \times (8.85 \times 10^{-12})$$
$$= 4.779 \times 10^{-11} \text{ (F/m)}$$

以雲母為介電質的平行板電容器的電容 C 為

$$C = \frac{\varepsilon A}{d} \Rightarrow C = \frac{(4.779 \times 10^{-11}) \times (40 \times 10^{-4})}{5 \times 10^{-3}}$$
$$\approx 38.2 \times 10^{-12} \text{ (F)}$$

此平行板電容器在以雲母作為介電質時,電容約為 38.2 pF;若以空氣作為介電質,則電容約為 7.07 pF。

例題 15-10

當平行板電容器中有大小為 5.0 N/C 的均勻電場時,求:
(1) 介電質為空氣時,電容器的能量密度是多少?
(2) 介電質為雲母時,電容器的能量密度是多少?

解

平行板電容器的能量密度為

$$u = \frac{1}{2}\varepsilon_0 E^2$$

空氣 $\xrightarrow{\varepsilon=\varepsilon_0}$ $u_o = \frac{1}{2}\times(8.85\times10^{-12})\times 5.0^2$
$= 110.6\times10^{-12}$ (J/m^3)

雲母 $\xrightarrow{\varepsilon=\kappa\varepsilon_0}$ $u = \frac{1}{2}\times(5.4\times8.85\times10^{-12})\times 5.0^2$
$= 597.4\times10^{-12}$ (J/m^3)

以雲母作為介電質時,其能量密度較空氣作為介電質時大,此乃因雲母有較高的介電常數所致。

15-6-3 超級電容器

超級電容器 (ultracapactior 或 supercapacitor) 又稱為電化學電容器 (electrochemical capacitor),是有別於傳統的介電電容器 (dielectric capacitor) 元件;它的儲能機構不同於傳統介電電容器,反而類似於充電電池,但比傳統的充電電池 (鎳氫電池和鋰離子電池) 具有更高的功率密度 (圖 15-13),並且有很高的循環壽命與穩定性,其功率密度可達到千瓦/公斤 (kW/kg) 數量級以上,循環壽命在萬次以上。

574　普通物理

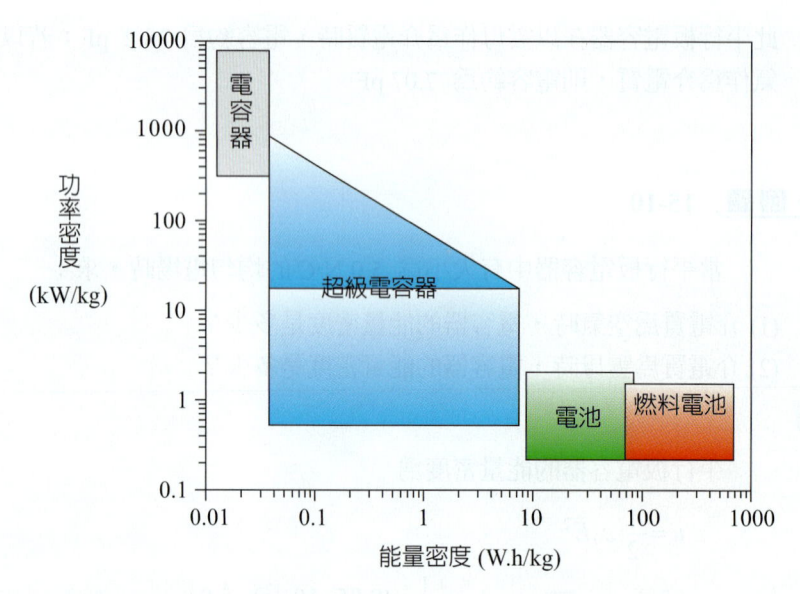

圖 15-13　不同類型電容器的功率和能量密度比較圖。

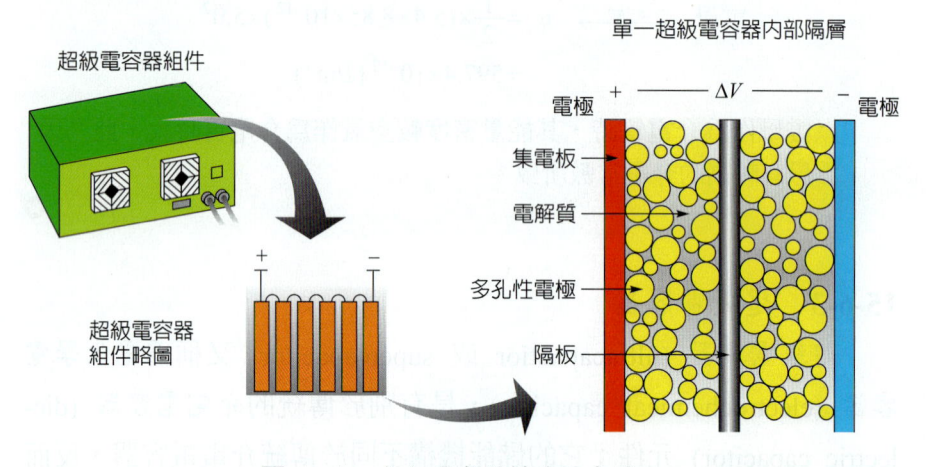

圖 15-14　超級電容器構造示意圖。

　　超級電容器的原理主要是利用電子導體活性碳 (activated carbon) 與離子導體電解液之間形成一感應雙電荷層而成，如圖 15-14。其結構主要是由兩個電極 (electrode)、一片隔板 (separator) 及一電解質 (electrolyte) 所組成，正、負電極的外側分別接上集電板 (current collector)，用來連結超級電容器與外部電路接觸端。隔板主要的作

用是用來防止兩端電極相互接觸，但是離子仍能通過以進行傳導。超級電容器利用電荷經過電解質傳遞到電極來儲存能量，與一般電池的原理相近，主要的差別在於超級電容器在充電及放電時沒有化學反應產生，僅有靜電現象發生，因此超級電容器具有較高的功率密度。一般超級電容器皆是使用活性碳作為電極，因為活性碳價格低且容易獲得，加上其具有較大的表面積。在電解質方面，主要可分為水性電解質與有機電解質，水性電解質能降低超級電容器的內電阻，但是會限制其電壓值至 1 V；有機電解質則能提升電壓值至 2.5 V，但是其內電阻值較高。

超級電容器的優點為高電容值、低內阻，能夠快速地充放電、可操作的溫度範圍大、體積小、壽命長，以及對於環境造成的污染小。由於超級電容器的電容值及能量密度相對於一般電容器較高，加上能夠快速地充放電，因此能快速地放出電荷，非常適合於瞬間需要大功率輸出的系統。隨著超級電容器技術的進步，目前已受到包括電力系統、移動通訊及汽車等領域的注意與應用。超級電容器的缺點有，單一超級電容器的電壓值較小，因此在需要較高的輸出電壓時，需要數個超級電容器串聯來提升其電壓值，其次為超級電容器本身的自放電率 (self-discharge) 比起一般充電電池來得高。

習題

電位能

15-1 如下圖所示，作用在 Q_A 上的電位能為何？整個系統的總電位能為何？

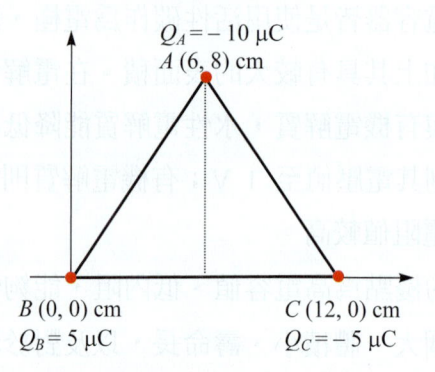

$Q_A = -10\ \mu C$
$A\ (6,\ 8)$ cm
$B\ (0,\ 0)$ cm
$Q_B = 5\ \mu C$
$C\ (12,\ 0)$ cm
$Q_C = -5\ \mu C$

15-2 如下圖，在等邊三角形的三頂點 A、B 與 C，分別放置一電量為 $-4Q$、$+Q$ 與 $+2Q$ 的點電荷。

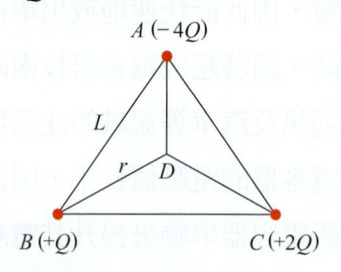

$A\ (-4Q)$
$B\ (+Q)$
$C\ (+2Q)$

若等邊三角形的邊長為 L，試問：
(1) 此系統的總電位能為若干？
(2) 將電量為 $+Q$ 的點電荷，由 B 點移動 r 距離，至三角形的重心 D 處時，需作多少功？

15-3 如下圖，在邊長為 4.0 m 的正方形 ABCD 四角各置電量為 $+5.0\ \mu C$ 的點電荷，若將電量為 $+1.0\ \mu C$ 的點電荷，自無窮遠處移到 O 點時，$+1.0\ \mu C$ 點電荷，在 O 點處所擁有的電位能是多少？

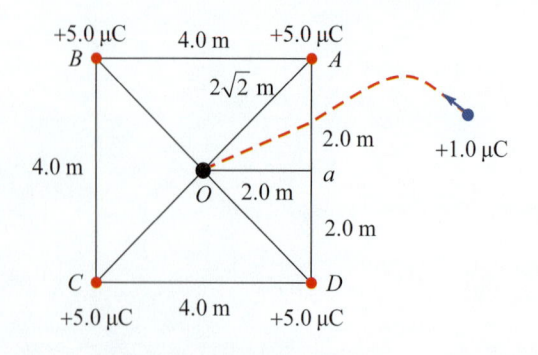

$+5.0\ \mu C$ 4.0 m $+5.0\ \mu C$
B   A
        $2\sqrt{2}$ m
                          2.0 m $+1.0\ \mu C$
4.0 m   O   2.0 m   a
                          2.0 m
C   4.0 m   D
$+5.0\ \mu C$ $+5.0\ \mu C$

15-4 如下圖，在邊長為 4.0 m 的正方形 ABCD 四角各置電量為 +5.0 μC 的點電荷，則系統的總電位能為何？

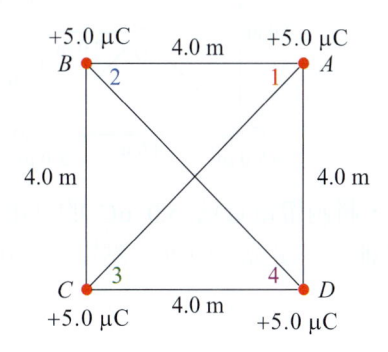

```
        4.0 m
+5.0 μC ────── +5.0 μC
   B  2        1  A
      ╲      ╱
 4.0 m  ╲  ╱     4.0 m
        ╱╲
      ╱    ╲
   C  3        4  D
+5.0 μC ────── +5.0 μC
        4.0 m
```

電位

15-5 如習題 15-1 的圖，若 A 點無電荷時，作用在 A 上的電位為何？

15-6 在 x 軸上 −10 cm 處，置放電量為 +5 μC 的點電荷，+20 cm 處，置放電量為 −20 μC 的點電荷，則在 x 軸上何處的電位為 0？

15-7 如下圖，y 軸穿過一薄圓環的中心 O 點，且垂直於環面。若圓環的半徑為 a，環上帶有均勻分佈的正電荷 Q，y 軸上一點 P 與圓環的距離為 r，試問：
(1) P 與 O 點的電場為何？
(2) 圓環上的電荷，在 O 與 P 點產生的電位，分別為何？
(3) 將一帶電量為 q 的點電荷，由 O 點移到 P 點，需作多少功？所作的功是否與 q 電荷移動的路徑有關？為什麼？
(4) 想想看，q 電荷由 O 點移到 P 點所作的功，是否可由其產生的電場直接求得？

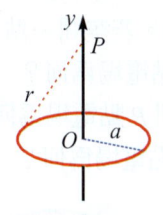

15-8 如下圖所示，在邊長為 4.0 m 的正方形 ABCD 四角，各置放電量為 +5.0 μC 的點電荷時，正方形中心點 O 的電位為何？

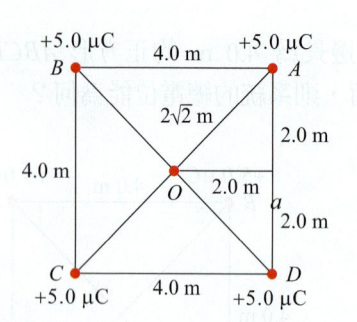

15-9 如下圖所示，將兩帶電量為 5.0 μC 的點電荷，置於相距 4.0 m 的 A、B 二點時。求距離 A、B 二點皆為 4.0 m 的位置 C 點的電位為何？

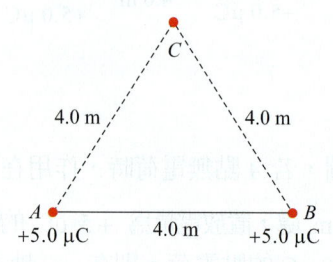

由電場求電位

15-10 一正方形薄金屬平板 (厚度不計)，邊長為 a，其上帶有 $+Q$ 的電量 (單面)，均勻分佈於平板的表面。試問：
(1) 金屬平板表面的電荷密度 σ 為何？
(2) 平板外，非常接近平板表面處的電場大小為若干？

15-11 試問，一半徑為 R，帶有 $+Q$ 電量的金屬球，距離其球心 r ($r>R$) 處的電場，是否與一帶有相同電量的點電荷，距離其 r 處，所得的電場相同？

15-12 A、B 兩同心金屬球殼，球殼極薄，半徑分別為 r_a、r_b，帶電量分別為 q_a、q_b (如下圖)。若空間一點 P 與球心的距離為 r，則
(1) 若 $r<r_a$，則 P 點電場為何？
(2) 若 $r_a<r<r_b$，則 P 點電場為何？
(3) 若 $r>r_b$，則 P 點電場為何？

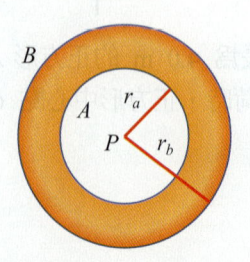

靜電平衡中的導體

15-13 說明導體處於靜電平衡時，所具有的特性。

15-14 A、B 兩金屬球，半徑分別為 $2R$、R，起初 A 球不帶電，僅 B 球帶有電量 $+Q$。今以一導線將兩球連接，試問：
(1) 連接後，電子流動的方向為何？
(2) 電荷靜止時，兩球的電位為何？
(3) 電荷靜止時，兩球表面電荷密度比為何？
(4) 電荷靜止時，兩球表面電場大小比為何？(導線體積不計)

15-15 如下圖，將一半徑為 r 的金屬球，置於一金屬球殼中。若兩球同心，金屬球殼的內、外半徑分別為 $2r$、$3r$，金屬球荷電量為 $+Q$，金屬球殼荷電量為 $+2Q$，則球心的電位為何？

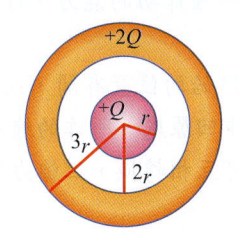

電容器的能量密度

15-16 如下圖，兩個大的方形金屬平板上，帶有相同電量，但不同電性的電荷形成一電容器。若兩平板的面積為 A，其上的電荷密度分別為 $+\sigma$、$-\sigma$，兩平板間距離為 d，兩板極間，空氣的相對介電常數為 1，試問：
(1) 兩平板間的電場與電位差為何？
(2) 此電容器的電容與儲存的電位能為若干？(設平板的邊長遠大於兩平板間的距離)

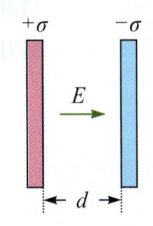

15-17 介電質為空氣的平行板電容器，兩極板間距離為 5.00 mm，電位差為 10.0 kV，極板的面積為 2.00 m^2。計算其

(1) 電容。
(2) 每一極板上的電荷量。
(3) 兩極板間的電場大小。

15-18 平行板電容器的極板間以相對介電常數為 3.5 的紙作為介電質時，若兩極板面積為 4.0 cm^2，平行極板間的距離為 2.0 mm，則此平行板電容器的電容是多少？當平行板電容器中有大小為 10.0 N/C 的均勻電場時，求電容器內的能量密度大小？

◆ 註

註一：保守力的特徵

1. 物體在保守力場中，具有一種作功的能力，即所謂位能，其大小完全取決於物體所在的位置。
2. 物體受保守力作功，只與終始的位置有關，而與所經路徑無涉。因此，如物體沿一閉合的路徑，重回原處，所作的總功恆等於零。
3. 保守力場中，位能與動能可互相轉換，但總力學能恆為定值。

註二：重力所作的功

$A \to B$ 物體運動路徑由 A 到 B

$$W_{BA} = \int_{h_A}^{h_B} \vec{F_g} \cdot d\vec{y}$$

$\vec{F_g}$：物體所受的重力

$$= \int_{h_A}^{h_B} (-mg\hat{j}) \cdot dy\hat{j}$$

W_{BA}：物體由 h_A 高度移到 h_B，重力所作的功

$$= (-mg\,y)\Big|_{h_A}^{h_B}$$

$W_{BA} = -\Delta U_{BA}$：重力所作的功，即為位能變化的負值

$$= -(mgh_B - mgh_A)$$

$$W_{AB} = -W_{BA}$$

保守力場中，A 移動到 B 所作的功 W_{BA}，等於 B 移動到 A 所作功 W_{AB} 的負值。

$$= mgh_B - mgh_A = mg\Delta h$$
$$= U_B - U_A$$
$$= \Delta U$$

註三：基準點

測量質點在重力場中的位能，可以選取地面、桌面或任何合適的地點，作為基準，定它的位能為零。質點在其它位置的位能，皆需與此基準點比較，以定其大小正負。同理，電位能的測定，合適基準點的選取也甚重要，

通常取無窮遠處作為零電位能的基準點。

註四：電位能差

測試電荷 q_o 在電場中移動，電場必須對之作功，電荷的電位能也隨之作相應的變化。電場作的如是正功，表示電荷 q_o 被迫離源電荷而去，r 增加，電位能隨之而降。反之，則表示 q_o 趨向源電荷，電位能當隨 r 的縮短而遞增。換言之，如電荷 q_o 由 A 點移至 B 點，其電位能的變化量應與電場作的功，大小相等，但增減相反。亦即

$$\Delta W = W_B - W_A$$
$$\Delta U = -\Delta W$$
$$= -\int_A^B q_o \vec{E} \cdot d\vec{s}$$
$$= \int_B^A q_o \vec{E} \cdot d\vec{s}$$

也可寫成如下的形式，以作為電位能更普及的定義：

$$\left. \begin{array}{l} U_A = U_\infty = 0 \\ U_B = U_r = U \end{array} \right\} \Rightarrow \begin{array}{l} \Delta U = \int_r^\infty q_o \vec{E} \cdot d\vec{s} \\ \\ U = k\dfrac{qq_o}{r} \end{array}$$

註五：電位差

意即電場中任意兩點間的電位差，相當於靜電荷將一單位電荷，從一點移至另一點，所作的總功，但正負則相反。電位差可以是正、負或零，全視 W 與 q_o 的大小與正負而定。將電場中電位相等的各點連結，所成的曲面，謂之等位面或等勢面 (equipotential surface)。可用來描繪電場的分佈，與電荷在其間運動的功能變化。

註六：獨立電荷附近的電位

下圖顯示一個獨立電荷 $+q$ 附近電位的變化，與一測試電荷在其中移動的情形。

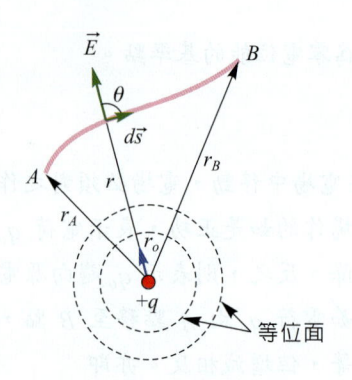

點電荷 $+q$ 的電場中，A、B 兩點間的電位差 ΔV，只與終始位置的矢徑有關，與路徑的曲折無涉。虛線代表不同的等位面。

點電荷的電力線已知是作輻射狀向外發散的。設在測試電荷移動的路徑中，劃定一單元位移 $d\vec{s}$，其與該處電場 $\vec{E}$ 的夾角為 θ，則根據電位差的定義，

$$\Delta V = V_B - V_A$$
$$= -\frac{\Delta W}{q_o}$$
$$= -\int_A^B \vec{E} \cdot d\vec{s}$$

由於點電荷的電場

$$\vec{E} = \frac{kq}{r^2}\hat{r}$$

式中 $\hat{r}$ 為 $\vec{E}$ 的單位向量。而 $\hat{r} \cdot d\vec{s}$ 是 $d\vec{s}$ 在 $\hat{r}$ 上的投影 $ds\cos\theta$，可以 dr 表示。因此，$\vec{E}$ 的線積分可以表示如下：

$$\Delta V = V_B - V_A$$
$$= -\int_A^B \frac{kq}{r^2}\hat{r} \cdot d\vec{s}$$
$$= -kq \int_A^B \frac{1}{r^2}\hat{r} \cdot d\vec{s}$$
$$= -kq \int_{r_A}^{r_B} \frac{1}{r^2} dr$$
$$= kq \left(\frac{1}{r}\right)_{r_A}^{r_B}$$

$$\Delta V = kq\left(\frac{1}{r_B} - \frac{1}{r_A}\right)$$

上式的結果，亦可引用電位差的定義 $\Delta V = V_B - V_A$，直接引入 $V_P = kq\dfrac{1}{r_P}$

獲得。如取其中一點，例如 A 點，作爲基準點，即零電位點，則電場中任一點的電位可表示如下：

$$V = k\frac{q}{r}$$

顯示離中心越遠的點，其電位越低。而 r 相等的點，其電位亦必相等。將這些 r 相等的點連結起來，所得的曲面便是等位面。由圖可見，獨立電荷電場的等位面是以源電荷爲中心，r 爲半徑的球面。這樣的等位面爲數極多，圖中所示不過任意的兩個而已。

根據電位的定義，讓測試電荷在一等位面上，以等速移動，由於 $\Delta V = 0$，故 $\Delta W = 0$，顯見電場毋須對測試電荷作功。但在不同的等位面間移動，則作功在所難免。這是等位面的一個重要特性。

電力線與等位面處處垂直，這個事實不但見諸獨立源電荷的電場，在任何形狀的電場中，也是必然的結果。因此，總結如下：

> 任何電荷組合所產生的電場，其電力線與相關的等位面，必然處處垂直。電場方向則從高電位指向低電位。

註七：電荷分佈密度與電場的關係

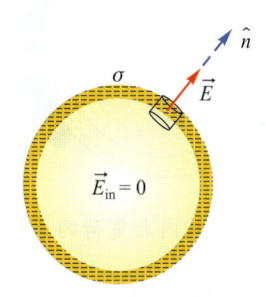

帶電導體表面電荷密度 σ 與電場 $\vec{E}$ 的關係。

在導體表面任一點處，取一個小小的圓柱形高斯面，一底面在導體表面下，另一底面在表面上方，如上圖所示。由於導體內的電場等於零，故無電通量穿越柱底。又因導體表面的電場都與表面垂直，通過柱側面的電通量爲零。因此，只有柱上底才有電通量通過。根據高斯定律，電通量 Φ_E 爲

圓柱形高斯面：假想柱高甚小，且柱徑遠小於導體表面的曲率，則柱上下兩底，可視同與導體表面平行。

$$\Phi_E = \oint_S \vec{E} \cdot d\vec{S} = \frac{q_{\text{net}}}{\varepsilon_o}$$

$$\Rightarrow \oint_S EdS = \frac{Q}{\varepsilon_o}$$

$$ES = \frac{\sigma S}{\varepsilon_o}$$

$$E = \frac{\sigma}{\varepsilon_o}$$

$$\Rightarrow \vec{E} = \frac{\sigma}{\varepsilon_o}\hat{n}$$

式中 $\hat{n}$ 為法線方向的單位向量。此亦顯示導體表面的電場強度與導體表面的電荷密度 σ 成正比。

註八：靜電屏蔽

靜電屏蔽效應可以證明如下：

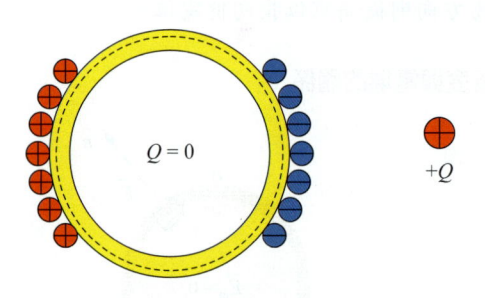

1. 空腔內無帶電體

腔內無電荷的導體。

一孤立的空腔導體受電荷 $+Q$ 的感應，帶電如上圖所示。設空腔內不含其它帶電體，根據靜電平衡狀態下，導體內電場處處為零的事實，則通過任一包含空腔的高斯面 S，其電通量應為零，可見 S 面內無淨電荷。導體內表面亦無因感應而一邊帶正電、對邊帶負電的可能。若內表面一邊帶正電、一邊帶負電，則必有電位差存在，與導體為一等位體的事實矛盾。故電荷只能分佈於導體的外表面。這種腔內電位不受外在電場影響的現象，稱為**靜電屏蔽** (electrostatic shielding)。

2. 腔內有帶電體

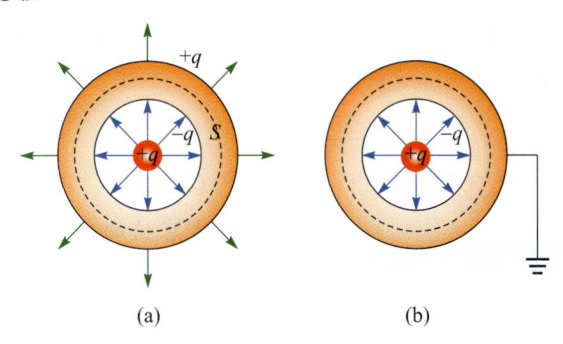

腔內有電荷的導體：(a) 未接地；(b) 已接地。

設帶電體的電量為 $+q$，導體本身未帶電荷（即使帶電，其理亦然），由於感應的結果，空腔表面因而帶負電，而導體外表則帶正電。在靜電平衡的狀態下，導體內的電場 $\vec{E}$ 應該處處等於零。在導體內畫取一高斯曲面 S，並將空腔包括在其中。因 $\vec{E}_{in}=0$ 的緣故，通過此高斯曲面的電通量也當為零。如是，則 S 曲面內的淨電荷 $\Sigma q=0$。也就是說，導體內表面的感應電荷必須等於 $-q$，而導體外表的則為 $+q$。因此，導體外的電場取決於其外表的電荷分佈 [圖 (a)]。如將外殼接地，則腔內電場的變化，將與外在電場無關 [圖 (b)]。實驗室用的電子儀器常封裝在金屬盒內，盒面更與地連接，便是利用它的屏蔽作用，免受外在電場的干擾。

註九：填充介電物質時的平行板電容

1. 帶電量 Q 不變時

平行板間為真空時，電位差為 V_o；其內填充介電物質時，電位差變為 V；$V_o > V$。

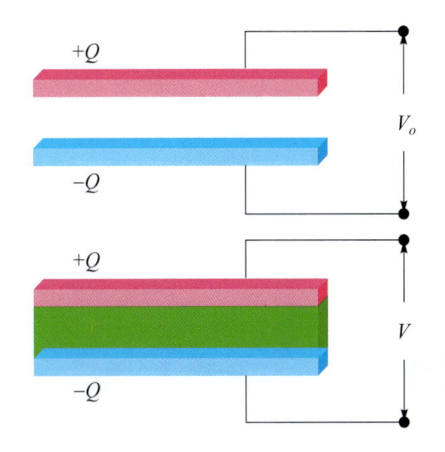

$$\frac{V_o}{V} = \frac{E_o d}{Ed} = \frac{E_o}{E} \equiv \kappa > 1$$

電容值的比

$$\frac{C}{C_o} = \frac{\dfrac{Q}{V}}{\dfrac{Q}{V_o}} = \frac{V_o}{V} = \kappa > 1$$

2. 平行板電位差 V_o 不變時

平行板間為真空時，帶電量為 Q_o；其內填充介電物質時，帶電量變為 Q；$Q > Q_o$。

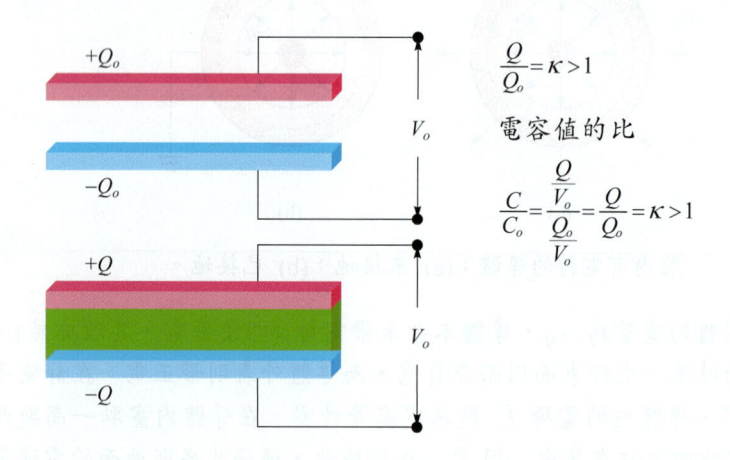

$$\frac{Q}{Q_o} = \kappa > 1$$

電容值的比

$$\frac{C}{C_o} = \frac{\frac{Q}{V_o}}{\frac{Q_o}{V_o}} = \frac{Q}{Q_o} = \kappa > 1$$

3. 有介電質的電容值 C 與無介電質的電容值 C_o 關係為

$$C = \kappa C_o$$

註十：填充介電物質時的電場

插入介電物質會改變電容器內部的電場大小 (電荷一定時)：

1. 插入介電物質前的電場大小 $E_o = \dfrac{V_o}{d}$

2. 插入介電物質後的電場大小 $E = \dfrac{V}{d}$

⇒ 介電物質存在前後的電場大小比

$$\frac{E}{E_o} = \frac{V}{V_o} = \frac{1}{\kappa} < 1$$

⇒ 插入介電物質使電容器內部的電場減弱

$$\Delta E = E_o - E = E_o - \frac{E_o}{\kappa} = (1 - \frac{1}{\kappa})E_o$$

$$\because E_o = \frac{Q}{\varepsilon_o A}$$

$$\therefore E = E_o - \Delta E = E_o - (1 - \frac{1}{\kappa})E_o$$

$$\Rightarrow E = \frac{Q}{\varepsilon_o A} - (1 - \frac{1}{\kappa})E_o$$

第一項：電容器正負極板上的電荷，所產生的電場大小為 $[\dfrac{Q}{\varepsilon_o A}]$。

第二項：電容器間加入介電物質後，所產生的電場大小為 $[-(1-\dfrac{1}{\kappa})\dfrac{Q}{\varepsilon_o A}]$。

註十一：能量密度

將一電容器的極板，透過一組電阻、電錶與開關，以導線分別與電池的正負極連接，如下圖所示。開關未關閉時，設電容器並未帶電，所以極板間的電位差 $\Delta V = 0$。開關關閉後，從電流計中，可見有相當的電流流經線路，初強後弱。接在電容器兩極的伏特計 V，則顯示極板間電位差逐漸增強。這個過程稱為充電 (charging)。當電容器的電位差與電池兩極的電壓相等時，充電完成，電流終止，電容器達到最大荷電量 Q。整個充電過程，其實是電池在將化學能轉變為電位能之後，儲存在電容器之中。

設在充電過程的某一瞬間，電容器極板上所帶的電荷量為 q，電位差 $\Delta V = q/C$，此時如將一微量的電荷 dq，從負極移至正極，必須以外力作功，其量

$$dW = \Delta V\, dq = \dfrac{q}{C} dq$$

因此，電容器從 $q_i = 0$，充電至 $q_f = Q$ 時，所需之功

$$W = \int dW = \int_0^Q \dfrac{q}{C} dq = \dfrac{1}{2C} Q^2$$

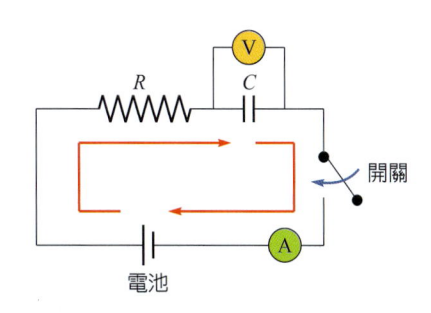

電容器充電線路示意圖。

由於 $Q = C\Delta V$，故電容器在充電過程中，所儲蓄的電能

$$U = \dfrac{Q^2}{2C} = \dfrac{1}{2} C (\Delta V)^2$$

雖然此式顯示所儲蓄的電能，與極板間電位差的平方成正比，並不表示電容器可以儲存無限量的能量。事實上，U 是相當有限的，因為 ΔV 如超越介電質的崩潰電位 (breakdown potential) 時，則介電質不再是絕緣體，電容器放電在所難免。所以實用的電容器都有最大操作電壓的標誌。

平行板電容器的電位差與電場強度間有 $\Delta V = Ed$，且 $C = \varepsilon_o A/d$，電位能 $U = \frac{1}{2}C(\Delta V)^2$ 可據以簡化為

$$U = \frac{1}{2}(\varepsilon_o Ad)E^2$$

Ad 是電容器的體積，因此，u 可視為電容器內電場的能量密度 (energy density)，意即，

$$u = \frac{U}{Ad} = \frac{1}{2}\varepsilon_o E^2$$

此式雖從平行板電容器導出，對其它形狀的電容器亦適用。

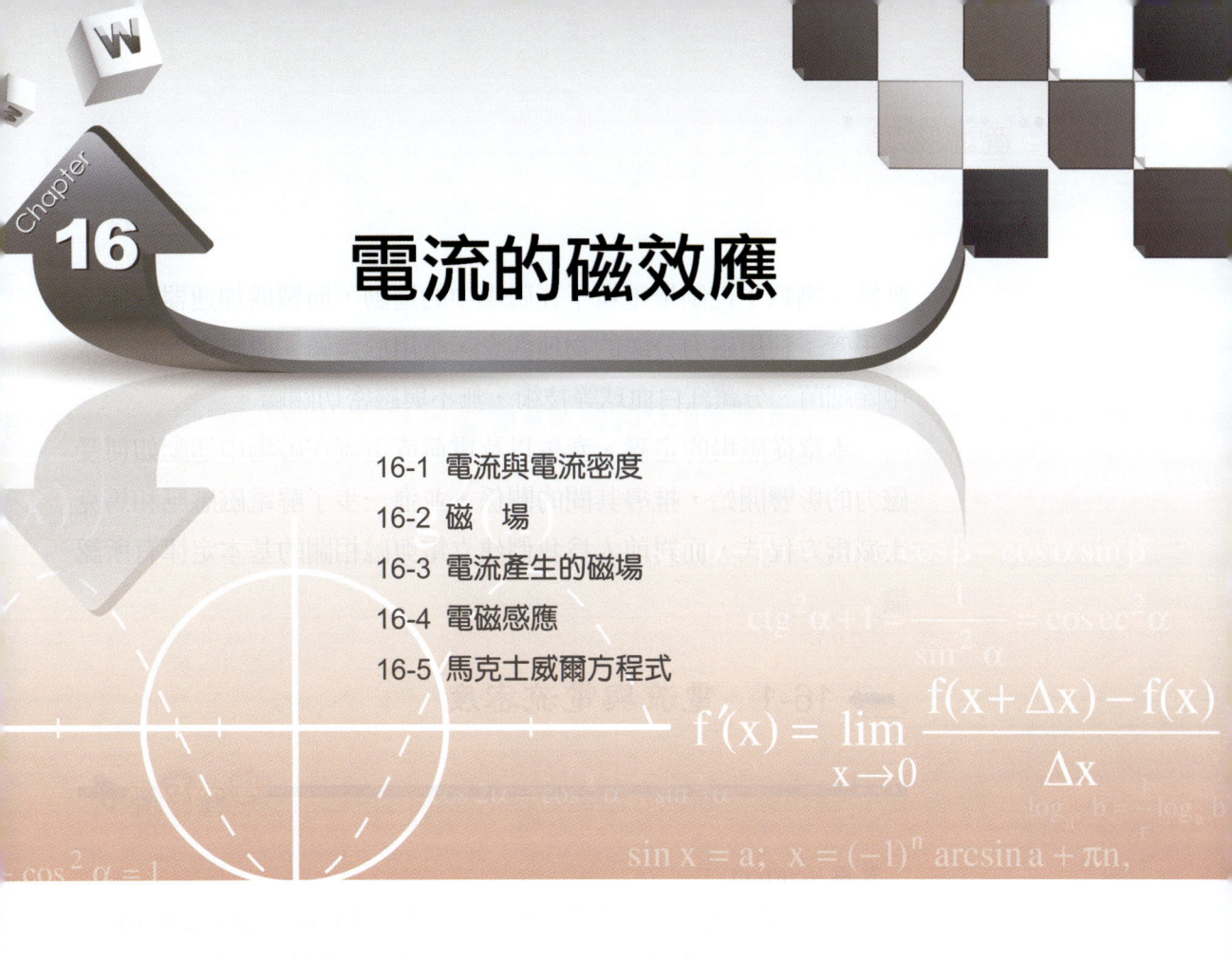

Chapter 16 電流的磁效應

16-1 電流與電流密度
16-2 磁　場
16-3 電流產生的磁場
16-4 電磁感應
16-5 馬克士威爾方程式

　　1820 年，丹麥物理學家奧斯特 (Hans Christian Oersted, 1777-1851) 發現電流通過導線時，會使其近處的磁針偏轉，因而提出電流的磁效應觀念。奧斯特的發現顯示電和磁之間必有關聯，而不是過去所認知的「電和磁不會有任何聯繫」。1820 年 7 月 21 日論文發表後，這方面的研究工作發展迅速。同年 12 月必歐和沙伐由實驗得出通電流長直導線附近所產生的磁場與距離成反比，而推演出*必歐-沙伐定律* (Biot-Savart law)。

　　研究穩定電流產生的磁場以及在磁場中運動電荷所受作用力的情形，便稱為靜磁學。磁場可以用磁力線圖示，磁力線是封閉曲線，它們的分佈情形代表著磁場的狀態。穩定電流產生的磁場，大小和方向都不隨時間改變，稱為均勻磁場或稱靜磁場。交變電流產生的磁場，若磁場大小和方向都隨時間改變，稱為交變磁場；若磁場只有大小隨時間改變而方向不變，則稱為脈動磁場。

　　在現代生產技術和人類生活中，利用磁的特性而有著廣泛的重要應用，例如：利用載流導體在磁場中受到力的作用，而製造的電

動機、喇叭；控制帶電粒子在磁場中的運動，而製成加速器、微波電子管；利用磁力分離的物理觀念，應用於選礦、原料中除鐵、水中除細菌、分離紅白血球等技術，無不與磁密切關聯。

本章從磁場的定義、產生以及電荷或電流在磁場中運動如何受磁力的影響開始，推導其間的關係，並進一步了解電磁感應和馬克士威爾方程式，而對前人為我們建立電與磁相關的基本定律有所認識。

16-1　電流與電流密度

電流 (current)：

電流是指正電荷在電路中的移動，又稱為傳統電流 (conventional current)，但實際在導線中移動的是電子流，是電子 (負電荷) 在電路中移動的方向，與電流方向相反。

平均電流　　$\bar{I} = \dfrac{\Delta Q}{\Delta t}$

瞬時電流　　$I = \dfrac{dQ}{dt}$

單位為安培；符號為 A；1 A = 1 C/s

電流密度 (current density)：

電流密度定義為將導線中的電流除以電流所通過的截面積。

$$J = \dfrac{I}{A}$$

單位為安培/米^2；符號為 A/m^2。

電流是指正電荷在電路中的移動，但實際在金屬導線中移動的是電子流，是電子 (負電荷) 在電路中移動的方向，與電流方向相反。電流可分為直流電 (direct current, dc) 和交流電 (alternating current, ac)，直流電有固定的正負極且電流的方向由正極至負極，以固定的方向繞行電路，圖 16-1 所示為直流電路中的電流。

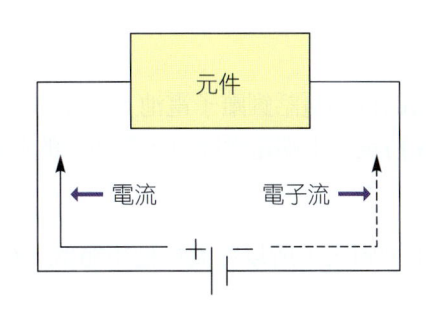

圖 16-1 直流電路中的電流。

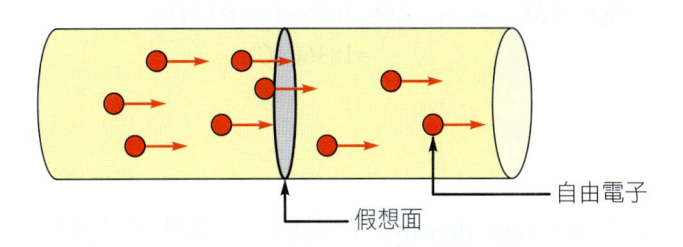

圖 16-2 導線某一截面通過的電荷。

電流定義為單位時間內通過導線某一截面的電荷量，每秒通過一庫倫的電量稱為一「安培」，單位符號為 A，以紀念法國數學家安培 (Andre Marie Ampère)。電流的電路符號為 I。假如導體中電量流率是固定的，則電流等於通過某一固定截面的電量 ΔQ 除以所需的時間 Δt：

$$\frac{\Delta Q}{\Delta t} \tag{16-1}$$

其中 ΔQ 以庫倫 (C) 為單位，Δt 為時間秒 (s) 為單位，則電流單位為 $\frac{庫倫}{時間}$ ($\frac{C}{s}$)，由 (16-1) 式知：$1A = 1\frac{C}{s}$。

若電流為非穩定流，則瞬時電流定義為：

$$I = \frac{dQ}{dt} \tag{16-2}$$

例題 16-1

一用電耗盡的行動電話鋰離子電池，以充電器傳送 850 mA 的電流 6 小時並保持電池兩端電壓固定，有多少的電量送至電池內？

解

電池兩端電壓固定，所以電流為穩定電流，6 小時內傳送的電量 ΔQ 為

$$I = \frac{\Delta Q}{\Delta t}$$

$$\Delta Q = I \Delta t \longrightarrow \Delta Q = 0.85 \times (6 \times 60 \times 60)$$
$$= 18360 \ (C)$$

電流密度 (current density) 定義為將導線中的電流除以電流所通過的截面積：

$$J = \frac{I}{A} \tag{16-3}$$

其 SI 單位為 A/m²，與自由電子的漂移速度有關，而漂移速度又正比於導線內的電場 $\vec{E}$，故 $\vec{J}$ 正比於 $\vec{E}$。$\vec{J}$ 和 $\vec{E}$ 之間的關係可表為

$$\vec{J} = \sigma \vec{E} = \frac{1}{\rho} \vec{E} \tag{16-4}$$

ρ 稱為電阻率 (conductivity)，單位為歐姆-公尺 ($\Omega \cdot m$)。$\sigma = \frac{1}{\rho}$，稱為電導率 (conductivity)。電阻率較低的物質被稱為導體，常見導體主要為金屬，例如銅、銀等。其它不易導電的物質如玻璃、橡膠等，因其電阻率較高，一般稱為絕緣體。介於導體和絕緣體之間的物質則稱半導體，例如矽、鍺等。

物質的電阻率和溫度有關,假設在溫度 T_o 時的電阻率為 ρ_o,則在溫度 T 時的電阻率 ρ 可表示為

$$\rho = \rho_o(1 + \alpha(T - T_o)) \tag{16-5}$$

其中 α 稱為電阻率的**溫度係數** (temperature coefficient of resistivity),單位為 $(C°)^{-1}$。圖 16-3 所示為金屬、半導體及超導體三類物質的電阻率與溫度的關係。對於金屬而言,由於溫度上升使得晶格中的正離子振動加劇,造成自由電子移動的阻礙增加,自然電阻率上升。在 T=0K 時,金屬的電阻率不為零,是因為雜質及**晶格缺陷** (imperfection) 所影響。純半導體的電阻率隨溫度增加而降低,是因為有更多電子成為自由電子。如果在純半導體中摻入雜質,可以控制其電阻率,此特性開展了今日半導體在電子學的發展,並促進電子工業的飛躍成長。某些物質其電阻率在臨界溫度以下消失,此類物質稱為**超導體** (superconductor)。

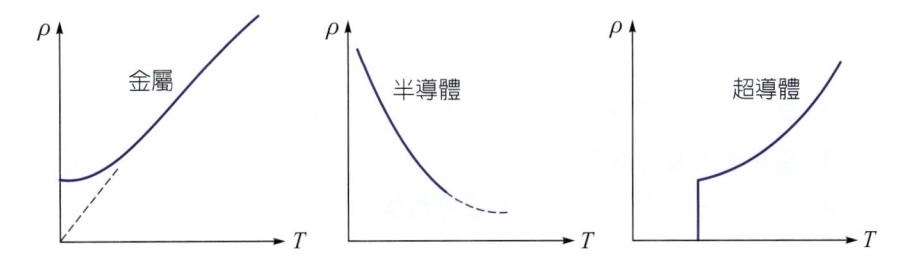

圖 16-3 (a) 金屬;(b) 半導體;(c) 超導體的電阻率與溫度關係。

例題 16-2

一銅線的半徑為 2.0 mm,通過的電流為 2 mA。求其電流密度為多少?

解

$$A = \pi r^2 \xrightarrow{r = 2.0 \text{ mm}} A = \pi \times (2 \times 10^{-3})^2$$

$$J = \frac{I}{A} \xrightarrow{I = 2 \text{ mA}} J = \frac{2.0 \times 10^{-3}}{\pi \times (2 \times 10^{-3})^2}$$

$$= 6.28 \times 10^{-3} \text{ (A/m}^2\text{)}$$

16-2 磁　場

磁場是存在空間中的一種特殊形態，若將磁性物體置於此空間，則會發生吸引或排斥效應的範圍，稱為磁場，以符號 $\vec{B}$ 表示。但磁場是如何產生的呢？一般有二種方式；一類為物質內部，電子的自旋作用，使物質具有磁荷，**永久磁鐵** (permanent magnet) 具有由磁荷產生的磁場即屬此類。另一類為帶電粒子運動，而產生的磁場，有電流存在的導線，在其周圍空間所產生的磁場即屬此類。

16-2-1　磁場與磁力線

> **磁場的單位：**
> $$1T = 10^4 \, G \, (T：特士拉；G：高斯)$$
> **磁力線的特性：**
> 1. 磁力線為封閉的曲線。
> 2. 磁力線上的切線方向，代表該點磁場方向。
> 3. 空間中的磁力線不會相交。
> 4. 磁力線分佈的密度越大，磁場越強。

已知電場是由電荷產生，所以有人預測磁場是由**磁荷** (magnetic charge) m 產生，但至今仍未發現由磁荷形成的**磁單極** (magnetic monopole)。基本的磁性現象，乃是**磁極** (magnetic pole) 間的庫倫作用力。設有兩磁極，其強度分別是 m 和 m_0（單位：W_b，韋伯），相距 r（單位：m，公尺），則一磁極所受另一磁極的作用力 F_B（單位：N，牛頓）為

$$F_B = \frac{\mu_0}{4\pi} \frac{mm_0}{r^2} \tag{16-6}$$

而定義磁場為

$$B = \frac{F_B}{m_0} = \frac{\mu_0}{4\pi}\frac{m}{r^2} \tag{16-7}$$

即空間中，任一位置的磁場大小等於單位磁荷在該處所受的磁力 $\vec{F}_B$，其方向與正磁荷在該處所受磁力的方向相同。磁場 $\vec{B}$ 在國際單位制 (SI) 中的單位為牛頓/(安培·米) [N/(A·m)] 或稱特士拉 (T)，在 CGS 制中則為奧斯特 (Oe)。

$$1\,N/(A\cdot m) = 1T = 4\pi \times 10^3\,Oe$$

μ_0 為真空中的 *導磁係數* (permeability)

$$\mu_0 = 4\pi \times 10^{-7}\ T\cdot m/A$$

Gauss：高斯；G
$1\,T = 10^4\,G$

1832 年，英國科學家法拉第 (Michael Faraday, 1791-1867) 提出了磁力線的概念，認為「磁的作用是漸進，是需要時間」，而不應該是「超距作用」。現在證實，*磁力線* (line of magnetic force) 並不真實存在，但它是描述磁場狀態的一種工具。圖 16-4，是將鐵粉灑在鋁鎳鈷 (AlNiCo) 磁石附近，所得出的磁力線分佈圖。如同電力線，磁力線也具備一些特性：

1. 磁力線可視為始於北極 N，經磁石外部，達於南極 S，再經磁石內部，終於 N 極的封閉曲線。磁石同時存在的 N、S 二極，稱為 *磁偶極* (magnetic dipole)。
2. 磁力線上任一位置的切線方向，代表該點磁場方向。
3. 空間中的磁力線不會相交。
4. 磁力線的分佈代表著磁場狀態，磁力線密度越大，磁場越強。

596　普通物理

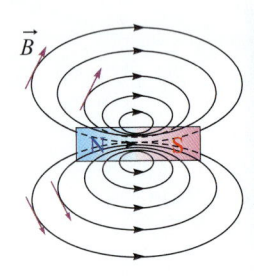

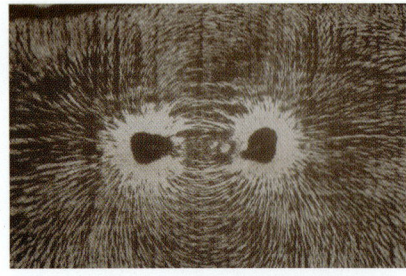

(a) 單一磁石的磁力線分佈圖。

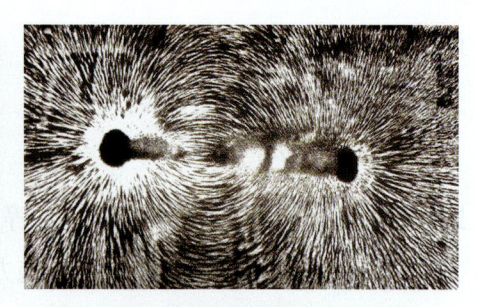

(b) 單一磁石有斷裂痕的磁力線分佈圖。

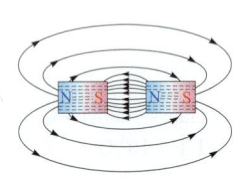

二磁石異極相對

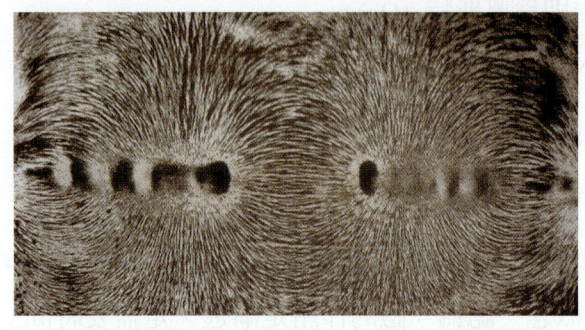

(c) 兩磁石異極相對且磁石有斷裂痕的磁力線分佈圖。

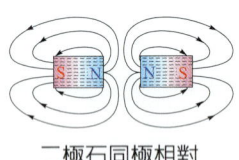

二極石同極相對

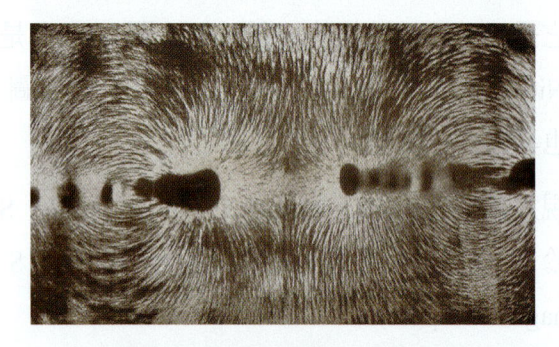

(d) 兩磁石同極相對且磁石有斷裂痕的磁力線分佈圖。

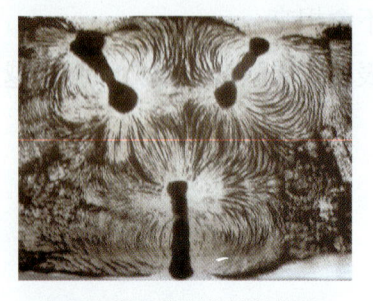

(e) 三支磁石的磁力線分佈圖。

圖 16-4　磁力線分佈圖。

16-2-2 作用於運動電荷上的磁力

> 磁力 (magnetic force)：
> 帶電量 q 的質點，於一磁場 $\vec{B}$ 中以 $\vec{v}$ 的速度運動時，此質點將受到磁力 (magnetic force) $\vec{F}_B$ 的作用，可表示為
> $$\vec{F}_B = q\vec{v} \times \vec{B}$$
> 磁場大小的定義：
> $$B = \frac{F_B}{|q|v\sin\theta}$$

洛倫茲力
(Lorentz force)
如果帶電質點是在同時有電場 $\vec{E}$ 和磁場 $\vec{B}$ 存在著的空間中運動，則它所受到的力為
$$\vec{F} = q(\vec{E} + \vec{v} \times \vec{B})$$
這個力被稱為洛倫茲力。

當帶電量 q 的質點，於一磁場 $\vec{B}$ 中以 $\vec{v}$ 的速度運動時，此質點將受到**磁力** (magnetic force) $\vec{F}_B$ 的作用，如圖 16-5 所示。由實驗觀察，可知帶電質點所受的磁力大小 F_B，正比於其電量 q 及垂直於磁場方向上的速度分量大小 $v\sin\theta$，θ 為速度 $\vec{v}$ 與磁場 $\vec{B}$ 的夾角，而得到：

$$F_B = qvB\sin\theta \qquad (16\text{-}8)$$

若將其以向量積表示：

$$\vec{F}_B = q\vec{v} \times \vec{B} \qquad (16\text{-}9)$$

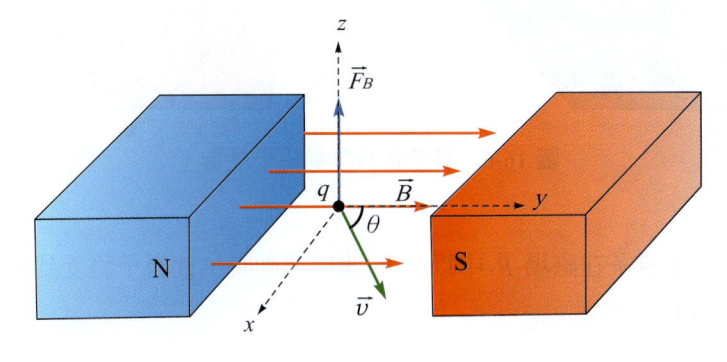

圖 16-5 帶電量 q 的質點在磁場 $\vec{B}$ 中以 $\vec{v}$ 的速度運動。

磁力

磁力大小為

$F_B = qvB\sin\theta$

磁力方向由右手螺旋定則決定。

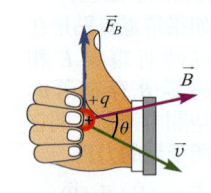

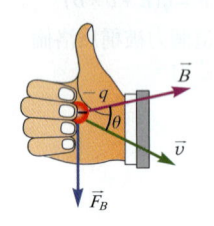

由 (16-9) 式，可得如下結論：

1. 帶電質點運動速度 $\vec{v}$ 與磁場 $\vec{B}$ 垂直時，質點所受的磁力最大 qvB。
2. 帶電質點運動速度 $\vec{v}$ 與磁場 $\vec{B}$ 平行時，質點不受磁力作用。
3. 磁力 $\vec{F}_B$ 永遠和速度 $\vec{v}$ 垂直，所以磁力不會對帶電粒子作功，亦即不會改變其動能 (速度 v 不變)。我們要如何將帶電粒子加速呢？答案是電場。

由 (16-8) 式，可定義出磁場的大小 B

$$B = \frac{F_B}{|q|v\sin\theta} \tag{16-10}$$

在 SI 制單位中，磁場的單位是**特士拉**，符號為 T，是為紀念美國電力工程師特士拉 (Nikola Tesla) 而定。

例題 16-3

如圖 16-6，質子在大小為 1.0 T 的均勻磁場中，以速率為 10^6 m/s，且與磁場的方向夾 30°角的方向運動。則質子所受的磁力大小為何？

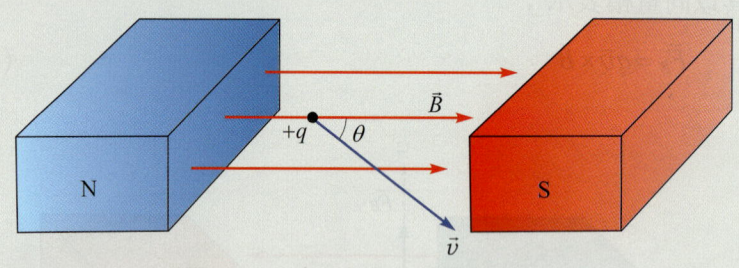

圖 16-6 質子在均勻磁場中運動。

解

當質子在磁場 $\vec{B}$ 中以 $\vec{v}$ 的速度運動時，此質子將受到的磁力 $\vec{F}_B$ 為

$$\vec{F} = q(\vec{v} \times \vec{B})$$
$$F = qvB\sin\theta \xrightarrow{\text{帶電質點為質子}} F = (1.6 \times 10^{-19}) \times 10^6 \times 1.0 \times \sin 30°$$
$$= 8.0 \times 10^{-14} \text{ (N)}$$

在 1.0 T 磁場中運動的質子，所受的磁力大小為 8.0×10^{-14} N。在本題中，若帶電粒子為電子 (帶電量為 -1.6×10^{-19} C)，則受力大小與質子相同，但受力方向相反。

英國物理學家湯姆遜 (Joseph John Thomson, 1856-1940) 認為陰極射線是帶電粒子流，而磁力 $\vec{F}_B$ 永遠和速度 $\vec{v}$ 垂直，故陰極射線應可被磁場偏轉。1897 年，湯姆遜測量在磁場作用下，陰極射線偏折的曲率半徑，如圖 16-7；控制磁場的大小，便能改變螢幕上亮點的位置；調整電場與磁場可以確定粒子運動的速度。他測出粒子的荷質比 e/m，並證明不論是陰極射線管內的氣體種類或電極材料的改變，荷質比的值並不會改變，他確定這種粒子比氫原子還要小，且存在於各種物質。湯姆遜把這種粒子稱為「微粒」，後人稱為「電子」，而電子則是人類第一個認識的基本粒子，也表明原子並非最小單元，原子還有內部結構，這象徵著更渺小的微觀世界即將展開。

磁力 $\vec{F}_B$ 會使帶電粒子路徑彎曲。
電力 $\vec{F}_e$ 可使帶電粒子加速。

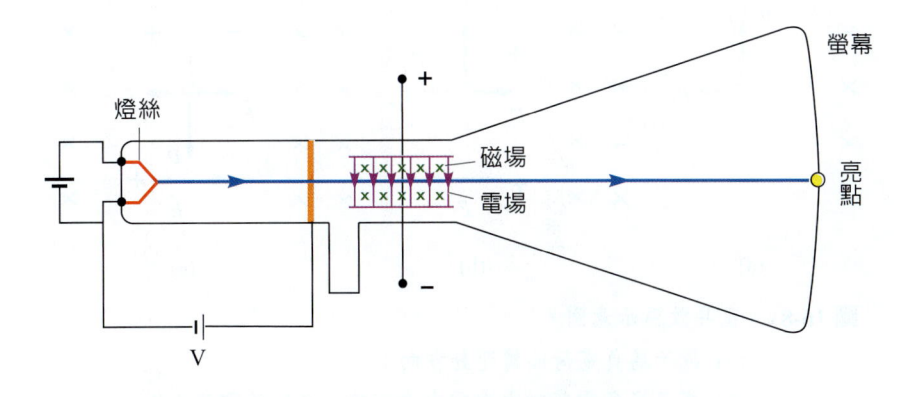

圖 16-7 湯姆遜的陰極射線實驗裝置示意圖。

小品
霍耳效應

導體的載子為電子，半導體的載子為電子或電洞。

　　1879 年，美國物理學家霍耳 (Edwin Hall) 對銅箔做實驗時發現，將載流導體或半導體在垂直磁場作用下，導體或半導體的載子運動方向發生偏轉，如圖 16-8(a)。在垂直於電流和磁場的方向上就會形成電荷積累，並在物體兩側之間會產生一橫向電場，出現電位差，如圖 16-8(b)、(c)。這現象稱為霍耳效應。利用霍耳效應可以測量半導體材料的導電類型、載子的濃度和遷移率。1980 年，德國物理學家馮‧克利青 (Klaus von Klitzing, 1943-) 從金屬-氧化物-半導體場效應電晶體 (MOSFET) 證明霍耳電阻隨柵壓變化的曲線上出現一系列平台，相應的霍耳電阻等於 $R_H = \frac{h}{i \cdot e^2}$，其中 i 是正整數 1、2、3、……。1985 年的諾貝爾物理學獎頒給馮‧克利青，以表揚其發現的「量子霍耳效應」對凝態物理學在低溫、超導、真空、半導體、強磁場等新技術上的突破。

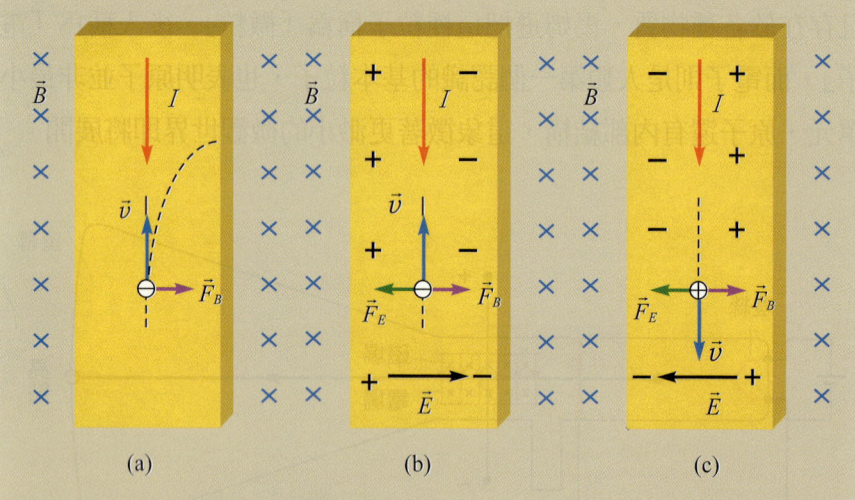

圖 16-8　霍耳效應示意圖。
(a) 載子為負電荷偏轉運動方向；
(b) 載子為負電荷磁力與電力平衡時，二側的電荷分佈；
(c) 載子為正電荷磁力與電力平衡時，二側的電荷分佈。

例題 16-4

如圖 16-9，一質量為 m 的正電荷 q，在磁場 B 中，由 O 點以 v 的速率出發。若速率 v 的方向向右，磁場 B 的方向指向紙張，試問：

(1) 電荷 q 受到的磁力大小為何？
(2) 電荷 q 在磁場中，以何種軌道運行？其運行方向為何？
(3) 電荷 q 在磁場中運行的軌道半徑、週期、頻率與角頻率分別為若干？

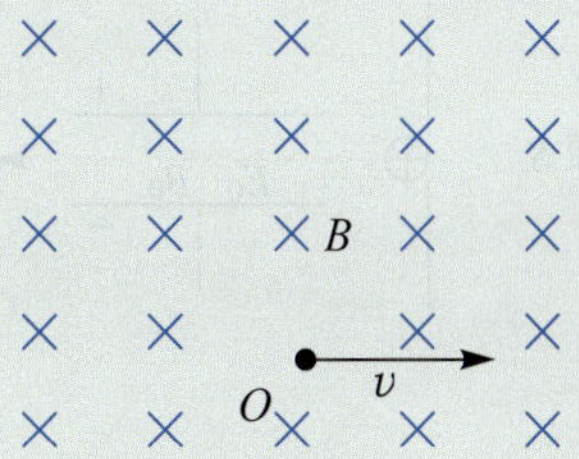

圖 16-9

解

(1) 在磁場 $\vec{B}$ 中以 $\vec{v}$ 的速度運動的電荷 q，所受到的磁力為 $\vec{F}_B = q\vec{v} \times \vec{B}$；其大小為 $F_B = qvB\sin\theta$。

因磁場 $\vec{B}$ 與速度的 $\vec{v}$ 方向相互垂直 $\theta = 90°$，所以電荷 q 所受到的磁力大小為 $F_B = qvB$。

(2) 電荷 q 順著逆時鐘方向，在磁場 $\vec{B}$ 中作等速率圓周運動。

(3) 電荷 q 作等速率圓周運動時，所需向心力是由磁力所提供，故

$$F_B = F_C \xrightarrow{a_c = \frac{v^2}{r}} qvB = m\frac{v^2}{r}$$

得軌道半徑　　$r = \dfrac{mv}{qB}$；

週期　　$T = \dfrac{2\pi r}{v} \xrightarrow[v = \frac{qBr}{m}]{r = \frac{mv}{qB}} T = \dfrac{2\pi m}{qB}$；

頻率　　$f = \dfrac{1}{T} = \dfrac{qB}{2\pi m}$；

角頻率　　$\omega = 2\pi f = \dfrac{qB}{m}$

例題 16-5

圖 16-10 所示為一質譜儀，可用來量度帶電質點的質量。今有一束均帶正電 q 的離子，由 S 處發出，經由一速率選擇器 [電場強度為 E_0，磁場強度為 B_0 (進入紙面)]，再垂直射入一磁場強度為 B (穿出紙面) 的磁場中。若離子沿水平方向穿過速率選擇器時，不會發生偏斜，且在磁場 B 中作半徑為 R 的圓周運動，試問：

(1) 離子在速率選擇器內行進的速率為若干？
(2) 離子的質量為若干？

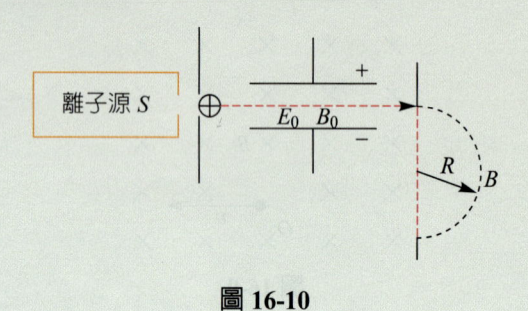

圖 16-10

解

(1) 因離子在穿過速率選擇器時，沒有發生偏斜，表示離子在選擇器內受到的向上磁力，與向下電力的量值相等，即

$$F_{B_0} = F_{E_0} \Rightarrow qE_0 = qvB_0 ,$$

故得離子速率　　$v = \dfrac{E_0}{B_0}$

(2) 當離子垂直射入磁場 B 中時，會作等速率圓周運動。由

$$F_B = F_C$$

$$qvB = m\dfrac{v^2}{R} \Rightarrow qB = \dfrac{m(E_0/B_0)}{R} ,$$

得離子質量　　$m = \dfrac{qB_0 BR}{E_0}$

隨堂練習

16-1 下列有關磁的敘述,何者錯誤?
(1) 磁極是成對存在 　　(2) 磁力線是封閉曲線
(3) 磁場是由磁單極產生　(4) 地磁的 S 極在地理的 N 極附近。

16-2 若下列物體皆有磁場產生,則何者產生的磁場最均勻?
(1) 長螺線管內部　　(2) 長條形磁鐵
(3) U 形磁鐵　　　　(4) 無限長載流直導線。

16-3 速度向北的負電荷,在指向北方的均勻磁場中運動,則此負電荷會向何方向偏折? (1) 東 (2) 西 (3) 上 (4) 下 (5) 不偏。

16-4 電子在大小為 1.0 T 的均勻磁場中,以速率為 10^6 m/s,且與磁場的方向夾 30° 角的方向運動。則電子所受的磁力大小為何?

16-5 若一質子以 2.00×10^5 m/s 的速率,垂直入射至 0.5 T 的均勻磁場中,求質子在磁場中作圓周運動時的軌道半徑、運動週期及頻率大小?

16-2-3　作用於載流導線上的磁力

學習方針

磁力:
長直載流導線,若置於磁場 $\vec{B}$ 中的長度為 L,則導線受磁力為
$$\vec{F}_B = I\vec{L} \times \vec{B}$$

力矩:
置於磁場 $\vec{B}$ 中的 N 匝迴路,因磁力作用而產生的力矩大小 τ 為
$$\tau = NIAB\sin\theta$$

前面提及單一帶電質點在磁場中運動,會受到磁力的作用;那在導線內,由一群移動電荷,所形成的電流,將會使導線受多少磁力的作用呢?考慮有電流 I 存在的長直載流導線,若置於磁場 $\vec{B}$ 中的長度為 L,如圖 16-11 所示。若導線中電荷移動的速度為 $\vec{v}$,由 (16-9) 式可得長直載流導線所受磁力 $\vec{F}_B$ 為

右手掌定則：
用來判定導線受磁力作用的方向；手掌伸開，拇指與四指垂直，以拇指代表電流方向、四指代表磁場方向、手掌心代表磁力方向。

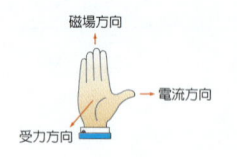

$$\vec{F}_B = q\vec{v} \times \vec{B}$$
$$= q\frac{\vec{L}}{\Delta t} \times \vec{B}$$
$$= \frac{q}{\Delta t}\vec{L} \times \vec{B}$$
$$\vec{F}_B = I\vec{L} \times \vec{B} \tag{16-11a}$$

當長直載流導線與磁場 $\vec{B}$ 的夾角為 θ 時，所受磁力大小為

$$F = ILB\sin\theta \tag{16-11b}$$

由 (16-11a) 式，可得如下結論：

1. 長直載流導線與磁場 $\vec{B}$ 垂直時，導線所受的磁力最大 ILB。
2. 長直載流導線與磁場 $\vec{B}$ 平行時，導線不受磁力作用。
3. 磁力 $\vec{F}_B$ 永遠和電流 I 的方向垂直，所以磁力不會對長直載流導線作功，而長直導線受力情形如圖 16-11 所示。

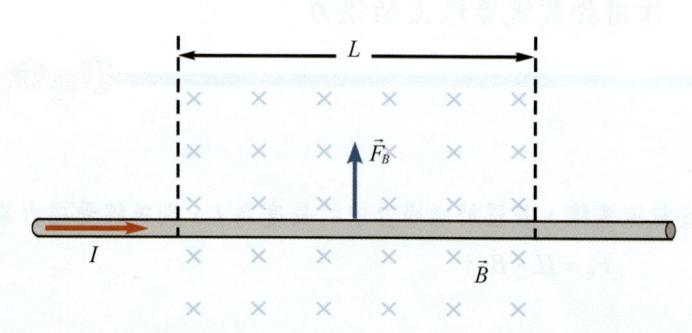

圖 16-11 長直載流導線置於磁場中的長度為 L 受磁力作用情形。

電動機 (馬達) 的原理就是利用載流導線繞成的線圈，在磁場中受力矩作用，產生轉動，如圖 16-12 所示。

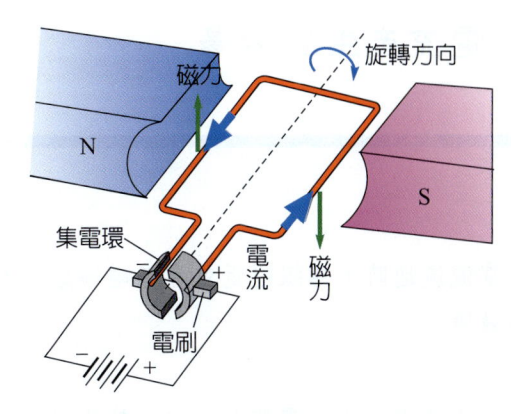

圖 16-12　電動機原理示意圖。

載流線圈上的力矩

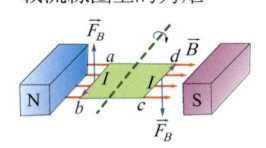

$\overline{ab} = \overline{cd} = L$
$\overline{bc} = \overline{da} = w$
$\vec{F}_{ab} = \vec{F}_B$
$\vec{F}_{cd} = -\vec{F}_B$
$\vec{F}_B = I\vec{L} \times \vec{B}$
$\xrightarrow{\vec{L} \perp \vec{B}} F_B = ILB$
$\vec{\tau} = \vec{r} \times \vec{F}_B$
$\xrightarrow[r = \frac{w}{2}\sin\theta]{\theta : \vec{r} 與 \vec{F}_B 的夾角}$
$\tau = \tau_{bc} + \tau_{da}$
$\tau = 2 \times \dfrac{w\sin\theta}{2} F_B$
$= w(ILB)\sin\theta$
$= IAB\sin\theta$
N 匝
$\tau = NIAB\sin\theta$

例題 16-6

載有電流 4.0 安培的長直導線，置於 8000 高斯的均勻磁場中的長度為 20.0 公分，且與磁場夾 37° 角，則導線所受的磁力為何？

解

置於磁場 $\vec{B}$ 中的長直載流導線，所受磁力為

$\vec{F}_B = I\vec{L} \times \vec{B}$

$F_B = ILB\sin\theta \xrightarrow[B = 8000G = 0.800T]{L = 20cm = 0.20m} F_B = 4.0 \times 0.20 \times 0.800 \times \sin 37°$
$= 0.512 \,(N)$

載有電流 4.0 安培的長直導線，置於 8000 高斯的均勻磁場中的長度為 20.0 公分，且與磁場夾 37° 角，所受磁力為 0.512 牛頓，方向與導線和磁場所在平面垂直。

隨堂練習

16-6　載有 2.0 A 的電流，長 20 cm 的載流導線，受到 0.5 特士拉的垂直磁場作用，則導線受到的磁力為多少？

16-3　電流產生的磁場

電流磁效應：

當導線中有電流流通時，導線附近就會有磁場產生，此種現象稱為電流磁效應。

右手定則：

右手握拳，拇指伸直，代表電流的方向，其餘四指彎曲握住通電導線，四指彎曲的方向，代表磁場的方向。

必歐-沙伐定律 (Biot-Savart law)：

$$d\vec{B} = \frac{\mu_0}{4\pi} \frac{Id\vec{s} \times \hat{r}}{r^2}$$

無限長載流導線在空間所產生的磁場大小：$B = \dfrac{\mu_0 I}{2\pi R}$

兩平行載流導線間的磁力大小：$F = \dfrac{\mu_0}{2\pi} \dfrac{I_1 I_2 L}{d}$

1 安培的定義：

真空中，兩截面可忽略的無限長平行載流直導線，相距 1 米，當兩導線每單位長度所受的磁力等於 2×10^{-7} 牛頓時，導線中流過的電流為 1 安培。

安培定律：

沿封閉曲線並平行於每一小段路徑的磁場分量與此一小段路徑的長度乘積之總和，等於所圍封閉曲線內的淨電流乘以導磁率常數。

$$\oint_C \vec{B} \cdot d\vec{\ell} = \mu_0 I$$

1820 年，奧斯特發現當電流通過一條長直導線時，周圍會產生磁場，其磁力線的形狀，是以直導線為中心的同心圓，而磁場方向，恆與電流方向垂直，如圖 16-13 所示。磁場的方向可以由右手定則來表現，以右手拇指指向為電流的方向，其餘四指繞著載流導線彎曲，四指彎曲環繞的方向，即為磁場的方向，如圖 16-14 所示；當電流的方向相反時，磁場的方向亦會相反。1934 年，國際標準計量會議決議將 CGS 單位制中的磁場大小單位命名為「奧斯特」，以紀念奧斯特在電磁學上的貢獻。

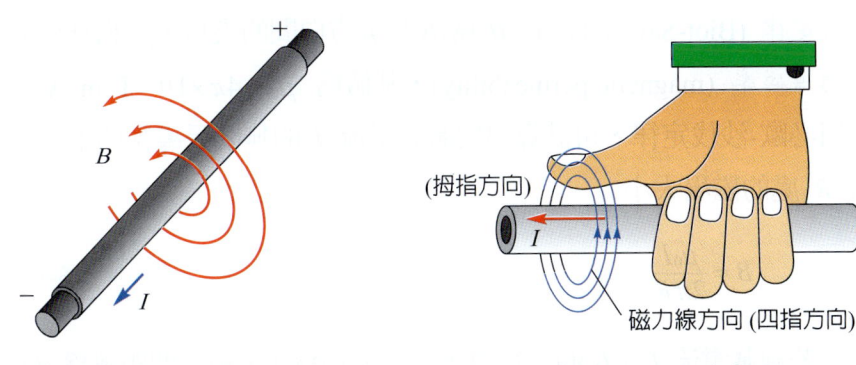

圖 16-13 通電流的長直導線。　　圖 16-14 右手定則。

16-3-1 必歐-沙伐定律

奧斯特發現電流磁效應後，必歐和沙伐由實驗得知，載流導線在空間所產生的磁場是由導線上許多小段的微量電流長度元素所貢獻，計算各微量電流長度元素產生的磁場總和，即可得任何位置的磁場。如圖 16-15 所示，在載有電流 I 的導線上取一微小長度 $d\vec{s}$，具有微量電流長度元素 $Id\vec{s}$，方向為與導線相切的電流方向。若微量電流長度元素的中心點至導線附近 P 點的位置向量為 $\vec{r}$，則 P 點位置的磁場 $d\vec{B}$ 為

$$d\vec{B} = \frac{\mu_0}{4\pi} \frac{Id\vec{s} \times \hat{r}}{r^2} \tag{16-12a}$$

$$dB = \frac{\mu_0}{4\pi} \frac{Ids\sin\theta}{r^2} \tag{16-12b}$$

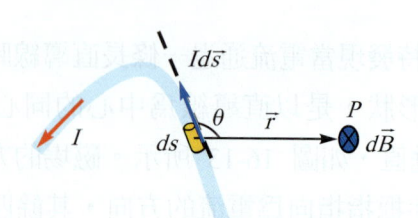

圖 16-15 微量電流長度元素 $Id\vec{s}$ 在 P 點產生磁場 $d\vec{B}$。

(16-12a)、(16-12b) 就是計算磁場的微積分基本式，亦即著名的**必歐-沙伐定律** (Biot-Savart law)。θ 為 $d\vec{s}$ 與 $\vec{r}$ 方向間的夾角，μ_0 稱為**空間中的導磁率** (magnetic permeability)，其值為 $\mu_0 = 4\pi \times 10^{-7}$ T·m/A。利用必歐-沙伐定律，可計算出與載有電流 I 的無限長導線間垂直距離 R 處的磁場大小

$$B = \frac{\mu_0 I}{2\pi R} \tag{16-13}$$

若兩載電流 I_1、I_2 的平行導線，長度均為 L，相互間距離為 d，當所載電流 I_1、I_2 反方向時，彼此互相排斥；所載電流同方向時，則互相吸引，如圖 16-16(a)、(b) 所示。此兩平行導線所受磁力方向相反，而 F 之大小同為

$$F = \frac{\mu_0}{2\pi} \frac{I_1 I_2 L}{d} \tag{16-14}$$

1946 年國際度量衡委員會訂定以安培為電流單位，以紀念法國物理學家安培。1960 年第十一屆國際度量衡大會將安培訂為國際單位制的基本單位之一，並定義一安培為

真空中，兩截面可忽略的無限長平行載流直導線，相距 1 米，當兩導線每單位長度所受的磁力等於 2×10^{-7} 牛頓時，導線中流過的電流為 1 安培。

兩平行導線所受磁力

$\vec{F}_{21} = I_2 \vec{L}_2 \times \vec{B}_1$
$F_{21} = I_2 L_2 B_1 \sin\theta$
$\Rightarrow \theta = 90°$

$F_{21} = I_2 L_2 B_1$
$\quad = \dfrac{\mu_0 I_1 I_2 L_2}{2\pi d}$
$F = \dfrac{\mu_0 I_1 I_2 L}{2\pi d}$

1820 年 9 月 25 日，安培報告了兩根載流導線存在時的相互影響，相同方向的平行電流彼此相吸，相反方向的平行電流彼此相斥。

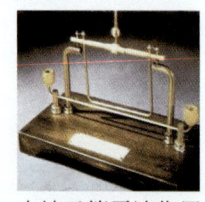

安培示範電流作用力的儀器(複製品)。

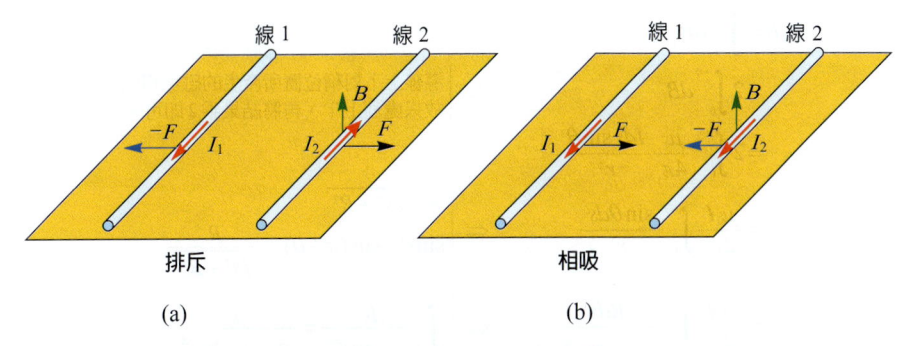

第 16 章　電流的磁效應

圖 16-16　兩平行載流導線受磁力影響的情形。
(a) 導線電流方向相反，載流導線互相排斥；
(b) 導線電流方向相同，載流導線互相吸引。

例題 16-7

利用必歐-沙伐定律，計算與載有電流 I 的無限長導線間垂直距離 R 處的磁場大小。

解

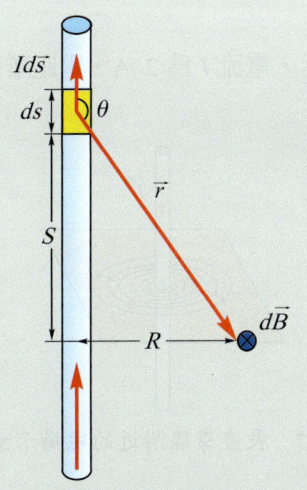

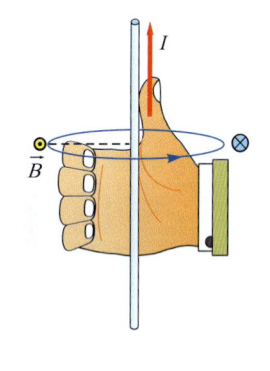

由必歐-沙伐定律可寫出具有微量電流長度元素 $Id\vec{s}$，位置向量為 $\vec{r}$ 的 P 點磁場 $d\vec{B}$ 為

$$d\vec{B} = \frac{\mu_0}{4\pi} \frac{Id\vec{s} \times \hat{r}}{r^2} \Rightarrow dB = \frac{\mu_0}{4\pi} \frac{Ids\sin\theta}{r^2}$$

載有電流 I 的導線為無限長，積分由 $-\infty$ 取至 $+\infty$，並以對稱觀念處理。

$$\begin{aligned}
B &= \int_{-\infty}^{+\infty} dB \\
&= 2\int_{0}^{+\infty} dB \\
&= 2\int_{0}^{+\infty} \frac{\mu_0}{4\pi} \frac{Ids\sin\theta}{r^2} \\
&= \frac{\mu_0 I}{2\pi} \int_{0}^{+\infty} \frac{\sin\theta ds}{r^2} \\
&= \frac{\mu_0 I}{2\pi} \int_{0}^{+\infty} \frac{Rds}{(s^2+R^2)^{\frac{3}{2}}} \\
&= \frac{\mu_0 I}{2\pi R} \frac{s}{(s^2+R^2)^{\frac{1}{2}}} \Big|_{0}^{+\infty} \\
&= \frac{\mu_0 I}{2\pi R}
\end{aligned}$$

⇐ 導線上下對稱位置所產生的磁場相同；故只處理上半，再將結果乘2即可。

⇐ $r = \sqrt{s^2+R^2}$; $\sin\theta = \sin(\pi-\theta) = \dfrac{R}{\sqrt{s^2+R^2}}$

⇐ $\displaystyle\int \frac{ds}{(s^2+R^2)^{\frac{3}{2}}} = \frac{s}{R^2(s^2+R^2)^{\frac{1}{2}}}$

故得，載有電流 I 的無限長導線間垂直距離 R 處的磁場大小為 $\dfrac{\mu_0 I}{2\pi R}$，方向則依右手定則判別。

例題 16-8

如圖 16-17 所示，電流 I 為 2 A，求距離導線 5 cm 的磁場大小為何？

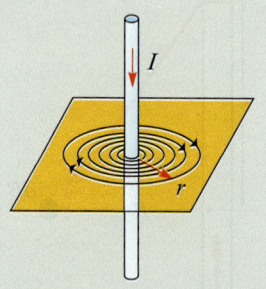

圖 16-17 長直導線附近的磁場示意圖。

解

載有電流 2 A 的無限長直導線，與其垂直距離 5 cm 處的磁場大小為

$$B = \frac{\mu_0 I}{2\pi R} \Rightarrow B = \frac{4\pi \times 10^{-7} \times 2.0}{2\pi \times (5.0 \times 10^{-2})} = 4 \times 10^{-6} \text{ (T)}$$

長直導線載有向上流動的電流 2.0 A，故在導線周圍有順時鐘方向的磁場，而離導線垂直距離 5 cm 處的磁場大小為 4.0×10^{-6} T，相當於 0.04 G。

例題 16-9

如圖 16-18 所示，兩條相互平行的長直導線上，分別帶有電流 i_1 與 i_2，i_1 流入紙面，i_2 流出紙面。若兩導線的長度均為 L，相互間的距離為 d，則
(1) 兩導線會相互吸引，還是排斥？
(2) 兩導線間的相互作用力的大小為若干？

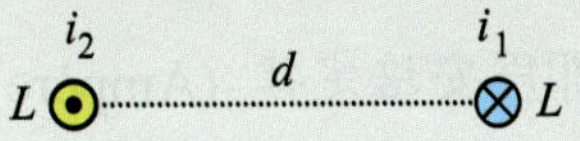

圖 16-18　例題 16-9

解

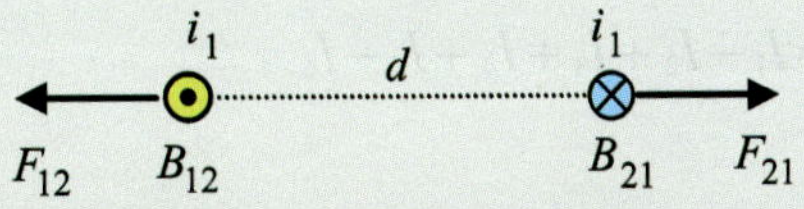

(1) 如上圖，i_1 在 i_2 處產生一向上的磁場 $\vec{B}_{12}$，而 i_2 流出紙面，因此，i_2 受到的磁力 $\vec{F}_{12}$，方向向左。同理，i_2 在 i_1 處產生一向上的磁場 $\vec{B}_{21}$，但 i_1 流入紙面，因此，i_1 受到的磁力 $\vec{F}_{21}$，方向向右。故知兩導線會相互排斥。

(2) i_2 受到的磁力大小 $F_{12} = i_2 L B_{12} \sin 90° = i_2 L \cdot \dfrac{\mu_0 i_1}{2\pi d} = \dfrac{\mu_0 i_1 i_2 L}{2\pi d}$

i_1 受到的磁力大小 $F_{21} = i_1 L B_{21} \sin 90° = i_1 L \cdot \dfrac{\mu_0 i_2}{2\pi d} = \dfrac{\mu_0 i_1 i_2 L}{2\pi d}$

故知 $F_{12} = F_{21} = \dfrac{\mu_0 i_1 i_2 L}{2\pi d}$

16-3-2　安培定律

真空中穩定電流產生的磁場遵從必歐-沙伐定律，安培由必歐-沙伐定律推導出安培迴路定理，它反映了磁場和載流導線間的相互

關係。如圖 16-19 所示，選取一封閉迴路 (closed loop)，此封閉迴路稱為安培迴路 (Amperian loop)。若圖中所有電流在安培迴路微量路段 $d\vec{s}$ 上所產生的磁場為 $\vec{B}$，則沿安培迴路進行線積分 $\oint_C \vec{B} \cdot d\vec{s}$，其結果會等於穿過此迴路所包圍的淨電流 (net current) I_{net}，乘上真空導磁率 μ_0。

$$\oint_C \vec{B} \cdot d\vec{s} = \mu_0 I_{net} \tag{16-15a}$$

$$\oint_C (B\cos\theta) ds = \mu_0 I_{net} \tag{16-15b}$$

(16-15a)、(16-15b) 式即為安培定律 (Ampère's law)。式中 θ 為 $d\vec{s}$ 與 $\vec{B}$ 的夾角。若假設流入迴路的電流為正，流出迴路的電流為負，則淨電流 I_{net} 為

$$I_{net} = \sum_i I_i = I_1 - I_2 + I_3 + I_4 + I_5 - I_6$$

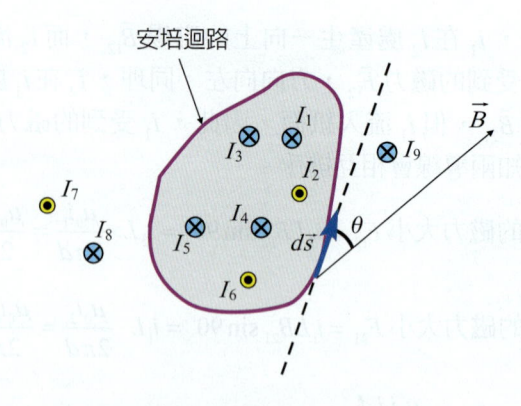

圖 16-19　包圍載流導線的安培迴路。

利用安培定律可以很容易求得具有對稱性質的磁場，如

1. 半徑為 R，載有電流 I 的無限長導線內部磁場大小為 $\dfrac{\mu_0 I}{2\pi R^2} r_{in}$ ($r_{in} < R$)，與外部的磁場大小為 $\dfrac{\mu_0 I}{2\pi r_{out}}$ ($r_{out} > R$)。

2. 通有電流 I 的理想螺線管 (solenoid) 內,磁場大小為 $\mu_0 n I$,n 為單位長度的匝數,如圖 16-20(a)。

3. 通有電流 I 的理想螺線環 (toroid) 內的磁場為 $\dfrac{\mu_0 N I}{2\pi r}$,$N$ 為螺線環的匝數,如圖 16-20(b)。

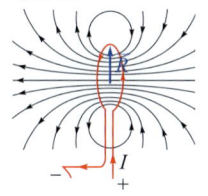

載流圓形導線的磁場分佈

載流螺線管的磁場分佈

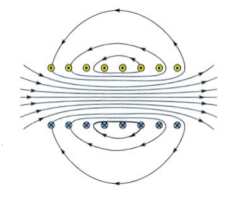

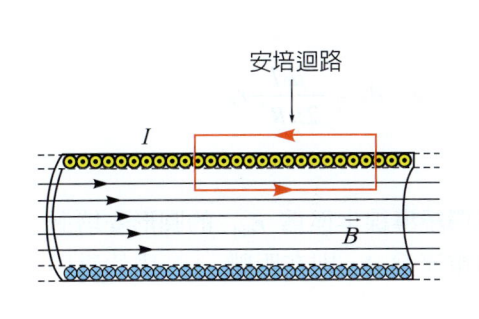

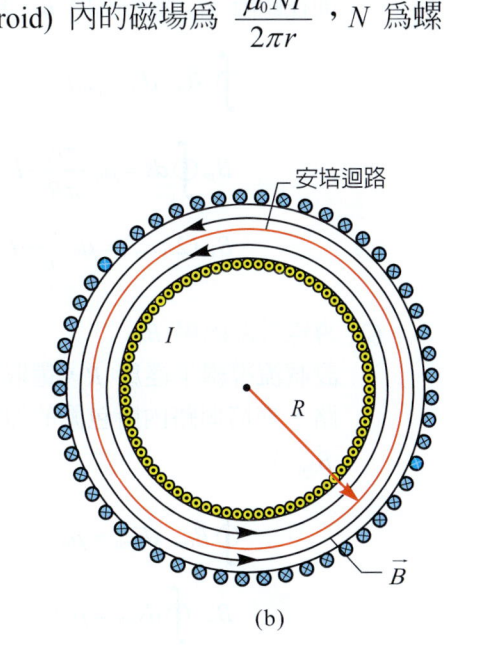

圖 16-20 (a) 螺線管的剖面;(b) 螺線環的剖面示意圖。

例題 16-10 長直導線的磁場

利用安培定律,計算與載有電流 I 的無限長導線內部與外部的磁場大小。

解

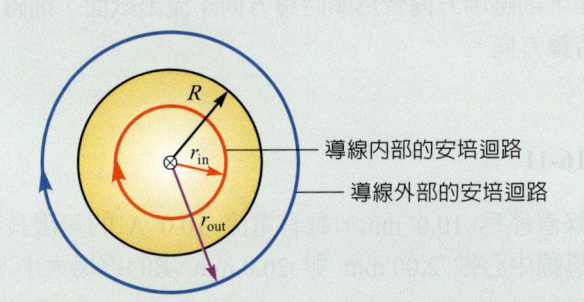

(1) 導線內部磁場 $\vec{B}_{in}$

設載流導線半徑為 R,在導線內部選取半徑為 r_{in} 的圓形安培迴路,迴路內所包圍的淨電流 I_{in} 為

$$I_{\text{in}} = \frac{I}{\pi R^2} \oint_C dA_{\text{in}} = \frac{\pi r_{\text{in}}^2}{\pi R^2} I$$

則在距離 r_{in} 處的磁場 $\vec{B}_{\text{in}}$ 為

$$\oint \vec{B}_{\text{in}} \cdot d\vec{s} = \mu_0 I_{\text{in}}$$

$$B_{\text{in}} \oint ds = \mu_0 \frac{\pi r_{\text{in}}^2}{\pi R^2} I$$

$$B_{\text{in}}(2\pi r_{\text{in}}) = \mu_0 \frac{r_{\text{in}}^2}{R^2} I \quad \Rightarrow \quad B_{\text{in}} = \frac{\mu_0 I}{2\pi R^2} r_{\text{in}}$$

(2) 導線外部磁場 $\vec{B}_{\text{out}}$

設載流導線半徑為 R，選取環繞導線半徑為 r_{out} 的圓形安培迴路，安培迴路內所包圍的淨電流為 I，則在距離 r_{out} 處的磁場 $\vec{B}_{\text{out}}$ 為

$$\oint \vec{B}_{\text{out}} \cdot d\vec{s}_{\text{out}} = \mu_0 I_{\text{out}}$$

$$B_{\text{out}} \oint ds_{\text{out}} = \mu_0 I$$

$$B_{\text{out}}(2\pi r_{\text{out}}) = \mu_0 I \quad \Rightarrow \quad B_{\text{out}} = \frac{\mu_0 I}{2\pi r_{\text{out}}}$$

載有電流 I 的無限長導線內部磁場大小為 $\frac{\mu_0 I}{2\pi R^2} r_{\text{in}}$，與外部的磁場大小為 $\frac{\mu_0 I}{2\pi r_{\text{out}}}$；且導線內部磁場大小與中心軸的垂直距離成正比；外部則與中心軸的垂直距離成反比。若電流方向為流入紙面，則磁場方向皆為順時鐘方向；流出紙面，則磁場方向皆為逆時鐘方向。

例題 16-11

一條直徑為 10.0 mm，載有電流 10.0 A 的無限長導線，求垂直距離導線中心軸 2.00 mm 與 20.0 mm 處的磁場大小。

解

垂直距離導線中心軸 2.00 mm 是位於導線內部，故其磁場 $\vec{B}_{\text{in}}$ 大小為

$$B_{in} = \frac{\mu_0 I}{2\pi R^2} r_{in} \xrightarrow[R = 5.00 \times 10^{-3} \text{ m}]{\text{直徑} = 10.0 \text{ mm}} B_{in} = \frac{(4\pi \times 10^{-7}) \times 10.0}{2\pi \times (5.00 \times 10^{-3})^2} \times (2.00 \times 10^{-3})$$

$$= 1.60 \times 10^{-4} \text{ (T)}$$

$$= 1.60 \text{ (G)}$$

垂直距離導線中心軸 20.0 mm 是位於導線外部，故其磁場 $\vec{B}_{out}$ 大小為

$$B_{out} = \frac{\mu_0 I}{2\pi r_{out}} \longrightarrow B_{out} = \frac{(4\pi \times 10^{-7}) \times 10.0}{2\pi \times (20.0 \times 10^{-3})}$$

$$= 1.00 \times 10^{-4} \text{ (T)}$$

$$= 1.0 \text{ (G)}$$

垂直距離導線中心軸 2.00 mm 處，其磁場 $\vec{B}_{in}$ 大小為 1.60 G；20.0 mm 處，其磁場 $\vec{B}_{out}$ 大小為 1.0 G。

隨堂練習

16-7 試利用安培定律推導出通有電流 I 的理想螺線管內，磁場大小為 $\mu_0 nI$，n 為單位長度的匝數。

16-8 每釐米有 20 匝銅線的理想螺線管，若通以 20.0 A 電流，此螺線管中心磁場大小有多少 T？
(1) $2\pi \times 10^{-2}$　(2) $4\pi \times 10^{-2}$　(3) $8\pi \times 10^{-2}$　(4) $16\pi \times 10^{-2}$
(5) $32\pi \times 10^{-2}$　T。

16-9 長 10 cm 的螺線管通有 10.0 A 的電流時，若螺線管內磁場大小為 $4\pi \times 10^{-2}$ T，則此螺線管共有多少（匝）？
(A) 10　(B) 100　(C) 1,000　(D) 10,000　匝。

16-10 長為 30.0 cm，繞有 1,000 匝銅線的理想螺線管，若銅線通有 3.00 A 的電流，則螺線管內的磁場大小是多少？

16-11 計算通有電流 I 的理想螺線環內的磁場為 $\dfrac{\mu_0 NI}{2\pi r}$，N 為螺線環的匝數。

16-12 一內半徑為 40.0 mm、外半徑為 60.0 mm 的螺線環，以銅線纏繞 1,000 匝。當銅線內有 0.500 A 的電流流動時，距離螺線環中心 50.0 mm 處的磁場大小是多少？

16-4 電磁感應

磁通量 (magnetic flux)：
導線迴路置於磁場 $\vec{B}$ 中，垂直通過此迴路面積所包圍的磁力線總數，定義為磁通量 Φ_B，即

$$\Phi_B = \int_A \vec{B} \cdot d\vec{A}$$

法拉第電磁感應定律 (Faraday's law of electromagnetic induction)：
N 匝迴路中的瞬時感應電動勢 ε，會等於通過該迴路之磁通量對時間變化率的負值，可表示為

$$\varepsilon = -N\frac{d\Phi_B}{dt}$$

冷次定律 (Lenz's law)：
感應電流方向是為了產生感應磁場，以阻止迴路內的磁通量變化。

亨利
亨利最初從事化學研究工作，1824 年發表了第一篇論文。1827 年，開始研究電磁現象。他應用安培的理論改進了當時的電磁鐵，使它的場強提高了很多。在法拉第之前，觀測到電磁感應現象，並揭示了歐姆定律的意義。1832 年，亨利首先發現了自感現象，1835 年下半年發表了解釋自感現象的論文，為了紀念他的成就，電感的實用單位命名為亨利，現行國際單位制 (SI) 仍沿用。
(亨利在法拉第之前發現電磁感應現象，但實驗結果的公開發表則是在法拉第之後。)

奧斯特發現電可以生磁，那麼磁是否也能生電呢？1830 年 8 月，美國物理學家亨利 (Joseph Henry, 1797-1878) 在電磁鐵兩極中間放置一根繞有絕緣導線的鐵棒，然後把鐵棒上的絕緣導線接到檢流計上，形成閉合迴路。他觀察到，當電磁鐵的電流接通時，檢流計指針偏轉向一方後又歸零；當電流斷路的時候，指針向另一方偏轉後回到零，這就是亨利發現的電磁感應現象。

1831 年，英國物理學家法拉第 (Michael Faraday, 1791-1867) 發表磁場產生電流的實驗結果。他將兩條獨立的電線環繞在鐵環的二邊，當一條導線通以電流時，另外一條導線也產生電流。他發現線圈接通和斷開瞬間，另一線圈中的電流方向相反，產生電流的效應不是持續而是短暫的。法拉第同時進行另外一項實驗，若移動一塊磁鐵通過導線線圈，則線圈中將有電流產生，如圖 16-21 所示；同樣的現象也發生在移動線圈通過靜止的磁鐵時。法拉第在經過一系列實驗以後，了解到穩定的磁場不會產生電流，但若使封閉線圈中

的磁場產生變化，則會在線圈上產生電流，這電流稱為感應電流 (induced current)，在線圈導線二端產生的電壓，稱為感應電動勢 (induced electromotive force)，此過程被稱為電磁感應 (electromagnetic induction) 現象。

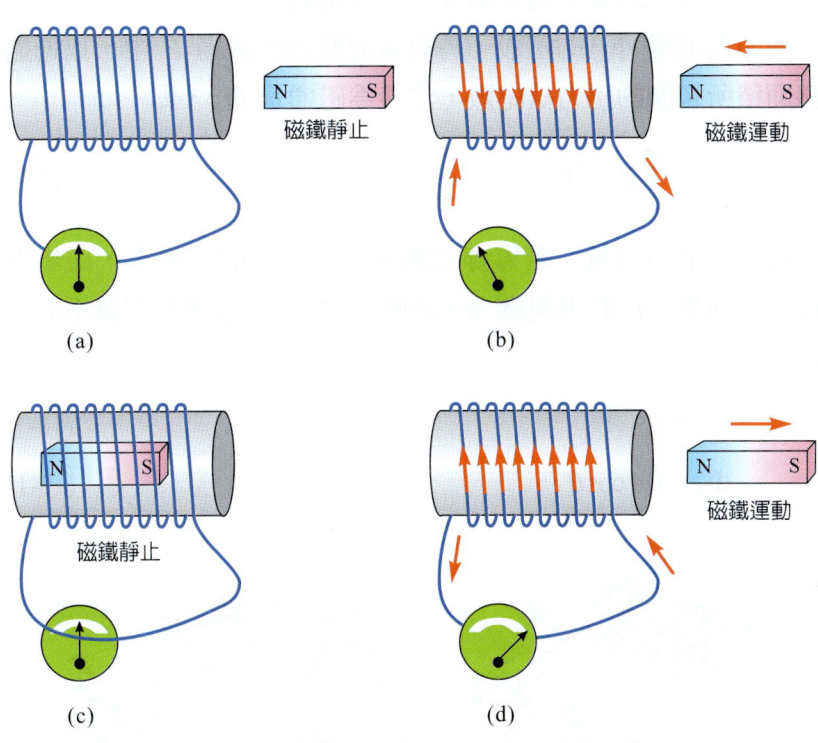

(a) 磁鐵靜止

(b) 磁鐵運動

(c) 磁鐵靜止

(d) 磁鐵運動

圖 16-21　磁鐵通過導線線圈時，電流計指針變化情形。

小品
法拉第的手稿

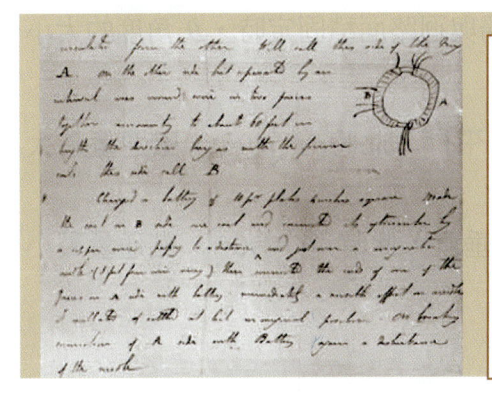

1832 年 3 月 12 日，法拉第在文稿中寫道：「……使我相信，磁的作用是漸進的，是需要時間的……」；「有理由假設，電(壓)的感應也是以類似的漸進方式進行的。」這是物理學史上第一次對力的超距作用概念提出的挑戰。

法拉第用的螺線環。

法拉第的實驗結論，只對電磁感應現象作定性的陳述，並未定量化。為解決此問題，定義一個新的物理量磁通量 (magnetic flux)，而法拉第所提及的磁場產生變化，係指穿過線圈的磁通量發生變化。由於線圈中磁通量的改變，使線圈具有感應電動勢，產生感應電流，且磁通量的變化越大，感應電流也越大。

　　猶如電通量 Φ_E 的定義，將導線迴路置於磁場 $\vec{B}$ 中，以通過此迴路面積所包圍的磁力線總數，定義為磁通量 Φ_B，即

$$\Phi_B = \int_A \vec{B} \cdot d\vec{A} \tag{16-16}$$

$d\vec{A}$ 為微小面積向量；若導線迴路是置於均勻的磁場中，磁場 $\vec{B}$ 與迴路平面向量 $\vec{A}$ 的夾角為 θ，如圖 16-22。則通過此迴路平面的磁通量可表示為

$$\Phi_B = \vec{B} \cdot \vec{A} \tag{16-17a}$$

$$\Phi_B = BA\cos\theta \tag{16-17b}$$

$\vec{A}$ 的方向代表平面的法線方向。

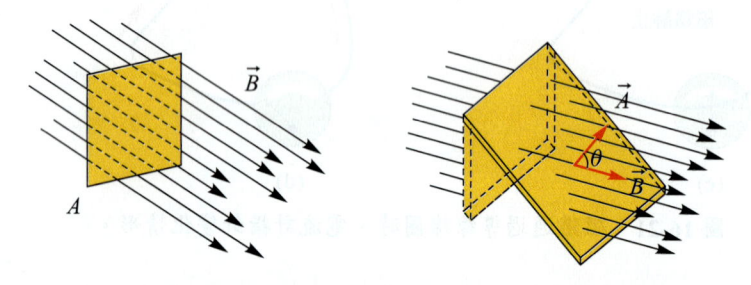

圖 16-22 (a) 垂直穿過平面的磁場；(b) 磁場與平面向量 $\vec{A}$ 夾 θ 角。

　　磁通量可以藉由磁力線來描述，而磁場的變化與迴路面積的改變皆會影響磁通量的值。當磁場與迴路面積固定時，θ 角度的大小也將影響磁通量的量，如：

1. 當磁力線與迴路平面向量 $\vec{A}$ 平行，此時 $\theta = 0°$，磁通量最大 $\Phi_B = BA$。

2. 當磁力線與迴路平面向量 $\vec{A}$ 垂直，此時 $\theta = 90°$，磁通量最小 $\Phi_B = 0$。

3. 磁通量有可能出現負值，當 $\theta = 180°$ 時，磁通量為 $\Phi_B = -BA$。磁通量的正負代表通量是流入或流出迴路平面。

在 SI 制單位中，磁通量的單位為 $T \cdot m^2$，亦稱為韋伯 (Wb)。磁場大小可寫成 Φ_B/A，此表示每單位面積的磁通量，故磁場有時也稱為**磁通量密度** (magnetic flux density)，磁場的單位也可寫成 Wb/m^2。

$$\Phi_B = \vec{B} \cdot \vec{A}$$
$$\frac{d\Phi_B}{dt} = \frac{d\vec{B}}{dt} \cdot \vec{A} + \vec{B} \cdot \frac{d\vec{A}}{dt}$$

例題 16-12

在 xy 平面上半徑為 0.200 m 的圓形迴路，置於大小為 0.500 T、方向指向 $+z$ 的均勻磁場中，若磁場方向與迴路平面垂直，則通過迴路的磁通量為何？

解

因為磁場方向與迴路平面垂直，所以磁場方向與迴路平面的法線方向同向。故磁通量為

$$\Phi_B = \vec{B} \cdot \vec{A}$$
$$\Phi_B = BA\cos\theta \xrightarrow{\theta=0°} \Phi_B = 0.500 \times \pi \times (0.200)^2 \times \cos 0°$$
$$= 0.0628 \quad (T \cdot m^2)$$

通過迴路的磁通量為 $0.0628 \, T \cdot m^2$。

隨堂練習

16-13 在 xy 平面上半徑為 0.200 m 的圓形迴路，置於大小為 0.500 T、方向指向 $+z$ 的均勻磁場中，若磁場方向與迴路平面平行，則通過迴路的磁通量為何？若二者呈 45° 時，則通過迴路的磁通量為何？

利用磁通量的觀念，可以將法拉第的實驗結果定量化。由於只要磁鐵與迴路線圈間有相對運動，線圈中就會有感應電流生成，線圈中所產生的電流，則是來自於**感應電動勢** (emf)。法拉第將此陳述為

單匝迴路中的瞬時感應電動勢 ε，會等於通過該迴路之磁通量對時間變化率的負值，可表示為

$$\varepsilon = -\frac{d\Phi_B}{dt} \tag{16-18a}$$

如果有 N 匝迴路，則感應電動勢將會是單匝的 N 倍，即

$$\varepsilon = -N\frac{d\Phi_B}{dt} \tag{16-18b}$$

(16-18a)、(16-18b) 式即為法拉第電磁感應定律 (Faraday's law of electromagnetic induction)。在式中的負號有何種涵意？1834 年蘇俄科學家冷次 (H. F. Lenz, 1804-1865) 提出著名的冷次定律 (Lenz's law)，將之解釋為

由感應電動勢所產生的感應電流，在迴路內產生感應磁場，感應磁場所形成的感應磁通量與原來產生感應電動勢的磁通量方向相反。

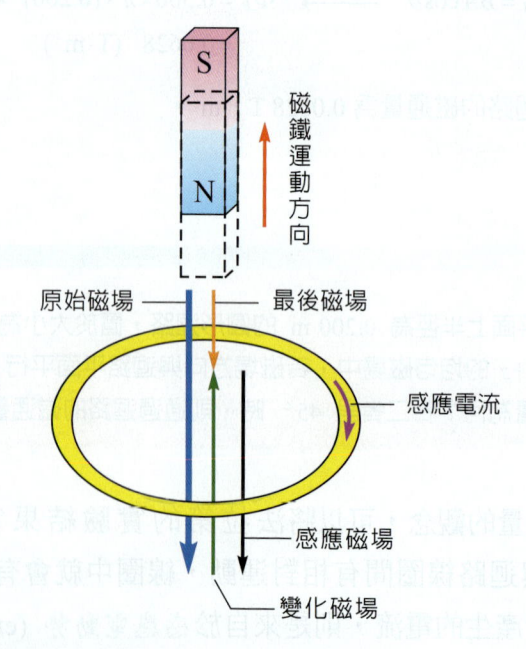

圖 16-23　磁鐵與迴路線圈有相對運動，線圈中的感應電流與感應磁場示意圖。

簡言之

感應電流方向是為了產生感應磁場，以阻止迴路內的磁通量變化。

如圖 16-23 所示，原始磁場係由磁棒產生，而感應磁場係由線圈產生。當磁棒遠離線圈時，通過線圈的磁通量減少，而產生感應電動勢，使得感應電流建立了感應磁場，也具有磁通量。但此因感應而來的磁場，其方向與磁棒遠離的外加磁場，兩者方向相同，因而阻止通過線圈的磁通量減少。

例題 16-13

有一置放於 0.5 T 磁場中的 40 匝圓形線圈迴路，其圓形面積為 $2 \times 10^{-2} m^2$。若磁場始終保持與線圈面的法線方向平行，則當磁場在 0.2 秒的時距內，增為 0.8 T，求感應電動勢為多少？

解

依法拉第電磁感應定律所述，感應電動勢與通過線圈的磁通量變化有關，由於磁場方向與線圈面積向量的方向相同，當時間為 0 時的磁通量 Φ_{Bi} 為

$$\Phi_B = \vec{B} \cdot \vec{A}$$

$$\Phi_{Bi} = B_i A \cos 0° \Rightarrow \Phi_{Bi} = 0.50 \times (2.0 \times 10^{-2})$$
$$= 1.0 \times 10^{-2} \ (T \cdot m^2)$$

在 0.20 s 後的磁通量 Φ_{Bf} 為

$$\Phi_{Bf} = B_f A \cos 0° \Rightarrow \Phi_{Bf} = 0.80 \times (2.0 \times 10^{-2})$$
$$= 1.6 \times 10^{-2} \ (T \cdot m^2)$$

由於磁通量變化而產生的感應電動勢為

$$\varepsilon = -N \frac{d\Phi_B}{dt} \Rightarrow \varepsilon = -40 \times \frac{(1.6 \times 10^{-2} - 1.0 \times 10^{-2})}{0.20}$$
$$= -1.2 \ (V)$$

感應電動勢中的負號在此意義為：阻止因為磁場增強而導致的磁通量增加。

隨堂練習

16-14 下列何項與在均勻磁場中，繞軸轉動的線圈，所產生的感應電動勢大小有關？（複選）
(1) 線圈的轉速　　　(2) 線圈的匝數
(3) 線圈的面積　　　(4) 線圈的電流。

16-15 如下圖，試以法拉第電磁感應定律和冷次定律，解釋磁鐵穿過螺線管時，安培計指針變化的情形。

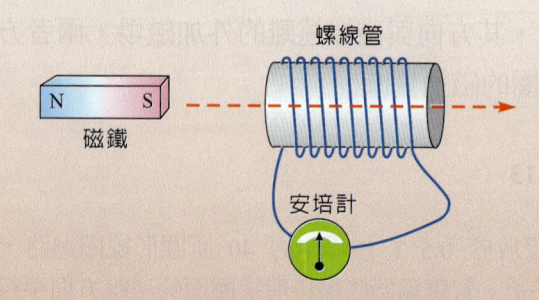

16-16 有一置放於 0.5 T 磁場中的 10 匝圓形線圈迴路，其圓形面積為 2×10^{-2} m^2。若磁場始終保持與線圈面的法線方向平行，則當線圈圓形面積在 0.2 秒的時距內，增為 4×10^{-2} m^2，求感應電動勢為多少？

16-17 當 1,000 匝的線圈，其磁通量在 0.02 s 內由 +1 韋伯均勻變化為 −3.0 韋伯時，其感應電動勢為多少？

16-5　馬克士威爾方程式

學習方針

馬克士威爾方程式在 SI 制下積分形式：

電場的高斯定律　　　$\oint_A \vec{E} \cdot d\vec{A} = \dfrac{1}{\varepsilon_0} q_{\text{enc}}$

磁場的高斯定律　　　$\oint_A \vec{B} \cdot d\vec{A} = 0$

法拉第的電磁感應定律　$\oint_L \vec{E} \cdot d\vec{L} = -\dfrac{d\Phi_B}{dt}$

安培-馬克士威爾定律　$\oint_L \vec{B} \cdot d\vec{L} = \mu_0 \varepsilon_0 \dfrac{d\Phi_E}{dt} + \mu_0 I_{\text{enc}}$

十九世紀時，已發現電和磁的基本定律有：
1. 庫倫定律：描述二靜止點電荷間作用力或二磁極間作用力。
2. 安培定律：描述電流的磁效應。
3. 法拉第電磁感應定律：描述線圈中的感應電動勢。

對於解釋電磁現象的觀點，則有二種看法：超距作用與力線作用。英國物理學家馬克士威爾 (James Clerk Maxwell, 1831-1879) 統合了前人在電磁理論方面的研究，以法拉第的電力線和磁力線概念，成功地用數學語言描述電磁現象。馬克士威爾將電磁的基本定律歸納為四個方程式，在 SI 制單位中的積分形式為：

電場的高斯定律 $$\oint_A \vec{E} \cdot d\vec{A} = \frac{1}{\varepsilon_0} q_{enc} \quad (16\text{-}19)$$

磁場的高斯定律 $$\oint_A \vec{B} \cdot d\vec{A} = 0 \quad (16\text{-}20)$$

法拉第的電磁感應定律 $$\oint_C \vec{E} \cdot d\vec{\ell} = -\frac{d\Phi_B}{dt} \quad (16\text{-}21)$$

安培-馬克斯威爾定律 $$\oint_C \vec{B} \cdot d\vec{\ell} = \mu_0 \varepsilon_0 \frac{d\Phi_E}{dt} + \mu_0 I_{enc} \quad (16\text{-}22\text{a})$$

馬克士威爾四個方程的 (16-19) 式中的 q_{enc} 是為高斯面所包圍的淨電荷，是為電學中的高斯定律。(16-20) 式陳述了磁單極是不存在，而自然界中截至目前也尚未發現磁單極的物質。(16-21) 式中的 $\vec{E}$ 是因封閉迴路內磁通量變化而產生的感應電場。(16-22a) 式是修正了原有磁學中的安培定律，並統合馬克士威爾的電磁感應定律而得到。I_{enc} 為封閉迴路所包圍的淨電流，$\varepsilon_0 \frac{d\Phi_E}{dt}$ 為封閉迴路所包圍的位移電流 I_d，(16-22a) 式又可表示為

$$\oint_C \vec{B} \cdot d\vec{\ell} = \mu_0 I_d + \mu_0 I_{enc} = \mu_0 I_{net} \quad (16\text{-}22\text{b})$$

在 SI 制單位中，馬克士威爾四個微分方程式：$\vec{B} = u\vec{H}$

$$\vec{\nabla} \times \vec{E} = -\frac{\partial \vec{B}}{\partial t}$$

$$\vec{\nabla} \cdot \vec{D} = \rho$$

$$\vec{\nabla} \times \vec{H} = \vec{J} + \frac{\partial \vec{D}}{\partial t}$$

$$\vec{\nabla} \cdot \vec{B} = 0$$

$\vec{H}$：磁場大小，
  $\vec{B} = \mu \vec{H}$；
$\vec{E}$：電場強度；
$\vec{D}$：電位移，
  $\vec{D} = \varepsilon \vec{E}$；
ρ：電荷密度；
$\vec{J}$：傳導電流密度，
  $\vec{J} = \sigma \vec{E}$；
ε：介質的電容率；
μ：導磁係數。

馬克士威爾的電磁感應定律

$$\oint_C \vec{B} \cdot d\vec{\ell} = \mu_0 \varepsilon_0 \frac{d\Phi_E}{dt}$$

馬克士威爾最重要的貢獻，即為上述的四個方程式所組成的電磁學方程組，每個方程式都對應一個重要的電磁學定律，在馬克士威爾著手研究電磁學時，早已有許多物理學家在這個領域取得豐碩的成果。馬克士威爾繼承法拉第，把需要力線作為媒介的基本思想，以「場」來取代假想的「力線」。他利用電場與磁場作為基本物理量，並著手整理當時的電磁理論，以數學式描述出四個定律，分別是電的高斯定律、磁的高斯定律、法拉第定律，以及修正過的安培定律。原則上，在巨觀的宇宙間任何的電磁現象，皆可以馬克士威爾的四個定律連續方程式及勞倫茲方程式所涵蓋。

習題

磁場

16-1 如下圖所示，在空氣中，兩長 10.0 cm 的長條形磁鐵，磁極大小均為 60 靜磁，且二 N 極相距 5.00 cm，則二磁鐵間存在的磁力為何？[提示：磁鐵之磁極作用力有兩 N 極、N 極對 S 極及兩 S 極的磁力總和]

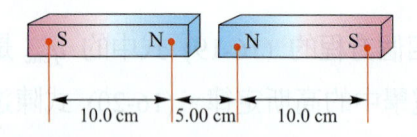

16-2 在磁場中某點置放具有 20 靜磁的磁極，若作用於此點的磁力為 5.00×10^3 dyne，則此點的磁場大小是多少？[提示：磁鐵之磁力 $\vec{F}_B = m_o \vec{B}$]

16-3 如下頁圖所示，若質子以 3×10^5 m/s 的速度，垂直射入 500 G 的均勻磁場中，則質子所受磁力為何？[提示：(1) 點電荷在磁場中所受到的磁力 $\vec{F}_B = q\vec{v} \times \vec{B}$，(2) 1 T = 10^4 G]

⊗ ⊗ ⊗ ⊗ ⊗ ⊗ ⊗
⊗ ⊗ ⊗ ⊗ ⊗ ⊗ ⊗ $\vec{v}$
⊗ ⊗ ⊗ ⊗ ⊗ ⊗ ⊗   ← ⊕ q_p
⊗ ⊗ ⊗ ⊗ ⊗ ⊗ ⊗
⊗ ⊗ ⊗ ⊗ ⊗ ⊗ ⊗
⊗ ⊗ ⊗ ⊗ ⊗ ⊗ ⊗
⊗ ⊗ ⊗ ⊗ ⊗ ⊗ ⊗

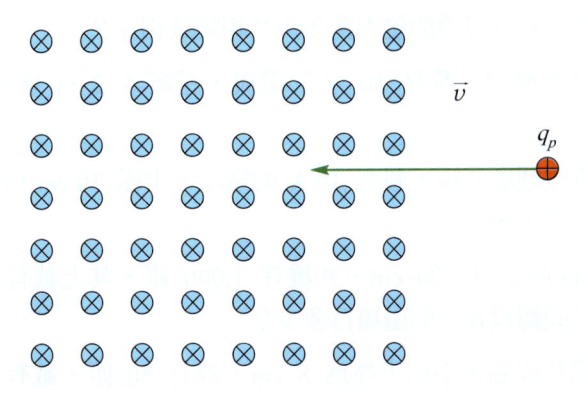

16-4 帶 3e 電量的點電荷，以 $(2.00×10^5)\hat{i} - (3.00×10^5)\hat{j}$ m/s 的速度，進入 $2.00\hat{i}$ T 的均勻磁場中，則點電荷所受磁力為何？

16-5 帶電量 q 的粒子，在磁場 $\vec{B}$ 中以 $\vec{v}$ 的速度運動時，受磁力 $\vec{F}_B$ 影響將做圓周運動。試證此圓周運動的半徑為 $R = \dfrac{mv}{qB}$，週期為 $T = \dfrac{2\pi m}{qB}$。

16-6 一用電耗盡的行動電話鋰離子電池，以充電器傳送 850 mA 的電流 6 小時，並保持電池兩端電壓固定，有多少的電量送至電池內？

電流產生的磁場

16-7 如下圖所示，電流由下往上，試問電線受力之方向？

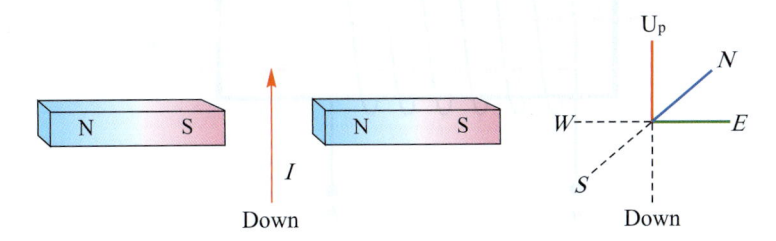

16-8 質量密度為 0.25 kg/m 之導線，沿東西向置放於向北之均勻磁場中，其大小為 2.0 N/(A·m)，則使導線「失重」的電流大小及方向為何？

16-9 在一磁場 10 特士拉的均勻磁場中，長 1 m 的導線載有 5 A 的電流，問：(1) 導線與磁場垂直時，作用在導線的磁力為多少？ (2) 導線與磁場成 45°角時，作用在導線的磁力為多少？ (3) 導線與磁場互相平行時，作用在導線的磁力為多少？

16-10 有一長直導線，帶電流 10 A，距離 0.1 m 處有另一長 2 m 的導線，其上載有 2 A 的電流，兩者互相平行，且電流同方向，問此

導線所受長直導線的磁力為多少？相吸或相斥？

16-11 有一長直導線，載有 50 A 的電流，距離其 2 m 處的磁場為多少？

16-12 有一單匝圓形迴線，載有 10 A 的電流，半徑 10 cm，問其圓心的磁場為多少？

16-13 有一螺線管，長 20 cm，共繞有 1,000 匝，其上載有 2 A 的電流，試問螺線管內的磁場為多少？

16-14 有一環狀線圈，平均半徑為 8 cm，繞有 50 匝，載有 2 A 的電流，問圈內磁場為多少？

電磁感應

16-15 一空心螺線管長度為 1 m，半徑為 5 cm，線圈數為 100 匝，通過電流為 1 A，則通過螺線管內的磁通量為若干？

16-16 產生 6 韋伯的磁鏈變化而感應了 10 伏特電壓，則這變化需在幾秒內完成？

16-17 若繞於鐵芯上的線圈為 300 匝，線圈中原有的磁通量為 0.015 韋伯，方向如圖所示，若穿過線圈的磁通量在 0.3 秒內降低為零，則線圈之平均應電勢為若干？

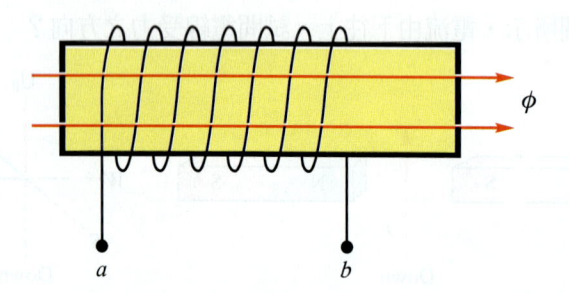

16-18 有一 1,000 匝之線圈，面積為 0.5 m²，在地磁場 ($B = 5 \times 10^{-5}$ T) 中轉動，如果原本線圈垂直於地磁場，費時 0.03 秒轉動平行於地磁場，求線圈內之感應電動勢大小？

馬克士威爾方程式

16-19 請寫出馬克士威爾的四個積分方程式，並簡述之。

Chapter 17 電 路

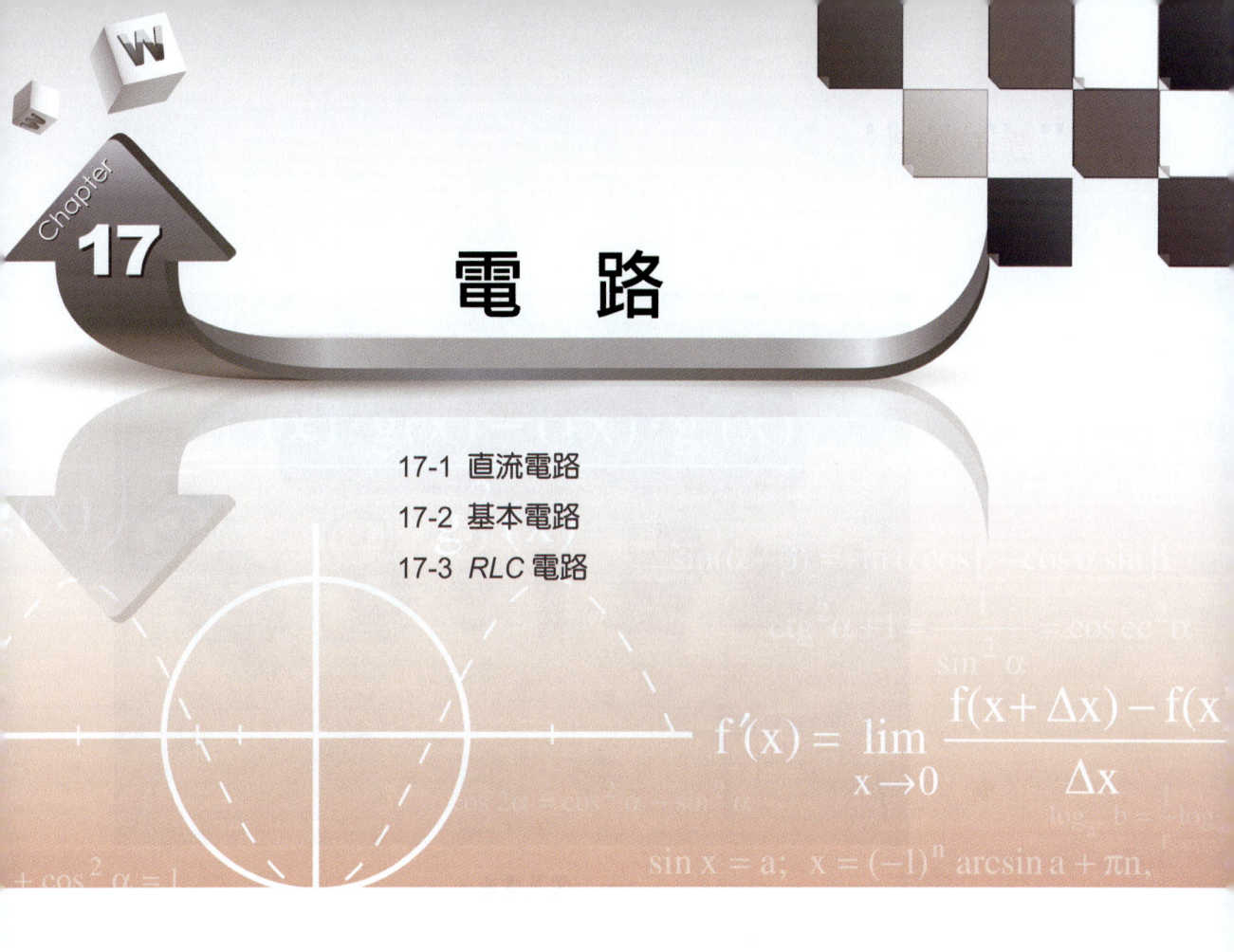

17-1 直流電路
17-2 基本電路
17-3 *RLC* 電路

$$f'(x) = \lim_{x \to 0} \frac{f(x+\Delta x) - f(x)}{\Delta x}$$

電路 (electric circuit) 意指用導體將電路元件連接起來，使電流通過各元件，並將電能轉換而作功，達到改進人類生活的目的。電路應用廣泛，小至日常生活用品的手電筒、計算機基板，大至全台灣的電力輸送網路、基地台，均有其蹤跡。為不使討論範疇過於廣泛，本章以電源、電阻器、電感器、電容器等元件組成的直流與交流電路為主要的研討對象。

依分析方法，電路可分為單迴路與多迴路兩類電路。單迴路是最簡單的電路，只要利用歐姆定律就能分析。通常電阻、電感和電容相串聯或並聯的電路，若能轉換為用單一電源和阻抗組成的等效電路，則這類電路被稱為單迴路；否則便是多迴路，在實際應用上，鮮少是單迴路。分析多迴路時，克希荷夫定律及諾頓定理等是最基本的工具。

由電路分析可得知，電路元件對電流、電壓、功率、振盪等參數的工作狀態或特性。了解這些參數，便可按需要的工作特性，設計電路模型，以配合使用上的需求，組合成有用的設備。

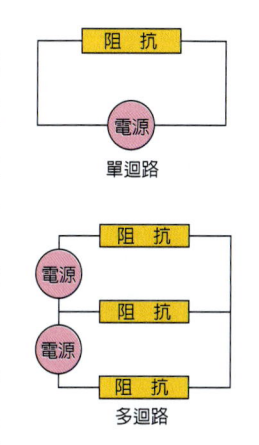

常見電池。

17-1 直流電路

　　直流電流 (direct current) 是指方向不隨時間變化的電流，直流電流通過的電路稱為直流電路 (dc circuit)。電路中，若電壓與電阻均保持一定，便能產生大小和方向均不改變的直流電流，稱為穩定電流。電路中的電壓源，可由化學電池、燃料電池、太陽能電池、直流發電機等產生。

17-1-1　直流電源

直流電源 (direct current source, dc source)：

電路中形成穩定電流，及維持電流方向不隨時間變化的電壓源，稱為直流電源。電動勢為 ε 的直流電源，二端電位差 V_{ab} 為

無內電阻　　$V_{ab} = \varepsilon$

有內電阻　　$V_{ab} = \varepsilon - Ir$

第 17 章　電　路

　　直流電源 (dc source) 有兩個電極，電位高的為正極，電位低的為負極，兩極間的電位差以 V 表示，在電路中的符號，如圖 17-1 所示。當兩極與電路元件連通後，可使電路元件兩端維持固定的電位差，電流由電源正極經外電路，形成由正極到負極的電流 【註一】。

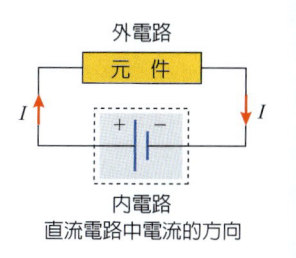

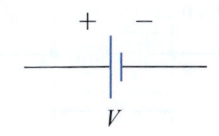

圖 17-1　直流電路中電源的符號，$V = V_+ - V_-$，長的代表正極，短的代表負極。

　　單位正電荷，在電源內部，從負極移到正極時，非靜電力所作的功，稱為電動勢。電動勢的單位為**伏特** (V)，符號以 ε 表示。由於電源內部存在內電阻，所以電源二端輸出的端電壓與電動勢並不相等。圖 17-2 中，端電壓 V_{ab} 與電動勢 ε 間，有如下關係：

$$V_{ab} = \varepsilon - Ir$$

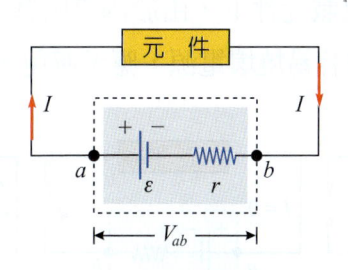

上式中，I 為電流，r 為內電阻。

圖 17-2　具有內電阻的電源。

17-1-2 通路與斷路

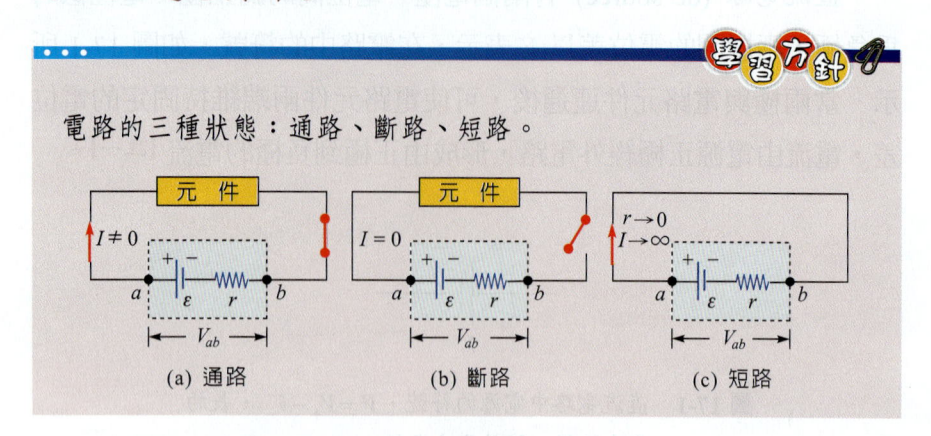

學習方針

電路的三種狀態：通路、斷路、短路。

(a) 通路　　(b) 斷路　　(c) 短路

短路的簡單實驗

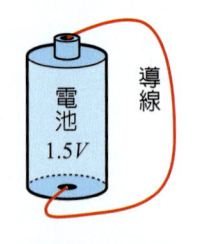

手握電池，將導線直接連到電池正、負兩極，經一段時間，手掌會感覺灼熱，此時趕快切斷導線，否則電池會燒毀，你也會受傷。

電路中，常會加入開關，以控制電源的使用。電路一般可分為三種狀態：通路、斷路、短路，如圖 17-3 所示 **[註二]**。直流電源具有穩定電路中的電流功能，電源端電壓所提供的功率等於輸送到外電路的功率。圖 17-3(a) 的電路為通路，當開關合上後，元件與電源的兩極形成通路時，通過電源內部的電流從負極流到正極，再流經元件，回到電源負極。圖 17-3(b) 的電路為斷路，電源的正、負兩極沒有接通，電路中沒有電流流通，電源兩極的端電壓 V_{ab}，等於電源的電動勢 ε。圖 17-3(c) 的電路為短路，電源的正、負兩極直接相連接，在沒有負載元件下，由於內電阻甚小，會導致電路中的電流大增。此種接法容易燒壞電源，應予避免。

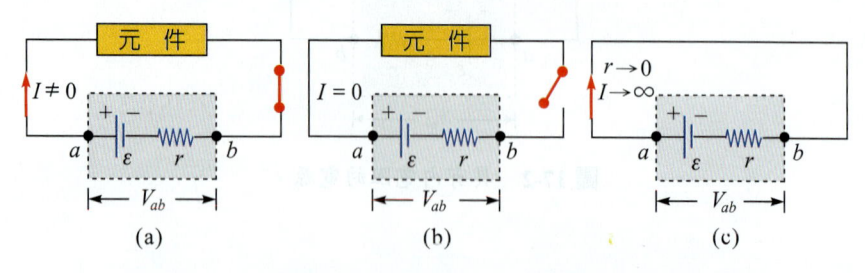

(a)　　(b)　　(c)

圖 17-3　三種電路。(a) 通路；(b) 斷路；(c) 短路。

17-1-3 直流電源的串聯與並聯

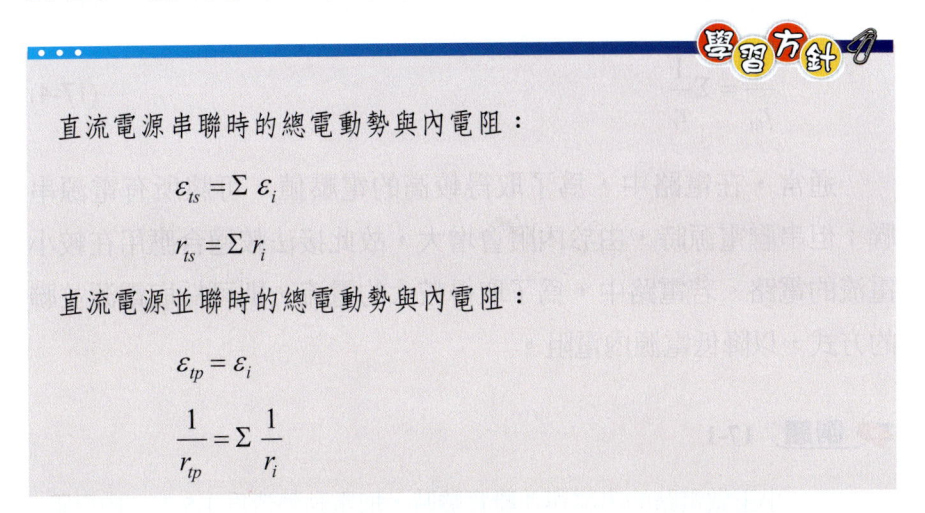

直流電源串聯時的總電動勢與內電阻：

$$\varepsilon_{ts} = \sum \varepsilon_i$$

$$r_{ts} = \sum r_i$$

直流電源並聯時的總電動勢與內電阻：

$$\varepsilon_{tp} = \varepsilon_i$$

$$\frac{1}{r_{tp}} = \sum \frac{1}{r_i}$$

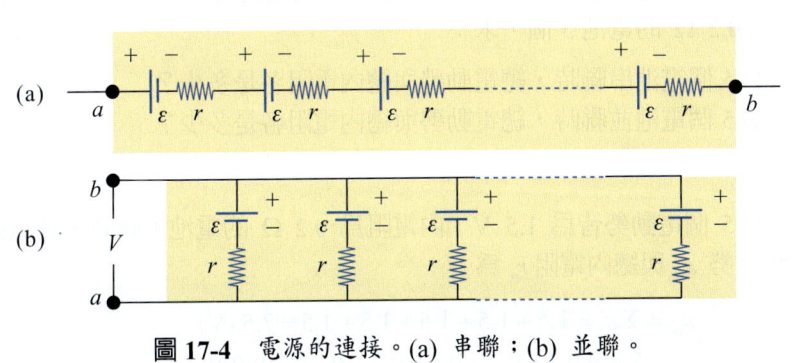

圖 17-4 電源的連接。(a) 串聯；(b) 並聯。

在電路中，有時為了某些需求，而必須將數個直流電源聯結起來，像計算機、手電筒等皆是。基本上，電源的聯結可分為串聯與並聯，如圖 17-4 所示。圖 17-4(a) 為電源的串聯，將電源的正、負極依序相接，這時供應電路的總電動勢 ε_{ts} 為各電源的電動勢 ε_i 之和，總內電阻 r_{ts} 也為各電源內電阻 r_i 之和。

$$\varepsilon_{ts} = \sum \varepsilon_i \tag{17-1}$$

$$r_{ts} = \sum r_i \tag{17-2}$$

圖 17-4(b) 為直流電源的並聯，將電源的正極與正極、負極與負極相連接，這時供應電路的總電動勢 ε_{tp}，與各電源的電動勢相等，總內電阻 r_{tp} 的倒數為各電源內電阻的倒數之和。

電源並聯時，必須各電源的電動勢皆相等，否則會在電源間，形成電流迴路。故電器產品更換電池，不可只替換其中幾顆，需全部換新。

632　普通物理

$$\varepsilon_{tp} = \varepsilon_i \qquad (17\text{-}3)$$

$$\frac{1}{r_{tp}} = \Sigma \frac{1}{r_i} \qquad (17\text{-}4)$$

通常，在電路中，為了取得較高的電壓值，可將所有電源串聯；但串聯電源時，由於內阻會增大，故此接法較適合應用在較小電流的電路。若電路中，為了取得較大的電流，則可採取電源並聯的方式，以降低電源內電阻。

例題 17-1

小王做電路的串聯與並聯實驗時，取電動勢皆為 1.5 V，內電阻為 0.2 Ω 的電池 5 個，求：
(1) 5 個電池串聯時，總電動勢與總內電阻各是多少？
(2) 5 個電池並聯時，總電動勢與總內電阻各是多少？

解

(1) 5 個電動勢皆為 1.5 V、內電阻為 0.2 Ω 的電池串聯時，總電動勢 ε_{ts} 與總內電阻 r_{ts} 為

$$\varepsilon_{ts} = \Sigma \varepsilon_i = 1.5 + 1.5 + 1.5 + 1.5 + 1.5 = 7.5 \text{ (V)}$$

$$r_{ts} = \Sigma r_i = 0.2 + 0.2 + 0.2 + 0.2 + 0.2 = 1.0 \text{ (Ω)}$$

(2) 5 個電動勢皆為 1.5 V、內電阻為 0.2 Ω 的電池並聯時，總電動勢 ε_{tp} 與總內電阻 r_{tp} 為

$$\varepsilon_{tp} = \varepsilon_i = 1.5 \text{ (V)}$$

$$\frac{1}{r_{tp}} = \Sigma \frac{1}{r_i} \Rightarrow \frac{1}{r_{tp}} = \frac{1}{0.2} + \frac{1}{0.2} + \frac{1}{0.2} + \frac{1}{0.2} + \frac{1}{0.2}$$

$$= \frac{5}{0.2}$$

$$r_{tp} = 0.04 \text{ (Ω)}$$

由上可知，5 個電池串聯時，總電動勢為 7.5 V，而總內電阻為 1.0 Ω；並聯時，總電動勢為 1.5 V，而總內電阻為 0.04 Ω。

觀點：
1. 電池串聯時，總電動勢 ε_t 為各電池的電動勢 ε_i 之和，總內電阻 r_t 也為各電池內電阻 r_i 之和；

$$\varepsilon_{ts} = \Sigma \varepsilon_i$$
$$r_{ts} = \Sigma r_i$$

2. 電池並聯時，總電動勢 ε_{tp} 與各電源的電動勢相等，總內電阻 r_{tp} 的倒數為各電源內電阻的倒數之和；

$$\varepsilon_{tp} = \varepsilon_i$$
$$\frac{1}{r_{tp}} = \Sigma \frac{1}{r_i}$$

隨堂練習

17-1 下列有關電動勢的敘述，何者正確？(複選題)
(1) 電動勢的單位為伏特
(2) 直流電源的電動勢不因供電電流之大小而改變
(3) 電池的電動勢絕不會等於兩極間的電位差
(4) 電池在無內電阻時，電動勢與二極間的電位差相等。

17-2 電路在下列哪種狀態，電路中的電流最大？
(1) 通路 (2) 斷路 (3) 短路。

17-3 小王做電路的串聯與並聯實驗時，取電動勢皆為 3.0 V，內電阻為 0.2 Ω 的電池 3 個，求：
(1) 3 個電池串聯時，總電動勢與總內電阻各是多少？
(2) 3 個電池並聯時，總電動勢與總內電阻各是多少？

17-2 基本電路

研究電路必須了解電路結構和電路元件的特性，才能計算電壓、電流、功率等相關參數。物理學提供了原理依據，對各種電路作理論上的闡述；數學則為分析、設計電路的重要方法。因此對如何列出電路的方程式，並求出方程式的解及分析其意義，便是非常重要的課題。在分析電路時，常用二個模式進行：一類是以各電路元件特性為基礎，如歐姆定律 (Ohm's law) $V=IR$。一類是以電路的節點、迴路來分析，如克希荷夫電流定律 (KCL) $\Sigma I=0$、克希荷夫電壓定律 (KVL) $\Sigma \varepsilon = \Sigma V$。

電路元件被用導線連接而成實際電路，再組合成電器或設備。要分析它們的特性，常用理想導線連接各元件模型，建構出實際電路的電路模型。電路學研究的對象即是電路模型，依據電路元件的特性，可將之區分為線性電路和非線性電路。若電路中的電阻、電感及電容等元件所呈現的特性與電壓、電流的大小無關，這類元件稱為線性元件。反之，則稱為非線性電路。由線性電路元件和獨立電源組成的電路，稱為線性電路，其數學模型是具有疊加性的線性方程組。而當電路中含有一個以上的非線性元件，便被稱為非線性

線性元件的特性：
電阻：$V=IR$
電容：$Q=CV$
電感：$\Phi=LI$

電路，其數學模型為沒有疊加性的非線性方程組。

本書討論的電路，將以線性電路為主，而組成線性電路的元件為電阻、電感、電容及獨立電源。分析上則區分為串聯和並聯，利用的理論為歐姆定律、克希荷夫定律等，探討電位、電流、電容等相關參數的大小及影響。

歐姆定律適用於金屬導體，電路中把適合於歐姆定律的元件稱為線性材料或歐姆材料。

小品
色碼電阻

顏　色	第一色環 十位數	第二色環 個位數	第三色環 指數 n ($\times 10^n$)	第四色環 誤差值 ($\pm P\%$)
黑	0	0	0	-
棕	1	1	1	± 1% (F)
紅	2	2	2	± 2% (G)
橙	3	3	3	-
黃	4	4	4	-
綠	5	5	5	± 0.5% (D)
藍	6	6	6	± 0.25% (C)
紫	7	7	7	± 0.1% (B)
灰	8	8	8	± 0.05% (A)
白	9	9	9	-
金	-	-	−1	± 5% (J)
銀	-	-	−2	± 10% (K)
透明	-	-	-	± 20% (M)

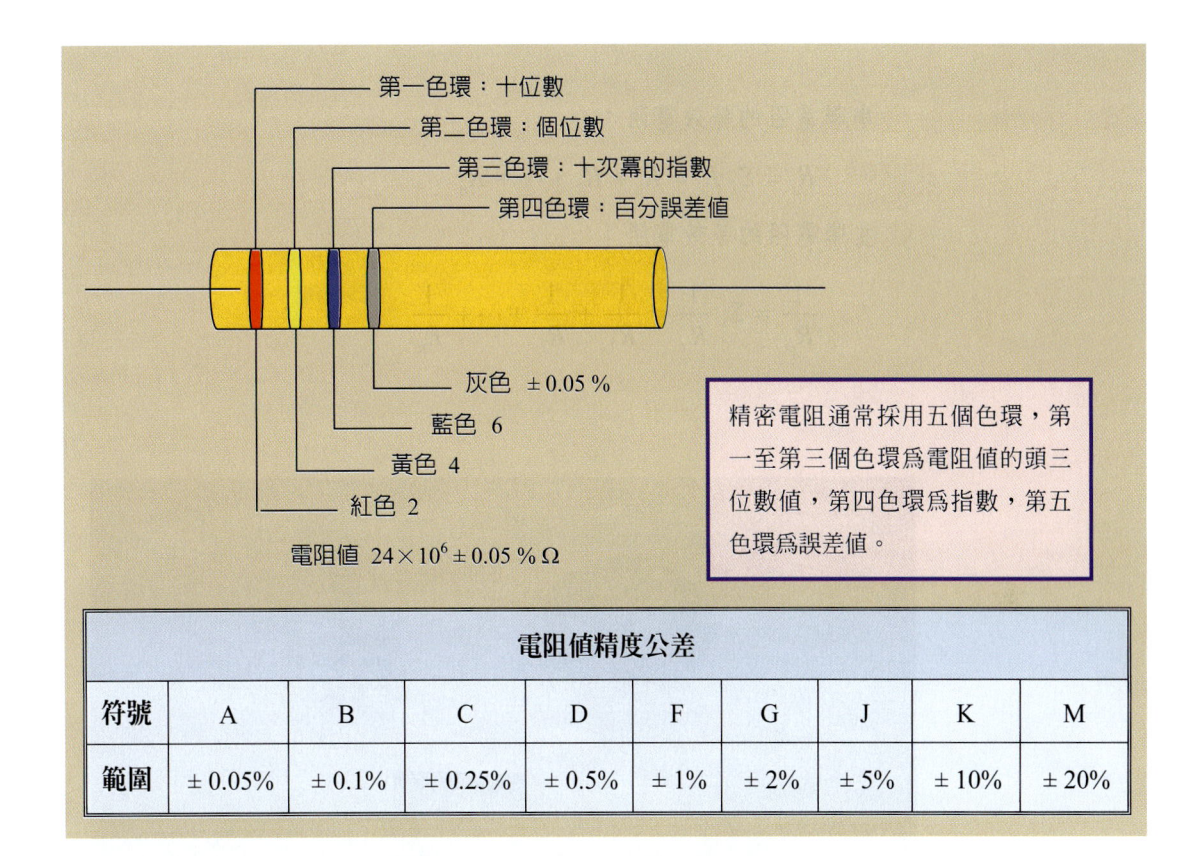

第一色環：十位數
第二色環：個位數
第三色環：十次冪的指數
第四色環：百分誤差值

灰色　±0.05 %
藍色　6
黃色　4
紅色　2

電阻值 $24 \times 10^6 \pm 0.05\ \%\ \Omega$

精密電阻通常採用五個色環，第一至第三個色環為電阻值的頭三位數值，第四色環為指數，第五色環為誤差值。

電阻值精度公差								
符號	A	B	C	D	F	G	J	K	M
範圍	±0.05%	±0.1%	±0.25%	±0.5%	±1%	±2%	±5%	±10%	±20%

17-2-1　電　阻

學習方針

歐姆定律 (Ohm's law)：

通過導體的電流 I 與其兩端之間的電位差 V 成正比，比值為導體的電阻 R，數學式為

$$V = IR$$

單迴路電路中電阻器 R 的電位差 V_R：

無內電阻　　　$V_R = IR = \varepsilon$

有內電阻　　　$V_R = IR = \dfrac{\varepsilon R}{R+r}$

電阻器的電功率　　$P_R = IV_R = I^2 R = \dfrac{V_R^{\,2}}{R}$

串聯電阻的等效電阻：

$$R_s = \Sigma_i R_i = R_1 + R_2 + \cdots + R_n$$

並聯電阻的等效電阻：

$$\frac{1}{R_p} = \Sigma_i \frac{1}{R_i} = \frac{1}{R_1} + \frac{1}{R_2} + \cdots + \frac{1}{R_n}$$

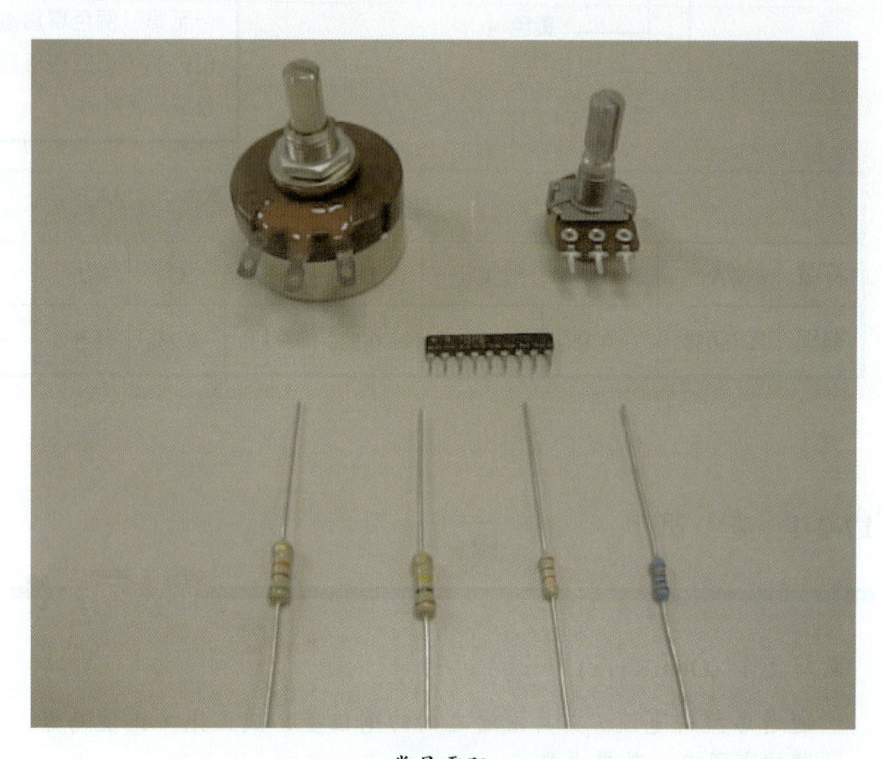

常見電阻。

17-2-1-1　電阻的基本電路

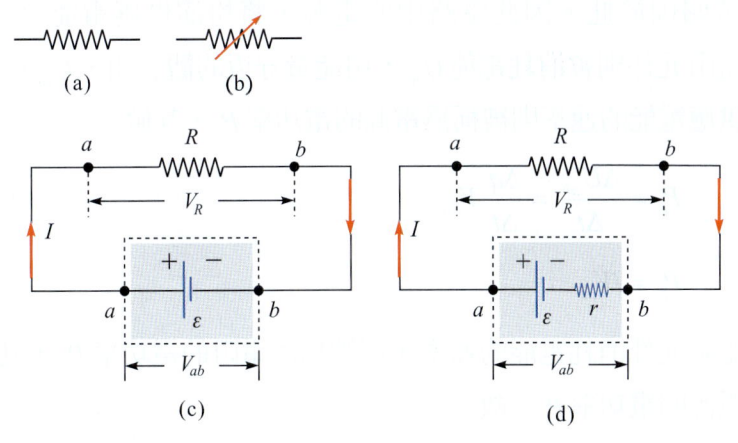

圖 17-5　電阻的符號：(a) 固定電阻；(b) 可變電阻。
　　　　　電阻的基本電路：(c) 電池無內電阻；(d) 電池有內電阻。

圖 17-5 繪出電路中用來表示電阻的符號，和由電阻組成的基本電路。在圖 17-5(c) 中，獨立電源無內電阻，此時，電源的電動勢 ε 應等於二端輸出的端電壓 V_{ab}，也等於電阻二端的電位差 V_R；

$$V_R = IR \tag{17-5}$$
$$V_R = V_{ab} = \varepsilon$$

因此，電路中的電流 I 為

$$I = \frac{V_{ab}}{R} = \frac{\varepsilon}{R} \tag{17-6}$$

圖 17-5(d) 中，獨立電源有內電阻 r，此時，電源的電動勢 ε 不等於二端輸出的端電壓 V_{ab}；但端電壓 V_{ab} 仍等於電阻二端的電位差 V_R，

$$V_R = IR$$
$$V_R = V_{ab} = \varepsilon - Ir$$

因此，電路中的電流 I 為

$$I = \frac{V_{ab}}{R} = \frac{\varepsilon}{R+r} \tag{17-7}$$

電阻元件可將電能轉為內部熱能，電燈能夠發光、電鍋能夠煮飯，皆歸因於此。因此電路中的電源，將扮演供應電能 U_{ab} 的角色，電阻元件則會消耗電能 U_R，由能量守恆的觀念知，$U_{ab} = U_R$。電源供應電能的速率則被稱為電源的電功率 P_ε，其值為

$$P_\varepsilon = \frac{\Delta U_{ab}}{\Delta t} = \frac{\Delta q}{\Delta t} V_{ab}$$

$$P_\varepsilon = IV_{ab}$$

電阻元件消耗電能的速率，則被稱為電阻的電功率 P_R，其值應等於電源的電功率 P_ε，故

$$P_R = P_\varepsilon = IV_{ab} = IV_R$$

利用歐姆定律，可得

$$P_R = IV_R = I^2 R = \frac{V_R^2}{R} \tag{17-8}$$

電功率的單位為**瓦特** (watt)，符號為 W，並規定每秒鐘消耗 1 焦耳的電能為 1 瓦特，可寫為

$$1 \text{ W} = 1 \frac{\text{J}}{\text{s}} = 1 \text{ VA}$$

$$1 \text{ kW} = 1000 \text{ W}$$

電阻元件在 t 時間，所消耗的電能會轉為熱 H 散發，可表示為
$H = R_R t = I^2 R t$

例題 17-2

如圖 17-6，設電路元件的電阻為 5.0 Ω，與電動勢為 1.5 V 的獨立電源，連接成有電流流過的通路。求：

(1) 獨立電源無內電阻時，電路中的電流與外電阻二端的電位差大小為何？外電阻消耗電能的電功率為何？
(2) 獨立電源有 0.20 Ω 的內電阻時，電路中的電流與外電阻二端的電位差大小為何？外電阻消耗電能的電功率為何？

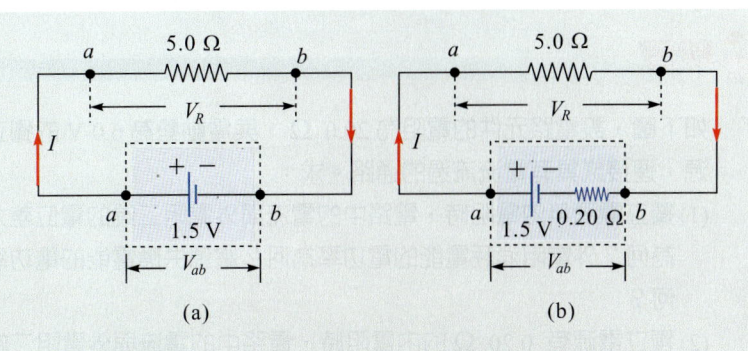

圖 17-6 (a) 電池無內電阻；(b) 電池有內電阻。

解

(1) 獨立電源無內電阻

$$I = \frac{V_R}{R} \xrightarrow{V_R = V_{ab} = \varepsilon} I = \frac{1.5}{5.0}$$
$$= 0.30 \text{ (A)}$$

$$V_R = IR \implies V_R = 0.30 \times 5.0$$
$$= 1.5 \text{ (V)}$$

$$P_R = IV_R \implies P_R = 0.30 \times 1.5$$
$$= 0.45 \text{ (W)}$$

(2) 獨立電源有 0.20 Ω 的內電阻

$$I = \frac{\varepsilon}{R+r} \longrightarrow I = \frac{1.5}{5.0 + 0.2}$$
$$\approx 0.29 \text{ (A)}$$

$$V_R = IR \implies V_R = 0.29 \times 5.0$$
$$= 1.45 \text{ (V)}$$

$$P_R = IV_R \implies P_R = 0.29 \times 1.45$$
$$\approx 0.42 \text{ (W)}$$

獨立電源無內電阻時，電路中的電流為 0.30 A，電阻二端的電位差為 1.5 V，外電阻消耗電能的電功率為 0.45 W；獨立電源有 0.20 Ω 的內電阻時，電路中的電流為 0.29 A，電阻二端的電位差為 1.45 V，外電阻消耗電能的電功率為 0.42 W。可知內電阻存在時，將會消耗部分能量，使導線中的電流變小，電功率也變小，但不論有無內電阻，電流方向皆從高電位 (a 點) 流向低電位 (b 點)。 ★

觀點：

1. 獨立電源無內電阻的電流：
$$I = \frac{V_{ab}}{R} = \frac{\varepsilon}{R}$$

2. 獨立電源有內電阻的電流：
$$I = \frac{\varepsilon}{R+r}$$

3. 外電阻二端的電位差：
$$V_R = IR$$

4. 電流方向從高電位流向低電位。

5. 電功率：
$$P_R = IV_R$$
$$= I^2 R$$
$$= \frac{V_R^2}{R}$$

隨堂練習

17-4 如下圖，設電路元件的電阻為 20.0 Ω，與電動勢為 6.0 V 的獨立電源，連接成具有電流流過的通路。求：

(1) 獨立電源無內電阻時，電路中的電流與外電阻二端的電位差大小為何？外電阻消耗電能的電功率為何？電源供應電能的電功率為何？

(2) 獨立電源有 0.20 Ω 的內電阻時，電路中的電流與外電阻二端的電位差大小為何？外電阻消耗電能的電功率為何？電源供應電能的電功率為何？

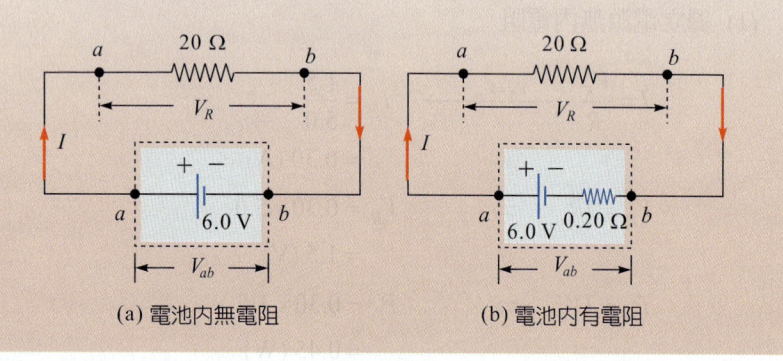

(a) 電池內無電阻　　(b) 電池內有電阻

17-2-1-2　電阻的串聯

電路中，電阻在串聯時，具有下列特性：

所有的電阻相互聯接，沒有分支。流過每一個電阻的電流大小相等。串聯電阻二端的電位差，為串聯電路中，個別電阻二端電位差的和。

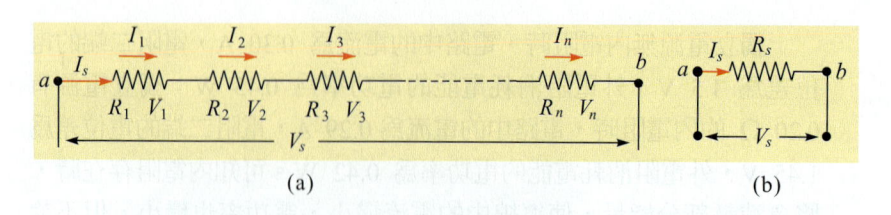

圖 17-7　(a) 電阻的串聯電路；(b) 串聯電路的等效電路。

圖 17-7(a) 顯示 n 個串聯電阻，這些串聯電阻可用單一電阻 R_s 來表示，如圖 17-7(b)。類似此種用以取代原來電阻的新電阻，稱為等效電阻。由上述電阻串聯特性知，電路中，串聯電阻通過的電流 I_s，串聯電阻兩端電壓 V_s，及等效電阻 R_s 為

電　流　　$I_s = I_1 = I_2 = I_3 = \cdots = I_n$

電位差　　$V_s = V_1 + V_2 + V_3 + \cdots + V_n$

　　　　　$I_s R_s = I_1 R_1 + I_2 R_2 + \cdots + I_n R_n$

等效電阻　$R_s = R_1 + R_2 + \cdots + R_n$

　　　　　$R_s = \Sigma R_i$ 　　　　　　　　　　　　(17-9)

串聯電阻的等效電阻為所有串聯電阻的代數和，它會大於電路中任一參與串聯的電阻。

例題 17-3

將電阻為 5.0 Ω、3.0 Ω、2.0 Ω 的三個電阻串聯，並與電動勢為 3.0 V，且無內電阻的獨立電源連接成有電流流過的通路。求：

(1) 此電路中串聯電阻的等效電阻大小？
(2) 每個電阻二端的電位差大小？

解

(1) 等效電阻

電路中串聯電阻的等效電阻 R_s 為

$$R_s = \Sigma R_i$$
$$R_s = R_5 + R_3 + R_2 \Rightarrow R_s = 5.0 + 3.0 + 2.0$$
$$= 10.0\,(\Omega)$$

(2) 電阻二端的電位差

等效電阻 R_s 與電動勢為 3.0 V 的獨立電源連接，流過等效電阻的電流 I_s 為

$$V_s = I_s R_s$$
$$I_s = \frac{V_s}{R_s} \xrightarrow{V_s = \varepsilon} I_s = \frac{3.0}{10.0}$$
$$= 0.30\,(A)$$

觀點：
1. 串聯電阻的等效電阻
   $R_s = \Sigma R_i$
2. 電路中的總電流
   $I_s = \dfrac{V_s}{R_s}$
3. 電阻二端的電位差為
   $V_R = IR$
4. 電源二端的電位差
   $V = \Sigma V_i$

電阻串聯時流過每一電阻的電流相同，皆為 0.30 A，電阻二端的電位差為

$$V_R = IR$$

$$V_5 = IR_5 \xrightarrow{R=5.0} V_5 = 0.30 \times 5.0 = 1.5 \text{ (V)}$$

$$V_3 = IR_3 \xrightarrow{R=3.0} V_3 = 0.30 \times 3.0 = 0.90 \text{ (V)}$$

$$V_2 = IR_2 \xrightarrow{R=2.0} V_2 = 0.30 \times 2.0 = 0.60 \text{ (V)}$$

$$V_5 + V_3 + V_2 = 1.5 + 0.90 + 0.60 = 3.0 \text{ (V)}$$

17-2-1-3　電阻的並聯

電路中，電阻並聯時，具有下列特性：

所有的電阻聯接在相同的二端點上，因此每一個電阻二端的電位差相等。流進或流出並聯電阻 a、b 二端的電流，應為通過各電阻之電流和。

圖 17-8(a) 顯示 n 個電阻並聯的情形，由上述電阻並聯特性知，電路中，通過並聯電阻的電流 I_p，並聯電阻 a、b 二端電位差 V_p 及等效電阻 R_p 為

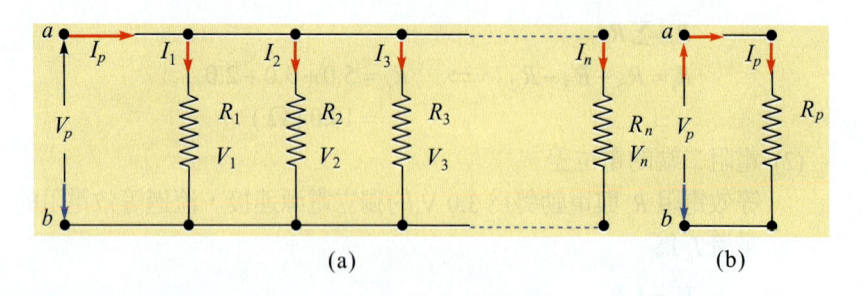

圖17-8　(a)電阻的並聯電路；(b)並聯電路的等效電路。

電位差　　$V_p = V_1 = V_2 = V_3 = \cdots = V_n$

電　流　　$I_p = I_1 + I_2 + I_3 + \cdots + I_n$

$$\frac{V_p}{R_p} = \frac{V_1}{R_1} + \frac{V_2}{R_2} + \cdots + \frac{V_n}{R_n}$$

等效電阻　$\dfrac{1}{R_p} = \dfrac{1}{R_1} + \dfrac{1}{R_2} + \cdots + \dfrac{1}{R_n}$

$$\frac{1}{R_p} = \sum \frac{1}{R_i} \tag{17-10}$$

並聯電阻的等效電阻的倒數，為所有並聯電阻倒數的代數和，它會小於電路中的任一電阻。

例題 17-4

將電阻為 5.0 Ω、3.0 Ω、2.0 Ω 的三個電阻並聯，並與電動勢為 3.0 V，且無內電阻的獨立電源，連接成具有電流流過的通路。求：
(1) 此電路的等效電阻大小？
(2) 流過每個電阻的電流大小？

解

(1) 等效電阻
電路中並聯電阻的等效電阻 R_p 為

$$\frac{1}{R_p} = \sum \frac{1}{R_i}$$

$$\frac{1}{R_p} = \frac{1}{R_5} + \frac{1}{R_3} + \frac{1}{R_2} \Rightarrow \frac{1}{R_p} = \frac{1}{5.0} + \frac{1}{3.0} + \frac{1}{2.0}$$

$$= \frac{31}{30}$$

$$\Rightarrow R_p = \frac{30}{31} \text{ (Ω)}$$

(2) 流過每個電阻的電流
等效電阻 R_p 與電動勢為 3.0 V 的獨立電源連接，流過等效電阻的電流 I_p 為

$$V_p = I_p R_p$$

$$I_p = \frac{V_p}{R_p} \xrightarrow{V_p = \varepsilon} I_p = \frac{3.0}{\frac{30}{31}}$$

$$= 3.1 \text{ (A)}$$

電阻並聯時每一電阻二端的電位差相同,皆為 3.0 V,流經電阻的電流為

$$V_R = IR$$

$$V_5 = I_5 R_5 \xrightarrow{R=5.0} 3.0 = I_5 \times 5.0$$
$$I_5 = 0.60 \text{ (A)}$$

$$V_3 = I_3 R_3 \xrightarrow{R=3.0} 3.0 = I_3 \times 3.0$$
$$I_3 = 1.0 \text{ (A)}$$

$$V_2 = I_2 R_2 \xrightarrow{R=2.0} 3.0 = I_2 \times 2.0$$
$$I_2 = 1.5 \text{ (A)}$$

$$I_5 + I_3 + I_2 = 0.60 + 1.0 + 1.5 = 3.1 \text{ (A)}$$

隨堂練習

17-5 下圖中,有關電路 (a)、(b) 與 (c) 三種連接方式的敘述,何者正確?

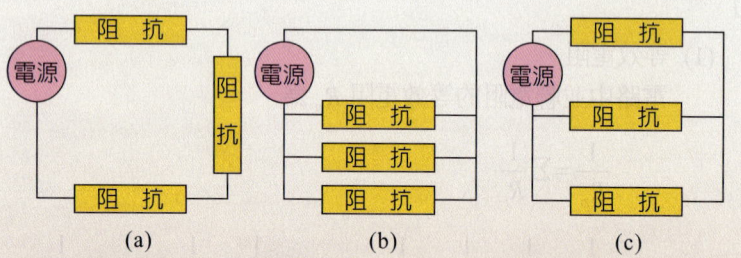

(1) (a)、(b) 與 (c) 皆為並聯
(2) (a)、(b) 與 (c) 皆為串聯
(3) (a) 為串聯,(b) 與 (c) 為並聯
(4) (a) 為串聯,(b) 為並聯,(c) 為複聯。

17-6 下列各電路圖,有關安培計與伏特計的使用方式何者均正確?

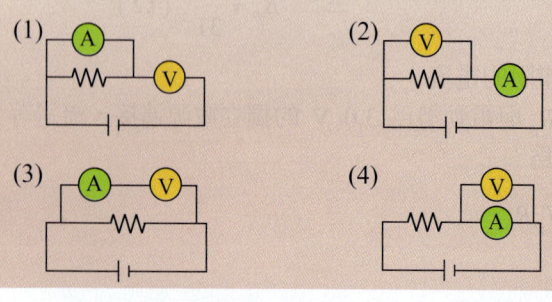

17-2-1-4 克希荷夫定律

> **克希荷夫定律 (Kirchhoff's law)：**
> 1. **克希荷夫電流定律 (Kirchhoff's current law, KCL)**
>   電路中，流經任一節點的電流代數和為零，
> $$\Sigma I = 0$$
>   亦即流入任一節點的電流和，恆等於流出該節點電流之和。
> $$\Sigma I_{in} = \Sigma I_{out}$$
> 2. **克希荷夫電壓定律 (Kirchhoff's voltage law, KVL)**
>   在一個封閉迴路中，所有電壓代數和為零，
> $$\Sigma V = 0$$
>   亦即電動勢的代數和等於各元件電位差之和。
> $$\Sigma \varepsilon = \Sigma V$$

單迴路電路通常利用歐姆定律便可處理，但多迴路電路，則需利用克希荷夫定律。

節點：電路中 3 條以上（含 3 條）導線的相接點，稱為節點。

根據前述電阻串聯與並聯特性，德國物理學家克希荷夫 (Gustav Robert Kirchhoff, 1824-1887) 找到了有關電壓、電流在電路中的關係，後人為了紀念他，將此關係稱為**克希荷夫定律** (Kirchhoff's law)。這個定律有兩個敘述：

1. **克希荷夫電流定律** (Kirchhoff's current law, KCL)

   電路中，流經任一節點的電流代數和為零，

$$\Sigma I = 0 \tag{17-11a}$$

   亦即流入任一節點的電流和，恆等於流出該節點電流之和，

$$\Sigma I_{in} = \Sigma I_{out} \tag{17-11b}$$

   如圖 17-9，選擇電路中的節點 A，如使用 (17-11a) 式，需定

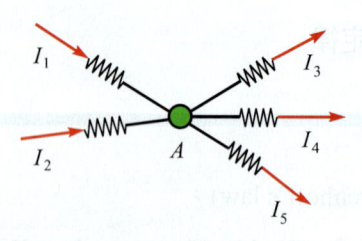

圖 17-9　克希荷夫電流定律。
(1) 節點 A 的電流代數和為零：$I_1+I_2-I_3-I_4-I_5=0$；
(2) 流入節點 A 的電流和，等於流出節點 A 的電流和：
$I_1+I_2=I_3+I_4+I_5$。

電流方向的正負。設流入節點的電流方向為正，如圖中的電流 I_1、I_2；流出節點的電流方向為負，如圖中的電流 I_3、I_4、I_5。則由克希荷夫電流定律的敘述 (17-11a) 式，可知

$$I_1+I_2-I_3-I_4-I_5=0$$

若由 (17-11b) 式，則不需定電流方向的正負，可直接列出方程式：

$$I_1+I_2=I_3+I_4+I_5$$

電流：
$I=\dfrac{\Delta Q}{\Delta t}$

淨電量：
原有電量以外的電量變化。

由於 KCL 考慮的是通過節點的電流，所以又被稱為**節點定律** (node law)。而電流被定義為單位時間內，通過某截面積的電量。因此，(17-11a) 式與 (17-11b) 式顯示，電路中的節點不可以有淨電量存在，所以 KCL 又代表在節點上電量的守恆觀念。

2. 克希荷夫電壓定律 (Kirchhoff's voltage law, KVL)

封閉迴路：
電路中，所選為討論的範圍，其起點與終點在同一位置，且電流沒有重複流經過的路徑或接點。

在一個封閉迴路中，所有電壓代數和為零，

$$\Sigma V = 0 \tag{17-12a}$$

亦即電動勢的代數和等於各元件電位差之和。

$$\Sigma \varepsilon = \Sigma IR \tag{17-12b}$$

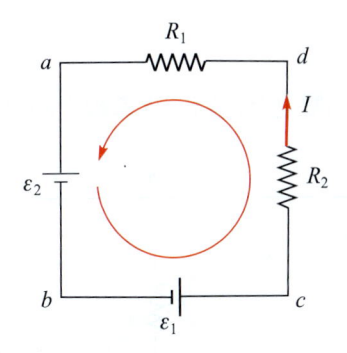

圖 17-10 克希荷夫電壓定律。
(1) 封閉迴路 abcda 的電壓代數和為零：$\varepsilon_1 - IR_2 - IR_1 - \varepsilon_2 = 0$；
(2) 封閉迴路 abcda 的電動勢和，等於迴路的電位差和：
$\varepsilon_1 - \varepsilon_2 = IR_1 + IR_2$。

如圖 17-10，選擇電路中的封閉迴路 abcda，如使用 (17-12a) 式，需訂定電動勢與電位差的正負值，順著 abcda 的方向（逆時鐘方向），電動勢取正值，反之取負值。順著電流的方向，電阻的電位差取負值，反之取正值。則由克希荷夫電壓定律的敘述 (17-12a) 式，可知

$$\varepsilon_1 - IR_2 - IR_1 - \varepsilon_2 = 0$$

亦即克希荷夫電壓定律的敘述 (17-12b) 式，

$$\varepsilon_1 - \varepsilon_2 = IR_1 + IR_2$$

電池反接，視為消耗能量，故取負值。

由於 KVL 考慮的是封閉迴路的電壓，所以又被稱為**迴路定律** (loop law)。(17-12a) 式與 (17-12b) 式顯示，電路中的封閉迴路不可以有淨電位能存在，所以 KVL 又代表在迴路中能量的守恆觀念。

例題 17-5

如圖 17-11 所示的雙迴路電路，求導線上的電流 I_1、I_2、I_3？

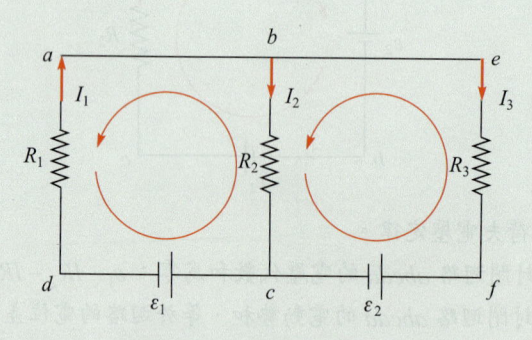

圖 17-11 雙迴路電路。

導線電流：
在導線上真實流通的電流，可用安培計測得大小。

迴路電流：
封閉迴路中的假想電流，無法用安培計測得大小。

解

這是屬於多迴路電路的問題，無法直接用歐姆定律求解，必須配合克希荷夫定律才能求得導線上的電流。

由克希荷夫電流定律：流入任一節點的電流和，恆等於流出該節點電流之和。選取電路中的 b 點為節點，流入 b 點的電流為 I_1，流出 b 點的電流為 I_2、I_3。可得

$$I_1 = I_2 + I_3 \tag{1}$$

由克希荷夫電壓定律：在一個封閉迴路中，電動勢的代數和等於各元件電位差之和。若電流方向取順時鐘方向為負，逆時鐘方向為正，則對於迴路 $cbadc$ 可得

$$\varepsilon_1 = -I_1 R_1 - I_2 R_2 \tag{2}$$

對於迴路 $febcf$ 可得

$$\varepsilon_2 = I_2 R_2 - I_3 R_3 \tag{3}$$

將 (1) 式代入 (2) 式

$$\varepsilon_1 = -(I_2 + I_3) R_1 - I_2 R_2 \tag{4}$$

解 (3)、(4) 式可得

$$I_2 = \frac{\varepsilon_2 R_1 - \varepsilon_1 R_3}{R_1 R_2 + R_1 R_3 + R_2 R_3} \tag{5}$$

$$I_3 = \frac{-\varepsilon_1 R_2 - \varepsilon_2 (R_1 + R_2)}{R_1 R_2 + R_1 R_3 + R_2 R_3} \tag{6}$$

將 (5)、(6) 式代入 (1) 式

$$I_1 = \frac{-\varepsilon_1(R_2 + R_3) - \varepsilon_2 R_2}{R_1 R_2 + R_1 R_3 + R_2 R_3} \tag{7}$$

隨堂練習

17-7 利用克希荷夫定律，求下圖所示的雙迴路電路中，導線上的電流 I_1、I_2、I_3？

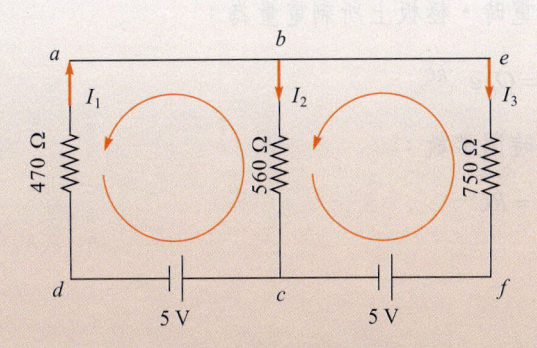

17-8 利用先求迴路電流的方式，求解上題的導線電流 I_1、I_2、I_3？

17-2-2 電 容

學習方針

電容器 (capacitor)：
用來貯存電荷或電能的元件。

電容 (capacitance)：
描述電容器貯存電荷或電能多寡的物理量。

$$C = \frac{Q}{V}, \quad C \geq 0$$

電容單位為法拉 F：

1 F = 1 C/V；

1 μF = 1×10^{-6} F；

1 pF = 1×10^{-12} F。

導體間填充的絕緣材料，亦稱為電介質 (dielectric)。

電介質的介電常數 (dielectric constant)，亦稱為電容率。

電容的值必大於或等於 0，不會小於 0，它決定電容器貯存電荷或電能的多寡。

串聯電容器的等效電容：

$$\frac{1}{C_s} = \Sigma_i \frac{1}{C_i} = \frac{1}{C_1} + \frac{1}{C_2} + \frac{1}{C_3} + \cdots + \frac{1}{C_n}$$

並聯電容器的等效電容：

$$C_p = \Sigma_i C_i = C_1 + C_2 + \cdots + C_n$$

電容器充電時，極板上所帶電量為：

$$Q = Q_o(1 - e^{-\frac{t}{RC}})$$

電容器放電時，極板上所剩電量為：

$$Q = Q_0 e^{-\frac{t}{RC}}$$

電容器的時間常數：

$$\tau_C = RC$$

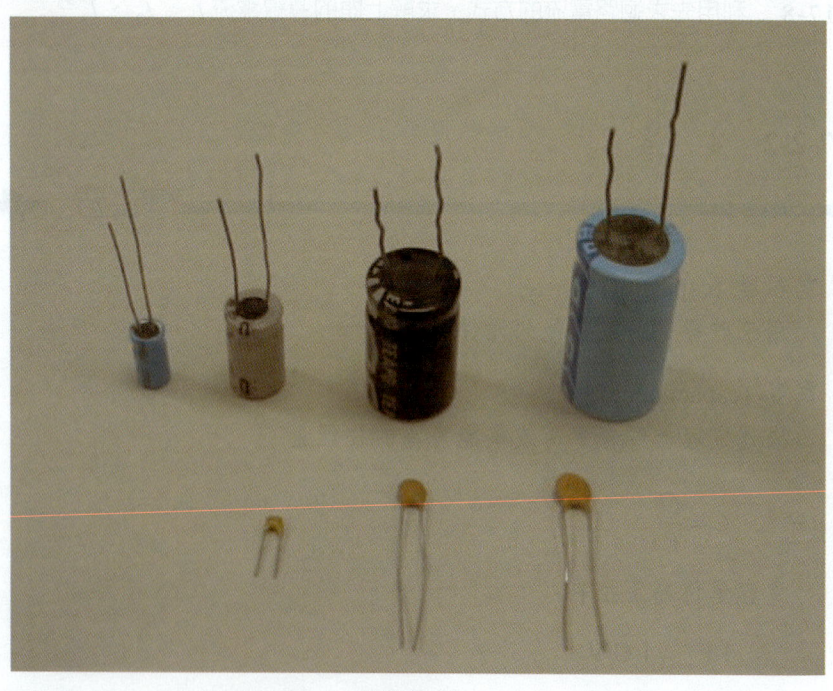

常見電容。

17-2-2-1　電容器與電容

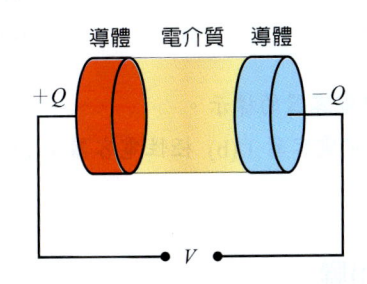

圖 17-12　電容器的基本示意圖。

若兩導體分別帶有等量異性的電荷 +Q、−Q，中間以絕緣材料隔離，則帶正電的導體與帶負電的導體間，會有電位差 V 存在，類此互相絕緣的導體所構成的組合，稱為電容器 (capacitor)；導體則稱為電容器的極板 (polar plate)，如圖 17-12 所示。電容器是用來貯存電荷或電能的元件，描述電容器的特性常數是電容 (capacitance)，代表符號為 C，電容取決於兩導體的形狀、大小、導體間的相對位置、絕緣材料的介電係數 (permittivity)。電容被定義為 Q 與 V 之比，即

$$C = \frac{Q}{V} \tag{17-13}$$

在國際單位制中，電容的單位為法拉 (F)；實際上，電容器常用的電容值多為微法拉 (μF) 或皮法拉 (pF)。

$$1\,\text{F} = 1\,\frac{C}{V}$$
$$1\,\mu\text{F} = 1\times 10^{-6}\ \text{F}$$
$$1\,\text{pF} = 1\times 10^{-12}\ \text{F}$$

在電路圖中，常用來表示電容器的符號如圖 17-13 所示。

(a)　　　　(b)　　　　(c)

圖 17-13　電路中電容器的標示。
(a) 固定電容器；(b) 極性電容器；(c) 可變電容器。

17-2-2-2　電容器的串聯

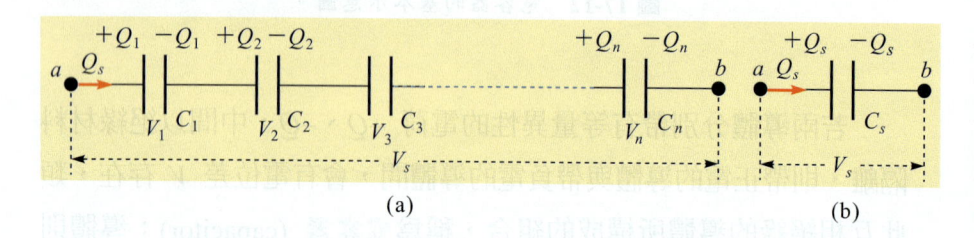

(a)　　　　　　　　　　　　　　　　　(b)

圖 17-14　(a) 串聯電容器的電路；(b) 串聯電容器電路的等效電路。

圖 17-14(a) 顯示一串聯電容器的電路，流過每一電容器的電量大小相等，即電量 $Q_s = Q_1 = Q_2 = Q_3 = \cdots = Q_n$。電路 a、b 二端的電位差 V_s，為在此二端間，每一電容器電位差的和，即電位差 $V_s = V_1 + V_2 + V_3 + \cdots + V_n$。這些串聯電容器可用單一電容 C_s 來表示，如圖 17-14(b)。根據電容的定義知等效電容 C_s 為

$$C_s = \frac{Q_s}{V_s} \qquad \frac{Q_s}{C_s} = \frac{Q_1}{C_1} + \frac{Q_2}{C_2} + \frac{Q_3}{C_3} + \cdots + \frac{Q_n}{C_n}$$

$$\frac{1}{C_s} = \frac{1}{C_1} + \frac{1}{C_2} + \frac{1}{C_3} + \cdots + \frac{1}{C_n}$$

$$\frac{1}{C_s} = \sum \frac{1}{C_i} \tag{17-14}$$

串聯電容器的等效電容倒數，等於其個別電容倒數的代數和，它會小於電路中的最大電容。

例題 17-6

三個電容均為 20 μF 的電容器，串聯後，連接到 120 V 的直流電源。求：

(1) 此串聯電路中，串聯電容器的等效電容值為何？
(2) 聚集在每一電容器的電量為何？

解

(1) 因為串聯電容器的等效電容倒數為所有串聯電容倒數的代數和，所以

$$\frac{1}{C_s} = \sum \frac{1}{C_i}$$

$$\frac{1}{C_s} = \frac{1}{C_1} + \frac{1}{C_2} + \frac{1}{C_3} \xrightarrow{C_1=C_2=C_3=20\,\mu F} \frac{1}{C_s} = \frac{3}{20 \times 10^{-6}}$$

$$C_s = \frac{20}{3} \,(\mu F)$$

(2) 電路中，串聯電容器二端連接到 120 V 的直流電源時，聚集在等效電容器的電量為

$$Q_s = C_s V \Rightarrow Q_s = \frac{20 \times 10^{-6}}{3} \times 120$$

$$= 8.00 \times 10^{-4} \,(C)$$

串聯電路中，聚集在每一電容器的電量，皆與等效電容器的電荷量相等，故每一電容器的電量為 8.00×10^{-4} C。

隨堂練習

17-9 將電容器的二極板連接到 30 V 的直流電源時，若極板分別帶有 +5.0 μC 與 −5.0 μC 的電量，則此電容器的電容是多少？

17-10 電容為 5.0 μF、10.0 μF 與 20.0 μF 的三個電容器，串聯後，連接到 60 V 的直流電源。求：
(1) 此電路中，串聯電容器的等效電容值為何？
(2) 流過每一電容器的電量為何？

17-2-2-3 電容器的並聯

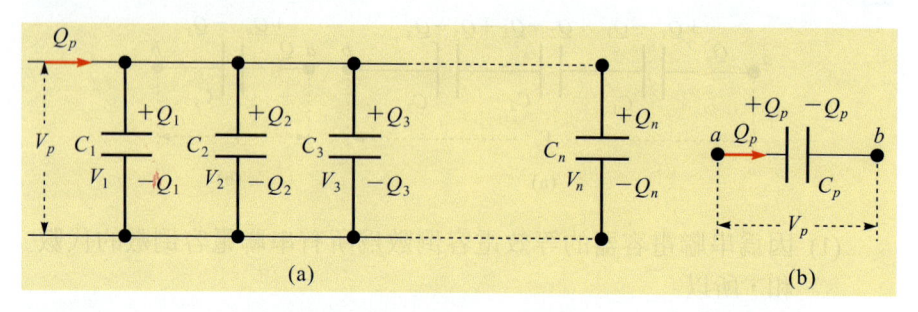

圖 17-15 (a) 並聯電容器的電路；(b) 並聯電容器電路的等效電路。

　　圖 17-15(a) 顯示電容器的並聯電路，流過每一電容器二端的電位差相等，即電位差 $V_p = V_1 = V_2 = V_3 = \cdots = V_n$。電路 a、b 二端的總電荷量 Q_p，為在此二端間，每一電容器電量大小的和，即電量 $Q_p = Q_1 + Q_2 + Q_3 + \cdots + Q_n$。這些並聯電容器可用單一電容 C_p 來表示，如圖 17-15(b)。根據電容的定義知等效電容 C_p 為

$$Q_p = C_p V_p \qquad C_p V_p = C_1 V_1 + C_2 V_2 + \cdots + C_n V_n$$

$$C_p = C_1 + C_2 + \cdots + C_n$$

$$C_p = \Sigma C_i \tag{17-15}$$

　　並聯電容器的等效電容等於其個別電容的代數和，它會大於電路中任一參與並聯的電容。

例題 17-7

　　三個電容均為 20 μF 的電容器，並聯後，連接到 120 V 的直流電源。求：

(1) 此電路中，並聯電容器的等效電容值為何？
(2) 聚集在每一電容器的電量為何？

解

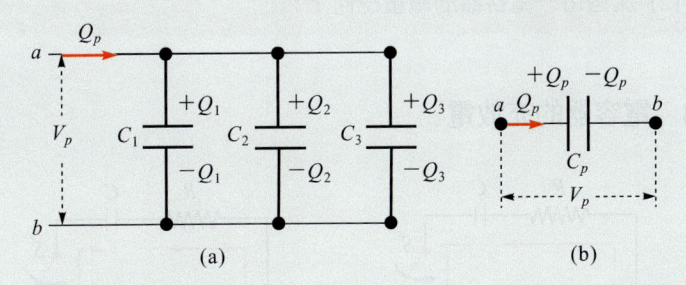

(1) 並聯電容器的等效電容為所有並聯電容的代數和，所以

$$C_p = \sum C_i$$

$$C_p = C_1 + C_2 + C_3 \xrightarrow{C_1=C_2=C_3=20\,\mu F} C_p = 3 \times 20\,\mu$$

$$= 60\,(\mu F)$$

(2) 電路中，並聯電容器二端連接到 120 V 的直流電源時，聚集在等效電容器的電量為

$$Q_p = C_p V \quad \Rightarrow \quad Q_p = 60\,\mu \times 120$$

$$= 7.2 \times 10^{-3}\,(C)$$

電路中，並聯電容器二端的電位差，皆與等效電容器二端的電位差相等，因三個電容器的電容均為 20 μF，所以聚集在每一電容器的電荷量皆相同，故

$$Q_i = C_i V \quad \Rightarrow \quad Q_i = 20\,\mu \times 120$$

$$= 2.4 \times 10^{-3}\,(C)$$

電路中，每一電容器的電荷量皆 2.4×10^{-3} C，其和等於等效電容器的電荷量 7.20×10^{-3} C。

隨堂練習

17-11 電容為 2 μF 的電容器，分別施給為 50 V 及 100 V 的電壓，則串聯後電容器能承受的最大電壓為多少 V？
(1) 100　(2) 150　(3) 200　(4) 250。

17-12 電容為 5.0 μF、10.0 μF 與 20.0 μF 的三個電容器,並聯後,連接到 60 V 的直流電源。求:
(1) 此電路中,並聯電容器的等效電容值為何?
(2) 流過每一電容器的電量為何?

17-2-2-4 電容器的充放電

電容器的充電:
$$V_o = IR + \frac{Q}{C}$$
$$= R\frac{dQ}{dt} + \frac{Q}{C}$$

電容器的放電:
$$IR + \frac{Q}{C} = 0$$
$$R\frac{dQ}{dt} + \frac{Q}{C} = 0$$

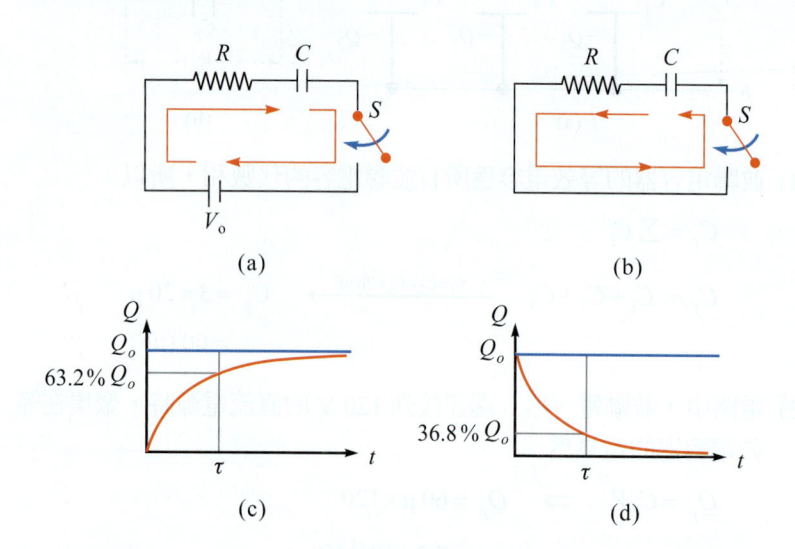

圖 17-16 電容器的充放電示意圖。
(a) 電容器的充電電路;(b) 電容器的放電電路;
(c) 充電時,電容器的帶電量 Q 與時間 t 的關係圖;
(d) 放電時,電容器的帶電量 Q 與時間 t 的關係圖。

如圖 17-16 所示,為電容器的充放電示意圖。圖 17-16(a) 為電容器的充電電路,將電容 C 與電阻 R 串聯,再接至端電壓為 V_o 的直流電源,並以開關 S 控制電路;當時間 t = 0 時,按下開關 S,形成通路,電路中有電流流動,電容器開始充電。隨著時間的增加,電容器上的電量 Q 也逐漸增加,圖 17-16(c) 為電容器充電時,極板上所帶電量 Q 與時間 t 的關係圖。充電中的電容器,極板上所帶電量 Q 與時間 t 的關係為

$$Q = Q_o \left(1 - e^{-\frac{t}{RC}}\right) \tag{17-16}$$

Q_o 為電容器充電至飽和時的電量，電阻與電容的乘積 RC 稱為電容器的**時間常數** (time constant)，通常以符號 τ_C 表示，單位為「秒」。在時間 t 為一時間常數 τ_C 時，電容器堆聚的電量約為飽和電量 Q_o 的 63.2%。在 5 個時間常數 τ_C 時，電容器堆聚的電量約為飽和電量 Q_o 的 99.3%。

圖 17-16(b) 為電容器的放電電路。在時間 $t = 0$ 時，按下開關 S，形成通路，電路中有電流流動，電容器開始放電。隨著時間的增加，電容器上的電量 Q 也逐漸減少，圖 17-16(d) 為電容器放電時，極板上剩餘電量 Q 與時間 t 的關係圖。放電中的電容器，極板上剩餘電量 Q 與時間 t 的關係為

$$Q = Q_o\, e^{-\frac{t}{RC}} \tag{17-17}$$

在時間 t 為一時間常數 τ_C 時，電容器剩餘的電量約為飽和電量的 36.8%，亦即電容器釋放的電量約為飽和電量的 63.2%。在 5 個時間常數 τ_C 時，電容器剩餘的電量約為飽和電量的 0.7%，亦即電容器釋放的電量約為飽和電量的 99.3%。

17-2-2-5 *RC* 電路

電阻器與電容器是電路中最基本且相當重要的元件，在電路中，除電源外，僅含電阻器和電容器所構成的電路，稱之為 *RC* 電路。電容器在電路中的功能為貯存電能與供應電能；前者的過程稱為充電，後者的過程稱為放電。充電時，如圖 17-16(a)、(c) 所示，在 S 未閉合之前，電容器 C 上無電荷存在。將 S 閉合之後，形成通路，則電源將驅動電荷，電容器開始聚積電荷，直至電容器的電位差與電源的電位差 V_o 相等為止，此時電容器上所擁有的電荷稱之為飽和電荷 Q_o。而在任一時間 t，電容器上積蓄的電荷量為

$\tau_C = RC$
電容器的時間常數或稱鬆弛時間 (relaxation time)。

$Q = Q_o(1 - e^{-\frac{t}{RC}})$

$t = \tau_C$
$Q = Q_o(1 - e^{-\frac{\tau_C}{RC}})$
$\approx 63.2\%\, Q_o$

$t = 5\tau_C$
$Q = Q_o(1 - e^{-\frac{5\tau_C}{RC}})$
$\approx 99.3\%\, Q_o$

$Q = Q_o e^{-\frac{t}{RC}}$

$t = \tau$
$Q = Q_o e^{-\frac{t}{RC}}$
$\approx 36.8\%\, Q_o$

$t = 5\tau$
$Q = Q_o e^{-\frac{5\tau}{RC}}$
$\approx 0.7\%\, Q_o$

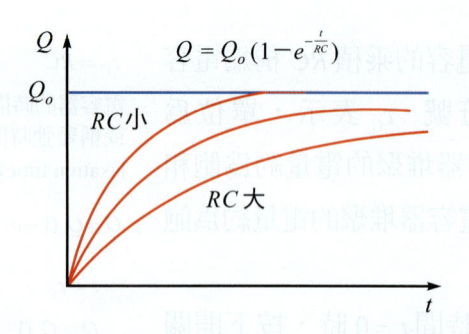

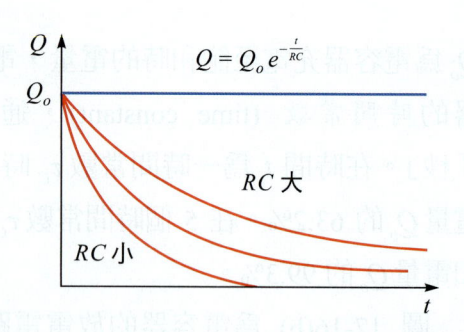

圖17-17 電容器充電時，電荷與時間的關係。　　**圖17-18** 電容器放電時，電荷與時間的關係。

$$Q = Q_o(1 - e^{-\frac{t}{RC}})$$

電路中的電流為

$$I = \frac{dQ}{dt} = \frac{Q_o}{RC} e^{-\frac{t}{RC}} \tag{17-18}$$

隨著時間 t 的增加，電容器上的電荷量 Q 漸多；而充電的快慢，則由時間常數 RC 值決定，RC 值越小，充電的速度越快。圖17-17 所示為電容器充電與時間的關係。

放電時，如圖 17-16(b) 與 (d) 所示，電容器上已有電荷 Q_o 時，將開關閉合，形成通路，則電容器上的電荷即可藉由此迴路進行放電，直到電荷趨近於零。而在任一時間 t，電容器上的剩餘電荷量為

$$Q = Q_o e^{-\frac{t}{RC}}$$

電路中的電流為

$$I = \frac{dQ}{dt} = -\frac{Q_o}{RC} e^{-\frac{t}{RC}} \tag{17-19}$$

隨著時間 t 的增加，電容器上的電荷量 Q 漸少；而放電的快慢，則由時間常數 RC 值決定，RC 值越小，放電的速度越快，圖17-18 所示為電容器放電與時間的關係。

例題 17-8

如圖 17-19 的充電電路，若電源的電壓值為 30 V。求：
(1) 電容器的時間常數？
(2) 此電路在任意時刻 t 的電流？
(3) 電容器在任意時刻 t 的電位差？

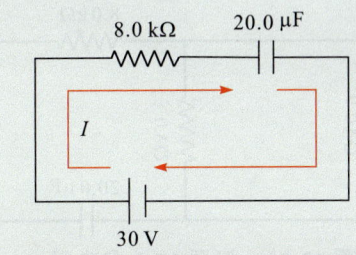

圖 17-19 例題 17-8 電路圖。

解

(1) 電容器的時間常數 τ_C 為

$$\tau_C = RC \implies \tau_C = (8.0\times10^3)\times(20\times10^{-6})$$
$$= 0.16 \text{ (s)}$$

(2) 這電路是屬於電容器的充電類型，最大電壓 V_o 為 30 V，電流的模式為

$$I = \frac{Q_o}{RC}e^{-\frac{t}{RC}}$$

$$= \frac{V_o}{R}e^{-\frac{t}{\tau}} \implies I = \frac{30}{8.0\times10^3}e^{-\frac{t}{0.16}}$$

$$= (3.75\times10^{-3})e^{-6.25t} \text{ (A)}$$

(3) 電容器在任意時刻 t 的電位差 V_C 為

$$V_R = RI \implies V_R = (8.0\times10^3)\times(3.75\times10^{-3})e^{-6.25t}$$
$$= 30e^{-6.25t} \text{ (V)}$$

$$V_C = V_o - V_R = 30 - 30e^{-6.25t} = 30(1-e^{-6.25t}) \text{ (V)}$$

電容器在充電的狀態時，電流和電位差是以指數的形式增加。

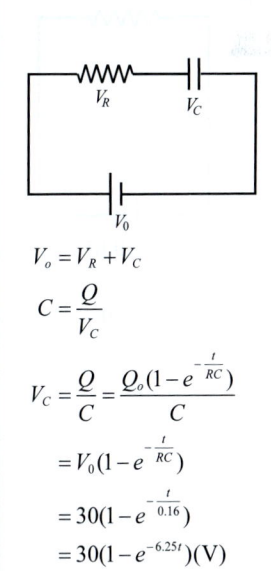

$V_o = V_R + V_C$

$C = \dfrac{Q}{V_C}$

$V_C = \dfrac{Q}{C} = \dfrac{Q_o(1-e^{-\frac{t}{RC}})}{C}$

$= V_0(1-e^{-\frac{t}{RC}})$

$= 30(1-e^{-\frac{t}{0.16}})$

$= 30(1-e^{-6.25t}) \text{(V)}$

例題 17-9 放電

如圖 17-20 的電路，若其最大電壓值為 30 V。求：
(1) 電容器的時間常數？
(2) 此電路在任意時刻 t 的電流？
(3) 電容器在任意時刻 t 的電位差？

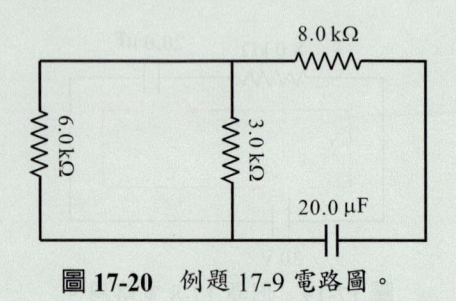

圖 17-20　例題 17-9 電路圖。

解

(1) 電容器的時間常數 τ_C 為 RC，故須先求出此電路的總電阻 R_t：

$$R_t = (6\,k\Omega \| 3\,k\Omega) + 8\,k\Omega \Rightarrow R_t = [\frac{1}{(\frac{1}{6}+\frac{1}{3})}]+8$$
$$= 10\,(k\Omega)$$

$$\tau_C = RC \Rightarrow \tau_C = (10\times 10^3)\times(20\times 10^{-6})$$
$$= 0.2\,(s)$$

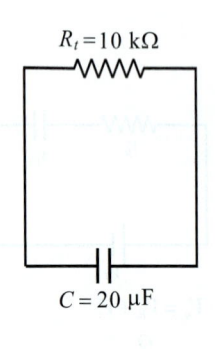

$R_t = 10\,k\Omega$
$C = 20\,\mu F$

$V_C + V_R = 0$
$V_C = -V_R$
$\quad = -IR_t$

(2) 這電路是屬於電容器的放電類型，最大電壓值 V_o 為 30 V，電流的模式為

$$I = -\frac{Q_o}{RC}e^{-\frac{t}{RC}}$$

$$= -\frac{V_o}{R}e^{-\frac{t}{\tau_c}} \Rightarrow I = -\frac{30}{10\times 10^3}e^{-\frac{t}{0.2}}$$

$$I = -(3\times 10^{-3})e^{-5t}\,(A)$$

(3) 電容器在任意時刻 t 的電位差 V_C 為

$$V_C = -R_t I \Rightarrow V_C = -10\times 10^3 \times (-3\times 10^{-3})e^{-5t}$$
$$= +30e^{-5t}\,(V)$$

負號表示電容器是在放電的狀態，電流和電位差是在減小。

隨堂練習

17-13 如下圖的充電電路，若電源的電壓值為 30 V，求：
(1) 電容器的時間常數？
(2) 電容器在任意時刻 t 的電量？

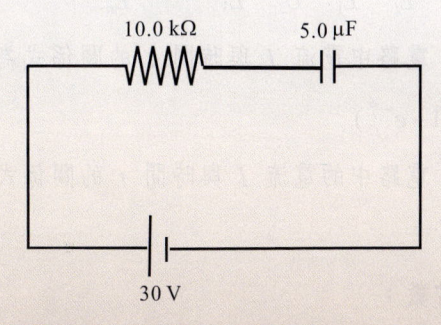

```
        10.0 kΩ      5.0 μF
    ┌───/\/\/\───────┤├────┐
    │                      │
    │                      │
    └──────────┤├──────────┘
                30 V
```

17-14 如下圖的放電電路，若其最大電壓值為 30 V，求：
(1) 電容器的時間常數？
(2) 電容器在任意時刻 t 的電量？

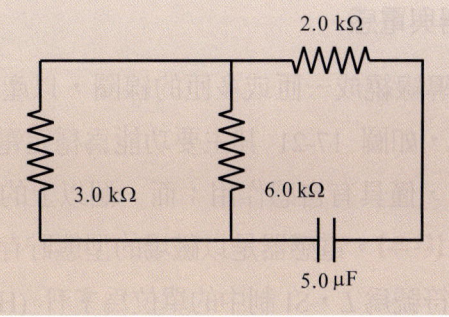

```
              2.0 kΩ
    ┌────────/\/\/\────────┐
    │          │           │
   3.0 kΩ   6.0 kΩ         │
    │          │           │
    │          │          ─┴─
    │          │          ─┬─  5.0 μF
    │          │           │
    └──────────┴───────────┘
```

17-2-3 電 感

學習方針

電感器：
以磁場的型態儲存能量，電感大小代表儲存磁能的能力。

電感　　　　　　$L = \dfrac{N\Phi_B}{I}$　　　　單位為亨利 (H)

磁能　　　　　　$W = \dfrac{1}{2}LI^2$　　　　單位為焦耳 (J)

不考慮互感時，電感器串聯的總電感為：

$$L_s = \Sigma_i L_i = L_1 + L_2 + L_3 + \cdots + L_n$$

不考慮互感時，電感器並聯的總電感為：

$$\frac{1}{L_p} = \Sigma_i \frac{1}{L_i} = \frac{1}{L_1} + \frac{1}{L_2} + \frac{1}{L_3} + \cdots + \frac{1}{L_n}$$

電感器充電時，電路中電流 I 與時間 t 的關係式為：

$$I = I_o(1 - e^{-\frac{Rt}{L}})$$

電感器放電時，電路中的電流 I 與時間 t 的關係式為：

$$I = I_o e^{-\frac{Rt}{L}}$$

電感器的時間常數：

$$\tau_L = \frac{L}{R}$$

17-2-3-1　電感器與電感

電感器是用導線繞成一匝或多匝的線圈，以產生具有一定電感性質的電子元件，如圖 17-21 其主要功能為穩定電流與去除雜訊。通常單一線圈者，僅具有自感作用；而一個以上的線圈組成者，則會具有互感作用 [註三]。電感器是以磁場的型態貯存能量，而以電感作為特性參數，符號為 L，SI 制中的單位為亨利 (H)。

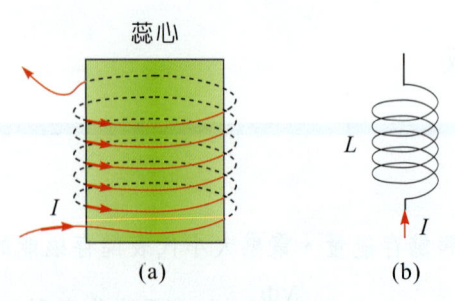

圖 17-21　(a) 線圈式電感器示意圖；
(b) 電路中電感器符號。

$$L = \frac{N\Phi_B}{I} \Leftarrow \begin{cases} L：線圈的電感 ； 單位為 H \\ \Phi_B：磁通量 ； 單位為 Wb \\ I：電流 ； 單位為 A \\ N：線圈匝數 \end{cases}$$

$$W = \frac{1}{2}LI^2 \quad \Leftarrow \quad 線圈儲存的能量 ； 單位為 J$$

電感器的分類方式有多種：依電感是否可調變，分為固定式電感器與可變式電感器。依蕊心材料區分為空氣蕊電感器、磁蕊電感器、鐵芯電感器等。依產品型態概分為兩大類，一為傳統線圈式電感器，二為晶片電感器 [註四]。

電感器、電阻器和電容器合稱為三大被動元件，電阻器和電容器二元件前已論及，本部分將以討論電感器的特性為主。

例題 17-10

若流經電感為 30 H 的電感器之電流為 4 A 時，則其儲存於電感器的能量為多少？

解

儲存於電感 L 的電感器之能量為

$$W = \frac{1}{2}LI^2 \Rightarrow W = \frac{1}{2} \times 30 \times 4^2 = 240 \text{ (J)}$$

例題 17-11

若螺線管的匝數為 500 匝，通以 3 A 電流時，產生的磁通量為 3×10^{-4} Wb，則電感為何？若線圈匝數增加 500 匝時，則電感為何？

解

N 匝線圈電感器的電感為

$$L = \frac{N\Phi}{I} \xrightarrow{N=500} L = \frac{500 \times 3 \times 10^{-4}}{3}$$
$$= 5.00 \times 10^{-2} \text{ (H)}$$
$$\xrightarrow{N=1000} L = \frac{1000 \times 3 \times 10^{-4}}{3}$$
$$= 1.0 \times 10^{-1} \text{ (H)}$$

當線圈匝數增加一倍時，線圈電感值也會增加一倍。

17-2-3-2 電感器的串聯

真實電路中，電感器在串聯、並聯時，會有互感存在，有興趣的讀者，可參閱有關電路學專書。

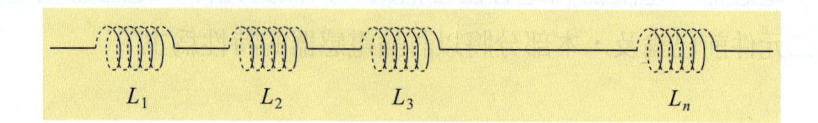

圖 17-22　電感器的串聯。

不考慮互感時，串聯電感器的總電感為

$$L_s = \Sigma_i L_i = L_1 + L_2 + L_3 + \cdots + L_n \tag{17-20}$$

17-2-3-3 電感器的並聯

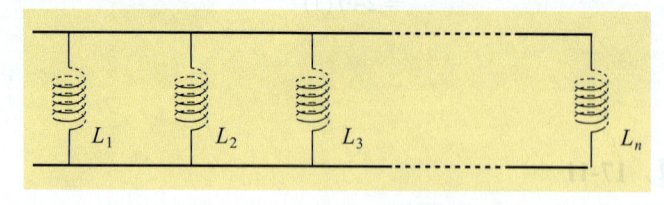

圖 17-23　電感器的並聯。

不考慮互感時，並聯電感器的總電感為

$$\frac{1}{L_p} = \sum_i \frac{1}{L_i} = \frac{1}{L_1} + \frac{1}{L_2} + \frac{1}{L_3} + \cdots + \frac{1}{L_n} \tag{17-21}$$

17-2-3-4 電感器的充放電

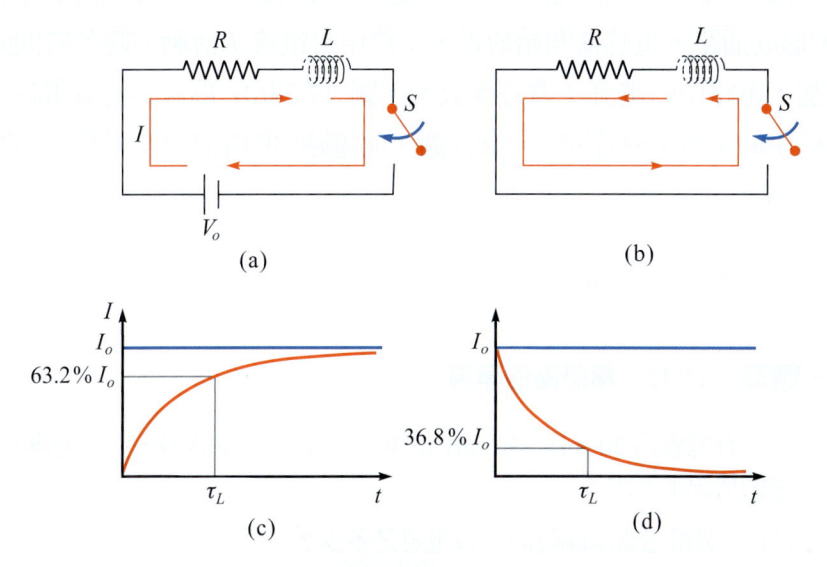

圖 17-24 電感器的充放電示意圖。
(a) 電感器的充電電路；(b) 電感器的放電電路；
(c) 充電時，電路中的電流 I 與時間 t 的關係圖；
(d) 放電時，電路中的電流 I 與時間 t 的關係圖。

二個電感器在串聯、並聯時的電感：
1. 串聯加強：
$L_T = L_1 + L_2 + 2M$
2. 串聯相消：
$L_T = L_1 + L_2 - 2M$
3. 並聯加強：
$L_T = \dfrac{L_1 L_2 - M^2}{L_1 + L_2 - 2M}$
4. 並聯相消：
$L_T = \dfrac{L_1 L_2 - M^2}{L_1 + L_2 + 2M}$

電感器的充電：
$V_o = RI + L\dfrac{dI}{dt}$

電感器的放電：
$IR + L\dfrac{dI}{dt} = 0$

如圖 17-24 所示，為電感器的充放電示意圖。圖 17-24(a) 為電感器的充電電路，將電感 L 與電阻 R 串聯，再接至端電壓為 V_o 的直流電源，並以開關 S 控制電路；當時間 $t = 0$ 時，按下開關 S，形成通路，電路中有電流 I 流動，但因電感器的存在，電流 I 不會瞬間即到飽和電流 I_o，而是逐漸增加。圖 17-24(c) 為電感器充電時，電路中電流 I 與時間 t 的關係圖，而電路中的電流 I 與時間 t 的關係式為

$$I = I_o(1 - e^{-\frac{Rt}{L}}) = I_o(1 - e^{-\frac{t}{\tau_L}}) \tag{17-22}$$

普通物理

飽和電流：

$I_o = \dfrac{V_o}{R}$

$\tau_L = \dfrac{L}{R}$

電感器的時間常數或稱鬆弛時間 (relaxation time)。

$I = I_o(1 - e^{-\frac{Rt}{L}})$
$ = I_o(1 - e^{-\frac{t}{\tau_L}})$

$t = \tau_L$
$I = I_o(1 - e^{-\frac{\tau_L}{\tau_L}})$
$ \approx 63.2\% \, I_o$

$t = 5\tau_L$
$I = I_o(1 - e^{-\frac{5\tau_L}{\tau_L}})$
$ \approx 99.3\% \, I_o$

$I = I_o e^{-\frac{Rt}{L}} = I_o e^{-\frac{t}{\tau_L}}$

$t = \tau_L$
$I = I_o e^{-\frac{\tau_L}{\tau_L}}$
$ \approx 36.8\% \, I_o$

$t = 5\tau_L$
$I = I_o e^{-\frac{5\tau_L}{\tau_L}}$
$ \approx 0.7\% \, I_o$

I_o 為電感器充電時，電路中的飽和電流；$\dfrac{L}{R}$ 為電感器時間常數 (time constant)，通常以符號 τ_L 表示，單位為「秒」。在時間 t 為一時間常數 τ_L 時，電路中的電流約為飽和電流 I_o 的 63.2%。在 5 個時間常數 τ_L 時，電路中的電流約為飽和電流 I_o 的 99.3%。

圖 17-24(b) 為電感器的放電電路。在時間 $t = 0$ 時，按下開關 S，形成通路，電感器開始放電，電路中有電流 I 流動。隨著時間的增加，電路中的電流 I 會逐漸衰減。圖 17-24(d) 為電感器放電時，電路中的電流 I 與時間 t 的關係圖。而電路中的電流 I 與時間 t 的關係式為

$$I = I_o e^{-\frac{Rt}{L}} = I_o e^{-\frac{t}{\tau_L}} \tag{17-23}$$

例題 17-12　電感器的串聯

有電感為 20 mH、30 mH 和 40 mH 的三個電感器，在不考慮互感的情況下，求：

(1) 三個電感器串聯時的等效電感是多少？
(2) 三個電感器並聯時的等效電感是多少？

解

(1) 三個電感器串聯時的等效電感 L_s 為

$L_s = \Sigma_{i=1}^{3} L_i \Rightarrow L_s = L_1 + L_2 + L_3$
$ = 20 + 30 + 40$
$ = 90 \, (\text{mH})$

(2) 三個電感器並聯時的等效電感 L_p 為

$L_p = \Sigma_{i=1}^{3} \dfrac{1}{L_i} \Rightarrow \dfrac{1}{L_p} = \dfrac{1}{L_1} + \dfrac{1}{L_2} + \dfrac{1}{L_3}$
$ = \dfrac{1}{20} + \dfrac{1}{30} + \dfrac{1}{40}$
$ = \dfrac{60 + 40 + 30}{120}$
$ = \dfrac{130}{120}$

$$L_p \approx 0.92 \,(\text{mH})$$

由 (1) 與 (2) 可知，電感器串聯時的等效電感比並聯時的等效電感大。

例題 17-13

如圖 17-25，當開關 S 接到 A 時，電感器開始充電，求電路中的電流 I 為何？

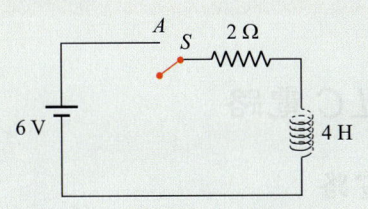

圖 17-25　電感器的充放電圖。

解

開關 S 接到 A 時，電感器處於充電狀態，電路中的電流 I 為

$$I = I_o(1 - e^{-\frac{Rt}{L}})$$

$$I = \frac{V}{R}(1 - e^{-\frac{Rt}{L}}) \Rightarrow I = \frac{6}{2}(1 - e^{-\frac{2t}{4}})$$

$$= 3(1 - e^{-0.5t}) \,(\text{A})$$

隨堂練習

17-15 下列電路圖，假設線圈互感量為零，求各電路的等效電感？

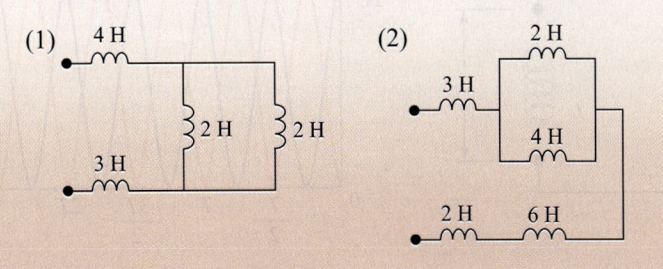

(1) 4 H, 2 H, 2 H, 3 H

(2) 2 H, 3 H, 4 H, 2 H, 6 H

17-16 如下圖，當開關 S 接到 1 時，電感器開始充電；接到 2 時，電感器處於放電狀態。求：
(1) 開關 S 接到 1 時，電路中的電流 I_1 為何？
(2) 開關 S 接到 2 時，電路中的電流 I_2 為何？

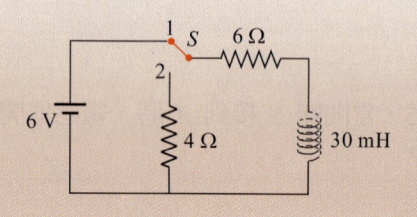

17-3　RLC 電路

17-3-1　LC 振盪電路

　　由電阻器 R、電容器 C、電感器 L 三元件中，任意二元件組成的二元件電路，前面已分析過 RC 組合和 RL 組合的電路，知其電路中的電荷、電流和電位差皆為指數形式。但還有一組 LC 電路，如圖 17-26(a)，這組合較特殊，在電路中的電荷、電流和電位差是隨週期和角頻率，呈現正弦或餘弦函數變化。此種類型的電路稱為振盪電路。由於電路中的電流作週期性變化，導致電容器中所貯存的電能 U_E 與電感器中所貯存的磁能 U_B 交互變化，此作用即為電磁振盪，如圖 17-26(b)。依能量守恆原理，LC 振盪電路中，任一時刻的總能量 U 必維持定值。

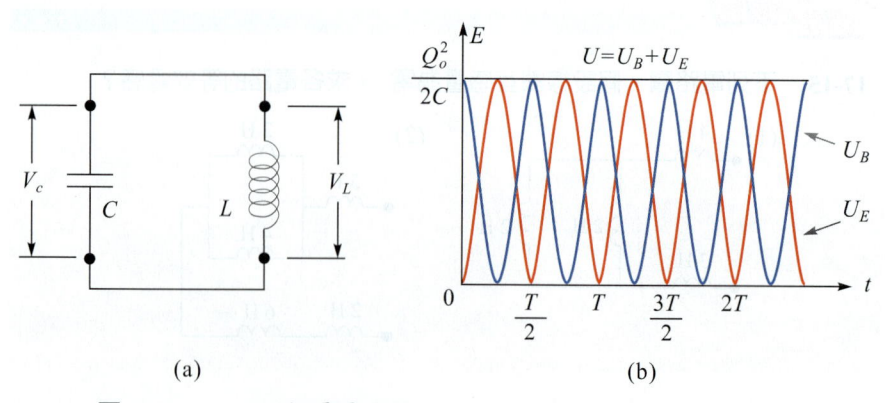

圖 17-26　(a) LC 振盪電路圖；(b) 電能與磁能的時間函數圖。

$$U = U_E + U_B$$

$$U = \frac{1}{2}\frac{Q^2}{C} + \frac{1}{2}LI^2$$

$$\frac{dU}{dt} = \frac{d}{dt}(\frac{1}{2}\frac{Q^2}{C} + \frac{1}{2}LI^2)$$

$$0 = \frac{Q}{C}\frac{dQ}{dt} + LI\frac{dI}{dt}$$

$$L\frac{d^2Q}{dt^2} + \frac{Q}{C} = 0 \tag{17-24}$$

$$I = \frac{dQ}{dt}$$
$$\frac{Q}{C}\frac{dQ}{dt} + LI\frac{dI}{dt} = 0$$
$$\frac{Q}{C}I + LI\frac{d}{dt}\frac{dQ}{dt} = 0$$
$$\frac{Q}{C} + L\frac{d^2Q}{dt^2} = 0$$

(17-24) 式即為 LC 振盪電路的微分方程式，其解為

$$Q = Q_o \cos(\omega t + \phi) \tag{17-25}$$

由 (17-23) 式，LC 振盪電路中的電荷為時間的函數，將其對時間微分，可得 LC 振盪電路的電流 I 為

$$I = \frac{dQ}{dt} = \frac{d}{dt}[Q_o \cos(\omega t + \phi)]$$

$$I = -\omega Q_o \sin(\omega t + \phi)$$

$$I = -I_o \sin(\omega t + \phi) \tag{17-26}$$

I_o 為電流的振幅，其值為 ωQ_o；ω 為 LC 振盪電路的角頻率，其值為

$$\omega = \frac{1}{\sqrt{LC}} \tag{17-27}$$

電容器中所貯存的電能 U_E 為

$$U_E = \frac{1}{2}\frac{Q^2}{C}$$

$$U_E = \frac{1}{2}\frac{Q_o^2}{C}\cos^2(\omega t + \phi) \tag{17-28}$$

電感器中所貯存的磁能 U_B 為

$$U_B = \frac{1}{2}LI^2$$

$$U_B = \frac{L}{2}\omega^2 Q_o^2 \sin^2(\omega t + \phi) \tag{17-29}$$

$$U_B = \frac{1}{2}\frac{Q_o^2}{C}\sin^2(\omega t + \phi) \tag{17-30}$$

將 (17-28) 式與 (17-30) 式相加，可得 LC 振盪電路所貯存的總能量

$$U = U_B + U_E = \frac{Q_o^2}{2C} \tag{17-31}$$

17-3-2　RLC 串聯電路

　　真實電路大都包含電阻器 R、電容器 C 和電感器 L 三個元件，這類電路被稱為 RLC 電路。若再配合上串聯與並聯，則其將比之前所討論的單一元件或二元元件組成的電路，複雜許多。在此僅討論其中最基本的類型，RLC 串聯電路，如圖 17-27。在 LC 振盪電路中所貯存的電能與磁能維持一定值；但有電阻器加入時，則有部分電磁能被轉換為熱能消耗掉。由能量守恆觀念可知

$$V_R = IR = R\frac{dQ}{dt}$$

$$V_C = \frac{1}{C}\int I(t)\,dt = \frac{Q}{C}$$

$$V_L = L\frac{dI}{dt} = L\frac{d^2Q}{dt^2}$$

$$U_L + U_C = U_R$$
$$q\,\Delta V_L + q\,\Delta V_C = -q\,\Delta V_R$$
$$\Delta V_L + \Delta V_R + \Delta V_C = 0$$

$$L\frac{d^2Q}{dt^2} + R\frac{dQ}{dt} + \frac{Q}{C} = 0 \tag{17-32}$$

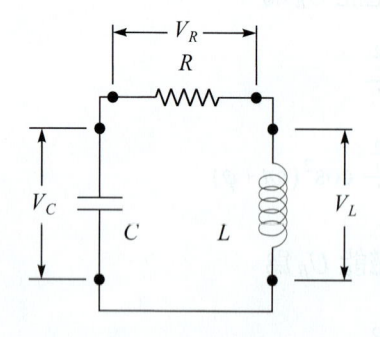

圖 17-27　RLC 串聯電路圖。

(17-32) 式是 RLC 串聯電路的微分方程式,其解為

$$Q = Q_o e^{-\frac{Rt}{2L}} \cos(\omega' t + \phi) \tag{17-33}$$

其中 ω' 的值為 $\sqrt{\frac{1}{LC} - (\frac{R}{2L})^2}$,這是在有阻尼下的振盪角頻率。它比沒有阻尼的振盪角頻率 ω 還要小。若電阻值 R 非常小,則 ω' 的值將會近似於 ω 的值。

$$\omega' = \sqrt{\frac{1}{LC} - \left(\frac{R}{2L}\right)^2}$$

$$R \to 0$$

$$\omega' \approx \sqrt{\frac{1}{LC}} = \omega$$

習題

17-1 有 6 個相同電阻值的電阻器,將其串聯後的等效電阻是並聯後的等效電阻的多少倍?

17-2 如下圖所示,每個電阻單位為歐姆 (Ω),求:(1) A、B 兩點間的等效電阻?(2) A、C 兩點間的等效電阻?

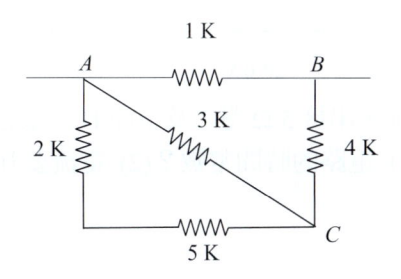

17-3 一電池的電動勢 $\varepsilon = 12$ V、內電阻 $r = 1\ \Omega$ 與三個電阻 ($R_1 = 5\ \Omega$,$R_2 = 6\ \Omega$,$R_3 = 10\ \Omega$) 連接,如下圖所示。求:(1) 端電壓;(2) 每一個電阻兩端的電位差及流經每一個電阻的電流;(3) 該電池所提供的功率;(4) 每一個電阻消耗功率。

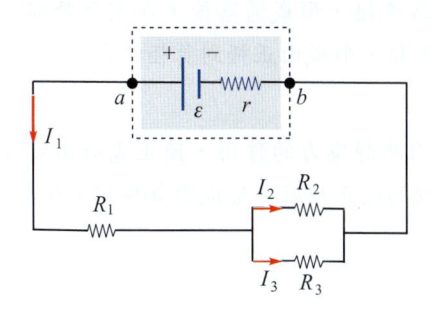

17-4 如下圖所示，電動勢 5 V 的電池，內電阻 $r_1 = 2\ \Omega$，電動勢 12 V 的電池，內電阻 $r_2 = 5\ \Omega$，利用 KCL 及 KVL 求 I_1、I_2 及 I_3。

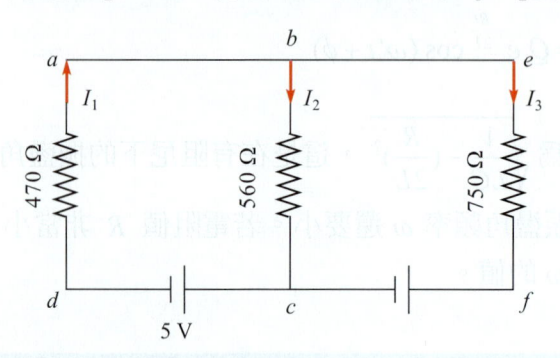

17-5 如下圖所示之充電電路，求電荷量增至其最終值的 80% 時，需多久時間？

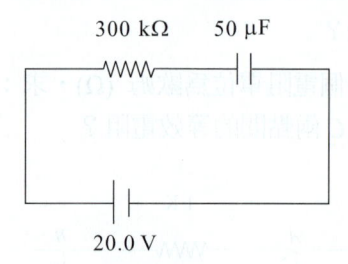

17-6 有一 20 V 電池，串接 5 Ω 電阻及 10 mH 的電感，當 $t = 0$ 時，開關接通，求：(1) 電路的時間常數？(2) 電流要升至其末值的 70%，所需時間？

註

註一：電流的流向

1. **外電路：**
   直流電源與外電路連接，形成通路後，在電源外部，由於靜電力作用，使導電電荷產生運動，形成由正極到負極的電流。

2. **內電路：**
   在電源內部，則因非靜電力的作用，使正電荷由電位較低的負極，經電源內部回到電位較高的正極處，形成由負極到正極的電流。

註二：電路中的電流

1. 通路

$$I = \frac{\varepsilon}{R+r}$$

$$V_{ab} = \varepsilon - Ir = IR$$

(a) 通路

2. 斷路

$$I = \frac{\varepsilon}{R+r}$$

$$R \to \infty$$

$$I \sim \frac{\varepsilon}{\infty} \Rightarrow I \to 0$$

$$V_{ab} \approx \varepsilon$$

(b) 斷路

3. 短路

$$I = \frac{\varepsilon}{R+r}$$

$$R = 0$$

$$I = \frac{\varepsilon}{r} \xrightarrow{r \to 0} I \to \infty$$

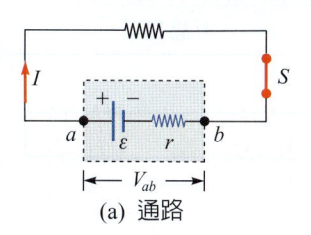

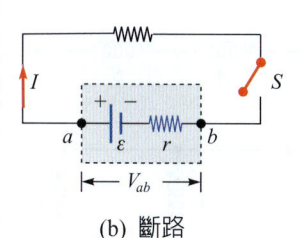

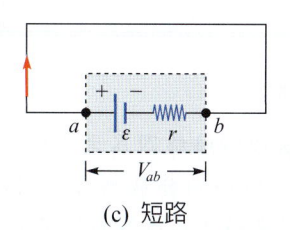

(c) 短路

註三：自感與互感

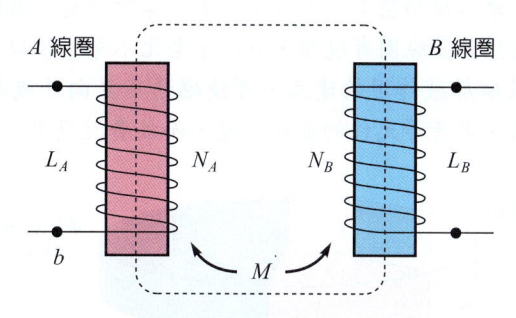

A 線圈對 B 線圈所產生的互感 M_{BA}，與 B 線圈對 A 線圈所產生的互感 M_{AB}，二者大小相等，故以 M 表之即可。

- 自感：線圈的電流變動時，在線圈中磁通量產生變化，而具有感應電動勢的現象，稱為自感作用；自感作用的大小稱為自感 L，所產生的感應電動勢稱為自感電動勢 ε_L。
- 互感：兩線圈相鄰放置時，若其中一個 A 線圈電流改變，而使另一個 B 線圈磁通量產生變化，而具有感應電動勢的現象，稱為互感作用；互感作用的大小稱為互感 M，所產生的感應電動勢稱為互感電動勢 ε_M。

互感為正	互感為負

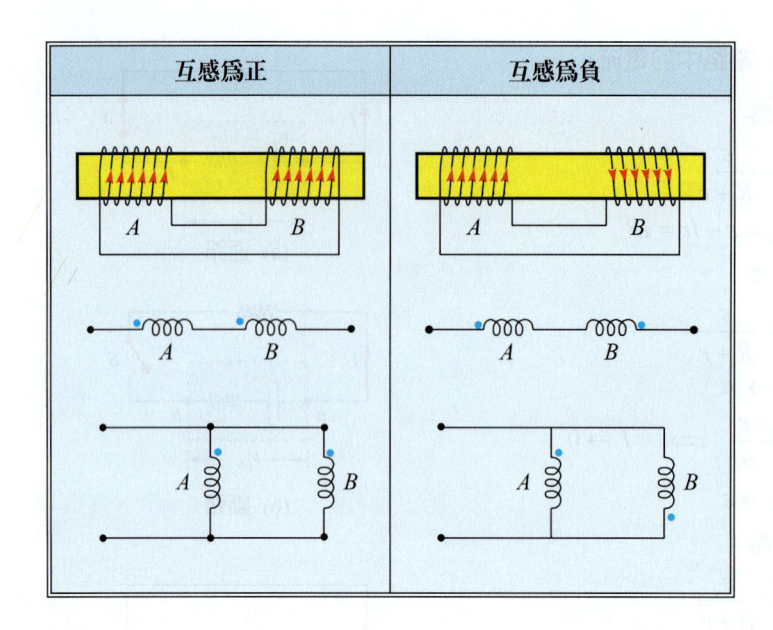

註四：晶片電感

1. 傳統電感器以纏繞線圈為主要構造，故成品體積較大，不符合資訊、通訊產品輕薄短小的發展趨勢，因此在應用上，逐漸為晶片型電感器取代，在市場產值不易成長的情況下，已快速萎縮。
2. 晶片電感器可分三種類型：繞線式電感器、厚膜型電感器與薄膜積層電感器。繞線式電感器因線圈有繞組，所以小型化不易；積層晶片型電感器，透過閉磁路及磁屏蔽作用的建立，可使磁通不至向外洩漏；並且因無耦合、交調失真、串音等元件的彼此干擾，而被廣泛應用於通訊等市場。

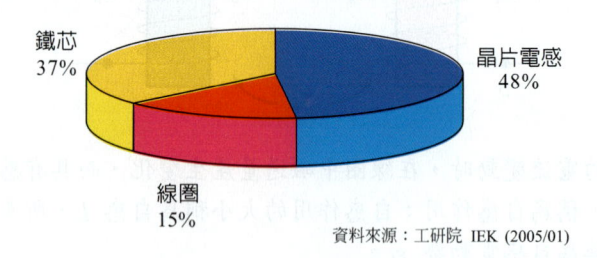

鐵芯 37%
晶片電感 48%
線圈 15%

資料來源：工研院 IEK (2005/01)

2004 年全球電感器產品別分析。

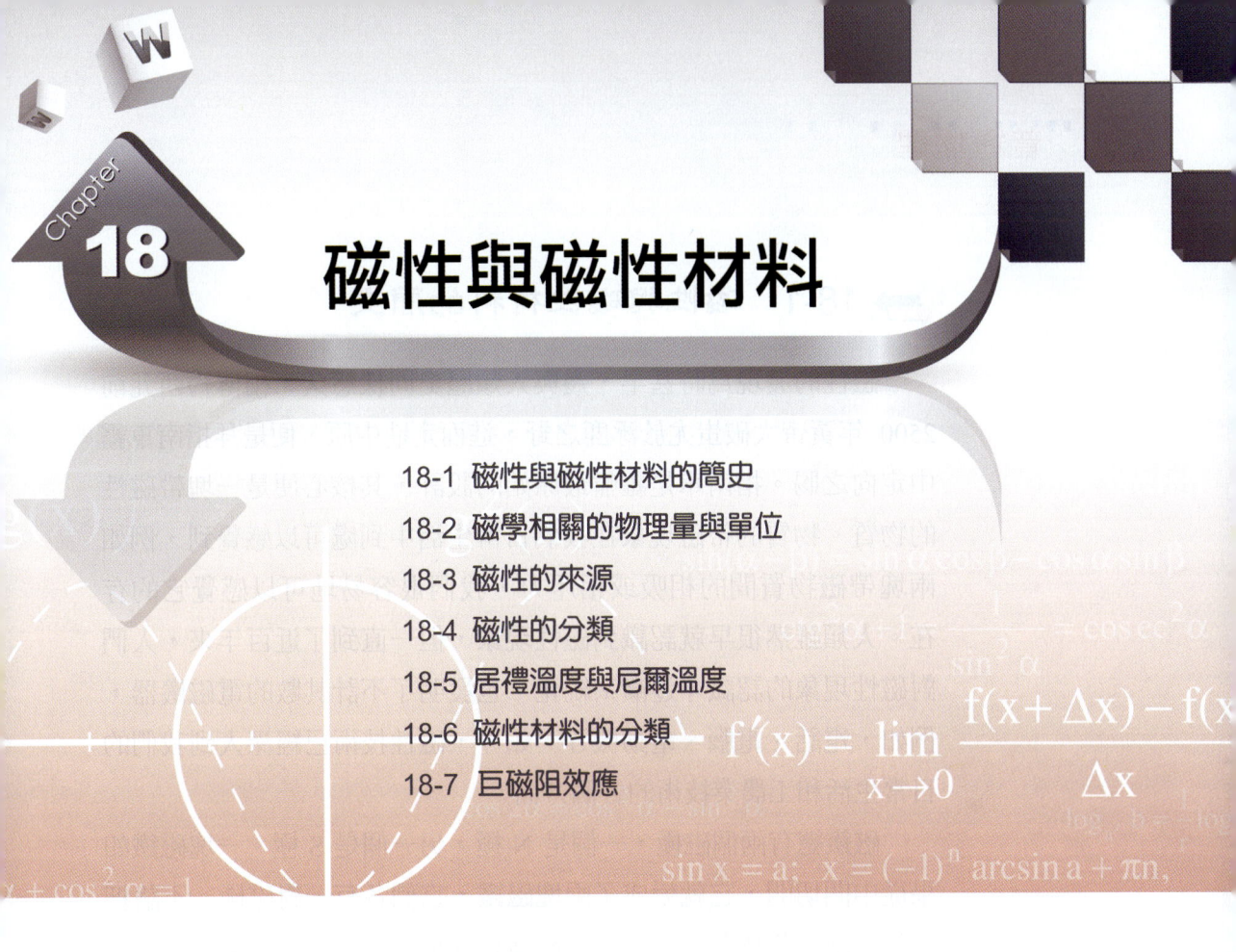

Chapter 18 磁性與磁性材料

18-1 磁性與磁性材料的簡史
18-2 磁學相關的物理量與單位
18-3 磁性的來源
18-4 磁性的分類
18-5 居禮溫度與尼爾溫度
18-6 磁性材料的分類
18-7 巨磁阻效應

　　磁性與磁性材料是一門既傳統又近代的學科，從發現天然磁石的相吸或相斥起，到人類利用磁性材料做成指南針、羅盤等有用的工具，已經歷數千年的歷史。二十世紀中葉以來用於磁記錄的材料及應用發展快速，以美國主導每年舉辦一次的國際性磁性與磁性材料研討會 (Conference on Magnetism and Magnetic Materials)，至今已逾半世紀了。

　　傳統的磁學主要著重在磁性物質的磁結構與磁化的探討，近年由於電子自旋特性研究的興起，開拓了自旋電子學 (spintronics)，使磁學邁入了新領域。自旋電子學是利用電子自旋的自由度，對物質特性的探討與應用，近年來，此領域的進展相當驚人，從應用的觀點，以磁阻材料為主的磁記錄讀取頭，是近年來磁記錄快速拓展的靈魂裝置。本章將只針對磁性與磁性材料的宏觀特性作基本介紹，至於有關材料內部電子自旋所產生的現象，則留待有興趣的讀者，作更專業的學習。

18-1　磁性與磁性材料的簡史

磁性的發現為時甚早，幾與人類歷史同樣悠久。相傳約西元前 2500 年黃帝大破蚩尤於涿鹿之野，進而定鼎中原，便是拜指南車霧中定向之賜。指南車是羅盤最原始的設計，其核心便是一塊帶磁性的物質。物質的帶磁現象在我們日常生活中到處可以感覺到，例如兩塊帶磁物質間的相吸或相斥力，我們很容易地可以感覺它的存在。人類雖然很早就認識到磁性現象，但一直到了近百年來，人們對磁性現象的認識才逐漸系統化，也發明了不計其數的電磁儀器，例如，電話、電腦、電動機等。如今，磁性技術已經深入到我們的日常生活和工農業技術的各個方面。

磁鐵總有兩個磁極，一個是 N 極，另一個是 S 極。一塊磁鐵如果從中間切開，它就變成了兩塊磁鐵，它們各有一對磁極。不論把磁鐵分割得多麼小，它總是有 N 極和 S 極，也就是說，N 極和 S 極總是成對的出現，無法讓一塊磁鐵只有 N 極或只有 S 極。磁極之間有相互作用，即同性相斥、異性相吸。知道這一點，就能明白為什麼指南針會自動指示方向。原來，地球就像是一塊巨大的磁鐵，它的 N 極在地理的南極附近，稱為地磁的 N 極；而 S 極在地理的北極附近，稱為地磁的 S 極，如圖 18-1。這樣，如果把一塊長條形的磁鐵用細線從中間懸掛起來，讓它自由轉動，那麼，磁鐵的 N 極就會

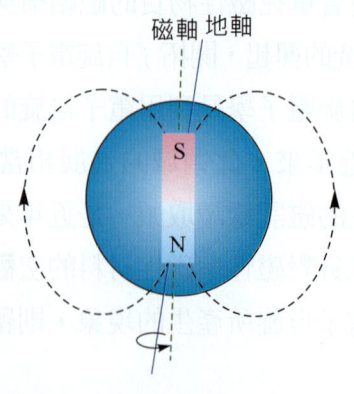

圖 18-1　地磁場與磁鐵的兩極場示意圖。地磁場與磁鐵的兩極場十分類似，只是帶磁岩石的分佈並不均勻，可能導致地磁的局部變化。

和地磁的 S 極互相吸引，磁鐵的 S 極和地磁的 N 極互相吸引，使得磁鐵方向轉動，直到磁鐵的 N 極和 S 極分別指向地磁的 S 極和 N 極為止。這時，磁鐵的 N 極所指示的方向就是地理的北極附近。

在西元前約 600 年時，在中亞細亞的「Magnesia」地方發現了許多天然磁石 (magnetite 或 lodestone)，所以磁石的英文為「magnetite」，而衍生出磁性的英文字寫為「magnetism」。到西元二世紀時，指南針已被航海等廣泛應用。但一直到西元十六世紀以後，才有英國人吉爾伯特 (William Gilbert, 1540-1603) 首先提出了地磁場的概念，在研究地磁及磁感應時，又發現磁性材料到了高溫時會失去其磁性。除了磁鐵礦和鐵外，在 1733 年發現了鈷金屬，1754 年又發現了鎳金屬，它們均類似鐵金屬具有較強的磁性。

法國物理學家庫倫 (Charles Coulomb) 於 1785 年以庫倫定律 (Coulomb's law) 確立了靜電荷間相互作用力的規範，又對磁極進行了類似的實驗而證明：同樣的定律也適用於磁極之間的相互作用。1820 年丹麥物理學家奧斯特 (Hans Christian Oersted) 首次發現：一條通過電流的導線會使其附近靜止懸掛著的磁鐵偏轉，此顯示電流在其周圍的空間會產生磁場。這是證明電和磁現象密切結合的第一個實驗結果，這也是歷史上第一次使用非天然磁石來產生磁場。奧斯特發現電流的磁場後不久，有些物理學家就想到是否有些物質 (如鐵) 所表現的宏觀磁性也源於電流。那時還未發現電子，但關於物質構造的原子論已有不少的發展。十九世紀，法國物理學家安培 (André-Marie Ampère) 等的實驗和理論分析，說明了載有電流的線圈所產生的磁場，以及電流線圈間相互作用的磁力。安培首先提出，鐵之所以顯現強磁性是因為組成鐵塊的分子記憶體載著永恆的電流環，這種電流沒有像導體中電流所受到的那種阻力，並且電流環可因外來磁場的作用而自由地改變方向。這種電流在後來的文獻中被稱為「安培電流」或分子電流。繼安培之後，韋伯對物質磁性的理論也作了不少的貢獻。雖然這些理論離現代理論尚遠，但在今天對磁性物質的本質作初步描述時，基本上仍可根據安培的概念。

$\vec{F}_e = K_e \dfrac{q_1 q_2}{r_{12}^2} \hat{r}$

$\vec{F}_B = K_B \dfrac{m_1 m_2}{r_{12}^2} \hat{r}$

q_1, q_2：靜止點電荷
m_1, m_2：靜磁極強度

另外，十九世紀初期必歐 (Biot) 及沙伐 (Savart) 等人對電流的磁效應亦貢獻良多。

1831 年時，英人法拉第 (Michael Faraday) 發現了磁感應生電，並製成發電機和電動機。但有關電磁效應的工業應用，則應始於 1886 年美國西屋電器公司於紐約州之水牛城及紐約市建立了交流發電站。法拉第觀察到一般的物質在較強磁場作用下都顯示一定程度的磁性，只是除了極少數像鐵那樣的強磁性物質外，一般物質之磁化率的絕對值都很小。所以法拉第認為一般的物質可分為兩類：一類物質的**磁化係數** (magnetic susceptibility) 是負的，稱之為反磁性物質。這些物質在磁場中獲得的磁矩方向與磁場方向相反，故在不均勻磁場中被推向磁場減弱的方向，即被磁場排斥；另一類物質的磁化率是正的，在不均勻磁場中被推向磁場增強的方向，即被磁場吸引，法拉第稱它們為順磁性物質。像鐵那樣強的磁性顯然是特殊的，應屬於另一類物質，後來被稱為鐵磁性物質。這樣，在法拉第以後的近百年中，物質的磁性一直被認為只有**反磁性** (diamagnetism)、**順磁性** (paramagnetism)、**鐵磁性** (ferromagnetism) 三大類。

十九世紀時，英人馬克士威爾 (James Clerk Maxwell) 統一電磁理論，提出了著名的馬克士威爾方程式組。這一組方程式是整個經典電動力學理論的基礎。1878 年，英人史密斯 (Oberlin Smith) 首次提出了磁性記錄儀器。不久後於 1898 年，第一個磁性記錄儀器真正誕生 (這是現代硬碟和其它磁儲存技術的鼻祖)。1895 年，法國物理學家居禮 (Pierre Curie) 發表了他對三類物質的磁性實驗結果，他認為：反磁性物質的磁化係數不依賴於磁場強度，且一般不依賴於溫度；順磁性物質的磁化率不依賴於磁場強度，而與絕對溫度成反比 (這被稱為居禮定律)；但鐵磁物質在某一溫度 (後被稱為居禮點) 以上會失去其強磁性而成為順磁性。因此到 1907 年時，法國物理學家魏斯 (Pierre Weiss) 建立了分子場理論，以分子場理論來修正居禮定律，而獲得居禮-魏斯定律。由於魏斯對近代磁學的整體貢獻極大，後來他被尊稱為近代磁學之父。

完整的磁學理論與現象逐漸於二十世紀建立完成。在二十世紀初期，以順磁性和鐵磁性為基礎，逐漸發展出相應的系統理論。二十世紀三〇年代初期，法國物理學家尼爾 (Néel) 從理論上預言了反鐵磁性 (antiferromagnetism)，並在若干化合物的宏觀磁性方面獲得了實驗證據。於 1948 年他又對若干鐵和其它金屬的混合氧化物的磁性與鐵磁性的區別作了詳細的闡釋，並稱這類磁性為陶鐵磁性 (ferrimagnetism)。於是就有了五大類磁性。近二十多年來又有些學者提出了幾種磁性的新名稱，但這些都屬於上述五大類磁性的分支。目前已步入二十一世紀，我們見到了奈米科技及磁儲存技術的結合，及因巨磁阻及穿遂磁阻現象和垂直磁讀寫技術等之快速發展，磁性材料及半導體之整合仍是目前磁學領域的極尖端課題。

物質的磁性分類：
早期：
1. 反磁性
2. 順磁性
3. 鐵磁性

現在：
1. 反磁性
2. 順磁性
3. 鐵磁性
4. 反鐵磁性
5. 陶鐵磁性

隨堂練習

18-1 請大致寫出磁性及磁性材料之發展歷史。
18-2 請由法拉第的觀點，解釋物質的磁化率為正或負時的意義。

18-2 磁學相關的物理量與單位

學習方針

磁場強度 $\vec{H}$ 與電流 I 的關係：

$$\oint_c \vec{H} \cdot d\vec{l} = I$$

$\vec{H}$ 的單位為安培/米 (A/m)。

磁通量密度 $\vec{B}$ 與磁場強度 $\vec{H}$ 的關係：

$$\vec{B} = \mu_0 \vec{H} \Rightarrow \oint_c \vec{B} \cdot d\vec{l} = \mu_0 I$$

μ_0 為真空中的導磁係數 (magnetic permeability)

$$\mu_0 = 4\pi \times 10^{-7} \text{ H/m}$$

$\vec{B}$ 的單位為韋伯/米^2 (Wb/m^2)。

磁性材料內，磁矩 m 的大小：

$$m = IA$$

I 為電子環狀運行產生的等效電流
A 為軌道面積

磁化強度 $\vec{M}$ 與外加磁場 $\vec{H}$ 的關係：

$$\vec{M} = \chi \vec{H}$$

χ 為磁化係數 (magnetic susceptibility)
$\vec{M}$ 為材料內單位體積的磁矩，稱為磁化強度

$\vec{M}$、$\vec{B}$ 與 $\vec{H}$ 的關係：

$$\begin{aligned}\vec{B} &= \mu_0(\vec{H} + \vec{M}) \\ &= \mu_0 \mu_r \vec{H} \\ &= \mu \vec{H}\end{aligned}$$

μ_r 為相對導磁係數 (relative permeability)
μ 為導磁係數

磁通量密度為 $\vec{B}$，即單位面積通過的磁通量，$\vec{B}$ 的單位為韋伯/米^2 (10^4 高斯)

$$\Phi_B = \int \vec{B} \cdot d\vec{A}$$
$$B = \frac{\Phi_B}{A}$$

電與磁的發現，由來久遠，經由奧斯特、法拉第、馬克士威爾等大科學家的鑽研不懈下，遂成不可分割的現象。由電磁效應，一電流迴路會在其周圍產生磁場，在 SI 制 (MKS 制) 系統下考量，磁場 $\vec{H}$ 與電流 I 的關係可表成

$$\oint_c \vec{H} \cdot d\vec{\ell} = I$$

$\vec{H}$ 的單位為安培/米 ($4\pi \times 10^{-3}$ 奧斯特)，表 18-1 列出磁物理量的單位。在真空中 $\vec{B}$ 與 $\vec{H}$ 的關係可寫成

表 18-1　磁的單位

磁物理量	SI 制	CGS 制
磁通量密度 B	韋伯/米^2 (Wb/m^2)	高斯 (G)
磁場強度 H	安培/米 (A/m)	奧斯特 (Oe)
磁化強度 M	韋伯・米 (Wb・m)	高斯・米^3 (G・m^3)

1 韋伯/米^2 = 10^4 高斯 （1 $\frac{\text{Wb}}{\text{m}^2}$ = 10^4 G）

1 安培/米 = $4\pi \times 10^{-3}$ 奧斯特，（1 $\frac{\text{A}}{\text{m}}$ = $4\pi \times 10^{-3}$ Oe = 0.0126 Oe）
　　　　　　　　　　　　　　　　(1 Oe = 79.6 A/m)

G：Gauss
Oe：Oersted
1Wb・m
$= \frac{1}{4\pi} \times 10^{10}$ G・cm^3

$$\vec{B} = \mu_0 \vec{H}$$

式中之 μ_0 為真空中的 導磁係數 (magnetic permeability)，

$$\mu_0 = 4\pi \times 10^{-7} \text{ H/m}$$

在磁性材料內，磁矩的大小 $m = IA$。I 為電子環狀運行產生的等效電流，A 為軌道面積。由巨觀的尺度考量，我們定義材料內單位體積的磁矩 $\vec{M}$，被稱為 磁化強度 (magnetization)。$\vec{M}$ 與外加磁場 $\vec{H}$ 的關係可寫成

$$\vec{M} = \chi \vec{H} \tag{18-1}$$

其中 χ 為 磁化係數 (magnetic susceptibility)。在加入磁化強度 $\vec{M}$ 後，$\vec{B}$ 與 $\vec{H}$ 的關係可改寫成

$$\vec{B} = \mu_0 (\vec{H} + \vec{M}) = \mu_0 (\vec{H} + \chi \vec{H})$$
$$\quad = \mu_0 (1 + \chi) \vec{H} = \mu_0 \mu_r \vec{H}$$
$$\vec{B} = \mu \vec{H} \tag{18-2}$$

$\mu_r = (1 + \chi)$
$\mu = \mu_0 \mu_r$
$\quad = \mu_0 (1 + \chi)$

其中 μ_r 為 相對導磁係數 (relative permeability)，μ 為材料的導磁係數。由上述公式的關係，可知材料的磁通量密度 $\vec{B}$ 與導磁係數有密切的關係。μ_r 與 μ 定義為

$$\mu = \mu_0 \mu_r \qquad (18\text{-}2a)$$

和

$$\mu_r = 1 + \chi \qquad (18\text{-}2b)$$

因磁化係數 $\chi = \dfrac{M}{H}$ 是材料的磁化強度和外加磁場強度的比值，就鐵磁性材料而言，χ 值約為 $10^3 \sim 10^5$，但其值會隨外加磁場而改變，也就是材料的磁化強度 M 和外加磁場強度 H 會呈非線性關係，典型的鐵磁性材料磁滯曲線 ($M\text{-}H$ 曲線圖) 如圖 18-2。圖中 O-1-2 曲線稱為初磁化曲線。當開始有外加磁場時，磁性材料中的磁壁 (domain wall) 會產生位移，使內部自生磁化方向逐漸接近外加磁場的方向，這是由於磁壁移動，導致磁區體積慢慢擴大的結果。在圖 18-2 磁滯曲線圖上，O-1 部分是可逆的，也就是當外加磁場消失，磁區分佈能回到初始狀態。圖 18-2 磁滯曲線圖之 1-2 部分繼續增加磁場強度，將會使材料的磁化方向完全指向外加磁場方向，磁壁進行不可逆的位移及旋轉，這時材料的磁區結構將從多重磁區 (multi-domain) 狀態轉變為單一磁區 (single-domain) 狀態，而顯現出的磁滯曲線已較不陡峭。如圖 18-2 曲線中 2-3 部分呈現水平，代表磁區已呈單一磁區狀態，磁化量不再隨外加磁場而升高，亦即材料已達飽和磁化 (saturation magnetization)，其飽和磁化值用 M_s 表示。當外加磁場降為零時，材料的磁化強度不會回到零，而

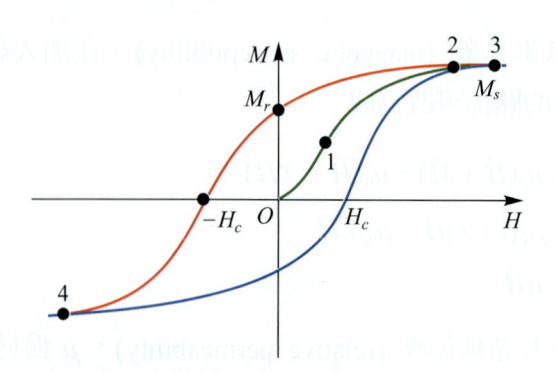

圖 18-2　典型的鐵磁性材料磁滯曲線。

有剩餘磁化值的存在,稱為殘磁 (remanence) M_r。要使磁化強度降為零,需加大小為 H_c 的反向磁場,H_c 稱為矯頑力 (coercive force)。

　　至於整個磁化曲線上各點的磁區磁化方向分佈情形的示意圖如圖 18-3。這些磁區內磁化方向的分佈情形,會直接主導磁化曲線的殘磁 M_r 及矯頑力 H_c,以殘留磁化強度 M_r 來說,圖 18-3 中,外加磁場為 0 時,磁化強度並非為 0,而有殘磁在 D 點上。

　　實際上材料的殘留磁化強度情況並不相同,例如考慮磁異向性也會使材料的殘留磁化強度值變化,由磁滯曲線中殘磁 M_r 和飽和磁化值 M_s 的比值,可以清楚的獲知材料內部的磁區磁化分佈,作為深入分析的依據。接下來看矯頑力下 E 點的磁區磁化分佈,可明顯看出,在外加反向磁場時,殘磁區 D 點原先較平行於正向外加磁場的磁化會最先回逆,使材料的磁化值降為零,因此定義矯頑力的數值 H_c 就是位移這些磁壁所需要的磁化強度。由此可知,材料磁化曲線的矯頑力也可以反映出許多訊息,例如磁異向性等。

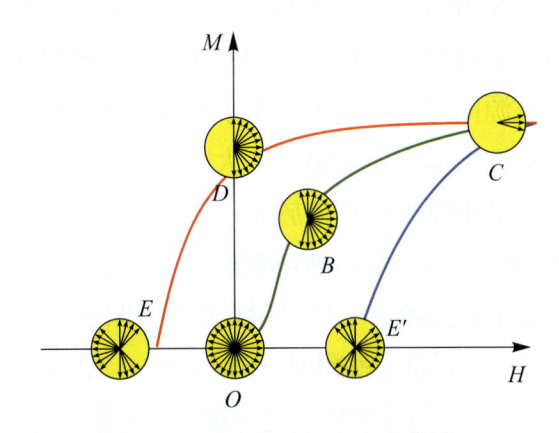

圖 18-3　磁區內磁化方向分佈圖。

隨堂練習

18-3 請寫出磁通量密度、磁場強度及磁化強度在 SI 制及 CGS 制的單位。

18-4 請說明 M-H 曲線中 M_r 與 H_c 的意義各為何。

18-3 磁性的來源

學習方針

物質的磁性來源：
1. 電子本身的自旋，產生自旋磁性，被稱為自旋磁矩。
2. 原子中的電子繞著原子核作軌道運動時，產生軌道磁性，稱為軌道磁矩。

　　物質的磁性來源，可從組成物質的原子來分析。原子的磁性主要是來自原子中的電子。原子中電子的磁性來源可由兩個根源分析：一個是電子本身具有的自旋，因而產生自旋磁性，被稱為自旋磁矩；另一個來源則是因原子中的電子繞著原子核作軌道運動時，所產生的軌道磁性，稱為軌道磁矩。大家知道，物質是由原子所組成的，而原子又是由原子核和位於原子核外的電子組成的。原子核好像是太陽，而核外電子就仿佛是圍繞著太陽運行的行星。另外，電子除了繞著原子核公轉外，自己還有自轉 (叫做自旋)，跟地球繞太陽的情況類似。一個原子就類似一個小小的「太陽系」，如圖 18-4 所示。另外，如果一個原子的核外電子數量多，那麼電子會分層，每一層有不同數量的電子。第一層為 $1s$，第二層有兩個次層 $2s$ 和 $2p$，第三層有三個次層 $3s$、$3p$ 和 $3d$，依此類推。在原子中，核外電子帶有負電荷，是一種帶負電的粒子。電子的自轉會使電子本身具有磁性，成為一個小小的磁鐵，具有 N 極和 S 極。也就是說，電子就好像很多小的磁鐵繞著原子核在旋轉，類似電流產生磁場的情況。

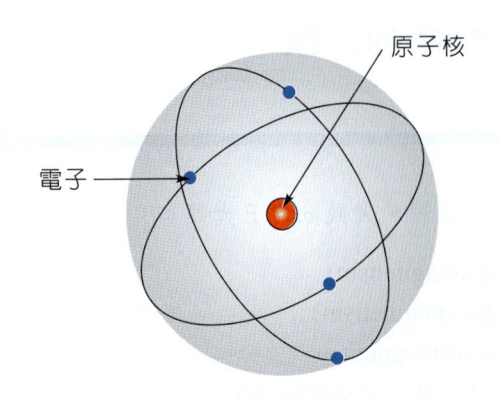

圖 18-4 原子的近似模型。中央為帶正電的原子核，帶負電的電子則在核外不同的軌域運轉。

　　為什麼只有少數物質 (例如鐵、鈷、鎳等) 才具有鐵磁性呢？原來電子的自旋方向共有向上及向下兩種。在非磁性物質中，具有向上自旋和向下自旋的電子數目一樣多，它們產生的磁矩會互相抵消，整個原子，以至於整個物質對外就沒有磁性。若自旋方向不同的電子數目不同時，原子內的電子在不同自旋方向上的數量不一樣，亦即在自旋相反的電子磁矩互相抵消以後，還剩餘一部分電子的磁矩沒有被抵消，因而原子具有一定的磁矩。若這些原子磁矩之間沒有相互作用，它們是混亂排列的，所以整個物體沒有強磁性而呈現順磁性。若這些原子磁矩之間有相互作用，使原子磁矩被整齊地排列起來，則整個物體就有了磁性，此磁性被稱為鐵磁性，例如鐵、鈷、鎳等物質。又當剩餘的電子數量不同時，物體顯示的磁性強弱也不同。例如，鐵的原子中沒有被抵消的電子磁極數最多，原子的總剩餘磁性最強；而鎳原子中自旋沒有被抵消的電子數量很少，所以它的磁性比較弱。

隨堂練習

18-5 請說明磁性材料的磁性與物質中的電子有何關聯。

18-4 磁性的分類

物質產生磁性之機制,大致分為五大類:

1. 反磁性 (diamagnetism)
2. 順磁性 (paramagnetism)
3. 鐵磁性 (ferromagnetism)
4. 反鐵磁性 (antiferromagnetism)
5. 陶鐵磁性 (ferrimagnetism)

法拉第感應定律 (Faraday's law of induction):

通過線圈上的磁通量 Φ_B 隨時間的改變率的負值,會等於線圈上的感應電動勢 ε:

$$\varepsilon = -\frac{\Delta \Phi_B}{\Delta t}$$

冷次定律 (Lenz's law):

當穿越封閉線圈的磁通量產生變化時,在線圈內的感應電流會產生一磁場,以反抗其磁通量的變化。

世界上所有的物質均可由其具有的磁性來分類。因物質的磁性不但是普遍存在,而且是呈現多采多姿的形態,並因而得到廣泛的研究及應用。近自我們的身體和周邊的環境,遠至各種星體和星際中的物質,微觀世界的原子,宏觀世界的各種材料,都具有各式各樣的磁性。一般而言,物質的磁性可以分為弱磁性和強磁性,再根據磁性的不同特點,弱磁性又分為反磁性、順磁性和反鐵磁性;強磁性又分為鐵磁性和陶鐵磁性。這些都是宏觀物質的原子中的電子產生的磁性,原子中的原子核也具有磁性,稱為核磁性。但因原子核的質量是電子的一千多倍,所以核磁性約只有電子磁性的千分之一或更低。一般講到物質的磁性和原子的磁性,都只考慮原子中電子的磁性。原子核的磁性雖然很低,但原子核磁性在一定條件下仍有著重要的應用。例如,在醫學上可應用核磁共振來成像,便是應

用原子核的磁性。至二十世紀中期以後，基本的磁性分類，由物質產生磁性之物理機制不同，大致可分為五大類；亦即反磁性、順磁性、鐵磁性、反鐵磁性及陶鐵磁性，現分別說明如下。

18-4-1 反磁性

> **反磁性 (diamagnetism)：**
> 許多材料內一個原子的淨磁矩為零，即各種的電子軌道和自旋運動所造成的磁矩的平均總和為零。這些材料在外加磁場時，會感應一反向的淨磁矩，這種磁化稱為反磁性。

一般而言，任何導體在磁場中運動時，或固定的導體處於時變的磁場中，都會產生感應電流。因這類感應電流的流線狀似漩渦，故被稱之為渦電流。電磁感應現象是由美籍科學家亨利首先發現，再由英籍科學家法拉第將其整理研究之後提出。後人將實驗結果歸納稱為**法拉第感應定律** (Faraday's law of induction)。當通過線圈上的磁通量隨時間改變時，便有感應電流產生，而感應電流所產生的磁場，有阻止通過線圈的磁通量發生改變的趨勢，這便是所謂的**冷次定律** (Lenz's law)，冷次定律是由俄國物理學家冷次所發現的，是決定封閉迴路中感應電流方向的法則；亦即感應電流的方向是要產生一磁場，以反抗其磁通量的變化。換句話說，當穿越封閉線圈的磁通量增加 (或減少) 時，在線圈內之感應電流的方向，是在產生一磁場，以反抗此磁通量增加 (或減少) 的趨勢。線圈上自身的電流隨時間改變時，會有電磁感應，這種現象被稱為自感應。又兩個載流線圈之間互相電磁感應的現象被稱為互感應。反磁性物質依照冷次定律，當外加磁場由零逐漸增大時，因反磁性物質中的電子是繞著原子核作軌道運動，故會類似線圈內之感應電流，一樣也會因反抗外加磁場而產生反方向的軌道磁矩，因而反磁性物質的磁矩若以 $\vec{M}$ 來表示，則 $\vec{M}$ 與外加磁場 ($\vec{H}$) 的比值應為負值，亦即其

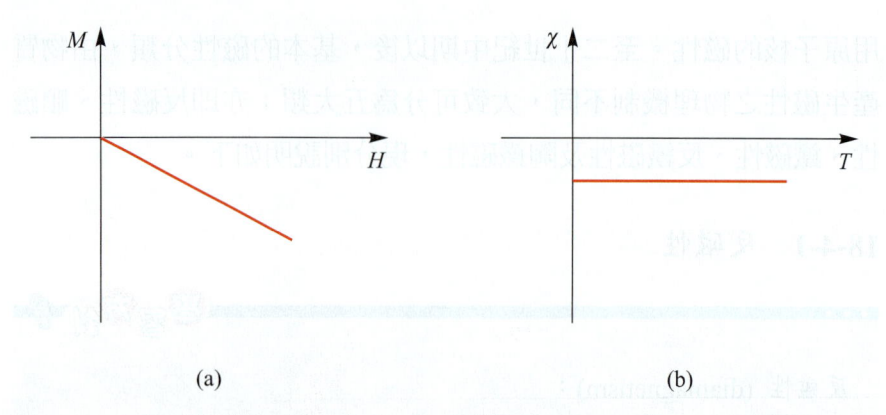

圖 18-5 反磁性物質的磁化係數與磁化強度。(a) 磁化強度與外加磁場關係圖；(b) 磁化係數與絕對溫度關係圖。

磁化係數 (χ) 小於零。一般而言，反磁性的磁矩都非常微弱，反磁性物質的磁矩會隨外加磁場增加，而由零逐漸向負的方向增加，如圖 18-5(a) 所示，其斜率即為此物質的磁化係數。其磁化係數由物質的特性決定，約僅 10^{-5}，不會隨溫度變化而改變，如圖 18-5(b) 所示。事實上，所有材料都具有此一特性，但只有在其它強的磁性都顯現不出來時，才會被觀察到反磁性。例如：氦 (He)、碳 (C)、矽 (Si)、鍺 (Ge) 及常見的導電金屬如銅 (Cu) 等材料，都顯現了反磁性。

18-4-2 順磁性

> **順磁性 (paramagnetism)：**
> 物質在無外加磁場下，每個原子都具有不為零的淨磁矩。雖然每個原子的磁矩不為零，然而方向分佈散亂，致使巨觀的淨磁矩為零。當有外加磁場時，每個個別的磁矩受到一力矩作用，而使其朝磁場方向轉動，這種磁化現象被稱為順磁性。

順磁性物質如圖 18-6(a) 所示，其磁化係數與絕對溫度成反比，此關係被稱為居禮定律。隨溫度的變化，順磁性的磁化係數其

第 18 章 磁性與磁性材料

(a)

(b)

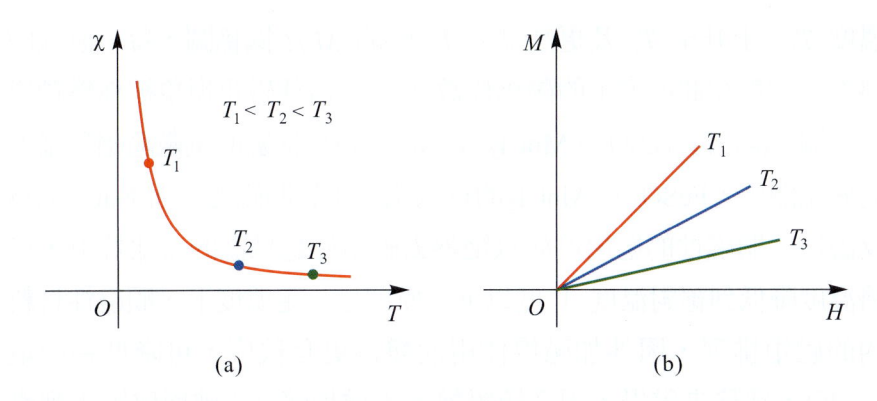

圖 18-6 順磁性物質的磁化係數與磁化強度。(a) 磁化係數與絕對溫度關係圖；(b) 磁化強度與外加磁場關係圖。

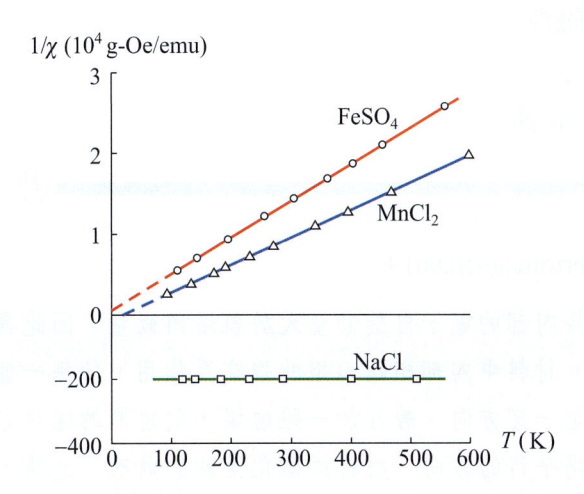

圖 18-7 FeSO$_4$、MnCl$_2$ 及 NaCl 之磁化係數的倒數與絕對溫度的關係圖。

數量級約在 $10^{-3} \sim 10^{-5}$，如圖 18-7 所示。例如，氧分子其磁化係數在室溫約為 10^{-4}。順磁性的材料如鈉 (Na) 及鋁 (Al) 等。這些物質在無外加磁場狀態下，每一個原子都具有不為零的淨磁矩。雖然每個原子的磁矩不為零，然而其方向分佈是散亂的，致使巨觀的統計平均淨磁矩為零。

當有外加磁場時，每個個別的磁矩受到一力矩的作用，而使其朝磁場方向轉動，其磁矩 ($\vec{M}$) 與外加磁場 ($\vec{H}$) 在一定溫度下，會呈現一直線關係，如圖 18-6(b) 所示，圖中三直線分別是從最低

溫度 T_1，上升至 T_2 及更高溫度 T_3 時的 M-H 關係圖，每一直線的斜率，即為在此溫度下的磁化係數 (χ)，這種磁化現象被稱為順磁性。圖 18-7 為 $FeSO_4$、$MnCl_2$ 及 NaCl 磁化係數的倒數隨絕對溫度的變化關係，$FeSO_4$ 及 $MnCl_2$ 的行為明顯屬於順磁性，而 NaCl 則為反磁性。順磁性的應用例如以絕熱去磁用於超低溫的冷凍技術，可將溫度降低到絕對溫度 1 度以下。原理是一定溫度下，順磁性材料內的磁矩排列，因外加磁場作用而變得更有秩序，可降低系統熵 (亂度)，當移走磁場，因系統絕熱，不增加熵 (不破壞磁矩排列亂度)，可降低溫度。此外，其它還有一些磁性材料，例如鐵磁性、反鐵磁性以及陶鐵磁性等，當其溫度升高至磁性臨界溫度以上時，都會轉變成順磁性。

18-4-3 鐵磁性

鐵磁性 (ferromagnetism)：
由於材料內部的電子自旋動量大於軌道角動量，因此具有很強的磁矩。材料中內部相臨磁矩的強交互作用，使每一個磁區都被磁化至一定方向。若外加一強磁場，則磁區的磁化方向會轉到與磁場平行的方向，材料被磁化至飽和狀態。此時，即使移去外加磁場，材料仍會保有沿磁場方向的磁化。鐵磁性物質的重要特徵可用磁滯曲線 (hysteresis loop) 描述。

當外加磁場作用於鐵磁性材料上時，由於磁區的磁矩受到一磁力矩作用，使得磁區中的磁矩開始轉至與外加磁場同一方向。旋轉開始時，磁區中的磁壁會移動。如果外加磁場夠大，則最後整個鐵磁性物質會從多重磁區 (multi-domain) 狀態變為單一磁區 (single-domain) 狀態，而此時的磁化值稱之為飽和磁化 (saturation magnetization) M_s。當外加磁場降為零時，磁化值並未回到零，會有一殘留的磁化值，此稱之為殘磁 (remanence) M_r。當磁場繼續往反

方向增加時，磁化值降至零後，會逐漸降至負的飽和磁化值，而使整個物質轉變成反方向的單一磁區。若將外加磁場大小與物質的磁化值大小作圖，可以得到一*磁滯曲線* (hysteresis loop)，如圖 18-2 所示，此為鐵磁性物質的重要特徵。

鐵磁性的理論是以魏斯 (Weiss) 於 1907 年提出的*磁區* (magnetic domain) 的觀念為基礎。磁區是材料中的一個小區域，由於內部磁矩因磁化現象均指同一方向。此磁化現象不是靠外加磁場的作用，而是材料內部磁矩間之作用產生的。魏斯將此作用命名為*分子場* (molecular field) 與物質的磁矩大小成正比，此種現象被稱為*自發性磁化* (spontaneous magnetization)。

若無外加磁場，雖然每一個磁區都被磁化至飽和，但各個磁區的磁化方向是散亂分佈的，如圖 18-8(a)。因此巨觀的淨磁化可為零。若外加一弱磁場，與磁場同方向的磁區體積會延伸擴大，而其它方向的磁區則會逐漸縮小，如圖 18-8(b)，最後所有磁區都指向同一方向，而呈如圖 18-8(c) 的單一磁區，這就是*磁壁* (domain wall) 移動的現象。

若將外加磁場移去，則磁壁朝反方向移動，材料恢復為原有的未磁化狀態。若外加一強磁場，磁壁繼續延伸，變成不可逆的狀態。也就是說，即使移去外加磁場，材料也無法恢復為原有的未磁化狀態。如果磁場繼續增強，磁化過程中除了磁壁移動外，還會伴隨磁區旋轉現象的發生，如圖 18-9 所示，即與外加磁場不同方向的

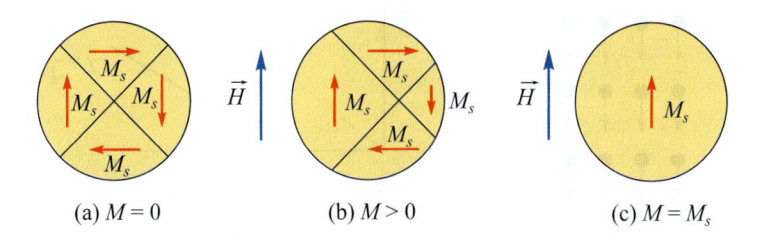

(a) $M = 0$ (b) $M > 0$ (c) $M = M_s$

圖 18-8　在外加磁場中，磁壁移動的情形。

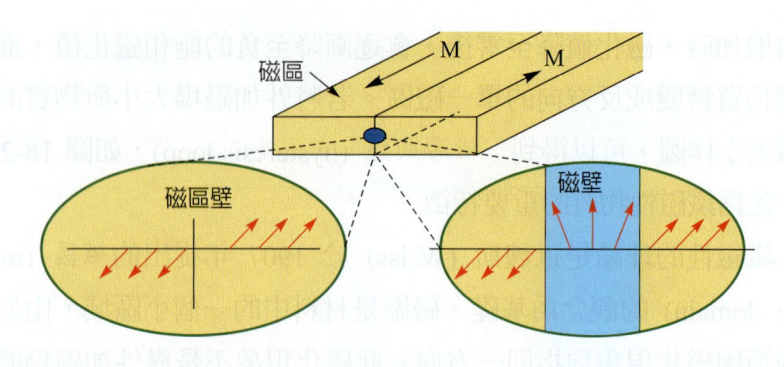

圖 18-9　磁性物質的磁區及磁壁示意圖。

磁區，磁化方向會旋轉到與磁場平行的方向，因此材料可以磁化至飽和狀態。此時，即使移去外加磁場，材料仍會保有沿磁場方向的磁化。這時候如果想把材料恢復到先前未磁化的狀態，就必須再加一反向磁場，才能將淨磁化降到零。鐵 (Fe)、鈷 (Co)、鎳 (Ni) 為典型的鐵磁性材料。圖 18-10(a) 為一單磁區鐵磁性材料的磁場線分佈圖，圖 18-10(b) 表示出鐵磁性材料的磁化強度 M 及磁化係數 χ

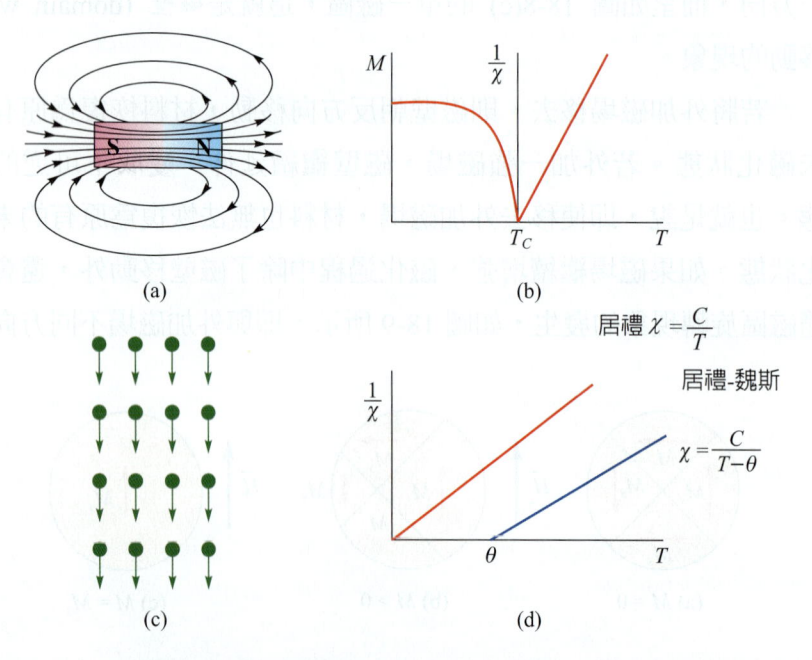

居禮 $\chi = \dfrac{C}{T}$

居禮-魏斯 $\chi = \dfrac{C}{T-\theta}$

圖 18-10　(a) 鐵磁性材料的磁場線分佈圖；(b) 鐵磁性材料的磁化強度及磁化率倒數與絕對溫度關係圖；(c) 鐵磁性材料內部磁矩示意圖；(d) 鐵磁性材料的磁化係數倒數與絕對溫度關係圖。

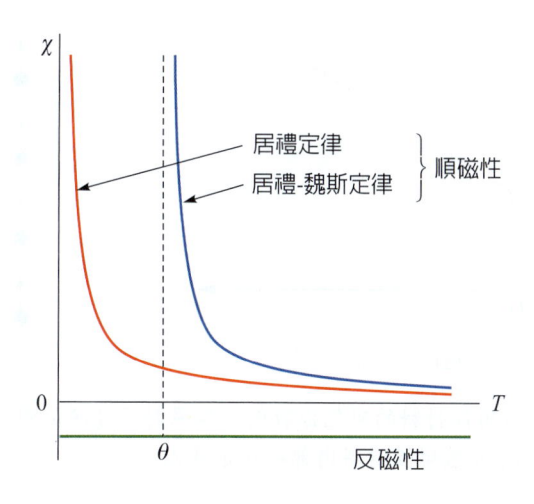

圖 18-11 磁化係數與絕對溫度的關係圖。

的倒數與絕對溫度 T 的關係，圖 18-10(c) 為鐵磁性材料內部單一磁區的磁矩示意圖，而圖 18-10(d) 為居禮定律與居禮-魏斯定律以磁化係數 χ 的倒數隨絕對溫度 T 的變化關係圖，居禮-魏斯定律將居禮定律的順磁性是從絕對溫度零度改成從絕對溫度 θ 以上時才成為順磁性。若以磁化係數 χ 與絕對溫度 T 作圖，則如圖 18-11 所示。

18-4-4 反鐵磁性

反鐵磁性為弱磁性，磁化係數 χ 為很小的正數，磁化方向與外加磁場相同，磁化係數與溫度相關。當溫度低於**尼爾溫度** (Néel temperature, T_N) 時，隨著溫度的提高，磁化係數增大，而當溫度高於 T_N 時，磁化係數則隨著溫度的提高而變小。當溫度低於 T_N 時，磁矩的排列則趨向於反平行，其磁化係數的倒數隨溫度的變化關係，如圖 18-12(a) 所示。若將其高於尼爾溫度的直線延伸至溫度座標軸，會交於負的溫度區，以 θ 表示。圖 18-12(b) 為反鐵磁性材料內部單一磁區的磁矩示意圖，不少反鐵磁性材料 T_N 都低於室溫，所以欲測量反鐵磁性，通常要將溫度降到相當低的溫度。反鐵磁性物質如氧化錳 (MnO)、氧化鐵 (FeO) 及氧化鎳 (NiO) 等。

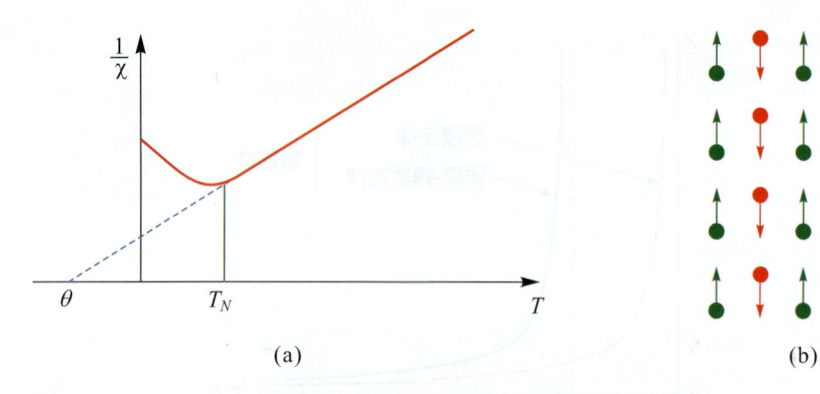

圖 18-12 (a) 反鐵磁性材料的磁化係數倒數與絕對溫度關係圖 (T_N 為尼爾溫度)；(b) 反鐵磁性材料內部磁矩示意圖。

18-4-5 陶鐵磁性

陶鐵磁性 (ferrimagnetism) 此一名詞是由尼爾提出用以描述陶鐵礦 (ferrite) 的磁性。在這些物質中，磁性離子佔有兩種晶格位置 (lattice site)，我們可以 A 及 B 兩符號來區分。A 及 B 的磁矩大小不同、方向相反，兩者間成為反鐵磁性耦合。因 A 及 B 的數目在具陶鐵磁性的物質中大致相同，故形成有規則的磁矩排列，A 及 B 的磁矩和，使此物質產生磁化。當溫度升高時，磁矩的排列就會受到熱擾動而減弱，當達到一定的溫度時，磁矩的排列就完全呈現雜亂現象，此溫度被稱為居禮溫度 (T_C)，此雜亂現象在前述之鐵磁性物質中亦一樣會發生。當磁矩間之排列呈現完全雜亂時，其自發性磁矩 (M) 也隨之消失，如圖 18-13(a) 所示。不論是鐵磁性或是陶鐵磁性物質，當溫度高過居禮溫度時，會呈現出順磁性，但陶鐵磁性物質之順磁性現象較鐵磁性物質複雜些，其磁化率倒數的變化如圖 18-13(a) 所示，其高溫的磁化率倒數變化延伸到低溫的直線會交於溫度軸的負向軸。圖 18-13(b) 為陶鐵磁性物質中，磁性離子佔有兩種晶格位置，A 及 B 的磁矩方向相反示意圖，兩者間為反鐵磁性耦合。例如四氧化三鐵 (Fe_3O_4) 是典型的陶鐵磁物質。

綜合上述諸磁性現象，對於不同磁性之單一磁區內的磁矩排列情形，可作簡單整理，如圖 18-14 所示，(a) 為順磁性，(b) 為鐵磁性，(c) 為反鐵磁性，(d) 則為陶鐵磁性。

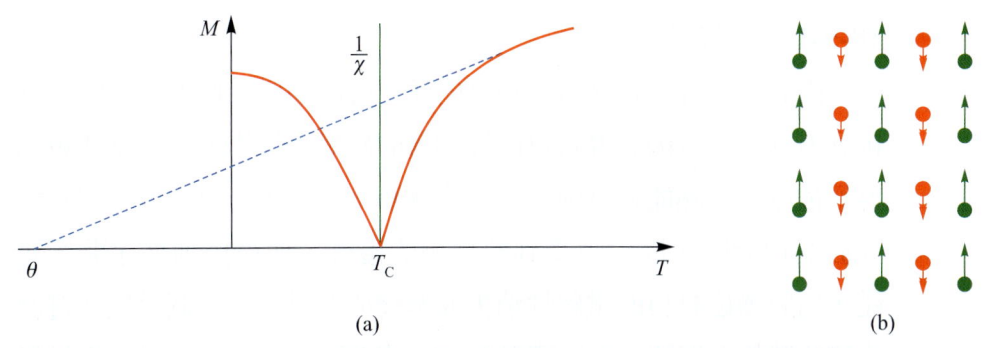

圖 18-13 (a) 陶鐵磁性材料的磁化強度與絕對溫度關係圖；(b) 陶鐵磁性材料磁內部磁矩示意圖。

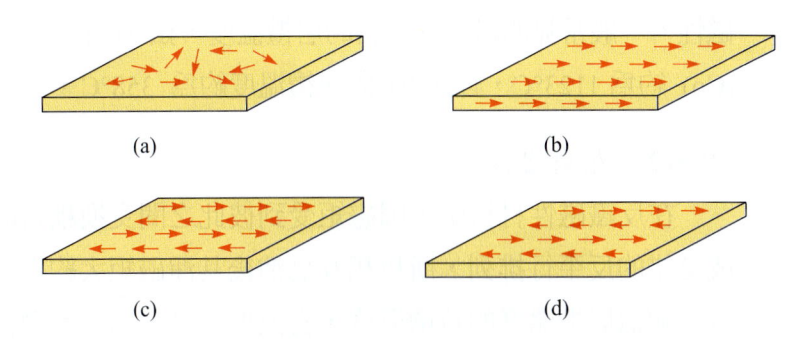

圖 18-14 不同磁性之磁矩排列情形示意圖。(a) 順磁性；(b) 鐵磁性；(c) 反鐵磁性；(d) 陶鐵磁性。

18-5 居禮溫度與尼爾溫度

學習方針

居禮溫度 (Curie temperature, T_C)：

在鐵磁性材料中，當溫度漸漸升高時，因磁矩受到熱激發的擾亂，使得排列秩序開始變得凌亂，當溫度升高至使鐵磁性材料的鐵磁性消失而轉變成順磁性時，這個磁性變換的特徵溫度即稱為居禮溫度 T_C。

尼爾溫度 (Néel temperature, T_N)：

在反鐵磁性材料中，當溫度漸漸升高時，磁矩受到熱激發的擾亂，使得排列秩序開始變得凌亂，當溫度升高至使反鐵磁性材料的反鐵磁性轉變成順磁性時，這個磁性變換的特徵溫度即為尼爾溫度 T_N。

18-5-1 居禮溫度

由於熱能會導致鐵磁性物質內任一磁區的磁矩偏離完美的平行排列方式，所以因此導致鐵磁性物質的磁矩平行排列的交換能會和導致散亂化的熱能相抗衡。當溫度漸漸升高時，若溫度增加至熱能大於交換能時，因磁矩受到熱激發的擾亂，使得排列秩序開始變亂，這時鐵磁材料的鐵磁性消失而轉變成順磁性。這個磁性性質發生變化時的溫度即稱為居禮溫度 T_C，如圖 18-10(b)。當鐵磁性材料從高溫降溫至低於居禮溫度時，鐵磁性磁區將再形成，材料變回鐵磁性。一般常見的鐵磁性材料的居禮溫度，鐵 (Fe) 約為 770°C，鈷 (Co) 約為 1123°C，鎳 (Ni) 的居禮溫度約為 358°C。

18-5-2 尼爾溫度

在反鐵磁性材料中，因磁矩受到彼此之間交換耦合的作用，而成交錯的反平行排列，所以相互抵消後其淨磁矩大約為零。在此也有一類似居禮溫度的特徵溫度，當溫度升高，因受到熱擾動的效應影響，使得磁矩的排列開始變得混亂，不再是反平行排列時，反鐵磁性材料便從反鐵磁性轉變成順磁性，這一個變換的特徵溫度即為尼爾溫度 T_N，如圖 18-12(a)。當溫度持續下降，則反鐵磁材料的磁矩將再度形成反平行排列。一般常見的反鐵磁性塊材的尼爾溫度分別為氧化鈷 (CoO) 為 290 K，氧化鎳 (NiO) 為 520 K，鉻 (Cr) 為 310 K，氧化鐵 (FeO) 為 200 K。

隨堂練習

18-6 請大致敘述磁性的分類。

18-7 居禮溫度與尼爾溫度在材料上各代表何意義？

18-6 磁性材料的分類

磁性材料在現代工業及科學技術中之應用相當廣泛，從電腦中之軟硬碟機、磁性感測器、磁光記憶元件，到最近很熱門的磁性隨機記憶體 (MRAM) 等記錄媒體，對於推動科技進步佔有舉足輕重之地位。且最近幾年來，隨著科技的發展與市場之需求，應用元件之開發則快速地朝著輕、薄、短、小的方向發展，使得磁性超薄膜 (magnetic ultrathin film) 之相關性質引起相當大的注意與廣泛地研究。

磁性材料由於使用對象之不同，依照特性之差異（由磁異方性及磁滯現象等特徵）大致可分為軟磁材料、半硬磁材料及硬磁材料三種。

18-6-1 軟磁材料

軟磁材料是指容易磁化的材料，因此材料的磁滯曲線必須很窄。主要有純鐵、低碳鋼、矽鋼片、非晶質合金等。軟磁材料特性需求有：

1. 磁滯損失小

在感應線圈中的軟磁材料 (如變壓器內的線圈)，時變電流會改變線圈內的磁場 H。軟磁材料的磁感應 B 會隨磁滯曲線變化。一個週期的時變電流變化，相當於損失一個磁滯曲線迴路面積的能量。當頻率增加時，此一能量損失隨之增加。因此，軟磁材料為避免磁滯損失，一般選用磁滯迴路面積較小的材料。此一特性需求，將與稍後介紹的硬磁材料相反。

2. 渦電流損失小

交流電的使用下，變動磁場感應的渦電流 (eddy current) 會造成焦耳熱的能量損失 (即功率 = 電流^2× 電阻)。一般軟磁材料的使用，應避免這項能量的損失。例如在低頻元件上，使用電阻值較高的矽鋼取代一般碳鋼，就是在降低渦電流損失。

3. 具有低矯頑力

軟磁材料的主要特性是非常容易被磁化，施加一小磁場即可使材料達到飽和磁化。故軟磁材料的要件是矯頑力越低越好。

4. 具有高導磁係數

導磁係數是用以描述材料被磁化之難易程度，亦即導通磁力線之能力。故軟磁材料的矯頑力是越低越好，但被磁化之能力，則越大越有用。

一些常用的軟磁材料舉例如下：

1. 鋼鐵系

(1) 純鐵：

純鐵 (肥粒鐵) 具有高飽和磁化，是極佳的軟磁材料，但機械強度太差，製造時需特別注意。此外，純鐵電阻係數低，故大多只用於直流電路或少量的交流繼電器，並不適用大部分的交流電路。可做繼電器、電壓調節器與量測儀器的鐵心。

(2) 低碳鋼：

加入碳雖然會降低純鐵的磁性，但可提高材料的機械強度，因此碳鋼多用於強度需求較高的磁路上。含碳量在 2% 以下稱為軟鋼。

(3) 矽鋼片：

應用最廣的軟磁材料是矽鋼片，它的成分是鋼鐵中添加 3%～4% 的矽。早先，低頻 (60 Hz) 電力裝置，如變壓器馬達與發電機的磁心，大部分都使用低碳鋼製成，但渦電流能量損失非常高。矽鋼中添加的矽，可增加電阻率，降低渦電流損失。同時，矽也可以降低鋼鐵的磁晶異向性，增加導磁率，減少磁損失與變壓器噪音。降低渦電流更先進的方法是，採用層狀結構的矽鋼片。將矽鋼片的兩面塗上絕緣材料，以層狀相疊而成，以防止渦電流沿垂直方向流動。另一種降低變壓器磁心能量損失的方法是，採用具方向性結晶的矽鋼片。這種矽鋼片

是利用加熱滾軋 (熱軋鋼片)，或冷作滾軋後再經結晶熱處理 (冷軋鋼片)，滾軋的方向為矽鋼片容易磁化的方向，因此材料的磁區就容易磁化。因此，方向性結晶的矽鋼片比散亂結晶方向的矽鋼片，具有更高的導磁率與低磁損失。

2. 鐵-鎳合金

鐵-鎳合金又稱高導磁合金 (supermalloy)。純鐵與矽鋼片的初始導磁係數都不高，對於電力系統的變壓器磁心，主要在高磁化範圍的應用，影響並不太大。但對於微弱信號的偵測與傳輸的應用上，高敏感通信裝置必須在低磁場範圍操作，初始導磁係數的需求變得非常重要，此時就必須以高導磁合金的鐵-鎳合金取代。

鐵-鎳合金系有兩種形式：

(1) 高鎳合金：

(～79% Ni)：具有較高初始導磁係數 ($\mu_i \sim 10^5$)，較低的飽和磁化。

(2) 低鎳合金 (～50% Ni)：

具有較低初始導磁係數 ($\mu_i \sim 2500$)，較高的飽和磁化。

另有鐵-鈷合金材料，英文稱為「Permendur」，具有高飽和磁矩及耐高溫之特性。

> Permendur 是由鐵 (Fe) 49%、鈷 (Cobalt, Co) 49% 和釩 (Vanadium, V) 2% 所組成的鐵鈷合金。

3. 金屬玻璃

金屬玻璃 (metallic glass) 為一種新型的金屬材料，具有非晶體結構。組成包含具有磁性的鐵 (Fe)、鈷 (Co)、鎳 (Ni) 元素與硼 (B)、矽 (Si) 非金屬元素，例如 $Fe_{78}B_{13}Si_9$，可做低磁心能量損失的變壓器、磁感測器與錄音磁頭。製程方式採用快速凝固法 (rapid solidification process)，將融熔金屬玻璃倒入高速旋轉的銅飛輪表面上，產生高冷卻速率，使原子來不及形成有序的晶體。

18-6-2　半硬磁材料

半硬磁材料的 矯頑力 (coercive force) 大約介於 20 至 200 Oe 間。此類物質以合金居多。例如：鐵鈷鉬 (Fe-Co-Mo) 合金及鐵銅 (Fe-Cu) 合金等。此類材料具有介於硬磁材料與軟磁材料間的特性，因其磁異向性比硬磁材料稍小，又其磁壁之移動亦較硬磁容易，在應用上有其特殊性，被廣泛應用於磁記錄、磁光記錄及磁泡元件等方面。

半硬磁材料的特性需求有：

1. 適度的矯頑力，此特性可視實際需要調整。
2. 具有高殘存磁化強度。
3. 具有適度高的飽和磁化係數。

18-6-3　硬磁材料

永久磁鐵有許多類別，如：
1. 氧化磁鐵 (ferrite magnets)
2. 橡膠磁鐵 (rubber magnets)
3. 塑膠磁鐵 (plastic magnets)
4. 合金磁鐵 (alnico magnets)
5. 釹鐵硼磁鐵 (Nd-Fe-B sintered magnets)
6. 釤鈷磁鐵 (Samarium Cobalt magnets)
7. 磁性珠寶 (magnetic jewelry)

硬磁材料在做過磁化處理後，磁性不易消失，可用來作為永久磁鐵使用。在磁滯曲線上 (如圖 18-1 的 M-H 曲線)，傳統的硬磁材料有 鋁鎳鈷磁鐵 (Alnico Magnets)、鐵氧磁體 [亦稱 氧化磁鐵 (ferrite magnets)] 及 稀土磁石 (rare-earth magnetite) 等。

硬磁材料的特性需求：

1. 具有高飽和磁化強度 (M_s)。
2. 具有較大的矯頑力 (H_c)。
3. 具有高殘存磁化強度 (M_r)。

硬磁材料最重要的特性是，在沒有外加磁場作用下，能保有高度的磁性。在磁滯曲線圖上，硬磁材料顯示既寬又高的曲線圖形，這表示硬磁材料具有較大的 $(BH)_{max}$，尤其是涵蓋第二象限的面積，可代表材料保有磁位能的大小，換句話說，其磁滯損失越大越好。

一些常用的硬磁材料例舉如下：

1. 鋁鎳鈷合金

鋁鎳鈷 (Al-Ni-Co) 是最常見的商用硬磁材料。主要成分即為添加鋁 (Al)、鎳 (Ni)、鈷 (Co) 等金屬的鐵基合金。此種合金的最大能量積 $(BH)_{max}$ 高達 40～70 kJ/m^2 (相當 5～9 MGOe)，高殘留磁通量密度 B_r 為 0.7～1.35 T (7～13.5 KG)，中等矯頑力 H_c 為 40～160 kA/m (500～2,010 Oe)。

1 T = 10^4 G

由於鋁鎳鈷合金質地較脆，所以一般大型元件可使用鑄造製造，小型元件則使用粉末冶金製造。因此可大量生產大小不同的複雜元件。鋁鎳鈷合金產品種類極多，一般編號 1～4 的為等向性，價格低，品質稍差。其它合金具異向性，有較佳品質。

2. 鐵氧磁體

鐵氧磁體主要是由氧化鐵 (Fe_2O_3)、碳酸鋇 ($BaCo_3$) 或碳酸鍶 ($SrCo_3$) 金屬粉末成型，成型方式分為乾式與濕式二種。主要類型有二：一為*等方性磁鐵* (isotropic magnet)，磁特性為殘留磁通量密度 B_r 在 2,000～2,500 Gs、矯頑磁力 $_bH_c$ 在 1,500～2,000 Oe、最大能量積 $(BH)_{max}$ 在 1.0～1.2 MGOe、居禮溫度 T_C 在 450°C。另一為*異方性磁鐵* (anisotropic magnet)，磁特性為殘留磁通量密度 B_r 在 3,500～4,500 Gs、矯頑磁力 $_bH_c$ 在 2,500～3,500 Oe、最大能量積 $(BH)_{max}$ 在 2.5～4.0 MGOe、居禮溫度 T_C 約在 450°C。

3. 稀土合金磁石

此類磁石有 $ReCo_5$、Re_2Co_{17}、$Re_2Fe_{14}B$ 三大主要組成，稀土合金磁石具極高的強磁性。$ReCo_5$、Re_2Co_{17} 二系類以*釤鈷* ($SmCo_5$、Sm_2Co_{17}) 合金為代表，其磁特性為殘留磁通量密度 B_r 在 8.0～10.0 KGs、矯頑磁力 $_bH_c$ 在 7.0～8.5 KOe、最大能量積 $(BH)_{max}$ 在 18.0～28.0 MGOe、居禮溫度 T_C 在 250～320°C。$Re_2Fe_{14}B$ 以釹鐵硼 ($Nd_2Fe_{14}B$) 為代表，此類磁石是 1984 年左右新開發的高 BH 能量積硬磁材料，也是目前稀土合金磁石中使用最廣的系類。其磁特性為

Re 為 rare-earth 的簡稱，一般常用元素為鑭族稀土金屬，如釤、釹、釔、鑭、鐠、鈰等。

殘留磁通量密度 B_r 在 11.0～14.0 KGs、矯頑磁力 $_bH_c$ 在 10.0～12.5 KOe、最大能量積 $(BH)_{max}$ 在 30.0～48.0 MGOe、居禮溫度 T_C 在 80～150°C。稀土合金磁石製程採用粉末冶金法或快速凝固法等，製成品多數為異方性磁鐵。目前包括各種形式的電動馬達等，尤其是需要減輕重量的磁性元件。釹鐵硼是很好的硬磁性材料，其缺點為容易氧化、生鏽，所以其表面通常做電鍍處理，如鍍鋅、鎳、錫等，也可以環氧樹脂披覆以減緩氧化速度。

隨堂練習

18-8　請大致敘述磁性材料的分類。

18-7　巨磁阻效應

瑞典皇家科學院諾貝爾獎委員會於 2007 年 10 月 9 日宣佈，將諾貝爾物理獎頒贈予法國巴黎第十一大學的艾爾伯‧費爾 (Albert Fert) 教授和德國皮特‧葛倫伯格 (Peter Grünberg) 教授二人。得獎原因是他們在 1988 年，分別發現磁性多層膜的巨磁阻 (giant

艾爾伯‧費爾
(Albert Fert)

皮特‧葛倫伯格
(Peter Grünberg)

magnetoresistance, GMR) 效應，使電子儲存媒介的硬碟體積大為縮小，人們得以使用輕薄短小的電腦、MP3 和 iPod 等科技產品，是資訊科技上的重大突破。

磁阻因其產生機制不同，可分為常磁阻 (OMR)、異向性磁阻 (AMR)、巨磁阻 (GMR)、穿隧磁阻 (TMR)、超巨磁阻 (CMR) 等。在 1988 年，艾爾伯・費爾教授在鐵/鉻 (Fe/Cr) 多層膜系統樣品中，觀察到在 2 T 的磁場下，具有約 50% 的磁阻變化比，如圖 18-15 所示，被稱為巨磁阻效應。皮特・葛倫伯格教授的實驗觀察，由於其磁性多層膜膜厚度不同，磁阻變化較小 (約僅達 10%)。

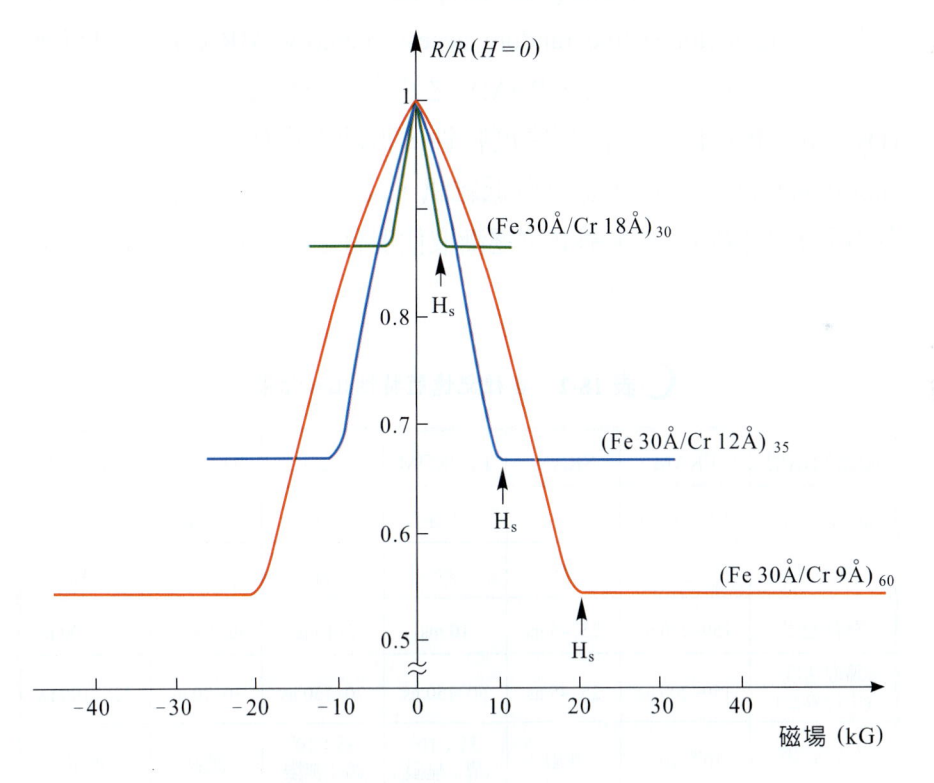

電阻效應：指阻礙電子運動的效應。當電子在材料中運動時，若受到晶格原子或摻入的雜質原子影響，而改變其運動路徑，進而與這些晶格原子碰撞而產生熱的現象。

圖 18-15 在 4.2 K，三種不同 Cr 厚度的鐵/鉻 (Fe/Cr) 多層膜之磁阻變化，與外加磁場關係圖。

資料來源：Phys. Rev. Lett. 61, 2472-2475 (1988)。

18-7-1 巨磁阻效應的應用

在資訊爆炸的時代，磁碟儲存容量以及記憶體系統必須能夠儲存及快速處理大量的資料，因此對效能的要求日益增加。然而早先 GMR 效應需供給較大之磁場 (約 1～2 Tesla)，磁阻始能有明顯變化，但在科學家努力下，已將磁場大大的降低，可達實際應用的目的。除 GMR 效應外，近年又發現很多新穎的磁阻效應，例如穿隧磁阻 (tunnel magnetoresistance, TMR) 效應，在室溫下其磁阻比率可達 400%。近年 TMR 已實際應用到高密度磁記錄產品，包括硬碟與 iPod 等產品。1994 年，IBM 公司研製成功巨磁阻效應的讀寫磁頭，將磁碟記錄密度 (recording density) 提高了許多。磁阻式隨機存取記憶體 (magnetoresistive random access memory, MRAM) 兼具有靜態隨機存取記憶體 (Static RAM) 之速度，與動態隨機存取記憶體 (Dynamic RAM) 之高記憶密度特性、低功率操作，以及非揮發性 (non-volatile) 等功能，更具有低雜訊，及在不通電的情況下，可以保存資料的優點，未來勢必可逐漸取代現有之記憶體。表 18-2 列出各種記憶體的特性比較。

表 18-2　各種記憶體特性比較結果

記憶體類型	FRAM	SRAM	EEPROM	Flash	DRAM	MRAM
記憶單元大小	中等 (1.3)	大 (4)	中等	小 (0.8)	小 (1)	小 (1)
揮發性	否	否	否	否	是	否
寫存速度	150~200 ns	25~45 ns	10 ms	5~10 μs	50~100 ns	*25~100 ns
讀取速度 (平行界面)	150~200 ns	25~45 ns	60~150 ns	70~150 ns	30~70 ns	*25~100 ns
可讀寫次數	10^{10}~10^{12}	無限	寫：10^5 讀：無限	寫：10^8 讀：無限	無限	無限
耗能 (mV)	低 －2	高 －1100	中等	中等 －100	高 －400	小至中等 (50)

註：*IBM 2000 年 2 月 ISCC 報告值為～10 ns；括弧內為相對大小。
資料來源：EDN, 1997/04; Semiconductor FPD World, 2001/03.

習題

18-1 請說明導磁係數與磁性材料的關係。

18-2 請說明磁性材料的磁性主要來源。

18-3 請解釋單磁區。

18-4 鐵磁物質具有磁化效應,也就是外加磁場後結果如何?請說明之。

18-5 飽和磁化的大小對磁性材料有何影響?

18-6 請在日常生活中舉出十種與磁性有關的器件。

18-7 請說明渦電流現象。

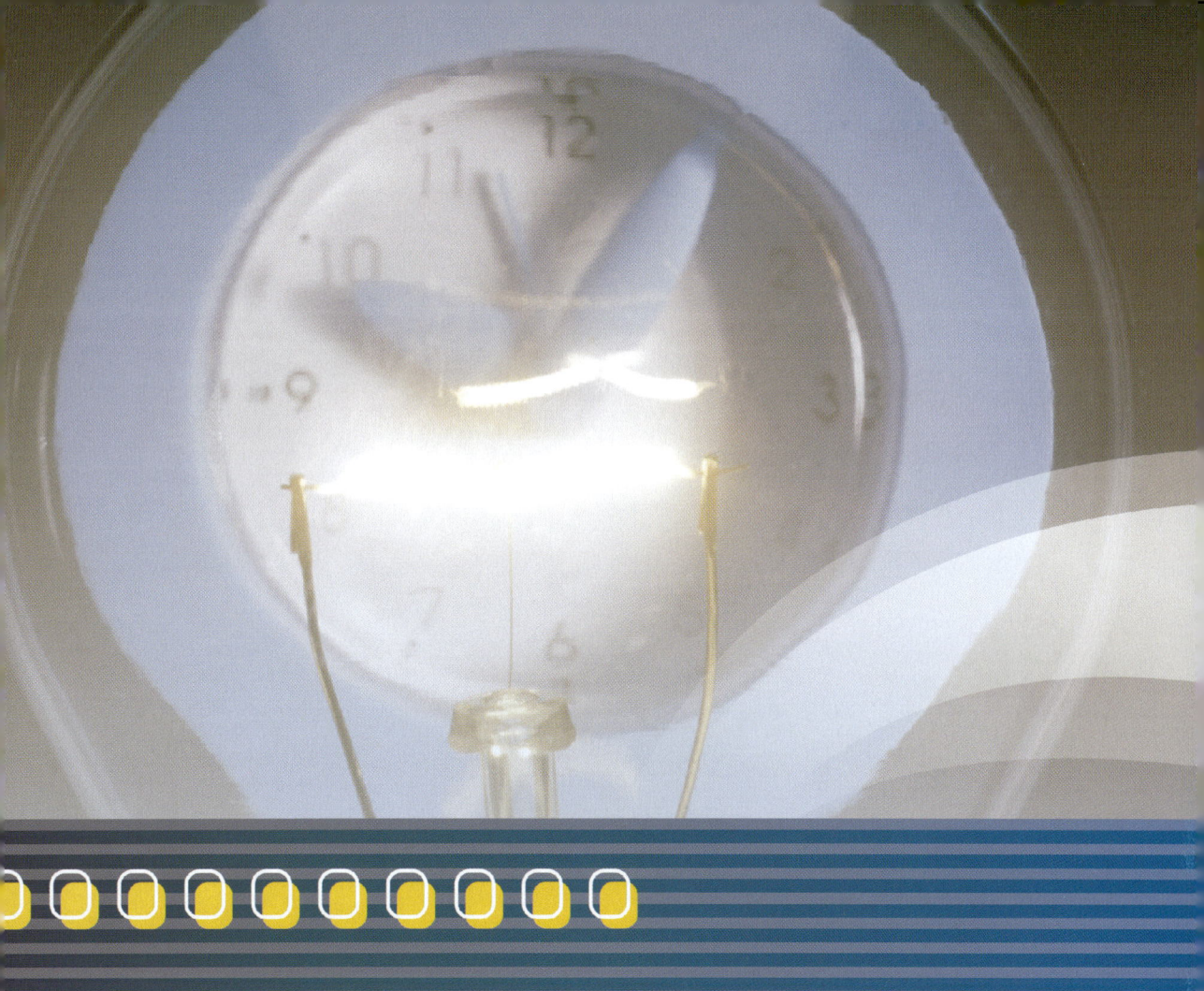

光學篇

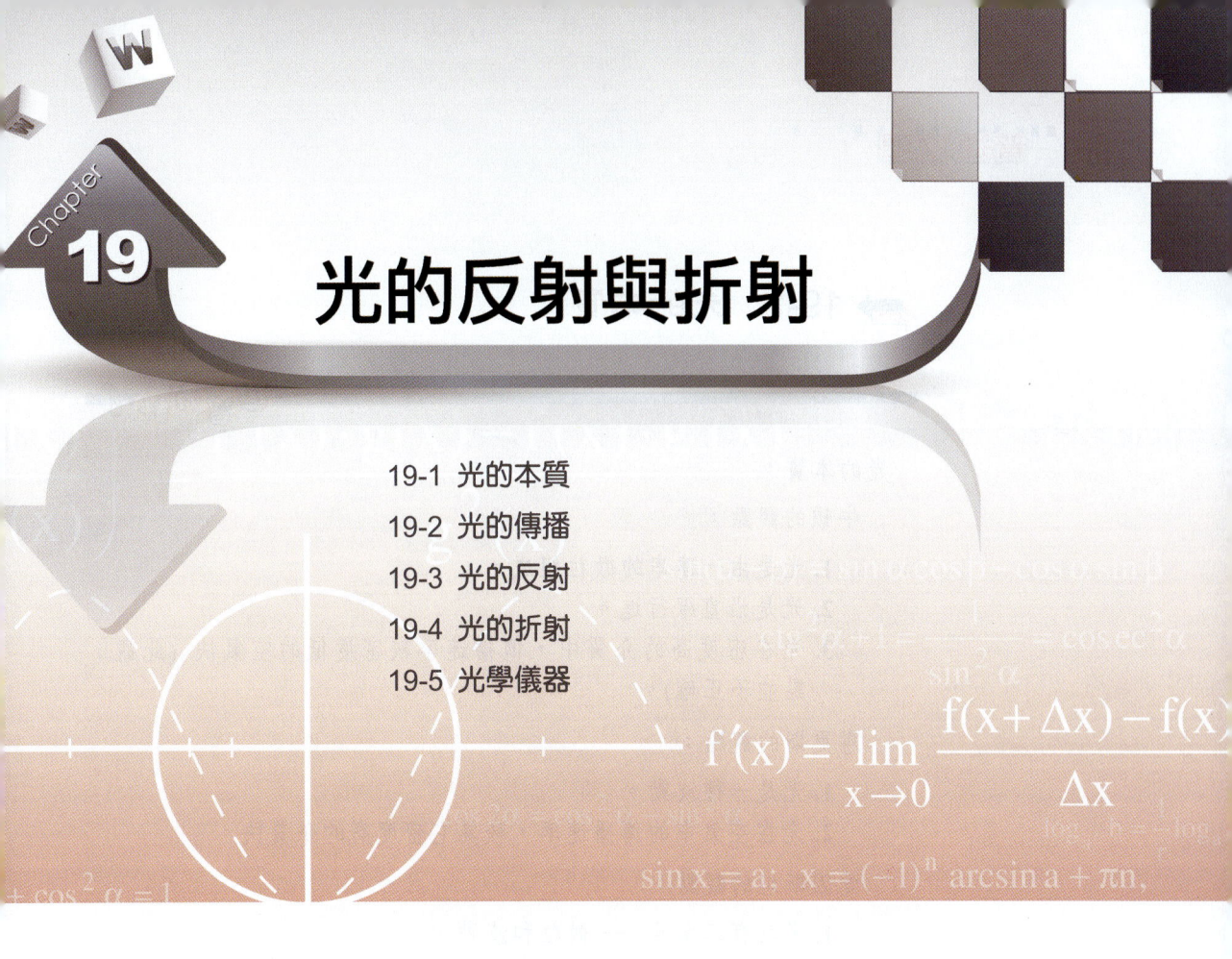

Chapter 19 光的反射與折射

19-1 光的本質
19-2 光的傳播
19-3 光的反射
19-4 光的折射
19-5 光學儀器

　　臨流可以照影，海市幻作蜃樓，霞分五彩，虹曲如弓，先民已知其然，聖哲未窮其理。直到牛頓、惠更斯等學者，覃思入化，光的本質始漸露端倪。但是微粒說和波動論，瑕瑜互見，皆有不足，未能曲盡委婉。二十世紀初，愛因斯坦融會諸家學說，精思獨運，首倡二重性理論，認為光既是波，也是微粒，兼有量子化的能量，光的特質才有一貫性的了解。

　　無論是從微粒或波動的觀點而言，光在一均勻介質中，係沿直線傳播。由於光在不同介質中傳播速率不同，光線由一介質傳播至另一介質時，會有反射與折射現象產生。本章對光的本質簡略說明後，重點將以討論光的反射、折射及其在日常生活上的應用。

19-1 光的本質

光的本質：

牛頓的觀點：
1. 光是由一連串的微粒組成。
2. 光是沿直線行進。
3. 光在密度高的介質中，傳播速率較密度低的空氣快 (此觀點並不正確)。

惠更斯的觀點：
1. 光是一種波動。
2. 光在空氣中的傳播速率，較其它密度高的介質快。

愛因斯坦的觀點：
1. 光具有二重性──微粒和波動。
2. 光的能量不是連續的，而是量子化的。

人類對光的觀察和光本質的揣測，代不乏人。戰國時代 (478-221 B.C.) 的墨翟 (478-392 B.C.) 對劍光倒影、小孔成像等現象，已有很精闢的敘述。古希臘、羅馬的學者，在光傳播的研究和透鏡的發明，也有不可磨滅的貢獻。阿拉伯人阿哈曾 (Alhazen, 965-1039) 除以實驗證明光作直線傳遞，並能以拋物面鏡聚焦於一點外，更從眼睛的生理和解剖，確定視覺的產生乃由物體反光入目所引起。

十七世紀前，一般光現象的觀察與描述已大致完備。但光到底是什麼？則依然懵懂。對光本質作有系統研究的，應以牛頓為第一人。他以力學的觀點，探討光的本質，認為光是一連串的微粒，由光源向外發射。在無外界影響下，依慣性，微粒應沿直線行進，這是光之所以被稱為光線或光束 (lightbeam) 的緣由。皮影戲清晰生動的影像，正是光直線前進的結果。筆直的雷射光更是光線最直接的證據。牛頓又以理論說明光線反射和折射的現象，並預測光在高密

度介質的速率，比在密度低的空氣中來得大。

　　與牛頓同時的惠更斯則抱不同的看法。他認為光應該是一種波。他的波動說也能圓滿解釋反射和折射的現象。他預測光在空氣中的速率，應比在其它密度高的介質中都要大。由於惠更斯的名氣遠不如牛頓，他的理論因此也少受重視。一百多年後，英人楊格發現光也有干涉和繞射的現象，這兩種現象是波所特有，而是微粒所無。其後法人菲左和佛科分別測出光在空氣和水中的速率，明確顯示前者比後者來得大，波動說才逐漸佔上風。

　　十九世紀中葉，馬克士威爾確立電磁學的理論系統，並預示振盪電路可以產生電磁波 (electromagnetic wave)。電磁波傳遞的速率與光速無異，因此他認為光也是電磁波的一種。其後德人赫茲以實驗證實電磁波的存在。

　　電磁波的頻率涵蓋範圍很廣，從小如 10^4 Hz 的無線電波 (radio wave)，大到 10^{20} Hz 的伽瑪射線 (gamma ray, γ-ray)，無所不有。如將它們按大小順序排列起來，便成為一般所謂的光譜 (spectrum)。肉眼所能見的只是整個光譜中很小的一部分，大約從 1×10^{15} 到 4×10^{14} Hz 左右，我們稱它為可見光譜 (visible spectrum)，如圖 19-1。

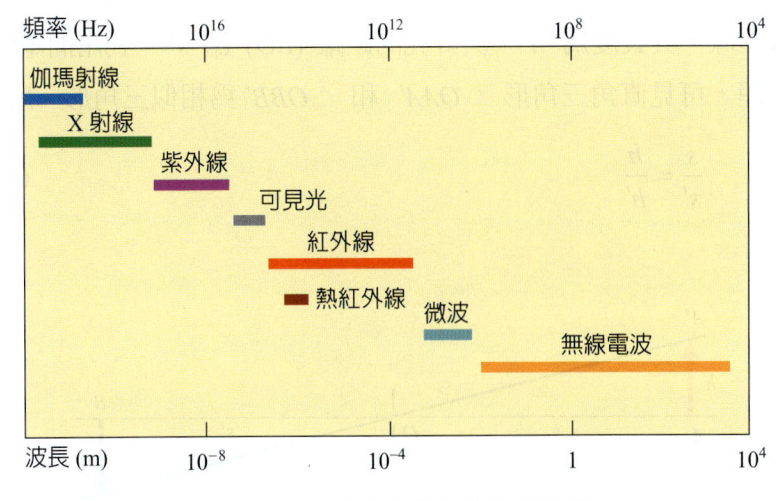

圖 19-1　電磁波的頻率與波長關係圖。

微粒說主要在解釋光的反射、折射,波動說可用來說明繞射和干涉等現象。直到二十世紀初,愛因斯坦提出光的二重性 (duality) 理論,認為光兼具粒子和波的特性,有波長、頻率,也有動能和動量,它的能量不是連續的,而是量子化的,光的各種現象才有統一的解釋 [註一]。

19-2 光的傳播

無論是從微粒或波動的觀點而言,光在均勻介質中沿直線傳播,應無疑異。以針孔成像為例,其裝置如下:

在暗室中,取一硬紙板,在正中鑽一小孔,將紙板直立在桌面的中央,一邊安插一發光體 (如蠟燭),另一邊則安放一張白色的紙屏,從紙屏觀察,可見發光體的影像是倒立的。這是因為從發光體不同地方發出的光,沿直線進行,大部分為紙板阻擋,只有絕少的一部分透過針孔,照射到紙屏上,形成對應的像。其示意圖如圖 19-2。

圖 19-2 中,O 是針孔的位置,箭頭 (AA') 代表發光體,其長度為 h,與針孔的距離 (AO) 為 s,虛箭頭 (BB') 代表紙屏上發光體的影像,其長度為 h',與針孔的距離 (BO) 為 s'。利用簡單的幾何原理,可見直角三角形 $\triangle OAA'$ 和 $\triangle OBB'$ 為相似三角形,所以

$$\frac{s}{s'} = \frac{h}{h'} \tag{19-1}$$

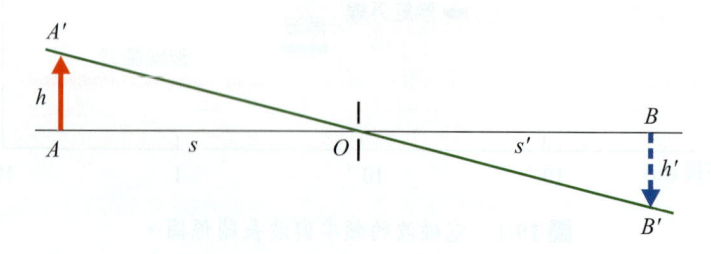

圖 19-2 實物與影像的關係。

換言之，如果將紙屏移近針孔，影像會縮小，反之則變大。我們如將紙屏換成感光底片，調整 s'，讓影像能為底片所包容，再在針孔前加上一個快門，以控制透射的光量，這樣的裝置便成了一個針孔照相機，具有實際照相的功用。

例題 19-1

照相館利用針孔照相機為客人照像。客人身高 180 cm，站立在照相機前 2 m 處，當照相機的針孔與底片間距離調整為 10 cm 時，試問：

(1) 底片上是否會形成一個與本人上下位置顛倒、左右位置不變的影像？
(2) 其影像的長度為若干？

解

(1) 否；底片上的影像與本人上下位置是顛倒的、但左右位置卻是互換的。
(2) 由下圖可知，$\triangle OAB$ 與 $\triangle OA'B'$ 相似，所以

$$\frac{s}{s'} = \frac{h}{h'} \Rightarrow \frac{200}{10} = \frac{180}{h'}$$

$$h' = 9 \text{ (cm)}$$

可知，呈現在照相機底片的影像長度為 $h' = 9$ cm。

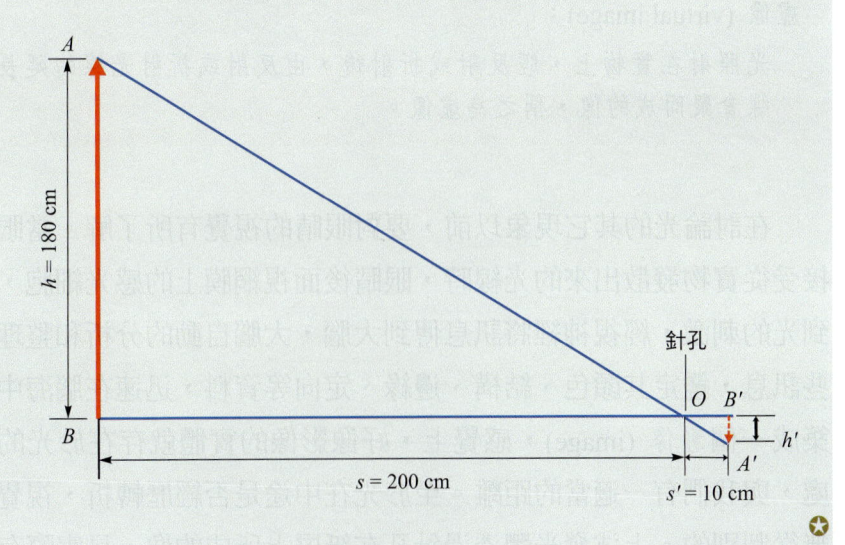

隨堂練習

19-1 最早提出光波動說的人是誰？
(1) 愛因斯坦　　　(2) 墨翟
(3) 菲左和佛科　　(4) 惠更斯。

19-2 採用牛頓的粒子模型，較難解釋光的何種現象？(複選題)
(1) 光沿直線行進　(2) 光的折射
(3) 光的繞射　　　(4) 光的干涉。

19-3 可見光在真空中傳播時，下列哪一種色光的光速最快？
(1) 紅光　　　　　(2) 綠光
(3) 紫光　　　　　(4) 各色光皆相同。

19-3 光的反射

19-3-1 實像和虛像

學習方針

實像 (real image)：
光照射在實物上，經反射或折射後，由反射或折射光線會聚而成的像，稱之為實像。

虛像 (virtual image)：
光照射在實物上，經反射或折射後，由反射或折射光線的延長線會聚而成的像，稱之為虛像。

在討論光的其它現象以前，要對眼睛的視覺有所了解。當眼睛接受從實物發散出來的光線時，眼睛後面視網膜上的感光細胞，受到光的刺激，經視神經將訊息傳到大腦，大腦自動的分析和整理這些訊息，鑑定其顏色、結構、邊緣、定向等資料，迅速在腦海中構築成一個影像 (image)，感覺上，好像影像的實體就存在於光的來處，與我們有一適當的距離。至於光在中途是否經歷轉折，視覺是無從判別的。上述發光體透過針孔在紙屏上所成的像，是實際存在

的，眼睛所接受的光，確實是從該像而來，這類的影像稱為實像 (real image)。攬鏡自照，影像似乎存在鏡後。但是，鏡後是沒有光發出來的，即使有光，也為鏡所阻擋。眼睛所見的光，實際是從鏡面反射而來，只是感覺上像從鏡後發出，所以影像是根本不存在的。這樣的影像稱為虛像 (virtual image)。

19-3-2 平面鏡的反射與成像

單向反射：
　　入射至物體的平行光束，其反射光束朝相同的方向行進。

漫射：
　　入射至物體的平行光束，其反射光束朝不同的方向行進。

入射角 (angle of incidence)：
　　光線在平面鏡面上反射時，入射線和鏡面法線的交角。

反射角 (angle of reflection)：
　　光線在平面鏡面上反射時，反射線和鏡面法線的交角。

平面鏡的像：
1. 虛像。
2. 像與物同大小。
3. 像距與物距相等。
4. 像與物左右相反。
5. 像與物不上下顛倒。

光的反射定律 (reflection law)：
1. 入射角等於反射角。
2. 入射線、法線與反射線在同一平面，且入射線與反射線分屬法線的二側。

光在不均勻的介質中傳播，或作用在不同介質的界面，由於光速有所改變，前進的路徑也有所不同，因此在視覺上會產生不同的

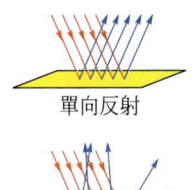

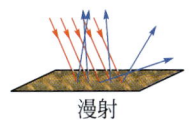

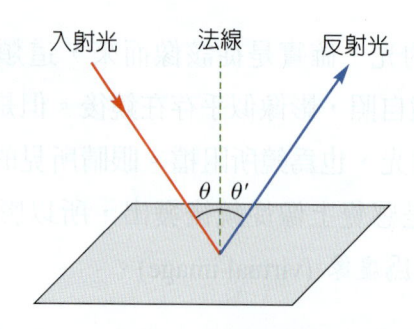

圖 19-3 入射角 θ 與反射角 θ' 的關係。

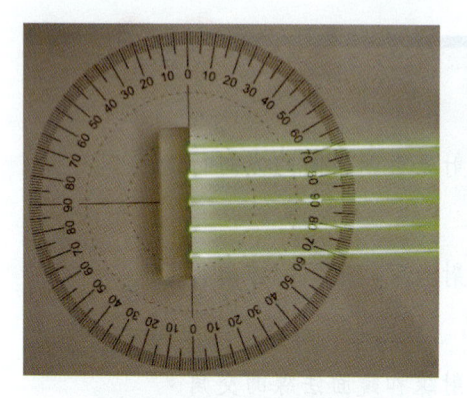

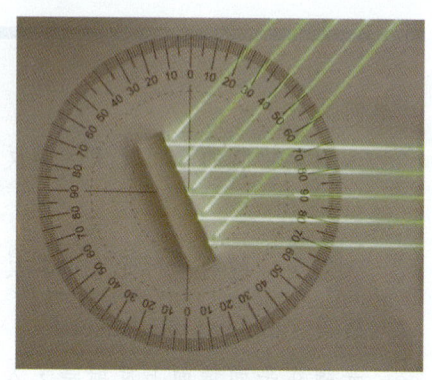

垂直界面的平面反射。　　　　　不垂直界面的平面反射。

影像。本節先探討反射現象的情境，光折射則留待下節討論。

　　能將入射的平行光束只朝一定的方向反射 (稱為**單向反射**)，而不是四向散射 (謂之**漫射**)，也不將光束吸收的物體，叫做**反射鏡**。據此，則表面光亮的金屬片可以視為反射鏡，而粗糙不平的水泥塊則不可以。表面平滑的反射鏡稱為**平面鏡** (plane mirror)，表面為弧形的反射鏡稱為**曲面鏡**。當光線在平面鏡面上反射時，入射線和鏡面法線的交角 θ，定義為**入射角** (angle of incidence)，反射線和法線的交角則稱為**反射角** (angle of reflection) θ'，如圖 19-3。此兩角的大小相等，即 $\theta = \theta'$，且分居法線的兩側，其入射線、反射線與法線並在同一平面上，此謂光的**反射定律** (reflection law)。

　　假設在平面鏡前有一點光源 (point source) O，四向發出光線。其中一部分光線射向平面鏡，受鏡面反射，發散如圖 19-4 所示。如

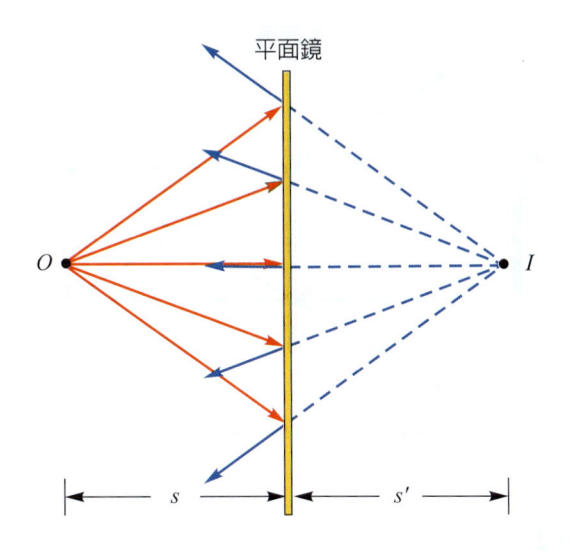

圖 19-4 點光源在平面鏡中成像的情形。

果將這些發散的射線，向鏡後延伸 (如圖中虛線所示)，會交於一點 I。我們眼睛迎向反射線，就會產生光線像是由 I 發射的錯覺，但是，光線其實全由 O 發射，I 點並無射線發出，所以 I 稱為 O 的虛像。O 點至鏡面的垂直距離 (稱為物距，s) 與 I 至鏡面的垂直距離 (稱為像距，s')，應該相等。習慣上，鏡前的物距常視為正值，鏡後虛像的像距則當負值處理，亦即 $s' = -s$。

如果物體不能視為點光源，可以用箭頭表明物像的關係。物體的每一點，用任意兩條光線便可以找出它對應的像點。視物體複雜的程度，選用適當的代表點和必須的光線，可以簡化作圖。例如圖 19-5 的箭簇可以箭的頭尾兩點作為代表，每點取一垂直鏡面和一任意方向的射線作圖，畫出它們的反射線，將之延伸，交於鏡後，交點即其像點。從圖 19-5 可見，平面鏡的像是正立的虛像，而且是左右相反的。諸位攬鏡自照時，不難加以驗證。

平面鏡

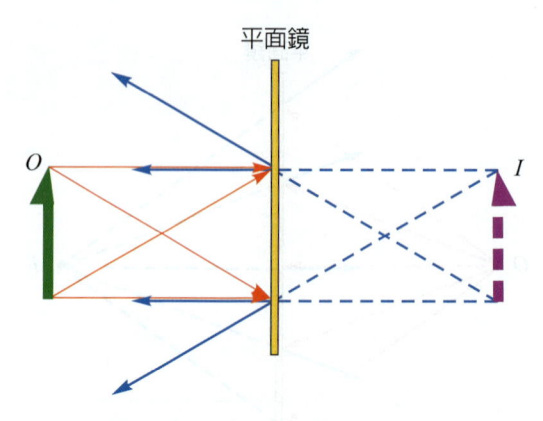

圖 19-5 物體的物像示意圖。

例題 19-2

某人將一長 90 cm 的鏡子掛在牆上，鏡子的下緣離地面剛好 86 cm 高。若此人身高為 180 cm，且她的眼睛與頭頂間距離為 8 cm。請問：

(1) 當她站立著穿衣打扮時，能否目睹全身？
(2) 如鏡子往上或往下移動時，她身體的哪些部位會在鏡中逐漸消失？

解

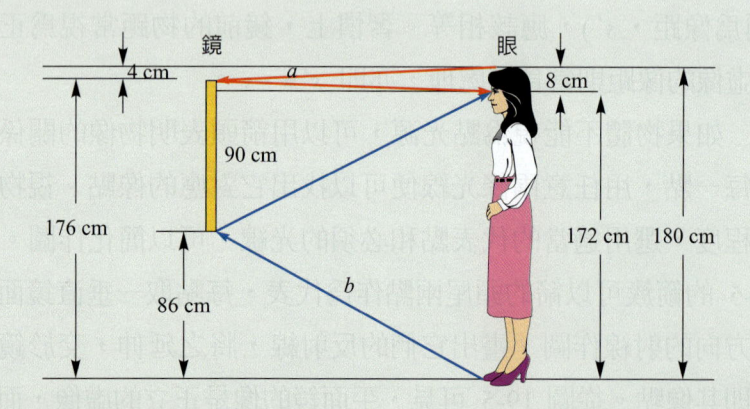

(1) 如上圖，因鏡子上緣的高度 (176 cm) 剛好在頭頂高度 (180 cm) 與眼睛高度 (172 cm) 的中間，根據反射定律，由頭頂發射出的光線 a，經鏡子上緣反射後，可直接射入眼中，故鏡中可以看到頭頂的像。同理，鏡子下緣的高度 (86 cm) 剛好為眼睛高度的一半，由腳底發出的光線 b 經鏡子下緣反射後，也可直接射入眼睛中，故鏡中也可看到腳底的像。因此，當她在打扮時，可以目睹

全身。

(2) 若鏡子往上移動，腳底發出的光線，經鏡子下緣反射後，其反射線將由眼睛上方越過，使眼睛無法看見此反射線，因此腳的部位將會在鏡中逐漸消失。反之，鏡子往下移動時，頭頂發出的光線，經鏡子上緣反射後，其反射線將由眼睛下方通過，眼睛亦無法看見此反射線，因此頭的部位將會在鏡中逐漸消失。

19-3-3 球面鏡的反射與成像

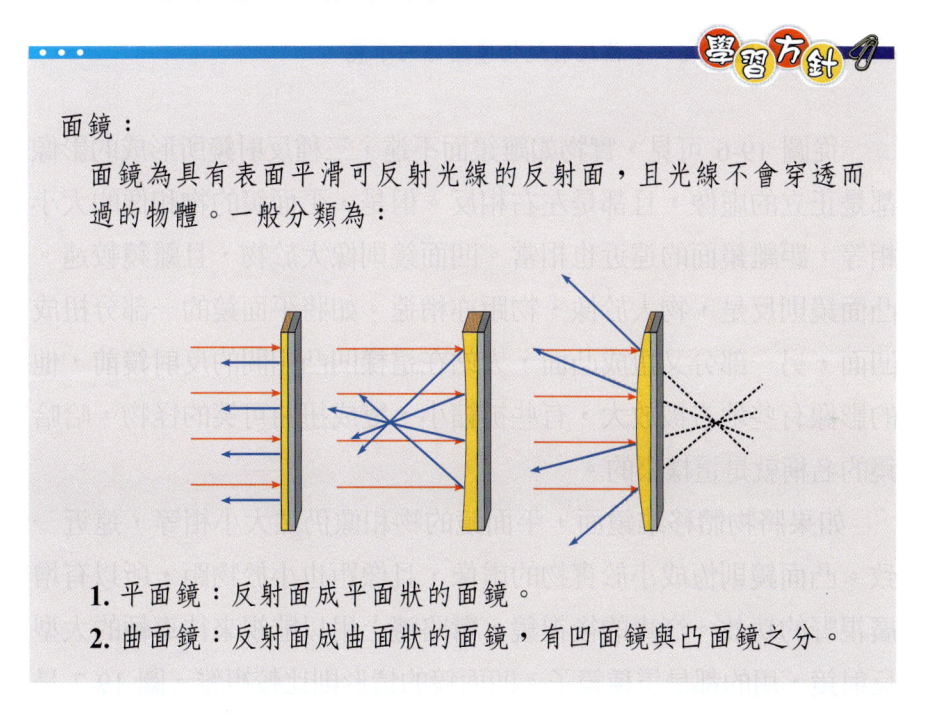

面鏡：

面鏡為具有表面平滑可反射光線的反射面，且光線不會穿透而過的物體。一般分類為：

1. 平面鏡：反射面成平面狀的面鏡。
2. 曲面鏡：反射面成曲面狀的面鏡，有凹面鏡與凸面鏡之分。

面鏡成像利用反射定律。

　　反射面成球面狀的曲面鏡稱為球面鏡。因此，球面鏡的鏡面，可視為是從一空心球體切出來的一小部分。鏡面的**曲率半徑** (radius of curvature) 即球體的半徑。它的**曲率中心** (center of curvature) 也相當於球體的中心。反光面朝向中心的稱為**凹面鏡** (concave mirror)。反之，則稱為**凸面鏡** (convex mirror)。我們如將凹凸面鏡想成是由平面鏡往裡或往外拗捏而成的反射鏡，亦無不可。如此，則平面鏡其實是弧度半徑等於無窮大的球面鏡。它們的物像關係，可用類似的方式探討，如圖 19-6 範例。

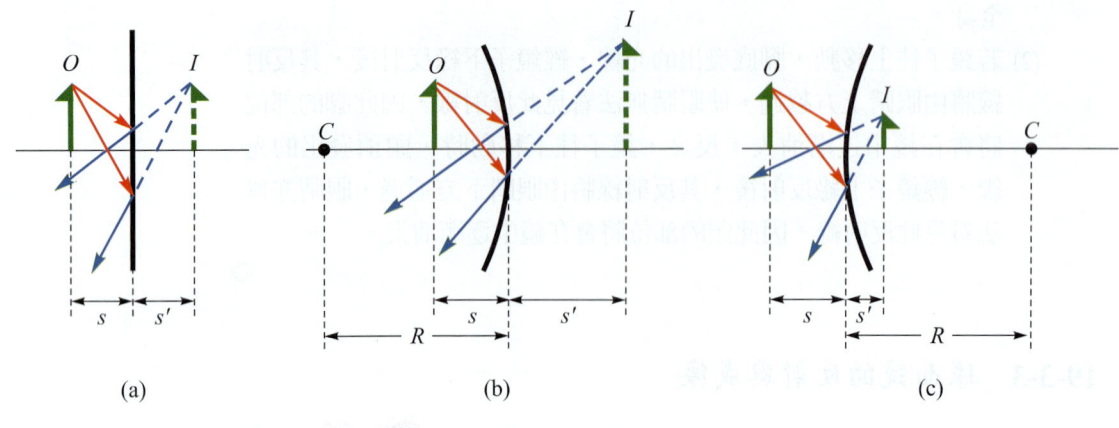

圖 19-6 三種反射鏡物像關係的示範。

　　從圖 19-6 可見，實物如離鏡面不遠，三種反射鏡所形成的影像都是正立的虛像，且都是左右相反。但是，平面鏡的物和像的大小相等，距離鏡面的遠近也相當。凹面鏡則像大於物，且離鏡較遠。凸面鏡則反是，物大於像，物距亦稍遠。如將平面鏡的一部分扭成凹面，另一部分又扭成凸面，人站在這樣凹凸相間的反射鏡前，他的影像有些地方被放大，有些被縮小，變成扭曲可笑的怪物，哈哈鏡的名稱就是這樣來的。

　　如果將物體移離鏡面，平面鏡的物和像仍然大小相等，遠近一致。凸面鏡則恆成小於實物的虛像，且像距也小於物距，所以有增廣視野的功效。汽車的後視鏡，彎路邊上用以監視來往車輛的大型反射鏡，用的都是這種鏡子。凹面鏡的情形則比較複雜。圖 19-7 是凹面鏡成像的示意圖。圖中的 F、C 分別是鏡的焦點 (focal point) 和曲率中心。物體置放於凹面鏡前不同位置處，所成的像亦具有不同的特性。

　　平行主軸入射至面鏡的光線，經由平面鏡反射後，所有反射光線仍相互平行，故其焦點視為位於無窮遠處，焦距則為無窮大，如圖 19-8(a) 所示；若經由凹面鏡反射後，所有反射光線將會聚於鏡前一點，此點稱為凹面鏡的焦點，因其由反射光線實際會聚而成，故此點又稱為實焦點，如圖 19-8(b) 所示；若經由凸面鏡反射後，

焦點是平行於主軸 (central axis) 的光線，經反射後集中交會的地方。

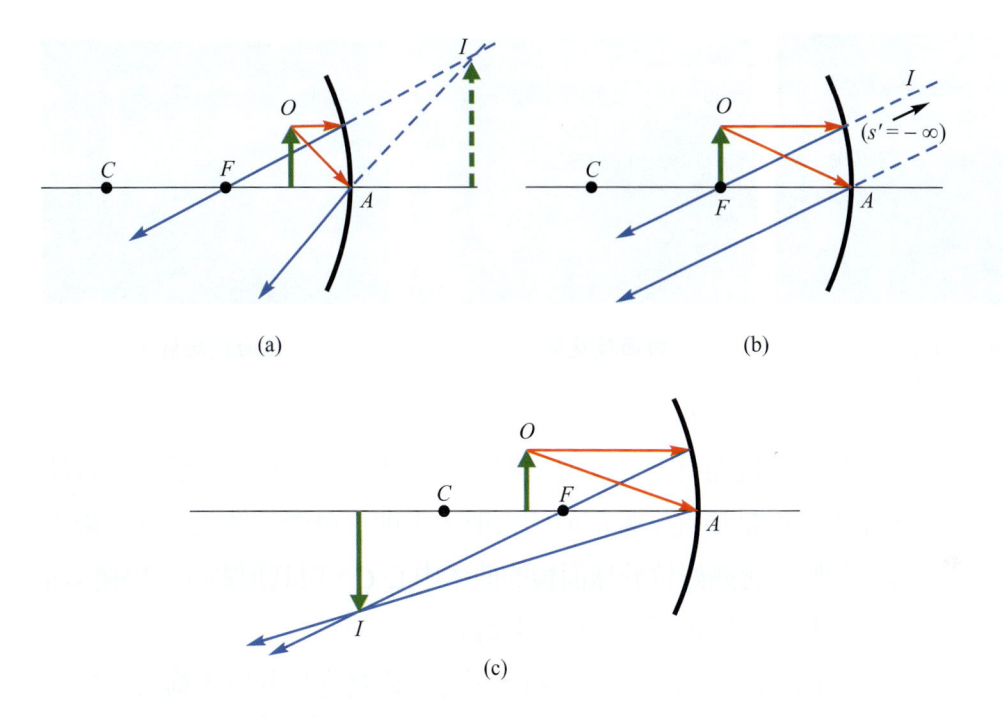

圖 19-7 凹面鏡成像示意圖。

(a) 置於焦點內的物，所成像為位於凹面鏡後的放大虛像；

(b) 置於焦點上的物，成像在無窮遠處；

(c) 置於焦點與曲率半徑內的物，成像在曲率半徑外，為倒立放大實像。

所有反射光線成發散狀，但其反方向的延長線將會聚於鏡後一點，此點稱為凸面鏡的焦點，因其由反射光線的延長線會聚而成，故此點又稱為虛焦點，如圖 19-8(c) 所示。

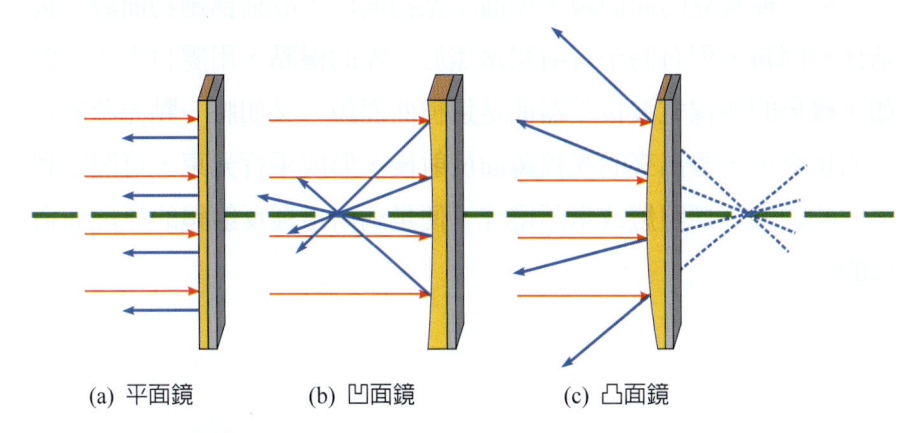

(a) 平面鏡　　(b) 凹面鏡　　(c) 凸面鏡

圖 19-8 平行入射至面鏡的光線反射後的情形。

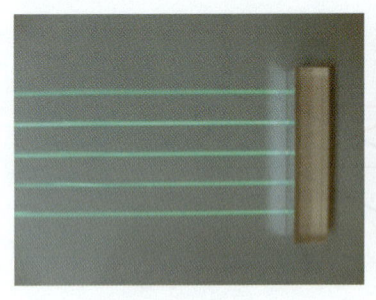

平面鏡反射。 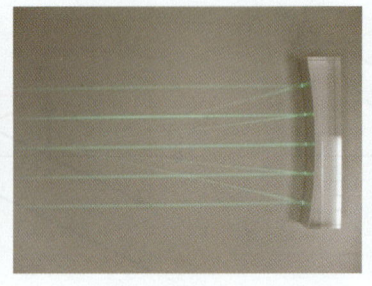　　　　　　凹面鏡反射。 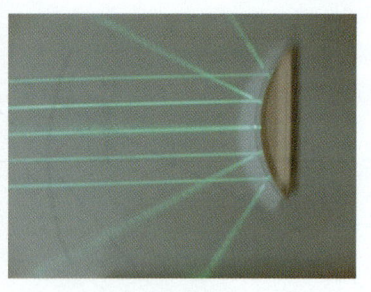　　　　　　凸面鏡反射。

對球面鏡而言，其反射光線一般無法完全會聚於一點，會有像差產生。但是接近主軸部分的入射光束則不會產生像差。此近軸光線的焦點，會剛好位於球面鏡的曲率中心 C，與其頂點 A (主軸與面鏡之交點，亦即鏡面中心) 的中點處。

凹面鏡的焦點是一個實點，平行光確實交於其處，稱之為實焦點。凸面鏡的焦點是虛點，光線並不真正相交，稱之為虛焦點，反射光只不過好像是從那裡發出來而已。由圖 19-7 可看出，物體在凹面鏡的焦點內，像是正立虛像，且大於實物。實物越近焦點，像離鏡越遠。實物在焦點上，則像成於無窮遠處。物過焦點，像變成倒立實像。物距增加，像和像距都逐漸變小。物移到 C 點，像亦移至 C。與實物一上一下，恰如倒影。逾此，則隨物距的增加而向焦點移動，且逐漸變小，最後彙成一點，停在焦點上。

另一種常見的曲面鏡，鏡面呈拋物面形，故稱為拋物面鏡。製造比較困難，但有將平行射線聚焦於一點的優點，用處也不少。例如，碟形的無線電波接受器便是這種曲面鏡。又如將一點光源放在它的焦點上，發出來的光經鏡面反射後，形成平行光束，可照射到很遠的地方，探照燈或車頭燈等，便是利用這種反射鏡的原理而造成的。

19-3-4 球面鏡成像的光線圖

面鏡成像的繪製法：
1. 通過曲率中心的入射線，反射後，反射線沿原路徑反向折回。
2. 平行主軸的入射線，反射後，反射線通過焦點。
3. 通過焦點的入射線，反射後，反射線平行主軸。
4. 射向頂點的入射線，反射後，反射線和入射線與主軸之夾角相同。

上述離球面鏡無窮遠處的物體可成像於焦點上。置於任何位置的物體，其成像可根據反射定律，從下列四條光線中任取兩條，繪製其光線圖 (ray diagram)，予以完成：

1. 通過曲率中心的入射線，反射後，反射線沿原路徑反向折回。
2. 平行主軸的入射線，反射後，反射線通過焦點。
3. 通過焦點的入射線，反射後，反射線平行主軸。
4. 射向頂點的入射線，反射後，反射線和入射線與主軸之夾角相同。

上述四條光線分別對凹凸面鏡繪圖，如圖 19-9。

注意對凸面鏡的情況，因其曲率中心與焦點均在鏡後，上述 1、2、3 三條光線中，所謂通過曲率中心，或通過焦點，係指光線的延長線通過曲率中心，或通過焦點。

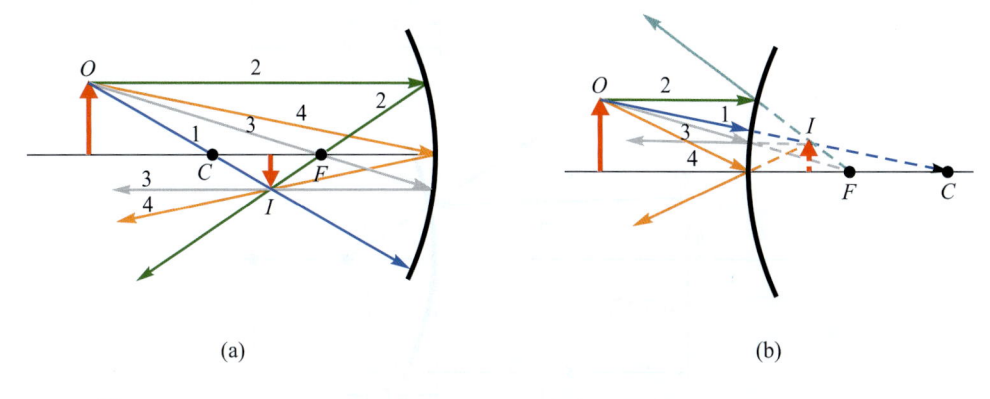

圖 19-9 在 (a) 凹面鏡，(b) 凸面鏡中，用來形成像的四條光線。

例題 19-3

在下列三種不同物距 s 情況下，繪製凸面鏡成像的光線圖，並檢視其成像是否為虛像？其像距 s' 是否小於物距？

(1) 物距小於焦距 f；
(2) 物距小於曲率半徑 R，但大於焦距；
(3) 物距大於曲率半徑。

解

利用前述四條光線中，2、4 兩條光線，對不同物距繪製其凸面鏡成像的光線圖，如下所示。

(1)

(2)

(3)

由上圖知，三種不同物距的成像均為虛像，其像距也都小於物距，且其像距會隨物距的增長而變長，但其像長 (h') 卻會隨物距的增長而變短。

19-3-5 球面鏡的成像公式

學習方針

球面鏡的成像公式：

$$\frac{1}{s}+\frac{1}{s'}=\frac{1}{f}$$

球面鏡的放大率：

$$m=\frac{h'}{h}=-\frac{s'}{s}$$

　　球面鏡的成像性質，可由上述光線圖了解，至於其成像的確實位置與大小，可由面鏡的成像公式獲得。設實物長為 h，物距為 s，像長為 h'，像距為 s'，球面鏡的曲率半徑為 R，焦距為 f，放大率為 m，則根據前述，近軸光線之 $f=\dfrac{R}{2}$，因而可得近軸光線之成像公式如下：

$$\frac{1}{s}+\frac{1}{s'}=\frac{1}{f} \tag{19-2}$$

$$m=\frac{h'}{h}=-\frac{s'}{s} \tag{19-3}$$

(19-2) 式【註二】顯示像距與物距關係，而 (19-3) 式【註三】則顯示像對物的放大率 (即像長與物長之比)，亦等於其像距與物距比。上式中，各物理量是以鏡面為準，分為左、右兩邊，定其正負號，其規則如下：

1. 若物與入射光在同一邊，物距 s 取正值，反之，則取負值。
2. 若像與反射光在同一邊，像距 s' 取正值，反之，則取負值。
3. 若鏡之焦點及曲率中心，與反射光在同一邊，則其焦距 f 及曲率半徑 R 取正值，反之，則取負值。因此，凹面鏡的焦距及曲率半徑恆為正值，凸面鏡的焦距及曲率半徑恆為負值。
4. 取 h 為正值，若像與物同方向，h' 取正值；反之，則取負值。故 m 為正值時，像與物同方向；反之，m 為負值時，像與物反方向。

例題 19-4

一高度為 5 cm 的物體，直立於曲率半徑為 60 cm 的球面鏡前 10 cm 處，若此鏡為 (a) 凹面鏡，(b) 凸面鏡，試問：

(1) 鏡的焦距 f (2) 像距 s'
(3) 像的虛實   (4) 放大率 m
(5) 像的高度 h' (6) 像為正立或倒立。

解

(a) 對凹面鏡：

(1) 凹面鏡的焦距 f 為曲率半徑 R 的一半，故

$$f = \frac{R}{2} \Rightarrow f = \frac{60}{2} = 30 \,(\text{cm})$$

(2) 由成像公式可知像的位置

$$\frac{1}{s} + \frac{1}{s'} = \frac{1}{f} \Rightarrow \frac{1}{10} + \frac{1}{s'} = \frac{1}{30}$$
$$s' = -15 \,(\text{cm})$$

成像在凹面鏡後，像與凹面鏡的距離為 15 cm。

(3) 因 s' 為負值，表示其反射光與像不在同一邊，亦即反射光在鏡前，而像在鏡後，故像為虛像。

(4) 像的放大率為

$$m = -\frac{s'}{s} \Rightarrow m = -\frac{(-15)}{10} = 1.5$$

(5) 由放大率可求得像高為

$$m = \frac{h'}{h} \Rightarrow 1.5 = \frac{h'}{5}$$
$$h' = 7.5 \text{ (cm)}$$

(6) 因 h' 為正值，故其像為正立虛像。

(b) 對凸面鏡：

(1) 凸面鏡的焦距 f 為曲率半徑 R 的一半，並取負值

$$f = \frac{R}{2} \Rightarrow f = \frac{-60}{2}$$
$$= -30 \text{ (cm)}$$

(2) 由成像公式可知像的位置

$$\frac{1}{s} + \frac{1}{s'} = \frac{1}{f} \Rightarrow \frac{1}{10} + \frac{1}{s'} = \frac{1}{-30}$$
$$s' = -7.5 \text{ (cm)}$$

成像在凸面鏡後，像與凸面鏡的距離為 7.5 cm。

(3) 因 s' 為負值，表示其反射光與像不在同一邊，即反射光在鏡前，而像在鏡後，故像為虛像。

(4) 像的放大率為

$$m = -\frac{s'}{s} \Rightarrow m = -\frac{(-7.5)}{10}$$
$$= 0.75$$

(5) 由放大率可求得像高為

$$m = \frac{h'}{h} \Rightarrow 0.75 = \frac{h'}{5}$$
$$h' = 3.75 \text{ (cm)}$$

(6) 因 h' 為正值，故其像為正立虛像。

隨堂練習

19-4 影子的形成是由於光的何種特性？

(1) 直線傳播 (2) 反射 (3) 折射 (4) 繞射。

19-5 有關針孔成像的敘述，下列敘述何者正確？(複選題)
(1) 像與原物上下同向　　　(2) 屏幕離針孔越遠，成像越大
(3) 針孔越大，成像效果越好　(4) 物體離針孔越遠，成像越小。

19-6 將長 10 cm 的蠟燭置於針孔相機正前方 20 cm 處，若在紙屏上形成的像高為 8 cm，則紙屏距針孔 _____ cm。

19-7 身高為 165 cm 的小嵐，夜晚行經一路燈附近時，發現自己所站的位置，在燈下的影子長度，與自身和燈桿的垂直距離相等，試問路燈離地面的高度為何？

19-8 我們可以看見電腦螢幕上的資訊，是利用光的什麼特性？
(1) 漫射　(2) 折射　(3) 繞射　(4) 干涉。

19-4　光的折射

折射 (refraction)：
光束由一透明或半透明的均勻介質，進入另一透明或半透明的均勻介質時，所產生的偏折現象稱為折射。

19-4-1　司乃耳定律

折射定律 (refraction law)：
1. 入射線、折射線及界面之法線共平面，且入射線與折射線分別位在法線的兩側。
2. 司乃耳定律 (Snell's law)：
入射角的正弦函數值與折射角的正弦函數值之比值，等於第二介質的折射率與第一介質的折射率之比：

$$\frac{\sin\theta_1}{\sin\theta_2} = \frac{n_2}{n_1}$$

折射率 (refractive index)：

1. 絕對折射率：

光由真空射入其它介質時，入射角的正弦函數值與折射角的正弦函數值之比值，稱為物質之絕對折射率。

2. 相對折射率：

光線自第一介質射入第二介質時，第二介質的折射率與第一介質的折射率之比稱為第二介質對第一介質的相對折射率。

臨界角 (critical angle) 與全反射 (total internal reflection)：

當光由折射率大的介質進入折射率小的介質時，折射角剛好為 90° 時的入射角 θ_1，稱為臨界角 θ_c。當 $\theta_1 > \theta_c$ 時，所有的入射光將完全反射回 n_1 介質，無法產生折射，稱為全反射。

絕對折射率：
1. 物質的折射率即指其絕對折射率。
2. 通常物質的折射率 n 會大於等於 1 ($n \geq 1$)。

相對折射率：
1. 光線之折射具有可逆性。
2. 相對折射率可大於或小於 1。
3. 折射率的測量一般以鈉的黃光為之。

$$n_{21} = \frac{n_2}{n_1}$$

光束由一均勻介質進入另一均勻介質時，部分光會在兩介質的界面反射，另一部分光會透射進入另一介質。因光在兩介質中傳播速率的不同，透射進入另一介質的光，會有偏折現象發生，謂之折射。圖 19-10 所示為光由介質 1 折射進入介質 2 之情況。

圖 19-10 光在兩不同介質界面發生折射的情況，入射線 ($\overline{AO}$) 與法線 ($\overline{MN}$) 的交角 θ_1 稱為入射角，折射線 ($\overline{OB}$) 與法線的交角 θ_2 稱為折射角。而 v_1 與 v_2 表示光在介質 1 與介質 2 行進的速率，n_1 與 n_2 表示介質 1 與介質 2 的**折射率** (refractive index)。其中，折射率定義為光在真空中的速率 c，與光在介質中的速率之比，即

$$n_1 = \frac{c}{v_1} \ ; \ n_2 = \frac{c}{v_2} \tag{19-4}$$

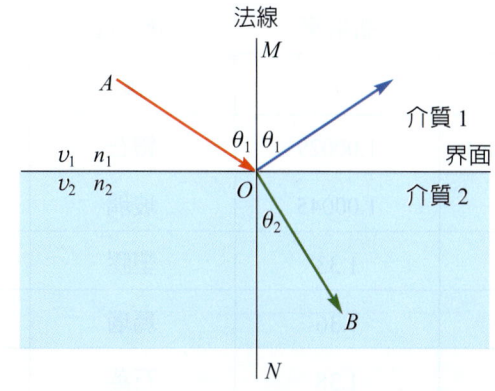

圖 19-10 光由介質 1 折射進入介質 2 之情況。

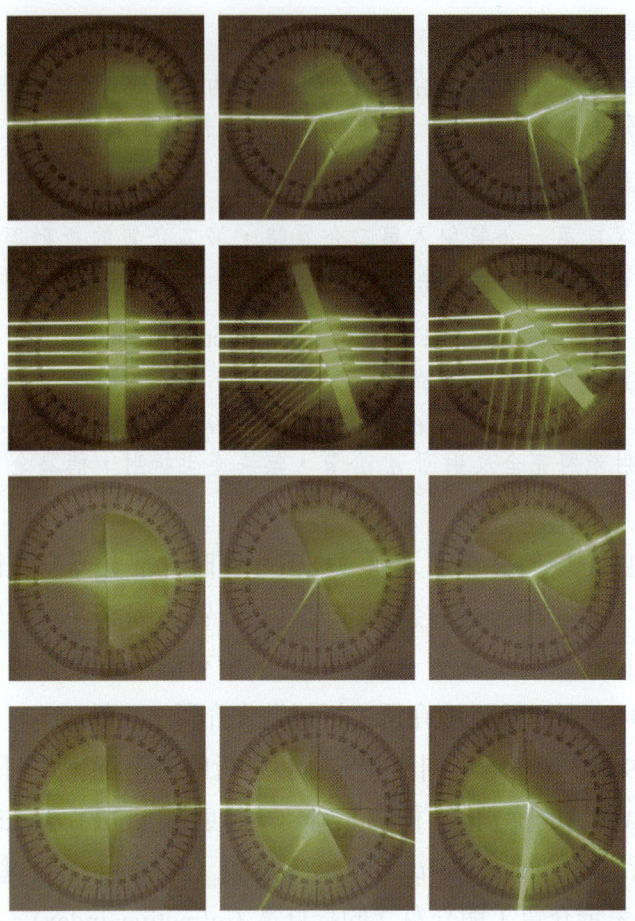

光線是由左向右，入射到相同材質、不同形狀的物體之反射與折射。

表 19-1　介質對黃光的折射率

介　質	折射率	介　質	折射率
真空	1	冰	1.31
空氣 (0°C, 1 atm)	1.00029	鑽石	2.42
二氧化碳	1.00045	玻璃	1.5-1.9
純水 (20°C)	1.33	塑膠	1.3-1.4
酒精	1.36	瑪瑙	1.55
糖水 (30%)	1.38	石英	1.46

介質對光的折射率會隨光波長的不同而改變。以波長為 589 nm 的黃光 (yellow sodium light) 為例，介紹幾種常見介質，其對光的折射率列於表 19-1。

　　1621 年，數學家司乃耳 (Willebrord Snell) 實驗發現，入射角的正弦和折射角的正弦比，固定不變，亦即 $\frac{\sin\theta_1}{\sin\theta_2} =$ 定值。1678 年，惠更斯延續司乃耳的發現，經推導得知，此定值為光在介質 1 與介質 2 行進的速率比，故知

$$\frac{\sin\theta_1}{\sin\theta_2} = \frac{v_1}{v_2} \qquad (19\text{-}5)$$

根據 (19-4) 與 (19-5) 式，可得司乃耳定律如下：

$$n_1 \sin\theta_1 = n_2 \sin\theta_2 \qquad (19\text{-}6)$$

根據司乃耳定律，當光由折射率大的介質，進入折射率小的介質時，亦即 (19-6) 式中，$n_1 > n_2$ 時，其入射角 θ_1 必小於折射角 θ_2，光線的折射將偏離法線。將折射角 θ_2 剛好為 90° 時的入射角 θ_1 稱為臨界角 (critical angle) θ_c。則當 $\theta_1 > \theta_c$ 時，所有的入射光將完全反射回 n_1 介質，無法產生折射。此現象稱為全內反射 (total internal reflection)。光纖維【註四】製作的醫學用光導管及光纖通訊系統等，均係利用光的全反射原理製造。

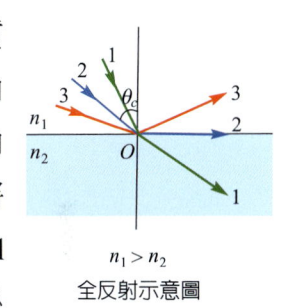

全反射示意圖

隨堂練習

19-9　一束垂直入射至凹面鏡的光束，反射後的反射角為幾度？
　　(1) 0°　　　　　　　　(2) 90°
　　(3) 180°　　　　　　　(4) 無反射。

19-10　為使駕駛人的視野增廣，在道路彎道常架設一面鏡，有關此面鏡的敘述，下列哪些正確？(複選題)
　　(1) 面鏡為凸面鏡　　　　(2) 面鏡中所見之像為正立虛像
　　(3) 能增廣視野，係因光線反射之故　(4) 面鏡中所見為放大的像。

19-11 我們可以見到萬花筒中的圖案是利用何種現象？
(1) 干涉
(2) 繞射
(3) 折射
(4) 反射。

例題 19-5

如下圖，小華立於游泳池的右側，注視左側的池底角 P 點，感覺水的深度為 1.5 m。若由 P 點發出，經水與空氣的界面 Q 點折射，到達小華眼睛的光線，其折射角為 $45°$，且 Q 點與左側池壁的垂直距離為 1.5 m。試問，游泳池的實際水深 h 為若干？

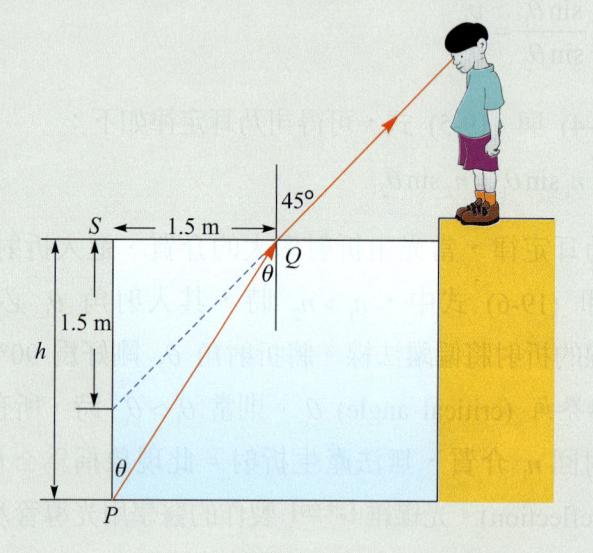

解

由折射定律知，

$$\frac{\sin\theta_1}{\sin\theta_2} = \frac{n_2}{n_1} \Rightarrow \frac{\sin\theta}{\sin 45°} = \frac{1}{1.33}$$

$$\theta \approx 32.1°$$

由直角 $\triangle SPQ$ 知，

$$\tan\theta = \frac{1.5}{h} \Rightarrow \tan 32.1° = \frac{1.5}{h}$$

$$h \approx 2.39 \text{ (m)}$$

故知水深約為 2.39 m。

19-4-2　稜鏡與色散

前述介質對光的折射率，通常會隨光的波長不同而改變。對同一介質而言，光的波長越長，其折射率越小。可見光的波長約在 400～700 nm 之間，其中紅色光的波長比較長，紫色光的波長比較短。如果讓太陽光從一個三稜鏡透射，光在其上的兩個界面均產生折射。因此，透射的光線會按其偏折角度大小的不同，以紅橙黃綠藍靛紫的順序形成彩帶（圖 19-11）。這種現象稱為色散（dispersion）。單一色光的偏折角度大小與三稜鏡的稜鏡角相關[註五]。

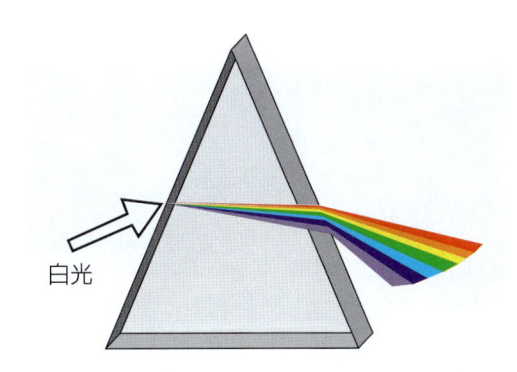

圖 19-11　三稜鏡將白光分成顏色鮮明的彩帶。

19-4-3　虹與霓

白天陣雨過後，天空常見到的兩道弧形七色彩帶，位於下方、顏色較濃的稱為虹 (primary rainbow)，位於上方、顏色較淡的稱為霓 (secondary rainbow)。虹與霓是空氣中水滴對陽光產生色散的結果。陽光由水滴上半部射入，在水滴內，經兩次折射與一次反射所產生的色散形成虹。而陽光由水滴下半部射入，在水滴內，經兩次折射與兩次反射所產生的色散，則形成霓。圖 19-12 表示虹與霓的形成過程。

圖 19-12 顯示，地面上，觀測者看到的虹，其最上方為紅色彩帶，其仰角（觀測者視線與入射陽光的夾角）約為 42°，最下方為紫色彩帶，其仰角約為 40°。反之，觀測者看到的霓，其最上方卻

彩虹是大氣裡特別美麗的光學現象，通常早晨出現在西方，下午出現在東方，一定發生在和太陽相反的方位。彩虹通常會同時出現兩道七彩的半圓弧，比較亮的在下面，稱為虹，比較暗淡的在上面，稱為霓，兩者在顏色的排序上正好相反。虹的顏色是上紅下紫，而霓則是上紫下紅。

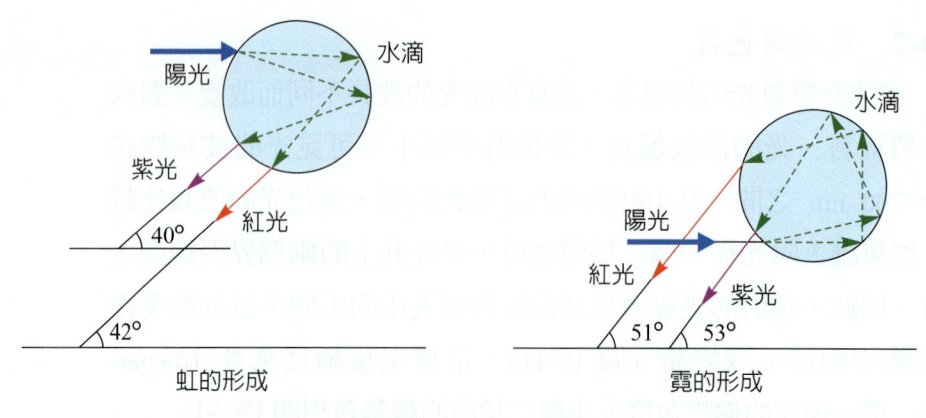

圖 19-12　虹與霓的形成。

郵輪噴射濺起的水花，經陽光照射後所形成的虹。

為紫色彩帶，其仰角約為 53°，最下方為紅色彩帶，其仰角約為 51°。不同位置的觀測者，所看到的虹與霓，並非同一條，但仰角卻是相同的。當觀測者坐在飛機上，由上往下看時，常可看到整個圓形的虹與霓。

19-4-4　薄透鏡的折射與成像

透鏡 (lens)：
用透明或半透明材料，做成有兩個折射曲面，並有共同主軸的物體。

第 19 章　光的反射與折射　735

> 會聚透鏡 (converging lens)：
> 　能將平行光會聚的透鏡。
> 發散透鏡 (diverging lens)：
> 　能將平行光發散的透鏡。
> 薄透鏡 (thin lens)：
> 　透鏡的最大厚度，遠小於折射面的曲率半徑。像這樣的透鏡稱為薄透鏡。

用透明材料 (例如玻璃、塑膠等) 做成的物體，如果有兩個折射曲面，並有共同主軸，都可稱為透鏡 (lens)。能將平行光聚焦的叫做會聚透鏡 (converging lens)，否則便叫做發散透鏡 (diverging lens)。前者多中厚邊薄，故又叫做凸透鏡。後者則反是，故稱為凹透鏡。圖 19-13 顯示薄的凸、凹透鏡聚、散光線的情形。圖中，C_1

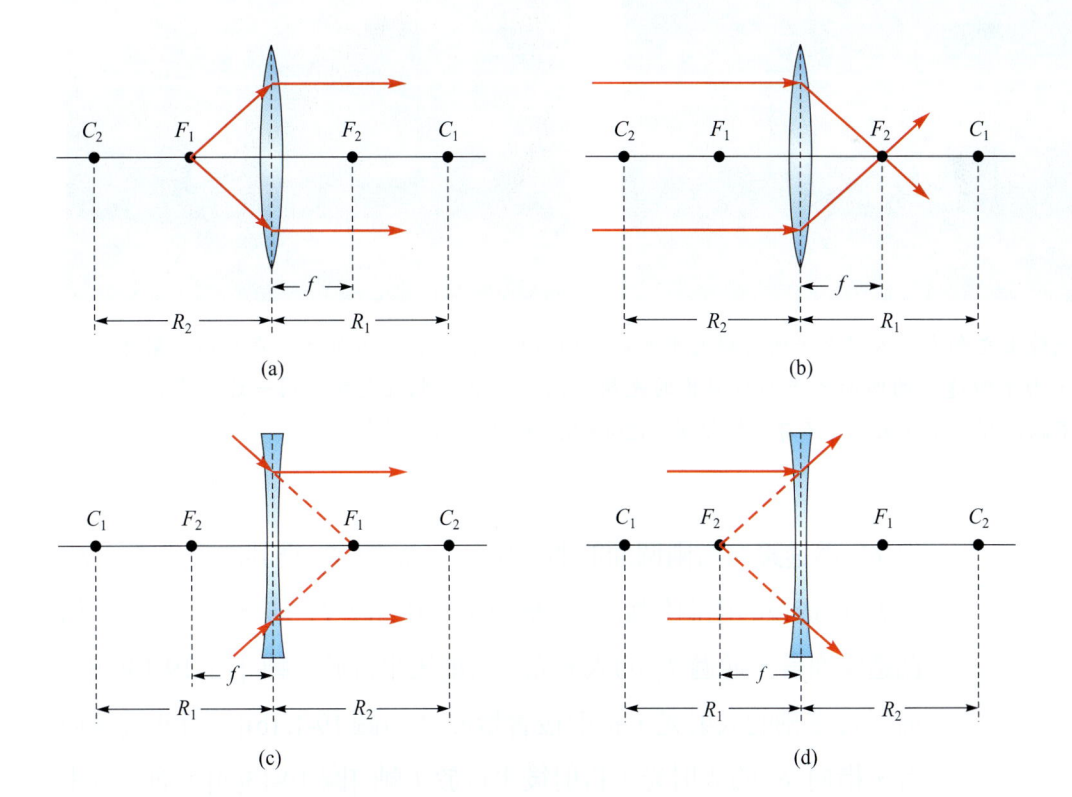

圖 19-13　薄的凸透鏡與凹透鏡對光線之折射情形。

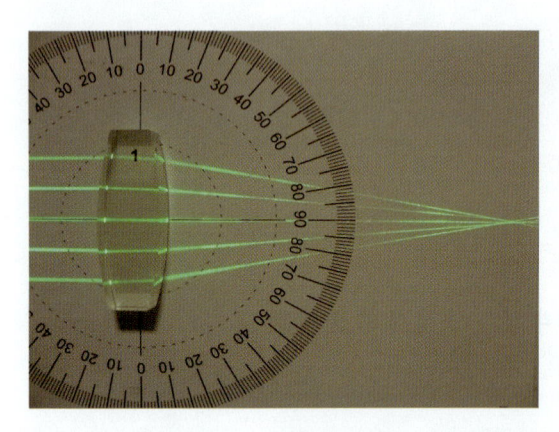

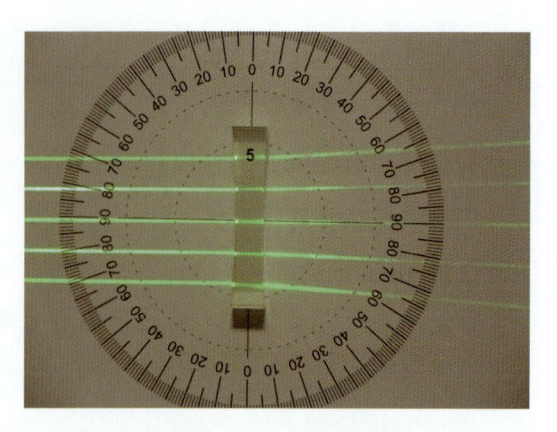

平行光線由左向右，入射至凸透鏡與凹透鏡的情形。入射光線經由凸透鏡折射出時，會聚在一點，此點稱為實焦點；由凹透鏡折射出時，呈發散狀，無法會聚，但其延長線可在入射光之側，會聚在一點，此點稱為虛焦點。(2008.02.28 攝於明新科大)

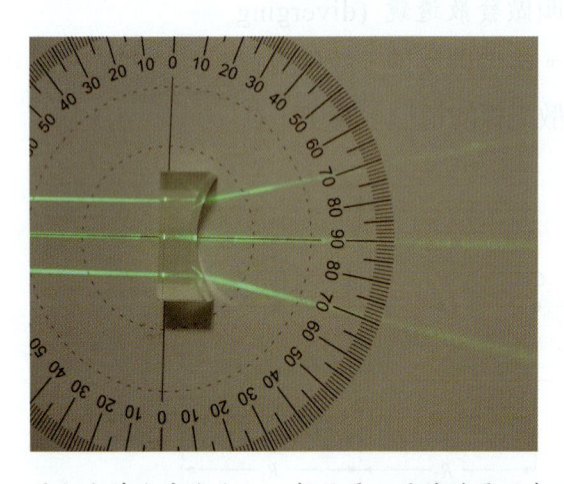

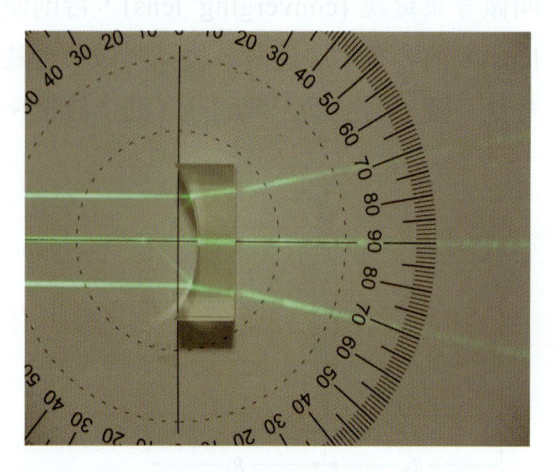

平行光線由左向右，入射至平凹透鏡的平面與凹面情形。此二張照片顯示，在相同入射條件下，由平凹透鏡的凹面或平面折射出的光線是沒有差異；也就是說，同一透鏡在使用時，不論以哪一面為主，皆不會影響結果。(2008.02.28 攝於明新科大)

與 C_2 為透鏡左右兩個面的曲率中心，R_1 與 R_2 為其曲率半徑。F_1 與 F_2 為透鏡的兩個焦點，F_1 稱為第一焦點，F_2 稱為第二焦點。對凸透鏡而言，通過 F_1 的入射光，折射後平行於主軸 [圖 19-13(a)]，而平行主軸的入射光，折射後會聚於 F_2 [圖 19-13(b)]。對凹透鏡而言，指向 F_1 的入射光，折射後平行於主軸 [圖 19-13(c)]，而平行主

軸的入射光,折射後會發散,但其折射線之沿長線通過 F_2 [圖 19-13(d)]。本文只討論一些簡單情況,所用的透鏡其最大的厚度,遠小於折射面的曲率半徑,像這樣的透鏡稱為**薄透鏡** (thin lens)。薄透鏡的兩焦點與透鏡距離 (即焦距 f) 相等,並可忽略可能產生的像差,及斜射至透鏡的光線所產生之側向位移。

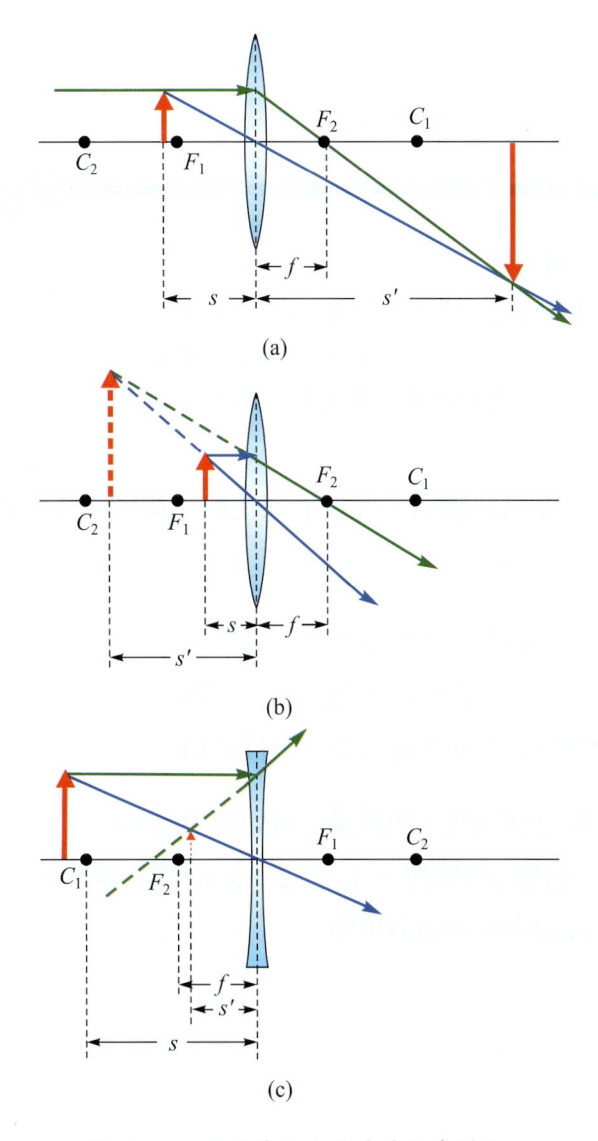

圖 19-14　凸透鏡和凹透鏡的物像關係。

在凸透鏡焦距以外的物體，其像是倒立的實像，與物體分處於透鏡的兩側 [圖 19-14(a)]。如物在曲率中心以外，像比物小，反之，則像比物大。當物體置於焦距以內時，為正立的虛像，比物體大，且與物體同在透鏡的一側 [圖 19-14(b)]。照相機、幻燈機、投影機等用品就是利用凸透鏡的物像關係製造的。此外，不管物距為遠或近，凹透鏡的像恆為正立的虛像，比物小，且與物體同側 [圖 19-14(c)]。

19-4-5　薄透鏡成像的光線圖

薄透鏡成像的光線：
1. 通過透鏡中心的光線，折射後，方向不變。
2. 平行主軸的光線，折射後，通過第二焦點。
3. 通過第一焦點的光線，折射後，平行主軸。

薄透鏡成像的光線圖，可在下列三條光線中，任取兩條繪製，予以完成：

1. 通過透鏡中心的光線，折射後，方向不變。
2. 平行主軸的光線，折射後，通過第二焦點。
3. 通過第一焦點的光線，折射後，平行主軸。

上述三條光線分別對凸、凹透鏡，繪如圖 19-15。

注意對凹透鏡的情況，上述 2、3 兩條光線中，所謂通過焦點，係指光線的延長線通過焦點。

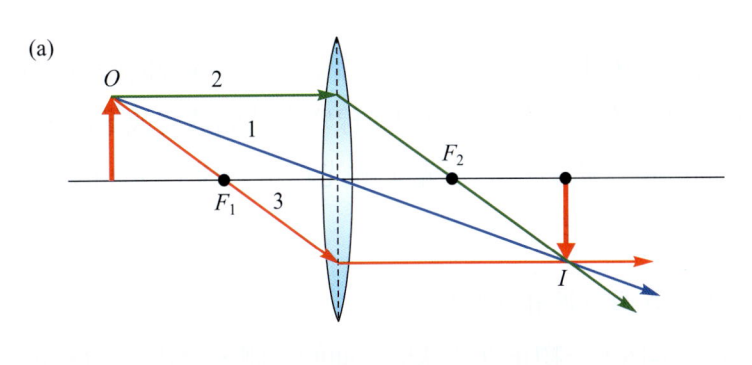

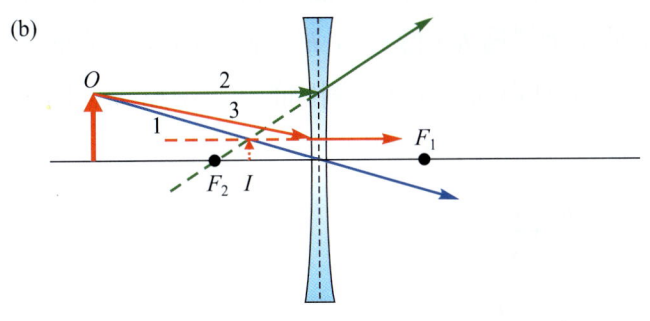

圖 19-15 在 (a) 凸透鏡、(b) 凹透鏡中，用來形成像的三條光線。

19-4-6 薄透鏡的成像公式

單一球形界面的折射成像公式：

$$\frac{n'-n}{R} = \frac{n'}{s'} + \frac{n}{s}$$

$$m = \frac{h'}{h} = -\frac{s'}{n'} \cdot \frac{n}{s}$$

薄透鏡的折射成像公式：

$$\frac{1}{f} = \frac{1}{s'} + \frac{1}{s}$$

$$m = \frac{h'}{h} = -\frac{s'}{s}$$

造鏡者公式：

$$\frac{1}{f} = (n'-1)\left(\frac{1}{R_1} - \frac{1}{R_2}\right)$$

透鏡的成像性質可由上述光線圖了解，而成像的確實位置與大小，可經由透鏡公式獲得。但因光線穿過球面透鏡成像時，經過兩球形界面的兩次折射，故須先了解光在單一球形界面的折射情況後，再求其成像公式。

1. 單一球形界面的折射成像公式

如圖 19-16，一物正立於球形界面的左側，設其物長為 h，物距為 s，界面的曲率半徑為 R，像長為 h'，像距為 s'，界面左、右兩側介質的折射率分別為 n、n'，像對物的放大率為 m，則單一球形界面的折射公式可表示如下 **[註六]**：

$$\frac{n'-n}{R} = \frac{n'}{s'} + \frac{n}{s} \tag{19-7}$$

$$m = \frac{h'}{h} = -\frac{s'}{n'} \cdot \frac{n}{s} \tag{19-8}$$

當球形界面的曲率半徑 R 趨近無限大時，兩介質的界面相當於一平面，由上兩式，可得平面界面的折射公式如下：

$$\frac{n'}{s'} = -\frac{n}{s}$$

$$m = 1$$

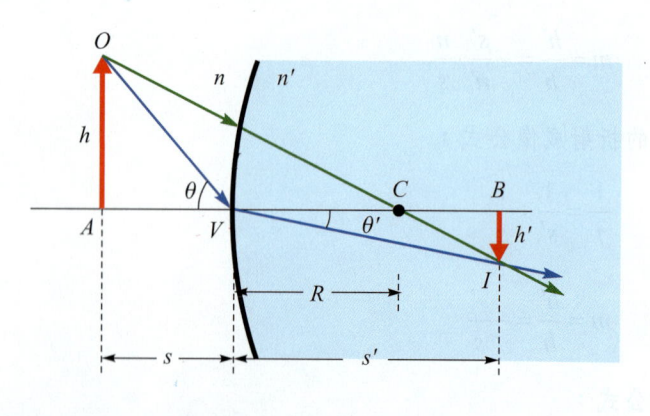

圖 19-16　球面折射成像。

(19-7) 式顯示像距與物距關係會隨界面左、右兩邊折射率的不同而改變。同樣，(19-8) 式亦顯示放大率與折射率的關聯性。至於其物理量之正負號規定，與面鏡的規定類似，只不過將規則中的反射光改成折射光即可。重新敘述其規則如下：

(1) 若物與入射光在界面的同一邊，物距 s 取正值，反之，則取負值。

(2) 若像與折射光在界面的同一邊，像距 s' 取正值，反之，則取負值。

(3) 若界面之焦點 (第二焦點)、曲率中心與折射光在同一邊，其焦距 f 及曲率半徑 R 均取正值，反之，則取負值。

(4) 取 h 為正值，若像與物同方向，h' 取正值，反之，則取負值。故 m 為正值時，像與物同方向；反之，m 為負值時，像與物反方向。

例題 19-6

如下圖，一折射率為 1.52 的長玻璃圓柱，圓柱的一端為一半徑為 2 cm 的球形界面，一小物體正立於界面的左邊，距頂點 8 cm 處，若將此圓柱水平置於 (1) 空氣中，(2) 水中，試問像的像距與放大率分別為何？

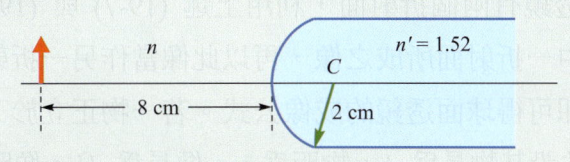

解

(1) 因空氣的 $n = 1$，故由單一球形界面的折射成像公式，可知成像位置 s' 為

$$\frac{n'-n}{R} = \frac{n'}{s'} + \frac{n}{s} \Rightarrow \frac{1.52-1}{2} = \frac{1.52}{s'} + \frac{1}{8}$$

$$s' = 11.3 \text{ (cm)}$$

由於 s' 為正值，像與折射線在同一邊，因此，像在界面的右方。

由單一球形界面的折射放大率公式，可知像的放大率 m 為

$$m = \frac{h'}{h} = -\frac{s'}{n'} \cdot \frac{n}{s} \Rightarrow m = -\frac{11.3}{1.52} \cdot \frac{1}{8}$$
$$\approx -0.929$$

由於 m 為負值，像與物反方向，因此，像為倒立實像。

(2) 因水的 $n = 1.33$，故由單一球形界面的折射成像公式，可知成像位置 s' 為

$$\frac{n'-n}{R} = \frac{n'}{s'} + \frac{n}{s} \Rightarrow \frac{1.52-1.33}{2} = \frac{1.52}{s'} + \frac{1.33}{8}$$
$$s' = -21.3 \text{ (cm)}$$

由於 s' 為負值，像與折射線不在同一邊，因此，像在界面的左方。

由單一球形界面的折射放大率公式，可知像的放大率 m 為

$$m = \frac{h'}{h} = -\frac{s'}{n'} \cdot \frac{n}{s} \Rightarrow m = -\left(\frac{-21.3}{1.52}\right) \cdot \left(\frac{1.33}{8}\right)$$
$$\approx +2.33$$

由於 m 為正值，像與物同方向，因此，像為正立虛像。

2. 薄透鏡的折射成像公式

球面透鏡有兩個折射面，利用上述 (19-7) 與 (19-8) 式，先求出物對其中一折射面所成之像，再以此像當作另一折射面之物，求出其像，即可得球面透鏡的成像公式。若一物正立於一球面薄透鏡的左側，並設其物長為 h，物距為 s，像長為 h'，像距為 s'，透鏡左、右兩折射面的曲率半徑分別為 R_1、R_2，透鏡左、右兩邊透明介質的折射率分別為 n、n''，透鏡本身的折射率為 n'，焦距為 f，像對物的放大率為 m，則其薄透鏡公式表示如下【註七】：

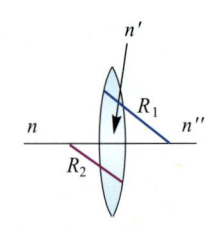

$$\frac{n''-n'}{R_2} + \frac{n'-n}{R_1} = \frac{n''}{s'} + \frac{n}{s} \tag{19-9}$$

$$m = \frac{h'}{h} = -\frac{s'}{n''} \cdot \frac{n}{s} \tag{19-10}$$

因物距 s 為 $\pm\infty$ 時，其像距 s' 即為透鏡之焦距 f，故 (19-9) 式亦可寫如下式

$$\frac{n''}{f} = \frac{n''-n'}{R_2} + \frac{n'-n}{R_1} \qquad (19\text{-}9)'$$

上式又稱為薄透鏡的**造鏡者公式**。若將透鏡置於空氣（或真空）中，左、右兩邊的折射率均等於 1，即 $n'' = n = 1$，則 (19-9)′ 與 (19-10) 式變為

置於空氣中自薄透鏡之造鏡者公式

$$\frac{1}{f} = (n'-1)\left(\frac{1}{R_1} - \frac{1}{R_2}\right)$$

$$\frac{1}{f} = (n'-1)\left(\frac{1}{R_1} - \frac{1}{R_2}\right) = \frac{1}{s'} + \frac{1}{s} \qquad (19\text{-}9)''$$

$$m = \frac{h'}{h} = -\frac{s'}{s} \qquad (19\text{-}10)'$$

以上所用物理量之正負號規定，與單一球形界面的折射成像的規定相同。又因凸透鏡之焦點（第二焦點）與其折射光在同一邊，故其焦距 f 恆為正值。反之，凹透鏡之焦距則恆為負值。

透鏡焦距 f 的倒數又為透鏡的**折射能力** (power)，常以 D 表示，即 $D = \frac{1}{f}$，其單位稱為曲光度，或稱折光度，而 1 曲光度 = 1 米$^{-1}$，一般眼鏡所稱的度數為曲光度的 100 倍。

例題 19-7

如下圖，凹凸透鏡（視為薄透鏡）置於空氣中，一高為 5 cm 之物正立於鏡左方 30 cm 處，若透鏡的折射率為 1.5，左、右兩折射面的半徑分別為 10 cm、15 cm，試問：

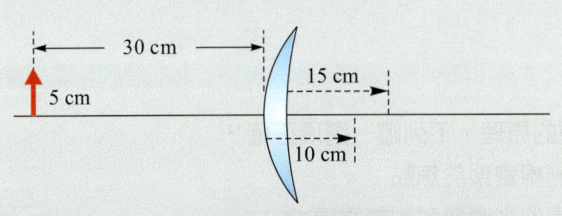

(1) 鏡的焦距 f 為何？其焦點在鏡的左方還是右方？
(2) 像距 s' 為何？為實像還是虛像？

(3) 其放大率 m 為何？

(4) 像之高度 h' 為何？為正立還是倒立？

解

(1) 由薄透鏡的造鏡者公式，可求薄透鏡的焦距為

$$\frac{1}{f} = (n'-1)\left(\frac{1}{R_1} - \frac{1}{R_2}\right) \Rightarrow \frac{1}{f} = (1.5-1)\left(\frac{1}{10} - \frac{1}{15}\right)$$

$$f = 60 \text{ (cm)}$$

因 f 為正值，焦點（第二焦點）與折射光在同一邊，故知焦點在鏡右方。

(2) 由薄透鏡的成像公式，可知成像位置 s' 為

$$\frac{1}{f} = \frac{1}{s'} + \frac{1}{s} \Rightarrow \frac{1}{60} = \frac{1}{s'} + \frac{1}{30}$$

$$s' = -60 \text{ (cm)}$$

因 s' 為負值，像與折射光不在同一邊，故知像在左方，為一虛像。

(3) 由薄透鏡的放大率公式，可知像的放大率 m 為

$$m = -\frac{s'}{s} \Rightarrow m = -\frac{(-60)}{30}$$

$$m = 2$$

(4) 由薄透鏡的放大率公式，可知像的像高 h' 為

$$m = \frac{h'}{h} \Rightarrow 2 = \frac{h'}{5}$$

$$h' = 10 \text{ (cm)}$$

因 h' 為正值，故其像為正立虛像。

隨堂練習

19-12 有關太陽爐的原理，下列哪一選項正確？

(1) 將太陽光線會聚於焦點

(2) 將焦點處的光源發射到無窮遠處

(3) 以凸面鏡來反射太陽光線

(4) 採用折射方式使光線聚於焦點。

19-13 下列哪一個現象不是由光的折射所造成？
(1) 清澈的溪水變淺了
(2) 水面上看插入水中的木棍好像折成兩截
(3) 沙漠中看見海市蜃樓的幻景
(4) 彎路旁為增加視野而裝置的鏡子。

19-14 有關透鏡成像實驗的敘述，下列哪些正確？(複選題)
(1) 薄透鏡是利用折射原理來成像
(2) 薄透鏡有二個焦點
(3) 凹透鏡不能形成實像
(4) 凸透鏡可形成縮小的虛像。

19-15 光發生全反射的條件為
(1) 光由光密介質射入光疏介質
(2) 折射角等於 $90°$
(3) 入射角大於臨界角
(4) 入射角小於臨界角。

19-5　光學儀器

19-5-1　眼睛與眼鏡

學習方針

明視 (distinct tision) 距離：

　　正常人的明視距離範圍，由眼前 25 cm [稱為近點 (near point)]，至無窮遠處 [稱為遠點 (far point)]，眼球的晶狀體可自動調節，讓景物剛好落在視網膜。

近視眼 (myopia)：

　　眼球的角膜至視網膜的距離，較正常人為長，明視的遠點變近，可經由配戴發散透鏡 (凹透鏡) 校正其視力。

遠視眼 (hyperopia)：

　　因角膜至視網膜的距離較短，明視的近點變遠，可經由配戴會聚透鏡 (凸透鏡) 校正其視力。

明視的遠點變近，即指影像在視網膜之前；明視的近點變遠，影像在視網膜之後。

> 老花眼 (presbyopia)：
> 年長者因眼球的晶狀體缺乏彈性，調節功能變差，明視的近點變遠，較難看清楚近距離的景物，稱為老花眼，可經由配戴會聚透鏡 (凸透鏡) 校正其視力。

眼睛的主要構造如圖 19-17，圖中，虹膜能隨外界光線的強弱，自動調節瞳孔開口大小，以控制進入眼睛的光量。睫狀肌能隨景物的遠近，自動調節晶狀體表面的曲度，使景物的像清楚地落在視網膜上，形成一倒立縮小實像。景物與眼睛的距離，在一定範圍內，可由晶狀體的自動調節，讓景物剛好落在視網膜上，此距離稱為明視 (distinct tision) 距離。正常人的明視距離範圍，由眼前 25 cm [稱為近點 (near point)]，至無窮遠處 [稱為遠點 (far point)]。年長者因眼球的晶狀體缺乏彈性，調節功能變差，明視的近點變遠，較難看清楚近距離的景物，稱為老花眼 (presbyopia)，可經由配戴會聚透鏡 (凸透鏡) 校正其視力。近視眼 (myopia) 者，因眼球的角膜至視網膜的距離較正常人為長，明視的遠點變近，可經由配戴發散透鏡 (凹透鏡) 校正其視力。反之，遠視眼 (hyperopia) 者，則因角膜至視網膜的距離較短，明視的近點變遠，可經由配戴會聚透鏡 (凸透鏡) 校正其視力。

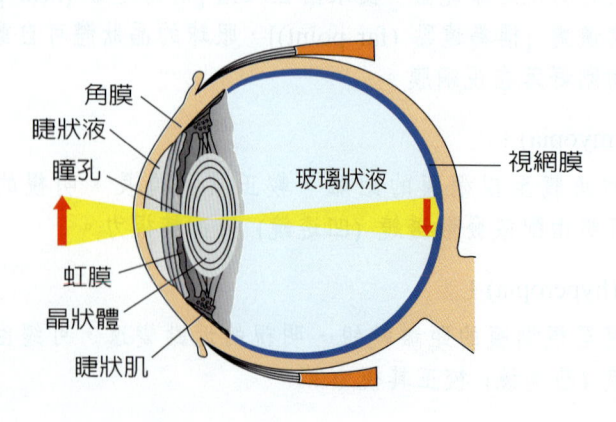

圖 19-17 眼睛的主要構造。

例題 19-8

一 60 歲的長者，他眼睛的明視近點為 2 m，試問：
(1) 他需配戴何種透鏡？
(2) 此透鏡的焦距需多大？
(3) 此透鏡的曲光度為若干？
(4) 對一般眼鏡業者而言，此透鏡相當於多少度？

解

(1) 明視的近點變遠 (2 m > 0.25 m)，影像在視網膜之後，故需配戴會聚透鏡 (凸透鏡)，以改善視力。

(2) 因需將正常人近點 (即物距 $s = 0.25$ m) 的景物，成像於此長者的明視近點 (即像距 $s' = -2$ m) 處，故由成像公式，可得應配帶透鏡的焦距 f

$$\frac{1}{f} = \frac{1}{s'} + \frac{1}{s} \Rightarrow \frac{1}{f} = \frac{1}{-2} + \frac{1}{0.25}$$

$$f \approx 0.29 \text{ (m)}$$

(3) 透鏡的曲光度為焦距的倒數

$$D = \frac{1}{f} \Rightarrow D = \frac{1}{0.29}$$

$$D = 3.5 \text{ (m}^{-1}\text{)}$$

(4) 一般眼鏡業者將曲光度的 100 倍作為透鏡的度數，故透鏡的度數為 3.5×100 等於 350 度。

隨堂練習

19-16 近視 500 度的學生須配戴 _____ 透鏡，使所見的字體較實物 _____。

19-5-2　照相機

光圈數：

照相機鏡頭的焦距 f，與光闌開口的直徑 d 的比值，即為光圈數；

$$光圈數 = \frac{f}{d}$$

輻照度 (irradiance)：

照相機底片上的像點於單位時間每單位面積接受到的光量稱為輻照度 E。

$$E = \frac{Q}{tA}$$

輻照度與光圈數倒數的平方成正比：

$$E \propto \left(\frac{d}{f}\right)^2$$

　　照相機的構造及成像原理，與人的眼睛相類似。照相機的鏡頭為凸透鏡，能將景物發射的光線會聚，成像 (倒立實像) 在底片上，猶如眼睛的角膜、水狀液、晶狀體等，將景物成像在視網膜上一樣。但，眼睛是靠改變晶狀體的焦距，讓景物的像清楚地落在視網膜上，而照相機則是靠改變鏡頭與底片間距離 (像距)，讓像清楚的落在底片上。

　　照相機的光闌 [(diaphragm)，或稱光圈] 猶如眼睛的虹膜，能調節進入照相機的光量。進入照相機的光量，與光闌的開口直徑的平方成正比。照相機的光閘 [(shutter)，或稱快門]，是用來控制底片的曝光時間。

　　照相機底片上的像點，在單位時間於每單位面積接受到的光量稱為輻照度 (irradiance)。若底片上，成像的面積為 A，曝光時間為 t，曝光量為 Q，光闌的開口直徑為 d，鏡頭的焦距為 f，則輻照度 E 與上述參數間有如下關係：

$$E = \frac{Q}{tA} \propto \left(\frac{d}{f}\right)^2 \tag{19-11}$$

根據 (19-11) 式知,照相機鏡頭前所標示的光圈數為 $\dfrac{f}{d}$ 值,與輻照度 E 的開平方成反比。亦即,鏡頭的光圈數調得越大,底片上的輻照度會越小。

例題 19-9

一鏡頭焦距 f 為 50 mm 的照相機,若其光闌開口直徑 d 為 36 mm,則鏡頭的光圈數為何?

解

照相機鏡頭的焦距 f,與光闌開口的直徑 d 的比值,即為光圈數

$$光圈數 = \frac{f}{d} \Rightarrow 光圈數 = \frac{50}{36} = 1.4$$

例題 19-10

承上題,若該照相機的光圈數為 1.4 時,所需曝光時間為 0.01 s,則當光闌的開口直徑改為 18 mm 時,其曝光時間需多長,才能使該照相機底片,單位面積所獲得的曝光量 (Q/A) 相同?

解

輻照度與光圈數倒數的平方成正比,且單位面積的曝光量相同,所以

$$\left. \begin{array}{l} E \propto \left(\dfrac{d}{f}\right)^2 \\ E = \dfrac{Q}{tA} \end{array} \right\} \xrightarrow[\frac{Q}{A} \text{一定}]{f \text{一定}} d^2 \propto \dfrac{1}{t}$$

$$d^2 \propto \frac{1}{t} \Rightarrow d_1^2 t_1 = d_2^2 t_2$$

$$36^2 \times 0.01 = 18^2 \times t_2$$

$$t_2 = 0.04 \text{ (s)}$$

因同一照相機,焦距 f 為一定值,光闌的開口直徑由 36 mm 改為 18 mm,所需曝光時間為 0.04 s。

19-5-3 放大鏡與顯微鏡

放大鏡為一凸透鏡,當物體放置於其焦距內時,會在物體的同側形成一正立放大的虛像。人眼感覺到的物體 (或經透鏡產生的像) 大小,是由物體在視網膜所形成的像長決定。由於角膜與視網膜間的距離為一定值,根據凸透鏡的成像原理知,視網膜所形成的像長,約與物體對眼睛的張角成正比。換言之,人眼感覺到的物體大小,也可經由比較物體對眼睛所張角度的大小而得知。

放大鏡的放大率,是在比較使用與不使用放大鏡時,人眼所感覺到的物體大小。設在使用放大鏡時,一物體 (在焦距內) 的成像,其像長對眼睛的張角為 β,在不使用放大鏡時,此物體於明視距離近點處 (物距為 25 cm),其物長對眼睛的張角為 α,則放大鏡的**角度放大率** (angular magnification) m_θ,定義為 $m_\theta = \dfrac{\beta}{\alpha}$。若放大鏡的焦距為 f,像距為 s',則根據凸透鏡的成像原理知【註八】,

$$m_\theta = \frac{\beta}{\alpha} = \frac{25\,\text{cm}}{f} - \frac{25\,\text{cm}}{s'}$$

一般將 $s' \to -\infty$ (即物距為 f) 時之 m_θ 稱為放大鏡的放大率,即放大率

$$m = m_\theta(s' \to -\infty) = \frac{25\,\text{cm}}{f}$$

單一放大鏡因焦距太小時,容易出現顯著的像差,使其放大率很難超過 4 倍。要得到更高的放大率,可聯合多個凸透鏡的作用,達到其相乘放大的效果。

複顯微鏡是由兩個凸透鏡組成,靠近物體一端的透鏡稱為物鏡,靠近眼睛一端的透鏡稱為目鏡。其成像原理如下:首先將物體

置於物鏡的焦距 f_o 外，此物體經物鏡折射後，會形成一放大倒立實像於目鏡的焦距 f_e 內，再經由目鏡折射成一放大正立虛像於明視距離處。此最後成像與原物比較，為一上下顛倒、左右相反的放大虛像。一般複顯微鏡焦距 f_o 與 f_e 均相當短，遠小於其物鏡與目鏡的距離 L，因此，經兩透鏡的相乘放大後，其放大率 m 約為 **[註九]**

$$m \approx -\frac{L}{f_o} \cdot \frac{25\text{ cm}}{f_e}$$

19-5-4　望遠鏡

望遠鏡依其收集光時，是採用折射透鏡或反射面鏡，區分為折射式望遠鏡與反射式望遠鏡兩類。折射式望遠鏡的構造與顯微鏡類

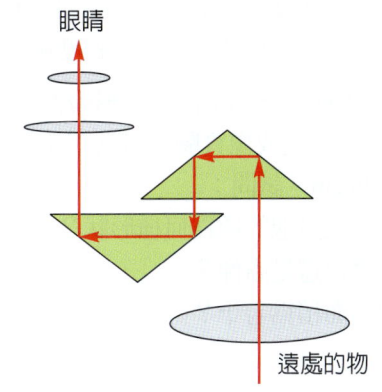

雙筒望遠鏡的內部構造及光線行進圖。

似，也是由兩個凸透鏡組成，其中用以收集遠方光線的透鏡稱為物鏡，另一端目視的透鏡稱為目鏡。物鏡與目鏡的焦點，在鏡筒內幾乎重合。為了能儘量多收集來自遠方微弱的光，此類望遠鏡的物鏡，需具有較顯微鏡大的孔徑，又為了提高其角度放大率，也需具有較長的焦距。其成像原理，亦與顯微鏡相類似。遠方物體發射的光線，經物鏡折射後，形成一倒立實像於目鏡的焦距內，再經由目鏡折射成一放大正立虛像於明視距離處。若物鏡的焦距為 f_o，目鏡的焦距為 f_e，則此望遠鏡的角度放大率 [註十]

$$m_\theta = \frac{\beta}{\alpha} = -\frac{f_o}{f_e}$$

反射式望遠鏡是用面鏡成像原理製造，因不牽涉折射，故不會出現色散問題。又因只用單面來反射，鏡的背面可用來安裝支持鏡體，或改變鏡面曲率的裝置，以增加鏡面的面積，並視需要改變其曲率。

習題

光的傳播

19-1 某人身高為 1.7 m，站在一路燈下，距離路燈燈柱 2 m 處。若路燈離地有 3.4 m 高，試問：
(1) 路燈 (可視為點光源) 投射在他身上形成的影子長度為若干？
(2) 當他遠離燈柱時，其影子長度會變長還是變短？

19-2 設計一半徑為 5 cm 的扁圓形燈泡 (厚度不計)，置於鑽有小孔的紙板前，作針孔成像實驗。燈泡與紙板距離為 10 cm，光屏與紙板距離為 20 cm。試問：
(1) 光屏上燈泡的像為何種形狀？
(2) 為實像還是虛像？
(3) 像的面積為若干？

光的反射

19-3 如圖 19-3，入射光以入射角 θ 射向一平面鏡。若將此平面鏡順時鐘旋轉 ϕ 角，則其入射光與反射光夾角的改變量為何？

19-4 如下圖，某人站在 A 與 B 兩互相垂直放置的平面鏡間，觀看一點光源 P 所呈現的像。P 點至 A 與 B 兩平面鏡的垂直距離分別為 20 cm 與 15 cm。試問：
(1) 某人能看到幾個點光源 P 的像？
(2) 有幾個像是光經過平面鏡的一次反射所造成？有幾個像是光經過不同平面鏡的二次反射後所造成？
(3) 不同的像與光源的距離各為若干？
(4) 當 A 與 B 兩平面鏡夾角變小時，是否會產生較多的像？

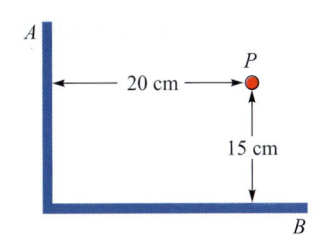

19-5 一長為 2 cm 之物直立於一球面鏡前 6 cm 處。若其成像亦為直立，且其像長為 4 cm，問：(1) 其像為實像還是虛像？(2) 此球面鏡是凸面鏡還是凹面鏡？

19-6 一筆橫放在一球面鏡前的主軸上。其筆長為 20 cm，筆尖與筆尾離球面鏡頂點的距離分別為 10 cm 與 30 cm，球面鏡的焦距為 60 cm，若球面鏡為 (1) 凸面鏡，(2) 凹面鏡時，筆之像長分別為何？

光的折射

19-7 如下圖，一光線由水中射入玻璃，其入射角 $\theta_1 = 60°$，若水與玻璃的折射率分別為 1.33 與 1.52，試求其反射角與折射角。

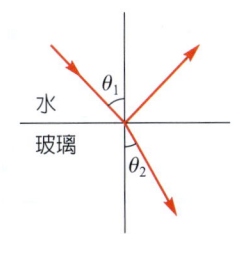

19-8 如下頁圖，一直角三稜鏡置於空氣中，光線 i 由其 AB 邊垂直射入，於 AC 邊形成全反射。若光線 i 在 AC 邊上的入射角 θ_1 為 45°，則此三稜鏡的折射率不得小於何值？

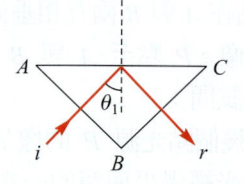

19-9 根據表 19-1 所列水與鑽石的折射率。求光由水與鑽石進入空氣的臨界角分別為何？

19-10 小明站在一水深為 1.6 m 的游泳池旁，垂直向下觀察池底，若水的折射率為 1.33，則他感覺到游泳池的水深 (視深) 為何？

註

註一：光的本質

現今對光的統一見解為：

1. 光具有二重性——微粒和波動。
2. 光是電磁波。
3. 光的能量不是連續的，而是量子化的。
4. 光在均勻介質中，沿著直線傳播。
5. 光在真空 (空氣) 中的傳播速率 c 最大，$c = 299792458$ m/s。

註二：以近軸光線對凹面鏡之成像，證明 (19-2) 式成立。

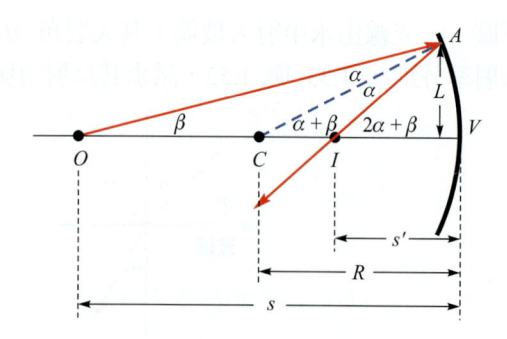

上圖中，一物點 O 所發出的近軸光線，經凹面鏡反射後，成像於軸上 I 點。圖中，C 點為曲率中心，其與光線在鏡上入射點的連線 CA，將入射光與反射光的夾角 $\angle OAI$ 等分為二，即 $\alpha = \frac{1}{2} \angle OAI$。若 A 與主軸的垂直距離為 L，入射光與主軸的夾角為 β，由三角形之外角與內角之幾何關係知，

∠ACI = α + β，∠AIV = 2α + β。由於光線 OA 為近軸光線，其 α、β、α + β 與 2α + β 等值均非常小，因此，由上圖可得以下關係：

$$\beta \approx \tan\beta = \frac{L}{s}$$

$$\alpha + \beta \approx \tan(\alpha + \beta) = \frac{L}{R}$$

$$2\alpha + \beta \approx \tan(2\alpha + \beta) = \frac{L}{s'}$$

又因

$$2\alpha + \beta = 2(\alpha + \beta) - \beta$$

故由上式知

$$\frac{L}{s'} = 2(\frac{L}{R}) - \frac{L}{s}$$

由於 $f = \frac{R}{2}$，因此上式相當於

$$\frac{1}{s} + \frac{1}{s'} = \frac{1}{f}$$

註三：以近軸光線對凹面鏡之成像，證明 (19-3) 式成立。

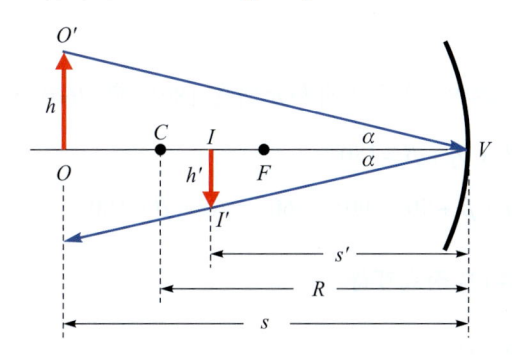

如上圖，將長為 h 之物 OO' 置於曲率中心外（即 $s > R$），會在凹面鏡前形成一長為 h' 的倒立實像 I'。因入射光射向頂點，其入射線（$O'V$）及反射線（VI'）與主軸的夾角應相等，即 $\angle O'VO = \angle OVI' = \alpha$。由圖中可看出，$\triangle OVO'$ 與 $\triangle IVI'$ 為兩相似三角形。又根據球面鏡成像之正負號規則，

物理量 h、s 與 s' 為正值，h' 為負值。因此可得其放大率 $m = \dfrac{h'}{h} = -\dfrac{s'}{s}$。

註四：光纖維

　　光纖維簡稱光纖，是一種細長圓柱狀的透明光密介質（如玻璃、塑膠等），直徑只有數微米左右，其表面常包覆著一層光疏介質，稱為包層。當光線由一端進入光纖後，在光纖與包層的界面，會因其入射角大於臨界角，而反覆發生全反射。因此，即使是彎曲的光纖，光亦能在近乎沒有減弱的情況下，到達另一端。

註五：偏向角 δ 與稜鏡頂角 α 的關係

　　如下圖，一折射率為 n 的三稜鏡置於空氣中，其頂角（亦稱稜鏡角）為 α。光線 a 由稜鏡的左邊界面進入，其入射角為 θ_1，折射角為 θ_2，通過稜鏡到達右邊界面時，光的入射角為 θ_2'，折射角為 θ_1'。試問：(1) 圖中 θ_2、θ_2' 與 α 間之關係為何？(2) 入射線 a 與折射線 b 的夾角 δ（稱為偏向角），其與 θ_1、θ_1'、α 間之關係又為何？

解

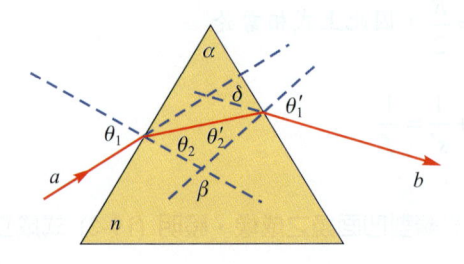

(1) 由三角形與四邊形之內角和分別為 $180°$ 與 $360°$，知

$$\theta_2 + \theta_2' + \beta = 180° \tag{1}$$

$$\alpha + \beta + 90° + 90° = 360° \Rightarrow \alpha + \beta = 180° \tag{2}$$

由 (1) 與 (2) 兩式可得

$$\alpha = \theta_2 + \theta_2' \tag{3}$$

(2) 由三角形的外角等於不相鄰的兩內角和，可得

$$\delta = (\theta_1 - \theta_2) + (\theta_1' - \theta_2') \tag{4}$$

由 (3) 與 (4) 兩式，得

$$\delta = \theta_1 + \theta_1' - \alpha \tag{5}$$

由 (5) 式可看出，光線經過三稜鏡後，其偏向的角度 δ 與稜鏡角 α 相關。

註六：近軸光線對單一球形界面的折射成像

下圖中，一物點 O 所發出的近軸光線，經球形界面折射後，成像於軸上 I 點。圖中，θ 為入射角，θ' 為折射角，C 點為曲率中心。若 A 與主軸的垂直距離為 L，入射光與主軸的夾角為 β，折射光與主軸的夾角為 α，由三角形之外角與內角之幾何關係知，$\angle ACV = \theta' + \alpha$ 及

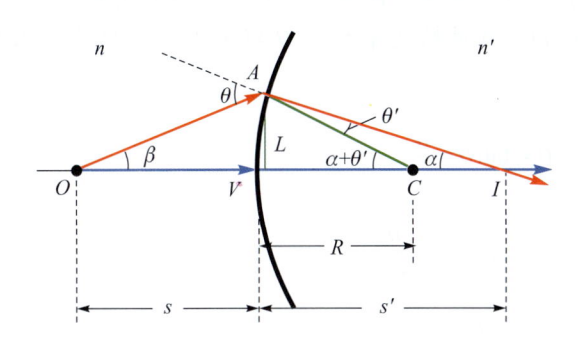

$$\theta = \beta + \alpha + \theta' \tag{1}$$

由於光線 OA 為近軸光線，其 θ、θ'、α、β 與 $\alpha + \theta'$ 等值均非常小，因此，根據司乃耳定律，

$$n\sin\theta = n'\sin\theta' \;\Rightarrow\; n\theta \approx n'\theta' \;\Rightarrow\; \theta = \frac{n'\theta'}{n} \tag{2}$$

根據上圖幾何關係可得：

$$\beta \approx \tan\beta \approx \frac{L}{s} \tag{3}$$

$$\alpha \approx \tan\alpha = \frac{L}{s'} \tag{4}$$

$$\alpha + \theta' \approx \tan(\alpha + \theta') = \frac{L}{R} \tag{5}$$

將 (2)、(3) 與 (4) 式代入 (1) 式，可得 θ'。將求得之 θ' 與 (4) 式之 α 一起再代入 (5) 式，即可得 (19-7) 式，即

$$\frac{n'-n}{R} = \frac{n'}{s'} + \frac{n}{s}$$

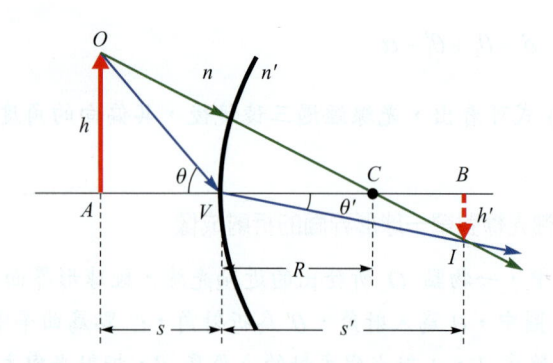

上圖中，一高為 h 之物所發出的近軸光線，經球形界面折射後，形成一高為 h' 之像。圖中，θ 為入射角，θ' 為折射角，C 點為曲率中心。由於入射光 OV 為近軸光線，其 θ 與 θ' 值均非常小，因此，由 $\triangle OAV$ 與 $\triangle BIV$ 知，

$$\theta \approx \tan\theta = \frac{h}{s} \tag{1}$$

$$\theta' \approx \tan\theta' = \frac{-h'}{s'} \tag{2}$$

根據司乃耳定律知，

$$n\sin\theta = n'\sin\theta' \Rightarrow n\theta \approx n'\theta' \tag{3}$$

將 (1) 與 (2) 式代入 (3) 式，可得 (19-8) 式，即放大率

$$m = \frac{h'}{h} = -\frac{s'}{n'} \cdot \frac{n}{s}$$

註七：近軸光線對一薄透鏡的折射成像

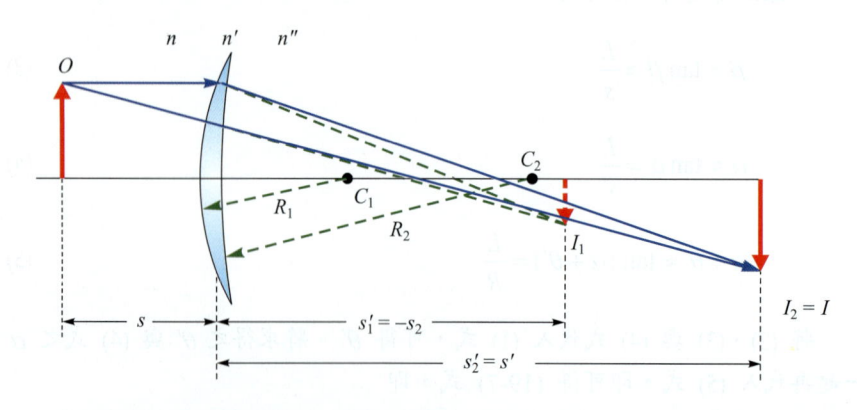

上圖中，所用的透鏡為一凹凸透鏡。物 O 經透鏡左折射面所形成的像為 I_1，其像距為 s'_1。此像複當作右折射面的物，使其成像於 I_2。像 I_2 即為

物 O 經透鏡之成像 I，其像距為 s_2'，亦即 (19-9) 式中的 s'。將像 I_1 當作物對右折射面成像時，因物與入射光不在同一邊，故其物距 s_2 應等於 $-s_1'$。

因此，根據 (19-7) 式，當物 O 經透鏡左折射面形成像 I_1 時，可得

$$\frac{n}{s} + \frac{n'}{s_1'} = \frac{n'-n}{R_1} \tag{1}$$

當像 I_1 當作物對右折射面成像時，可得

$$\frac{n'}{s_2} + \frac{n''}{s_2'} = \frac{n''-n'}{R_2} \Rightarrow \frac{n'}{(-s_1')} + \frac{n''}{s'} = \frac{n''-n'}{R_2} \tag{2}$$

將 (1)、(2) 兩式相加，可得 (19-9) 式

$$\frac{n''-n'}{R_2} + \frac{n'-n}{R_1} = \frac{n''}{s'} + \frac{n}{s}$$

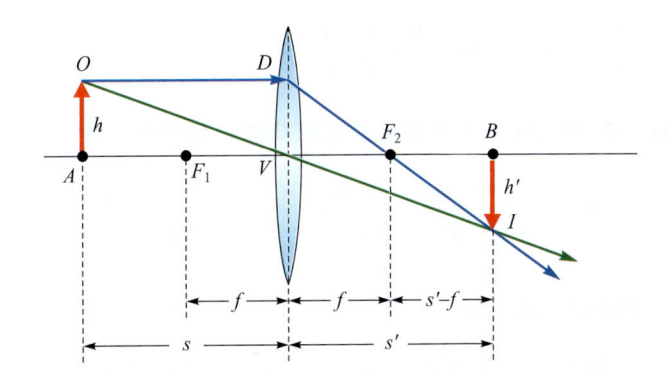

上圖中，凸透鏡的焦距為 f，物高與物距分別為 h 與 s，像高與像距分別為 h' 與 s'。由兩相似三角形 OAV 與 VIB，可得 (19-10)′ 式，即放大率

$$m = \frac{h'}{h} = -\frac{s'}{s}$$

註八：

一高為 h 的物體，置於眼前 25 cm (明視距離近點) 處時，其對眼睛的張角為 α，如圖 (a)。今將此物體置於一放大鏡前的焦距 (焦距為 f) 內，距離放大鏡前 s 處。若人眼透過放大鏡所見的像高為 h'，像距為 s'，其對眼睛的張角為 β，如圖 (b)，則放大鏡對該物體的角度放大率為若干？

(a)　　　　　　　　(b)

解

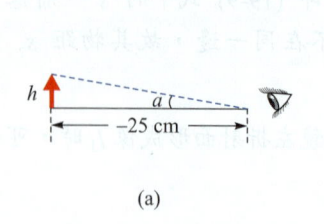

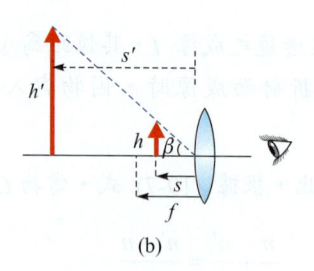

由圖 (a) 知，

$$\alpha = \frac{h}{25} \tag{1}$$

由圖 (b) 知

$$\beta = \frac{h'}{s'} = \frac{h}{s} \tag{2}$$

又 $\frac{1}{f} = \frac{1}{s'} + \frac{1}{s}$ ⇒ $\frac{1}{s} = \frac{1}{f} - \frac{1}{s'}$ (3)

由 (1)、(2) 與 (3) 式，得放大鏡對該物體的角度放大率

$$m_\theta = \frac{\beta}{\alpha} = \frac{25\ \text{cm}}{f} - \frac{25\ \text{cm}}{s'}$$

註九：顯微鏡的放大率

如下圖，一複顯微鏡，其物鏡與目鏡的焦距分別為 f_o 與 f_e，物鏡與目鏡間距離為 L。今將一物置於目鏡焦距外，靠近焦點處，若 f_o 與 f_e 均遠小於 L，試證明此複顯微鏡的放大率

$$m \approx -\frac{L}{f_o} \cdot \frac{25\ \text{cm}}{f_e}$$

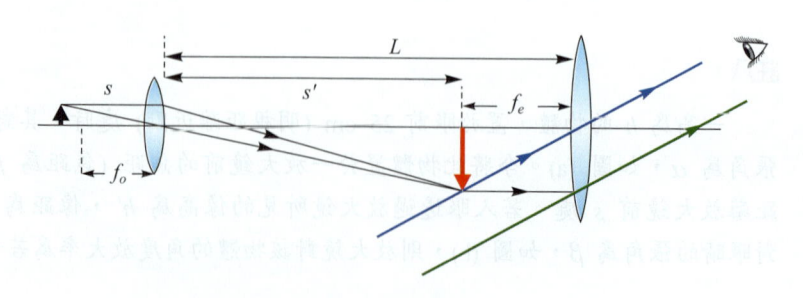

解

設物體至物鏡的距離為 s，物鏡對物體的成像與物鏡的距離為 s'，因 $s \approx f_o$，故物鏡對物體的放大率

$$m_o = -\frac{s'}{s} \approx -\frac{s'}{f_o} \tag{1}$$

又，由於物鏡對物體的成像在目鏡的焦距內，且 $f_e \ll L$，故 $s' \approx L$。因此，(1) 式可變為

$$m_o \approx -\frac{L}{f_o} \tag{2}$$

又，目鏡對物體成像的放大如同放大鏡一樣，其放大率

$$m \approx \frac{25\,\text{cm}}{f_e} \tag{3}$$

由 (1) 與 (3) 式，得此複顯微鏡的放大率

$$m = m_o m \approx -\frac{L}{f_o} \cdot \frac{25\,\text{cm}}{f_e}$$

註十：望遠鏡的角度放大率

如下圖，一折射式望遠鏡，其物鏡與目鏡的焦距分別為 f_o 與 f_e。今利用此望遠鏡，觀測一無限遠處的物體 O，試證明此望遠鏡的放大率 $m \approx -\dfrac{f_o}{f_e}$。(圖中，$I$ 為物體 O 經物鏡所成之像，其像高為 h。I' 為 I 透過目鏡所成之像，位於無限遠處。α 為眼睛直接觀看物體 P 時的張角，β 為眼睛透過目鏡觀看像 I' 時的張角。)

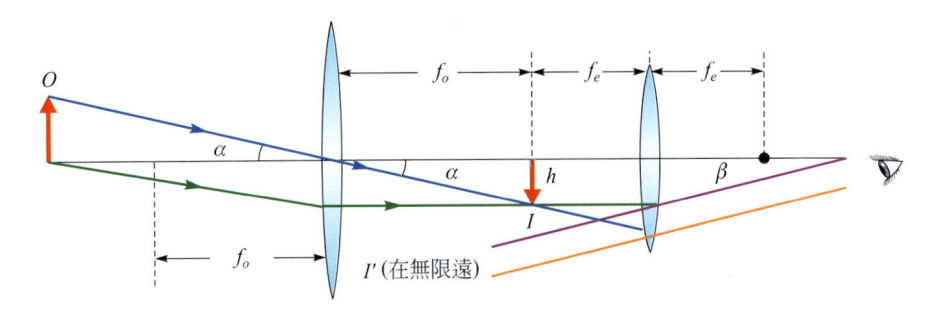

解

　　因物體 O 距離望遠鏡無限遠處，眼睛直接觀看物體 O 時的張角，與目鏡對物體 O 的張角應相同，均為 α，且 α 非常小。又物鏡的物與像相互顛倒，故由上圖可看出 $\alpha \approx \tan\alpha = \dfrac{(-h)}{f_o}$。又因眼與目鏡距離約等於 f_e，像 I' 距離眼睛無限遠處，β 也非常小，目鏡的物與像同方向，故由上圖可看出 $\beta \approx \tan\beta \approx \dfrac{h}{f_e}$。因此其角度放大率

$$m_\theta = \frac{\beta}{\alpha} \approx \frac{h/f_e}{(-h)/f_o} = -\frac{f_o}{f_e}$$

Chapter 20 波動光學

20-1 光的雙狹縫干涉
20-2 薄膜干涉
20-3 邁克遜干涉儀
20-4 繞射與惠更斯原理
20-5 單狹縫繞射
20-6 雙狹縫干涉與繞射的重疊圖樣
20-7 解析度的臨界角
20-8 光　柵
20-9 光柵的色散與鑑別率

前章利用光直線傳播的特性，就光的反射與折射現象做了探討，但尚未討論光波動的本質。本章將以光的波動概念，解釋光的干涉與繞射現象。

20-1 光的雙狹縫干涉

學習方針

同調 (coherence)：
兩單色光的頻率相同，且相角差固定，則謂此兩光波同調。同調性是兩道光互相干涉程度的指標，如果兩光波在屏幕上某一點是同相，就會形成建設性干涉，產生亮紋；如果兩光波在屏幕上某一點是反相的，就會形成破壞性干涉，產生暗紋。

楊氏雙狹縫干涉的結果：
光程差　$\Delta l = d\sin\theta$

不同調 (incoherence)：
兩單色光的頻率不同，或相角差未固定，稱為不同調。當兩光波是不同調時，它們的相對相位會迅速地變化，不會產生明顯的干涉條紋，只會均勻地照亮屏幕。

第 m 條亮紋與中央軸的垂直距離為

$$y_m = m\frac{L\lambda}{d} \qquad m = 0, 1, 2, 3, \cdots$$

第 m 條暗紋與中央軸的垂直距離為

$$y_m = \left(m + \frac{1}{2}\right)\frac{L\lambda}{d} \qquad m = 0, 1, 2, 3, \cdots$$

相鄰兩亮紋中線間 (或相鄰兩暗紋中線間) 的距離為

$$\Delta y = y_m - y_{m-1} = \frac{L\lambda}{d}$$

　　如同第 12 章所述，有關兩力學波的干涉，亦適用於光波的干涉。光波是一種電磁波，其電場與磁場係以相互垂直的波動方式傳播，因此，兩相位不同的光波，形成建設性干涉時，其合成波的電場 (或磁場) 變大，光的亮度會增強。反之，兩光波形成破壞性干涉時，其合成波的電場 (或磁場) 變小，光的亮度會減弱。如欲形成穩定的干涉圖樣 (亮度穩定)，兩光源需同調 (coherence)，亦即兩光源的頻率要相同，相角差要固定。一般光源，如太陽或燈泡等，很難達到同調的情況。1801 年，英國科學家楊格 (Thomas Young) 利用遠方而來的光，經雙狹縫所產生的兩同調光源 (S_1, S_2)，在屏幕顯示了光的干涉現象，其裝置如圖 20-1。

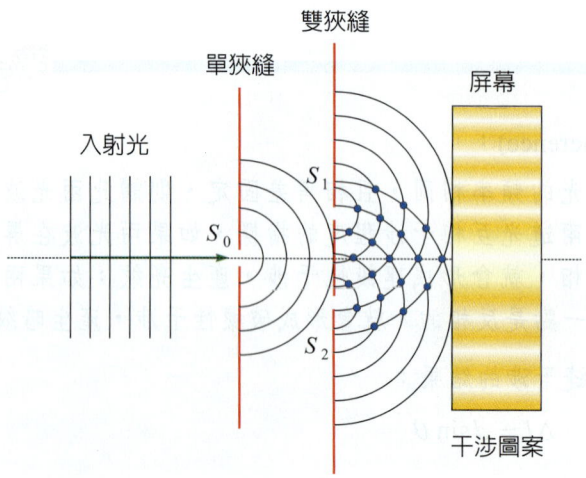

圖 20-1　楊氏雙狹縫干涉實驗裝置。

圖 20-1 中，入射光經單狹縫 S_0 繞射，形成球面波，球面波的波面到達雙狹縫，在兩狹縫 S_1、S_2 處，形成兩同調光源**[註一]**，並經由兩狹縫的繞射，再產生兩球面波，在雙狹縫與屏幕之間的兩球面波會互相干涉，抵達屏幕的光形成明暗相間的干涉圖案。圖中圓弧代表球面波之波峰，兩圓弧的交點代表兩波波峰重疊處（以小圓點代表），形成建設性干涉。若兩圓弧的交點落在屏幕上，將形成一亮紋。兩圓弧的中點處，代表球面波之波谷，波峰與波谷交會處(在圓弧上兩相鄰小圓點中間)，將形成破壞性干涉，在屏幕上形成一暗紋。屏幕上呈現的亮暗干涉條紋將對稱於其中央軸，如圖 20-1 所示。

通過狹縫 S_0、S_1 與 S_2 的波，為何均變為球面波，其原因與繞射有關，可參閱 20-4 節的解釋。

屏幕上不同處的亮暗條紋，係因 S_1 與 S_2 兩同調光源，距離屏幕上該處光程差的不同，經干涉所產生。將圖 20-1 簡化如圖 20-2。若入射光波長為 λ，S_1 與 S_2 兩光源間距離為 d，且為同相光源；雙狹縫與屏幕間距離為 L，且 $L \gg d$，屏幕上任一點 P 與中心線 $\overline{OO'}$ 的垂直距離為 y_m，$\overline{OP}$ 與 $\overline{OO'}$ 的夾角為 θ。若 P 點形成的是亮紋，則 S_1、S_2 兩狹縫至 P 點的光程差 Δl（圖中 $\overline{S_2D}$ 線段長）會剛好等於 λ 的整數倍，即

$$\Delta l = d\sin\theta = m\lambda \qquad m = 0, 1, 2, 3, \cdots \qquad (20\text{-}1)$$

若 P 點形成的是暗紋，則光程差 Δl 剛好等於 $\dfrac{\lambda}{2}$ 的奇數倍，即

$$\Delta l = d\sin\theta = \left(m + \frac{1}{2}\right)\lambda \qquad m = 0, 1, 2, 3, \cdots \qquad (20\text{-}2)$$

因此，由 (20-1) 與 (20-2) 式知，若 P 點形成的是亮紋，

$$y_m = m\frac{L\lambda}{d} \qquad m = 0, 1, 2, 3, \cdots \qquad (20\text{-}3)$$

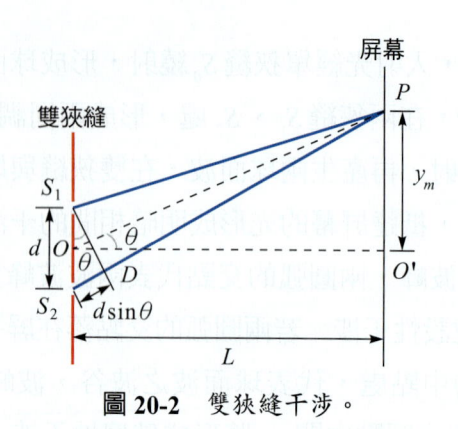

圖 20-2 雙狹縫干涉。

若 P 點形成的是暗紋，

$$y_m = \left(m + \frac{1}{2}\right)\frac{L\lambda}{d} \qquad m = 0, 1, 2, 3, \cdots \tag{20-4}$$

(20-3) 與 (20-4) 兩式之證明，見例題 20-1。

　　(20-3) 式中，當 $m=0$ 時，稱為中央亮紋；$m=1$ 時，稱為第一亮紋；$m=2$ 時，稱為第二亮紋；餘此類推。(20-4) 式中，當 $m=0$ 時，稱為第一暗紋；當 $m=1$ 時，稱為第二暗紋；餘此類推。根據 (20-3)、(20-4) 兩式，可得相鄰兩亮紋 (或暗紋) 中線間距離

$$\Delta y = y_m - y_{m-1} = \frac{L\lambda}{d} \tag{20-5}$$

由 (20-5) 式知，Δy 與 m 無關，表示任意相鄰兩亮紋 (或暗紋) 中線間距離均相同。

例題 20-1

證明前述 (20-3) 與 (20-4) 式成立。

解

因 $L \gg d$，故兩光源至 P 的光程差

$$\Delta l = \left|\overline{S_1 P} - \overline{S_2 P}\right|$$

$$\overline{S_2 D} = d\sin\theta \xrightarrow[\sin\theta \approx \frac{y_m}{L}]{\Delta l = \overline{S_2 D}} \Delta l \approx d\frac{y_m}{L}$$

當 Δl 為波長的整數倍時,將在 P 點形成亮紋,即

$$\Delta l = m\lambda$$

$$d\frac{y_m}{L} = m\lambda$$

故亮紋中線與中心線位置的垂直距離為

$$y_m = m\frac{L\lambda}{d} \qquad m = 0, 1, 2, 3, \cdots$$

當 Δl 為半波長的奇數倍時,將在 P 點形成暗紋,即

$$\Delta l = \left(m + \frac{1}{2}\right)\lambda$$

$$d\frac{y_m}{L} = \left(m + \frac{1}{2}\right)\lambda$$

故暗紋與中心線位置的垂直距離為

$$y_m = \left(m + \frac{1}{2}\right)\frac{L\lambda}{d} \qquad m = 0, 1, 2, 3, \cdots$$

例題 20-2

雙狹縫干涉實驗中,兩狹縫間距離為 0.003 cm,屏幕與狹縫的距離為 1.2 m,所見第二亮紋中線與中心線的 (垂直) 距離為 4.5 cm,試問:

(1) 光源的波長為若干?
(2) 相鄰二亮紋中線間的距離為若干?

解

(1) 已知第二亮紋的位置,故可用形成亮紋的條件求波長 λ

$$y_m = \frac{mL\lambda}{d} \Rightarrow y_2 = \frac{2L\lambda}{d}$$

$$4.5 = \frac{2 \times 120 \times \lambda}{0.003}$$

$$\lambda \approx 5.63 \times 10^{-5} \text{ (cm)}$$

$$= 5,630 (\text{Å})$$

得光源的波長 λ 為 5.63×10^{-5} cm，即 $5,630$ Å。

(2) 因相鄰二亮紋中線間的距離 Δy，等於第 m 條亮紋的位置 y_m，減去第 $m-1$ 條亮紋的位置 y_{m-1}，故

$$\Delta y = y_m - y_{m-1}$$
$$= m\frac{L\lambda}{d} - (m-1)\frac{L\lambda}{d}$$
$$= \frac{L\lambda}{d}$$

故 $\Delta y = \frac{L\lambda}{d} \Rightarrow \Delta y = \frac{120\times 5.63\times 10^{-5}}{0.003}$

$$\approx 2.25 \text{ (cm)}$$

楊氏雙狹縫的干涉圖案，顯示相鄰兩亮紋，或相鄰兩暗紋中線間距離為一定值 $\frac{L\lambda}{d}$。

20-2 薄膜干涉

學習方針

薄膜干涉的注意事項：

1. 光波由折射率小的介質，入射到折射率大的介質時，其反射波與入射波的相角差為 $180°$。
2. 光波由折射率大的介質，入射到折射率小的介質時，其反射波與入射波的相角差為 $0°$。
3. 在真空中，波長為 λ 的光波；在折射率為 n 的介質中時，波長將變短為 $\lambda_n = \frac{\lambda}{n}$。
4. 入射光以近似垂直於界面的方向射入薄膜。

薄膜干涉的結果：

1. 波長 λ 的光波由空氣入射到折射率 n 的薄膜時，若形成建設性干涉，其薄膜厚度 t 需符合以下條件：

$$2t = \left(m+\frac{1}{2}\right)\frac{\lambda}{n} \qquad m=0,1,2,3,\cdots$$

若形成破壞性干涉，薄膜厚度 t 需符合之條件為：

$$2t = \frac{m\lambda}{n} \qquad m = 1, 2, 3, \cdots$$

2. 光波由空氣入射到折射率 n 的薄膜，若薄膜下的介質折射率大於 n，則形成建設性干涉時，其波長 λ 與薄膜厚度 t 需符合以下條件：

$$2t = \frac{m\lambda}{n} \qquad m = 1, 2, 3, \cdots$$

形成破壞性干涉時，薄膜厚度 t 需符合之條件為：

$$2t = \left(m + \frac{1}{2}\right)\frac{\lambda}{n} \qquad m = 0, 1, 2, 3, \cdots$$

　　干涉現象常在薄膜上發生，例如肥皂泡薄膜及浮在水面上之油膜等，常因日光的照射，在薄膜表面發生干涉現象，而產生不同的色彩。此因薄膜有上、下兩層界面，當光線射入薄膜時，在薄膜兩界面上，會產生光程不同的兩組反射光。一組反射光，係由上層界面反射造成；另一組反射光，則是由入射光經上層界面折射後，再經底層界面反射所造成。此兩組反射光形成的干涉稱為薄膜干涉，會造成薄膜表面產生不同的色彩。一般薄膜的厚度與光波長接近。光在薄膜上、下兩層不同界面反射後，所產生的相角差，與光在薄膜中，因折射率不同而改變的波長，會影響薄膜干涉時的光程差，進而影響其干涉圖樣。光波由折射率小的介質，入射到折射率大的介質時，其反射波與入射波會有 180° 的相角差。反之，光波由折射率大的介質，入射到折射率小的介質時，其反射波與入射波同相 (相角差為 0°)。但折射光波在以上兩種情況下，均與入射光波同相。在真空中，波長為 λ 的光波，在折射率為 n 的介質中時，波長將變短為 $\lambda_n = \frac{\lambda}{n}$ [註二]。

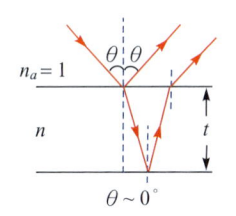

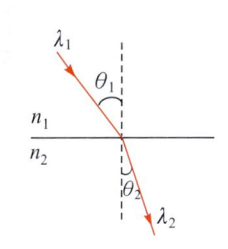

$$\frac{\sin\theta_1}{\sin\theta_2} = \frac{n_2}{n_1} = \frac{v_1}{v_2} = \frac{\lambda_1}{\lambda_2}$$

$n_1 = n_a = 1 \qquad n_2 = n$
$v_1 = c \qquad v_2 = v_n$
$\lambda_1 = \lambda \qquad \lambda_2 = \lambda_n$

$$\frac{n}{1} = \frac{c}{v_n} = \frac{\lambda}{\lambda_n}$$

$$v_n = \frac{c}{n}$$

$$\lambda_n = \frac{\lambda}{n}$$

　　要了解薄膜之干涉圖樣，首先需了解光之波長與薄膜之厚度，如何影響其干涉情況？將一折射率為 n，厚度為 t 的薄膜，置於空氣中，讓波長為 λ 的入射光，以近似垂直於界面的方向，由上層界面

射入。薄膜欲形成建設性干涉，其 λ 與 t 需符合以下條件：

$$2t = \left(m + \frac{1}{2}\right)\frac{\lambda}{n} \qquad m = 0, 1, 2, 3, \cdots \tag{20-6}$$

欲形成破壞性干涉，厚度 t 需符合之條件為：

$$2t = \frac{m\lambda}{n} \qquad m = 1, 2, 3, \cdots \tag{20-7}$$

(20-6) 與 (20-7) 式證明見【註三】。

　　若將薄膜下層界面外的空氣，換成一折射率大於 n 的介質，欲此薄膜形成建設性干涉與破壞性干涉，其 λ 與 t 所符合的條件，正好與前述者相反，即 (20-6) 式為此薄膜形成破壞性干涉的條件，而 (20-7) 式反而是此薄膜形成建設性干涉的條件【註四】。

　　當太陽光照在肥皂泡或油膜上時，由於薄膜厚薄的不同，有些光產生建設性干涉，有些產生破壞性干涉，以致薄膜上出現隨位置改變的干涉圖樣，亮紋與暗紋交互出現。又由於日光中有多種波長不同的色光，因而形成薄膜表面各種彩色的亮暗紋。

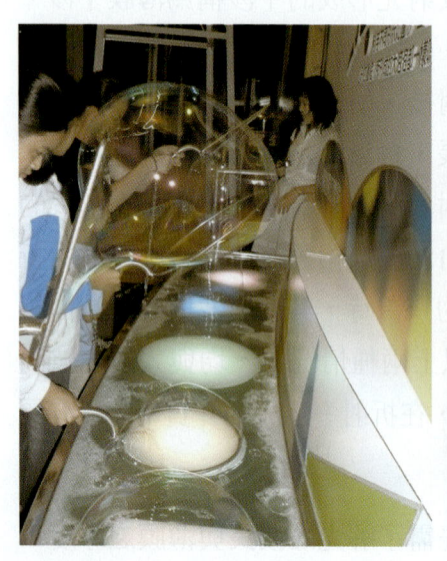

科學館薄膜遊戲。

例題 20-3

一肥皂泡沫受到一光源垂直照射，若肥皂泡沫的折射率為 1.33，光源的波長為 6,000 Å，則肥皂泡沫的最小厚度為若干時，可使其產生建設性干涉？

解

由 $2t = \left(m + \dfrac{1}{2}\right)\dfrac{\lambda}{n}$ 知，產生建設性干涉的最小厚度 t

$$t = \left(m + \frac{1}{2}\right)\frac{\lambda}{2n} \xrightarrow{m=0} t = \left(0 + \frac{1}{2}\right) \times \frac{6,000}{2 \times 1.33}$$

$$\approx 1,128 (\text{Å})$$

20-3 邁克遜干涉儀

學習方針

邁克遜干涉儀的應用：
利用光的干涉原理，可以精確測量極短的長度。

　　干涉儀是利用光的干涉原理，可精確測量極短長度的儀器，其測量的長度甚至短到比光之波長還短。1880 年左右，美國物理學家邁克遜發明一精巧多功能的干涉儀，稱為**邁克遜干涉儀** (Michelson interferometer)，其簡單構造如圖 20-3。

　　圖中，M_1 與 M_2 為兩平面鏡，P 為一玻璃板，鍍有一層很薄的銀，可將入射光部分反射及部分透射。若調整光源 S 與玻璃板 P 成 45° 角，S、M_1、M_2 與觀測者 E，相互在垂直位置上，除 M_1 可上、下移動外，其餘皆固定不動。則當一單色光由 S 發出，經玻璃板 P 時，部分光會被反射到 M_1，再經 M_1 反射，透射過 P 至 E，被觀測到。另一部分光會透射至 M_2，再經 M_2 及 P 反射至 E，被觀測到。若 PM_1 與 PM_2 兩距離相同，則此兩組光之光程相同，將造成建設性干涉，讓觀測者見到一亮帶。

普通物理

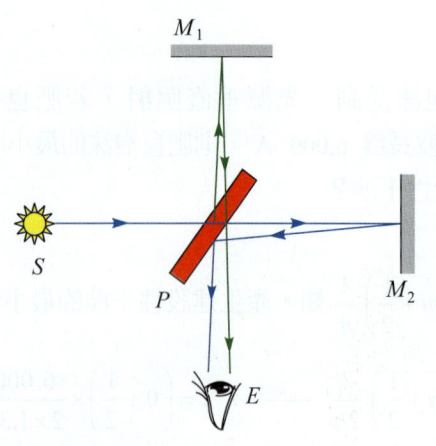

圖 20-3 邁克遜干涉儀示意圖。

若此光波之波長為 λ，將 M_1 向上 (或向下) 移動 $\frac{1}{4}\lambda$ 距離，則此兩組光會有 $\frac{1}{2}\lambda$ 之光程差，將造成破壞性干涉，讓觀測者見到一暗帶。因此，M_1 向上 (或向下) 移動的距離 x，可藉由觀測者見到經過的亮帶 (或暗帶) 數 m 而得知，即

$$x = m\frac{\lambda}{2} \tag{20-8}$$

例題 20-4

若邁克遜干涉儀所用的光為波長 640 nm 的紅光，M_1 向下移動了 1 mm，則觀測者見到多少亮帶經過？

解

由 $x = m\frac{\lambda}{2}$ 式知，觀測者見到經過的亮帶數

$$m = \frac{2x}{\lambda} \Rightarrow m = \frac{(2)\times(10^{-3})}{(640\times10^{-9})} = 3,125$$

20-4 繞射與惠更斯原理

繞射 (diffraction)：
波遇障礙物，可轉彎繞行的特性，稱為繞射。

惠更斯原理 (Huygens principle)：
惠更斯原理為：將已知波前上的每一點視為點波源，發出子波 (wavelet)，以球面波的方式傳播，連接各子波同相位的切面 (稱為子波的包跡)，即形成新的波前。子波傳播的波速與原始波同速。

波遇障礙物，可轉彎繞行的特性，稱為繞射。前面討論雙狹縫干涉時，已利用到波的繞射性質。例如圖 20-1 中，經過 S_1 與 S_2 兩狹縫的光波，是以繞射的方式繞過雙狹縫，以球面波行進，在屏幕形成干涉圖樣。此繞射現象可用 1678 年惠更斯 (C. Huygens) 提出的**惠更斯原理** (Huygens principle) 解釋。

惠更斯原理為：將已知波前上的每一點視為點波源，發出**子波** (wavelet)，以球面波的方式傳播，連接各子波同相位的切面 (稱為子波的包跡)，即形成新的波前。子波傳播的波速與原始波同速。

根據惠更斯原理，當一平面波經過一開口寬度夠寬的障礙物時，大量子波的包跡會在開口後面形成幾乎直線的波前，其繞射現象不明顯，如圖 20-4(a) 所示。當開口的寬度窄到和平面波波長的長度相近時，在開口後面形成波，則相當於一個子波的包跡所形成的球面波，其繞射現象非常明顯，如圖 20-4(b) 所示。前面所討論的雙狹縫干涉，其狹縫寬度就非常窄，甚至比光的波長還短很多，因此才能讓通過狹縫的光產生繞射，形成球面波，進行干涉實驗。

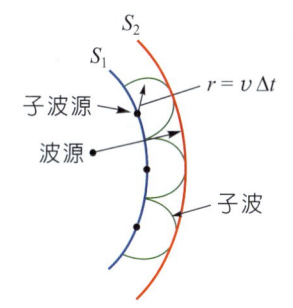

球面波的惠更斯原理示意。

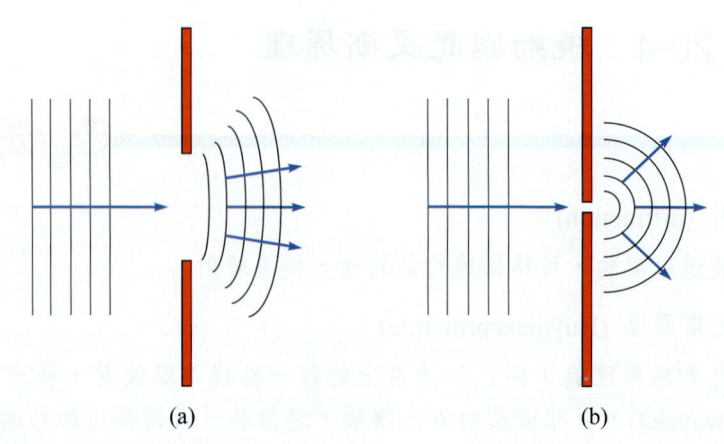

圖 20-4　(a) 開口的寬度遠大於波長；(b) 開口的寬度約等於波長。

20-5　單狹縫繞射

學習方針

單狹縫繞射的結果：

1. 光程差 $\Delta l = a\sin\theta$，a 為狹縫寬

2. 形成暗紋的條件是

$$\Delta l = a\sin\theta = m\lambda \qquad m = 1, 2, 3, \cdots$$

形成暗紋的位置為

$$y_m = \frac{mL\lambda}{a} \qquad m = 1, 2, 3, \cdots$$

3. 形成亮紋的條件是

$$\Delta l = a\sin\theta = \left(m + \frac{1}{2}\right)\lambda \qquad m = 1, 2, 3, \cdots$$

形成亮紋的位置為

$$y_m = \left(m + \frac{1}{2}\right)\frac{L\lambda}{a} \qquad m = 1, 2, 3, \cdots$$

4. 在中心線上形成中央亮紋，中央亮帶的寬度 Δy_c 為

$$\Delta y_c = 2y_1 = \frac{2L\lambda}{a}$$

第 20 章　波動光學

　　光波通過一寬度與波長相當的單狹縫，經繞射後，會於屏幕呈現亮、暗相間的干涉條紋，此干涉條紋與光源、狹縫、屏幕間的相互距離有關。當光源與狹縫，以及狹縫與屏幕間的距離為有限長時，在屏幕所呈現的干涉條紋圖樣，稱為**夫瑞奈** (Fresnel) 繞射圖樣。反之，當光源與狹縫，以及狹縫與屏幕間的距離為無限長時，則稱為**夫朗和斐** (Fraunhofer) 繞射圖樣。由於夫朗和斐繞射圖樣較夫瑞奈繞射圖樣單純，容易分析，故以下僅就夫朗和斐繞射圖樣作一分析。

　　理論上，欲使無限遠處光源發射的光線 (至狹縫處時，已為平行光線)，經狹縫在屏幕上形成夫朗和斐繞射圖樣，其狹縫與屏幕間的距離，應為無限長。但在實際操作上，常在狹縫後與屏幕間，放置一會聚透鏡，讓狹縫與屏幕間的距離約略與透鏡焦距等長，亦能達到在屏幕上產生夫朗和斐繞射圖樣，如圖 20-5。

　　將圖 20-5 中的單狹縫放大，繪製如圖 20-6。若入射光的波長為 λ，狹縫寬度為 a，狹縫的中心點為 O，狹縫與屏幕間的距離為 L，約等於透鏡焦距 f，屏幕上任一點 P 與中心線 $\overline{OO'}$ 的垂直距離為 y_m，$\overline{OP}$ 與 $\overline{OO'}$ 的夾角為 θ。根據惠更斯原理，若 P 點形成的是暗紋，則 A、B 兩點的點波源，至屏幕上 P 點的光程差 Δl (圖中 BE 線段長)，會剛好等於 λ 的整數倍，即

$$\Delta l = a\sin\theta = m\lambda \qquad m = 1, 2, 3, \cdots \tag{20-9}$$

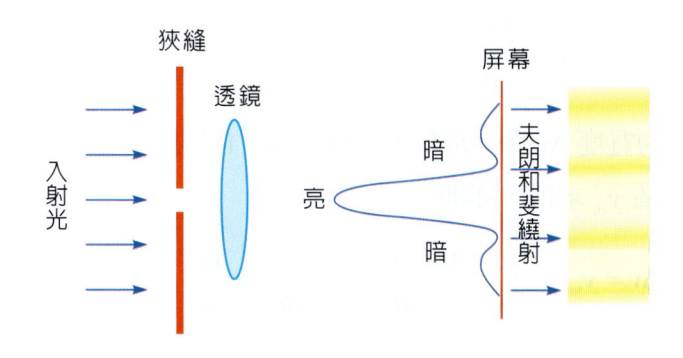

圖 20-5　夫朗和斐繞射圖樣與裝置。

普通物理

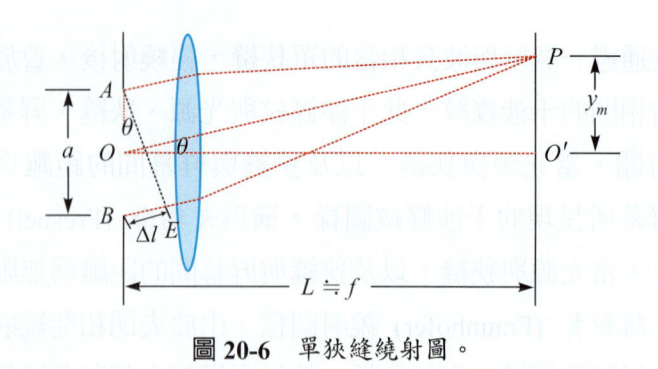

圖 20-6　單狹縫繞射圖。

若 P 點形成的是亮紋，則

$$\Delta l = a\sin\theta = \left(m + \frac{1}{2}\right)\lambda \qquad m = 0, 1, 2, 3, \cdots \qquad (20\text{-}10)$$

若 P 點剛好在中心線 $\overline{OO'}$ 上時，形成的則是一中央亮紋。由 (20-9) 與 (20-10) 式，可得 P 點形成暗、亮紋的位置

$$y_m = \frac{mL\lambda}{a} \qquad m = 1, 2, 3, \cdots \text{(暗紋)}$$

$$y_m = \left(m + \frac{1}{2}\right)\frac{L\lambda}{a} \qquad m = 0, 1, 2, 3, \cdots \text{(亮紋)} \qquad (20\text{-}11)$$

(20-9)、(20-10) 與 (20-11) 式之證明見【註五】。

第一暗紋位置
$m = 1$
$y_1 = \dfrac{L\lambda}{a}$

至於中央亮帶的寬度 Δy_c，可由第一暗紋位置 y_1 的 2 倍求得，亦即

$$\Delta y_c = 2y_1 = \frac{2L\lambda}{a} \qquad (20\text{-}12)$$

其它亮帶的寬度 Δy 為一常數，可由第 $m+1$ 暗紋位置 y_{m+1}，減去第 m 暗紋位置 y_m 求得，亦即

$$\Delta y = y_{m+1} - y_m = \frac{(m+1)L\lambda}{a} - \frac{mL\lambda}{a} = \frac{L\lambda}{a} \qquad (20\text{-}13)$$

例題 20-5

波長為 6,000 Å 的平面波照射在 0.04 cm 的狹縫上。狹縫後置一焦距為 80 cm 的會聚透鏡,將光線聚焦在屏幕上。試計算:
(1) 屏幕中央處至第一暗紋的距離。
(2) 屏幕中央處至第二亮帶中線的距離。

解

波長 λ 為 6,000 Å,狹縫寬 a 為 0.04 cm,焦距為 80 cm 的會聚透鏡,相當於屏幕與狹縫距離 L 為 80 cm。

(1) 由 $y_m = \dfrac{mL\lambda}{a}$ 知,屏幕中央處至第一暗紋 ($m=1$) 距離

$$y_m = \frac{mL\lambda}{a} \xrightarrow{m=1} y_1 = \frac{80 \times 6{,}000 \times 10^{-8}}{0.04}$$
$$= 0.12 \text{ (cm)}$$

(2) 由 $y_m = \left(m+\dfrac{1}{2}\right)\dfrac{L\lambda}{a}$ 知,屏幕中央處至第二亮帶 ($m=2$) 中線的距離

$$y_m = \left(m+\frac{1}{2}\right)\frac{L\lambda}{a} \xrightarrow{m=2} y_2 = \left(2+\frac{1}{2}\right) \times \frac{80 \times 6{,}000 \times 10^{-8}}{0.04}$$
$$= 0.30 \text{ (cm)}$$

20-6 雙狹縫干涉與繞射的重疊圖樣

學習方針

雙狹縫干涉的光程差:
$$\Delta l = d\sin\theta = m\lambda, \quad d:\text{二狹縫間的距離}$$

雙狹縫繞射的光程差:
$$\Delta l = a\sin\theta = m\lambda, \quad a:\text{單一狹縫的寬度}$$

前面討論雙狹縫干涉圖樣時,忽略了個別狹縫所形成的繞射圖樣。實際上,雙狹縫的干涉圖樣是由個別狹縫的繞射圖樣相互干涉

普通物理

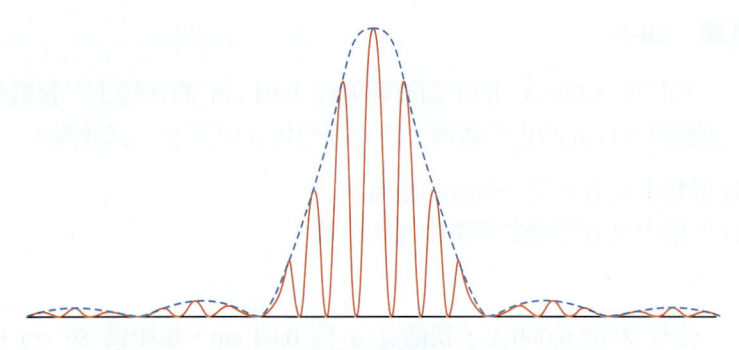

圖 20-7　繞射與干涉重疊後的雙狹縫干涉圖樣。

重疊而成。若屏幕上一點，在用前述干涉方程式 (20-1) 計算時，恰好為一亮紋極大值，但在用繞射方程式 (20-9) 計算時，卻成了一暗紋極小值，則屏幕上該點，會因重疊效應，呈現暗紋，反之亦然。因此，雙狹縫的干涉圖樣，經繞射與干涉重疊後，顯現雙狹縫的干涉圖樣具有因單狹縫繞射所造成的繞射包跡，如圖 20-7 的圖樣。

例題 20-6

一縫寬 0.2 mm，兩縫相距 1 mm 的雙狹縫，其干涉圖樣中，哪些亮紋之極大值會因繞射而消失？

解

由雙狹縫干涉的光程差

$$\Delta l = d\sin\theta = m\lambda$$

其干涉亮紋的極大值條件為

$$d\sin\theta = m\lambda \implies 1.0\sin\theta = m\lambda \qquad m = 0, 1, 2, \cdots \qquad (1)$$

由繞射方程式

$$\Delta l = a\sin\theta = m\lambda$$

其繞射暗紋的極小值條件為

$$a\sin\theta = M\lambda \implies 0.2\sin\theta = M\lambda \qquad M = 0, 1, 2, \cdots \qquad (2)$$

$$\frac{1.0\sin\theta}{0.2\sin\theta} = \frac{m\lambda}{M\lambda}$$

$$5 = \frac{m}{M}$$

$$m = 5M$$

同時符合 (1) 與 (2) 式條件者，其干涉亮紋的極大值會因繞射而消失。因此，由 (1)/(2) 式得干涉亮紋極大值消失的條件為 $m = 5M$，即 $m = 5, 10, 15, \cdots$。

20-7 解析度的臨界角

解析度的極限角：

狹縫的寬度為 a，兩入射光的波長同為 λ，則兩繞射圖樣剛好可分辨時，兩光源與狹縫的最小夾角 θ_{min}，稱為解析度的臨界角：

$$\sin\theta_{min} = \frac{\lambda}{a} \Rightarrow \theta_{min} \approx \frac{\lambda}{a}, \quad \lambda \ll a$$

瑞利準則：

在 $\lambda \ll a$，其解析度的極限角

$$\theta_{min} \approx \frac{1.22\lambda}{D}$$

兩光源經過一狹縫形成的繞射圖樣，是由其個別光源的繞射圖樣重疊而成，如圖 20-8。圖中，S_1 與 S_2 為兩光源，θ 為兩光源對狹縫的夾角，若 S_1 與 S_2 相距夠遠，即夾角 θ 夠大，則兩繞射圖樣可分辨，如圖 20-8(a)、(b)。若兩光源相距太近，則兩繞射圖樣將很難分辨，如圖 20-8(c)。

如何界定兩繞射圖樣的可分辨性？根據瑞利準則 (Rayleigh criterion) 的敘述：當 S_1 (或 S_2) 繞射圖像的中央極大值，剛好落在 S_2 (或 S_1) 繞射圖像的第一極小值時，兩圖像即可分辨。

因此，依瑞利準則及 (20-9) 式，若狹縫的寬度為 a，兩入射光的波長同為 λ，則兩繞射圖樣剛好可分辨時，兩光源與狹縫的最小夾角 θ_{min}(稱為解析度的臨界角) 與 a、λ 之關係如下

$$\sin\theta_{min} = \frac{\lambda}{a} \tag{20-14}$$

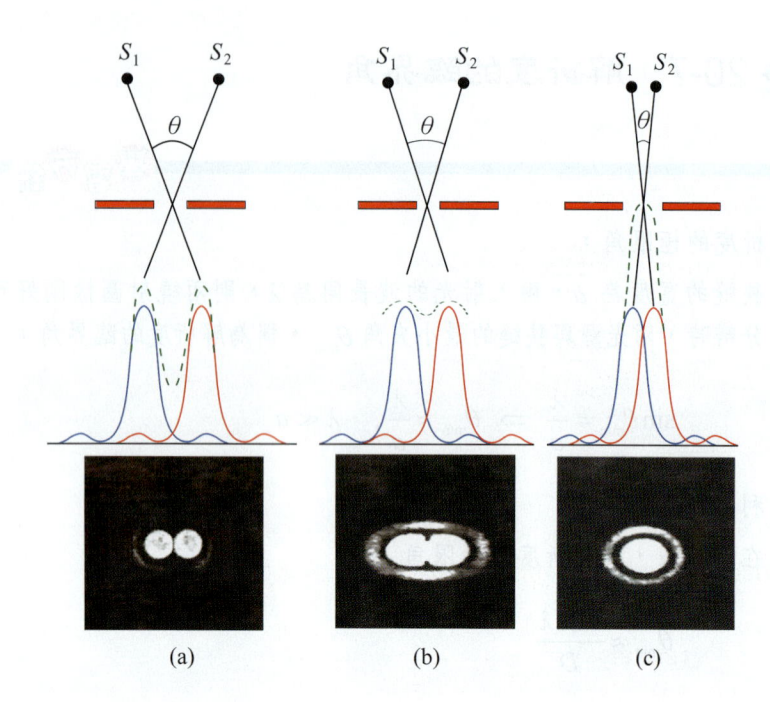

圖 20-8 辨別繞射圖像。

(a) 顯示兩星球相距夠遠，$\theta > \theta_{min}$，圖像可清楚分辨；
(b) 顯示兩星球相距較近，$\theta = \theta_{min}$，圖像剛好可分辨；
(c) 顯示兩星球相距太近，$\theta < \theta_{min}$，圖像無法分辨。

大部分情況下，$\lambda \ll a$，因此 (20-14) 式可寫成

$$\theta_{min} \approx \frac{\lambda}{a} \tag{20-15}$$

若將上述細長之狹縫換成一圓形小孔，來觀測兩光源的繞射圖樣。例如，利用天文望遠鏡觀看兩個遙遠的星球 S_1 與 S_2。兩星球所發的光，經鏡頭所成的像，受繞射影響後，是否可分辨，端視兩星球間距離而定，亦即視兩星球與鏡頭夾角 θ 的大小而定，如圖 20-8。

根據瑞利準則，在 $\lambda \ll a$ 情況下，可證明其極限角解析度

$$\theta_{min} \approx \frac{1.22\lambda}{D} \tag{20-16}$$

由 (20-16) 式知，望遠鏡鏡頭的直徑 D 越大，其極限角解析度 θ_{min} 越小，亦即能分辨更短距離的兩星球。

例題 20-7

波長為 550 nm 的光經過一望遠鏡觀看星球，若望遠鏡解析度的臨界角為 1.12×10^{-7} rad，則望遠鏡鏡頭的直徑為何？

解

由 $\theta_{\min} \approx \dfrac{1.22\lambda}{D}$ 知，望遠鏡鏡頭的直徑 D 為

$$D \approx \frac{1.22\lambda}{\theta_{\min}} \implies D = \frac{(1.22)(550 \times 10^{-9})}{1.12 \times 10^{-7}}$$
$$\approx 6 \text{ (m)}$$

20-8 光柵

光柵 (gratings) 是由數以千計，等距排列的狹縫所構成。一般可經由在玻璃上刻劃出大量等距排列的溝痕製成，其透明處當作光柵之狹縫。當光經過光柵的狹縫後，會因各狹縫產生的繞射圖樣，彼此重疊，在屏幕上形成干涉圖樣。若光柵上，相鄰兩狹縫間的距離為 d，入射光垂直於光柵，屏幕距離光柵非常遠，屏幕上觀測點與狹縫之連線，與入射光的夾角 (或稱偏向角) 為 θ，如圖 20-9 所示，則相鄰兩狹縫透射光之光程差應為 $d\sin\theta$。

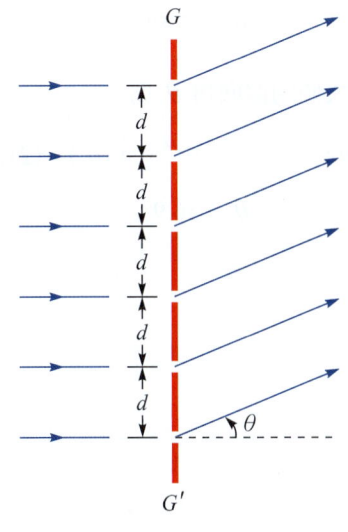

圖 20-9 光柵示意圖。

當此光程差剛好為光波波長 λ 的整數倍，即

$$d\sin\theta = m\lambda \qquad m = 0, 1, 2, \cdots \qquad (20\text{-}17)$$

由於所有狹縫射出的透射光均同相，因此屏幕上的觀測點，將呈現亮度最亮的亮紋，稱為主亮紋。主亮紋的寬度與亮度，會隨光柵上狹縫數目的增加而變窄與變亮。

例題 20-8

波長為 600 nm 的單色光垂直射入一光柵。此光柵每公分長度內刻有 5,000 個等距排列的溝痕，試問：
(1) 光柵上，相鄰兩狹縫間距離為若干？
(2) 第一與第二主亮紋的最大值其偏向角分別為何？

解

(1) 每公分長度內，刻有 5,000 個狹縫，則相鄰兩狹縫間距離

$$d = \frac{L}{n} \Rightarrow d = \frac{1}{5{,}000}$$
$$= 2\times 10^{-4}\ (\text{cm})$$
$$= 2\times 10^{-6}\ (\text{m})$$

(2) 第一主亮紋最大值的偏向角 θ_1 為

$$d\sin\theta_1 = m\lambda \Rightarrow (2\times 10^{-6})(\sin\theta_1) = (1)(600\times 10^{-9})$$

$$\theta_1 \approx 17.5°$$

第二主亮紋最大值的偏向角 θ_2 為

$$d\sin\theta_2 = m\lambda \Rightarrow (2\times 10^{-6})(\sin\theta_2) = (2)(600\times 10^{-9})$$

$$\theta_2 \approx 36.9°$$

20-9 光柵的色散與鑑別率

如同三稜鏡一樣,光柵也能讓白光產生色散。由於光柵相鄰兩狹縫間距離 d 為一定值,因此,根據 (20-17) 式可知,白光經過光柵後,白光內不同色光色散的偏向角,與色光的波長有關。波長越大的色光,其偏向角越大。此現象正好與三稜鏡的色散相反,即白光經過三稜鏡後,波長越大的色光,其偏向角反而越小。

由於繞射的關係,光柵分辨不同波長光的能力有其極限。當兩波長為 λ 與 λ' 的光,經過光柵,其同級 (相同的 m 值) 的主亮紋,在幕屏上的干涉圖樣如圖 20-10,若 λ 的主亮紋剛好落在 λ' 主亮紋旁第一個暗紋上時,此兩不同波長的光可謂恰可鑑別。此時將 λ 與 $|\lambda-\lambda'|$ 的比值,定義為光柵的鑑別率。經證明知,若光柵的狹縫數為 N,其第 m 級干涉圖樣的鑑別率 (resolving power)

$$\frac{\lambda}{|\lambda-\lambda'|} = \frac{\lambda}{\Delta\lambda} = mN \tag{20-18}$$

由 (20-18) 式知,干涉級數 m 與狹縫數 N 越大,光柵的鑑別率也越大,可鑑別的波長差 $\Delta\lambda$ 越小。

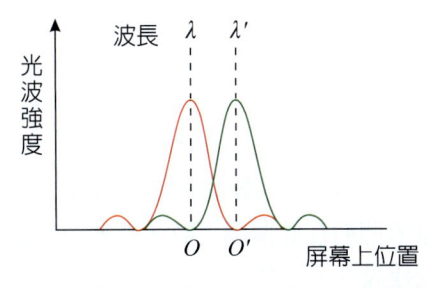

圖 20-10 兩波長為 λ 與 λ' 的光,經過光柵,在幕屏上的干涉圖樣。

例題 20-9

鈉氣燈的黃光含有兩條波長為 589.0 nm 與 589.6 nm 的光線。如欲鑑別此兩光線,試問:
(1) 此光柵需要多大的鑑別率?

(2) 若用此光柵鑑別其第二級 ($m = 2$) 的干涉圖樣，則光柵上需要多少狹縫？

解

(1) 光柵所需鑑別率

$$\frac{\lambda}{\Delta \lambda} = \frac{589.6}{|589.6 - 589|} \approx 982.7$$

(2) 鑑別其第二級干涉圖樣，光柵上所需狹縫數

$$N = \frac{\lambda}{m \Delta \lambda} = \frac{589.6}{(2)(589.6 - 589)} \approx 491 \text{ (條)}$$

習題

光的雙狹縫干涉

20-1 以波長為 6,000 Å 的光源作雙狹縫干涉實驗，屏幕上所見第一暗紋的位置；與中央軸間距離為 0.018 mm，試問：(1) 第一亮紋中線的位置；(2) 第三暗紋的位置。

20-2 若雙狹縫干涉實驗所使用的光源，包含兩種可見光，其波長分別為 4,300 Å 與 5,100 Å。若兩狹縫間距離為 0.025 mm，屏幕與狹縫的距離為 1.5 m，則兩種不同波長的波經干涉後，在屏幕所形成第三亮紋中線的位置，相距有多遠？

薄膜干涉

20-3 一薄膜放置在空氣中，若薄膜的折射率為 1.5、厚度為 900 nm，則當陽光近似垂直照射在此薄膜上時，哪些波長的光會消失？哪些波長的光會形成建設性干涉？

20-4 在玻璃上，鍍一層厚度為 8.3×10^{-5} cm 的 MgO。若玻璃與 MgO 的折射率分別為 1.6 與 1.38，則當陽光近似垂直入射此薄膜後，其反射光中，哪些波長的光會消失？

20-5 為提高矽太陽電池對陽光的吸收效率，可在矽板上蒸鍍適當厚度的二氧化矽 (SiO_2)，以減少陽光的反射。若矽的折射率為 3.5，而二氧化矽的折射率為 1.45；今欲使波長為 5,500 Å 的陽光儘量不被反射，則需蒸鍍最小厚度的二氧化矽為若干 Å？

單狹縫繞射

20-6 波長為 589 nm 的單色光經過一單狹縫，在一定距離的屏幕上，所形成的中央繞射峰寬為 3 cm。若改以 436 nm 的單色光，則其中央繞射峰寬為何？

20-7 波長為 480 nm 的單色光經過一單狹縫，在距離狹縫 2.8 m 的屏幕上，形成其繞射圖樣。若圖樣上，第一暗紋與第二暗紋間距離為 3 cm，試問狹縫的寬度為若干？

20-8 以波長為 5,400 Å 的單色光，作單狹縫繞射實驗。若狹縫寬度為 0.06 cm，且距離屏幕 2.0 m，則
(1) 狹縫兩端至屏幕上第一暗紋的光程差為若干？
(2) 屏幕上，中央亮帶的寬度為若干？
(3) 屏幕上，第三亮帶中線至中央軸的距離為若干？
(4) 若將此裝置整個浸入水中（水的折射率為 1.33），則中央亮帶的寬度又為若干？

雙狹縫干涉與繞射的重疊圖樣

20-9 縫寬為 0.15 mm 的雙狹縫，若兩縫相距 0.6 mm，則在其干涉圖樣的中央繞射峰中，有多少亮條紋？

解析度的極限角

20-10 兩小物體與眼睛的距離均為 25 cm，若光的波長為 500 nm，眼睛瞳孔的直徑為 3 mm，則根據瑞利準則，此兩物體能被鑑別的最小間隔為何？

光柵

20-11 一波長為 640 nm 的單色光垂直射入一光柵，其第一主亮紋最大值的偏向角為 11°。試問，若以波長為 490 nm 的單色光，垂直射入此光柵時，其第二主亮紋最大值的偏向角為何？

光柵的色散與鑑別率

20-12 一光柵寬 2.8 cm，每公分有 4,200 條狹縫。對波長為 550 nm 的光波，其第二級可被鑑別的最小波長差為若干？

X 射線繞射

20-13 波長為 0.14 nm 的 X-射線入射於一晶體。若此晶體內原子平面間距為 0.32 nm，試問，其第一級繞射波束與原子平面間的夾角為何？

註

註一：光源同調

S_1 與 S_2 兩狹縫光源同調的原因有二：

1. 兩光源皆來自同一光源 S_0，其頻率相同。
2. S_0、S_1 與 S_2 間的相對位置固定，S_1 與 S_2 兩狹縫光源相角差相同。

註二：

證明：在真空中，波長為 λ 的光波，在折射率為 n 的介質中，波長將變短為 $\lambda_n = \dfrac{\lambda}{n}$。

解

光在真空中的速率為 c ($c = 3 \times 10^8$ m/s)，當其進入折射率為 n 的介質中時，速率將減低為 $v_n = \dfrac{c}{n}$，但頻率 f 不變。因此，由

$$v_n = \dfrac{c}{n} \Rightarrow f\lambda_n = \dfrac{f\lambda}{n}$$

$$\lambda_n = \dfrac{\lambda}{n}$$

光波在折射率為 n 的介質中時，其波長 λ_n 為 $\dfrac{\lambda}{n}$。

註三：

如下圖，波長為 λ 的入射光，於空氣中，以近似垂直於界面的方向，射入一折射率為 n 的薄膜。若入射光經上、下兩層界面的反射光，分別以 A、B 表示，而薄膜的厚度以 t 表示，則 λ 與 t 在何種條件下，A、B 兩反射光會形成

(1) 建設性干涉？
(2) 破壞性干涉？

第 20 章　波動光學

```
           反射光
入射光    A    B
              空氣 nₐ = 1
                          第一界面
         薄膜
     t   (介質 n)
                          第二界面
              空氣 nₐ = 1
```

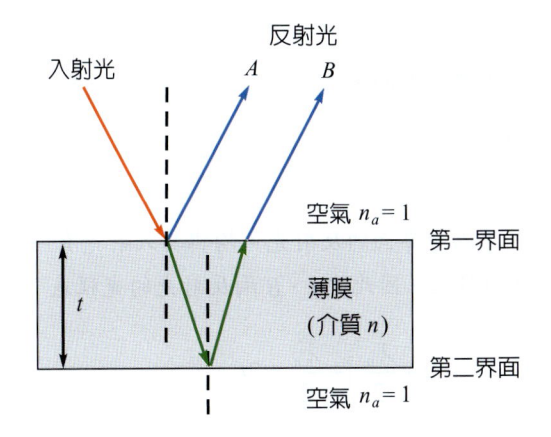

解

設光在薄膜中的波長為 λ_n。由於經上層界面產生的反射光，與其入射光有 180° 的相角差，相當於多經過半波長 $\dfrac{\lambda_n}{2}$ 的路徑，而經下層界面產生的反射光，與其入射光同相；而折射光永遠與入射光同相。因此，A、B 兩反射光的光程差 Δl 為

$$\Delta l = l_B - l_A \quad \Rightarrow \quad \Delta l = 2t - \dfrac{\lambda_n}{2}$$

$$= 2t - \dfrac{\lambda}{2n}$$

(1) 當 A、B 兩反射光形成建設性干涉時，光程差為波長的整數倍，即

$$\Delta l = m\lambda_n \quad \Rightarrow \quad \Delta l = \dfrac{m\lambda}{n}$$

$$2t - \dfrac{\lambda}{2n} = \dfrac{m}{n} \quad \Rightarrow \quad 2t = \left(m + \dfrac{1}{2}\right)\dfrac{\lambda}{n} \quad m = 0, 1, 2, 3, \cdots$$

(2) 當 A、B 兩反射光形成破壞性干涉時，光程差為半波長的奇數倍，即

$$\Delta l = \left(m - \dfrac{1}{2}\right)\lambda_n \quad \Rightarrow \quad 2t - \dfrac{\lambda}{2n} = \left(m - \dfrac{1}{2}\right)\dfrac{\lambda}{n}$$

$$2t = \dfrac{m\lambda}{n} \quad m = 1, 2, 3, \cdots$$

註四：

註三中，若圖中下層界面下不是空氣，而換成一折射率大於 n 的其它介質時，試回答相同的問題。

解

此時，經上、下兩層界面的反射光，均與其入射光有 $180°$ 的相角差，即均多經過 $\lambda_n/2$ 的路徑。因此，A、B 兩反射光的光程差

$$\Delta l = l_B - l_A = \left(2t + \frac{\lambda_n}{2}\right) - \frac{\lambda_n}{2} = 2t$$

(1) 當 A、B 兩反射光形成建設性干涉時，光程差為波長的整數倍，即

$$\Delta l = m\lambda_n \Rightarrow 2t = \frac{m\lambda}{n}$$

得

$$2t = \frac{m\lambda}{n} \qquad m = 1, 2, 3, \cdots$$

(2) 當 A、B 兩反射光形成破壞性干涉時，光程差為半波長的奇數倍，即

$$\Delta l = \left(m - \frac{1}{2}\right)\lambda_n \Rightarrow 2t = \left(m - \frac{1}{2}\right)\frac{\lambda}{n}$$

得

$$2t = \left(m - \frac{1}{2}\right)\frac{\lambda}{n} \qquad m = 1, 2, 3, \cdots$$

亦即

$$2t = \left(m + \frac{1}{2}\right)\frac{\lambda}{n} \qquad m = 0, 1, 2, 3, \cdots$$

註五：單狹縫繞射明暗紋的位置

依據惠更斯原理，到達狹縫的波前上任意點，皆可視為新的點波源。因此，由圖 20-6，若單狹縫上、下邊緣 (圖中 A、B 兩點) 的點波源，至屏幕上 P 點的光程差 Δl (圖中 BE 線段長)，剛好為波源波長 λ 的整數倍，即 $\Delta l = m\lambda$ ($m = 1, 2, 3, \cdots$) 時，可以 $\lambda/2$ 為一單位，將狹縫分成偶數區 (例

如，波長為 λ 時，分 2 區；波長為 2λ 時，分 4 區)。由第一區開始，依序每隔兩區分為一組，則同組的兩區內，對應的點波源至屏幕上 P 點的光程差剛好為 $\lambda/2$，將導致 P 點發生完全破壞性干涉，形成暗紋。由上述討論，再根據圖 20-6 知，光程差

$$\Delta l = a\sin\theta = m\lambda \quad \Rightarrow \quad a\frac{y}{L} = m\lambda$$

故可得屏幕上，暗紋的位置

$$y = \frac{mL\lambda}{a} \qquad m = 1, 2, 3, \cdots$$

又，以 O 為中點，將狹縫分為 AO 與 BO 兩區，則此兩區的對應點波源至 O′ 的光程差為零，將導致 O′ 處發生完全建設性干涉，形成亮紋。即 $y = 0$ 的位置為亮紋。

又，若單狹縫上、下邊緣的點波源，至屏幕上 P 點的光程差 Δl，剛好為波源半波長 $\lambda/2$ 的奇數倍 (1 除外)，即

$$\Delta l = \left(m + \frac{1}{2}\right)\lambda \qquad m = 0, 1, 2, 3, \cdots$$

時，同樣可以 $\lambda/2$ 為一單位，將狹縫分成奇數區 (例如，波長為 $3\lambda/2$ 時，分 3 區；波長為 $5\lambda/2$ 時，分 5 區)。同樣由第一區開始，依序每隔兩區分為一組，則同組的兩區內，對應的點波源至屏幕上 P 點的光程差剛好為 $\lambda/2$，將導致 P 點發生完全破壞性干涉，而剩餘一區的點波源，將在 P 點形成亮紋。由上述討論知，光程差

$$\Delta l = a\sin\theta = \left(m + \frac{1}{2}\right)\lambda \quad \Rightarrow \quad a\frac{y}{L} = \left(m + \frac{1}{2}\right)\lambda$$

故可得屏幕上，亮紋中線的位置

$$y = \left(m + \frac{1}{2}\right)\frac{L\lambda}{a} \qquad m = 0, 1, 2, 3, \cdots$$

近代物理篇

普通物理

Chapter 21 近代物理 (I) ─ 原子與量子物理

21-1 特殊相對論

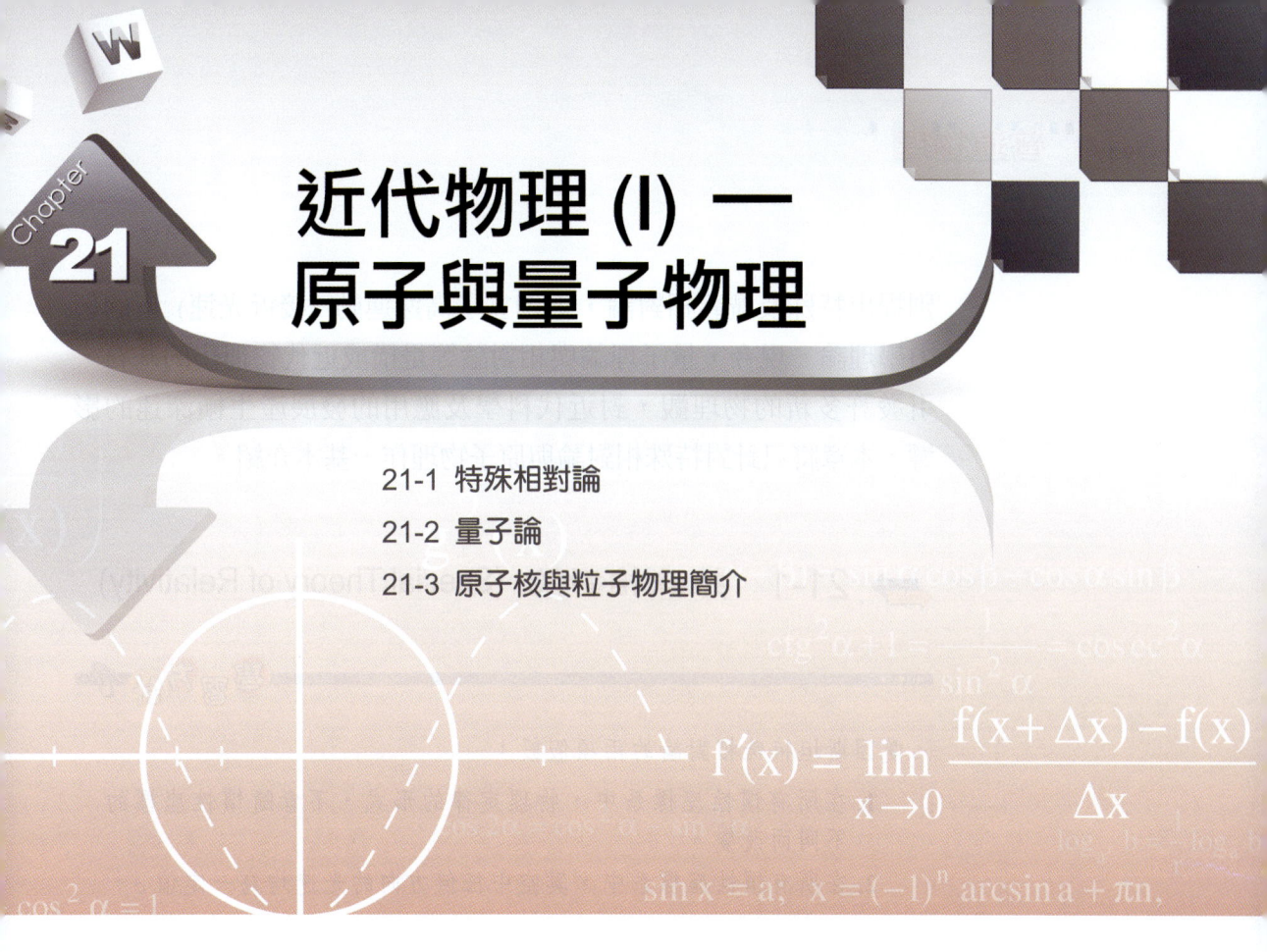

21-2 量子論

21-3 原子核與粒子物理簡介

　　物理學包括力學、熱學、電磁學及光學等,到了十九世紀末期,以連續性的概念為基礎的物理學,進展已十分完整,這些連續性的物理概念領域現被統稱為古典物理 (Classical Physics)。十九世紀末期以後,由於科學家們逐漸以微觀的角度來探討物質的結構,並發現許多新的物理現象及理論,例如,1895 年德國人倫琴發現了 X 射線,1896 年法國人貝克勒發現了放射性元素,1897 年英國人湯姆遜發現了電子,及 1932 年英國人查兌克發現中子等。二十世紀至今,許多革命性的物理新現象及理論不斷地提出。例如,1900 年德國人普朗克 (M. Planck) 提出電磁波在與物質做交互作用時的能量是不連續的,而會是最小能量單位的整數倍,這種能量的最小單位被稱為能量量子,普朗克的能量量子化觀點,開啟了量子物理學的大門。接著又分別因德國人海森堡於 1925 年提出測不準原理及薛丁格於 1926 年提出波動方程式的貢獻而發展更完備。

　　在普朗克及愛因斯坦確認光的量子性後,有 1911 年英國人拉塞福發現了原子核,1913 年波爾 (N. Bohr) 提出氫原子模型的量子理論,奠定了原子物理的基礎。而因愛因斯坦於 1905 年及 1915 年分

別提出特殊及廣義相對論，更創立了高速運動 (接近光速) 下的新力學理論。現今，量子理論與相對論等是構成近代物理學的基石，引發許多新的物理觀，對近代科學及應用的發展產生極深遠的影響。本章將只針對特殊相對論與原子物理作一基本介紹。

21-1 特殊相對論 (Special Theory of Relativity)

> **學習方針**
>
> 愛因斯坦特殊相對論的兩項假設：
> 1. 在所有慣性座標系中，物理定律的形式，不會隨慣性座標的不同而改變。
> 2. 在所有慣性座標系中，真空中任何方向的光速均為一定值 c。

愛因斯坦於 1905 年提出特殊相對論，主要在論述相互作等速運動的慣性座標系上，所有物理定律的不變性。他由兩項假設著手，修改時空的概念，重新定義牛頓第二運動定律、動量及動能。

21-1-1 兩項假設

特殊相對論的兩項假設：

1. 在所有慣性座標系中，物理定律的形式，不會隨慣性座標系的不同而改變。
2. 在所有慣性座標系中，真空中任何方向的光速均為一定值 c (約為 3.00×10^8 m/s)，不會隨光源運動速率的不同而改變。

例題 21-1

丁同學坐在長途的火車上，一覺醒來，覺得無聊，把手上的球，垂直往上拋，球落下時，垂直落入他手中。若當時是晚上，窗簾均拉下，火車正在沿直線等速前行，沒有晃動，並假設地面為慣性座標系。試問：

(1) 此火車是否可視為一慣性座標系？原因何在？
(2) 球垂直的上下運動，是否可由牛頓第二運動定律 $\vec{F} = m\vec{a}$ 解釋？原因為何？
(3) 丁同學能否分辨火車是在行進狀態？還是停止狀態？原因為何？

解

(1) 火車可視為慣性座標系，因地面為慣性座標系，而火車又與地面相互作等速度運動之故。
(2) 由於在地面上（慣性座標系上）運動的物體，可由牛頓運第二定律 $\vec{F} = m\vec{a}$ 解釋，因此，根據上述特殊相對論的假設，(1) 由於火車亦是慣性座標系，火車上運動的物體，仍應以牛頓第二運動定律 $\vec{F} = m\vec{a}$ 解釋。
(3) 由於火車沿直線等速前行，沒有晃動，且無論火車是在行進狀態，還是停止狀態，根據牛頓第二運動定律 $\vec{F} = m\vec{a}$，球的加速度 $\vec{a}$ 不會隨火車運動狀態而改變，因此無法區別火車是處於行進狀態，還是停止狀態。

例題 21-2

一太空船在太空，正以 $u = 800$ m/s 的速率，沿直線等速離開地球，同時在其離開的方向，打開探照燈並發射一枚飛彈。若地球為一慣性座標系，飛彈與光相對於太空船的觀測者，其速率分別為 $v'_m = 1200$ m/s 與 $v'_l = c\ (3 \times 10^8\ \text{m/s})$。

(1) 試根據前述相對速度的概念，分別計算飛彈與光相對於地球觀測者的速率。
(2) 哪一個速率與愛因斯坦的第二項假設相牴觸？

解

(1) 根據相對速度的概念，飛彈相對於地球的速率

$$v_m = v'_m + u \Rightarrow v_m = 1200 + 800 = 2000\ (\text{m/s})$$

光相對於地球的速率

$$v_l = v'_l + u \Rightarrow v_l = (c + 800)\ (\text{m/s})$$

(2) 因光相對於地球的速率 $v_l > c$，故知速率 v_l 與愛因斯坦的第二項假設相牴觸。

由於 (2) 之矛盾，導致愛因斯坦將伽利略座標轉換式，修改成勞倫茲座標轉換式。

21-1-2 相對論的同時性 (The Relativity of Simulaneity)

牛頓的觀點：

時間是絕對的，故在一個慣性座標系觀測到同時發生的兩事件，無論換到任何其它慣性座標系上觀察，此兩事件必定是同時發生。

愛因斯坦的觀點：

時間不是絕對的，故在某一慣性座標系上同時發生的兩事件，在另一慣性座標系上觀測，此兩事件未必是同時發生的。

在牛頓力學裡，認為時間是絕對的。也就是說，在一個慣性座標系觀測到同時發生的兩事件，無論換到任何其它慣性座標系上觀察，此兩事件必定是同時發生。但在愛因斯坦做了光速在任意慣性座標系上均為一定值 c 的假設後，其同時性發生了改變，亦即兩事件是否同時發生，需視觀測者在哪一個慣性座標系而定。也就是說，在某一慣性座標系上同時發生的兩事件，在另一慣性座標系上觀測，此兩事件未必是同時發生的。例如圖 21-1，想像中，一火車向右，以接近光的速率 v，等速度直線行進。在 A、B 兩處，各放置一光源。某時刻，站在 O 處的觀測者與車上的旅客 O' 剛好相遇，且在 A、B 兩光源的中間如圖 21-1(a)。此時，若 A、B 兩光源同時發出光信號，對 O 處的觀測者而言，他認為 A、B 兩光源是同時發出光信號。但對 O' 處的觀測者而言，由於光速相對於 O、O' 兩觀測者是相同的（光速均為 c），而火車又是往 B 光源的方向前進，O' 會認為 A、B 兩光源不是同時發出光信號，而是 A 光源發出光信號將較 B 光源的光信號為晚，如圖 21-1(b)。

第 21 章　近代物理 (I) —— 原子與量子物理

(a)

(b)

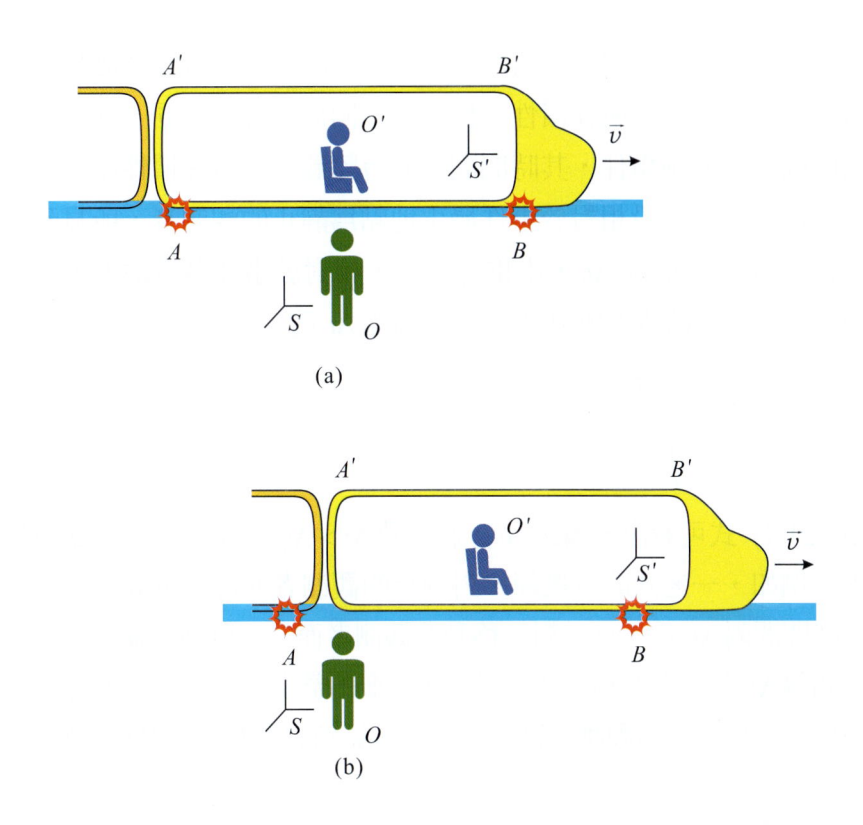

圖 21-1　火車以接近光的速率 v，向右等速度直線行進，A、B 兩光源是同時發出光信號。

21-1-3　時間的相對性 (The Relativity of Time)

學習方針

時間膨脹：

相對於事件發生地點為靜止的觀測者，見到兩事件的時間間隔為 Δt_0；相對於事件發生地點，以等速度 u 移動的觀測者，見到的時間間隔為 Δt。

$$\Delta t = \frac{\Delta t_0}{\sqrt{1-\frac{u^2}{c^2}}}$$

如同上述，受到愛因斯坦的第二項假設影響，兩事件發生的同時性，會隨觀測者所在慣性座標系的不同而改變。在同一地點，不同時間發生的兩事件，其時間間隔亦會隨觀測者所在慣性座標系的不同而改變。假設相對於事件發生地點為靜止的觀測者，所見到兩事件的時間間隔為 Δt_0，由推導可得，相對於事件發生地點，以等速度 u 移動的觀測者所見到的時間間隔 Δt 為

$$\Delta t = \frac{\Delta t_0}{\sqrt{1-\frac{u^2}{c^2}}} \tag{21-1}$$

由 (21-1) 式可看出，因 $u < c$，將導致 $\Delta t > \Delta t_0$；且 u 越大，Δt 也越大。例如，一老式的單擺鐘，對靜止的觀測者而言，單擺擺動一次的時間間隔 Δt_0 為 1 秒。對一移動的觀測者而言，單擺擺動一次的時間間隔 Δt 將大於 1 秒。也就是說，移動的觀測者見到的單擺鐘將走得較慢，且移動的觀測者移動得越快，見到的單擺鐘走得也越慢。

例題 21-3

假設你乘太空船以 $0.9\,c$ 的速率離開地球，在行進滿 5 年 (你的時間)，到達某一太空站，然後以相同速率返回地球，此航行花了另外 5 年 (你的時間)，則在地球上所測得的時間為何？(忽略太空船停止及轉彎所造成的任何影響)

解

利用 (21-1) 式，

$$\Delta t = \frac{\Delta t_0}{\sqrt{1-\left(\frac{u}{c}\right)^2}}$$

$$= \frac{5\,\text{年}}{\sqrt{1-\left(\frac{0.9\,c}{c}\right)^2}} = 11.47\,\text{年}$$

在回程中的情況相同，所以此航行用了你 10 年的時間，但在地球上測得時間為 $2 \times 11.47 = 22.94$ 年。

21-1-4 長度的相對性 (The Relativity of Length)

長度收縮：

相對於靜止的觀測者，長度為 l_0 的物體，當觀測者以等速率 u，沿長度方向移動時，所測得物體長度 l 將小於 l_0。

$$l = l_0 \sqrt{1 - \frac{u^2}{c^2}}$$

　　如同兩事件的時間間隔會受到觀測者移動速率的不同而改變。兩點間的距離也會受到觀測者移動速率不同的影響，發生改變。相對於靜止的觀測者，長度為 l_0 的物體，當觀測者以等速率 u，沿長度方向移動時，他所測得物體長度 l 將小於 l_0。由推導可得其關係如下

$$l = l_0 \sqrt{1 - \frac{u^2}{c^2}} \tag{21-2}$$

推導 (21-2) 式的過程中，牽涉到同時性的概念。

例題 21-4

一停在地面上的太空船，在起飛前，度量其長度為 500 m。當它起飛後，以 $0.7\,c$ 的速率等速直線飛行時，在地球上，重新度量其長度。試問其長度為若干？

解

由 $l = l_0 \sqrt{1 - \frac{u^2}{c^2}}$ 式，l_0 為靜止於地面的太空船長度 500 公尺，l 為太空船飛行時度量到的長度，

$$l = l_0 \sqrt{1 - \frac{u^2}{c^2}} \Rightarrow l = 500 \times \sqrt{1 - \frac{(0.7\,c)^2}{c^2}}$$
$$\approx 357\,(\text{m})$$

21-1-5 勞倫茲轉換 (The Lorentz Transformation)

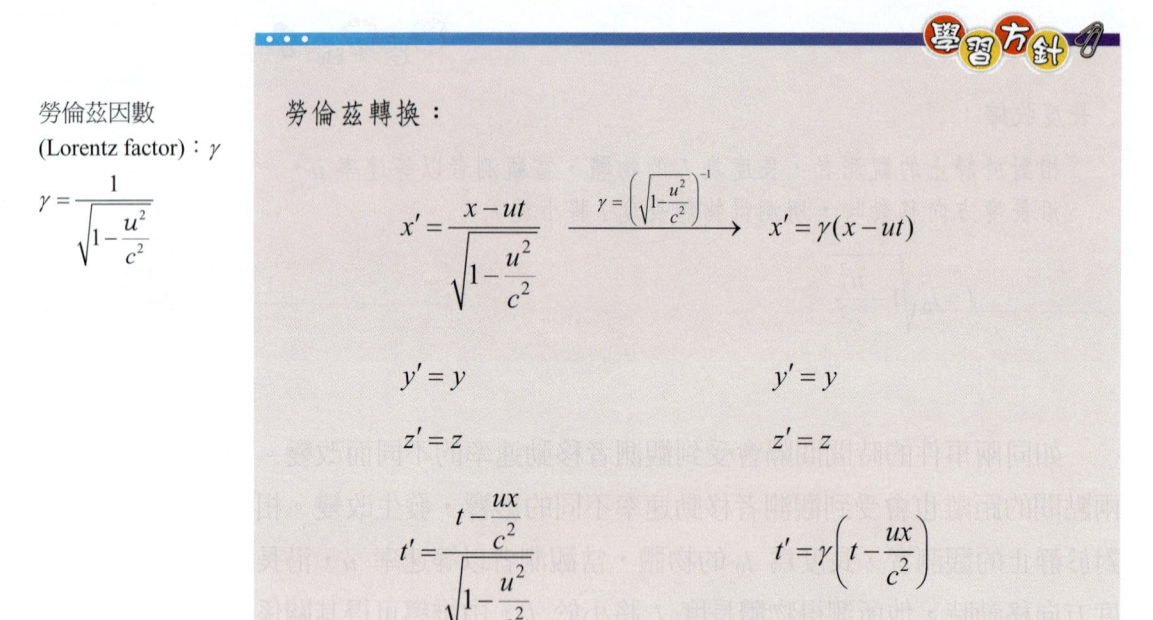

勞倫茲因數
(Lorentz factor)：γ

$$\gamma = \frac{1}{\sqrt{1-\frac{u^2}{c^2}}}$$

勞倫茲轉換：

$$x' = \frac{x-ut}{\sqrt{1-\frac{u^2}{c^2}}} \xrightarrow{\gamma = \left(\sqrt{1-\frac{u^2}{c^2}}\right)^{-1}} x' = \gamma(x-ut)$$

$$y' = y \qquad\qquad y' = y$$

$$z' = z \qquad\qquad z' = z$$

$$t' = \frac{t-\frac{ux}{c^2}}{\sqrt{1-\frac{u^2}{c^2}}} \qquad\qquad t' = \gamma\left(t-\frac{ux}{c^2}\right)$$

根據牛頓力學，空間一點相對於兩相互作等速度運動的座標系，其座標轉換方程式應滿足伽利略座標轉換方程式。在此方程式中，隱含著時間是絕對的，也就是說，時間間隔在兩相互作等速運動的座標系上是相同的。但由前述 (21-1) 式可看出，其時間間隔，會隨兩座標系間，相對速率的不同而改變。

如圖 21-2，S' 座標系是以 u 的速率，沿 xx' 軸，向右方等速離開 S 座標系。設開始時，S 座標系觀察到的時間 t，與 S' 座標系觀察到的時間 t' 均為零，即 $t = t' = 0$。並設此時兩座標系原點 O 與 O' 是重疊的。在經過 t 時間後，相對於 S，座標為 (x, y, z) 的 P 點，根據勞倫茲座標轉換方程式，在 S' 座標系看，其座標 (x', y', z') 與時間 t' 應為

$$x' = \frac{x-ut}{\sqrt{1-\frac{u^2}{c^2}}} = \gamma(x-ut)$$

$$y' = y$$

第 21 章　近代物理 (I) —— 原子與量子物理

$$z' = z$$

$$t' = \frac{t - \dfrac{ux}{c^2}}{\sqrt{1 - \dfrac{u^2}{c^2}}} \qquad (21\text{-}3)$$

一般將 $\left(\sqrt{1 - \dfrac{u^2}{c^2}}\right)^{-1}$ 以 γ 代替，因此 $t' = \gamma\left(t - \dfrac{ux}{c^2}\right)$。

若 P 點處有一質點相對於 S，以 v 的速率沿 xx' 軸運動。可經由 (21-3) 式推導，得知此質點相對於 S' 的速率 v' 為

$$v' = \frac{v - u}{1 - \dfrac{uv}{c^2}} \qquad (21\text{-}4)$$

$$v' = \frac{x'}{t'} = \frac{\gamma(x - ut)}{\gamma(t - \dfrac{ux}{c^2})}$$

$$= \frac{t(\dfrac{x}{t} - u)}{t(1 - \dfrac{ux}{c^2 t})}$$

$$= \frac{v - u}{1 - \dfrac{uv}{c^2}}$$

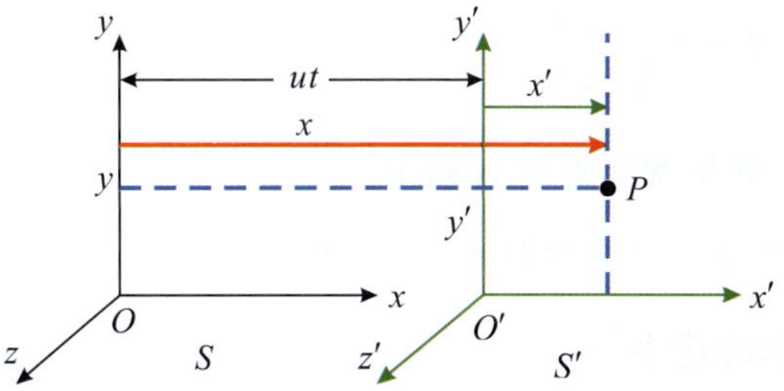

圖 21-2　勞倫茲座標轉換示意圖。

例題 21-5

一太空船以速度大小為 $0.80\ c$ 的等速度離開地球。並沿離開地球的方向，發射一枚飛彈。若飛彈相對於地球的速率為 $0.90\ c$，則飛彈相對於太空船的速率為若干？

解

由 $v' = \dfrac{v - u}{1 - \dfrac{uv}{c^2}}$ 式知，飛彈相對於太空船的速率

$$v' = \frac{v-u}{1-\frac{uv}{c^2}} \Rightarrow v' = \frac{0.90c - 0.80c}{1 - \frac{(0.80c)(0.90c)}{c^2}}$$

$$v' \approx 0.36c$$

21-1-6 光的都卜勒效應 (Doppler Effect for Light)

假設觀測者與光源在同一直線上，下式才成立：

$$f = f_0 \sqrt{\frac{c \pm u}{c \mp u}}$$

光的都卜勒效應：

觀測者接收到光源發出光波的頻率，會因為觀測者與光源相對速度的不同而改變，此謂光的都卜勒效應。

$$f = f_0 \sqrt{\frac{c \pm u}{c \mp u}}$$

f：觀測者接受到的光波頻率

f_0：光源發出之光波頻率

u：光源的速率

　　觀測者接受到光源發出光波的頻率，會因為觀測者與光源相對速度的不同而改變，此謂光的都卜勒效應。在真空中，若觀測者靜止在一慣性座標上，光源以 u 的速率等速向觀測者移近，若光源所發射的光波頻率為 f_0，則由前述時間的相對性概念，可推導知，觀測者所見到的光波頻率 f 為

$$f = f_0 \sqrt{\frac{c+u}{c-u}} \tag{21-5}$$

若上述光源是以 u 的速率等速遠離觀測者，則只需將 (21-5) 式中之 u 改變符號，即可得觀測者所見到的光波頻率【註一】

$$f = f_0 \sqrt{\frac{c-u}{c+u}} \tag{21-6}$$

例題 21-6

一波頻率為 4×10^{14} Hz 的光源等速向一靜止觀測者移動。若觀測者測得此光波的頻率為 12×10^{14} Hz，則光源移動的速率為何？

解

光的都卜勒效應可求得光源移動的速率 u；

$$f = f_0 \sqrt{\frac{c+u}{c-u}} \Rightarrow 12 \times 10^{14} = (4 \times 10^{14}) \sqrt{\frac{c+u}{c-u}}$$

$$u = 0.8c$$

21-1-7 相對論力學 (Relativity Mechanics)

靜止時，物體質量為 m_0，則當物體以 $\vec{v}$ 速度移動時，物體質量 m 應為：

$$m = \frac{m_0}{\sqrt{1-\frac{v^2}{c^2}}} = \gamma m_0$$

物體的動量 $\vec{p}$ 為：

$$\vec{p} = m\vec{v} = m_0 \gamma \vec{v}$$

牛頓運動第二定律為：

$$\vec{F} = \frac{d\vec{p}}{dt} = \frac{d}{dt}(m_0 \gamma \vec{v})$$

物體的動能 K 為：

$$K = (\gamma - 1)m_0 c^2 = mc^2 - m_0 c^2$$

總能量 (total energy) 為：mc^2

靜能量 (rest energy) 為：$m_0 c^2$

為了滿足愛因斯坦所提的兩項假設，古典力學中的一些物理量需重新定義。古典力學中，物體的質量為一常數，不隨質點速率不

同而改變。在相對論力學中，物體的質量需隨其速度變化而改變。若靜止時，物體質量為 m_0，則當它以 $\vec{v}$ 速度移動時，物體質量 m 應為

$$m = \frac{m_0}{\sqrt{1-\frac{v^2}{c^2}}} = \gamma m_0 \tag{21-7}$$

此時，物體的動量 $\vec{p}$ 定義為

$$\vec{p} = m\vec{v} = m_0 \gamma \vec{v} \tag{21-8}$$

牛頓第二運動定律改為

$$\vec{F} = \frac{d\vec{p}}{dt} = \frac{d}{dt}(m_0 \gamma \vec{v}) \tag{21-9}$$

物體的動能 K 改為

$$K = (\gamma - 1)m_0 c^2 = mc^2 - m_0 c^2 \tag{21-10}$$

(21-10) 式中，mc^2 稱為總能量 (total energy)，$m_0 c^2$ 稱為靜能量 (rest energy)。

愛因斯坦由 (21-10) 式體認到，物質的質量與能量是可以互相變換的。他認為質量為 m 的物質所含有的總能量為 mc^2。

例題 21-7

質子之靜質量為 1.67×10^{-27} kg，當它以 $0.9c$ 的速率移動時，其質量、動量大小與動能分別為何？

解

質量：

$$m = \frac{m_0}{\sqrt{1-\frac{v^2}{c^2}}} \Rightarrow m = \frac{1.67 \times 10^{-27}}{\sqrt{1-\frac{(0.9c)^2}{c^2}}}$$

$$\approx 3.83 \times 10^{-27} \text{ (kg)}$$

動量大小：

$$p = mv \Rightarrow P = (3.83 \times 10^{-27})(0.9 \times 3 \times 10^8)$$
$$\approx 1.03 \times 10^{-18} \text{ (kg·m/s)}$$

動能：

$$K = (m - m_0)c^2 \Rightarrow K = (3.83 \times 10^{-27} - 1.67 \times 10^{-27})(3 \times 10^8)^2$$
$$\approx 1.94 \times 10^{-10} \text{ (J)}$$

21-2　量子論 (Quantum Physics)

二十世紀初，物理學家為了解釋黑體輻射與光電效應等現象，引入能量是量子化的概念。波爾利用此觀念，成功地解釋了氫原子的光譜。其後，康卜吞實驗證實，光波具有粒子的性質，湯姆遜實驗則證實，電子也具有波的性質。至此，波與粒子二象性得以被接受。

21-2-1　黑體輻射 (Black Body Radiation)

學習方針

黑體 (black body)：
測量熱輻射時，若物體沒有反射，只有熱輻射，此物體被稱為黑體。

黑體輻射：
由黑體產生的熱輻射，稱為黑體輻射。

眾所周知，物體在散熱時，會放出熱輻射，使其溫度下降，在吸熱時，會吸收熱輻射，使其溫度上升。熱輻射為一電磁波，在室溫時，其波長主要在紅外線區，肉眼無法看見。當物體改變溫度時，其發出的熱輻射波長，會隨溫度的升高而變短，進入可見光區，甚至到達紫外線區。

一般在測量物體的熱輻射時，會同時測量到由物體表面反射而來的熱輻射。十九世紀末，物理學家為了研究物體溫度，與熱輻射

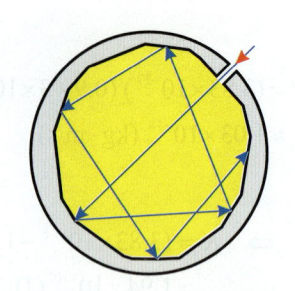

圖 21-3　鑽有小孔、內壁粗糙的空腔，可用來替代黑體。

波長及其熱輻射能量間的關係，需要一個沒有反射，只能熱輻射的物體，此物體被稱為黑體。為了達到黑體的效果，可以一鑽有小孔，內壁保持恆溫的空腔來替代熱物體，如圖 21-3 所示。由此黑體產生的熱輻射稱為黑體輻射。

物理學家利用空腔實驗，可得到黑體輻射的強度分佈 $I(T, \lambda)$，在不同腔壁溫度下，隨輻射波長 λ 的變化情況，如圖 21-4 所示。由圖 21-4 可看出，三個不同曲線，其輻射強度的極大值會隨溫度的增加，而向較小波長的位置移動。

許多物理學家應用當時的古典物理理論，無法詮釋圖 21-4。其後物理學家普朗克，在放棄能量是連續的古典物理觀念，而以能量是不連續 (量子化) 的概念，圓滿地解釋了圖 21-4 的現象。

普朗克的能量量子化概念如下：假定空腔壁上帶電粒子的運動，有如一振子在同一地點，以特定頻率 f 來回的振盪。而腔壁上

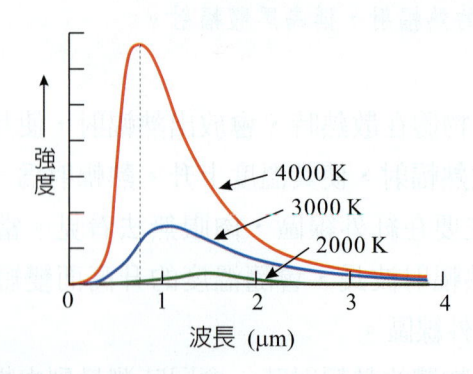

圖 21-4　不同溫度 T 下，黑體輻射強度與輻射波長 λ 的關係。

各振子在吸收或輻射能量時，並非連續的吸收或輻射能量，而是以基本能量單位 hf 的整數倍來吸收或輻射。hf 稱為一個**能量量子** (energy quantum) 的能量，h 稱為普朗克常數，其值為 6.63×10^{-34} J．s （或 4.136×10^{-15} eV．s）。

普朗克的假設：
$$E = nhf$$
$$= nh\frac{\omega}{2\pi}$$
$$= n\hbar\omega$$
f：頻率
ω：角頻率

例題 21-8

一鑽有小孔，內壁保持恆溫的空腔，為何能達到黑體的效果？

解

原因之一：因孔小，且腔壁保持恆溫，故由小孔逸出的少量輻射，不易影響空腔內恆溫輻射的平衡性質。

原因之二：外界經由小孔進入腔內的輻射，不太有機會再經小孔反射出來。在空腔內的輻射，經腔壁的多次反射或吸收後，再經小孔射出時，其輻射的性質，已與空腔內恆溫輻射的性質相同。

例題 21-9

彈簧一端固定，另一端繫一物體，平放於一光滑的桌面上。物體的質量為 0.2 kg，彈簧的彈力常數為 50 N/m。若將物體拉離彈簧的平衡位置 0.2 m，讓其來回振盪，試問：

(1) 物體的振盪頻率為若干？
(2) 其能量量子的能量為若干？
(3) 若不考慮其重力位能，物體的總力學能為何？
(4) 若將此物體視為一振子，它需要吸收多少能量量子，才能讓物體的總力學能增加萬分之一倍？

解

(1) 振盪頻率

$$f = \frac{1}{2\pi}\sqrt{\frac{k}{m}} \Rightarrow f = \frac{1}{2\pi}\sqrt{\frac{50}{0.2}}$$
$$\approx 2.5 \text{ (Hz)}$$

(2) 能量量子的能量

$$E_i = hf \Rightarrow E_i = (6.63 \times 10^{-34})(2.5)$$
$$\approx 1.66 \times 10^{-33} \text{ (J)}$$

(3) 因不考慮重力位能，故物體的總力學能 E，與其最大振幅的彈力位能 $U_{s\max}$ 相同。即

$$E_t = U_{s\max} \Rightarrow E_t = \frac{1}{2}kA^2$$
$$= \frac{1}{2}(50)(0.2)^2$$
$$= 1 \text{ (J)}$$

(4) 物體需要吸收的能量量子數

$$n = \frac{E_t}{E_i} \Rightarrow n = \frac{1 \times \frac{1}{10000}}{1.66 \times 10^{-33}}$$
$$\approx 6.02 \times 10^{28} \text{ (個能量量子)}$$

由於物體吸收如此多的能量量子數後，只能讓其總力學能增加萬分之一倍。就此一巨觀的振子而言，其能量量子化的性質，顯然是不明顯的。

21-2-2 光電效應 (The Photoelectric Effect)

光電效應：

光照射到金屬表面，會有電子產生的現象，稱為光電效應。產生的電子被稱為光電子。

底限頻率 (threshold frequency)：

入射光的頻率必須大於某一特定頻率 f_0，才能產生光電子。此一特定頻率稱為底限頻率。

光照射到金屬表面會有電子產生的現象，稱為光電效應。產生的電子被稱為光電子。匈牙利人連納德 (Philip Lenard, 1862-1947) 在深入研究光電效應現象後，得到以下三點重要結論：

1. 入射光的頻率必須大於某一特定頻率 f_0，才能產生光電子。此一特定頻率稱為<u>底限頻率</u> (threshold frequency)，其值與被照射之金屬材料有關。
2. 光電子的最大動能會隨入射光頻率的增加而變大，與入射光的強度無關。
3. 頻率不變，增加入射光的強度，會產生較多的光電子，但無法改變光電子的最大動能。

上述結論無法經由古典電磁波的理論圓滿解釋。其後愛因斯坦經由普朗克的能量量子化概念的啟發，於 1905 年提出了光的二重性學說，才圓滿的解釋了上述結論。

愛因斯坦的光粒子學說簡述如下：光在空間中傳播時，同時具有波與粒子的性質。一頻率 f 的光波，其光粒子 (或稱為光子或光量子) 具有的能量 E 與動量 p 為

$$E = hf \tag{21-11a}$$

$$p = \frac{E}{c} \quad (c \text{ 為光速}) \tag{21-11b}$$

$$p = \frac{E}{c} = \frac{hf}{\lambda f} = \frac{h}{\lambda}$$

愛因斯坦的光粒子學說解釋光電效應現象如下：當光照射到金屬板時，光量子會與金屬板上，原子中的電子發生碰撞。若光量子的頻率 f 夠大 (亦即光量子的能量 E 夠大)，超過其底限頻率 f_0 時，電子將被撞出金屬板，形成光電子。此光電子的動能

$$K = hf - hf_0 = hf - e\Phi \tag{21-12}$$

(21-12) 式中，e 為基本電量，Φ 為一常數，$e\Phi$ 稱為功函數 **[註二]**。

例題 21-10

下圖為一般產生光電效應現象的實驗裝置。圖中，V 為一可變電壓，其兩極分別連接 P 與 C 兩金屬板，其中，P 金屬板產生光電子，而 C 金屬板接受光電子。當 C 金屬板的電位高於 P 金屬板的電位時，電壓 V 稱為順向電壓，反之，則稱為逆向電壓。試問，在何

種情況下的電壓 V 可用來測量光電子的最大動能 K_{max}？K_{max} 與測得的電壓間關係為何？

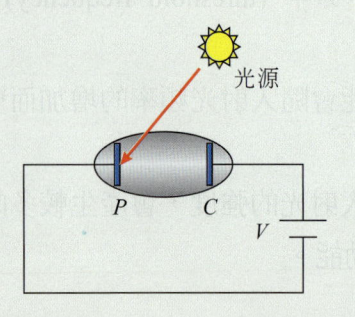

解

利用逆向電壓 V，逐漸增高其電壓 V，減少其光電流。當光電流減少至零時的逆向電壓 V，稱為截止電壓 V_s。此時，電子的荷電量 e 與 V_s 的乘積，即為光電子的最大動能 K_{max}，亦即 $K_{max} = eV_s$。

例題 21-11

欲使一金屬板產生光電效應，其入射光的底限頻率為 2.00×10^{14} Hz。試問：

(1) 金屬板的功函數為何？

若以頻率為 3.00×10^{14} Hz 的光照射此金屬板，則所產生的光電子，其

(2) 最大動能為何？
(3) 最小動能為何？
(4) 其截止電壓又為何？

解

(1) 功函數

$$e\Phi = hf_0 \Rightarrow e\Phi = 6.63 \times 10^{-34} \times 2.00 \times 10^{14}$$
$$\approx 1.33 \times 10^{-19} \text{ (J)}$$

(2) 最大動能

$$K_{max} = hf - e\Phi \Rightarrow K_{max} = 6.63 \times 10^{-34} \times 3.00 \times 10^{14} - 1.33 \times 10^{-19}$$
$$\approx 6.59 \times 10^{-20} \text{ (J)}$$

(3) 最小動能

$K_{min} = 0 \text{ (J)}$

(4) 截止電壓

$V_s = \dfrac{K_{max}}{e} \Rightarrow V_s = \dfrac{6.59 \times 10^{-20}}{1.6 \times 10^{-19}}$
$\approx 0.41 \text{ (V)}$

21-2-3　原子結構的模型 (Atomic Structrue Model)

波爾的兩項假設：

1. 電子僅會在特定的軌道穩定的運行，且運行時，不會發射電磁波。軌道上電子的角動量 L，滿足下列條件：

$$L = n\dfrac{h}{2\pi} \qquad n = 1, 2, 3, \cdots \qquad (21\text{-}13)$$

2. 電子由能量為 E_n 的軌道，躍遷至能量為 E_m 的軌道時，若 $E_n > E_m$，則原子會放出頻率為 f_{nm} 的光子。反之，若 $E_n < E_m$，則原子會吸收頻率為 f_{nm} 的光子。此光子頻率 f_{nm} 的大小為

$$f_{nm} = \dfrac{|E_n - E_m|}{h}$$

　　長久以來，人們均認為電中性的原子是構成物質的基本單位。當十九世紀末，一帶負電，質量比原子輕很多的電子被發現時，人們推斷，電子才是構成物質的基本單位之一，並存在於原子中。又由於原子為電中性，因此推斷，另有較電子為重，帶正電的物質，亦存在於原子中。至於這些電子與帶正電的物質，在原子中是如何分佈，科學家提供了不同的原子結構模型。

1904 年湯姆遜認為，原子中所帶的正電，係均勻分佈在原子中，而電子則像葡萄乾似地散佈在原子中。電子受到其四周正電的影響，會來回振盪，或停留在其平衡位置上。此模型能說明原子的大小，也可定性的說明原子為何穩定，因此，在當時是被大家接受的模型。1909 年，拉塞福在 α 粒子的散射實驗，發現 α 粒子會被其靶原子彈射回來。若靶原子內所帶的正電，如同湯姆遜所述，係鬆散的均勻分佈在原子中，則 α 粒子斷無被彈回的道理。因此，他認為原子中所帶的正電，是集中在一個很小的區域，猶如一硬核 (即原子核)，而電子有如行星繞太陽一樣，對原子核繞行。原子核帶有大部分原子的質量，其與電子間以庫倫力相互作用。此原子模型有兩個主要問題：

1. 無法說明為何原子可穩定的存在？因依據馬克士威爾電磁理論，電子繞原子核作加速度運動時，應會不斷放出電磁波，將能量輻射出去，最終會讓電子墜入原子核中。
2. 無法說明為何特定元素的原子，會產生特定的非連續性光譜？

1911 年，波爾以拉塞福原子模型為基礎，對其問題作了兩項假設，來說明原子的結構及其輻射機制：

1. 電子在原子中，僅會在一些特定的軌道上穩定的運行，且運行時，不會發射電磁波。在這些軌道上，電子的角動量 L 須滿足下列條件：

$$L = n\frac{h}{2\pi} \qquad n = 1, 2, 3, \cdots \tag{21-13}$$

2. 電子在軌道之間產生躍遷時，能量會產生變化。電子由能量為 E_n 的軌道，躍遷至能量為 E_m 的軌道時，若 $E_n > E_m$，則原子會放出頻率為 f_{nm} 的光子。反之，若 $E_n < E_m$，則原子會吸收頻率為 f_{nm} 的光子。此光子頻率 f_{nm} 的大小為

$$f_{nm} = \frac{|E_n - E_m|}{h} \tag{21-14}$$

利用上述兩項假設，波爾將氫原子中，電子在穩定軌道上的能量推導出來，並計算氫原子可能產生的光譜，其結果與實驗所得到的光譜十分相符。氫原子是由一個質子（氫原子核內無中子）與一個電子組成。若電子的質量為 m，帶電量為 e。設該電子穩定的在量子數為 n 的軌道上，以半徑 r_n，速率 v_n，繞著質子作等速率圓周運動，則根據 (21-13) 式，可得

軌道半徑　　　　$r_n = \varepsilon_0 \dfrac{n^2 h^2}{\pi m e^2}$　　　　(21-15)

電子的速率　　　$v_n = \dfrac{1}{\varepsilon_0} \dfrac{e^2}{2nh}$　　　　(21-16)

電子的動能　　　$K_n = \dfrac{1}{2} m v_n^2 = \dfrac{1}{\varepsilon_0^2} \dfrac{m e^4}{8 n^2 h^2}$　　　　(21-17)

氫原子的位能　　$U_n = -\dfrac{1}{4\pi\varepsilon_0} \dfrac{e^2}{r_n} = -\dfrac{1}{\varepsilon_0^2} \dfrac{m e^4}{4 n^2 h^2}$　　　　(21-18)

氫原子的總能量　$E_n = K_n + U_n = -\dfrac{1}{\varepsilon_0^2} \dfrac{m e^4}{8 n^2 h^2}$　　　　(21-19)

例題 21-12

計算氫原子在基態 ($n = 1$) 時，其電子的軌道半徑 r_1 與速率 v_1。

解

$r_n = \varepsilon_0 \dfrac{n^2 h^2}{\pi m e^2} \xrightarrow{n=1} r_1 = \dfrac{(8.854 \times 10^{-12} \text{ C}^2/\text{N} \cdot \text{m}^2)(6.626 \times 10^{-34} \text{ J} \cdot \text{s})^2}{(3.142)(9.109 \times 10^{-31} \text{ kg})(1.602 \times 10^{-19} \text{ C})^2}$

$\approx 5.292 \times 10^{-11}$ m

$v_n = \dfrac{1}{\varepsilon_0} \dfrac{e^2}{2nh} \xrightarrow{n=1} v_1 = \dfrac{(1.602 \times 10^{-19} \text{ C})^2}{(8.854 \times 10^{-12} \text{ C}^2/\text{N} \cdot \text{m}^2)(2)(6.626 \times 10^{-34} \text{ J} \cdot \text{s})}$

$\approx 2.19 \times 10^6$ m/s

故知氫原子在基態時，電子運行的軌道半徑約為 5.292×10^{-11} m，運行速率約為 2.19×10^6 m/s。

例題 21-13

(1) 計算氫原子在第一激發態 ($n = 2$) 時，其電子的動能 K_2，氫原子的位能 U_2，總能量 E_2。

(2) 計算氫原子，由第一激發態回到基態時，所發射出光子的波長。

解

(1) 因電子的動能 K_2、氫原子的位能 U_2 及總能量 E_2 有共同項 A，A 為

$$A = \frac{me^4}{8\varepsilon_0^2 h^2} = hcR$$

$\Rightarrow$

$$\begin{aligned}A &= (6.626\times 10^{-34} \text{ J}\cdot\text{s})(2.998\times 10^8 \text{ m/s})(1.097\times 10^7 \text{ m}^{-1}) \\ &= 2.179\times 10^{-18} \text{ J} \\ &= 13.60 \text{ eV}\end{aligned}$$

電子的動能

$$K_2 = \frac{1}{\varepsilon_0^2}\frac{me^4}{8(2)^2 h^2}$$

$$K_2 = \frac{A}{2^2} \quad \Rightarrow \quad K_2 = \frac{13.60 \text{ eV}}{(2)^2} = 3.40 \text{ eV}$$

氫原子的位能

$$U_2 = \frac{1}{\varepsilon_0^2}\frac{me^4}{4(2)^2 h^2}$$

$$U_2 = \frac{A}{2^2} \quad \Rightarrow \quad U_2 = -\frac{2\times 13.60 \text{ eV}}{(2)^2} = -6.80 \text{ eV}$$

氫原子的總能量

$$E_2 = K_2 + U_2 \quad \Rightarrow \quad E_2 = 3.40 \text{ eV} + (-6.80 \text{ eV}) = -3.40 \text{ eV}$$

R：
稱為芮得柏常數
(Rydberg constant)

$$R = \frac{me^4}{8\varepsilon_0^2 h^3 c}$$

$$\approx 1.0973732\times 10^7 \text{ m}$$

(2) 根據 $f_{nm} = \dfrac{E_n - E_m}{h}$，由第一激發態躍遷至基態時，所發射出的光子能量 E_{21} 為

$$E_{21} = E_2 - E_1 \quad \Rightarrow \quad E_{21} = -3.40 \text{ eV} - (-13.6 \text{ eV})$$
$$= hf_{21} \qquad\qquad\quad = 10.2 \text{ eV}$$
$$\qquad\qquad\qquad\qquad\quad = 1.63 \times 10^{-18} \text{ J}$$

因 $f_{21}\lambda_{21} = c$，故其光子波長 [註三][註四]

$$\lambda_{21} = \dfrac{hc}{E_{21}} \quad \Rightarrow \quad \lambda_{21} = \dfrac{(6.626 \times 10^{-34} \text{ J·s})(3.00 \times 10^8 \text{ m/s})}{1.63 \times 10^{-18} \text{ J}}$$
$$= 122 \times 10^{-9} \text{ m}$$
$$= 122 \text{ nm}$$

$E_{21} = hf_{21}$
$f_{21}\lambda_{21} = c$
$\Rightarrow \lambda_{21} = \dfrac{c}{f_{21}}$
$\qquad = \dfrac{hc}{E_{21}}$
$1 \text{ eV} = 1.6 \times 10^{-19} \text{ J}$

21-2-4 康卜吞效應 (Compton Effect)

學習方針

康卜吞波長 (Compton wavelength)：
$$\lambda' = \dfrac{h}{mc}$$

康卜吞位移 (Compton shift)：
$$\Delta\lambda = \lambda' - \lambda = \dfrac{h}{mc}(1 - \cos\theta)$$

　　1923 年，康卜吞 (Arthur Holy Compton) 利用愛因斯坦的光量子論，解釋了 X 射線對電子散射後，波長會變長的現象，此現象稱為康卜吞效應。

　　康卜吞效應的實驗裝置與結果如圖 21-5(a) 與 (b) 所示。

　　圖 21-5(a) 中，波長為 λ 的單頻率 X 射線，經狹縫 C 入射於石墨靶，在特定的散射角 θ，利用晶體對散射後的 X 射線所產生的繞射，度量散射後的 X 射線波長 λ'。由實驗結果圖 21-5(b) 發現，不同散射角 θ ($\theta \neq 0$) 均會得到兩個散射 X 射線波長。其中一個波長與

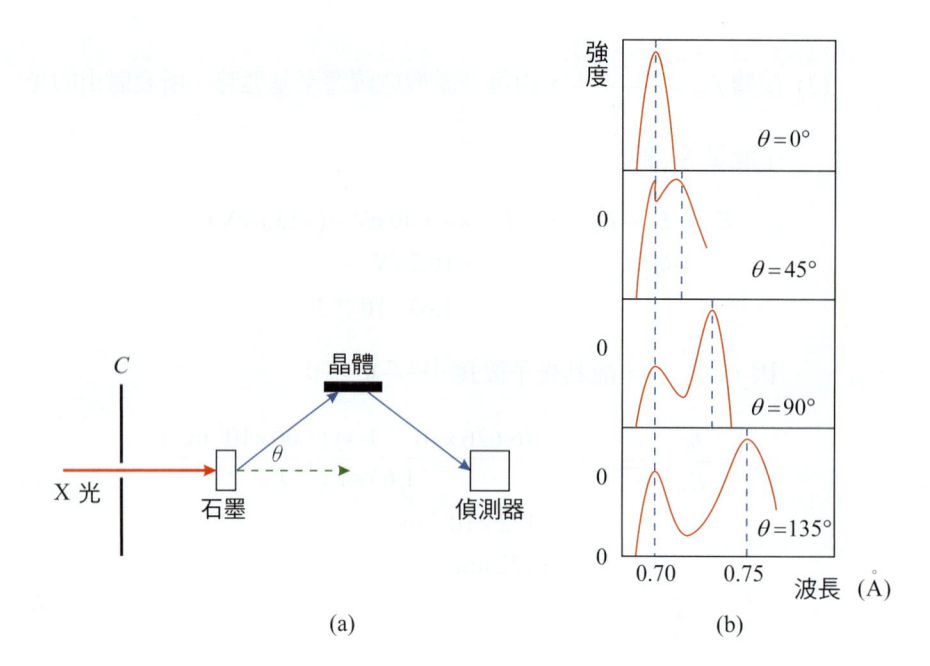

圖 21-5　(a) 康卜吞效應的實驗裝置圖；(b) 實驗結果。

入射的 X 射線波長 λ 相同，另一個波長 λ' 則較 λ 為長，且 θ 越大，λ' 越長。根據康卜吞的解釋，X 射線可視為光量子，當它與緊密束縛於原子中的電子碰撞時，由於原子較重，不易產生反彈，電子的動量與能量，在碰撞的過程中，幾乎沒有損失，此為 $\lambda' = \lambda$ 的原因。當光量子與較少束縛於原子中的電子碰撞時，電子會帶走部分動量與能量，此為 $\lambda' > \lambda$ 的原因。設電子質量為 m，光速為 c，並利用光量子與電子，在碰撞前後，其動量與能量均需守恆的條件，可推導出，在不同散射角 θ 時，λ' 與 λ 之差 [註五]

$$\Delta \lambda = \lambda' - \lambda = \frac{h}{mc}(1 - \cos\theta) \tag{21-20}$$

(21-20) 式中，$\frac{h}{mc}$ 值約為 2.426×10^{-12} m。

由 (21-20) 式可看出，因 $\cos\theta \leq 1$，故 $\lambda' \geq \lambda$，亦即 X 射線對電子散射後的波長 λ'，會比其散射前的波長 λ 為大。

例題 21-14

波長為 0.124 nm 的 X 射線光子，經康卜吞散射後，其波長較散射前，最多增長了多少百分比？

解

由 $\Delta\lambda = \lambda' - \lambda = \dfrac{h}{mc}(1-\cos\theta)$ 知，散射角 $\theta = 180°$ 時，增長的波長 $\Delta\lambda_{max}$ 最長，增長的波長百分比最大為

$$\dfrac{\Delta\lambda_{max}}{\lambda} \times 100\%$$

$$= \dfrac{\dfrac{h}{mc}(1-\cos 180°)}{\lambda} \times 100\%$$

$$= \dfrac{(2.426 \times 10^{-3}\text{ nm})(2)}{0.124\text{ (nm)}} \times 100\%$$

$$\approx 3.9\%$$

21-2-5 波與粒子二象性

物質波 (matter wave)：
德布羅意認為，粒子的能量為 E，動量為 p，則物質波的頻率 f 與波長 λ 為

$$f = \dfrac{E}{h}$$

$$\lambda = \dfrac{h}{p}$$

德布羅意波長 (de Broglie wavelength) 即指物質波波長 λ。

> 海森堡測不準原理 (Heisenberg uncertainty principle)：
> 海森堡認為，在測量一粒子的一些物理量時，由於物質的量子結構關係，因此無法做到無限精確的測量。
> 例如：$\Delta x \cdot \Delta p \geq \dfrac{h}{2\pi}$

上述康卜吞散射實驗，在推導 (21-20) 式的過程中，將 X 射線視為粒子，而用到 $p = \dfrac{hf}{c}$ 的關係。但在實驗決定其波長 λ' 時，則將 X 射線視為波，而用其對晶體的繞射來決定。再次證明了光具有波與粒子二象性。據此現象，德布羅意 (Louis Victor de Broglie)，將光的二象性觀念推廣，他認為每一個粒子均伴有一定的波，此波稱為物質波。若粒子的能量為 E，動量為 p，則物質波頻率 f 與波長 λ 分別為

$$f = \frac{E}{h} , \quad \lambda = \frac{h}{p} \tag{21-21}$$

後經湯姆遜以固定能量的電子束，透射金屬薄膜，得到了電子繞射譜圖樣，證實了粒子的波性質並分析出電子束的波長。

將 (21-21) 式各項移項，並利用物質波波長 $\lambda = \dfrac{c}{f}$ 關係，可得 $E = hf$，$p = \dfrac{E}{c}$。此式與愛因斯坦光粒子學說所導出的 (21-11) 式相同，但其出發點卻是完全不同的。愛因斯坦認為，頻率為 f 的傳統光波具有能量 $E = hf$，動量 $p = \dfrac{E}{c}$ 的粒子 (光量子) 性質；而德布羅意則認為，能量為 E、動量為 p 的傳統粒子，具有頻率 $f = \dfrac{E}{h}$，波長 $\lambda = \dfrac{h}{p}$ 的波 (物質波) 性質。然而兩者形式的一致，則暗示了波與粒子二象性的普遍性。

第 21 章　近代物理 (I) ── 原子與量子物理　819

　　1927 年，波爾提出<u>互補原理</u> (complementarity principle)，對波與粒子二象性作詮釋。他認為單以波與粒子，均不足以表達前述光 (或電子) 的全部性質，應將波與粒子性質彼此視為互補，作為光 (或電子) 的表象。當光 (或電子) 的波性質較明顯時，其粒子性質就較不明顯；反之，當光 (或電子) 的粒子性質較明顯時，其波性質就較不明顯。至於光 (或電子) 是顯示波的性質，還是顯示粒子的性質，那要看它是在哪種環境下，以何種方法去測量。

　　1932 年，海森堡 (Werner Karl Heisenberg) 認為，在測量一粒子的一些物理量時，由於物質的量子結構關係，我們無法做到無限精確的測量。例如，我們無法精確測量到一電子的位置 x 與動量 p，若位置 x 的不確定值為 Δx，動量 p 的不確定值為 Δp，則 Δx 與 Δp 間有如下關係

$$\Delta x \cdot \Delta p \geq \frac{h}{2\pi} \tag{21-22}$$

稱為測不準原理。

例題 21-15

以動能為 216 eV 的電子束，對一晶體做繞射實驗，若形成第一級 ($n = 1$) 相長性干涉時，電子束與晶格平面的夾角為 17°，試問：
(1) 此電子的物質波波長為若干？
(2) 晶體中，晶格平面的間距為若干？

解

(1) 設電子的質量為 m，速率為 v，動能為 K，動量為 p，物質波波長為 λ，則

$$K = \frac{1}{2}mv^2 \Rightarrow 2mK = m^2v^2$$
$$2mK = p^2$$
$$p = \sqrt{2mK}$$
$$= \frac{h}{\lambda}$$

$1\overset{\circ}{A} = 10^{-8}$ cm
$= 10^{-10}$ m

$n\lambda = 2d \sin\theta$

$$\lambda = \frac{h}{\sqrt{2mK}} \Rightarrow \lambda = \frac{6.63\times 10^{-34}}{\sqrt{2\times 9.11\times 10^{-31}\times 216\times 1.6\times 10^{-19}}}$$

$$\approx 0.84\times 10^{-10} \text{ (m)}$$

$$= 0.84 \text{ (Å)}$$

(2) 由 $2d\sin\theta = 1\times\lambda$，得晶格平面間距 d 為

$$d = \frac{\lambda}{2\sin\theta} \Rightarrow d = \frac{0.84\times 10^{-10}}{2\times \sin 17°}$$

$$\approx 1.44\times 10^{-10} \text{ (m)}$$

$$= 1.44 \text{ (Å)}$$

例題 21-16

假設測得一電子，以 2.05×10^6 m/s 的速率，沿 x 軸方向行進，其速率的誤差為 0.50%。試問，測量此電子位置的不確定值至少有多大？

解

設電子質量為 m，其速率的不確定值為 Δv_x，則根據題意，動量的不確定值

$$\Delta p_x = m\,\Delta v_x \Rightarrow \Delta p_x = m(0.0050\times v_x)$$
$$= (9.11\times 10^{-31} \text{ kg})(0.0050\times 2.05\times 10^6 \text{ m/s})$$
$$= 9.34\times 10^{-27} \text{ (kg·m/s)}$$

根據測不準原理，電子位置的最小不確定值

$\Delta x\,\Delta p_x \geq \dfrac{h}{2\pi}$

$$\Delta x_{\min} = \frac{h}{2\pi\,\Delta p_x} \Rightarrow \Delta x_{\min} = \frac{6.63\times 10^{-34} \text{ J·s}}{2\pi\times 9.34\times 10^{-27} \text{ kg·m/s}}$$

$$\approx 1.13\times 10^{-8} \text{ m}$$

21-2-6　薛丁格方程式

薛丁格方程式 (Schrödinger equation)：

$$i\hbar \frac{\partial}{\partial t}\psi(x,t) = -\frac{\hbar^2}{2m}\frac{\partial^2}{\partial x^2}\psi(x,t) + V(x)\psi(x,t)$$

$\psi(x,t)$：物質波的波函數

前述德布羅意認為，任何行進中的粒子均伴有一定的物質波，且海森堡的測不準原理說明了粒子的位置有其不確定性，但物質波是如何行進，並未告知。在 1926 年，薛丁格提出薛丁格波動方程式，解決了此一問題。他認為一質量為 m，僅在 x 軸上移動的粒子，於時間 t 時，其物質波的波函數 $\psi(x,t)$ 需滿足下列波動方程式

$$i\hbar \frac{\partial}{\partial t}\psi(x,t) = -\frac{\hbar^2}{2m}\frac{\partial^2}{\partial x^2}\psi(x,t) + V(x)\psi(x,t) \tag{21-23}$$

上式稱為薛丁格方程式，為一偏微分方程式，是量子力學的主要方程式之一。式中 $i = \sqrt{-1}$；$\hbar = \frac{h}{2\pi}$，h 為普朗克常數；$V(x)$ 為粒子的位能函數。根據 (21-23) 式，在時刻 t，位置 x 到 $x + dx$ 區間，該粒子被找到的機率為 $|\psi(x,t)|^2 dx$。$|\psi(x,t)|^2$ 稱為機率密度，其值越大，找到該粒子的機會也越多。由於粒子必定存在於 x 軸上，因此將粒子在 x 軸上的所有機率相加必等於 1。可以積分表示如下

$$\int_{-\infty}^{\infty} |\psi(x,t)|^2 dx = 1 \tag{21-24}$$

21-3 原子核與粒子物理簡介

21-3-1 原子核的性質 (Nuclear Property)

拉塞福的 α 粒子散射實驗，證實了原子的中心有一帶正電的原子核存在，其半徑僅約為 $10^{-14} \sim 10^{-15}$ m，比原子的半徑 (約為 10^{-10} m) 小很多。

1935 年，查兌克 (Chadwick) 利用 α 粒子撞擊硼原子，證實了原子核中，不僅有帶正電的質子外，還有一種質量與質子約略相同，且不帶電的中子存在。電子與質子的質量分別約為 9.1×10^{-31} kg 與 1.67×10^{-27} kg，而中子質量約為質子質量的 1.008666 倍。原子核中的質子與中子通稱為核子。

原子或原子核的質量常以**原子質量單位** (atomic mass unit, amu，常表示為 u) 表示，而 1 u = 1.66×10^{-27} kg。例如

質子質量 $m_p \approx 1.67 \times 10^{-27}$ kg ≈ 1.00728 u

中子質量 $m_n \approx 1.674 \times 10^{-27}$ kg ≈ 1.00866 u

例題 21-17

(1) 計算一氧原子核的平均密度。
(2) 假設氧原子的核子是均勻分佈在其原子中，計算其原子的平均密度。

解

原子核半徑 $r_N \sim 10^{-15}$ m

質子半徑 $r_A \sim 10^{-10}$ m

(1) 氧原子核密度

$$D_N = \frac{M_N}{V_N} \Rightarrow D_N = \frac{16\,\text{u}}{\frac{4\pi}{3} r_N^3}$$

$$\approx \frac{16 \times 1.66 \times 10^{-27}}{\frac{4\pi}{3}(10^{-15})^3}$$

$$\approx 6.34 \times 10^{18}\ (\text{kg/m}^3)$$

(2) 氧原子密度

$$D_A = \frac{M_A}{V_A} \Rightarrow D_A = \frac{16\,\text{u}}{\frac{4\pi}{3}r_A^3}$$

$$\approx \frac{16 \times 1.66 \times 10^{-27}}{\frac{4\pi}{3}(10^{-10})^3}$$

$$\approx 6.34 \times 10^3\ (\text{kg/m}^3)$$

21-3-2 原子核的穩定性 (Stability of Nuclei)

1935 年，日本物理學家湯川秀樹提出，原子核內的核子間，存在著一種相互吸引的核力 (或稱強交互作用)，將核子聚集在一起，不會因質子間的庫倫排斥力而分開，使原子核處於穩定狀態。此核力具有以下特性：

1. 核力與核子所帶電荷無關，且為吸引力。
2. 核力在小於原子核半徑的範圍 (約 10^{-15} m) 內，遠較電磁力強 (約強 100 倍)。超過此範圍，核力將會隨距離的增加而迅速遞減。
3. 核力具有飽和性，亦即，原子核中不論有多少個核子存在，任一核子僅能與鄰近的少數幾個核子發生作用。

當原子核內質子數目較多 (即原子核的原子序較大) 時，由於核力具有飽和性，相形之下，原子核內部的庫倫排斥力，將較核力明顯，因此會使原子核較不穩定。此不穩定的原子核 (或稱具有放射性的原子核)，常利用放射出 α 粒子 (氦原子核)、β 粒子 (電子) 或 γ 射線 (能量高的光子)，來增加其穩定性，此過程稱為 (自然) 核衰變。原子序大於 83 的原子核均屬此類原子核，除了會放射出 α 粒子、β 粒子或 γ 射線外，有時會分裂成兩個質量相當的原子核，這種現象又稱為核分裂。

21-3-3 原子核的放射性 (Nuclear Radiation)

原子核的放射性，是由核內部的結構決定，不受溫度、壓力或化學作用的影響。單一原子核何時發生衰變，完全遵守機率規則。若放射性原子核的總數為 N，放射性原子核在 dt 時間內，減少了 dN 個放射性原子核，則將其衰變率 R 定義為 $-\dfrac{dN}{dt}$，負號表示原子核數目是在減少。衰變率應與 N 成正比關係，亦即

$$R = -\frac{dN}{dt} = \lambda N \tag{21-25}$$

(21-25) 式中，λ 為比例常數，稱為衰變常數。不同種類的放射性原子核有不同的衰變常數。衰變率的單位為**居里** (curie, Ci)，1 居里 = 3.7×10^{10} 蛻變/秒，相當於 1 克鐳的衰變率。

若在時間 $t = 0$ 時，放射性原子核的總數為 N_0，由 (21-25) 式，可得任意時間 t 時，剩餘的放射性原子核總數

$$N = N_0 e^{-\lambda t} \tag{21-26}$$

一放射性物質其放射性原子核衰變為原有數量的一半時，所需的時間稱為該放射性物質的**半衰期** (half-life)。

根據 (21-26) 式，可得放射性物質的半衰期 τ 與其衰變常數 λ 間有如下關係

$$\tau = \frac{\ln 2}{\lambda} = \frac{0.693}{\lambda} \tag{21-27}$$

$R = -\dfrac{dN}{dt} = \lambda N$

$\dfrac{dN}{N} = -\lambda dt$

$\ln N \big|_{N_0}^{N} = -\lambda t \big|_0^t$

$\ln N - \ln N_0 = -\lambda t$

$\ln\left(\dfrac{N}{N_0}\right) = -\lambda t$

$N = N_0 e^{-\lambda t}$

$t = \tau$

$N = \dfrac{1}{2} N_0$

$\dfrac{1}{2} N_0 = N_0 e^{-\lambda \tau}$

$\ln 1 - \ln 2 = -\lambda \tau$

$\ln 1 = 0$

$\lambda \tau = \ln 2$

$\tau = \dfrac{\ln 2}{\lambda}$

例題 21-18

鍶 ($^{90}_{38}\text{Sr}$) 的 β 衰變半衰期為 28 年，試問：
(1) 其衰變常數 λ 為若干？
(2) 1 克鍶樣品，其放射活性 (即衰變率) R 為若干 Ci (居里)？

解

(1) 衰變常數

$$\lambda = \frac{0.693}{\tau} \Rightarrow \lambda = \frac{0.693}{28 \text{ y}}$$

$$\approx 2.48 \times 10^{-2} \text{ y}^{-1}$$

$$\approx 7.85 \times 10^{-10} \text{ (s}^{-1}\text{)}$$

(2) 衰變率

$$R = \lambda N \Rightarrow R = (7.85 \times 10^{-10})(\frac{1}{90} \times 6.02 \times 10^{23})$$

$$= 5.25 \times 10^{12} \text{ (s}^{-1}\text{)}$$

例題 21-19

在活的生物體內，同位素 ^{14}C 與 ^{12}C 含量的比值為 10^{-13}。現有一古生物，其 ^{14}C 與 ^{12}C 含量的比值為 1.25×10^{-14}。已知 ^{14}C 的半衰期為 5730 年，則此古生物死時距今有多少年？

解

生物體死後，其體內的 ^{12}C 同位素無放射性，不會改變其含量，但 ^{14}C 同位素具有放射性，會減少其含量。因此，設 ^{12}C 同位素在生物體內的含量為 x，以 ^{14}C 同位素計算古生物死亡至今的年代 t 如下：

$$N = N_0 e^{-\lambda t}$$

$$N = N_0 e^{-\frac{0.693t}{\tau}} \Rightarrow 1.25 \times 10^{-14} x = (10^{-13} x) \left(e^{-\frac{(0.693)t}{5730}} \right)$$

$$t \approx 17200 \text{ (y)}$$

得此古生物死亡至今的時間約為 17200 年。

21-3-4 核分裂 (Nuclear Fission)

原子核受到粒子的撞擊，形成其它新原子核的過程，稱為核反應。例如，以慢中子撞擊鈾，會使鈾產生核分裂，並釋放出大量的

能量。其反應式如下：

$$^{235}_{92}U + ^{1}_{0}n \rightarrow ^{138}_{56}Ba + ^{95}_{36}Kr + 3^{1}_{0}n + 能量$$

上述反應式中的能量來自於核反應後，質量的減少所產生。一莫耳的 $^{235}_{92}U$，發生核反應所釋出的能量 (約 2×10^{13} J)，約為一莫耳碳完全燃燒後所釋出能量 (約 4×10^5 J) 的數百萬倍。

上述反應式釋放出來的 3 個中子，若經過緩衝劑 (水或重水) 作用，使其慢下來，將會引發鄰近的三個 $^{235}_{92}U$ 核產生分裂，並釋放出 9 個中子，這些中子會再引發鄰近更多的 $^{235}_{92}U$ 核產生分裂，如此分裂原子核的數目將會成幾何級數的增加，這類核反應稱為連鎖反應。原子彈與原子核反應器 (俗稱原子爐)，即是利用此連鎖反應製成。

一般天然鈾礦中，大部分為 $^{238}_{92}U$ 核，僅極少部分 (約 0.7%) 為 $^{235}_{92}U$ 核，因 $^{238}_{92}U$ 核無法產生連鎖反應，在製作原子彈與原子核反應器前，為了增加 $^{235}_{92}U$ 核產生連鎖反應的速度，必須經過濃縮過程，將 $^{235}_{92}U$ 核的濃度提高。此濃縮過程非常繁雜，且需大量的電力，並不是件容易的事，目前僅少數國家擁有鈾的濃縮工廠。

例題 21-20

一 α 粒子撞擊鈹所產生的核反應為：

$$^{4}He + ^{9}Be \rightarrow ^{12}C + ^{1}n$$

若核子 ^{4}He、^{9}Be、^{12}C 與 ^{1}n 的質量，分別為 4.0026 u、9.0122 u、12.0000 u 與 1.0087 u，則反應後，^{12}C 與 ^{1}n 的動能和，比 α 粒子的入射動能多出多少焦耳？

解

反應後減少的總質能 Δmc^2，即等於反應後增加的總動能 ΔK。因 ^{9}Be 無動能，故

$$\Delta K = (\Delta m) c^2$$
$$= [(4.0026 + 9.0122 - 12.0000 - 1.0087) \times 1.66 \times 10^{-27}] (3 \times 10^8)^2$$
$$\approx 9.11 \times 10^{-13} \text{ (J)}$$

1 u = 1.66×10^{-27} kg

21-3-5　核融合 (Nuclear Fusion)

　　質量數小的原子核，在高溫的情況下，會相互結合，形成一個質量數大的原子核，並釋放出能量，此種核反應稱為核融合。例如，太陽中隨時隨地都在進行的*質子-質子鏈* (p-p cycle) 核融合，其反應式如下【註六】：

$$2\,{}^{1}_{1}H + 2\,{}^{1}_{1}H \rightarrow 2\,{}^{2}_{1}H + 2e^{+} + 2\upsilon$$
(釋放出的能量為 2×1.44 MeV)

$$2\,{}^{2}_{1}H + 2\,{}^{1}_{1}H \rightarrow 2\,{}^{3}_{2}He + 2r$$
(釋放出的能量為 2×5.49 MeV)

$${}^{3}_{2}He + {}^{3}_{2}He \rightarrow {}^{4}_{2}He + 2\,{}^{1}_{1}H$$
(釋放出的能量為 12.86 MeV)

將上列三式合併得

$$4\,{}^{1}_{1}H \rightarrow {}^{4}_{2}He + 2e^{+} + 2\upsilon + 2\gamma$$
(釋放出的能量為 26.72 MeV)

式中，υ 稱為微中子，e^{+} 稱為正電子。正電子的質量與帶電量均與電子相同，但電性為正。

　　要讓質子克服庫倫位障，而相互融合，除了需要很高的溫度，以增加質子的動能外，還需要用磁場，來使質子間的相互距離儘可能的接近，達到核力作用的範圍 (10^{-15} m)。這在技術上相當困難，且所需花費的成本也太高，因此，目前仍無法將此核融合所釋放出的能量作實際的應用。

　　核融合的燃料可由水中提取 (水中含 0.017% 的重水 D_2O)，比起地球上蘊藏量有限的鈾，可說是取之不盡。且核融合反應也沒有核分裂反應的生成物所引發的輻射公害。因此，核融合可作為未來重要開發能源之一。

> 兩質子接近到 10^{-15} m 距離，此距離稱為核力範圍。

例題 21-21

欲將兩質子接近到 10^{-15} m 距離，試問：

(1) 需提供質子多大的動能？
(2) 若此能量是由熱能提供，則其平均溫度需達到多少 °C？

解

(1) 提供質子的動能 K，需等於兩質子相距 10^{-15} m 時，其靜電排斥位能 U，即

$$K = U = \frac{ke^2}{r} \Rightarrow K = \frac{9 \times 10^9 \times (1.6 \times 10^{-19})^2}{10^{-15}}$$
$$\approx 2 \times 10^{-13} \text{ (J)}$$

(2)

$$\varepsilon_{rms} = \frac{3}{2}kT \Rightarrow 2 \times 10^{-13} = \frac{3}{2}(1.38 \times 10^{-23})T$$
$$T \approx 10^{10} \text{ (°C)}$$

得所需平均溫度為 10^{10} °C，比太陽內部的溫度約高 1,000 倍。

21-3-6 基本粒子

兩千多年來，哲學家與科學家一直在為組成物質的最小單元尋找答案。在兩、三百年前，物理學家曾經將原子當作物質組成的最小單元。在 1932 年後，當原子中的電子、質子與中子被發現時，又將其視為最小單元。此後，由於多功能粒子加速器的建造與創新，許多新的粒子不斷被發現。截至目前為止，已經有超過三百個新粒子登錄在案。在這些粒子當中，有些不穩定，會衰變成其它粒子，有些雖然穩定，但經實驗發現，其內部還有其它構造，因而不能算是組成物質的基本粒子。例如，質子 (或中子) 的內部是由 3 個夸克 (quark) 基本粒子所組成，故質子 (或中子) 本身並非基本粒子。目前為止發現的基本粒子僅有 6 個輕子 (lepton)、6 個夸克 (quark)、8 個膠子 (gluons)、1 個光子 (photon)、Z^0、W^+ 及 W^- 等。

輕子是一群參與電磁及弱交互作用的粒子，它們的一些性質列於表 21-1。由表 21-1 中可看出，μ^- 與 τ^- 兩輕子質量較大，但壽命卻非常之短。

葛爾曼 (Gell Mann) 與喬治滋威 (George Zweig) 於 1964 年提出夸克模型，將夸克當作質子、中子或其它粒子的組織成分。到目

表 21-1 輕 子

名 稱	符 號	靜止質量 (MeV/c²)	電荷 (e)	壽命 (s)
電子	e^-	0.511	−1	穩定
電子態微中子	ν_e	$< 7 \times 10^{-7}$	0	穩定
渺子	μ^-	105.7	−1	2.2×10^{-6}
渺子態微中子	ν_μ	< 0.3	0	穩定
滔子	τ^-	1784	−1	$< 4 \times 10^{-13}$
滔子態微中子	ν_τ	< 30	0	穩定

表 21-2 夸 克

名 稱	符 號	靜止質量 (MeV/c²)	電荷 (e)
上夸克	u	5	+2/3
下夸克	d	10	−1/3
魅夸克	c	1500	+2/3
奇夸克	s	200	−1/3
頂夸克	t	175000	+2/3
底夸克	b	4300	−1/3

前為止，還沒有實驗可將夸克由這些粒子中拿出。不同夸克的一些性質如表 21-2 所示。表 21-2 顯示，夸克帶有非整數倍的電子電荷。其它膠子是夸克間，強作用力的媒介，而 Z^0、W^+ 及 W^- 則作為弱作用力的媒介。

習題

時間的相對性

21-1 一時鐘以一定速率，相對於靜止的觀測者，作等速直線運動。經過一年後，觀測者發現，他的鐘比運動中的時鐘快了一秒。若一年前兩時鐘是一樣快，試問，運動時鐘的速率為何？

長度的相對性

21-2 一飛機以 $0.2\ c$ 的速率飛越兩城市間。若兩城市間距離為 500 km，則對駕駛而言，(1) 這段行程歷時多久？(2) 這段行程的距離是多長？

勞倫茲轉換

21-3 地球上某人看見一太空梭，以 $0.4\ c$ 的速率向東方離開地球，同時也發現一不明物體，以 $0.7\ c$ 的速率向西方離開地球。試問：太空梭上的太空人，偵查到此不明物體的速度應為若干？

光的都卜勒效應

21-4 一放射性元素以 $0.6\ c$ 的速率，移向某研究人員。若此元素所放出之輻射線頻率，相對於靜止者為 5×10^{14} Hz，試問，此研究人員觀察到的輻射線頻率為若干？

相對論力學

21-5 質點在多大的速率下，質點線動量的相對論性量值為其古典量值的兩倍？

光電效應

21-6 以 350 nm 波長的光照在一金屬表面。若光電子的最大動能為 1.2 ev，則其截止電壓為何？

21-7 波長為 6.0×10^3 Å 的黃光射至一光電管，產生 1.2×10^{-7} A 的光電流。試問，每秒鐘引發此電流的光子數與光子總能量分別為若干？

第 21 章　近代物理 (I) —— 原子與量子物理　831

原子結構的模型

21-8　氫原子中，電子的游離能為 13.6 eV。若電子由第二激發態 ($n=3$) 躍遷至基態，則 (1) 其總能量減少多少？(2) 其軌道半徑減少多少？(3) 其角動量減少多少？(4) 其動能增加多少？

康卜吞效應

21-9　能量為 30 keV 的 X 射線，經康卜吞散射後，其散射角為 37°，試問：(1) X 射線之波長變化為何？(2) 其散射光子的能量為何？

波與粒子二象性

21-10　利用物質波的觀念，解釋波耳的角動量量子化條件 (即 $L = n\dfrac{h}{2\pi}$)。

原子核的放射性

21-11　一放射性樣品，剛製備好時，其衰變率為 15 μCi。經過 2.5 小時後，其衰變率下降為 9 μCi。試問：(1) 此核種的半衰期為何？(2) 最初放射性原子的數目為若干？

註

註一：都卜勒效應

在聲波的都卜勒效應討論中，觀測者測到的聲波頻率，會隨觀測者與聲源，相對於介質速度的不同而改變。但真空中的光波，無介質作為絕對的參考座標，因此，其頻率只會隨觀測者與光源相對速度的不同而改變。

註二：功函數

Φ 與電子在原子中受到的束縛能有關，束縛能越大，Φ 越大，電子脫離原子所需能量 (即功函數 $e\Phi$) 也越大，亦即，讓金屬板上的電子脫離，所需底限頻率的光量子能量 hf_0 也越大。

註三：

以「eV」作為能量單位，

1. 當氫原子在量子數為 n 的穩定態時，其總能量

$$E_n = -K_n = -\dfrac{2.18 \times 10^{-18}}{n^2} \text{ (J)} = -\dfrac{13.6}{n^2} \text{ (eV)}$$

2. 當氫原子由量子數為 n 的穩定態，躍遷至量子數為 m 的穩定態時，若 n

$> m$,則釋放出的光子能量

$$E_{n \to m} = E_n - E_m = -13.6 \left(\frac{1}{n^2} - \frac{1}{m^2} \right) (\text{eV})$$

$$= 13.6 \left(\frac{1}{m^2} - \frac{1}{n^2} \right) (\text{eV})$$

而釋放出的光子頻率

$$f_{n \to m} = \frac{E_{n \to m}}{h} = \left(\frac{13.6}{h} \right) \left(\frac{1}{m^2} - \frac{1}{n^2} \right)$$

$$= \left(\frac{hcR}{h} \right) \left(\frac{1}{m^2} - \frac{1}{n^2} \right) = cR \left(\frac{1}{m^2} - \frac{1}{n^2} \right)$$

波長

$$\lambda_{n \to m} = \frac{hc}{E_{n \to m}}$$

註四：

若 $n < m$ 時，$E_{n \to m}$ 為負值，表示需吸收能量，才能由量子數為 n 的穩定態，躍遷至量子數為 m 的穩定態。

將一些已發現有名的氫原子光譜系列列於下表。

部分氫原子光譜系列

光譜系列名稱	能階躍遷	能量範圍	對應光波範圍
來曼 (1914)	$n \geq 2 \to m = 1$	10.2～13.6 eV	紫外線 (912～1,216 Å)
巴爾摩 (1885)	$n \geq 3 \to m = 2$	1.89～3.4 eV	可見光 (3,647～6,561 Å)
帕申 (1908)	$n \geq 4 \to m = 3$	0.66～1.5 eV	紅外線 (8,266～18,787 Å)
布拉克 (1922)	$n \geq 5 \to m = 4$	0.31～0.85 eV	紅外線 (14,588～40,000 Å)
蒲恩得 (1924)	$n \geq 6 \to m = 5$	0.017～0.54 eV	紅外線 (22,963～74,600 Å)

上表中一些氫原子光譜系列，可以其能階圖表示如下圖。

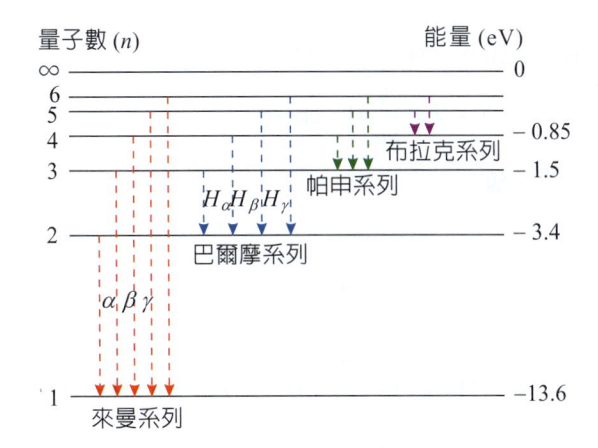

```
量子數 (n)                                能量 (eV)
∞ ─────────────────────────────────── 0
6 ───────────────────────────────────
5 ───────────────────────────────────
4 ─────────────────────────── 布拉克系列 ── -0.85
3 ─────────────────── 帕申系列 ──────── -1.5
         Hα Hβ Hγ
2 ─────────── 巴爾摩系列 ─────────── -3.4
    α β γ

1 ─────── 來曼系列 ──────────────────── -13.6
```

光譜系列中的光譜線是根據其波長的長短，依序以 α、β、γ 命名。

註五：$\Delta\lambda = \lambda' - \lambda = \dfrac{h}{mc}(1-\cos\theta)$

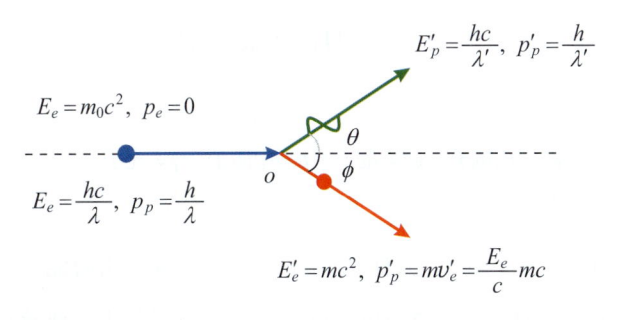

$E_e = m_0 c^2,\ p_e = 0$

$E'_p = \dfrac{hc}{\lambda'},\ p'_p = \dfrac{h}{\lambda'}$

$E_e = \dfrac{hc}{\lambda},\ p_p = \dfrac{h}{\lambda}$

$E'_e = mc^2,\ p'_p = mv'_e = \dfrac{E_e}{c}mc$

如上圖，一波長為 λ 的光量子，與一靜止且質量為 m_0 的「自由」電子 (不受原子束縛的電子)，發生彈性碰撞。圖中，E_p、E_e 與 p_p、p_e 分別表示碰撞前，光量子與電子的能量與動量，E'_p、E'_e 與 p'_p、p'_e 分別表示，碰撞後，光量子與電子的能量與動量，而 θ 與 ϕ 則分別表示，碰撞後，光量子與電子的散射角。若碰撞後，電子質量為 m，則根據能量守恆知

$$E_p + E_e = E'_p + E'_e \Rightarrow \dfrac{hc}{\lambda} + m_0 c^2 = \dfrac{hc}{\lambda'} + mc^2 \qquad (1)$$

根據動量守恆知

$$p_{px} + p_{ex} = p'_{px} + p'_{ex} \Rightarrow \dfrac{h}{\lambda} + 0 = \dfrac{h}{\lambda'}\cos\theta + mc\cos\phi \qquad (2)$$

$$p_{py} + p_{ey} = p'_{py} + p'_{ey} \Rightarrow 0 = \frac{h}{\lambda'}\sin\theta - mc\sin\phi \qquad (3)$$

由上 (1)、(2) 與 (3) 式，可得

$$\Delta\lambda = \lambda' - \lambda = \frac{h}{mc}(1 - \cos\theta)$$

註六：質子-質子鏈

$$\begin{array}{ccc}
 & \gamma & \gamma \\
 & \uparrow & \uparrow \\
 & e^- & e^- \\
 & + & + \\
{}^1_1H + {}^1_1H \to {}^2_1H + e^+ + \upsilon & & \upsilon + e^+ + {}^2_1H \leftarrow {}^1_1H + {}^1_1H \\
 & + & + \\
 & {}^1_1H & {}^1_1He \\
 & \downarrow & \downarrow \\
 & {}^3_2He \text{--------} + \text{--------} {}^3_2H \\
 & + & + \\
 & \gamma & \gamma \\
 & \downarrow & \\
 & {}^1_1H + {}^4_2He + {}^1_1H & \\
 & + & \\
 & \gamma &
\end{array}$$

e^+ = 正電子　e^- = 電子　υ = 中微子　γ = 光子

$2\,{}^1_1H + 2\,{}^1_1H \to 2\,{}^2_1H + 2e^+ + 2\upsilon$　　（釋放出的能量為 2×1.44 MeV）

$2\,{}^2_1H + 2\,{}^1_1H \to 2\,{}^3_2He + 2r$　　（釋放出的能量為 2×5.49 MeV）

${}^3_2He + {}^3_2He \to {}^4_2He + 2\,{}^1_1H$　　（釋放出的能量為 12.86 MeV）

$4\,{}^1_1H \to {}^4_2He + 2e^+ + 2\upsilon + 2\gamma$　（釋放出的能量為 26.72 MeV）

${}^1_1H + {}^1_1H \to {}^2_1H + e^+ + \upsilon$

微中子帶有 0.42 MeV 的能量

$e^+ + e^- \to \gamma$　　　（釋放出的能量為 1.02 MeV）

近代物理 (II) — 現代高科技

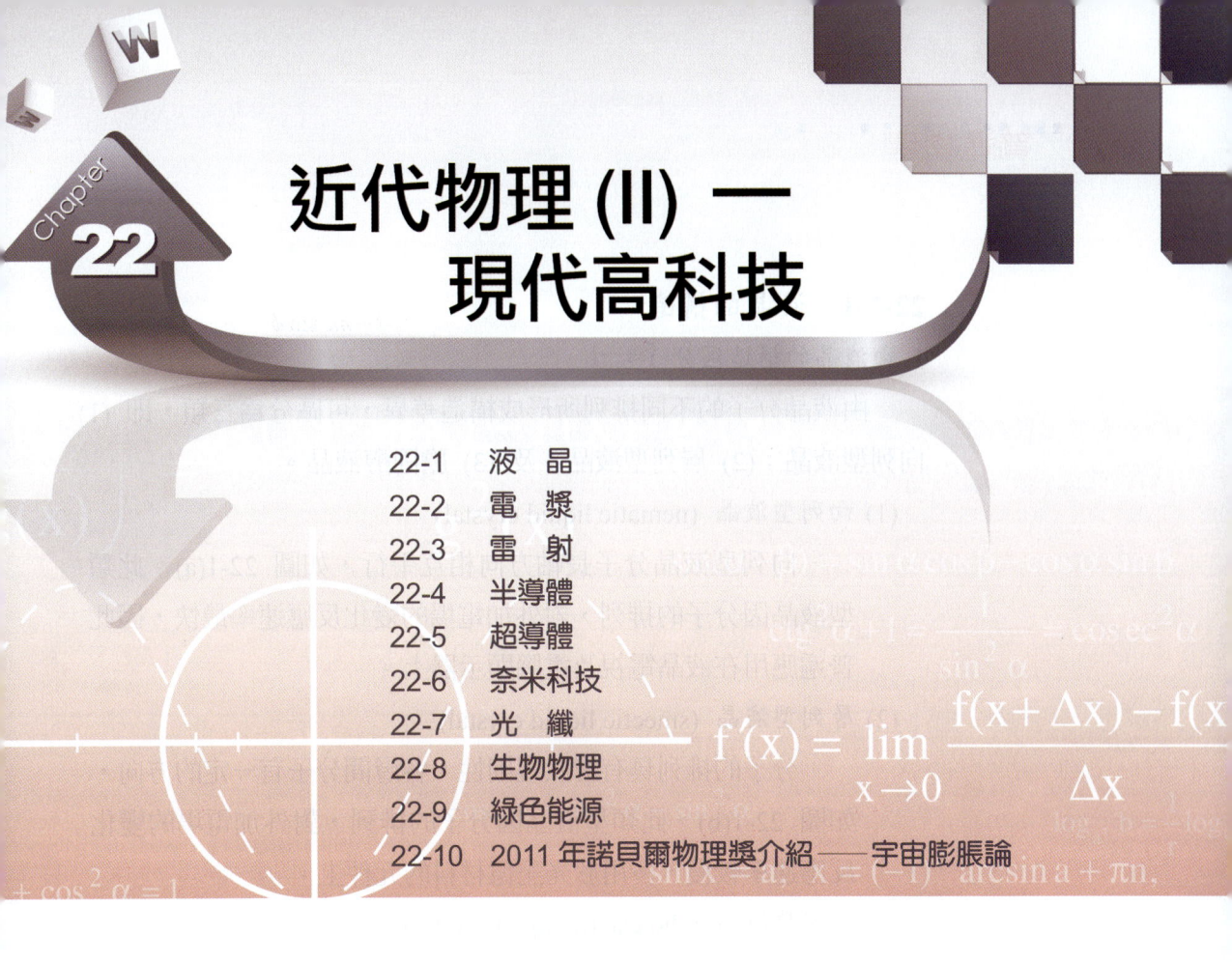

Chapter 22

22-1　液　晶
22-2　電　漿
22-3　雷　射
22-4　半導體
22-5　超導體
22-6　奈米科技
22-7　光　纖
22-8　生物物理
22-9　綠色能源
22-10　2011 年諾貝爾物理獎介紹——宇宙膨脹論

現代高科技的內容極其廣泛，它是一門充滿生機和活力的科學及技術，也一直在影響著人類的社會生活。現代高科技的發展提供了近代人類文明巨大的推動力。近幾十年來，物理研究的重要成果，在現代科技中屬於非常基本的內容，了解這些內容，將成為培育二十一世紀人才的基本科學素養中極重要部分。本章僅就液晶、電漿、雷射、半導體、超導體、奈米科技、光纖科技、生物物理及 2007 年諾貝爾物理獎九個當代物理專題作簡略介紹。

22-1　液　晶

液晶 (liquid crystal) 的體積是固定的，但其分子間沒有固定的相對位置。它的分子排列秩序比液體好，比固體差，故將此物質稱為液晶。通常液晶的組成物質是一種有機化合物，在較低溫時為結晶之物質，在較高溫時具液晶相。液晶相是由具有特殊形狀的分子組成，擁有特殊的光學性質。

22-1-1 液晶的構造

1. 由液晶的構造區分【註一】

由液晶分子的不同排列所形成構造差異，可區分為三類，即 (1) 向列型液晶；(2) 層列型液晶；及 (3) 膽固醇液晶。

(1) 向列型液晶 (nematic liquid crystal)

向列型液晶分子長軸方向相互平行，如圖 22-1(a)。此類型液晶因分子的排列，對外加電場的變化反應速率最快，因此普遍應用在液晶電視及電腦顯示器上。

(2) 層列型液晶 (smectic liquid crystal)

分子的排列具有層狀規則性，各層間分子有一定的方向，如圖 22-1(b)。此類型液晶因分子的排列，對外加電場的變化反應速率較慢，多用於光記憶材料的元件上。

(3) 膽固醇液晶 (cholesteric liquid crystal)

分子的排列具有相互平行的層狀規則性，同一層面上各個分子長軸的方向相同。相臨層面上分子長軸方向並不相同，而具有一固定夾角，如圖 22-1(c)。因平面間的距離會隨著溫度而變化，因此會反射不同波長的光，而呈現不同的顏色。這種顏色隨溫度變化的特性，常用於溫度感測器上。

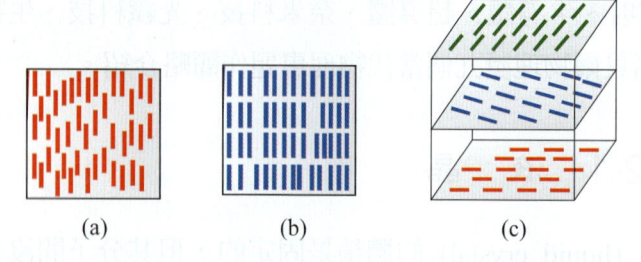

圖 22-1　液晶的構造可區分為三類。(a) 向列型；(b) 層列型；(c) 膽固醇型。

2. 由液晶的材料區分

由液晶的材料來區分，通常可分成二類，即 (1) 熱致型液晶和 (2) 溶致型液晶。

(1) **熱致型液晶** (thermotropics liquid crystal)

由純物質或均勻的混合物所構成，此種材料在不同溫度下，會呈現不同性質的液態；如圖 22-2 所示，液晶態與溫度的關係，對任一種物質，可能只具有某幾個態。

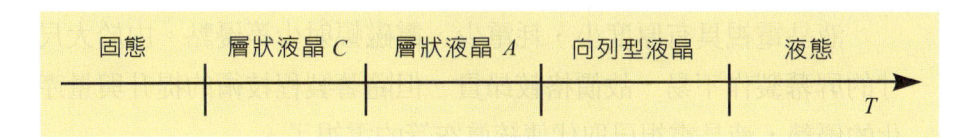

| 固態 | 層狀液晶 C | 層狀液晶 A | 向列型液晶 | 液態 |

圖 22-2　熱致型液晶與溫度的關係。

(2) **溶致型液晶** (lypotropics liquid crystal)

兩棲型分子之水溶液，如肥皂水，此種水溶液在不同濃度時，會呈現不同性質之液態，如圖 22-3。

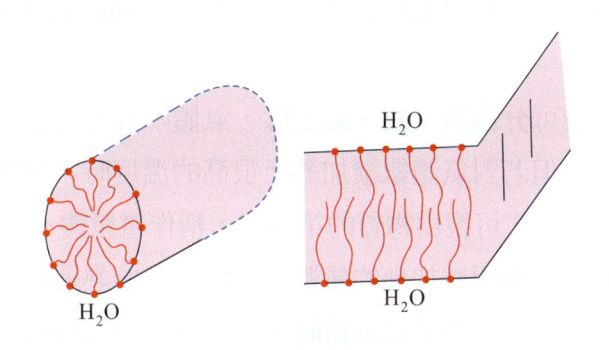

圖 22-3　溶致型液晶例子。

22-1-2　液晶的應用

液晶在日常生活上，常見於電視、電腦顯示器、攝影機與電子錶上。現以液晶顯示器及液晶電視說明如下：

1. 液晶顯示器

將絲狀液晶夾在有導電能力的玻璃平板間，在兩玻璃板間施加電壓，利用電壓控制液晶分子的排列方式，進而控制背光燈管所發

出之光的透射程度，利用這種原理設計的顯示器，稱為液晶顯示器 (liquid crystal display, LCD)。在液晶顯示器的屏幕上佈滿發光點，每個發光點上有紅、綠、藍三種色素，透射光經三原色濾光片後，就可產生各種色彩了。

2. 液晶電視

液晶電視具有厚度小、耗電少、電磁輻射少等優點。由於大尺寸的屏幕製作不易，故價格較昂貴。但隨著製程技術的提升與量產化的優勢，液晶電視已取代傳統真空管的電視了。

22-2 電　漿

電漿 (plasma) 是 1928 年，由 Irving Langmuir 在研究電離化氣體 (ionized gas) 時，所創造的字。它是由一群帶正電的離子 (ion) 及帶負電的電子 (electron) 集合而成的第四態物質 (matter in fourth state)，這群帶正、負電的粒子具有群體活動 (collective behavior) 的特徵。

物質一般可分為固、液、氣三態，氣體降溫可轉變成液體，再降溫是固態，但若對氣體繼續加熱至很高的溫度時，會使物質轉變成一種新的狀態，可視為物質的第四態，稱作電漿態，如圖 22-4。電漿態的形成，起因被加熱的氣體，將使電子的熱運動動能增加，當動能超過原子核對電子的束縛時，電子就會成為自由電子，此狀態稱為電離。當氣體中的所有原子都被電離，就形成電漿態，此時的物質也被稱為等離子體【註二】。

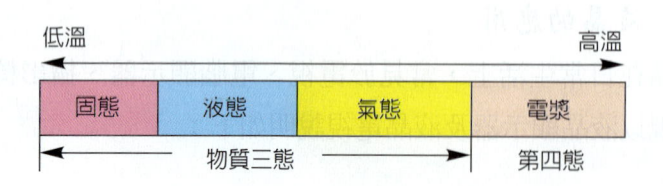

圖 22-4　物質四態與溫度關係圖。

1. 電漿態

指含有等量正、負離子對的氣體狀態。由於需在極高溫下，原子才分解成離子對，因此我們可說電漿態是物質的最高溫度態。在高溫的情況下，原本電中性的氣體原子會產生游離現象。其中被游離出的自由電子，稱為負離子，游離後的原子就帶有等量的正電荷，成為正離子。

2. 電離層

地球大氣層的外圍，存在一層來自太陽的高能量粒子與大氣分子碰撞，所形成的電漿態離子層，稱為電離層 (或稱為增溫層)。此層距地面 85～550 公里，溫度可達 1,300°C。對電漿而言，當入射的電磁波頻率小於某個數值時，入射電磁波將無法穿透電漿層，而會被反射回來。太空中的許多發光星體，如太陽，其內部也大都呈現電漿態。每天照明的日光燈內部，也含有少量的電漿。

3. 電漿的應用——電漿顯示器

當紫外光線照射到塗佈在玻璃表面上的螢光粉時，會發出可見光。彩色電漿顯示器的屏幕上塗滿可發出紅、綠、藍三原色的三種螢光粉發光點，當紫外光照射在每個發光點時，就可產生各種色彩了。利用電漿氣體的放電作用，可以製造出很大尺寸且色彩亮麗的電漿顯示器 (plasma display panel)。

電漿電視的顯示器是屬於平面顯示器的一種。由於惰性氣體可均勻瀰漫於顯示器中產生放電，在真空玻璃中充入如氖、氙等惰性氣體，前後兩玻璃板接上高電壓後，可使玻璃中之惰性氣體正、負離子分離而產生電漿。

22-3 雷 射

雷射的全名為受激發射之放大輻射光 (Light Amplification by Stimulated Emission of Radiation)，簡寫為 Laser，音譯為雷射。當原子處於暫穩態，而能量等於暫穩態與基態之差的光子，經過此原子時，原子立即從暫穩態躍遷至基態，且將發射一個新光子，此稱為

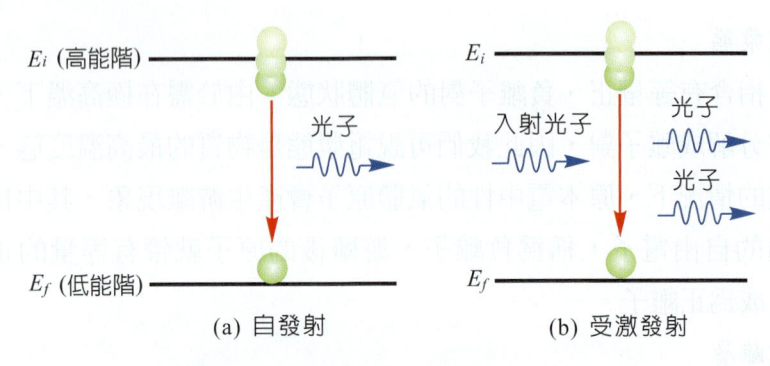

圖 22-5　自發射與受激發射比較圖。

受激發射 (stimulated emission) 或誘發輻射 (induced radiation)，如圖 22-5。愛因斯坦於 1917 年提出雷射光的基本原理。1960 年首具「雷射」誕生。如今雷射已是相當成熟的科技，不論在學術研究、醫療設備或生活娛樂中，都有它的蹤跡。

1. 雷射的基本工作原理

　　設法將大部分的原子激發至暫穩態，如圖 22-6。當累積在暫穩態的原子數目夠多時，若以能量恰當的光子誘發這些原子，使它們一起產生受激發射，這時就會產生聚光性佳、強度高的雷射光。

2. 雷射的應用

　　雷射光的聚光性佳，可用於精密測量。亦可用於拍攝具有立體感的圖像。若以光纖管將雷射訊號傳送到遠方時，訊號不會失真，

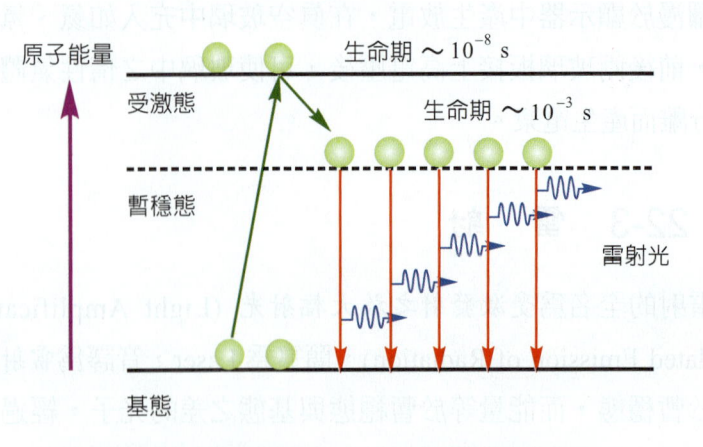

圖 22-6　累積在暫穩態的原子，被激發產生雷射光。

這在通訊上是一大突破。醫學上，則利用雷射將能量集中在很小的部位上，燒掉病變的組織，提高手術的精確性，比較不會傷害到周圍的組織。軍事上，可用於瞄準器、飛彈導引、通訊及破壞敵方精密設備等。高功率 (1,000 瓦特以上) 的雷射，可用來切割鋼板等硬物。目前各種波長的雷射持續開發中，甚至 X 射線雷射也已發展成功。這些不同波長的雷射有著不同的用途，可以說雷射光的應用潛力無窮。

22-4 半導體

材料的導電性是由傳導帶 (conduction band) 和價帶 (valence band) 之間的能量差距，即所謂能隙 (energy gap) 而定，如圖 22-7。電子從價帶獲得能量，而躍遷至傳導帶時，材料就可以導電。圖 22-7(a)，金屬材料在室溫下，電子很容易獲得能量，躍遷至傳導帶而導電。圖 22-7(c)，不良導電體材料則因能隙較大，電子很難躍遷至傳導帶，所以成為絕緣體。圖 22-7(b)，能隙的大小介於導體和絕緣體之間，對此狀態只要獲得適當的能量激發，或者改變能隙的大小，以利電子躍遷，材料就能導電，此類材料被稱為半導體 (semiconductor)。由於半導體的能隙寬度小於絕緣體，這也顯示出半導體較易受到控制而改變導電性。常見的半導體材料有矽、鍺、砷化鎵等，其中矽更是半導體材料中，應用最廣泛的一種。今日大部分的電子產品，如電腦、手機或是數位影音設備的核心元件都和半導體有著極為密切的關聯。

絕緣材料的能隙通常大於 9 eV。

半導體材料的能隙約為 1 至 3 eV。

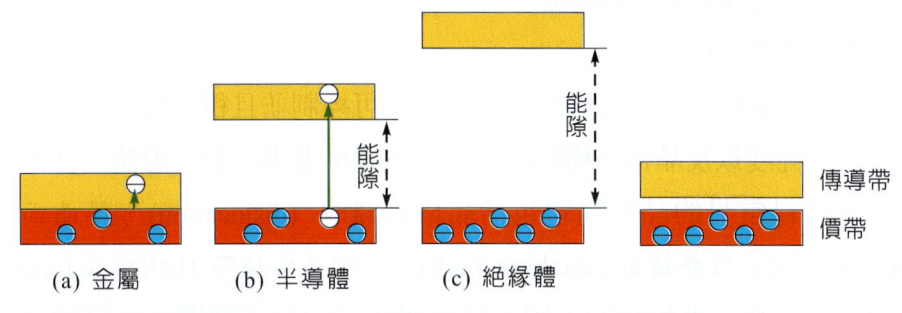

圖 22-7 導體、半導體和絕緣體的能隙示意圖。

(a) 金屬　(b) 半導體　(c) 絕緣體

1. 半導體的種類

　　半導體之所以能被廣泛應用，就是藉由在其晶格中植入雜質，改變其電性，這種植入雜質的過程稱之為**摻雜** (doping)。摻雜物依照其帶給被摻雜材料的電荷正負被區分為**施體** (donor) 與**受體** (acceptor)。施體電子比價電子躍遷至傳導帶所需的能量低，容易在半導體材料的晶格中移動，產生電流。受體原子進入半導體晶格後，因為其價電子數目比半導體原子的價電子數量少，等效上會帶來一個空位，這個多出的空位即可視為電洞。半導體中的導電**載子** (carrier) 即為電子與電洞 [註三]，而載子的數量則主導著導電特性。實務上依摻雜的雜質，半導體主要分為二類：

(1) n 型半導體

　　在純矽中摻雜少許的砷或磷 (最外層有五個電子)，就會多出一個自由電子，這樣就形成 n 型半導體。

(2) p 型半導體

　　在純矽中摻入少許的硼 (最外層有三個電子)，就會少一個電子，而形成一個電洞，這樣就形成 p 型半導體，而少了一個帶負電荷的電子，則可視為多了一個正電荷。

　　一個半導體材料有可能先後摻雜施體與受體，而如何決定此非固有半導體的類別，則視受體的電洞濃度較高，或是施體的電子濃度較高，亦即何者為**多數載子** (majority carrier) 而定。半導體中除多數載子對於半導體元件的影響外，**少數載子** (minority carrier) 的行為亦有著非常重要的地位。

2. 半導體材料的製造

　　從產業觀點，半導體的電性必須是可控制並且穩定的，因此半導體的純度以及晶格結構的品質都必須嚴格要求。對半導體元件而言，材料常見的品質問題包括晶格的**錯位** (dislocation)、**雙晶面** (twins) 或是**堆疊錯誤** (stacking fault)，其中**晶格缺陷** (lattice defect) 通常是影響元件性能的主因。目前用來成長高純度單晶半導體材

固有半導體 (intrinsic semiconductor)：沒有摻雜質的純半導體。

非固有半導體 (extrinsic semiconductor)：摻有雜質的不純半導體。

半導體中擔任主要導電任務的電荷，稱為多數載子；反之，則稱為少數載子。

料，最常用的方法稱爲裘可拉斯基製程 (Czochralski process)。這種製程將一個單晶的晶種 (seed) 放入溶解的同材質液體中，再以旋轉的方式，緩緩向上拉起。在晶種被拉起時，溶質將會沿著固體和液體的界面固化，而旋轉則可讓溶質的溫度均勻。半導體元件可以通過結構和材料上的設計，達到控制電流傳輸的目的，並以此爲基礎，建構各種處理不同訊號的電路。

3. 半導體的應用

將 p 型半導體與 n 型半導體接合，即成爲 p-n 接面二極體，簡稱爲二極體。二極體在應用上，利用其單向導電性質，可將交流電變爲直流電，即具有整流的功能。三極電晶體可分爲雙極性電晶體 (BJT) 和場效應電晶體 (FET) 兩種。雙極性電晶體分爲 npn 型與 pnp 型，可作訊號放大、開關用。場效電晶體是利用電場來控制電流的大小，而且組成電流的載子只有電洞或自由電子一種，故又稱爲單極性電晶體。場效應電晶體可分爲接面場效應電晶體 (JFET) 及金氧半場效應電晶體 (MOSFET) 兩種，應用上具有放大訊號和開關的功能。

當今人類生活的所有的電子產品，幾乎都是用半導體的電子元件所製成。利用半導體製程技術，把爲數眾多的半導體元件同時製作出來，並完成元件間的連接，成爲所謂的積體電路 (integrated circuit, IC)。體積小、功能穩定可靠、成本低是設計電子儀器與設備的基本原則。積體電路由於涉及的尺度非常微小，常以微米 (μm) 爲單位，所以又稱爲微電子技術。IC 的製作是在一塊大面積的晶圓 (wafer) 上，同時製作許多性能和結構相同的小晶片，因此可以大量生產而使成本大爲降低。

22-5 超導體

未來夢想：若在室溫存在沒有電阻的導體材料，使電流經過時不受阻力，沒有熱損耗，那超導材料一定會產生另一次工業革命及改變全人類的生活方式。

22-5-1 超導特性

導體內自由電子沿特定方向運動，就會在導體中形成電流。但電阻的存在，使一部分電能轉變為熱能損耗掉了。1911 年，荷蘭科學家歐納斯 (H. K. Onnes, 1853-1926) 發現汞具超導現象【註四】。1933 年，德國物理學家邁斯納 (W. Meissner) 和奧森菲爾德 (R. Ochsenfeld) 對錫單晶球超導體做磁場分佈測量時發現：當置於磁場中的導體，在溫度下降，導體冷卻過渡到超導體時，原來進入導體中的磁力線，會一下子被完全排斥到超導體之外，超導體內磁感應強度變為零，這表明超導體具完全抗磁性，超導體的這種現象被稱為邁斯納效應。

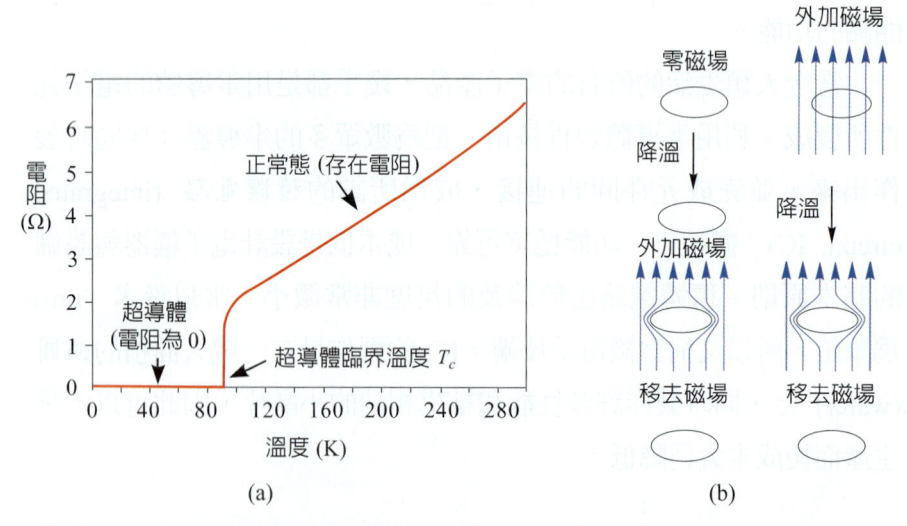

圖 22-8　(a) 溫度降至臨界溫度 T_c 以下時，電子在導體中運動完全不會受到晶格之影響，亦即電阻完全消失，此種現象即稱為零電阻；

(b) 溫度低於臨界溫度 T_c 時，則超導體內之磁場便全被排出其內部，成為一零磁場狀態，即為反磁性 (diamagnetism)。

邁斯納效應和零電阻效應是超導體的兩個重要的基本特性，如圖 22-8。當超導體的溫度升高到某一溫度時，超導性會因溫度升高而被破壞，轉變成有電阻的狀態，此溫度被稱為臨界溫度 T_c。若施一外加磁場於超導體，但當外加磁場超過某一數值時，超導性會被破壞而轉變成正常態，此磁場稱為臨界磁場 H_c。又如在超導體中通過足夠強的電流時，也會破壞超導性，破壞超導性所需要的電流稱作臨界電流 I_c。

22-5-2 高溫超導體

所謂高溫超導體是相對傳統超導體而言的。傳統超導體的超導臨界溫度很低，其材質主要是金屬、合金或金屬化合物，而高溫超導體主要以銅氧化物為主。從汞被發現具超導性起，如何提高超導材料的臨界溫度，一直是科學家夢寐以求的事。現將超導體的臨界溫度提升過程略述如下：

1. 1911 年，發現了第一個超導體 Hg，其臨界溫度為 4.2 K。
2. 1913 年，發現了臨界溫度較高的超導體 Pb，其臨界溫度為 7.2 K。
3. 1930～1970 年，發現了 Nb 和 Nb 的合金等，具有較高的超導臨界溫度，Nb 的臨界溫度為 9.2 K。1973 年，發現 Nb$_3$Ge 的臨界溫度為 23.2 K，目前此溫度是傳統超導體中的最高臨界溫度。
4. 1957 年，巴丁 (J. Bardeen)、庫柏 (L. K. Cooper) 及施瑞弗 (J. R. Schrieffer) 發表了著名且完整的超導電性量子理論，稱為 BCS 理論。依此理論，在超導體中兩個自旋相反的電子成對，稱為庫柏對。
5. 1986 年，柏諾茲 (J. G. Bednorz, 1950-) 和繆勒 (K. A. Muller, 1927-) 首先發現 LaBaCuO (鑭鋇銅氧化物) 陶瓷材料中存在約 35 K 的超導臨界溫度，將超導體從金屬、合金和化合物擴展到氧化物陶瓷。柏諾茲和繆勒共同獲得 1988 年諾貝爾物理學獎。
6. 1987 年，中華民國吳茂昆與朱經武教授等人，發現超導體釔鋇銅氧化合物 (YbaCuO) 的臨界溫度可高達 90 K 以上，此類超導體

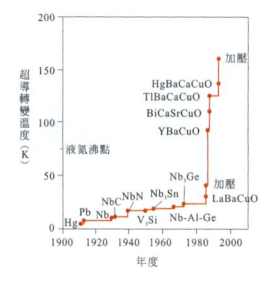

可以由液態氮來冷卻使用。
7. 1987 年，法國的 Michel 等人發現鉍鈣鍶銅氧 (BiCaSrCuO)，臨界溫度為 110 K。同年，在美國由 Sheng 和 Hermann 發現鉈鋇鈣銅氧 (TlBaCaCuO) 之臨界溫度為 125 K。
8. 1993 年，Putilin 等人發現臨界溫度為 94 K 的含汞超導材料 HgBaCuO，後又發現 HgBaCaCuO 超導材料的臨界溫度可達 135 K；若加壓後，臨界溫度更可高達 160 K。

22-5-3 超導材料的應用

超導態是物質的一種獨特的狀態，它的新奇特性，立刻使人想到要將它們應用到技術上去。展開應用問題的研究可以追溯到二十世紀二〇年代，人們對超導應用的熱情總是比研究超導機制更高。超導體的零電阻效應顯示其具有無損耗輸運電流的性質，因而在工業、國防、科學研究的工程上可有廣泛的應用。大功率的發電機、電動機如能實現超導化，將可大大降低能耗；如將超導體應用於潛艇的動力系統，可以大大提高它的隱蔽性和作戰能力；在交通運輸方面，負載能力強、速度快的超導懸浮列車和超導船的應用，都依賴磁場強、體積小、重量輕的超導磁體。此外，超導體在電力、交通、國防、地質探礦和科學研究 (迴旋加速器、受控熱核反應裝置) 中都有很多應用。

1. 超導材料在強電方面的應用

在超導電性被發現後，首先應用於製作導線。目前最常用的製造超導導線的材料有傳統超導體 Nb-Ti (鈮鈦合金) 與 Nb$_3$Sn 合金化合物等。在 1 T 的強磁場下，輸運電流密度達 10^3 A/mm^2 以上。而截面積為 1 mm^2 的普通導線為了避免融化，電流不能超過 1～2 A。超導線圈已用於製造發電機和電動機線圈、高速列車上的磁懸浮線圈、輪船和潛艇的磁流體和電磁推進系統，以及用於高能物理熱核反應和凝態物理強磁等研究。

2. 超導材料在弱電方面的應用

根據交流約瑟夫森效應，利用約瑟夫森結可以得到電壓的精確值。它把電壓基準提高了兩個數量級以上，並已被確定為國際基準。約瑟夫森效應的另一個基本應用是**超導量子干涉儀** (SQUID)。用 SQUID 為基本元件可製作磁強計、磁場梯度計、檢流計、伏特計及射頻衰減儀等裝置，具有靈敏度高、雜訊低、損耗小等特點。約瑟夫森結還有在計算應用上的巨大潛力，它的開關速度可達 10^{-12} s，比半導體元件快 1,000 倍左右，而功耗僅為微瓦級，比半導體元件小 1,000 倍。超導晶片製成的超導體計算機，速度快、容量大、體積小、功耗低。

3. 高溫超導體的未來

高溫超導器件可在更高的溫度下工作，高溫超導體的特有性質，可用於研製未知的新器件。由鉍鍶鈣銅氧 (BiScCaCuO) 構成的高溫超導材料已製成超導導線。例如，比常規銅線運載電流大 100 倍。利用濺射、脈衝鐳射沉積、金屬有機化學沉積等技術已能製備高品質的釔鋇銅氧化物 (YBaCuO) 超導體薄膜和高溫超導多層膜。薄膜技術的發展，為高溫超導電子學器件的研製提供了先決條件。這種薄膜特別適用於蜂窩電話基地電臺的濾波器，經其過濾的訊號保持原來強度而且提高了訊噪比，而常規的銅濾波器使訊號強度降低，難以與噪音區別。例如濾波器、諧振器、延遲線等，這些器件可望在未來被變為商品上市，為全球通訊服務。

綜上所述，人類的生活中已得到了超導技術帶來的諸多好處，未來超導技術會越來越廣泛地造福於人類。如解決人類未來能源的基本技術是受控熱核反應，而實現這一點必須使用無損耗的超導體。因此，人類的未來離不開超導技術及其相關的發展。

22-6 奈米科技

奈米 (nanometer, nm) 是長度的單位。材料的尺寸介於 1 至 100 奈米時，被稱為奈米材料。研究「奈米材料」領域的現象稱為奈米

1 nm = 10^{-9} m

科技【註五】。奈米科技是在奈米尺度空間內，研究電子、原子和分子的特性及運動規律，從而直接操控一個原子，以達到材料和器件的微型化目標。

22-6-1 奈米顆粒的特性

物體被細分為超微顆粒，當顆粒尺寸達到奈米數量級時，再壓製成塊狀固體或沉積於薄膜上，其光學、熱學、電磁學等物理現象會與原物體有很大的差異性。這些差異主要來自於小尺寸效應、表面效應和量子效應。

1. 小尺寸效應

當顆粒的尺寸小於可見光波波長時，對光的反射率會低於1%，顆粒呈現黑色。若是顆粒小到一定的尺寸時，鐵磁性顆粒的磁性會消失；而有些非磁性顆粒反而會有磁性現象，例如最近有人報導，在奈米級的矽中量到了弱磁性。

2. 表面效應

球形顆粒的表面積與體積之比與半徑成反比，所以物體細化後，顆粒半徑越小，表面積越大。表面積增大，會產生二種影響：第一，物體活性增強，因此超微粉末很容易燃燒和爆炸。第二，表面原子佔總原子數的百分比將會顯著地增加。

例如：邊長為 1 米的立方體，它的表面積為 6 平方米，若將此立方體切割成邊長為 1 毫米的立方體，再按原樣堆成邊長為 1 米的立方體，此時體積沒變，但切割後各小立方體的表面積之和為 6,000 平方米，比原來增大 1,000 倍。

3. 量子效應

量子力學指出原子能階結構，在固體內部，由於原子間的交互作用，使獨立原子的價電子能階轉變成能帶，能帶理論闡明了宏觀的導體、半導體和絕緣體之間的區別。對介於原子、分子和大塊固體之間的奈米顆粒而言，由於塊材中的能帶變窄，逐漸還原為分立的能階，能階間的間距隨顆粒尺寸減小而增大。降低溫度，將使原子分子的熱運動能、電場能或磁場能，比平均的能階間距還要小時，就會呈現與宏觀物體不同的特性，這就是量子效應。例如，在低溫條件下，金屬導體在奈米尺寸時，變成絕緣體，又奈米粒子，當尺寸變小時，其光譜線會向短波長方向移動等。

22-6-2 奈米材料的類型

1. 顆粒型材料

資訊化社會的來臨，面對龐大的資訊貯存量，需要高速的資訊處理，因此對磁記錄媒體的記錄密度要求日益提高，這促使磁記錄媒體用的磁性顆粒尺寸趨於超微化。目前用 20 奈米左右的磁性顆粒製成，具有記錄密度高、低噪音的金屬磁帶、磁片已商業化。

2. 奈米固體材料

奈米固體材料是指由超微顆粒，在高壓力下壓製成型，再經熱處理後，所生成的緻密型固體材料。這種材料具有較大的顆粒間界面，因而有較高韌性。

3. 顆粒膜材料

顆粒膜材料是將某種顆粒嵌於不同材料的薄膜中所生成的複合薄膜。通過改變兩種成分的比例，及改變顆粒膜中的顆粒大小與型態，可控制膜的特性【註六】。原子尺度的技術控制，在高密度資訊儲存、奈米級器件和新型材料的組成等方面，有非常重要和廣泛的應用前景。

22-6-3 奈米碳管

貴比黃金、細賽人髮的「超級纖維」——**奈米碳管** (carbon nanotube)，實際上和金剛石、石墨同屬於一個家族，如圖 22-9 和 22-10。作為近年來材料領域的研究熱點，奈米碳管受到各國科學家的高度重視【註七】。奈米碳管是由石墨碳原子層捲曲而成的碳管，

碳所構成的物質：
1. 石墨：軟而脆、導電性高。
2. 鑽石：不導電而且堅硬。
3. C_{60}：穩定性及導電性都高，不容易和其它物質產生反應。

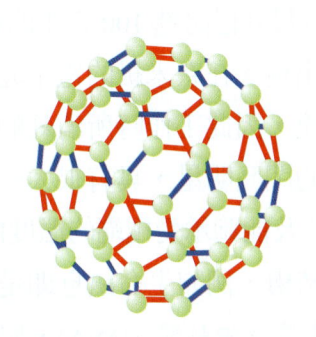

圖 22-9 C_{60} 的結構。

參考網站：http://cyc.hkcampus.net/~cyc-lcc/science/maths/c60.htm。

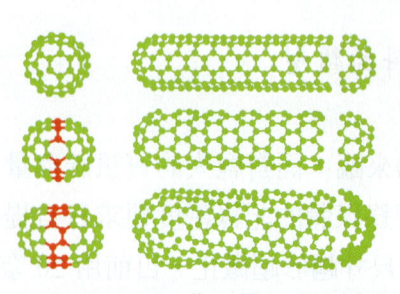

圖 22-10　C_{60}、C_{70}、C_{80} 與三種不同結構的奈米碳管。
參考網站：http://atom.physics.metu.edu.tw/nano/。

管的直徑一般為幾個奈米到幾十個奈米，管壁厚度僅為幾個奈米，像鐵絲網捲成的一個空心圓柱狀「籠形管」，如圖 22-10。它非常微小，5 萬個並排起來才有人的一根頭髮絲寬，實際上是長度和直徑之比很高的纖維。奈米碳管潛在用途十分誘人：可製成極好的微細探針和導線、性能頗佳的強化材料、理想的儲氫材料。它使壁掛電視成為可能，在將來可替代矽晶片的奈米晶片，從而引發電腦行業的革命。

22-6-4　奈米材料的應用

自然界中，早就存在奈米材料，例如：蓮葉或荷葉上佈滿了奈米大小的結構，乃能出污泥而不染。鵝毛、鴨毛可以防水，乃因排列非常整齊而緻密的羽毛，毛與毛之間的縫隙小到奈米尺寸，使得鵝或鴨子得以在水中保持身體乾燥。微電子技術從 1970 年開始至今，大約每隔一年半，每一個晶片上單位面積的電子元件數目會增加為原來的一倍。如今尺寸已跨進 100 奈米的範圍內，未來 10 奈米或更小的尺寸都可能出現。在奈米級的電子元件中，只要少數幾個電子即可用來傳輸電流，因此工作時所消耗的能量也變得很少。奈米碳管是奈米材料中的閃亮明星，具有很大的彈性強度、化學性質穩定、熱傳導能力極佳及能夠承受極端的溫度條件。

人體內也有奈米結構，例如生命訊息即是儲存在奈米尺寸的物質上，這種物質就是**去氧核醣核酸 (DNA)**，如圖 22-11 所示。DNA 可以儲存和傳遞遺傳訊息，並指揮蛋白質的合成。一般所稱的基因

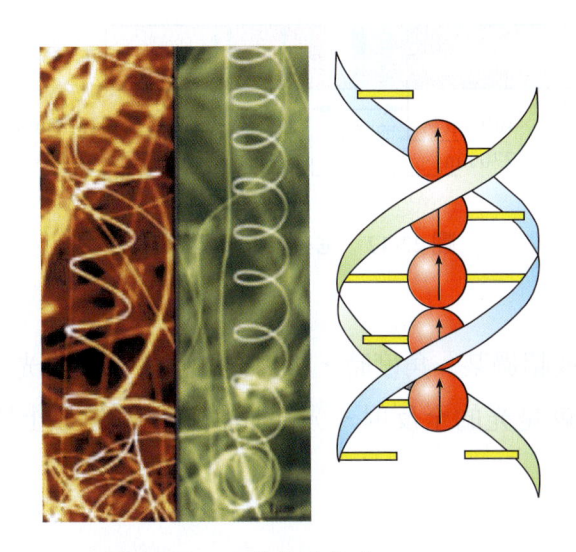

第 22 章　近代物理 (II) —— 現代高科技

圖 22-11　去氧核醣核酸 (DNA)。
參考網站：http://www.nanotechweb.org/articles/news/2/2/10/1；
　　　　　http://www.nanotechweb.org/articles/news/2/8/13/1。

就是 DNA 的一小段，是細胞製造蛋白質所依據的藍圖。生物醫學在檢驗特定基因中 DNA 序列，可由一股已知的 DNA 鹼基序列，來推測出互補的另一股 DNA 鹼基序列。便是利用一些奈米顆粒與不同的 DNA 序列結合，放在基材上，當基材上的 DNA 序列與溶液中要檢測的某些特定 DNA 序列互補時，兩者即可配對結合，再將未配對或多餘的 DNA 序列清除。

22-7　光　纖

22-7-1　光纖的性質

　　光是一種電磁波，波長範圍在 400～770 nm 為可見光。大於 770 nm 的是紅外光，小於 400 nm 的為紫外光。光纖中常用的波長有 850、1,300、1,550 nm 三種，如圖 22-12。因為光在不同物質中的傳播速度是不同的，所以光從一種物質射向另一種物質時，在兩種物質的交界面會產生折射和反射。折射光的角度會隨入射光的角度變化而變化，當光由折射率小的物質，射向折射率大的物質，入射光

不同的物質對相同波長光的折射角度是不同的（即不同的物質有不同的光折射率），相同的物質對不同波長光的折射角度也是不同的。

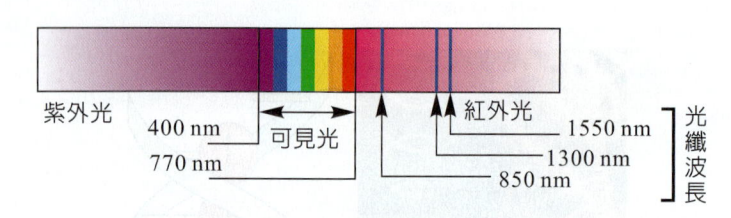

圖 22-12　電磁波譜示意圖。

的角度達到或超過某一角度時，折射光會消失，入射光會全部被反射回來，這就是光的全反射。光纖通訊就是基於以上原理而形成的。

1. 光纖結構

光纖結構呈同心圓柱狀，一般分為三層：中心高折射率玻璃芯 (芯徑一般為 50 或 62.5 μm)，中間為低折射率矽玻璃包層 (直徑一般為 125 μm)，最外是加強用的樹脂塗層。纖芯的作用是傳導光波，包層的作用是將光波封閉在光纖中傳播，如圖 22-13。

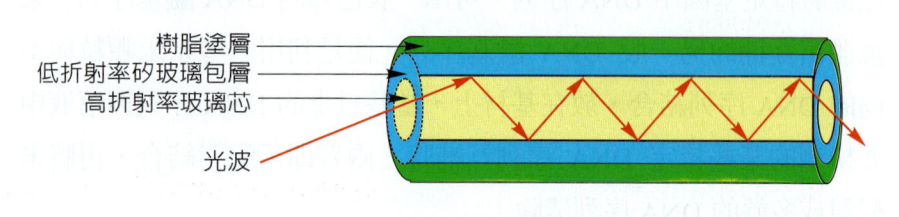

圖 22-13　光纖結構示意圖。

2. 數值孔徑

入射到光纖端面的光並不能全部被光纖所傳輸，只是在某個角度範圍內的入射光才可以，這個角度就稱為光纖的數值孔徑。不同廠家生產的光纖的數值孔徑不同，光纖的數值孔徑大，對於光纖的對接較有利。

3. 光纖的傳輸模式

光線以某一特定角度射入光纖端面，並能在纖芯與包層的界面上形成全反射傳輸時，稱為光的一個傳播模式。若光纖的纖芯直徑

d 較大，則在由數值孔徑確定的入射角度範圍內，可允許光以多個特定的角度射入光纖端面，並在光纖中傳播。此時，我們稱光纖中有多個模式，並把這種能傳輸多個模式的光纖稱為多模光纖。如果光纖的纖芯直徑 d 較小，只允許與光纖軸方向一致的光線傳播，即光的沿光纖的軸線傳播，這一個模式稱為基模，只傳輸一個基模的光纖稱為單模光纖。

4. 光纖的種類

光纖中按光的傳輸模式可分為單模光纖和多模光纖。

(1) 單模光纖

中心玻璃芯較細 (芯徑一般為 9 或 10 μm)，只能傳一種模式的光。因此，其模間色散很小，適用於遠端通訊。對於光纖而言最嚴重的問題是色散問題，在單模光纖中稱為**群速色散** (group-velocity dispersion)，起因玻璃芯對不同波長的入射光波有不同折射率，造成光波在光纖內部有不同的折射行為。因此單模光纖對光源的譜寬和穩定性有較高的要求，即譜寬要窄，穩定性要好。

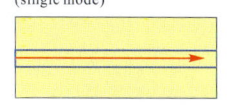

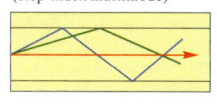

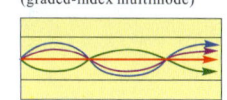

(2) 多模光纖

中心玻璃芯較粗 (芯徑一般為 50 或 62.5 μm)，可傳多種模式的光。但其模間色散較大，這就限制了傳輸數位訊號的頻率，而且隨距離的增加會更加嚴重。例如：600 MB/km 的光纖在 2 km 時則只有 300 MB 的帶寬了。因此，多模光纖傳輸的距離就比較近，一般只有幾公里。

5. 均勻折射率光纖導光原理

光纖中的光線是如何傳播呢？在均勻折射率的光纖中，光是依靠在纖芯和包層兩種介質分隔的界面上作全反射向前傳播的，如圖 22-13 所示。利用全反射，我們可很輕易的使用光纖來改變光的行進方向，且在過程中，使光的損耗最小。造成光纖衰減通常有下列幾項主要因素：

(1) 本徵：光纖的特性損耗，包括瑞利 (Rayleigh) 散射、光纖本徵的固有吸收等【註八】。
(2) 彎曲：光纖彎曲時，部分光纖內的光會因散射而損失，造成損耗。
(3) 擠壓：光纖受到擠壓時，產生微小的彎曲而造成損耗。
(4) 雜質：光纖內雜質吸收和散射使在光纖中傳播的光，造成損耗。
(5) 不均勻：光纖材料的折射率不均勻造成損耗。
(6) 對接：光纖對接時產生的損耗，如：不同軸端面與軸心不垂直、端面不平整、對接心徑不匹配和熔接品質差等。

22-7-2　光纖的應用

自 1966 年光纖通訊的概念被提出後，至 1970 年由美國康寧公司研發的光纖，及貝爾實驗室製造出的發光器，拉開了光纖通訊的序幕；1972 年，光纖衰減係數由 20 dB/km 降至 4 dB/km；1976 年，美國西屋電氣公司完成世界第一個以 45 Mbit/s 傳輸 110 km 的光纖通訊網路的實驗；今日光纖通訊已提升至 40 Gbit/s【註九】。

人類社會發展到了資訊社會，聲音、圖像和資料等資訊的傳輸量非常大，光纖通訊以其獨特的優點得到廣泛應用，表 22-1 為光纖通訊的優缺點比較。其應用領域遍及通訊、交通、工業、醫療、教育、航空航太和電腦等行業，並正在向更廣更深的層次發展。

表 22-1　光纖通訊的優缺點

優　點	缺　點
高頻寬，資訊傳輸量大	光纖不宜過度彎曲
衰減小，傳輸距離遠	光纖終端處理不易
訊號雜音小，傳輸質量高	分路及耦合操作繁瑣
抗電磁干擾，保密性高	
光纖尺寸小，重量輕，便於架設	

光纖通訊最主要的優點，說明如下：

1. **容量大**：光纖工作頻率比目前電纜使用的工作頻率高出 8～9 個數量級，故光纖的容量很大。
2. **衰減小**：光纖每公里衰減比目前容量最大的通訊同軸電纜的每公里衰減要低一個數量級以上。
3. **體積小，重量輕**：有利於施工和運輸。
4. **防干擾，性能好**：光纖不受強電干擾、電氣化鐵道干擾和雷電干擾，抗電磁脈衝能力也很強，保密性好。
5. **節約有色金屬**：一般通訊電纜要耗用大量的銅、鋁或鉛等有色金屬。光纖本身是非金屬，光纖通訊的發展將節省大量有色金屬。
6. **成本低**：目前市場上各種電纜金屬材料價格不斷上漲，而光纖價格卻下降，為光纖通訊迅速發展創造了重要的前提條件。

光纖通訊首先應用於市內電話局之間的光纖中繼線路，繼而廣泛地用於長途幹線網上，成為寬頻通訊的基礎。光纖通訊尤其適用於大容量、遠距離的通訊，包括國內沿海通訊和國際間長距離海底光纖通訊系統。目前，各國還在研究、開發用於廣大用戶接入網上的光纖通訊系統。隨著光纖放大器、光波分複用技術、光弧子通訊技術、光電集成和光集成等許多新技術不斷取得進展，光纖通訊將會得到更快的發展。

22-8　生物物理

22-8-1　生物物理的成果

生物物理是一門跨領域的學科，從十八世紀末期，伽凡尼 (Galvani) 用金屬刺激青蛙的肌肉使之收縮，產生了伽凡尼-伏特 (Galvani-Volta) 辯論，至今已有長足進展。例如近百年來

1. 專長於量子力學的戴布魯克 (Max Debruck) 對病毒遺傳學貢獻良多。

伽凡尼-伏特辯論：爭論在於使青蛙肌肉收縮的是生物電 (bio electricity)，還是物理電 (physical electricity)。

伽凡尼的實驗

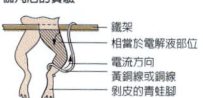

2. 專長場論的紀伯特 (Walter Gilbert) 發明了化學修飾法定序 DNA。
3. 克力克 (Frances Crick) 由布拉格 (Bragg) 繞射原理，解決了 DNA 雙螺旋的結構，開創了結構生物學。
4. 哈德金 (Hodgin) 和赫胥黎 (Andrew Huxley) 以電學方法研究烏賊神經衝動如何沿神經元細胞膜的傳遞，預測了細胞膜上離子通道的存在和它們的性質，開創近代電生理學。
5. 尼赫 (Erwin Neher) 與賽克曼 (Bert Sakmann) 發明微片電極 (patch clamp) 記錄單一離子通道的電流，開啟了分子生理學和單分子的領域，使我們進一步了解細胞膜如何藉蛋白質控制內外電荷的分佈。
6. 麥金農 (Robert McKinnon) 用 X 光結晶學解析離子通道的結構，解釋了決定通道蛋白的原子基礎。

　　生物物理學旨在闡明生物在空間、時間中，有關物質、能量與信息傳遞與運動的規律性。它是以應用物理學的概念和方法，研究生物各層次結構與功能的關係，生命活動的物理、物理化學過程，和物質在生命活動過程中表現的物理特性的生物學分支學科。因此，有人說生物物理是應用物理的工具來研究生物學的問題，又有人說生物物理是要發掘生物系統的物理內涵，前者注重的是方法，後者注重的是目標。在生物物理的領域中，注重如何應用物理工具來研究生物學的科學家，屬於多數。他們解決了許多實際問題，開創了「結構生物學」、「輻射生物學」、「電生理學」等領域，掌握了生命活動的物理及物理化學過程。例如：

1. 有一類蛋白質叫做分子馬達，它們的功能是水解 ATP，把化學能變成機械能。若是人體中這類蛋白質發生變異，則將面臨從細胞分裂到心臟跳動的各種疾病。分子馬達這類蛋白質的發現始於肌肉生物物理的研究。當我們舉起重物時，我們的肌肉會伸長縮短。物理學家提出了彈簧模型，將蛋白質視為彈簧，肌肉是靠著蛋白質彈簧的摺疊和開展 (protein folding and unfolding) 來伸縮。根據彈簧模型，許多精細的蛋白質折疊模型被陸續提出，足以解

釋肌肉的機械性質。

2. 1952 年，休斯掌握了電子顯微鏡，發明了負染色法，開啓了生物電子顯微鏡學，負染色法用來固定生物樣品和增加生物樣品的對比。休斯提出了纖維滑行理論 (filament sliding)，這個理論指出了兩個纖維之間，必存在交叉橋樑 (cross bridge) 的結構，而滑行是藉由交叉橋樑的位移所導致。

3. 安德烈赫胥黎證明當兩組纖維重疊增加時，肌肉收縮力跟著增加。而為了更清楚地看見原始態肌纖維的結構，成為發展低溫電顯纖維成像學 (cryo-electron microscopy fiber imaging) 的重要推力。

4. 史布地施 (James Spudich) 的研究開創了單分子分子馬達生物物理的先驅工作。1986 年史布地施的研究生克朗 (Steve Kron) 把肌動蛋白塗在玻片上，用螢光顯微鏡觀察螢光標記的肌凝蛋白的運行，成為單分子螢光顯微術之鼻祖 (圖 22-14)。

5. 1986 年，朱棣文 (Steven Chu) 開始用雷射光鉗拉扯 DNA，史布地施發現雷射光鉗所產生的力和提供的剛挺度 (stiffness, a few pN nm^{-1}) 恰恰適合量肌動蛋白與肌凝蛋白的交互作用，而布拉克開始用雷射光鉗研究移動蛋白 (kinesin) 和微管 (microtubule) 的交互作用。朱棣文、河太極 (TJ Ha) 和莊小薇 (X Zhuang) 把 DNA 用泛素 (biotin) 和結合素 (avidin) 種在玻片上，如此可以忠實記錄其時間序列，而掌握其反應過程之所有暫態資訊。

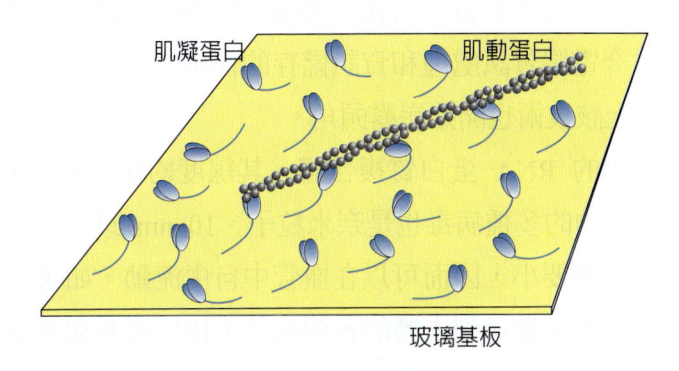

圖 22-14　運動定量檢測法。

參考網站：http://physiology.med.uvm.edu/warshaw/TechspgInVitro.html。

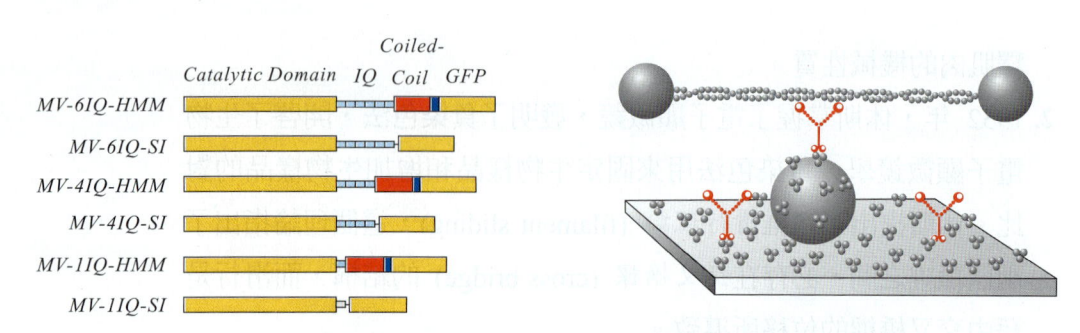

圖 22-15 雙光鉗固定肌凝蛋白纖維的實驗設計。
資料來源：Purcell et al., PNAS 99 P. 14159 (2002)。

6. 第一個肌動蛋白單分子與肌凝蛋白的作用於 1994 年由史布地施實驗室用雷射光鉗所量得 (圖 22-15)，肌動蛋白在功率輸出週期時移動 5 奈米，而力的大小約在 1 至 5 皮牛頓 (pN) 之間，誤差來自於肌凝蛋白和塑膠球的連結的彈性不確定性。

22-8-2 生物物理的前景

生物分子是很好的資訊處理材料，每一個生物大分子本身就是一個微型處理器，分子在運動過程中以可預測的方式進行狀態變化，其原理類似於電腦的邏輯開關，利用該特性並結合奈米技術，可以此來設計量子電腦。雖然分子電腦目前只是處於理想階段，但科學家已經考慮應用幾種生物分子製造電腦的元件，其中細菌視紫紅質最具前景。該生物材料具有特異的熱、光、化學物理特性和很好的穩定性，並且，其奇特的光學迴圈特性可用於儲存資訊，從而起到代替當今電腦資訊處理和資訊儲存的作用。隨著奈米技術的發展，在醫學上該技術也開始嶄露頭角。

生物體內的 RNA 蛋白質複合體，其線度約在 15～20 nm 之間，又生物體內的多種病毒也是奈米粒子。10 nm 以下的粒子比血液中的紅血球還要小，因而可以在血管中自由流動。如果將超微粒子注入到血液中，輸送到人體的各個部位，作為監測和診斷疾病的手段。研究奈米技術在生命醫學上的應用，可以在奈米尺度上了解生物大分子的精細結構及其與功能的關係，獲取生命資訊。科學家

們設想利用奈米技術製造出分子機器人，在血液中迴圈，對身體各部位進行檢測、診斷，並實施特殊治療，疏通腦血管中的血栓，清除心臟動脈脂肪沉積物，甚至可以用其吞噬病毒，殺死癌細胞。這樣，在不久的將來，被視為當今疑難病症的愛滋病、高血壓、癌症等都可能將迎刃而解。

　　生物物理除了在人體方面的研究外，也促使人們對自然界整個物質運動規律的重新思考。例如，為防止環境污染，取代農藥和化肥的使用，除考慮生物途徑（主要是微生物）外，更重要的是尋找作物生長的內在規律，根據作物本身的物理或物理化學規律，來控制作物生長和能量的合理利用。

　　利用同位素標記的脫氧葡萄糖，可以清晰地顯示出在休息、學習、聽音樂等情況下腦活動的不同狀態。再配合科技儀器，X 射線斷層掃描器、超聲波掃描器、核磁共振儀的檢測，更可表明腦波在不同情況下代謝活動是完全不同的。

　　工業上為實現高靈敏度、精確度條件下的小型化、自動化目標，以生物為研究模型，然後進行數學模擬和電子模擬，先後製成了電子蛙眼跟蹤器，可追蹤移動目標；觀測天氣的水母風暴預報裝置，仿鱟眼側抑制原理製造的高清晰度的電視等。

　　儘管生命是自然界的高級運動形式，但闡明生物的本質，了解物質運動的規律，以維持自然界整個體系的運轉，則是更重要的使命。從近百年的發展，我們可以看見生物物理由巨觀逐漸與分子生物學結合。轉變的重要關鍵，應歸功於物理量測技術的快速進展。

22-9 綠色能源

　　能源是指可以供給能量而使物體產生動作的原料和資源。能源可以各種形式出現，不同形式的能量可以互相轉換；如煤、油、天然氣燃燒後產生熱能，可用來發電或使機器運轉。基本上，能源可分為不必經過處理就可以直接使用的初級能源與須經過轉換處理才

○表 22-2　能源分類

	初級能源		次級能源
	非再生能源	再生能源	
特性	有限的能源，開採使用後，會逐漸枯竭能源	天然形成不虞匱乏的能源	經轉換處理才形成的能源
種類	化石燃料的煤、石油、天然氣等	太陽能、風能、地熱、海洋能等	電力、汽油、瓦斯、生質能等

可以使用的次級能源二類，如表 22-2 所示之能源分類。

　　由於全球的不可再生能源正逐漸枯竭，據世界能源會 (The World Energy Council，簡稱 WEC) 的估計，數類較重要的能源，目前尚可供應年限為石油 40～50 年、天然氣 60～70 年、煤礦 200～300 年、鈾礦 60～70 年。因此為了永續發展，必須尋找新的能源，而為了維護地球生態環境，新的能源必需具備對環境友善的能源，即少破壞和零污染，與環境相容性高的能源。所以能夠藉由自然界的力量或資源，並可源源不絕產生且不會造成環境污染的綠色能源，包括太陽能、水力能、風力能、海洋能、地熱能、氫能和生質能，逐漸受到重視；這些可以生生不息，永不枯竭的能源，也被稱為再生能源。在各國積極發展綠能產業中，因為太陽能是蘊藏量最大，據估計太陽每天照到地表的能量，供應全人類 30 年所需求的能源而且零污染的能源，故最受重視。

　　將太陽光能轉換成電能的固體半導體器件，又稱太陽能電池 (solar cell) 或光伏電池 (photovoltaic cell)，在自然界中的半導體材料種類有無機半導體材料與有機半導體材料。太陽能電池是利用光電效應 (photoelectric effect)，當光照射在太陽能電池時，具有足夠能量的入射光子，將使半導體 PN 界面上產生的電子-電洞對對分開，電子移向 N 型區 (N-type)，N 區就帶負電；電洞進入 P 型區

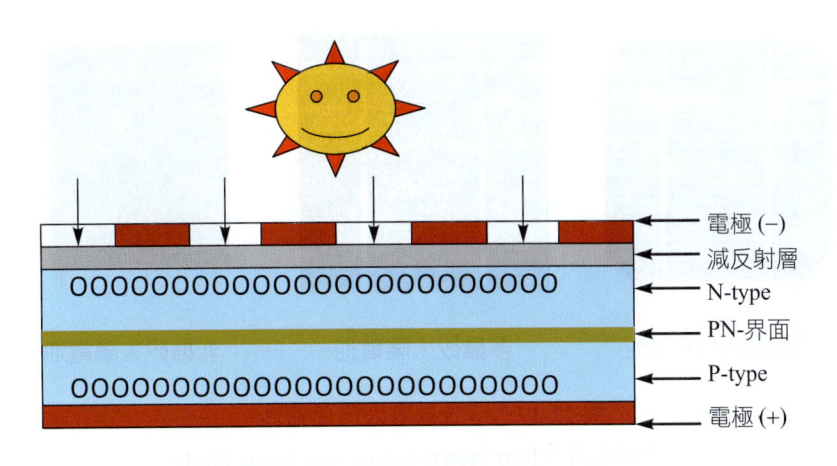

圖 22-16　太陽能電池基本原理示意圖。

(P-type)，而 P 區帶正電。兩區之間就有電位差，形成光電流和光電壓，稱為光生伏特效應 (photovoltaic effect)，如圖 22-16 太陽能電池基本原理示意圖。太陽能電池的光-電能量轉換過程中，只排出熱量，不會有其它產物，是最為潔淨的能源。太陽能電池除發電外，還可作為光敏元件，光電比色計，醫療儀器 (如血氧計) 等多種用途。

目前發展最久，技術也較成熟的為矽晶太陽能電池，可分為單晶矽 (monocrystalline silicon)、多晶矽 (polycrystalline silicon)、非晶矽 (amorphous silicon)，如圖 22-17 三種矽晶太陽能電池。應用上以單晶矽與多晶矽較為廣泛，但其平均效率約在 15% 左右，即太陽能電池只能將入射太陽光能的 15% 轉換成可用電能。在推廣上，相對於石油的發電成本仍過於昂貴，若能提高太陽能電池的效率，將可大幅降低發電成本，成為普及的再生能源。

另外，屬於較前瞻性的研發為在薄膜式太陽能電池的製程中，導入有機物或奈米材料，使產品具有曲度或可撓性、質量輕、製作成本低等優點。種類有光化學太陽能電池 (Photo-Chemistry Solar cell, PCSC)、染料敏化太陽能電池 (Dye-Sensitized Solar Cell, DSSC)、高分子太陽能電池 (Organic-Polymer Solar Cells, OPSC)、

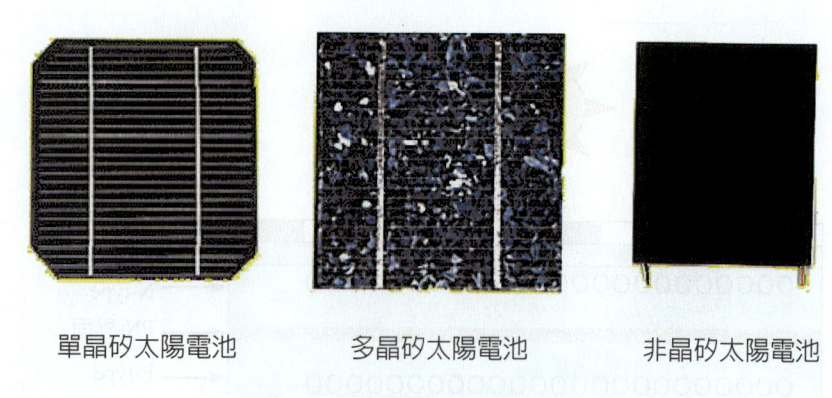

單晶矽太陽電池　　　　多晶矽太陽電池　　　　非晶矽太陽電池

圖 22-17　三種矽晶太陽能電池。

資料來源：http://www.solar-i.com/know.html。

奈米結晶太陽能電池 (Nano-crystalline Solar Cell, NCSC) 等。例如：其中高分子太陽能電池具有質量輕、可撓曲特性及低製作成本等優點，是未來值得開發的新材料。

22-10　2011 年諾貝爾物理獎介紹──宇宙膨脹論

亙古至今，人類對未知事物總是充滿敬畏與好奇。在敬畏之餘，將事物付之於卜筮；在好奇之下，了解了更多自然界的奧秘。然而在科學的探索過程，人們對宇宙的演化，雖然開始甚早，也是最為困惑。早期有關天文知識是伴隨帶有迷信色彩的占星術而來，但自望遠鏡發明以後，人們能夠真實的觀測浩瀚宇宙，尤其是在將哈伯望遠鏡送入太空中，更能闡明星辰的演化，天體的變動。然而人類對宇宙的認識，雖然視野已達到一百多億光年的深處，卻對在宇宙中佔有 75% 左右的**暗物質** (dark matter) 和**暗能量** (dark energy) 不甚了解。

瑞典皇家科學院 2011 年 10 月 4 日於台北時間下午 5 點 30 分左右，宣布 2011 年諾貝爾物理學獎，由三位發現宇宙加速膨脹 (The Accelerating Expansion of the Universe) 的科學家共同獲得，圖 22-18

	薩爾‧波爾馬特 (Saul Perlmutter)	布萊恩‧施密特 (Brian P. Schmidt)	亞當‧李斯 (Adam G. Riess)
Born	1959, Champaign-Urbana, IL, USA	1967, Missoula, MT, USA	1969, Washington, DC, USA
Affiliation at the time of the award	Lawrence Berkeley National Laboratory, Berkeley, CA, USA, University of California, Berkeley, CA, USA	Australian National University, Weston Creek, Australia	Johns Hopkins University, Baltimore, MD, USA, Space Telescope Science Institute, Baltimore, MD, USA

圖 22-18　為獲得諾貝爾物理學獎的三位科學家。
資料來源：http://www.nobelprize.org/nobel_prizes/physics/laureates/2011/press.html#。

　　為獲得諾貝爾物理學獎的三位科學家。其中，1988 年成立研究團隊的加州大學伯克利分校天體物理學家薩爾‧波爾馬特獲得一半獎金，1994 年成立研究團隊的布萊恩‧施密特和亞當‧李斯平分另一半；諾貝爾獎金為 1,000 萬克朗 (約 146 萬美元，約台幣 4,400 萬元)。

　　依據一般的情況，由於萬有引力效應，宇宙中的物質受引力影響，應該是越來越慢，宇宙的膨脹速率應會逐漸減慢。但是三位科學家由研究數十個遙遠的超新星所發出的光比預期來得弱，顯示宇宙正在加速擴張。這可解釋為，宇宙中存在一種尚不清楚的物質形態，這類物質被稱為暗物質或暗能量，這種物質提供了反重力，使遙遠的星系正不斷加速相互推開，也才能解釋星球以越來越快的速度在遠離，如圖 22-19 宇宙膨脹膜型。尤其令人震驚的是，三位科學家得出共同的結論：「若此膨脹繼續加速下去，宇宙將在酷寒中

結束。」因此，若能了解暗能量的效應，並精確測量出遙遠宇宙的空間，將有助於解開宇宙起源之謎，甚而推測出宇宙最終的命運。

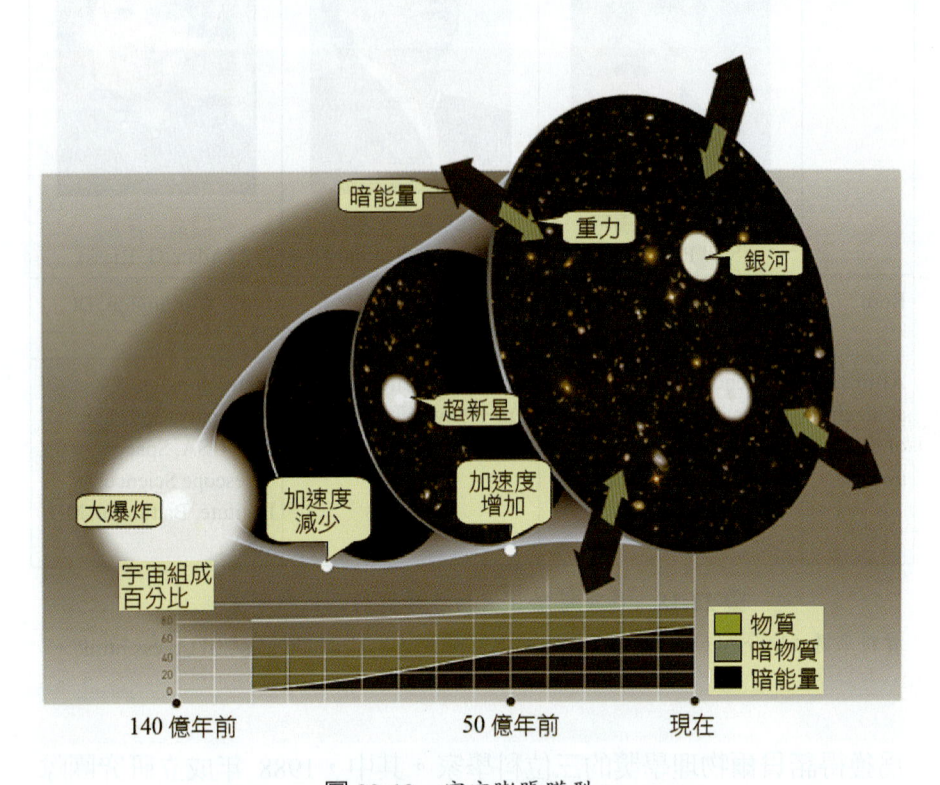

圖 22-19　宇宙膨脹膜型。

資料來源：http://news.discovery.com/space/nobel-prize-physics-111004.html。

　　宇宙的膨脹是源自 140 億年前的大爆炸 (big bang)，但是在最先的數十億年間膨脹的加速度是在減小。後來膨脹加速度又開始增加。這加速度應該是受暗能量所驅策，宇宙剛開始膨脹時暗能量僅佔宇宙的一小部分。但是隨著宇宙的膨脹，物質被稀釋，暗能量已成為構成宇宙的絕大部分。[資料來源：諾貝爾獎官網]

註

註一：其它液晶

1. 1977 年，發現具有高對稱性的圓盤型 (discotic) 液晶，如下圖。其分子型態呈圓盤狀，層層相疊而成圓柱狀排列。

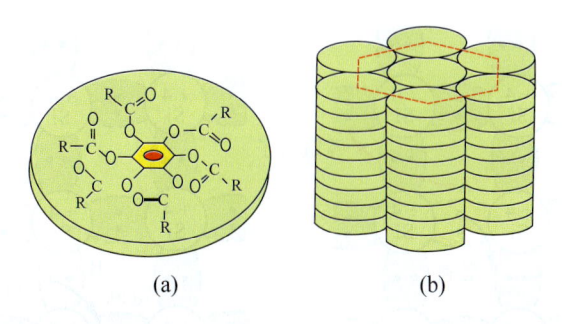

圓盤型液晶之 (a) 構成分子；(b) 分子排列。

2. 1975 年，發現重複型 (reentrant) 液晶，此為二成分混合溶液的等方性液體，在冷卻過程中，出現由等方性液體轉變為向列型液晶相，再轉變為層列型液晶相，再變為向列型液晶相的相轉移現象，如下圖。

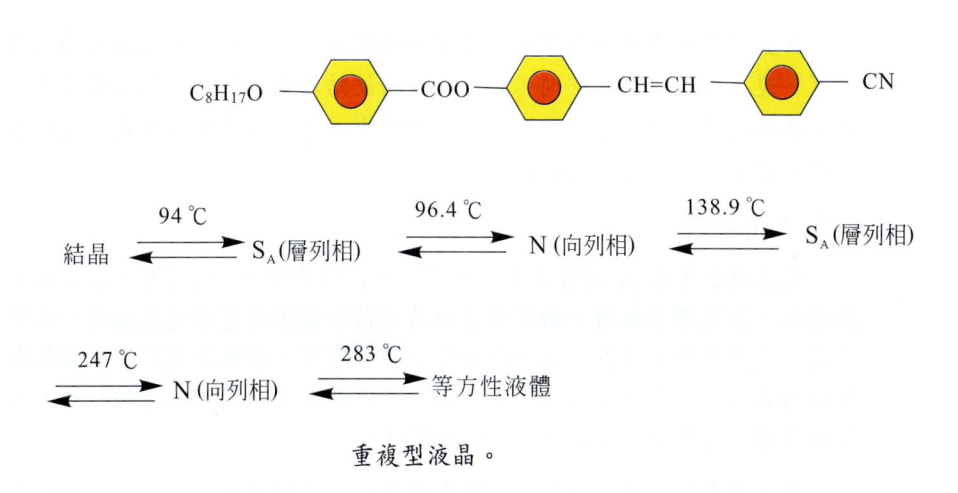

$$C_8H_{17}O - \bigcirc - COO - \bigcirc - CH=CH - \bigcirc - CN$$

結晶 $\xrightleftharpoons[]{94\ ℃}$ S_A(層列相) $\xrightleftharpoons[]{96.4\ ℃}$ N(向列相) $\xrightleftharpoons[]{138.9\ ℃}$ S_A(層列相)

$\xrightleftharpoons[]{247\ ℃}$ N(向列相) $\xrightleftharpoons[]{283\ ℃}$ 等方性液體

重複型液晶。

註二：電離度

$$電離度 = \frac{被電離的原子數}{總原子} \times 100\%$$

電離度為 100% 時，即表示氣體被完全電離，就成為物質的第四態——電漿，亦稱為等離子體。實際應用中，只要滿足一定電離的氣體，也可稱為電漿。

註三：載　體

半導體的導電載子為導電電子與電洞，均可導電，都稱為載體 (carrier)。

(a)   (b)

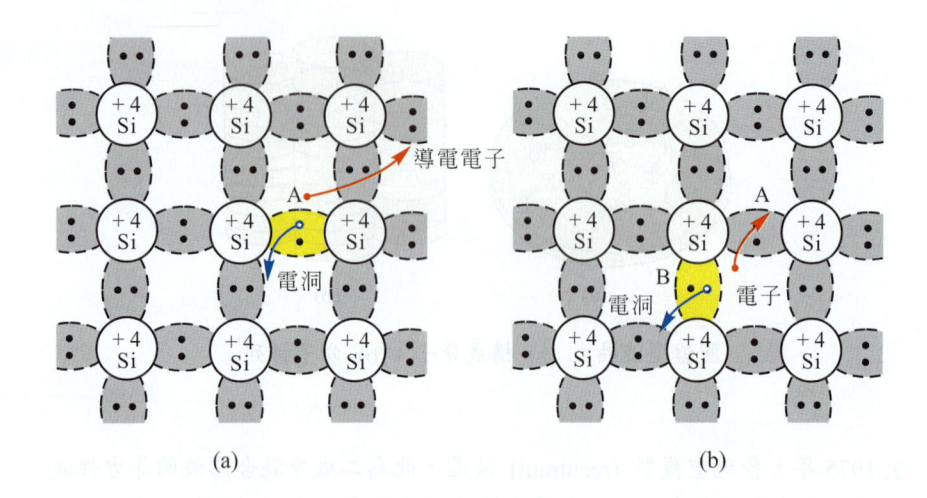

1. 導電電子 (conduction electron)：

    在室溫時，少部分共價鍵中的電子吸收了足夠的熱能，跳出它的鍵結位置，進入共價鍵間的空間，而大部分的鍵結還是完整的，只要電子不回到空出的鍵結位置，它可以在晶格的空間中游動，因此可以導電。這個可以移動的電子，我們稱為導電電子。

2. 電洞 (hole)：

    電子跳出後在 A 還留下了一個空位，其它共價鍵的電子有可能去填充此空位。在沒有空位時，由於原子核的電荷和電子的電荷完全抵消，故不帶電，成電中性；而在空位附近由於少了個電子，等效上是帶了一個基本單位的正電。因此，空位的移動，我們可以看成是一個正電荷的移動，也可以導電。這個能夠導電的空位稱為電洞。

    在純的半導體中，導電電子與電洞是成對出現的，也就是說，一個電子離開共價鍵形成導電電子的同時，一定留下一個電洞。

註四：低溫技術的進展

1. 1877 年，氧氣首先被液化，液化溫度為 90 K，隨後人們又液化了氮氣，其液化溫度是 77 K。
2. 1898 年，杜瓦 (J. Dewar) 第一次把氫氣變成液氫，液化溫度為 20 K，所以杜瓦瓶是以他的名字命名。
3. 1908 年，歐納斯液化了最後一個「永久氣體」── 氦氣，獲得 4.2 K 的低溫。

在研究物質的低溫物理性質過程中，隨著低溫技術的進展，新的超導物質不斷被發現，且形成超導現象的臨界溫度也逐漸提高。

註五：

　　塊材其表面的原子數目與整塊材料的總原子數相比，可忽略不計。故其整體的性質，大致與表面的原子無關。但材料的尺寸縮小到 100 奈米以下時，此時表面原子數與總原子數越來越接近，這時材料的特性就逐漸由表面原子來呈現，因此同一材料在不同的尺度下，會表現出完全不一樣的性質。例如：在奈米尺寸的金粒子，其顏色為棕色或紫紅色，不再是金光閃閃的黃橙色。原本無法混合的金屬，在奈米尺度下卻可變成合金。

註六：理查得‧費思曼的思想

　　奈米技術的創始人是物理學家、諾貝爾獎得主理查得‧費思曼，他大膽提出「用原子搭積木」的想法，設想在原子和分子水準上操縱和控制物質。他的設想包括以下幾點：

1. 如何將大英百科全書的內容記錄到一個大頭針頭部那麼小的地方？
2. 電腦如何微型化？
3. 重新排列原子，若有朝一日能按自己的主觀意願排列原子，世界將會發生什麼事？
4. 在奈米尺度上的原子與在體塊材料中的原子的行為表現有什麼不同？即有些什麼新穎的性質以及千奇百怪的效應？

　　其關鍵點在於如何操縱原子、分子。利用 STM 可人為地製造出某些表面現象，進行表面刻蝕及修飾工作。利用電腦控制 STM 的針尖，在某些特定部位加大隧道電流或使針尖尖端直接接觸到表面，使針尖作有規律的移動，就會刻出有規律的痕跡，形成有意義的圖形或文字。因此，STM 對於研究高密度資訊儲存技術，具有重要意義。

註七：奈米碳管的進展

1. 1991 年，由日本科學家合成奈米碳管，發現了它的一些特殊性質，並加以應用。
2. 1992 年，發現奈米碳管隨管壁曲捲結構不同，而呈現出半導體或良導體的導電性。
3. 1995 年，證實奈米碳管具有優良的場發射性能。
4. 2000 年，日本科學家製成高亮度的奈米碳管場發射顯示器樣管。

註八：光纖的特性損耗

1. 材料的吸收損耗：

　　光纖內含有過渡金屬元素 (如 Sc、Ti、V、Cr、Mn、…… 等)，這類金屬在光譜範圍有廣大的吸收帶。另外所含的 OH 及材料的缺陷 (如光纖

抽絲所引起的核心及外殼界面構造之微小變化)，都會產生損耗，必須在製造技術上作改進。

2. 材料的散射損耗：

　　材料之密度或組成不均，皆產生瑞利 (Rayleigh) 散射，其損失值與波長成正比，因此波長越長，損耗越小。其它的散射行為，影響不如瑞利散射來得大。

註九：光纖通訊

1. 光纖通訊的演進：
   (1) 1966 年，美籍華人高錕及 George A. Hockham 根據介質波導理論，共同提出光纖通訊的概念。
   (2) 1970 年，美國康寧公司首次研發出級射率光纖，同年貝爾實驗室研發出發光器，正式拉開光纖通訊的序幕。
   (3) 1972 年，原材質、製棒、抽絲的技術不斷提升，衰減係數由原有的 20 dB/km 降至 4 dB/km。
   (4) 1976 年，美國西屋電氣公司在亞特蘭大成功進行世界第一個以 45 Mbit/s 傳輸 110 km 的光纖通訊網路的實驗。
   (5) 二十一世紀初，光纖通訊已由 45 Mbit/s 提高到 40 Gbit/s。

2. 光纜外層的披覆：

　　披覆類似電線的外保護層，可防止光纜磨損，或遭受油氣，酸、鹼溶劑等影響。披覆的材料則依據不同環境影響所要求的抵抗程度而定。

光纜基本結構

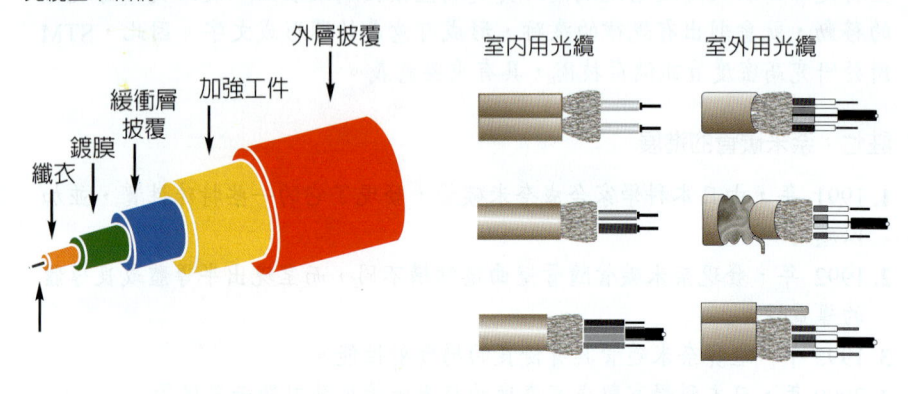

附　錄

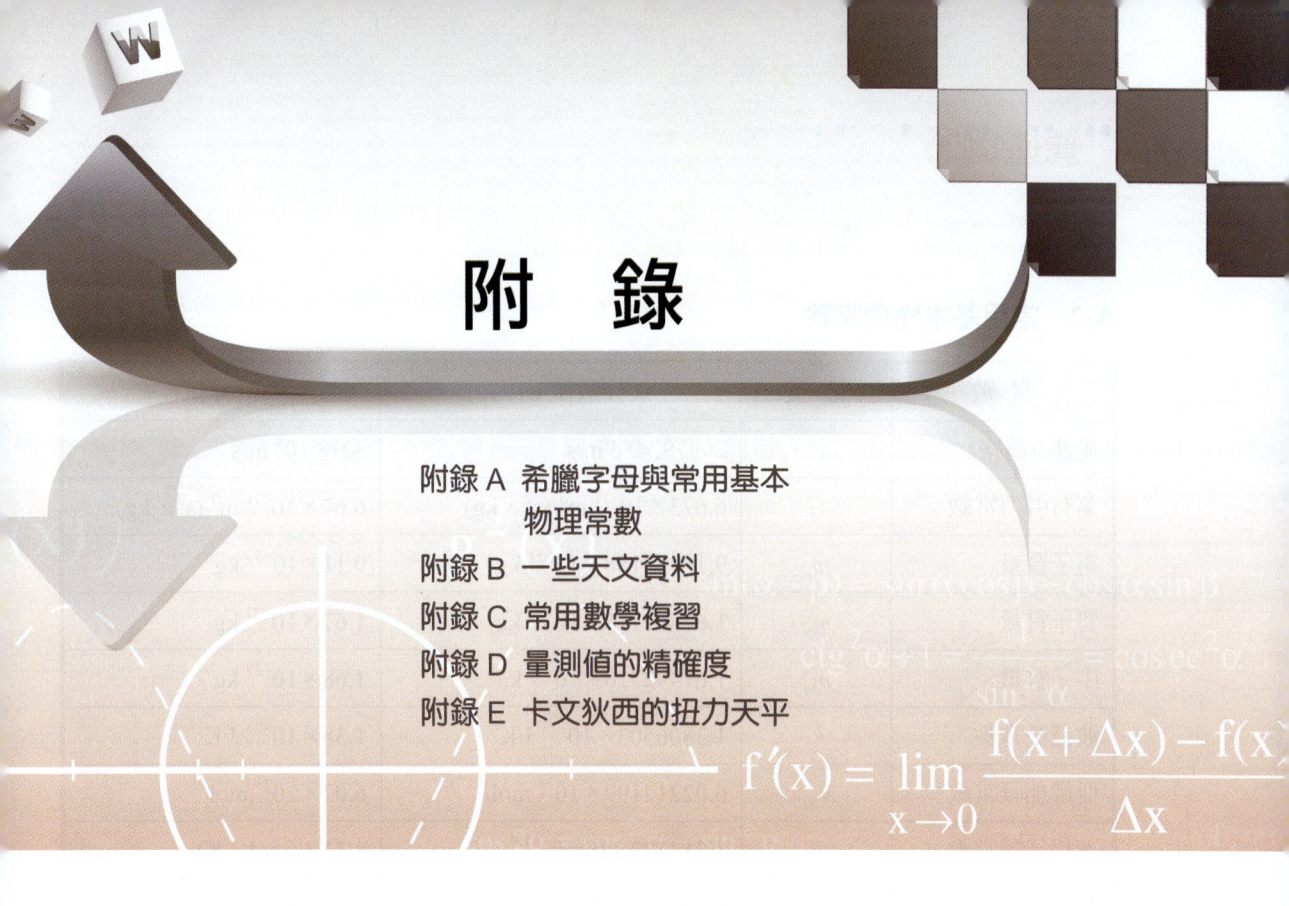

附錄 A　希臘字母與常用基本物理常數
附錄 B　一些天文資料
附錄 C　常用數學複習
附錄 D　量測值的精確度
附錄 E　卡文狄西的扭力天平

附錄 A　希臘字母與常用基本物理常數

A-1　希臘字母

希臘字母								
文字	小寫	大寫	文字	小寫	大寫	文字	小寫	大寫
Alpha	α	A	Iota	ι	I	Rho	ρ	P
Beta	β	B	Kappa	κ	K	Sigma	σ	Σ
Gamma	γ	Γ	Lambda	λ	Λ	Tau	τ	T
Delta	δ	Δ	Mu	μ	M	Upsilon	υ	Υ
Epsilon	ε	E	Nu	ν	N	Phi	φ	Φ
Zeta	ζ	Z	Xi	ξ	Ξ	Chi	χ	X
Eta	η	H	Omicron	o	O	Psi	ϕ	Ψ
Theta	θ	Θ	Pi	π	Π	Omega	ω	Ω

A-2 　常用基本物理常數

常　數	符　號	最佳數值 (1998)	計算值
光速 (真空)	c	299792458 m/s	3.0×10^8 m/s
萬有引力常數	G	6.673×10^{-11} m^3/(s$^2 \cdot$ kg)	6.67×10^{-11} m^3/(s$^2 \cdot$ kg)
電子質量	m_e	$9.10938188 \times 10^{-31}$ kg	9.11×10^{-31} kg
質子質量	m_p	$1.67262158 \times 10^{-27}$ kg	1.67×10^{-27} kg
中子質量	m_n	$1.67492716 \times 10^{-27}$ kg	1.68×10^{-27} kg
波茲曼常數	k	$1.3806503 \times 10^{-23}$ J/K	1.38×10^{-23} J/K
亞佛加厥常數	N_{AV}	$6.02214199 \times 10^{23}$ mol^{-1}	6.02×10^{23} mol^{-1}
理想氣體常數	R	8.314472 J/(mol $\cdot$ K)	8.31 J/(mol $\cdot$ K)
基本電荷	e	$1.602176462 \times 10^{-19}$ C	1.60×10^{-19} C
介電常數 (真空)	ε_0	$8.85418781762 \times 10^{-12}$ F/m	8.85×10^{-12} F/m
導磁率常數 (真空)	μ_0	$1.25663706143 \times 10^{-6}$ H/m	1.26×10^{-6} H/m
普朗克常數	h	$6.62606876 \times 10^{-34}$ J $\cdot$ s	6.63×10^{-34} J $\cdot$ s
波耳半徑	r_B	$5.291772083 \times 10^{-11}$ m	5.29×10^{-11} m
康卜吞波長	λ_c	$2.426310215 \times 10^{-12}$ m	2.43×10^{-12} m

附錄 B　一些天文資料

B-1　太陽、地球及月球的性質

性質	單位	太陽	地球	月球
質量	kg	1.99×10^{30}	5.98×10^{24}	7.36×10^{22}
平均半徑	m	6.96×10^{8}	6.37×10^{6}	1.74×10^{6}
平均密度	Kg/m^3	1,410	5,520	3,340
自轉週期	-	37 天 (兩極) 26 天 (赤道)	23 時 56 分	27.3 天

B-2　從地球至下列各處的距離

至可觀測的宇宙邊緣	$\sim 10^{26}$ m
至本銀河系中心	2.2×10^{20} m
至最近的恆星—半人馬近鄰星 (太陽除外)	4.04×10^{16} m
至太陽	1.50×10^{11} m
至月球	3.82×10^{8} m

B-3　太陽系內八個行星的一些性質

	水星	金星	地球	火星	木星	土星	天王星	海王星
質量 (地球=1)	0.0558	0.815	1.000	0.107	318	95.1	14.5	17.2
密度 (水=1)	5.60	5.20	5.52	3.95	1.31	0.704	1.21	1.67
赤道直徑 (km)	4,880	12,100	12,800	6,790	143,000	120,000	51,800	49,500
赤道表面的 g 值	3.78	8.60	9.78	3.72	22.9	9.05	7.77	11.0
自轉週期 (天)	58.7	243	0.997	1.03	0.409	0.426	0.451	0.658
公轉週期 (年)	0.241	0.615	1.00	1.88	11.9	29.5	84.0	165
軌道速率 (km/s)	47.9	35.0	29.8	24.1	13.1	9.64	6.81	5.43
至太陽的平均距離 (10^6 km)	57.9	108	150	228	778	1,430	2,870	4,500

註：週期以遠距離恆星為參考點所測量。

附錄 C　常用數學複習

　　物理學是一門理論與實驗並重的學科。精嫻測量的技巧與深諳數學的運算，同等重要。本書力求在這兩方面齊頭並進，初學者亦宜並蓄兼收，不可偏廢。由於所牽涉的範圍相當廣泛，援引的資料亦自不菲，爲減輕搜索的苦惱，特將一些基本的材料臚列如下，同學時加複習，必有得心應手、左右逢源之樂。

C-1　冪方的運算

下面的數式中，a、b 是不等於 0 的實數，m、n 是正整數，x、y 是變數。

$a^0 = 1$

$a^1 = a$

$a^n = a \times a \times a \times \cdots \times a\,(n\,\text{次})$

$a^{\frac{1}{n}} = \sqrt[n]{a}$

$a^{-n} = \dfrac{1}{a^n}$

$a^n a^m = a^{n+m}$

$\dfrac{a^n}{a^m} = a^{n-m}$

$(a^n)^{\frac{1}{n}} = a$

$a^n b^n = (ab)^n$

$\dfrac{a^n}{b^n} = \left(\dfrac{a}{b}\right)^n$

C-2　對數的運算

1. 如 $x = a^y$，則 $y = \log_a x$。

　　y 稱爲 x 以 a 爲底數的**對數** (logarithm)，x 則爲 y 的**反對數** (antilogarithm)。

2. 如 $a = 10$，則 $y = \log x$。

　　$y = \log x$，稱 y 是 x 的**常用對數** (common logarithm)。

3. 如 $a = e = 2.71828…$，亦即 $x = e^y$，則 $y = \ln x$。

$y = \ln x$，稱 y 是 x 的自然對數 (natural logarithm)。

通常以 10 為底數的對數，其底數可不寫，非 10 為底數的對數，則需註明。

$\log_{10} A = \log A$

$\log_{16} A \neq \log A$

$\log 1 = 0$；$\log 10 = 1$ $\ln 1 = 0$；$\ln e = 1$

$\log (ab) = \log a + \log b$ $\ln (ab) = \ln a + \ln b$

$\log (\dfrac{a}{b}) = \log a - \log b$ $\ln (\dfrac{a}{b}) = \ln a - \ln b$

$\log a^n = n \log a$ $\ln a^n = n \ln a$

$e^x = 1 + x + \dfrac{x^2}{2!} + \dfrac{x^3}{3!} + \cdots$

$\ln (1+x) = x - \dfrac{1}{2}x^2 + \dfrac{1}{3}x^3 - \cdots$

C-3　代數的法則

1. 一元一次方程式：

　　如　　$x - a = 0$

　　則　　$x = a$

2. 一元二次方程式：

　　如　　$ax^2 + bx + c = 0$

　　則　　$x = \dfrac{-b \pm \sqrt{b^2 - 4ac}}{2a}$

3. 聯立方程式：

　　如　　$a_1 x + b_1 y = c_1$

　　　　　$a_2 x + b_2 y = c_2$

則　　$a_1b_2 \neq a_2b_1$

$$\begin{cases} x = \dfrac{b_2c_1 - b_1c_2}{a_1b_2 - a_2b_1} \\ y = \dfrac{a_1c_2 - a_2c_1}{a_1b_2 - a_2b_1} \end{cases}$$

C-4　三角運算

1. 直角三角形邊與角的關係：

$$a^2 + b^2 = c^2 \quad \text{(畢氏定理)}$$

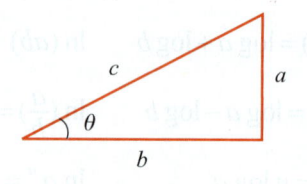

$$\sin\theta = \frac{a}{c} \qquad \cot\theta = \frac{b}{a}$$

$$\cos\theta = \frac{b}{c} \qquad \sec\theta = \frac{c}{b}$$

$$\tan\theta = \frac{a}{b} \qquad \csc\theta = \frac{c}{a}$$

2. 任意三角形邊與角的關係：

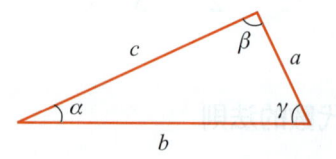

$$c^2 = a^2 + b^2 - 2ab\cos\gamma$$

$$\frac{a}{\sin\alpha} = \frac{b}{\sin\beta} = \frac{c}{\sin\gamma}$$

3. 常用三角函數：

$$\sin^2\theta + \cos^2\theta = 1$$
$$\sin(\alpha \pm \beta) = \sin\alpha\cos\beta \pm \cos\alpha\sin\beta$$
$$\cos(\alpha \pm \beta) = \cos\alpha\cos\beta \mp \sin\alpha\sin\beta$$
$$\sin 2\theta = 2\sin\theta\cos\theta$$
$$\cos 2\theta = \cos^2\theta - \sin^2\theta$$

C-5　二項式展開

$$(1+x)^n = 1 + \frac{nx}{1!} + \frac{n(n-1)x}{2!} + \cdots$$

C-6 微 分

1. 基本微分：

(1) a 為一常數，$\dfrac{da}{dx} = 0$

(2) $\dfrac{dx}{dx} = 1$

(3) 若 m 為一整數，則 $\dfrac{dx^m}{dx} = mx^{m-1}$

(4) 若 a 為一常數，$f(x)$ 可微分，則 $\dfrac{d}{dx}[af(x)] = a\dfrac{df(x)}{dx}$

(5) 若 $f(x)$ 與 $g(x)$ 皆可微分，則

加法：$\dfrac{d}{dx}[f(x) + g(x)] = \dfrac{df(x)}{dx} + \dfrac{dg(x)}{dx}$

減法：$\dfrac{d}{dx}[f(x) - g(x)] = \dfrac{df(x)}{dx} - \dfrac{dg(x)}{dx}$

乘法：$\dfrac{d}{dx}[f(x)g(x)] = [\dfrac{df(x)}{dx}]g(x) + f(x)[\dfrac{dg(x)}{dx}]$

除法：$\dfrac{d}{dx}[\dfrac{f(x)}{g(x)}] = \dfrac{[\dfrac{df(x)}{dx}]g(x) - f(x)[\dfrac{dg(x)}{dx}]}{[g(x)]^2}$

2. 對數微分：

$\dfrac{d}{dx}e^x = e^x$

$\dfrac{d}{dx}\ln x = \dfrac{1}{x}$

$\dfrac{d}{dx}e^{f(x)} = e^{f(x)}\dfrac{d}{dx}[f(x)]$

3. 三角函數的微分：

$$\frac{d}{dx}\sin x = \cos x$$

$$\frac{d}{dx}\cos x = -\sin x$$

$$\frac{d}{dx}\tan x = \sec^2 x$$

$$\frac{d}{dx}\cot x = -\csc^2 x$$

$$\frac{d}{dx}\sec x = \sec x \tan x$$

$$\frac{d}{dx}\csc x = -\csc x \cot x$$

$$\frac{d}{dx}[\sin f(x)] = [\cos f(x)]\frac{d}{dx}[f(x)]$$

$$\frac{d}{dx}[\cos f(x)] = [-\sin f(x)]\frac{d}{dx}[f(x)]$$

C-7　積　分

1. 基本積分：

　　c 為不定積分的常數

$$\int x^p\,dx = \frac{1}{p+1}x^{p+1} + c$$

$$\int \frac{1}{x}\,dx = \ln|x| + c$$

$$\int e^x\,dx = e^x + c$$

$$\int [af(x) + bg(x)]\,dx = a\int f(x)\,dx + b\int g(x)\,dx$$

2. 三角函數的積分：

c 為不定積分的常數

$$\int \sin x \, dx = -\cos x + c$$

$$\int \cos x \, dx = \sin x + c$$

$$\int \frac{1}{\cos^2 x} \, dx = \tan x + c$$

$$\int \frac{1}{\sin^2 x} \, dx = -\frac{\cos x}{\sin x} + c$$

附錄 D　量測值的精確度

物理量在量測上的數據，較常用的有：

1. 精密度：

(1) 重複多次測量時，不同測量值相互間偏差量的大小。如果多次測量時，彼此間結果皆很接近，則稱為精密度較高。

(2) 若是在測量儀器上使用精密度的名詞，則以在同一單位下，量測所能獲得的位數稱之；例如，使用 A、B 二不同刻度的量尺，若測得數值 A 讀數為 10.64 mm 與 B 讀數為 10.643 mm，即表示量測儀器 B 的精密度比 A 高出 10 倍。通常精密度高的儀器誤差量會較小，但實驗操作者將會決定最後成效。

2. 準確度：

測量值與真正值 (或公認值) 的偏差程度。一般以偏差量的大小來判定準確度的高低。

$$|\text{偏差量}| = |\text{測量值} - \text{真正值}|$$

偏差量大的準確度低，偏差量小的準確度高。

3. 精確度：

精密度與準確度的合稱。好的儀器要有高的精密度及低的誤差量；測量值的可信度需要有高精密度與高準確度，這需要經驗及仔細操作才能達成。

4. 公認值：

使用穩定且精密度高的實驗儀器，在有經驗的實驗人員多次測量後，所得的平均值 (被認為是誤差最小，與真正值最接近的量值)。

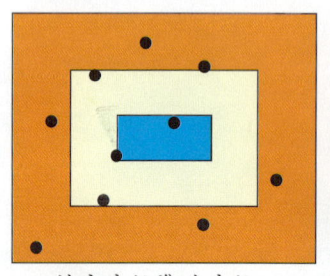

精密度低準確度低。 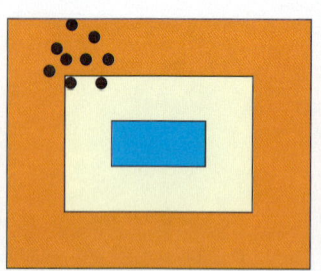　　精密度高準確度低。 　　精密度高準確度高。

附錄 E　卡文狄西的扭力天平

為了直接測出兩個物體之間的引力，牛頓精心設計了好幾個實驗，但是一般物體之間的引力非常微小，在實驗上根本測量不出來。

卡文狄西利用一套裝置，在一根細長桿的兩端各安上一個小鉛球，做成一個像啞鈴似的東西；再用一根石英絲把這個「啞鈴」從中間橫吊起來。將兩個較大的鉛球分別移近兩個小鉛球，根據萬有引力定律，「啞鈴」會在引力的作用下發生擺動，石英絲也會隨著扭動。這時候，只要測出石英絲扭轉的程度，就可以進一步求出引力了。

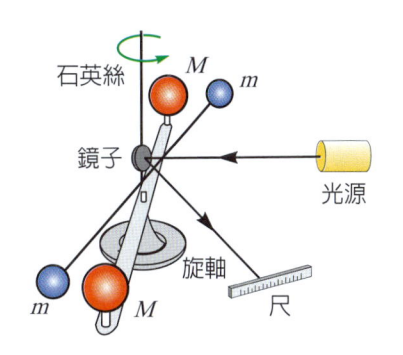

卡文狄西的扭力天平。

卡文狄西實驗了許多次都沒有成功。原因在哪裡呢？由於引力太微弱了，完全靠肉眼來觀察確定石英絲的微小變化，實驗難免會失敗。卡文狄西苦思冥想，直到 1798 年，他走在半路上看到幾個小孩子，正在做一種有趣的遊戲：他們每人手裡拿著一面小鏡子，用來反射太陽光，互相照著玩。小鏡子只要稍一轉動，遠處光點的位置就有很大的變化。

卡文狄西重新改進了實驗裝置。他把一面小鏡子固定在石英絲上，用一束光線去照射它，光線被小鏡子反射以後，射在一根刻度尺上。這樣，只要石英絲有一點極小的扭轉，反射光就會在刻度尺上明顯地表示出來。這套裝置叫做「扭秤」。

扭秤有很高的靈敏度，利用這套裝置，終於成功地測得萬有引力常數 G，與現代測量值相差無幾。根據引力常數，進一步算出了地球的質量是 5.976×10^{24} 公斤。

【問題】為什麼測量出 G 值就可以知道地球的質量？

習題解答

第一章

1-1 10.8 kg **1-2** 1.7 m³ **1-3** 5.00×10² s

1-4 50.3 m **1-5** 512.0 m²

1-6 (1) $[M][L]^{-3}$ (2) $[M][L]^2[T]^{-2}$ (3) $[M][L]^2[T]^{-2}$ (4) $[M][L]^3[T]^{-2}$

1-7 $T \sim \sqrt{\dfrac{g}{\ell}}$ **1-8** 略

1-9 (1) $5\hat{i}+\hat{j}-2\hat{k}$ (2) $\sqrt{30}$ (3) 12 (4) $22\hat{i}-13\hat{j}+17\hat{k}$

1-10 (1) $13.0\hat{i}+19.8\hat{j}$ (2) 56.7°

1-11 (1) −17 (2) $(-19)\hat{i}-11\hat{j}+9\hat{k}$ (3) $19\hat{i}+11\hat{j}-9\hat{k}$ (4) 0

第二章

2-1 (1) $1000\hat{j}$ m (2) 1900 m (3) 1.3 m/s (4) $0.7\hat{j}$ m/s

2-2 (1) 2 m/s² (2) 156.25 m (3) 43.75 m

2-3 (1) 120 m (2) 5.2 s (3) 40 m

2-4 64.3 m < 81 m，故貨櫃車可避免撞到巨石。

2-5 $v \approx \pm 12.8$ m/s **2-6** $v_0 = 49$ m/s ； $y = 122.5$ m

2-7 $t = 0.8$ sec 時為上升階段，$t = 4.4$ sec 時為下降階段。

2-8 $t = 2$ s 時，貓咪會回過頭來追逐老鼠。   2-9 $v_0 \approx 1307$ m/s

2-10 (1) 5 s   (2) 60.9 m/s   (3) 75.2 m

2-11 $v_0 \approx 8$ m/s

2-12 (1) θ_1、θ_2 兩角互為餘角時，水平射程相同

(2) $\left| \dfrac{v_0^2}{2g} \times (\cos^2 \theta_1 - \sin^2 \theta_1) \right|$

(3) $\left| \dfrac{2v_0}{g} \times (\cos \theta_1 - \sin \theta_1) \right|$

2-13 $R \approx 1148$ m   2-14   86.9 min

第三章

3-1   向北方傾斜   3-2 $9\hat{i} - 14\hat{j} + 5\hat{k}$ N   3-3 $8\hat{i} - 6\hat{j} + 7\hat{k}$ N

3-4   (1) 288,000 N   (2) −243000 N (負號表示阻力)

3-5   (1) 9 N，方向向右   (2) 15 N，方向向左

3-6   (1) $5\hat{i} - 9\hat{j}$ (cm)   (2) $-3\hat{i} + 15\hat{j}$ (cm)   (3) $-\hat{i} + 9\hat{j}$ (cm)

3-7   29.44 (年)   3-8   785 N   3-9 2.00×10^{30} kg

3-10 (1) m_2 的加速度方向向下   (2) 0.9 m/s²   (3) 169 N

3-11 8.82 m/s²   3-12   (1) 4.3 m   (2) 1.7 s   3-13   53.6 km/hr

3-14 (1) −7500 N (負號表示力的方向與房車速度相反)   (2) 0.51

3-15 45 km/hr   3-16   60.3 km/h

第四章

4-1 3.8×10^3 J   4-2 2.2×10^3 J   4-3   98 J   4-4   (1) 995 N   (2) 110 H.P.

4-5 2.71×10^4 H.P.   4-6 $1.73\,v$ 4-7   (1) 89.0 J   (2) 8 m/s

4-8   (1) 245 N/m   (2) 14.7 J   4-9   5.2 m/s   4-10   0.39   4-11   3.9 m

4-12 $\dfrac{5}{2}R$ 4-13   (1) −75,000 J   (2) −75,000 J   (3) ΔU

4-14 31.3 m/s

第五章

5-1 286 N **5-2** 210 N **5-3** 210 kg·m/s

5-4 (1) –2.97 m/s (2) 142 N

5-5 (1) 1：1 (2) 7：2 (3) 7：2 (4) 0 kg·m/s

5-6 (1) $\vec{v} = -2\hat{i}$ m/s (2) –798 J (負號表損失) **5-7** 545 m/s

5-8 $4.8\hat{i} - 2.4\hat{j}$ m/s (設 A 的入射方向為 $+\hat{i}$，碰撞後方向為 $+\hat{j}$)

5-9 距原來圓心左方 $\dfrac{1}{6}$ 公尺 **5-10** 2 m/s

第六章

6-1 (1) –3 rad/s² (2) 17.9 rev (3) 5 s   **6-2** (1) 0 rad/s (2) 4 rad/s²

6-3 (1) 0.11 rad/s (2) 1.4×10^{-3} m/s   **6-4** 5.83 m/s²

6-5 32.5 kg·m²   **6-6** (1) 67.5 J (2) 205 J   **6-7** (1) 24.3 J (2) 85.1 J

6-8 $\sqrt{5gh}$ **6-9** 2.7R   **6-10** (1) 28.3 N·m (2) 94 N

6-11 310 W   **6-12** (1) 54 kg·m² (2) 432 J (3) 216 kg·m²/s

6-13 (1) 2.56×10^{29} J (2) 7.05×10^{33} kg·m²/s

6-14 (1) 2.8 rad/s (2) 12.7 J

第七章

7-1 $T_A = 157$ N，$T_B = 118$ N，$T_C = 20 \times 9.8 = 196$ N

7-2 $T_A = \dfrac{392 \times \sin 120°}{\sin 100°} = 345$ N，$T_B = \dfrac{392 \times \sin 140°}{\sin 100°} = 256$ N，

$T_C = 40 \times 9.8 = 392$ N

7-3 (1) 40° (2) 123.48 N   **7-4** 0.5 m   **7-5** 0.4 N·m   **7-6** 37°

7-7 (1) 48 N·m (2) 80 N   **7-8** 0.3 m   **7-9** $(-\dfrac{L}{9}, 0)$

7-10 $(-0.033L, 0)$ **7-11** 250 N   **7-12** 100 N

第八章

8-1 444.44 N/m   **8-2** 1800 N/m

8-3　(1) 4 m；$\frac{\pi}{2}$ rad/s　(2) 4 m , 0 m/s , $-\pi^2$ m/s^2

8-4　(1) 4π m/s　(2) π^2 m/s^2

8-5　0.399 s　　8-6　31.4 m/s　　8-7　(1) 0.100 m　(2) 2.45 J　(3) −4.9 J

8-8　9.86 m/s^2

8-9　6.57 m/s^2　　8-10　2.25 Hz

8-11　(1) 1.96×10^6 N/m^2　(2) 9.8×10^{-6}　(3) 9.8×10^{-6} m　　8-12　0.01 cm^3

第九章

9-1　10 cm　　9-2　504.5 N　　9-3　157 N

9-4　1 cm　　9-5　40%　　9-6　9.7%

9-7　−0.487 N/m (負值表示表面張力向下)

9-8　10.76 m/s　　9-9　1.45 atm

9-10　−2.25 cm (負號表示中間的水銀柱較高)

第十章

10-1　333.15 K　　10-2　−24 度　　10-3　17.3℃　　10-4　26.1%

10-5　88.1℃　　10-6　(1) 430 m/s　(2) 434.12 m/s

10-7　1.128 倍　　10-8　$\sqrt{\frac{3PV}{Nm}}$

10-9　(1) 477.84 m/s　(2) 32 g/mole　(3) 氧分子；O_2　　10-10　115 nm

第十一章

11-1　20.5 J　　11-2　0.62 cal/g C°　　11-3　(1) 2.08　(2) 3 倍

11-4　3.4×10^3 J　　11-5　126.2 J　　11-6　240 K

11-7　高溫熱庫溫度 52℃；低溫熱庫溫度 −13℃

11-8　(1) 166.67 J　(2) 346 J

第十二章

12-1 能量與動量

12-2 不會。因水波為橫波,落葉震動方向與傳播方向垂直,不會隨波而行。

12-3 海浪作上下垂直運動無法推動船舶前進。

12-4 2 m/s　　**12-5** 300 m

12-6 (1) 30 個　(2) $\lambda = 1.33$ m　(3) $T = 0.033$ s

(4) 波數 $k = 0.75$ m,角波數 $= 4.71$ rad/m,角頻率 $\omega = 188.50$ rad/s

12-7 $4.3 \times 10^{14} \sim 7.5 \times 10^{14}$ Hz

12-9 $y(x, t) = 0.5 \sin(10\pi x - 20\pi t)$　　**12-10** 69.28 m/s,1.39 m

12-13 378 或 382 Hz

第十三章

13-1 (1) 20～20,000 Hz　(2) 80～1,000 Hz　　**13-2** 1.29×10^{-5} m

13-3 3825 m　　**13-4** 10^{-2} W/m²　　**13-5** 100 倍

13-7 185 m　　**13-8** 550 m　　**13-9** 1032.6 m　　**13-11** 3.16×10^{-3}

13-12 346 m/s；17.3 m/s　　**13-13** 1.95×10^{-3}

13-14 7 個　　**13-15** 因聲波與玻璃形成共鳴

13-16 (1) 1413.3 Hz　(2) 1393.2 Hz　(3) 1434.0 Hz

13-18 (1) 47.2°　(2) 3604.3 m

第十四章

14-9 $6.7 \times 10^1 \hat{i}$,$-6.7 \times 10^1 \hat{i}$　　**14-10** 63.6 N　　**14-11** 1.5×10^{-8} C

14-13 $E = 6.36 \times 10^6$ (N/C) (方向沿 $-x$)

4-16 (1) 1.5×10^{-2} (N·m²/C)　(2) 0 (N·m²/C)

14-17 4 N·m²/C　　**14-19** $E = \dfrac{\sigma}{2\varepsilon_0}(1 - \dfrac{z}{(r^2 + z^2)^{1/2}})$

第十五章

15-1 0 J；−1.9 J　　**15-3** 6.36×10^{-2} (J)　　**15-4** 0.304 J　　**15-5** 0 V

15-6 在原點左側 20 cm 處。

15-7 (1) 0　(2) $\dfrac{kQ}{a}$　(3) $\dfrac{kqQ(a-r)}{ar}$，所有的功與電荷移動的路徑無關，此因庫倫力為一保守力　(4) 可，需用積分計算。

15-8 6.36×10^4 (V)　　**15-9** 2.25×10^4 (V)　　**15-10** (1) $\sigma=\dfrac{Q}{a^2}$　(2) $E=\dfrac{4\pi kQ}{a^2}$

15-12 (1) $E=0$　(2) $\dfrac{kq_a}{r^2}$　(3) $\dfrac{k(q_a+q_b)}{r^2}$

15-15 $\dfrac{3kQ}{2r}$　　**15-17** 2×10^{-18} N/C

15-18 (1) 1.548×10^{-10} F　(2) 1.548×10^{-9} J

第十六章

16-1 117.76 dyne　　**16-2** 250 Oe　　**16-3** 2.4×10^{-15} N

16-4 $2.88\times10^{-13}\hat{k}$ (N)　　**16-6** 18.360 庫倫　　**16-7** 向西

16-9 (1) 50 N　(2) 35.4 N　(3) 0 N　　**16-10** 8×10^{-5} N

16-11 5×10^{-6} (T)　　**16-12** 6.28×10^{-5} T　　**16-13** $4\pi\times10^{-3}$ T

16-14 2.5×10^{-4} (T)　　**16-15** 9.87×10^{-7} Wb　　**16-16** 0.6 s

16-17 15 V　　**16-18** 0.83 V

第十七章

17-1 36 倍　　**17-2** (1) 0.86 k(Ω)　(2) 1.48 k(Ω)

17-3　(1) 10.77 V

　　　(2) R_1(6.15 V；1.23 A)，R_2(4.62 V；0.77 A)，R_3(4.62 V；0.46 A)

　　　(3) 13.25 W　(4) 7.56 W；3.56 W；2.13 W

17-4　$I_1=-12.74\times10^{-3}$ A，$I_2=1.81\times10^{-3}$ A，$I_3=-14.55\times10^{-3}$ A

17-5 24.14 s　　**17-6** (1) 2×10^{-3} s　(2) 2.4×10^{-3} s

第十九章

19-1 (1) 2 m (2) 變長 **19-2** (1) 圓形 (2) 實像 (3) 314 cm²

19-3 (1) 2ϕ (2) $\phi+\theta$ **19-5** (1) 正立虛像 (2) 凹面鏡

19-6 (1) 14.4 cm (2) 45cm **19-7** 60°；49.3°

19-8 不小於 1.4 **19-9** 鑽石 24.4°；水 48.8° **19-10** 1.6 m

第二十章

20-1 (1) 3.6×10^{-2} m (2) 9×10^{-2} m **20-2** 1.44 cm

20-3 (1) 消失 $\lambda_4 = 675$ nm，$\lambda_5 = 540$ nm，$\lambda_6 = 450$ nm

(2) 建設性干涉：$\lambda_4 \approx 600$ nm，$\lambda_5 = 491$ nm，$\lambda_6 = 415$ nm

20-4 $\lambda_3 \approx 655$ nm，$\lambda_4 \approx 509$ nm，$\lambda_5 \approx 417$ nm

20-5 948 Å **20-6** 2.22 cm **20-7** 4.48×10^4 nm

20-8 (1) 5.4×10^{-5} cm (2) 0.36 cm (3) 0.63 cm (4) 0.27 cm

20-9 7 條 **20-10** 5.08×10^{-3} cm **20-11** 8.4°

20-12 0.023 nm **20-13** 12.63°

第二十一章

21-1 7.55×10^4 m/s **21-2** (1) 8.17 ms (2) 490 km

21-3 以 $0.86c$ 向西飛行 **21-4** 10^{15} Hz

21-5 兩倍 **21-6** 1.2 V

21-7 (1) 7.5×10^{11} (2) 2.49×10^{-7} J

21-8 (1) ≈ 12.1 eV (2) 4.24 Å (3) 1.32×10^{-15} eV (4) -12.1 eV

21-9 (1) 4.85×10^{-13} m (2) 29.650 (keV)

21-11 (1) 3.4 小時 (2) 9.8×10^9

索引

一 劃

一階導數 (first derivative) 52

二 劃

二元碰撞 (binary collision) 175
二重性 (duality) 712
二階導數 (second derivative) 54
二極體 (diode) 512
入射角 (angle of incidence) 480
入射角 (angle of incidence) 716
力矩 (torque, $\vec{\tau}$) 207
力偶 (couple) 244
力偶矩 (moment of the couple) 244
力學 (mechanics) 43
力學能 (mechanical energy) 149
力學能守恆定律 (law of conservation of mechanical energy) 151
力臂 (arm of force) 207

三 劃

三相點 (triple-point) 351
叉乘積 (cross product) 33
大氣壓 (atmosphere, atm) 308
子波 (wavelet) 773
干涉 (interference) 447

四 劃

不可逆過程 (irreversible processes) 411
不可壓縮性 (incompressibility) 329
不穩定平衡 (unstable equilibrium) 254
中子 (neutron) 508
互補原理 (complementarity principle) 819
介電係數 (absolute permittivity) 570
介電係數 (permittivity) 651
介電常數 (dielectric constant) 570
介電電容器 (dielectric capacitor) 573
介電質 (dielectric) 567

889

元素 (element) 507
內力 (internal forces) 172
內能 (internal energy) 348
內聚力 (cohesive force) 323
內積 (inner product) 30
公斤重 (kilogram-weight) 106
分子能 (molecular energy) 348
分子場 (molecular field) 691
分向量 (component vector) 25
分貝 (decibel, dB) 475
切向加速度 (tangential acceleration) 199
切線加速度 (tangential acceleration) 78
切變係數 (shear modulus) 297
反作用力 (reaction) 96
反相 (out of phase) 449
反射角 (angle of reflection) 480
反射角 (angle of reflection) 716
反射定律 (reflection law) 716
反射波 (reflected wave) 442
反射係數 (coefficient of reflection) 485
反節點 (antinode) 455
反磁性 (diamagnetism) 678
反鐵磁性 (antiferromagnetism) 679
夫朗和斐 (Fraunhofer) 775
夫瑞奈 (Fresnel) 775
太陽日 (solar day) 12
太陽能電池 (solar cell) 860
少數載子 (minority carrier) 842
巴 (bar) 307
引力場 (gravitational field) 108
文丘里管 (Venturi tube) 337
方均根值 (root mean square value, rms) 372
日心說 (heliocentric system) 99

比重 (specific gravity) 305
比熱 (specific heat) 395
毛細現象 (capillarity) 327
水平射程 (horizontal range) 72
牛頓 (Newton, N) 91

五 劃

充電 (charging) 587
凹面鏡 (concave mirror) 719
凸面鏡 (convex mirror) 719
加速度運動 (accelerated motion) 52
功 (work) 129, 131
功能定理 (work-energy theorem) 142
功率 (power) 137
半導體 (semiconductor) 512, 841
卡路里 (calorie) 348
卡諾循環 (Carnot cycle) 405
可見光譜 (visible spectrum) 711
可逆過程 (reversible processes) 411
可聞波 (audible sound) 465
古典力學 (classical mechanics) 44
古典物理 (Classical Physics) 793
右手定則 (right-hand rule) 200
右手座標系 (right-handed coordinate system) 27
外力 (external forces) 172
外積 (outer product) 33
巨磁阻 (giant magnetoresistance, GMR) 703
平行力 (parallel forces) 244
平行板電容器 (parallel plate capacitor) 532
平行軸定理 (parallel-axis theorem) 214
平均太陽日 (mean solar day) 12

索 引

平均加速度 (average acceleration)　54
平均功率 (average power)　137
平均自由路徑 (mean free path)　378
平均速度 (average velocity)　50
平均速率 (average speed)　50
平面波 (plain wave)　432
平面鏡 (plane mirror)　716
平移 (translation)　191
平移運動 (translational motion)　87
平衡狀態 (equilibrium state)　239
平衡態 (equilibrium state)　347
必歐-沙伐定律 (Biot-Savart law)　608
正弦函數 (sinusoidal function)　273
正弦波 (sinusoidal wave)　427
瓦特 (watt, W)　137, 474, 638
白努利方程式 (Bernoulli equation)　334
皮法拉 (picofarad, pF)　568

六　劃

交叉橋樑 (cross bridge)　857
交流電 (alternating current, ac)　591
光生伏特效應 (photovoltaic effect)　861
光伏電池 (photovoltaic cell)　860
光柵 (gratings)　781
光閘 (shutter)　748
光電效應 (photoelectric effect)　860
光線圖 (ray diagram)　723
光闌 (diaphragm)　748
光譜 (spectrum)　711
全內反射 (total internal reflection)　731
共振 (resonance)　293, 489
共價鍵 (covalent bond)　511
同相 (in phase)　449
同調 (coherence)　764

向心加速度 (centripetal acceleration)　77
向列型液晶 (nematic liquid crystal)　836
向量 (vector)　21
向量積 (vector product)　33
合向量 (resultant vector)　25
因次 (dimension)　18
回音 (echo)　480
多重磁區 (multi-domain)　682, 690
多晶矽 (polycrystalline silicon)　861
多數載子 (majority carrier)　842
多質點系 (multiple particle system)　44
安培迴路 (Amperian loop)　612
托 (torr)　308
曲率中心 (center of curvature)　80, 719
曲率半徑 (radius of curvature)　80, 719
曲率圓 (circle of curvature)　80
有光化學太陽能電池 (Photo-Chemistry Solar cell, PCSC)　861
有效數字 (significant figure)　5
次阻尼 (underdamped)　292
次聲波 (infrasonic wave)　465
老花眼 (presbyopia)　746
自由度 (degrees of freedom)　175
自由電子 (free electron)　510
自放電率 (self-discharge)　575
自然平衡 (natural equilibrium)　254
自然運動 (natural motion)　86
自然頻率 (natural frequency)　293
自發性磁化 (spontaneous magnetization)　691
自發過程 (spontaneous processes)　411
色散 (dispersion)　733

七　劃

位移 (displacement)　49
位移振幅 (displacement amplitude)　467
位置向量 (position vector)　47
作用力 (action)　96
作用力與反作用力定律 (law of action-reaction)　96
低溫電顯纖維成像學 (cryo-electron microscopy fiber imaging)　857
克希荷夫定律 (Kirchhoff's law)　645
克重 (gram-weight)　106
冷次定律 (Lenz's law)　620, 687
均方值 (mean square value)　366
完全氣體 (perfect gas)　364
完整振動 (complete oscillation)　271
快速凝固法 (rapid solidification process)　699
扭轉係數 (torsion modulus)　297
折射 (refraction)　482
折射能力 (power)　743
折射率 (refractive index)　729
系統 (system)　2
角加速度 (angular acceleration, α)　195
角位移 (angular displacement)　194
角度放大率 (angular magnification)　750
角動量 (angular momentum)　227
角動量守恆定律 (law of conservation of angular mo-mentum)　232
角速度 (angular velocity, $\bar{\omega}$)　195
角頻率 (angular frequency)　274

八　劃

亞佛加厥定律 (Avogadro's law)　356
亞佛加厥常數 (Avogadro's number)　363

受迫運動 (violent motion)　86
受迫諧振 (driven harmonic motion)　293
受激發射 (stimulated emission)　840
受激發射之放大輻射光 (Light Amplification by Stimulated Emission of Radiation)　839
受體 (acceptor)　842
奈米 (nanometer, nm)　10
奈米結晶太陽能電池 (Nano-crystalline Solar Cell, NCSC)　862
奈米碳管 (carbon nanotube)　849
孤立系統 (isolated system)　173
孤立系統 (isolated system)　346
定力 (constant force)　131
定律 (law)　3
定理 (theorem)　3
定軸轉動 (rotation about a fix axis)　192
定點轉動 (rotation about a fix point)　192
帕 (pascal, Pa)　307
帕斯卡原理 (Pascal's principle)　313
底限頻率 (threshold frequency)　809
弧度 (radian, rad)　194
拍 (beat)　452
明視 (distinct tision)　746
波以耳定律 (Boyles law)　354
波長 (wavelength)　428
波前 (wavefront)　431
波茲曼常數 (Boltzmann constant)　371
波動 (wave motion)　421
波數 (wave number)　428
法拉第電磁感應定律 (Faraday's law of electromagnetic induction)　620
法線方向 (normal direction)　77
法線加速度 (normal acceleration)　77

泛音 (overtone) 456
泛素 (biotin) 857
泛頻 (overtone frequency) 456
物理擺 (physical pendulum) 289
物質波 (matter wave) 421
狀態方程式 (equation of state) 353
狀態函數 (state function) 347
狀態參數 (state variables) 347
直角座標系 (Cartesian coordinate system) 46
直角座標系 (right-angle coordinate system) 27
直流電 (direct current, dc) 590
直流電流 (direct current) 628
直流電源 (dc source) 629
直流電路 (dc circuit) 628
空間中的導磁率 (magnetic permeability) 608
虎克定律 (Hooke's law) 114
初相 (initial phase) 427
表面張力 (surface tension) 323
近視眼 (myopia) 746
近點 (near point) 746
金屬玻璃 (metallic glass) 699
阿基米德原理 (Archimedes' principle) 319
阻尼諧振 (damped harmonic motion) 292
附著力 (adhesive force) 323
非保守力 (non-conservative force) 144
非接觸力 (non-contact force) 102
非旋流 (irrotational flow) 330
非晶矽 (amorphous silicon) 861
非穩流 (non-steady flow) 329

九　劃

保守力 (conservative force) 144
封閉系統 (closed system) 346
建設性干涉 (constructive interference) 449
律音 (note) 472
恢復力 (restoring force) 110, 267
施體 (donor) 842
染料敏化太陽能電池 (Dye-Sensitized Solar Cell, DSSC) 861
查理定律 (Charles' law) 355
流線 (streamline) 329
流體力學 (fluid mechanics) 303
流體動力學 (hydrodynamics) 303
流體靜力學 (hydrostatics) 303
活性碳 (activated carbon) 574
洩流 (effusion) 376
界面 (interface) 442
界面活性劑 (surface active material) 324
界面現象 (interfacial phenomena) 323
相位常數 (phase constant) 427
相對導磁係數 (relative permeability) 681
穿隧磁阻 (tunnel magnetoresistance, TMR) 704
虹 (primary rainbow) 733
計示壓力 (gauge pressure) 311
軌道定律 (Law of orbits) 99
重力 (gravitational force) 106
重力加速度 (gravitational acceleration) 57, 106
重力常數 (gravitational constant) 103
重力場強度 (gravitational field strength) 125

重心 (center of gravity) 249
重量 (weight) 106
重量 (weight) 249
面積定律 (Law of area) 99
音色 (quality) 465
音強 (intensity) 465, 474
音強級 (sound intensity level, SIL) 475
音調 (pitch) 465
音爆 (sonic boom) 498

十　劃

剛性係數 (modulus of rigidity) 297
剛體 (rigid body) 44, 191
原子 (atom) 508
原子核 (nucleus) 508
原子質量單位 (atomic mass unit, amu) 15
原子鐘 (atomic clock) 14
原點 (origin) 46
容積係數 (bulk modulus) 297
容積應變 (volumetric strain) 297
庫倫定律 (Coulomb's law) 519
弱核力 (weak nuclear force) 117
振子 (oscillator) 13
振動 (vibration) 191, 269
振幅 (amplitude) 271, 428
振盪 (oscillation) 269
振盪中心 (center of oscillation) 291
效能係數 (coefficient of performance, COP) 407
時間常數 (time constant) 657
氣體常數 (gas constant) 356
氧化磁鐵 (ferrite magnets) 700
浮力 (buoyant force) 319

浮力中心 (center of buoyancy) 321
真空介電率 (permittivity of free space) 519
真實氣體 (real gas) 356
破壞性干涉 (destructive interference) 449
紊流 (turbulent flow) 329
純量 (scalar) 22
純量積 (scalar product) 30
能 (energy) 129
能帶 (energy band) 511
能量守恆定律 (law of conservation of energy) 154
能量密度 (energy density) 572
能量量子 (energy quantum) 807
能隙 (energy gap) 511, 841
記錄密度 (recording density) 704
逆時對稱 (time-reversal symmetry) 61
迴路定律 (loop law) 647
迴響 (reverberation) 480
馬赫錐 (Mach cone) 498
高分子太陽能電池 (Organic-Polymer Solar Cells, OPSC) 861
高斯定律 (Gauss' law) 538
高導磁合金 (supermalloy) 699

十一　劃

偏差 (perturbation) 100
剪力 (shear) 296
剪力形變 (shear deformation) 296
剪應力 (shearing stress) 296
剪應變 (shear strain) 296
動力學 (dynamics) 44
動能 (kinetic energy) 141

動量 (momentum) 93, 166
動量守恆定律 (the law of conservation of momentum) 171
動量矩 (moment of momentum) 227
動態平衡 (dynamic equilibrium) 239, 347
動摩擦 (kinetic friction) 116
動摩擦係數 (coefficient of kinetic friction) 117
參考座標系 (reference frame) 46
參考圓 (reference circle) 273
國際單位系統 (International System of Units, 簡稱 SI Units) 10
堆疊錯誤 (stacking fault) 842
基本單位 (fundamental units) 10
基式 (fundamental mode) 456
基頻 (fundamental frequency) 456
密度 (density, ρ) 304
張力 (tension) 110
張應力 (tensile stress) 295
張應變 (tensile strain) 295
強核力 (strong nuclear force) 117
接觸力 (contact force) 102
接觸角 (contact angle) 327
接觸起電 (charging by contact) 514
旋流 (rotational flow) 330
毫米汞柱 (mmHg) 308
液晶 (liquid crystal) 835
液晶顯示器 (liquid crystal display, LCD) 838
液壓機 (hydraulic press) 313
液壓應力 (hydraulic stress) 297
淨電流 (net current) 612
球面波 (spherical wave) 432
球座標系 (spherical coordinate system) 26
理想流體 (ideal fluid) 305
理想氣體 (ideal gas 或 perfect gas) 356, 364
理想氣體方程式 (ideal gas equation) 356
理想彈簧 (ideal spring) 114
理想彈簧 (ideal spring) 270
異方性磁鐵 (anisotropic magnet) 701
疏淡區 (rarefaction) 467
移動蛋白 (kinesin) 857
第一諧波 (first harmonic) 456
第四態物質 (matter in fourth state) 838
莫耳比熱 (mole specific heat) 395
莫耳熱容量 (mole heat capacity) 395
連續方程式 (equation of continuity) 332
速度 (velocity) 51
速率分佈函數 (speed distribution function) 371
透射波 (transmitted wave) 442
透射係數 (coefficient of transmission) 485
透熱壁 (diabatic wall) 349
透鏡 (lens) 735
都卜勒效應 (Doppler effect) 458
閉管 (close pipe) 487
陶鐵磁性 (ferrimagnetism) 679
陶鐵礦 (ferrite) 694
焓 (enthalpy) 396

十二 劃

最大靜摩擦 (the maximum static friction) 116
最宜速率 (most probable speed, vp) 372
凱文 (Kelvin) 351

凱氏溫度 (Kelvin temperature) 351
單一磁區 (single-domain) 682, 690
單位 (unit) 5
單位向量 (unit vector) 27
單晶矽 (monocrystalline silicon) 861
單擺 (simple pendulum) 284
場 (field) 108
場線圖 (field line diagram) 531
惠更斯原理 (Huygens principle) 773
晶格位置 (lattice site) 694
晶格缺陷 (imperfection) 593, 842
晶圓 (wafer) 843
晶種 (seed) 843
殘磁 (remanence) 683, 690
渦電流 (eddy current) 697
焦耳 (Joule, J) 137, 389
焦耳定律 (Joule's law) 398
無線電波 (radio wave) 711
發散透鏡 (diverging lens) 735
稀土磁石 (rare-earth magnetite) 700
等方性磁鐵 (isotropic magnet) 701
等速度運動 (uniform motion) 52
等勢面 (equipotential surface) 581
等溫曲線 (isotherm curve) 400
結合素 (avidin) 857
絕對溫度 (absolute temperature) 351
絕對壓力 (absolute pressure) 310
絕熱曲線 (adiabatic curve) 404
絕熱過程 (adiabatic process) 403
絕熱壁 (adiabatic wall) 349
絕緣體 (insulator) 511
華氏 (Fahrenheit scale) 351
虛像 (virtual image) 715
視重量 (apparent weight) 120

超音波 (ultrasonic wave) 465
超級電容器 (ultracapactior) 573
超距作用 (action at a ultra distance) 522
超導體 (superconductor) 593
週期 (period) 271, 428
週期定律 (Law of periods) 99
週期運動 (periodic motion) 269
量子化 (quantized) 509
開放系統 (open system) 346
開管 (open pipe) 487
集電板 (current collector) 574
順磁性 (paramagnetism) 678
黃光 (yellow sodium light) 731

十三劃

傳統電流 (conventional current) 590
傳導帶 (conduction band) 841
傳導電子 (conduction electron) 510
微法拉 (microfarad, μF) 568
微管 (microtubule) 857
感應起電 (charging by induction) 515
感應電流 (induced current) 617
感應電動勢 (emf) 619
感應電動勢 (induced electromotive force) 617
暗物質 (dark matter) 862
暗能量 (dark energy) 862
會聚透鏡 (converging lens) 735
極板 (polar plate) 567, 651
極座標系 (polar coordinate system) 27, 46
楊氏係數 (Young's modulus) 296
溶致型液晶 (lypotropics liquid crystal) 837

溫度係數 (temperature coefficient of resistivity) 593
溫度逆轉 (temperature inversion) 482
滑行理論 (filament sliding) 857
滑動摩擦 (sliding friction) 116
準靜態狀態 (quasi-static state) 387
萬有引力 (universal gravitation) 103
萬有引力定律 (law of universal gravitation) 103
節點定律 (node law) 646
群速色散 (group-velocity dispersion) 853
群體活動 (collective behavior) 838
裘可拉斯基製程 (Czochralski process) 843
載子 (carrier) 842
載流子 (carrier) 510
運動學 (kinematics) 44
達因 (dyne) 92
過阻尼 (overdamped) 292
隔板 (separator) 574
電子 (electron) 508
電化學電容器 (electrochemical capacitor) 573
電位能 (electric potential energy) 553
電阻率 (conductivity) 592
電流密度 (current density) 592
電容 (capacitance) 567, 651
電容器 (capacitor) 651
電荷守恆定律 (law of conservation of charge) 509
電場 (electric field) 108
電晶體 (transistor) 512
電勢 (electric potential) 557
電解質 (electrolyte) 574
電路 (electric circuit) 627
電磁波 (electromagnetic wave) 421, 711
電磁場 (electromagnetic field) 108
電磁感應 (electromagnetic induction) 617
電漿 (plasma) 838
電漿顯示器 (plasma display panel) 839
電導率 (conductivity) 592
電離化氣體 (ionized gas) 838
飽和磁化 (saturation magnetization) 682, 690

十四劃

實像 (real image) 715
實驗 (experiment) 2
對流 (convection) 303
慣性 (inertia) 87
慣性定律 (law of inertia) 88
慣性質量 (inertial mass) 91
摺疊和開展 (protein folding and unfolding) 856
摻雜 (doping) 842
槓桿 (lever) 257
滾動摩擦 (rolling friction) 116
磁力 (magnetic force) 597
磁力線 (line of magnetic force) 595
磁化係數 (magnetic susceptibility) 678, 681
磁化強度 (magnetization) 681
磁性超薄膜 (magnetic ultrathin film) 697
磁阻式隨機存取記憶體 (magnetoresistive random access memory, MRAM)

704

磁偶極 (magnetic dipole)　595
磁區 (magnetic domain)　691
磁通量 (magnetic flux)　618
磁通量密度 (magnetic flux density)　619
磁場 (magnetic field)　108
磁滯曲線 (hysteresis loop)　691
磁壁 (domain wall)　682, 691
誘發輻射 (induced radiation)　840
遠視眼 (hyperopia)　746
遠點 (far point)　746

十五　劃

價帶 (valence band)　841
層列型液晶 (smectic liquid crystal)　836
層流 (laminar flow)　329
彈力常數 (spring constant 或 force constant)　114
彈性力 (spring force)　110
彈性位能 (elastic potential energy)　280
彈簧力 (spring force)　267
摩擦 (friction)　87
摩擦力 (friction force)　116
摩擦起電 (triboelectricity)　513
標準溫度壓力 (standard temperature and pressure, S.T.P.)　363
模數 (mode number)　456
歐姆定律 (Ohm's law)　633
熱力學 (thermodynamics)　385
熱力學第一定律 (the first law of thermodynamics)　392
熱力學第二定律 (the second law of thermodynamics)　410
熱力學第零定律 (the zeroth law of thermodynamics)　350
熱功當量 (mechanical equivalent of heat)　390
熱平衡狀態 (thermal equilibrium state)　347
熱致型液晶 (thermotropics liquid crystal)　837
熱容量 (heat capacity)　395
熱庫 (heat reservoir)　386
熱效率 (thermal efficiency)　407, 410
熱能 (thermal energy 或 heat)　154
熱運動 (thermal motion)　347
熱機 (heat engine)　386, 410
線性波 (linear wave)　446
線性動量 (linear momentum)　166
線性疊加原理 (linear superposition principle)　446
線密度 (linear density)　441
線速率 (linear speed)　199
衝力 (impulsive force)　167
衝量 (impulse)　166
衝量-動量定理 (impulse-momentum theorem)　167
複擺 (compound pendulum)　289
質子 (proton)　508
質量 (mass)　91
質量中心 (center of mass)　187
質量流率 (mass flow rate)　331
質點 (particle)　44
鋁鎳鈷磁鐵 (Alnico Magnets)　700
震波 (shock wave)　498
餘弦波 (cosinusoidal wave)　427
駐波 (standing wave)　455
熵 (entropy, S)　410, 412

十六　劃

噪音 (noise)　500
導磁係數 (magnetic permeability)　681
導體 (conductor)　511
橫波 (transverse wave)　424
機械波 (mechanical wave)　421
機械運動 (mechanical motion)　43
機率 (probability)　370
濃密區 (condensation)　467
積體電路 (integrated circuit, IC)　843
親水性 (hydrophilic)　324
諧波 (harmonic wave)　427
輻照度 (irradiance)　748
錯位 (dislocation)　842
霓 (secondary rainbow)　733
靜力學 (statics)　44, 239
靜能量 (rest energy)　804
靜電平衡 (electrostatic equilibrium)　564
靜態平衡 (static equilibrium)　239
靜摩擦 (static friction)　116
靜摩擦係數 (coefficient of static friction)　117
頻率 (frequency)　271, 428

十七　劃

壓力 (pressure)　297, 307
壓力振幅 (pressure amplitude)　467
壓應力 (compressive stress)　295
壓應變 (compressive strain)　295
應力 (stress)　295
應變 (strain)　295
環境 (environment，又稱外界)　2
瞬時加速度 (instantaneous acceleration)　54
瞬時功率 (instantaneous power)　137
瞬時角速度 (instantaneous angular velocity)　195
瞬時速度 (instantaneous velocity)　51
瞬時速率 (instantaneous speed)　52
矯頑力 (coercive force)　683, 700
總能量 (total energy)　804
縱波 (longitudinal wave)　424
聲波 (sound wave)　465
聲納 (sonar)　465
膽固醇液晶 (cholesteric liquid crystal)　836
臨界阻尼 (critical damped)　292
薄透鏡 (thin lens)　737
螺線管 (solenoid)　613
邁克遜干涉儀 (Michelson interferometer)　771
黏滯性 (viscosity)　303, 329
點光源 (point source)　716
點乘積 (dot product)　32
點電荷 (point charge)　518

十八劃　以後

擴散 (diffusion)　303
擾動 (disturbance)　446
擺長 (length of the pendulum)　284
擺錘 (bob)　284
簡諧運動 (simple harmonic motion)　270
繞射 (diffraction)　458
轉動 (rotation)　191
轉動慣量 (moment of inertia 或 rotational inertia)　213
轉軸 (axis of rotation)　192
離水性 (hydrophobic)　324

雙晶面 (twins) 842
穩定平衡 (stable equilibrium) 254
穩定性 (stability) 254
穩流 (steady flow) 329
懸點 (point of suspension) 284
攝氏 (Celsius scale) 351
鐵磁性 (ferromagnetism) 678

驅動力 (driving force) 293
鑑別率 (resolving power) 783
變力 (variable force) 131
驗電器 (electroscope) 516
體電荷密度 (volume charge density) 529
觀察 (observation) 2